アトキンス 一般化学

第8版（上）

渡辺 正 訳

東京化学同人

Chemical Principles

THE QUEST FOR INSIGHT

EIGHTH EDITION

PETER ATKINS
Oxford University

LORETTA JONES
University of Northern Colorado

LEROY LAVERMAN
University of California, Santa Barbara

JAMES PATTERSON
Brigham Young University

KELLEY YOUNG
University of Notre Dame

Chemical Principles: The Quest for Insight 8e
First published in the United States by Macmillan Learning

表紙イラスト：antishock/Shutterstock.com

まえがき

教科書の改版作業は，内容や記述を見直す好機になります．執筆仲間が増える場合は，とくにそうです．今回お迎えした二人も，自身の経験をもとに，新しい視点で内容を吟味してくれました．二人とも本書を長らく講義に使い，日ごろ接する学生たちとのやりとりをもとにした意見をおもちです．いままで常識だと思ってあっさり書いていたことが，じつは学生たちには雲をつかむような話だった… というふうな．

旧版の長所は残しつつ，使いやすくなるよう心がけました．全体の中身はほぼ旧来のまま，旧1章と2章を新“1章”とするなど，あちこちで章を統合してあります．そのほうが，教える側にも学ぶ側にも好都合かと思ったからです．また，各章の冒頭には，章内の話題がどのように関連し合い，他章とどう関連するのかを，わかりやすく図解しました．他分野と同じく化学でも，孤立した話題や発想はあまりなく，いろんな形で互いに関連し合っているからですね．

いうまでもなく化学の主役は原子・分子です．だから本書も原子から話を始めますが，副題“*The Quest for Insight*（本質に迫る営み）”の精神で，原子の話題にも“分子感覚”をちりばめるようにしました．同様な精神のもと，たとえば化学平衡の話では，熱力学から平衡に迫る道と，速度論から平衡に迫る道を並記してあります．

従来は別個の章だった“主要族元素”と“遷移元素”は，重厚な“8章”にまとめました．その章タイトルは“元素と材料”とし，元素それぞれの個性がにじむ化合物や，現代社会を支える新材料なども紹介してあります．8章をどう教え，どう学ぶかは，読者それぞれのご都合に合わせてください．

化学理論と不可分の数学は，初学者がつまずく原因になりがちです．できるだけ“当たり”を柔らかくしようと，たとえば基本式の導出は，必要なら物理的な意味や近似も付記し，丁寧に記述するよう心がけました．学生諸君は，数学をむやみに恐れず，ぜひ使いこなせるようになってください．数学はいろんな概念を浮き彫りにし，化学を前に進める原動力だったのですから．新登場の大事な式は，本文から独立させた“式の導出”と“筋の読み解き”内で，ゆっくり解剖しました．ときには図解も添え，数式の意味を視覚的につかみやすくしてあります．

末筆ながら今回の版では，化学の姿を整えた先人たちや，いま化学を学ぶ（または楽しむ）方々を文章や写真で紹介する際は，多様性と異文化共生に沿うよう心がけました．時代背景のせいもあり，女性や非主流集団の人々が化学の進歩に寄与した場面は，必ずしも多いとはいえません．今後はそうした人々も，化学の世界にどんどん入っていただけるよう願っています．教科書に“歴史を変える”力はなくても，“未来を変える”力はあると思うからです．

Peter Atkins, Loretta Jones, Leroy Laverman,
James Patterson, Kelley Young

本書の特徴

化学の学習では，“問いながら前に進む”のが欠かせない．本書には，それに役立つ素材を盛りこんだ．自分で考え，問いかけつつ読み進めば，本質をつかみ，問題を解く力もつくだろう．学習のときも，プロが行う研究と同様，状況をモデル化し，実験事実に照らしてモデルを洗練してゆき，定量的な結果に達する．読者が化学の本質にうまく迫れるよう，使う素材と記述の流れを工夫した．

改良点など

改版にあたっては，執筆仲間から講義経験などを伺いつつ，内容構成を見直した．たとえば3章の冒頭で気体を扱う際は，分子の動きに注目した説明も加えてある．熱力学第一・第二法則の導入部（4章）でも，分子がらみの記述を充実させた．

改良点はほかにも多い．原子の話（1章）では，“分子の性質”とからめた電気陰性度の説明も加え，周期性の見晴らしをよくした．化学結合の話（2章）には，原子価結合から超原子価へ至る道筋を少し変え，d軌道や“オクテット拡張”についての最新知見も含めた．新しいモデル化が化学を前に進める——それを実感する例になるだろう．化学平衡（5章）の扱いでは，旧版と同様，“熱力学から迫る道”と“速度論から迫る道”を並行させた．前者ではギブズエネルギーの圧力変化に触れるべきだと気づいたため，その点を補足してある．束一的（そくいつ）性質の説明も見直し，自然な形で質量モル濃度が導入されるようにした．

元素は化学の“核心”にある．改訂版では，元素の性質と用途のリンクを浮き彫りにするよう努めた．旧版で別個の章だった主要族元素とdブロック元素を単一の8章にまとめ，“社会を支える材料”の視点も充実させた．旧版は別々の章で扱っていた無機材料と先端素材も，関連の新しい話題を含め，8章に組み入れてある．

用語や表現，構成を隅々まで見直し，たとえば旧版で脚注にしていた注記の類は，目立つよう本文中に組み入れた．図版※は，なるべくわかりやすくしたほか，多様性重視の精神も尊び，登場人物の範囲を広げてある．

> ※ **教師用資料**：本書の日本語版の教科書採用教員に限り，図版データ（日本語）と Solutions Manual を提供しますので東京化学同人営業部にご連絡ください．

有用なコラム

本文中でも折々に触れる“他分野や社会とのかかわり”については，まとまった話題を26個のコラム化学の広がりにした．このたび以下の4個を追加してある．

- 周期表誕生のころ（1章）
- 一酸化窒素NOの大活躍（2章）
- 大気底層で進むオゾンの化学反応（7章）
- p-n接合の活躍（8章）

基礎の確かめ

旧版のまま13節（A～M）にまとめた序章（基礎事項）は，おもに高校レベルの化学を扱う．本体（1章～）を読み始めたあと"振り返り"に使ってもよく，本体を読む前の"肩慣らし"に使ってもよい．

数学の扱い

- やや高度な数式は，**式の導出**で解説する．同じ姿をしたコラムのうち，論理の解剖が主眼となるものは**筋の読み解き**とよぶ．時間の余裕がないときは学生の自習に任せてもよい．じっくり読めば，数学の"ありがたみ"がよくわかるだろう．
- 大事な数式の物理・化学的な意味を **式の意味** で解説した．化学では数学を"言語"に使い，複雑な状況の解きほぐしに利用する――そのことをぜひ感得しよう．

式の導出　ファンデルワールスの状態方程式

まず，$V_m = V/n$，$V_m{}^\circ = RT/P$ を使い，(24)式の圧縮因子 Z をこう書き直す．

$$Z = \frac{V/n}{RT/P} = \frac{PV}{nRT}$$

つぎに (26b)式の P を代入する．

$$Z = \frac{V}{nRT} \times \left(\frac{nRT}{V-nb} - a\frac{n^2}{V^2}\right) = \frac{V}{V-nb} - \frac{an}{RTV}$$

最後に $V/(V-nb)$ 項の分子と分母を体積 V で割って $1/(1-nb/V)$ に変え，本文に書いた (27)式を得る．

コラムで導出した Z の表現はこうなる．

$$Z = \frac{1}{1-nb/V} - \frac{an}{RTV} \quad (27)$$

式の意味 理想気体は，$a = b = 0$ だから $Z = 1$ となる．引きあいの項 a が小さいと，右辺の第2項は無視できる．反発の項 b が適度に大きいと，第1項の分母は1未満だから第1項が1より大きく，$Z > 1$ となる．逆に，反発の項 b が小さくて引きあいの項 a が大きいなら，(1に近い) 第1項から有限な第2項を引くため，$Z < 1$ となる．■

- 一部の数式には，物理量の意味などを小さな赤い字で添えた．数式を扱う際は，科学の"国際語"ともいえる**単位**によくよく注意しよう．複雑な式には，単位の扱いかたも注記してある．単位のほか数値そのものにも目配りしつつ，確かな計算力を身につけたい．

$$\Delta S^\circ = \overbrace{(2\,\mathrm{mol}) \times S_m{}^\circ(NH_3, g)}^{生成物} - \overbrace{\{(1\,\mathrm{mol}) \times S_m{}^\circ(N_2, g) + (3\,\mathrm{mol}) \times S_m{}^\circ(H_2, g)\}}^{反応物}$$

注　目！

IUPACが推奨する用語や考えかた，初学者が誤りやすい点などを，簡潔な **注目！** にした．読者が道を踏み外さないためのガイドと考えていただきたい．例題中に設けた **注目！** もある．

注目！ 指数の計算は丸めの誤差が大きくなるため，計算は最後に1回だけ行うとよい．また，単位によく注意しよう（kJ単位のエネルギーはJ単位に直す）．■

例　題

- 化学の力をつけるには，しじゅう手を動かして計算しよう．その助けにと，約200個の**例題**を設けた．導入部で暮らしや産業のかかわりに触れた例題もある．皮切りの**予想**では，答をざっと見積もる．続く**方針**には，学んだことのどれをどう使うのかを書いた．一部の例題では，方針のあとに**大事な仮定**を添えてある．

一部の例題では解答に，解法の“定性的な”説明と，数学を使う“定量的な”説明，状況の“視覚的な”提示…の3要素を組み入れた．以上を確認で締めくくる．

例題 3・11　実在気体の圧力

低温・高圧で使うエアコンの冷媒は，理想気体からのずれが大きい．ファンデルワールス定数 a=16.4 L^2 bar mol^{-2}，b=8.4×10^{-2} L mol^{-1} の冷媒（気体）1.50 mol が 0 °C で 5.00 L を占めている．圧力は何 bar か．

予 想　よほどの高圧でなければ，分子間の反発より引きあいのほうが強く効き，Z<1 になる．そのため圧力は理想気体より低いだろうが，極端なずれはないので（図 3・39），理想気体より“少し低い”程度だろう．

方 針　温度を絶対温度に直し，R の単位をデータに合わせ，(26b)式に数値を入れる．

解 答　(26b)式に数値を入

確 認　予想どおり，理想気体の圧力（6.81 bar）より少し低い 5.51 bar だった．

復習 3・20 A　25 mol の O_2 を入れた 10.0 L の潜水用ボンベがある．表 3・7 の値とファンデルワールスの式から，ボンベの内圧を計算せよ．温度は 25 °C とする．

［答：58.7 bar］

復習 3・20 B　20 mol の CO_2 を入れた 100 L のボンベがある．表 3・7 の値とファンデルワールスの式から，ボンベの内圧を計算せよ．温度は 20 °C とする．

- 復習問題：例題のあとに復習（A+B）を設けた．A の答はその場に付記し，A とほぼ同じポイントを問う B の答は巻末にまとめてある．

　なお，例題と密着しない復習（A+B）も 110 個ほど設けた．

考 え よ う

状況をつかむ助けにと，単純な短い問いを **考えよう** にしてある．

考えよう　電子が g 軌道に入る“超長周期”は，どの原子番号から始まって，どれほどの長さになるだろうか？■

道 具 箱

道具箱には，概念の把握や計算の実行に役立つ話題を述べた．大事な発想の“まとめ”もあり，続く本文や**例題**への橋渡し的なものもある．

道具箱 4　VSEPR モデルの要点

発 想　中心原子上で電子の濃い部分（結合電子対と孤立電子対）は，互いの反発を最小化するような位置を占める．

手 順　段階 1：ルイス構造を描き，中心原子まわりにどんな原子と孤立電子対があるかを確かめる．

　段階 2：孤立電子対と結合（単結合と多重結合は等価）の配列が，図 2・24 のどれに相当するかを確かめる．

　段階 3：結合原子だけを使い（孤立電子対には目をつぶり），分子の形が図 2・23 のどれに相当するかを確かめる．

　段階 4：反発の強さを“孤立電子対−孤立電子対 > 孤立電子対−原子 > 原子−原子”と考え，分子の形を適度にひずませる．

　以上の手続きは，例題 2・9 で使う．

こ ぼ れ 話

歴史や文化と化学の関係など，学習に深みを添える短い話題を **こぼれ話** にした．

こぼれ話　記号 s, p, d, f は研究の初期，スペクトル線が sharp（鋭い），principal（主要な），diffuse（ぼやけた），fundamental（基本的な）と見えたことの名残．もはや意味を失っているものの，伝統にならってまだ使う．■

身につけたこと

学習内容を自分で確認できるよう，節それぞれの末尾にチェックリストを置いた．

著者について

Peter Atkins

オックスフォード大学リンカーン・カレッジ特別研究員，物理化学科名誉教授．教科書と一般向け著書の総数は 70 点以上．教科書の多くは他言語に翻訳されて普及．フランスとイスラエル，日本，中国，ニュージーランドで客員教授を担当するほか，海外の講義・講演経験が豊富．国際純正・応用化学連合（IUPAC）では，科学教育部門の部門長と物理化学・生物物理化学部門の委員を歴任．

©Peter Atkins

Loretta L. Jones

ノーザン・コロラド大学化学科名誉教授．同大学で 16 年間，イリノイ大学アーバナ・シャンペーン校で 13 年間の講義歴．ロヨラ大学化学科卒業，シカゴ大学有機化学科修士課程修了，イリノイ大学物理化学博士課程修了．2001 年のゴードン会議“科学と教育の可視化”で座長を担当．2006 年アメリカ化学会（ACS）化学教育部門長．マルチメディア教材の開発にも活躍．2012 年に“化学の教育と学習法”で ACS より受賞．

©Mojet Photography

Leroy E. Laverman

カリフォルニア大学サンタバーバラ校（UCSB）化学・生化学科と創造的研究学部の教授を兼務．ワシントン州立大学化学科卒業，UCSB 化学科博士課程修了（学位論文：金属ポルフィリンの配位子交換メカニズム）．2000 年より一般化学の講義と学生実験を担当．

©Leroy Laverman

James E. Patterson

ユタ州プロボ市ブリガムヤング大学（BYU）化学・生化学科の准教授．BYU 化学科卒業，同大学分析化学科修士課程修了，イリノイ大学アーバナ・シャンペーン校物理化学科博士課程修了．2007 年より一般化学と物理化学の講義を担当．材料の応力・熱・化学ストレス応答に関する分光学的解析が研究テーマ．

©Julian Palacio

Kelley M. H. Young

インディアナ州ノートルダム大学化学・生化学科の教育担当准教授．ミシガン州エイドリアン・カレッジ化学科卒業，ミシガン州立大学博士課程修了（学位論文：水の光分解に使う半導体薄膜の作成と電気化学的解析）．2015 年より一般化学と物理化学の講義を担当．STEM（科学・技術・工学・数学）教育推進グループ主任．

Photo by Matt Cashore/
University of Notre Dame

謝　辞

貴重な意見をくれた教員諸氏と学生諸君に感謝する．以下の方々は，新版の原稿にコメントを寄せてくださった．

Davina Adderley,
Georgetown University
John Alexander,
Fullerton College
Dania Alyounes,
Blinn College
Angelique Amado,
University of California, Berkeley
Ananda Amarasekara,
Prairie View A&M University
Paul Austin,
Ivy Tech Community College Columbus
Felicia Barbieri,
Gwynedd-Mercy College
Lee Don Bienski,
Blinn College
Jeffrey Butikofer,
Upper Iowa University
Ted Clark,
Ohio State University, Main
Daniel Collins,
Texas A&M University, College Station
David Consiglio,
Oakland Community College Orchard Ridge
James Cowan,
Ohio State University, Main
Michael Cross,
Snow College
Ashley Curtiss,
Auburn University
John D'Angelo,
Alfred University
Joel Davis,
Wisconsin Lutheran College
Jason Dunham,
Ball State University
Patrick Fleming,
California State University, East Bay
Douglas Flournoy,
Indian Hills Community College
Robert Forsythe,
Western Kentucky University
Peter Friedman,
San Diego City College
Mary Greyski,
Marywood University
Jason Hudzik,
County College of Morris
Jason Kahn,
University of Maryland, College Park
Deborah Lair,
University of California, Merced
Alexander Ma,
Rensselaer Polytechnic Institute
Riham Mahfouz,
Thomas Nelson Community College
Anna Manukyan,
Manhattan College
Jessica Morgan,
Plymouth State University
Aphra Murray,
Georgetown University
Alexander Nazarenko,
State University of New York, Buffalo State College
Franklin Ow,
University of California, Los Angeles
Nicholas Piro,
Albright College
John Pollard,
University of Arizona
Annette Raigoza,
College of Saint Benedict
Andrew Roering,
State University of New York, Cortland
Christian Samanamu,
Northern Oklahoma College, Enid
Jeffrey Schwarz,
University of the Cumberlands
Heather Song,
Central Piedmont Community College
Jeffrey Stephens,
North Iowa Area Community College
Priyantha Sugathapala,
State University of New York, Albany
Sunita Thyagarajan,
Johns Hopkins University
Kenton Whitmore,
Rice University
Deborah Wiegand,
University of Washington
Jamie Young,
Johns Hopkins University

Purdue University の Roy Tasker はオンライン版の製作で動画をデザインしてくれた．Thundercloud Consulting 社の Kent Gardner は“動くグラフ”の再設計でお世話になった．University of Scranton の Michael Cann に教わったグリーンケミストリーの発想は，本書の中身を充実させた．復習問題の解答チェックでは，Grand Valley State University の Nathan Barrows のお世話になった．旧版の補助教材を制作した方々のうち，Laurence Lavelle，John Krenos，Yinfa Ma，Christina Johnson には数々の有益な助言をいただいた．例題の解答は Aaron Chavarria と Jacob Petersen が入念にチェックした．そのほか，さまざまな助言をくれた方々，本書の査読を担当した方々など，関係者のすべてに心から感謝したい．

私たちの意図を汲み，本に仕上げてくれた Macmillan Learning 社のご担当にもお礼申し上げる．とりわけ，助言と制作でお世話になった化学部門長の Jeff Howard と，制作のあらゆる場面で科学知識と鋭い洞察力を発揮した上級編集者 Erica Champion に多謝．同社の制作陣のうち Emma Bernhoft，Kaylin Fussell，Eliana Jimenez，Andy Newton，Susan Berge，Edward Dionne，Bruce Owens，Cecilia Varas，Cheryl Dubois，Natasha Wolfe，Patrice Sheridan，Paul Rohloff，Heather Southerland にも多彩な場面でご尽力をいただいた．製本でお世話になった Lumina Datamatics 社のご担当にも深謝申し上げる．

訳者まえがき

本書は，ピーター・アトキンスを編著者として2023年に出版された教科書“Chemical Principles: The Quest for Insight（私訳；化学の原理 —— 本質をつかむ）”第8版（初版1999年）の邦訳です．2014～15年に上下2巻の姿で出した邦訳第一号（以下“旧訳”）の底本は，原著の第6版（2013年刊）でした．

第7版（2016年）をパスしたわけや，不評でもない旧訳の刊行からわずか8年後の第8版を改めて邦訳した意味などに，首をひねる読者もおられましょう．そういう“かたち”面にはあとで触れることとし，何はさておき肝心な本書の個性をざっと紹介します．

本書の美点は，巻頭の“本書の特徴”にもまとめてありますが，それをなぞりつつ訳者なりにご紹介すれば，つぎのようになりましょう．

第一に原著者は，重厚な**序章**（原著 Fundamentals）を設け，エネルギー単位，元素，原子・分子・イオン，化学式，反応式，命名法，沈殿反応，酸・塩基，酸化還元，量や濃度の計算など，“高校の復習”に充てました．日本の高校化学を超す話題もあるため，“基礎はバッチリさ”と自負する人も，ざっと目を通すのがよろしいでしょう．

1章からは，“化学変化”を想定すると，つぎの大事な問いに答える旅が始まります．

① 原子どうしは，なぜつながり合うのか？
② ある変化は，なぜその向きに進むのか？

化学変化と対をなす“物理変化”なら①は，“**原子や分子は，なぜ引きあう（反発しあう）のか？**”ですね（たぶんご承知のとおり，①の主役は正負の電荷）．

①は量子論と結合論（ミクロ世界），②は熱力学と平衡論（マクロ世界）の話です．どちらも日本の高校では教えないのですが，化学の“本質”をつかむには欠かせません．

おおよそ①を1～3章，②を4～6章で扱います（序～4章が上巻）．②の範囲だと，自発変化の向きを教える“系のギブズエネルギー減少”は“宇宙のエントロピー増加”に等価……という真実（4・9～10節）に，思わずハッとさせられました．

理屈の締めくくりが7章“反応速度論”です．以後は元素と材料の概観（8章），速度論に従う核化学（9章）の解説と続き，最終の10章が有機化合物の紹介になります．そんな**全体構成の妙**が第二の美点か，と訳者は感じました．

第三に，**例題**（約200個）と簡潔な**復習問題**（約310対）をふんだんに設けた点が，学習上かけがえのない美点でしょう．とりわけ例題は，ときに“そこまでするの？”と呆れるほど丁寧な段階を踏み，結論へと向かうのが基本スタイル．訳者の経験からいっても，自然科学の“ココロ”をつかむには鉛筆を手に計算し，考えながら前に進むのが絶対です．スキップしたら話の本道を見失いそうな例題もあるため，ぜひ手を動かしながら進んでください．復習問題は同型の“A・B対”からなり，“A”に解答を添え，“B”の答は巻末に載せてあります．

序章を構成する節13個（A～M）の**節末問題**は，奇数番と偶数番が瓜二つなので，邦訳には奇数番の問題だけ採りました（解答は巻末）．なお 1～10 章の章末問題（計 540 余）と章内の節末問題（80 節．総計 1500 個）は，邦訳に採用していません．

四つ目の美点は，絶妙な**図と写真**を多用しているところです．多色刷りなればこその美しい図解が，要点を浮き彫りにします．著者は例題の多くにも，考察段階それぞれのミニ図解を添えてくれました．

第五に，やや面倒な理論式（波動関数，分子運動論，定積熱容量と定圧熱容量の関係，エントロピーの温度変化，クラウジウス・クラペイロンの式，化学熱力学の基本式，平衡定数の温度変化，ネルンストの式，反応速度式の積分形など）の導出を著者は**コラム化**し，本文の勢いが途切れないようにしました．読み飛ばして結果だけ使ってもいいのですが，式の根元をたどれば，得るところもあると思います．

第六は，化学が実験台や試薬棚の世界よりずっと豊かな広がりをもつことを伝えようと，できるだけ**身近なものや現象**を素材にしている点でしょう．

そしてもうひとつ，個人的に最高の美点だと感じたのは，イメージ喚起力の強い**例示**や**比喩**をちりばめ，読者に“わからせよう”と努めているところです．化学の教科書・啓発書が数十冊もある“書き慣れた”著者の面目躍如といえましょうか．感心したものの一部だけ（表現に適度な手入れをして）下に紹介します．

- 食塩ひと粒が含むイオンの数は，夜空に見える星よりずっと多い（序章 C 節）．
- 波動関数の性格を考えると，原子 1 個は地球よりも大きい（1・4 節）．
- 共鳴混成体は，見た目が馬になったりロバになったりする妖怪ではなく，両者の交配で生まれた“ラバ”のようなもの（2・2 節）．
- 地球がバスケットボールなら，大気の厚みは約 1 mm しかない（3 章の導入部）．
- 分子内部の運動モードは，エネルギーの“預金先”だと心得よう（4・1 節）．
- 騒がしい街なかのくしゃみは目立たないが，静かな図書室のくしゃみは目立つ（エントロピー変化の説明；4・6 節）．

邦訳にあたっては，著者が複数いるせいで生まれがちな不統一感の緩和に努め，読み物ふうコラム記事“**化学の広がり**”のごく一部だけを割愛しましたが（採択 26 個），内容はおおむね原著どおりです．

ただし 6 章“化学変化”のうち電気化学にからむ 6・11～15 節は，“電子授受を逆向きに書いたら電位の符号が逆転する”という古風な形式主義に貫かれ（アトキンスの“物理化学”関連本は全部そうなので要注意），原著者の尊ぶ“本質”が伝わりにくいため，半世紀来の電気化学屋は関連箇所を，簡明な“日米の慣行”に合うよう修正しました．

さて冒頭の“かたち問題”を説明します．旧訳の作業が進行中だった 2014 年の暮れ近く，別件で来日したアトキンス先生と懇談させていただきました（“現代化学”2015 年 3 月号記事．電気化学部分の記述改変を了承いただいたのも懇談の場）．席上，初版 1978 年の教科書“物理化学（現在 12 版）”をかつて講義に使用中うすうす感じてはいたものの，こんなお言葉に改めて驚いたのを思い出します．

教科書を出したときは，さっそく翌年から改善を考え始め，原則 4 年後，遅くとも 5〜6 年後には版を改めるのが，僕の流儀なんだよ．

訳者のささやかな出版経験だと，在庫が尽きかけたよと版元から連絡が来た際，誤記や誤植を直すほか，一部の表現に手入れはしても，記述の流れや章構成を変えることはありません（“改版”ではなく，少し直すだけの“増刷”）．

そこがアトキンス先生はまったくちがうのです．たとえば直近の版三つだけ見ても，著者数と章構成がこうなっていて，それぞれ別の本かと思えてしまいますね．

第 6 版（2013 年）　著者 3 名　全 20 章　【旧訳】
第 7 版（2016 年）　著者 3 名　全 11 章
第 8 版（2023 年）　著者 5 名　全 10 章　【本書】

第 7 版を邦訳しなかったのは，経費・労力的なコスパのほか，講義用にお使いいただいている方々のご迷惑を避けるためです．なにしろ全体の中身はさほど変わらなくても，素材の移動や章数の半減が施されているわけですから．

冒頭の序章だけは，旧訳と本書で，内容に多少の出入りはあるものの，大幅な変更はありません．けれど 1 章から先は，関連内容の統合（章数の減少）ばかりか，素材の追加・削除・移動があちこちで自由奔放に行われ，見た目もだいぶ変わりました．各章の冒頭に“展望ダイヤグラム”も新設され，これぞアトキンス流の“改版”ですね．2024 年 8 月で満 84 歳を迎えたお体のどこにそんなエネルギーが潜むのかと，7 歳半も若いくせにだいぶガタがきた訳者は，感動・自省しつつ作業を進めました．

こまかい話ですがあとひとつ，なかなかの改善点を特筆しておきます．本書をチラ見しただけで，“身につけたこと”と題する“振り返り部”が目につくでしょう．1 章以降は旧版が“章末ごと”（長い章を読み終えて内容の一部を忘れかけたころ）の計 20 個だったところ，今回の版は“節末ごと”の計 80 個へと 4 倍の増（序章だけは，旧版と同じく節末ごと）だから，学習内容の“確かめ”がぐっと容易になりました．

以上の特徴や改善点を考え合わせると本書は，自身のお歳も念頭に置くアトキンス先生が全身全霊を注いで完成度をぎりぎり高めた“最終版”だな…と感じ入りつつ，訳者は作業を（出来はさておき）進めました．本書により“本物の化学力”を養っていただけるとすれば，それ以上の喜びはありません．

末筆ながら，訳者の注文あれこれに応じていただき，綿密な編集・校正作業を進めてくださった東京化学同人の杉本夏穂子さんと中町敦生君に，心よりお礼申し上げます．

2024 年秋

渡　辺　　正

要約目次

上 巻

下 巻

目　次

序章: 基礎事項

ようこそ化学の世界へ！　化学は自然科学のコアをなすため，化学を“セントラル・サイエンス”とよぶ人もいる．原子や分子のふるまいを解き明かす量子論は，化学の知識から生まれた．見た目は複雑な生命のしくみも，化学反応の集まりにほかならない．ミクロ世界の原子をありありと想像できれば，身近なものや材料が“なぜそんな性質を示すのか”もわかってくる．

化学の性格

化学（chemistry）では，物質の性質と変化に目を注ぐ．食品も石ころも，体の組織も，パソコンやスマホの心臓部にある半導体も，物質世界のメンバーにほかならない．地球上と宇宙の万物は，つまり生物も無生物も，植物も鉱物も，化学の対象になる．

化学と社会

化学は少しずつ進化してきた．石器から青銅器を経て鉄器の時代に入るころ，石（鉱物）から金属（図1）をとりだしたご先祖たちも，そうとは知らずに化学変化を利用している．金属は，きびしい自然環境に立ち向かう力を恵んだ．物質をあやつる技術が文明を生み，ガラスや宝石，貨幣，陶磁器，武器が洗練され，芸術も農業も戦争も高度化していく．それを化学変化がしっかり支えた．

やがて生まれる鋼（スチール）が，社会の変化を加速する．鋼は18世紀の産業革命を促した．蒸気機関が大量生産と大量輸送や大量交易を促した結果，世界は狭く，忙しくなった．どれも化学変化のおかげだといえる．

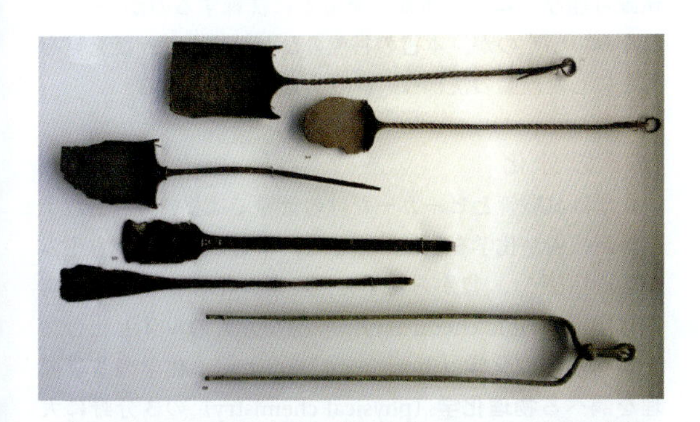

図1　鉱石から抽出しやすい銅は古代から道具や武器に使われた．スズを少し混ぜると硬くて強い材料になるとわかり，青銅器時代が幕を開ける．写真はキプロス島エンコミ遺跡（紀元前1200～1050年）で出土した青銅製の農具．

20世紀には化学産業が大輪の花を開く．増える世界人口を化学肥料が支え，通信と輸送も化学が一変させた．繊維用のポリマー，コンピュータ用の高純度シリコン，光ファイバー用の高性能ガラスも，化学の知恵と技術が生んだ．すぐれた燃料も，航空機や宇宙ロケットの軽くて強い合金もそう．化学は医療も刷新して平均寿命を延ばし，遺伝子工学の基礎をも敷いた．胸躍らせる生命科学の発展も，化学なしにはありえない．

とはいえ重い代償もあった．工業と農業の急成長は，さまざまな面で地球に負荷をかける．若い読者は，今後どんな職業についても，化学を活かし，新しい知見を積み上げてほしい．半導体が20世紀の社会を一変させたように，まだ見ぬ新しい材料が，新しい文明を拓く可能性は高い．人間活動が環境に及ぼす悪影響を減らすにも，化学の知恵と技術は欠かせない．

三つの世界

化学は三つの世界からなる．まず，燃料が燃え，秋に紅葉が始まり，まぶしい光を出しながらマグネシウムが燃え

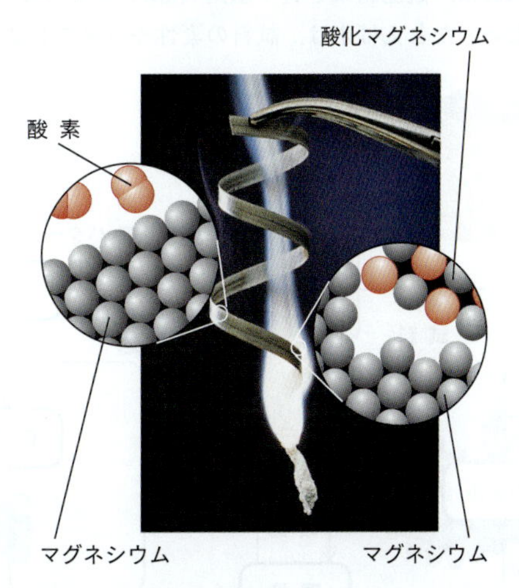

図2　原子どうしが結合を組み替える化学反応．マグネシウムが燃えるときは，マグネシウム原子と酸素原子から酸化マグネシウムができる．つまり2種類の物質（左）が別の物質（右）に変わる．化学反応で原子は生成も消滅もしない．

るなど，目に見える**マクロ世界**（macroscopic world）の出来事がある．目に見える世界の奥には，見えない**ミクロ世界**（microscopic world）がひそむ．ミクロ世界では，原子間の結合ができたり切れたりする（図 2）．**記号の世界**（symbolic world）では，マクロ・ミクロ世界の出来事を，化学記号や数式で表す．

化学者は，ミクロ世界を想像しつつマクロ世界で実験し，両方を記号の世界で扱う．三つの世界は図 3 のようにからみ合う．個別の話題を考えるときは，頂点のどれかに注目している．けれど本質をつかむには三つの世界を結びつけるのが肝心だから，本書では分子レベルの図解や，数式のグラフ化を多用する．理解が進むにつれ，実験結果を記号で描きながら原子や分子を思い浮かべる……というふうに，3 頂点を自在に行き来する力がつくだろう．

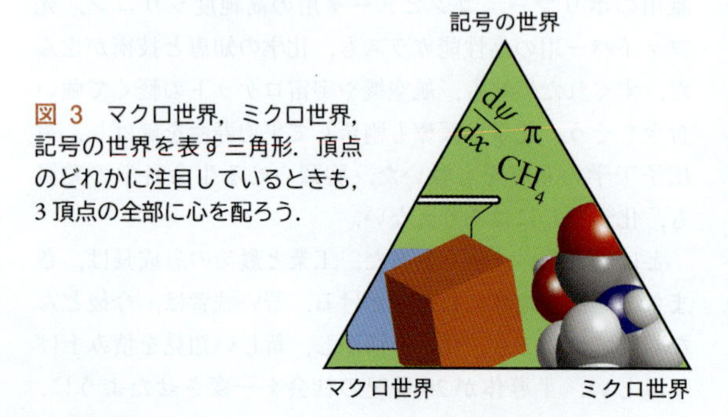

図 3　マクロ世界，ミクロ世界，記号の世界を表す三角形．頂点のどれかに注目しているときも，3 頂点の全部に心を配ろう．

科学の方法

自然科学の着想は，**科学の方法**（scientific method）で追い求める．そのとき，慎重さと創造力が欠かせない．ふつうは図 4 のような段階を踏む．まず，適切な**試料**（sample）を使う観察や実験で**データ**（data）を集める．

実験ではパターンの有無をみる．データに一定のパターンがあれば，観測結果を貫く**法則**（law）が見つかるかもしれない．たとえば水は，試料の素性やサイズによらず，質量比およそ 8：1 の酸素と水素からなる．それがわかった 19 世紀の初頭，物質は決まった元素組成をもつという**一定組成の法則**†（law of constant proportion）が確立された．

データが必ず“法則”にまとまるわけではない．先端科学には，高温超伝導など，まだ“法則”にまとめきれないものもある．また，生命のしくみはいずれ“法則”になるのかもしれないが，当面は謎でしかない．アルツハイマー病やパーキンソン病，がんを起こすタンパク質分子の構造はどう決まるのか，といった問題がその例になる．

パターンが見えたら**仮説**（hypothesis）を立て，“法則”や観測事実の根元を探る．慎重にやった観測の結果から仮説を立てるには，洞察力と想像力，創造力が欠かせない．

英国のドルトン（John Dalton）は 19 世紀の初め，実験結果をもとに**原子説**（atomic hypothesis）を唱えた（p. 11）．原子を見たわけではないにせよ，ありありと思い浮かべた．同時代の人々に自然界を見直させる鋭い洞察だったといえる．科学の発見に果てはない．読者も鋭い洞察力を身につけよう．運にも恵まれたら，いつか画期的な仮説を手にできるかもしれない．

仮説を立てたら，検証のため**実験**（experiment）をする．実験は巧みに設計するのが肝心だけれど，うまくいくかどうかには運も効く．仮説に合う実験結果を別の研究者も得たとすれば，法則は**理論**（theory）に昇格する．理論はふつう数式に書き表す．そのとき，当初は文章や図で表した**定性的な**（qualitative）考えだった理論が，**定量的な**（quantitative）姿に変わる．定量化できた考えは，数値予想に使えるため，実験的な検証を受けやすい．本書でも，化学の定量的な面にたっぷりと出合う．

理論の展開には，対象を単純化した**モデル**（model）を使う．仮説と同様，理論もモデルも実験で当否を検証し，結果が合わなければ手直しをする．たとえば現在のくわしい原子モデル（1 章）は，原子が“分割できない硬い球”だというドルトンの見解を原点に，洗練や修正を受けてきた結果だといえる．化学者がどうやってモデルをつくり，検証可能な形にし，新知見をもとに洗練するのか —— それをみていくのが，本書の目標のひとつになる．新発見をもとにした理論の洗練は，昨今もときどき起きる．

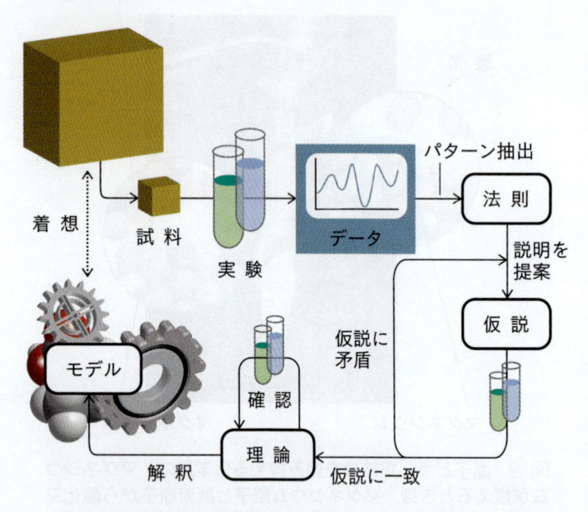

図 4　科学研究の基本段階．段階それぞれで発想の当否を吟味し，必要なら修正する．

化学の分化

化学は試験管とビーカーだけの世界ではない．過去数十年，新技術が化学を様変わりさせ，新しい研究領域も生みだした（図 5）．昔から化学は，炭素の化合物を調べる**有機化学**（organic chemistry），多様な元素の単体と化合物を調べる**無機化学**（inorganic chemistry），化学の基礎原理を調べる**物理化学**（physical chemistry）の 3 分野に大

† 訳注：定訳とされる“定比例の法則”は，原語の意味を伝えない．

図 5　科学研究では先端機器やコンピュータをよく使う．フィリピン・ケソン市で環境のガンマ線量を測る研究者．

きく分かれる．

技術も関心も多様化した結果，新しい分野が続々と生まれた．常用の分類には，**生化学**（biochemistry），**分析化学**（analytical chemistry），**理論化学**（theoretical chemistry），**計算化学**（computational chemistry），**化学工学**（chemical engineering），**薬化学**（medicinal chemistry），**生物化学**（biological chemistry）がある．さらには，分野横断的な知の領域として，遺伝子やタンパク質に注目して生物の機能と多様性を調べる**分子生物学**（molecular biology），材料の化学構造と性質を調べる**材料科学**（materials science），物質の構造をナノメートルレベルで調べ，応用する**ナノテクノロジー**（nanotechnology）なども生まれた．

近ごろは化学でも，**たゆみなき前進**[†1]（sustainable development）の発想が話題になる．地下資源の消費を減らし，新しい資源を見つけ，環境汚染につながる有害物質の排出を減らそうという発想で，ときに**グリーンケミストリー**（green chemistry）ともよぶ．

医学を含むあらゆる自然科学も，さまざまな産業活動も，化学に頼る．どんな職業につこうとも，本書の内容はきっと役立つ．化学は“セントラル・サイエンス”なのだから．

本章の位置づけ

化学の基礎を学習ずみの読者もおられよう．この序章では，化学の基礎をなす概念と実験のあらましを述べる．

本章は初学者に役立つと思う．1 章以降を学ぶ前に知っておきたいことがらと計算法を，わかりやすく述べてある．必要なら，先に進んだあとでも振り返ろう．代数計算や対数計算など，化学で使う数学は付録 1 にまとめた．

†1 訳注：開発が永久に続くはずはないため，本書で“持続可能な開発”という語は使わない．

A　物質とエネルギー

日ごろ私たちは“もの”に触れ，ものを注ぎ，ものの重さを測る．化学は“もの”の性質と変化を扱う．けれど“もの”とは何だろう？　実のところ“**もの**（matter）”は，素粒子物理学の知識を借りてようやく定義できるのだが，さしあたりは“質量をもち，一定の空間を占める何か”だと思えばよい．つまり金塊も水も肉も“もの”だけれど，電磁波（光など）や正義は“もの”ではない．

自然科学で使う日常語には，厳密な意味をもたせる．暮らしの中なら“物質”と“もの”は同じでも，化学では純粋な“もの”を“**物質**（substance）”という．金も水も物質だが，肉はいろいろな物質の混ざりものだから“物質”とはみない．空気も“もの”だとはいえ，いろいろな気体の混合物だから，物質ではない．

物質も“もの”も，固体，液体，気体（三態）という**状態**（state）のどれかをとれる．

固体（solid）：形が決まって流動性がない状態
液体（liquid）：明確な表面をもち，容器の形に身を合わせる流体の状態
気体（gas）：どんな容器の内部も満たす流体の状態

固体や液体の物質が気体の姿になったものを**蒸気**（vapor）という．たとえば水という物質には，氷（固体の水），液体の水，水蒸気の三つがある．

原子・分子レベルの三態は，図 A・1 のイメージになる．たとえば銅は，内部に原子がぎっしりと並んでいるから硬い．ただし，原子は平均位置のまわりで振動を続け，温度が高いほど振動は激しい．液体中の原子や分子は，固体と同じほど密集してはいても，粒子のエネルギーが大きいので，互いに引きあいつつ動き回れる．だから，液体の水も，融けた銅も，重力など外力がかかれば流動する．空気（ほぼ窒素＋酸素）や水蒸気のような気体は，1 秒間に数十億回も仲間にぶつかりつつ，数百 $m\,s^{-1}$ の速さでほぼ自由に真空中を飛び交う分子集団とみてよい[†2]．

A・1　記号と単位

化学では物質の**性質**（property）を調べる．そのうち**物理的性質**（physical property）とは，物質そのものを変えずに観測・測定できる性質をいう．水なら，すぐわかる物理的性質は質量と温度だが，ほかに融点（固体が液化する温度）や硬さ，色，状態（三態のどれか），密度なども物理的性質になる．**物理変化**（physical change）では，物質自体は変わらずに，物理的性質だけが変わる．水が凍ってできる氷も，H_2O に変わりはない．

かたや**化学的性質**（chemical property）は，たとえば水

†2 訳注：液体も“真空中の粒子集団”だから，液体中の分子もイオンも，室温なら秒速およそ 500 m で飛び回っている．

(a)

(b)

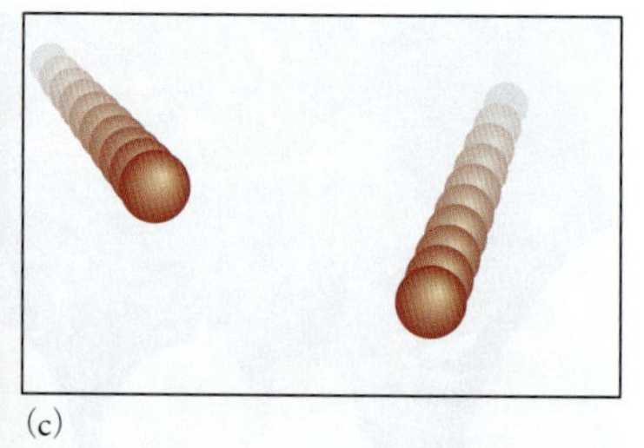
(c)

図 A・1 原子・分子レベルの三態．原子や分子，イオンを球で表す．(a) 密集した粒子が固定点で振動する固体．(b) 粒子どうしが引きあいつつ動ける液体．(c) ほぼ自由な粒子が空間を飛び回る気体．

表 A・1 単位につける桁を表す接頭語

接頭語	記号	倍数	例
キロ	k	10^3 (1000)	1 km＝10^3 m（1 キロメートル）
センチ	c	10^{-2} (1/100，0.01)	1 cm＝10^{-2} m（1 センチメートル）
ミリ	m	10^{-3} (1/1000，0.001)	1 ms＝10^{-3} s（1 ミリ秒）
マイクロ	μ	10^{-6} (1/1 000 000，0.000 001)	1 μg＝10^{-6} g（1 マイクログラム）
ナノ	n	10^{-9} (1/1 000 000 000，0.000 000 001)	1 nm＝10^{-9} m（1 ナノメートル）

素 H_2 なら，酸素 O_2 と反応して水 H_2O になりやすい（燃えやすい）など，物質がどう変化するかをいう．**化学変化**（chemical change）では，物質そのものが変わる．

測定できる物理量はイタリックの 1 文字で書き†，測定値は“数値×**単位**（unit）”の形に書く．質量の 15 kg は，“1 kg”という単位の 15 倍を表す（略した“×記号”を忘れないため，数値と単位の間は必ず少し空ける）．物理量の単位は国際合意されているから，表記は万国に通じる．本書で使う単位と単位記号を付録 1 にまとめた．

注目！ 物理量（長さ *l*，時間 *t* など）はイタリック体で書き，単位（メートル m，秒 s など）はローマン体で書く．■

科学では，メートル法由来の**国際単位系**（SI；Système International d'Unités； 英訳 International System of Units）を使う．**基本単位**（base units）7 種のうち，おなじみの 3 種を確認しておこう．

メートル（metre，米 meter）：長さの単位，記号 m
キログラム（kilogram）：質量の単位，記号 kg
秒（second）：時間の単位，記号 s

必要なら，単位には桁を表す接頭語をつける．付録 1B の抜粋版を**表 A・1** に示す．

質量や長さ，時間などよりも複雑な性質は，基本単位を組み合わせた**組立単位**（derived units）で表す．たとえば**体積**（volume）*V* の単位は，長さ三つの積だから（メートル)^3 つまり m^3 になる．**密度**（density）の単位は，質量（基本単位）を体積（組立単位）で割った（キログラム)/(メートル)^3 なので，kg/m^3 か $kg\ m^{-3}$ と書く（本書では“$kg\ m^{-3}$”の形を使う）．

注目！ べき数（cm^3 の 3 など）は，“接頭語も含めてかけ合わせた回数”を表す．だから cm^3 は $(cm)^3=10^{-6}\ m^3$ に等しく，$c(m)^3=10^{-2}\ m^3$ ではない．■

単位どうしの換算をする場面は多い．たとえばインチ（in.）単位の長さをセンチメートル（cm）単位に換算するときは，1 in.＝2.54 cm の関係を使う．単位どうしの関係を付録 1B の表 5 にまとめた．換算の際は，次式のような**換算係数**（conversion factor）を使うとわかりやすい．

$$換算係数 = \frac{換算後の単位}{もとの単位}$$

一般化すれば，こう表現できる．

$$換算後の情報 = もとの情報 \times 換算係数$$

換算係数を使う計算では，数値だけでなく単位も，かけ合わせたり約分したりする．

例題 A・1 単位の換算

1.7 qt（米クオート）のペンキがほしい．メートル法の国なら何リットルか．

予想 1 L は 1 qt より少し多いから（付録 1B の表 5），1.7 L よりやや少ないだろう．

方針 付録 1B の表 5 にあるつぎの関係を使う．

$$1\ qt = 0.946\ 352\ 5\ L$$

† 訳注：ほぼ唯一の例外となる“pH”は，“ローマン体の 2 文字”で書く．

つぎに，もとの単位 qt と，換算後の単位 L を結ぶ換算係数をつくる．

解答　(換算後の単位)/(もとの単位) を表す換算係数はこうなる．

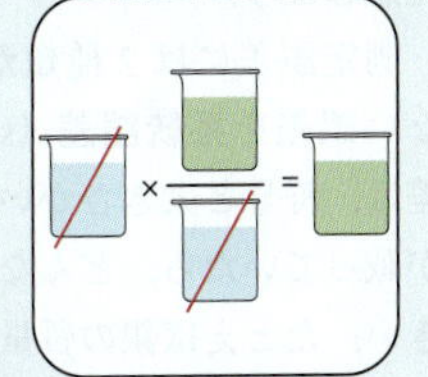

$$\text{換算係数} = \frac{0.946\,352\,5\ \text{L}}{1\ \text{qt}}$$

ほしい量（1.7 qt）を L 単位に換算する．

$$\text{体積} = 1.7\ \text{qt} \times \frac{0.946\,352\,5\ \text{L}}{1\ \text{qt}} = 1.6\ \text{L}$$

確認　予想どおり，1.7 L よりやや少なかった．有効数字を扱うルール（付録 1）に従い，数値は四捨五入で 2 桁にしてある．

復習 A・1A　6.00 フィートは何センチメートルか．

［答：183 cm］

復習 A・1B[†1]　250 グラムは何オンス（oz）か．250 の有効数字は 3 桁とみる．

関連の節末問題[†2]　A・13，A・31

べき乗した単位を換算するときは，換算係数も同じ回数だけかける．たとえば，密度の 11 700 kg m^{-3} を“立方センチメートルあたり何グラムか”へ換算するには，以下二つの関係を使う．

$$1\ \text{kg} = 10^3\ \text{g} \qquad 1\ \text{cm} = 10^{-2}\ \text{m}$$

換算はつぎのようになる．

$$\text{密度}(\text{g cm}^{-3}) = 11\,700\ \text{kg m}^{-3} \times \frac{10^3\ \text{g}}{1\ \text{kg}} \times \left(\frac{1\ \text{cm}}{10^{-2}\ \text{m}}\right)^{-3}$$

$$= 11\,700\ \text{kg m}^{-3} \times \frac{10^3\ \text{g}}{1\ \text{kg}} \times \frac{10^{-6}\ \text{m}^3}{1\ \text{cm}^3}$$

$$= 11.7\ \frac{\text{g}}{\text{cm}^3} = 11.7\ \text{g cm}^{-3}$$

復習 A・2A　密度 6.5 g cm^{-3} は，1 立方ナノメートルあたり何マイクログラムか．

［答：6.5×10^{-15} μg nm^{-3}］

復習 A・2B　重力の加速度 9.81 m s^{-2} は，1 平方時あたり何キロメートルか．

上にも述べたとおり単位は，数値と同様に，かけ合わせたり約分したりできる．だからたとえば $m = 5$ kg という量は，両辺を kg で割り，m/kg = 5 と書いてもよい．すぐ上に書いた密度も，d/(g cm^{-3}) = 11.7 と表せる．

†1 復習“B”の答は巻末に載せてある．
†2 訳注：奇数番の節末問題のみ記載（訳者まえがき参照）．

物理的性質には，サイズで変わるものと変わらないものがある．その二つをつぎのように区別する．

示量性の性質（extensive property）：サイズに応じて値が変わる．

示強性の性質（intensive property）：サイズが増減しても値は変わらない．

示量性の性質は，部分の和が全体の値になる．わかりやすい例は体積だろう（水 2 kg の体積は水 1 kg の 2 倍）．かたや温度は，試料のサイズによらないので示強性の性質だといえる（図 A・2）．物質の差は，示強性の性質に表れる．たとえば水は，色（無色），密度（1.00 g cm^{-3}），融点（0 ℃），沸点（100 ℃），室温で液体……という示強性の性質から特定できる．

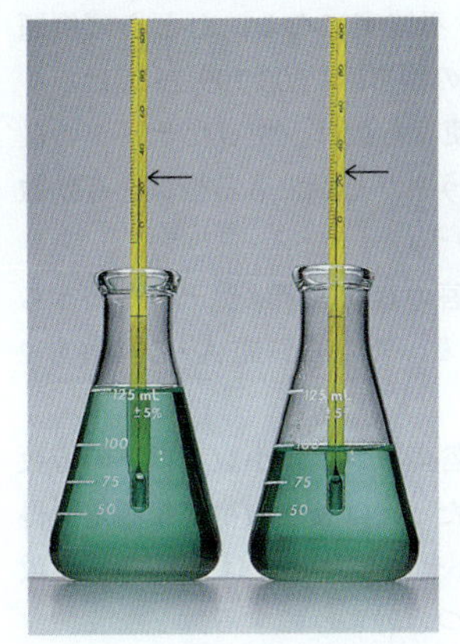

図 A・2　硫酸鉄(Ⅱ)水溶液からとった試料二つ．試料ごとに質量（示量性の性質）はちがうけれど，温度（示強性の性質）は同じ．

示量性の性質の割り算が生む示強性の性質もある．たとえば，試料の質量 m を体積 V で割った密度 d がその例になる．

$$\text{密度} = \frac{\text{質量}}{\text{体積}} \quad \text{つまり} \quad d = \frac{m}{V} \qquad (1)$$

体積が 2 倍なら質量も 2 倍なので，密度はサイズによらない示強性の性質になる．

物理的性質は，状態（三態）や温度，圧力で変わる．水の密度は 0 ℃ で 1.00 g cm^{-3} のところ，100 ℃ なら 0.958 g cm^{-3} に減る．氷の密度は 0 ℃ で 0.917 g cm^{-3} だが，100 ℃ の水蒸気の密度はその約 2000 分の 1 に近い 0.597 g L^{-1} しかない．ほとんどの物質は固体になるとき少し縮むため密度が増すけれど，水は珍しい例外で，凍ると体積が増して密度が減る結果，0 ℃ の氷は 0 ℃ の水より密度が小さい[†3]．

†3 訳注：金属のアンチモンも例外．活版印刷の時代，融解物が固化するとき膨張する性質に注目し，鋳造時の体積増減を相殺して字画を正確に表現するため，活字の材料にアンチモン系の合金を使った．

考えよう 圧力一定で熱した気体は膨張する．そのとき気体の密度は増えるか，減るか，変わらないか．■

復習 A・3A セレンの密度 4.79 g cm^{-3} より，セレン 6.5 cm^3 の質量を求めよ．

［答: 31 g］

復習 A・3B 0 ℃，1.00 atm でヘリウムの密度は 0.176 85 g L^{-1} となる．同じ温度と圧力で，ヘリウム 10.0 g を入れた風船の体積はいくらか．

要点 化学的性質は物質ごとに変わるが，物理的性質は物質に関係しない．示量性の性質は試料のサイズで変わるが，示強性の性質は試料のサイズによらない．■

A・2 精度と正確さ

測定値は必ず誤差を含む．そのため，測定値を使った計算の結果は，誤差の分だけ不確実になる．たとえば例題 A・1 では 1.7×0.946 3525 の答を，1.608 799 25 ではなく 1.6 とした．結果の数値に使う桁数は，使ったデータの最少桁数に合わせる．数値のうち，信頼できる桁数を**有効数字**（significant figure）という．

かけ算や割り算の場合，答の有効数字は，データのうち少ないほうの桁数に合わせる．だから例題 A・1 の答も 2 桁にした．

足し算や引き算の場合，答の数値は，小数点以下の桁数が最少のものに合わせる．たとえば長さの精密な測定で得た 55.845 mm と 15.99 mm を足したときは，答の“小数点以下 3 桁目”を無視し，つぎのようにする．

$$55.845\ \mathrm{mm} + 15.99\ \mathrm{mm} = 71.83\ \mathrm{mm}$$

末尾が 0 の整数は，見ただけで有効数字はわからない．たとえば“400”の有効数字には，1 桁（4×10^2），2 桁（4.0×10^2），3 桁（4.00×10^2）のどれもありうる．本書では，有効数字 3 桁の“400”を，末尾に点を打って“400.”と書く†．ただし日常生活でそのルールを使うことはほとんどない．

ふつう測定は何度もくり返し，測定値の平均を出して結果の“精度”と“正確さ”を評価する．

測定の**精度**（precision）: 反復測定の結果が互いにどれほど近いかを表す．

測定の**正確さ**（accuracy）: 平均値と真の値との近さを表す．

精度と正確さの区別を図 A・3 に例示した．精度の十分に高い測定値も，不正確なことがありうる．その点によく注意しよう．

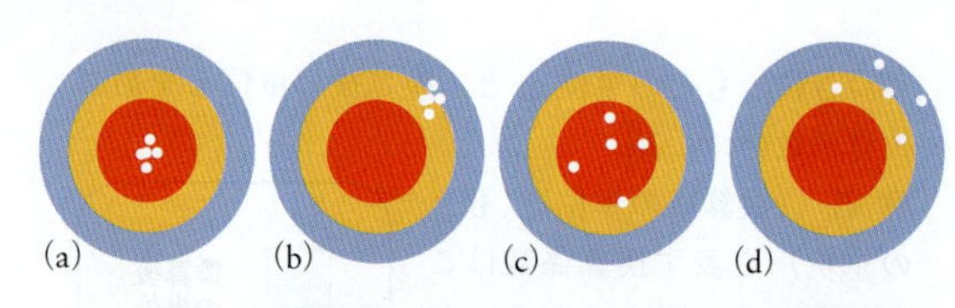

図 A・3　赤丸の中心が正確な値だとする．(a) 精度も正確さも十分，(b) 精度はよいが不正確，(c) 精度は悪いが平均値は正確，(d) 精度が悪いうえに不正確．

測定誤差には 2 種類がある．測定をくり返しても消えない誤差を**系統誤差**（systematic error）という．系統誤差は，符号と大きさがいつもほぼ等しい．天秤の皿にゴミが載っていたら，どんな試料の測定値も真の値より必ず大きい．たとえば銀の質量を測ったとき，皿のゴミに気づかず，天秤の読みそのままの 5.0450 g を記録しても，正確とはいえない．原因がわかれば系統誤差は補正できるが（皿のゴミが原因なら，一定値を差し引く），実際には原因がわからないことも多い．

ランダム誤差（random error）は，くり返し測定で符号も大きさも変わり，平均すると 0 になる．気流が天秤の皿を上下させ，質量の読みとり値を増減させる状況がその例になる．ランダム誤差を減らすには，測定を何度もくり返して平均をとればよい．

考えよう 系統誤差の原因をつかみ，減らすには，どんな方法があるだろうか．■

要点 くり返し測定の結果がいつも似ていれば“精度が高い”，真の値に近ければ“正確さが高い”という．■

A・3 力

物体の**速さ**（speed）v は，m s^{-1} という SI 単位で表す．動く速さと向きの両方を考えたものを**速度**（velocity）とよぶ．たとえば，速さが一定の円運動をする粒子は，速度をたえず変えている．

速度の時間変化を**加速度**（acceleration）a という．同じ速さで直線運動する粒子の加速度はゼロだが，速さが一定でも動く向きが変わったときは，加速度を得る（図 A・4）．加速度の SI 単位は m s^{-2} となる．

力（force）F は，ものの運動状態を変える．押したドアが開くのも，打球が飛ぶのも力の作用だといえる．運動を表す**ニュートンの第二法則**（Newton's second law of motion）により，力 F を受けた質量 m の物体が得る加速

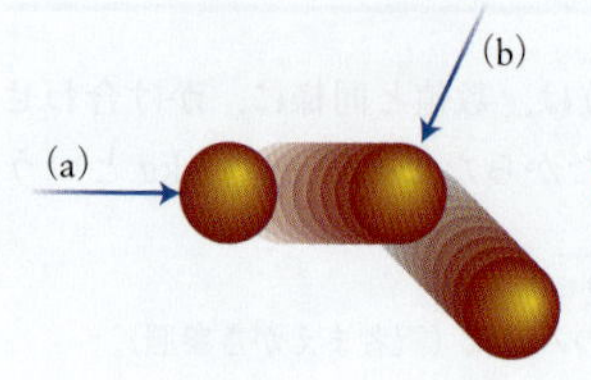

図 A・4　力が働く結果 (a) 速さだけ変わる加速と (b) 運動の向きだけが変わる加速．

† 訳注: 邦訳では，日本の慣行から外れる“400.”のような表記は使わない．

度 a の大きさは，$a=F/m$ と書ける．そのため，物体の質量 m が大きいほど，同じ力 F を受けても加速度は小さい．以上のことはつぎのように書ける．

$$力 = 質量 \times 加速度 \quad つまり \quad F = ma \tag{2}$$

質量の単位が kg のとき，力の SI 単位は $\mathrm{kg\,m\,s^{-2}}$ になる．物理でよく出合う単位だから特別に“ニュートン (N)”とよび，$1\,\mathrm{N} = 1\,\mathrm{kg\,m\,s^{-2}}$ が成り立つ．1 N は，枝にぶら下がった小ぶりのリンゴ（100 g）を重力が引く力にほぼ等しい．

要 点　加速度（速度の変化率）は，加わった力に比例する．■

A・4　エネルギー

外力に逆らって物体を動かすことを**仕事**（work）という．仕事の大きさは，加わっている力と移動距離の積に等しい．

$$仕事 = 力 \times 距離$$

力の単位がニュートン N，距離の単位がメートル m なら，仕事の単位は N m（元の単位だと $\mathrm{kg\,m^2\,s^{-2}}$）になる．それを改めてジュール（J）とよび，$1\,\mathrm{J} = 1\,\mathrm{N\,m} = 1\,\mathrm{kg\,m^2\,s^{-2}}$ の関係を使うことが多い．

エネルギー（energy）は，“仕事をする能力”を意味する．重力場の中で質量をもち上げるにも，回路に電流を流すにも，エネルギーを使う．エネルギーの大きい物体ほど，仕事をする能力が大きい．たとえば 2.0 kg の教科書を 0.97 m だけもち上げるには，約 19 J のエネルギーを要する（図 A・5）．通常，化学反応で出入りするエネルギーは 1000 J 単位で書けば数値がわかりやすいため，化学では単位にキロジュール kJ（10^3 J）を使うことが多い．

注目！　人名にちなむ SI 単位の英語表記は（joule など）小文字にするが，単位記号は（J のように）大文字で書く．■

化学で出合うエネルギーには，おもに運動エネルギーと位置エネルギー（ポテンシャルエネルギー），電磁エネルギーの三つがある．**運動エネルギー**（kinetic energy）E_k は，動く物体がもつエネルギーをいう．速さ v で動く質量 m の物体は，つぎの運動エネルギーをもつ．

$$E_k = \frac{1}{2}mv^2 \tag{3}$$

物体が重いほど，動きが速いほど，運動エネルギーは大きい．静止物体（$v=0$）は運動エネルギーをもたない．

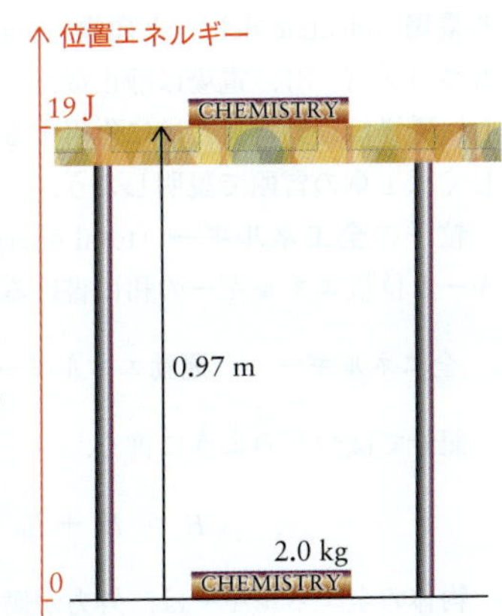

図 A・5　2.0 kg の本を床から 0.97 m だけ上方の机へもち上げるには，約 19 J を要する．本を床に落とせば，同じ大きさのエネルギーが放出される．

例題 A・2　運動エネルギーの計算

総質量 75 kg の“選手＋自転車”が静止状態から 20 mph† （$8.9\,\mathrm{m\,s^{-1}}$）まで加速するとき，選手が消費するエネルギーはいくらか．摩擦や空気抵抗は考えない．

方 針　最初は 0 だから，最終状態の運動エネルギー分だけ消費する．

解 答　$E_k = \frac{1}{2}mv^2$ を使い，走行時の運動エネルギーを計算する．

$$\begin{aligned} E_k &= \frac{1}{2} \times (75\,\mathrm{kg}) \times (8.9\,\mathrm{m\,s^{-1}})^2 \\ &= 3.0 \times \underbrace{10^3}_{\mathrm{k}}\ \underbrace{\mathrm{kg\,m^2\,s^{-2}}}_{\mathrm{J}} \\ &= 3.0\,\mathrm{kJ} \end{aligned}$$

確 認　所要エネルギーは 3.0 kJ．実際は摩擦と空気抵抗があるためもっと多い．

復習 A・4A　$25\,\mathrm{m\,s^{-1}}$ で飛ぶ 0.050 kg の球の運動エネルギーはいくらか．

［答：16 J］

復習 A・4B　1.5 kg の本が床に落ち，最終の速さは $3.0\,\mathrm{m\,s^{-1}}$ だった．床に着く寸前の運動エネルギーはいくらか．

関連の節末問題　A・35

位置エネルギー（**ポテンシャルエネルギー**，potential energy）E_p とは，“力場”内の物体が，占める位置に応じてもつエネルギーをいう．力場は“力が働く空間”を意味する．力場の種類はいろいろだから，位置エネルギーに共通の単純な表式はない．化学ではおもに二つ，重力場内と電場（クーロン力場）内の位置エネルギーを考える．

地表から高さ h にある質量 m の物体は，地表の値を 0 としたとき，重力場によるつぎの位置エネルギー E_p をもつ（図 A・6）．

$$E_p = mgh \tag{4}$$

† mph は miles per hour の略号．

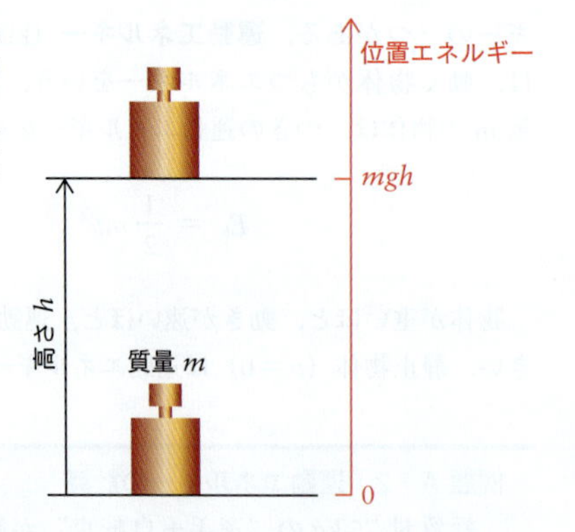

図 A・6 高さ h にある質量 m の物体は，地表より mgh だけ位置エネルギーが大きい．

g を**重力の加速度**（acceleration of gravity）または**自由落下の加速度**（acceleration of free fall）という．g の値は場所で変わるが，ふつうは“標準値”$9.81\ \mathrm{m\ s^{-2}}$ を使う．高い位置にある物体ほど位置エネルギーが大きい．床の本を机上まで上げるには，位置エネルギー差だけの仕事を要する．

注目！ 運動エネルギーを KE，位置エネルギーを PE と書くこともある．ただし正式な物理量は（必要なら E_k や E_p のように添え字つきの）イタリック体 1 文字で書く．位置エネルギーが V と書かれている際は，体積と混同しないよう注意する． ■

例題 A・3 重力による位置エネルギーの計算

体重 65 kg の人がリフトで 1164 m だけ昇った．体の位置エネルギーはいくら増えたか．

予 想 質量 1 kg，高低差 1 m なら，位置エネルギー変化は約 10 J になる．65 kg，1000 m 以上の状況を考えるため，650 kJ より少し大きいだろう．

方 針 リフト乗り場での位置エネルギーを 0 とみて，昇ったあとの値を計算する．

解 答 $E_\mathrm{p}=mgh$ を使い，結果はつぎのようになる．

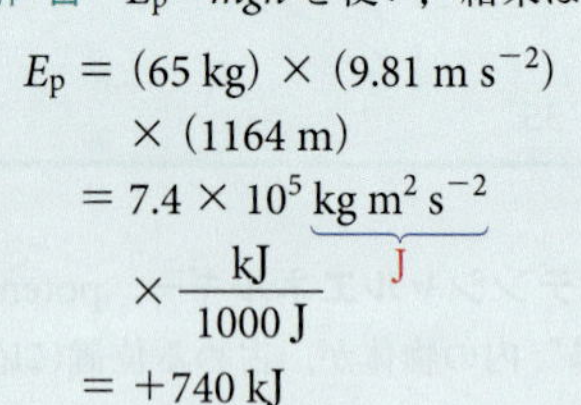

$$
\begin{aligned}
E_\mathrm{p} &= (65\ \mathrm{kg}) \times (9.81\ \mathrm{m\ s^{-2}}) \\
&\quad \times (1164\ \mathrm{m}) \\
&= 7.4 \times 10^5\ \underbrace{\mathrm{kg\ m^2\ s^{-2}}}_{\mathrm{J}} \\
&\quad \times \frac{\mathrm{kJ}}{1000\ \mathrm{J}} \\
&= +740\ \mathrm{kJ}
\end{aligned}
$$

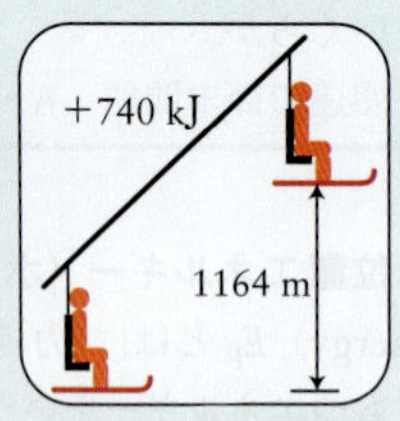

確 認 予想どおり，650 kJ より少し大きかった．

復習 A・5A 高さ 0.82 m の机上にある 2.0 kg の本の位置エネルギーは，床にあったときに比べて，どれだけ大きいか．

［答: 16 J］

復習 A・5B 0.350 kg の缶コーラを東京スカイツリーの第 2 展望台（高さ 450 m）に運び上げる．必要な仕事は何 kJ か．

関連の節末問題 A・37，A・39

化学では，電子，原子核，イオンなど荷電粒子の引き合いや反発によるエネルギーが大きな役割をする．そんなエネルギーを**静電的位置エネルギー**〔**クーロンポテンシャル**（**エネルギー**），Coulomb potential energy〕とよぶ．距離 r だけ離れた電荷 Q_1 と Q_2 に働く位置エネルギー E_p は，電荷の積 Q_1Q_2 に比例し，r に反比例する．

$$
E_\mathrm{p} = \frac{Q_1Q_2}{4\pi\varepsilon_0 r} \tag{5}
$$

(5)式は真空中の 2 電荷に成り立つ．ε_0 は**真空の誘電率**（vacuum permittivity）とよぶ基礎物理定数で，$8.854\times10^{-12}\ \mathrm{J^{-1}\ C^2\ m^{-1}}$ という値をもつ．電荷がクーロン（C）単位，距離がメートル（m）単位のとき，位置エネルギーの単位がジュール（J）になる．電子の電荷は，**電気素量**を $e=1.602\times10^{-19}$ C として，$-e$ となる．

式の意味 静電的位置エネルギー E_p は，2 電荷が無限に遠いと 0 になる．同符号の電荷（たとえば電子）どうしなら Q_1Q_2 は正値だから，近づく（r が減る）ほど E_p は増す．異符号の電荷（たとえば電子と原子核）どうしなら，Q_1Q_2 は負だから E_p も負になり，近づくほどに E_p は減る（図 A・7）． ■

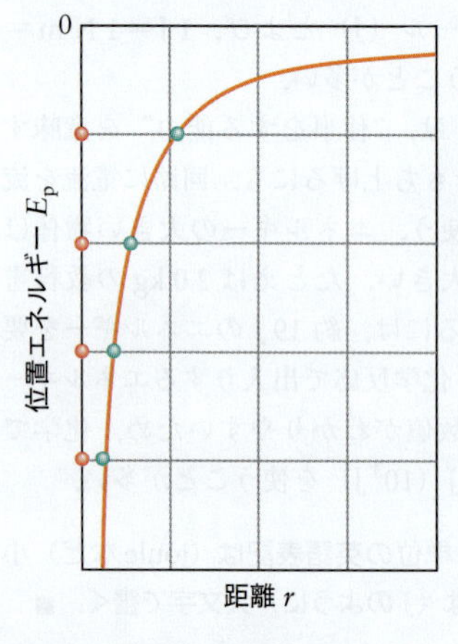

図 A・7 異符号の電荷（●と●）がもつクーロンポテンシャルエネルギー．2 電荷が近いほど位置エネルギーは小さい（負で絶対値が大きい）．

先ほども触れた電磁エネルギーとは，ラジオ波や光，X 線などが運ぶ**電磁場**（electromagnetic field）のエネルギーをいう．加速される荷電粒子が出す電磁場は，振動する**電場**（electric field）と**磁場**（magnetic field）を成分にもつ（図 A・8）．電場は静止電荷と運動電荷の両方に作用し，磁場は運動電荷だけに作用する．電磁場についてくわしくは 1 章の冒頭で説明しよう．

粒子の**全エネルギー**（total energy）E は，運動エネルギーと位置エネルギーの和に書ける．

全エネルギー ＝ 運動エネルギー ＋ 位置エネルギー

記号ではつぎのように書く．

$$
E = E_\mathrm{k} + E_\mathrm{p} \tag{6}
$$

物体の全エネルギーは，外力が働かないかぎり変わらな

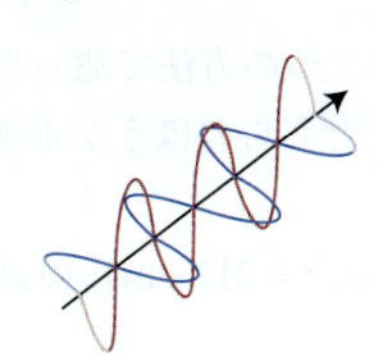
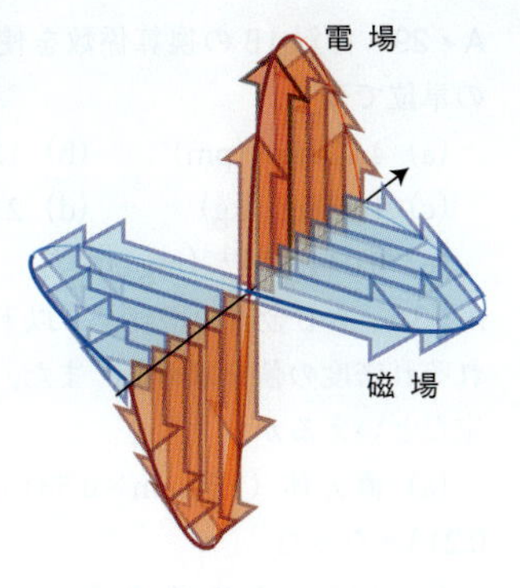

図 A・8 電磁場の直交した振動磁場（■）と振動電場（■）．矢印は場の強さと向きを表す．波の進行方向は，磁場と電場の両方に直交している．

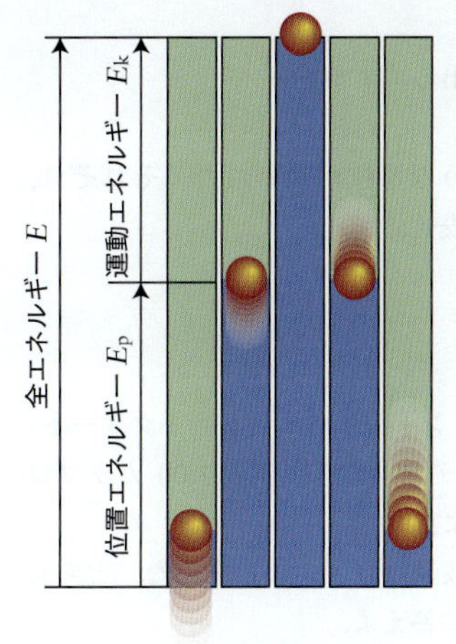

図 A・9 放り上げた球の運動エネルギー（■）と位置エネルギー（■）の比率が変わっていくようす．外力（空気抵抗など）を無視すれば，運動エネルギーと位置エネルギーの和は変わらない．

い．そのことを“エネルギーは保存される”という．巨大な惑星でも極微の原子でも，運動エネルギーと位置エネルギーは相互に変わり合うけれど，両者の和は変わらない．

球を投げ上げたとしよう．最初，球の位置エネルギーは0で，運動エネルギーは大きい．最高点に達したとき，運動エネルギーは0，位置エネルギーは最大になる．最高点から落ちるにつれて運動エネルギーは増え，位置エネルギーは0に向けて減る．どの瞬間をみても，全エネルギーは，投げ上げた瞬間と変わらない（図 A・9）．

地面に衝突したとき，球がもっていたエネルギーは，原子や分子のランダムな運動つまり**熱運動**（thermal motion）のエネルギーに変わる．その瞬間，地球のエネルギーは，ボールが失ったエネルギー分だけ増す．けれど，エネルギーは生成も消滅もしないという**エネルギー保存則**（law of conservation of energy）に反する現象は見つかっていない．宇宙の一部（たとえば特定の原子 1 個）が失うエネルギーは，別の何かが必ず受けとっている．

化学では，ほか 2 種のエネルギーによく出合う．まず**化学エネルギー**（chemical energy）は，燃焼などの化学反応で出入りするエネルギーをいう．とはいえ特別なエネルギーではなく，反応にあずかる物質集団（物質中の電子を含む）の位置エネルギーと運動エネルギーの総和を表す．もうひとつの**熱エネルギー**（thermal energy）は，原子やイオン，分子の熱運動に伴う位置エネルギーと運動エネルギーの総和を表す．ただし，ときには質量 m もエネルギー E に変わり，$E = mc^2$（c は光速）の関係が成り立つ（アインシュタインの式）．

要 点 物体の動きには運動エネルギーが伴い，物体の位置には位置エネルギーが伴う．電磁波はエネルギーを運ぶ．力に逆らって物体を動かすことを仕事という．■

身につけたこと

測定や測定値の意味，力とエネルギーの関係，運動エネルギーと位置エネルギーの区別を学び，つぎのことができるようになった．

❑1 物理的性質と化学的性質の区別，示強性の性質と示量性の性質の区別
❑2 単位の相互換算（例題 A・1）
❑3 運動エネルギーの計算（例題 A・2）
❑4 位置エネルギーの計算（例題 A・3）
❑5 静電的位置エネルギーと電荷の関係

節末問題

A・1 法則と仮説の区別を“科学の方法”で学んだ．つぎのうち，法則はどれか．

(a) 圧力一定で熱した気体は膨張する．

(b) ナトリウムが塩素と反応すれば塩化ナトリウムができる．

(c) 宇宙には果てがない．

(d) 地球上の全生物は生存に水を必要とする．

(e) 石炭の燃焼は地球温暖化の原因になる．

A・3 以下は化学的性質か，物理的性質か．

(a) 銀製品が黒ずむ．

(b) ルビーの赤色はクロムイオンが出す．

(c) エタノールは 78 °C で沸騰する．

A・5 つぎの文中，物理的性質と物理変化を指摘せよ．

“看護師は，負傷したキャンパーの体温を測り，プロパンのバーナーに点火した．水が沸騰し始めると，冷たい窓ガラスに水滴がついた．”

A・7 下の図中で，緑の玉と青い玉は異種元素の原子を表す．(a)～(c) のうち，物理変化と化学変化はどれか．

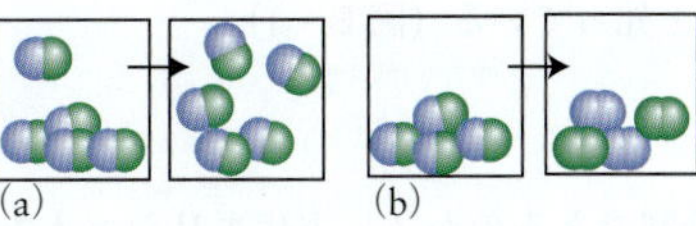
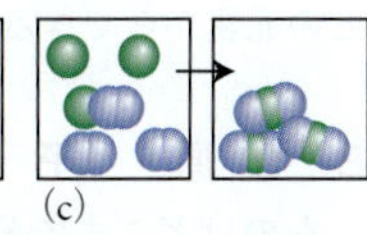

A・9 以下は示量性の性質か，示強性の性質か．

(a) 氷が融ける温度

(b) 塩化ニッケルの色
(c) ガソリンが燃えて出るエネルギー
(d) ガソリンの値段

A・11 かつてつぎのような単位が使われた．それぞれ，桁を表す接頭語をつけて表せ．
(a) 1000 グレイン
(b) 0.01 バットマン
(c) 1×10^6 ムチキン

A・13 2 カップ＝1 パイント，2 パイント＝1 クオート，1 クオート＝946 ミリリットルより，牛乳 1.00 カップは何ミリリットルか計算せよ．

A・15 測定で 2 種類の波長 (a) と (b) を得た．どちらが長いか，電卓を使わずに答えよ．
(a) 5.4×10^2 μm，(b) 1.3×10^9 pm

A・17 水 2.34 mL を入れたメスシリンダーに 11.23 g の金属を沈めたら，水面が 2.93 mL に上がった．金属の密度は何 g cm^{-3} か．

A・19 ダイヤモンドの密度を 3.51 g cm^{-3} として，ダイヤモンド 0.750 カラット（1 カラット＝200 mg）の体積を求めよ．

A・21 フラスコ（43.50 g）に水を満たしたら 105.50 g，別の液体を満たしたら 96.75 g だった．この液体の密度は何 g cm^{-3} か．

A・23 宇宙船の船体には宇宙線を遮蔽するためアルミニウム板を貼る．十分な遮蔽には，1 平方センチメートルあたり 2.0×10 g のアルミニウムを要する．付録 2D を使い，アルミニウムの厚みを計算せよ．

A・25 有効数字に注意してつぎの計算をせよ．

$$\frac{51.875 \times 1.700}{50.4 + 207.2}$$

A・27 有効数字に注意してつぎの計算をせよ．

$$\frac{0.082\,06 \times (273.15 + 1.2)}{3.25 \times 7.006}$$

A・29 付録 1B の換算係数を使い，つぎの量を（ ）内の単位で表せ．
(a) 4.82 nm（pm） (b) 1.83 mL min^{-1}（$mm^3\ s^{-1}$）
(c) 1.88 ng（kg） (d) 2.66 g cm^{-3}（kg m^{-3}）
(e) 0.044 g L^{-1}（mg cm^{-3}）

A・31 ある金属の密度を，以下二つの方法で測った．それぞれ密度の値を求めよ．また，どちらのほうが正確な測定だといえるか．
(a) 直方体（1.10 cm×0.531 cm×0.212 cm）の試料は 0.213 g だった．
(b) 19.65 mL まで水を入れたメスシリンダーは 39.753 g だった．金属を沈めたところ，水面が 20.37 mL まで上がり，総質量が 41.003 g になった．

A・33 ある特別な温度目盛では，水の融点が 50 °X，沸点が 250 °X になる．
(a) 摂氏温度 °C を新目盛 °X で表す式を書け．
(b) 22 °C は何 °X か．

A・35 体重 4.2 kg の鶏が 14 km h^{-1} で走るとき，運動エネルギーはいくらか．

A・37 質量 2.8 t の車が 100 km h^{-1} から 50 km h^{-1} に減速するとき，熱に変わる分を無視すれば，利用できるエネルギーはいくらか．また，摩擦などの損失がないなら，そのエネルギーは車をどれほどの高さまでもち上げるか．

A・39 フォークを口に運ぶしか運動しない人もいる．食事中に 30 回，食物を刺した 40.0 g のフォークを 0.50 m だけ高い口に運ぶときの消費エネルギーはいくらか．

A・41 $E_P = mgh$ は地表だけで成り立つ．一般には，地球（質量 m_E）の中心から距離 R にある質量 m の物体は，$E_P = -Gm_Em/R$ の位置エネルギーをもつ．地球の半径を R_E とすれば，$R = R_E + h$ と書ける．$h \ll R_E$ での近似式を求め，重力の標準加速度 g を表す式を書け．x が 1 より十分に小さければ $(1+x)^{-1} = 1-x$ とみてよい．

B 元素と原子

科学では単純さを尊ぶ．複雑きわまりない自然界も，単純なものに還元したい．化学研究の営みは，山や木も，人体，コンピュータ，脳，コンクリート，海洋も，単純なものからできていることを浮き彫りにした．

古代ギリシャ人も，万物は土，水，空気，火の“4 元素”からできるとみた．いま私たちは，万物は 100 種ほどの元素からできると知っている（図 B・1）．

図 B・1 元素（単体）の例．臭素（赤褐色の液体）から時計回りに，水銀，ヨウ素，カドミウム，赤リン，銅．

B・1 原 子

ものはどこまで分割できるのか？ 古代ギリシャ人もそれを考察した．ものの性質は，どこかの段階で消えるのか？ いや，分割に果てはない？ いま私たちは，分割には果てがあると知っている．究極の粒子つまり**原子**(atom) は，想像を絶するほど小さい．原子観が形をなしていった道のりは，科学モデルの歩みをよく語る（1章に続く話）．

こぼれ話 用語 atom は，*tomos*（部分，巻物）に否定辞の a- を添えたギリシャ語（分割できないもの）にちなむ．■

19世紀の初め英国の教師ドルトン（John Dalton，図B・2）は，元素（単体）が結びついて“化合物”になるときの質量比に，明確なパターンを見つけた．どんな水も水素 1 g あたり酸素 8 g を含む．同じ2元素からできる別の化合物（過酸化水素）は，水素 1 g あたりの酸素がその2倍つまり 16 g になる．そうした結果をもとにドルトンは，つぎのような**原子説**（atomic hypothesis）を唱えた．

1. 同じ元素の原子はどれも同じ．
2. 原子の質量は元素ごとにちがう．
3. 化合物は，2種以上の元素の原子が一定比率で結びついたもの．
4. 化学反応で原子は生成も消滅もせず，結びつく相手を変えるだけ．

図 B・2　実験結果をもとに原子説（1802～03年）を唱えたドルトン（1766～1844）．

こぼれ話 やがて，質量のちがう“同位体原子”をもつ元素もあるとわかったため（B・3項），ドルトンの仮説1はもはや正しくない．■

先端機器を使えば原子も見えて（図B・3），その実在を疑う余地はない．だから**元素**（element）は，“同種の原子からできた物質”とみる†．現在，第7周期まで118種の元素が名前をもつ（元素名と元素記号，命名の由来を付録2Dにまとめた）．たいへん重い元素には，わずか数原子しかつくれていないものもある．たとえば110番ダームスタチウムは，1ミリ秒未満で壊れる原子が2個だけ観測されたにすぎない．

図 B・3　走査型トンネル顕微鏡（STM）で見た金表面のケイ素原子（黄色の玉）．高密度記憶媒体の候補になる．

要点 元素（同じ種類の原子からできた物質）の組み合わせが万物を生む．■

B・2　原子の核モデル

原子は，正電荷の**陽子**（proton，記号 p）と電荷ゼロの**中性子**（neutron，n）からなる**核**（**原子核**，nucleus）と，核をとり囲む負電荷の**電子**（electron，e^-）からできている．それを原子の**核モデル**（nuclear model）という（くわしくは1章）．

表 B・1　原子をつくる粒子の性質

粒 子	記 号	電 荷[a]	質量（kg）
電 子	e^-	−1	9.109×10^{-31}
陽 子	p	+1	1.673×10^{-27}
中性子	n	0	1.675×10^{-27}

a）粒子の電荷は，“電気素量 1.602×10^{-19} C（クーロン．付録1B参照）何倍か”で表す．

電子と陽子，中性子の性質を表B・1にまとめた．核のサイズ（直径ほぼ 10^{-14} m）に比べ，電子が占める空間の広がり（10^{-10}～10^{-9} m）は1～10万倍も大きい．野球場の真ん中にある数ミリ径の砂粒が核なら，電子が占める空間はほぼスタジアム全体にあたる（図B・4）．ただし陽子や中性子は電子の2000倍も重いため，原子の質量はほぼ核の質量だと思ってよい．

図 B・4　野球場の中心にある砂粒を想像しよう．野球場が原子なら，砂粒が原子核にあたる．

† 訳注：これは“単体”の定義になる．日本語は“元素”と“単体”を区別するが（中国語では後者を“単質”とも表記），英語の element は単体と元素の両方を意味する（どちらを指すかは文脈でわかる）．

核の正電荷と電子の負電荷がぴったり打ち消し合うため，原子は正味の電荷をもたない（電気的に中性）．電子1個は−1電荷をもつので，核内には+1電荷の粒子が，電子と同じ数だけある．

核内の陽子数を，元素の**原子番号**（atomic number）Zという．陽子1個の水素は$Z=1$，陽子2個のヘリウムは$Z=2$になる．原子番号の発想（1913年）は，第一次大戦に従軍して若死にする英国の物理学者モーズリー（Henry Moseley．享年27）が発表した．高速の電子を当てた原子はX線を出し，その波長が原子番号と単純な数式で表せるところから，各元素のZ値が決まる（前見返しの原子量表を参照）．

原子の質量測定には，20世紀初頭に発明される**質量分析計**（mass spectrometer）が役立った（図B・5）．質量は水素原子が1.67×10^{-27} kg，炭素原子が1.99×10^{-26} kgで，いちばん重い原子がほぼ5×10^{-25} kgだとわかっている．試料の質量を，こうして得られた原子の質量で割れば，試料を構成する原子の数になる．

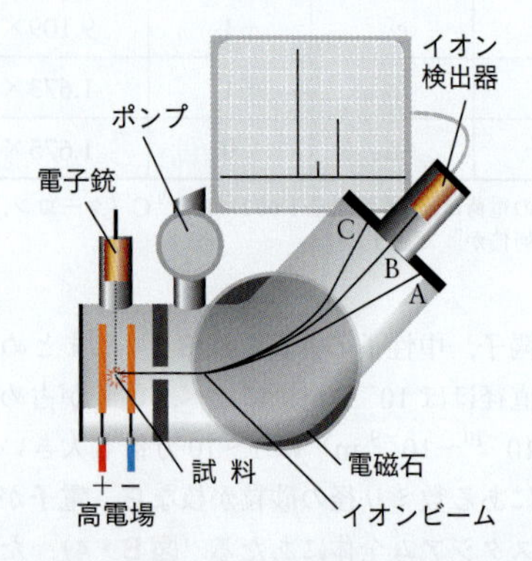

図B・5　質量分析計の原理．電子銃から出たイオンを電場で加速し，磁場内に入れる．ポンプで装置を真空にする．磁場の強さを変え，イオンの経路をA〜Cの範囲で変える．経路Bのイオンを検出器が感知する．重いイオンほど，強い磁場をかけて検出領域に入れる．

例題B・1　原子数の計算

10.0 gの炭素は何個の原子からなるか．

予想　原子はたいへん小さいので，数は莫大だろう．

方針　試料の質量を原子1個の質量で割る．

解答　原子数N=(試料の質量)/(1原子の質量)から，計算はこうなる．

$$N=\frac{\overbrace{1.00\times10^{-2}\,\text{kg}}^{10.0\,\text{g}}}{1.99\times10^{-26}\,\text{kg}}=5.03\times10^{23}$$

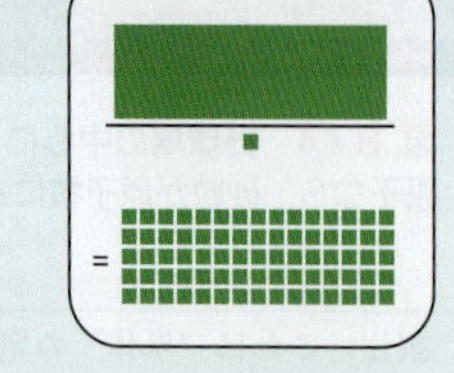

確認　予想どおり，5.03×10^{23}という莫大な数になった．

注目！ 比を計算するときは，分子と分母の単位（上の例ならkg）を共通にする．■

復習B・1A　鉄の原子1個を9.27×10^{-26} kgとして，鉄25.0 gの原子数を計算せよ．

［答：2.70×10^{23}個］

復習B・1B　金の原子1個を3.27×10^{-25} kgとして，金12.3 gの原子数を計算せよ．

関連の節末問題　B・1

要点　原子の正電荷と，質量のほぼ全部は核にある．核を（雲のように）とり囲む電子が，原子の占める空間をつくる．原子番号は核の陽子数に等しい．■

B・3　同位体

測定精度の向上は，ときに大発見を生む．その好例になる質量分析だと，同じ元素でも質量のちがう原子が見つかった．ネオンの場合，大半の原子は3.32×10^{-26} kg（Hの約20倍）なのに，22倍や21倍の原子も少しある（図B・6）．どれも原子番号は同じだから，ネオンの原子に変わりはない．

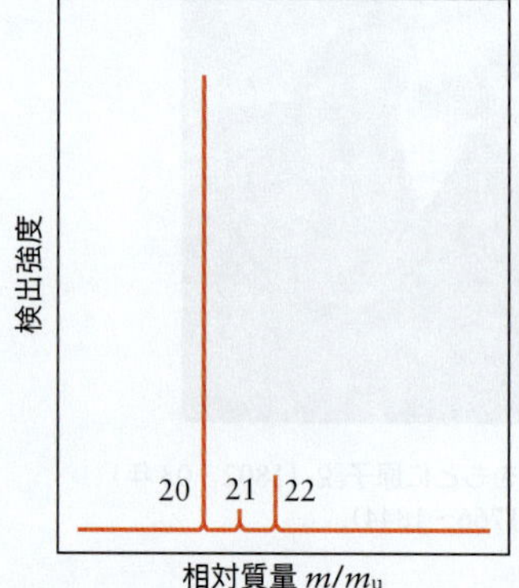

図B・6　ネオンの質量スペクトル．横軸が原子の相対質量を，ピークの高さが量を表す．

その発見が，原子の核モデルを見直させた．核内の粒子は陽子だけではありえない．やがて1932年に見つかる電荷0の粒子が**中性子**（neutron，記号n）と命名された．電荷が0なので核の電荷にも電子の数にも影響しないけれど，質量が陽子とほぼ同じだから，核の質量（≈原子の質量）を左右する．つまり，中性子数のちがう原子は，同じ元素でも質量が異なる．電荷を別にして，中性子と陽子はほぼ同じだといえる（表B・1）．陽子と中性子をまとめて**核子**（nucleon）とよぶ．

核内の陽子数+中性子数を**質量数**（mass number）という．質量数Aの原子は，H原子（陽子1個）のほぼA倍だけ重い．たとえば，ネオン原子3種の質量は水素原子の20，21，22倍だから，それぞれ質量数が20，21，22になる．どのネオン原子も$Z=10$なので，中性子はそれ

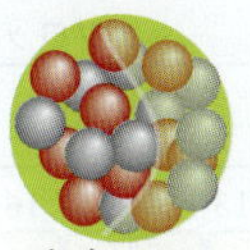
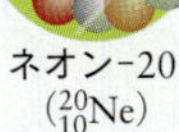

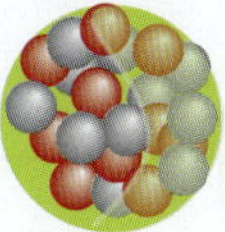

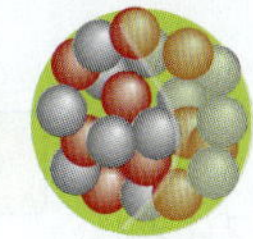

図 B・7　ネオンの同位体 3 種．この縮尺なら原子の直径は約 1 km にもなる．陽子も中性子も，実際は図のような“玉”ではないが，厳密でないことは承知しつつ常用の描きかたをした．

ぞれ 10 個，11 個，12 個だとわかる（図 B・7）．

酸素−16（$Z=8$，$A=16$），ネオン−20（$Z=10$，$A=20$）など，原子番号と質量数が決まった原子を**核種**（nuclide）とよぶ．同じ原子番号（元素）で質量数のちがう原子を，互いに**同位体**（isotope）という．用語 isotope は，（周期表上の）“同じ位置”を意味するギリシャ語にちなむ．どの同位体も陽子数（＝電子数）が等しい．上にも書いたとおり同位体は，質量数を使ってネオン−20，ネオン−21，ネオン−22 のように表す．記号では，元素記号の左上に質量数を添え，^{20}Ne，^{21}Ne，^{22}Ne と書く．原子番号も添えるなら（図 B・7 の例），$^{22}_{10}$Ne のように書く．

こぼれ話　提案当初の nuclide は“裸の原子核”を意味したけれど，やがて“原子全体”を指すようになった．■

陽子数と電子数が共通な同位体どうしは，物理的性質も化学的性質もほぼ同じだが，水素だけは明白な例外になる．陽子 1 個の水素だと，加わる中性子が原子の質量を 2 倍，3 倍にも増やすため（表 B・2），物理的性質や化学的性質も変わる．いちばん多い同位体 ^{1}H は 1 個の陽子だけもつ．ほか 2 種の同位体は，存在量がぐっと少ないとはいえ化学や核物理で重要だから，特別な名称と記号を使う．中性子 1 個の同位体 ^{2}H は**ジュウテリウム**（**重水素**）とよんで D と書き，中性子 2 個の同位体 ^{3}H は**トリチウム**（**三重水素**）とよんで T と書く．

表 B・2　同位体の例

元 素	記 号	原子番号 Z	質量数 A	天然存在比(%)
水 素	^{1}H	1	1	99.985
ジュウテリウム(重水素)	^{2}H, D	1	2	0.015
トリチウム(三重水素)	^{3}H, T	1	3	—[a]
炭素−12	^{12}C	6	12	98.90
炭素−13	^{13}C	6	13	1.10
酸素−16	^{16}O	8	16	99.76

a) 短寿命（半減期 12.3 年）の放射性同位体．

復習 B・2A　以下の原子は，それぞれ何個の陽子，中性子，電子を含むか．
(a) 窒素−15，(b) 鉄−56
［答：(a) 7 個，8 個，7 個；(b) 26 個，30 個，26 個］

復習 B・2B　以下の原子は，それぞれ何個の陽子，中性子，電子を含むか．
(a) 酸素−16，(b) ウラン−236

要 点　同位体どうしは，陽子数（原子番号）は同じでも，中性子数が（つまり質量数が）ちがう．■

B・4　元素の整理

各元素は，アルファベットの 1 文字か 2 文字の“元素記号”で表す．英語名の頭文字か，それ以後の 1 文字を組み合わせた元素記号が多い．

C　炭素（carbon）
N　窒素（nitrogen）
Al　アルミニウム（aluminum）
Ni　ニッケル（nickel）
Mg　マグネシウム（magnesium）
Cl　塩素（chlorine）
Zn　亜鉛（zinc）
Pu　プルトニウム（plutonium）

2 文字なら“大文字＋小文字”の形にする．一部の元素記号は，ラテン語やドイツ語，ギリシャ語の元素名にちなむ．たとえば鉄（英 iron）の元素記号 Fe はラテン語名 *ferrum* から，タングステン（英 tungsten）の元素記号 W はドイツ語名 Wolfram からきた．全元素につき，元素記号と元素名の由来を付録 2D にまとめてある．

復習 B・3A　(a) レニウムと (b) ホウ素の元素記号を書け．(c) Hg と (d) Zr の元素名は何か．
［答：(a) Re，(b) B，(c) 水銀，(d) ジルコニウム］

復習 B・3B　(a) スズと (b) ナトリウムの元素記号を書け．(c) I と (d) Y の元素名は何か．

2024 年現在，元素は 118 種が知られる．うち 88 種は，それなりの量が地球上にあるため，天然元素とみなす．100 種を超す元素の性質を個別に覚えるのは大変だけれど，1 章でくわしく触れる元素の性質から，わずかな元素の性質を覚えると，他元素の見当もつく．性質に注目すれば元素を分類できるからで，それを表すのが**周期表**（periodic table）にほかならない（簡略型が図 B・8）．

縦の列を**族**（group）という．同じ族の元素（同族元素）は性質が似ている．長い列（1，2 族と 13〜18 族）に

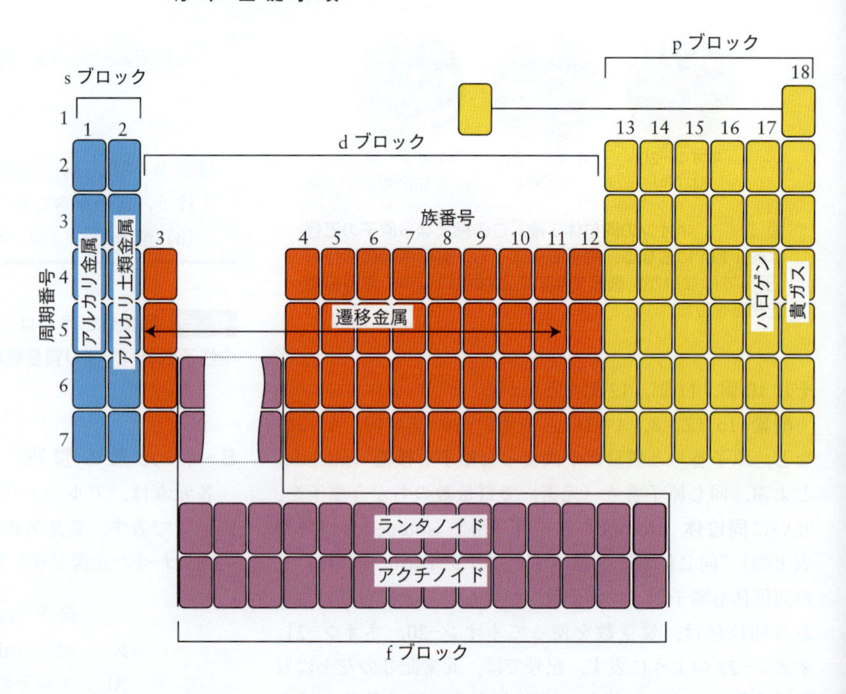

図 B・8　周期表のつくり．縦の列（族）には 1～18 の番号を，横の行（周期）には 1～7 の番号をふる（第 1 周期は H と He だけ）．主要族元素は s ブロックと p ブロック（H も含む）．1 族と 2 族は s ブロック，3～12 族は d ブロック，13～18 族は p ブロックをなす．

並ぶ元素を**主要族**（main group）とよぶ[†1]．横の行を**周期**（period）といい，上から順に第 1 周期，第 2 周期，… 第 7 周期となる．

色分けした 4 領域を**ブロック**（block）といい，基礎となる電子配置（1・4 節）をもとに s，p，d，f ブロックとよぶ．d ブロックの元素は，12 族（亜鉛族）を除き，**遷移金属**（transition metals）という（d ブロック元素は，s ブロック元素が p ブロック元素に"遷（うつ）る（移る）"途中の性質を示すため）[†1]．

ふつう（省スペースのため）欄外に追い出す f ブロック元素は，**内部遷移金属**（internal transition metals）ともいう．第 6 周期のランタン（57 番）～ルテチウム（71 番）の 15 元素を**ランタノイド**（lanthanoids），第 7 周期のアクチニウム（89 番）～ローレンシウム（103 番）の 15 元素を**アクチノイド**（actinoids）とよぶ．なお，接尾辞"-oid"は"～の同類"を意味するため[†2]，ランタノイドにランタンを含めず，アクチノイドにアクチニウムを含めない周期表もある．

こぼれ話　かつては族番号をローマ数字（I～Ⅷ）と A・B の組み合わせで表した．そのとき貴ガスはⅧ族またはⅧA 族だった．■

一部の主要族は，つぎのように，共通な性質を表す総称をもつ．

1 族：**アルカリ金属**（alkali metals）
2 族：**アルカリ土類金属**（alkaline earth metals）[†3]
17 族：**ハロゲン**（halogens）
18 族：**貴ガス**（noble gases）[†4]

水素は，周期表の上方に孤立させて置いた．実のところ周期表は 1 種類ではなく，水素を 1 族に置くものと，17 族に置くもの，1 族と 17 族の両方に置くものがある．本書では水素を特殊な元素とみて，どの族にも入れない．

元素全体の約 75% までを金属が占める．室温で単体が示す"状態"でいうと，液体の 2 種（水銀と臭素），気体の 11 種を除く元素は，固体だと思ってよい．また元素は，金属・非金属・半金属に分類できる．

金属（metal）：電気伝導性が高く，光沢があり，展性・延性を示す．
非金属（nonmetal）：電気伝導性も展性・延性もない．
半金属（semimetal）：見た目は金属でも，金属と非金属の中間的な性質を示す．

展性（英語 malleable は"金槌（かなづち）"という意味のラテン語 *malleus* から）をもつ物質は，たたけば薄く広がる（図 B・9）．**延性**（英語 ductile は"引き延ばす"を意味するラテン語 *ductire* から）をもつ物質は，引っ張って線材に

†1 訳注：遷移元素（d ブロックと f ブロック）以外を典型元素とよぶことがある．なお，12 族を遷移金属に含める流儀もある．
†2 訳注：コロイド（colle＋-oid＝糊に似たもの），セルロイド（cellulose＋-oid＝セルロースの派生物）など例は多い．

†3 訳注：ベリリウム Be とマグネシウム Mg をアルカリ土類とみない流儀もある．
†4 訳注：当初は**希ガス**（rare gas）とよばれたが，たとえばアルゴン Ar は大気の 1% 近くも占めるとわかった 20 世紀初頭以降は，（庶民と交流しない貴族を思わせる）"反応しにくさ"から，"貴ガス"とよぶ．また，化学反応性がゼロにみえた 1960 年代までは，"不活性ガス（inert gas）"ともよばれた．

できる．代表的な金属の銅は電気伝導性が高く，磨けば光り，展性を示す．高い延性を活かして電線にする．かたや非金属の多くはもろい固体で，電気を通さず，展性も延性もない．

金属〜半金属の境界，半金属〜非金属の境界はぼやけているが，通常，周期表上で金属（左側）と非金属（右側）にはさまれた対角線上の7元素を半金属とみる（図B・10）．

要点 周期表は元素どうしの近縁関係を教える．同族元素は性質が似ている．■

図 B・9 背後の炎が透けて見えるほど薄い金箔．

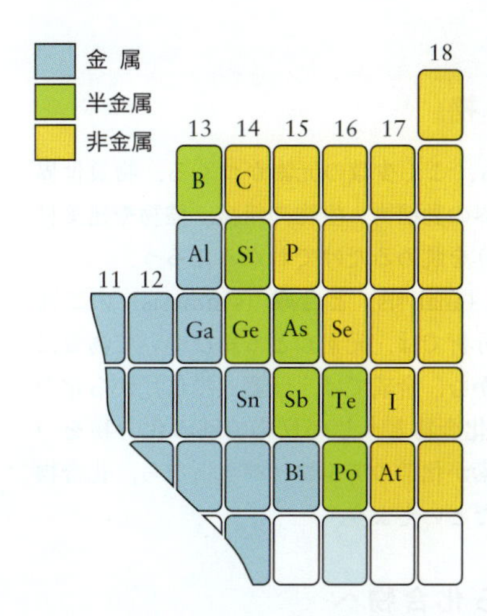

図 B・10 金属，半金属，非金属を色分けした周期表．BeとBiも半金属とみることがある．見た目は金属らしくないホウ素Bも，性質がケイ素Siに似ているため半金属に入れる．第7周期の元素は，わずか数個の原子が検出されたものも多いため，どんな性質なのか断定しにくい．

身につけたこと

原子の成り立ち，試料の質量と原子数の関係，周期表のあらまし（周期性）を学び，つぎのことができるようになった．

❑1 原子のつくりの説明
❑2 単体の質量から構成原子数の計算（例題B・1）
❑3 ある核種がもつ中性子，陽子，電子の数の判定（復習B・2）
❑4 元素記号を書くこと（復習B・3）
❑5 周期表上の原子配列と，周期表の領域分け

節末問題

B・1 X線管の窓材に使う 0.210 g のベリリウム板は何個の原子からなるか．Be原子の質量は 1.50×10^{-26} kg とする．

B・3 つぎの原子は，陽子，中性子，電子を何個ずつ含むか．

(a) ホウ素-11　(b) ^{10}B　(c) リン-31　(d) ^{238}U

B・5 つぎのような核子と電子をもつ同位体の元素は何か．

(a) 中性子 117 個，陽子 77 個，電子 77 個
(b) 中性子 12 個，陽子 10 個，電子 10 個
(c) 中性子 28 個，陽子 23 個，電子 23 個

B・7 下の表の空欄を埋めよ．

元素	記号	陽子数	中性子数	電子数	質量数
	^{36}Cl				
		30			65
			20	20	
ランタン			80		

B・9 アルゴン-40，カリウム-40，カルシウム-40の原子につき，以下の問いに答えよ．

(a) 共通点は何か．
(b) 異なる点は何か（構成粒子の種類と個数を考えよう）．

B・11 ^{56}Fe 原子の質量のうち，(a) 中性子，(b) 陽子，(c) 電子はそれぞれ何％を占めるか．

(d) 車の素材を ^{56}Fe とみたとき，1.000 t の車が含む中性子の質量はいくらか．（注：原子内の核子は，自由な核子よりわずかに軽いため，計算結果は近似値だと心得よう．B・13 も同様）

B・13 ^{48}Ti 原子の質量のうち，(a) 中性子，(b) 陽子，(c) 電子はそれぞれ何％を占めるか．

(d) 自転車フレームの素材を ^{48}Ti とみたとき，3.0×10 kg のフレームが含む陽子の質量はいくらか．

B・15 (a) Sc，(b) Sr，(c) S，(d) Sb の元素名は何か．それぞれの族番号は何か．また，それぞれ金属，非金属，半金属のどれか．

B・17 (a) ストロンチウム，(b) キセノン，(c) ケイ素の元素記号を書け．また，それぞれは金属，非金属，半金属のどれか．

B・19 セリウム，銅，ルビジウム，ラドン，臭素，バリウムは，それぞれ (a) アルカリ金属，(b) 遷移金属，(c) ランタノイドのどれか．

B・21 以下の元素が属す周期表上のブロック名は何か．
(a) ジルコニウム (b) As (c) Ta (d) バリウム (e) Si (f) コバルト

B・23 つぎの原子の元素記号，族番号，周期番号を答えよ．また，それぞれ，金属，非金属，半金属のどれか．
(a) 中性子 118 個，質量数 200，(b) 中性子 78 個，質量数 133

C 化合物

1 億を超す物質も，ごく少数の元素がつくる．物質世界の多彩さは，自然界の動植物，生物の組織，織物や建築材料など，身のまわりを眺めるだけでわかるだろう．

化学では，**分析** (analysis) と**合成** (synthesis) の二面から物質に迫る．分析では，元素がどう結びついて物質になっているかをつかむ．合成では，元素（単体）から化合物をつくったり，化合物どうしの反応で別の化合物をつくったりする．元素が化学のアルファベットなら，化合物は詩や小説，論文だといえよう．

図 C・1 硫黄は青い炎を出して燃え，重い気体の二酸化硫黄になる．

C・1 元素から化合物へ

複数の元素が一定の比率で結びついた電荷ゼロの物質を**化合物** (compound) という．元素が 2 種だけの**二元化合物** (binary compound) には，水 H_2O などがある．同じ二元化合物でも，水素 H と酸素 O の比率が変われば水でなくなり，たとえば原子数比 H : O = 1 : 1 の物質は過酸化水素 H_2O_2 という．

化合物は有機化合物と無機化合物に分類できる．**有機化合物** (organic compound) は炭素を（大半は水素も）含む．メタンやプロパンのような燃料から，グルコース（ブドウ糖）やスクロース（ショ糖，砂糖）などの糖類，さまざまな医薬品まで，いま数千万種の有機化合物が知られる．"有機" 化合物というよび名は，かつて生物＝有機体 (organism) だけがつくるものだと誤解されていたせいで生まれた．

有機化合物以外を**無機化合物** (inorganic compound) という．水やセッコウ（硫酸カルシウム），アンモニア，シリカ（二酸化ケイ素），塩酸など，無機化合物もおびただしい．単純な炭素化合物の一部（二酸化炭素，シアン化カリウム，炭酸塩など）は無機化合物とみなす．身近な炭酸塩にはチョーク（炭酸カルシウム）や洗濯ソーダ（炭酸ナトリウム）がある．

混合物とはちがい，化合物は原子間に**結合** (bond) をもつ．結合の結果，孤立原子にはない化学的・物理的性質が現れる．たとえば黄色い固体の硫黄は，無色無臭の酸素と結合して燃え，無色で刺激臭のある二酸化硫黄という有毒な気体の化合物になる（図 C・1）．

原子は，つながり合って分子になったり，電子の放出または受容で生じた正負電荷のイオンが引きあう化合物になったりする．

分子 (molecule): つながりあった原子の集団
イオン† (ion): 正または負の電荷をもつ原子や分子

正電荷のイオンを**陽イオン**や**カチオン** (cation)，負電荷のイオンを**陰イオン**や**アニオン** (anion) とよぶ．Na 原子が電子を失うと陽イオン Na^+ に，Cl 原子が電子をもらうと陰イオン Cl^- になる．**多原子** (polyatomic) 陽イオンにはアンモニウムイオン NH_4^+ などが，多原子陰イオンには炭酸イオン CO_3^{2-} などがある．イオンの引き合いで生じる**イオン化合物** (ionic compound) は，正味の電荷をもたない．電荷がもともとゼロの分子は，**分子化合物** (molecular compound) をつくる．

こぼれ話 イオン分類名の接頭辞 cat- と an- は，それぞれ "下流へ" と "上流へ" を意味するギリシャ語にちなむ．電場のもとで陰イオンと陽イオンが逆向きに動くことから，1833 年にマイケル・ファラデーが（訳注の "イオン" とともに）命名した．■

ふつう非金属元素の二元化合物は分子化合物（H_2O など）になり，金属元素と非金属元素の二元化合物はイオン化合物（NaCl など）になる．分子化合物とイオン化合物のふるまいは，いろんな面で大きくちがう．

要点 化合物は，異種元素の原子を決まった比率で含む．分子からできた分子化合物と，イオンからできたイオン化合物がある．■

† 訳注: 原語のイオン *ion* は，"行く" を意味するギリシャ語 *ienai* の現在分詞．電荷をもつ粒子が，逆符号の電極へと向かう状況を表す．

C・2 分子と分子化合物

物質の元素組成は**化学式**（chemical formula）で書く．物質の最小単位が含む元素の原子数を，下つきの添え字にする．分子化合物の場合，分子1個の化学式を**分子式**（molecular formula）という．たとえば水の分子式は，O原子1個とH原子2個が分子1個をつくるため，H_2Oになる．エストロンという女性ホルモンの分子は，C原子18個，H原子22個，O原子2個からなるため，分子式が$C_{18}H_{22}O_2$になる．テストステロンという男性ホルモンは，よく似た$C_{19}H_{28}O_2$という分子式をもつ．元素組成のわずかな差が，性質の大差につながる．

一酸化窒素NOのように原子2個だけがつくる分子を**二原子分子**（diatomic molecule），アンモニアNH_3や過酸化水素H_2O_2のように3個以上の原子がつくる分子を**多原子分子**（polyatomic molecule）という．

元素の一部は，単体が分子の形をとる．また，常温で気体の元素は，貴ガスを除き，水素H_2や酸素O_2，窒素N_2のような二原子分子しかない．固体のうち，硫黄はS_8分子，リンはP_4分子が集まってできる．二原子分子のハロゲンには，気体（F_2とCl_2），液体（Br_2），固体（I_2）……と三態の全部がある．

原子の結びつきかたは**構造式**（structural formula）に描くが，まだ“立体構造”ではない．分子式CH_4Oのメタノールは，構造式が**1**になる．元素記号が原子を，線それぞれが原子間の結合を表す．分子式（化学式）より情報は多くても複雑になりがちな構造式に代え，“つくり”を見通しやすい略記型のCH_3OHをよく使う．略記型の構造式（**示性式**）は，原子のまとまりと分子構造の本質を伝える．

（**1**）メタノール
CH_3OH

（**2**）メチルプロパン
$CH_3CH(CH_3)CH_3$

元素記号に添えた下つき数字は，直前の原子に結合した原子の数を示す．直前の原子に結合した“原子集団”は（ ）に入れる．たとえばメチルプロパン（**2**）では，中心のC原子に**メチル基**（$-CH_3$）が結合しているため，示性式は$CH_3CH(CH_3)CH_3$とする．同じ分子を$HC(CH_3)_3$と書いてもよい．

結合の“手”が4本ある炭素原子は，鎖状や環状の構造をつくれるうえ，単結合（C−C）と二重結合（C=C），三重結合（C≡C）もつくる（2章）．その性質が有機化学を豊かな世界にする．

複雑な有機分子は，C原子とH原子を省略した**線構造**（line structure）に描くとよい．C−Cのつながりをジグザグ線にし（線1本が結合1本），先端や屈曲部には（書いてない）C原子があるとみなす．二重結合は2本線，三重結合は3本線とする．ふつうC−H結合は描かない．2-クロロブタン$CH_3CHClCH_2CH_3$の線構造式（**3a**）と，略記する前の構造式（**3b**）を見比べて，描いてないC−H結合を想像しよう．

（**3**）2-クロロブタン $CH_3CHClCH_2CH_3$

男性ホルモンのテストステロン（**4**）くらい複雑な分子になると，線構造式のありがたみがわかる．

（**4**）テストステロン
$C_{19}H_{28}O_2$

分子の性質に効く立体構造は，いろんな形に表現できる．エタノール分子を考えよう．表現のひとつに，着色球を部分的に貫通させた図C・2aの**空間充塡モデル**（space-filling model）がある．原子それぞれを表す球のサイズは，その内部で電子の存在確率が90～95%となるように決める．つぎに，原子を小ぶりな球，結合を棒で表す図C・2bの**球棒モデル**（ball-and-stick model）がある．現実味は空間充塡モデルに劣るけれど，結合の長さや結合角をつかみやすい点がいい．

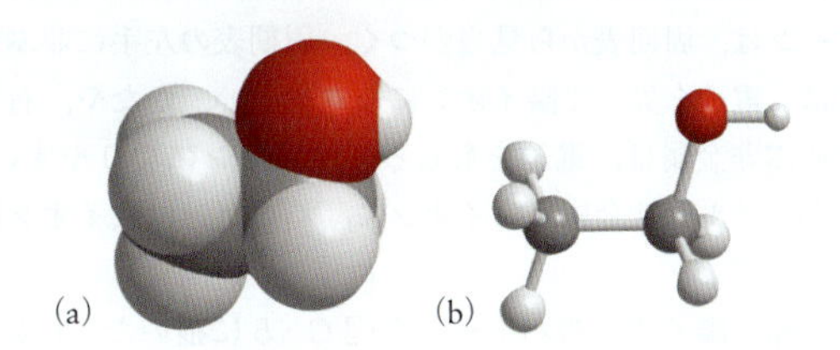

図C・2　エタノール分子の表現．(a) 空間充塡モデル，(b) 球棒モデル．

考えよう　結合の長さをつかみやすい分子モデルと，分子の占有体積をつかみやすい分子モデルは，それぞれどれか．■

要 点　分子式は，分子をつくる元素それぞれの原子数を表す．特定の性質を見分けやすい分子モデルがいろいろ考察されてきた．■

C・3 イ オ ン

原子の核モデル（B節）から，**単原子イオン**（monoatomic ion）があると想像できる．電気的に中性の原子が電子1個を失うと，残る電子の負電荷は，核の正電荷を打ち消せないため，正味で1単位の正電荷をもつ陽イオンが残る（図C・3）．つまりナトリウム原子Naが，ナトリウムイオンNa^+に変わった．Ca原子は2個の電子を失い，2単位の正電荷をもつカルシウムイオンCa^{2+}になる．

原子が電子1個をもらうたびに，原子の負電荷が1単位ずつ増す（図C・4）．

$$F + e^- \rightarrow F^-$$
$$O + 2e^- \rightarrow O^{2-}$$
$$N + 3e^- \rightarrow N^{3-}$$

上記の陰イオンを，順にフッ化物イオン，酸化物イオン，窒化物イオンとよぶ．

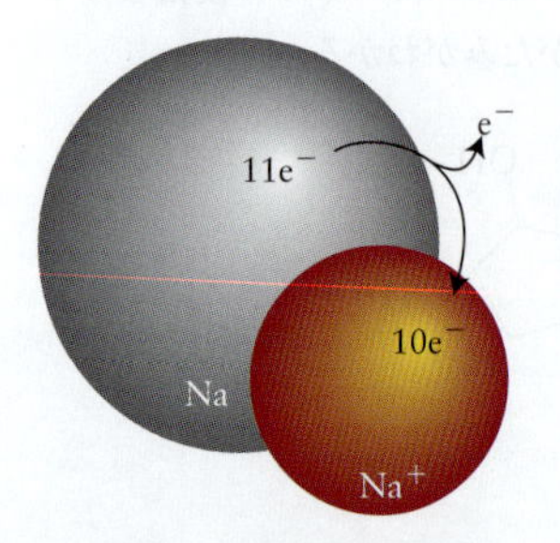

図C・3　電気的に中性のNa原子（左）は，陽子11個と電子11個をもつ．電子1個を失えば，残る電子10個が打ち消すのは陽子10個分だから，できるイオン（右）は1単位の正電荷をもつ．陽イオンのサイズは原子よりだいぶ小さい．

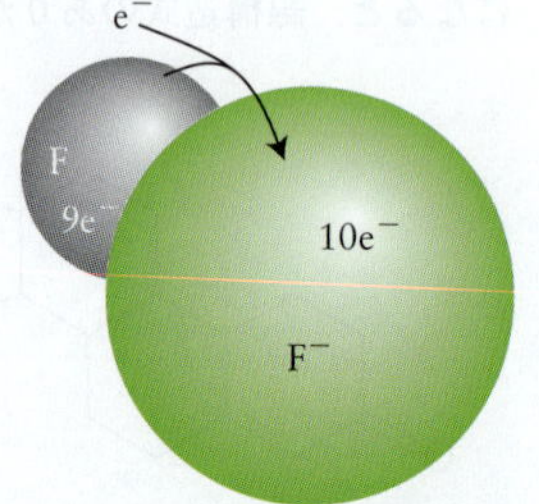

図C・4　電気的に中性のF原子（左）は，陽子9個と電子9個をもつ．電子1個をもらえば，陽子9個の正電荷を打ち消しても電子1個が余るため，できるイオン（右）は1単位の負電荷をもつ．増えた分だけ電子どうしが強く反発し合うため，陰イオンのサイズは原子よりだいぶ大きい．

ある元素はどんなイオンになりやすいのか？　そのパターンは，周期表から見当がつく．周期表の左手に並ぶ金属は，電子を失って陽イオンになりやすい．かたや，右手に並ぶ非金属は，電子をもらって陰イオンになりやすい．だからアルカリ金属は陽イオンに，ハロゲンは陰イオンになる．

単原子陽イオンのパターンを図C・5に描いた．1族と2族なら，イオンの電荷は族番号に等しい．1族のセシウムはCs^+に，2族のバリウムはBa^{2+}になる．dブロック元素は，多様な陽イオンになりやすい．たとえば鉄Feのイオンには，電子2個を失ったFe^{2+}と，3個を失ったFe^{3+}がある．銅Cuからは，電子1個を失ったCu^+と，2個を失ったCu^{2+}ができる．13族と14族の重い元素も，多様な陽イオンになりやすい．

陰イオンの典型例を図C・6に示した．周期表の右端に近い主要族元素は，貴ガスとの“族番号差”に等しい負電荷の陰イオンになりやすい．たとえば酸素Oは，貴ガスの二つ手前だから酸化物イオンO^{2-}に，三つ手前のリンPはリン化物イオンP^{3-}になる．一般に，族番号Nの主要族元素からできる陰イオンの電荷は，$N-18$となる．

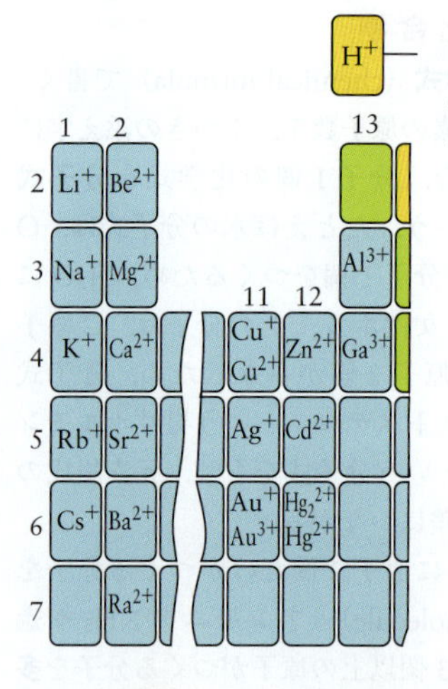

図C・5　周期表の一部だけで見た単原子陽イオンの例．遷移金属（3～11族）は多様な陽イオンになりやすい．

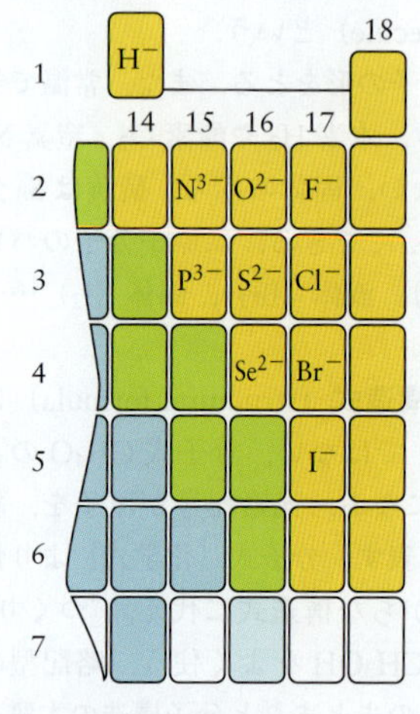

図C・6　周期表の一部だけで見た単原子陰イオンの例．イオンの電荷と族番号の関係に注目．通常，非金属だけが単原子陰イオンになる．第7周期の重元素（白い部分）は性質がわかっていない．

主要族元素がイオンになるルールはやさしい．周期表の左端や右端に近い元素は，電子を失うかもらうかして，直近の貴ガスと同じ電子数になりたい．つまり，こうまとめられる．

1～3族：1～3個の電子を失い，すぐ前の貴ガスと同じ電子数になる．

14～17族：4～1個の電子をもらい，すぐあとの貴ガスと同じ電子数になる．

マグネシウム原子Mgが電子2個を失ったMg^{2+}は，ネオン原子Neと同数の電子をもつ．また，セレン原子Seが電子2個を得たSe^{2-}の電子数は，直後のクリプトン原子Krと等しい．

例題C・1　単原子イオンの電荷

つぎの元素はどんなイオンになるか．

(a) 窒素　　(b) カルシウム

予想　非金属の窒素は陰イオン，金属のカルシウムは陽イオンだろう．

方 針　元素の族番号を確かめ，直近の貴ガスになるとき電子を失うか得るかをみる．族番号が N なら，非金属は電荷 $N-18$ の陰イオン，1 族や 2 族の金属は電荷 N の陽イオンになる．

解 答　(a) 窒素 N は 15 族の非金属だから，イオンの電荷は $N-18=15-18=-3$ (N^{3-})．

(b) カルシウム Ca は 2 族の金属だから，Ca^{2+} になる．

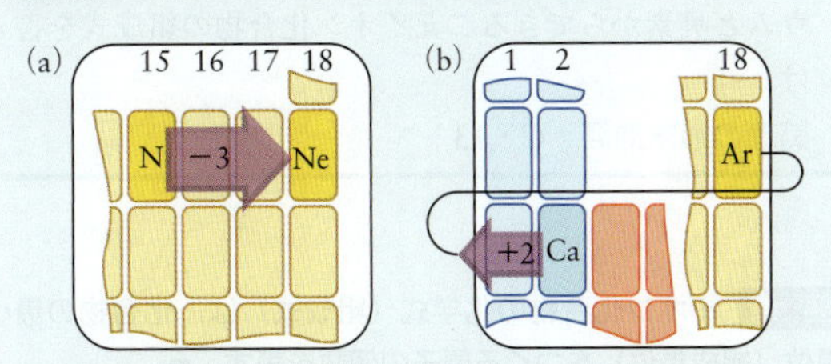

復習 C・1A　(a) ヨウ素，(b) アルミニウムはどんなイオンになるか．

［答：(a) I^-，(b) Al^{3+}］

復習 C・1B　(a) カリウム，(b) 硫黄はどんなイオンになるか．

関連の節末問題　C・7

原子 2 個の**二原子イオン**（diatomic ion）や，3 個以上の**多原子イオン**（polyatomic ion）も多い．どんなイオンも正味の正電荷ないし負電荷をもつ．二原子イオンにはシアン化物イオン CN^- など，多原子イオンにはアンモニウムイオン NH_4^+ などがある．

多原子陰イオンには，炭酸イオン CO_3^{2-}(**5**)，硝酸イオン NO_3^-，リン酸イオン PO_4^{3-}(**6**)，硫酸イオン SO_4^{2-} など，酸素原子を含む**オキソアニオン**（オキソ陰イオン，oxoanion）が多い．

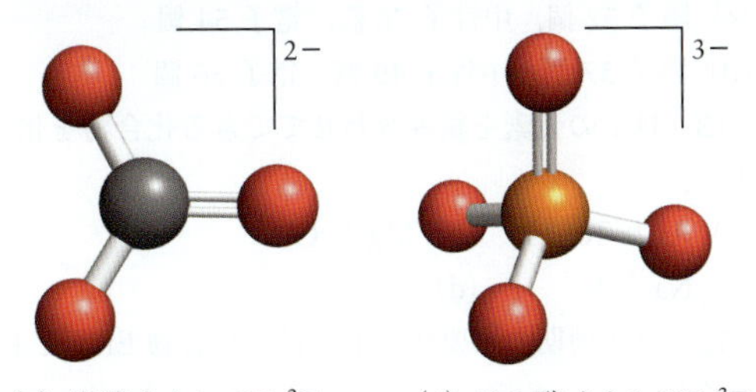

(**5**) 炭酸イオン CO_3^{2-}　(**6**) リン酸イオン PO_4^{3-}

要 点　金属は陽イオンに，非金属は陰イオンになりやすい．主要族元素の単原子イオンがもつ電荷は，元素の族番号と密接な関係がある．■

C・4 イオン化合物

イオンが一定の個数比で集まると，イオン化合物ができる．膨大な数の陽イオンと陰イオンがきれいな形に集合し，逆符号のイオンが引き合うさまを想像しよう．たとえば塩化ナトリウムの結晶内では，ナトリウムイオン Na^+ と塩化物イオン Cl^- が交互に積み重なっている（図 C・7）．ひと粒の食塩は，夜空に見える星よりずっと多くのイオンからなる．

ふつう常温常圧で分子をつくらないイオン化合物の化学式は，組成単位となる陽イオンと陰イオンの個数比を使って書く．それを**組成式**（compositional formula）という．塩化ナトリウムなら，1 個の Na^+ あたり Cl^- が 1 個だから，組成式は NaCl になる．そんな物質を**二元イオン化合物**（binary ionic compound）という．Ca^{2+} と Cl^- の個数比が 1：2 の塩化カルシウム $CaCl_2$ も二元イオン化合物の例になる．

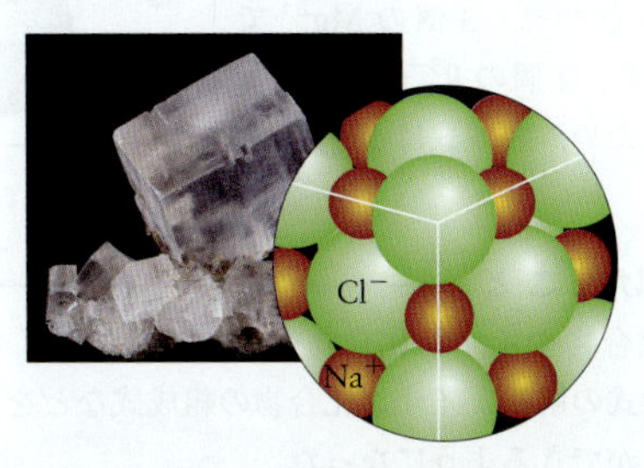

図 C・7　NaCl（食塩）の結晶をつくるナトリウムイオン Na^+ と塩化物イオン Cl^-．イオンの並びの末端が結晶面になっている．

こぼれ話　気体中や濃厚水溶液中にできやすい “Na^+Cl^-” のようなまとまりは，分子ではなく “イオン対” という．■

多原子イオンを含む化合物も同様に考える．炭酸ナトリウムなら，2 個のナトリウムイオン Na^+ あたり 1 個の炭酸イオン CO_3^{2-} があるから，組成式は Na_2CO_3 となる．2 個のアンモニウムイオン NH_4^+ と 1 個の硫酸イオン SO_4^{2-} からできる硫酸アンモニウムは，$(NH_4)_2SO_4$ と書く．どんなイオン化合物も，正と負の電荷が打ち消しあうので正味の電荷はない．

イオン化合物か分子化合物かは，化学式からほぼわかる．水（水素＋酸素）のような二元の分子化合物は，2 種類の非金属元素がつくる．かたやイオン化合物は，硫酸カリウム K_2SO_4 のように，金属元素と複数の非金属元素からできることが多い（ただし，非金属元素だけの硝酸アンモニウム NH_4NO_3 など例外もある）．

例題 C・2　二元イオン化合物の組成式

マグネシウムとリンがつくる二元イオン化合物は，空気中で燃えやすい．その二元化合物の組成式を書け．

予 想　周期表の左端に近い Mg は陽イオンになりやすく，化合物の正味の電荷は 0 だから，リンが陰イオンになるだろう．

方 針　陽イオンと陰イオンの電荷を決め，正味の電荷が 0 になるよう組み合わせる．

解 答 陽イオンの電荷: Mg は 2 族だから，+2 電荷の陽イオンになる．

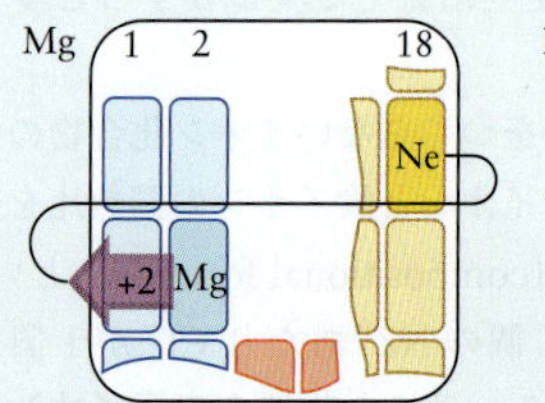

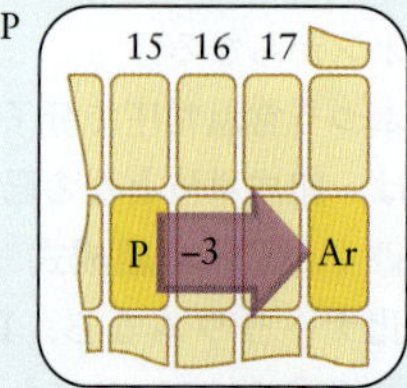

陰イオンの電荷: P は 15 族だから，15−18＝−3 電荷の陰イオンになる．

組み合わせ: 3 個の Mg^{2+} で +6 電荷，2 個の P^{3-} で −6 電荷になるため，組成式は Mg_3P_2.

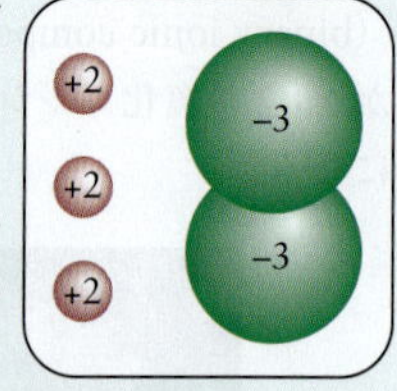

確 認 予想のとおり Mg は Mg^{2+} に，P は P^{3-} になっている．

復習 C・2A (a) バリウムと臭素，(b) アルミニウムと酸素からできる二元イオン化合物の組成式を書け．

［答: (a) $BaBr_2$, (b) Al_2O_3］

復習 C・2B (a) リチウムと窒素，(b) ストロンチウムと臭素からできる二元イオン化合物の組成式を書け．

関連の節末問題 C・13

要 点 イオン化合物の化学式（組成式）は，化合物の最小単位（組成単位）をつくる原子の個数を表す． ■

身につけたこと

分子化合物やイオン化合物の生成，単原子イオンの電荷，化学式の解釈，イオン化合物の組成式などを学び，つぎのことができるようになった．

- ❑1 分子，イオン，原子の区別
- ❑2 有機化合物と無機化合物の区別，分子化合物とイオン化合物の区別
- ❑3 分子のさまざまな表現
- ❑4 主要族元素がつくる陽イオンと陰イオンの予想（例題 C・1）
- ❑5 構成原子の個数をもとにした化学式の解釈
- ❑6 二元イオン化合物の組成式の予測（例題 C・2）

節末問題

C・1 青玉と緑玉が別の原子のとき，つぎの箱 (a) と (b) の内容は，混合物，純粋な化合物，単体のどれか．

(a) 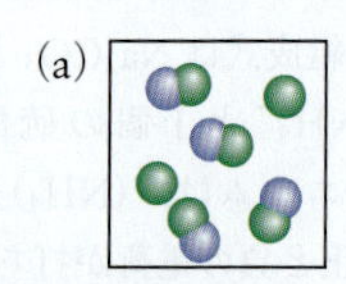
(b) 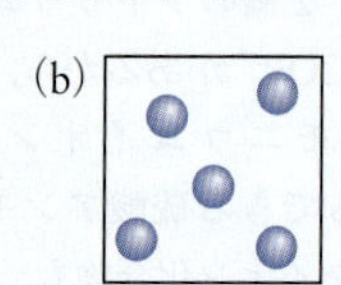

C・3 卵黄や緑葉，鳥の羽，花などは，目の働きを助けるルテイン（キサントフィルの一種）という黄色系の化合物を含む．キサントフィルは個数比 20：28：1 の C, H, O 原子からなり，分子 1 個は O 原子 2 個を含む．ルテインの分子式を書け．

C・5 つぎの球棒モデルで，●は C，●は O，●は H，●は N の原子を表す．(a) と (b) の分子式を書け．

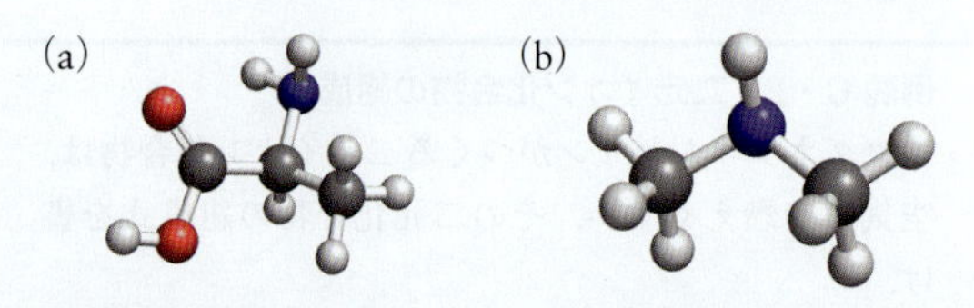

C・7 つぎの原子は陽イオンと陰イオンのどちらになりやすいか．それぞれ，いちばんできやすいイオンを化学式で書け．

(a) セシウム (b) ヨウ素
(c) セレン (d) カルシウム

C・9 以下のイオンは，陽子，中性子，電子をそれぞれ何個もつか．

(a) $^{10}Be^{2+}$ (b) $^{17}O^{2-}$ (c) $^{80}Br^{-}$ (d) $^{75}As^{3-}$

C・11 以下の条件に合う単原子イオンを元素記号で書け．

(a) 陽子 9 個，中性子 10 個，電子 10 個
(b) 陽子 12 個，中性子 12 個，電子 10 個
(c) 陽子 52 個，中性子 76 個，電子 54 個
(d) 陽子 37 個，中性子 49 個，電子 36 個

C・13 以下の元素を組み合わせてできる化合物を化学式で書け．

(a) Al と Te (b) Mg と O
(c) Na と S (d) Rb と I

C・15 第 3 周期の主要族元素 E は，化合物 EBr_3 と E_2O_3 をつくる．

(a) E の族番号はいくつか．
(b) E の元素名と元素記号を書け．

C・17 多原子イオンに関するつぎの問いに答えよ．

(a) ナトリウムイオンとホスホン酸イオン（亜リン酸水素イオン）HPO_3^{2-} からできる化合物の組成式を書け．
(b) NH_4^+ と CO_3^{2-} からできる炭酸アンモニウムの組成式を書け．
(c) $CuSO_4$ の中で陽イオンがもつ電荷はいくつか．
(d) $Sn_3(PO_4)_2$ の中で陽イオンがもつ電荷はいくつか．

C・19 以下の物質は，単体，分子化合物，イオン化合物のどれか．

(a) HCl (b) S_8 (c) CoS
(d) Ar (e) CS_2 (f) $SrBr_2$

D 物質の命名

元素組成がわからないころ，化合物の多くは，水や食塩，ショ糖（砂糖），アンモニア，石英のような**慣用名**（common name）でよばれた．化学で使う**体系名**または**系統名**（systematic name）は，成分元素を明示し，ときには原子のつながりかたも伝える．本節では化合物の**命名法**（nomenclature）を学ぼう．

D・1 陽イオン（カチオン）の名称

単原子陽イオンは元素名に“イオン”を続け，Na^+なら“ナトリウムイオン”とよぶ．Cu^+とCu^{2+}のように，同じ元素がつくる異種の陽イオンは，電荷を表すローマ数字の**酸化数**（oxidation number）を添えて，銅(I)イオン，銅(II)イオンのようによぶ．Fe^{2+}は鉄(II)イオン，Fe^{3+}は鉄(III)イオンとなる．多くのd-ブロック元素は多様なイオンをつくるため（図C・5），化合物名にもイオンの酸化数（電荷数）を付記することが多い．

かつては，電荷が少ないほうの陽イオンを“第一イオン”（英語 -ous ion），電荷が多いほうを“第二イオン”（-ic ion）とよんだ．だから鉄(II)イオンは第一鉄イオン，鉄(III)イオンは第二鉄イオンだった（付録3C）．本書でその流儀は使わないが，別の本や古い論文では出合うこともあるから注意しよう．

要点 単原子陽イオンは，“元素名＋イオン”とよぶ．同じ元素が複数のイオンになるときは，電荷を表す酸化数を（ ）内に添える．■

D・2 陰イオン（アニオン）の名称

塩化ナトリウムのCl^-や，酸化カルシウム（生石灰，CaO）のO^{2-}など，単原子陰イオンは，“元素名＋化物イオン（英語 -ide ion）”を基本名とする．例を表D・1にあげた．たとえばO^{2-}は酸化物イオン，S^{2-}は硫化物イオンとよぶ[†1]．単原子陰イオンの多くは元素ごとに1種だから，電荷の明記は必要ない．ハロゲンの陰イオンはハロゲン化物イオンと総称し，具体的にはフッ化物イオンF^-，塩化物イオンCl^-，臭化物イオンBr^-，ヨウ化物イオンI^-となる．

多原子イオン（C節）には，O原子を含む**オキソアニオン（オキソ陰イオン）**がある（表D・1）．ある元素にO原子が結合したオキソアニオンは，“元素名＋酸イオン”とよぶ（例：炭酸イオンCO_3^{2-}）[†2]．オキソアニオンが2種あるときは，O原子の多いほうを“元素名＋酸イオン（英語 -ate ion）”，少ないほうを“「亜」元素名＋酸イオン（-ite ion）”とよんで区別する．たとえば窒素Nのオキソアニオン（NO_2^-，NO_3^-）なら，NO_3^-を硝酸イオン，NO_2^-を亜硝酸イオンとよぶ[†3]．

ハロゲンは3種以上のオキソアニオンをつくる．元素

表D・1 よく出合う陰イオンと，陰イオンが共通な酸

陰イオン	酸
フッ化物イオン，F^-	フッ化水素酸[a]，HF（フッ化水素）
塩化物イオン，Cl^-	塩化水素酸・塩酸[a]，HCl（塩化水素）
臭化物イオン，Br^-	臭化水素酸[a]，HBr（臭化水素）
ヨウ化物イオン，I^-	ヨウ化水素酸[a]，HI（ヨウ化水素）
酸化物イオン，O^{2-} 水酸化物イオン，OH^-	水，H_2O
硫化物イオン，S^{2-} 硫化水素イオン，HS^-	硫化水素酸[a]，H_2S（硫化水素）
シアン化物イオン，CN^-	シアン化水素酸・青酸[a]，HCN（シアン化水素）
酢酸イオン，CH_3COO^-	酢酸，CH_3COOH
炭酸イオン，CO_3^{2-} 炭酸水素(重炭酸)イオン，HCO_3^-	炭酸，H_2CO_3
亜硝酸イオン，NO_2^- 硝酸イオン，NO_3^-	亜硝酸，HNO_2 硝酸，HNO_3
リン酸イオン，PO_4^{3-} リン酸水素イオン，HPO_4^{2-} リン酸二水素イオン，$H_2PO_4^-$ 亜リン酸イオン，PO_3^{3-}	リン酸，H_3PO_4 亜リン酸，H_3PO_3
亜硫酸イオン，SO_3^{2-} 亜硫酸水素イオン，HSO_3^- 硫酸イオン，SO_4^{2-} 硫酸水素イオン，HSO_4^-	亜硫酸，H_2SO_3 硫酸，H_2SO_4
次亜塩素酸イオン，ClO^- 亜塩素酸イオン，ClO_2^- 塩素酸イオン，ClO_3^- 過塩素酸イオン，ClO_4^-	次亜塩素酸，HClO 亜塩素酸，$HClO_2$ 塩素酸，$HClO_3$ 過塩素酸，$HClO_4$

a) 水溶液の名称．化合物そのものの名称は（ ）内に付記．

†1 訳注：日本語だと，酸素や炭素，塩素，窒素の“素”，硫黄の“黄”は元素名（語幹）から落とす．

†2 訳注：ケイ素やヒ素の“素”は元素名（語幹）から落とす．また，アルミニウム→アルミン酸，バナジウム→バナジン酸のようにする．

†3 訳注：窒素の場合，元素名（語幹）には“窒”ではなく“硝”を使い，“素”は落とす．

が●のとき，O 原子が最少のイオンを“次亜●酸イオン（英語 hypo-●-ite ion）”（例: 次亜塩素酸イオン ClO^-），O 原子が最多のイオンを“過●酸イオン（per-●-ate ion）”（例: 過塩素酸イオン ClO_4^-）とよぶ．

多原子陰イオンの命名法は付録 3A にまとめ，よく出合う例を表 D・1 にあげてある．

こぼれ話 和名の“次”にあたる hypo- は，“下位”を意味するギリシャ語にちなむ．また“過”にあたる per- は，“これにて落着”を意味するラテン語にちなむ（元素の“酸素結合能力”を使いきった状況）．■

HS^- や HCO_3^- のように H 原子を含む陰イオンは，名前に“水素”を入れてよぶ（硫化水素イオン HS^-，炭酸水素イオン HCO_3^- など）．まだ残る古い命名だと，H を含む陰イオンには“重（英語 bi-）”を使った（重炭酸イオン HCO_3^- など）†．H 原子 2 個を含む陰イオンは“二水素”を入れるため，$H_2PO_4^-$ は“リン酸二水素イオン”になる．

復習 D・1A (a) IO^- の名称を書け．
(b) 亜硫酸水素イオンを化学式で書け．
［答: (a) 次亜ヨウ素酸イオン，(b) HSO_3^-］

復習 D・1B (a) $H_2AsO_4^-$ の名称を書け．
(b) 塩素酸イオンを化学式で書け．

要 点 元素●の単原子陰イオンは“●化物イオン”とよぶ．オキソアニオンの場合，結合 O 原子の多いほうを“●酸イオン”，少ないほうを“亜●酸イオン”とする．O 原子が 2 個以上のオキソアニオンは，O 原子が最多のものを“過●酸イオン”，最少のものを“次亜●酸イオン”という．■

D・3 イオン化合物の名称

イオン化合物は（日本語なら）“陰イオン・陽イオン”の順によび（“イオン”と“物”は削除），必要なら陽イオンに酸化数を添える．素材が K^+ と Cl^- の KCl は塩化カリウム，NH_4^+ と NO_3^- の NH_4NO_3 は硝酸アンモニウムという．また，Co^{2+} と Cl^- からできる $CoCl_2$ は塩化コバルト(II)，Co^{3+} と Cl^- からの $CoCl_3$ は塩化コバルト(III)になる．どれも，陽イオンと陰イオンの電荷が打ち消し合っている点に注意しよう．

イオン化合物のうち，一定量の水を含む化合物を**水和物** (hydrate) という．青い硫酸銅(II)の結晶は，1 単位の $CuSO_4$ あたり 5 分子の水を含み，$CuSO_4 \cdot 5H_2O$ の組成をもつ（図 D・1）．水和物は，基本組成名に“一水和物”，“二水和物”，…を続けてよぶ．英語の場合は，“*mono*hydrate”，“*di*hydrate”，…のように，ギリシャ語由来の接頭語をつける（表 D・2）．

図 D・1 硫酸銅(II)五水和物の青い結晶は，150 ℃ 以上に熱すると無水の白い硫酸銅(II)に変わり，それに水を垂らせば五水和物になって青色が戻る．無水物が空気中の水蒸気を吸う性質は，乾燥剤に利用する．

表 D・2 数を表す接頭語

接頭語（日本語）	意 味	接頭語（日本語）	意 味
mono-（一）	1 個	hepta-（七）	7 個
di-（二）	2 個	octa-（八）	8 個
tri-（三）	3 個	nona-（九）	9 個
tetra-（四）	4 個	deca-（十）	10 個
penta-（五）	5 個	undeca-（十一）	11 個
hexa-（六）	6 個	dodeca-（十二）	12 個

$CuSO_4 \cdot 5H_2O$ だと，英語名は copper(II) sulfate pentahydrate，和名は硫酸銅(II)五水和物になる．$CuSO_4 \cdot 5H_2O$ を熱すると水和水が飛んで青色が消え，さらに結晶がくずれて粉末状の $CuSO_4$ に変わる．水和水を失ったと強調したいときは**無水物** (anhydrous form) といい，$CuSO_4$ なら無水硫酸銅(II)とよぶ．

例題 D・1 無機イオン化合物の名称

つぎの化合物を命名せよ．
(a) 有機合成に使う緑色の固体 $CrCl_3 \cdot 6H_2O$
(b) 花火に緑色をつける $Ba(ClO_4)_2$

方 針 本文の説明に従う．

解 答 段階 1: 陽イオンと陰イオンを確かめる．
(a) Cr^{3+} と Cl^- (b) Ba^{2+} と ClO_4^-
段階 2: 物質名の冒頭（陰イオン名）を確かめる．
(a) 塩化… (b) 過塩素酸…
段階 3: 陽イオン名を確かめ，必要なら酸化数も付記して上記につなげる．
(a) 塩化クロム(III) (b) 過塩素酸バリウム
段階 4: 水和物は，水分子の数も使い，“…水和物”を添える．
(a) 塩化クロム(III)六水和物 (b) 上記のまま

復習 D・2A つぎの化合物を命名せよ．

† 訳注: 古い接頭辞 bi- は“2”に通じ，“Na あたりの炭酸部分 CO_3 が 2 倍量ある”ことを意味した．

(a) $NiCl_2 \cdot 2H_2O$, (b) AlF_3, (c) $Mn(IO_2)_2$

[答: (a) 塩化ニッケル(Ⅱ)二水和物,
(b) フッ化アルミニウム,
(c) 亜ヨウ素酸マンガン(Ⅱ)]

復習 D・2B　つぎの化合物を命名せよ.

(a) $AuCl_3$, (b) CaS, (c) Mn_2O_3

関連の節末問題　D・7

要 点　日本語でイオン化合物は“陰イオン・陽イオン”の順によび, 必要なら陽イオン名に酸化数を（ ）で添え, 水和物は末尾に“… 水和物”と添える. ■

D・4　無機分子化合物の名称

単純な無機分子化合物は, 結合原子の数を表 D・2 の接頭語で示しつつ命名する. ふつう原子が 1 個なら接頭語 (mono-, 一) を略し, NO_2 は二酸化窒素という（例外: 一酸化炭素 CO, 一酸化窒素 NO など）. よく出合う二元分子化合物（元素 2 種の化合物）は, 周期表上で右手にあるほうの元素名（○化）を頭に使い, “○化△” のようにする.

PCl_3 三塩化リン　　N_2O 一酸化二窒素
SF_6 六フッ化硫黄　　N_2O_5 五酸化二窒素

例外に, リンの酸化物や, 慣用名でよぶ化合物がある. 分子化合物のリン酸化物を, あたかも金属酸化物のように, 六酸化四リン P_4O_6 は $(P^{3+})_4(O^{2-})_6$ とみて酸化リン(Ⅲ), 十酸化四リン P_4O_{10} は $(P^{5+})_4(O^{2-})_{10}$ とみて酸化リン(Ⅴ)という. アンモニア NH_3 や水 H_2O など, 慣用名でよぶ二元分子化合物も多い（表 D・3）.

表 D・3　簡単な分子化合物の慣用名

分子式 a)	慣用名	分子式	慣用名
NH_3	アンモニア	NO	酸化窒素
N_2H_4	ヒドラジン	N_2O	亜酸化窒素
NH_2OH	ヒドロキシルアミン	C_2H_4	エチレン
PH_3	ホスフィン	C_2H_2	アセチレン

a) 水素と 15 族元素の二元化合物の分子式（NH_3 や PH_3）は, 15 族の元素記号を先に書く（歴史的な理由）.

水素と 16, 17 族の非金属元素がつくる化合物の分子式（塩化水素 HCl, 硫化水素 H_2S など）は, H を先に書く. 大半は水に溶けて酸になり, 塩化水素酸（塩酸）, 硫化水素酸のようによぶ. **水溶液** (aqueous solution) 中の物質は化学式に (aq) を添えて書くため, HCl は塩化水素という化合物, HCl(aq) は塩化水素の水溶液（塩酸）を意味する.

O 原子を含む酸性の分子化合物を**オキソ酸** (oxoacid) という. オキソ酸は, 分子が 1 個〜数個の H^+ を出せばオキソアニオンになるため, オキソアニオンの母体だといえる（表 D・1 参照）. “…酸” 型のオキソ酸（例: 硫酸 H_2SO_4）は “…酸イオン”（硫酸イオン SO_4^{2-}）の母体, “亜…酸” 型のオキソ酸（例: 亜硫酸 H_2SO_3）は “亜…酸イオン”（亜硫酸イオン SO_3^{2-}）の母体になる.

例題 D・2　無機分子化合物の名称

以下の物質の体系名を書け.

(a) かつてロケット燃料に使われた N_2O_4
(b) 水の殺菌に使う ClO_2
(c) メタンフェタミンの合成に使う HI(aq)
(d) 落雷のとき大気中にできる HNO_2

方 針　本文の説明に従う.

解 答　化合物 (a) と (b) は酸ではなく, “○酸化△” の姿をしている.

段階 1: 原子の数を無視して名称を書く. (a) 酸化窒素, (b) 酸化塩素.

段階 2: 原子の数を考えた名称にする. (a) 四酸化二窒素, (b) 二酸化塩素.

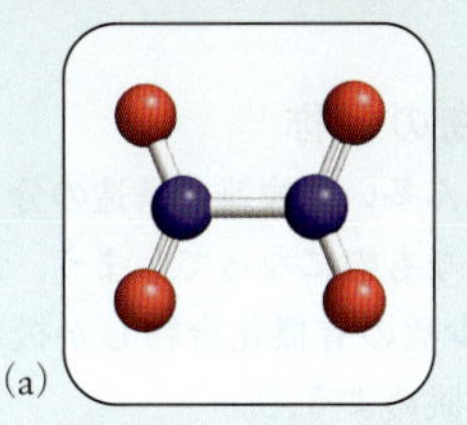
(a)

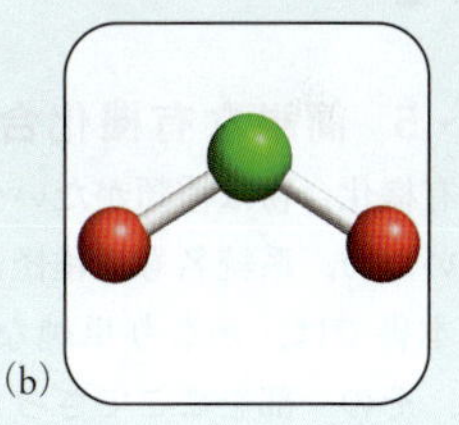
(b)

化合物 (c) と (d) は酸.

段階 1: 水に溶かす前の (c) はヨウ化水素という化合物. 水に溶けたら “…酸” となるため, HI(aq) はヨウ化水素酸.

段階 2: (d) は亜硝酸イオン NO_2^- の母体となる酸だから, 亜硝酸.

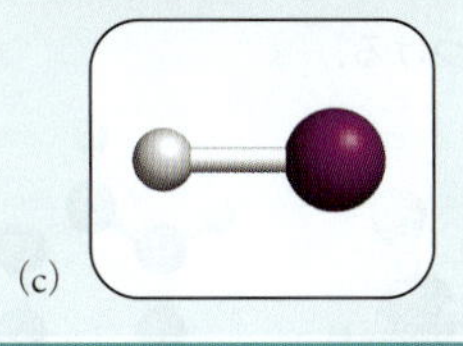
(c)

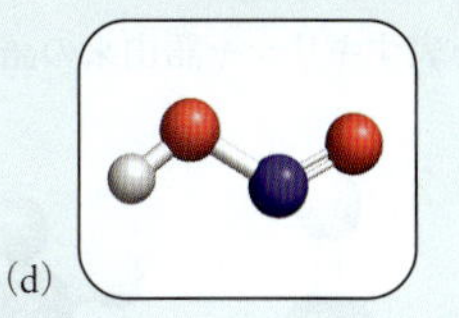
(d)

復習 D・3A　つぎの化合物を命名せよ.

(a) HCN(aq), (b) BCl_3, (c) IF_5

[答: (a) シアン化水素酸,
(b) 三塩化ホウ素,
(c) 五フッ化ヨウ素]

復習 D・3B　つぎの化合物を命名せよ.

(a) PCl_3, (b) SO_3, (c) HBr(aq)

関連の節末問題　D・9, D・11

例題 D・3　二元化合物の化学式

つぎの物質を化学式で書け.

(a) 湿気の検出に使う塩化コバルト(Ⅱ)六水和物
(b) リチウムイオン電池に使う三硫化二ホウ素

解答 (a) $CoCl_2 \cdot 6H_2O$, (b) B_2S_3

復習 D・4A つぎの化合物を化学式で書け．
(a) 酸化バナジウム(V)，(b) 炭化マグネシウム
(c) 四フッ化ゲルマニウム，(d) 三酸化二窒素
［答：(a) V_2O_5，(b) Mg_2C，(c) GeF_4，(d) N_2O_3］

復習 D・4B つぎの化合物を化学式で書け．
(a) 硫化セシウム四水和物
(b) 酸化マンガン(Ⅶ)
(c) シアン化水素（毒性の気体）
(d) 二塩化二硫黄

関連の節末問題 D・3，D・15

要点 二元分子化合物は，原子数を接頭語で示し，周期表で右にあるほうの元素（○）を先頭に使い，“○化△”とよぶ．■

D・5 簡単な有機化合物の名称

有機化合物は種類がたいへん多い．複雑な構造の分子も多いため，系統名も複雑怪奇なものになってしまう．ただし本書では，かなり単純な少数の有機化合物しか扱わない．その一部をここでざっと眺めよう．

まず，水素と炭素だけの化合物は**炭化水素**（hydrocarbon）という．例にはメタン CH_4（**1**）やエタン C_2H_6（**2**），ベンゼン C_6H_6（**3**）がある．メタンやエタンのような単結合だけの炭化水素を**アルカン**（alkane，飽和炭化水素）とよぶ．炭素数 12 までのアルカンを表 D・4 にまとめた．炭素数 5 以上のアルカンは，名称の冒頭に，数字を表すギリシャ語由来の語をつける．

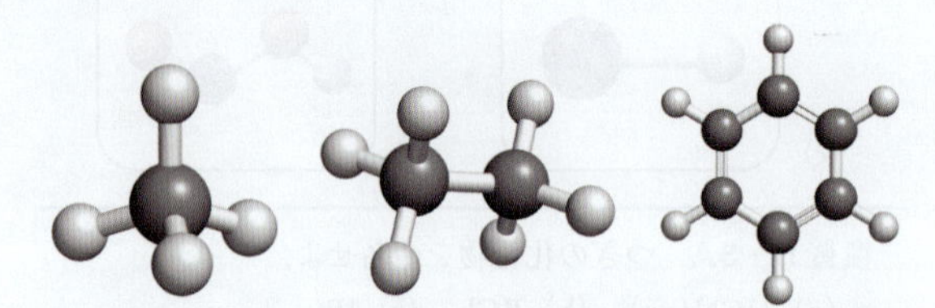

(**1**) メタン CH_4　(**2**) エタン C_2H_6　(**3**) ベンゼン C_6H_6

二重結合をもつ炭化水素を**アルケン**（alkene，不飽和炭化水素）という．いちばん単純なエテン $CH_2{=}CH_2$ は，ふつう慣用名でエチレンとよぶ．ベンゼンも二重結合をもつけれど，通常のアルケンとはひと味ちがう性質（とりわけ安定性）を示す．ベンゼン部分を含む炭化水素を**芳香族化合物**（aromatic compound）と総称する．

炭化水素から H を外した原子団を，メチル基（$-CH_3$）やエチル基（$-CH_2CH_3$ または $-C_2H_5$）のように，炭化水素名の末尾（-ane）を“イル（-yl）”に変えて“～（イ）

表 D・4 アルカンの名称

炭素数	化学式	アルカン名	アルキル基名
1	CH_4	メタン	メチル
2	CH_3CH_3	エタン	エチル
3	$CH_3CH_2CH_3$	プロパン	プロピル
4	$CH_3(CH_2)_2CH_3$	ブタン	ブチル
5	$CH_3(CH_2)_3CH_3$	ペンタン	ペンチル
6	$CH_3(CH_2)_4CH_3$	ヘキサン	ヘキシル
7	$CH_3(CH_2)_5CH_3$	ヘプタン	ヘプチル
8	$CH_3(CH_2)_6CH_3$	オクタン	オクチル
9	$CH_3(CH_2)_7CH_3$	ノナン	ノニル
10	$CH_3(CH_2)_8CH_3$	デカン	デシル
11	$CH_3(CH_2)_9CH_3$	ウンデカン	ウンデシル
12	$CH_3(CH_2)_{10}CH_3$	ドデカン	ドデシル

ル基”とよぶ．

おびただしい有機化合物は，炭化水素を基本骨格にしてできる．骨格中の H 原子をほかの原子（や原子団）に変えるだけで，まったく別の分子になる．以下，アルコールとカルボン酸，ハロアルカンの三つだけを見ておこう．

● **アルコール**（alcohol）は $-OH$（ヒドロキシ基）をもつ．

お酒の主成分“アルコール”を意味するエタノール CH_3CH_2OH（**4**）は，エタンの H 原子 1 個を $-OH$ 基に変えたもの．毒性のメタノール CH_3OH（**5**）は，かつて木精ともよんだ†．

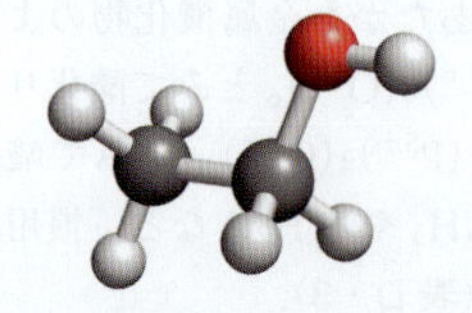

(**4**) エタノール CH_3CH_2OH

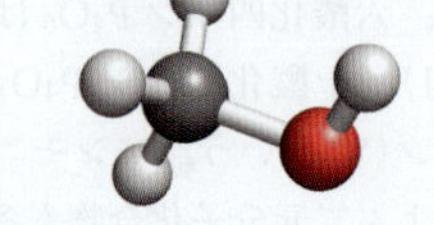

(**5**) メタノール CH_3OH

● **カルボン酸**（carboxylic acid）は $-COOH$（カルボキシ基，**6**）をもつ．

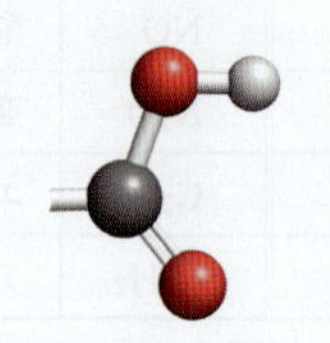

(**6**) カルボキシ基 $-COOH$

食酢には 4% 程度の酢酸 CH_3COOH（**7**）が溶けている．ギ酸 $HCOOH$（**8**）は，アリが自衛に使う．

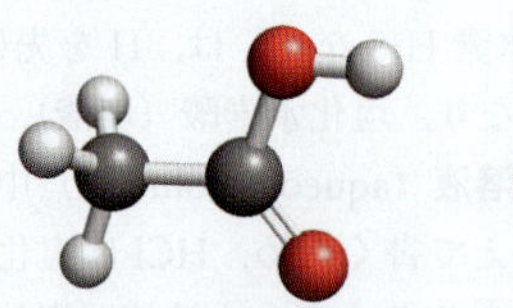

(**7**) 酢酸 CH_3COOH

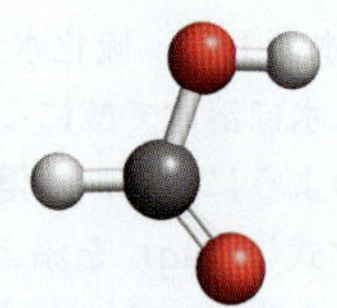

(**8**) ギ酸 $HCOOH$

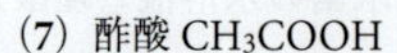

† 訳注：木材を乾留して生じる“木酢液”中に見つかった（ロバート・ボイル，1661 年）．

● H 原子の一部をハロゲンに置換したアルカンを**ハロアルカン**（haloalkane）という．

ハロアルカンの例には，クロロメタン CH_3Cl（**9**）やトリクロロメタン $CHCl_3$（**10**）がある．慣用名をクロロホルムという **10** は，かつて麻酔に常用した．命名のとき，ハロゲン名は“フルオロ”，“クロロ”，“ブロモ”，“ヨード”とし，必要なら接頭語で置換原子の個数を示す．

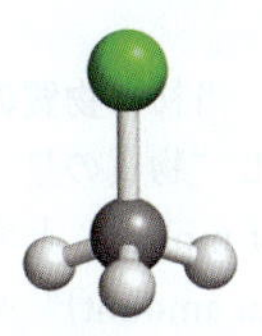

(**9**) クロロメタン CH_3Cl

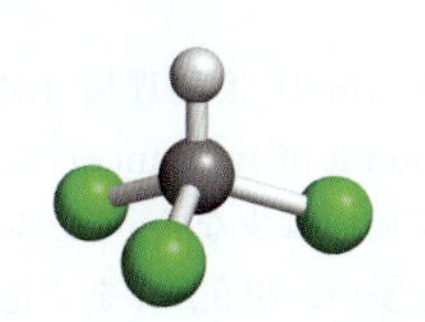

(**10**) トリクロロメタン $CHCl_3$

復習 D・5A　(a) CH_2BrCl の名称を書け．
(b) $CH_3CH(OH)CH_3$ はどんな種類の化合物か．
［答：(a) ブロモクロロメタン†，(b) アルコール］

復習 D・5B　(a) $CH_3CH_2CH_2CH_2CH_3$ の名称を書け．
(b) CH_3CH_2COOH はどんな種類の化合物か．

要 点　有機化合物は炭化水素名を基礎に命名する．アルコールは $-OH$ を，カルボン酸は $-COOH$ を，ハロアルカンはハロゲン原子をもつ．■

† 訳注：“ブロモ”と“クロロ”の順序は，冒頭文字のアルファベット順とする．

身につけたこと

化合物の化学式と名称の関係，単純な有機化合物の名称や化学式につき，つぎのことを学んだ．

❑1　イオンと，平凡な多原子イオンを含むイオン化合物，水和物などの命名（復習 D・1 と例題 D・1）
❑2　二元無機分子化合物とオキソ酸の命名（例題 D・2）
❑3　二元無機化合物の化学式と命名（例題 D・3）
❑4　単純な炭化水素と原子団の命名（D・5 項）
❑5　アルコール，カルボン酸，ハロアルカンの名称と化学式（復習 D・5）

節末問題

D・1　(a) BrO_2^- の名称を書け．
(b) 亜硫酸水素イオンの化学式を書け．

D・3　以下の化合物の化学式を書け．
(a) 塩化マンガン(II)　(b) リン酸カルシウム
(c) 亜硫酸アルミニウム　(d) 窒化マグネシウム

D・5　以下のイオン化合物の名称を書け．
(a) PF_5　(b) IF_3　(c) OF_2　(d) B_2Cl_4
(e) $CoSO_4 \cdot 7H_2O$　(f) $HgBr_2$　(g) $Fe_2(HPO_4)_3$
(h) W_2O_5　(i) $OsBr_3$

D・7　以下のイオン化合物の名称を書け．現在の名称と古い名称があれば，両方を書く．
(a) 骨の主成分 $Ca_3(PO_4)_2$
(b) SnS_2　(c) V_2O_5　(d) Cu_2O

D・9　以下の二元分子化合物の名称を書け．
(a) SF_6　(b) N_2O_5　(c) NI_3
(d) XeF_4　(e) $AsBr_3$　(f) ClO_2

D・11　以下の酸水溶液の名称を書け．
(a) $HCl(aq)$　(b) $H_2SO_4(aq)$　(c) $HNO_3(aq)$
(d) $CH_3COOH(aq)$　(e) $H_2SO_3(aq)$　(f) $H_3PO_4(aq)$

D・13　以下のものを化学式で書け．
(a) 過塩素酸　(b) 次亜塩素酸　(c) 次亜ヨウ素酸
(d) フッ化水素酸　(e) 亜リン酸　(f) 過ヨウ素酸

D・15　以下の化合物の化学式を書け．
(a) 二酸化チタン　(b) 四塩化ケイ素
(c) 二硫化炭素　(d) 四フッ化硫黄
(e) 硫化リチウム　(f) 五フッ化アンチモン
(g) 五酸化二窒素　(h) 七フッ化ヨウ素

D・17　以下のイオンからできるイオン化合物の化学式を書け．
(a) 亜鉛イオンとフッ化物イオン
(b) バリウムイオンと硝酸イオン
(c) 銀イオンとヨウ化物イオン
(d) リチウムイオンと窒化物イオン
(e) クロム(III)イオンと硫化物イオン

D・19　(a) 第 6 周期の 2 族元素と第 3 周期の 17 族元素からできる化合物の化学式と名称を書け．
(b) できるのは分子化合物か，イオン化合物か．

D・21　以下の化合物の名称を書け．
(a) Na_2SO_3　(b) Fe_2O_3　(c) FeO
(d) $Mg(OH)_2$　(e) $NiSO_4 \cdot 6H_2O$　(f) PCl_5
(g) $Cr(H_2PO_4)_3$　(h) As_2O_3　(i) $RuCl_2$

D・23　以下の命名は誤っている．正しい名称に直せ．
(a) $CuCO_3$：炭酸銅(I)
(b) K_2SO_3：硫酸カリウム
(c) $LiCl$：塩素リチウム

D・25　以下の有機化合物の名称を書け．
(a) $CH_3CH_2CH_2CH_2CH_2CH_2CH_3$
(b) $CH_3CH_2CH_3$
(c) $CH_3CH_2CH_2CH_2CH_3$
(d) $CH_3CH_2CH_2CH_3$

D・27　以下の表示をもつ古い試薬瓶が見つかった．いまの名称を書け（付録 3C 参照）．
(a) 酸化第二コバルト一水和物
(b) 水酸化第一コバルト

D・29 第3周期の主要族元素Eは，分子化合物 EH_4 とイオン化合物 Na_4E をつくる．Eは何か．また，両化合物の名称を書け．

D・31 水素の化合物には，命名法の例外となるものがある．以下の化合物の名称を書き，イオン化合物か分子化合物かをいえ．

(a) $LiAlH_4$ (b) NaH

D・33 リンや硫黄を含む類似化合物の命名にならい，以下の化合物の名称を書け．

(a) H_2SeO_4 (b) Na_3AsO_4 (c) $CaTeO_3$
(d) $Ba_3(AsO_4)_2$ (e) H_3SbO_4 (f) $Ni_2(SeO_4)_3$

D・35 以下は，どんな種類の有機化合物か．

(a) $CH_3CH_2CH_2OH$ (b) $CH_3CH_2CH_2CH_2COOH$
(c) CH_3F

E モルとモル質量

水1 mLは約 3×10^{22} 個の H_2O 分子…というように，わずかな試料も莫大な数の原子や分子を含む．3×10^{22} といった数はどうやってわかったのか？ また，使い勝手の悪いそんな数をわかりやすく表すには，どうすればいい？ 文字どおり“桁ちがい”だけれど，発想自体はダース（12個）やグロス（144個）と似ている．そのへんを振り返ろう．

E・1 モル

化学では，“決まった数の粒子集団”を“1モル”とみる．**モル**（mole．単位記号 mol）は，長らく“質量12 gの炭素-12を構成する原子数”と定義されたが，近年，定義がつぎのように変わった．

- 原子，イオン，分子などの（正確に）6.022 140 76×10^{23} 個を1 molとする．

その数を，18世紀のイタリアで“モル概念の芽”となる研究をしたアメデオ・アボガドロ（図E・1）の名から**アボガドロ数**（Avogadro's number）とよぶ．物理量としては**アボガドロ定数**（Avogadro constant）N_A を考え，$N_A = 6.022\,140\,76\times10^{23}\ \mathrm{mol^{-1}}$ と書く．本書内の計算では，近似値 $N_A = 6.0221\times10^{23}\ \mathrm{mol^{-1}}$（ラフな見積もりには $N_A = 6\times10^{23}\ \mathrm{mol^{-1}}$）を使う．

こぼれ話 モルは“大きな盛り土（塚）”を意味するラテン語 *moles* にちなむ．同じ moleの別義“モグラ”が，自分の体長よりずっと大きい盛り土（モグラ塚）をつくるのは，愉快な偶然というべきだろう．■

グラム（g）やメートル（m）は物理量の単位を表す．

図 E・1 アボガドロ（Amedeo Avogadro, 1776～1856）．

モル（mol）も物理量（記号 n）を表し，当初は**物質の量**（amount of substance）とよんだ．ただし“物質の量”とよぶ場面は少なく，“モル数（number of moles）”とする人も多い．現在，n を“化学量（chemical amount）”や単純な“量（amount）”とよぶ妥協案も支持を集めつつある†．本書では多くの場合，“量（mol）”と表記する．

1.0000 mol Hと書けば，試料が1.0000 mol（6.0221×10^{23} 個）の水素原子を含むことを意味する（図E・2）．慣行に従い，必要なら桁を表す接頭語を添え，10^{-3} molは1 mmol，10^{-6} molは1 μmolと書く．微量の天然物や特殊な医薬品にそんな単位を使うことが多い．

物質の量（mol）は，つぎのように，粒子（原子やイオン，分子など）の個数に換算できる．

$$
\begin{aligned}
\text{粒子の個数} &= \text{量 (mol)} \times 1\ \text{mol の粒子数} \\
&= \text{量} \times \text{アボガドロ定数}
\end{aligned}
$$

試料の粒子数 N，モル数 n，アボガドロ定数 N_A の間にはつぎの関係が成り立つ．

$$N = nN_A \tag{1}$$

何の個数に注目するのか，いつも気を配ろう．たとえば気体の水素は，H原子2個が結合した H_2 分子の姿をも

図 E・2 原子1 molの単体．（右上から時計回りに）硫黄32 g，水銀201 g，鉛207 g，銅64 g，炭素12 g．

† 訳注: 物質でない“電子”や“化学結合”，果ては物理の世界に属す“光子”もmol単位で数えるため，モル概念は硬い学術用語にせず，“粒の量”などとよぶのが適切だろう（1970年代の中期から日本の高校化学で使う硬い用語“物質量”が，理科嫌いを増やしたという現実も重い）．なお，“坪数”や“キロ数”を常用する日本語で，“モル数”に違和感はない．

つ．原子に注目すれば 1 mol H，分子に注目するなら 1 mol H_2 のように書く．むろん 1 mol H_2 は 2 mol H に等しい．同じ 1 mol のサイズは，物質ごとにさまざまとなる．

例題 E・1　原子数から“モル数”への換算

燃料電池車の実用化を目指し，水素の貯蔵用材料が研究されている．ある材料が蓄える 1.29×10^{24} 個の H 原子は何 mol か．

予 想　原子数はアボガドロ数 6×10^{23} より多いので，1 mol 以上だろう．

方 針　(1) 式を変形した $n = N/N_A$ にデータを入れる．

解 答　次式のようになる．

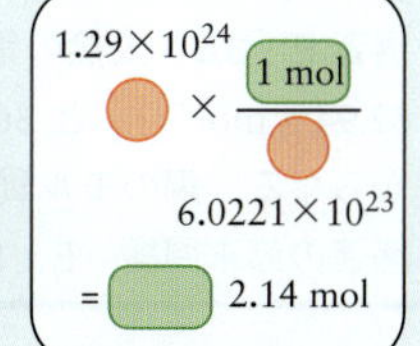

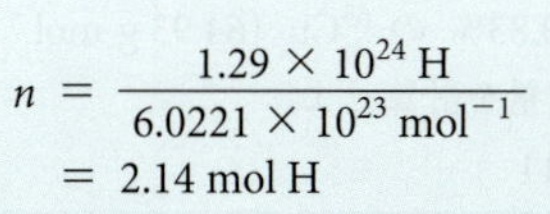

$$n = \frac{1.29\times10^{24}\ \text{H}}{6.0221\times10^{23}\ \text{mol}^{-1}} = 2.14\ \text{mol H}$$

確 認　予想どおり 1 mol 以上だった．

復習 E・1A　あるペルー産の果実から抽出された医薬の試料は，2.58×10^{24} 個の O 原子を含んでいる．O 原子は何 mol か．

［答：4.28 mol O］

復習 E・1B　水 3.14 mol は何個の H 原子を含むか．

関連の節末問題　E・7

要 点　試料が含む原子やイオン，分子の量はモル単位で表す．量と粒子数の換算にはアボガドロ定数 N_A を使う．■

E・2　モル質量

ある試料が何 mol か知りたいとしよう．粒子の数はまず測れない．けれど，試料 1 mol の質量つまり**モル質量** (molar mass) を使えば，試料の質量から量 (mol) がわかる．

単体（分子をつくらない単体）のモル質量
　＝原子 1 mol の質量
分子化合物のモル質量
　＝分子 1 mol の質量
イオン化合物のモル質量
　＝組成単位 1 mol の質量

モル質量は（SI に忠実な kg mol^{-1} ではなく）g mol^{-1} 単位で表すことが多い．試料の質量 (g) は，試料の量とモル質量の積になる．

試料の質量 (g) ＝ 量 (mol) × モル質量 (g mol^{-1})

記号を左から m, n, M とすれば，次式に書ける．

$$m = nM \qquad (2)$$

変形して $n = m/M$ だから，試料の質量をモル質量で割れば量 (mol) になる．

例題 E・2　量と原子数の計算

ほぼ全元素と激しく反応する気体のフッ素 22.5 g は，(a) 何 mol の F_2 分子からなるか，また (b) 何個の F 原子からなるか．F_2 分子のモル質量は 38.00 g mol^{-1} だが，粒子を明記して，38.00 g (mol F_2)$^{-1}$ と書くのがよい．

予 想　試料の質量は分子のモル質量より小さいから，F_2 分子は 1 mol 未満だろう．

方 針　まず試料の質量をモル質量で割り，量に換算する．

解 答　(a) 式 $n = m/M$ より，n の値はつぎのようになる．

$$n(F_2) = \frac{22.5\ \text{g}}{38.00\ \text{g}\ (\text{mol F}_2)^{-1}} = \frac{22.5}{38.00}\ \text{mol F}_2 = 0.592\ \text{mol F}_2$$

確 認　予想どおり F_2 分子は 1 mol 未満だった．

注目！　対象（この例だと，F 原子ではなく F_2 分子）を誤らないよう，計算式中にも明記するのがよい．■

(b) まず $N = nN_A$ から F_2 分子の数を求める．

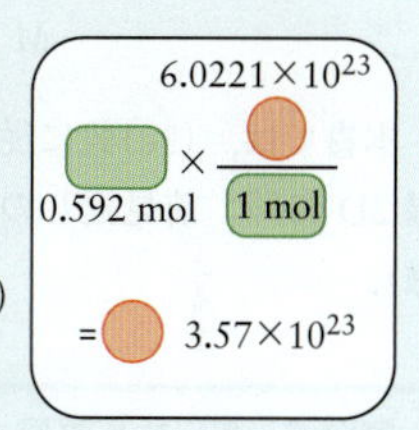

$$N(F_2) = (0.592\ \text{mol}) \times (6.0221\times10^{23}\ \text{mol}^{-1}) = 3.565\cdots\times10^{23}\ F_2$$

その 2 倍が F 原子の数だから，7.13×10^{23} 個だとわかる．

$$N(F) = 2N(F_2) = 2\times3.57\times10^{23} = 7.13\times10^{23}$$

復習 E・2A　3.20 g の銅貨がある．

(a) 銅のモル質量を 63.55 g mol^{-1} として，銅貨が含む Cu 原子の量を求めよ．

(b) 銅貨が含む Cu 原子の数を計算せよ．

［答：(a) 0.0504 mol，(b) 3.03×10^{22} 個］

復習 E・2B　リサイクル用のアルミニウム 5.4 kg を集めた．

(a) アルミニウムのモル質量を 26.98 g mol^{-1} として，Al 原子の量を求めよ．

(b) Al 原子の数を計算せよ．

関連の節末問題　E・9，E・17

元素のモル質量は，同位体それぞれの質量と天然存在比を質量分析計で測ればわかる．原子のモル質量 M は，原子1個の質量にアボガドロ定数をかけた値になる．

$$M = m_{原子} N_A \qquad (3a)$$

^{12}C（炭素-12）を例に，そのことを図E・3に描いた．

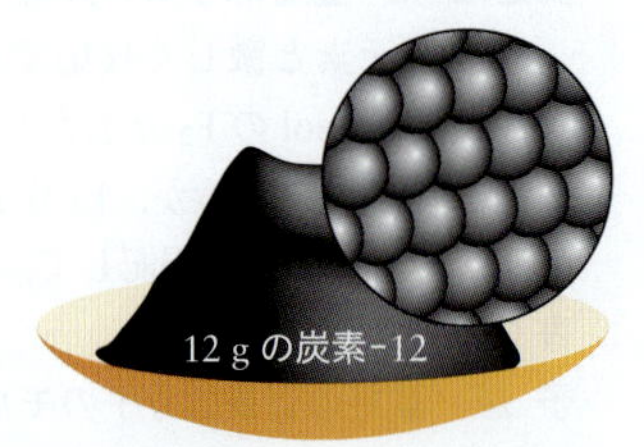

図 E・3 ^{12}C原子（質量 $1.992\,646\,547 \times 10^{-23}$ g）の 1 mol（6.0221×10^{23} 個）が 12.00 g だから，^{12}C のモル質量を 12.00 g mol^{-1} と書く．

原子の質量が大きいほど，モル質量も大きい．ただしB節でみたネオンのように多くの元素は，質量の異なる同位体原子の混合物として天然に存在する．それを同位体の**天然存在比**（natural abundance）という．つまり原子の質量は，同位体 i の質量 m_i に存在比 f_i をかけ，足し合わせた平均値になる．

$$m_{平均} = \underbrace{\sum_i}_{\sumは和をとる記号} f_i m_i \qquad (3b)$$

天然元素のモル質量 M は，平均質量 $m_{平均}$ にアボガドロ定数をかけた値になる．

$$M = m_{平均} N_A \qquad (3c)$$

本書では，(3c)式に従う平均のモル質量を使う（値は付録2D参照；前見返しの周期表や原子量表に載せた値も同様）．

例題 E・3 モル質量の計算

飲み水やプールの殺菌に使う塩素の天然同位体には ^{35}Cl（塩素-35）と ^{37}Cl があり，モル質量は同位体の存在比を使って決める．^{35}Cl（原子の質量 5.807×10^{-23} g，存在比 75.77%）と ^{37}Cl（6.139×10^{-23} g，24.23%）の情報から，塩素のモル質量を計算せよ．

予 想 ^{37}Cl より ^{35}Cl のほうがだいぶ多いため，モル質量は 35 g mol^{-1} のほうに近いだろう．

方 針 存在比を考えて出した原子質量の平均値に，アボガドロ定数をかける．

解 答 (3b)式を使って，$m_{平均} = f_{Cl-35}\, m_{Cl-35} + f_{Cl-37}\, m_{Cl-37}$ を計算する．

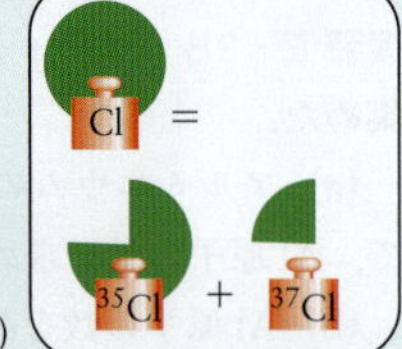

$$\begin{aligned} m_{平均} &= 0.7577 \times (5.807 \times 10^{-23}\,\text{g}) \\ &\quad + 0.2423 \times (6.139 \times 10^{-23}\,\text{g}) \\ &= 5.887 \times 10^{-23}\,\text{g} \end{aligned}$$

(3c)式のように N_A をかけ，モル質量 $M = m_{平均} N_A$ にする．

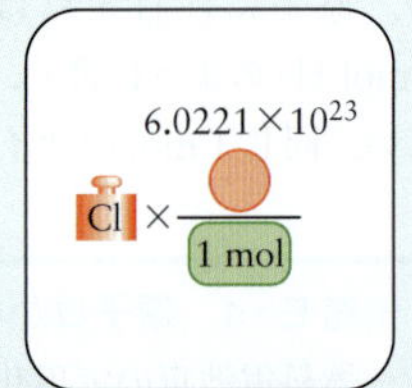

$$\begin{aligned} M &= (5.887 \times 10^{-23}\,\text{g}) \times \\ &\quad (6.0221 \times 10^{23}\,\text{mol}^{-1}) \\ &= 35.45\,\text{g mol}^{-1} \end{aligned}$$

確 認 予想どおり 35 g mol^{-1} のほうに近かった．

復習 E・3A 天然のマグネシウムは，存在比 78.99% の ^{24}Mg（質量 3.983×10^{-23} g），10.00% の ^{25}Mg（質量 4.149×10^{-23} g），11.01% の ^{26}Mg（質量 4.315×10^{-23} g）からなる．Mg のモル質量を計算せよ．

［答：24.31 g mol^{-1}］

復習 E・3B 天然の銅は，69.17% の ^{63}Cu（モル質量 62.94 g mol^{-1}）と 30.83% の ^{65}Cu（64.93 g mol^{-1}）からなる．銅のモル質量を計算せよ．

関連の節末問題 E・11

化合物のモル質量は，分子式や組成式をつくる元素のモル質量の和に等しい．たとえば 1 mol の硫酸アルミニウム $Al_2(SO_4)_3$ は，Al 原子 2 mol，S 原子 3 mol，O 原子 12 mol からなるため，$Al_2(SO_4)_3$ のモル質量 M は次式のようになる．

$$\begin{aligned} M(Al_2(SO_4)_3) &= 2M(Al) + 3M(S) + 12M(O) \\ &= 2(26.98\,\text{g mol}^{-1}) + 3(32.06\,\text{g mol}^{-1}) \\ &\quad + 12(16.00\,\text{g mol}^{-1}) \\ &= 342.14\,\text{g mol}^{-1} \end{aligned}$$

復習 E・4A (a) エタノール C_2H_5OH と，(b) 硫酸銅(II)五水和物のモル質量を求めよ．

［答：(a) 46.07 g mol^{-1}，(b) 249.69 g mol^{-1}］

復習 E・4B (a) フェノール C_6H_5OH と，(b) 炭酸ナトリウム十水和物のモル質量を求めよ．

化学で使う“原子量”，“分子量”，“式量”は，つぎの意味をもつ．

- **原子量**（atomic weight）: 元素（原子）のモル質量から単位（g mol^{-1}）を外した数値
- **分子量**（molecular weight）: 分子化合物のモル質量から単位（g mol^{-1}）を外した数値
- **式量**（formula weight）: イオン化合物のモル質量から単位（g mol^{-1}）を外した数値

水素（モル質量 1.0080 g mol^{-1}）の原子量は 1.0080，水（モル質量 18.02 g mol^{-1}）の分子量は 18.02，塩化ナ

トリウム（モル質量 58.44 g mol^{-1}）の式量は 58.44 になる．どの用語も英語では“… weight”と書くけれど，“重さ”ではない．ものの分量は“質量（mass）”といい，“重さ”は，ものに働く重力を指す．重さは質量に比例するが，質量と同じではない．同じ質量の宇宙飛行士も，地球上と火星表面では重さがちがう．

こぼれ話 最も信頼性の高い原子量は，IUPAC が定期的に発表する（https://iupac.org/what-we-do/periodic-table-of-elements 参照）．■

化合物のモル質量がわかったら，元素（単体）の場合と同様，ある質量をもつ化合物の分子や組成単位の量が計算できる．

復習 E・5A 化粧クリームの成分や肥料として使う尿素 $(NH_2)_2CO$ の 2.3×10^5 g は何 mol か．

［答：3.8×10^3 mol］

復習 E・5B 酸性土壌の中和に使う水酸化カルシウム $Ca(OH)_2$ の 1.00 kg は何 mol か．

ある試料の原子数は，モル質量からわかる．6×10^{23} 個もの原子は数えきれないが，モル質量の分だけを（g 単位で）秤（はか）りとるのはやさしい．図 E・2 の試料がそれだった．どの単体も 6.022×10^{23} 個の原子からなるけれど，原子の質量がそれぞれちがうため，試料の質量は異なる（図 E・4）．

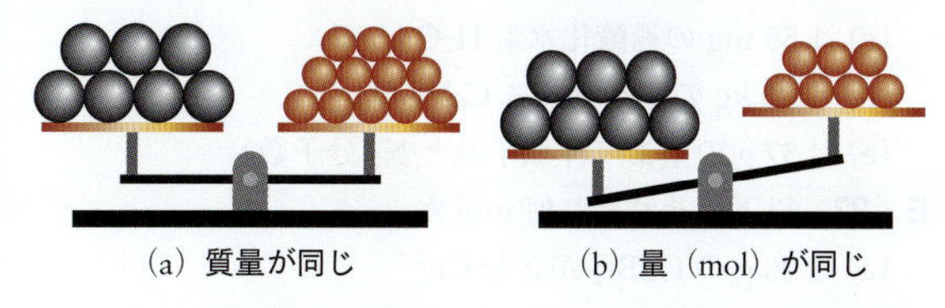

図 E・4 異種物質の質量くらべ．右の原子のほうが軽い．(a) 左右がつりあうとき，原子は右のほうが多い．(b) 同じ量（原子数）だとつりあわない．

図 E・5 約 1 mol のイオン化合物．（左から右へ）58 g の塩化ナトリウム NaCl，100 g の炭酸カルシウム $CaCO_3$，278 g の硫酸鉄(Ⅱ)七水和物 $FeSO_4\cdot7H_2O$，78 g の過酸化ナトリウム Na_2O_2．

同じことは化合物でも成り立ち，モル質量 58.44 g mol^{-1} の塩化ナトリウム 58.44 g 中には，組成単位 NaCl が 1.000 mol ある（図 E・5）．

考えよう 溶液の濃度を，“溶質の質量”で表す場面は少ない．なぜだろうか．■

例題 E・4 質量と量の関係

写真館では，現像した写真の表面を酸化して古く見せるのに，反応性の高い過マンガン酸カリウム $KMnO_4$ を使うことが多い．いろいろな濃度の水溶液で仕上がりを試すため，$KMnO_4$ を秤りとるとしよう．まず約 0.10 mol がほしい．何 g を秤りとればよいか．

予 想 0.10 mol なら，g 単位でそれほど大きな値にはならないだろう．

方 針 ほしい量（mol）をモル質量にかける．

解 答 0.10 mol を $KMnO_4$ のモル質量 158.04 g mol^{-1}† にかけ，質量 m を求める．

$$m = (0.10\ \text{mol}) \times (158.04\ \text{g mol}^{-1}) = 16\ \text{g}$$

0.10 mol × 158.04 g / 1 mol = 16 g

つまり必要な $KMnO_4$ は約 16 g となる．

確 認 予想どおり少量だった．もし秤量値が 14.87 g なら，つぎの計算で $KMnO_4$ は 0.094 09 mol だったとわかる．

$$n(\text{KMnO}_4) = \frac{14.87\ \text{g}}{158.04\ \text{g (mol KMnO}_4)^{-1}} = 0.094\,09\ \text{mol KMnO}_4$$

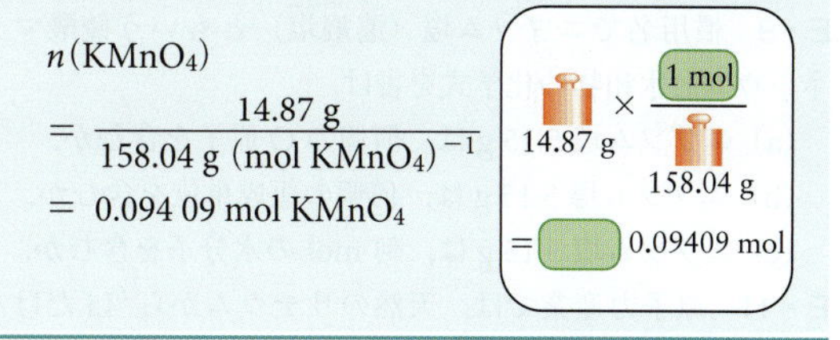

復習 E・6A 約 0.20 mol の無水硫酸水素ナトリウム $NaHSO_4$ は何 g か．

［答：約 24 g］

復習 E・6B 1.5 mol の酢酸 CH_3COOH は何 g か．

関連の節末問題 E・25

要 点 化合物のモル質量を使えば，試料の質量と量（mol）が結びつく．■

† 訳注：$M(\text{K})+M(\text{Mn})+4\,M(\text{O}) = (39.10+54.94+4\times16.00)$ g mol^{-1} = 158.04 g mol^{-1}（p.28 参照）．

身につけたこと

量（mol）の意味，量と質量の関係を学び，つぎのことができるようになった．

- ❑1 アボガドロ定数をもとにした量と粒子数の換算（例題 E・1，E・2）
- ❑2 同位体の存在比をもとにした元素（単体）のモル質量の計算（例題 E・3）
- ❑3 化学式をもとにした化合物のモル質量の計算
- ❑4 モル質量をもとにした量と質量の換算（例題 E・4）

節末問題

E・1 ナノ技術を使えば，原子を数珠（じゅず）のようにつなげた線がつくれる．カーボンナノチューブ（8章）に 1.00 mol の Ag 原子（半径 144 pm）を閉じこめて一直線に並べたとすれば，全長はいくらになるか．

E・3 ナノ研究では，原子1個1個を操る場面も多い．つぎの図で，左の皿には9個のガリウム原子（モル質量 70 g mol^{-1}）を載せてある．秤（はかり）をつりあわせるには，右の皿に何個のアスタチン原子（210 g mol^{-1}）を載せればよいか．

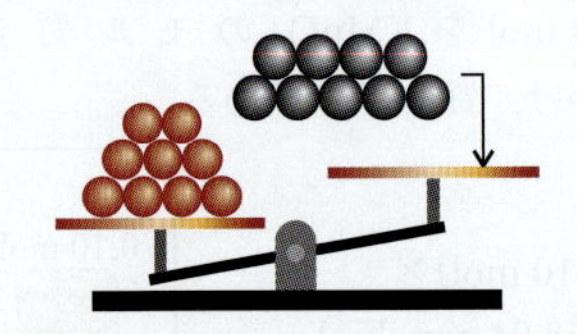

E・5 (a) 世界人口（約80億人）は何 mol だといえるか．

(b) 世界の全員が米粒を毎秒1粒ずつ不眠不休で数え続けるとき，米粒 1 mol を数え終わるには，いくら時間がかかるか．

E・7 あるヒト DNA 分子は，1個が 2.1×10^9 個の C 原子を含む．DNA 1分子の C 原子は何 mol か．

E・9 慣用名でエプソム塩（瀉痢塩（しゃりえん））ともいう硫酸マグネシウム七水和物の化学式を書け．

(a) エプソム塩 5.15 g は，何個の O 原子を含むか．

(b) エプソム塩 5.15 g は，何個の組成単位を含むか．

(c) エプソム塩 5.15 g は，何 mol の水分子を含むか．

E・11 原子力産業では，天然のリチウムから ^{6}Li だけを抽出する（^{7}Li は抽出しない）ため，抽出後のリチウムはモル質量が増す．天然のリチウムは，7.42% の ^{6}Li（原子質量 9.988×10^{-24} g）と 92.58% の ^{7}Li（1.165×10^{-23} g）からなる．

(a) リチウムのモル質量はいくらか．

(b) ^{6}Li の存在比を 5.67% に減らした試料のモル質量はいくらか．

E・13 天然のホウ素は ^{10}B（モル質量 10.013 g mol^{-1}）と ^{11}B（11.093 g mol^{-1}）からなり，モル質量は 10.81 g mol^{-1} となる．同位体2種の存在比はそれぞれ何%か．

E・15 ある金属 M の水酸化物 $M(OH)_2$ はモル質量が 74.10 g mol^{-1} だとわかっている．同じ金属の硫化物のモル質量はいくらか．

E・17 以下の組で，原子の量（mol）が多いのはそれぞれどちらか．

(a) インジウム 75 g とテルル 80 g

(b) 15.0 g の P と 15.0 g の S

(c) Ru 原子 7.36×10^{27} 個と Fe 原子 7.36×10^{27} 個

E・19 直径 12.0 m の球形タンクに 1.00×10^3 t の重水 D_2O を満たした．軽水 H_2O の密度は 1.00 g cm^{-3} とする．

(a) 重水素 D のモル質量を 2.014 g mol^{-1} として，D_2O のモル質量を計算せよ．

(b) D_2O 分子と H_2O 分子の占有体積を同じとして，重水の密度を計算せよ．

(c) 重水の密度と質量からタンクの体積を計算し，その結果を，直径から計算される体積と比較せよ．

(d) 重水の重さ（1.00×10^3 t）は正確か．

(e) 上記 (b) の計算で使った仮定は適切だったか．半径 r の球の体積は $V=(4/3)\pi r^3$ と書ける．

E・21 以下の化合物につき，量（mol）と，分子や組成単位や原子の個数を求めよ．

(a) 10.0 g のアルミナ Al_2O_3

(b) 25.92 mg のフッ化水素 HF

(c) 1.55 mg の過酸化水素 H_2O_2

(d) 1.25 kg のグルコース $C_6H_{12}O_6$

(e) 4.37 g の窒素（N 原子数と N_2 分子数）

E・23 以下はそれぞれ何 mol か．

(a) 3.00 g の $CuBr_2$ が含む Cu^{2+}

(b) 7.00×10^2 mg の SO_3 中にある SO_3 分子

(c) 25.2 kg の UF_6 中にある F^-

(d) 2.00 g の $Na_2CO_3\cdot10H_2O$ 中にある H_2O

E・25 (a) 0.750 mol の KNO_3 は何個の KNO_3 単位からなるか．

(b) 2.39×10^{20} 個の Ag_2SO_4 単位は何 mg か．

(c) 染色や印刷に用いるギ酸ナトリウム HCOONa の 3.429 g 中にある HCOONa 組成単位は何個か．

E・27 (a) H_2O 分子1個は何 g か．

(b) 1.00 kg の水が含む H_2O 分子は何個か．

E・29 8.61 g の塩化銅(II)四水和物 $CuCl_2\cdot4H_2O$ がある．

(a) 試料は何 mol か．

(b) 試料中には何 mol の Cl^- があるか．

(c) 試料中には何個の H_2O 分子があるか．

(d) O 原子は試料の質量の何%を占めるか．

E・31 同じ 2.5 kg でも $Na_2CO_3 \cdot 10H_2O$ は 175 ドル，無水 Na_2CO_3 は 195 ドルのところ，水和物のほうを買ったとしよう．

(a) 何 L の水（密度 1 kg L^{-1}）を買ってしまったのか？ 水 1 L に何ドル払ってしまったのか．

(b) 水の価格が 0 ドルなら，水和物の適正な価格は何ドルか．

E・33 フッ素添加の歯磨きは，F^- がエナメル質のヒドロキシアパタイト $Ca_5(PO_4)_3OH$ をフルオロアパタイト $Ca_5(PO_4)_3F$ に変え，虫歯の進行を抑える．ヒドロキシアパタイトの全部がフルオロアパタイトに変わったとき，エナメル質の質量は何%だけ増すか．

F 化学式の決定

動植物が生存に使う物質は，画期的な医薬品になったりする（図 F・1）．抽出した薬効成分の分子構造がわかれば，構造の手直しや大量生産ができる．分子構造の決定に欠かせない"実験式"と"分子式"のことを調べよう．

図 F・1 海底の岩に付着して生きるカイメンの一種．抗菌活性や抗ウイルス活性をもつ物質が体内に見つかったら，本節の内容に従って分析を進める．

化合物をつくる元素の原子数を最も単純な比で表したとき，それを**実験式**（empirical formula）または**組成式**（compositional formula）という．たとえば実験式 CH_2O のグルコースは，試料のサイズに関係なく，個数比 1：2：1 の C，H，O 原子からなる．

かたや**分子式**（molecular formula）は，現実の分子 1 個をつくる元素の数を表す．グルコースの分子式は $C_6H_{12}O_6$ だから，1 分子が C 原子 6 個，H 原子 12 個，O 原子 6 個からなる（**1**）．実験式は元素の原子数比なので，ときには複数の分子化合物が同じ実験式をもつ．ホルムアルデヒド CH_2O（**2**）も酢酸 $C_2H_4O_2$ も乳酸 $C_3H_6O_3$ も，まったく別の化合物なのに，実験式はグルコースと同じ CH_2O になる．

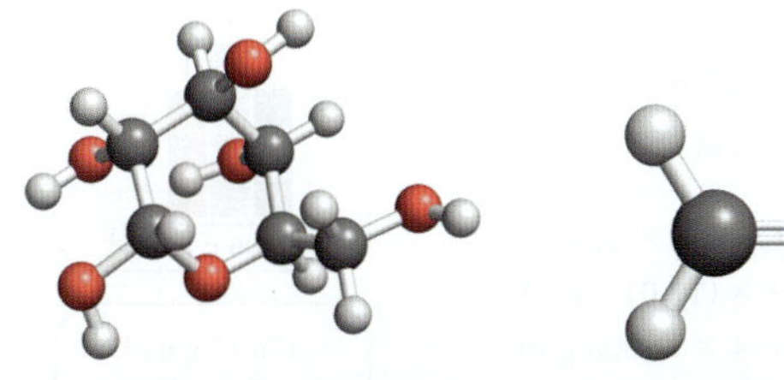

（**1**）α-D-グルコース $C_6H_{12}O_6$ （**2**）ホルムアルデヒド CH_2O

F・1 質量パーセント組成

実験式を決めるには，まず試料が含む元素の質量を測る．測定の結果は，元素それぞれが占める割合（%），つまり**質量パーセント組成**（mass percent composition）で表す．

$$元素の質量パーセント = \frac{元素の質量}{試料の質量} \times 100\% \quad (1)$$

質量パーセント組成は試料のサイズによらないため，示強性の性質（A 節）になる．有機化合物の元素組成は，燃焼を利用する元素分析（M 節）で決める．

復習 F・1A オーストラリアの先住民アボリジニは，ユーカリの葉を鎮痛に使ってきた．その薬効成分ユーカリプトール 3.16 g は，炭素 2.46 g，水素 0.373 g，酸素 0.329 g からなる．各元素の質量パーセントを計算せよ．

［答：77.8% C，11.8% H，10.4% O］

復習 F・1B アメリカ先住民は松脂（まつやに）を殺菌に使ってきた．その有効成分 α-ピネン 7.50 g は，炭素 6.61 g と水素 0.89 g からなる．各元素の質量パーセントを計算せよ．

化合物の化学式がわかっていれば，質量パーセント組成はたやすく計算できる．

例題 F・1 元素の質量パーセント

水の分解に使う太陽電池システムの設計を担当しているとしよう．まず，一定量の水からどれだけ水素が生じるか知りたい．水の質量のうち，水素は何%を占めるか．

予 想 H_2O 分子は H 原子を 2 個もつが，H 原子は O 原子よりずっと軽いため，H の質量パーセントはかなり小さい値だろう．

方 針 分子式は H_2O だから，水素 2 mol の質量を水 1 mol の質量で割り，100% をかける．

解 答 計算はつぎのようになる．

H の質量パーセント

$$= \frac{H 原子の質量}{H_2O 分子の質量} \times 100\%$$

$$= \frac{(2\ \text{mol}) \times (1.0080\ \text{g mol}^{-1})}{(1\ \text{mol}) \times (18.02\ \text{g mol}^{-1})} \times 100\%$$

$$= 11.19\%$$

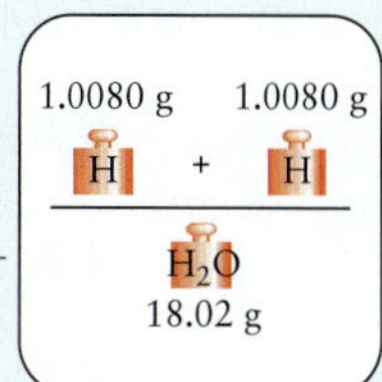

確認　予想どおり 11.19% という小さい値だった．

復習 F・2A　NaCl の質量のうち，Cl は何％を占めるか．

［答：60.66％］

復習 F・2B　$AgNO_3$ の質量のうち，Ag は何％を占めるか．

関連の節末問題　F・1，F・5，F・23

要点　試料が含む元素の割合は，質量パーセント組成で表す．■

F・2 実験式の決定

新しい化合物を発見ないし合成したときは，質量パーセント組成を求めたあと，質量の比を原子数の比に換算し，実験式を決める．そのとき，試料の質量を 100 g に換算すれば，元素の質量パーセントがそのまま質量（g）になる．質量パーセントを元素のモル質量で割り，モル基準の相対量にする．

例題 F・2　質量パーセント組成を使う実験式の決定

ビタミン C と思える試料を分析したところ，質量組成は炭素 40.9%，水素 4.58%，酸素 54.5% だった．ビタミン C と結論していいだろうか？

予想　ビタミン C なら，実験式の $C_3H_4O_3$ に合うだろう．

方針　元素の質量パーセントを“試料 100 g 中の質量（g）”とみる．それぞれをモル質量で割り，元素の量（mol）にする．

解答　試料 100 g が含む元素 X の質量 $m(\mathrm{X})$ は，つぎのようになる．

$$m(\mathrm{C}) = 40.9\ \mathrm{g} \quad m(\mathrm{H}) = 4.58\ \mathrm{g} \quad m(\mathrm{O}) = 54.5\ \mathrm{g}$$

$m(\mathrm{X})$ をモル質量 $M(\mathrm{X})$ で割り，量 $n(\mathrm{X})$ にする．

$$n(\mathrm{C}) = \frac{40.9\ \mathrm{g}}{12.01\ \mathrm{g\ (mol\ C)^{-1}}} = 3.41\ \mathrm{mol\ C}$$

$$n(\mathrm{H}) = \frac{4.58\ \mathrm{g}}{1.0080\ \mathrm{g\ (mol\ H)^{-1}}} = 4.54\ \mathrm{mol\ H}$$

$$n(\mathrm{O}) = \frac{54.5\ \mathrm{g}}{16.00\ \mathrm{g\ (mol\ O)^{-1}}} = 3.41\ \mathrm{mol\ O}$$

$n(\mathrm{X})$ の値を，最小値の 3.41 mol で割る．

$$炭素：\frac{3.41\ \mathrm{mol}}{3.41\ \mathrm{mol}} = 1.00$$

$$水素：\frac{4.54\ \mathrm{mol}}{3.41\ \mathrm{mol}} = 1.33$$

$$酸素：\frac{3.41\ \mathrm{mol}}{3.41\ \mathrm{mol}} = 1.00$$

化合物中の原子数は整数だから，全部を何倍かして整数に近づける．1.33 はほぼ 4/3 だから，全部を 3 倍する．結果は 3.00 : 3.99 : 3.00（つまり 3 : 4 : 3）となるため，実験式は $C_3H_4O_3$．

確認　元素組成はビタミン C に一致するけれど，実験式が同じ化合物はほかにもあるため，結論を出すには性質などの確認を要する．

復習 F・3A　復習 F・1A で扱ったユーカリプトールの実験式を求めよ．

［答：$C_{10}H_{18}O$］

復習 F・3B　フッ化チオニルの質量パーセント組成は 18.59% O，37.25% S，44.16% F だった．実験式を求めよ．

関連の節末問題　F・9，F・11，F・15

要点　化合物の実験式は，質量パーセント組成と元素のモル質量からわかる．■

F・3 分子式の決定

例題 F・2 では，ビタミン C だと思う化合物の実験式を $C_3H_4O_3$ と決めた．しかし実験式が表すのは原子数比だから，まだ分子式はわからない（分子式の候補は，$C_3H_4O_3$，$C_6H_8O_6$，$C_9H_{12}O_9$，…と無数にある）．

分子式は，分子のモル質量がわかって決まる．モル質量は，実験式の式量を何倍かした値になる．

例題 F・3　分子式の決定（例題 F・2 の続き）

ビタミン C と思える化合物を質量分析した結果，モル質量は 176.12 g mol^{-1} だった．実験式 $C_3H_4O_3$ を使い，分子式を求めよ．また，試料はたしかにビタミン C だといえるか．

予想　実験式の式量を概算すると $(3\times12)+(4\times1)+(3\times16)\ \mathrm{g\ mol^{-1}} = 88\ \mathrm{g\ mol^{-1}}$．モル質量のほぼ半分だから，分子式は実験式の 2 倍だろう．

方針　実測のモル質量を，実験式の式量で割る．

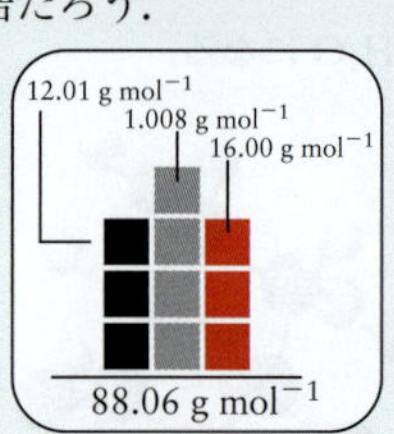

解答　実験式 $C_3H_4O_3$ の式量をくわしく計算する．

$C_3H_4O_3$ のモル質量

$$= 3 \times (12.01\ \mathrm{g\ mol^{-1}}) + 4 \times (1.008\ \mathrm{g\ mol^{-1}}) + 3 \times (16.00\ \mathrm{g\ mol^{-1}}) = 88.06\ \mathrm{g\ mol^{-1}}$$

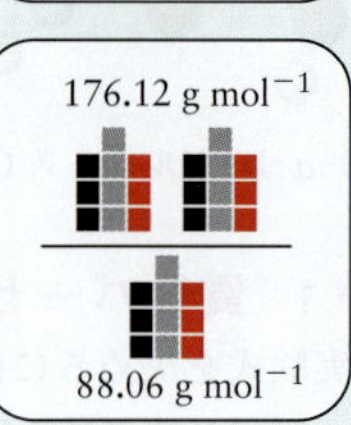

実測のモル質量を，実験式の式量で割る．

$$\frac{\text{化合物のモル質量}}{\text{実験式の式量}} = \frac{176.12\ \text{g mol}^{-1}}{88.06\ \text{g mol}^{-1}} = 2.000$$

実験式を2倍すると分子式になる．

$$2\times C_3H_4O_3 = C_6H_8O_6$$

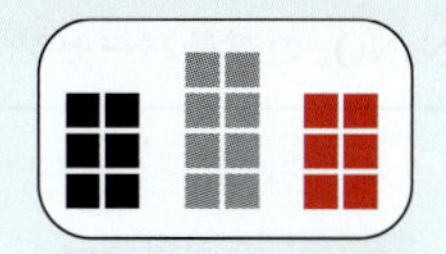

確 認　予想どおり実験式の2倍が分子式だった．分子式はビタミンCと同じだから，試料はビタミンCだった可能性が高い．とはいえ，分子量が同じでも原子どうしのつながりかたがちがう別の分子もありうるため，まだビタミンCだと断定はできない．

復習F・4A　発泡スチロールの原料になるスチレンのモル質量は104 g mol^{-1}，実験式はCHだった．スチレンの分子式を求めよ．

［答：C_8H_8］

復習F・4B　ホウレンソウなどに多いシュウ酸のモル質量は90.0 g mol^{-1}，実験式はCHO_2だった．シュウ酸の分子式を求めよ．

関連の節末問題　F・17，F・19，F・21

要 点　実験式の式量を何倍かすると，化合物のモル質量になる．■

身につけたこと

実験式や分子式の決めかたを学び，つぎのことができるようになった．

- ❑1　化学式をもとにした元素の質量パーセントの計算（例題F・1）
- ❑2　質量パーセント組成を使う実験式の決定（例題F・2）
- ❑3　実験式とモル質量を使う分子式の決定（例題F・3）

節末問題

F・1　レモン油の香り成分シトラールは，下記の分子構造をもつ（●はC，●はH，●はO）．

(a) シトラールの分子式を書け．

(b) 質量パーセント組成を書け．

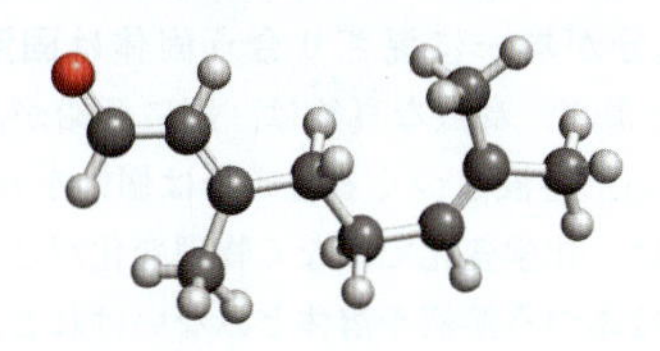

F・3　(a) 硝酸の化学式を書け．

(b) 硝酸中で質量パーセントが最大の元素はどれか（計算せずに答えよ）．

F・5　疲労回復ドリンクに使うL-カルニチン$C_7H_{15}NO_3$の質量パーセント組成を求めよ．

F・7　金属Mの酸化物M_2Oで，金属の質量パーセントは88.8%となる．

(a) 金属のモル質量はいくらか．

(b) 化合物は何か．

F・9　ランから抽出したバニリンの質量パーセント組成は63.15% C，5.30% H，31.55% Oだった．バニリン分子の原子数比を計算せよ．

F・11　以下の質量パーセント組成から，それぞれの実験式を求めよ．

(a) アルミニウムの電解製造に使う氷晶石（32.79% Na，13.02% Al，54.19% F）

(b) 実験室で酸素の調製に使う化合物（31.91% K，28.93% Cl，残りはO）

(c) 肥料（12.2% N，5.26% H，26.9% P，55.6% O）

F・13　リン4.14 gを塩素と反応させ，27.8 gの白色固体化合物を得た．

(a) 化合物の実験式を求めよ．

(b) 実験式と分子式が同じとすれば，化合物の名称は何か．

F・15　向精神薬ジアゼパムの質量パーセント組成は67.49% C，4.60% H，12.45% Cl，9.84% N，5.62% Oだった．ジアゼパムの実験式を求めよ．

F・17　オスミウムは，質量パーセント組成が15.89% C，21.18% O，62.93% Osの分子化合物をつくる．

(a) 化合物の実験式を求めよ．

(b) 質量分析で化合物のモル質量は907 g mol^{-1}だとわかった．分子式を求めよ．

F・19　コーヒーやお茶が含むカフェインのモル質量は194.19 g mol^{-1}，質量パーセント組成は49.48% C，5.19% H，28.85% N，16.48% Oだった．カフェインの分子式を求めよ．

F・21　1978年にカリブ海の海生生物から，抗腫瘍(しゅよう)活性と抗ウイルス活性をもつ化合物が抽出され，ジデムニンAと命名された．1.78 mgのジデムニンAを分析したところ，質量組成は1.11 mg C，0.148 mg H，0.159 mg N，0.363 mg O，モル質量は942 g mol^{-1}だった．ジデムニンAの分子式を求めよ．

F・23　以下の燃料を，炭素の質量パーセントが小さいものから順に並べよ.

(a) エチレン (エテン) C_2H_4

(b) プロパノール C_3H_7OH

(c) ヘプタン C_7H_{16}

F・25 右の球棒モデルで, ● は C 原子, ● は H 原子, ● は N 原子, ● は Cl 原子を表す. 化合物 (a) と (b) の実験式と分子式を求めよ (ヒント: まず分子式を決める).

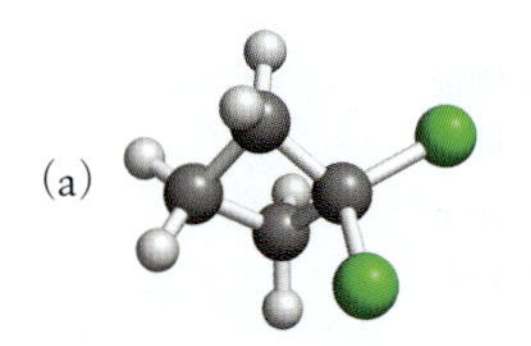

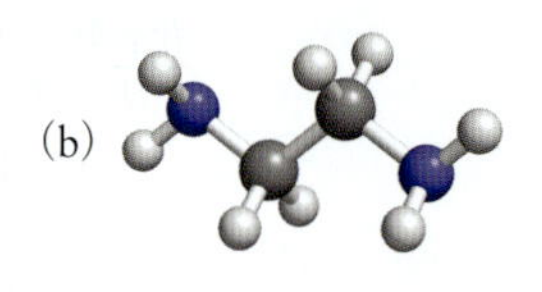

F・27 $NaNO_3$ と Na_2SO_4 を混ぜた 5.37 g の試料は, 1.61 g のナトリウムを含んでいた. 混合物のうち, $NaNO_3$ の質量パーセントはいくらか.

G 混合物と溶液

いままでは**純物質** (pure substance) を考えた. たいていの "もの" は純粋な単体や化合物ではなく, 本来の "物質" (A 節) とはいえない**混合物** (mixture) になっている. 空気も血液も海水も, 風邪薬や香水も混合物にほかならない.

G・1 混合物の分類

化合物の組成は一定でも, 混合物の組成は決まっていない. 水という化合物は O 原子 1 個あたり必ず 2 個の H 原子を含むけれど, 砂糖と砂はどんな割合でも混ざり合う. ただ混ざり合った混合物中の化合物は, それぞれ固有の化学的性質をもつ. 混合物の生成は物理変化だが, 化合物は化学変化で生じる. 混合物と化合物を表 G・1 に比べた.

目視や光学顕微鏡観察でも自明な混合物を, **不均一混合物** (heterogeneous mixture) という. 身近な例に岩石がある (図 G・1).

分子やイオンがよく混ざり, どの部分も組成が同じ混合物を, **均一混合物** (homogeneous mixture) や**均一溶液** (homogeneous solution) という (図 G・2). 溶液をなす成分のうち, 量が多いほうを**溶媒** (solvent), 少ないほうを**溶質** (solute) とよぶ. 沪過(ろか)した海水は, 塩化ナトリウムなどが水に溶けた溶液の姿をもつ.

表 G・1 混合物と化合物の比較

混合物	化合物
成分は物理的方法で分離可能	成分は物理的方法で分離不能
組成は可変	組成は一定
成分の性質がそのまま残る	成分(原子)とは性質がちがう

図 G・1 多彩な物質が混ざった花崗岩.

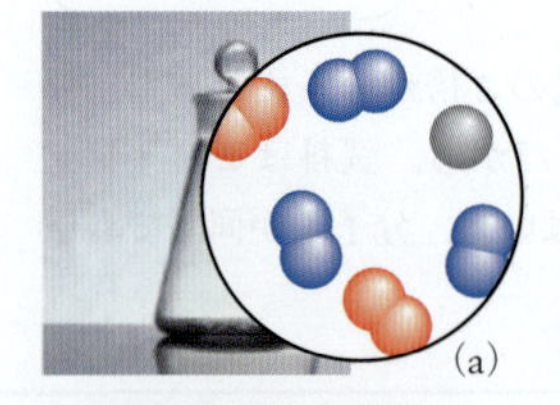

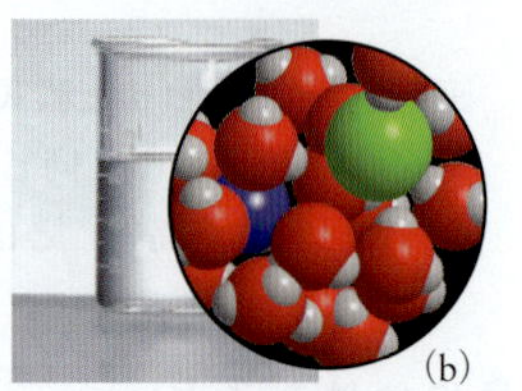

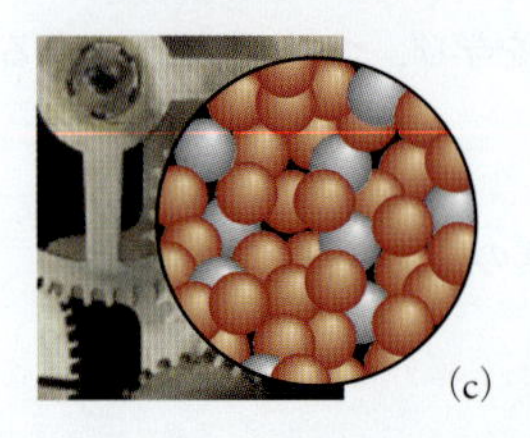

図 G・2 均一混合物の例. (a) 空気 (窒素, 酸素, アルゴンのほか多種類の気体分子を含む), (b) 食塩水 (Na^+ と Cl^- が水中に分散), (c) 合金 (複数種の金属原子を含む固体)

複数の成分が均一に混ざり合う固体は**固溶体** (solid solution) とよぶ. 身近な真鍮(しんちゅう)は, 銅に亜鉛が溶けた固溶体とみてよい. 溶液をつくる各成分は個性を残している. 溶液の生成は, 化学変化ではなく物理変化だといえる. 気体の混合物はふつう溶液や溶体とみないけれど, 気体のどれか (空気なら窒素) が主成分になりやすい.

蒸発などで溶媒が減っていくと, 溶質が徐々に**結晶化** (crystallization) する. 米国ユタ州のグレートソルトレークでは, 水が蒸発して結晶化した大量の塩類が岸辺に見える. 溶質の析出が速すぎるときれいな結晶はできず, 微粒子の**沈殿** (precipitate) が生じる (図 G・3).

飲料や海水は, 水が溶媒となった**水溶液** (aqueous solution) の例になる. 暮らしや実験室で出合うのは大半が水溶液だから, 本書でも水溶液を主役にしよう. 溶媒が水でない溶液を, **非水溶液** (nonaqueous solution) とよぶ. 水を使わない "ドライ" クリーニングでは, 非水溶媒のテトラクロロエチレン (体系名テトラクロロエテン) CCl_2CCl_2 が油汚れを溶かしだす.

要点 混合物は成分の性質を残すが, 化合物は残さない (表 G・1). 混合物には均一混合物と不均一混合物がある. 液体, 固体, 気体の均一混合物を溶液や溶体という. ■

図 G・3　透明な硝酸鉛(Ⅱ) $Pb(NO_3)_2$ とヨウ化カリウム KI の水溶液を混ぜた瞬間にできるヨウ化鉛(Ⅱ) PbI_2 の黄色沈殿.

G・2　分離の方法

混合物とおぼしい試料の組成を調べるには，まず物理的な方法で分けたあと，各成分を特定する（図 G・4）．物理的な分離方法には，静置（デカンテーション），沪過，クロマトグラフィー，蒸留などがある．

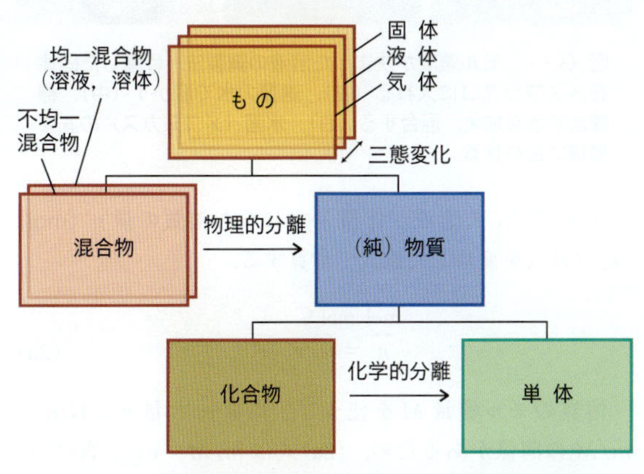

図 G・4　ものの階層構造．固体も液体も気体も純物質か混合物で，純物質には単体と化合物がある．物理的方法では混合物を純物質に分け，化学的方法では化合物を単体（元素）に分ける．

静置（decantation）は密度の差を利用する．固体や高密度の液体を沈ませ，上澄みの液体を分けとる．溶解度の差を利用して混合物から固体を除くには**沪過**（filtration）をする．溶質は沪紙を通るけれど，固体は沪紙に引っかかる．水中の砂とショ糖は沪過で分かれ，浄水操作にも沪過を使う．

分離能の高い**クロマトグラフィー**（chromatography）† は，固体表面への**吸着**（adsorption）しやすさの差を利用する（図 G・5）．混合物が分かれたありさまを**クロマトグラム**（chromatogram）という．クロマトグラフィーは，5 章末の“測定法 4”でまた紹介しよう．

図 G・5　ペーパー（沪紙）クロマトグラフィー．乾いた沪紙の中心に食用色素の溶液をスポットする（左）．溶媒を垂らすと，緑色の色素が青色と黄色に分かれ始める（中央）．溶媒が紙のへりまで達し，分離（展開）後に乾かした沪紙（右）．

蒸留（distillation）では，沸点の差を利用して混合物を分ける．低沸点の成分から順に蒸発し，冷却管の中で冷えて液体に戻る（図 G・6）．食塩水を蒸留すれば，水（沸点 100 ℃）が蒸発したあとに食塩（融点 801 ℃）が残る．

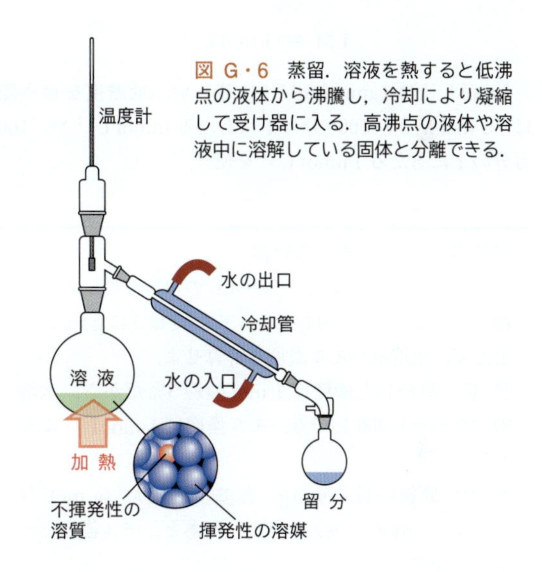

図 G・6　蒸留．溶液を熱すると低沸点の液体から沸騰し，冷却により凝縮して受け器に入る．高沸点の液体や溶液中に溶解している固体と分離できる．

こぼれ話　最古の蒸留器は，紀元 1 世紀ごろに中東の女性錬金術師“ユダヤのマリア”が発明した．小型蒸留器を表す現代フランス語の bain-marie（マリア浴）はその名残．■

要 点　混合物の物理的分離法には静置，沪過，クロマトグラフィー，蒸留などがある．■

G・3　濃　度

F 節では，化合物の組成を元素の質量パーセントで表した．混合物の組成も，成分の質量パーセント（混合物 100 g 中に占める成分の質量）で表せる．60 g の水に 15 g の食塩を溶かしたとき，NaCl の質量パーセントは (15 g/75 g)×100% = 20% となる．溶液試料は均質だから，この溶液 30 g は 6.0 g の NaCl を含む．

低い濃度の単位には，**百万分率**（ppm = parts per

† 訳注：着色物質の分離に利用し始めた 19 世紀の末，ギリシャ語 *chroma*（色）と graphy（記録）をつなげてつくられた語．

million）や十億分率（ppb＝parts per billion）もある．たとえば100万個の分子からなる水溶液中に汚染分子が25個あれば，その濃度を25 ppmと書く．ppmを使う際は，量の単位に注意しよう．体積（volume）の比で"1 L中に何 μLか"を表すときは，ppmvやppm(v/v）と書くのがよい．質量（mass）の比で"1 kg中に何mgか"を表すならppm(m/m）と書く．

化学では，一定体積の溶液が含む溶質の量を知れば役に立つ．溶液1 Lが含む溶質の量（mol）を，**モル濃度**（molar concentration または molarity）cという．

$$\text{モル濃度} = \frac{\text{溶質の量 (mol)}}{\text{溶液の体積 (L)}} \quad \text{つまり} \quad c = \frac{\overbrace{n}^{\text{mol}}}{\underbrace{V}_{\text{L}}} \qquad (1)$$

モル濃度の単位（$\mathrm{mol\ L^{-1}}$）には，SI単位ではないM（読み"モーラー"）を使うことがある．

$$1\ \mathrm{M} = 1\ \mathrm{mol\ L^{-1}}$$

$1\ \mathrm{mol\ L^{-1}}$は$1\ \mathrm{mmol\ mL^{-1}}$に等しい．低濃度を扱う際は，$1\ \mathrm{mol\ L^{-1}}$の1000分の1にあたる$\mathrm{mmol\ L^{-1}}$や，100万分の1にあたる$1\ \mathrm{\mu mol\ L^{-1}}$を使う．

例題 G・1 モル濃度の計算

砂糖10.0 gを溶かして200 mLの水溶液にした．砂糖をスクロース $C_{12}H_{22}O_{11}$（モル質量 $342\ \mathrm{g\ mol^{-1}}$）として，水溶液のモル濃度を計算せよ．

予 想 溶かした砂糖は1 molの約3%だから，水溶液の体積が0.200 Lでも，モル濃度は$1\ \mathrm{mol\ L^{-1}}$よりも低いだろう．

方 針 砂糖の質量m（g）とモル質量M（$\mathrm{g\ mol^{-1}}$）から量n（mol）$=m/M$を出したあと，モル濃度$c=n/V$を計算する．

解 答 つぎのように計算する．

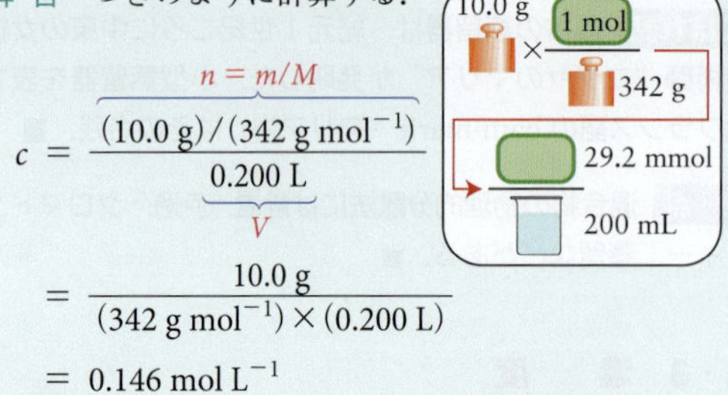

$$c = \frac{\overbrace{(10.0\ \mathrm{g})/(342\ \mathrm{g\ mol^{-1}})}^{n\,=\,m/M}}{\underbrace{0.200\ \mathrm{L}}_{V}}$$

$$= \frac{10.0\ \mathrm{g}}{(342\ \mathrm{g\ mol^{-1}})\times(0.200\ \mathrm{L})}$$

$$= 0.146\ \mathrm{mol\ L^{-1}}$$

確 認 予想どおり，$1\ \mathrm{mol\ L^{-1}}$よりもだいぶ小さかった．

復習 G・1A 今度は砂糖20.0 gを水に溶かして200 mLの水溶液にした．モル濃度は何Mになったか．

［答: 0.292 M $C_{12}H_{22}O_{11}$ (aq)］

復習 G・1B 硫酸ナトリウム15.5 gを溶かした水溶液350 mLのモル濃度はいくらか．

関連の節末問題 G・5

モル濃度は，（溶媒ではなく）**溶液の体積**をもとに定義するため，体積は溶液をつくってから測る．一定モル濃度の溶液をつくるには，まず所定量の固体を**メスフラスコ**†（volumetric flask）に入れ，適量の水で溶かしたあと標線まで水を足し，くるくる底を回してよく混ぜる（図G・7）．

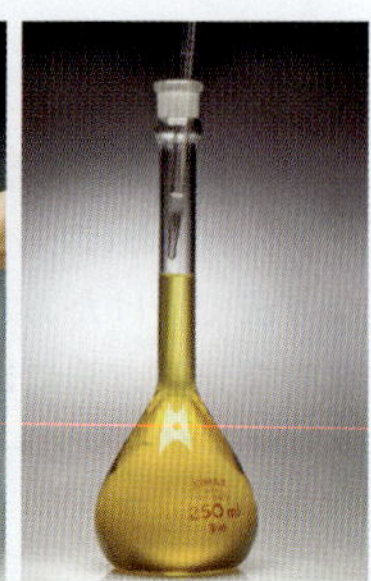

図 G・7 モル濃度が決まった溶液の調製法．秤量した固体をメスフラスコに入れる（左）．適量の水で溶かす（中）．標線まで水を加え，混合する（右）．水面（メニスカス）の底を標線に合わせる．

モル濃度cの溶液が体積V中に含む溶質の量n（mol）は，(1)式を変形した次式で計算する．

$$\overbrace{n}^{\text{mol}} = \overbrace{c}^{\mathrm{mol\ L^{-1}}} \times \overbrace{V}^{\text{L}} \qquad (2a)$$

溶質のモル質量Mを使うと，質量mと量nには$n=m/M$の関係があるため，(2a)式は$m/M=cV$と書ける．両辺にMをかけた結果，次式が成り立つ．

$$m = cMV \qquad (2b)$$

例題 G・2 溶液づくりに必要な溶質の質量

魚の養殖では，藻の成長を抑えるため，水に微量の硫酸銅(II)五水和物 $CuSO_4\cdot 5H_2O$ を溶かす．0.0380 Mの $CuSO_4$ 水溶液250 mLをつくりたい．何gの固体を溶かせばよいか．

予 想 モル濃度は低いから，体積が250 mLでも，固体はせいぜい数gだろう．

方 針 (2b)式で，指定の体積とモル濃度に合う質量mを計算する．

解 答 溶液250 mL（0.250 L）に溶かす $CuSO_4$ の量（mol）を求める．$CuSO_4$ と $CuSO_4\cdot 5H_2O$ の量nは

† 訳注: メスフラスコは，ドイツ語Messkolbenの前半と英語flaskをつなげた"キメラ語"の類．

等しい．

$$n(CuSO_4 \cdot 5H_2O) = n(CuSO_4)$$

$CuSO_4 \cdot 5H_2O$ のモル質量 249.6 g mol^{-1} より，(2b)式を使い，つぎのように計算できる．

$$m(CuSO_4 \cdot 5H_2O) = (0.0380\ mol\ L^{-1}) \times (249.6\ g\ mol^{-1}) \times (0.250\ L) = 2.37\ g$$

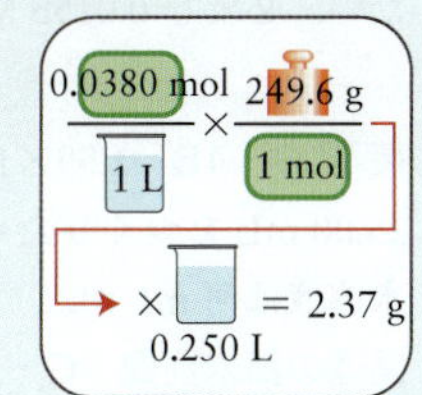

つまり 2.37 g の硫酸銅(II)五水和物を溶かせばよい．

確 認　予想どおり，溶質は少量でよかった．

復習 G・2A　グルコース $C_6H_{12}O_6$ の 0.442 M 水溶液を 150 mL つくりたい．何 g のグルコースを溶かせばよいか．

［答: 11.9 g］

復習 G・2B　シュウ酸 $C_2H_2O_4$ の 0.125 M 水溶液を 50.00 mL つくりたい．何 g のシュウ酸を溶かせばよいか．

関連の節末問題　G・7，G・9

溶質の量 n とモル濃度 c がわかっていれば，(2a)式を変形した次式で，溶液の体積 V を計算できる．

$$\underbrace{V}_{L} = \frac{\overbrace{n}^{mol}}{\underbrace{c}_{mol\ L^{-1}}} \tag{3}$$

例題 G・3　一定量の溶質を含む溶液の体積

0.760 mmol の酢酸 CH_3COOH がほしい．0.0560 M 酢酸水溶液の何 mL を測りとればよいか．

予 想　必要量は少ないから，水溶液が薄いとはいえ，体積はわずかだろう．

方 針　ミリモル（mmol）をモル（mol）に直したうえ，(3)式を使って計算する．

解 答　計算はつぎのようになる．

$$V = \frac{0.760 \times 10^{-3}\ mol}{0.0560\ mol\ L^{-1}} = 0.0136\ L$$

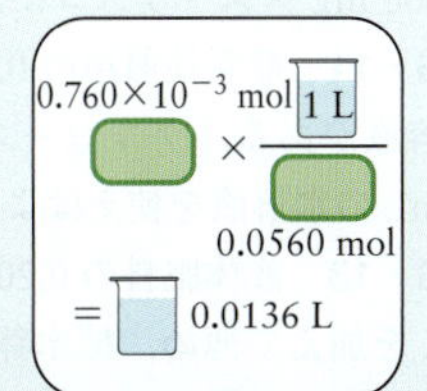

つまり，13.6 mL の酢酸水溶液をビュレットまたはピペットでとれば（図 G・8），フラスコには 0.760 mmol の CH_3COOH が入る．

確 認　予想どおり，水溶液の体積はわずかだった．

復習 G・3A　1.44 μmol のグルコース $C_6H_{12}O_6$ を含む 1.25×10^{-3} M グルコース水溶液の体積はいくらか．

［答: 1.15 mL］

復習 G・3B　2.55 mmol の HCl を含む 0.358 M 塩酸の体積はいくらか．

関連の節末問題　G・11

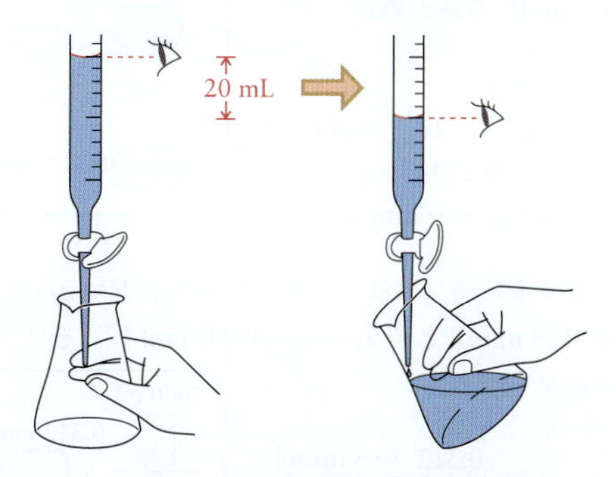

図 G・8　ビュレットを使う体積の精密決定

要 点　モル濃度は，溶質の量（mol）を溶液の体積（L）で割った値に等しい． ■

G・4　希　釈

水溶液は濃い**原液**（stock solution）で保管し（省スペースのため），必要なときに**希釈**（dilution）して使うことが多い．希釈すると，“精密な少量”の溶質を扱える．たとえば，1.50×10^{-3} M に薄めた NaOH 水溶液 25.0 mL は，わずか 37.5 μmol（質量 1.50 mg）の NaOH しか含まない（1.50 mg の固体を測りとるのは至難の業）．

原液をきちんと薄めるには，必要な体積の溶液をピペットでメスフラスコに移し，溶媒を標線まで加える．希釈しても溶質の量は変わらない（図 G・9）．

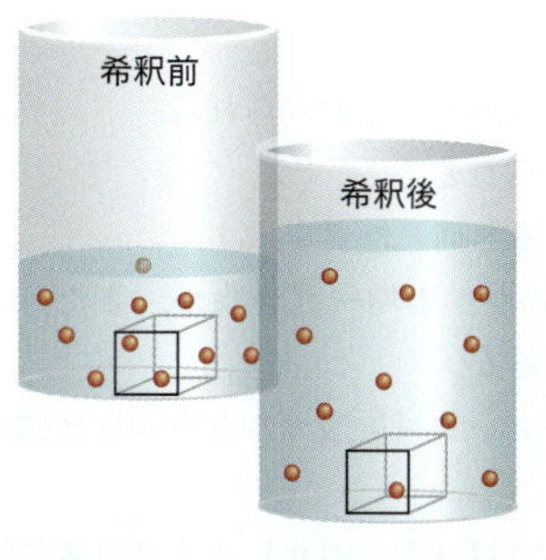

図 G・9　希釈すると，同体積の溶液が含む溶質粒子の数が減る．

例題 G・4　希釈操作

古紙のリサイクルでは，紙を NaOH 水溶液に浸し，膨潤させてインクを落とす．そんな企業の研究者が，NaOH 濃度が繊維にどう影響するかを調べるとする．

0.0270 M の原液から 1.25×10^{-3} M の NaOH 水溶液 250 mL をつくりたい．原液の何 mL を使えばよいか．

予 想　ほしい溶液の濃度は原液の約 22 分の 1 だから，原液の体積も 250 mL の約 22 分の 1（11〜12 mL）だろう．

方 針　希釈しても溶質の量は変わらないことに注意して計算する．

解 答　まず，希釈後の溶質の量 n（mol）を確かめる．

$$
\begin{aligned}
n &= c \times V \\
&= (1.25 \times 10^{-3}\ \mathrm{mol\ L^{-1}}) \times (0.250\ \mathrm{L}) \\
&= 0.312 \cdots\cdots\ \mathrm{mmol}
\end{aligned}
$$

n 値は希釈前（原液）も同じだから，$V = n/c$ に n = 0.3125 mmol と原液の c = 0.270 mol L^{-1} を入れ，下の結果を得る．

$$
\begin{aligned}
V_{\text{原液}} &= \frac{0.312 \cdots\cdots\ \mathrm{mmol}}{0.0270\ \mathrm{mol\ L^{-1}}} \\
&= 1.16 \times 10^{-2}\ \mathrm{L} \\
&= 11.6\ \mathrm{mL}
\end{aligned}
$$

確 認　11.6 mL は予想（11〜12 mL）に合う．希釈操作のイメージが図 G・10 になる．

注目！ 丸めの誤差を減らすため，計算は最後にまとめて行うとよい．ただし例題中では，計算の道筋をたどれるよう，たいてい途中の結果も示してある．■

復習 G・4A　5.23×10^{-4} M の塩酸 100 mL をつくりたい．必要な 0.0155 M 塩酸は何 mL か．

［答：3.37 mL］

復習 G・4B　1.59×10^{-5} M のグルコース水溶液 25.00 mL をつくりたい．必要な 0.152 M グルコース水溶液は何 mL か．

関連の節末問題　G・15，G・27

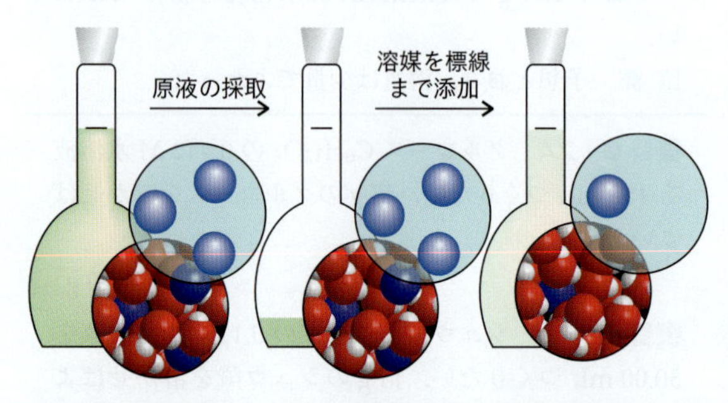

図 G・10　メスフラスコを使う希釈操作のイメージ

要 点　溶液を薄めても，溶質の量は変わらない（溶質の濃度は下がる）．■

身につけたこと

溶液の調製法，希釈法，使用法をもとに，つぎのことを学んだ．

❑1　不均一混合物と均一混合物の区別と，混合物の分離法（G・1 項，G・2 項）

❑2　溶液のモル濃度，溶液の体積，溶質の質量などの計算法（例題 G・1〜G・3）

❑3　希釈して所定濃度の溶液を調製する方法（例題 G・4）

節末問題

G・1　以下の文章は正しいか，誤りか．誤りなら，どこが誤りか．

(a) 化合物の成分は物理的方法で分けられる．

(b) 溶液の組成は変えられる．

(c) 化合物は，成分元素と同じ性質を示す．

G・3　以下は均一混合物か，不均一混合物か．また，どうすれば成分を分離できるか．

(a) 油と酢　(b) チョーク（炭酸カルシウム）と食塩

(c) 塩水

G・5　炭酸ナトリウム 2.111 g を 250 mL メスフラスコに入れ，標線まで水を加えた．一部をビュレットにとり，フラスコに移す．以下がほしいとき，フラスコには何 mL を移せばよいか．

(a) 2.15 mmol の Na^+　(b) 4.98 mmol の CO_3^{2-}

(c) 50.0 mg の Na_2CO_3

G・7　質量パーセント濃度 5.45% の KNO_3 水溶液 510 g は，どのように調製するか．また，水と KNO_3 はそれぞれ何 g ずつ使うか．

G・9　0.179 M の $AgNO_3$ 水溶液 500 mL をつくりたい．500 mL メスフラスコに入れるべき $AgNO_3$ は何 g か．

G・11　静脈注射用の 0.278 M グルコース（$C_6H_{12}O_6$）水溶液がある．グルコース 4.50 mmol を投与するには，何 mL の水溶液を使えばよいか．

G・13　液体肥料の 0.20 M NH_4NO_3 水溶液 1.0 L に水 3.0 L を加えて薄め，植木鉢に 100 mL ずつやった．植木鉢 1 個に入る N 原子は何 mol か．電卓を使わずに答えよ．

G・15　(a) 0.0234 M の Na_2CO_3 水溶液 150.0 mL をつくるには，何 mL の 0.778 M 水溶液を水で薄めればよいか．

(b) 0.50 M の NaOH 水溶液 60.0 mL をつくるには，何 mL の 2.5 M 水溶液を水で薄めればよいか．

G・17 (a) 0.20 M の $CuSO_4$ 水溶液 250 mL をつくるには，何 g の無水 $CuSO_4$ が必要か．

(b) 同じ水溶液 250 mL をつくるには，何 g の $CuSO_4 \cdot 5H_2O$ が必要か．

G・19 (a) 濃度 1.345 M の K_2SO_4 水溶液 12.56 mL を水で 250.0 mL に薄めた．希釈後のモル濃度はいくらか．

(b) 濃度 0.366 M の塩酸（HCl 水溶液）25.00 mL を水で 125.0 mL に薄めた．希釈後のモル濃度はいくらか．

G・21 KCl，K_2S，K_3PO_4 を 0.500 g ずつ同じフラスコに入れ，500 mL の水溶液にした．

(a) カリウムイオンと，(b) 硫化物イオンのモル濃度はいくらか．

G・23 0.50 g の NaCl と 0.30 g の KCl を含む水溶液 100.0 mL がある．塩化物イオンのモル濃度はいくらか．

G・25 物質 A の 0.10 M 水溶液がある．その 10 mL に水を加え，濃度を半分にする．同じ操作を 90 回続けたあとの水溶液 10 mL は，何個の A 粒子を含むか．

G・27 37.50% の HCl 水溶液（密度 1.205 g cm^{-3}）の濃塩酸がある．0.7436 M 塩酸 10.0 L をつくるのに必要な濃塩酸は何 mL か．

G・29 環境汚染物質の濃度は，ふつう ppm（百万分率）や ppb（十億分率）で表す．質量で 3 ppb なら，10 億 g（1000 t）の媒質が溶質 3 g を含む．世界保健機関（WHO）は飲み水が含む鉛の基準値を 10 ppb にした．測定装置の感度が 1×10^{-8} mol L^{-1} のとき，水道水（密度 1.00 g cm^{-3}）中の鉛は検出できるか．理由も述べよ．

H 化学反応式

幼な子が成長するときも，石油からプラスチックをつくるときも，食物の消化でも，**化学反応**（chemical reaction）が進んで物質が変化する（A 節）．変化前の物質（群）を**反応物**（reactant），変化後の物質（群）を**生成物**（product）という．ふつう，実験室にある物質は**試薬**（reagent）といい，それを反応物に使う．本節では，記号を使う化学反応の書きかたを学ぶ．

H・1 反応式の姿

反応の向きは矢印で示す．

反応物 → 生成物

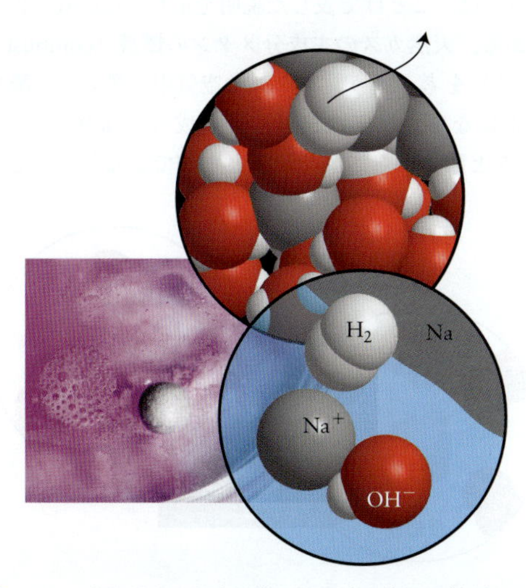

図 H・1 ナトリウムと水の激しい反応．生じる熱がナトリウムを融かし，球状にする．溶かしてある色素を，生じた水酸化ナトリウムがピンク色にする．原子は結びつく相手を変えるけれど，生成も消滅もしない．下の円内に描いたのは，反応に関係しない水分子を除いたモデル図．

金属ナトリウムのかけらを水面に落とせば激しい反応が起き，気体の水素が発生して，水中には水酸化ナトリウムができる（図 H・1）．物質名ではこう書ける．

ナトリウム ＋ 水 → 水酸化ナトリウム ＋ 水素

物質それぞれを化学式にすると，反応は次式のように書ける．

$$Na + H_2O \rightarrow NaOH + H_2$$

ただし上式は，物質名を化学式に変換しただけで，量の関係をまだ考えていない定性的な姿にすぎない．

量の関係を表すには，原子が生成も消滅もしないことに注目する．原子の結びつく相手が変わるだけ．背景には**質量保存則**（law of conservation of mass）がある．両辺の原子数が同じになるよう化学式に係数をかけると，**原子数のつりあう反応式**（balanced equation）ができる．それを**化学反応式**（reaction formula）や**反応式**という．上式のままだと H 原子は左辺に 2 個，右辺に 3 個だから，原子数が合っていない．合わせるには，つぎのように係数をつける．

$$2\,Na + 2\,H_2O \rightarrow 2\,NaOH + H_2$$

これで両辺とも H 原子が 4 個，Na 原子が 2 個，O 原子が 2 個になって，質量保存則に合う．化学式につける係数（上式でいうと $2\,H_2O$ の 2 など）を，物質の**化学量論係数**（stoichiometric coefficient）という．化学量論係数（またはたんに係数）が 1 のとき，“1” は書かない（上式の H_2 が一例）．

注目！ 反応式の係数と下ツキ数字を混同しないよう．係数は分子や組成単位の数を表し，下ツキ数字は分子内や組成内の原子数を表す．■

こぼれ話 stoichiometric は，“元素” と “測定” を意味するギリシャ語にちなむ．■

化学式には，s（solid：固体），l（liquid：液体），g（gas：気体），aq（aqueous：水溶液）を（ ）内に添え，物質の状態を示す．いまの反応なら，次式のように書けば完全な反応式だといえる．

$$2\,Na(s) + 2\,H_2O(l) \rightarrow 2\,NaOH(aq) + H_2(g)$$

上式の意味を確かめよう．ミクロ世界での解釈はこうなる：

- 2原子のナトリウムと2分子の水から，NaOHの組成単位2個と水素1分子ができる．

マクロ世界だと，粒子数を 6.0221×10^{23} 倍したモル単位（E節）にして，こう表現できる．

- 2 molのナトリウムと2 molの水から，2 molのNaOHと1 molの水素ができる．

高温で進む反応だと強調したければ，→の上にギリシャ文字Δ（"熱"の意味）を添える．たとえば，約800℃で進む石灰石（炭酸カルシウム）→生石灰（酸化カルシウム）の変化はこう書く．

$$CaCO_3(s) \xrightarrow{\Delta} CaO(s) + CO_2(g)$$

触媒（catalyst）を利用して進める反応もある．たとえば，硫酸の製造には五酸化バナジウム V_2O_5 を使う．触媒は→の上に付記する．

$$2\,SO_2(g) + O_2(g) \xrightarrow{V_2O_5} 2\,SO_3(g)$$

要 点 反応式は，反応の定性的な面も定量的な面も表す．化学量論係数は，粒子数（ミクロ世界）と量（マクロ世界）の両方を示す．■

H・2 反応式の係数合わせ

反応式中の係数は，両辺で原子数が等しくなるように決まる．たとえば，水素と酸素から水ができる反応は，係数を合わせる前ならこう書く．

$$H_2 + O_2 \rightarrow H_2O$$

これくらい単純な反応だと，両辺を見比べるだけで係数がわかるだろう．物質の状態も付記した反応式はつぎのようになる．

$$2\,H_2(g) + O_2(g) \rightarrow 2\,H_2O(l) \qquad \text{(A)}$$

反応（A）の分子レベルイメージを図H・2に描いた．

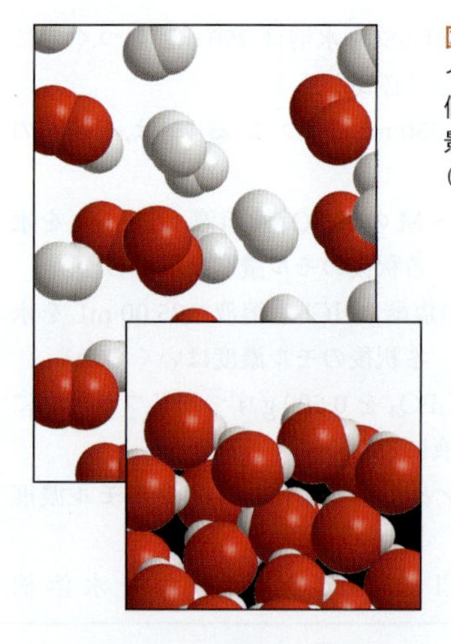

図 H・2 反応(A)のイメージ．水素分子2個と酸素分子1個（背景）から水分子2個（前景）ができる．

係数を合わせるとき，化学式中の下つき数字を変えてはいけない．変えれば別の物質になってしまう．たとえばいちばん上の反応で，H_2O を H_2O_2 に変えるとつぎのようになり，両辺の原子数は合う．

$$H_2 + O_2 \rightarrow H_2O_2$$

だがこれは H_2O の生成反応ではなく，H_2O_2 の生成反応を表す．同様に，O_2 をOに変えたつぎの反応式も両辺がつりあう．

$$H_2 + O \rightarrow H_2O$$

しかしこれは"H_2 と酸素分子"ではなく，"H_2 と酸素原子O"の反応を表す．また，ふつう酸素原子Oは安定な形で存在しないため，つぎの反応式も正しくない．

$$H_2 + O_2 \rightarrow H_2O + O$$

反応式の係数は，(A)式のように最小の整数とする．ただし係数を何倍しても，反応式としては正しい．また，係数を分数にして(A)式をつぎのように書けば，水素1 molあたりの量関係がわかりやすくなる．

$$H_2(g) + \frac{1}{2}O_2(g) \rightarrow H_2O(l)$$

ときには，ことばで表した説明を正しい反応式に書く必要がある．天然ガスの主成分メタンの**燃焼**（combustion，図H・3）を考えよう．メタンは空気中で燃え，二酸化炭素と水になる．反応直後は，どの成分も気体だとする．"メタンと酸素から二酸化炭素と水ができる"を，とりあ

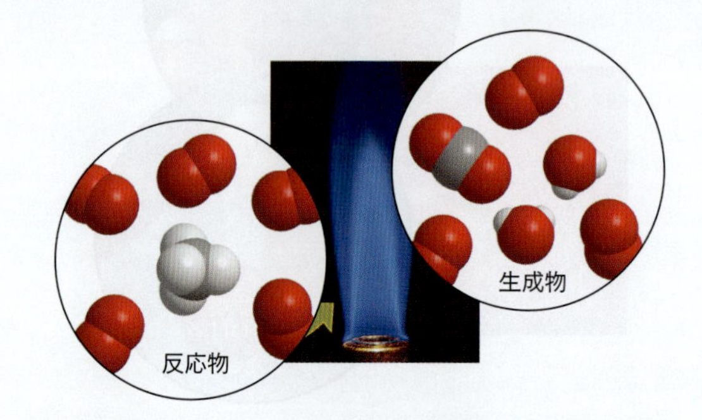

図 H・3 メタン CH_4 の燃焼．CH_4 分子1個あたり CO_2 分子1個と H_2O 分子2個が生じるけれど，2個の H_2O が同じ CH_4 からできるとはかぎらない．過剰の酸素 O_2 は反応後も残る．なお，酸素が足りないと C_2 分子が結合してススになり，黒煙が増す．

えずつぎのように書く．

$$CH_4 + O_2 \rightarrow CO_2 + H_2O$$

過剰の酸素 O_2 は反応後も残る．

係数を合わせよう．反応式中で登場回数が最少の元素（C や H）に注目したあと，残りの元素（O）を考えるとよい．係数が合ったら状態を付記する．いまの例だとつぎの結果になる．

$$CH_4(g) + 2\,O_2(g) \rightarrow CO_2(g) + 2\,H_2O(g)$$

例題 H・1　反応式の係数合わせ

暮らしと産業に欠かせない化石燃料の燃焼を考えよう．気体のヘキサン C_6H_{14} と酸素から気体の二酸化炭素と水蒸気ができる反応を，反応式で書け．

予 想　1 個の C_6H_{14} は 6 個の CO_2 と 7 個の H_2O になるため，“$C_6H_{14}+?\,O_2 \rightarrow 6\,CO_2+7\,H_2O$” か，その整数倍だろう．

方 針　つぎの 4 段階で進める．1）係数を決める前の反応式を書く．2）C と H だけが合う反応式を書く．3）酸素の係数が分数になったら，（必須ではないが）何倍かして整数にする．4）物質の状態を化学式に添える．

解 答　4 段階の手順に従う．

1）$C_6H_{14} + O_2 \rightarrow CO_2 + H_2O$

2）$C_6H_{14} + O_2 \rightarrow 6\,CO_2 + 7\,H_2O$

3）$C_6H_{14} + \frac{19}{2}\,O_2 \rightarrow 6\,O_2 + 7\,H_2O$

両辺はつりあったけれど，全体を 2 倍して整数にしよう．

$$2\,C_6H_{14} + 19\,O_2 \rightarrow 12\,CO_2 + 14\,H_2O$$

4）$2\,C_6H_{14}(g) + 19\,O_2(g) \rightarrow 12\,CO_2(g) + 14\,H_2O(g)$

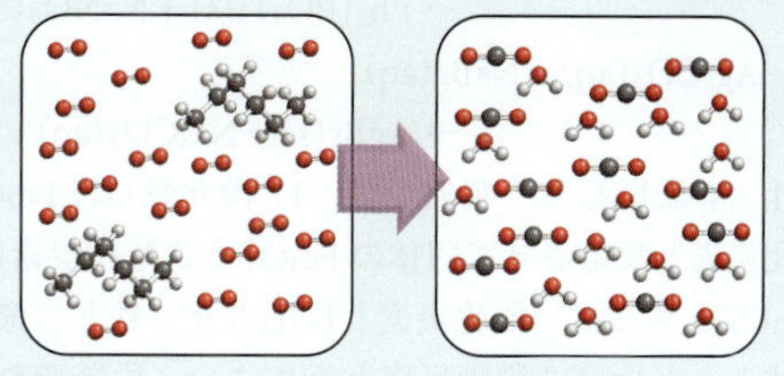

確 認　予想どおり “$C_6H_{14}+?\,O_2 \rightarrow 6\,CO_2+7\,H_2O$” の整数倍（2 倍）だった．

復習 H・1A　固体の酸化バリウムとアルミニウムを混ぜて熱すると，激しく反応し，溶融バリウムと固体の酸化アルミニウムができる．その現象を反応式に書け．

［答：$2\,Al(l)+3\,BaO(s) \xrightarrow{\Delta} Al_2O_3(s)+3\,Ba(l)$］

復習 H・1B　固体の窒化マグネシウムと硫酸が反応すると，硫酸マグネシウムと硫酸アンモニウムの水溶液ができる．その現象を反応式に書け．

関連の節末問題　H・7，H・13，H・15，H・17，H・19，H・21

要 点　化学反応式（反応式）は，物質の化学式を使って化学反応を表す．化学式の係数（化学量論係数）は，両辺で原子数が等しくなるように決める．■

身につけたこと

反応式の書きかたと係数の合わせかたをもとに，つぎのことを学んだ．

- ❑ 1　化学量論係数の意味（H・1 項）
- ❑ 2　両辺がつりあう反応式の書きかた（例題 H・1）

節末問題

H・1　係数を合わせる前の反応式 $Cu+SO_2 \rightarrow CuO+S$ は，右辺に O 原子を足して $Cu+SO_2 \rightarrow CuO+S+O$ とすれば，見た目は両辺がつりあう．

(a) だがそう書いてはいけない．なぜか．

(b) 正しい反応式を書け．

H・3　下の箱は，酸素原子を●，水素原子を○，ケイ素原子を◆として，左が反応物，右が生成物を表す．これを反応式で書き表せ．

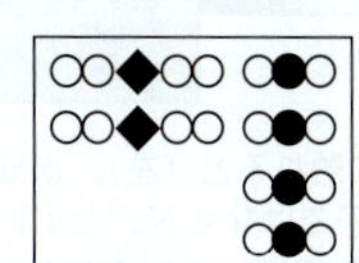

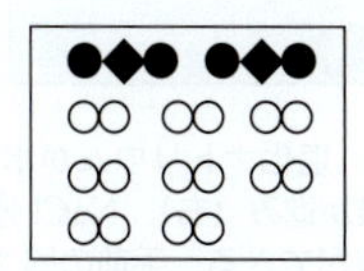

H・5　まだ係数を決めていない下記の反応式を完成せよ．

(a) $NaBH_4(s) + H_2O(l) \rightarrow NaBO_2(aq) + H_2(g)$

(b) $Mg(N_3)_2(s) + H_2O(l) \rightarrow Mg(OH)_2(aq) + HN_3(aq)$

(c) $NaCl(aq) + SO_3(g) + H_2O(l) \rightarrow Na_2SO_4(aq) + HCl(aq)$

(d) $Fe_2P(s) + S(s) \rightarrow P_4S_{10}(s) + FeS(s)$

H・7　つぎの反応を反応式で書け．

(a) 金属カルシウムと水から，水素ガスと水酸化カルシウム水溶液ができる．

(b) 固体の酸化ナトリウム Na_2O と水から，水酸化ナトリウム水溶液ができる．

(c) 窒素中で金属マグネシウムを熱すると，固体の窒化マグネシウム Mg_3N_2 ができる．

(d) 金属銅を触媒に使い，気体のアンモニアと酸素を高温で反応させると，水蒸気と二酸化窒素ができる．

H・9　両辺で形が同じイオンを原子1個1個のようにみれば，係数合わせは簡単になる．そんなふうに考え，つぎの反応式を完成せよ．

(a) $Pb(NO_3)_2(aq) + Na_3PO_4(aq) \rightarrow Pb_3(PO_4)_2(s) + NaNO_3(aq)$

(b) $Ag_2CO_3(aq) + NaBr(aq) \rightarrow AgBr(s) + Na_2CO_3(aq)$

H・11　溶鉱炉を使う製鉄では，1）酸化鉄(Ⅲ) Fe_2O_3 を一酸化炭素と反応させて固体の Fe_3O_4 と二酸化炭素にし，2) Fe_3O_4 をさらに一酸化炭素と反応させて鉄と二酸化炭素にする，という2段階反応とみてよい．段階それぞれの反応式を書け．

H・13　高温のエンジン内では窒素と酸素が反応して一酸化窒素NOになり，排ガスに出たNOは空気中の酸素と反応して二酸化窒素（光化学スモッグの原因物質）になる．以上2段階の反応を反応式で書け．

H・15　フッ化水素酸がガラスのシリカ $SiO_2(s)$ と反応すれば（ガラスに図柄などを刻む反応），水と四フッ化ケイ素の水溶液ができる．その反応を反応式で書け．

H・17　ヘプタン C_7H_{16} の完全燃焼（二酸化炭素と水になる反応）を表す反応式を書け．

H・19　人工甘味料アスパルテーム $C_{14}H_{18}N_2O_5$ が燃え，気体の二酸化炭素，液体の水，気体の窒素になる変化を反応式で書け．

H・21　向精神薬のメタンフェタミン（俗称“スピード”）$C_{10}H_{15}N$ が代謝されると，二酸化炭素，水，尿素 CH_4N_2O ができる．代謝反応を反応式で書け．

H・23　1）気体の硫化水素 H_2S と固体の水酸化ナトリウムが反応すると，硫化ナトリウム Na_2S ができる．2) Na_2S のアルコール溶液に硫化水素を通じるとポリ硫化ナトリウム Na_2S_5（のアルコール溶液）ができる．3) Na_2S_5（のアルコール溶液）に酸素を吹き込むと，チオ硫酸ナトリウム五水和物 $Na_2S_2O_3 \cdot 5H_2O$（写真の定着に使う“ハイポ”）の白色結晶ができ，二酸化硫黄が副生する．アルコールに溶けた物質の化学式には（alc）を添え，以上の1)〜3）を反応式で書け．

H・25　リンは酸素と反応し，質量パーセントで，リンが43.64%の酸化物と，56.34%の酸化物をつくる．

(a) 酸化物二つの実験式を書け．

(b) 二つの酸化物は，それぞれ $283.88\ g\ mol^{-1}$，$219.88\ g\ mol^{-1}$ のモル質量を示す．それぞれの分子式と名称を書け．

(c) 酸化物の生成反応をそれぞれ反応式で書け．

I　水溶液と沈殿

2種類の溶液を混ぜた瞬間は，両方の溶質を含む溶液ができる．ときには溶質どうしが反応し，色の変化が起きたりする．たとえば，無色の硝酸銀水溶液と黄色のクロム酸カリウム水溶液を混ぜると，赤っぽい粉状の固体ができ，反応が進んだとわかる（図I・1）．

I・1　電　解　質

ある溶媒に溶けやすい物質を，**溶解性の物質**（soluble substance）という．以下，溶媒を指定しないときは“水溶性”を意味する．一般に，$0.1\ mol\ L^{-1}$ 以下しか溶けない物質を**不溶性の物質**（insoluble substance）とよぶ．たとえば，水に約 $0.01\ g\ L^{-1}$（$1\times10^{-4}\ mol\ L^{-1}$）しか溶けない炭酸カルシウム $CaCO_3$ は不溶性とみる．溶けにくいからこそ，石灰岩の丘も大理石のビルも，たちまち雨水に洗い流されたりはしない．

図I・1　黄色い K_2CrO_4 水溶液と無色の $AgNO_3$ 水溶液を混ぜて生じるクロム酸銀 Ag_2CrO_4 の赤い沈殿．

溶質には分子とイオンがある．イオンなら，十分な電圧をかけた両極で電解反応が進んだとき，溶液中で電流を運ぶ．イオンを約 $10^{-7}\ mol\ L^{-1}$ しか含まない純水だと，数V〜数十Vの電圧なら電解がほとんど進まないため，実質的に電流は流れない．

溶けてイオンに分かれる物質，つまり**電離**（electrolytic dissociation）する物質を**電解質**（electrolyte）という．イオン化合物は，溶けさえすればイオンに分かれる（図I・2）．電解質の溶液を**電解質溶液**（electrolyte solution，略

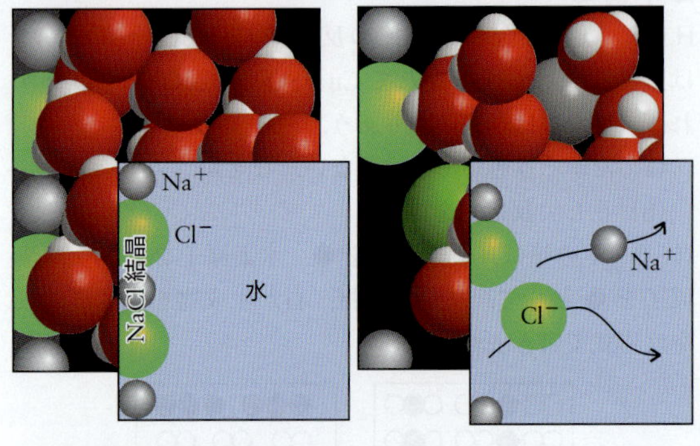

図I・2　塩化ナトリウムが水に触れると（左），水分子の作用で電離が進み（右），NaCl分子ではなく Na^+ と Cl^- が溶けた水溶液ができる．手前の図2枚では，水分子を水色に塗りつぶしてある．

称“電解液”）という．溶解前はイオン化合物でなく，溶けたときイオンになる分子化合物もある．その例に，水中で分子が水素イオン H^+ と塩化物イオン Cl^- に分かれる気体の HCl がある．

水中で電離しない物質を**非電解質**（nonelectrolyte）という．**非電解質溶液**（nonelectrolyte solution）は電流を運ばない．その例には，アセトン（**1**）や糖リボース（**2**）の水溶液がある．酸や塩基を除き，水溶性の有機化合物は非電解質とみてよい．非電解質溶液の中で溶質分子は，溶媒分子のすき間に分散している（図 I・3）．

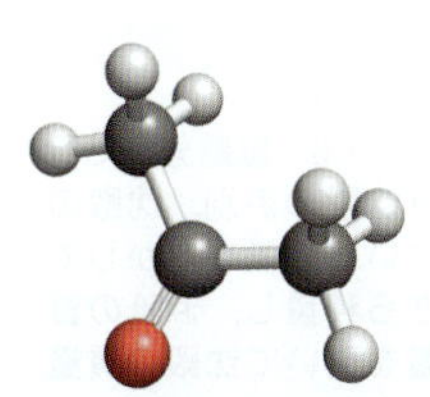

（**1**）アセトン C_3H_6O

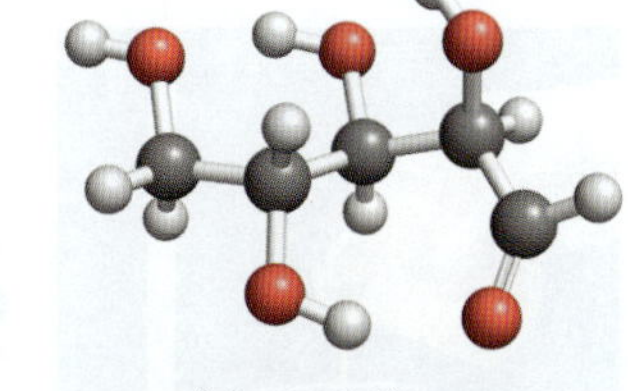

（**2**）D-リボース

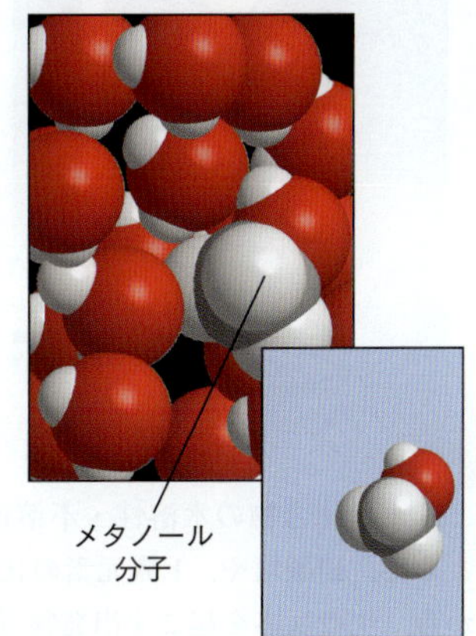

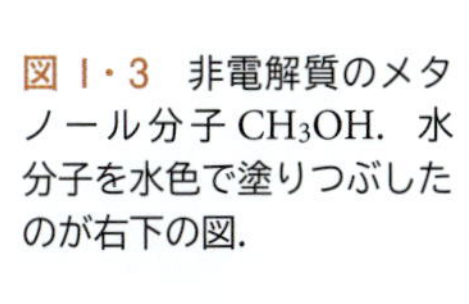

図 I・3　非電解質のメタノール分子 CH_3OH．水分子を水色で塗りつぶしたのが右下の図．

ほぼ完全に電離する電解質を，**強電解質**（strong electrolyte）とよぶ．強電解質には，塩化水素のような強酸や水酸化ナトリウムのような強塩基（J 節参照），塩化ナトリウムのような水溶性イオン化合物がある．

一部しか電離せず，ほぼ分子のまま溶ける物質を**弱電解質**（weak electrolyte）という．たとえば弱電解質の酢酸 CH_3COOH は，濃度が 0.1 M 程度なら，H^+ と酢酸イオン CH_3COO^- に電離するのは 1% 台しかない．強電解質と弱電解質は，同じ電圧をかけたとき流れる電流の大きさで区別できる（図 I・4）．

復習 I・1A　つぎの物質は電解質か，非電解質か．
(a) NaOH，(b) Br_2
［答：(a) 電解質，(b) 非電解質］

復習 I・1B　つぎの物質は電解質か，非電解質か．
(a) エタノール C_2H_5OH，(b) $Pb(NO_3)_2$

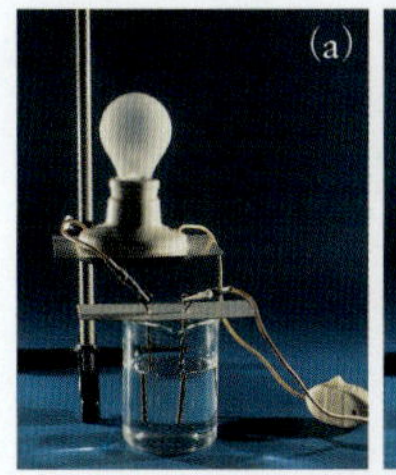

図 I・4　(a) ほぼ電気伝導性のない純水．電球はたいへん暗い．(b) 少しだけ電気伝導性のある弱電解質．(c) 電気伝導性が高くて電球が明るく灯る強電解質．(b) と (c) の電解質濃度は同じ．

要点　強電解質は水中でほぼ完全に電離する．非電解質は分子のまま水に溶ける．弱電解質は水中でごく一部だけ電離する．■

I・2　沈殿反応

イオン化合物には，水溶性のものと不溶性のものがある．硝酸銀（強電解質）の水溶液に塩化ナトリウム（強電解質）の水溶液を注ぐとしよう．硝酸銀は Ag^+ と NO_3^- に分かれ，塩化ナトリウムは Na^+ と Cl^- に分かれて溶ける．二つの水溶液が混ざると，たちまち AgCl の白い**沈殿**（precipitate）ができる．水溶性の硝酸ナトリウム $NaNO_3$ は沈殿しないため，溶液中には Na^+ と NO_3^- が残る．

二つの電解質溶液が出合ったとき，不溶性の固体ができる現象を**沈殿反応**（precipitation reaction）という．反応式中の化学式には，溶けたままの物質に (aq) を，沈殿する物質に (s) を添える．いまの例ならこう書く．

$$AgNO_3(aq) + NaCl(aq) \rightarrow AgCl(s) + NaNO_3(aq)$$

要点　沈殿反応では，2 種の電解質溶液が混ざって不溶性の固体ができる．■

I・3　イオン反応式

いまの反応は，溶けたイオン化合物をイオンに分け，次式のように書ける．

$$Ag^+(aq) + NO_3^-(aq) + Na^+(aq) + Cl^-(aq) \rightarrow AgCl(s) + Na^+(aq) + NO_3^-(aq)$$

両辺に共通の $Na^+(aq)$ と $NO_3^-(aq)$ は消去しよう．

$$Ag^+(aq) + \cancel{NO_3^-(aq)} + \cancel{Na^+(aq)} + Cl^-(aq) \rightarrow AgCl(s) + \cancel{Na^+(aq)} + \cancel{NO_3^-(aq)}$$

すると以下の式だけが残る．それを**イオン反応式**（ionic equation）という．反応の結果，固体の塩化銀 AgCl が沈殿する（図 I・5）．

$$Ag^+(aq) + Cl^-(aq) \rightarrow AgCl(s)$$

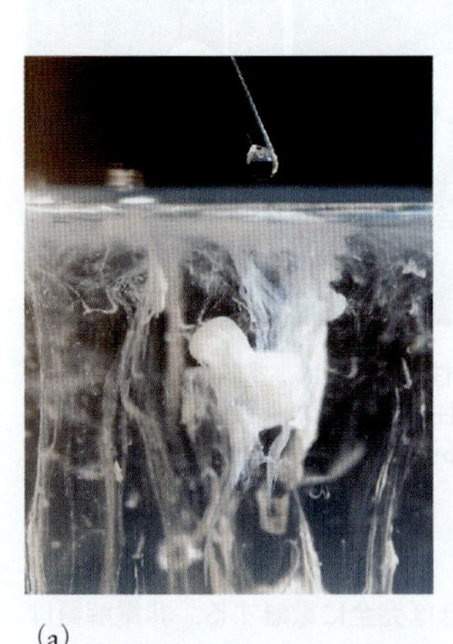

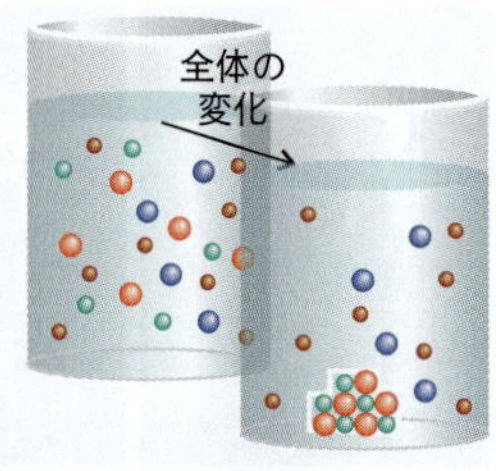

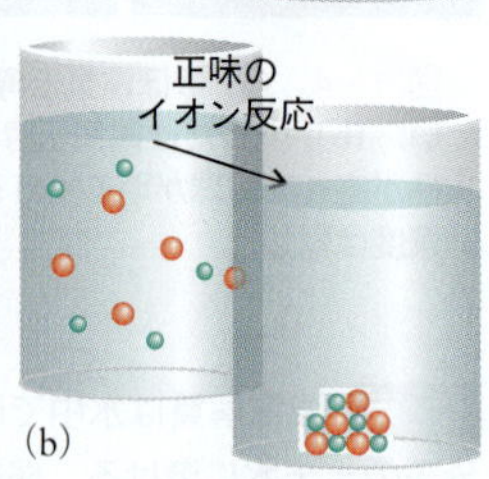

(a) (b)

図Ⅰ・5 (a) 塩化銀の沈殿反応. (b) 全イオン(上)のうち, 溶けたままのイオンを消せば正味のイオン反応になる(下).

例題Ⅰ・1 イオン反応式

水中の有害なバリウムイオン Ba^{2+} は, 沈殿反応で除ける. 硝酸バリウム水溶液 $Ba(NO_3)_2$ (aq) に濃いヨウ素酸アンモニウム水溶液 NH_4IO_3 (aq) を加えると, つぎの反応でヨウ素酸バリウム $Ba(IO_3)_2(s)$ が沈殿する.

$$Ba(NO_3)_2(aq) + 2\,NH_4IO_3(aq) \rightarrow Ba(IO_3)_2(s) + 2\,NH_4NO_3(aq)$$

この反応をイオン反応式で書け.

方 針 全イオンを含む反応式を書いたあと, 両辺で共通の溶解イオンを消す.

解 答 全イオンを含む反応式はこう書ける.

$$Ba^{2+}(aq) + 2\,NO_3^-(aq) + 2\,NH_4^+(aq) + 2\,IO_3^-(aq) \rightarrow Ba(IO_3)_2(s) + 2\,NH_4^+(aq) + 2\,NO_3^-(aq)$$

両辺で共通の NH_4^+ と NO_3^- を消す.

$$Ba^{2+}(aq) + \cancel{2\,NO_3^-(aq)} + \cancel{2\,NH_4^+(aq)} + 2\,IO_3^-(aq) \rightarrow Ba(IO_3)_2(s) + \cancel{2\,NH_4^+(aq)} + \cancel{2\,NO_3^-(aq)}$$

その結果, つぎのイオン反応式ができる.

$$Ba^{2+}(aq) + 2\,IO_3^-(aq) \rightarrow Ba(IO_3)_2(s)$$

要 点 溶液中の全イオンを含む反応式から両辺共通の溶解イオンを消せば, 沈殿反応のイオン反応式になる. ■

復習Ⅰ・2A 図Ⅰ・1の反応をイオン反応式で書け.

[答: $2\,Ag^+(aq) + CrO_4^{2-}(aq) \rightarrow Ag_2CrO_4(s)$]

復習Ⅰ・2B 水銀(I)イオン Hg_2^{2+} は, $^+Hg-Hg^+$ の形をもつ. 無色の硝酸水銀(I) $Hg_2(NO_3)_2$ 水溶液とリン酸カリウム K_3PO_4 水溶液からリン酸水銀(I)の白色沈殿が生じる反応を, イオン反応式で書け.

関連の節末問題 Ⅰ・5, Ⅰ・15

Ⅰ・4 沈殿反応の利用

沈殿反応の用途は広い. まず, 2種類の溶液を混ぜて不溶性の化合物をつくり, 沈殿を沪過で分けとる. 分析にも役立つ. **定性分析** (qualitative analysis) では, 沈殿反応を通じて, 特定イオンの存在をつかむ. 溶けた物質の量をつかむ**定量分析** (quantitative analysis) のうち**重量分析** (gravimetric analysis) では, 沪別した沈殿の質量から, 最初の溶液が含んでいた何かの量がわかる (図Ⅰ・6).

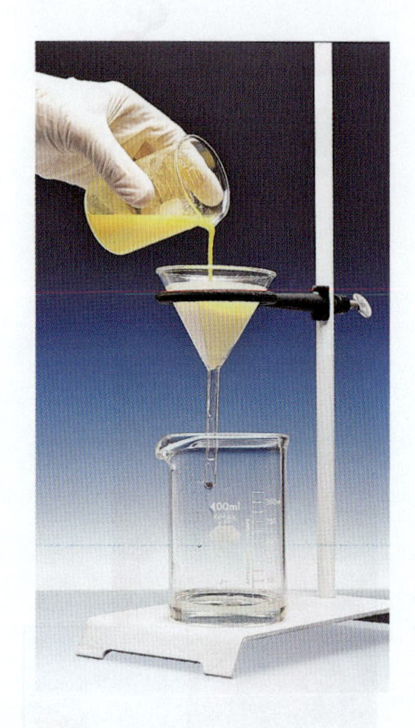

図Ⅰ・6 重量分析で行う沈殿の沪別. 沈殿のついた沪紙を乾かしてから秤量し, 沪紙の質量を引いて沈殿の質量を出す.

イオン化合物の水溶性・不溶性パターンを表Ⅰ・1にまとめた. 硝酸塩や, 1族元素の化合物はたいてい水溶性だから, 沈殿反応を起こす出発物質にふさわしい. 不溶性のヨウ化水銀(I) Hg_2I_2 をつくりたいなら, Hg_2^{2+} と I^- を含む溶液を混ぜる.

表Ⅰ・1 無機化合物の水溶性・不溶性

水溶性の化合物	不溶性の化合物
1族元素の化合物 NH_4^+ の化合物	CO_3^{2-}, CrO_4^{2-}, $C_2O_4^{2-}$, PO_4^{3-} の化合物 (例外: 1族元素や NH_4^+ との塩)
Cl^-, Br^-, I^- の化合物 (例外: Ag^+, Hg_2^{2+}, Pb^{2+} [a] との塩)	
NO_3^-, CH_3COO^-, ClO_3^-, ClO_4^- の化合物	S^{2-} の化合物 (例外: 1族, 2族の元素や NH_4^+ との塩 [c])
SO_4^{2-} の化合物 (例外: Ca^{2+}, Sr^{2+}, Ba^{2+}, Pb^{2+}, Hg_2^{2+}, Ag^+ [b] との塩)	OH^-, O^{2-} の化合物 (例外: 1族元素や, 一部の2族元素との塩 [d])

a) $PbCl_2$ はわずかに溶ける.
b) Ag_2SO_4 はわずかに溶ける.
c) 2族元素の硫化物は水と反応し, 水酸化物と H_2S になる.
d) $Ca(OH)_2$ と $Sr(OH)_2$ はわずかに溶け, $Mg(OH)_2$ はごくわずかに溶ける.

$$Hg_2^{2+}(aq) + 2I^-(aq) \rightarrow Hg_2I_2(s)$$

溶けたままのイオンは何でもよいため，水溶性の塩を含む溶液二つ，たとえば $Hg_2(NO_3)_2$ 水溶液と NaI 水溶液を混ぜればよい．

例題 I・2　沈殿反応の予想

沈殿反応を利用する物質開発では，何が沈殿するかをつかんでおくとよい．リン酸ナトリウム水溶液と硝酸鉛(II)水溶液を混ぜたら，何が沈殿するか．沈殿反応をイオン反応式で書け．

方 針　混合溶液中のイオンを確かめ，表 I・1 より，何が不溶性の化合物かをつかむ．

解 答　混合溶液は Na^+，PO_4^{3-}，Pb^{2+}，NO_3^- を含む．硝酸塩と 1 族元素の化合物は水溶性で，Pb^{2+} と PO_4^{3-} が不溶性の $Pb_3(PO_4)_2$ になる．

沈殿に関係しない Na^+ と NO_3^- は無視し，イオン反応式はつぎのように書ける．

$$3Pb^{2+}(aq) + 2PO_4^{3-}(aq) \rightarrow Pb_3(PO_4)_2(s)$$

復習 I・3A　硫化アンモニウム水溶液と硫酸銅(II)水溶液を混ぜたら，何が沈殿するか．沈殿反応をイオン反応式で書け．

［答：硫化銅(II)，$Cu^{2+}(aq) + S^{2-}(aq) \rightarrow CuS(s)$］

復習 I・3B　混ぜると硫酸ストロンチウムが沈殿する水溶液 2 種類の候補には何があるか．また，沈殿反応をイオン反応式で書け．

関連の節末問題　I・11，I・13

要 点　何が沈殿するかは，表 I・1 の情報をもとにして考える．■

身につけたこと

沈殿反応や，電解質と非電解質のちがい，イオン反応式の書きかたを学び，つぎのことができるようになった．

- □1　電解質と非電解質の区別（復習 I・1）
- □2　イオン反応式の表記（例題 I・1）
- □3　沈殿反応を起こす水溶液二つの特定（I・4 項）
- □4　水溶液二つを混ぜたとき沈殿する化合物の予想（例題 I・2）

節末問題

I・1　下図のうち左は 0.50 M $CaCl_2(aq)$，右は 0.50 M $Na_2SO_4(aq)$ を表す．二つを混ぜたとき起こる現象を図解せよ．

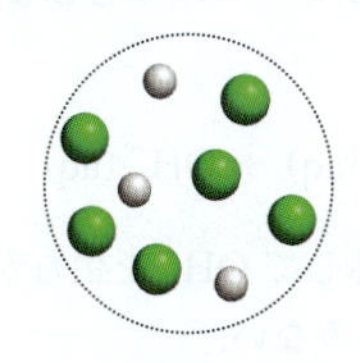
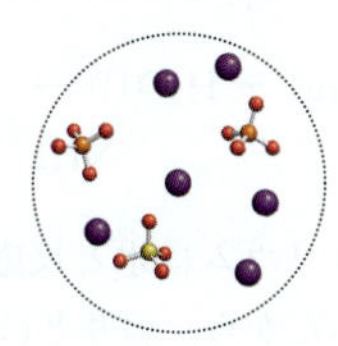

I・3　以下を強電解質と非電解質に分類せよ．

(a) CH_3OH，(b) $BaCl_2$，(c) KF

I・5　以下の反応式を完成し，イオン反応式の形にも表せ．

(a) $BaBr_2(aq) + Li_3PO_4(aq) \rightarrow Ba_3(PO_4)_2(s) + LiBr(aq)$

(b) $NH_4Cl(aq) + Hg_2(NO_3)_2(aq) \rightarrow NH_4NO_3(aq) + Hg_2Cl_2(s)$

(c) $Co(NO_3)_3(aq) + Ca(OH)_2(aq) \rightarrow Co(OH)_3(s) + Ca(NO_3)_2(aq)$

I・7　表 I・1 をもとに，以下のイオン化合物が水溶性か不溶性かを判定せよ．

(a) リン酸カリウム K_3PO_4　(b) 塩化鉛(II) $PbCl_2$
(c) 硫化カドミウム CdS　(d) 硫酸バリウム $BaSO_4$

I・9　以下の化合物を水に溶かして生じるおもな溶質は何か．

(a) NaI，(b) Ag_2CO_3，(c) $(NH_4)_3PO_4$，(d) $FeSO_4$

I・11　(a) 硫酸鉄(III)水溶液と水酸化ナトリウム水溶液を混ぜると沈殿が生じる．沈殿の化学式を書け．

(b) 硝酸銀水溶液と炭酸カリウム水溶液を混ぜると，沈殿は生じるか．生じるなら，沈殿の化学式を書け．

(c) 硝酸鉛(II)水溶液と酢酸ナトリウム水溶液を混ぜると沈殿は生じるか．生じるなら，沈殿の化学式を書け．

I・13　下表のビーカー 1 とビーカー 2 の水溶液を混ぜれば沈殿ができる．それぞれ沈殿の生成をイオン反応式で書け．また，溶けたままのイオンは何か．

	ビーカー 1	ビーカー 2
(a)	$FeCl_2(aq)$	$Na_2S(aq)$
(b)	$Pb(NO_3)_2(aq)$	$KI(aq)$
(c)	$Ca(NO_3)_2(aq)$	$K_2SO_4(aq)$
(d)	$Na_2CrO_4(aq)$	$Pb(NO_3)_2(aq)$
(e)	$Hg_2(NO_3)_2(aq)$	$K_2SO_4(aq)$

I・15　下記の組合わせ (a)～(e) は，どれも沈殿反応を起こす．それぞれ，沈殿の生成を化学反応式とイオン反応式で書け．

(a) $(NH_4)_2CrO_4(aq)$ と $BaCl_2(aq)$
(b) $CuSO_4(aq)$ と $Na_2S(aq)$
(c) $FeCl_2(aq)$ と $(NH_4)_3PO_4(aq)$
(d) シュウ酸カリウム $K_2C_2O_4(aq)$ と $Ca(NO_3)_2(aq)$
(e) $NiSO_4(aq)$ と $Ba(NO_3)_2(aq)$

I・17　以下の沈殿反応 (a)〜(c) を起こす水溶液 2 種類の組合わせ例を書け．

(a) $2\,Ag^{+}(aq) + CrO_4^{2-}(aq) \rightarrow Ag_2CrO_4(s)$

(b) カルスト地形やウニの棘を生む反応：

$$Ca^{2+}(aq) + CO_3^{2-}(aq) \rightarrow CaCO_3(s)$$

(c) ガラスを黄色にする顔料の生成反応：

$$Cd^{2+}(aq) + S^{2-}(aq) \rightarrow CdS(s)$$

I・19　以下のイオン 2 種を分けるには，何を加えればよいか（表 I・1 を見て考える）．適切な添加イオンを選び，沈殿反応をイオン反応式で書け．

(a) 鉛(II)イオンと銅(II)イオン

(b) アンモニウムイオンとマグネシウムイオン

I・21　以下の沈殿 (a)〜(c) を生む反応をイオン反応式で書け．

(a) 硫酸銀 Ag_2SO_4

(b) 一部の電池で電解質に使う硫化水銀(II) HgS

(c) 骨や歯をつくるリン酸カルシウム $Ca_3(PO_4)_2$

(d) どのような水溶液 2 種を混ぜれば沈殿 (a)〜(c) が生じるか．また，各反応に関与しないイオンは何か．

I・23　水溶液が Ag^{+}，Ca^{2+}，Zn^{2+} を含むかどうか調べたい．塩酸を加えると白い沈殿ができた．沈殿を沪別したあと硫酸を加えても変化はなかった．つぎに硫化水素を加えたら，黒い沈殿ができた．試料に入っていたイオンは何か．

I・25　40.0 mL の 0.100 M NaOH(aq) を 10.0 mL の 0.200 M $Cu(NO_3)_2(aq)$ に加えた．

(a) 沈殿の生成を化学反応式とイオン反応式で書け．

(b) 沈殿生成のあと，Na^{+}の濃度は何 mol L^{-1} になっているか．

J　酸と塩基の反応

初期の化学者は，酸っぱい物質を“酸”とみた．酸っぱい酢は酢酸 CH_3COOH を含む．また，石鹸のようにヌルヌルする物質を塩基や**アルカリ** (alkali) とよんだ．幸いなことに酸や塩基は，なめたり触ったりしなくてもわかる．たとえば**指示薬** (indicator) という色素を変色させる（図 J・1）．指示薬のうち，ある地衣類（ちいるい）の含む色素リトマスが名高い．リトマスは酸で赤く，塩基で青くなる．また，水溶液が示す酸性・塩基性の度合いは，pH メーターを使えばすぐわかる（6・2 節参照）．

- pH < 7：**酸性溶液** (acidic solution)
- pH > 7：**塩基性溶液** (basic solution)

J・1　水溶液中の酸と塩基

酸と塩基の定義は，時とともに洗練されてきた．まず 1884 年，スウェーデンの化学者アレニウス (Svante Arrhenius) がこう定義した．

図 J・1　酸性で赤，塩基性で青になる指示薬（アカキャベツ液）で調べた身近な水溶液．（左から右へ）胃液，レモンジュース，水道水，洗剤，水酸化ナトリウム．水酸化ナトリウム水溶液の黄色は，強い塩基性で分解した色素の色．

- **酸** (acid) とは，水中で水素イオン H^{+}を生む化合物
- **塩基** (base) とは，水中で水酸化物イオン OH^{-}を生む化合物

それを**アレニウス酸・塩基** (Arrhenius acid and base) という．水に溶けて H^{+}を出す HCl はアレニウス酸だけれど，H^{+}を出さないメタン CH_4 はアレニウス酸ではない．水酸化ナトリウムは，水に溶けて OH^{-}を出すからアレニウス塩基になる．アンモニアも，次式のように水と反応して OH^{-}を生むため，アレニウス塩基とみなす．

$$NH_3(aq) + H_2O(l) \rightarrow NH_4^{+}(aq) + OH^{-}(aq) \qquad (A)$$

金属ナトリウムは水と反応して OH^{-}を生むが，化合物でなく単体だから，塩基とはみない．

アレニウスの定義では，溶媒を水にかぎる．しかし，液体アンモニアのような**非水溶媒** (nonaqueous solvent) の中でも，酸・塩基のようにふるまう物質は多い．1923 年，英国のローリー (Thomas Lowry) とデンマークのブレンステッド (Johannes Brønsted) は，たまたまほぼ同時にこう考えた．酸・塩基の本質は，水素イオン（プロトン H^{+}）の授受だろう．**ブレンステッド・ローリーの酸・塩基** (Brønsted–Lowry acid and base) は，つぎのように定義される．

- 酸は水素イオン供与体
- 塩基は水素イオン受容体

ふつう“酸・塩基”はこの定義に従うため，本書でも，ただ“酸・塩基”といえばブレンステッド・ローリーの酸・塩基を指す．

以下，酸と塩基の性質を確かめたあと，酸と塩基の反応

を調べる．まずは酸を考えよう．水に溶けた酸の分子は，H_2O 分子に H^+ を与え，H_2O を**ヒドロニウムイオン**(hydronium ion) H_3O^+(**1**) にする[†1]．たとえば，塩化水素 HCl が水に溶けると，H_3O^+ と塩化物イオン Cl^- ができる．

$$HCl(aq) + H_2O(l) \rightarrow H_3O^+(aq) + Cl^-(aq) \quad (B)$$

水素イオンを受けとって H_3O^+ になる水 H_2O は，ブレンステッド塩基だといえる．

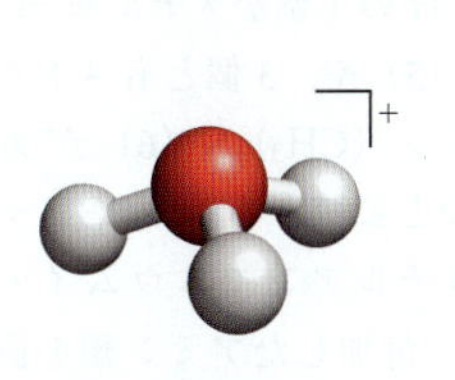

(**1**) ヒドロニウムイオン H_3O^+

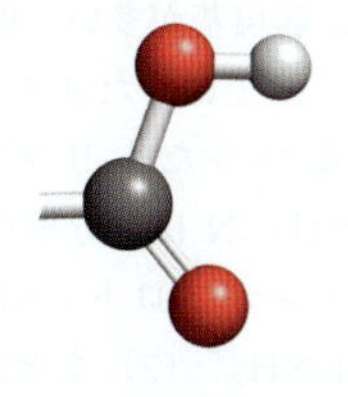

(**2**) カルボキシ基 $-COOH$

酸は，H^+ の形で脱離できる**酸性の水素原子**(acidic hydrogen atom) をもつ．ふつう無機酸の化学式では，そのH原子を冒頭に書く（塩化水素 HCl や硝酸 HNO_3 など）．

かたや有機酸（カルボン酸）の化学式は，酸性のH原子をカルボキシ基 $-COOH$ (**2**) の一部にして書く．たとえば酢酸 CH_3COOH は，カルボキシ基の H^+ だけを出し，水などの塩基に渡す．そのとき $-COOH$ は，カルボン酸陰イオン（酢酸なら酢酸イオン CH_3COO^-）に変わる．メタン CH_4 やアンモニア NH_3 は，分子内のH原子を H^+ の形で出せないから，酸ではない．

HCl や HNO_3，酢酸は，1分子が1個の H^+ を出すため，**1価の酸**(monoprotic acid) という．硫酸 H_2SO_4 (2価の酸) は，H原子を2個とも H^+ の形で出せる．2個以上の H^+ を出せる酸を**多価の酸**(polyprotic acid) という[†2]．

以上より，HCl や H_2CO_3（炭酸），H_2SO_4，HSO_4^-（硫酸水素イオン）は酸だが，CH_4 や NH_3，CH_3COO^-（酢酸イオン）は酸ではないと，化学式を見ただけでわかる．O原子を含むオキソ酸はD節で紹介した（表D・1）．

つぎに塩基を考えよう．水酸化物イオン OH^- は，酸から H^+ をもらって H_2O になるため，塩基だとわかる．

$$OH^-(aq) + CH_3COOH(aq) \rightarrow H_2O(l) + CH_3COO^-(aq)$$

アンモニア NH_3 は，水の H^+ を受けとって NH_4^+ になるから塩基だといえる（A式）．そのとき，H^+ を出す水 H_2O は酸の役目をする．酸塩基反応で水は特別な役割を演じ，塩基が相手のときは酸，酸が相手のときは塩基としてふるまう（B式）．

注目！ アレニウス流なら塩基の NaOH も，ブレンステッド流だと“塩基 OH^- を出す物質”だから“塩基そのもの”ではない．注意しよう．■

復習 J・1A　以下のうち，水中で（ブレンステッド流の）酸や塩基になるのはどれか．
(a) HNO_3，(b) C_6H_6，(c) KOH，(d) C_3H_5COOH
［答：(a) 酸，(b) どちらでもない，(c) 塩基 OH^- を出す物質，(d) 酸］

復習 J・1B　以下のうち，水中で酸や塩基になるのはどれか．
(a) KCl，(b) HClO，(c) HF，(d) $Ca(OH)_2$

要点（ブレンステッド流の）酸は H^+ を出し，塩基は H^+ を受けとる．■

J・2　強酸と弱酸，強塩基と弱塩基

電解質は，電離の度合いで強電解質と弱電解質に分類した（I・1項）．酸・塩基も同様に分類できる．そのとき，溶液中で進む H^+ の脱離を**脱プロトン**(deprotonation) や**酸解離**(acid dissociation)，H^+ の受容を**プロトン付加**(protonation) という．

- **強酸**(strong acid)：分子やイオンが（ほぼ）完全に脱プロトンする．
- **弱酸**(weak acid)：一部の分子やイオンだけが脱プロトンする．
- **強塩基**(strong base)：分子やイオンが（ほぼ）完全にプロトン付加する．
- **弱塩基**(weak base)：一部の分子やイオンだけがプロトン付加する．

塩化水素が水に溶けた塩酸 HCl(aq) が，強酸の典型になる．塩酸中には H_3O^+ と Cl^- があるけれど，HCl 分子はほとんどない．つまり，つぎの H^+ 授受反応はほぼ完全に進む．

$$HCl(g) + H_2O(l) \rightarrow H_3O^+(aq) + Cl^-(aq)$$

かたや弱酸の酢酸 $CH_3COOH(aq)$ は，水中で分子のごく一部しか酸解離しない．

†1 訳注：初等化学で出合う多原子陽イオンのうち，“ほぼこの二つ”とみてよい NH_4^+ も H_3O^+ も，古来の物質名（それぞれアンモニア ammonia，水 hydor）に -onium（陽イオン）をつなげ，ammonium ion，hydronium ion とよぶ．1970年代の中期から日本の高校化学教科書で H_3O^+ を指す“オキソニウムイオン”は，まったく別の発想に立つ命名だから原著では使わず，邦訳でも使わない．

†2 訳注：それぞれ一塩基酸 (monobasic acid)（一塩基と反応できる酸の意味），多塩基酸 (polybasic acid) ともよぶ．

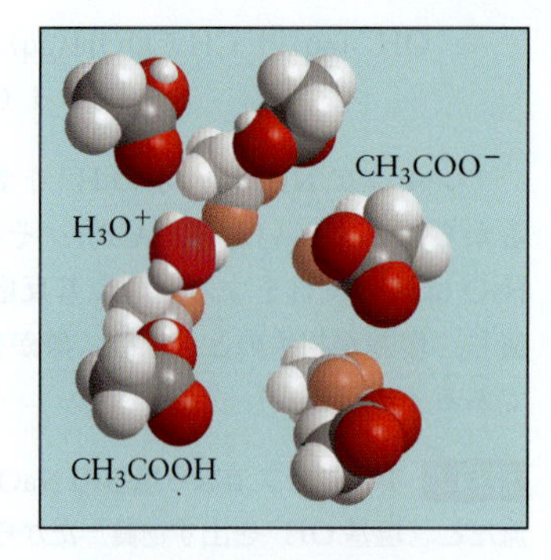

図 J・2 酢酸水溶液のイメージ. ごく一部の酢酸分子だけが水分子にH^+を渡し, H_3O^+とCH_3COO^-になっている.

表 J・1 水中の強酸と強塩基

強 酸	強塩基
臭化水素酸 HBr(aq) 塩酸 HCl(aq) ヨウ化水素酸 HI(aq) 硝酸 HNO_3(aq) 過塩素酸 $HClO_4$(aq) 塩素酸 $HClO_3$(aq) 硫酸 H_2SO_4(aq) (→ HSO_4^-)	1 族元素の水酸化物 アルカリ土類金属の水酸化物 a) 1 族元素と 2 族元素の酸化物

a) $Ca(OH)_2$, $Sr(OH)_2$, $Ba(OH)_2$.

$$CH_3COOH(aq) + H_2O(l) \rightarrow H_3O^+(aq) + CH_3COO^-(aq)$$

そのため, ほとんどがCH_3COOH分子のまま溶けている (図 J・2). 0.1 M 酢酸なら, 分子 100 個のうちせいぜい 1 個しかCH_3COO^-になっていない.

よく出合う強酸 (と強塩基) を表 J・1 にあげた. 実験で多用する塩酸 (塩化水素酸), 硝酸, 硫酸 (1 段目の電離) は強酸だが, ほかは水中なら弱酸が多い (カルボン酸はどれも弱酸).

つぎに強塩基と弱塩基を眺めよう. アルカリ金属やアルカリ土類金属の水酸化物と酸化物〔例: $Ca(OH)_2$, CaO〕が出す酸化物イオンO^{2-}や水酸化物イオンOH^-が, 強塩基の代表になる (表 J・1). 先述のとおり, 酸化物や水酸化物は"塩基そのもの"ではない. 酸化物が水に溶けると, 強塩基の酸化物イオンO^{2-}が水分子からH^+を奪い, 水酸化物イオンOH^-になる.

$$O^{2-}(aq) + H_2O(l) \rightarrow 2\,OH^-(aq)$$

水酸化ナトリウムや水酸化カルシウムなどが出すOH^-も, 水中では強塩基としてふるまう.

$$H_2O(l) + OH^-(aq) \rightarrow OH^-(aq) + H_2O(l)$$

強塩基のOH^-が水からH^+を受けとっても, そのH_2O分子がOH^-に変わるため, OH^-の量は変わらない.

ほかの塩基は水中で弱塩基だと考えてよい. そのひとつアンモニア (**3**) は, つぎのようにごくわずかな量のOH^-だけを生む.

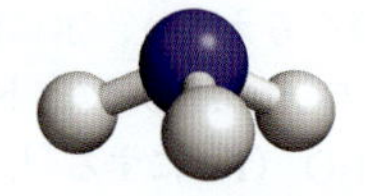

(**3**) アンモニア NH_3

$$NH_3(aq) + H_2O(l) \rightarrow NH_4^+(aq) + OH^-(aq)$$

0.1 M NH_3の場合, 分子 100 個からせいぜい 1 個ずつのNH_4^+とOH^-しかできない.

NH_3分子がもつ H の一部を有機基に変えたアミン類にも, 弱塩基が多い. 例として, H の 1 個がメチル基 $-CH_3$ (**4**) に変わったメチルアミン (**5**) や, 3 個ともメチル基に変わったトリメチルアミン $(CH_3)_3N$ (**6**) がある〔$(CH_3)_3N$ は, 分解中の魚肉などにできる〕. なおメチルアミンがプロトン付加したメチルアンモニウムイオン $CH_3NH_3^+$ (**7**) など, プロトン付加したアミン類を置換アンモニウムイオンという.

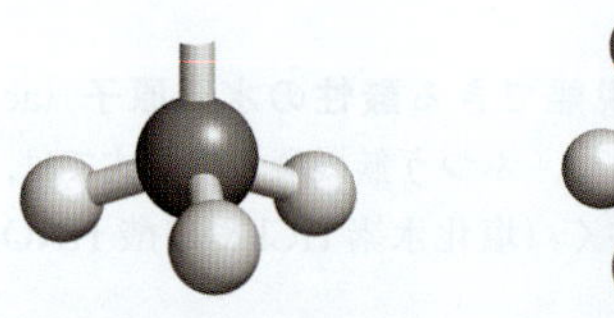

(**4**) メチル基 $-CH_3$　(**5**) メチルアミン CH_3NH_2

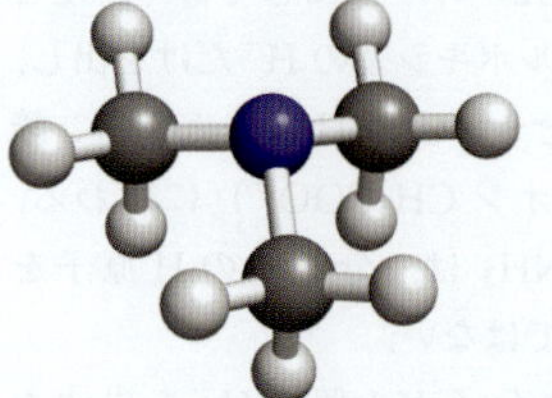

(**6**) トリメチルアミン $(CH_3)_3N$

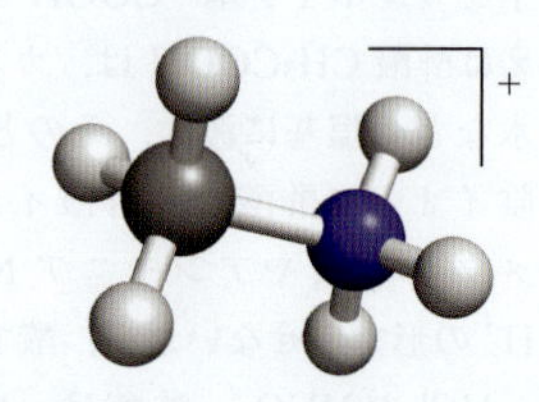

(**7**) メチルアンモニウムイオン $CH_3NH_3^+$

要 点 強酸はほぼ完全に酸解離し, 弱酸は一部だけ酸解離する. 強塩基はほぼ完全にプロトン付加し, 弱塩基は一部だけプロトン付加する. ■

J・3 中 和

酸と塩基の反応を**中和** (neutralization) や**中和反応** (neutralization reaction), 中和で生じる化合物を**塩**(えん) (salt) という. たとえば強酸と金属水酸化物 (強塩基OH^-を出す物質) は, 水中でつぎのように中和する.

$$酸 + 金属水酸化物 \rightarrow 塩 + 水$$

塩という名は, HCl と NaOH の中和 (下記) でできる食塩 (table salt) にちなむ.

$$HCl(aq) + NaOH(aq) \rightarrow NaCl(aq) + H_2O(l)$$

酸と金属水酸化物が中和するとき, 塩の陽イオン (Na^+

など）は金属の水酸化物（NaOH）が出し，陰イオン（Cl^- など）は酸（HCl）が出す．硝酸と水酸化バリウムはつぎのように中和し，塩（硝酸バリウム）は Ba^{2+} と NO_3^- のまま溶けている．

$$2\,HNO_3(aq) + Ba(OH)_2(aq) \rightarrow Ba(NO_3)_2(aq) + 2\,H_2O(l)$$

沈殿反応（I 節）と同じく中和反応も，イオン反応式にすれば正味の変化がわかる．たとえば硝酸と水酸化バリウムの中和は，全イオンを書くとつぎのようになる．

$$2\,H^+(aq) + 2\,NO_3^-(aq) + Ba^{2+}(aq) + 2\,OH^-(aq) \rightarrow Ba^{2+}(aq) + 2\,NO_3^-(aq) + 2\,H_2O(l)$$

両辺で共通のイオンを消す．

$$2\,H^+(aq) + \cancel{2\,NO_3^-(aq)} + \cancel{Ba^{2+}(aq)} + 2\,OH^-(aq) \rightarrow \cancel{Ba^{2+}(aq)} + \cancel{2\,NO_3^-(aq)} + 2\,H_2O(l)$$

すると正味のイオン反応式はこう書ける．

$$2\,H^+(aq) + 2\,OH^-(aq) \rightarrow 2\,H_2O(l)$$

化学式の係数を約分し，つぎの簡単な形にする．

$$H^+(aq) + OH^-(aq) \rightarrow H_2O(l)$$

つまり強酸と強塩基の中和は，H^+ と OH^- から水ができる反応とみてよい．

注目！ 水素イオンはつねに 1 個～数個の水分子と結合した H_3O^+，$H_5O_2^+$，…の形だが，簡単化のため $H^+(aq)$ と書くことも多い． ■

弱い酸や塩基の中和を書くとき，ほぼ分子のまま存在する弱酸や弱塩基には，分子の化学式を使う．たとえば，弱酸 HCN と強塩基 OH^-（溶けた NaOH など）の中和は，つぎのイオン反応式で表す（図 J・3）．

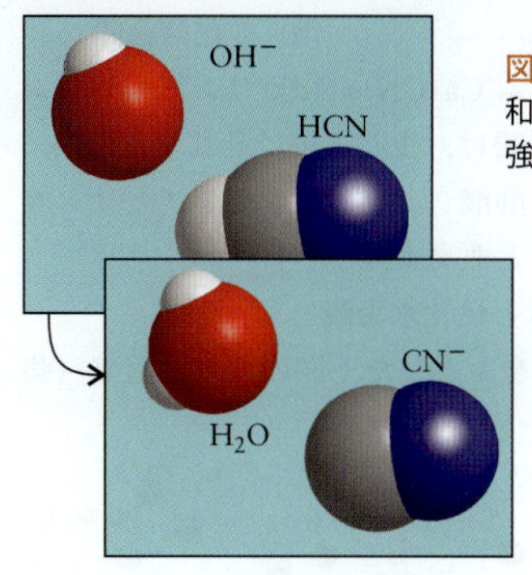

図 J・3　HCN と OH^- の中和では，弱酸分子 HCN から強塩基 OH^- が H^+ を奪う．

$$HCN(aq) + OH^-(aq) \rightarrow H_2O(l) + CN^-(aq)$$

同様に，弱塩基 NH_3 と強酸 HCl の中和は，イオン反応式でこう書く．

$$NH_3(aq) + H^+(aq) \rightarrow NH_4^+(aq)$$

復習 J・2A　硝酸ルビジウムが生じる中和を，反応式で書け．

［答：$HNO_3(aq) + RbOH(aq) \rightarrow RbNO_3(aq) + H_2O(l)$］

復習 J・2B　リン酸カルシウムが生じる中和を，反応式で書け．

要 点　水中の中和では，酸と塩基から塩が（強塩基なら水も）できる．強酸と水酸化アルカリ金属との中和は，正味の反応が $H^+ + OH^- \rightarrow H_2O$ となる． ■

身につけたこと

酸（H^+ 放出）と塩基（H^+ 受容）の性質，強酸・弱酸と強塩基・弱塩基の性質を学び，つぎのことができるようになった．

❑1　酸と塩基の区別（J・1 項）
❑2　物質を酸と塩基に分類（復習 J・1）
❑3　よく出合う強酸と強塩基の特定（表 J・1）
❑4　強酸と弱酸，および強塩基と弱塩基の識別（J・2 項，J・3 項）
❑5　反応式による中和の表現（復習 J・2）

節末問題

J・1　以下の物質は，水中で（ブレンステッド流の）酸と塩基のどちらになるか．

(a) NH_3　(b) HBr　(c) KOH
(d) H_2SO_3　(e) $Ca(OH)_2$

J・3　HCl，KOH，グルコース $C_6H_{12}O_6$，CH_3COOH，NH_3 のどれかを水溶液にしたが，ラベルを貼り忘れた．調べた結果，水溶液は青リトマス紙を赤くし，電気伝導度は NaCl 標準水溶液よりずっと小さかった．これは何の水溶液か．

J・5　つぎの反応式を完成せよ．イオン反応式も書け．弱酸や弱塩基は分子式にすること．

(a) $HF(aq) + NaOH(aq) \rightarrow$
(b) $(CH_3)_3N(aq) + HNO_3(aq) \rightarrow$
(c) $LiOH(aq) + HI(aq) \rightarrow$

J・7　つぎの物質が生じる酸と塩基の中和を反応式で書け．

(a) 臭化カリウム　(b) 亜硝酸亜鉛
(c) シアン化カルシウム $Ca(CN)_2$　(d) リン酸カリウム

J・9 つぎの中和反応を書け．生じる塩はそれぞれ何か．
(a) 水酸化カリウムと酢酸　(b) アンモニアとリン酸
(c) 水酸化カルシウムと亜臭素酸
(d) 水酸化ナトリウムと硫化水素酸

J・11 塩素を●，水素を●とした下図のうち，塩酸（強酸）を表すのはどれか．

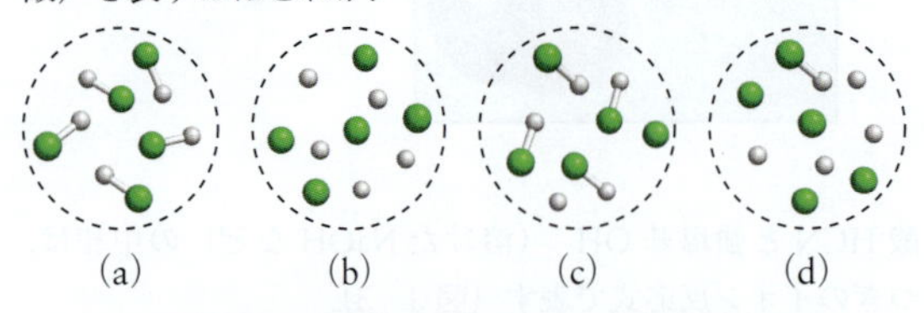

J・13 つぎの反応で酸はどれか．また塩基はどれか．
(a) $CH_3NH_2(aq) + H_3O^+(aq) \rightarrow CH_3NH_3^+(aq) + H_2O(l)$
(b) $CH_3NH_2(aq) + CH_3COOH(aq) \rightarrow CH_3NH_3^+(aq) + CH_3COO^-(aq)$
(c) $2\,HI(aq) + CaO(s) \rightarrow CaI_2(aq) + H_2O(l)$

J・15 税関が押収した植物から物質Xが抽出され，その特定を依頼された．調べたらつぎの結果になった．Xは白い結晶性固体．水溶液は青リトマスを赤くし，高濃度水溶液の電気伝導度は小さい．水酸化ナトリウムと反応し，生成物の水溶液は電気伝導度が高い．元素分析したところ，質量組成は 26.68% C，2.239% H（残りはO）．質量分析でモル質量は $90.0\ g\ mol^{-1}$ と判明した．Xが酸性のH原子を2個もつとし，以下の問いに答えよ．
(a) Xの実験式を書け．　(b) Xの分子式を書け．
(c) XとNaOHの反応をイオン反応式で書け．

J・17 以下の塩は，陽イオンまたは陰イオンが，弱酸か弱塩基になる．そんなイオンが水とH^+をやりとりする反応の反応式を書け．
(a) C_6H_5ONa　(b) KClO
(c) C_5H_5NHCl　(d) NH_4Br

J・19 酸性の陽イオンと塩化物イオンの塩 $C_6H_5NH_3Cl$ につき，以下に答えよ．
(a) 40.0 g の $C_6H_5NH_3Cl$ を含む 210.0 mL の水溶液で，陽イオンの濃度は何Mか．
(b) 陽イオンと水の間で進む水素イオン移動を反応式で書け．その反応では，何が酸，何が塩基だといえるか．

J・21 Na_3AsO_4 の陰イオンは弱塩基で，1個以上のH^+を受けとれる．
(a) 陰イオンと水との段階的なH^+授受を反応式で書け．各反応で，酸と塩基はどれか．
(b) 35.0 g の Na_3AsO_4 を含む水溶液をつくった．水溶液が含むNa^+は何 mol か．

J・23 非金属元素の酸化物は水に溶けて酸性を示す（酸性酸化物）．以下の酸性酸化物 1 mol と水 1 mol との反応を反応式で書き，生じるオキソ酸の名称を書け．
(a) CO_2　(b) SO_3

K 酸化還元反応

沈殿反応，酸塩基反応，酸化還元反応を三大反応という．最後の酸化還元反応は，範囲がたいへん広い．燃焼や腐食，光合成，食物の代謝，鉱石の精錬など，見た目はずいぶんちがう現象も，原子・分子のレベルでは酸化還元反応，つまり電子の授受を伴う出来事だと考えてよい．

K・1 酸化と還元

酸化還元反応の特徴をつかむため，マグネシウムと酸素から酸化マグネシウムができる反応を眺めよう（図K・1）．この反応は，花火を白く輝かせるほか，戦争用の曳（えい）光（こう）弾や，（不届き者が）放火用の発火装置にも使う．もともと“酸素との反応”の意味だった“酸化”をそのまま表す古典的な例でもある．反応が進むと，マグネシウムのMg原子は電子を失って陽イオンMg^{2+}に，酸素分子のO原子は電子をもらって陰イオンO^{2-}になる．

$$2\,Mg(s) + O_2(g) \rightarrow \underbrace{2\,Mg^{2+} + 2\,O^{2-}}_{2\,MgO(s)}$$

Mgと塩素Cl_2から塩化マグネシウム$MgCl_2$ができる反応はこう進む．

$$Mg(s) + Cl_2(g) \rightarrow \underbrace{Mg^{2+} + 2\,Cl^-}_{MgCl_2(s)}$$

酸素との反応ではないのに，これもマグネシウムの“酸化”とみなす．Mgが電子を失い，それを何かが受けとるところが，燃焼と共通している．このように化学では，何かが電子を失うことを，（電子が何に移ろうとも）**酸化**（oxidation）とよぶ．

電子を失った物質は，正電荷が増すか，負電荷が減る．たとえば臭素の工業生産に使うつぎの反応で，臭素はBr^-（電荷−1）から単体Br_2（電荷0）になるため，酸化される（図K・2）．

$$2\,Na\overset{-1}{Br}(aq) + Cl_2(g) \rightarrow 2\,NaCl(aq) + \overset{0}{Br_2}(l)$$

かたや“還元”は本来，鉱石（金属酸化物）を水素や炭素，一酸化炭素と反応させ，“元の金属に還（かえ）す”ことを意味した．製鉄の場合なら，酸化鉄(Ⅲ)を一酸化炭素で還元する．

$$Fe_2O_3(s) + 3\,CO(g) \xrightarrow{\Delta} 2\,Fe(l) + 3\,CO_2(g)$$

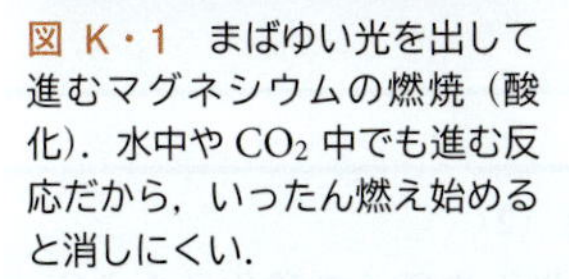

図 K・1　まばゆい光を出して進むマグネシウムの燃焼（酸化）．水中や CO_2 中でも進む反応だから，いったん燃え始めると消しにくい．

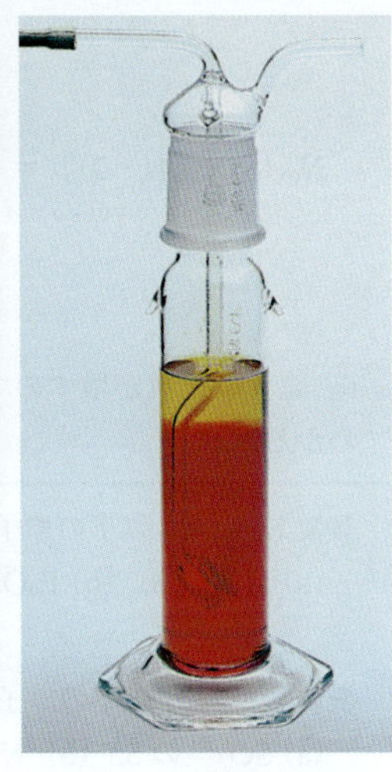

図 K・2　臭化物イオン Br^- を含む水溶液に塩素 Cl_2 を吹きこむと，Cl_2 が $Br^- \rightarrow Br_2$ の酸化を進めて溶液に赤褐色がつく．

そのとき酸化とは逆に，元素の酸化物が単体に変わる．酸化鉄(Ⅲ)の還元なら，Fe_2O_3 中の陽イオン Fe^{3+} が電子をもらい，電荷 0 の単体 Fe になる．

還元（reduction）は，電子をもらうことをいう．電子をもらった物質は，負電荷が増すか，正電荷が減る．製鉄の“$Fe^{3+} \rightarrow Fe$”では正電荷が減った．上で見た臭素と塩素の反応だと，電荷が（Cl_2 の）0 から（Cl^- の）−1 に減った塩素が還元されている．

$$2\,\mathrm{NaBr(aq)} + \overset{0}{\mathrm{Cl}_2}\mathrm{(g)} \rightarrow 2\,\mathrm{Na}\overset{-1}{\mathrm{Cl}}\mathrm{(aq)} + \mathrm{Br_2(l)}$$

復習 K・1A　つぎの反応では何が酸化され，何が還元されるか．

$$3\,\mathrm{Ag^+(aq)} + \mathrm{Al(s)} \rightarrow 3\,\mathrm{Ag(s)} + \mathrm{Al^{3+}(aq)}$$

［答：Al(s) が酸化され，Ag^+(aq) が還元される］

復習 K・1B　つぎの反応では何が酸化され，何が還元されるか．

$$2\,\mathrm{Cu^+(aq)} + \mathrm{I_2(s)} \rightarrow 2\,\mathrm{Cu^{2+}(aq)} + 2\,\mathrm{I^-(aq)}$$

電子を失うことを酸化，電子を得ることを還元というが，電子は消滅しないため，何かが酸化されると，別の何かが必ず還元される．先ほどの反応では Br^- が酸化され，Cl_2 が還元された．つまり，酸化と還元はセットで進むため，**酸化還元反応**（oxidation−reduction reaction）や**レドックス**（redox = **red**uction−**ox**idation）反応とよび，“酸化反応”や“還元反応”とはいわない．

要 点　電子を失うのが酸化，電子を得るのが還元にあたる．酸化と還元はセットで進むため，酸化還元反応やレドックス反応とよぶ．■

K・2　酸 化 数

電子の授受が確認できれば，酸化還元反応だとわかる．電荷が自明な単原子イオンなら，電子の授受はわかりやすい．陰イオン Br^- が Br 原子（その 2 個から Br_2 分子）になると，Br^- は電子を失った（酸化された）．O_2 が酸化物イオン O^{2-} になれば，O 原子 1 個が電子 2 個を受けとった（還元された）ことになる．

けれど，電子ばかりか原子も動くと，酸化還元かどうか見えにくくなる．たとえば Cl_2 が次亜塩素酸イオン ClO^- になるとき，Cl_2 は酸化されるのか，還元されるのか？酸素が結合したので酸化に見えるけれど，負電荷が増すので還元にも見えてしまう．

そこで原子の“酸化数”というものを考える．**酸化数**（oxidation number）N_{ox} は，つぎのように定義する（D 節も参照）．

- 酸化されると，原子の酸化数が増す．
- 還元されると，原子の酸化数が減る．

単原子イオンの酸化数は，イオンの電荷に等しい．Mg^{2+} の Mg は酸化数が+2，Cl^- の Cl は酸化数が−1 とみる．単体の酸化数は 0 だから，Mg も Cl_2 も原子の酸化数は 0 とする．マグネシウムが塩素と反応すれば，つぎのように原子の酸化数が変わる．

$$\overset{0}{\mathrm{Mg}}\mathrm{(s)} + \overset{2(0)}{\mathrm{Cl_2}}\mathrm{(g)} \rightarrow \overset{+2\ 2(-1)}{\mathrm{MgCl_2}}\mathrm{(s)}$$

つまりマグネシウムは酸化され，塩素は還元された．つぎの反応はどうだろう．

$$2\overset{(+1\ -1)}{\mathrm{NaBr}}\mathrm{(s)} + \overset{2(0)}{\mathrm{Cl_2}}\mathrm{(g)} \rightarrow 2\overset{(+1\ -1)}{\mathrm{NaCl}}\mathrm{(s)} + \overset{2(0)}{\mathrm{Br_2}}\mathrm{(l)}$$

（酸化数の表記：NaBr の上に 2(+1 −1)，Cl_2 の上に 2(0)，NaCl の上に 2(+1 −1)，Br_2 の上に 2(0)）

臭素原子は酸化され，塩素原子は還元される．Na^+ の酸化数は変わらない．

化合物や多原子イオンで，原子の酸化数は“道具箱 1”のように約束する．特定の酸化数を，特定の**酸化状態**（oxidation state）とみてもよい．たとえば Mg^{2+} は，“酸化数が+2”とも，“+2 の酸化状態にある”とも表現できる．

道具箱 1　酸化数の決めかた

発 想　分子や組成単位，多原子イオン中の各原子を（現実はともかく）“イオン”とみなして，その電荷を酸化数とする．通常，酸素（O^{2-}）とハロゲンを“陰イオン”とみなし，それと電荷がつりあうよう，ほかの原子の電荷を決める．以上の手続きが“手順 1”になる．電気陰性度（1・6 節）になじんだ読者なら，“手順 2”もわかりやすいだろう．

手順 1　元素 E の酸化数 $N_{ox}(E)$ は，まず以下二つのルールで決める．

ルール 1：単体の酸化数は 0．
ルール 2：イオンや分子の総電荷は，全原子の酸化数の和に等しい．

以上に加え，つぎの個別ルールを使う．

- H の酸化数は，非金属と結合した H が+1，金属と結合した H が−1．
- 1 族元素の酸化数は+1，2 族元素の酸化数は+2．
- ハロゲンの酸化数は，酸素や，軽いハロゲンと結合していなければ−1．フッ素の酸化数はいつも−1．
- 酸素の酸化数は，ほとんどの物質中で−2．例外には，フッ素との化合物（ただしフッ素は前項に従う），過酸化物（O_2^{2-}），超酸化物（O_2^-），オゾニド（O_3^-）がある．

手順 1 は例題 K・1 に使う．

手順 2　電気陰性度（図 1・54）に注目する際は，上記ルール 1，2 のほか，下記のルール 3 も使う．

ルール 3：電気陰性度が“A＜B”の元素が A−B 結合をつくっているとき，A 原子から B 原子に電子が（通常の個数だけ）完全に移った（B が酸素原子なら O^{2-} ができた）とみて，A 原子と B 原子のもつ電荷を酸化数とする．

手順 2 は例題 K・2 に使う．

例題 K・1　酸化数の決定（1）

化学工業では二酸化硫黄 SO_2 を硫酸イオン SO_4^{2-} に変える．$SO_2 \rightarrow SO_4^{2-}$ の変化は酸化か，還元か．

予 想　負電荷が増えて還元に見えるが，O 原子を 2 個も得たから酸化だろう．

方 針　S 原子の酸化数が増せば酸化，減れば還元．S の酸化数の増減を調べる．道具箱 1 のルールを使い，酸化数 $N_{ox}(S)$ を求める．酸素 O の酸化数は−2 とする．

解 答　**SO_2**：分子の総電荷は 0 だから，ルール 2 より $N_{ox}(S)+2N_{ox}(O)=0$ が成り立つ．つぎの計算により $N_{ox}(S)=+4$ となるため，S 原子の酸化数は+4．

$$N_{ox}(S) + [2(-2)] = 0$$
S　2O　総電荷 0

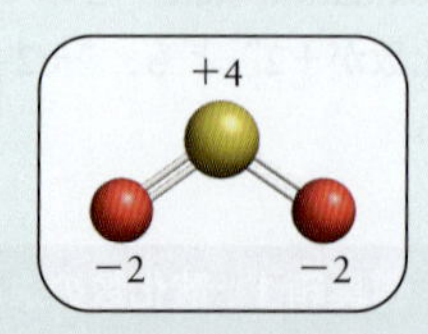

SO_4^{2-}：イオンの総電荷は−2 だから，ルール 2 より $N_{ox}(S)+4N_{ox}(O)=-2$ が成り立つ．つぎの計算で $N_{ox}(S)=+6$ となるため，S 原子の酸化数は+6 だとわかる．

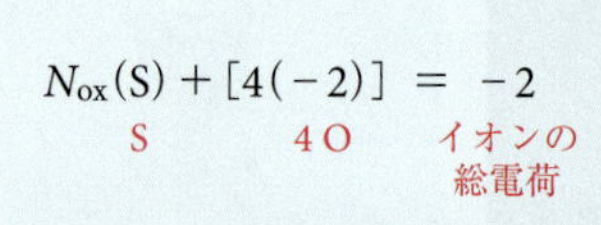

$$N_{ox}(S) + [4(-2)] = -2$$
S　4O　イオンの総電荷

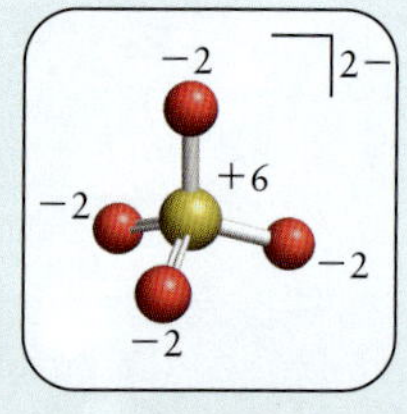

確 認　酸化数が増すので，$SO_2 \rightarrow SO_4^{2-}$ は酸化だとわかる．

復習 K・2A　以下の原子の酸化数を求めよ．
(a) H_2S の S，(b) P_4O_6 の P
［答：(a) −2，(b) +3］

復習 K・2B　以下の原子の酸化数を求めよ．
(a) SO_3^{2-} の S，(b) NO_2^- の N，(c) $HClO_3$ の Cl

関連の節末問題　K・1

例題 K・2　酸化数の決定（2）

電気陰性度に注目し，以下の原子の酸化数を求めよ．

(a) SF_6 の S，(b) N_2O_4 の N

予 想　どちらも二元化合物だから，酸化数は一方の元素が正，他方が負だろう．周期表上で右側にある元素（F と O）の酸化数が負になるはず．

方 針　まず道具箱 1 の手順 2 を使う．電気陰性度は図 1・54 を参照する．

解 答　(a) **SF_6**：総電荷は 0．ルール 2 より $N_{ox}(S)+6N_{ox}(F)=0$ が成り立つ．つぎにルール 3 を使う．電気陰性度は S が 2.58，F が 3.98 で，F の酸化数は（F^- の）−1 としてよい．F は 6 個あるので，そのとき $N_{ox}(S)=-6N_{ox}(F)=-6(-1)=+6$ となる〔下図(a) 参照〕．

(b) **N_2O_4**：総電荷は 0．ルール 2 より $2N_{ox}(N)+4N_{ox}(O)=0$ が成り立つ．つぎにルール 3 を使う．電気陰性度は N が 3.04，O が 3.44 で，O は O^{2-} とみてよい．$2N_{ox}(N)+4N_{ox}(O)=0$ に $N_{ox}(O)=-2$ を入れ，$N_{ox}(N)=+4$ を得る〔下図(b) 参照〕．

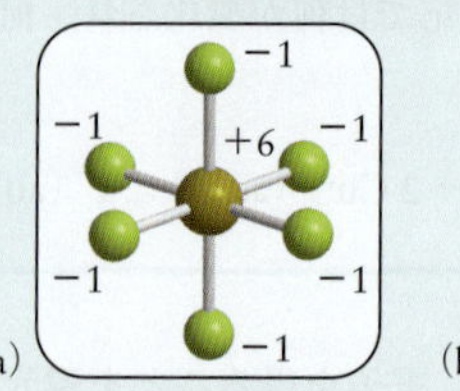

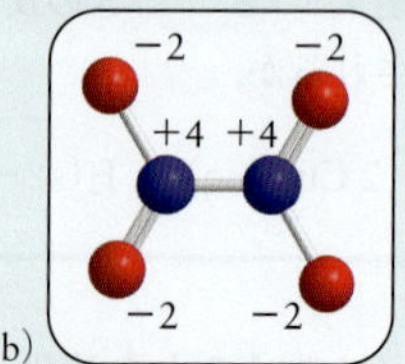

確 認　予想どおり，F も O も酸化数が負だった．

復習 K・3A　以下の原子の酸化数を求めよ．
(a) N_2O_4 の N，(b) ClO^- の Cl
［答：(a) +4，(b) +1］

復習 K・3B　以下の原子の酸化数を求めよ．

(a) N_2S_4 の N，(b) BrO_3^- の Br

関連の節末問題　K・3

要 点 物質が酸化されると，ある原子の酸化数が増す．反対に還元されると，ある原子の酸化数が減る．酸化数は道具箱1のルールで決める．■

K・3 酸化剤と還元剤

何かを酸化する物質を酸化剤という．酸化剤は，酸化される物質の電子を奪うため，酸化数が減る原子を含む（図K・3）．つまりつぎのようにいえる．

- **酸化剤**（oxidizing agent，oxidant）は，本来の働きをしたとき還元される．

酸素が酸化剤としてマグネシウムを酸化するとき，マグネシウムから奪った電子を受けとる O 原子の酸化数は，0 から−2 へと減る（還元される）．酸化剤には，単体，イオン，化合物がある．

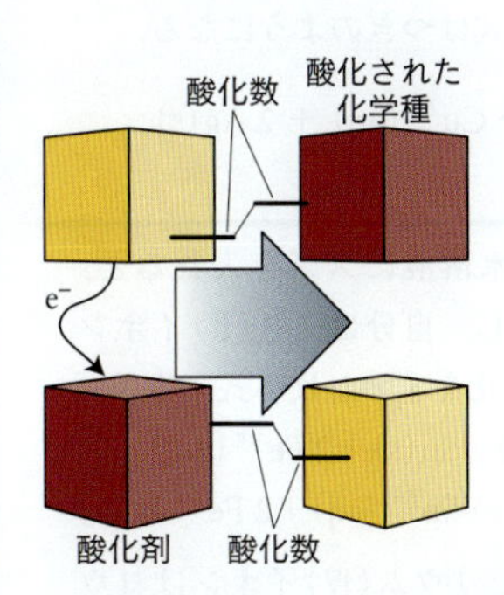

図 K・3　酸化剤（下）は酸化数が減る．酸化された物質（上）は，酸化剤に渡した電子の分だけ酸化数が増す．

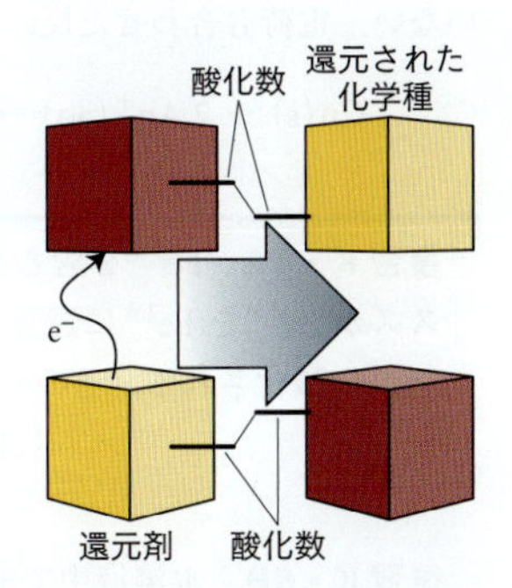

図 K・4　還元剤（下）は酸化数が増す．還元された物質（上）は，還元剤から得た電子の分だけ酸化数が減っている．

何かを還元する物質を還元剤という．還元剤は，還元される物質に電子を渡すため，酸化数が増す原子を含む（図K・4）．つまりつぎのようにいえる．

- **還元剤**（reducing agent，reductant）は，本来の働きをしたとき酸化される．

先ほどの例では，マグネシウムが還元剤として酸素を還元し，そのとき酸素に電子を与えた Mg 原子の酸化数は，0 から+2 へと増す（酸化される）．

酸化還元反応の前後で原子の酸化数がどうなるかを確かめれば，酸化剤と還元剤を特定できる．還元される原子を含む物質は酸化剤になり，酸化される原子を含む物質は還元剤になる．たとえば硫酸銅(II)水溶液に亜鉛板を浸すと（図K・5），つぎの反応が進む．

$$\overset{0}{Zn}(s) + \overset{+2}{Cu}{}^{2+}(aq) \rightarrow \overset{+2}{Zn}{}^{2+}(aq) + \overset{0}{Cu}(s)$$

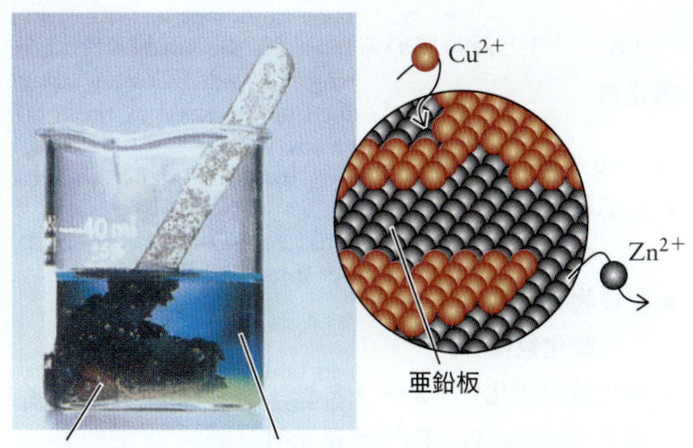

図 K・5　Cu^{2+} を含む水溶液に亜鉛板を浸すと，水溶液の青色が薄くなり，亜鉛の上に銅が析出する．そのとき Zn が Cu^{2+} を Cu に還元し，Cu^{2+} が Zn を Zn^{2+} に酸化している（挿入図）．

亜鉛の酸化数は 0 →+2 と増え（酸化），銅の酸化数は +2 → 0 と減る（還元）．酸化される亜鉛は還元剤，還元される Cu(II)イオンは酸化剤として働く．

例題 K・3　酸化剤と還元剤の特定

工場廃液が含む Fe^{2+} の定量には，二クロム酸ナトリウム $Na_2Cr_2O_7$ 水溶液が使える．起こる反応はつぎのように書ける．酸化剤と還元剤はそれぞれ何か．

$$Cr_2O_7^{2-}(aq) + 6\,Fe^{2+}(aq) + 14\,H^+(aq) \rightarrow 6\,Fe^{3+}(aq) + 2\,Cr^{3+}(aq) + 7\,H_2O(l)$$

予 想　O 原子の多い二クロム酸イオン $Cr_2O_7^{2-}$ が酸化剤だろう．

方 針　まず，反応物と生成物が含む原子の酸化数を決める．還元される原子をもつ物質が酸化剤，酸化される原子をもつ物質が還元剤になる．

解 答　H と O の酸化数は変わっていないから，Cr と Fe に注目する．

(a) Cr の酸化数：

- 反応物（$Cr_2O_7^{2-}$ 中）：

酸化数 $N_{ox}(Cr)$ は，つぎの関係にある．

$$\underset{Cr_2O_7^{2-}}{2N_{ox}(Cr)} + \underset{Cr_2O_7^{2-}}{[7 \times (-2)]} = \underset{Cr_2O_7^{2-}}{-2}$$

つまり

$$2N_{ox}(Cr) - 14 = -2$$

以上から $Cr_2O_7^{2-}$ の Cr の酸化数は+6 となる．

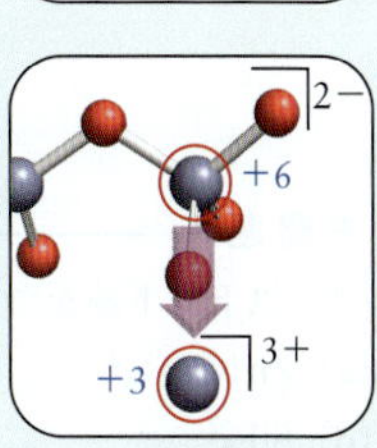

- 生成物（Cr^{3+}）：酸化数は+3
- 酸化数の変化：

$$\overset{+6}{Cr_2O_7^{2-}} \rightarrow 2\,\overset{+3}{Cr}{}^{3+}$$

$+6 \rightarrow +3$ と減っているから，二クロム酸イオンが酸化剤．

(b) Fe の酸化数:

- 反応物（Fe^{2+}）:
  酸化数は$+2$
- 生成物（Fe^{3+}）:
  酸化数は$+3$
- 酸化数の変化: $+2 \rightarrow +3$ と増えているから，Fe^{2+}が還元剤．

確認　予想どおり $Cr_2O_7^{2-}$ が酸化剤だった．

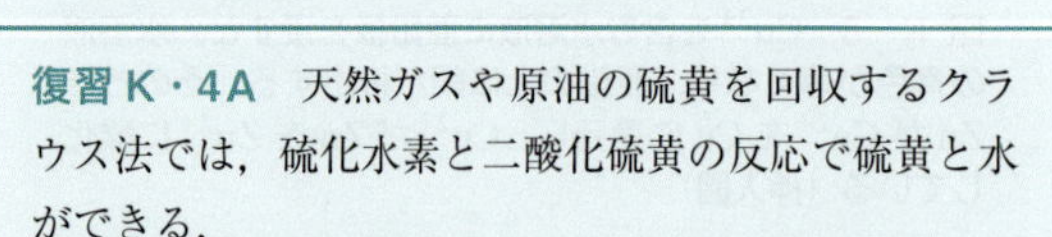

復習 K・4A　天然ガスや原油の硫黄を回収するクラウス法では，硫化水素と二酸化硫黄の反応で硫黄と水ができる．

$$2\,H_2S(g) + SO_2(g) \rightarrow 3\,S(s) + 2\,H_2O(l)$$

酸化剤と還元剤はそれぞれ何か．

［答: 酸化剤は SO_2，還元剤は H_2S］

復習 K・4B　硫酸とヨウ化ナトリウムの反応では，ヨウ素酸ナトリウムと二酸化硫黄ができる．酸化剤と還元剤はそれぞれ何か．

関連の節末問題　K・7，K・9，K・15

要 点　酸化剤は，還元される原子を含む．還元剤は，酸化される原子を含む．■

K・4　酸化還元反応の係数合わせ

化学反応で電子は消滅も生成もしないため，酸化される物質が失う電子は，還元される物質に移る．電子は電荷をもつから，反応物の総電荷は，生成物の総電荷に等しい．つまり酸化還元反応の係数を合わせるときは，原子数のほか電荷量も両辺でつりあわせる．

銀イオン Ag^+が銅を銅(Ⅱ)イオンに酸化する反応を考えよう（図 K・6）．

$$Cu(s) + Ag^+(aq) \rightarrow Cu^{2+}(aq) + Ag(s)$$

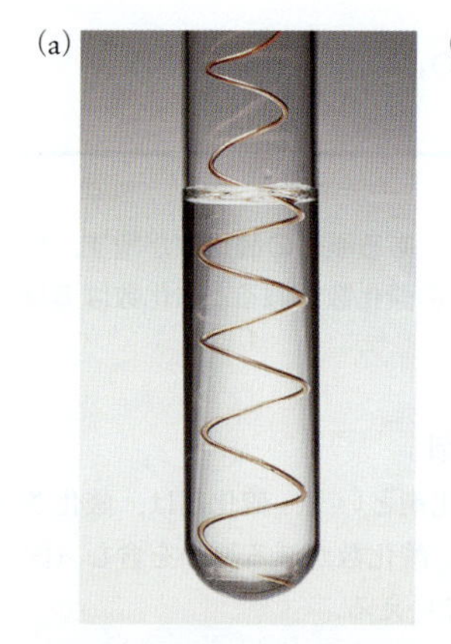

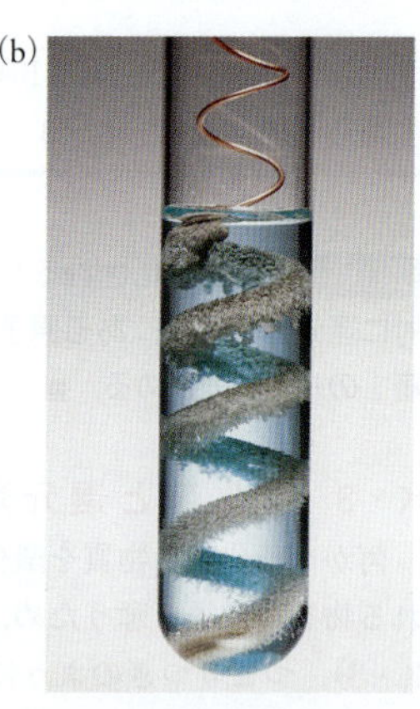

図 K・6　(a) 無色の硝酸銀水溶液に銅線を浸した瞬間．(b) 時間がたつと水溶液に銅(Ⅱ)イオンの青色がつき，銅線の表面に銀の結晶が成長する．

一見したところ，両辺の原子数はつりあっている．しかし総電荷は左辺と右辺でちがう．銅原子 1 個が電子 2 個を失ったのに，銀原子 1 個は電子を 1 個しか受けとっていない．電荷も合わせた反応式はつぎのようになる．

$$Cu(s) + 2\,Ag^+(aq) \rightarrow Cu^{2+}(aq) + 2\,Ag(s)$$

復習 K・5A　Fe^{3+}を含む水溶液にスズを入れると，スズが Fe^{3+}を Fe^{2+}に還元し，自分はスズ(Ⅱ)イオン Sn^{2+}に酸化される．その変化をイオン反応式で書け．

［答: $Sn(s) + 2\,Fe^{3+}(aq) \rightarrow Sn^{2+}(aq) + 2\,Fe^{2+}(aq)$］

復習 K・5B　水溶液中でセリウム(Ⅳ)イオンはヨウ化物イオンをヨウ素に酸化し，自分はセリウム(Ⅲ)イオンに還元される．その変化をイオン反応式で書け．

酸化還元反応のうちオキソ陰イオンを含む反応は，係数合わせが複雑になる．例は 6 章の 6・11 節で紹介しよう．

要 点　酸化還元の反応式を書くときは，両辺の総電荷も一致させる．■

身につけたこと

酸化還元に伴う電子と原子の授受，原子の酸化数，酸化剤と還元剤の性質などを学び，つぎのことができるようになった．

- ❑ 1　原子の酸化数の決定（道具箱 1 と例題 K・1，K・2）
- ❑ 2　酸化剤と還元剤の特定（例題 K・3）
- ❑ 3　単純な酸化還元反応の係数合わせ（復習 K・5）

節末問題

K・1　以下で下線をつけた原子の酸化数はいくつか．

(a) $\underline{Zn}(OH)_4^{2-}$　(b) $\underline{Pd}Cl_4^{2-}$　(c) $\underline{U}O_2^{2+}$
(d) $\underline{Si}F_6^{2-}$　(e) $\underline{I}O^-$

K・3　以下で下線をつけた原子の酸化数はいくつか．

(a) $H_4\underline{Si}O_4$　(b) $\underline{Sn}O_2$　(c) $\underline{N}_2H_4$
(d) $\underline{P}_4O_{10}$　(e) $\underline{S}_2Cl_2$　(f) $\underline{P}_4$

K・5　$CuCl_2$(aq) とニッケルが反応すると，Ni^{2+}と銅ができる．$NiCl_2$(aq) と鉄が反応すると，Fe^{2+}とニッケルができる．$CuCl_2$(aq) に鉄を入れたら何が起こるか．理由も述べよ．

K・7　以下の反応で，酸化剤と還元剤はそれぞれ何か．酸化数の変化をもとに答えよ．

(a) $CH_3OH(aq) + O_2(g) \rightarrow HCOOH(aq) + H_2O(l)$

(b) $2\,MoCl_5(s) + 5\,Na_2S(s) \rightarrow 2\,MoS_2(s) + 10\,NaCl(s) + S(s)$

(c) $3\,Tl^{+}(aq) \rightarrow 2\,Tl(s) + Tl^{3+}(aq)$

K・9　以下の反応で，酸化剤と還元剤はそれぞれ何か．

(a) 実験室で H_2 をつくる反応：
$Zn(s) + 2\,HCl(aq) \rightarrow ZnCl_2(aq) + H_2(g)$

(b) 天然ガス中の硫化水素を単体の硫黄にする反応：
$2\,H_2S(g) + SO_2(g) \rightarrow 3\,S(s) + 2\,H_2O(l)$

(c) 単体のホウ素をつくる反応：
$B_2O_3(s) + 3\,Mg(s) \rightarrow 2\,B(s) + 3\,MgO(s)$

K・11　潜水艦や宇宙船内の CO_2 を除くサバティエ法の反応は，係数を合わせる前は次式に書ける．

$$CO_2(g) + H_2(g) \rightarrow CH_4(g) + H_2O(l)$$

反応式を完成せよ．また，この反応はどんなタイプか．

K・13　化学式の係数を合わせ，以下の反応式を完成せよ．

(a) $NO_2(g) + O_3(g) \rightarrow N_2O_5(g) + O_2(g)$

(b) $S_8(s) + Na(s) \rightarrow Na_2S(s)$

(c) $Cr^{2+}(aq) + Sn^{4+}(aq) \rightarrow Cr^{3+}(aq) + Sn^{2+}(aq)$

(d) $As(s) + Cl_2(g) \rightarrow AsCl_3(l)$

K・15　以下の反応で，酸化剤と還元剤はそれぞれ何か．

(a) 酸化物から金属タングステンを得る反応：
$WO_3(s) + 3\,H_2(g) \rightarrow W(s) + 3\,H_2O(l)$

(b) 実験室で水素をつくる反応：
$Mg(s) + 2\,HCl(aq) \rightarrow H_2(g) + MgCl_2(aq)$

(c) スズの酸化物から金属を得る反応：
$SnO_2(s) + 2\,C(s) \xrightarrow{\Delta} Sn(l) + 2\,CO(g)$

(d) ロケット燃料の燃焼：
$2\,N_2H_4(g) + N_2O_4(g) \rightarrow 3\,N_2(g) + 4\,H_2O(g)$

K・17　必要なら係数を合わせ，以下の反応式を完成せよ．また，酸化剤と還元剤はどれか．

(a) $Cl_2(g) + H_2O(l) \rightarrow HClO(aq) + HCl(aq)$

(b) $NaClO_3(aq) + SO_2(g) + H_2SO_4$(aq，希硫酸) $\rightarrow NaHSO_4(aq) + ClO_2(g)$

(c) $CuI(aq) \rightarrow Cu(s) + I_2(s)$

K・19　必要なら係数を合わせ，以下の反応式を完成せよ．酸化剤と還元剤はどれか．

(a) 金属マグネシウムを使う金属銅の回収：
$Mg(s) + Cu^{2+}(aq) \rightarrow Mg^{2+}(aq) + Cu(s)$

(b) 鉄(Ⅲ)イオンの調製：
$Fe^{2+}(aq) + Ce^{4+}(aq) \rightarrow Fe^{3+}(aq) + Ce^{3+}(aq)$

(c) 単体を原料とする塩化水素の合成：
$H_2(g) + Cl_2(g) \rightarrow HCl(g)$

(d) 鉄さびの生成（単純化した反応）：
$Fe(s) + O_2(g) \rightarrow Fe_2O_3(s)$

K・21　H の酸化数が＋1 でない化合物や，O の酸化数が −2 でない化合物もある．以下の化合物で，金属が通常の酸化数をとるとしたとき，H と O の酸化数はいくらか．

(a) KO_2　(b) $LiAlH_4$　(c) Na_2O_2
(d) NaH　(e) KO_3

K・23　以下の反応を起こしたい．使うのは酸化剤か，それとも還元剤か．

(a) $ClO_4^{-}(aq) \rightarrow ClO_2(g)$

(b) $SO_4^{2-}(aq) \rightarrow SO_2(g)$

K・25　以下の反応を，沈殿反応，中和反応，酸化還元反応に分類せよ．沈殿反応はイオン反応式で書け．中和反応は酸と塩基を指摘せよ．酸化還元反応は，酸化剤と還元剤を指摘せよ．

(a) 一酸化炭素濃度を測る反応：
$5\,CO(g) + I_2O_5(s) \rightarrow I_2(s) + 5\,CO_2(g)$

(b) ヨウ素の定量に使う反応：
$I_2(aq) + 2\,S_2O_3^{2-}(aq) \rightarrow 2\,I^{-}(aq) + S_4O_6^{2-}(aq)$

(c) 臭化物イオンの定量に使う反応：
$AgNO_3(aq) + Br^{-}(aq) \rightarrow AgBr(s) + NO^{3-}(aq)$

(d) 金属ウランの精製に使う反応：
$UF_4(g) + 2\,Mg(s) \rightarrow U(s) + 2\,MgF_2(s)$

L　反応の化学量論

ある反応で生成物がいくら生じるかや，ある量の生成物を得るには反応物がいくら必要かを知りたい．それには化学反応を定量的な視点で見る．つまり**反応の化学量論**(reaction stoichiometry) を使う．化学量論をつかむカギは反応式にある．化学式の係数は，反応物や生成物の相対量（mol）を教える．たとえばつぎの反応式は，1 mol の N_2 が反応すると 3 mol の H_2 が消え，2 mol の NH_3 ができることを意味する．

$$N_2(g) + 3\,H_2(g) \rightarrow 2\,NH_3(g)$$

そのことを本書では，つぎのように書き表す．

$$1\ \mathrm{mol}\ N_2 \triangleq 3\ \mathrm{mol}\ H_2 \qquad 1\ \mathrm{mol}\ N_2 \triangleq 2\ \mathrm{mol}\ NH_3$$

記号“≙”は“化学的に等価”を意味し，その表記を**量論関係**（stoichiometric relation）という．“化学的に等価”の量論関係は，反応ごとに決まる．

L・1 量 (mol) の相互関係

スペースシャトルに積む燃料電池では，酸素と水素の反応で生じる水を，飲み水にも使う（図L・1）．たとえば，酸素 0.25 mol が水素と反応したとき，水がどれほど生じるかを知りたい．

図 L・1 国際宇宙ステーションで使う軽量の水素–酸素燃料電池を開発中の研究者．燃料電池は乗員に欠かせない電力と飲み水を生む．可動部分のない燃料電池は寿命が長い．

まず，進む反応を反応式で書く．

$$2\,H_2(g) + O_2(g) \rightarrow 2\,H_2O(l)$$

酸素 1 mol から水 2 mol ができるため，酸素（使う物質）と水（ほしい物質）の量論関係はこうなる．

$$1\ \text{mol}\ O_2 \triangleq 2\ \text{mol}\ H_2O$$

つぎに，それを換算係数の形にする．

$$\frac{\text{ほしい物質}}{\text{使う物質}} = \frac{2\ \text{mol}\ H_2O}{1\ \text{mol}\ O_2}$$

化学式の係数は"正確な数"だから，有効数字は無限とみなす（付録 1C 参照）．

こうした量比を**モル比**（molar ratio）という．モル比は，反応物の量と生成物の量を関係づける．モル比を使えば，単位の換算（A 節）と似たつぎの計算ができる．

$$H_2O\ \text{の生成量 (mol)} = (0.25\ \text{mol}\ O_2) \times \frac{2\ \text{mol}\ H_2O}{1\ \text{mol}\ O_2} = 0.50\ \text{mol}\ H_2O$$

単位（mol）も物質（いまの場合は O_2 分子）も"約分"されるところに注意しよう．計算のイメージを図解 1 に描いた．

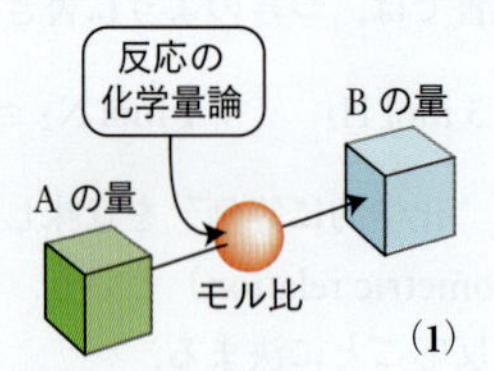

(1)

復習 L・1A つぎの反応が進むとき，2.0 mol の H_2 から生じる NH_3 は何 mol か．

$$N_2(g) + 3\,H_2(g) \rightarrow 2\,NH_3(g)$$

［答: 1.3 mol NH_3］

復習 L・1B 25 mol の Fe_2O_3 から生じる Fe 原子は最大で何 mol か．

要点 反応式からわかるモル比は，量（mol）の関係を教えてくれる．■

L・2 質量の相互関係

決まった質量の反応物からできる生成物の質量を知るには，反応物の質量を量（mol）に直したうえ，反応式からわかるモル比を使い，生成物の量を質量に換算する．つまり下図の 3 段階をたどる．

反応物の質量 (g)		生成物の質量 (g)
↓ 反応物のモル質量		↑ 生成物のモル質量
反応物の量 (mol)	モル比 →	生成物の量 (mol)

水素と酸素の反応では，0.25 mol の O_2 から 0.50 mol の H_2O ができた（L・1 項）．生じる水の質量 m は，量 n にモル質量 M をかけ，$m = nM$ として計算する．

$$H_2O\ \text{の質量 (g)} = \overbrace{0.50\ \cancel{\text{mol}\ H_2O}}^{\text{量 (mol)}} \times \overbrace{\frac{18.02\ \text{g}}{\cancel{\text{mol}\ H_2O}}}^{\text{モル質量}} = 9.0\ \text{g}$$

例題 L・1 生成物の質量

Fe_2O_3 を CO で鉄に還元する溶鉱炉の設計では，世の風潮に合わせ，つくれる鉄の質量だけでなく，出る CO_2 の質量も知っておきたい．

(a) 10.0 g の鉄を得るのに必要な Fe_2O_3 は何 g か．

(b) そのとき出る CO_2 は何 g か．

予想 (a) Fe_2O_3 は酸素 O を含むため，必要量は 10.0 g より多いだろう．

(b) のほうは簡単に予想できないから，きちんと計算する．

方針 量と質量の関係を順序よくあたる．

解答 反応式と量論関係はつぎのようになる．

$$Fe_2O_3(s) + 3\,CO(g) \rightarrow 2\,Fe(s) + 3\,CO_2(g)$$

$$2\ \text{mol Fe} \triangleq 1\ \text{mol}\ Fe_2O_3 \qquad 2\ \text{mol Fe} \triangleq 3\ \text{mol}\ CO_2$$

(a) モル質量は，Fe が 55.85 g mol^{-1}，Fe_2O_3 が 159.7 g mol^{-1}．

段階 1: 鉄の質量（10.0 g）を量（mol）に換算す

る．$n = m/M$ を使う．

Fe の量（mol）

$$= \frac{10.0\ \mathrm{g}}{55.85\ \mathrm{g\ (mol\ Fe)^{-1}}}$$

$$= \frac{10}{55.85}\ \mathrm{mol\ Fe}$$

$$= 0.179 \cdots \mathrm{mol\ Fe}$$

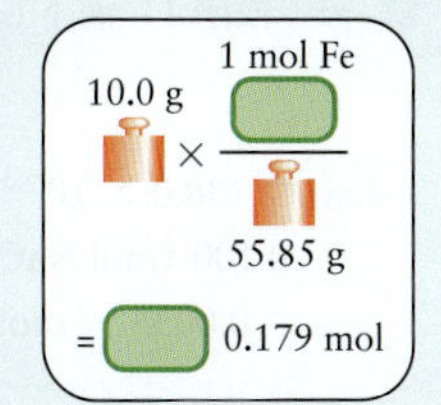

段階 2：鉄の量（mol）を Fe_2O_3 の量に換算する．

Fe_2O_3 の量（mol）

$$= \frac{10.0}{55.85}\ \mathrm{mol\ Fe} \times \frac{1\ \mathrm{mol\ Fe_2O_3}}{2\ \mathrm{mol\ Fe}}$$

$$= \frac{10}{55.85 \times 2}\ \mathrm{mol\ Fe_2O_3}$$

$$= 0.0895 \cdots \mathrm{mol\ Fe}$$

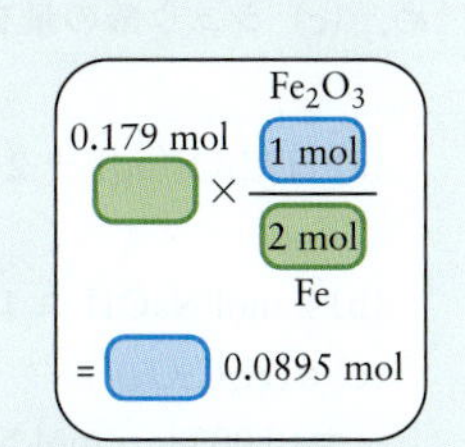

段階 3：Fe_2O_3 の量を Fe_2O_3 の質量（g）に換算する．$m = nM$ を使う．

Fe_2O_3 の質量（g）

$$= \frac{10}{55.85 \times 2}\ \mathrm{mol\ Fe_2O_3} \times 159.7\ \mathrm{g\ (mol\ Fe_2O_3)^{-1}}$$

$$= \frac{10 \times 159.7}{55.85 \times 2}\ \mathrm{g} = 14.3\ \mathrm{g}$$

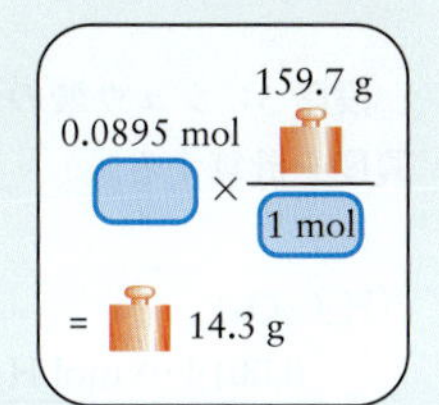

(b) CO_2 のモル質量は 44.01 g $\mathrm{mol^{-1}}$．

段階 1：量論関係を使い，鉄の量〔(a) の段階 1〕を CO_2 の量に換算する．

CO_2 の量（mol）

$$= 0.179 \cdots \mathrm{mol\ Fe} \times \frac{3\ \mathrm{mol\ CO_2}}{2\ \mathrm{mol\ Fe}}$$

$$= 0.179 \cdots \times \frac{3}{2}\ \mathrm{mol\ CO_2}$$

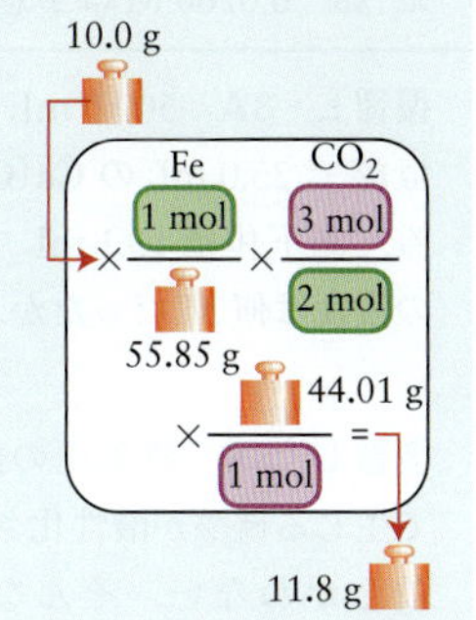

段階 2：CO_2 の量（mol）を CO_2 の質量（g）に換算する．$m = nM$ を使う．

CO_2 の質量（g）

$$= 0.179 \cdots \times \frac{3}{2}\ \mathrm{mol\ CO_2} \times 44.01\ \mathrm{g\ (mol\ CO_2)^{-1}}$$

$$= 11.8\ \mathrm{g}$$

確　認　予想どおり，10 g の鉄を得るには 10 g 以上の Fe_2O_3 が必要だった．

注目！ 数値計算は最後の段階で行い，単位の“約分”を途中ですましておけば，計算の流れがつかみやすいうえ，答の有効数字を決めやすい．■

復習 L・2A　水素 0.450 g とカリウムとの反応で固体の水素化カリウム KH をつくりたい．ぴったり反応するカリウムは何 g か．

［答：17.5 g］

復習 L・2B　発電所の排ガスに出る二酸化炭素を固定するには，ケイ酸カルシウムの懸濁液に通じ，つぎの反応を進める．

$$2\ CO_2(g) + H_2O(l) + CaSiO_3(s) \rightarrow SiO_2(s) + Ca(HCO_3)_2(aq)$$

0.300 kg の CO_2 を固定するには，何 g の $CaSiO_3$（モル質量 116.17 g $\mathrm{mol^{-1}}$）が必要か．

関連の節末問題　L・3，L・5，L・7，L・11

要 点 反応相手の質量を計算するには，まず自身の質量を量（mol）に換算し，反応式のモル比から相手の量（mol）を決めたあと，それを質量に直す．■

L・3　容 量 分 析

溶質の濃度は，ふつう**滴定**（titration）で求める（図 L・2）．滴定には，酸と塩基を反応させる**酸塩基滴定**（acid–base titration）と，酸化剤と還元剤を反応させる**酸化還元滴定**（redox titration）がある．滴定は，水の純度や血液の成分などを知るのに利用できる．

滴定では，ビュレット内の**滴定液**（titrant）を既知体積の**分析対象溶液**（analyte）に少しずつ加え，反応を完了させた滴下体積を求める．試料溶液は**メスピペット**（volumetric pipette）を使ってフラスコに入れる．滴下体

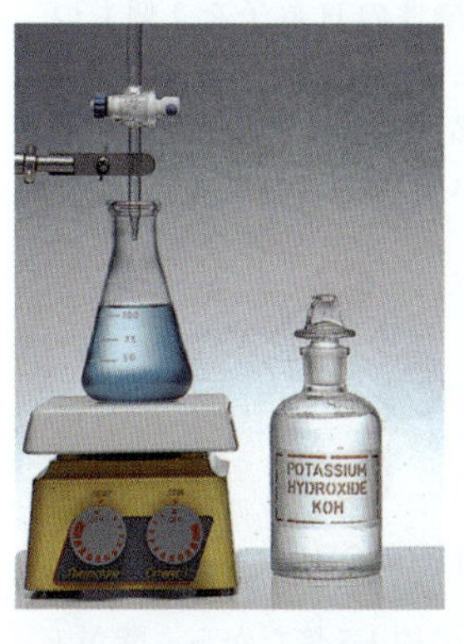

図 L・2　滴定に使う磁気かくはん器，試料溶液入り三角フラスコ，クランプ，滴下溶液（この例では水酸化カリウム）入りビュレット．

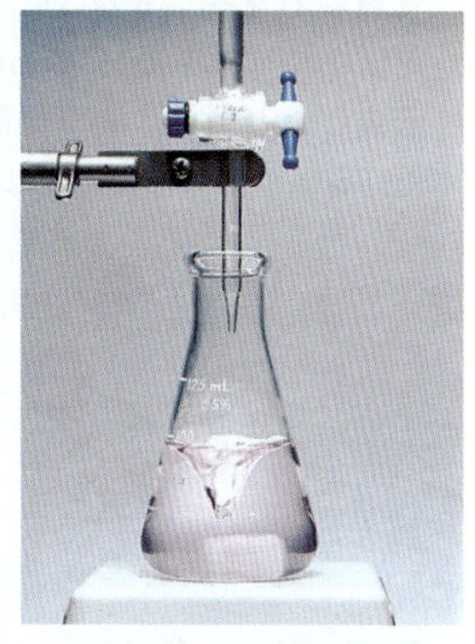

図 L・3　酸塩基滴定の終点判定（指示薬はフェノールフタレイン）．

積は，滴定開始時のビュレットの液面と，滴定終了時の液面の差で求める．このようにして試料溶液の濃度や試料溶液が含む物質の量を求める方法を，**容量分析**（volumetric analysis）という．

酸塩基滴定の試料溶液が塩基なら，滴定液は酸（または逆の組合わせ）とする．通常，酸と塩基がちょうど反応する**当量点**（equivalence point）が目でわかるよう，試料溶液に**指示薬**（indicator）（水溶性の色素，J 節）を加えておく．たとえば，少量のフェノールフタレインを溶かした塩酸は，最初は無色でも，当量点を過ぎて塩基性になるとピンク色がつく．指示薬の色は急変するため，当量点がわかりやすい（図 L・3）．

試料溶液成分，滴定液成分の両方につき，量 n（mol），濃度 c（mol L^{-1}），体積 V（L）は次式で結びつく．

$$\underbrace{n}_{\text{mol}} = \underbrace{c}_{\text{mol L}^{-1}} \times \underbrace{V}_{\text{L}} \qquad (1)$$

さまざまな量の関係を，つぎの図解 2 にまとめた．

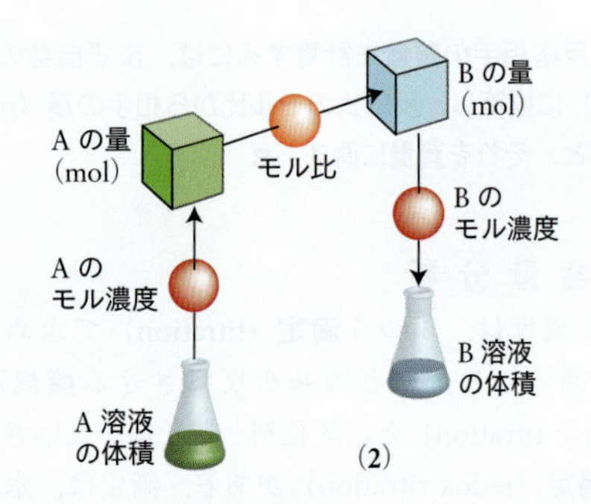

(2)

注目！ 濃度は，注目物質を明示して，1.0 (mol HCl) L^{-1} や 1.0 M HCl(aq) のように書くとよい．■

例題 L・2 モル濃度を決める中和滴定

ルバーブやホウレンソウに多いシュウ酸（**3**）は，腎臓結石を招きやすい．酸性の H 原子を 2 個もつシュウ酸の水溶液 25.00 mL を 0.100 M NaOH(aq) で滴定したところ，滴下体積 38.0 mL で当量点になった．シュウ酸のモル濃度はいくらだったか．

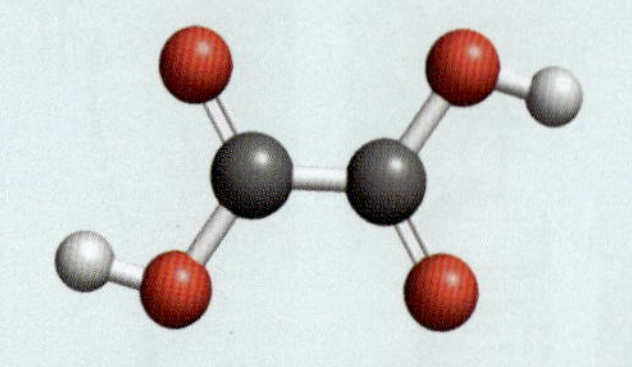

(**3**) シュウ酸 $(COOH)_2$

予 想 滴下体積は 25 mL の約 1.5 倍だから，酸が 1 価ならモル濃度は 0.100 M を超す．しかしシュウ酸は 2 価なので，モル濃度は 1 価の半分ですみ，$\frac{1}{2}\times 1.5\times 0.1 \approx 0.08$ M だろう．

方 針 (1)式と図解 **2** に従って計算する．

解 答 段階 1：滴下した塩基の量 n_{NaOH} を求める．

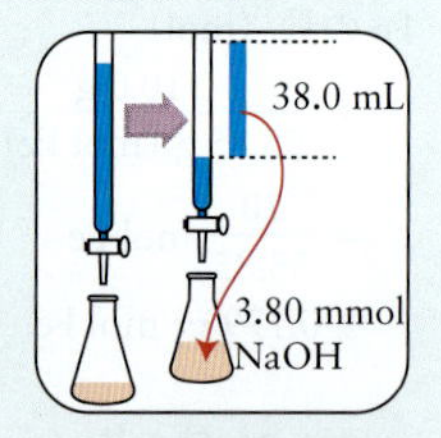

$$n_{NaOH} = (38.0 \times 10^{-3}\ \text{L}) \times 0.100\ (\text{mol NaOH})\ \text{L}^{-1} = 0.0038 \cdots \text{mol NaOH}$$

段階 2：(a) 反応式を書き，(b) 量論関係を確かめ，(c) シュウ酸の量を求める．

(a) $H_2C_2O_4(aq) + 2\ NaOH(aq) \rightarrow Na_2C_2O_4(aq) + 2\ H_2O(l)$

(b) 2 mol NaOH ≙ 1 mol $H_2C_2O_4$

(c) $n(H_2C_2O_4)$

$$= (0.0038 \cdots \text{mol NaOH}) \times \frac{1\ \text{mol}\ H_2C_2O_4}{2\ \text{mol NaOH}} = 0.0019 \cdots \text{mol}\ H_2C_2O_4$$

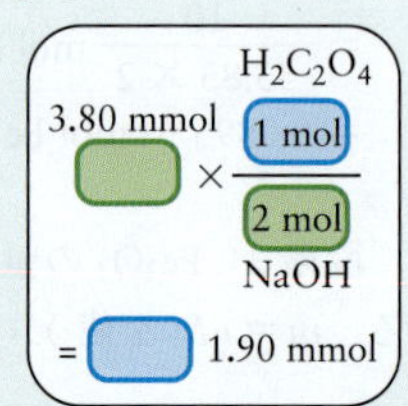

段階 3：シュウ酸の量を体積で割り，滴定前のモル濃度を計算する．

$$c(H_2C_2O_4) = \frac{0.0019 \cdots \text{mol}\ H_2C_2O_4}{25.00 \times 10^{-3}\ \text{L}} = 0.0760\ (\text{mol}\ H_2C_2O_4)\ \text{L}^{-1}$$

1.90 mmol ／ 25 mL = 0.0760 M

確 認 0.0760 M は予想値の 0.08 M に近い．

復習 L・3A 500.0 mL 中に 0.020 mol の HCl を含む塩酸で 25.0 mL の $Ca(OH)_2$ 水溶液を滴定したところ，滴下体積 15.1 mL で当量点に達した．$Ca(OH)_2$ の濃度は何 M だったか．

［答：0.012 M $Ca(OH)_2(aq)$］

復習 L・3B 鉄鉱山の排水は，FeS_2 など鉱物の酸化で生じる硫酸が酸性化させ，湖や川に入って生き物を殺しかねない．そんな試料水 16.45 mL を 0.255 M KOH(aq) で滴定したところ，滴下量 25.00 mL で当量点に達した．試料水の硫酸は何 M だったか．

関連の節末問題 L・13，L・15

例題 L・3 試料の純度を決める酸化還元滴定

例題 L・1 では，鉄鉱石の質量と鉄の質量の関係を調べた．鉱石が純粋な Fe_2O_3 でなければどうだろう？ 鉱石の純度を知るのに，試料溶液を過マンガン酸カリウム $KMnO_4$ 水溶液で滴定する方法がある．

鉱石を塩酸に溶かしたあと，鉄を還元剤で鉄(Ⅱ)イオンに還元し，それを MnO_4^- と反応させる.

$$5\,Fe^{2+}(aq) + MnO_4^-(aq) + 8\,H^+(aq) \rightarrow 5\,Fe^{3+}(aq) + Mn^{2+}(aq) + 4\,H_2O(l)$$

当量点では Fe^{2+} がなくなるため，過マンガン酸イオン MnO_4^- の赤紫色が消えない．むろんこの方法では，MnO_4^- と反応する別の成分はないとする.

鉄鉱石 0.202 g を塩酸に溶かし，鉄をみな Fe^{2+} に還元したあと 0.0108 M $KMnO_4(aq)$ で滴定したところ，滴下体積 16.7 mL で当量点に達した.

(a) 試料が含んでいた Fe^{2+} は何 g か.
(b) 鉱石が含んでいた鉄は何%か.

予 想　くわしい予想はできないが，Fe^{2+} の質量は鉱石の質量より小さい．また鉱石中の鉄の百分率は，純粋な Fe_2O_3 が含む Fe (70.0%) より小さいはず.

方 針　(a) 中和滴定と同様，量 (mol) や質量の関係を押さえつつ計算を進める．電子は原子核よりずっと軽いため，Fe^{2+} と Fe の質量は同じとみてよい.

(b) 鉄の質量を鉱石の質量で割り，100%をかける.

解 答　(a) $n = cV$ の関係を使う.

段階 1: 滴下した MnO_4^- の量 n を求める.

$$n(MnO_4^-) = \overbrace{\frac{0.0108\ \text{mol}\ MnO_4^-}{1\ \text{L}}}^{\text{濃 度}} \times \overbrace{0.0167\ \text{L}}^{\text{体 積}} = 0.180 \cdots \text{mmol}\ MnO_4^-$$

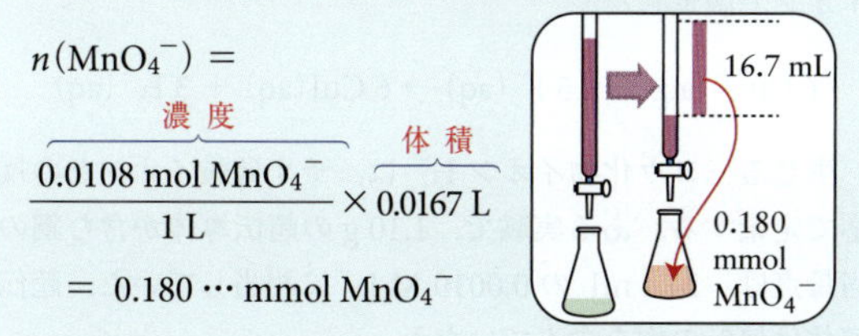

段階 2: 反応式を見て，Fe^{2+} と MnO_4^- の量論関係を確かめる.

$$5\ \text{mol}\ Fe^{2+} \cong 1\ \text{mol}\ MnO_4^-$$

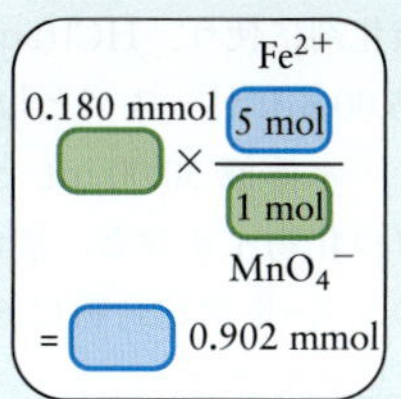

この関係を使い，MnO_4^- の量 (mol) を Fe^{2+} の量 (mol) に換算する.

$$n(Fe^{2+}) = \overbrace{0.180 \cdots \text{mmol}\ MnO_4^-}^{MnO_4^-\text{の量}} \times \overbrace{\frac{5\ \text{mmol}\ Fe^{2+}}{1\ \text{mmol}\ MnO_4^-}}^{\text{モル比}} = 0.902 \cdots \text{mmol}\ Fe^{2+}$$

最後に，$m = nM$ より鉄の質量を求める.

$$m(Fe^{2+}) = \overbrace{0.902 \cdots \text{mmol}\ Fe^{2+}}^{Fe^{2+}\text{の量}} \times \overbrace{\frac{55.85\ \text{mg}}{\text{mmol}\ Fe^{2+}}}^{\text{モル質量}} = 50.4\ \text{mg}$$

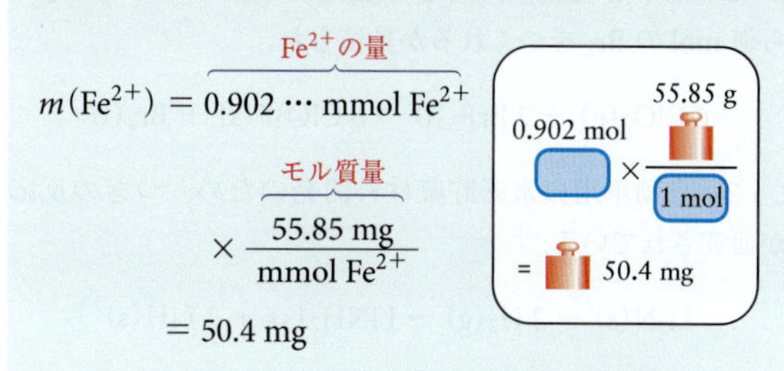

(b) 鉱石中にあった鉄の割合 (%) を計算する.

鉄の質量パーセント

$$= \frac{0.0504\ \text{g}}{0.202\ \text{g}} \times 100\,\% = 25.0\,\%$$

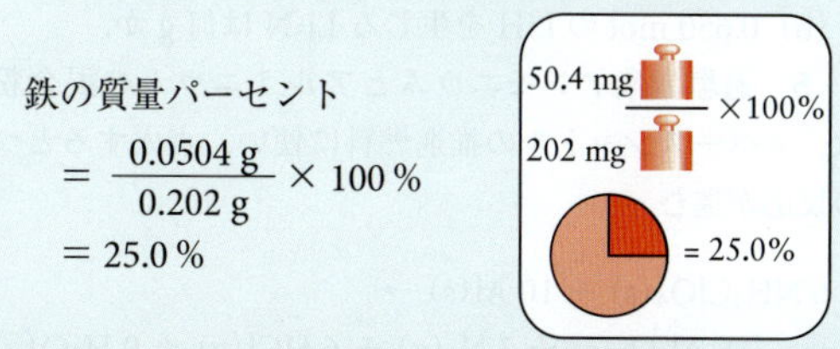

確 認　予想どおり，鉄の質量 0.0504 g は鉱石の質量より小さく，鉄の割合 25.0% は Fe_2O_3 中の鉄 (70.0%) より小さかった.

復習 L・4A　粘土 20.750 g 中の鉄を分析した．塩酸で粘土から溶出させた鉄を鉄(Ⅱ)イオンに変え，その水溶液を硫酸セリウム(Ⅳ)水溶液で滴定した.

$$Fe^{2+}(aq) + Ce^{4+}(aq) \rightarrow Fe^{3+}(aq) + Ce^{3+}(aq)$$

13.45 mL の 1.340 M $Ce(SO_4)_2(aq)$ を滴下したとき当量点に達した．粘土は何%の鉄を含んでいたか.

[答: 4.85%]

復習 L・4B　鉱物中の酸化ヒ素(Ⅲ)は，鉱物を酸に溶かしたあと過マンガン酸カリウム水溶液で滴定すれば定量できる.

$$24\,H^+(aq) + 5\,As_4O_6(s) + 8\,MnO_4^-(aq) + 18\,H_2O(l) \rightarrow 8\,Mn^{2+}(aq) + 20\,H_3AsO_4(aq)$$

酸化ヒ素(Ⅲ)を含む工業廃水を 0.0100 M $KMnO_4$ で滴定したところ，滴下体積 28.15 mL で当量点に達した．試料が含んでいた酸化ヒ素(Ⅲ)は何 g か.

関連の節末問題　L・25

要 点　中和や酸化還元の反応式に注目すれば，滴定液の滴下体積から分析対象物質のモル濃度が計算できる. ■

身につけたこと

反応物と生成物の量や質量と反応式の関係を学び，つぎのことができるようになった.

- ❑1　反応式中の2物質を結ぶ量関係の計算 (例題 L・1)
- ❑2　滴定データから溶質のモル濃度の計算 (例題 L・2)
- ❑3　滴定データから溶質の質量の計算 (例題 L・3)

節末問題

L・1 電卓を使わず，つぎの反応で 0.30 mol の ClO_2 から何 mol の Br_2 をつくれるか見積もれ．

$$6\,ClO_2(g) + 2\,BrF_3(l) \rightarrow 6\,ClO_2F(s) + Br_2(l)$$

L・3 自動車用の水素貯蔵材料開発のため，つぎの反応が研究されている．

$$Li_3N(s) + 2\,H_2(g) \rightarrow LiNH_2(s) + 2\,LiH(s)$$

(a) 1.5 mg の Li_3N と反応する H_2 は何 mol か．

(b) 0.650 mol の LiH を生じる Li_3N は何 g か．

L・5 過塩素酸アンモニウムとアルミニウムの混合粉末は，スペースシャトルの推進燃料に使い，点火するとつぎの反応が進む．

$$6\,NH_4ClO_4(s) + 10\,Al(s) \rightarrow 5\,Al_2O_3(s) + 3\,N_2(g) + 6\,HCl(g) + 9\,H_2O(g)$$

(a) 1.325 kg の NH_4ClO_4 と混合すべきアルミニウムは何 g か．

(b) 3.500×10^3 kg の Al からできるアルミナ Al_2O_3 は何 g か．

L・7 ラクダがコブにためるトリステアリン $C_{57}H_{110}O_6$ という脂肪は，エネルギー源のほか，次式の反応で生じる水のもとにもなる．

$$2\,C_{57}H_{110}O_6(s) + 163\,O_2(g) \rightarrow 114\,CO_2(g) + 110\,H_2O(l)$$

(a) 1.00 ポンド（454 g）のトリステアリンから生じる水は何 g か．

(b) 1.00 ポンドのトリステアリンを酸化するのに必要な酸素は何 g か．

L・9 炭化水素が燃えると，CO_2 のほか水もできる．密度 0.79 g mL^{-1} のガソリンをオクタン C_8H_{18} とみなせば，燃焼反応は次式に書ける．

$$2\,C_8H_{18}(l) + 25\,O_2(g) \rightarrow 16\,CO_2(g) + 18\,H_2O(l)$$

ガソリン 1.0 ガロン（3.8 L）の燃焼で生じる水は何 g か．

L・11 胃では食物の消化に HCl（胃酸）が使われる．胃酸の分泌過多の人は，中和のため $Mg(OH)_2$ など塩基の錠剤（制酸剤）を飲む．$CaCO_3$ のような炭酸塩も制酸剤に使い，その中和反応は次式に書ける．

$$CaCO_3(s) + 2\,HCl(aq) \rightarrow CaCl_2(aq) + CO_2(g) + H_2O(l)$$

ある市販の制酸剤 1 錠は，400 mg の $CaCO_3$ と 150 mg の $Mg(OH)_2$ を含む．1 錠が中和する HCl は何 g か．

L・13 $Ca(OH)_2$ 溶液 25.00 mL を 0.144 M HNO_3 (aq) で滴定したところ，滴下体積 12.15 mL で当量点に達した．$Ca(OH)_2$ 溶液の初濃度は何 M だったか．

L・15 NaOH 水溶液 15.00 mL を 0.234 M HCl(aq) で滴定したところ，滴下体積 17.40 mL で当量点に達した．

(a) NaOH 水溶液の初濃度は何 M だったか．

(b) 水溶液が含んでいた NaOH は何 g か．

L・17 9.670 g の水酸化バリウムを溶かした 250.0 mL の水溶液をつくった．その溶液で 25.0 mL の硝酸を滴定したところ，滴下体積 11.56 mL で当量点に達した．

(a) HNO_3 は何 M だったか．

(b) HNO_3 は何 g だったか．

L・19 3.25 g の酸 HX を中和するのに 68.8 mL の 0.750 M NaOH(aq) を要した．酸 HX のモル質量はいくらか．

L・21 50.0 mL の $AgNO_3$ 水溶液に過剰の NaI を加えたところ，1.76 g の AgI が沈殿した．$AgNO_3$ 水溶液は何 M だったか．

L・23 10.00 mL の濃塩酸から 1.000 L の希塩酸をつくった．別に，0.832 g の無水炭酸ナトリウムから 100.0 mL の水溶液をつくり，その 25.00 mL を希塩酸で滴定したところ，滴下体積 31.25 mL で当量点に達した．

(a) HCl(aq) と Na_2CO_3(aq) の中和を反応式で書け．

(b) 濃塩酸のモル濃度は何 M だったか．

L・25 ある高温超伝導体が含む銅の濃度を知るため，超伝導体を薄い酸に溶かし，つぎの反応を利用してヨウ化物イオンで滴定した．

$$6\,Cu^{2+}(aq) + 15\,I^-(aq) \rightarrow 6\,CuI(aq) + 3\,I_3^-(aq)$$

生じる三ヨウ化物イオン I_3^- は，チオ硫酸イオンとの反応で定量する．ある実験で，1.10 g の超伝導体が含む銅の当量点は，24.4 mL の 0.0010 M I_3^- に相当していた．超伝導体は何%の銅を含んでいたか．

L・27 ヨウ素は（ふつう三ヨウ化物イオン I_3^- の形で）酸化剤に使う．HCl(aq) で酸性にした 0.120 M I_3^- 水溶液 25.00 mL が，スズと塩素からなるイオン化合物の 19.0 g L^{-1} 水溶液 30.00 mL とちょうど反応し，その生成物は，ヨウ化物イオンと，別のスズ–塩素化合物だった．反応物のスズ–塩素化合物は 62.6%のスズを含む．進んだ反応を反応式で書け．

L・29 チオ硫酸イオン $S_2O_3^{2-}$ は酸性水溶液中で“不均化”し，硫黄 S と亜硫酸水素イオン HSO_3^- になる．

$$2\,S_2O_3^{2-}(aq) + 2\,H_3O^+(aq) \rightarrow 2\,HSO_3^-(aq) + 2\,H_2O(l) + 2\,S(s)$$

不均化は酸化還元反応の一種とみてよい．

(a) どの物質が酸化され，どの物質が還元されるか．

(b) 反応生成物が 55.0%（質量）の HSO_3^- 水溶液 10.1 mL のとき，最初の溶液に溶けていた $S_2O_3^{2-}$ は何 g か．反応は完全に進み，HSO_3^- 水溶液の密度は 1.45 g cm^{-3} とする．

L・31 XCl_4 と NH_3 が反応すると化合物 $XCl_2(NH_3)_2$

ができる．3.571 g の XCl_4 と過剰の NH_3 から，Cl_2 と 3.180 g の $XCl_2(NH_3)_2$ ができた．元素 X は何か．

L・33　臭化バリウム $BaBr_x$ は，塩素と反応して $BaCl_2$ に変わる．3.25 g の $BaBr_x$ が過剰の塩素と反応し，2.27 g の $BaCl_2$ になった．x はいくつか．また，反応を反応式で書け．

L・35　写真フィルム用 AgBr の原料にする臭化ナトリウム NaBr は，つぎの反応でつくる．

$$Fe + Br_2 \rightarrow FeBr_2$$
$$FeBr_2 + Br_2 \rightarrow Fe_3Br_8$$
$$Fe_3Br_8 + Na_2CO_3 \rightarrow NaBr + CO_2 + Fe_3O_4$$

2.50 t の NaBr をつくるには，何 kg の鉄が必要か（上記の反応式は，まだ係数を合わせていない）．

L・37　(a) 16 M の濃硝酸 $HNO_3(aq)$ から 1.00 L の 0.50 M $HNO_3(aq)$ をつくる手順を説明せよ．

(b) その希硝酸 100 mL を使って中和できる 0.20 M NaOH (aq) は何 mL か．

L・39　26.45 g のるつぼ内でスズ 1.50 g を熱し，酸素と反応させて全部を酸化物に変えたところ，スズ＋るつぼの質量が 28.35 g になった．

(a) 酸化物の実験式を書け．

(b) 酸化物の名称は何か．

L・41　濃度不明の KOH 水溶液を 0.0101 M HCl(aq) で滴定したとき，以下のようなことが起こった．そのうち，濃度の測定値に影響するのはどれか．影響する場合，それぞれ測定値は真の値より大きくなるか，それとも小さくなるか．

(a) KOH 水溶液を入れたフラスコの乾燥が不十分で，少量の蒸留水が残っていた．

(b) HCl 水溶液を入れたビュレットの乾燥が不十分で，少量の蒸留水が残っていた．

(c) ビュレットの内壁に油分があり，液面が下がるとき水の一部が壁面に残った．

(d) 実験のとき HCl の濃度を 0.0110 M と読みまちがえた．

M　制 限 試 薬

化学量論をもとに生成物の量を計算する際は，理想条件を仮定する．たとえば，反応は反応式どおりに完了するとみなす．だが現実にはそうはならず，反応物の一部は別の経路つまり**競争反応**（competing reaction）に使われる．あるいは，生成物を定量する時点で，反応が完了していないかもしれない．さらには，反応物の一部が消費されると止まってしまうように見えるなど，もともと完了しない反応も多い．こうしたことが重なれば，現実の生成物量は，反応式からの計算値に届かなくなる．

M・1　反応の収率

一定量の反応物からできる生成物の**最大量**（量，質量，体積など）を，反応の**理論収量**（theoretical yield）という．前節で考えた生成物の量は，どれも理論収量だった．実際の収量を理論収量に対するパーセントで表したものを，**収率**（percent yield）という．

$$収率 = \frac{実際の収量}{理論収量} \times 100\% \qquad (1)$$

例題 M・1　生成物の収率

整備不良のエンジン内では不完全燃焼が起き，二酸化炭素 CO_2 と水 H_2O のほか，有毒な一酸化炭素 CO もできる．CO_2 の収率を測って，エンジンの燃焼効率を評価したい．バイクのエンジン内で 1.00 L (702 g) のオクタン C_8H_{18} が燃え，1.84 kg の CO_2 ができた．CO_2 の収率は何％か．

予 想　収率が 100％未満ということ以外はわからない．

方 針　オクタンの完全燃焼を反応式で書き，理論収量を出す．丸めの誤差を最小にするため，数値計算は最終段階に回す．実測の収量を理論収量で割り，100％をかけたものが収率になる．

解 答　オクタンの完全燃焼はこう書ける．

$$2\,C_8H_{18}(l) + 25\,O_2(g) \rightarrow 16\,CO_2(g) + 18\,H_2O(l)$$

段階 1：モル質量（$114.2\ g\ mol^{-1}$）を使い，オクタンの質量を量に換算する（$n = m/M$ を使用）．

$$n(C_8H_{18}) = \frac{702\ g}{114.2\ g\ (mol\ C_8H_{18})^{-1}} = \frac{702}{114.2}\ mol\ C_8H_{18} = 6.14 \cdots mol\ C_8H_{18}$$

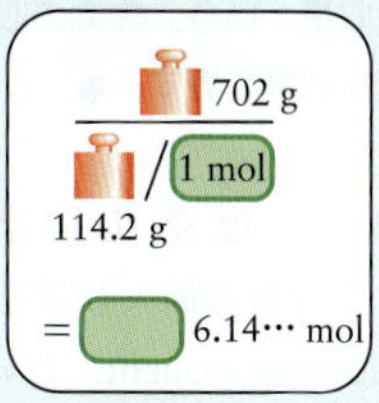

段階 2：量論関係“$2\ mol\ C_8H_{18} \triangleq 16\ mol\ CO_2$”を使い，$CO_2$ の理論収量を計算する．

$$n(CO_2) = (6.14 \cdots mol\ C_8H_{18}) \times \frac{16\ mol\ CO_2}{2\ mol\ C_8H_{18}} = 49.1 \cdots mol\ CO_2$$

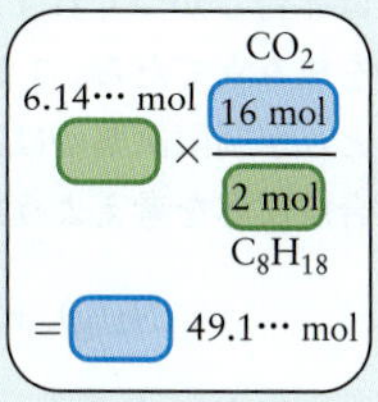

段階 3：モル質量（$44.01\ g\ mol^{-1}$）を使い，CO_2

の量を質量に換算する（$m = nM$ を使う）．

$m(CO_2)$
$= (49.1 \cdots \text{mol } CO_2)$
$\times 44.01 \text{ g } (\text{mol } CO_2)^{-1}$
$= 49.1 \cdots \times 44.01 \text{ g}$
$= 2.16 \times 10^3 \text{ g}$
2.16 kg

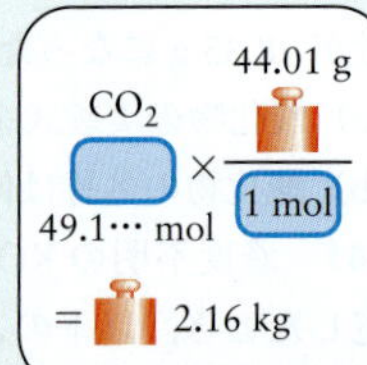

最後に CO_2 の収率を計算する．

CO_2 の収率
$= \dfrac{1.84 \text{ kg}}{2.16 \text{ kg}} \times 100\%$
$= 85.2\%$

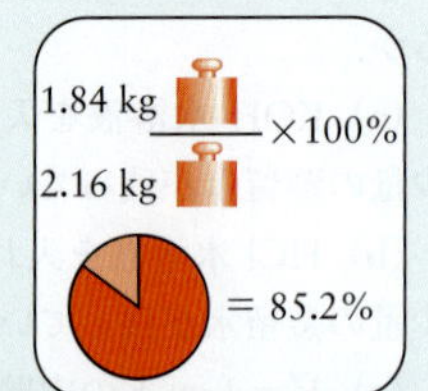

確 認 CO_2 の収率は85.2%だから，有毒なCOがずいぶんできた．

復習 M・1A 24.0 g の硝酸カリウムを鉛とともに熱したところ，反応

$$Pb(s) + KNO_3(s) \rightarrow PbO(s) + KNO_2(s)$$

が進んで13.8 g の亜硝酸カリウムができた．亜硝酸カリウムの収率は何%か．

［答：68.3%］

復習 M・1B 15 kg の酸化鉄(Ⅲ)を溶鉱炉内で熱したところ，反応

$$Fe_2O_3(s) + 3\,CO(g) \rightarrow 2\,Fe(s) + 3\,CO_2(g)$$

が進み，8.8 kg の鉄ができた．鉄の収率は何%か．

関連の節末問題 M・1，M・3

要 点 反応式どおりの変化が進んでできる生成物の量を理論収量という．実測の収量を理論収量で割り，100%をかけた値が収率を表す．■

M・2 反応の限界

生成物の最大収量を決める反応物を，反応の**制限試薬**（limiting reagent）という．制限試薬は，バイクを組立てるとき足りない部品に似ている．車輪が8個，フレームが7個の場合，フレーム1個に車輪2個が必要だから，バイクは4台しかつくれず，車輪が制限試薬になる．バイク4台を組み立てたら，3個のフレーム（過剰試薬）が余る．

どれが制限試薬かは計算で見積もれる．つぎのアンモニア合成反応を考えよう．

$$N_2(g) + 3\,H_2(g) \rightarrow 2\,NH_3(g)$$

この反応では“$1 \text{ mol } N_2 \cong 3 \text{ mol } H_2$”の関係が成り立つ．どちらが制限試薬かは，供給量と量論係数を比べてわかる．1 mol の N_2 と 2 mol の H_2 を混ぜたとしよう．水素は窒素より多いけれど，量論比よりも少ないから，水素が制限試薬になる．制限試薬がわかれば，生成物の量も，反応が終わったときに残る反応物の量も計算できる．

例題 M・2 制限試薬の特定

炭化カルシウム CaC_2 は下式のように水と反応し，水酸化カルシウムとアセチレン（体系名エチン）を生む．

$$CaC_2(s) + 2\,H_2O(l) \rightarrow Ca(OH)_2(aq) + C_2H_2(g)$$

(a) 100 g の水と 100 g の CaC_2 があるとき，制限試薬はどちらか．

(b) できるアセチレンは何 g か．

(c) 反応が終わったとき，残る反応物は何 g か．

予 想 CaC_2 はモル質量が水よりずっと大きく，量（mol）が少ないので制限試薬になるだろう．ただし，モル比を見ると水が CaC_2 の2倍だから，結論はまだ出せない．

方 針 モル比とモル質量に注意しつつ計算を進める．

解 答 (a) 段階1：モル質量（CaC_2：64.10 g mol^{-1}，H_2O：18.02 g mol^{-1}）を使い，それぞれの量（mol）を計算する．

$n(CaC_2)$
$= \dfrac{100 \text{ g}}{64.10 \text{ g } (\text{mol } CaC_2)^{-1}}$
$= \dfrac{100}{64.10} \text{ mol } CaC_2$
$= 1.56 \cdots \text{ mol } CaC_2$

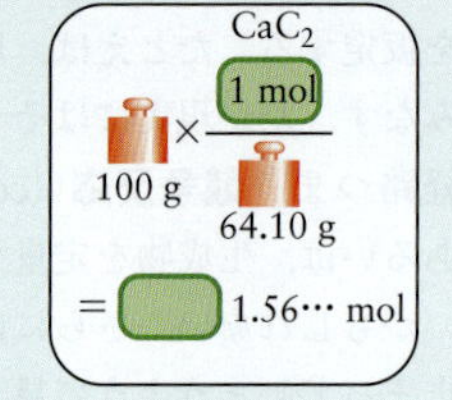

$n(H_2O)$
$= \dfrac{100 \text{ g}}{18.02 \text{ g } (\text{mol } H_2O)^{-1}}$
$= \dfrac{100}{18.02} \text{ mol } H_2O$
$= 5.55 \cdots \text{ mol } H_2O$

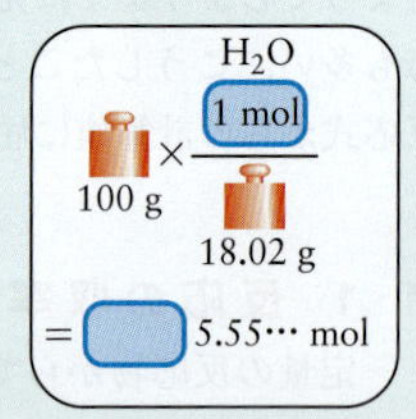

段階2：量論関係“$1 \text{ mol } CaC_2 \cong 2 \text{ mol } H_2O$”から，問題中の CaC_2 の反応を完了するのに必要な H_2O の量を計算する．

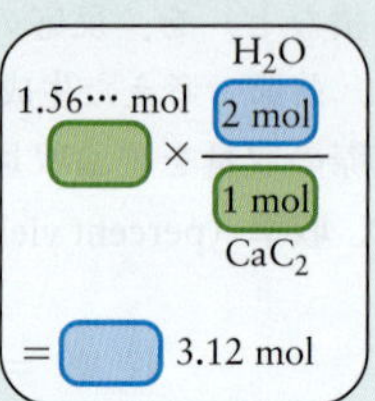

$n(H_2O)$
$= (1.56 \cdots \text{ mol } CaC_2)$
$\times \dfrac{2 \text{ mol } H_2O}{1 \text{ mol } CaC_2}$
$= 1.56 \cdots \times 2 \text{ mol } H_2O$
$= 3.12 \text{ mol } H_2O$

段階3：制限試薬は CaC_2．水は，供給量 5.55 mol のうち

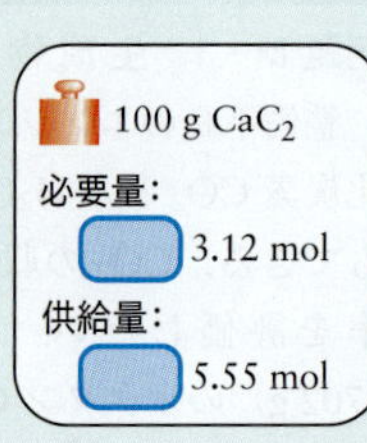

必要量 3.12 mol だけが反応する．

(b) 制限試薬は CaC_2 で，量論関係は“1 mol CaC_2 ≘ 1 mol C_2H_2”だから，生じるアセチレン（モル質量 26.04 g mol^{-1}）の質量はつぎのようになる．

$$m(C_2H_2) = (1.56\cdots \text{ mol } CaC_2) \times \frac{1 \text{ mol } C_2H_2}{1 \text{ mol } CaC_2} \times 26.04 \text{ g } (\text{mol } C_2H_2)^{-1} = 40.6 \text{ g}$$

(c) 過剰試薬の水は 5.55 mol − 3.12 mol = 2.43 mol が残る．質量はつぎのようになる．

$$\text{残る } H_2O \text{ の質量} = (2.43 \text{ mol}) \times (18.02 \text{ g mol}^{-1}) = 43.8 \text{ g}$$

確 認　予想どおり CaC_2 が制限試薬だった．

復習 M・2A　(a) 5.52 g のナトリウムと 5.10 g の Al_2O_3 を熱して下式の反応を起こすとき，制限試薬になるのは何か．

$$6\,Na(l) + Al_2O_3(s) \xrightarrow{\Delta} 2\,Al(l) + 3\,Na_2O(s)$$

(b) 生じるアルミニウムは何 g か．

(c) 反応後に残る過剰試薬は何 g か．

［答：(a) ナトリウム，(b) 2.16 g Al，(c) 1.02 g Al_2O_3］

復習 M・2B　(a) 14.5 kg のアンモニアと 22.1 kg の CO_2 を下式のように反応させて尿素をつくるとき，制限試薬になるのは何か．

$$2\,NH_3(g) + CO_2(g) \rightarrow OC(NH_2)_2(s) + H_2O(l)$$

(b) 生じる尿素は何 g か．

(c) 反応後に残る過剰試薬は何 kg か．

関連の節末問題　M・7，M・11

例題 M・3　制限試薬がある場合の収率計算

アルミニウムの電解製造で“溶媒”に使う氷晶石 $Na_3[AlF_6]$ は，フッ化アンモニウム，アルミン酸ナトリウム，水酸化ナトリウムを水溶液中でつぎのように反応させてつくる．

$$6\,NH_4F(aq) + Na[Al(OH)_4](aq) + 2\,NaOH(aq) \rightarrow Na_3[AlF_6](s) + 6\,NH_3(aq) + 6\,H_2O(l)$$

副生物もできるため，反応効率の監視が欠かせない．100.0 g の NH_4F，82.6 g の $Na[Al(OH)_4]$，80.0 g の NaOH を反応させ，75.0 g の $Na_3[AlF_6]$ を得た．収率は何%か．

予 想　収率が 100%未満ということしかわからない．

方 針　制限試薬を特定し，その量からわかる理論収量と現実の収量を比べて収率を出す．

解 答　段階 1：モル質量（NH_4F：37.04 g mol^{-1}，$Na[Al(OH)_4]$：118.00 g mol^{-1}，NaOH：40.00 g mol^{-1}，$Na_3[AlF_6]$：209.95 g mol^{-1}）から，まず反応物の量を計算する（$n = m/M$ を使う）．

$$n(NH_4F) = \frac{100.0 \text{ g}}{37.04 \text{ g } (\text{mol } NH_4F)^{-1}} = 2.700 \text{ mol } NH_4F$$

$$n(Na[Al(OH)_4]) = \frac{82.6 \text{ g}}{118.00 \text{ g } (\text{mol } Na[Al(OH)_4])^{-1}} = 0.700 \text{ mol } Na[Al(OH)_4]$$

$$n(NaOH) = \frac{80.0 \text{ g}}{40.00 \text{ g } (\text{mol } NaOH)^{-1}} = 2.00 \text{ mol } NaOH$$

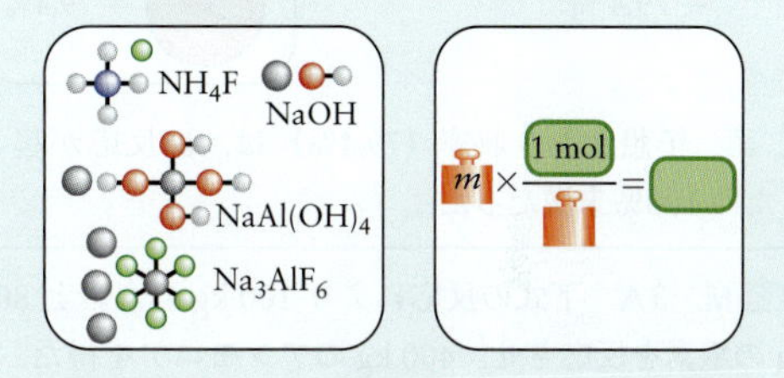

段階 2：つぎに書く量論関係を使い，それぞれからできる $Na_3[AlF_6]$ の量を計算する．

$$6 \text{ mol } NH_4F \triangleq 1 \text{ mol } Na[Al(OH)_4] \triangleq 2 \text{ mol } NaOH \triangleq 1 \text{ mol } Na_3[AlF_6]$$

NH_4F からの生成量：

$$n(Na_3[AlF_6]) = 2.700 \text{ mol } NH_4F \times \frac{1 \text{ mol } Na_3[AlF_6]}{6 \text{ mol } NH_4F} = 0.450 \text{ mol } Na_3[AlF_6]$$

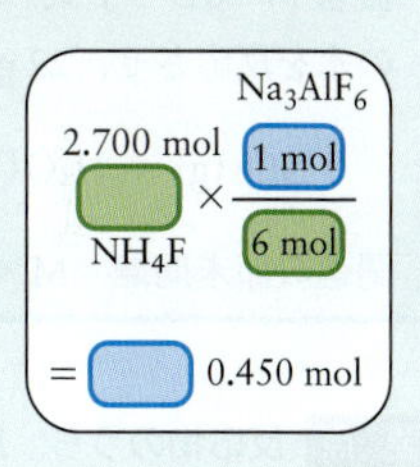

$Na[Al(OH)_4]$ からの生成量：

$$n(Na_3[AlF_6]) = 0.700 \text{ mol } Na[Al(OH)_4] \times \frac{1 \text{ mol } Na_3[AlF_6]}{1 \text{ mol } Na[Al(OH)_4]} = 0.700 \text{ mol } Na_3[AlF_6]$$

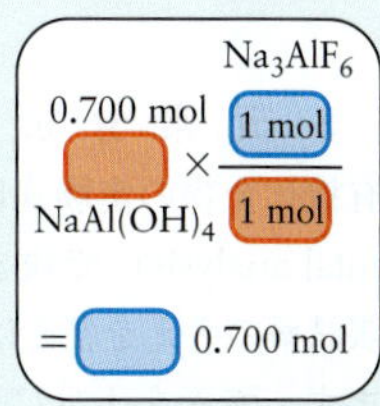

NaOH からの生成量：

$$n(Na_3[AlF_6]) = 2.00 \text{ mol } NaOH \times \frac{1 \text{ mol } Na_3[AlF_6]}{2 \text{ mol } NaOH} = 1.00 \text{ mol } Na_3[AlF_6]$$

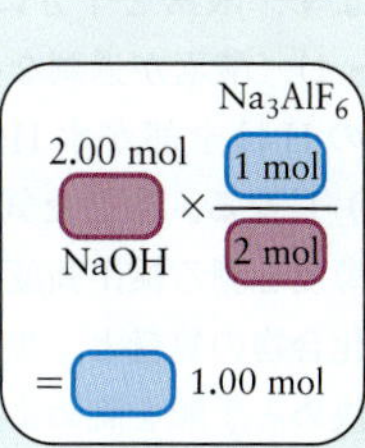

NH_4Fからの生成量（0.450 mol）が最小なので，制限試薬はNH_4Fになる．そこで$Na_3[AlF_6]$の理論収量（質量）を計算する（$m=nM$を使う）．

$m(Na_3[AlF_6])$
$= 0.450\ mol \times 209.95\ g\ mol^{-1}$
$= 94.5\ g$

すると収率は，(1)式よりつぎの値になる．

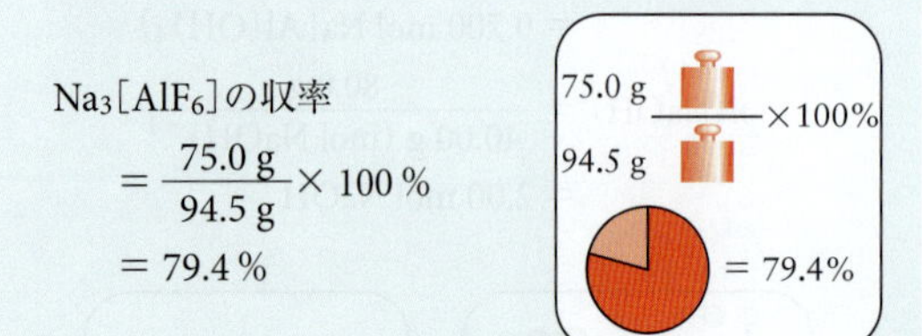

$Na_3[AlF_6]$の収率
$= \frac{75.0\ g}{94.5\ g} \times 100\ \%$
$= 79.4\ \%$

確認 予想どおり収率（79.4%）は，副反応が起こるため100%未満だった．

復習M・3A 下式の反応により100 kgの水素と800 kgの窒素を反応させ，400 kgのアンモニアを得た．

$$N_2(g) + 3H_2(g) \rightarrow 2NH_3(g)$$

収率は何%か．

［答: 71.0%］

復習M・3B 下式の反応により28 gのNO_2と18 gの水を反応させ，22 gの硝酸を得た．収率は何%か．

$$3\ NO_2(g) + H_2O(l) \rightarrow 2\ HNO_3(aq) + NO(g)$$

関連の節末問題 M・15，M・17

要点 反応物のうち，反応のモル比からみて量が最少の物質を制限試薬という．■

M・3 元素分析

有機化合物の実験式は，燃焼を利用する**元素分析**（elemental analysis）で決まる（F節）．元素分析の原理は，制限試薬の考えを使えばつかみやすい．

まず，酸素を十分に通じた管の中で試料を燃やす（図M・1）．酸素が過剰なので，試料が制限試薬になる．試料中のHは全部が水H_2Oになり，Cは全部が二酸化炭素CO_2になる．生じた気体をクロマトグラフィーで分け，熱伝導度を測る検出強度から，気体成分の相対量をつかむ．

化合物の質量と，生じるH_2OやCO_2の質量から実験式を決める手順を眺めよう．酸素は過剰だから，試料が燃えたとき，C原子1個は1分子のCO_2になる．つまりつぎ

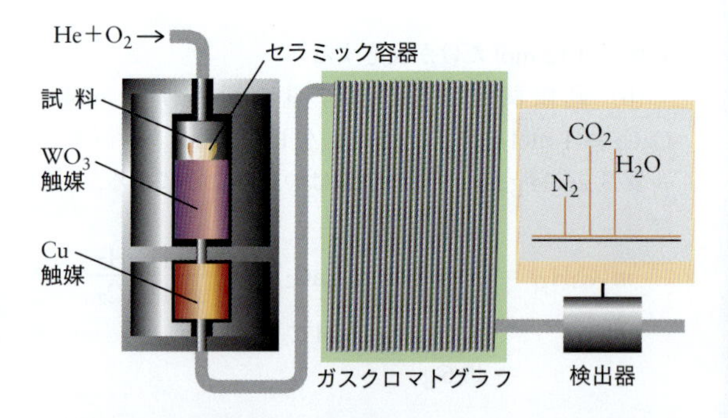

図M・1 元素分析の原理．試料を入れたセラミック容器にO_2–He混合ガスを通じ，試料を酸化する．生じた気体を2段のフィルターに通す．WO_3触媒は副生物のCOをCO_2に酸化し，Cu触媒は過剰のO_2を除く．分離された窒素，二酸化炭素，水蒸気を熱伝導度計で検出し，ピークの強さから質量を出す．

の量論関係が成り立つ．

$$1\ mol\ C(試料中) \ \hat{=}\ 1\ mol\ CO_2(生成物)$$

生じたCO_2の質量をC原子の量（mol）に換算すれば，試料が含んでいたC原子の量になる．

同様に，試料中のH原子は水H_2Oに変わるから，つぎの量論関係が成り立つ．

$$2\ mol\ H(試料中) \ \hat{=}\ 1\ mol\ H_2O(生成物)$$

生じたH_2Oの質量をH原子の量（mol）に換算すれば，試料が含んでいたH原子の量になる．

多くの有機化合物は酸素Oを含む．成分がC，H，Oだけの化合物なら，Oの質量は，試料の質量からC+Hの質量を引いた値になる．O原子の量（mol）は，その質量とモル質量（$16.00\ g\ mol^{-1}$）からわかる．以上をもとに実験式を求める．

例題M・4 元素分析による実験式の決定

C，H，Oだけの新規合成化合物1.621 gを完全燃焼させたところ，二酸化炭素3.095 gと水1.902 gができた．化合物の実験式を決定せよ．

予想 目的どおりの化合物ができていれば，実験式も予想できる．

方針 CO_2の質量からCの量（mol）を，H_2Oの質量からHの量を出し，それぞれ質量に換算する．Oの質量は引き算で求める．以上3元素の質量を量（mol）に戻せば，実験式がわかる．

解答 モル質量（CO_2: $44.01\ g\ mol^{-1}$，H: $1.008\ g\ mol^{-1}$，C: $12.01\ g\ mol^{-1}$，H_2O: $18.02\ g\ mol^{-1}$）と，量論関係“$1\ mol\ C \ \hat{=}\ 1\ mol\ CO_2$”，“$1\ mol\ H_2O \ \hat{=}\ 2\ mol\ H$”を使う．

生じたCO_2の質量をCの量（mol）に換算:

$$n(\mathrm{C}) = \frac{3.095\ \mathrm{g}}{44.01\ \mathrm{g}\ (\mathrm{mol\ CO_2})^{-1}} \times \frac{1\ \mathrm{mol\ C}}{1\ \mathrm{mol\ CO_2}} = \frac{3.095}{44.01}\ \mathrm{mol\ C} = 0.070\cdots\ \mathrm{mol\ C}$$

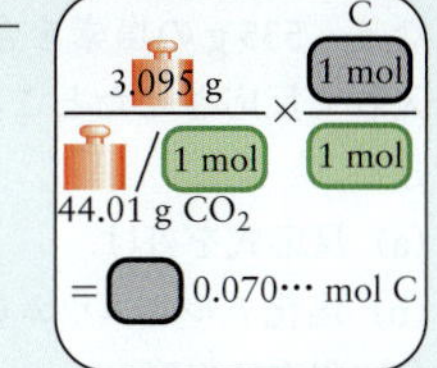

C の質量を計算:

$$m(\mathrm{C}) = \left(\frac{3.095}{44.01}\ \mathrm{mol\ C}\right) \times 12.01\ \mathrm{g}\ (\mathrm{mol\ C})^{-1} = 0.8446\cdots\ \mathrm{g}$$

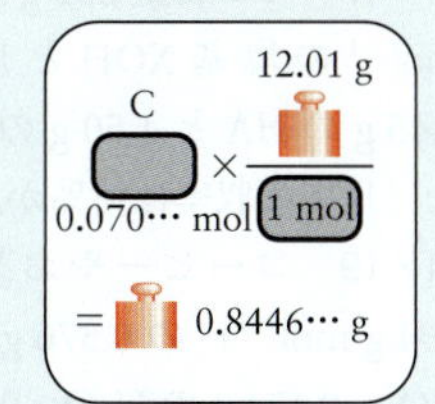

生じた H_2O の質量を H の量に換算:

$$n(\mathrm{H}) = \frac{1.902\ \mathrm{g}}{18.02\ \mathrm{g}\ (\mathrm{mol\ H_2O})^{-1}} \times \frac{2\ \mathrm{mol\ H}}{1\ \mathrm{mol\ H_2O}} = \frac{1.902 \times 2}{18.02}\ \mathrm{mol\ H} = 0.2111\cdots\ \mathrm{mol\ H}$$

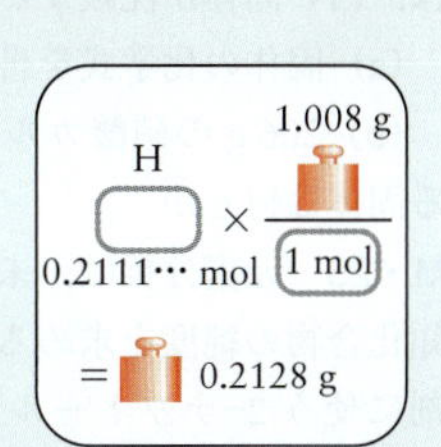

H の質量を計算:

$$m(\mathrm{H}) = (0.2111\cdots\ \mathrm{mol\ H}) \times 1.008\ \mathrm{g}\ (\mathrm{mol\ H})^{-1} = 0.2128\ \mathrm{g}$$

1.008 g
H
0.2111… mol
1 mol
0.2128 g

C と H の総質量を計算:

$$0.8446\ \mathrm{g} + 0.2128\ \mathrm{g} = 1.0574\ \mathrm{g}$$

O の質量を計算:

$$m(\mathrm{O}) = 1.621\ \mathrm{g} - 1.0574\ \mathrm{g} = 0.564\ \mathrm{g}$$

O の質量を量（mol）に換算:

$$n(\mathrm{O}) = \frac{0.564\ \mathrm{g}}{16.00\ \mathrm{g}\ (\mathrm{mol\ O})^{-1}} = 0.0352\ \mathrm{mol\ O}$$

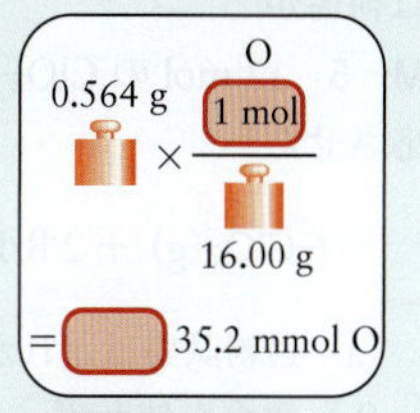

モル比のまとめ:

C : H : O =
0.070 32 : 0.2111 : 0.0352

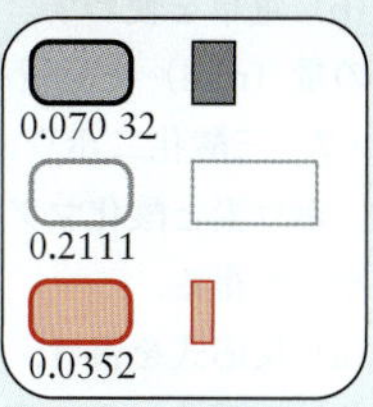

最小値（0.0352）で割ったモル比:

C : H : O =
2.00 : 6.00 : 1.00

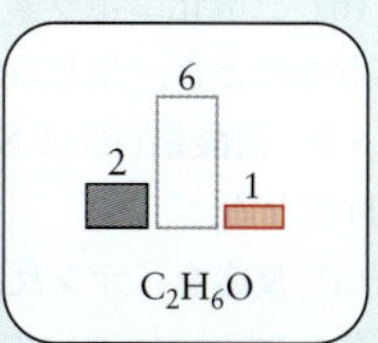

確　認　化合物の実験式は C_2H_6O となった．同じ実験式をもつ分子は多いため，これだけで物質の特定はできない．

復習 M・4A　0.528 g のスクロース（C，H，O の化合物）を燃やしたところ，0.306 g の水と 0.815 g の二酸化炭素ができた．スクロースの実験式を求めよ．

［答：$C_{12}H_{22}O_{11}$］

復習 M・4B　0.236 g のアスピリン（C，H，O の化合物）を燃やしたところ，0.519 g の二酸化炭素と 0.0945 g の水ができた．アスピリンの実験式を求めよ．

関連の節末問題　M・19，M・21

要 点　元素分析では，有機化合物を燃やして生じる CO_2 と H_2O の質量から，C，H，O 原子の量（mol）を求める．その結果から実験式が求まる．■

身につけたこと

理論収量や制限試薬，現実の収量と収率，実験式を決める元素分析を学び，つぎのことができるようになった．

- ❑1　反応式と反応物の質量を使う理論収量と収率の計算（例題 M・1）
- ❑2　ある反応で制限試薬になる物質の特定
- ❑3　制限試薬に注目した収量や収率と，残る反応物量の計算（例題 M・2，M・3）
- ❑4　元素分析による実験式の決定（例題 M・4）

節末問題

M・1　ロケット燃料にする液体ヒドラジン N_2H_4 は，

$$2\ \mathrm{NH_3(g)} + \mathrm{ClO^-(aq)} \rightarrow \mathrm{N_2H_4(aq)} + \mathrm{Cl^-(aq)} + \mathrm{H_2O(l)}$$

の反応を使い，アンモニアを次亜塩素酸塩で酸化してつくる．次亜塩素酸塩が過剰のとき，アンモニア 35.0 g からヒドラジン 25.2 g ができた．ヒドラジンの収率は何％か．

M・3　石灰石（$CaCO_3$）を熱すると

$$\mathrm{CaCO_3(s)} \xrightarrow{\Delta} \mathrm{CaO(s)} + \mathrm{CO_2(g)}$$

の反応が起こり，二酸化炭素と生石灰（CaO）に分解する．42.73 g の $CaCO_3$ から 17.5 g の CO_2 ができた．収率は何%か.

M・5 12 mol の ClO_2 と 5 mol の BrF_3 を下式のように反応させた.

$$6\,ClO_2(g) + 2\,BrF_3(l) \rightarrow 6\,ClO_2F(s) + Br_2(l)$$

(a) 過剰試薬はどれか.

(b) 電卓を使わず，各生成物の収量（mol）と残る反応物の量（mol）を見積もれ.

M・7 三酸化二ホウ素と金属マグネシウムは高温で反応し，ホウ素と酸化マグネシウムになる．単体のホウ素はそうやって得る.

(a) 反応式を書け.

(b) 三酸化二ホウ素 125 kg とマグネシウム 125 kg を反応させたとき，生じるホウ素は最大で何 kg か.

M・9 硝酸銅(II)は NaOH と反応し，淡青色の水酸化銅(II)になる.

(a) 反応をイオン反応式で書け.

(b) 80.0 mL の 0.500 M $Cu(NO_3)_2(aq)$ に，2.00 g の NaOH を加えたとき，生じる水酸化銅(II)は最大で何 g か.

M・11 反応容器に 5.77 g の黄リンと 5.77 g の酸素を入れた．まず

$$P_4(s) + 3\,O_2(g) \rightarrow P_4O_6(s)$$

の反応が進んで酸化リン(III) P_4O_6 ができ，酸素が過剰ならさらに

$$P_4O_6(s) + 2\,O_2(g) \rightarrow P_4O_{10}(s)$$

の反応が進み，酸化リン(V) P_4O_{10} ができる.

(a) P_4O_{10} 生成反応の制限試薬は何か.

(b) 生じる P_4O_{10} は何 g か.

(c) 反応容器中に残る反応物は何 g か.

M・13 かつて多用されたポリ塩化ビフェニル（PCB）類は，C, H, Cl からなる．商品名をアロクロルというモル質量 360.88 g mol^{-1} の PCB を燃やした．1.52 g のアロクロルから 2.224 g の CO_2 が生じ，2.53 g のアロクロルからは 0.2530 g の H_2O が生じた．アロクロル 1 分子は何個の Cl 原子を含むか.

M・15 アルミニウムは塩素と反応して塩化アルミニウムになる．535 g の塩素を含む容器に 255 g のアルミニウムを入れて反応させたところ，300 g の塩化アルミニウムができた.

(a) 反応式を書け.

(b) 塩化アルミニウムの理論収量は何 g か.

(c) 収率は何%か.

M・17 モル質量 231 g mol^{-1} の酸 HA はモル質量 125 g mol^{-1} の塩基 XOH と反応し，H_2O と塩 XA になる．2.45 g の HA と 1.50 g の XOH から 2.91 g の XA が生じた．反応の収率は何%か.

M・19 コーヒーやお茶が含むカフェイン（モル質量 194 g mol^{-1}）の 0.376 g を燃やしたところ，0.682 g の CO_2，0.174 g の H_2O，0.110 g の N_2 ができた．カフェインの実験式，分子式と，燃焼反応を書け.

M・21 ヒト細胞内に見つかったある化合物は，C, H, O, N からできている．化合物 1.35 g を燃やしたところ，2.20 g の CO_2 と 0.901 g の H_2O が生じた．別に 0.500 g の試料を燃やし，生成物を還元したら，0.130 g の N_2 が生じた．化合物の実験式を求めよ.

M・23 硝酸カルシウム水溶液とリン酸水溶液を混ぜれば，白い固体が沈殿する.

(a) 固体の化学式を書け.

(b) 206 g の硝酸カルシウムと 150 g のリン酸からできる固体は何 g か.

M・25 元素分析は，未知化合物の元素組成ばかりか，既知化合物の純度を求めるのにも使う．合成ゴムの酸化防止剤に使う 2-ナフトール $C_{10}H_7OH$ が，LiBr を不純物に含むとわかった．2-ナフトールの試料を元素分析した結果は，77.48% C，5.20% H だった．不純物は LiBr だけとして，試料の純度（質量パーセント）を求めよ.

M・27 土槿皮（トゥチンピ）という漢方薬の薬効成分（C, H, O からなる）1.000 g を燃やしたところ，2.492 g の CO_2 と 0.6495 g の H_2O が生じた.

(a) 薬効成分の実験式を求めよ.

(b) モル質量は 388.44 g mol^{-1} だった．薬効成分の分子式を書け.

1

原子と元素

出発点			展開
どうやって調べた？ 1・1　原子の探究	古典力学はどこがダメ？ 1・2　量子論	▶	量子力学の要点は？ 1・3　波動関数とエネルギー準位

▼

果実				
ホントの姿は？ 1・4　水素原子	ほかの元素は？ 1・5　多電子原子	周期表は何を語る？ 1・6　性質の周期性	→	第2章 化学結合

分子や材料の特性も，反応の進みかたも，"化学の通貨"といってよい原子の性質が決める．本章ではつぎのことを学ぶ．

1・1　極微の核を電子が囲む――そんな原子の姿を暴いた実験を振り返る．
1・2　古典力学に合わない測定結果が量子力学を生んだ経緯を振り返る．
1・3　量子力学のコアをなす波動関数の姿を学ぶ．
1・4　いちばん単純な水素原子を，量子力学で解剖する．
1・5　水素原子でわかったことを，ほかの元素に拡張する．
1・6　以上の総合で周期表の成り立ちをつかむ．

1・1　原子の探究

なぜ学ぶのか？　どんな物質も原子からでき，原子のつくりが物質の性質を決める．まずは，原子の素顔を明るみに出した営みを知っておきたい．

必要な予備知識　正電荷の核（原子核）を負電荷の電子がとり囲む――という原子の"核モデル"（序章B節）を再確認しておこう．

1808年にドルトン（John Dalton）は原子を，ビー玉のような"中身の詰まった硬い球"とみた．けれど100年近くあと，原子には成分粒子（subatomic particles）があるとわかる．成分（電子，陽子，中性子）それぞれの個数が，元素の物理・化学的性質を決めていた．

① 原子の核モデル

原子のつくりは19世紀の末にわかり始める．英国のJ. J. トムソン（Joseph John Thomson；図1・1）が1897年，真空のガラス管内に置いた一対の電極に高電圧をかけ，外に出てくる"線"を調べていた．

図1・1　電子の発見に使った装置とJ. J. トムソン（1856〜1940）．

蛍光スクリーン上に輝点を生むその"線"は，陰極から出るように見えたため，"陰極線"の名がついた（図1・

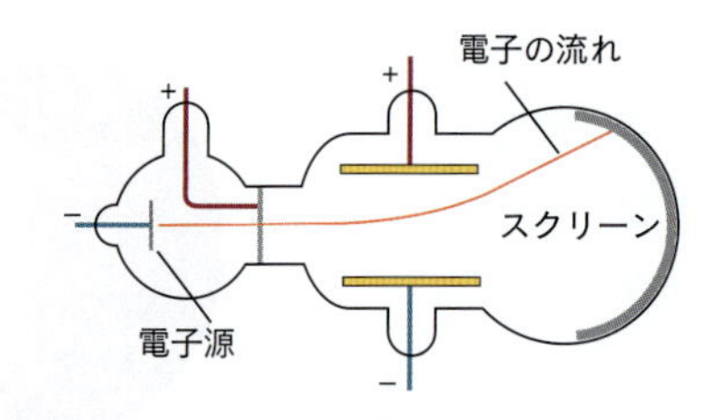

図 1・2　トムソンの装置のあらまし．直交する電場と磁場で電子の飛行ルートを変えた．

2)．電場をかけたときの曲がりかたからみて，負電荷の粒だろう．やがてそれを**電子**（electron）とよぶようになる†．トムソンは，陰極にどんな金属を使っても同じ電子が出てくるのを確かめ，あらゆる原子が電子を成分にもつと結論した．

トムソンは電子の電荷（絶対値）e と質量 m_e の比 e/m_e も測っている．ただし e と m_e が個別にわかるのは後年のこと．電荷 e を求めた米国のミリカン（Robert Millikan）は，図 1・3 のような装置を使い，重力と電気力がつりあうときの電場から，油滴の電荷を見積もった．油滴それぞれは複数個の電子をもつため，油滴の電荷が示す“差の最小値”を，電子 1 個の電荷とみた．

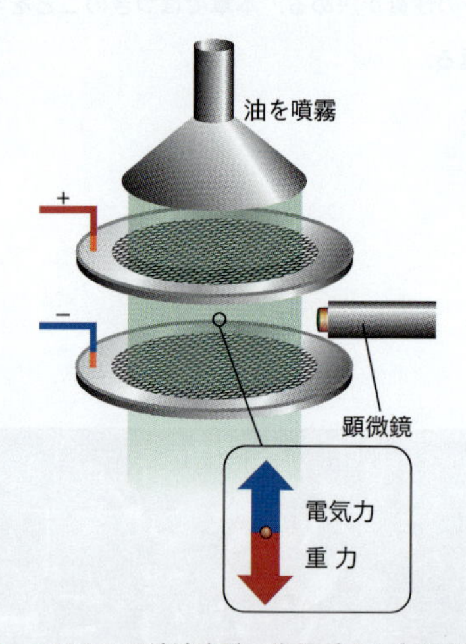

図 1・3　ミリカンの油滴実験．帯電ガスを含む容器内に油を噴霧し，2 枚の電極が挟む空間内の油滴を顕微鏡で観測する．帯電ガス（イオン）は X 線照射でつくる．重力と電気力がつりあった油滴は落下しない．

いまの値は $e=1.602\times10^{-19}$ C（クーロン）と書けて，e を**電気素量**（elementary electric charge）とよぶ（序章 A 節）．そのとき電子の電荷（負電荷の単位）は $-e$ になる．電子の質量 m_e は，e/m_e 値と e 値からわかる（現在の値は $m_e=9.109\times10^{-31}$ kg）．

電子は負電荷をもち，原子全体は電気的に中性だから，電子の負電荷をぴったり打ち消す正電荷がなければいけない．そこでトムソンは，ゼリーのような正電荷の中に，干しブドウの趣で電子が埋まったものを原子とみた．

だが彼のモデルは 1908 年に否定される．英国のラザフォード（Ernest Rutherford；図 1・4）が，まずラドンなどの出す正電荷の粒子を見つけ，それを **α 粒子**（alpha particle）と命名していた．続いて，弟子のガイガー（Hans Geiger）とマースデン（Ernest Marsden）に，厚み数原子分しかない金箔に α 粒子をぶつけさせた（図 1・5）．金の原子がゼリー状なら，どの α 粒子もらくらく通り抜けるだろう．

図 1・4　原子と原子核の姿を明るみに出したラザフォード（1871〜1937）．

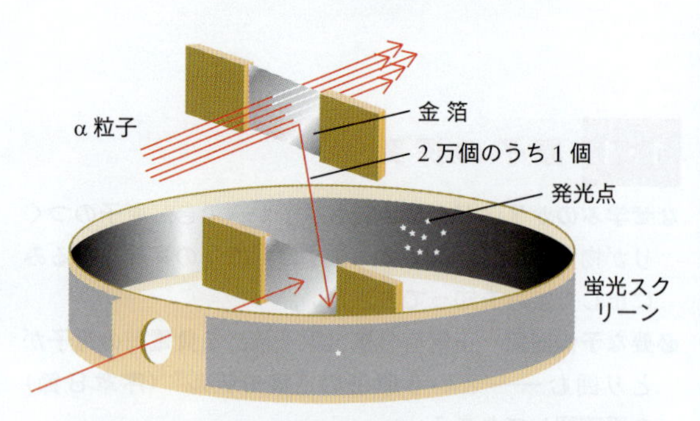

図 1・5　ガイガーとマースデンの実験．硫化亜鉛で内張りした円筒容器内に α 粒子を入射させる．金箔に当たった α 粒子の散乱方向を，スクリーン上の発光で確認．ほとんどの α 粒子は金箔を通り抜け，ごく一部だけが強く散乱された．

実験の結果を見て，ラザフォードを始め全員が仰天する．α 粒子のほぼ全部は金箔を通り抜けたが，約 2 万個のうち 1 個は 90° 以上に散乱され，ほぼまっすぐ跳ね返るものもあったのだ．ラザフォードがこう回想している．“ティッシュペーパーにぶつけた直径 50 cm の砲弾が跳ね返る…それくらい妙な話だったね．”

† 訳注：名づけ親は英国のストーニー（George Stoney）．彼は負電荷の基本粒子があると考え（1874 年），摩擦で負に帯電しやすい琥珀（こはく）のギリシャ語名 *elektron* を借り，1891 年に electron と名づけていた．

α粒子の実験結果が，原子の**核モデル**（nuclear model）を生む．正電荷の小さな**原子核**（nucleus）を囲む大空間（真空）に電子がある，というモデルだった．正電荷のα粒子が，ちっぽけな重い金の核（原子核）にたまたま当たれば，核の正電荷から強烈な反発を受け，飛行ルートを変えるだろう（図1・6）．

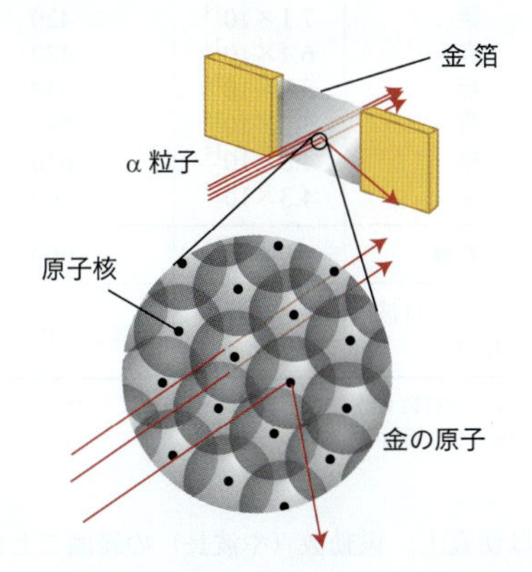

図 1・6　ラザフォードの原子モデル．α粒子のごく一部が金原子の核に散乱される．原子が占める体積のほとんどは，電子の飛び交う真空だとみてよい．核のサイズは原子の1万～10万分の1だから，図に描いた核（●）も大きすぎる．

以後の研究でわかったように，核は電荷$+e$の**陽子**（proton）と，電荷0の**中性子**（neutron）をもつ．陽子と中性子の質量はほぼ等しく，電子はずっと軽いため（序章B節），原子の質量は99.9％以上が核にある．陽子の数を元素の**原子番号**（atomic number）といい，文字Zで表す．原子番号Zの核は電荷$+Ze$をもち，原子は電気的に中性だから，核のまわりにはZ個の電子がなければいけない．原子番号$Z=13$のアルミニウムなら，核内に陽子が13個あり，その核を13個の電子がとり囲む．

要 点　正電荷の全部と，質量のほとんどは極微の核にあり，その核を負電荷の電子がとり囲む．核内の陽子数が原子番号に等しい．■

② 電 磁 波

核をとり囲むZ個の電子は，どんな状態にあるのだろう？　原子のつくりは，熱や電気のエネルギーをもらった原子が出す光を調べてわかり始めた．物質が光を放出・吸収する現象の研究は**分光学**（spectroscopy）といい，化学の大きな一分野となっている．原子のつくりについて，分光学が何を教え，核モデルをどう洗練してきたか，以下で振り返ろう．まずは，光というものの素顔を知っておく必要がある．

光は**電磁波**（electromagnetic radiation）の一部をなす．電磁波とは，真空中を速さ$3\times10^8\,\mathrm{m\,s^{-1}}$（光速$c$），時速なら10.8億kmで伝わる振動電場と振動磁場の組をいう．可視光のほかラジオ波（電波）やマイクロ波，X線，γ線なども"光速で空間を進むエネルギー流"だと考えよう．日なたの暖かさも，太陽から届く電磁波（赤外線）がもたらす．

電子の居場所に光（電磁波）が来ると，光の電場が電子を揺さぶる．電場の向きも強さも，周期的に変わる（図1・7）．毎秒のくり返し回数を**振動数**（frequency）といい，ギリシャ文字ν（ニュー）で表す．毎秒1回の振動が1ヘルツ（Hz）だから，$1\,\mathrm{Hz}=1\,\mathrm{s^{-1}}$と書ける．

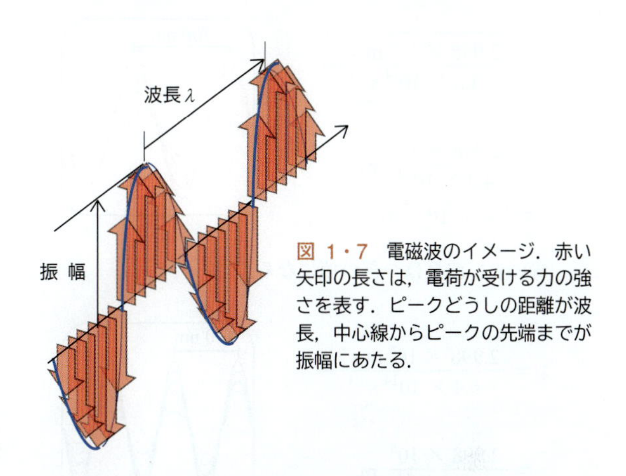

図 1・7　電磁波のイメージ．赤い矢印の長さは，電荷が受ける力の強さを表す．ピークどうしの距離が波長，中心線からピークの先端までが振幅にあたる．

1Hzの電磁波は，毎秒1回ずつ電荷を揺さぶって元に戻す．ヒトの目に見える可視光の振動数は10^{15} Hz程度だから，電荷を毎秒10^{15}回（1000兆回）ほど揺さぶる．

図1・7は電磁波のスナップショットを表す．波のありさまは，振幅や振動数で表現できる．

- **振幅**（amplitude）は，振動の中心点から測った高さをいう．
- 振幅の2乗が波の**強度**（intensity）つまり明るさを表す．
- ピーク間の距離を**波長**（wavelength）とよび，ギリシャ文字のλ（ラムダ）で書く．

図1・7の波が光速cで進むさまを想像しよう．波長が短いほど，ある固定点を1秒間に通過する波は多い（図1・8a）．波長が長いと，固定点を1秒間に通過する波は少ない（図1・8b）．つまり，波長が短いほど振動数は高く，波長が長いほど振動数は低い．波長と振動数は反比例する（次式）．

$$\underbrace{\lambda}_{\text{波長}} \times \underbrace{\nu}_{\text{振動数}} = \underbrace{c}_{\text{光速}} \qquad (1)$$

例題 1・1　波長と振動数の換算

空にかかる虹は，太陽光が空気中の水滴を通過する際，振動数ごとに屈折角がちがうから生まれる．波長の短い光ほど屈折しやすい．振動数4.3×10^{14} Hzの赤い光と，6.4×10^{14} Hz の青い光では，どちらの波長が長いか．

予 想　波長と振動数は反比例するから，振動数の低い赤い光だろう．

方 針　(1)式で波長を計算し，比べてみる．

解 答　(1)式より，波長 λ は c/ν と書ける．

赤い光：波長はつぎの値になる．

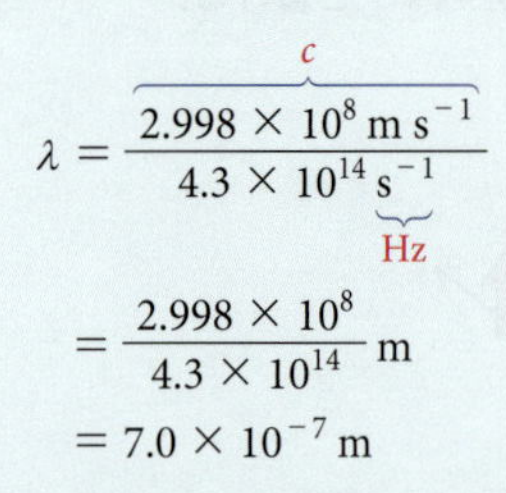

$$\lambda = \frac{\overbrace{2.998\times10^{8}\ \mathrm{m\ s^{-1}}}^{c}}{4.3\times10^{14}\ \underbrace{\mathrm{s^{-1}}}_{\mathrm{Hz}}} = \frac{2.998\times10^{8}}{4.3\times10^{14}}\ \mathrm{m} = 7.0\times10^{-7}\ \mathrm{m}$$

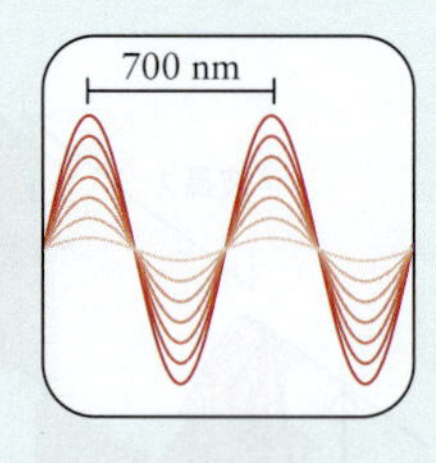

青い光：波長はつぎの値になる．

$$\lambda = \frac{\overbrace{2.998\times10^{8}\ \mathrm{m\ s^{-1}}}^{c}}{6.4\times10^{14}\ \underbrace{\mathrm{s^{-1}}}_{\mathrm{Hz}}} = \frac{2.998\times10^{8}}{6.4\times10^{14}}\ \mathrm{m} = 4.7\times10^{-7}\ \mathrm{m}$$

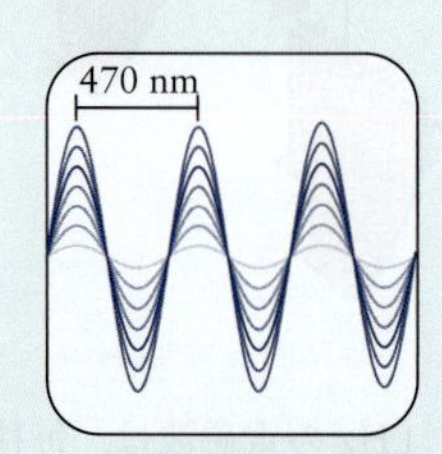

確 認　予想どおり，波長は青い光（470 nm）より赤い光（700 nm）のほうが長かった．

復習 1・1A　信号機の青（緑）は 5.75×10^{14} Hz，黄は 5.15×10^{14} Hz，赤は 4.27×10^{14} Hz とする．それぞれの波長は何 nm か．

［答：青 521 nm，黄 582 nm，赤 702 nm］

復習 1・1B　98.4 MHz の電波（ラジオ波）の波長はいくらか．

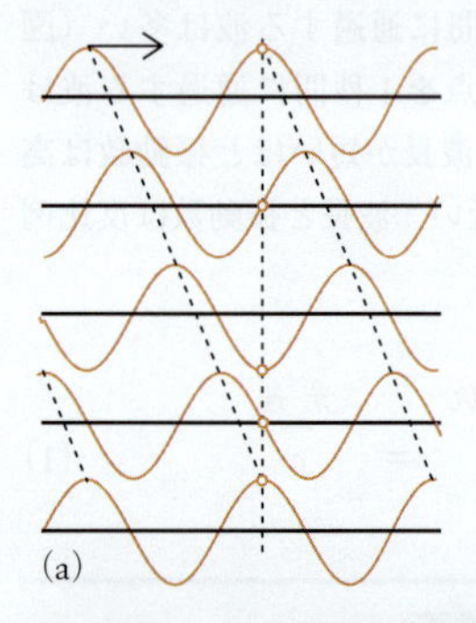
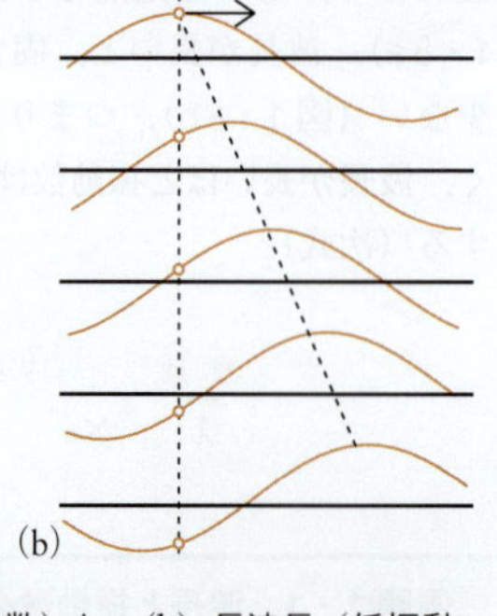

図 1・8　(a) 短波長（高振動数）と，(b) 長波長（低振動数）の電磁波．時間の進み（上→下）が等間隔のとき，1 点（鉛直の破線上）で見た電場の強さは，(b) よりも (a) の方が激しく変わる．右向き矢印の長さ（一定時間に波が進む距離）は，(a) と (b) で変わりない．

表 1・1　振動数，波長や色で分類した電磁波[a]

名 称	振動数 (Hz)	波 長[b] (nm)
γ 線・X 線	$\geq 10^{17}$	≤ 3
紫外線	8.6×10^{14}	350
可視光		
紫	7.1×10^{14}	420
青	6.4×10^{14}	470
緑	5.7×10^{14}	530
黄	5.2×10^{14}	580
橙	4.8×10^{14}	620
赤	4.3×10^{14}	700
赤外線	3.0×10^{14}	1000
マイクロ波 電 波	$\leq 10^{11}$	$\geq 3\times10^{6}$

a) 振動数も波長もおよその代表値にした．
b) 有効数字を 2 桁にしてある．

電磁波は便宜上，振動数（や波長）の範囲ごとに特別な名前でよぶ（表 1・1）．ヒトの目はたまたま 750 nm（赤）～400 nm（紫）の電磁波を感じるため，その範囲を**可視光**（visible light）という．可視光は，波長に応じて特有の色をもつ（とヒトの脳が感じる）．たとえば 500 nm は，1000 分の 1 mm のさらに半分だから，想像できるかどうかギリギリの長さだけれど，原子の直径（0.2 nm 程度）よりずっと長いことを覚えておこう．

考えよう　光の波長は媒質に応じて変わるが，振動数は変わらない．媒質に応じて変わる性質は，波長のほかにどんなものがあるだろうか？■

赤から紫まで可視光がまんべんなく混ざった光を白色光とよぶ．日焼けを起こす**紫外線**（ultraviolet radiation）の波長は可視光の端（紫色）より短い（約 400 nm 以下）．波長の短い紫外線は日焼けを起こすばかりか生物の命を脅かしたりもするけれど，成層圏のオゾンが吸収するため，陸地にも生物が住める．

熱線ともいう**赤外線**（infrared radiation）は，可視光の端（赤い光，ほぼ 750 nm）より波長が長い．さらに波長が長くて mm～cm 域のマイクロ波[†]は，レーダーや電子レンジに使う．ほかの波長域も含め，電磁波を図 1・9 に図解した．波長の値に下限があるのかどうかはわかっていない．

こぼれ話　物理学の理論で“空間の概念”が意味をもつ長さは 10^{-34} m 以上だというから，電磁波の波長も 10^{-34} m を最小値とみる人が多い．■

† 訳注：マイクロ波という語は，“波長がマイクロメートル台”ではなく，“電波のうちで波長の値が最小の（マイクロな）領域”を意味する．たとえば電子レンジに使うマイクロ波（国際標準 2.45 GHz）の波長は約 12 cm となる．

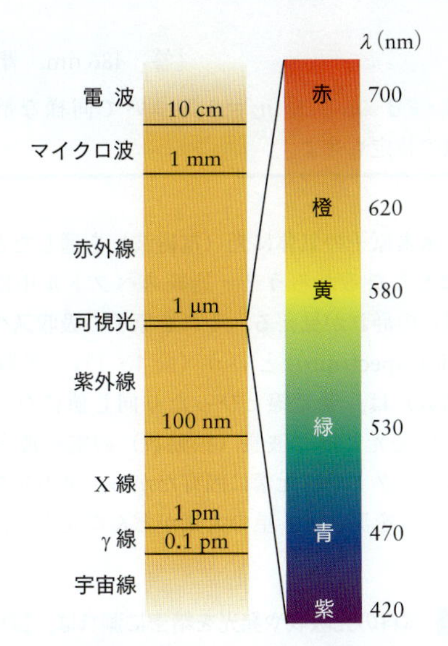

図 1・9 電磁波の分類．ごく狭い波長範囲を"可視光"とよぶ．縦方向が等間隔でないことに注意しよう．

要 点 光の色は波長（振動数）で変わる．波長が長いほど振動数は小さい．■

③ 原子スペクトル

低圧の水素ガスに通電すると，ガスが赤っぽく光る．H_2 分子は電気的に中性でも，高電場が H_2 分子から電子をはぎとる．生じる不安定な H_2^+ が分解し，H^+ と電子のプラズマ（陽イオンと電子の集合体）になる結果，プラズマが電気を運ぶ．また，真空に飛び出た電子はたちまち H^+ と再結合し，エネルギーの高い**励起状態**（excited state）の H 原子になる．励起 H 原子どうしが再び結合して安定な H_2 分子に戻るとき，余分なエネルギーが電磁波の形で出る．電流が流れ続けるかぎり以上のサイクルがくり返すため，赤っぽい光の放出が続く．

白色光をプリズムに通すと，連続した波長（色）のスペクトルが生じる（図 1・10a）．けれど励起 H 原子の出す光は，飛び飛びの**スペクトル線**（spectral lines）だった（図 1・10b）．いちばん強い発光線（656 nm）が赤なので，通電した低圧水素は赤っぽく光る．励起 H 原子は紫外線と赤外線の範囲にもスペクトル線を生み，肉眼では見えないものの，適当な機器を使えば観測できる．

こぼれ話 初期の実験では，光を細いスリットに通したあとプリズムで分け，線の姿になったものを観測したため，スペクトル"線"とよんだ．その呼称がいまに伝わる．■

初期の研究者たちが，不思議なスペクトル線が出る理由を説明しようと奮闘する．可視光域に出るスペクトル線の波長を調べたスイスの教師バルマー（Johann Balmer）が 1885 年，次式のような規則性を確かめた（∝は"比例する"の意味）．

$$\lambda \propto \frac{n^2}{n^2-4} \qquad (n = 3, 4, \cdots)$$

バルマーの少しあと，スウェーデンの分光学者リュードベリ（Johannes Rydberg）が，ずっとわかりやすい次式の表現を発表した．

$$\frac{1}{\lambda} \propto \frac{1}{2^2} - \frac{1}{n^2} \qquad (n = 3, 4, \cdots)$$

リュードベリの式は，2^2 を 3^2, 4^2, …と変えるだけで，やがて見つかる別の系列にも当てはまった．いまは振動数 $\nu = c/\lambda$ を使い，つぎの一般式に書く．

$$\nu = \mathcal{R}\left\{\frac{1}{{n_1}^2} - \frac{1}{{n_2}^2}\right\} \quad \begin{pmatrix} n_1 = 1, 2, \cdots \\ n_2 = n_1+1, n_1+2, \cdots \end{pmatrix} \qquad (2)$$

実測で 3.29×10^{15} Hz だとわかった $\mathcal{R}$ を，**リュードベリ定数**（Rydberg constant）という†．スペクトル線の群れは，n_1 の値に応じ，いくつかのグループ（系列）に分類でき，最初の二つはつぎのようになる．

- $n_1 = 1$（$n_2 = 2, 3, \cdots$）の**ライマン系列**（Lyman series. 紫外線域）

† 訳注：基礎物理定数の表でおなじみのリュードベリ定数（$= 1.097 \times 10^7\,\mathrm{m^{-1}}$）は，(2)式の ν を $\tilde{\nu}$（$=1/\lambda$）で表したときの値に等しい（本書の値を光速 c で割れば得られる）．

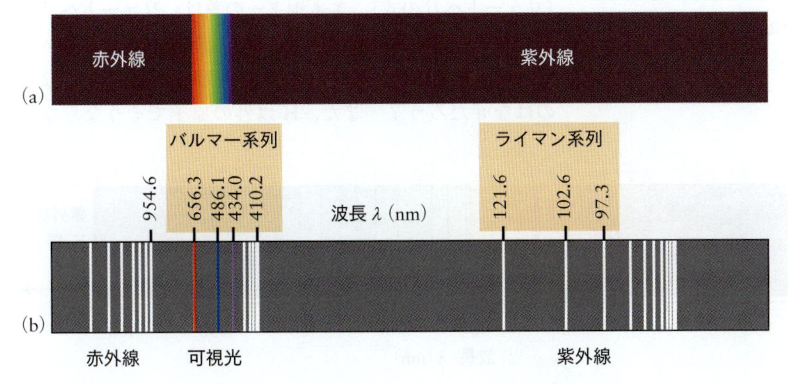

図 1・10 (a) 赤外線〜可視光〜紫外線の連続スペクトル．(b) H 原子のスペクトル線．スペクトル線がつくる集団（系列）のうち，二つの名称を付記した．

- $n_1 = 2$ （$n_2 = 3, 4, \cdots$）の**バルマー系列**（Balmer series. 可視光域）

少しあと，別の“系列”がありそうな波長範囲の見当もついて実験したところ，$n_1 = 3$ （$n_2 = 4, 5, \cdots$）の**パッシェン系列**（Paschen series）ほかが赤外線域に見つかった．こうした単純な系列は水素原子だけが示し，ほかの原子だと発光線のパターンはずっと複雑になる．

例題 1・2　スペクトル線の特定

水素が出す光のうち，$n_2 = 3$ から $n_1 = 2$ への遷移を語る発光線の波長はいくらか．またその線は，図 1・10 b のどこに出ているか．

予 想　$n_1 = 2$ だから，バルマー系列だろう．

方 針　(2)式から出る振動数を，(1)式で波長に直す．

解 答　(2)式に $n_1 = 2$，$n_2 = 3$ を入れ，つぎの結果を得る．

$$\nu = \mathcal{R}\left\{\frac{1}{2^2} - \frac{1}{3^2}\right\} = \frac{5}{36}\mathcal{R}$$

$\lambda\nu = c$ の関係から，波長 λ はこう書ける．

$$\lambda = \frac{c}{\nu} = \frac{c}{5\mathcal{R}/36} = \frac{36c}{5\mathcal{R}}$$

数値を代入し，次式の結果になる．

$$\lambda = \frac{36 \times \overbrace{(2.998 \times 10^8 \text{ m s}^{-1})}^{c}}{5 \times \underbrace{(3.29 \times 10^{15} \text{ s}^{-1})}_{\mathcal{R}}} = 6.56 \times 10^{-7} \text{ m} = 656 \text{ nm}$$

確 認　予想どおり，バルマー系列の赤い線だった．遠くの銀河が発光源なら波長は 656 nm より長いため，精密な観測で銀河までの距離を計算できる．

復習 1・2A　$n_1 = 2$，$n_2 = 4$ にあたる発光線の波長はいくらか．また，その線は，図 1・10 のどこに見えるか．

［答：486 nm，青い線］

復習 1・2B　$n_1 = 2$，$n_2 = 5$ について同様な計算をし，線の特定もせよ．

では，水素原子の気体に光（電磁波）を通したとき，出口の光はどうなるだろう？　連続スペクトル中に，暗い線（暗線）の群れが見える．それを原子の**吸収スペクトル**（absorption spectrum）という（図 1・11）．吸収線の波長（振動数）は，発光線とぴったり同じ値になる．つまり，原子は発光と同じ波長（振動数）の電磁波を吸収する．吸収スペクトルは元素に固有だから，星の光を観測して暗線の波長を測れば，星の大気がどんな元素を含むのかわかる．

こぼれ話　試料の光吸収や発光を精密に測れば，試料の元素組成をつかめることになる．そんな分析法を，原子吸収分光分析法や原子発光分光分析法という．■

リュードベリの式は経験式だった．実測結果にぴたりと合っても，“なぜそのパターンになるのか”はわからない．そのため，吸収・発光線が飛び飛びになる理由を，原子の物理的性質をもとに説明することが，大切なテーマとなった．

謎解きのカギは，光をエネルギーの一種とみなすこと．光を出す励起 H 原子は，エネルギーを捨てているにちがいない．逆に，光の吸収はエネルギーの獲得を意味する．どんな原子も電子をもつというトムソンの発見をもとに科学者たちは，光を吸ったり出したりする際，H 原子のエネルギーが増減しているはずだと結論した．

発光はなぜ線なのか？　H 原子の電子が飛び飛びのエネルギーしかとれず，そんなエネルギー値の間を**遷移**（transition）するからだろう．つまり原子内の電子は，飛び飛びの**エネルギー準位**（energy level）にあり，不安定な励起原子が，2 準位の差にあたる余分なエネルギーを電磁波の形で放出する．光の吸収はその逆で，1 個の電子が低い（安定な）準位から高い（不安定な）準位に上がると考えればいい．

だとしたら，電子がとれるエネルギーは $\mathcal{R}/n^2$ に比例し（リュードベリの式），エネルギーの差は，リュードベリの式の右辺のように書ける．けれど，発光の振動数がエネルギーの差に比例し，リュードベリ定数が，実測の値になるのはなぜだろう？　また，H 以外の原子でそうならない

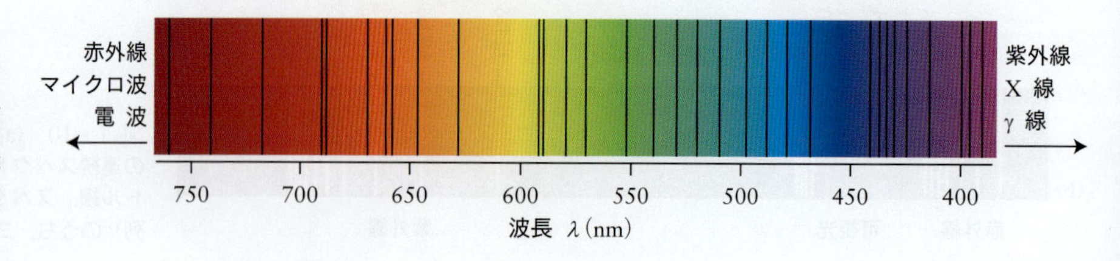

図 1・11　太陽光スペクトルの一部．太陽の表層にある気体原子が，特定の波長（振動数）の光を吸収する結果，暗線の群れができる．暗線の大部分は H 原子が生む．

のはなぜなのか？　その答えを，次節で学ぶ量子論が教えてくれた．

要 点 発光や吸収の線スペクトルは，原子内の電子が飛び飛びのエネルギーしかとれないことを物語る．■

身につけたこと

α 粒子の散乱実験で，原子番号 Z の元素の原子は，Z 個の電子に囲まれた極微の重い核だとわかった．電磁波とは，真空中を光速 c で進み，一定の振動数と波長をもつ波だといえる．電磁波の放出・吸収を観測した結果は，原子内の電子が飛び飛びのエネルギー値をもつとほのめかす．以上を学び，つぎのことができるようになった．

❑1　原子の核モデルを確立した実験の説明（① 項）
❑2　関係式 $\lambda\nu = c$ を使う光の波長と振動数の計算（例題 1・1）
❑3　リュードベリの式を使う水素原子の遷移エネルギー計算（例題 1・2）

1・2 量 子 論

なぜ学ぶのか？ 化学で主役となる原子や分子の電子は量子力学に従ってふるまうため，その要点を知っておくのが欠かせない．

必要な予備知識 運動エネルギーの意味（序章 A 節）と電磁波の性質，とりわけ波長と振動数の意味（前節）を振り返っておこう．

19 世紀末の科学者は，放射（電磁波）のことを調べていた．放射の性質は古典力学に合いそうもなく，H 原子のスペクトル線も謎だらけだった．ようやく 1900 年ごろに放射の謎が解け始め，1927 年にはすっかり解けたものの，さらに深い謎も生まれる．そのいきさつを以下で振り返ろう．原子のつくりと性質を解き明かすのは，なんとも妙な理論だった．

① 放 射 と 量 子

放射の謎解きは，加熱物体の観測に始まる．高温の物体は，**白熱**（incandescence）という現象で光る．温度が上がれば光の色は赤→橙→黄と変わり，最後は白色になる．なぜそうなるのかをつかむには，ただ色をいうだけでなく，数値でいえなければいけない．研究者は温度を変えながら，発光の強さと波長の関係を調べた．その実験が科学に革命を起こす．

実測例を図 1・12 に描いた．この“熱い物体”を（白熱もするのに）**黒体**（black body）とよぶ．そのよび名は，決まった波長の光を吸収・放出しない（波長の“好み”がない）ところからきた．一連の温度で放射の強さ（正しくは“放射エネルギー密度”）と波長の関係を表す図

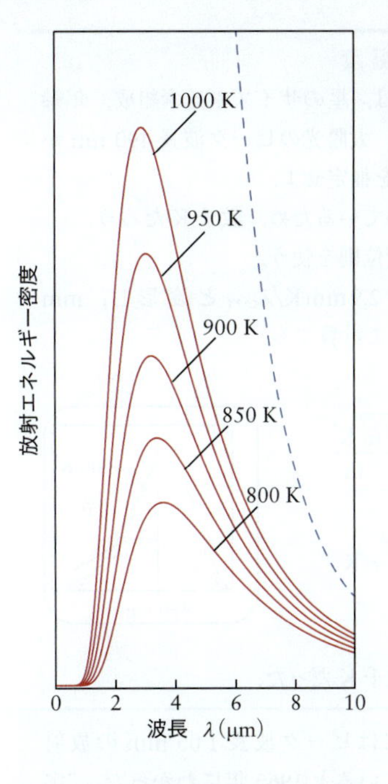

図 1・12　黒体放射スペクトルの例．高温ほど放射エネルギー（曲線下の面積）が増し，ピーク波長が短くなる．古典論に従う 800 K の放射特性を青い破線で示す．

1・12 は，**黒体放射**（black-body radiation）スペクトルという．高温ほどピーク波長が短くなり，放射の強度も増すところに注目しよう．

考えよう 熱した金属の見た目が，赤っぽい色から白っぽく変わるのはなぜだろう．■

謎解きのカギは 19 世紀の末に得られた．1893 年にウィーン（Wilhelm Wien）が放射スペクトルと温度の関係を調べ，放射のピーク波長 $\lambda_{\max}$ が絶対温度 T に反比例すること（$\lambda_{\max} \propto 1/T$，つまり $\lambda_{\max} \times T =$ 一定）を確かめた（図 1・13）．それを**ウィーンの変位則**（Wien's displacement law）といい，次式に書ける（式中の定数は 2.9 mm K）．

$$\lambda_{\max} T = \text{定数} \tag{3}$$

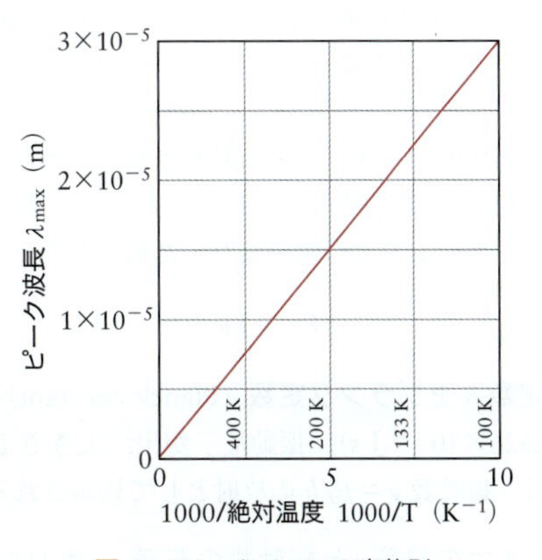

図 1・13　ウィーンの変位則．高温ほどピーク波長が短い．

例題1・3 黒体の温度

太陽など星の温度は，星のサイズや元素組成，年齢などを教えてくれる．太陽光のピーク波長 490 nm から，太陽の表面温度を推定せよ．

予 想 白っぽく輝いているため，数千 K だろう．

方 針 ウィーンの変位則を使う．

解 答 (3) 式を $T=2.9\,\mathrm{mm\,K}/\lambda_{\max}$ と変形し，mm と nm を m に換算して計算する．

$$T=\frac{\overbrace{2.9\times10^{-3}\,\mathrm{m\,K}}^{2.9\,\mathrm{mm}}}{\underbrace{4.90\times10^{-7}\,\mathrm{m}}_{490\,\mathrm{nm}}}$$

$$=\frac{2.9\times10^{-3}}{4.90\times10^{-7}}\,\mathrm{K}$$

$$=5.9\times10^{3}\,\mathrm{K}$$

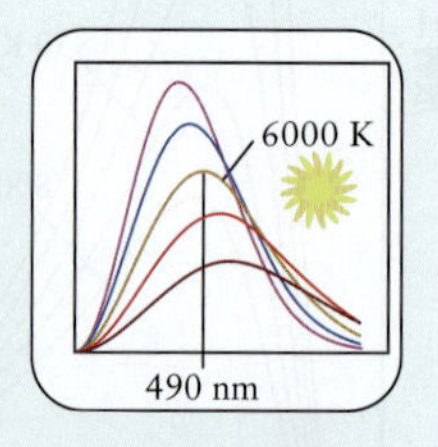

確 認 予想どおり数千 K だった．

復習1・3A 宇宙にはピーク波長 1.05 mm の放射（背景放射）が満ちていると 1965 年にわかった．“宇宙空間の温度”は何 K か．

［答：2.76 K］

復習1・3B 寿命を迎える直前の星（赤色巨星）は，約 700 nm の発光ピーク波長を示す．赤色巨星の表面温度は何 K か．

19 世紀末の時点で使えそうな理論は，200 年ほど前にニュートンが確立していた運動の法則（古典物理）しかない．だが，古典物理で黒体放射の実験結果は説明できない．最大の謎が**紫外発散**（ultraviolet catastrophe）だった．古典物理なら短波長（紫外部）で放射強度は単調に増えるため，どんな黒体も強い紫外線や X 線，γ 線を出し，短波長端の強度が無限大になる！ 体温 37 ℃の人体も暗闇でピカピカ光るはずだから，この世に闇はないことになってしまう．

1900 年にドイツの物理学者プランク（Max Planck）が謎を解く．プランクは，物質と放射（電磁波）が，**量子**（quantum）という有限量のエネルギーをやりとりすると考えた．黒体内で高速振動する電子と原子に注目し，振動数 ν の振動電荷が周囲とやりとりするエネルギーは，次式のエネルギー E をもつ電磁波だ…と仮定した．

$$E = h\nu \tag{4}$$

比例定数 h を**プランク定数**（Planck constant）という（値は 6.626×10^{-34} J s）．振動電子が出す大きさ E のエネルギーは，振動数 $\nu=E/h$ の放射として観測される．

注目！ 速さの記号 v と振動数の記号 ν（ギリシャ文字ニュー）を混同しないよう．■

こぼれ話 用語 quantum は，“何個ある？”という意味のラテン語にちなむ．■

プランクの仮説によると，黒体が振動数 ν の放射を出すには，$h\nu$ 以上のエネルギーを受けとる必要がある．受けとれば，同じエネルギー $h\nu$ の放射を出せる．低温だと，高い ν 値のエネルギーを周囲からもらえないため，黒体は高振動数の紫外線を出せない．つまり図 1・12 でわかるとおり，高振動数（短波長）の強度が頭打ちになり，紫外発散も起こらない．プランクの仮説は，ウィーンの変位則を定性的に説明できたばかりか，実測結果にぴたりと合う放射スペクトルの式も提示できる点が画期的だった．

要するにエネルギーは“ある大きさのかたまり”として授受される．ただし，当時の常識に合わないプランクの理論には，さらに証拠が必要だった．やがて，光（紫外線）を当てた金属の表面から電子が飛び出す**光電効果**（photoelectric effect）が，強力な証拠となった（図 1・14）．

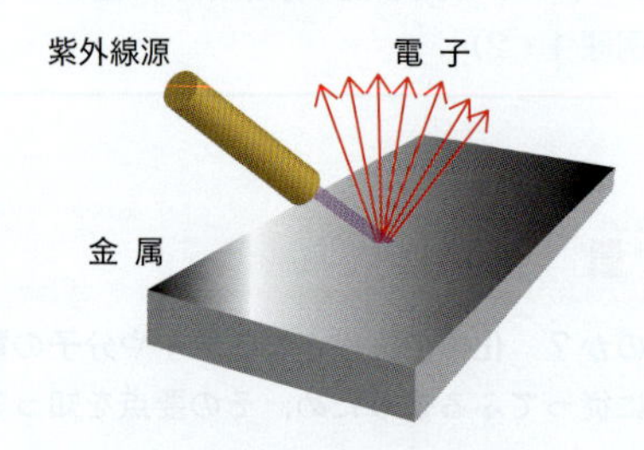

図 1・14 光電効果．照射光の振動数が一定値より高いとき，金属から電子が飛び出す．

光電効果はつぎのようにまとめられる．

1. 光の振動数が一定値より小さいと，光がいくら強くても電子は飛び出さない（“一定値”は金属に固有）．
2. 振動数が一定値より大きいなら，光がいくら弱くても電子はすぐに飛び出す．
3. 飛び出た電子の運動エネルギーは，当てた光の振動数と直線関係にある．

注目！ “y と x が直線関係にある”とは，$y=ax+b$ の関係を指す．b が 0 なら $y=ax$ となり，“y は x に比例する”という．■

アインシュタイン（Albert Einstein）は光電効果を説明し（1921 年ノーベル物理学賞），光についての常識をくつがえした．光は粒子の集まりとみてよい〔やがて 1926 年に光の粒子を米国のギルバート・ルイスが**光子**（こうし）（photon）と命名〕．光子は“光エネルギーのかたまり”を意味し，光子 1 個のエネルギーは，(4) 式と同じく振動数 ν に比例する（$E=h\nu$）．紫外線は可視光より光子エネルギーが大きい．赤い光は一定エネルギーをもつ光子の流れで，黄色の光は，赤い光よりエネルギーが大きい光子の流れ．緑の光は，さらに光子エネルギーが大きい．

電磁波の光子エネルギーを表 1・2 にまとめた．式 $E=$

表 1・2 およその光子エネルギー[a]

電磁波の名称	光子エネルギー (10^{-19} J)	光子 1 mol のエネルギー ($kJ\ mol^{-1}$)	光子エネルギー[b] (eV)
γ線・X線	$\geq 1.0\times10^3$	$\geq 6.0\times10^4$	$\geq 6.2\times10^2$
紫外線	5.7	340	3.6
可視光			
紫	4.7	280	2.9
青	4.2	250	2.6
緑	3.8	230	2.4
黄	3.4	200	2.1
橙	3.2	190	2.0
赤	2.8	170	1.8
赤外線	2.0	120	1.3
マイクロ波 電 波	$\leq 2.0\times10^{-3}$	≤ 0.12	$\leq 1.3\times10^{-3}$

a) 有効数字 2 桁の代表値を示す.
b) 波長 λ を nm 単位で表すとき，1240/λ が eV 単位の光子エネルギー値になる.

$h\nu$ が光子 1 個のエネルギーを表し，放射の“強度”は光子の数に比例することに注意しよう.

考えよう 生命体には，赤外線より紫外線のほうがずっとあぶない．なぜだろうか. ■

例題 1・4 光子エネルギーの計算

光合成や日焼けなど，光が起こす化学変化（光化学反応）の種類は多い．光化学反応の理解には，分子にぶつかってくる光子のエネルギーを見積もるのが第一歩となる.

振動数 6.4×10^{14} Hz の青い光で，(a) 光子 1 個のエネルギーと，(b) 光子 1 mol のエネルギーはいくらか.

予 想 表 1・2 より，光子 1 個のエネルギーは 4×10^{-19} J に近いだろう.

方 針 光子エネルギーは (4)式で計算する．その結果にアボガドロ定数（序章 E 節）をかければ，1 mol のエネルギーになる.

解 答 (a) (4)式を使い，つぎのようになる.

$$E(\text{光子 1 個}) = (6.626\times10^{-34}\ \text{J s})\times(6.4\times10^{14}\ \text{s}^{-1}) = 4.2\times10^{-19}\ \text{J}$$

(b) 上の結果にアボガドロ定数 N_A をかけ，下のようになる.

$$E(\text{光子 1 mol}) = (6.022\times10^{23}\ \text{mol}^{-1})\times(4.2\times10^{-19}\ \text{J}) = 2.5\times10^5\ \text{J mol}^{-1} = 250\ \text{kJ mol}^{-1}$$

確 認 予想どおり，表 1・1 の値に近かった.

復習 1・4A 振動数 5.2×10^{14} Hz の光（黄色）の光子エネルギーを計算せよ.

［答: 3.4×10^{-19} J］

復習 1・4B 振動数 4.8×10^{14} Hz の光（橙色）の光子エネルギーを計算せよ.

光（電磁波）が光子の集まりなら，光電効果の説明はやさしい．当てる光の振動数が ν のとき，光子 1 個のエネルギーは $h\nu$ に等しい．光子 1 個が金属中の電子 1 個と衝突したとき，$h\nu$ が十分に大きければ，電子は光子エネルギーを吸収する.

金属から電子を引き離すのに必要なエネルギーを**仕事関数** (work function) といい，ギリシャ文字 Φ（ファイ）で表そう.

仕事関数はエネルギーだから自然な単位はジュールだけれど，数値が簡単になる“電子ボルト (eV)”を単位に使うことが多い．1 eV は，1 V の電圧で電子 1 個を加速するのに必要なエネルギーを表すため，$1\ \text{eV} = 1.602\times10^{-19}\ \text{J} \approx 96.5\ \text{kJ mol}^{-1}$ の関係が成り立つ.

光子エネルギーが Φ より小さいと，どれほど強い光を当てても電子は飛び出さない．しかし $h\nu > \Phi$ の光なら，どれほど弱い光でも電子は引き離され，大きさ $h\nu-\Phi$ の運動エネルギー E_k $(=\frac{1}{2}m_e v^2)$ をもって真空中に出る（図 1・15)．つまり，次式の関係が成り立つ.

$$\underbrace{\frac{1}{2}m_e v^2}_{\text{飛び出た電子の運動エネルギー}} = \underbrace{h\nu}_{\text{受けとった光子エネルギー}} - \underbrace{\Phi}_{\text{仕事関数}} \tag{5}$$

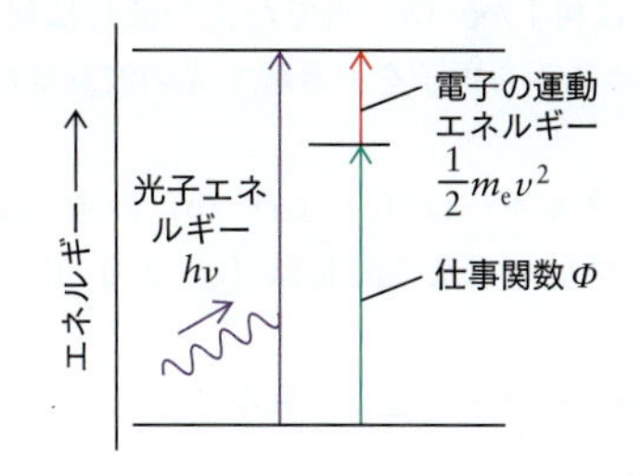

図 1・15 光電効果のエネルギー関係.

式の意味 飛び出た電子の運動エネルギーは振動数 ν と直線関係にあるため，運動エネルギーと ν のグラフ（図 1・16）は直線になり，直線の傾きが h，縦軸との交点が $-\Phi$（金属に固有）を表す．また横軸との交点は，飛び出た電子の運動エネルギーが 0 となる振動数 $(=\Phi/h)$ にあたる. ■

アインシュタインの“光量子理論”は，光電効果をつぎのように説明できた.

1. 金属内の電子 1 個は，仕事関数 Φ 以上のエネルギーを光子 1 個から受けとれば飛び出す．つまり電子を飛び

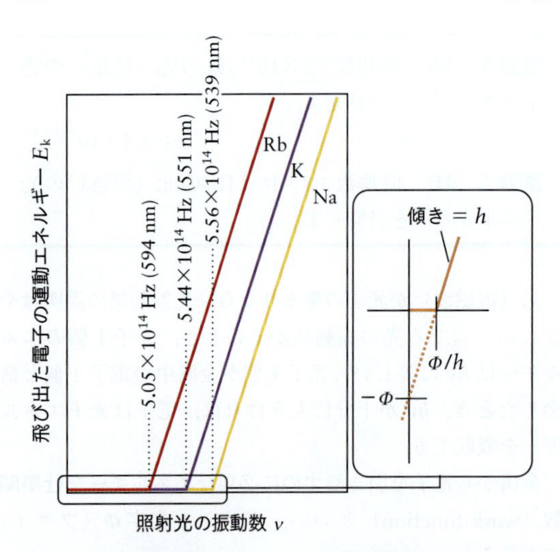

図 1・16 光電効果のグラフ化．光の振動数が一定値以下なら，金属の電子は飛び出さない．一定値を超せば飛び出し，その運動エネルギーは (5)式のように変わる．

出させる最低の振動数がある．最低の振動数は，金属に固有な仕事関数 Φ の値で決まる（図 1・16）．

2. 光子エネルギーが一定値以上の光は，いくら弱くても金属から電子を引き離す．
3. 飛び出た電子の運動エネルギーは，照射光の振動数と直線関係にある〔(5)式〕．

例題 1・5 光電効果の考察

ある光を金属カリウムに当てたとき，飛び出た電子の速さが 668 km s^{-1} だった．カリウムの仕事関数を 2.29 eV として以下に答えよ．(a) 出た電子の運動エネルギーは何 J か．(b) 当てた光の波長は何 nm か．(c) カリウムから電子を引き離す光の波長は何 nm 以下か．

予 想 エネルギーは (c) より (b) の光のほうが大きいはずだから，光の波長は (c) より (b) のほうが短いだろう．

方 針 (a) SI 単位で運動エネルギー $E_k=\frac{1}{2}m_e v^2$ を計算する．

(b) 仕事関数を J 単位のエネルギーに直し，(5)式で得た $h\nu$ と $\lambda\nu=c$ の関係から波長 λ を出す．

(c) $E_k=0$ ($h\nu=\Phi$) にあたる振動数 ν を，波長 λ に換算する．

解 答 (a) $E_k=\frac{1}{2}m_e v^2$ から，次式のようになる．

$$E_k=\frac{1}{2}\times\overbrace{(9.109\times10^{-31}\,\mathrm{kg})}^{m_e}\times\overbrace{(6.68\times10^{5}\,\mathrm{m\,s^{-1}})^2}^{v}$$
$$=2.03\cdots\times10^{-19}\,\overbrace{\mathrm{kg\,m^2\,s^{-2}}}^{\mathrm{J}}$$

(b) $\frac{1}{2}m_e v^2=h\nu-\Phi$ つまり $h\nu=\Phi+\frac{1}{2}m_e v^2=\Phi+E_k$ から，光子エネルギーはつぎの値になる．

$$h\nu=\overbrace{3.67\times10^{-19}\,\mathrm{J}}^{\Phi}+\overbrace{2.03\cdots\times10^{-19}\,\mathrm{J}}^{E_k}$$
$$=5.70\cdots\times10^{-19}\,\mathrm{J}$$

振動数 ν を計算する．

$$\nu=\frac{5.70\cdots\times10^{-19}\,\mathrm{J}}{h}=\frac{5.70\cdots\times10^{-19}\,\mathrm{J}}{6.626\times10^{-34}\,\mathrm{J\,s}}$$
$$=\frac{5.70\cdots\times10^{-19}}{6.626\times10^{-34}}\,\mathrm{s^{-1}}=8.60\cdots\times10^{14}\,\mathrm{s^{-1}}$$

関係式 $\lambda=c/\nu$ より，波長 λ が次式のように計算できる．

$$\lambda=\frac{(2.998\times10^{8}\,\mathrm{m\,s^{-1}})}{\underbrace{8.60\cdots\times10^{14}\,\mathrm{s^{-1}}}_{\nu}}$$
$$=3.48\times10^{-7}\,\mathrm{m}$$
$$=348\,\mathrm{nm}$$

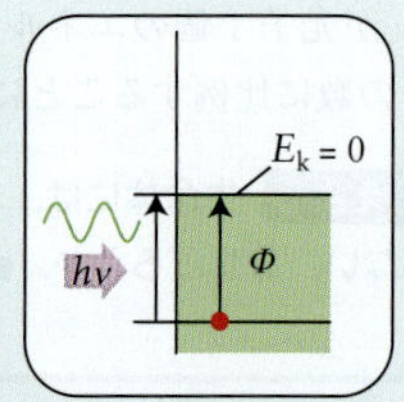

(c) (5) 式で $E_k=0$ として $h\nu=\Phi$，つまり $\lambda=ch/\Phi$ だから，つぎの計算になる．

$$\lambda=\frac{(2.998\times10^{8}\,\mathrm{m\,s^{-1}})\times(6.626\times10^{-34}\,\mathrm{J\,s})}{3.67\times10^{-19}\,\mathrm{J}}$$
$$=\frac{(2.998\times10^{8})\times(6.626\times10^{-34})}{3.67\times10^{-19}}\,\mathrm{m}$$
$$=5.41\times10^{-7}\,\mathrm{m}\ (=541\,\mathrm{nm})$$

確 認 予想どおり，(b) の波長は，(c) の波長より短かった．

復習 1・5A 亜鉛（仕事関数 3.63 eV）の光電効果を起こす光の波長は何 nm 以下か．

［答：342 nm 以下］

復習 1・5B 光電効果で亜鉛から飛び出した電子の速さは 785 km s^{-1} だった．(a) 出た電子の運動エネルギーは何 J か．(b) 当てた光の波長は何 nm か．

要 点 黒体放射の研究がプランクの量子仮説を生み，光電効果が電磁波の粒子性を証明しきった．■

② 波と粒子の二面性

光電効果は，電磁波（光）を粒子（光子）の集まりとみて説明できた．だが電磁波は，呼び名どおりに波の性質も示す．わかりやすい証拠には，**回折**（diffraction）と**干渉**（interference）がある（図 1・17）．

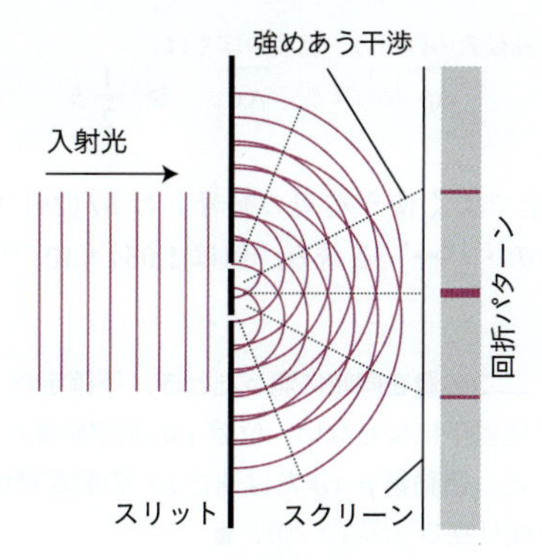

図 1・17　回折のイメージ．紫色の線が波の山．左から来た光がスリット対を通れば，各スリットの出口にできる円形の波が干渉しあう．スクリーン上には，波が強めあった明るい線（点線）と，弱めあった暗い線ができる．

二つの波が干渉すると，干渉縞ができる．山と山が重なれば振幅は増し，**強めあう干渉**（constructive interference）になる（図 1・18a）．逆に山と谷が重なれば，振幅が減る**弱めあう干渉**（destructive interference）が起こる（図 1・18b）．回折と干渉は物質の研究に役立ち，たとえば X 線回折を使うと，結晶や分子の構造がわかる（3 章末の“測定法 3”）．

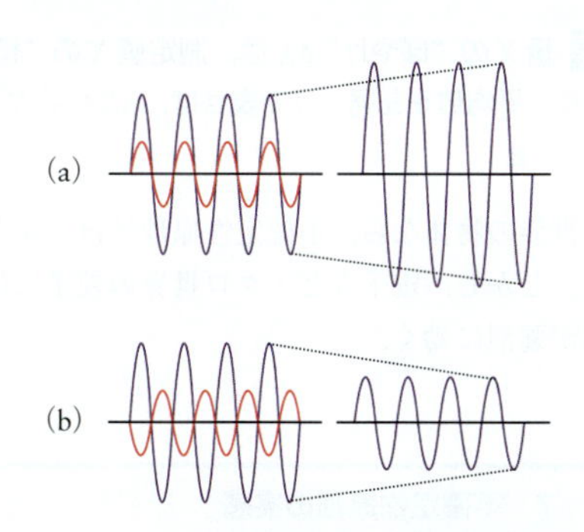

図 1・18　(a)“同位相”の波が強めあう干渉．波の波長は変わらず，振幅だけが増す（右側）．(b)“逆位相”の波が弱めあう干渉．

波と粒子の二面性（wave-particle duality）に出合った科学者の戸惑いは，想像にかたくない．光電効果は，電磁波を粒子とみないかぎり説明できない．かたや回折現象は，電磁波が波だと教える．そこに現代物理の核心がある．さまざまな実験の結果は，電磁波が波でも粒子でもあると語るのだ．強度についてはこう言える．

- 波とみた電磁波の強度は，振幅の 2 乗に比例する．
- 粒子とみた電磁波の強度は，粒子の個数に比例する．

電磁波が二面性をもつなら，ドルトンが粒子の集まりとみた“もの”も，波の性質をもつのではないか？　1924 年にフランスのド・ブロイ（Louis de Broglie）がそう思いつく．どんな粒子も波の性質をもつ“物質波”で，その波長は，粒子の“質量 m×速さ v”に反比例するだろう．

$$\lambda = \frac{h}{mv} \qquad (6a)$$

質量と速さの積を**運動量**（momentum）p という（$p = mv$）．するとド・ブロイ**波長**（de Broglie wavelength）は次式のようにも書ける．

$$\lambda = \frac{h}{p} \qquad (6b)$$

例題 1・6　物体の波長

身近な“もの”が波だとしても，暮らしに障る話でもないだろう．速さ 1 m s^{-1} で動く 1 g の物体を波とみたときの波長はどれほどか．

予 想　物体は電子などよりずっと重いため，波長はずいぶん短いだろう．

方 針　(6a)式を使って計算する．

解 答　(6a)式に数値を入れ，つぎの結果になる．

$$\lambda = \frac{\overbrace{6.626 \times 10^{-34}\ \overbrace{\mathrm{J\,s}}^{\mathrm{kg\,m^2\,s^{-2}}}}^{h}}{\underbrace{(1 \times 10^{-3}\,\mathrm{kg})}_{m} \times \underbrace{(1\,\mathrm{m\,s^{-1}})}_{v}}$$

$$= \frac{6.626 \times 10^{-34}}{1 \times 10^{-3}} \frac{\mathrm{kg\,m^2\,s^{-2}\,s}}{\mathrm{kg\,m\,s^{-1}}}$$

$$= 7 \times 10^{-31}\,\mathrm{m}$$

確 認　予想どおり，想像できないほど短かった．

注目！　計算のとき単位を“フルスペル”で書けば，単位どうしのかけ合わせや約分が見やすくなって，計算ミスにも気づきやすい．いまの計算も，“波長だから最後の単位は m”を前提に進めたわけではない．■

復習 1・6A　光速（3.00×10^8 m s^{-1}）の 1000 分の 1 で飛ぶ電子（9.11×10^{-31} kg）の波長は何 nm か．

［答：2.42 nm］

復習 1・6B　音速（331 m s^{-1}）の 2 倍で飛ぶライフルの弾丸（5.0 g）の波長はいくらか．

考えよう　完全に静止している読者の波長はいくらか？　答はなんだかおかしくないか？■

電子の波動性は，回折実験で確かめられた．1925 年に米国のデイヴィソン（Clinton Davisson）とジャーマー（Lester Germer）が，ニッケルの結晶に高速の電子をぶつけたところ，結晶表面に 0.25 nm 間隔で並ぶ Ni 原子が“回折格子”となって“電子の波”を回折し，干渉縞ができた（図 1・19）．以後，ずっと重い分子などの回折も確認され，いまや“粒子の波動性”を疑う余地はない．実のところ昨今，電子の回折は，分子構造や固体表面の原子配列を調べる強力な手段になっている．

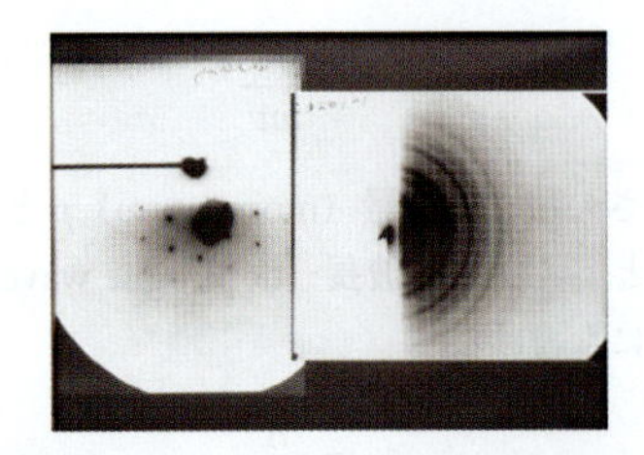

図 1・19　デイヴィソンとジャーマーは Ni 結晶に電子を当てて反射させ干渉縞を観測した．英国の G. P. トムソン（J. J. トムソンの息子）も金箔を使って回折を確認している．写真はトムソンの干渉縞．父は“電子＝粒子”を証明し（1・1 節），息子は“電子＝波”を証明して，ともにノーベル物理学賞に輝いた（それぞれ 1906 年，1937 年）．

要点 電子ばかりかどんな物体も，波と粒子の二面性をもつ．■

③ 不確定性原理

波と粒子の二面性は，電磁波や“もの”の常識を変えたばかりか，古典物理の土台をくつがえしもした．古典物理だと，動く粒子の位置と運動量†はぴたりと決まるため，粒子は明確な**軌跡**（trajectory）を描いて動く．けれど粒子が波のふるまいもするなら，正確な位置はつかめない．震えているギターの弦を想像しよう．振動はどこか 1 点にあるわけではなく，弦の全体に広がっている．

運動量がぴたりと決まった粒子は，ぴたりと決まった波長をもつ．だが，その波は“どこにある”とはいえないから，“運動量が決まった粒子の位置はわからない”ことになる．

つまり，波と粒子の二面性を考えると，たとえば水素原子内の電子も，きれいな軌跡を描きつつ核のまわりを回っているとはいえない．太陽系のような原子の絵は教科書でよく見るけれど，途方もない誤りなのだと心得よう．

話はまだ終わらない．運動量が決まった粒子の位置が不明なら，どんな粒子の軌跡も正確には決まらないことになる．そういう不確実性は，重い粒子なら無視できても，電子のように軽い粒子だとたいへん大きい．たとえば，ある瞬間に粒子が“ここにいる”とわかっても，つぎの瞬間にどこにいるかは言えない．運動量がぴたりと決まっていれば，正確な位置はわからない．そのことを，位置と運動量の**相補性**（complementarity）といい，両方を同時に精度よくはつかめない．ドイツの物理学者ハイゼンベルク（Werner Heisenberg）が 1927 年，相補性を定量的に表す**不確定性原理**（uncertainty principle）を発表した．位置のぼやけを Δx，x 軸に沿う運動量 p のぼやけを Δp として，二つの積はこう表せる．

$$\underbrace{\Delta p}_{\text{運動量のぼやけ}} \times \underbrace{\Delta x}_{\text{位置のぼやけ}} \geq \frac{1}{2}\hbar \qquad (7)$$

量子力学でよく使う右辺の記号 $\hbar$ は $h/(2\pi)$ を意味する．“エイチ・バー”と読み，値は 1.054×10^{-34} J s に等しい．

式の意味 二つの量を同時に測ったとき，不確定さ（ぼやけ）の積は一定値以下にならない．位置 x の測定精度が高い（Δx が小さい）と，運動量 p（または速さ v）の測定精度は悪い．むろん逆も成り立つ（図 1・20）．■

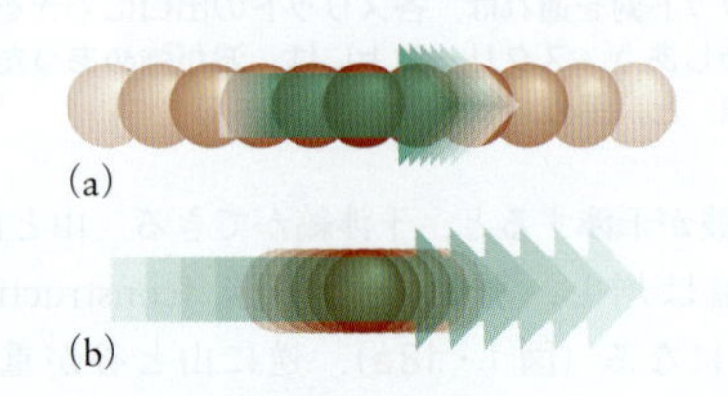

図 1・20　不確定性原理の図解．(a) 粒子の位置がぼやけていると，運動量（矢印）の精度はよい．(b) 位置の精度がよいと，運動量のぼやけが大きい．

こぼれ話 量 X の“ぼやけ” ΔX は，測定値 X の“標準偏差”を意味する．平均値を記号 ⟨ ⟩ で表せば，$\Delta X = \sqrt{\langle X^2\rangle - \langle X\rangle^2}$ が成り立つ．■

マクロ世界の物体なら，不確定性原理はほとんど問題にならない．しかし，電子などミクロ世界の粒子には，不確定性原理が強烈に効く．

例題 1・7　不確定性原理の実感

不確定性原理の効きかたを実感しよう．(a) 1.0 g のビー玉の速さが精度 ±1.0 mm s^{-1} でわかっているとき，位置のぼやけは最低いくらか．(b) 直径 0.200 nm の原子内にある電子だと，速さのぼやけは最低いくらか．

予想　重いビー玉のぼやけは小さく，軽い電子のぼやけは大きいだろう．

方針　最低値だから，(7) 式を等号（=）にして計算すればよい．質量 m，速さ v，運動量 p の関係 $\Delta p = m\Delta v$ を使う．

解答　(a) まず，単位を SI にそろえる．質量は $m = 1.0\times10^{-3}$ kg，速さのぼやけは $\Delta v = 2\times(1.0\times10^{-3}\ \mathrm{m\ s^{-1}})$．また $\Delta p\Delta x = \frac{1}{2}\hbar$ と $\Delta p = m\Delta v$ から $\Delta x = \hbar/(2m\Delta v)$ と書けるため，Δx は次式のように計算できる．

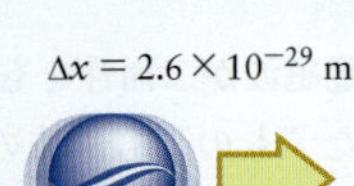

† 訳注：運動量 $p = mv$ は“質量×速さ”だから，“運動量”を“速さ”と読み替えても，話の筋はほぼ追える．

$$\Delta x = \frac{\overbrace{1.054 \times 10^{-34}\,\mathrm{J\,s}}^{\hbar}}{2 \times \underbrace{(1.0 \times 10^{-3}\,\mathrm{kg})}_{1.0\,\mathrm{g}} \times \underbrace{(2.0 \times 10^{-3}\,\mathrm{m\,s^{-1}})}_{2.0\,\mathrm{mm\,s^{-1}}}}$$

$$= \frac{1.054 \times 10^{-34}}{2 \times 1.0 \times 10^{-3} \times 2.0 \times 10^{-3}} \frac{\overbrace{\mathrm{J}}^{\mathrm{kg\,m^2\,s^{-2}}}\ \mathrm{s}}{\mathrm{kg\,m\,s^{-1}}}$$

$$= 2.6 \times 10^{-29} \frac{\mathrm{kg\,m^2\,s^{-2}\,s}}{\mathrm{kg\,m\,s^{-1}}} = 2.6 \times 10^{-29}\,\mathrm{m}$$

確 認　予想どおり，ぼやけはたいへん小さいため，ビー玉の位置は測定でぴたりと決まる．

注目！ 計算のとき，SI 組立単位（いまの場合は J）を基本単位の組み合わせで表すと，見通しがよくなる．■

(b) 同様に，$\Delta p \Delta x = \frac{1}{2}\hbar$ と $\Delta p = m\Delta v$ から出る $\Delta v = \Delta p/m = \hbar/(2m\Delta x)$ を計算する．

$$\Delta v = \frac{\overbrace{\Delta p}^{\hbar/2\Delta x}}{m} = \frac{\hbar}{2m\Delta x}$$

$$= \frac{\overbrace{1.054 \times 10^{-34}\,\mathrm{J\,s}}^{\hbar}}{2 \times \underbrace{(9.109 \times 10^{-31}\,\mathrm{kg})}_{m_e} \times \underbrace{(2.00 \times 10^{-10}\,\mathrm{m})}_{\Delta x}}$$

$$= \frac{1.054 \times 10^{-34}}{2 \times 9.109 \times 10^{-31} \times 2.00 \times 10^{-10}} \frac{\overbrace{\mathrm{J}}^{\mathrm{kg\,m^2\,s^{-2}}}\ \mathrm{s}}{\mathrm{kg\,m}}$$

$$= 2.89 \times 10^5 \frac{\mathrm{kg\,m^2\,s^{-2}\,s}}{\mathrm{kg\,m}}$$

$$= 2.89 \times 10^5\,\mathrm{m\,s^{-1}}$$

$\Delta v = 2.9 \times 10^5\,\mathrm{m\,s^{-1}}$

e^-

確 認　予想どおり，速さのぼやけは大きくて，わかりやすい単位だと $\pm 150\,\mathrm{km\,s^{-1}}$ にもなる．

復習 1・7A　サイクロトロンで陽子 1 個を加速したとき，速さの不確定さが $3.0 \times 10^2\,\mathrm{km\,s^{-1}}$ だった．位置の不確定さは最低いくらか．

［答：0.11 pm］

復習 1・7B　高速道路を飛ばす質量 2.0 t（1 t＝10^3 kg）の車を警察が監視していた．車の位置は精度 1 m までしかわからない．速さの不確定さは最低いくらか．“不確定性原理が効くので警察の速度計測は信用できない”と，ドライバーが言い逃れる余地はあるだろうか．

要 点 粒子の位置と運動量（速さ）は相補的だから，両方を同時に精度よく測るのは不可能．ぼやけの程度は，ハイゼンベルクの不確定性原理に従う．■

身につけたこと

ミクロ粒子が示す性質の一部は，古典力学では説明できない．とりわけ波と粒子の性質が混じりあうため，粒子の軌跡は明瞭に決まらない．以上を学び，つぎのことができるようになった．

❑ 1　ウィーンの変位則を使う黒体の温度推定（例題 1・3）
❑ 2　関係式 $E = h\nu$ を使うエネルギーと振動数，光子数の計算（例題 1・4）
❑ 3　金属の仕事関数に注目した光電効果の解析（例題 1・5）
❑ 4　運動する粒子がもつ波長の見積もり（例題 1・6）
❑ 5　粒子の位置と速さがぼやける度合いの見積もり（例題 1・7）

1・3　波動関数とエネルギー準位

なぜ学ぶのか？　量子力学の話では必ず波動関数とエネルギー準位に出合うため，その意味を知っておきたい．

必要な予備知識　三角関数（$\sin x$）は既知とする．波と粒子の二面性，運動量と波長を結びつけたド・ブロイの式，ハイゼンベルクの不確定性原理（前節）も使う．

波と粒子の二面性は，まさに革命的な発見だった．化学現象のほぼ全部を決める電子が波の性質も示すわけだから，化学は土台から刷新された．むろん本書の話にも，波と粒子の二面性がしじゅう顔を出す．

① 波動関数とその解釈

古典力学では粒子を，位置も速度もぴたりと決まる“質点”とみなす．けれど波とみた電子は空間内に一定の広がりをもつため，位置は決まりようがない．そんな状況のもと，1927 年にオーストリアのシュレーディンガー（Erwin Schrödinger；図 1・21）が画期的な理論を提出する．彼は，電子の明確な軌跡に代え，場所場所で値の変わる**波動**

図 1・21　シュレーディンガー（1887～1961）

関数（wave function）ψ（プサイ）を使った．波動関数の謎めいた姿にひるむ必要はない．すぐ出合うのが三角関数の $\sin x$ だし，水素原子の話題（1・4節）では e^{-x} という単純な波動関数にも出合う．

こぼれ話 量子力学の高度な話題には，虚数 $i=\sqrt{-1}$ を含む複素数（complex number）が登場する．文字どおり複雑（complex）になるけれど，本書の話はそこまで行かない．■

ドイツの物理学者ボルン（Max Born）[†1] が，"ある領域に粒子が見つかる確率は波動関数の2乗（ψ^2）に比例する" と考えた（図1・22）．ψ^2 は**確率密度**（probability density）といい，ある領域に粒子が見つかる確率を，領域の体積で割った量になる．確率密度の発想は，ふつうの密度（質量密度）と変わりない．ある体積内の質量は，"密度×体積" に等しい．同様に，ある領域内に粒子が見つかる確率は，"確率密度×体積" と書ける．

たとえば，ある点で ψ^2 が 0.1 pm^{-3} なら，そこの体積 2 pm^3 中に粒子が見つかる確率は（0.1 pm^{-3}）×（2 pm^3）= 0.2 となる．粒子が見つかる確率は，ψ^2 値の大きい場所で高く，ψ^2 値の小さい場所で低い．

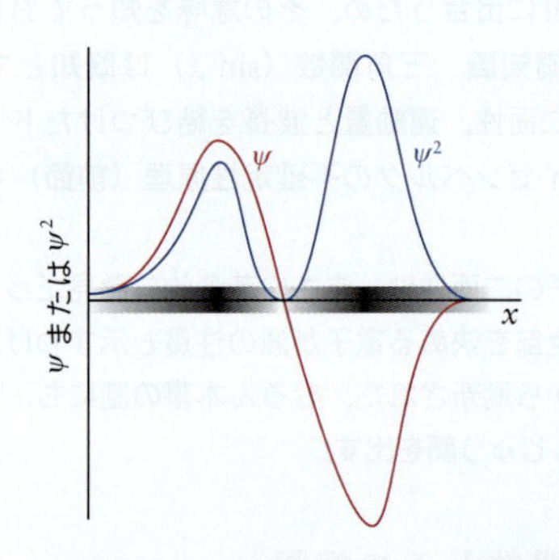

図1・22　波動関数 ψ の図解例．ψ^2 に比例する確率密度（——）の大きさを，影の濃淡で示す．確率密度は，ψ（——）の節（正値 ⟷ 負値の移行点）で0になる．

注目！ 確率と確率密度は区別しよう．確率は0～1の数だが，確率密度は "(体積)$^{-1}$" の次元をもち，"確率密度×体積＝確率" の関係が成り立つ．■

波動関数 ψ 自体は（$\sin x$ のように）負の値もとるが，ψ^2 は正か0のどちらかになる（確率密度は負にならない）．ψ が0（つまり $\psi^2=0$）の場所なら，粒子の存在確率は0に等しい．ψ が（0に近づくのではなく）0を横切る点を，波動関数の**節（ノード）**（node）という[†2]．波動関数の節部分で，粒子の確率密度は0になる．

ある空間内に存在する粒子の波動関数は，**シュレーディンガー方程式**（Schrödinger equation）で計算する．以下，方程式をそのまま使いはしないものの（解法は他書にゆずる．代表的な解の形をつかめばよい），とにかく大事な式だから，成り立ちだけは眺めておこう．位置エネルギー（ポテンシャルエネルギー）$V(x)$ の場所で，質量 m の粒子が一次元（直線上）の運動をするとき，方程式はつぎのように書ける．

$$\overbrace{-\frac{\hbar^2}{2m}\frac{d^2\psi}{dx^2}}^{\text{運動エネルギー}} + \overbrace{V(x)\psi}^{\text{位置エネルギー}} = \overbrace{E\psi}^{\text{全エネルギー}} \qquad (8a)$$

$d^2\psi/dx^2$ という項は，波動関数 ψ の "曲がりの鋭さ" を表す．ふつう方程式の左辺は $H\psi$ と書き，H を系の**ハミルトニアン（ハミルトン演算子）**（hamiltonian）という．

$$\overbrace{-\frac{\hbar^2}{2m}\frac{d^2\psi}{dx^2} + V(x)\psi}^{H\psi} = E\psi$$

ハミルトニアン H を使えば，シュレーディンガー方程式はつぎの簡素な姿に書ける．

$$H\psi = E\psi \qquad (8b)$$

H は関数 ψ への働き（演算）を意味するため，上式の両辺を ψ で割ってはいけない．

こぼれ話 関数の微分（波動関数 ψ の二次導関数 $d^2\psi/dx^2$）を使うシュレーディンガー方程式は，微分方程式の類になる．微分は付録1Fで解説した．■

シュレーディンガー方程式を解けば，波動関数 ψ と，対応するエネルギー E がわかる．あらましをつかむため，"一次元の箱に閉じこめた質量 m の粒子" を考えよう．それを**箱の中の粒子**（particle in a box）とよぶ．古典力学なら，摩擦ゼロで一方向に距離 L の往復運動をし，左右の壁にぶつかるたび跳ね返る質点だろう．質点の速さ（運動エネルギー）に制限はない．そんな質点なら，ある瞬間，"箱" 内のどこに存在する確率も等しい．

だが量子論の結論はまったくちがう．波でもある粒子が，上記と同様，長さ L の "箱" に閉じこめられている．それが解（波動関数 ψ）の**境界条件**（boundary conditions）となる．波は長さ L の一次元空間に安定な形で存在するはずだから，両端の変位が0のものだけ考えよう（図1・23）．そんな波は，連続的に姿を変えることはできず，飛び飛びの波長（振動数）を表すものにしかなれない．結局，シュレーディンガー方程式を解いた結果は，つぎのような式に表せる．

$$\psi_n(x) = \left(\frac{2}{L}\right)^{1/2}\sin\left(\frac{n\pi x}{L}\right) \qquad (n=1,2,\cdots) \qquad (9)$$

波動関数の順序づけに使う n を**量子数**（quantum number）という．ふつう量子数は整数で（例外となるスピン

†1 訳注：英国の歌手オリビア・ニュートン＝ジョンはボルンの孫娘．
†2 訳注：波動関数の姿に応じ，点（節点），線，面（節面）となる．読みはふし，またはせつ（てん・めん）．

量子数は半整数；1・4 節），波動関数の序列や状態を表し，とりわけエネルギーの高さ低さに関係する．

要　点　ある場所に粒子が存在する確率密度は，波動関数の 2 乗に比例する．波動関数が 0 となる“節”に粒子は存在できない．粒子の波動関数は，適切な境界条件のもと，シュレーディンガー方程式を解けば得られる．■

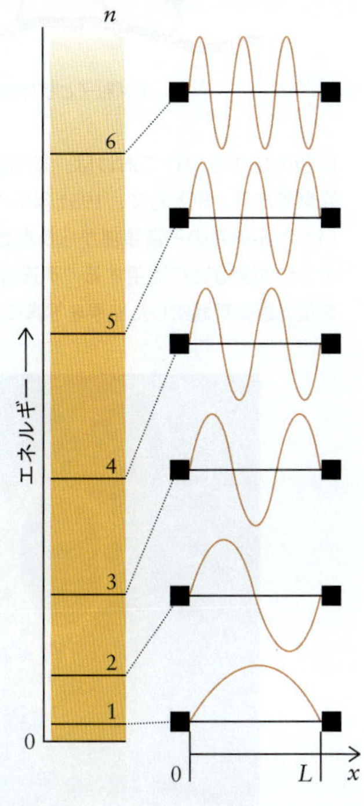

図 1・23　“箱の中の粒子”がとれる振動状態．下から 6 個までの波動関数とエネルギーを示す．左列の数字が量子数 n で，$n \geqq 1$ だから，エネルギー 0 の状態はない．

② エネルギーの量子化

まずは，“箱の中の粒子”が従うシュレーディンガー方程式を使い，“可能なエネルギー値”を導き出そう．粒子のエネルギーは運動エネルギーしかなく，位置（ポテンシャル）エネルギーはゼロとする．そのときはド・ブロイの式を使うだけですみ，微分方程式を解く必要はない．

式の導出　箱の中の粒子がもつエネルギー

速さ v で動く質量 m の粒子の運動エネルギーは，$E_k = \frac{1}{2}mv^2$ となる．(6a) 式と運動量の表式 $p = mv$ を使い，E_k はつぎのように書ける．

$$E_k = \frac{1}{2}mv^2 = \frac{(\overbrace{mv}^{p})^2}{2m} = \frac{(\overbrace{p}^{h/\lambda})^2}{2m} = \frac{(h/\lambda)^2}{2m} = \frac{h^2}{2m\lambda^2}$$

箱の中で位置エネルギーは 0 とみてよいため，E_k は粒子の全エネルギー E に等しい．

箱の中にできる波の波長は，“半波長”の整数倍に限る（図 1・23）．つまり波長 λ は，箱の長さ L と次式の関係がある．

$$L = \frac{1}{2}\lambda, \frac{2}{2}\lambda, \frac{3}{2}\lambda, \cdots = n \times \frac{1}{2}\lambda \quad (n = 1, 2, \cdots)$$

したがって，つぎの波長しか許されない．

$$\lambda = \frac{2L}{n} \quad (n = 1, 2, \cdots)$$

それをエネルギー E の表式に入れ，記号 E に n を添えると，次式の結果になる．

$$E_n = \frac{h^2}{2m\lambda^2} = \frac{h^2}{2m(2L/n)^2} = \frac{n^2h^2}{8mL^2}$$

上の結果より，長さ L の箱に入った質量 m の粒子は，つぎのエネルギーだけをとれる．

$$E_n = \frac{n^2h^2}{8mL^2} \quad (n = 1, 2, \cdots) \tag{10}$$

式の意味　分母に質量 m があるので，箱の長さが同じなら，重い粒子ほどエネルギーが低い．また，分母に L^2 があるため，箱が小さいほどエネルギーが高く，大きいほどエネルギーが低くなる（図 1・24）．■

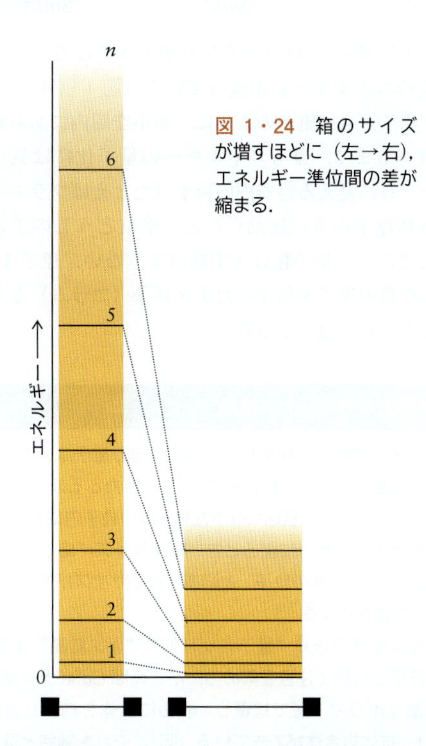

図 1・24　箱のサイズが増すほどに（左→右），エネルギー準位間の差が縮まる．

(10) 式の n は整数だから，粒子は飛び飛びの**エネルギー準位**（energy level）にある．それをエネルギーの**量子化**（quantization）という．古典力学に従う物体は，どんな大きさのエネルギーでもとれた．箱の中の粒子なら，どんな速さでも壁に衝突して跳ね返るため，運動エネルギーに飛びはない．しかし量子力学に従う物体では，箱のサイズに合う波の波長が飛び飛びだから，エネルギーの値も飛び飛びになる．

古典論と量子論のエネルギーは，目に見える水と，水分子の関係にあたる．ポットから注ぐ水に“切れ目”は見えず，どれほど少量ずつでも注げそうに思える．だがミクロ世界の水は，H_2O 分子（水の“量子”）1 個 1 個の集まりだといえる．

(10)式を得る際に見たとおり，エネルギーの量子化は，波動関数につける条件（入れ物の形など）からひとりでに出る．そんな条件が境界条件だった．ある原子内の電子 1 個は，“置かれた空間に合う”波動関数で表せるため，シュレーディンガー方程式の解も，対応するエネルギーも，特定のものしか許されない．それがまさしくエネルギーの量子化を示す．

(10)式から，量子数 n と $n+1$ をもつ準位どうしのエネルギー差がわかる．

$$E_{n+1} - E_n = \overbrace{\frac{(n+1)^2h^2}{8mL^2}}^{\text{準位}(n+1)\text{のエネルギー}} - \overbrace{\frac{n^2h^2}{8mL^2}}^{\text{準位}\,n\,\text{のエネルギー}}$$

$$= \{(n+1)^2 - n^2\}\frac{h^2}{8mL^2} = (2n+1)\frac{h^2}{8mL^2} \qquad (11)$$

粒子の質量 m や箱のサイズ L が大きくなると，隣りあう準位のエネルギー差が減っていく（図 1・24）．だからこそ，原子がもつ電子のように，微小空間内にある軽い粒子を調べるまで，誰もエネルギーの量子化には気づかなかった．目に見える容器内の何か（たとえばフラスコに入れた気体原子の集団運動）だと，準位どうしの差が 0 すれすれだから，量子化はまず観測できない．原子 1 個や，わずかな数の原子が集まったナノ粒子（コラム）なら，量子化もきれいに観測できる．

化学の広がり 1　ナノ結晶

半導体ナノ粒子（直径 1～100 nm）内の電子は“量子閉じこめ”状態にあり，“箱の中の粒子”と似たふるまいをする．可視光を吸って励起状態になった電子は，粒子内にとどまる．安定な低エネルギーに戻るとき，粒子サイズに応じた波長の光を出す．“箱の中の粒子”と同様，粒子サイズが増すほどに発光波長は長くなる．

そんな粒子つまり“量子ドット”や“ナノ結晶”が昨今，ナノ技術の分野で注目を集める．たとえば CdSe ナノ結晶を ZnS 層とポリマー層で被覆し，表面に抗体を結合した量子ドット-抗体複合体ができている（図）．それを細胞と混ぜ合わせると，細胞内のタンパク質などに生えた標的の抗原に結合する．顕微鏡下で複合体からの発光を観測し，その存在場所を特定できれば，細胞内のどこに抗原があるのかがわかる．

発光の色は量子ドットのサイズで変わるため，サイズごとに別の抗体をつけておけば，細胞内の成分を“カラフルに”観察できる．例として，1951 年にヘンリエッタ・ラックスというがん患者の子宮頸部から採取され，いまなおポリオワクチンの開発などに活用する“不死身の”HeLa（ヒーラ）細胞を蛍光顕微鏡観察した結果を写真に示す．

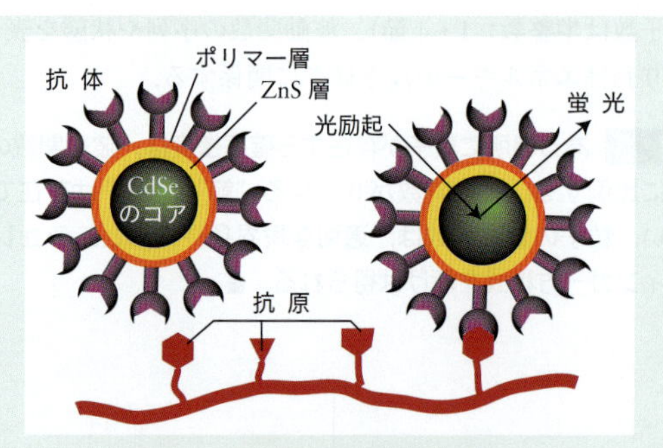

ナノ粒子と抗体の複合体

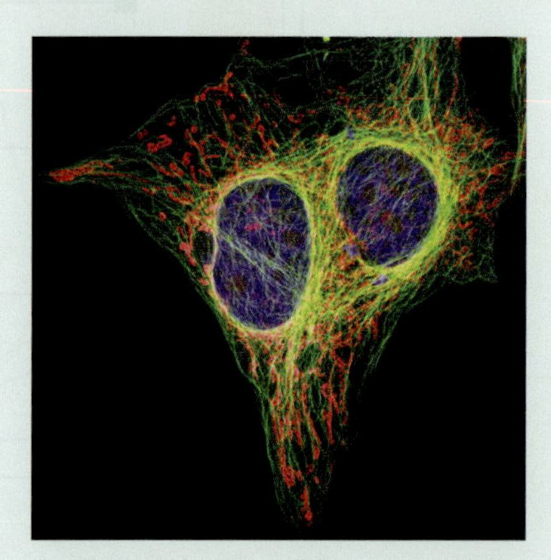

ナノ粒子の発光を使って観察した HeLa 細胞の細胞骨格（黄・緑）と細胞核（紫）

水素原子の発光スペクトル（1・1 節）も，エネルギーの量子化を考えてようやく理解できる．水素原子に“壁”などないが，電子は核（陽子）の正電荷に引かれ，微小空間に“閉じ込められて”いるため，エネルギーの量子化が起こる．量子化のもと，高い準位から低い準位へ落ちる励起電子が，余分なエネルギーを光子の姿で放出すると思えばよい．出る光子のエネルギー $h\nu$ は，飛び飛びの準位間のエネルギー差にほかならない．

$$h\nu = E_{上} - E_{下} = \Delta E \qquad (12)$$

これを**ボーアの振動数条件**（Bohr frequency condition）という．むろん光の吸収もまったく同じ条件に従う．

例題 1・8　箱の中の粒子（水素原子の電子）のエネルギー

厳密な計算をせず，状況をざっと見通したい場面は多い．そんな感じの計算をひとつやってみよう．電子

1 個を入れた長さ 0.150 nm（原子サイズ）の一次元の箱を，水素原子とみなそう．ひとつ上の準位から最低準位に落ちる電子が出す電磁波の波長はいくらか．

予 想 1・3 節の内容を振り返れば，波長は 100 nm くらい（紫外線）だろう．

方 針 (11)式に $n=1$，$m=m_e$（電子の質量）を入れる．エネルギー差を光子エネルギー $h\nu$ としたときの ν 値を，(1)式で波長 $\lambda=c/\nu$ に換算する．

解 答 (11)式に $n=1$ と $2n+1=3$ を代入すると，次式のようになる．

$$E_2-E_1=\frac{3h^2}{8m_eL^2}$$

E_2-E_1 は光子エネルギー $h\nu$ に等しいから，次式の関係が成り立つ．

$$h\nu=\frac{3h^2}{8m_eL^2}\quad \text{つまり}\quad \nu=\frac{3h}{8m_eL^2}$$

波長 $\lambda=c/\nu$ の表式にする．

$$\lambda=\frac{c}{3h/8m_eL^2}=\frac{8m_ecL^2}{3h}$$

データを入れて λ を計算する．

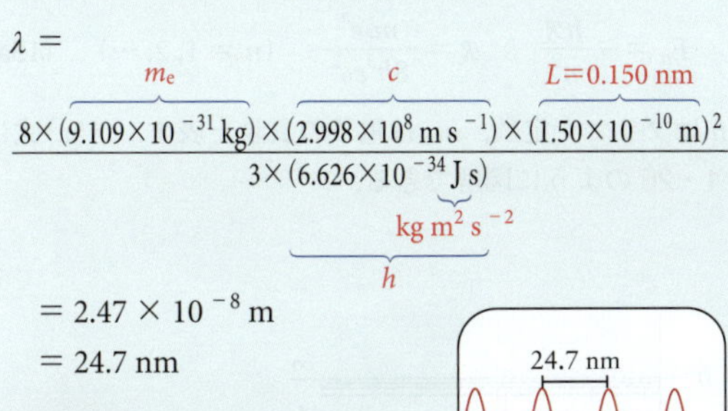

$$\lambda=\frac{8\times\overbrace{(9.109\times10^{-31}\,\mathrm{kg})}^{m_e}\times\overbrace{(2.998\times10^{8}\,\mathrm{m\,s^{-1}})}^{c}\times\overbrace{(1.50\times10^{-10}\,\mathrm{m})^2}^{L=0.150\,\mathrm{nm}}}{\underbrace{3\times(6.626\times10^{-34}\,\underbrace{\mathrm{J\,s}}_{\mathrm{kg\,m^2\,s^{-2}}})}_{h}}$$

$$=2.47\times10^{-8}\,\mathrm{m}$$
$$=24.7\,\mathrm{nm}$$

注目！ 単位が複雑にからみあう計算も，最後の単位が期待どおりなら，途中も正しかったと思ってよい．また，くり返しになるが，数値の計算は最終段階で行うとよい．■

確 認 計算で出た波長 24.7 nm は，実測値 122 nm よりだいぶ短いけれど，桁ちがいではない．実測値との差は，原子を単純化しすぎたせいで生じた．原子の中に壁などないし，一次元でなく三次元とみなければいけない．ただし，実測値と大差ない結果が出たからには，現実に即した三次元モデルで扱えば，一致もずっとよくなるだろう．

復習 1・8A 例題 1・8 と同様，電子 1 個を入れた“長さ 0.100 nm の箱”をヘリウム原子とみなし（He 原子は H 原子より小さい），ひとつ上の準位から最低準位へ移る電子が出す電磁波の波長を見積もれ．

［答：11.0 nm］

復習 1・8B ほかの条件は例題 1・8 のままにして，$n=3$ 準位から $n=2$ 準位への遷移を表す波長を見積もれ．

(10)式から，さらに意外なことがわかる．粒子のエネルギーは 0 にならない．量子数 n の最小値（半波長の波）は 1 だから，最小エネルギーは $E_1=h^2/(8mL^2)$ と書ける．それを**ゼロ点エネルギー**（zero-point energy）という．ゼロ点エネルギーがあるため，箱の中の粒子はけっして静止できない．

その結論は不確定性原理にも合う．粒子を壁 2 枚の間に閉じこめたとき，位置のぼやけは，壁から壁までの距離 L より大きくはなれない．つまり，位置が“完全に不確定”ではないから，運動量には一定の不確定さがある．だから“完全静止”はできず，粒子はいつも運動エネルギーをもつ．マクロ世界のゼロ点エネルギーはたいへん小さい．たとえば，台上の枠内を動くビリヤードの玉なら，ゼロ点エネルギーは 0 すれすれの約 10^{-67} J しかない．

考えよう 箱の中の粒子に $n=0$ の解がないのはなぜか？ 波動関数をボーア流に解釈し，考えてみよう．■

最後に，箱の中の粒子を表す波動関数の形も，おもしろいことを物語る．最低の $n=1$ 準位と，ひとつ上の $n=2$ 準位を比べよう．粒子 1 個が見つかる確率（確率密度）を，影の濃淡で図 1・25 に示す．波動関数 ψ_1〔ゼロ点エネルギー $h^2/(8mL^2)$〕の粒子は，中央部に見つかる確率がいちばん高い．しかし，波動関数 ψ_2〔エネルギー $h^2/(2mL^2)$〕の粒子は，中央部〜左右の壁の間に見つかる確率が高く，中央部にはほとんど見つからない．波動関数そのものに直接の物理的意味はなく，2 乗した ψ^2 が粒子の存在確率を表す，と心得よう．

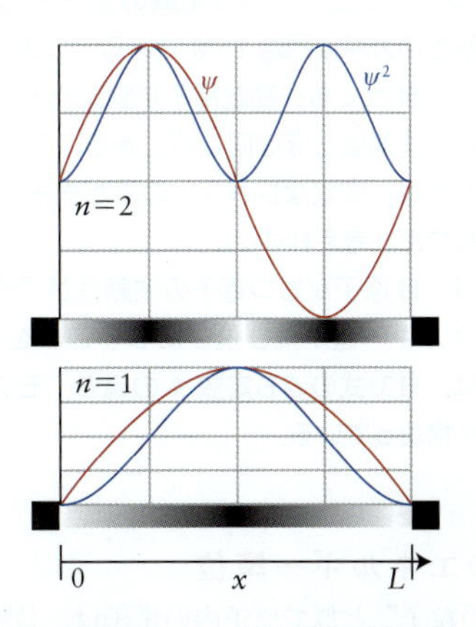

図 1・25 最低エネルギーに近い波動関数二つ．── が波動関数 ψ，── が ψ^2（∝確率密度）を表す．確率密度は影の濃淡でも描いた．

要 点 ある場所に粒子1個が見つかる確率密度は，波動関数の2乗に比例する．波動関数はシュレーディンガー方程式の解として出る．適当な境界条件のもとで解くと，飛び飛びのエネルギー準位が自然に出てくる．■

身につけたこと

ミクロ粒子の存在場所は波動関数 ψ からわかり，存在確率は ψ^2 に比例する．ψ はシュレーディンガー方程式の解として得られ，一定の空間に閉じこめられた粒子のエネルギーは飛び飛びになる．以上を学び，つぎのことができるようになった．

❑1　箱の中の粒子を波動関数で扱える理由の説明
❑2　粒子に当てはまる波動関数の提示と，エネルギーの計算（例題1・8）
❑3　ゼロ点エネルギーがある理由の説明

1・4 水素原子

なぜ学ぶのか？ いろいろな元素の電子状態を調べる前に，いちばん単純な水素原子の姿をきちんとつかむのが欠かせない．

必要な予備知識 水素原子の発光スペクトル（1・1節）と，波動関数・エネルギー準位のイメージ（1・3節）を復習しておきたい．

1・1節で出合った謎のひとつは，水素原子（H原子）が出す発光線の振動数 ν が次式に従うという（リュードベリ提案の）事実だった．

$$\nu = \mathcal{R}\left(\frac{1}{{n_1}^2} - \frac{1}{{n_2}^2}\right) \qquad (n_1 = 1, 2, \cdots \quad n_2 = n_1+1, n_1+2, \cdots) \tag{13}$$

もうひとつは，リュードベリ定数の値 $\mathcal{R} = 3.29 \times 10^{15}$ Hz だろう．謎解きのカギは例題1・8にある．つまり，たいへん単純なモデルを使っても，励起電子が安定化する際に出す波長の計算値は，実測値とほぼ同じ桁にある．要するにH原子の線スペクトルは，安定なレベルとの差が光子エネルギー $h\nu$ に変わったものだと考えればよい．

この節では，H原子がもつ電子の波動性が“波動関数”で書けて，エネルギー値が飛び飛びになることを確かめよう．考察の結果は，(13)式の姿も定数 $\mathcal{R}$ の値も，モデルにぴたりと合うことを物語っている．

① 電子のエネルギー準位

“箱の中の粒子”と似て原子内の電子は，（物理的な壁ではなく）核の引力により，微小空間に閉じこめられている．それを境界条件とする波動が，電子の素顔にほかならない．すると電子のエネルギーも飛び飛びだろう．以上を念頭に，シュレーディンガー方程式を解いた結果と分光観測の結果を突き合わせる．

考えよう 一次元の箱の中なら，量子数1個で状態が指定できた．H原子の電子だと，何種類の量子数が必要になるだろうか．■

H原子がもつ電子の波動関数とエネルギー準位を知るには，シュレーディンガー方程式を解く．使うのは前節の(8)式だが，今度は三次元の運動なので，$+e$ 電荷の核と $-e$ 電荷の電子が，距離 r だけ離れているときの位置エネルギー $V(r)$ も考えなければいけない．核と電子の“静電的位置エネルギー（クーロンポテンシャルエネルギー）”は，次式に書ける（序章A節）．

$$V(r) = \frac{\overbrace{(-e)}^{\text{電子の電荷}} \times \overbrace{(+e)}^{\text{陽子の電荷}}}{4\pi\varepsilon_0 \underbrace{r}_{\text{電子−陽子の距離}}} = -\frac{e^2}{4\pi\varepsilon_0 r} \tag{14}$$

ε_0 は序章A節にも登場した基礎物理定数のひとつで，真空の誘電率という（値は後見返し参照）．H原子の方程式は，1927年にシュレーディンガー自身が解き，つぎの電子エネルギー準位を得た．

$$E_n = -\frac{h\mathcal{R}}{n^2} \qquad \mathcal{R} = \frac{m_e e^4}{8h^3{\varepsilon_0}^2} \qquad (n = 1, 2, \cdots) \tag{15a}$$

h はプランク定数，m_e は電子の質量を表す．(15a)式は図1・26のように図解できる．

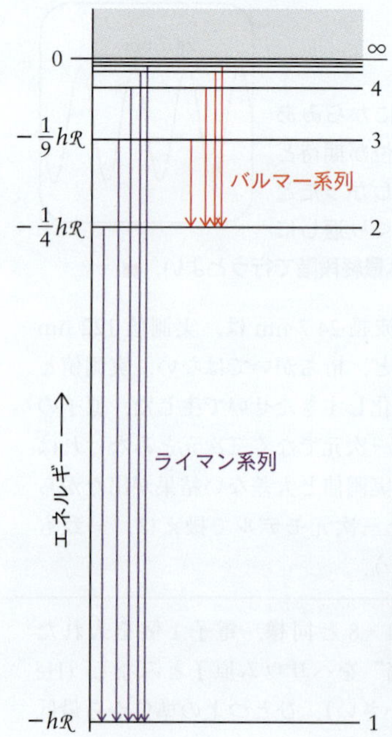

図1・26 (15a)式のエネルギー準位．バルマー系列とライマン系列の起源を示してある．量子数 n は，1（最低準位）から無限大（完全に分かれた陽子と電子）まで変わる．$n=1$〜4の準位だけ示した．

式の意味 エネルギーは，電子が核の引力を振り切る寸前を0とみるため，値は負になる．n は“箱の中の粒子”のときと似た整数（量子数）だから，エネルギーの量子化を表す．分数式の分母にある n が大きいほど，エネルギーは高い（小さい負の数）．また n が大きくなるほど，隣のエネルギー準位との間隔は狭くなる．一電子原子，一電子イオンでは $E_n \propto (-1/n^2)$ を覚えておこう．■

(15a)式は，電子 1 個が高いエネルギー準位から ΔE だけ低い準位に落ちるとき，同じエネルギー $h\nu = \Delta E$ の光子を出すこと（ボーアの振動数条件）を物語る．H 原子について具体的に書けばこうなる．

$$h\nu = \Delta E = \left(-\frac{h\mathcal{R}}{{n_2}^2}\right) - \left(-\frac{h\mathcal{R}}{{n_1}^2}\right) = h\mathcal{R}\left(\frac{1}{{n_1}^2} - \frac{1}{{n_2}^2}\right)$$

$$(n_1 = 1, 2, \cdots \qquad n_2 = n_1 + 1, n_1 + 2, \cdots)$$

両辺を h で割ったものが (13)式にほかならない．たとえば，出発点 $n_2 = 3, 4, 5, \cdots$ から共通の $n_1 = 2$ へと落ちるバルマー系列（図 1・26）を自分で確かめよう．ライマン系列なら $n_1 = 1$ とすればよい．

(15a)式はリュードベリ定数 $\mathcal{R}$ の中身も教える．基礎物理定数の値を入れると，実験にぴたりと合う $\mathcal{R} = 3.29 \times 10^{15}$ Hz が得られる．量子力学の大勝利に，シュレーディンガー自身も興奮しただろう．

He^+，Li^{2+}，C^{5+} などの一電子イオンも解けて，エネルギー準位が次式のように決まる（Z は原子番号）．

$$E_n = -\frac{Z^2 h\mathcal{R}}{n^2} \qquad (n = 1, 2, \cdots) \tag{15b}$$

原子番号 Z は分数式の分子にあるから，核の正電荷が多いほど電子のエネルギーは低い（核との結びつきが強い）．

エネルギーは，Z そのものではなく Z^2 に比例する．なぜだろう？　まず，$+Ze$ 電荷の核は，H 原子の核（陽子 1 個）に比べ Z 倍だけ強い電場を生む．また，Z 倍だけ強い正電荷に引かれる電子は，核との距離が Z 分の 1 に減る．その 2 要因が効く結果，エネルギー低下の度合いは Z^2 に比例すると考えよう．なお，多電子原子や多電子イオンは 1・5 節で扱う．

整数 n を**主量子数**（principal quantum number）とよぶ（ほかの量子数は後述）．最低エネルギーが $n = 1$ 準位，つぎが $n = 2$ 準位，…と高まり，$n = \infty$ 準位（核の引力圏を脱する寸前）でエネルギーは 0 となる．

H 原子の電子の最低エネルギー（$n = 1$ 準位）は $-h\mathcal{R}$ になる．それを**基底状態**（ground state）という．基底状態の H 原子が光を吸収すると，光子エネルギーに見合う n 値の準位まで電子が励起される（エネルギーの“はしご”を登る）．

光子エネルギーが十分に大きいと，電子は $n = \infty$ 準位 ($E = 0$) に上がって原子を離れ，原子が**イオン化**（ionization）する．イオン化に必要な最小エネルギーを**イオン化エネルギー**（ionization energy）という［1・6 節③］．もらったエネルギーがイオン化エネルギーを超す場合，超過分は，飛び出た電子の運動エネルギーになる．

要 点 水素原子のエネルギー準位は主量子数 $n = 1, 2, \cdots$ で決まる．n 値が増すにつれ，準位間のエネルギー差は縮まっていく（図 1・26）．原子の発光スペクトルは準位間の遷移を表す．■

② 原 子 軌 道

原子内にある電子の波動関数を**原子軌道**（atomic orbital）という．orbital という語は，波の性質を反映する“ぼやけた orbit（通常の軌道）”を意味する．ある位置に電子が見つかる確率は，波動関数の 2 乗で表されるのだった．それをつかむため，核まわりにある電子の“雲”を想像しよう．雲が“濃い”場所ほど，電子の存在確率は高い．

原子軌道の形を表すには，核を囲む各点の位置を指定しなければいけない．そのとき，**（球面）極座標**〔(spherical) polar coordinates〕r，θ，ϕ を使うとわかりやすい．

- r：核からの距離
- θ（シータ）：“北極”を通る z 軸から測った角度（“緯度”に似た量）
- ϕ（ファイ）：z 軸まわりに x 軸から測った角度（“経度”に相当）

こぼれ話 図 1・27 とはちがって地球の緯度は，（北極ではなく）赤道から南北両方向に測る．■

座標の姿を図 1・27 に描いた．波動関数は $\psi(r, \theta, \phi)$ のように書く．ただし，実際に方程式を解いて得られる波動関数はどれも，次式のように，r だけの関数と，θ と ϕ の関数をかけた形（変数分離形）に表せる．

$$\psi(r, \theta, \phi) = \overbrace{R(r)}^{\text{動径波動関数}} \times \overbrace{Y(\theta, \phi)}^{\text{角度波動関数}} \tag{16}$$

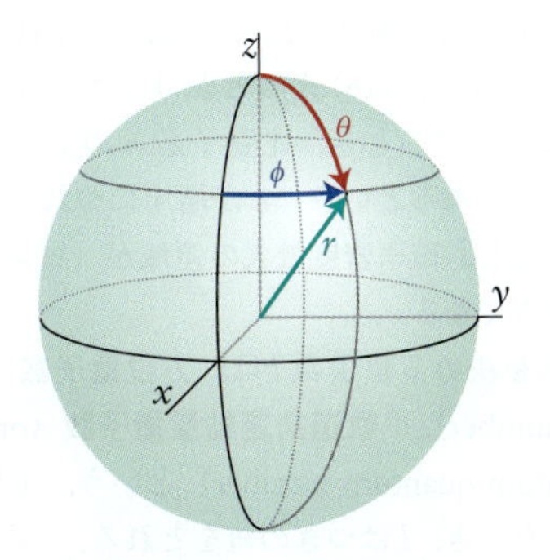

図 1・27　球面極座標．r（核からの距離），θ（z 軸から測った角度），ϕ（x 軸から測った角度）．

$R(r)$ は**動径波動関数**（radial wavefunction）といい，核からの距離で波動関数がどう変わるかを示す．また $Y(\theta,\phi)$ は**角度波動関数**（angular wavefunction）や**球面調和関数**（spherical harmonics）といい，θ と ϕ に応じて波動関数がどう変わるかを表す．

動径波動関数 R (a) と角度波動関数 Y (b) に分けた波動関数の例をいくつか表 1・3 にまとめた．見た目はなんとも複雑だけれど，覚える必要はない．一部は単純な姿をもち，たとえば基底状態（$n=1$）の波動関数はつぎの形をもつ．

$$\psi(r,\theta,\phi)=\left(\frac{1}{\pi a_0{}^3}\right)^{1/2}\mathrm{e}^{-r/a_0}$$

a_0 を**ボーア半径**（Bohr radius）とよぶ（値は 0.0529 nm＝52.9 pm）．このとき角度波動関数 $Y(\theta,\phi)$ は，θ にも ϕ にも無関係な定数 $(1/4\pi)^{1/2}$ になるため，**球対称な**（spherically symmetric）関数という．動径波動関数 $R(r)$ は r の指数関数だから，r が増すと 0 に近づき，電子密度は核の位置で最大になる（$r=0$ で $\mathrm{e}^0=1$）．箱の中の粒子は硬い壁の外へ脱出できないけれど，H 原子の電子を束縛する核の引力は，距離とともに弱まりながら無限遠まで続く．

こぼれ話 “ボーア半径”を 1913 年に提案したボーア自身は，波動ではなく，核のまわりを公転する粒子（電子）を考え，その公転半径を a_0 とした．■

要 点 原子内で電子が分布するありさまは，波動関数（原子軌道）で表せる．■

③ 量子数と殻・副殻

シュレーディンガー方程式を解いて得られる波動関数の特定には，3 種の量子数を要する（原子は三次元だから）．3 種の記号と意味を以下にまとめた．

- **主量子数** n：軌道の“サイズとエネルギー値”を決める．
- **方位量子数**（別名：軌道角運動量量子数）l：軌道の“形”を決める．
- **磁気量子数** m_l：軌道の“向き”を決める．

主量子数 n はもう何度か出てきた．水素 H のように電子 1 個の原子なら，(15) 式のとおり，エネルギー値は n だけで決まる．そのとき，主量子数 n の原子軌道は，同じ**殻**（shell）にあるという．n が増すにつれて電子と核の平均距離が増し，確率密度最大の領域が（ピンポン玉の形のまま）大きくなる．

軌道の形を決める量子数 l は，**方位量子数**（azimuthal quantum number）や**軌道角運動量量子数**（orbital angular momentum quantum number）という．主量子数 n の値が決まったとき，l はつぎの値をとれる．

$$l=0,\ 1,\ 2,\ \cdots,\ n-1$$

表 1・3　水素類似原子の波動関数（原子軌道）[a]，$\psi=RY$

(a) 動径波動関数 R [b]

n	l	$R_{nl}(r)$
1	0	$2\left(\frac{Z}{a_0}\right)^{3/2}\mathrm{e}^{-Zr/a_0}$
2	0	$\frac{1}{2\sqrt{2}}\left(\frac{Z}{a_0}\right)^{3/2}\left(2-\frac{Zr}{a_0}\right)\mathrm{e}^{-Zr/2a_0}$
2	1	$\frac{1}{2\sqrt{6}}\left(\frac{Z}{a_0}\right)^{3/2}\left(\frac{Zr}{a_0}\right)\mathrm{e}^{-Zr/2a_0}$
3	0	$\frac{2}{9\sqrt{3}}\left(\frac{Z}{a_0}\right)^{3/2}\left(3-\frac{2Zr}{a_0}+\frac{2Z^2r^2}{9a_0{}^2}\right)\mathrm{e}^{-Zr/3a_0}$
3	1	$\frac{4}{9\sqrt{6}}\left(\frac{Z}{a_0}\right)^{3/2}\left(\frac{Zr}{3a_0}\right)\left(2-\frac{Zr}{3a_0}\right)\mathrm{e}^{-Zr/3a_0}$
3	2	$\frac{4}{81\sqrt{30}}\left(\frac{Z}{a_0}\right)^{3/2}\left(\frac{Zr}{a_0}\right)^2\mathrm{e}^{-Zr/3a_0}$

(b) 角度波動関数 Y [c]

l	m_l	$Y_{lm_l}(\theta,\phi)$
0	0	$\left(\frac{1}{4\pi}\right)^{1/2}$
1	x	$\left(\frac{3}{4\pi}\right)^{1/2}\sin\theta\cos\phi$
1	y	$\left(\frac{3}{4\pi}\right)^{1/2}\sin\theta\sin\phi$
1	z	$\left(\frac{3}{4\pi}\right)^{1/2}\cos\theta$
2	xy	$\left(\frac{15}{16\pi}\right)^{1/2}\sin^2\theta\sin 2\phi$
2	yz	$\left(\frac{15}{4\pi}\right)^{1/2}\cos\theta\sin\theta\sin\phi$
2	zx	$\left(\frac{15}{4\pi}\right)^{1/2}\cos\theta\sin\theta\cos\phi$
2	x^2-y^2	$\left(\frac{15}{16\pi}\right)^{1/2}\sin^2\theta\cos 2\phi$
2	z^2	$\left(\frac{5}{16\pi}\right)^{1/2}(3\cos^2\theta-1)$

a) たとえば H 原子（$Z=1$）の $2\mathrm{p}_x$ 軌道（$n=2, l=1, m_l=x$）を完全な形に書けば次式になる．

$$\psi(r,\theta,\phi)=R_{2,1}(r)Y_{1,x}(\theta,\phi)$$
$$=\frac{1}{2\sqrt{6}}\left(\frac{1}{a_0}\right)^{3/2}\frac{r}{a_0}\mathrm{e}^{-r/2a_0}\times\left(\frac{3}{4\pi}\right)^{1/2}\sin\theta\cos\phi$$
$$=\frac{1}{(32\pi a_0{}^5)^{1/2}}r\mathrm{e}^{-r/2a_0}\sin\theta\cos\phi$$

なお $1/(32\pi a_0{}^5)^{1/2}$ は $4.9\times10^{-6}\ \mathrm{pm}^{-5/2}$ と変形できる．

b) a_0（ボーア半径）$=\varepsilon_0h^2/(\pi m_e e^2)=0.0529$ nm．

c) $m_l=0$ を除き，軌道の関数形は，m_l 値のちがう軌道の和や差で表せる．

つまり l の値は n 個ある（$n=3$ なら，$l=0, 1, 2$）．主量子数 n の殻は，l の値に応じた n 個の**副殻**（subshell）ないし軌道をもつ，という．$n=1$ 殻の副殻は 1 個（$l=0$）だけれど，$n=2$ 殻は 2 個（$l=0, 1$），$n=3$ 殻は 3 個（$l=0, 1, 2$）の副殻をもつ．軌道でいうと，$l=0$ を **s 軌道**（s-orbital），$l=1$ を **p 軌道**（p-orbital），$l=2$ を **d 軌道**

(d-orbital)，$l=3$ を **f 軌道** (f-orbital) とよぶ．以上のことを下にまとめた．

l 値	0	1	2	3
軌道名	s	p	d	f

こぼれ話 記号 s, p, d, f は研究の初期，スペクトル線が sharp (鋭い)，principal (主要な)，diffuse (ぼやけた)，fundamental (基本的な) と見えたことの名残．もはや意味を失っているものの，伝統にならってまだ使う．■

さらに大きい l 値 (g 軌道，h 軌道…) もありうるが，g 軌道や h 軌道をもつ安定な原子はないため，化学では $l=0, 1, 2, 3$ だけ考えればすむ．

主量子数 n は電子のエネルギーを表した．方位量子数 l は，別名 (軌道角運動量量子数) から想像できるように，電子の**軌道角運動量** (orbital angular momentum) を表す．古典物理 (太陽系モデル) のセンスだと，電子が核のまわりを“回る勢い”の目安になる．

$$\text{軌道角運動量} = \{l(l+1)\}^{1/2}\overbrace{\hbar}^{h/2\pi} \qquad (17)$$

s 軌道の電子 (s 電子) は $l=0$ だから，軌道角運動量がない．つまり，s 電子は核のまわりを回るのではなく，核のまわりに分布しているだけ．p 軌道 ($l=1$) の電子は $2^{1/2}\hbar$ という軌道角運動量をもつため，“回っている”とみてもよい．軌道角運動量は，d 軌道 ($l=2$) が $6^{1/2}\hbar$，f 軌道 ($l=3$) が $12^{1/2}\hbar$ と，l 値が増すほど大きくなる．

H 原子の場合，(15)式を見ると，エネルギーは l の値に関係しない．つまり，同じ殻なら，軌道角運動量がどんな値でも，エネルギーは等しい．そうした状況を，軌道が“**縮退** (degeneration) している”という．主量子数 n に属す軌道が縮退しているのは，H 原子や He^+, Li^{2+}, C^{5+} など，電子 1 個のイオン (一電子イオン) にかぎる．

第三の量子数，つまり副殻が含む個々の軌道を決める量子数 m_l を，**磁気量子数** (magnetic quantum number) とよぶ．磁気量子数 m_l はつぎの値をとれる．

$$m_l = l,\ l-1,\ \cdots,\ -l$$

ある l 値から $2l+1$ 個の m_l ができるため，方位量子数 l の副殻は，$2l+1$ 個の軌道をもつ．たとえば $l=1$ の p 軌道なら，m_l が $+1, 0, -1$ の値をとれるので，p 軌道は 3 種類ある．多電子原子でも，l 値が同じで m_l 値のちがう軌道は縮退している．つまり，p 軌道は (d 軌道や f 軌道も)，H 原子だろうと多電子原子だろうと縮退している．

注目！ 磁気量子数のように正値と負値をもつ量は，正値にも“+”をつけ，($m_l=1$ ではなく) $m_l=+1$ のように書くとよい．■

考えよう 主量子数が n のとき，副殻は全部で何個あるだろうか？■

磁気量子数 m_l は，電子の軌道運動の“向き”を教える．くわしくいうと，電子を磁場中に置いたときの軌道角運動量の磁場方向成分が $m_l\hbar$ になり，軌道角運動量の大きさが $\{l(l+1)\}^{1/2}\hbar$ になる．たとえば，$m_l=+1$ なら，ある座標軸まわりの角運動量は $+\hbar$ で，$m_l=-1$ なら，同じ座標軸まわりの角運動量は $-\hbar$ となる．符号のちがいは回転方向のちがいを意味する (一方が時計回りなら，他方は反時計回り)．$m_l=0$ の状態は，同じ座標軸まわりの回転がなく，核からの距離が同じ場所なら電子密度は等しい．殻，副殻，軌道の階層構造を図 1・28 にまとめた．

要 点 原子軌道は量子数 n, l, m_l で指定でき，固有の殻や副殻に属す．■

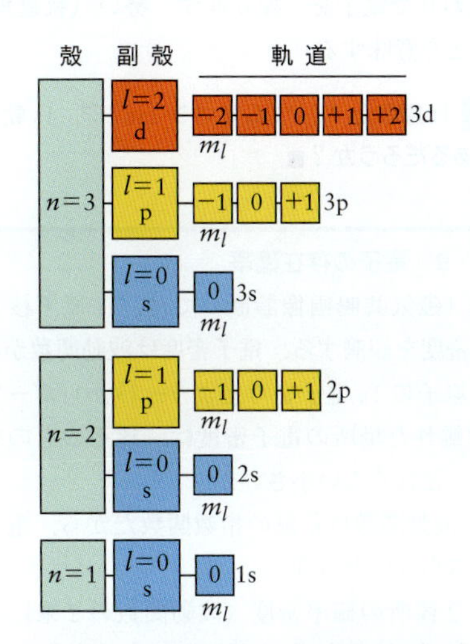

図 1・28　殻，副殻，軌道の階層構造と量子数．

④ 軌 道 の 形

量子数三つの組が，軌道それぞれを決める．つまり電子の“アドレス”になる．たとえば，H 原子の基底状態は，$n=1, l=0, m_l=0$ にあたる．$l=0$ だから基底状態は s 軌道となって，“1s 軌道”という．どの殻にも s 軌道はあり，主量子数 n の s 軌道を ***n*s 軌道** (ns-orbital) とよぶ．

s 軌道は，角度 θ と ϕ によらない**球対称** (spherically symmetrical) の姿をもつ (図 1・29)．1s 軌道の場合，

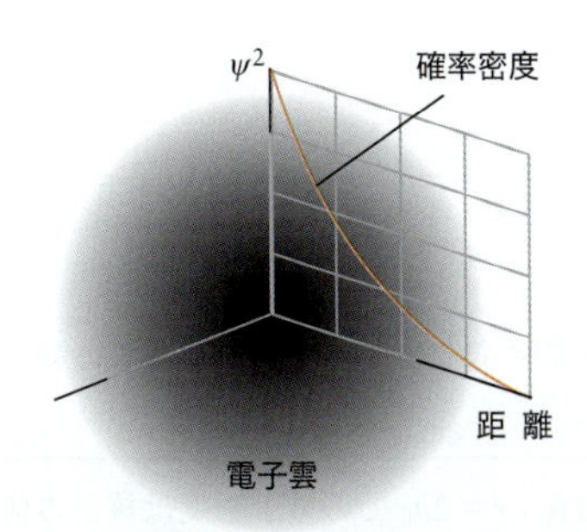

図 1・29　H 原子の 1s 軌道を表す三次元の電子雲．影の濃さが電子密度に比例．重ねたグラフは，核からの距離で電子密度が変わるようすを示す．

座標 (r, θ, ϕ) に電子1個が見つかる確率は，波動関数の2乗なので，次式のようになる．

$$\psi^2(r, \theta, \phi) = \frac{1}{\pi a_0{}^3}\, \mathrm{e}^{-2r/a_0} \tag{18}$$

s軌道の確率密度は方向に関係ないから，$\psi^2(r)$ と書ける．指数関数は r がいくら大きくても0にならないため，確率密度も0にはならない（原子1個は地球より大きい！）．ただし，核から0.25 nm（250 pm）も離れると電子密度はほぼ0なので，原子の実質は小さいとみてよい．図1・29でわかるとおり，電子雲の密度は核上で高く，核そのものの位置にも電子はある．方位量子数 $l=0$ は，原子核まわりで電子を“振り回す”勢い（軌道角運動量）がないことを意味する．

考えよう H原子とヘリウムイオン He^+ で，1s軌道にはどんな差があるだろうか？■

例題1・9　電子の存在確率

MRI（磁気共鳴画像診断）では，H原子核まわりの電子密度を観測する．電子密度は波動関数からわかる．H原子の1s電子を考えよう．核からボーア半径 a_0 だけ離れた場所の電子密度は，核そのものの位置と比べ，どれくらい小さいか．

予 想　波動関数は距離の指数関数だから，電子密度はだいぶ小さいだろう．

方 針　2箇所の確率密度（波動関数の2乗）を比べる．1s軌道（$l=0$）の波動関数は角度によらないため，$\psi(r, \theta, \phi)$ ではなく $\psi(r)$ を使えばよい．

解 答　$\psi^2(r)$ の値を $r=a_0$ と $r=0$（核上）で比べる．

$$\frac{r=a_0\ \text{での確率密度}}{r=0\ \text{での確率密度}} = \frac{\psi^2(a_0)}{\psi^2(0)}$$

$\psi^2(r) = (1/\pi\, a_0{}^3)\mathrm{e}^{-2r/a_0}$ を使い，結果は次式のようになる．

$$\frac{\psi^2(a_0)}{\psi^2(0)} = \frac{\overbrace{\mathrm{e}^{-2a_0/a_0}}^{\mathrm{e}^{-2}}}{\underbrace{\mathrm{e}^0}_{1}} = \mathrm{e}^{-2} = 0.14$$

確 認　予想どおり電子の密度は小さく，核上の14％しかない．

復習1・9A　$r=2a_0$ での電子密度は核上の何％か．
［答：0.018＝1.8％］

復習1・9B　$r=3a_0$ での電子密度は核上の何％か．

$\psi^2(r)$ は，核から距離 r の位置に電子が見つかる確率だった．では，半径が r で，核を包みこむ球殻（シェル）内に電子が見つかる確率はどうか？　その確率は，次式の**動径分布関数**（radial distribution function）P（図1・30）に，球殻の厚み δr をかけた値となる．

$$P(r) \ = \ r^2R^2(r) \tag{19a}$$

$\psi = RY = R/(2\pi^{1/2})$ のs軌道なら $R^2 = 4\pi\psi^2$ なので，(19a)式はつぎの形になる．

$$P(r) \ = \ 4\pi r^2\psi^2(r) \tag{19b}$$

単純な（19b)式は，s軌道にしか当てはまらない．ほかの軌道には，一般的な（19a)式を使う．

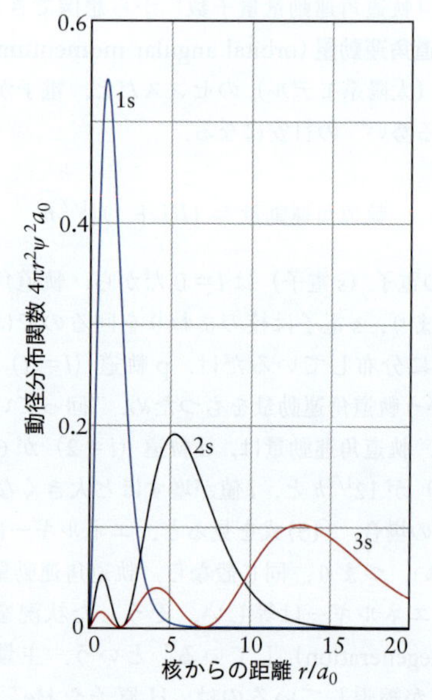

図1・30　球殻の電子密度を表す動径分布関数（H原子の1s，2s，3s軌道）．n 値が大きいほど，核から遠い位置で電子密度がピークになる．

波動関数 ψ や確率密度 ψ^2 と動径分布関数 P とは，はっきり区別しよう．

- 波動関数：$\psi^2(r, \theta, \phi)\delta V$ が，座標 (r, θ, ϕ) 付近の微小体積 δV に電子が見つかる確率を意味．
- 動径分布関数：$P(r)\delta r$ が，核から距離 r～$r+\delta r$ の球殻内に電子が見つかる確率を意味．

“世界人口の動径分布関数”を考えよう．地球の中心から $r=6350$ km（平均半径）までは0になる．$r=6350$ kmで急増し，たちまちほぼ0に戻る（“ほぼ”は，登山中の人や航空機内の人もいるから）．

$P=4\pi r^2\times\psi^2$ の意味を考えよう．1s軌道の場合，核から遠ざかるにつれ，ψ^2 は最大値（核上）から減って0に近づく．かたや $4\pi r^2$ は0から単調に増える．すると，$P=4\pi r^2\times\psi^2$ は，0から出発して最大値を通ったあと，また0に戻っていく．Pの値は，$r=a_0$で最大になる．つまりボーア半径a_0は，1s軌道の動径分布関数が最大値になる距離を表す．

考えよう He^+とHで，動径分布関数にはどんな差があるだろうか．■

電子雲そのものは描きにくいため，電子雲の“果て”を**境界面**（boundary surface）の姿に描くことが多い．ただし，本物の“果て”はないから，たとえば，“電子の90%を含む”よう，なめらかな境界面を描く．近似だとはいえ，そのイメージは役に立つ．

境界面の内部で確率密度が均一でない点に注意しよう．球形の電子雲がつくる1s軌道は，境界面も球形になる（図1・31）．$N\geqq 2$のs軌道も境界面は球形だが，核からの距離に応じた変化は単調でなくなり，$n-1$個の節（ノード）（電子密度0の点）をもつ（図1・32）．

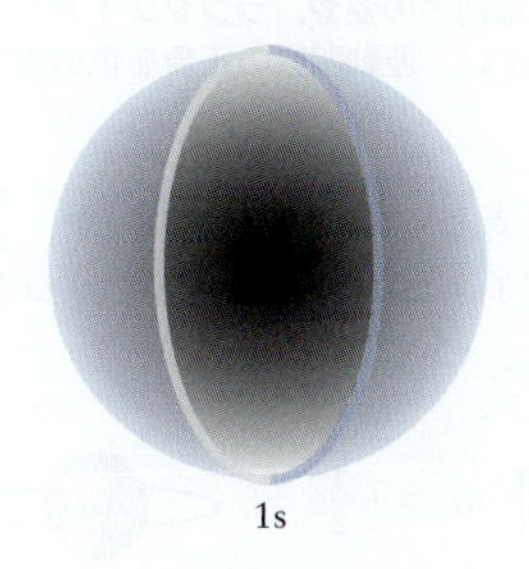

図1・31 内側に電子の90%を含む境界面を使って描いた1s軌道．見やすいように色をつけた．境界面の内側は，色が濃いほど電子密度が高い．

p軌道の境界面には，ローブ（突起部）が2個ある（図1・33）．それぞれ波動関数の符号がちがうため，ローブに“+”と“−”をつけた．

$l=1$のp軌道はどうか．たとえば，$2p_z$軌道の波動関数は$\cos\theta$に比例するから，原子の“極”から“極”へとたどる（θが$0\rightarrow\pi$と増える）とき，$\cos\theta$は+1（“北極”つまり$\theta=0$）から0（“赤道”つまり$\theta=\pi/2$）を経て−1（“南極”つまり$\theta=\pi$）へと変わる．そのため，ある半球は波動関数が正値，別の半球は波動関数が負値をもつ．その境界面も図1・33に描いてある．

ローブ2個を仕切る$\psi=0$の**節面**（nodal plane）は，ぴったり核を通る．p軌道を占める**p電子**（p-electron）は，節面には存在しない．また，波動関数がrに比例するので，核上にも見つからない．p電子は軌道角運動量をもつ（振り回されている）．そこがs軌道との大差だと心得よう．

考えよう 2p軌道は動径方向に節をもつか？（ヒント：節の定義を思い出そう）■

p軌道（$l=1$）には三つの磁気量子数m_l（+1, 0, −1）がある．ただし，化学ではふつうローブの向きをx, y, z軸としたp_x, p_y, p_z軌道を考える（図1・34）．

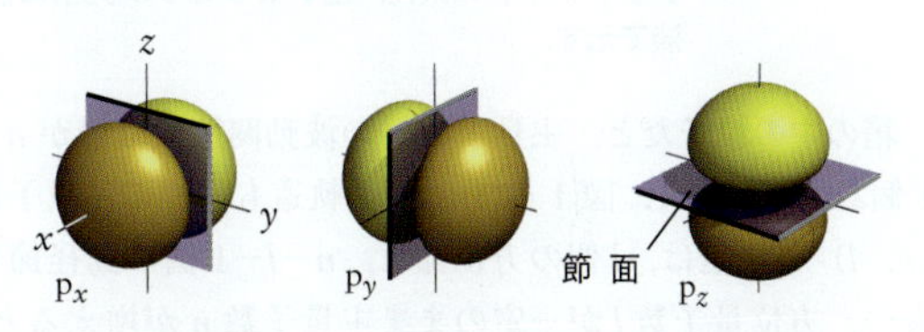

図1・34 3種のp軌道．どれもエネルギーは等しい．以下，p軌道は黄色に塗り，波動関数の正負を濃淡で示す．

d軌道（$l=2$）は5種類ある．複雑なd_{z^2}軌道を除く4種は，ローブを4個もつ（図1・35）．また，7種のf軌道（$l=3$）はずっと複雑な形をもつ（図1・36）．

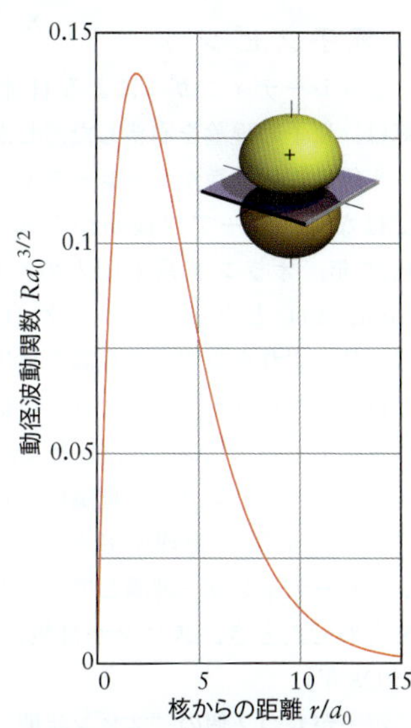

図1・33 2p軌道の境界面と，（鉛直方向の）z軸に沿う動径分布．どのp軌道も，節面が1個あるなどの形が似ている．節面を境に波動関数の符号が変わることを色分けで表す．

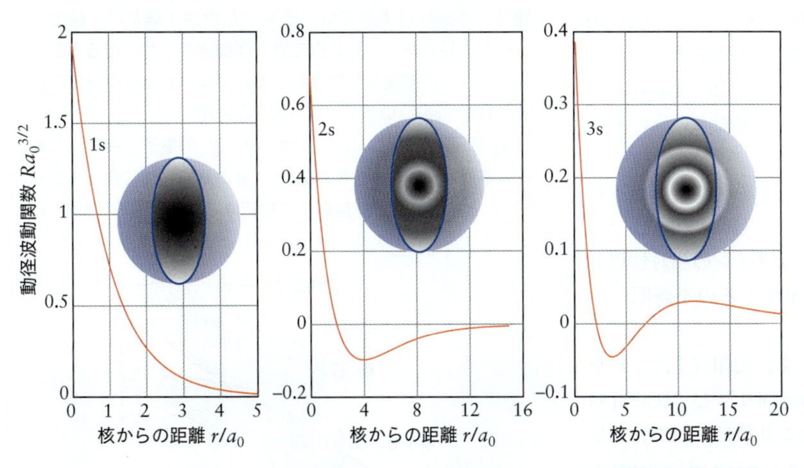

図1・32 H原子の1s，2s，3s軌道の動径波動関数．$n-1$個の“節球面”をもつ（図1・30と比べよう）．どのs軌道も，ψ^2（∝確率密度）は核上で最大になる．

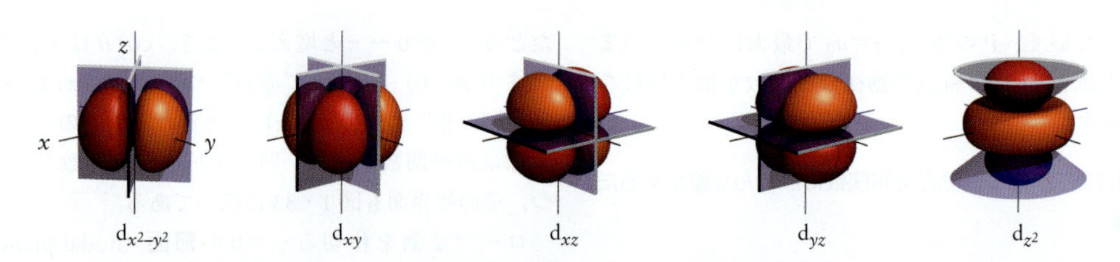

図 1・35　5種のd軌道．境界面はs軌道，p軌道よりずっと複雑になる．4種はローブを4個もち，1種だけは変則だがエネルギーは等しい．どのd軌道も核上の電子密度は0．d軌道は橙色に塗り，波動関数の正負を濃淡で示す．青い平面が節面．

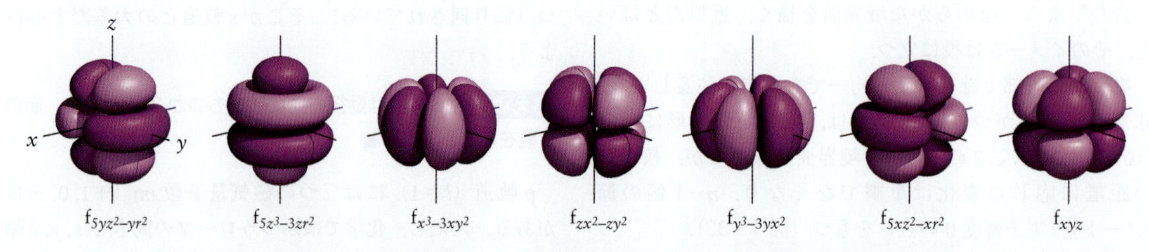

図 1・36　形が複雑な7種のf軌道．ここ以外で扱わないf軌道は，周期表の姿や，ランタノイドとアクチノイドの素性，重いdブロック元素の性質を考えるのに欠かせない．波動関数の正負を色の濃淡で示す．

箱の中の粒子だと，主量子数nの波動関数には節が$n-1$個あった（p.81，図1・23）．原子軌道も同様で，量子数(n, l)の軌道は，l個の方位節と，$n-l-1$個の動径節をもつ．方位量子数lが一定のまま主量子数nが増えると，節もさらにできる．

要点　原子軌道の形は量子数で決まり，境界面を使って描ける．動径分布関数は，核から距離rの位置に電子が見つかる確率を表す．■

⑤ 電子スピン

シュレーディンガーによるH原子の軌道エネルギー計算は，原子の理論を刷新した．しかし，観測されたスペクトル線は，振動数がシュレーディンガー理論の予想どおりではない．ボーア以後かつシュレーディンガー以前の1925年，オランダ系米国人のハウトスミット（Samuel Goudsmit）とウーレンベック（George Uhlenbeck）が，観測値のずれを説明する理論を提出していた．それによると電子は，地球やコマのように自転する球だという．その性質を電子の**スピン**（spin）とよぶ．

シュレーディンガーの理論はスピンを説明できなかったけれど，英国の物理学者ディラック（Paul Dirac）が，シュレーディンガー理論とアインシュタインの相対性理論を合わせたとき，スピンが自然に出てくるのを証明した（1928年）．

電子がもつ2個の“スピン状態”を，矢印（↑，↓）やギリシャ文字（α，β）で表す．“時計回り”と“反時計回り”の自転を想像してもよい．スピン状態は，四つ目の量子数つまり**スピン磁気量子数**（spin magnetic quantum number）または簡略名の**スピン量子数**（spin quantum number）m_sで表し，値は$+\frac{1}{2}$（↑）か$-\frac{1}{2}$（↓）となる（図1・37）．電子スピンの確認実験を，つぎの化学の広がりで紹介しよう．

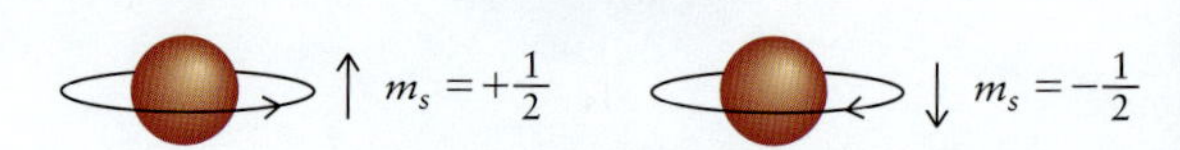

図 1・37　互いに逆向きの自転とみた電子スピン

要点　電子はスピンという状態をもつ．スピン量子数m_sは$+\frac{1}{2}$か$-\frac{1}{2}$の値をとる．■

化学の広がり2　電子スピンの確認実験

ドイツのシュテルン（Otto Stern）とゲルラッハ（Walther Gerlach）は1922年，電子スピンの存在を実験で確かめた．真空容器内に置いた磁石のすき間に，銀Agの原子ビームを通す．手始めの実験では，ぼやけた像が1個だけ，検出プレートに現れた．ビーム内で原子が衝突するせいだろうと思い，ビームの密度を下げたところ，プレート上の像が二つに分かれた（図）．いったい何が起きたのか？

Ag原子（$Z=47$）は，23対（46個）の電子と孤立した電子（不対電子）1個をもつため，“重い飛行物体に乗った電子1個”と考えてよい．自転する電荷は“ミニ棒磁石”だから，

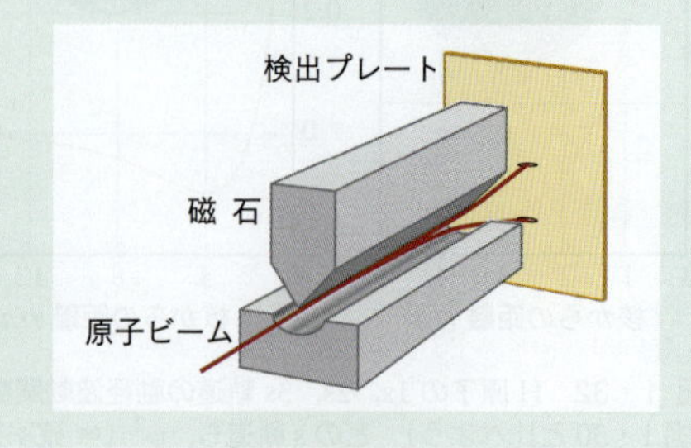

電子の飛行ルートにかけた磁場で，NS 型と SN 型に分かれたのではないか …….

つまり電子はスピンをもつ．しかも，スピンの向きは二つしかない．以後もさまざまな実験で確かめられた結果，電子スピンは，**電子スピン共鳴**（electron spin resonance，ESR）という実験法の基礎になる．スピンを反転させるのに必要なエネルギーから，不対電子をもつ分子やイオンのミクロ構造と環境がわかる．化学結合の生成でも，電子スピンは決定的な役割をする．英国のディラック（Paul Dirac）は 1928 年，量子力学と相対性理論を組み合わせて電子スピンの理論的裏づけを提出した．

⑥ 水素原子の電子構造

以上をもとに，H 原子の素顔をまとめよう．原子の状態は，電子 1 個が占めている軌道の量子数（n, l, m_l）と，スピン量子数（m_s）で指定される（表 1・4）．最低エネルギーの基底状態は，$n=1$，$l=0$，$m_l=0$，$m_s=\pm\frac{1}{2}$ と書ける（スピンの符号はエネルギーに関係ないため，どちらでも可）．基底状態は 1s 軌道だから，その電子を“1s 電子”とよぶ．

エネルギーをもらって $n=2$ 殻に上がった励起電子は，軌道 4 個（2s 軌道 1 個，2p 軌道 3 個）のどこにも行ける（H 原子の場合，4 個の軌道はエネルギーが等しい）．電子は波動関数で指定し，2s 軌道や 2p 軌道のひとつを“占める電子”とか，“2s 電子”，“2p 電子”とよぶ．$n=2$ 殻のほうが核から遠いため，励起した原子は“膨れあがる”とイメージしよう．

もっと大きいエネルギーをもらった電子は $n=3$ 殻に上がり，原子サイズをさらに増やす．$n=3$ 殻に上がった電子は，軌道 9 個（3s 軌道 1 個，3p 軌道 3 個，3d 軌道 5 個）のどれにも行ける．さらに高い $n=4$ 殻だと，選択肢は 16 個（4s 軌道 1 個，4p 軌道 3 個，4d 軌道 5 個，4f 軌道 7 個．図 1・38）になる．もらうエネルギーが十分に大きいと，電子は核の引力を振り切って真空中に飛び出す．

復習 1・10A H 原子内で量子数が $n=4$，$l=2$，$m_l=-1$ の電子は，どの軌道を占めているか．

［答：4d 軌道］

復習 1・10B H 原子内で量子数が $n=3$，$l=1$，$m_l=-1$ の電子は，どの軌道を占めているか．

要 点 原子内の電子がとる状態は，4 種の量子数（n，l，m_l，m_s）で指定する．主量子数 n が大きいほど原子サイズは大きい．■

身につけたこと

水素原子の電子は波動関数（原子軌道）で表され，軌道それぞれは量子数 n，l，m_l で指定する．軌道の形はシュレーディンガー方程式の解が教える．原子の発光スペクトルは軌道間の電子遷移を表す．電子は“スピン”をもち，その向きは 2 方向のどちらかになる．以上を学び，つぎのことができるようになった．

- ❑ 1 核からの距離で変わる電子の存在確率の評価（例題 1・9）
- ❑ 2 量子数 4 種の意味と，原子軌道エネルギーが示す序列の推定（①〜④ 項）
- ❑ 3 電子スピンの説明（⑤ 項）
- ❑ 4 H 原子の基底状態と励起状態の区別（⑥ 項）

1・5 多電子原子

なぜ学ぶのか？ 化学のコアをなす周期表の理解には，多電子原子の電子状態をつかむ必要がある．

必要な予備知識 水素原子の原子軌道（1・4 節），とりわけ軌道のサイズと形，スピンの存在になじんでおきたい．周期表のおよその姿も必須知識となる．

H 以外の原子は複数の電子をもっているため，**多電子原子**（many-electron atom）という．H 原子の知識をもとに，電子が 2 個以上になると原子軌道はどう変わり，電子がどう軌道を占めるのかを調べよう．そうした“電子構造”こそが，周期表の姿や，化学結合の本質をつかむカギになる．そのため，以下の内容は，化学全体の土台だといってもよい．

表 1・4 原子内の電子がもつ量子数

量子数	記 号	値	表すもの	意 味
主量子数	n	1, 2, …	殻	軌道の広がり
方位量子数	l	0, 1, …, $n-1$	副殻：$l=0, 1, 2, 3, 4, \cdots$ s, p, d, f, g, …	軌道の形
磁気量子数	m_l	$l, l-1, \cdots, -l$	軌 道	軌道の向き
スピン量子数	m_s	$+\frac{1}{2}, -\frac{1}{2}$	スピン	スピンの向き

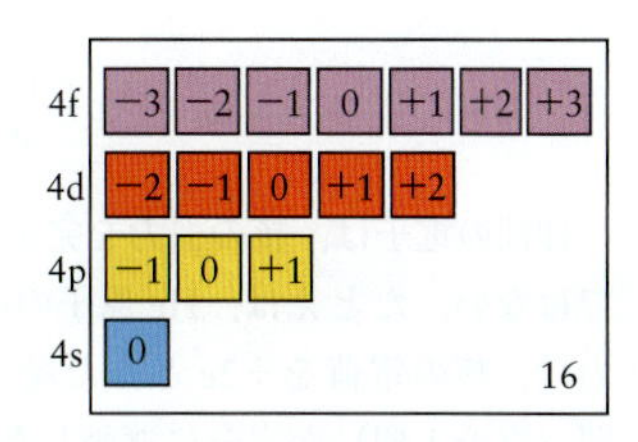

図 1・38 $n=4$ 殻の軌道 16 個．軌道それぞれに電子 2 個が入れるため，最大 32 個の電子を収容できる．

① 軌道エネルギー

多電子原子でも，H原子と同様，決まった軌道に電子が入る．ただし軌道のエネルギーは，H原子のときと同じではない．多電子原子の核はHより正電荷が多いから，電子を引きつける力が増す結果，電子のエネルギーは下がる．ただし逆向きのことも起こって，電子どうしが反発しあう分だけ，軌道のエネルギーが上がる．核の電荷が$+2e$のヘリウム原子だと，位置エネルギー（ポテンシャルエネルギー）は，核～電子1の距離をr_1，核～電子2の距離をr_2，電子1～電子2の距離をr_{12}として，つぎのように書ける．

$$V \propto \underbrace{-\frac{2e^2}{r_1}}_{\text{核-電子1の引きあい}} \underbrace{-\frac{2e^2}{r_2}}_{\text{核-電子2の引きあい}} + \underbrace{\frac{e^2}{r_{12}}}_{\text{2電子の反発}} \tag{20}$$

最初の2項は“引きあいによる安定化”だからマイナス符号，第3項は“反発による不安定化”だからプラス符号がつく．位置エネルギーがこの形だとシュレーディンガー方程式は解けないけれど，コンピュータを使えば十分に正確な数値解が出る．

こぼれ話 いまや化学者は，ハッカーや気象予報士や分子生物学者と肩を並べるコンピュータのユーザーとして，原子や分子の電子構造を明るみに出す．■

電子1個のH原子なら電子間の反発がないため，どの殻の軌道も縮退している．2s軌道に入ろうと，3個ある2p軌道のどれに入ろうと，エネルギーは等しかった（前節）．けれど多電子原子では，電子間反発が働く結果，2p軌道のエネルギーは2s軌道より高くなる．また，$n=3$殻だと，エネルギーは3s軌道より3p軌道（3個）のほうが高く，3d軌道（5個）はさらに高い（図1・39）．軌道のエネルギーは，どのように変わるのだろう？

多電子原子の電子は，核に引かれて安定化するほか，仲間の電子と反発しあう．一方で仲間の電子は，負電荷として核の正電荷を**遮蔽**（しゃへい）(shielding）する結果，核の引力を弱めもする．ある電子が感じる**有効核電荷**（effective nuclear charge）$Z_{\text{eff}}e$は，仲間が遮蔽してくれる分だけ，実際の核電荷Zeより小さい．こうして，前節（15b）式のZを実効値Z_{eff}に置き換えたものが，おおよそ電子のエネルギーだと思ってよい．

$$E_n = -\frac{Z_{\text{eff}}^2 h\mathcal{R}}{n^2} \tag{21}$$

仲間の電子は，核の引力を完全に“ブロックする”わけではない．たとえば，He原子の中で電子1個が感じる引力は，核の電荷を$+2e$とみた場合より小さいけれど，仲間（電子1個）が完全に遮蔽した“$+e$電荷の核”が及ぼす引力よりは大きい．電子たちは互いに反発もしながら，総エネルギーが最低になるよう核のまわりに分布する．

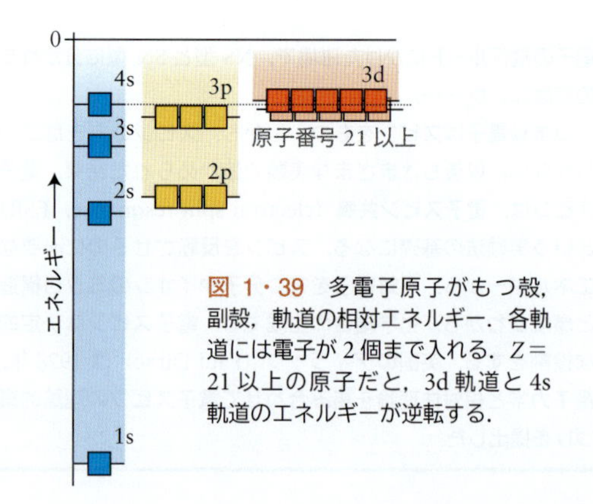

図1・39　多電子原子がもつ殻，副殻，軌道の相対エネルギー．各軌道には電子が2個まで入れる．$Z=21$以上の原子だと，3d軌道と4s軌道のエネルギーが逆転する．

主量子数nがどんな値でも，s電子の密度は核に近い場所ほど高い（s軌道のψ^2は核そのものの上で0にならない）．そのため，s電子は内殻に**貫入**（penetration）すると考えよう．かたや軌道角運動量をもつp電子は，貫入の度合いがずっと小さい（図1・40）．

前に見たとおり，p電子の波動関数は核上で0（核上にp電子がある確率は0）だから，内殻への貫入がs電子よりずっと弱いp電子は，その分だけ核から遮蔽されやすいため，p電子が感じる有効核電荷は，s電子が感じる電荷より小さい．つまり，s電子はp電子より核との引きあいが強いから，p電子よりエネルギーが低い．また，d電子は，p電子より軌道角運動量が大きく，核に近づきにくいため，核との引きあいはさらに弱い．こうして，同じ殻内でもエネルギーは，s電子＜p電子＜d電子の順になる．

貫入と遮蔽の効果は大きい．たとえば4s電子のエネルギーは4p電子や4d電子よりずっと低く，しかも通常，同じ原子の3d電子より低い（図1・39）．軌道エネルギーの順がどのようになるかは，原子がもつ電子の数で決まる（次節）．

要点 多電子原子では，軌道の貫入と遮蔽が効くため，ある殻内の軌道エネルギーはs＜p＜d＜fの順になる．■

② 構成原理

元素の化学的性質は原子の電子構造で決まるため，電子構造がどうなるのかをつかんでおきたい．電子構造とは原子の**電子配置**（electron configuration），つまり“どの軌道に何個ずつ電子が入っているか”をいう．基底状態の電子は，多電子原子の全エネルギーが最低になるよう軌道を占める．それなら，どの電子も1s軌道に入ればよさそうなところ，H（電子1個）とHe（電子2個）以外はそうならない．1925年にオーストリアのパウリ（Wolfgang Pauli）が，つぎのルールを見つけた．それを**パウリの排他律**（Pauli exclusion principle）という．

- パウリの排他律：ひとつの軌道には，逆向きスピンの電子対（電子2個）しか入れない．

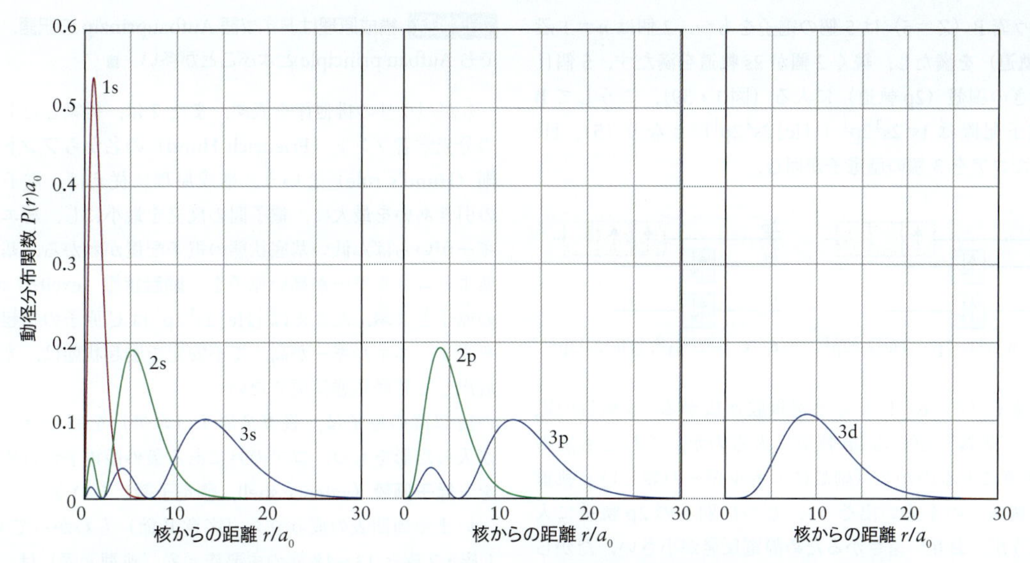

図 1・40　H 原子の $n=1$，2，3 殻がもつ s，p，d 軌道の動径分布関数．n 値（殻）が同じなら，軌道のピーク位置は互いに近い．また，ns 電子は，np 電子や nd 電子よりも核に近いところに存在する確率が高い．

逆向きスピンの電子 2 個（↑と↓；スピン量子数$+\frac{1}{2}$と$-\frac{1}{2}$）を，**スピン対**（spin pair）という（図 1・41）．原子軌道は 3 種の量子数（n，l，m_l）が決め，スピン状態は第四の量子数 m_s が決めるので，パウリの排他律はこう表現してもよい．

- ある原子内に，量子数が 4 種とも同じ電子は 1 個しかない．

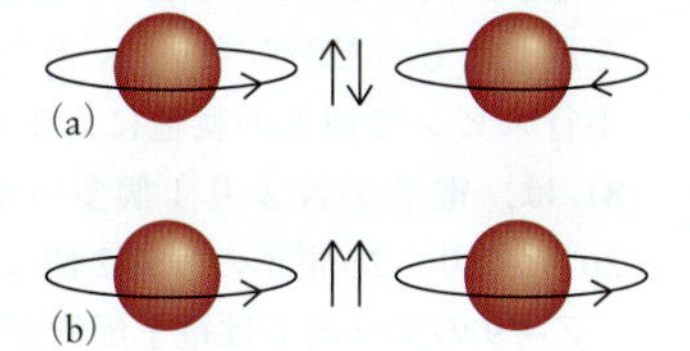

図 1・41　(a) スピン対の電子 2 個．(b) スピン対ではない電子 2 個．

あるいは，“原子軌道それぞれに入れるのは電子 2 個まで”ともいえる．

基底状態の H 原子は，1s 軌道に電子を 1 個もつ．それを **1** のような“ボックス図”（図 1・39 の一部）に描き，“$1s^1$”と表す．He 原子（$Z=2$）の基底状態なら，電子 2 個が 1s 軌道を占めて“$1s^2$”となる（ボックス図 **2**）．スピン対をなす 2 個の電子が 1s 軌道（$n=1$ 殻）を満杯にし，そのとき He 原子は，排他律のもとで限度いっぱいの電子をもつから，**閉殻**（closed shell）になったという．

注目！ 軌道にある電子が 1 個でも，“1s”ではなく“$1s^1$”と書く．■

Li 原子（$Z=3$）は電子を 3 個もつ．うち 2 個は 1s 軌道を占め，$n=1$ 殻を閉殻にする．残る 1 個は，$n=2$ 殻の 2s 軌道に入り（図 1・39），Li 原子の基底状態は $1s^2\,2s^1$（**3**）となる．原子の電子構造は，軌道が満杯になった内殻の**コア**（core，芯）と，コアを囲む外殻の**価電子**（valence electron，原子価電子）からなる．Li 原子のコアは，He 型の $1s^2$ だから [He] と書く．コアの外側に，エネルギーの高い 2s 電子をもつ外殻がある．つまり Li の電子配置は $[He]2s^1$ と書ける．

化学反応のときは通常，核に強く引かれて安定なコアの内殻電子は“眠りこみ”，価電子だけが活躍する．そのため Li 原子なら，価電子 1 個を失った陽イオン Li^+ の形で化合物をつくる（コアの内殻電子まで失った Li^{2+} や Li^{3+} にはならない）．

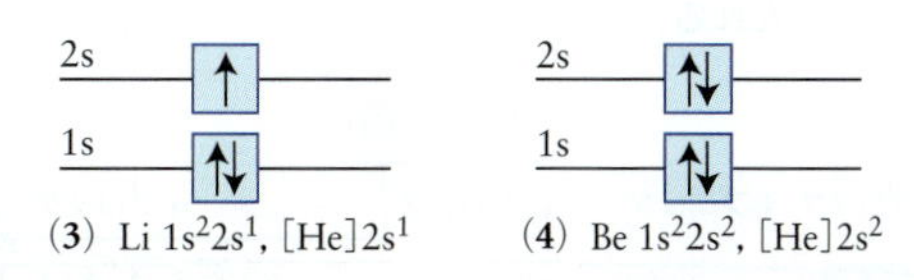

こぼれ話 最外殻電子は化学結合で主役になり（2・1 節），結合形成理論のひとつを原子価結合理論（valence bond theory）とよぶところから，“価電子”の名が生まれた．■

$Z=4$ の元素は電子 4 個のベリリウム（Be）だが，電子 3 個までは Li と同じ $1s^2\,2s^1$ で，4 個目が 2s 電子とスピン対をつくるため，$1s^2\,2s^2$（$=[He]\,2s^2$）になる（**4**）．つまり He に似たコアを，1 対（2 個）の 2s 電子がとり囲む．Li 原子と同様な理由で，Be 原子は価電子 2 個を出して陽イオン Be^{2+} になりやすい．

ホウ素B（Z＝5）は5個の電子をもつ．2個は$n=1$殻（1s軌道）を満たし，続く2個が2s軌道を満たす．5個目はつぎの副殻（2p軌道）に入る（図1・39）．こうしてBの電子配置は$1s^2 2s^2 2p^1$（[He]$2s^2 2p^1$）となり（**5**），Heに似たコアを3個の価電子が囲む．

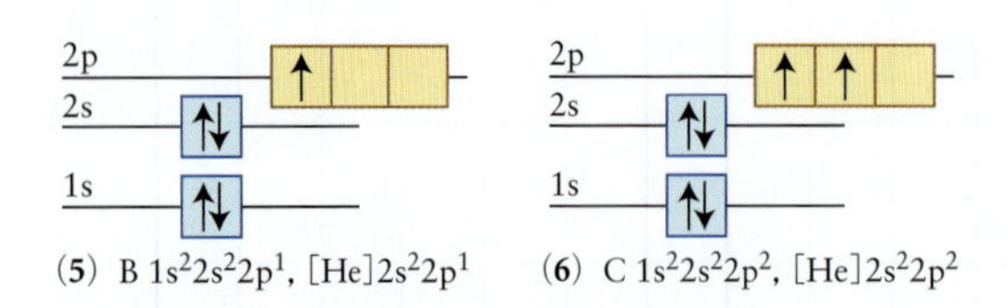

（**5**）B $1s^2 2s^2 2p^1$, [He]$2s^2 2p^1$　（**6**）C $1s^2 2s^2 2p^2$, [He]$2s^2 2p^2$

炭素C（Z＝6）になると選択肢が広がる．6個目の電子は，“先客”がいる2p軌道に入るのか，それとも別の2p軌道に入るのか？（副殻にエネルギーの等しいp軌道が3個あるのを思い出そう）．じつは別々の2p軌道に入るほうが，お互い遠ざかるため静電反発が小さい．だから6個目は別の2p軌道を占め，基底状態の電子配置は$1s^2 2s^2 2p_x{}^1 2p_y{}^1$となる（**6**）．ただし“$2p_x{}^1 2p_y{}^1$”部分は軌道をていねいに書いたもので，ふつうは略記型の[He]$2s^2 2p^2$を書く．

炭素Cの軌道図には，2個の2p電子を**平行スピン**（parallel spin）つまり“↑↑”と描いたところに注目しよう．平行スピンの電子2個は互いを避けたがるため，同じ軌道（箱）にスピン対（↑↓）で入るときより，負電荷の反発が減る分だけエネルギーが低い．ただし，もちろん“空いた箱”があるときにだけそれができる．

こうした流れを，電子配置の**構成原理**（building-up principle）という．構成原理は2段がまえとなり，原子番号Zの中性原子が基底状態でとる電子配置を，つぎの手順で予想する．

1. Z個の電子を1個ずつ，図1・42の矢印に従って軌道に入れる（1個の軌道には電子2個まで）．
2. 複数の軌道をもつ副殻（p，d，f）が使えるときは，空いた軌道（箱）があるかぎり，別々の軌道に平行スピンで電子を入れる．

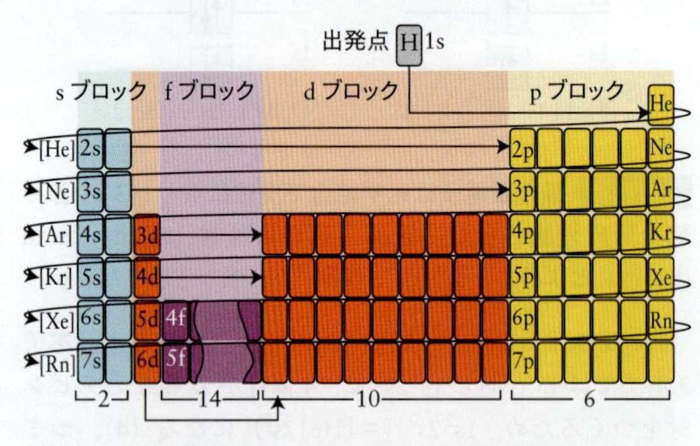

図1・42　構成原理の図解．ブロック名の記号s，p，d，fは，電子が最後に入る副殻を表す．底部の数字は，収容できる電子の最大数．各ブロックの色は，他図中で軌道を塗った色に合わせた．

こぼれ話　構成原理はドイツ語Aufbauprinzipの訳語．英語でもAufbau principleとよぶことが多い．■

1がパウリの排他律を表す．また2は，提案したドイツの分光学者フント（Friedrich Hund）の名から**フントの規則**（Hund's rule）という．構成原理に従えば，電子と核の引きあいを最大に，電子間の反発を最小にし，総エネルギーがいちばん低い基底状態の電子配置がわかる．基底状態よりエネルギーが高い原子を，**励起状態**（excited state）の原子とよぶ．たとえば[He]$2s^1 2p^3$はC原子の励起状態を表す．エネルギーが高くて不安定な励起状態は，光子を放出して基底状態に戻りたい．

Li以降の原子は，貴ガス原子（コア）を囲む殻に電子が入った形をもつ．コアの外にある最外殻電子が占める殻を，**原子価殻**（valence shell，価電子殻）という．

いまや周期表の成り立ち（序章B節）もわかってくる．1族・2族と13〜18族の主要族元素（典型元素）は，第n周期の元素なら，みな主量子数nの原子価殻をもつ．たとえば第2周期のLi〜Neは，原子価殻が$n=2$殻になる．だから同じ周期の元素は，コアは共通で価電子の数だけがちがう．

第2周期のコアは$1s^2$（He型），第3周期のコアは$1s^2 2s^2 2p^6$（Ne型）と書ける．かたや同じ族（とりわけ主要族）の元素は，価電子の配置が共通で，n値だけがちがう．たとえば1族の価電子はns^1，14族の価電子は$ns^2 np^2$となる．電子配置が共通だからこそ，同族元素は互いに性質が似ている（序章B節）．

以上のことを考えながら，炭素Cに続く第2周期元素の電子配置を考えよう．$Z=7$の窒素Nは，Cに電子1個を足したものだから[He]$2s^2 2p^3$となり，3個のp電子は平行スピンで別々の軌道に入る（**7**）．続く酸素O（$Z=8$）は，電子がNより1個多いから電子配置は[He]$2s^2 2p^4$となり，2p電子のうち2個は1対をなす（**8**）．

$Z=9$のフッ素Fは電子配置が[He]$2s^2 2p^5$となり，電子1個だけが対をつくれずに孤立する（不対電子）（**9**）．つぎのネオンNe（$Z=10$）は，2p副殻が満杯の電子配置[He]$2s^2 2p^6$をもつ（**10**）．図1・39と図1・42に従って，続く電子は（$n=3$殻のうちエネルギー最低の）3s軌道に

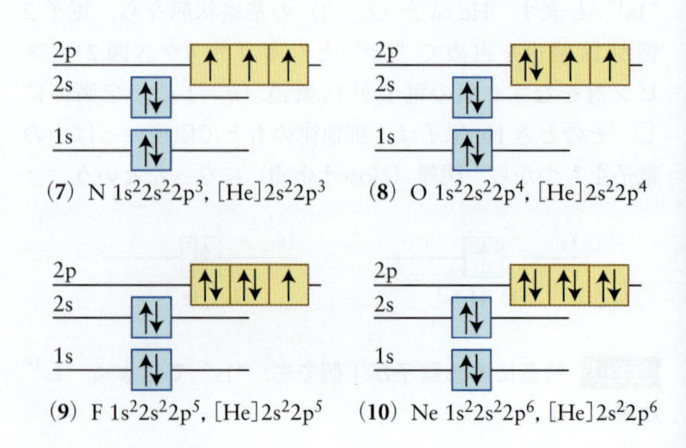

（**7**）N $1s^2 2s^2 2p^3$, [He]$2s^2 2p^3$　（**8**）O $1s^2 2s^2 2p^4$, [He]$2s^2 2p^4$

（**9**）F $1s^2 2s^2 2p^5$, [He]$2s^2 2p^5$　（**10**）Ne $1s^2 2s^2 2p^6$, [He]$2s^2 2p^6$

入り，電子配置 $[He]2s^2 2p^6 3s^1$（$=[Ne]3s^1$）のナトリウム Na ができる．

復習 1・11A 基底状態にあるマグネシウム（Mg）原子の電子配置を予想せよ．

［答：$1s^2 2s^2 2p^6 3s^2 = [Ne]3s^2$］

復習 1・11B 基底状態にあるアルミニウム（Al）原子の電子配置を予想せよ．

$n=3$ 殻の s 軌道と p 軌道は，貴ガスのアルゴン Ar で満杯（$[Ne]3s^2 3p^6$）になる．4s 軌道は 3d 軌道より少しエネルギーが低いから（図 1・39），第 4 周期で電子はまず 4s 軌道に入り，$1s^2 2s^2 2p^6 3s^2 3p^6$ を［Ar］として，$[Ar]4s^1$ のカリウム K，$[Ar]4s^2$ のカルシウム Ca ができる．そのあと電子は 3d 軌道に入っていくため，電子占有のリズムが狂う．

軌道エネルギーの序列（図 1・39）によれば，続く元素（$Z=21$ のスカンジウム Sc → $Z=30$ の亜鉛 Zn）で，10 個の電子は 3d 軌道を占めていく．基底状態の電子配置は，Sc が $[Ar]3d^1 4s^2$，隣のチタン Ti が $[Ar]3d^2 4s^2$ となる．Sc 以降の電子配置は，4s 電子を 3d 電子の後に書く．4s 軌道が満杯になったあとは，3d 軌道のエネルギーが 4s 軌道より低いからだ（図 1・39）．つぎの周期に移っても，nd 軌道と $(n+1)$s 軌道の関係は同様だから，原子番号 Z が増えるとともに電子は d 軌道を占めていく．

ただし，途中に例外が二つある．$[Ar]3d^4 4s^2$ でよさそうなクロム Cr（$Z=24$）は現実の姿が $[Ar]3d^5 4s^1$ となり，$[Ar]3d^9 4s^2$ でよさそうな銅（$Z=29$）は現実の姿が $[Ar]3d^{10} 4s^1$ となる．副殻が半分だけ満ちた d^5 や，満杯の d^{10} は，特別にエネルギーが低いのでそうなる．だから構成原理どおりの "$4s^2$" を壊して "$4s^1$" に変わり，d^5 や d^{10} の姿になってエネルギーを下げる．構成原理の例外は，電子配置の全体像（付録 2C）や，前見返しの周期表にも見つかる．

注目！ 電子配置は，満杯になった軌道の順ではなく，エネルギーの低い軌道から高い軌道へと並べる．だからたとえばスカンジウム Sc は，$[Ar]4s^2 3d^1$ ではなく，$[Ar]3d^1 4s^2$ と書く．■

周期表のつくり（図 1・42）から予想できるように，3d 軌道が満杯になったあと，電子は 4p 軌道を占めていく．ゲルマニウム Ge（$Z=32$）の電子配置 $[Ar]3d^{10} 4s^2 4p^2$ では，満杯の 3d 軌道より外の 4p 軌道を，2 個の電子が占めている．続くヒ素 As は $[Ar]3d^{10} 4s^2 4p^3$ となる．4s 軌道と 4p 軌道が計 8 個，3d 軌道が計 10 個の電子を収容するから，第 4 周期には 18 個の元素が並び，第 4 周期は初の**長周期**（long period）になる．

考えよう 電子が g 軌道に入る "超長周期" は，どの原子番号から始まって，どれほどの長さになるだろうか？■

第 5 周期に行こう．電子は 5s 軌道を満杯にしてから 4d 軌道に入っていく．第 4 周期と同様に，4d 軌道のエネルギーは，満杯の 5s 軌道より低い．

第 6 周期も似ているが，6s 軌道のあとは 4f 軌道に電子が入り，たとえばセリウム Ce（$Z=58$）は $[Xe]4f^1 5d^1 6s^2$ となる．以後は 14 個の電子が 4f 軌道を占め，イッテルビウム Yb（$Z=70$）で満杯になる．そのあとは 5d 軌道を電子が占めていく．

6s，4f，5d 軌道が満杯になる水銀 Hg（$Z=80$）からあとは，6p 軌道に電子が入る．水銀に続くタリウム Tl は，$[Xe]4f^{14} 5d^{10} 6s^2 6p^1$ と書ける．

付録 2C を見ると，4f 軌道を電子が占めていく途中にも，数か所の例外が見つかる．4f 軌道と 5d 軌道のエネルギーが近いので，ときに順序が狂う．じつは全元素の 25% 近くがそんな "例外" になるけれど，平凡な化合物をつくる元素なら，まず構成原理に従うと思ってよい．

例題 1・10 重い元素の電子配置

新しい化合物をつくりたいときは，元素の電子配置がガイドになる．工業触媒の調製に使う以下 2 元素の電子配置を予想してみよ．

(a) バナジウム V，(b) 鉛 Pb

予 想 V は d ブロック元素なので，d 軌道の一部を電子が占めているだろう．Pb は C と同族なので，価電子は $ns^2 np^2$ 型と予想される．

解 答 (a) V は第 4 周期の 5 族だから，コアは Ar で価電子は 5 個．2 個は 4s 軌道を満たし，残る 3 個が 3d 軌道に入るため，電子配置は $[Ar]3d^3 4s^2$．

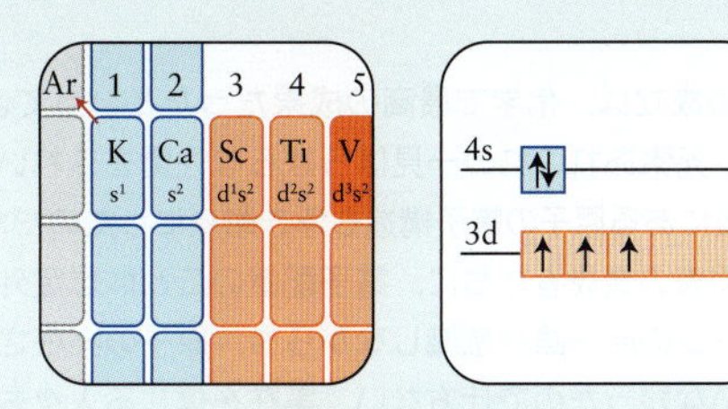

(b) Pb は第 6 周期の 14 族だから，コアは Xe．5d 軌道と 4f 軌道を満たして残る 4 個の価電子は，6s 軌道と 6p 軌道に入る．つまり電子配置は $[Xe]4f^{14} 5d^{10} 6s^2 6p^2$ と書ける．

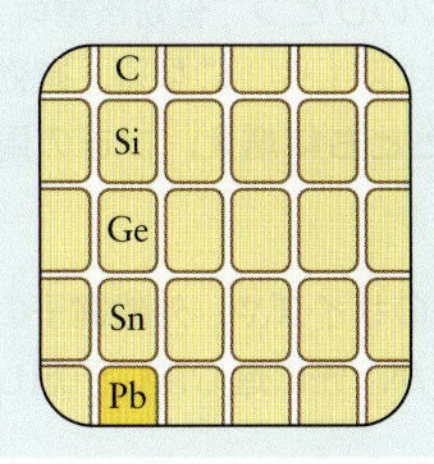

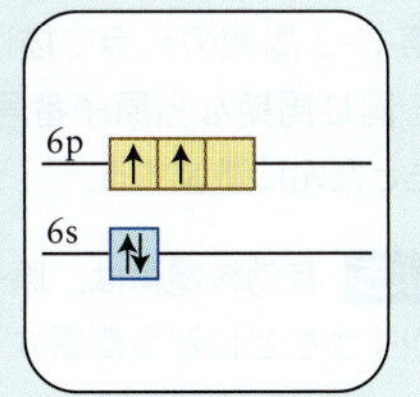

確認　予想どおり，V は途中まで満ちた d 軌道をもち，Pb は炭素と同型だった．

復習 1・12A　ビスマス Bi の電子配置を予想してみよ．

［答：[Xe] $4f^{14}5d^{10}6s^{2}6p^{3}$］

復習 1・12B　ヒ素 As の電子配置を予想してみよ．

要点　基底状態にある原子の電子配置は，パウリの排他律とフントの規則に従う構成原理から予想できる．■

身につけたこと

多電子原子の電子は，総エネルギーを最小化する構成原理（フントの規則，パウリの排他律）に従い，可能な軌道に順々と入っていく．その結果が周期表の姿を決める．以上を学び，つぎのことができるようになった．

❏1　多電子原子の電子エネルギーを決める要因の説明（① 項）

❏2　基底状態にある原子の電子配置の特定（例題 1・10）

1・6　性質の周期性

なぜ学ぶのか？　周期表にまとめ上げられた元素の性質は，化学の習得にも研究にも必須の知識となる．

必要な予備知識　多電子原子の電子構造（1・5 節）と周期表の関係をつかんでおきたい．元素の酸化状態（序章 K 節）とイオン化エネルギー（1・4 節）も必須知識となる．

周期表の成立は，化学で最高の成果だったといってよい．なにしろ，元素あれこれの一見ばらばらな性質をきれいに整理し，背後にある原子の電子構造も浮き彫りにしたのだから．ただし周期表の発見者たちに，電子配置のことは想定外だった．ドルトンの原子論を意識しながらも，原子の実在さえ確信できていなかったので仕方ない．実在を信じる人々も，当時は原子の核モデルなどまったく知らず，手がかりは元素の物理・化学的性質だけだった．周期表が確立したいきさつを，続くコラムにまとめてある．

元素の性質が示すきれいなパターンは，原子の電子構造（前節）が織り上げる．パターンのひとつ“有効核電荷 $Z_{\mathrm{eff}}e$”を，第 1〜3 周期の元素で描けば図 1・43 になる．有効核電荷は，同じ周期なら原子番号とともに増え，つぎの周期へ移ったとたんに激減する．

考えよう　有効核電荷は，原子のサイズや，外殻電子の引き離しやすさなどにどう影響するか，先に進む前に予想してみよう．■

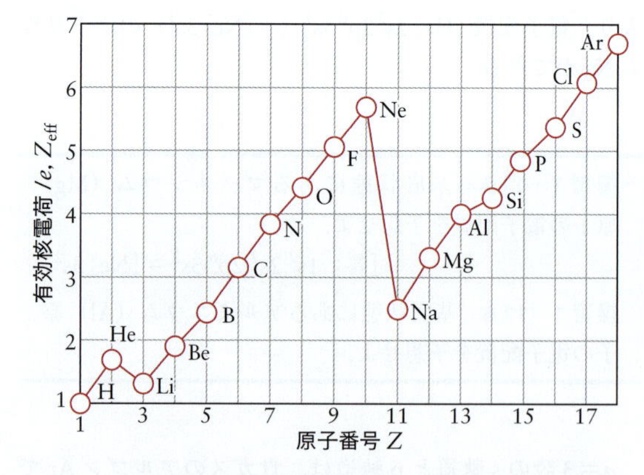

図 1・43　最外殻の価電子が感じる有効核電荷と原子番号の関係（有効核電荷の記号には，厳密な $Z_{\mathrm{eff}}e$ ではなく，Z_{eff} を使うことも多い）．

化学の広がり 3　周期表誕生のころ

化学的な手段でもはや分解できないものが元素（単体）── その発想は，19 世紀の初めにようやく固まった．元素のうち銅や金，銀などは古代から知られる．18〜19 世紀には酸素やナトリウム，塩素も見つかった．そうなると新しい問いが生まれる．元素どうしは何がちがうのか？　元素の性質には何かパターンがあるのでは？　パターンが見つかれば，まだ見ぬ元素の存在を予測できるだろう．

19 世紀の初めごろ，ドイツのデーベライナー（Johann Döbereiner），英国のオドリング（William Odling）やニューランズ（John Newlands）が，元素どうしには何か関連がありそうだと発表する．やがて 1869 年，元素を原子量の順に並べると，性質の似た元素がくり返し現れることに，ドイツのマイヤー（Julius Lothar Meyer）とロシアのメンデレーエフ（Dmitri Ivanovich Mendeleev）が気づき，似た性質のくり返しをメンデレーエフが**周期律**（periodic law）と名づけた．

メンデレーエフ
（1834〜1907）

マイヤー
（1830〜95）

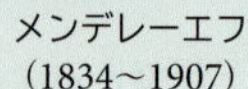

ただし問題があった．全体像に組み入れにくい元素もある．たとえば，やがて見つかるアルゴンは，質量と位置の関係がスッキリしない．実測の原子量 40（モル質量 40 g $\mathrm{mol^{-1}}$）はカルシウムにたいへん近い．けれどアルゴンはほぼ不活性な気体で，カルシウムは反応性の高い金属だった．すると原子量だけで元素を整理してはいけない？

賢明なメンデレーエフは，原子量の順にこだわらない．たとえばテルルはヨウ素より重いと知りながらも，“テルル→ヨウ素”の順にした．ヨウ素の性質が，セレンや硫黄とはずいぶんちがい，塩素や臭素にずっと近いからだった（テルルの性質はセレンや硫黄に近い）．さらに彼は，未知の元素を空欄にしておき，原子量の予想さえもしている．それぞれ 1875 年と 1886 年に見つかる 31 番ガリウムと 32 番ゲルマニウムの性質は，ほぼメンデレーエフの予言どおりだった．

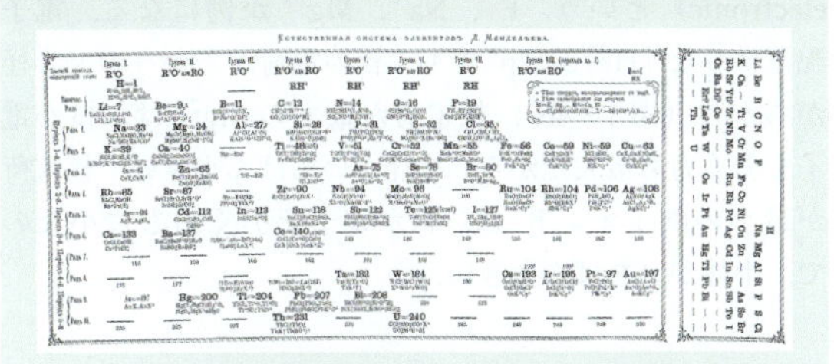

メンデレーエフが 1871 年に発表した周期表

初期の周期表はそれなりに成功でも，“なぜその配置なのか”は謎のままだった．やがて 1913 年，英国の若いモーズリー（Henry Moseley，1887～1915）が元素の X 線スペクトルを詳しく調べ，配列の指標は原子番号だと証明する．なるほど原子番号の順に並べてみると，性質のくり返しパターンは，疑う余地のないものになった．

① 原子半径

電子の“雲”に明確な果てはないため，原子の“正確な半径”はない．ただし，固体中にぎっしり詰まった原子とか，分子をつくっている原子なら，核間（中心間）距離が決まっている．そこで元素の**原子半径**（atomic radius）を，核間距離の半分とみよう（**1**）．そのとき原子半径については，つぎのようなことがいえる．

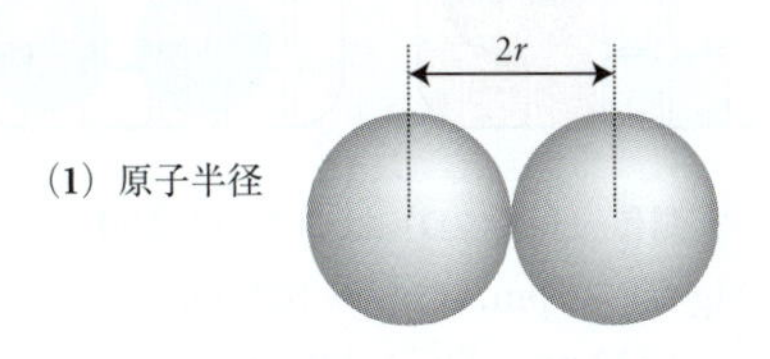

- 金属なら，固体中で並ぶ原子どうしの核間距離の半分を原子半径とみなす．たとえば銅は，核間距離が 256 pm なので，原子半径を 128 pm とする．
- 非金属や半金属なら，結合した同一原子が示す核間距離の半分を**共有結合半径**（covalent radius）とよぶ（2・4 節）．たとえば Cl_2 分子の Cl−Cl 間は 198 pm だから，Cl 原子の共有結合半径を 99 pm とみる．貴ガスなら，低温で生じる固体中の核間距離の半分を**ファンデルワールス半径**（van der Waals radius）という（付録 2D 参照）．ただし固体の貴ガス中に原子間結合はなく，ファンデルワールス半径は共有結合半径よりずっと大きいため，原子番号と原子半径の関係を考える際，貴ガスは除外するのがよい．

原子半径の例を図 1・44 に，原子番号と原子半径の関係を図 1・45 に描いた．後者では，鋸（のこぎり）の歯のような周期的パターンに注目しよう．図からつぎのことに気づく．

- 原子半径は，同じ周期なら右に行くほど減り，同じ族なら下に行くほど増す．

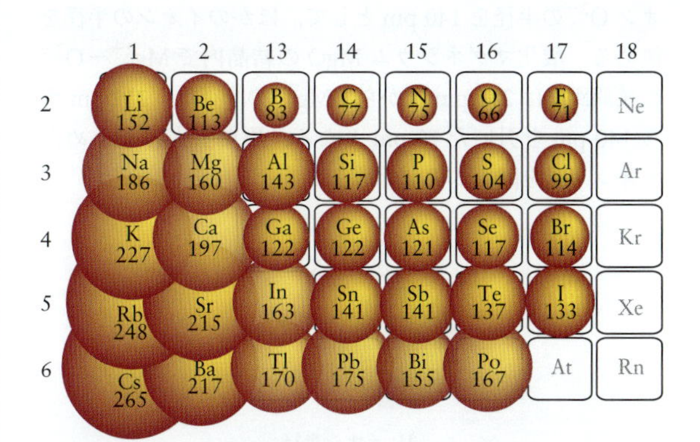

図 1・44　主要族元素の原子半径（pm）．同じ周期なら右に行くほど小さく，同じ族なら下に行くほど大きい．d ブロック元素も含めた原子半径は付録 2D に記載．

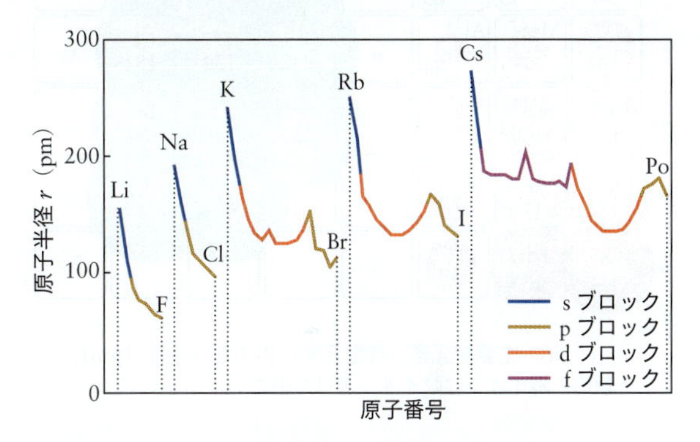

図 1・45　原子半径の周期性．同周期では右に行くほど，増える有効核電荷が“電子雲”を縮める．同族なら下に行くほど，主量子数 n の大きい殻に電子が入ってサイズが増す．

1 族の Li → Cs なら，周期が上がるたび主量子数 n が 1 ずつ増える結果，最外殻電子が核から遠ざかって半径が増す．かたや第 2 周期の Li～Ne だと，右手ほど半径が小さい．電子が増す向きなので，意外かもしれない．けれど，増える電子はみな同じ $n=2$ 殻に入り，核との距離はさほど変わらない．また，同じ $n=2$ 殻内の電子なら，仲間の電子が核の正電荷を十分には遮蔽しない．そんな状況のもと，右に行くほど増える核の正電荷が電子を引き寄せる結果，原子半径は減っていく．

考えよう 原子半径が最大の元素はどれだろう？■

要 点 原子半径は，同周期の左→右で（増える核電荷が電子を引き寄せるため）減り，同族の上→下では（最外殻電子が核から遠ざかるため）増す．■

② イオン半径

イオンの半径は，“親”にあたる原子の半径とはずいぶんちがう．イオン結晶内でイオンは，逆符号のイオンに囲まれている（序章C節）．隣りあう陽イオン（カチオン）と陰イオン（アニオン）の核間距離を，**イオン半径**（ionic radius）それぞれの和とみる（**2**）．通常，酸化物イオン O^{2-} の半径を 140 pm として，ほかのイオンの半径を決める．酸化マグネシウム MgO の結晶内で $Mg^{2+}-O^{2-}$ の核間距離は 212 pm だから，Mg^{2+} の半径は，212 pm から 140 pm を引いた 72 pm となる．周期表上にまとめたイオン半径を図 1・46 に示す．

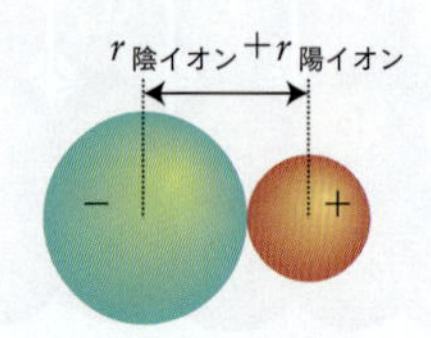

(**2**) イオン半径

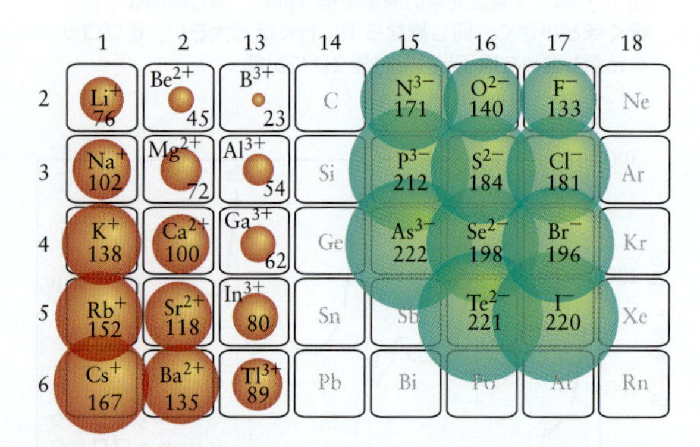

図 1・46　主要族元素（典型元素）のイオン半径（pm）．一般に，陽イオンは陰イオンよりも小さい．

図 1・47 には，元素 8 種の原子半径とイオン半径を重ねて描いた．陽イオンは，1 個～数個の電子を失った“コア”の球だから，親の原子よりも小さい．たとえば Li 原子（$1s^2 2s^1$）の半径が 152 pm のところ，Li^+（$1s^2$）の半径はわずか 76 pm しかない．原子が梅の実なら，陽イオンは種の感じになる．主要族の同族元素は，同じ電荷のイオンになりやすい．周期が上がると，価電子の主量子数 n が上がって殻の広がりが増すため，原子半径もイオン半径も大きくなっていく．

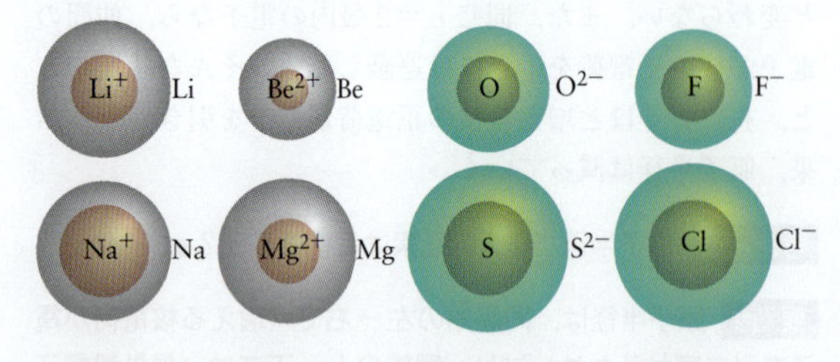

図 1・47　原子とイオンの半径比べ．原子（●）に比べて陽イオン（●）は小さく，陰イオン（●）は大きい．

陰イオンは原子より大きい（図 1・47）．原子価殻に電子が増え，反発もしあうからだ．陰イオンの半径も，周期表の右上（フッ素）に向かうほど小さくなる．

- 原子に比べて陽イオンは小さく，陰イオンは大きい．

電子の総数が同じ原子やイオンを**等電子的**（isoelectronic）という．F^-，Na^+，Mg^{2+} が例になる．電子配置はみな $[He]2s^2 2p^6$ でも，核の電荷がちがうので半径がちがう（図 1・46）．核電荷が最大の Mg^{2+} は，核が電子を引く力も最大だから，半径がいちばん小さい．核電荷が最小の陰イオン F^- は，核が電子を引く力も最小なので，半径がいちばん大きい．

例題 1・11　イオンのサイズ比べ

以下のイオンは，それぞれどちらが大きいか．

(a) Mg^{2+} と Ca^{2+}，(b) O^{2-} と F^-

方 針　同族元素なら，上にあるほうが小さい（最外殻電子が原子核に近いから）．同一周期の等電子的イオンなら，右にあるほうが小さい（有効核電荷が大きい分だけ強く電子を引き寄せるから）．

解 答　(a) Mg も Ca も 2 族．Mg のほうが上にあるため，Mg^{2+} のほうが小さい．

(b) O と F は第 2 周期の中でこの順に並び，O^{2-} と F^- は等電子的だから，F^- のほうが小さい．

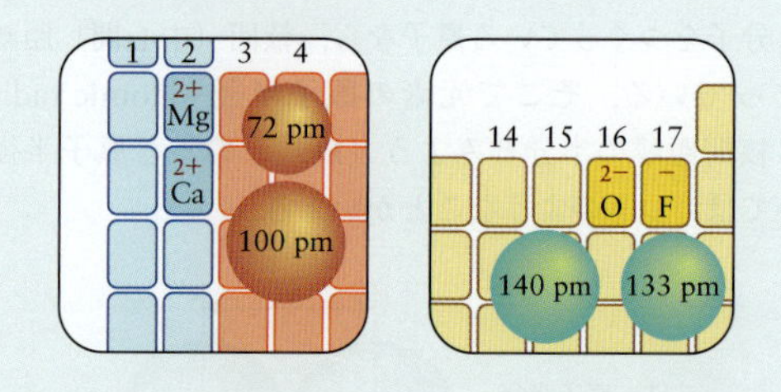

確 認　実測値（付録 2D）はつぎのとおり．

(a) Mg^{2+}：72 pm，Ca^{2+}：100 pm

(b) F^-：133 pm，O^{2-}：140 pm

復習 1・13A　イオン半径の序列をそれぞれ予想せよ．

(a) Mg^{2+} と Al^{3+}，(b) O^{2-} と S^{2-}

［答：(a) $Al^{3+} < Mg^{2+}$，(b) $O^{2-} < S^{2-}$］

復習 1・13B　イオン半径の序列をそれぞれ予想せよ．

(a) Ca^{2+} と K^+，(b) S^{2-} と Cl^-

要 点　一般にイオン半径は，周期表の上→下で増え，左→右で減る．陽イオンは原子より小さく，陰イオンは原子より大きい．■

③ イオン化エネルギー

イオン化合物は，ある原子が出した1個～数個の電子を別の原子が受けとる結果，生じる陽イオンと陰イオンが引きあってできる．だからイオン化合物の性質をつかむ第一のカギは，原子から電子を引き離すのに必要なエネルギーになる．イオン化エネルギー I とは，真空中の孤立原子から電子を引き離す最小のエネルギーだった（1・4節）．X のエネルギーを $E(\mathrm{X})$ として，イオン化はこう表現できる．

$$\mathrm{X(g)} \rightarrow \mathrm{X^+(g)} + \mathrm{e^-(g)} \qquad I = E(\mathrm{X^+}) - E(\mathrm{X}) \tag{22}$$

ふつう孤立原子のイオン化エネルギーは，数値が1～10程度になる**電子ボルト**（electronvolt）eV 単位で表す．1 eV は，電子1個が電位差1 V を行き来するときのエネルギー変化を意味し，$1\ \mathrm{eV} = 1.602 \times 10^{-19}\ \mathrm{J}$ が成り立つ．マクロな試料なら，イオン化エネルギーも $\mathrm{kJ\ mol^{-1}}$ 単位で表す（$1\ \mathrm{eV} = 96.485\ \mathrm{kJ\ mol^{-1}}$）．原子から電子1個を引き離すのに要するエネルギーを，**第一イオン化エネルギー**（first ionization energy）I_1 という．銅ならつぎのように表せる（単位の換算については p. 75 参照）．

$$\mathrm{Cu(g)} \rightarrow \mathrm{Cu^+(g)} + \mathrm{e^-(g)}$$
$$I_1 = 7.73\ \mathrm{eV} = 746\ \mathrm{kJ\ mol^{-1}}$$

イオン化エネルギーが小さい原子ほど，電子を放出しやすい．そんな元素の固体は，内部の電子が原子を離れて自由に動くため，電気伝導性が高い（金属）．イオン化エネルギーの大きい元素は，電子を放しにくく，電気伝導性も示さない．

主要族元素につき，周期表上の位置と第一イオン化エネルギー I_1 の関係を図1・48にまとめた．同じ周期を右へたどれば，有効核電荷が増すため，おおむね I_1 は増えていく．ときどき起こる逆転は，同じ軌道にある電子間の反発が生む．たとえば，酸素 O の I_1 は，窒素 N よりわずかに小さい．N 原子の p 電子3個は別の軌道に入るけれど，O 原子になって加わる p 電子1個は，“先客”の p 電子と“同室”になる．その2電子が反発しあってエネルギーを上げるため，電子1個を引き離すのに要するエネルギーは小さくてすむ．

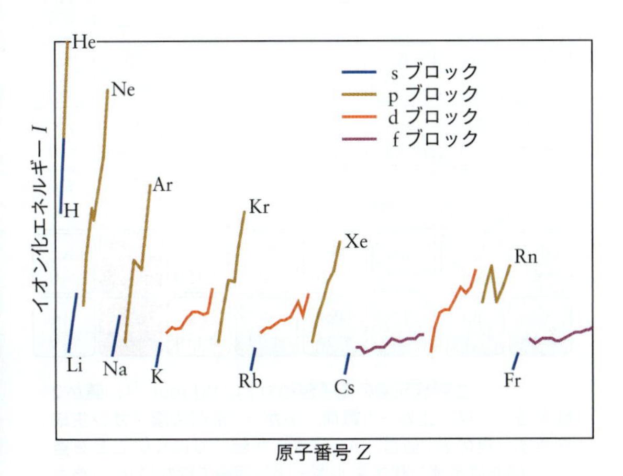

図 1・48 第一イオン化エネルギー I_1 と原子番号．

I_1 値を数値化した図1・49から，つぎのことがわかる．

- 同じ族なら I_1 は，周期表の上から下に向けて減る．
- 同じ周期なら I_1 は，周期表の左から右に向けて増す．

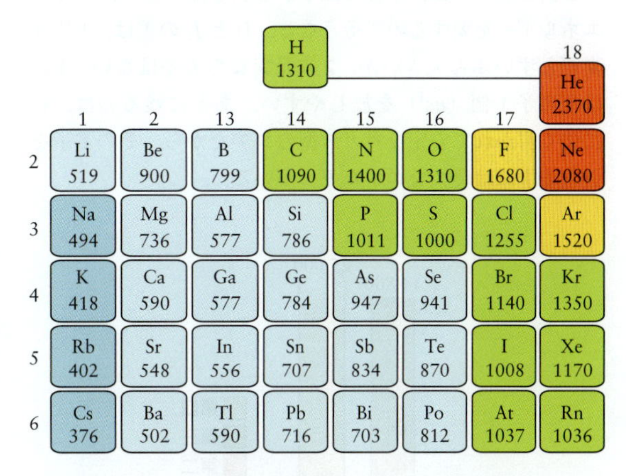

図 1・49 主要族元素の第一イオン化エネルギー I_1（$\mathrm{kJ\ mol^{-1}}$）．値は左下隅で最小，右上隅で最大になる．

同族元素で上→下の向きに I_1 が減るのは，周期が高いほど最外殻が核から遠く，核の引力が弱いからだと考えよう．たとえば Cs の I_1 は，Na よりずっと小さい．

周期表の左下に行くほどイオン化エネルギーが減り，金属性が増す．金属は，“電子の海に浸って整列した陽イオンの集団”とみてよい（図1・50）．イオン化エネルギーの小さい s，d，f ブロック元素と，p ブロックの左下を占める元素が金属になる．

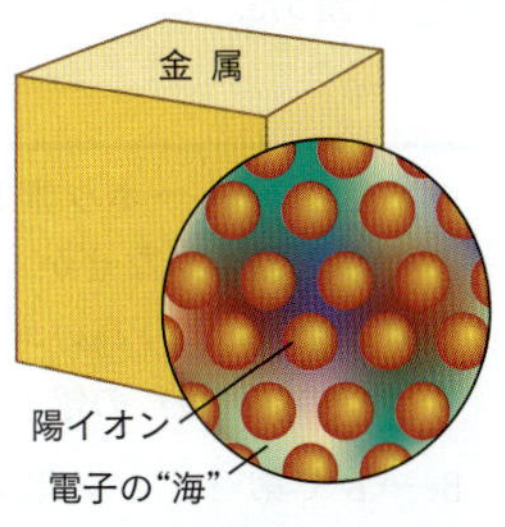

図 1・50 金属は，電子の海に浸った陽イオンの集団とみてよい．正電荷と負電荷は打ち消しあっている．動きやすい電子が電気伝導性を生む．

周期表の右上に行くほどイオン化エネルギーが増し（電子を放しにくくなり），非金属性が強まる．つまり，周期表の左下方向に金属が多く，右上方向に非金属が多いことは，元素の電子配置できれいに説明できる．

+1電荷の陽イオンからさらに電子1個を引き離すエネルギーを**第二イオン化エネルギー**（second ionization energy）I_2という．銅の場合はこう表せる．

$$Cu^{+}(g) \rightarrow Cu^{2+}(g) + e^{-}(g)$$
$$I_2 = 20.29\ \mathrm{eV} = 1958\ \mathrm{kJ\ mol^{-1}}$$

第二イオン化エネルギーI_2は，第一イオン化エネルギーI_1より必ず大きい（図1・51）．陽イオンから電子1個を引き離すのは，中性の原子から引き離すより，多くのエネルギーを要するのでそうなる．I_2とI_1の差は，1族元素だとずいぶん大きいが，2族元素なら大差はない．1族は価電子1個（ns^1）を放しやすい．あとに残るのは，核に強く引かれて安定な貴ガス型のコアだから，その電子を引き離すには莫大なエネルギーがいる．

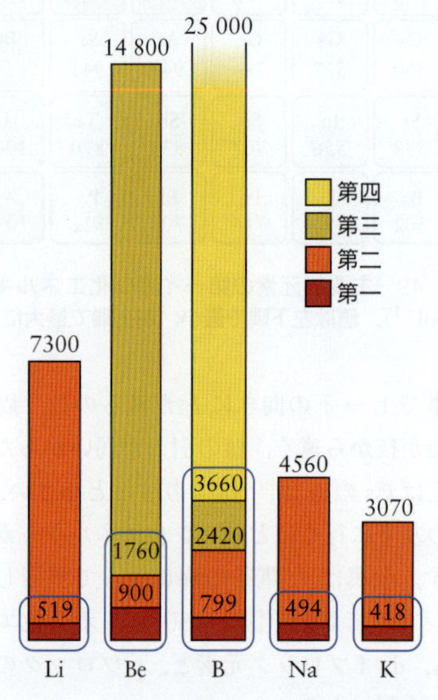

図1・51 第一・第二（第三・第四）イオン化エネルギーの例（$\mathrm{kJ\ mol^{-1}}$単位）．内殻電子は引き離しにくい．原子価殻のイオン化を▢で囲った．

復習1・14A ベリリウムBe→ホウ素Bで第一イオン化エネルギーI_1は少し減る．なぜか．

［答：BはBeより高いエネルギー準位（副殻）の電子を失うから．］

復習1・14B Be→Bで第三イオン化エネルギーI_3は激減する．なぜか．

要点 第一イオン化エネルギーI_1は，ヘリウムの近傍で最大になり，セシウムの近傍で最小になる．同じ元素のI_2はI_1より大きい（閉殻になったあとのI_2はとくに大きい）．Iが小さい（電子を放しやすい）金属は，周期表の左下方向に分布する．■

④ 電子親和力

原子が電子を受け入れやすいかどうかも，化学変化を考える際のポイントになる．気体の原子が電子1個をもらったときに放出するエネルギーを，**電子親和力**（electron affinity）E_{ea}という．電子をもらって安定化する場合を$E_{ea}>0$とみる点に注意しよう．$E_{ea}<0$の元素は，外からエネルギーを与えないかぎり，電子を受け入れない．元素をXとしよう．原子のエネルギーが$E(X)$，陰イオンのエネルギーが$E(X^{-})$のとき，Xの電子親和力$E_{ea}(X)$は次式のように表せる．

$$X(g) + e^{-}(g) \rightarrow X^{-}(g)$$
$$E_{ea}(X) = E(X) - E(X^{-}) \qquad (23)$$

たとえば塩素の電子親和力はこう書く．

$$Cl(g) + e^{-}(g) \rightarrow Cl^{-}(g)$$
$$E_{ea} = 3.62\ \mathrm{eV} = 349\ \mathrm{kJ\ mol^{-1}}$$

電子1個をもらったとき，原子のエネルギーが下がって$E(Cl)-E(Cl^{-})>0$になるため，塩素は電子を受け入れやすい．イオン化エネルギーと同じくE_{ea}も，原子1個の値は電子ボルト(eV)単位，原子1 molの値は$\mathrm{kJ\ mol^{-1}}$単位で表すことが多い．

こぼれ話 電子親和力の符号が本書とは逆の定義もある（4・5節の電子付加エンタルピーに相当）．■

主要族元素の電子親和力を図1・52にまとめた．イオン化エネルギーほど明確ではないものの，貴ガスを除き，つぎの傾向が見える．

- 周期表上で右にある元素ほど電子親和力が大きい．

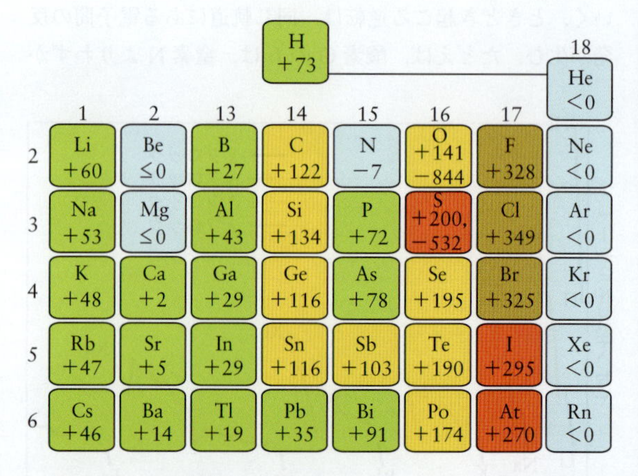

図1・52 主要族元素の電子親和力E_{ea}（$\mathrm{kJ\ mol^{-1}}$）．値が2個あるときは，上が−1電荷，下が−2電荷の陰イオン生成を表す（負のE_{ea}値は，$A^{-} \rightarrow A^{2-}$が起こりにくいことを意味）．傾向はイオン化エネルギーより明白ではないが，（貴ガスを除き）右手にある元素ほど電子親和力が大きい．

周期表上の位置と電子親和力 E_{ea} の関係は，酸素，硫黄，ハロゲンのあたりで目立つ．受け入れた電子 1 個は原子価殻の p 軌道を占め，有効電荷の大きい核に強く引かれる．貴ガスが $E_{ea}<0$ となるのは，受け入れた電子が，閉殻の外側にある軌道，つまり核からずっと遠い軌道を占めるからだと考えよう．

17 族（ハロゲン）の原子価殻は，空席 1 個に電子が入ると満杯（閉殻）になる．つぎの電子が入る場所は，ひとつ外の殻しかないうえ，入った電子は，核から遠いばかりか，“先客” がもつ負電荷の強い反発を受ける．たとえばフッ素 F だと，2 番目の E_{ea} は大きな負値になり，$F^- \rightarrow F^{2-}$ には大きなエネルギーを要する．だから，ハロゲンのイオン化合物は −1 電荷のイオン（F^-，Cl^- など）からでき，−2 電荷のイオン（F^{2-} など）の化合物はない．

16 族の酸素 O や硫黄 S は，原子価殻の p 軌道に空席が 2 個あるので，2 個の電子をもらえる．1 個もらえば安定化するから，1 番目の E_{ea} は正値になる．しかし，2 個目の電子を受け入れるには，O^- や S^- の負電荷が反発するため，エネルギーを要する．とはいえ，ハロゲン化物イオンと違って O^- の原子価殻には電子がまだ 7 個だから，$O^- \rightarrow O^{2-}$ に必要なエネルギーは，$F^- \rightarrow F^{2-}$ に必要なエネルギーより小さくてすむ．

酸素 O についてまとめよう．$O \rightarrow O^-$ では 141 kJ mol^{-1} 分だけ安定化し，$O^- \rightarrow O^{2-}$ には 844 kJ mol^{-1} の投入を要する．つまり $O \rightarrow O^{2-}$ には正味で 703 kJ mol^{-1} を投入する．一見したところ $O \rightarrow O^{2-}$ は起こりにくそうでも，化学反応が進むときその程度のエネルギーは調達でき，総合するとエネルギーが下がるため，酸素は O^{2-} の姿で金属酸化物をつくる（2・1 節）．

例題 1・12　電子親和力の大小関係

有機反応の多くは，電子の多い場所に試薬の一部がとりついて始まる．分子のどこに電子が多いかは，元素の電子親和力 E_{ea} から推定できる．炭素 C の E_{ea} は窒素 N より大きい（実のところ N の E_{ea} は負値）．なぜだろうか．

方 針　電子配置をもとに考える．

解 答　N 原子は C 原子より核の正電荷が多く，C 原子より小さいため，最外殻電子が感じる有効核電荷は大きい（N が +3.8，C が +3.1）．すると，電子 1 個を受け入れたときの放出エネルギーは，C より N のほうが大きいと思いたくなる．だが現実の E_{ea} は逆だから，“陰イオンになったときに価電子が感じる有効核電荷” を考えてみる（図 1・53）．$C \rightarrow C^-$ のとき，“新入り” の電子は空の 2p 軌道を占める（**3**）．入った電子は，ほかの p 電子から遠いため，有効核電荷（+3.1）をそのまま感じる．かたや $N \rightarrow N^-$ のとき新入りは，“先客” のいる p 軌道を占める（**4**）．その電子が感じる有効核電荷は，+3.8 よりだいぶ小さくなるため，$N \rightarrow N^-$ は起こりにくい（N の E_{ea} は C より小さい）．

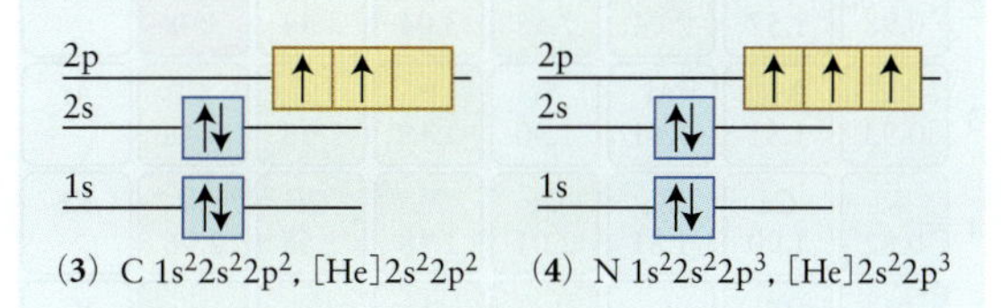

復習 1・15A　Li → Be で電子親和力は激減する．なぜだろうか．

［答：Li の場合，電子は 2s 軌道の空席に入り，核に強く引かれる．Be の場合，電子は高エネルギーの 2p 軌道に入るしかない．］

復習 1・15B　F → Ne で電子親和力は激減する．なぜだろうか．

要 点　16 族と 17 族の元素は，電子親和力が大きい．■

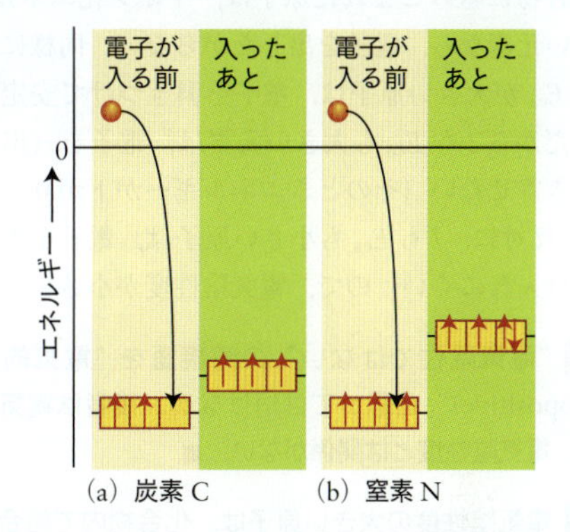

図 1・53　C 原子と N 原子に電子 1 個が入るときのエネルギー変化．(a) 空の p 軌道に電子を受け入れる C 原子．(b) N 原子に入る電子は，p 軌道の “先客” と相部屋になる．“新入り” は先客から静電反発を受けるため，N の E_{ea}（負値）は C よりも小さい．

⑤ 電気陰性度

イオン化エネルギー I と電子親和力 E_a を組み合わせ，化学でたいへん有用な量を，米国のマリケン（Robert Mulliken）が 1934 年に提案した．それを元素の**電気陰性度**（electronegativity）といい，ギリシャ文字 χ（カイ）で表す．電気陰性度は，化合物の一部となっている原子が，電子を引き寄せるパワーを意味する．マリケンはどの量も eV 単位で表したうえ，電気陰性度 χ をつぎのように定義した．

$$\chi = \frac{1}{2}(I + E_{ea}) \qquad (24)$$

主要族元素の χ 値を図 1・54 にまとめた．数値は別の定義（ポーリングの定義．2・4 節）ともほぼ合うように

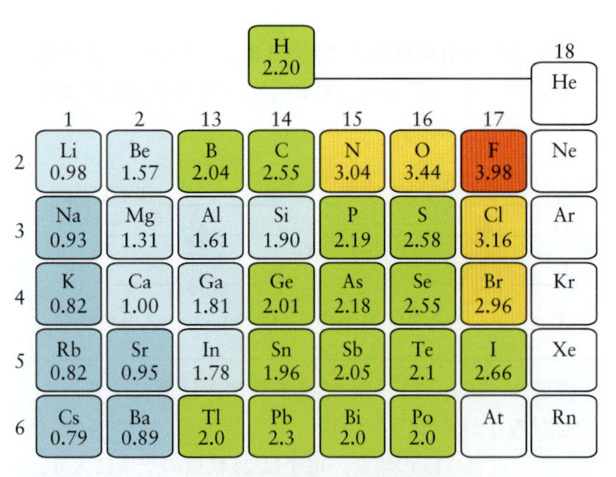

図 1・54　貴ガスを除く主要族元素の電気陰性度（ポーリングの値）．貴ガスを除き，周期表の右上に向かうほどイオン化エネルギーも電子親和力も増すため，窒素，酸素，臭素，塩素，フッ素は電気陰性度が最大の部類に入る．

表 1・5　金属と非金属の性質

金 属	非 金 属
物理的性質: 電気伝導性が高い 展性がある 延性がある 光沢がある (一般に)固体，高融点，熱伝導性	物理的性質: 電気伝導性が低い 展性がない 延性がない 光沢がない (一般に)固体・液体・気体，低融点，熱伝導性は低い
化学的性質: 酸と反応する 酸化物は塩基性(酸と反応) 陽イオンになりやすい ハロゲンとイオン化合物をつくる	化学的性質: 酸と反応しない 酸化物は酸性(塩基と反応) 陰イオンになりやすい ハロゲンと共有結合化合物をつくる

調整してあるが，予想どおりの大小関係だといえる．

マリケンの定義は，つぎのように考えれば納得できよう．化合物に組みこまれた原子は，イオン化エネルギー I の大きい元素なら，電子を出したがらない．同様に，電子親和力 E_{ea} が大きい原子は，電子を引きつけて安定になりたい．だから I も E_{ea} も大きい元素は，電子を（出すよりも）引き寄せたい（そのときエネルギーが下がり，安定化する）．反対に，I も E_{ea} も小さい原子は，電子を失いやすい（受け入れにくい）ので，電気陰性度が小さい．

注目！“電気陰性ではない”の同義語を“電気的に陽性(electropositive)”と思ってはいけない．後者は電気化学の用語で，電気陰性度とは関係がない．■

要 点 電気陰性度の大きい原子は，化合物内で結合電子を強く引き寄せる．周期表の右上隅に近い元素ほど，その傾向が強い．■

⑥ ほかの性質

以上のことは，元素の性質を予想するのに役立つ．たとえば，s ブロック元素はイオン化エネルギー I が小さく，最外殻電子を放しやすいため，どれも“金属らしさ”（表 1・5，図 1・55）を備えた活性元素だといえる．同族なら，下方の元素ほど I は小さい．だからこそ，s ブロック元素のうち最高活性のセシウムやバリウムは，空気と水に触れない形で保管する．

p ブロックのうち左側の元素，とりわけ重い元素はイオン化エネルギー I が小さく，s ブロック元素と同じ金属性を示す．ただし，p ブロック元素の I は適度に大きいため，反応性は s ブロック元素より低い（図 1・56）．

p ブロックのうち右側の（貴ガスを除く）元素は，電子親和力が大きく，電子をもらって閉殻になりたがる．半金属のテルルとポロニウムを除き，16 族と 17 族は非金属になる（図 1・57）．非金属元素は，結合しあって分子化合物をつくりやすい．

図 1・55　銀白色で柔らかく，活性なアルカリ金属．ナトリウムは空気に触れないよう石油中に保存する．切断面はすぐ白い酸化物に覆われる．

図 1・56　14 族元素．左から炭素（黒鉛），ケイ素，ゲルマニウム，スズ，鉛．

d ブロック元素は，みな金属だから“d 金属”ともいう（図 1・58）．d 金属は，s ブロック元素が p ブロック元素に“遷る（移る）途中”の性質を示すため，**遷移金属**（transition metal）とよぶ（12 族を遷移金属とみる流儀と，みない流儀がある）．同じ周期の遷移金属は，おもに d 電子

図 1・57 16族元素．左から酸素，硫黄，セレン，テルル．非金属から半金属に変わる．

図 1・58 第4周期のdブロック元素．（後列左から）スカンジウム，チタン，バナジウム，クロム，マンガン．（前列左から）鉄，コバルト，ニッケル，銅，亜鉛．

の数だけがちがい，d電子は内殻を占めるため，化学的性質はよく似ている．

イオンになるd金属は，まず外殻の（高エネルギーの）s電子を失う．ただしd電子のエネルギーに大差はなく，数個のd電子を失った陽イオンになれるため，一般にd金属は複数の酸化状態をとる．たとえば，鉄はFe^{2+}とFe^{3+}，銅はCu^{+}とCu^{2+}になりやすい．カリウムKは，最外殻にs電子を1個だけもつ点はCuと同じでも，K^{+}にしかならない．Kの第二イオン化エネルギーが抜群に大きいからそうなる（Cu：1958 kJ mol^{-1}，K：3050 kJ mol^{-1}）．Cu^{2+}は[Ar]$3d^{10}$のd軌道から電子1個を引き離せばできるけれど，K^{2+}をつくるには，Ar型のコアにある電子1個を引き離す必要がある．

遷移金属がd軌道をもち，原子半径が互いに近い事実は，暮らしにも深くからむ．d軌道をもつ遷移金属の単体や化合物は，すぐれた触媒（反応を速めるが自分は消費されない物質）になる．たとえば，Feはアンモニア合成，Niは食用油の水素添加，Ptは硝酸製造，V_2O_5は硫酸製造，Tiの化合物はポリエチレン製造の触媒に使う．

さまざまな電荷のイオンになれる性質は，生物体内で精妙な役目を担うのにも適する．哺乳類の血液中で酸素を運ぶヘモグロビンの鉄Fe，電子伝達タンパク質の銅Cu，光合成で働くタンパク質のマンガンMnなど，例はおびただしい．

また，原子半径の近い遷移金属どうしは，多彩な合金をつくりやすい．とりわけ鋼（スチール）系の合金は多く，建設・建築や機械製作に役立っている．

性質がそっくりなfブロック金属のランタノイド（希土類）は，分離・単離がむずかしいせいで利用が遅れた．いまやさかんに研究され，強力な磁石や超伝導体の素材になっている．第7周期のアクチノイドは放射性で，94番Puよりあとの元素は，天然にまず存在しない．原子炉や粒子加速器でつくられる量もごく微量で，ものによっては数個の原子しかできていない．

要点 sブロック元素はみな活性金属で，塩基性の酸化物になる．電子をもらって閉殻になりやすいpブロック元素には，金属・半金属・非金属がある．dブロック元素はみな金属で，sブロックとpブロックの中間的な性質を示すため遷移金属という．遷移金属の大半は複数の酸化状態をとる．■

身につけたこと

元素の性質，とりわけその周期的な変化は，周期表を見ながら，有効核電荷も考えればわかってくる．以上を学び，つぎのことができるようになった．

❑1 元素の原子半径やイオン化エネルギー，電子親和力，電気陰性度が示す周期性の説明（例題1・11と1・12，⑤項）

❑2 周期表上の位置をもとにした性質の推定（⑥項）

2

化学結合

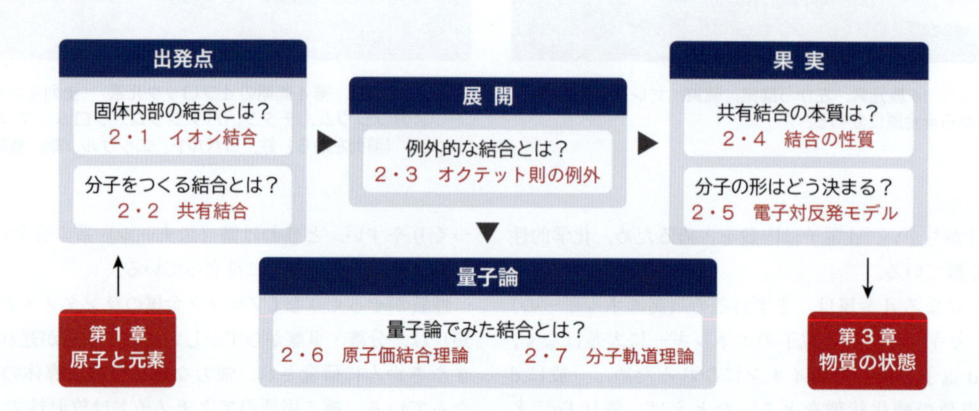

物質の性質と変化を考えるには，分子や固体がなぜできるのかの理解が欠かせない．化合物の生成では，原子の最外殻にある**価電子**（valence electron）が主役を演じる．価電子のする仕事を本章で眺めよう．

こぼれ話 古代ローマで別れの挨拶は“*Vale*！（強く生きましょう＝お元気で）”だった．同じ語源の valence bond は，原子たちの“強い結びつき”を意味する．■

２個の原子が近づいて価電子が働きあい，エネルギー最低の姿になる．それが化学結合にほかならない．本章ではつぎのことを学ぶ．

2・1 電子がまるごと原子から原子へ移るイオン結合を，“ルイスの記号”で解剖する．
2・2 電子が中途半端に移る共有結合を，“ルイス構造”で解剖する．
2・3 単純な発想に合わない結合の秘密を，洗練したモデルで探る．
2・4 結合の長さと強さがどう決まるのかを知る．
2・5 分子それぞれの形がどう決まるのかをつかむ．
2・6 イオン結合・共有結合を量子力学で考える．まず“原子価結合理論”を学ぶ．
2・7 分子全体に及ぶ電子の量子状態を扱う“分子軌道理論”を学ぶ．

2・1 イオン結合

なぜ学ぶのか？ イオン結合でできた化合物は多い．イオン結合の理解には，どんな元素が正負どちらのイオンになりやすく，イオンがどう働きあうかを知る必要がある．

必要な予備知識 多電子原子の電子配置（1・5 節）を復習しておこう．電荷どうしの位置エネルギーと静電的相互作用（序章Ａ節）はつかんでおきたい．イオン半径，イオン化エネルギー，電子親和力の知識（1・6 節）も使う．

イオンモデル（ionic model）では，イオンどうしの静電相互作用（引きあい・反発）をもとにイオン結合をつかむ．わかりやすい例に，金属と非金属からできた塩化ナトリウム NaCl のような二元化合物がある．規則的に並ぶ陽イオンと陰イオンの引きあいが生む固体を，**イオン固体**（ionic solid）という（図２・１）．

① イオンの生成

よく出合う原子とイオンの電子配置を表２・１にまとめ

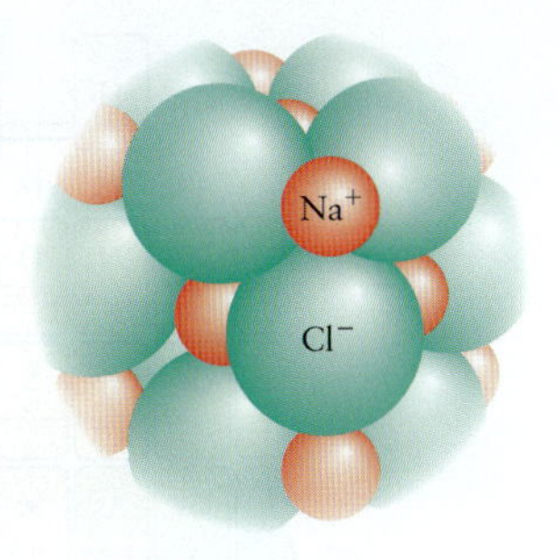

図 2・1 NaCl 結晶の一部．全エネルギーが最低になるよう Na^+（●）と Cl^-（●）がどこまでもぎっしり並び，イオン固体になっている．

表 2・1 原子とイオンの電子配置（例）

原子	電子配置a)	イオン	電子配置a)
Li	[He]$2s^1$	Li^+	[He]($1s^2$)
Be	[He]$2s^2$	Be^{2+}	[He]
Na	[Ne]$3s^1$	Na^+	[Ne]([He]$2s^22p^6$)
Mg	[Ne]$3s^2$	Mg^{2+}	[Ne]
Al	[Ne]$3s^23p^1$	Al^{3+}	[Ne]
N	[He]$2s^22p^3$	N^{3-}	[Ne]
O	[He]$2s^22p^4$	O^{2-}	[Ne]
F	[He]$2s^22p^5$	F^-	[Ne]
S	[Ne]$3s^23p^4$	S^{2-}	[Ar]([Ne]$3s^23p^6$)
Cl	[Ne]$3s^23p^5$	Cl^-	[Ar]

a）[He]は $1s^2$，[Ne]は [He]$2s^22p^6$，[Ar]は [Ne]$3s^23p^6$ を表す．

た．ある元素がどんなイオンになりやすいかは，周期表上の位置でおおよそ決まる．s ブロック金属の陽イオンは，原子が 1 個～数個の電子を失った貴ガス型のコアに等しい（図 2・2）．コアの電子は核と強く結びついているため，結合には参加しにくい．

Na 原子（[Ne]$3s^1$）は 3s 電子を失い，ネオン Ne と同じ $1s^22s^22p^6$ の陽イオン Na^+になる．コア電子のイオン化エネルギーは大きいため，Na^{2+}はまず生じない．同様に，電子配置 [Ar]$4s^2$ のカルシウム Ca は，2 個の価電子を失って陽イオン Ca^{2+}になる．水素原子 H が唯一の電子を失ってできる水素イオン H^+は，裸の陽子にほかならない．リチウム Li（[He]$2s^1$）とベリリウム Be（[He]$2s^2$）が 2s 電子を失った Li^+と Be^{2+}は，どちらも He 原子に似た電子 2 個のコアだといえる．

つぎに p ブロック元素を見よう．第 2 周期と第 3 周期の p ブロック元素の左手に並ぶ金属は，電子を失って，先行する貴ガスの電子配置になりたい．たとえばアルミニウム Al（[Ne]$3s^23p^1$）が電子 3 個を失った陽イオン Al^{3+}は，ネオン Ne 型の電子配置をもつ．

第 4 周期以降の p ブロック金属は，s 電子と p 電子を失ったとき，満杯の d-副殻に囲まれた貴ガス型電子配置を保ったまま，陽イオンになる．たとえば，ガリウム [Ar]$3d^{10}4s^24p^1$ が電子 3 個を失ったイオン Ga^{3+} は，[Ar]$3d^{10}$ の電子配置をもつ．p ブロック元素の d 電子は核に強く引かれているため，簡単には放出されない．

d ブロック金属は，多様な電荷の陽イオンになりやす

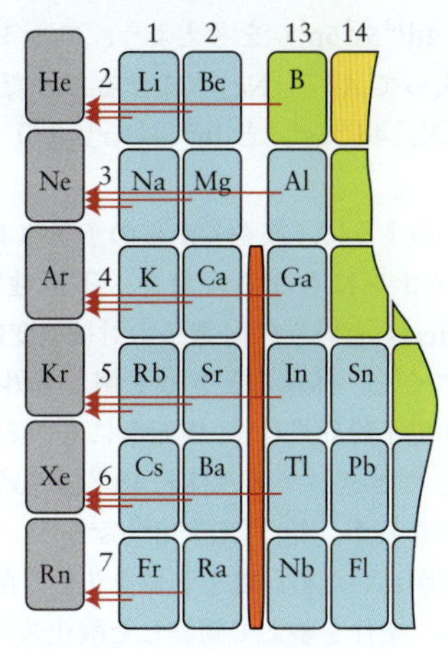

図 2・2 原子価殻の s 電子や p 電子を失い，貴ガス型の陽イオンになる主要族元素．13・14 族の重い原子は，閉殻の d 電子を保持したまま陽イオンになる．

い．その性質を**可変原子価**（variable valence）という（若干の例が序章の図 C・5）．一般に d ブロック元素は，ns 電子を失ったあと，$(n-1)$d 電子を何個か放出する．たとえば Fe^{3+}は，Fe 原子が 2 個の 4s 電子を失ったあと 3d 電子の 1 個を失い，Fe^{3+}になる．

$$\mathrm{Fe}\ ([\mathrm{Ar}]3d^6 4s^2) \xrightarrow{\text{電子 2 個を放出}} \mathrm{Fe}^{2+}([\mathrm{Ar}]3d^6) \xrightarrow{\text{電子 1 個を放出}} \mathrm{Fe}^{3+}([\mathrm{Ar}]3d^5)$$

d ブロック金属がどんなイオンになるかは，予測しにくいことも多い．電子間で核の束縛エネルギーに大差はないため，できるイオンの種類は，微妙なエネルギー差が決める．たとえば銅 [Ar]$3d^{10}4s^1$ は，Cu^+([Ar]$3d^{10}$) や Cu^{2+}([Ar]$3d^9$) になっても，Cu^{3+}([Ar]$3d^8$) にはならない．鉄（[Ar]$3d^64s^2$）も，電子 4 個を失った Fe^{4+}にはなりにくい．d ブロック元素がどんなイオンになるかは，本書を読み進むうち，もっとはっきりするだろう（くわしくは 8・1 節参照）．

高周期の p ブロック元素も，可変原子価を示す（図 2・3）．同じ 13 族のアルミニウム Al([Ne]$3s^23p^1$) とインジ

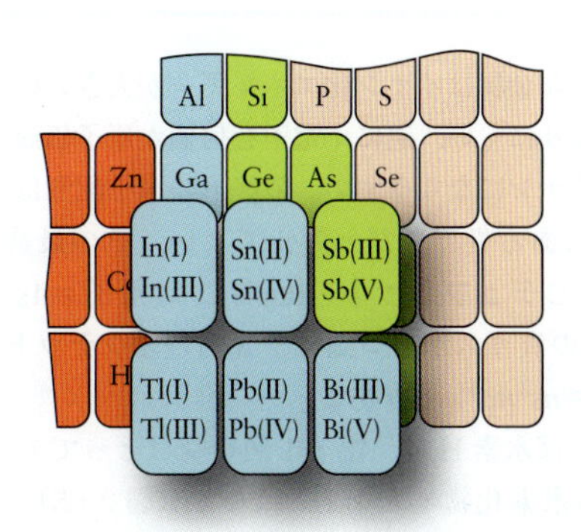

図 2・3 13～15 族の重元素イオンの価数．酸化数差 2 のイオンになりやすい．

ウム In([Kr] $4d^{10}5s^25p^1$) を考えよう．アルミニウムは価電子 3 個を失って Al^{3+}([Ne]) になるだけだが，インジウムは In^+([Kr] $4d^{10}5s^2$) と In^{3+}([Kr] $4d^{10}$) のどちらにもなる．

インジウムのように，族番号からの予想値より電荷が 2 だけ小さいイオンにもなる現象を，**不活性電子対効果** (inert-pair effect) という．5s 電子の対は適度に"不活性"だから外れにくく，外れるときは 2 個とも外れると考えよう．不活性電子対効果は 14 族元素にもある．たとえば空気中で熱したとき，スズ ([Kr] $4d^{10}5s^25p^2$) は酸化スズ(Ⅳ)にまでなるが，鉛 ([Xe] $5d^{10}6s^25p^2$) だと 6s 電子対の不活性度が高いため，電子 2 個を失った酸化鉛(Ⅱ)にしかならない．条件を整えて調整した酸化スズ(Ⅱ)も，たやすく酸化スズ(Ⅳ)に酸化される (図 2・4)．イオン化合物の命名法は序章 D 節に紹介した．

図 2・4　空気中で熱した酸化スズ(Ⅱ)は，まばゆい光を出しながら燃えて酸化スズ(Ⅳ)になる．熱しなくてもくすぶり始め，自然発火することもある．

復習 2・1A　以下の電子配置を書け．

(a) 銅(Ⅰ)イオン Cu^+，(b) 銅(Ⅱ)イオン Cu^{2+}

［答：(a) [Ar] $3d^{10}$，(b) [Ar] $3d^9$］

復習 2・1B　以下の電子配置を書け．

(a) マンガン(Ⅱ)イオン Mn^{2+}，(b) 鉛(Ⅳ)イオン Pb^{4+}

一般に非金属はイオン化エネルギーが大きいので，陽イオンになりにくい．逆に，電子を何個か原子価殻に受け入れ，陰イオンになりやすい．最終形の電子配置は，周期表で右方にある貴ガスだと考えてよい．その最終形には，He と同じ**デュプレット** (duplet，対電子 $=1s^2$) 型と，He 以外の貴ガスがもつ価電子 8 個の**オクテット** (octet，八隅子 $=ns^2np^6$) 型がある．

たとえば水素 H は，電子 1 個を受けとってデュプレット $1s^2$ の水素化物イオン H^- になる (図 2・5)．同様に，窒素原子 N ([He] $2s^22p^3$) は 5 個の価電子をもつため (**1**)，電子 3 個を受け入れて Ne 型の窒化物イオン N^{3-}

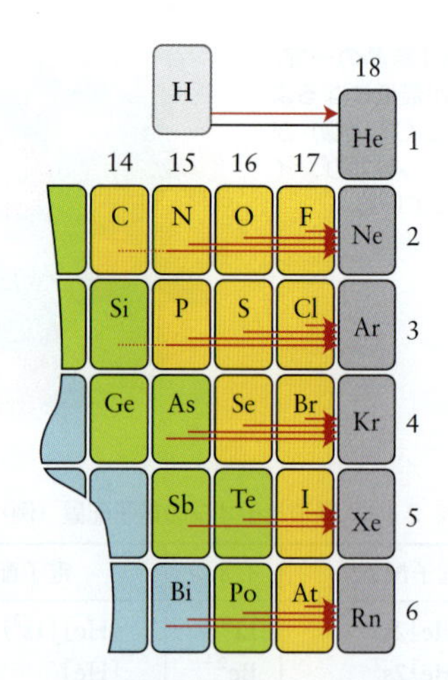

図 2・5　非金属は，周期表上で右手の貴ガス型になるよう電子を受け入れ，陰イオンになる．

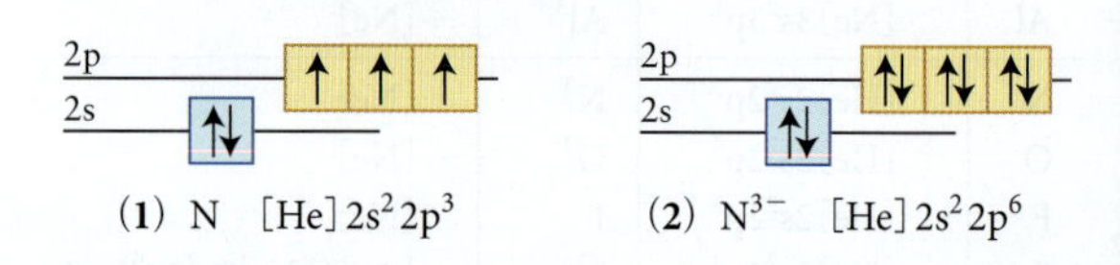

([He] $2s^22p^6$，**2**) になる．ほかの平凡な陰イオンは序章の図 C・6 に紹介した．

ハロゲンのように電子親和力が正の元素は，原子価殻に電子を受け入れたときエネルギーを放出する．たとえば塩化物イオン Cl^-([Ne] $3s^23p^6$) は，受け入れた電子 1 個が核と強く引きあう結果，"塩素原子 ([Ne] $3s^23p^5$) ＋自由電子 1 個" よりもエネルギーが低い．2 個目の電子の受け入れ先は高エネルギーの 4s 軌道しかないため，[Ne] $3s^23p^64s^1$ 型の陰イオン Cl^{2-} は生じない．

酸素 O([He] $2s^22p^4$) の場合，2 個目の電子も受け入れて O^{2-}([He] $2s^22p^6$) となるにはエネルギー投入を要する (だから自由な O^{2-} は安定に存在しない)．ただし陽イオンと引きあえばエネルギーが大きく下がるため，化合物中では安定に存在できる．いずれにせよ陰イオンは，電子が原子価殻をちょうど満杯にした姿だと考えよう．

復習 2・2A　リン化物イオンの化学式を書き，電子配置を予想せよ．

［答：P^{3-}，[Ne] $3s^23p^6$］

復習 2・2B　ヨウ化物イオンの化学式を書き，電子配置を予想せよ．

要 点　単原子陽イオンは，順に最外殻の np 電子，ns 電子，$(n-1)$d 電子を失ってできる．d ブロック元素や，p ブロックの重元素には，可変原子価のものが多い．単原子陰イオンは，周期表上で右手の貴ガス型となるよう電子を受け入れてできる．電子授受の結果，原子価殻はオクテットかデュプレットになる．■

② ルイスの記号

20世紀の初頭，発見されたばかりの電子に注目して化学結合を考えるやりかたを，米国のルイス（Gilbert Lewis）があみ出した．やがて生まれる量子力学の発想にも合う方法だった．元素記号のまわりに，価電子を点で描く．孤立した点は軌道に1個しかない電子を表し，1対（2個）の点は軌道に入った1対（2個）の電子を表す．やさしい例を下に描いた．こうした表記を**ルイスの記号**（Lewis symbol）という[†]．

H·　He:　:N̈·　·Ö·　:C̈l·　K·　Mg:

窒素Nなら価電子の配置が $2s^2 2p_x^1 2p_y^1 2p_z^1$（**1**）だから，ルイスの記号は，2s軌道の電子1対を表す点2個と，3種の2p軌道を別々に占める電子3個を表す点3個になる．ルイスの記号を見れば，価電子の配置がひと目でわかり，イオンになったときの電子配置も見当がつく．

ルイスの記号を使うと，イオン化合物の化学式はつぎのように見通せる．

- 金属原子が適切な数の電子を放出すれば，陽イオンができる．
- 金属原子が出した電子を非金属原子に移し，原子価殻を満杯（閉殻）にすれば，陰イオンができる．
- 金属原子の出した電子がみな非金属原子に移るよう，原子の数を合わせる．
- イオンそれぞれの電荷を，上つき符号で書く．

塩化カルシウムの化学式を考えよう．Ca原子は価電子2個を失って Ca^{2+} になる．Cl原子は原子価殻の"空き"が1個だから，Cl原子2個が電子2個を受け入れる．

:C̤̈l· + Ca: + :C̤̈l· ⟶ :C̤̈l:$^-$ Ca^{2+} :C̤̈l:$^-$

1個の Ca^{2+} あたり Cl^- が2個なので，化学式は $CaCl_2$ と書く．ただし $CaCl_2$ の結晶は Ca^{2+} と Cl^- が引きあう化合物だから，$CaCl_2$ は（分子式ではなく）組成式という（序章F節）．

復習2・3A　窒化リチウムをルイスの記号で書け．

［答: Li^+ Li^+ :N̤̈:$^{3-}$ Li^+］

復習2・3B　臭化マグネシウムをルイスの記号で書け．

† 訳注："ルイスの記号"や"ルイス構造"（2・2節冒頭）を日本の高校では"電子式"として教えるが，"電子式"にそのまま対応する英語はない．また，旧文部省 編『学術用語集』にも載っていない用語だから，大学以上で"電子式"は使わない．

要点　主要族元素の単原子イオンがつくるイオン化合物の化学式は，金属が価電子の全部を失って陽イオンになり，非金属が電子を受け入れて原子価殻をオクテット（H，Li，Beの場合はデュプレット）にする，として決まる．■

③ イオン結合とエネルギー変化

NaClの結晶は，なぜNa原子とCl原子の集団よりエネルギーが低いのか？ それをつかむため，結晶がつぎの3段階でできると考えよう．気体のNa原子とCl原子を出発点とする仮想の変化だけれど，エネルギーの出入りを明るみに出すベストな"思考実験"だといえる．

1. 気体のNa原子が電子を失う．
2. その電子が気体のCl原子に移る．
3. 陽イオンと陰イオンが集まって結晶になる．

1族のNaは，＋1電荷の陽イオンになる．ただし，価電子は有効核電荷に強く引かれているため，電子1個が自然に離れはしない．Na原子から価電子1個を引き離すには，$494\ kJ\ mol^{-1}$ のエネルギーを要する（図1・49）．

$$Na(g) \rightarrow Na^+(g) + e^-(g) \qquad \text{投入エネルギー} = 494\ kJ\ mol^{-1}$$

かたやCl原子は電子親和力が $+349\ kJ\ mol^{-1}$ だから（図1・52），$Cl \rightarrow Cl^-$ の変化は，$349\ kJ\ mol^{-1}$ のエネルギーを放出する"安定化"に等しい．

$$Cl(g) + e^-(g) \rightarrow Cl^-(g) \qquad \text{放出エネルギー} = 349\ kJ\ mol^{-1}$$

すると，正味のエネルギー変化（投入－放出）は $494-349\ kJ\ mol^{-1} = +145\ kJ\ mol^{-1}$ となり，Na^+ と Cl^- をつくるには $145\ kJ\ mol^{-1}$ の**エネルギーを要する**．つまりお互い十分に離れた気体の"$Na^+ + Cl^-$"は，"Na原子＋Cl原子"より $145\ kJ\ mol^{-1}$ だけエネルギーが高い（不安定）．

つぎに，気体の Na^+ と Cl^- が集まってNaCl結晶になる変化を考えよう．その変化に伴うエネルギーの低下分を，**格子エネルギー**（lattice energy）という．一般にイオン結晶の格子エネルギーはかなり大きく，NaClではつぎの値になる．

$$Na^+(g) + Cl^-(g) \rightarrow NaCl(s) \qquad \text{放出エネルギー} = 787\ kJ\ mol^{-1}$$

すると，つぎの反応のエネルギー変化は，$145-787 = -642\ kJ\ mol^{-1}$ という大きな負の値になる（図2・6）．

$$Na(g) + Cl(g) \rightarrow NaCl(s) \qquad \text{放出エネルギー} = -642\ kJ\ mol^{-1}$$

そのため Na^+ と Cl^- からなる固体は，お互い十分に離れたNaとClの原子集団よりもエネルギーが低い．

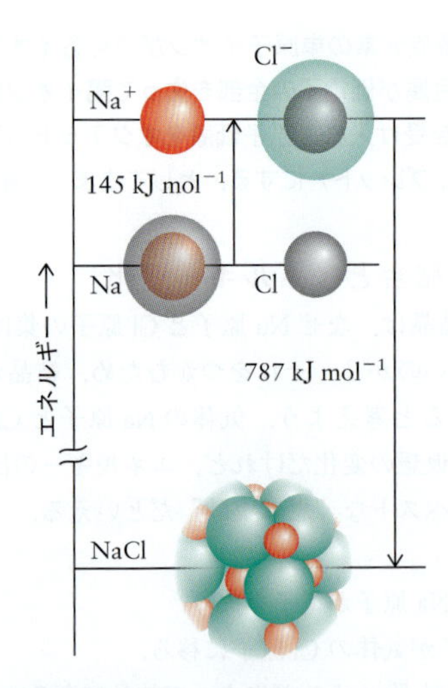

図 2・6　NaCl 結晶の生成．Na+Cl → Na^++Cl^-にはエネルギー投入を要するが，イオンの引きあいがエネルギーを下げるため，結晶ができる．NaCl(s) の原料は，現実の物質〔単体の Na(s) と Cl_2(g)〕ではなく，気体の原子 Na(g) と Cl(g) だという点に注意しよう．

どんなときにイオン結合ができるかは，いまのように考えればよい．気体原子を陽イオンと陰イオンにするにはエネルギーを要するけれど，イオンどうしの引きあいがエネルギーを大きく下げるため，正味でエネルギーが下がる(安定化する)．

所要エネルギーの大半は，陽イオンの生成に使う．電子が非金属原子を陰イオンにするとき，所要エネルギーの一部は相殺される．ただし，エネルギー投入が必要な陰イオン生成もある．たとえば，O → O^{2-} の変化には 703 kJ mol^{-1} も要する．それでも，できた陽イオンと陰イオンの引きあいがエネルギーを大きく下げるため，酸化物（イオン固体）が生じる．むろん，イオン化エネルギーが小さい金属ほど，イオン結合をつくりやすい．

要 点　イオン結合の生成に必要なエネルギー低下の大半は，異種電荷（陽イオンと陰イオン）の引きあいが担う．■

④ イオン集団の引きあい

イオン結合を生む主因は，陽イオンと陰イオンの引きあい（エネルギー低下）だった．ただしイオン固体の成分は，陽イオンと陰イオン 1 個ずつではない．固体中では，無数の陽イオンと陰イオンが引きあい，無数の陽（陰）イオンどうしが反発しあう．つまりイオン結合は，バラバラの原子集団より，集合したイオン全体の静電エネルギーが低いので生じる．イオン間相互作用を定量的に扱い，格子エネルギーを求めてみよう．格子エネルギーが大きい固体ほど，イオンどうしが強く結びついている．

もろくて融点が高いなど，イオン結晶の性質も，強い静電的相互作用から生まれる．イオンどうしの結びつきが強いからこそ，高温にしないと液体にならない．同じ理由で，内部のイオンどうしはずれあいにくい．固体を叩き，イオンの位置が少しずれると，同符号のイオンが強く反発しあう．だからイオン固体は割れやすい（図 2・7）．

さて格子エネルギーを考えよう．電気素量を e，イオンの電荷数を z_1 と z_2，イオン中心間の距離を r_{12}，真空の誘電率を ε_0 としたとき，イオン 2 個の相互作用は，つぎの静電的位置（クーロンポテンシャル）エネルギーで表せる(序章 A 節，基礎物理定数の値は後見返しを参照)．

$$E_{\mathrm{p},12} = \frac{\overbrace{(z_1 e)}^{\text{イオン1の電荷}} \times \overbrace{(z_2 e)}^{\text{イオン2の電荷}}}{4\pi\varepsilon_0 \underbrace{r_{12}}_{\text{距離}}} = \frac{z_1 z_2 e^2}{4\pi\varepsilon_0 r_{12}} \qquad (1)$$

注目！　電荷数 z は陽イオンが正，陰イオンが負で，イオンの電荷は ze に等しい．ただし z 自体を電荷とみなし，"+1 電荷"，"−1 電荷" などと書くことも多い．■

固体内ではどうか．あるイオンは，異符号の全イオンと引きあい，同符号の全イオンと反発しあう．引きあいはエネルギーを下げ（安定化），反発はエネルギーを上げる(不安定化)．格子エネルギーは，以上のすべてを考えて計算する．引きあいも反発も距離とともに減るけれど，いちばん効くのは隣の逆符号イオンだから，正味でエネルギー

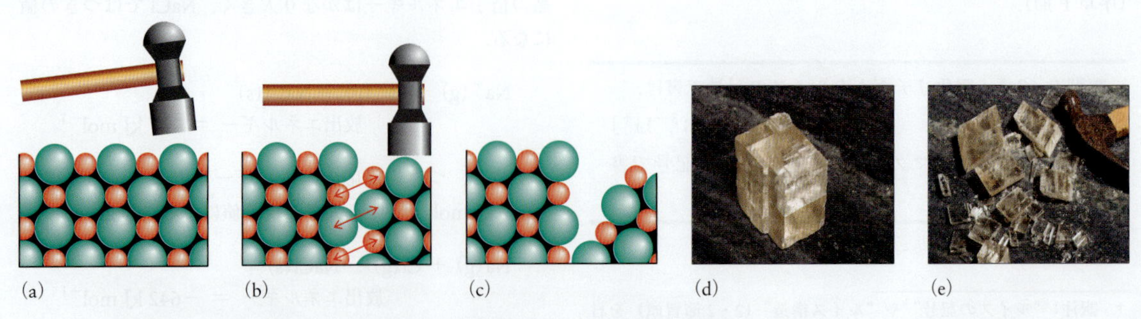

図 2・7　イオン固体がもろい理由．(a) 陰陽のイオンが規則的に並ぶ固体．(b) たたくとイオンの位置がずれ，同符号イオン間に反発力（⟷）が働く．(c) 反発力が固体を割る．(d) Ca^{2+} と $CO_3{}^{2-}$ が並んだ方解石．(e) 破片もきれいな劈開面を見せる．金属をたたいたときのふるまい（図 3・61）と比べよう．

は必ず下がる．(1)式を結晶全体に当てはめ，つぎのコラムで格子エネルギーを計算しよう．

式の導出　格子エネルギーの計算

イオンの核間距離（イオン半径の和）が d で，陽イオンと陰イオンが交互に並ぶ直線を考えよう（図2・8）．両イオンとも電荷が同じ（+1と−1や，+2と−2）なら，$z_1 = +z$，$z_2 = -z$，$z_1z_2 = -z^2$ が成り立つ．中央のイオンが感じる静電エネルギーは，逆符号イオンとの引きあい（負）と同符号イオンからの反発（正）を足した値になる．まず，中央より右手に並ぶイオンからの寄与は，つぎのように書ける．

$$E_p = \frac{e^2}{4\pi\varepsilon_0} \times \left(\underbrace{-\frac{z^2}{d}}_{\text{引きあい}} \underbrace{+\frac{z^2}{2d}}_{\text{反発}} \underbrace{-\frac{z^2}{3d}}_{\text{引きあい}} \underbrace{+\frac{z^2}{4d}}_{\text{反発}} - \cdots\right)$$

$$= -\frac{z^2e^2}{4\pi\varepsilon_0 d}\left(1 - \frac{1}{2} + \frac{1}{3} - \frac{1}{4} + \cdots\right)$$

$$= -\frac{z^2e^2}{4\pi\varepsilon_0 d} \times \ln 2$$

最終段階では，公式“$1-\frac{1}{2}+\frac{1}{3}-\frac{1}{4}+\cdots=\ln 2$”を使った（$\ln 2 = 0.693$）．左手に並ぶイオンからの寄与も同じだから，上の結果を2倍しよう．さらにアボガドロ定数 N_A をかけ，イオン1 molあたりの値にする．まとめると，たとえば陽イオン1 molあたりの全ポテンシャルエネルギーはつぎのように書ける．

$$E_p\,(\text{陽イオン}) = -2\ln 2 \times \frac{N_A z^2 e^2}{4\pi\varepsilon_0 d}$$

陰イオン1 molあたりの全ポテンシャルエネルギーも同じ形になる．

$$E_p\,(\text{陰イオン}) = -2\ln 2 \times \frac{N_A z^2 e^2}{4\pi\varepsilon_0 d}$$

二つをただ足せば，同じ組（“赤-緑”と“緑-赤”）を二重に考えることとなるため，最終結果を2で割り，全ポテンシャルエネルギーとする．分母の $d = r_{\text{陽イオン}} + r_{\text{陰イオン}}$ は，隣りあうイオンの核間距離を表す．

$$E_p = \frac{1}{2}\{E_p\,(\text{陽イオン}) + E_p\,(\text{陰イオン})\}$$

$$= -2\ln 2 \times \frac{N_A z^2 e^2}{4\pi\varepsilon_0 d}$$

陽イオンと陰イオンが交互に並ぶ“一次元結晶”のポテンシャルエネルギーは，つぎの一般形をもつ．コラムのモデル系だと，A の値は $2\ln 2 = 1.386$ になる．

$$E_p = -A \times \frac{N_A z^2 e^2}{4\pi\varepsilon_0 d} \qquad (2a)$$

式の意味 異種イオン間の引きあいが同種イオン間の反発にまさるため，ポテンシャルエネルギーは負になる．イオンの価数 z が大きく，距離 d が短い（イオン半径 r が小さい）ほど，負の度合いが強い（結晶の安定性が高い）．■

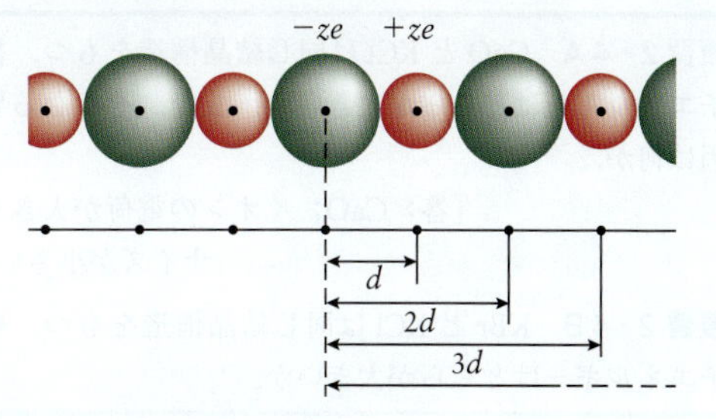

図 2・8　直線上に並ぶ陽イオン（●）と陰イオン（●）．ある“中心イオン”に注目して静電エネルギーを計算する．

(2a)式は，現実的な三次元結晶にも拡張でき，結果はこう書ける（z_1 と z_2 の符号は反対だから，積 z_1z_2 が負値となる点に注意）．

$$E_p = A \times \frac{N_A z_1 z_2 e^2}{4\pi\varepsilon_0 d} \qquad (2b)$$

A を**マーデルング定数**（Madelung constant）† とよぶ．A の値は結晶内のイオン配置（3・7節参照）で決まる．イオンのサイズが小さく，電荷が大きいほど格子エネルギーが大きく，イオン固体は安定だといえる．たとえば酸化マグネシウム MgO の中では，電荷の大きい小型イオン Mg^{2+} が O^{2-} と強く引きあっている．だから MgO は強くて丈夫な材料となり，溶鉱炉の内張りなどに利用する（高温に耐える“耐火”材料）．

また，生物界で骨の素材にリン酸カルシウムというイオン固体が選ばれた理由もわかる．小さい+2電荷の陽イオン Ca^{2+} が−3電荷の陰イオン PO_4^{3-} と強く引きあい，丈夫で溶けない固体になって役立つ（図2・9）．

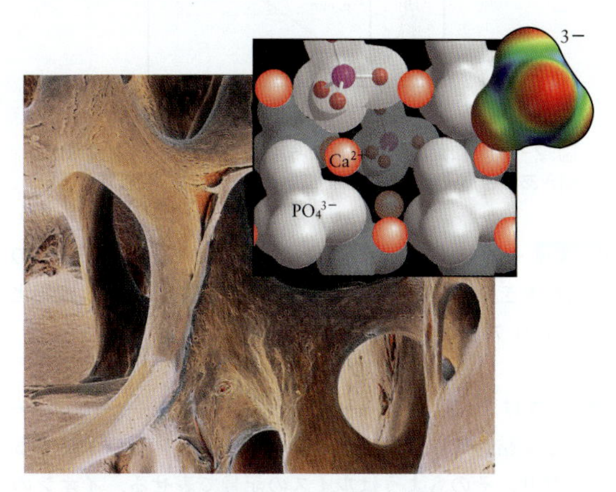

図 2・9　骨の顕微鏡写真．挿入図はリン酸カルシウムの結晶構造．リン酸イオンは球形に近いため（図解），結晶格子に組みこまれやすい．

† 訳注：初めて値を求めたドイツの物理学者 Erwin Madelung（1881〜1972）にちなむ．

復習 2・4 A　CaO と KCl は同じ結晶構造をもつ．格子エネルギーはどちらが大きいか．また，そうなる要因は何か．

［答：CaO；イオンの電荷が大きくサイズが小さい］

復習 2・4 B　KBr と KCl は同じ結晶構造をもつ．格子エネルギーはどちらが大きいか．

(2)式の位置エネルギーは，核間距離 d が小さいほど負の度合いが強い（安定）．ただし，正負のイオンが合体するわけではない．あまり近づくと電子雲が強く反発しあい，エネルギーが高まる．隣りあうイオン間の反発は，通常，距離 d に対し $E_p^* \propto e^{-d/d^*}$ の形をもつ（d^* は定数．常用の値は 34.5 pm）．全エネルギーは $E_p + E_p^*$ だから，イオンが近づくにつれ，ある d 値で最低になったあと急増する（図 2・10）．

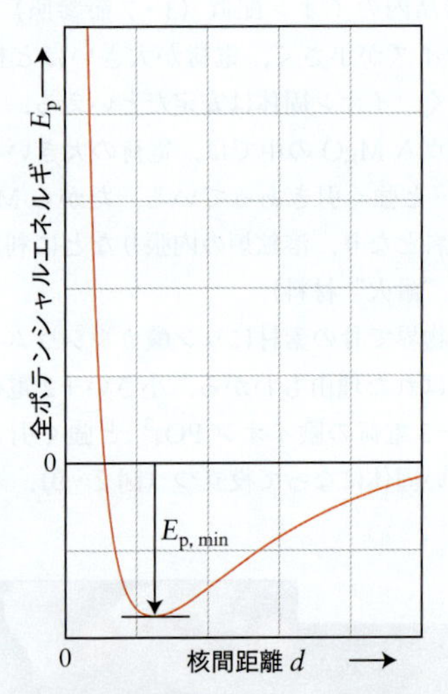

図 2・10　核間距離と位置エネルギーの関係．イオン間の引きあいと電子間の反発が，エネルギー曲線の姿を決める．

要 点　一般にイオン固体は融点が高くてもろい．イオンの電荷が大きく，サイズが小さいほど格子エネルギー（安定化の度合い）が大きい．■

身につけたこと

イオン結合では，電子が一方の原子から相手原子にまるごと移り，そのもようはルイスの記号で表せる．イオンの電荷が大きく，サイズが小さいほど，イオン固体ができるときのエネルギー低下は大きい．以上を学び，つぎのことができるようになった．

❑1　イオンの電子配置の予測（復習 2・1 と 2・2）
❑2　イオン化エネルギーと電子親和力，イオン間の静電相互作用に注目したイオン生成の説明（③ 項）
❑3　イオン化合物の化学式の予測と，ルイスの記号による表現（復習 2・3）
❑4　格子エネルギーの起源と大きさの説明（④ 項）

2・2　共 有 結 合

なぜ学ぶのか？　分子の構造と性質，反応を理解するには，共有結合の素顔をつかんでおく必要がある．

必要な予備知識　ルイスの記号で表される多電子原子の電子配置（前節）を思い出そう．化合物のタイプと命名法（序章 C 節・D 節），酸化数（同 K 節）も必須知識になる．電荷どうしの位置エネルギーと静電的相互作用（序章 A 節）はつかんでおきたい．電気陰性度の発想（1・6 節）も使う．

イオン化エネルギーが大きすぎてイオン結合しない非金属原子（2・1 節）どうしの結合は，長らく謎だった．元素それぞれに**原子価**（valence）があり，決まった数の結合をつくる理由もわからない．1910 年代に G.N. ルイス（2・1 節）がその謎を解く．量子力学や原子軌道をまだ誰も知らない時期に彼は，原子と原子が電子対を共有して**共有結合**（covalent bond）をつくると見抜き，それを簡明に示す方法も提案した（**1**）．

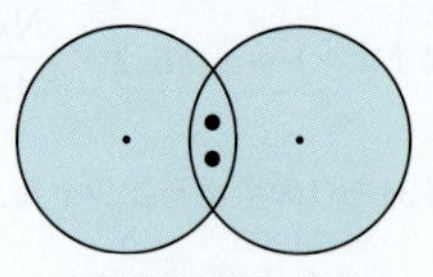

(**1**)　電子対の共有

① ルイス構造

イオン結合では，ある原子が出した電子を別の原子が受けとり，どちらも貴ガス型の電子配置になるのだった．ルイスは共有結合も似ていると見抜き，2 原子が電子を共有して貴ガス型になると考えた．その**オクテット則**（octet rule）で，共有結合はつぎのように解釈できる．

- 2 個の原子が電子対を共有し，それぞれオクテット（水素 H だけはデュプレット）になろうとするため，共有結合ができる．

水素原子はルイスの記号で H· と書く．互いに近づいた 2 個の水素原子は，計 2 個の価電子を共有する．**ルイス構造**（Lewis structure）では共有電子対を一本線（−）で描くため，水素分子 H_2 のルイス構造は H−H となる．対になった電子は両方の核と引きあうので，どちらの H 原子もデュプレット状態だといえる．

価電子 7 個の F 原子（$[He]2s^2 2p^5$）は，あと電子 1 個でオクテットになれる．別の F 原子が相手なら，互いに電子対 1 個（電子 2 個）を共有し，F_2 分子になる．

$$:\ddot{F}\cdot + \cdot\ddot{F}: \longrightarrow (:\ddot{F}(:)\ddot{F}:) \quad \text{つまり} \quad :\ddot{F}-\ddot{F}:$$

各F原子を円で囲い，電子の共有が生むオクテットを強調した．

共有電子対が1個なら**単結合**（single bond），2個なら**二重結合**（double bond），3個なら**三重結合**（triple bond）ができる．ルイス構造では，X∷Yのような二重結合をX=Y，X⋮⋮Yのような三重結合をX≡Yと描く．二重結合と三重結合を**多重結合**（multiple bond）とよぶ．また，結合の本数を**結合次数**（bond order）という．結合次数は，H_2やF_2なら1，O_2なら2，N_3なら3になる．

フッ素分子F_2は，結合電子1対のほか，各原子に3個ずつ，計6個の結合に関係しない**孤立電子対**（lone pair）[†]をもつ．孤立電子対どうしが反発しあう強さは，結合の強さに迫る．つまりF−F結合があまり強くないから，フッ素ガスは活性がたいへん高い．一般に多重結合は単結合よりも強く，たとえば窒素N_2の場合，両原子上の孤立電子対が多少は反発しあっても，結合が強いため反応性はたいへん低い．ありふれた二原子分子のうち，水素分子H_2だけは孤立電子対をもたない．

復習2・5A “ハロゲン間（かん）分子”フッ化塩素ClFのルイス構造を描け．分子内に孤立電子対は何個あるか．

［答：$:\ddot{Cl}-\ddot{F}:$；各原子に3個ずつ］

復習2・5B HBr，O_2，N_2分子のルイス構造を描け．また，それぞれ分子内に孤立電子対は何個あるか．

ルイス構造は，多原子分子の考察にも役立つ．化学では，ルイス構造を手がかりに，反応の仕組みを考えることが多い．メタンCH_4を例に，多原子分子のルイス構造に迫ろう．

- まず構成原子の全部にルイスの記号をつける．価電子の総数は8個だとわかる．

$$:\dot{C} \quad H\cdot \quad H\cdot \quad H\cdot \quad H\cdot$$

- C原子がオクテット，H原子がデュプレットになるよう，CとHの間で価電子（点）を共有させる．
- 結果を**2**のようにまとめ，メタンのルイス構造（右側）を描く．

$$\begin{matrix} & H & \\ & \because & \\ H : & C & : H \\ & \because & \\ & H & \end{matrix} \qquad \begin{matrix} & H & \\ & | & \\ H- & C & -H \\ & | & \\ & H & \end{matrix}$$

（**2**）メタンCH_4

† 訳注：**“非結合電子対**（nonbonding electron pair）”や**“非共有電子対**（unshared electron pair）”ともいう．

C原子は4本の結合でH原子とつながる．原子がつくれる結合の数を，元素の**原子価**（valence）とよぶため，いまの例なら“炭素の原子価は4”という．ルイス構造は，原子の“つながりかた”は教えても，多原子分子の“形”は教えない．その点に注意しよう．

道具箱2　多原子分子，多原子イオンのルイス構造

発 想　価電子のすべてを使い，各原子をオクテット（Hはデュプレット）にしたものが，適切なルイス構造となる．

手 順　段階1：各原子の価電子を数える．イオンなら，価数に合わせて価電子数を加減する．価電子の総数を2で割ったものが電子対の数になる．

段階2：本文に従い，最も適切な原子配置を描く．

段階3：結合1本に電子対1個を割り振る．

段階4：残った電子対を使い，原子をオクテット（Hはデュプレット）にする．電子対が足りなければ，多重結合をつくる．

段階5：結合電子対1個を1本線で描く．

原子がオクテット（Hはデュプレット）になったのを確かめる．

以上の手続きは，例題2・1と2・2で使う．

分子やイオンのルイス構造は，“道具箱2”のルールに従って描く．構造を描くには，原子と原子のつながりを確かめなければいけない．化学を学ぶにつれ，つぎのようなことがわかってくるだろう．

まず，メタン分子のH原子のような**末端原子**（terminal atom）は，別の原子1個だけとつながっている．ボラン類（8・5節）のように特殊な例を除き，H原子はいつも末端にくる．かたや水分子HOHのO原子，メタン分子のC原子など“中心原子”は，別の原子2個以上とつながる．

原子のつながりかたや，中心原子がどれかがあらかじめわかっていない場合は，経験則として，水素化合物以外なら，**イオン化エネルギーが最小の元素を中心原子に選ぶ**．末端原子に比べて中心原子は，共有する電子が多いため，化合物全体のエネルギーを下げやすい．イオン化エネルギーの大きい原子は電子を共有したがらず，電子を孤立電子対の形で保持しようとする．電気陰性度に注目すれば，“電気陰性度のいちばん小さい元素が中心原子になりやすい”ともいえる（1・6節，2・4節参照）．

分子構造の予想では，**“中心原子のまわりに原子が対称性よく配置される”**という経験則もある．単純な化合物の化学式は中心原子から書き始めるため，SOOではなくOSOという原子配置の二酸化硫黄はSO_2と書く．同様に，化学式でOF_2と書く化合物は，OFFではなくFOFという原子配列をもつ．また四塩化炭素CCl_4では，C原子が4個のCl原子に囲まれている．

例外のひとつ N_2O（一酸化二窒素）は，NNO という非対称な原子配列をもつ．酸（序章 J 節）も例外に属し，化学式の冒頭に（中心原子ではない）H を置く．

NH_4^+ や CO_3^{2-} など，共有結合でできた多原子イオンのルイス構造も，同じ作法に従って描く．余分な正負の電荷を加え，道具箱 2 のルールを使えばよい．中性分子のときと同様，イオン内の原子配置をつかむのが出発点となる．

オキソ陰イオンは，化学式の冒頭に（H 以外の）中心原子を書く．CO_3^{2-} なら，C 原子を 3 個の O 原子がとり囲む．各原子は，原子価殻の電子と同数の点（電子）を供出する．点の総数は，イオンの価数に合わせて調節する（陽イオンなら価数 1 ごとに電子 1 個を除き，陰イオンなら価数 1 ごとに電子 1 個を足す）．陽イオンと陰イオンは，共有電子対で化学結合してはいないから分けて描く．たとえば，炭酸アンモニウム $(NH_4)_2CO_3$ は，電荷を ⏋の右肩に添えたイオン 3 個の姿に描ける（**3**）．

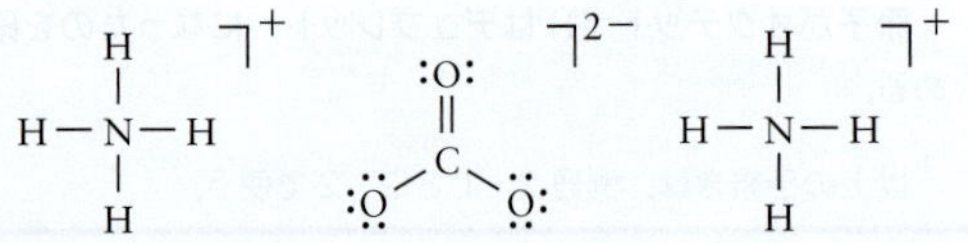

$[H_4N]^+$（H−N−H，上下に H）　$[:\ddot{O}-C(=O:)-\ddot{O}:]^{2-}$　$[H_4N]^+$（H−N−H，上下に H）

(**3**)

注目！ ルイス構造は，完全な形ではなく，分子構造や反応のカギとなる部分だけ描いてもよい．孤立電子対を省略することも多い．■

例題 2・1　分子やイオンのルイス構造

道具箱 2 に従い，以下の分子やイオンのルイス構造を描け．

(a) H_2O，(b) ホルムアルデヒド（メタナール）H_2CO，(c) 亜塩素酸イオン ClO_2^-（負電荷分の電子 1 個を追加すること）

予 想　最初は戸惑っても，慣れると（下記の段階を踏まなくても）描けるようになる．

方 針　道具箱 2 の手順をたどる．

解 答　段階 1: 価電子を数え上げ，イオンなら電荷を調節する．電子対の個数を確かめる．

段階 2: 原子の配置を決める．

段階 3: 原子間に電子対 1 個を置く．

段階 4: 残った電子対を確かめる．孤立電子対も使ってオクテットを完成させる．単結合だけでオクテット（デュプレット）にならなければ，多重結合をつくる．

段階 5: 結合 1 本を線で描き，ルイス構造を完成させる．

段 階	(a) H_2O	(b) HCHO	(c) ClO_2^-
1	1 + 1 + 6 = 8 電子対 4	1 + 1 + 4 + 6 = 12 電子対 6	7 + 6 + 6 + 1 = 20 電子対 10
2	H O H	H / C O / H	O Cl O
3	H : O : H	H / ‥ / C : O / ‥ / H	O:Cl:O
4	: : (2 対) H : Ö : H	: : : (3 対) H / C::Ö / H	: : : : : : : : (8 対) [:Ö:Cl:Ö:]⁻
5	H−Ö−H	H / ∣ / C=Ö / ∣ / H	[:Ö−Cl−Ö:]⁻

確 認　電子数の都合上，HCHO だけは，二重結合をつくらないかぎりオクテットにならない．

復習 2・6A　シアン酸イオン CNO^-（C が中心原子）のルイス構造を描け．

［答: $[\ddot{N}=C=\ddot{O}]^-$ ］

復習 2・6B　NH_3 と N_2O のルイス構造を描け．

例題 2・2　複数の中心原子をもつ分子のルイス構造

酢酸 CH_3COOH のルイス構造を描け．分子は原子団 CH_3-（メチル基）と $-COOH$（カルボキシ基）をもつ．$-COOH$ の O 原子 2 個は C 原子に結合し，うち 1 個は末端 H 原子に結合している．2 個の C 原子間には結合がある．

予 想　メタン分子と同様に CH_3- では，C 原子に H 原子 3 個が結合しているだろう．

方 針　道具箱 2 の手順を踏む．

解 答　段階 1: 価電子を数え上げ，電子対の個数を確かめる．

$$4+(3\times1)+4+6+6+1=24\ 個\ (12\ 対)$$

段階 2: 原子の配置を決める（原子間結合を■で表示）．

段階 3: 結合電子対で原子間をつなぐ．

段階 4: 残った電子対を確かめる．

オクテットを完成させる．

段階 5: 結合 1 本を線 1 本で描く．

段 階	CH_3COOH
1	: : : : : : : : : : : :
2	H O / H■C■C / H O■H
3	H O / ‥ ‥ / H : C : C / ‥ ‥ / H O : H
4	: : : : : (5 対) / H :O: / ‥ ‥ / H : C : C / ‥ ‥ / H :O : H
5	H :O: / ∣ ‖ / H−C−C / ∣ ∣ / H :Ö−H

確 認　予想どおり，メチル基は，メタンと似た原子配置だった．

復習 2・7A　尿素 $(NH_2)_2CO$ のルイス構造を描け．

答：

```
        :O:
         ||
 H—N̈—C—N̈—H
   |      |
   H      H
```

(4) 尿素 $(NH_2)_2CO$

復習 2・7B　ヒドラジン H_2NNH_2 のルイス構造を描け．

オクテット則は，第3周期以降で明確な例外がいくつもあるから，厳密なルールではなく"ガイド"だと考えよう（ルイス当人さえ一般性を疑っていた）．そうした例外とルールの洗練法を2・3節に紹介する．とりわけdブロック元素では，d電子も結合に寄与できるため，オクテット則そのものが使えない（8・12節）

要点　多原子分子や多原子イオンのルイス構造は，電子対を単結合や多重結合に使い，残りを孤立電子対にし，オクテット（Hはデュプレット）を完成させて描く．■

② 共 鳴 構 造

複数のルイス構造を描ける分子やイオンもある．花火や肥料に使う硝酸カリウムの硝酸イオン NO_3^- が例になる．ありうるルイス構造3種（**5**）は，二重結合の位置だけがちがう．どれもオクテット則に合うし，エネルギーも等しい．

```
   :O: ⌉⁻         :Ö: ⌉⁻          :Ö: ⌉⁻
    ||             |               |
:Ö—N—Ö:        Ö=N—Ö:          :Ö—N=Ö
```

(5)

ある構造だけが正しいなら NO_3^- は，長い単結合2本と，短い二重結合1本をもつだろう．しかし実測の結果，NO_3^- 内の結合はみな同じだとわかっている．結合の長さ124 pm は，N=O 二重結合（120 pm）と N−O 単結合（140 pm）の中間で，N−O の結合次数も，1（単結合）と2（二重結合）の中間になる．結合の長さについては，2・4節でくわしく眺めよう．

3本の結合は同じだから，NO_3^- はルイス構造3種が混ざりあう結果，N−O 結合の長さが単結合と二重結合の中間になると思えばよい．構造の混合を**共鳴**（resonance）といい，図解**6**のように↔で描く．混ざりあった構造は，ルイス構造それぞれの**共鳴混成体**（resonance hybrid）とよぶ．

共鳴混成体は，見た目が馬になったりロバになったりする妖怪ではなく，ラバ（馬とロバの混血）のようなものだと考えよう．つまり共鳴構造3種（**5**）は，文字どおり"混然一体"になっている．

共鳴構造の中で，電子は**非局在化**（delocalization）し

```
   :O: ⌉⁻           :Ö: ⌉⁻            :Ö: ⌉⁻
    ||       ⟷       |        ⟷       |
:Ö—N—Ö:          Ö=N—Ö:           :Ö—N=Ö
```

(6) 硝酸イオン NO_3^-

ているという．どの結合電子対も，特定の2原子間ではなく，いろいろな2原子間を渡り歩ける．共鳴が起こると，電子が非局在化することに加え，どの構造（極限構造）をとるときよりも分子（やイオン）全体のエネルギーが下がり，分子が安定化すると考えよう．

共鳴構造のうち，どの構造が支配的かを予想するには，つぎの指針がある．

- どの極限構造でも，核（原子核）の位置は変わらない（変わるのは，孤立電子対と結合電子対の位置だけ）．
- 同じエネルギーの極限構造（等価な構造）は，共鳴に寄与する度合いが等しい．
- エネルギーの高い構造より低い構造のほうが，共鳴に寄与する度合いが高い（エネルギーが高いか低いかの評価は，次項の話題にする）．

結合の仕方がちがう構造どうしで共鳴は起こらない．たとえば一酸化二窒素（亜酸化窒素）なら，構造としてNNO も NON も想定できるけれど，それぞれ別の分子だから，互いの共鳴を考えてはいけない．

例題 2・3　オゾン分子の共鳴構造

成層圏のオゾン O_3 は，短波長の高エネルギー紫外線を吸収して陸上の生物を守る．オゾンの性質は，分子の電子構造から来る．O_3 分子のルイス構造を描き，共鳴のようすを確かめよ．

予 想　二重結合の位置が異なる複数のルイス構造を描けるだろう．

方 針　道具箱2に従い，ルイス構造をひとつ描く．単結合と二重結合の位置を変えたルイス構造も描けないか調べる．描けたら，共鳴混成体の形に表す．

解 答　1）価電子を数える．16族のO原子1個は価電子を6個もつため，価電子は計 $6 \times 3 = 18$ 個ある．

2）分子のルイス構造をひとつ描く．　:Ö—Ö=Ö

3）結合の位置が異なるルイス構造を描く．　Ö=Ö—Ö:

4）↔を使い，2種類の構造を共鳴混成体に表す．

```
:Ö—Ö=Ö
   ↕
 Ö=Ö—Ö:
```

確 認　予想どおり共鳴混成体が描けた（実測でO−O結合の長さはどれも同じだと判明）．

復習 2・8A　酢酸イオン CH_3COO^- を共鳴混成体に表せ．酢酸イオンは，酢酸 CH_3COOH（例題2・2）

からH原子を除いた構造をもつ．

答：（7）酢酸イオン CH_3COO^- の共鳴構造（二つの極限構造を ⟷ で結ぶ）

（7）酢酸イオン CH_3COO^-

復習2・8B　亜硝酸イオン NO_2^- を共鳴混成体で表せ．

H原子1個を結合したC原子6個が正六角形をつくるベンゼン C_6H_6 も，共鳴混成体になる．共鳴混成体に寄与する極限構造（ルイス構造）のひとつ（**8**）を，1865年に提案したドイツの化学者ケクレ（Friedrich Kekulé）の名から，**ケクレ構造**（Kekulé structure）とよぶ．ふつうは線構造（序章C節）を使い，単結合と二重結合が隣りあう六角形（**9**）で描く．

（**8**）ケクレ構造　　（**9**）ベンゼンの線構造

とはいえ，ケクレ構造では説明できない実験結果が多かった．

- **反応性**：ベンゼンは，二重結合をもつ化合物に特有の反応をしない．

たとえば，1-ヘキセン $CH_2{=}CHCH_2CH_2CH_2CH_3$ のようなアルケンと臭素 Br_2 を混ぜれば，Br原子が二重結合の両側に付加した $CH_2Br{-}CHBrCH_2CH_2CH_2CH_3$ ができる結果，臭素の赤褐色が消える（図2・11）．だがベンゼンは臭素と反応しない．

図2・11　臭素（褐色の液体）をアルケン（無色の液体）に注ぐと，Br原子がアルケンの二重結合に付加する結果，無色の物質ができる．

- **結合の長さ**：ベンゼン分子のC−C結合は，どれも長さが等しい．

ケクレ構造なら，長い単結合（154 pm）と短い二重結合（134 pm）が3本ずつだろう．だが実測によると，中間的な長さ139 pmのC−C結合しかない．

- **誘導体の構造**：1,2-ジクロロベンゼンは1種類しかない．

ケクレ構造なら，**10**の2種類がなければいけない．

（**10**）1,2-ジクロロベンゼン $C_6H_4Cl_2$

ベンゼンの性質は，共鳴を考えれば納得できる．二重結合の位置が異なるだけでエネルギーの等しいケクレ構造は二つ描ける．二つが共鳴し（**11**），C=C二重結合の電子が非局在化するため，炭素間結合の長さは，単結合と二重結合の中間的な1種しかない．つまり6本の炭素間結合はどれも等価になる．だからベンゼンは通常，正六角形の中に円を描いて表す（**12**）．むろん1,2-ジクロロベンゼンも1種類しかない（**13**）．

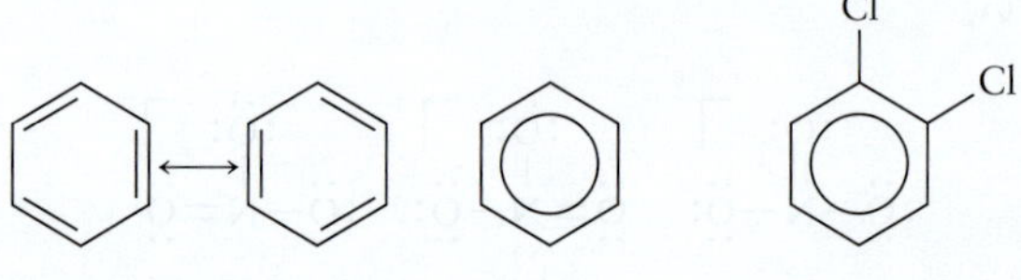

（**11**）ベンゼンの共鳴構造　（**12**）ベンゼン C_6H_6　（**13**）1,2-ジクロロベンゼン $C_6H_4Cl_2$

まとめよう．共鳴は，エネルギーを下げて分子を安定化させる．だからこそベンゼンは，C=C二重結合を3個もつ分子に比べ，反応性がずっと低い．

要点　共鳴とは，原子配置は同じで，電子配置が異なる構造の混ざりあいをいう．多重結合の性質が分子全体に広がる結果，分子の総エネルギーが下がる．■

③ 形式電荷

等価ではなく，エネルギーのちがうルイス構造は，共鳴構造に寄与する度合いもちがう．寄与の大きさを推定するには，自由な原子の価電子と，結合した原子がもつ価電子の数を比べる．両者の差が小さいほどエネルギーは低く，共鳴混成体への寄与も大きい．

結合したときに原子の電子配置がどう変わるかは，原子の**形式電荷**（formal charge）を調べるとわかる．形式電荷とは，2原子が結合電子を“等分に共有する”とみたとき，ある原子がもつ実効的な電荷をいう．つまり形式電荷は，分子内で特定の原子が“所有する”電子の数から見積もる．結合原子は，孤立電子対の電子全部と，共有電子対の電子の半分を“所有する”．その電子数と，自由な原子の価電子数の差が，形式電荷に等しい．

$$形式電荷 = V - \left(L + \frac{1}{2}B\right) \qquad (3)$$

V は自由な原子の価電子数，L は結合原子の孤立電子対の電子数，B は結合電子対の電子数を表す．結合原子の電子が，自由な原子の電子より多ければ，形式電荷は負になる（単原子陰イオンに類似）．逆に少なければ，形式電荷は正になる（単原子陽イオンに類似）．

形式電荷に注目すると，分子がとる最も有利な原子配置と，その原子配置でいちばん可能性の高いルイス構造が，つぎのように予想できる．

- 原子それぞれの形式電荷が全体として0にもっとも近いルイス構造が，エネルギー最低の原子配置と電子配置を表す．
- エネルギー最低の構造では，電気陰性度が最小の原子が正の形式電荷をもつと考えてよい．

形式電荷が小さいと，原子の電子配置は，自由な原子からあまり変わっていない．通常，形式電荷が全体として0に近い構造は，エネルギーが最低の構造にあたる．やさしい例を考えよう．上記のルールより二酸化炭素分子は，COO型ではなく，OCO型でなければいけない（**14**）．また一酸化二窒素は，NON型ではなくNNO型になる（**15**）．

(**14**)　$\overset{0}{\mathrm{O}}=\overset{0}{\mathrm{C}}=\overset{0}{\mathrm{O}}$　　$\overset{0}{\mathrm{O}}=\overset{+2}{\mathrm{O}}=\overset{-2}{\mathrm{C}}$

(**15**)　$\overset{-1}{\mathrm{N}}=\overset{+1}{\mathrm{N}}=\overset{0}{\mathrm{O}}$　　$\overset{-1}{\mathrm{N}}=\overset{+2}{\mathrm{O}}=\overset{-1}{\mathrm{N}}$

各原子の形式電荷を足し合わせたものが，分子やイオン全体の形式電荷になる．一酸化炭素COのような例外はあるものの，たいていの化合物でそれは成り立つ．共鳴がある場合につき，最適なルイス構造を見つけるやりかたを，道具箱3に紹介しよう．

道具箱3　形式電荷に注目したルイス構造の予測

発 想　形式電荷は，結合原子が“所有する”価電子数と，自由な原子の価電子数から決める．結合原子は，孤立電子対の全部と，結合1本あたり1個の価電子を“所有する”．形式電荷が全体としていちばん小さいルイス構造が，最適なルイス構造だといえる．

手 順　段階1: 自由な原子の価電子数（V）を確かめる．イオンなら，価数を考えて電子数を加減する．

段階2: 考えられる複数のルイス構造を描く．

段階3: 各原子について，孤立電子対の電子数（L）と，結合1本あたり1個の電子（$\frac{1}{2}B$）を数え上げる．

段階4: 本文の (3)式を使い，原子それぞれの形式電荷を求める．

ある元素の等価な原子（結合の本数と，孤立電子対の数が同じ原子）は，形式電荷も等しい．形式電荷の総和は，分子やイオンがもつ正味の電荷（中性分子なら0）に等しい．可能なルイス構造を描き，形式電荷を比べる．形式電荷が全体として最小になる構造は，原子の電子構造の乱れが少なく，最も適切な（エネルギー最低の）構造を表す．

以上の手続きは，例題2・4で使う．

例題2・4　最適な原子配置の判定

鉄(Ⅲ)イオンの溶液にチオシアン酸カリウムKSCNの溶液を加えると，Fe^{3+}とチオシアン酸イオンが反応して鮮赤色がつく．

3種類のチオシアン酸イオンを描き，形式電荷の点で最適な構造を選べ．隣り合う原子は二重結合しているとして描け．

予 想　イオン化エネルギーが最小（電気陰性度が最小; 2・4節）の元素はCだから，最適な原子配置は，中心原子がCのNCS^-（SCN^-）だろう．

方 針　道具箱3の手順を踏む．

解 答　段階1: 原子の価電子数Vを調べ，イオンなら価数を考えて総電子数を確かめる．

段階2: 候補の原子配列3種類についてルイス構造を描く．

段階3: 各原子について，孤立電子対の電子数Lと，結合1本あたり1個の電子数$\frac{1}{2}B$を確かめる．

段階4: 各原子について，(3)式に従い，“所有”電子数をVから引いた数を求める．

段階	NCS^-	CNS^-	CSN^-
1	C: 4, N: 5, S: 6 電荷: −1 (電子16個)	C: 4, N: 5, S: 6 電荷: −1 (電子16個)	C: 4, N: 5, S: 6 電荷: −1 (電子16個)
2	$[\mathrm{N}=\mathrm{C}=\mathrm{S}]^-$	$[\mathrm{C}=\mathrm{N}=\mathrm{S}]^-$	$[\mathrm{C}=\mathrm{S}=\mathrm{N}]^-$
3	$[\overset{6}{\mathrm{N}}=\overset{4}{\mathrm{C}}=\overset{6}{\mathrm{S}}]^-$	$[\overset{6}{\mathrm{C}}=\overset{4}{\mathrm{N}}=\overset{6}{\mathrm{S}}]^-$	$[\overset{6}{\mathrm{C}}=\overset{4}{\mathrm{S}}=\overset{6}{\mathrm{N}}]^-$
4	$[\overset{-1}{\mathrm{N}}=\overset{0}{\mathrm{C}}=\overset{0}{\mathrm{S}}]^-$	$[\overset{-2}{\mathrm{C}}=\overset{+1}{\mathrm{N}}=\overset{0}{\mathrm{S}}]^-$	$[\overset{-2}{\mathrm{C}}=\overset{+2}{\mathrm{S}}=\overset{-1}{\mathrm{N}}]^-$

確 認　形式電荷が最小なのはNCS^-（SCN^-）で，予想どおり最適な構造だった．

復習2・9A　毒性の気体ホスゲン（二塩化カルボニル）$COCl_2$の最適な原子配置はどうなるか．ルイス構造を描き，形式電荷を付記せよ．中心原子はC．

答: $:\ddot{O}:$ ホスゲンのルイス構造（O=C 二重結合, C–Cl 単結合, 各原子の形式電荷 0）

(**16**) ホスゲン $COCl_2$

復習2・9B 二フッ化酸素の最適な原子配置はどうなるか．ルイス構造を描き，形式電荷を付記せよ．

形式電荷も酸化数（序章K節）も，結合原子の電子数を反映する．ただし両者の根元は共通ではないし，通常それぞれの値もちがう．

- 形式電荷は，結合電子が等分に共有されるとみるため，共有結合性を強調している．
- 酸化数は，イオン結合性を強調している．どの原子もイオンと考え，結合電子の全部が，**電気陰性度の大きい（電子をほしがる）**ほうの原子に移っているとみなす．

たとえば CO_2（**14**）のC原子は，形式電荷は0でも，酸化数は，結合電子がO原子にまるごと移った $O^{2-}C^{4+}O^{2-}$ とみなすため+4になる．また，形式電荷はルイス構造の描きかたで変わる半面，酸化数は，ルイス構造の描きかたに関係なく決まる．

ルイス構造どうしでエネルギーの高低を見積もるのに使うのが形式電荷，分子やイオンの酸化還元力を見積もるのに使うのが酸化数だと思えばよい（6・11節も参照）．

要 点 形式電荷は，共有結合するときに原子が電子を得たり失ったりする度合いを表す．通常，形式電荷が全体的に最小となる原子配置やルイス構造は，エネルギーが最低の最適配置，最適構造だといえる．■

身につけたこと

共有結合では2原子が電子を共有し，原子それぞれがオクテット（Hはデュプレット）になる．共有結合ができるようすは，ルイス構造を描けばわかる．共鳴混成体では，多重結合性が分子全体に広がる．最低エネルギーのルイス構造は，形式電荷から見当がつく．以上を学び，つぎのことができるようになった．

- ❑1 分子やイオンのルイス構造の予測（道具箱2と例題2・1，2・2）
- ❑2 分子の共鳴構造の予測（例題2・3）
- ❑3 形式電荷の計算による最適なルイス構造の決定（道具箱3と例題2・4）

2・3 オクテット則の例外

なぜ学ぶのか？ 共有結合の理解に向けた出発点となるオクテット則には例外があるため，モデルを洗練するのが望ましい．あらゆる分子の構造をつかむには，どう洗練したのかを知っておく必要がある．

必要な予備知識 ルイス構造の描きかたを会得し，共鳴の考えかたになじみ，形式電荷の割り振りかたをつかんでおきたい（前節の内容）．

オクテット則（前節）は，たいていの非金属元素がつくる結合の本数を教える．とりわけ第2周期の炭素C，窒素N，酸素O，フッ素Fは，電子を調達できるかぎりオクテット則に従う．そうやって決まる分子構造は，有機化学や生化学の理解につながる．ただしオクテット則には，見かけ上，つぎのような例外がある．

- 電子が奇数の分子もある．そんな分子は，むろんオクテットをつくれない．
- 一部の元素は，原子価殻に9個以上の電子を収容できる．
- オクテット形成の手前で化合物をつくってしまう元素もある．

そうした例外を本節で調べ，化学結合への理解を深めよう．

① ラジカルとビラジカル

価電子が奇数個の分子なら，少なくとも1個の原子はオクテットになれない．不対電子をもつ分子を**ラジカル**（radical）という（古い名称“フリーラジカル＝遊離基”もまだ使用）．簡単な例にはメチルラジカル $\cdot CH_3$（**1**）や一酸化窒素NO（**2**）がある．ラジカルの不対電子は“·”のように書く．

$\cdot CH_3$ (**1**)　　$\cdot\ddot{N}=\ddot{O}$ (**2**)

ラジカルは反応性が高く，たちまち消えてしまうため，特殊なもの以外は安定に存在しない．たとえば化石燃料が燃えて生じるメチルラジカルの寿命は短い．ラジカル類は，大気高層の化学反応で大きな役割を演じ，オゾンの生成と分解はラジカル反応で進む．暮らしの中だと，ものの燃焼，食品の腐敗，プラスチックの光劣化にラジカルがからむ．

ラジカルの害を抑えるには，ラジカルと反応しやすい物質を使う．そんな物質を**抗酸化剤**（antioxidant）という．ヒトの老化も促すラジカルの働きは，ビタミンCやEのような抗酸化剤が抑えてくれる．ラジカルの一酸化窒素NOは反応性が高く，寿命はせいぜい数秒しかない．しかし小さい分子だから，寿命内にあちこち動き回れる．そんなNOが，血圧の調節や神経伝達，感染との戦いに活躍する（コラム参照）．

化学の広がり4　一酸化窒素NOの大活躍

血管壁をつくる内皮細胞の出す何かが血管を拡げて血圧を下げることは，1980年代の初期に判明する．内皮由来弛緩(しかん)因子（EDRF = endothelium-derived relaxation factor）と名づけるも，しばらく物質の特定はできなかった．それを NO だと特定したロバート・ファーチゴットとルイ・イグナロ，フェリド・ムラドが 1998 年のノーベル生理学・医学賞に輝く．内皮細胞にある内皮型 NO 合成酵素（eNOS）が少量の NO をつくり，血圧の調節をするのだった．NO は反応性と毒性の高いラジカルだから，驚きの発見だったといえる．

やがてほかの生理作用も見つかる．ダイナマイトの主剤ニトログリセリン（図）は，狭心症の緩和に使われ始めた 1878 年からほぼ 100 年後，酵素の働きで NO を放出するとわかった．NO が血管を拡げて血流を増やし，狭心症の痛みを和らげる．

O_2NO　ONO_2　O_2NO

ニトログリセリン

体内の活躍はほかにも続々と見つかった．病原体を見つけた免疫系は，高濃度の NO と，過酸化水素 H_2O_2 合成酵素をつくる．やはり反応性の高い H_2O_2 から生じる，ヒドロキシラジカル（·OH）やペルヒドロキシラジカル（·OOH）など活性酸素種（ROS）と総称するラジカル群が病原体を総攻撃して感染に立ち向かう．感染部位で合成されるラジカルは寿命が短いため，健康な組織を傷めたりしない．

NO は，がんの放射線療法の効果を上げる．そこに注目し，光化学的に NO を放出する抗がん剤の研究が進む．そんな薬剤を患者に投与し，放射線照射部位に光も当てれば，放射線の強度を下げて体へのダメージを減らせるだろう．

神経型 NO 合成酵素は，神経細胞（ニューロン）内に NO を生む．その NO は，血圧の調節に加え，“神経可塑性”も向上させ，脳の認知機能を保ちニューロン連結部の更新を促す．NO には血液の抗凝固作用もあり，それを蚊が活用している．蚊の唾液は NO 合成酵素を含むため，動物の体から吸った血が，NO のおかげで固まりにくい．

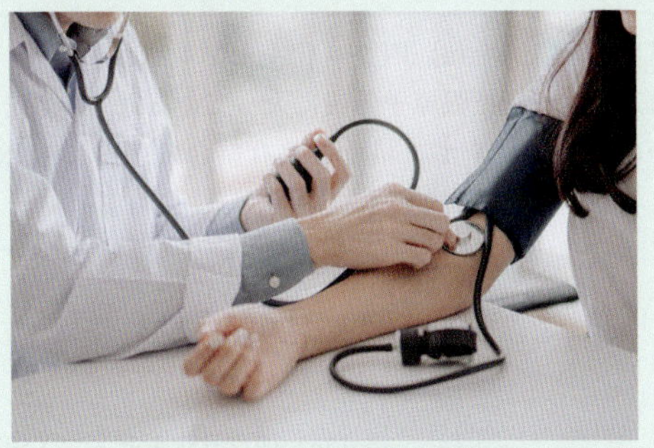

心臓を守る定期的な血圧測定

不対電子を 2 個もつ分子を**ビラジカル**（biradical）という．通常，ビラジカルの不対電子は別々の原子上にある（**3**）．**3** の場合，それぞれ不対電子 1 個をもつ C 原子 2 個が，結合の 4 本分を隔てて共存する．

```
 H  H  H  H  H
 |  |  |  |  |
·C—C—C—C—C·
 |  |  |  |  |
 H  H  H  H  H
```

（**3**）ビラジカルの例

同じ原子上に不対電子が 2 個のビラジカルもあり，平凡な酸素原子がその好例になる．O 原子の電子配置は [He] $2s^2 2p_x^2 2p_y^1 2p_z^1$ だから，ルイスの記号で ·Ö· と書く．ふつうのビラジカルだと電子 2 個のスピンは向きがランダムなのに，O 原子の不対電子 2 個はスピンが平行（↑↑）なので，O 原子は特殊なビラジカルだといえる．成層圏のオゾン層破壊でラジカルがする仕事を，7・3 節のコラム“化学の広がり”で紹介しよう．

復習 2・10 A　過酸化水素ラジカル HOO· のルイス構造を描け．

［答：
```
  H
  |
 :O—O:
  ¨  ¨
```
（**4**）過酸化水素ラジカル HO_2·］

復習 2・10 B　二酸化窒素分子 NO_2 のルイス構造を描け．

要点　ラジカルは不対電子を 1 個もつ．ビラジカルは，同じ原子上または別々の原子上に，2 個の不対電子をもつ．■

② 拡張原子価殻

原子の原子価殻を電子 8 個が占め，電子配置が貴ガス型（ns^2np^6）になる，というのがオクテット則だった（2・2 節）．ただし，空いた d 軌道をもつ中心原子は，10 個，12 個，…の電子を収容できる．そういう**拡張原子価殻**（expanded valence shell）内の電子は，**超原子価化合物**（hypervalent compound）をつくる．また，超原子価をとれる元素（たとえばリン P）は**可変共有結合性**（variable covalence）を示し，PCl_3 と PCl_5 のように，結合原子数のちがう化合物をつくることが多い．

注目！　論理的に正しい用語“拡張原子価殻”と同じ意味で，“拡張オクテット”という古い呼称を使う人もまだ多い．■

オクテット則の許す数より多い原子が中心原子に結合できるかどうかは，おもに中心原子のサイズで決まる．リン P の原子は大きいため，Cl 原子を 6 個まで結合できる（ただし実験室で常用の化合物は PCl_5）．かたや N 原子は，P と同族でもサイズが小さいせいで，NCl_5 という化合物はない．

別の超原子価化合物 SF_6 だと，中心の S 原子は，価電子を 12 個まで使えるように見える．そうした電子の供給源はどこなのか？　以下二つの説明がありうる．

(1) **d 軌道の動員**（伝統の説明）：中心原子の原子価殻が，s・p 軌道に加え，d 軌道まで拡がる．超原子価は第 3 周期以降の元素，つまり s・p 軌道とエネルギー的に近い d 軌道をもつ元素で現れるという事実もそれに合う．たとえば電子配置 [Ne]$3s^2 3p^4$ の硫黄 S は，3s・3p 軌道より少しだけエネルギーの高い空の 3d 軌道をもつ．計 6 個の s・p 軌道に加え，3d 軌道を 2 個まで使えば，電子 12 個を使って SF_6 分子（**5a**）をつくれる．同様に，電子配置 [Ne]$3s^2 3p^3$ のリン P は，やはりエネルギーの近い空の d 軌道を動員して 10 個の電子を使い，PCl_5 の構造をつくれるだろう．

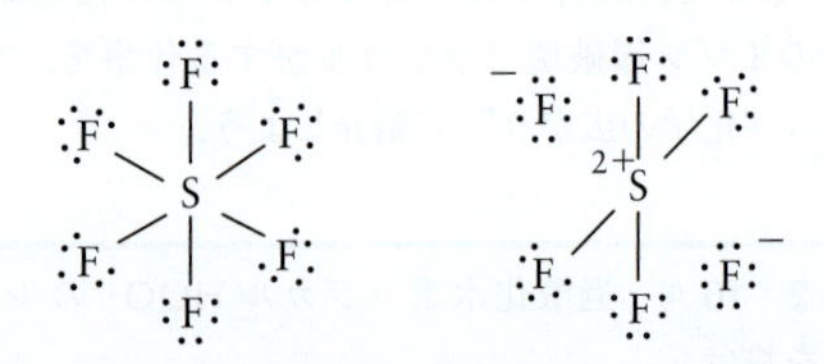

（**5a**）六フッ化硫黄 SF_6　（**5b**）六フッ化硫黄 SF_6

(2) **イオン結合と共有結合の共鳴**（代案の説明）：オクテット則に従ったまま，イオン結合と共有結合の“共鳴”が超原子価を生む．SF_6 なら，$(SF_4)^{2+}(F^-)_2$ という構造（15 種類）が共鳴状態にあるとする．そのとき硫黄原子 S もフッ素原子 F もオクテットになっているため（**5b**），オクテットを拡張する必要はない．同様に PCl_5 も，$(PCl_4)^+ Cl^-$ 構造（5 種あるうちのひとつが **6**）の共鳴混合物だと思えば，オクテット拡張の必要はない．

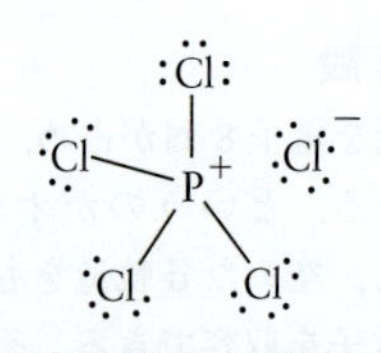

（**6**）五塩化リン PCl_5

どちらの説明がいいのだろう？ 最終的な判断には，2・6 節と 2・7 節で説明する計算を使う．第 1 の説明は d 軌道を利用して原子価殻を拡張し，第 2 の説明は d 軌道を利用しない点に注意しよう．たしかに後者では，オクテット則の枠内で超原子価を説明できる．ただし本節では，オクテットを超す結合もあるという事実だけ示し，余分な電子の供給源には目をつぶっておく．そのレベルでも多原子分子の構造は，説明したとはいわないまでも，とにかく描けるのだから．

例題 2・5 拡張原子価殻のルイス構造

四フッ化硫黄 SF_4 は，ある麻酔薬の合成原料に使う．(a) SF_4 のルイス構造を描き，拡張原子価殻に入っている電子の数を確かめよ．(b) ルイス構造を使い，SF_4 で起こるイオン結合と共有結合の共鳴を描け．

予 想 16 族の硫黄は価電子を 6 個もつ．F 原子 1 個が結合あたり電子 1 個を供出するなら，S 原子まわりの価電子は 4＋6＝10 個だろう．

方 針 (a) 第 3 周期以降の元素は原子価殻を拡張して余分な電子を受け入れる．価電子を結合電子と孤立電子対に分配して各原子をオクテットにしたあと，残る電子を中心原子の孤立電子対とみる．(b) S 原子上の 10 電子はオクテット則に反する．F 原子は陰イオン F^- になれるため，$SF_3{}^+F^-$ の構造をつくれば，S 原子上の電子 1 個を除ける．

解 答 価電子数を確かめる．

S 原子は 6 個（·S·）

F 原子は 7 個ずつ（:F·）

電子対の数を確かめる．

電子は合計 6＋(4×7)＝34 個だから，電子対は 17 個．

(a) ルイス構造を描く．各 F 原子は，孤立電子対 3 個と，S 原子との共有電子対を 1 個もつ．余分の電子 2 個を S 原子上に置く．それで S 原子の価電子は 10 個になる．

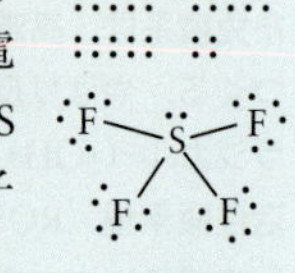

(b) イオン結合と共有結合をもつルイス構造をつくる．

上記 (a) のルイス構造で S 原子の価電子は 10 個あった．オクテットとなるには電子対 1 個を捨てなければいけない．そこで $(SF_3)^+(F^-)$ をつくる．

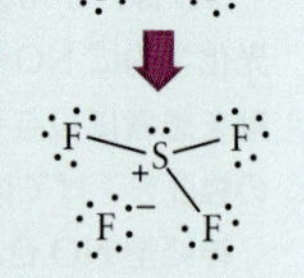

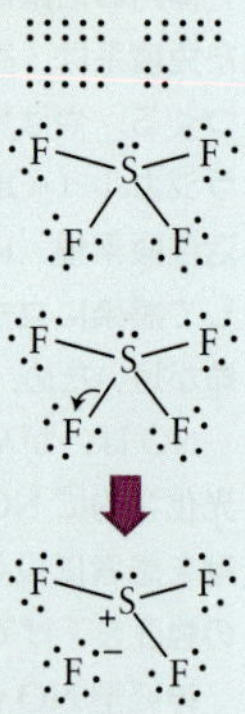

確 認 (a) 予想どおり，S 原子は電子 10 個の拡張原子価殻をもつ．うち 2 個は 3d 軌道から調達したと考える．(b) イオン結合と共有結合を組み合わせたルイス構造ではどの原子もオクテットになっているため，原子価殻の拡張は必要ない．

復習 2・11 A (a) 四フッ化キセノン XeF_4 のルイス構造を描き，拡張原子価殻に入っている電子の数を確かめよ．(b) イオン結合と共有結合の共鳴にもとづく XeF_4 の構造を提案せよ．

［答：(a) 電子は 12 個

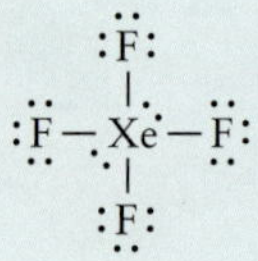

（**7a**）四フッ化キセノン XeF_4

(b)

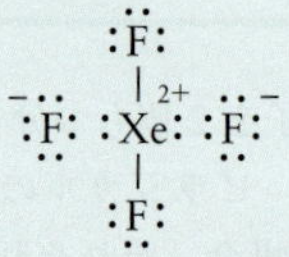

（**7b**）四フッ化キセノン XeF_4 ］

復習 2・11 B (a) 三ヨウ化物イオン I_3^- のルイス構造を描き，拡張原子価殻に入っている電子の数を確かめよ．(b) イオン結合と共有結合の共鳴にもとづく四ヨウ素化物イオン I_4^- の構造を提案せよ．

可変共有結合性の元素は，化合物ごとにさまざまな本数の共有結合をつくる．典型例のリン P は，塩素の乏しい環境で $P_4(s)+6\,Cl_2(g)\rightarrow 4\,PCl_3(l)$ のように反応し，三塩化リン（無色の有毒液体）になる．PCl_3 分子のルイス構造(**8**)は，オクテット則に合う．けれど塩素の供給が十分なら，PCl_3 はさらに塩素と $PCl_3(l)+Cl_2(g)\rightarrow PCl_5(s)$ のように反応し，五塩化リン PCl_5（薄黄色の結晶性固体）になる（図 2・12）．

$$:\ddot{Cl}-\ddot{P}(-\ddot{Cl}:)-\ddot{Cl}:$$

(**8**) 三塩化リン PCl_3

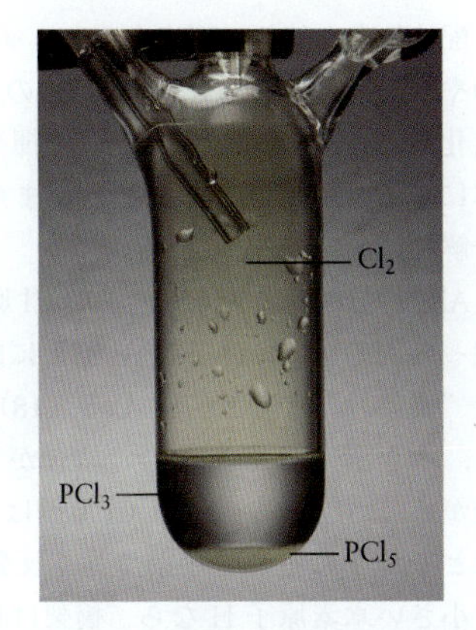

図 2・12 三塩化リン（無色の液体）は塩素（容器内にある黄緑色の気体）と反応して五塩化リン（薄黄色の固体）になる．

五塩化リンは，室温で PCl_4^+ と PCl_6^- からなるイオン固体だが，160 ℃ で気化し，気体の PCl_5 分子になる．固体と気体の五塩化リンをそれぞれ **9** と **10** に描いた．PCl_5 の P 原子は，1 個の 3d 軌道を使って 10 電子に拡張している．また陰イオン PCl_6^- の P 原子は，2 個の 3d 軌道を使い，原子価殻を 12 電子に拡張している．つまり五塩化リンは，固体でも気体でも超原子価化合物だといえる．

$$[PCl_4]^+\quad[PCl_6]^-\qquad\qquad PCl_5$$

(**9**) 五塩化リン $PCl_5(s)$　　(**10**) 五塩化リン $PCl_5(g)$

複数の共鳴構造を描ける化合物だと，中心原子はオクテットか拡張原子価殻になるけれど，形式電荷が全体として 0 に近いものが支配的な姿だといえる（2・2 節）．ただし例外も多いため，最適な構造を特定するには，実験データと慎重に突き合わせる．

例題 2・6 分子の支配的な共鳴構造

硫酸イオン SO_4^{2-} は，セメント製造に使うセッコウ（$CaSO_4\cdot 2H_2O$）などの鉱物や，エプソム塩（$MgSO_4\cdot 7H_2O$）など薬剤の成分になる．形式電荷に注目し，SO_4^{2-} の支配的な共鳴構造を，三つの候補（**11a〜c**）からひとつ選べ．

(**11a**) $[:\ddot{O}-S(-\ddot{O}:)(-\ddot{O}:)-\ddot{O}:]^{2-}$（S−O 単結合 4 本）　(**11b**) $[\ddot{O}=S(-\ddot{O}:)(-\ddot{O}:)-\ddot{O}:]^{2-}$（S=O 1 本）　(**11c**) $[\ddot{O}=S(=\ddot{O})(-\ddot{O}:)-\ddot{O}:]^{2-}$（S=O 2 本）

予 想 形式電荷を計算して考察する（慣れてくれば，結合パターンと孤立電子対を見ただけで判断できるようになる）．

方 針 2・2 節の道具箱 2 に従う．等価な原子（たとえば **11a** の O 原子 4 個）は，電子配置が（さらには形式電荷も）共通だから，計算は 1 度だけ行えばよい．

解 答 道具箱 2 に従い，下記のような表をつくる．

段階 1：価電子の数（V）を確かめる．

O 原子は 4×6 個＝24 個，S 原子は 6 個だから，計 30 個．そこまでなら電子対は 15 個だが，−2 価イオンなので電子 2 個を足す．

段階 2：ルイス構造を描く．

段階 3：各原子の“所有”電子数（$L+\frac{1}{2}B$）を確かめる．

段階 4：形式電荷 $V-(L+\frac{1}{2}B)$ を計算する．

段階	(**11a**)	(**11b**)	(**11c**)
2	$[:\ddot{O}-S(-\ddot{O}:)(-\ddot{O}:)-\ddot{O}:]^{2-}$	$[\ddot{O}=S(-\ddot{O}:)(-\ddot{O}:)-\ddot{O}:]^{2-}$	$[\ddot{O}=S(=\ddot{O})(-\ddot{O}:)-\ddot{O}:]^{2-}$
3	上 O 7，S 4，左 O 7，右 O 7，下 O 7	上 O 7，S 5，左 O 6，右 O 7，下 O 7	上 O 7，S 6，左 O 6，右 O 6，下 O 7
4	上 O −1，S +2，左 O −1，右 O −1，下 O −1	上 O −1，S +1，左 O 0，右 O −1，下 O −1	上 O −1，S 0，左 O 0，右 O 0，下 O −1

確 認 形式電荷が 0 に近いのは **11c** だから，共鳴混成体への寄与が最大の構造は **11c**．そのとき S 原子は拡張原子価殻をもち，12 個の電子を収容する．その結論は S−O 結合長の実測結果にも合い，硫酸分子の単結合 S−OH が 157 pm のところ，硫酸イオンの S−O は 149 pm と短い．

復習 2・12 A　下に描いたリン酸イオンのルイス構造二つ（**12**）につき，形式電荷を計算せよ．

$[PO_4]^{3-}$（P−O 単結合4本）　$[PO_4]^{3-}$（P=O 二重結合1本，P−O 単結合3本）

（**12**）

答：（**13**）左：各 O 原子 −1，P 原子 +1．右：二重結合の O 原子 0，P 原子 0，ほかの O 原子 −1．

復習 2・12 B　オゾンの共鳴構造を示すルイス構造（例題 2・3）のどちらかにつき，O 原子 3 個の形式電荷を計算せよ．

要 点　第 3 周期以降の元素は，価電子が 8 個以上の拡張原子価殻をつくれて，可変共有結合性や超原子価状態を示す．どれが支配的な共鳴構造なのかは形式電荷から推定する．■

③ 不完全オクテット

一部の原子は化合物中で**不完全オクテット**（incomplete octet）をつくり，その典型にホウ素 B がある．室温で無色の気体になる三フッ化ホウ素 BF_3 を描いたルイス構造のひとつ（**14**）では，B 原子の原子価殻に電子が 6 個しかない．B 原子は **15** のように，あと 2 個の電子を F 原子と共有してオクテットになってもよさそうなところ，フッ素のイオン化エネルギーが大きいため，形式電荷が正の構造（**15**）は安定でない．B−F 結合長の実測値より BF_3 分子は **14** と **15** の共鳴混成体だとわかるが，単結合だけの構造（**14**）の寄与が抜群に大きい．

（**14**）三フッ化ホウ素 BF_3　　（**15**）三フッ化ホウ素 BF_3

BF_3 の B 原子は，孤立電子対をそっくり供出する原子やイオンと結合すれば，完全なオクテットになれる．そんな結合を**配位共有結合**（coordinate covalent bond）という．たとえば，BF_3 の気体を金属フッ化物に通じると，テトラフルオロホウ酸イオン BF_4^-（**16**）ができる．BF_4^- の中で，F^- と配位共有結合した B 原子はオクテットになっている．

（**16**）テトラフルオロホウ酸イオン BF_4^-

別の例に，つぎの反応で BF_3 とアンモニア NH_3 のつくる結合がある．

$$BF_3(g) + NH_3(g) \rightarrow NH_3BF_3(s)$$

生成物（白い分子固体）のルイス構造を **17** に描いた．この反応では，アンモニア（$:NH_3$）の N 原子にある孤立電子対が B 原子と配位共有結合をつくり，B 原子をオクテットにする．

（**17**）NH_3BF_3

配位結合を使って不完全オクテットを“完全化”する別のやりかたに，**二量体**（dimer）の形成がある．たとえば塩化アルミニウムは，180 °C で揮発し，Al_2Cl_6 分子の気体になる．200 °C まではそのままだが，さらに高温では分解し，$AlCl_3$ 分子に戻る．

Al_2Cl_6 分子は，$AlCl_3$ 分子の Cl 原子が，孤立電子対を使って別の $AlCl_3$ 分子の Al 原子に配位共有結合し，互いを“橋架け”するから生じる（**18**）．ただし Al と同族でも，ホウ素 B はそんな形の結合ができない．B の原子半径が Al より小さいため，Cl 原子は，橋架け結合ができるほど B 原子に近づく手前で強く反発しあうからだ．Cl より小さい水素原子 H なら“橋架け材”になれて，ジボラン **19** を生む．

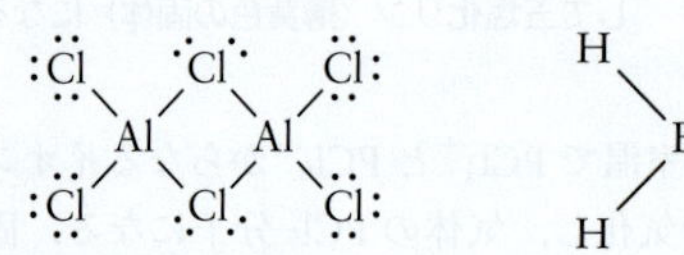

（**18**）塩化アルミニウム Al_2Cl_6　　（**19**）ジボラン B_2H_6

要 点　ホウ素とアルミニウムの化合物は，B 原子や Al 原子が不完全オクテットになるか，ときにはハロゲン原子が橋架けする異常なルイス構造をつくる．■

身につけたこと

不対電子をもち，オクテットが不完全な分子つまりラジカルは，一般に反応性が高い．第 3 周期以降の元素を含む分子のルイス構造を描く際は，d 軌道の電子を動員して原子価殻を拡張するか，イオン結合と共有結合の共鳴を想定する．以上を学び，つぎのことができるようになった．

❑1　拡張型の原子価殻や不完全な原子価殻のルイス構造の推定（例題 2・5）

❑2　形式電荷の計算を通じた最適なルイス構造の決定（例題 2・6）

2・4 結合の性質

なぜ学ぶのか？ 共有結合化合物は，電子の共有状況で結合の強さと長さ，電子の分布が変わるため，多彩な性質を示す．分子の物理・化学的性質を正しく解釈するには，そうした面の理解が欠かせない．

必要な予備知識 元素の性質が示す周期性（1・6節），共鳴の考えかた（2・2節），共有結合を生む電子対の共有（2・2節）をつかんでおきたい．

共有結合の性質は，結合した2原子（2元素）がほぼ決める．分子内で近くにある別の原子が及ぼす影響は大きくない．どんな分子内でも，結合次数が同じなら，A−B結合の強さや長さはほぼ共通と考えてよい．そのため巨大なDNA分子が細胞内で自己複製し，遺伝情報を伝えるときに働くC=O結合やN−H結合の性質も，ずっと単純な化合物（$H_2C{=}O$と書けるホルムアルデヒドHCHOや，アンモニアNH_3）の性質から見当がつく．

もうひとつ，イオン結合と共有結合（2・1節，2・2節）が両極端のモデルだという問題もある．非金属どうしなら，共有結合がよいモデルになる．金属と非金属の結合には，イオン結合モデルがふさわしい．ただし，多くの化合物で，結合は両極端の中間になる．そのため，モデルを修正し，現実に即した形で化学結合を調べるのが望ましい．

① 共有結合モデルの修正：電気陰性度

ルイス構造は，共有結合の理解へと向かう第一歩にすぎない．結合中で電子がどう分布しているかをつかむ方法のひとつが，共鳴混成を考えることだった（2・2節）．イオン結合と共有結合は“両極端”のモデルにすぎず，現実の分子は，程度の差はあれ，中間的な性格を示す．たとえば塩素分子Cl_2の構造は，形式上，つぎのように描ける．

$$:\ddot{\underset{..}{Cl}}:^- \ \ddot{\underset{..}{Cl}}:^+ \longleftrightarrow :\ddot{\underset{..}{Cl}}-\ddot{\underset{..}{Cl}}: \longleftrightarrow :\ddot{\underset{..}{Cl}}^+ \ :\ddot{\underset{..}{Cl}}:^-$$

塩素の場合，共鳴混成体にイオン結合が寄与する度合いは低く，結合はほぼ純粋な共有結合とみてよい．また，イオン構造二つにエネルギーの差はなく，混成体への寄与は同じだから，各原子の平均電荷は0になる．

異種元素の二原子分子だと，事情はちがう．HCl分子はつぎの共鳴構造に書ける．

$$H:^- \ \ddot{\underset{..}{Cl}}:^+ \longleftrightarrow H-\ddot{\underset{..}{Cl}}: \longleftrightarrow H^+ \ :\ddot{\underset{..}{Cl}}:^-$$

二つのイオン構造は異なり，右端（$H^+ :\ddot{\underset{..}{Cl}}:^-$）のほうがエネルギーは低い．Cl原子はH原子より強く電子を引くため，Cl原子が負電荷の右端は，左端（$H:^- \ddot{\underset{..}{Cl}}:^+$）より寄与が大きい．だから正味でCl原子は負電荷，H原子は正電荷をもつ．この例は，形式電荷だけで電子分布が決まらないことを浮き彫りにする．H原子もCl原子も形式電荷は0だから．

分子内で原子それぞれがもつ電荷を，**部分電荷**（partial charge）とよぶ．部分電荷は，記号$^{\delta+}$と$^{\delta-}$を使い，$^{\delta+}$H−Cl$^{\delta-}$のように表す．共鳴混成体のうち，イオン形の寄与が大きく，部分電荷を生むような結合を**極性共有結合**（polar covalent bond）とよぶ．異種元素の結合なら，大なり小なり極性をもつ．等核二原子分子・イオンは極性がない．

極性共有結合した原子2個は（**電気**）**双極子**〔(electric) dipole〕を生む．双極子とは，正の部分電荷と，同量の負の部分電荷が，ある距離だけ離れた状態をいう．双極子はかつて，正電荷から負電荷に向かう矢印で描いたけれど（**1a**），最近は正電荷に向かう矢印で描くことが多い（**1b**）．本書は最近のやりかたに従う．

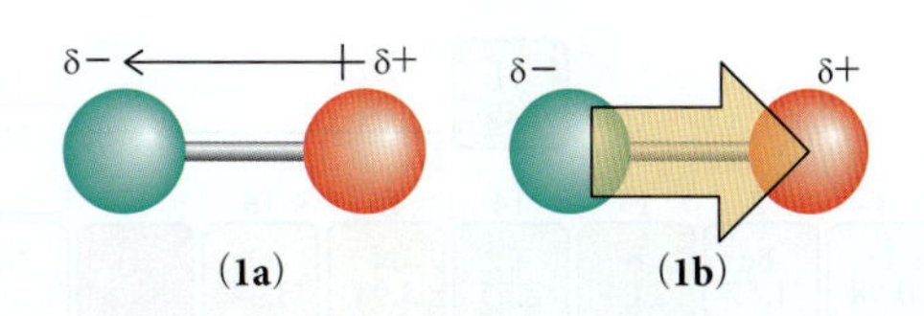

双極子の大きさは，“部分電荷×距離”で表し，**双極子モーメント**（electric dipole moment）という．記号にはギリシャ文字μを，単位には非SI系の**デバイ**（debye; D）を使うことが多い．SI系の単位はC m（クーロン×メートル）で，$1\ \mathrm{D} = 3.336 \times 10^{-30}\ \mathrm{C\ m}$の関係が成り立つ．100 pmだけ離れた電子と陽子は，$\mu = 4.80\ \mathrm{D}$の双極子モーメントを生む．H−Cl結合の双極子モーメントは約1.1 Dに等しい（原子間距離を考えると，電子0.23個がCl原子上，陽子0.23個がH原子上にある状況を表す）．

こぼれ話 単位の呼び名は，双極子モーメントの分野を拓いたオランダの化学者デバイ（Peter Debye）にちなむ．■

原子AがBより強く電子を引っ張れば，A−Bの結合電子対はAのほうにかたよる．米国の化学者ポーリング（Linus Pauling）は1932年，結合内の電子分布の指標として**電気陰性度**（electronegativity）を提案した．電気陰性度χ（カイ）は，原子が電子を引く力の目安を表す．電気陰性度が大きいほうの原子は，結合電子を引き寄せる（図2・13）．ポーリングは，結合A−A，B−B，A−Bの解離エネルギー（電子ボルトeV単位）を使い，元素AとBの電気陰性度差を次式で見積もった．このように決めた元素のχ値を，ポーリングの電気陰性度という．

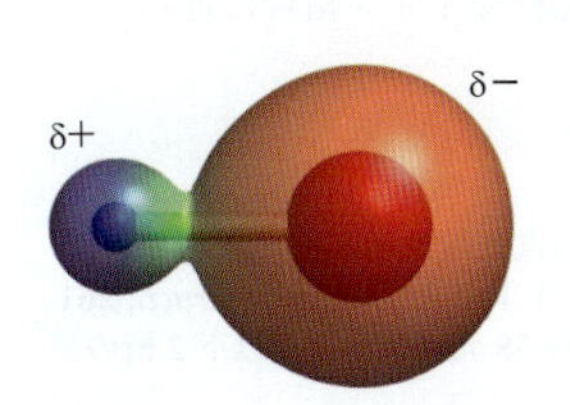

図2・13 ヨウ化リチウムLiIにみる電気陰性度と結合電子のかたより．Li−I結合は50%が共有結合性で50%がイオン性．電子は赤い部分に多く，青い部分に少ない．電気陰性度の高いヨウ素原子Iが結合電子対を引き寄せる．

$$|\chi_A - \chi_B| = \left\{D(A-B) - \frac{1}{2}[D(A-A) + D(B-B)]\right\}^{1/2} \qquad (4)$$

1・6節に紹介したとおり，ポーリング提案から2年後の1934年，同じ米国の化学者マリケン（Robert Mulliken）が，やはりeV単位で表したイオン化エネルギーIと電子親和力E_{ea}の平均値を電気陰性度χとする定義を発表している†．

主要族元素の電気陰性度を図2・14にまとめた（さらに充実した情報は付録2Dに掲載）．貴ガスを除き，周期表の右上に向かうほどイオン化エネルギーも電子親和力も増すため，窒素，酸素，臭素，塩素，フッ素は電気陰性度が最大の部類に入る．

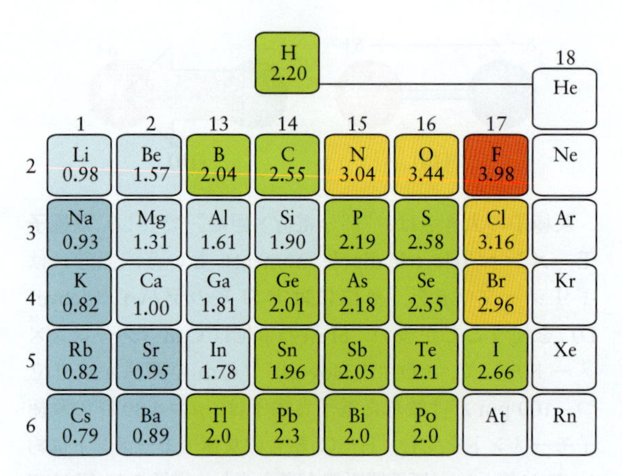

	1	2	13	14	15	16	17	18
1	H 2.20							He
2	Li 0.98	Be 1.57	B 2.04	C 2.55	N 3.04	O 3.44	F 3.98	Ne
3	Na 0.93	Mg 1.31	Al 1.61	Si 1.90	P 2.19	S 2.58	Cl 3.16	Ar
4	K 0.82	Ca 1.00	Ga 1.81	Ge 2.01	As 2.18	Se 2.55	Br 2.96	Kr
5	Rb 0.82	Sr 0.95	In 1.78	Sn 1.96	Sb 2.05	Te 2.1	I 2.66	Xe
6	Cs 0.79	Ba 0.89	Tl 2.0	Pb 2.3	Bi 2.0	Po 2.0	At	Rn

図2・14　貴ガスを除く主要族元素の電気陰性度（ポーリングの値）．電気陰性度は右上に向けて増し，左下に向けて減る．本書ではこのデータを使う．

結びつく2原子の電気陰性度差が小さければ，原子それぞれの部分電荷も小さい．電気陰性度差が増すと，部分電荷も増す．電気陰性度差が大きいと，結合電子対は一方の原子に大きく偏り，イオン構造が共鳴混成体に寄与する度合いが高い．電気陰性度の大きい原子が負電荷，小さい原子が正電荷をもつ**イオン性**（ionic character）の結合だといえる．

イオン結合か共有結合かは程度問題なのだが，おおよそ，電気陰性度差が2以上ならイオン結合，1.5以下なら共有結合と考えてよい（図2・15）．C−O結合は，電気陰性度差が3.44（O）−2.55（C）＝0.89だから，極性の共有結合とみなす．ただし例外もあることに注意しよう．たとえばMg−Cl結合は，電気陰性度差が3.16（Cl）−1.31（Mg）＝1.85と2未満でも，純粋なイオン結合に近い．

† 訳注：ポーリング以来，13種の電気陰性度が提案されてきた．1991年発表の版〔L. C. Allen, E. T. Knight, *J. Molec. Struct.*, **261**, 313（1991）〕では，貴ガスを含む58元素に小数点以下2桁の値が決まっている．

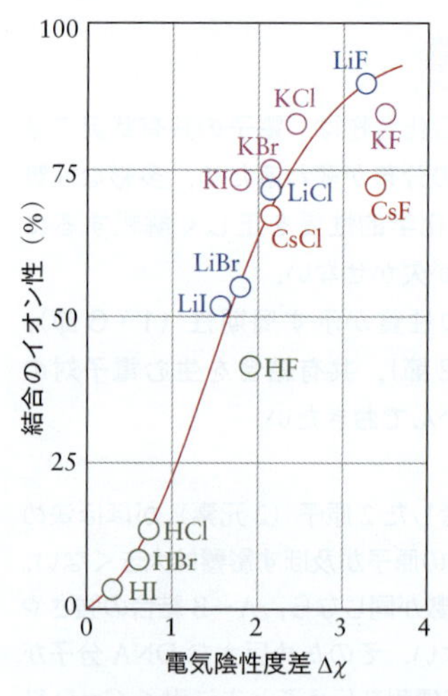

図2・15　ハロゲン化物でまとめた結合のイオン性（%）と電気陰性度差Δχの関係．

復習2・13A　P_4O_{10}とPCl_3で，結合のイオン性はどちらが高いか．

答：

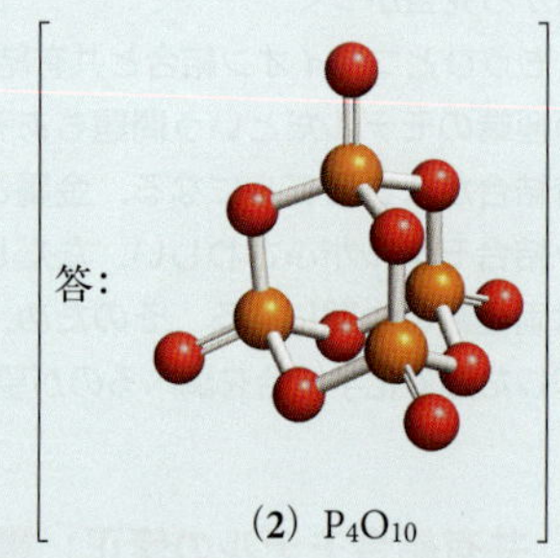

（2）P_4O_{10}

復習2・13B　CO_2とNO_2で，結合のイオン性はどちらが高いか．

要点　電気陰性度の大きい原子は結合電子を引きつける．電気陰性度差がほどほどの共有結合は極性をもち，2原子の部分電荷が双極子モーメントを生む．■

② イオン結合モデルの修正：分極性

“共有結合のイオン性”を前項で眺めた．つぎに“イオン結合の共有結合性”を調べよう．単原子の陽イオンNa^+が陰イオンCl^-に近づくとする．Na^+の正電荷がCl^-の電子を引っ張り，Cl^-の電子雲に突起を生む．突起部は，共有結合電子の性格をもつ（図2・16）．陰イオンの電子雲が変形しやすいほど，“イオン結合の共有結合性”は増すだろう．

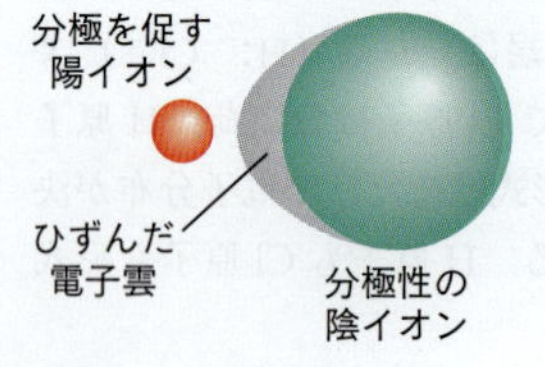

図2・16　陽イオンが陰イオンの電子雲をひずませ（分極），球形だった電子雲（緑）が，灰色をつけた影の姿になる．

電子雲の形がひずみやすい原子やイオンは，**分極性**（polarizability）が高いという．大きな陰イオン（I^-など）は，最外殻電子が核から遠く（1・6節），核に強く引かれないためひずみやすくて，分極性が高い．かたや陽イオンは，原子より電子が少ないうえ，残った電子が核に強く引かれているので分極しにくい．

相手の電子雲をひずませやすいイオンは，**分極能**（polarizing power）が高いという．分極能は，電荷の多い小型の陽イオン（Al^{3+}など）で高い．小さいほど陰イオンに接近しやすく，その電子雲を引きつけやすい．つまり，電荷の多い小型の陽イオンと，分極性の高い大きな陰イオンからできた化合物は，共有結合性も高い．

周期表の左から右に向かうと，陽イオンの半径が減り，電荷が増えるため，陽イオンの分極能が増す．だから分極能は，$Li^+ < Be^{2+}$，$Na^+ < Mg^{2+}$となる．陽イオンのサイズは，周期表の下に向けて増すため，分極能は$Li^+ > Na^+$，$Be^{2+} > Mg^{2+}$となる．分極能は，$Li^+ < Be^{2+}$，$Be^{2+} > Mg^{2+}$だから，対角線上で隣りあう元素どうし（Li と Mg）が似ている．それを**対角関係**（diagonal relationship）という．

復習 2・14 A　NaBr と $MgBr_2$ で，共有結合性が高いのはどちらか．

［答：$MgBr_2$］

復習 2・14 B　CaS と CaO で，共有結合性が高いのはどちらか．

要点 分極能の高い陽イオンと分極性の高い陰イオンからなる化合物は，適度な共有結合性をもつ．■

③ 結合の強さ

化学結合の強さは，2 原子を切り離すのに必要なエネルギー，つまり（**結合**）**解離エネルギー**〔(bond) dissociation energy〕Dで表せる．二原子分子の核間距離とポテンシャルエネルギーの関係をグラフにしたとき，エネルギー 0 の点と極小点との差がDにあたる（図 2・17）．結合の解離は，原子それぞれが結合電子を 1 個ずつ引きとる**ホモリシス**（homolysis）の形で起こる．つまり結合は $H-Cl(g) \rightarrow \cdot H(g) + \cdot Cl(g)$ のように解離する．

D値が大きいと“井戸”が深く，結合の開裂に大きなエネルギーを要する．非金属原子 2 個の場合，一酸化炭素の C≡O（$D = 1062\ kJ\ mol^{-1}$）が最強，ヨウ素分子の I−I（$D = 139\ kJ\ mol^{-1}$）が最弱の結合になる．

結合解離エネルギーDの例を表 2・2 と表 2・3 にまとめた．表 2・2 は現実の分子の値を表し，表 2・3 はいろいろな多原子分子がもつ結合の平均的な値を表す．

多原子分子内にある結合の強さは，そばにどんな原子があるかで多少は変わるけれど，一般的な話では平均値もそれなりに役立つ．たとえば C−O 単結合の値は，メタノール CH_3-OH，エタノール CH_3CH_2-OH，ジメチルエーテル CH_3-O-CH_3 などの平均値を表す．いずれにせよ表 2・3 の値は実測値ではなく，平均的な値だと考えよう．

表 2・2 と表 2・3 に見える傾向の一部は，ルイス構造をもとに納得できる．二原子分子の窒素 N_2，酸素 O_2，フッ素 F_2 を考えよう（図 2・18）．結合次数が 3（N_2）から 1（F_2）まで減るにつれ，結合は弱まっていくとわかる．

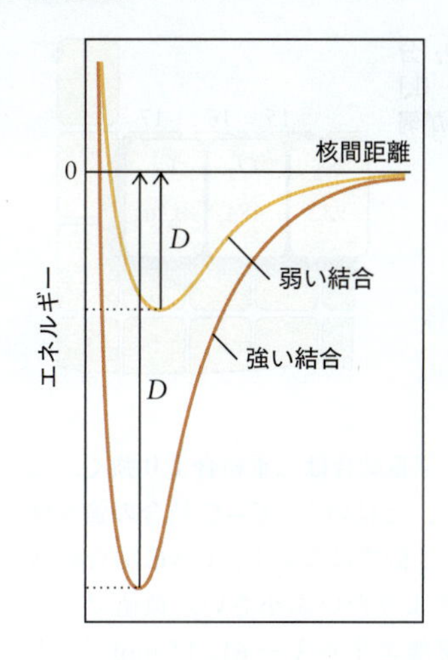

図 2・17　二原子分子のポテンシャルエネルギー曲線．結合解離エネルギーDは“井戸の深さ”にあたる（実際はゼロ点エネルギーがあるため，Dは井戸の深さより少し小さい）．

表 2・2　二原子分子の結合解離エネルギー（$kJ\ mol^{-1}$）

分子	結合解離エネルギー	分子	結合解離エネルギー
H_2	424	Br_2	181
N_2	932	I_2	139
O_2	484	HF	543
CO	1062	HCl	419
F_2	146	HBr	354
Cl_2	230	HI	287

表 2・3　平均結合解離エネルギー（$kJ\ mol^{-1}$）

結合	平均結合解離エネルギー	結合	平均結合解離エネルギー
C−H	412	C−I	238
C−C	348	N−H	388
C=C	612	N−N	163
C⩦C[a]	518	N=N	409
C≡C	837	N−O	210
C−O	360	N=O	630
C=O	743	N−F	270
C−N	305	N−Cl	200
C−F	484	O−H	463
C−Cl	338	O−O	157
C−Br	276		

a) ベンゼン分子．

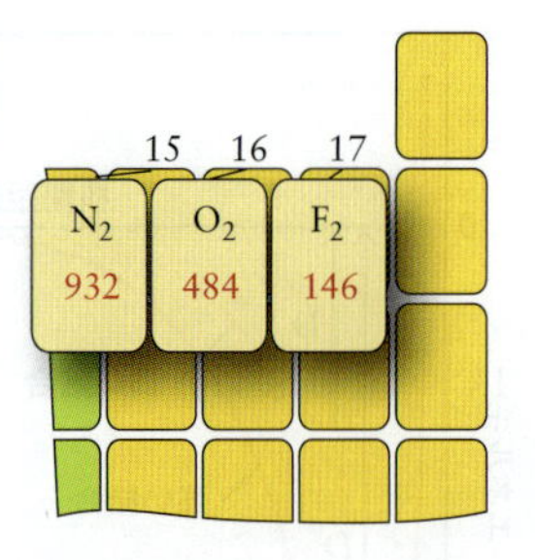

図 2・18　N_2, O_2, F_2 分子の結合解離エネルギー（kJ mol^{-1}）．この順に結合が弱まっていく．

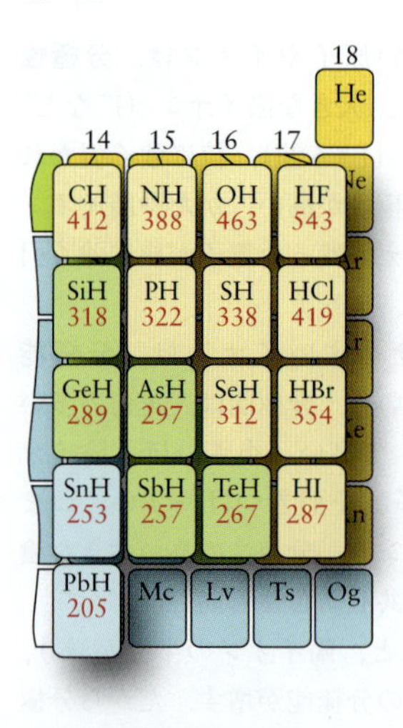

図 2・20　水素と p ブロック元素との結合解離エネルギー（kJ mol^{-1}）．周期が高いほど原子が大きく，結合は弱い．

同じ原子の結合なら，三重結合は二重結合より強く，二重結合は単結合より強い．とはいえ，C=C 結合の強さは C−C 単結合のぴったり 2 倍ではないし，C≡C 結合の強さは C−C 単結合の 3 倍よりだいぶ小さい．数値でいうと，C=C の平均結合解離エネルギー 612 kJ mol^{-1}（表 2・3）は，C−C の 2 倍（696 kJ mol^{-1}）に及ばない．また C≡C の平均結合解離エネルギー 837 kJ mol^{-1}（表 2・3）は，C−C の 3 倍（1044 kJ mol^{-1}）よりもだいぶ小さい（図 2・19）．

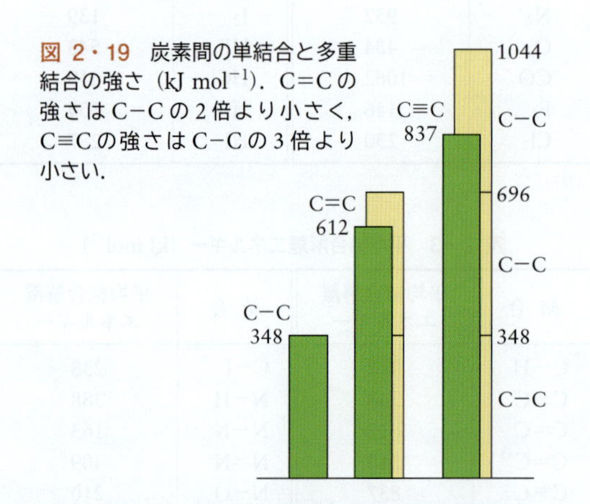

図 2・19　炭素間の単結合と多重結合の強さ（kJ mol^{-1}）．C=C の強さは C−C の 2 倍より小さく，C≡C の強さは C−C の 3 倍より小さい．

表 2・3 の値は，共鳴の影響をほのめかす．たとえばベンゼンの場合，炭素間結合の強さは，C−C 結合と C=C 結合の中間にくる．共鳴は，多重結合性を複数の結合に広げるため，本来の単結合は強まり，本来の二重結合は弱まる．その総合で分子が安定化する．

結びつく原子に孤立電子対があれば，互いの反発が結合を弱める．だから，孤立電子対のある F_2 分子の結合は，孤立電子対のない H_2 分子の結合より弱い．

結合の強さは原子半径に関係する．原子が大きいと，結合しあう核 2 個が，核間の結合電子対に近づきにくいため，結合は弱い．たとえば，ハロゲン化水素の結合は，HF から HI へと弱まっていく（図 2・20）．水素と 14 族元素の結合も，周期が上がるほど弱まる．そのため，室温でメタン CH_4 は完全に安定だが，シラン SiH_4 は空気に触れると爆発的に燃え，水素化スズ（スタンナン）SnH_4 はスズと水素に分解し，水素化鉛（プルンバン）PbH_4 はそもそも安定につくれない．

結合の相対的な強さは，エネルギー利用にからむ生化学反応でもカギになる．生物体内で“エネルギー通貨”となる ATP（アデノシン三リン酸；**3**）の“三リン酸”部分には，3 個のリン酸基がつながっている．

（**3**）ATP 分子

ATP が水と反応するときは，リン酸基の 1 個が外れる．ATP の P−O 結合は 276 kJ mol^{-1} のエネルギーで切れ，新しく（生成物 $H_2PO_4^-$ の）P−O 結合ができるときは，350 kJ mol^{-1} ものエネルギーが出る．つまり，つぎの反応で ATP が ADP（アデノシン二リン酸）に変われば，74 kJ mol^{-1} のエネルギーが放出され，それが体内のさまざまな化学変化に使われる（分子の本体を短い波線で描いた）．

$$\sim O-\overset{O}{\overset{\|}{\underset{O^-}{\underset{|}{P}}}}-O-\overset{O}{\overset{\|}{\underset{O^-}{\underset{|}{P}}}}-O-\overset{O}{\overset{\|}{\underset{O^-}{\underset{|}{P}}}}-O^- + H_2O \longrightarrow$$

$$\sim O-\overset{O}{\overset{\|}{\underset{O^-}{\underset{|}{P}}}}-O-\overset{O}{\overset{\|}{\underset{O^-}{\underset{|}{P}}}}-O^- + H_2PO_4^-(aq)$$

結合には，強さのほか，密接にからむ“硬さ”（伸長や圧縮に抵抗する度合い）もある．一般に，強い結合ほど硬い．結合の硬さの測りかたを，章末の“測定法 1 赤外分光法とマイクロ波分光法”に紹介しよう．赤外分光法は，化合物の特定に大活躍する．

要点 結合は，結合次数が大きいほど強く，隣りあう原子上の孤立電子対が多いほど弱く，原子が大きいほど弱い．共鳴は結合を強める．■

④ 結合の長さ

結合の長さ（bond length）とは，共有結合した 2 原子の核間距離をいう．その距離で，ポテンシャルエネルギー曲線が極小になる（図 2・17）．分子の形やサイズは，結合の長さが決める．たとえば DNA 分子は，二重らせんの鎖それぞれがぴったり寄り添いながら働くため（10・5 節），結合の長さが少しでも狂うと機能を発揮できない．

結合の長さは，酵素の働きをも左右する．反応する分子（基質）は，酵素分子の“活性部位”にぴったりはまるサイズと形でなければいけない（7・5 節）．結合の長さは，赤外分光法（測定法 1）や X 線回折法（測定法 3）で測定できる．

表 2・4　結合の長さ：平均値と分子それぞれの値

結合	平均値 (pm)	結合	平均値 (pm)	分子	個別の値 (pm)
C−H	109	C−O	143	H_2	74
C−C	154	C=O	112	N_2	110
C=C	134	O−H	96	O_2	121
C┅C[a]	139	N−H	101	F_2	142
C≡C	120	N−O	140	Cl_2	199
		N=O	120	Br_2	228
				I_2	268

a）ベンゼン分子．

第 2 周期の元素がつくる結合の長さは，100〜150 pm の範囲にある（表 2・4）．重い原子どうしの結合は，原子が大きい分だけ，軽い原子どうしの結合より長い（図 2・21）．同じ原子どうしなら，多くの電子が核 2 個をつなぐ多重結合は，単結合より短い（表 2・4）．表 2・4 からは共鳴の効果も読みとれる．ベンゼンの C−C 結合は，ケクレ構造の二重結合と単結合の中間的な長さになる（どちらかといえば二重結合の値に近い）．

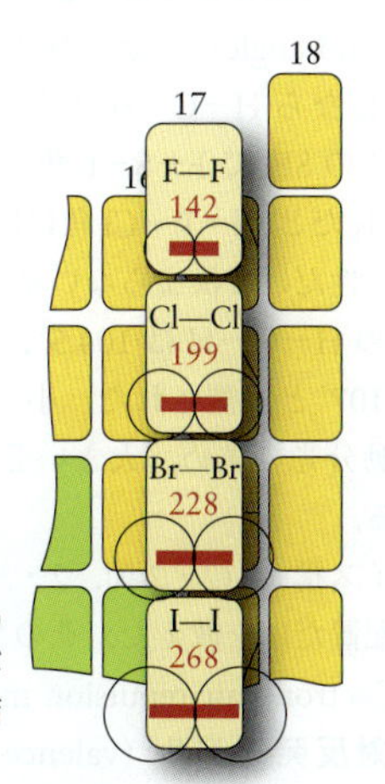

図 2・21　ハロゲン分子の結合の長さ（pm）．周期が高いほど原子が大きく，結合も長い．

同じ 2 原子の結合なら，強い結合ほど短い．たとえば，C≡C 結合は C=C 結合より強くて短い．同様に，C=O 二重結合は C−O 単結合より強くて短い．

結合の長さに各原子が寄与する分を，原子の**共有結合半径**（covalent radius）という（図 2・22）．ある結合の長さは，各原子の共有結合半径を足した値に近い（**4**）．

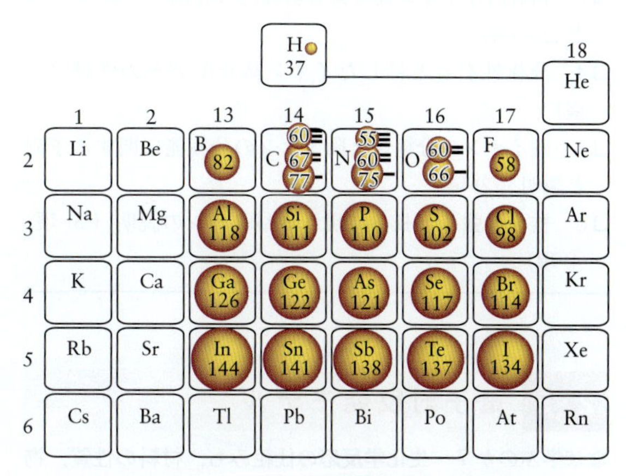

図 2・22　水素と p ブロック元素の共有結合半径（pm）．C，N，O には，単結合に加え多重結合の値も付記した．H を除き，共有結合半径は右上隅（F）に向けて減る．結合の長さは，ほぼ共有結合半径の和に等しい．

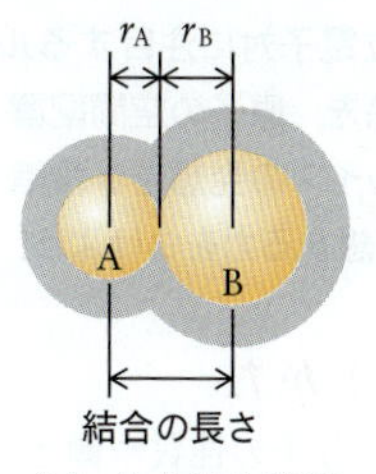

（**4**）共有結合半径

たとえばエタノールの O−H 結合は，H（37 pm）と O（66 pm）の共有結合半径を足した 103 pm になる．多重結合の共有結合半径が単結合の値より短いことも，図 2・22 から読みとれるだろう．

同じ周期なら共有結合半径は，原子半径（1・6 節）と同様，周期表の左から右に減っていく．有効核電荷が増えて電子を強く引き寄せ，原子を縮めるからだ．また同じ族なら，やはり原子半径と同様，周期表の上から下に共有結合半径が増す．価電子の入る殻が核から遠ざかり，内殻のコア電子が核の引力を遮蔽して弱めるからそうなる．

要点 結合の長さに対する各原子の寄与分を共有結合半径という．共有結合半径を足せば，ほぼ結合の長さになる．■

身につけたこと

元素の電気陰性度は，結合電子対の空間的なかたよりを教える．化学結合は，完璧な共有結合から完璧なイオン結合まで連続的に変わる．原子間結合の強さは化合物ごとにさほど変わらず，結合距離も原子の個性を反映する．以上を学び，つぎのことができるようになった．

❑1　電気陰性度にもとづく結合の極性の予想（①項）
❑2　イオン性と共鳴を考えた共有結合モデルの洗練（①項）
❑3　相対的なイオン性と共有結合性の評価（復習2・13と2・14）
❑4　分極性をもとにしたイオン結合モデルの洗練（②項）
❑5　陰イオンの分極性と陽イオンの分極能に関する予測と説明（②項）
❑6　結合の強さと長さに現れるパターンの説明（③項，④項）

2・5　電子対反発モデル

なぜ学ぶのか？　生化学反応の仕組みも，材料の性質，物質の三態や溶解性も，分子の形が決定的に左右する．だから分子の形を決める要因をつかみたい．

必要な予備知識　ルイス構造（2・2節）と極性結合（2・4節）の発想になじんでおきたい．

結合電子対と孤立電子対に注目するルイス構造だけでは，ごく単純な場合を除き，原子の空間配置（分子の形）はわからない．本節ではルイスの発想を3段階で掘り下げ，簡単な分子の形を正しく予想する力をつけよう．

①基本的な考えかた

たいていの場合，分子の性質や働きは，分子の形が決める．コンピュータを使う医薬の設計も，分子の形と結合角の知識をもとに進める（コラム参照）．

化学の広がり5　創薬と化学

新薬づくり（創薬）は，化学・薬学・生物学・医学などの知恵と技を総合して進める．手当たりしだいに合成して薬効を調べるのは非効率だから，お手本にならうか（①），合理的薬剤設計の道を選ぶ（②）．

①には自然界の物質が役立つ．合成化学の達人ともいえる動植物は，生存競争を勝ち抜こうとして多彩な物質をつくる．その一部を人類は昔から薬に使ってきた．最近の例だと，カリブ海のホヤに見つかった分子から抗ウイルス薬のジデムニンCが，フサコケムシという外腔動物に見つかった分子から抗がん剤のブリオスタチン1ができている．

南米の熱帯雨林で植物を探索中の生物学者．候補分子が見つかったら薬効を調べる．

民間療法や古い伝承も参考になる．候補を絞れる分だけ仕事もやりやすい．画期的な薬ができれば，患者にも製薬会社にも喜ばしい．抗がん剤や抗マラリア薬，血液凝固剤，抗生物質，心疾患や消化器系疾患を治す薬の一部は，そうやって生まれた．薬効成分の実験式や分子式がわかり，分子の立体構造も判明したら，合成化学者の出番になる．同じ分子を人工合成できれば，大量生産につながる．

もうひとつの②では，まず薬剤（小分子）の標的となる酵素を調べる．酵素は絶妙な構造をもつ大きなタンパク質で，活性部位にとらえた分子の反応を促す．寄生虫や病原菌の生育を助ける酵素の構造がわかったら，活性部位に結合して本来の働きを抑える小分子を設計する．コンピュータを利用する分子設計では，構造–活性相関（SAR）が導きになってきた．首尾よく合成できたあとは，薬効と副作用をこまかく調べる．

薬学の進歩は目覚ましいけれど，副作用の少ない良薬は，多様な医療分野でいつも待ち望まれている．病原菌が起こす病気なら，新薬に抵抗性をもつ変異株が現れやすいため，イタチごっこになりやすい．

まず，中心原子に原子が何個か結合した分子の形は，図2・23のどれかになると思ってよい．図中に付記した**結合角**（bond angle）は分子の対称性で決まり，四面体のメタン CH_4 なら H−C−H 角が 109.5°（四面体角）になる．八面体の SF_6 で F−S−F 角には 90° と 180° が，三方両錐の PCl_5 だと Cl−P−Cl 角には 90°，120°，180° がある．

対称性だけで決まらない結合角は実測する．折れ線分子 H_2O の H−O−H は 104.5°，三方錐分子 NH_3 の H−N−H は 107° と実測された．小さい分子の結合角は回転分光や振動分光で求め，大きい分子内の結合角はX線回折で求める．

ルイス構造（2・2節，2・3節）は，原子のつながりと電子配置だけを教えた．その発展形となる**電子対反発モデル**（electron-pair repulsion model），くわしくは**原子価殻電子対反発モデル**（valence-shell electron-pair repulsion

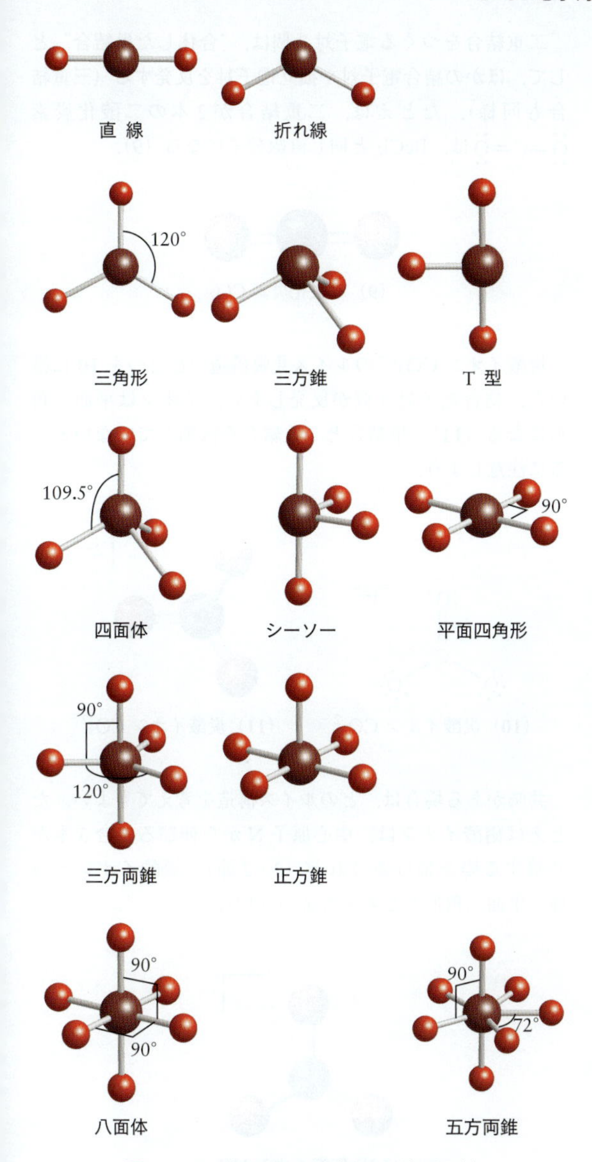

図 2・23　分子の形と結合角．孤立電子対は描いていない（② 項で考える）．

model; 以下 "VSEPR[†1] モデル"）では，ルイスの理論に二つのルール（下記のルール 1 と 2）をつけ加えて，分子の形を考える．ポイントは "電子対どうしの反発" だと心得よう．

> **ルール 1**: 結合電子対と孤立電子対を，同格の "電子ドメイン（領域）" とみなす．電子ドメインどうしは，中心原子からの距離を保持したまま互いにできるだけ遠ざかって，反発を最小化しようとする（図 2・24）．

こぼれ話　VSEPR モデルは 1940 年に英国の化学者シジウィック（Nevil Sidgwick）とパウエル（Herbert Powell）が提案し，カナダの化学者ギレスピー（Ronald Gillespie）が 1957 年に洗練した．■

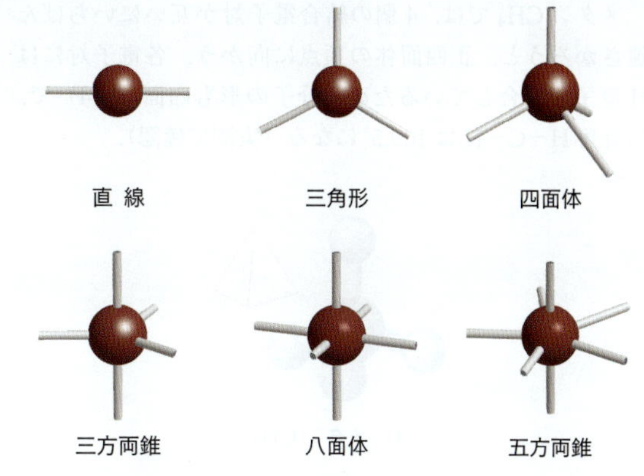

図 2・24　中心原子がもつ電子ドメイン 2〜7 個（▬）の空間配列．こうした配列が静電反発を最小にする．

電子ドメインどうしが "いちばん遠くなる" 空間分布を，分子の**電子配列**（electron arrangement）という[†2]．電子ドメインには "結合電子対" と "孤立電子対" があり，その両方が分子の形（図 2・23）を決める．とりわけ，"中心原子の孤立電子対" の効果が大きい．ただしふつう分子の姿は "原子の配列" だけで描き，孤立電子対は（あっても）描かない．そのことによく注意しよう．

まず，中心原子に孤立電子対がない分子を考えよう．塩化ベリリウム分子 $BeCl_2$ では，中心原子に Cl 原子 2 個が結合している．ルイス構造は :C̤̈l−Be−C̤̈l: と描けて，Be 原子に孤立電子対はない．VSEPR モデルにより，2 個の結合電子対が互いにもっとも遠ざかるのは，Cl−Be−Cl が直線（結合角 180°）になるときだとわかる（**1**; 実測で確認）．

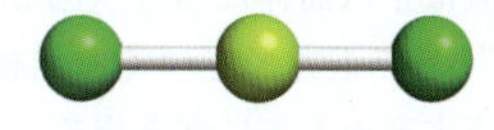

(**1**) 塩化ベリリウム $BeCl_2$

三フッ化ホウ素 BF_3 のルイス構造は **2** のように描けて，B 原子まわりに 3 個の結合電子対がある（孤立電子対はない）．結合電子対が最も遠ざかるのは正三角形だから，電子配列も，F 原子が結合した BF_3 分子も正三角形（**3**）になる（結合角 120° を実測で確認）．

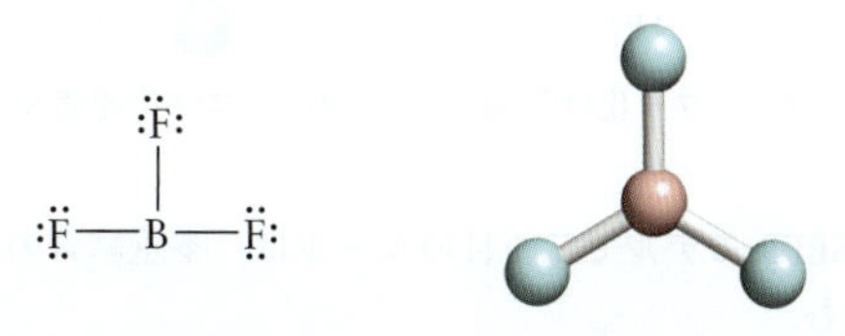

(**2**) 三フッ化ホウ素 BF_3　(**3**) 三フッ化ホウ素 BF_3

†1 訳注：英語圏では VSEPR を "ヴェスパー" または "ヴィーセパー" と読む．

†2 訳注："原子の電子配置（1・5 節）" と混同しないように．

メタン CH_4 では，4 個の結合電子対が互いにいちばん遠ざかろうと，正四面体の頂点に向かう．各電子対には H 原子が結合しているため，分子の形も四面体（**4**）で，結合角 H−C−H は 109.5° になる（実測で確認）．

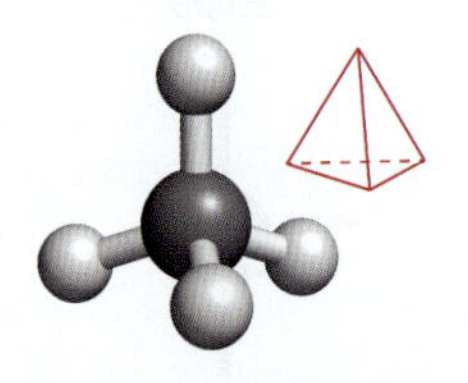

（**4**）メタン CH_4

五塩化リン PCl_5（**5**）なら，5 個の結合電子対（つまり Cl 原子）がいちばん遠ざかる電子配列は，三方両錐だとわかる（図 2・24）．原子 3 個（“エクアトリアル”原子）が正三角形の頂点を占め（結合角 120°），残る原子 2 個（“アキシアル”原子）は正三角形の上下に突き出るため，エクアトリアル原子との結合角は 90° になる（**6**）．つまり分子は三方両錐の形をもつ（実測で確認）．

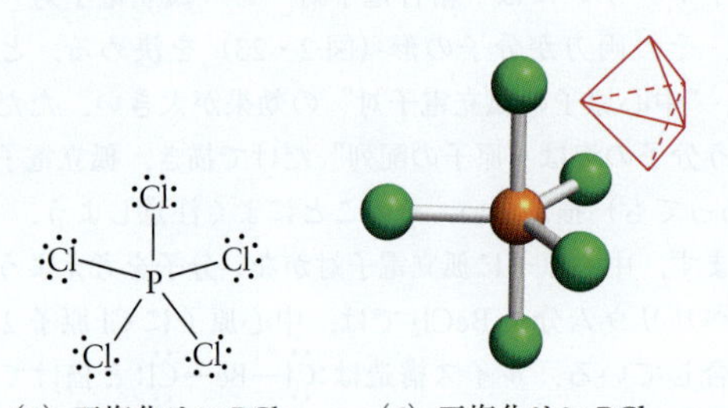

（**5**）五塩化リン PCl_5　（**6**）五塩化リン PCl_5

六フッ化硫黄 SF_6 では，孤立電子対のない中心原子 S に 6 個の F 原子が結合している（**7**）．結合電子対 6 個がもっとも遠くなる配置は正八面体だろう（図 2・24；**8**）．電子対 4 個は“赤道”上で正方形をつくり（結合角 90°），残る電子対 2 個は正方形の上下に突き出る（結合角 180°）．

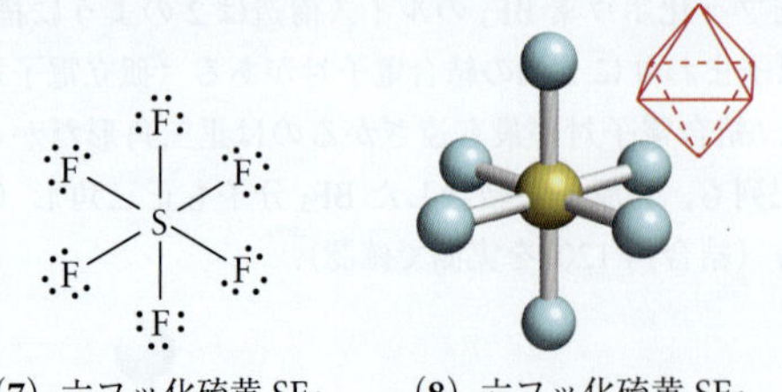

（**7**）六フッ化硫黄 SF_6　（**8**）六フッ化硫黄 SF_6

VSEPR モデルで二つ目のルールは，多重結合の扱いにからむ．

ルール 2: 分子やイオンの形を考えるとき，単結合と多重結合は同格とみる．

二重結合をつくる電子対 2 個は，“合体した単結合”として，ほかの結合電子対や孤立電子対を反発する（三重結合も同様）．たとえば，二重結合が 2 本の二酸化炭素 $\ddot{O}=C=\ddot{O}$ は，$BeCl_2$ と同じ直線分子になる（**9**）．

（**9**）二酸化炭素 CO_2

炭酸イオン CO_3^{2-} のルイス共鳴構造のひとつを **10** に描いた．結合電子対 3 個が反発しあい，イオンは平面三角形になる（**11**）．単結合と二重結合を区別していないところに注意しよう．

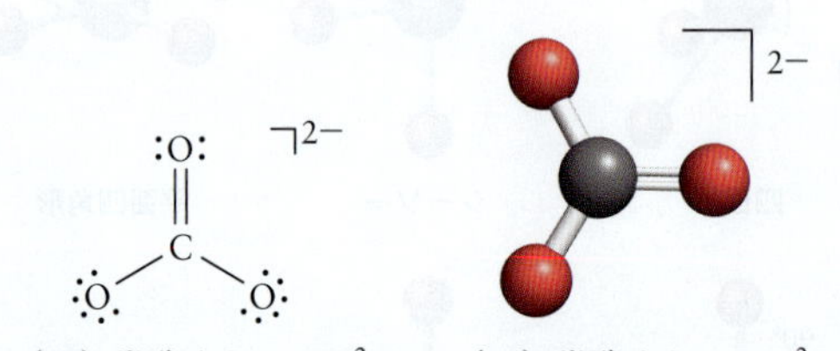

（**10**）炭酸イオン CO_3^{2-}　（**11**）炭酸イオン CO_3^{2-}

共鳴がある場合は，どのルイス構造を考えてもよい．たとえば硝酸イオンは，中心原子 N から伸びる結合 3 本が共鳴する姿を描けるけれど（2・2 節），炭酸イオンと同様，平面三角形だと考えてよい（**12**）．

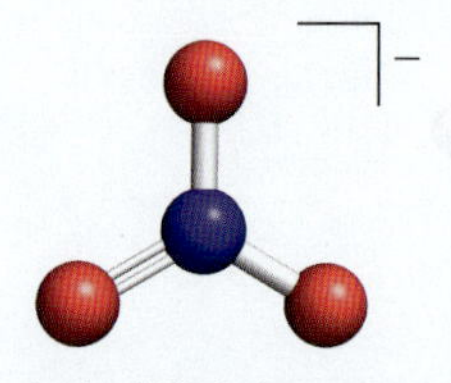

（**12**）硝酸イオン NO_3^-

中心原子が複数あれば，各原子まわりの結合を個別に考える．たとえば，エチレン（エテン）分子 $CH_2=CH_2$ の形は，C 原子それぞれを個別に扱って推定する．ルイス構造（**13**）より，各 C 原子は電子ドメインを 3 個（単結合 2 個と二重結合 1 個）もつ．だから電子配列は三角形になって，結合角 H−C−H も H−C−C も 120° に近いだろう（実測値はそれぞれ 117° と 122°；**14**）．なお，6 個の原子は同一平面上にある．

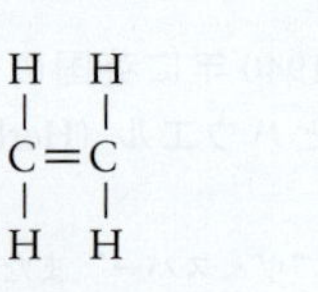

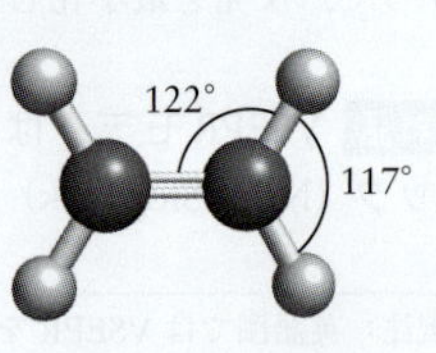

（**13**）エチレン C_2H_4　（**14**）エチレン C_2H_4

例題 2・7　小さい分子の形

生化学反応の進みかたは，分子の形が左右する．大きい生体分子の構造を考える際は，小さい分子の知見が役に立つ．ホルムアルデヒド（系統名メタナール）$H_2C{=}O$ の水溶液（ホルマリン）は殺菌力が強いため，かつて生物組織の保存に使った．$H_2C{=}O$ 分子の形を予想せよ．

予 想　C 原子は 4 本の結合をつくる．$H_2C{=}O$ 分子で中心の C 原子は 4 本の結合をもつため，C 原子上に孤立電子対はないだろう．

方 針　ルイス構造を描いて電子配列を確かめ，必要なら図 2・24 を参考にしつつ分子の形を予想する．

解 答　ルイス構造はつぎのように描ける．

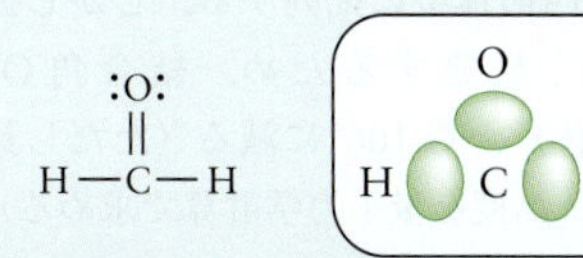

中心 C 原子まわりの電子配列を確かめる．

電子ドメインが 3 個あるため，電子間反発が最小の三角形になる．

中心 C 原子まわりの原子配列を確かめる．

孤立電子対はないので分子は三角形になる（右図）．

確 認　予想どおり C 原子上に孤立電子対はなかった．どれほど複雑な分子でも，右の形をもつ C 原子まわりの構造は三角形だと思ってよい．なお実測の角度は，H−C−H が 116°，H−C−O が 122° だった．

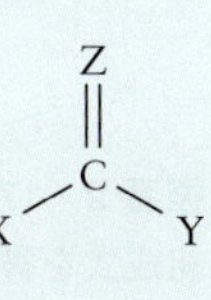

復習 2・15A　五フッ化ヒ素分子 AsF_5 の形を予想せよ．

［答：三方両錐］

復習 2・15B　アセチレン（エチン）分子 HC≡CH の形を予想せよ．

考えよう　結合が単結合か二重結合かまだわかっていない状況で，ある分子の構造を予想できるだろうか？■

要 点　VSEPR モデルでは，電子ドメインが互いにもっとも遠ざかるとみなす．単結合と多重結合は区別しない．電子配列のありさまが分子の形を決める．■

② 中心原子に孤立電子対がある分子

中心原子に孤立電子対がある分子の形は，新たに後述のルール二つ（ルール 3 と 4）を追加して考える．

まず，中心原子を A，結合原子を X，孤立電子対を E とした“VSEPR 組成式”AX_nE_m を考えよう．孤立電子対のない BF_3 分子（**3**）も NO_3^- イオン（**12**）も AX_3 型だった．かたや S 原子上に孤立電子対がある亜硫酸イオン SO_3^{2-}（**15**）は，アンモニア分子 NH_3 と同様，AX_3E と書ける（孤立電子対が 1 個でも“E_1”と書かなくてよい）．

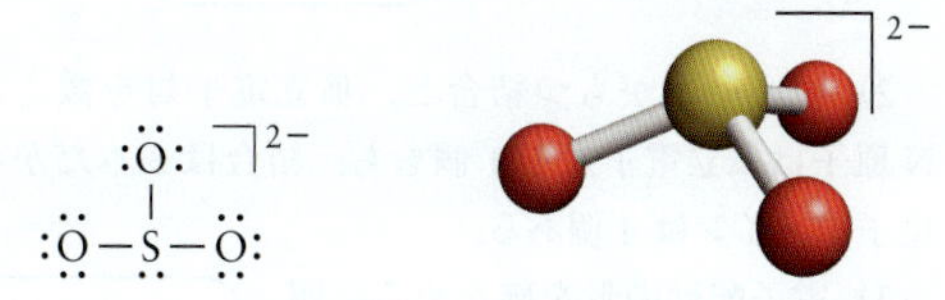

（**15**）亜硫酸イオン SO_3^{2-}　（**16**）亜硫酸イオン SO_3^{2-}

VSEPR 組成式が同じ分子は，電子配列も形もほぼ等しい．だから VSEPR 組成式を書けば分子の形がわかる（ただし，対称性だけでは結合角のくわしい値が決まらない分子もある）．

孤立電子対のない AX_n 型なら，どの電子ドメインにも原子があるため，電子配列の形がそのまま分子の形になる（前項の $BeCl_2$，BF_3，CH_4，PCl_5，SF_6）．ただし，分子の形は“原子のあり場所”で決まるため，孤立電子対があれば，分子の形と電子配列の形はちがう．

SO_3^{2-} の場合，電子ドメイン 4 個（1 個は孤立電子対）は，もっとも遠ざかろうとして四面体になる．しかしイオンの形は“原子の位置”で決まる．四面体の頂点 3 個だけに原子があるから，SO_3^{2-} は三方錐になる（**16**）．それが三つ目のルールとなる．

ルール 3：電子配列は結合電子対と孤立電子対の両方を含むけれど，分子やイオンの形は，原子の位置（結合電子対の位置）で決まる．

分子の形を考えるときは，不対電子も孤立電子対と同格に扱う．たとえば NO_2（**17**）は，結合に関与しない不対電子 1 個をもつラジカルだから，電子配列は三角形でも，折れ線の分子になる（**18**）．

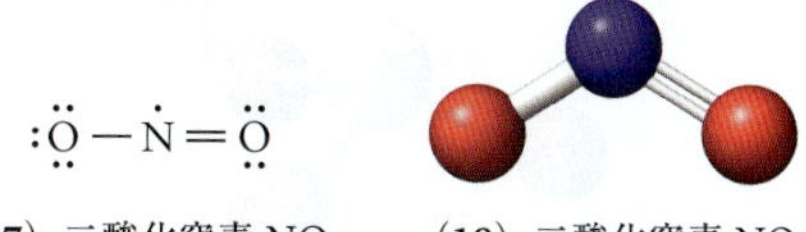

（**17**）二酸化窒素 NO_2　（**18**）二酸化窒素 NO_2

例題 2・8　孤立電子対をもつ分子の形

分子の物理的性質は，往々にして分子の形が決める．三フッ化窒素 NF_3 の電子配列と形を予想せよ．

予 想　NF_3 は分子式が NH_3（三方錐）に似ているので，三方錐だろう．

方 針　ルイス構造を描き，VSEPR モデルで結合電子対と孤立電子対の配列を決める（必要なら図 2・24 を参照）．分子の形（図 2・23）は，原子配列だけから決める．

解 答　1）ルイス構造を描く．

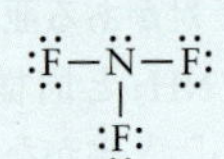

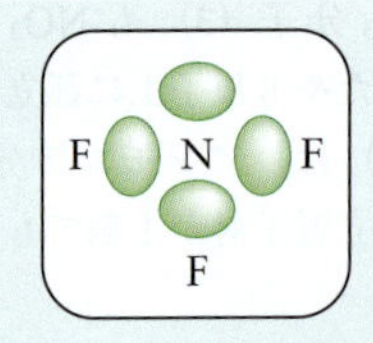

2) 中心原子がもつ結合と，孤立電子対を数える．N 原子は孤立電子対を 1 個もち，結合は 3 本だから，電子ドメインは 4 個ある．

3) 電子配列の形を確かめる．四面体だとわかる．

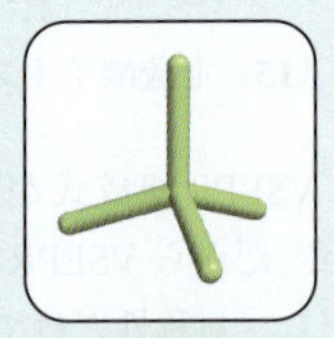

4) 結合原子だけに注目し，分子の形を確かめる．三方錐だとわかる．

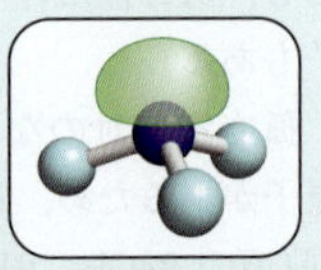

確 認 NF_3 の形（三方錐）は分光測定で確認ずみ．結合角 F−N−F は 102° となる．

復習 2・16 A IF_5 の (a) 電子配列と，(b) 分子の形はどうなるか．

［答：(a) 八面体；(b) 正方錐］

復習 2・16 B SO_2 の (a) 電子配列と，(b) 分子の形はどうなるか．

分子の形を考える際，孤立電子対と単結合は等価とみてきた．だがそれでいいのか？ たとえば，SO_3^{2-} の電子配列は四面体（原子配列は三方錐）だけれど，結合角 O−S−O は，正四面体の 109.5° なのか？ 実測によると，イオンの形は三方錐でも，O−S−O は 109.5° より小さい 106° となる (**19**)．そのため，VSEPR モデルを改良する必要がある．

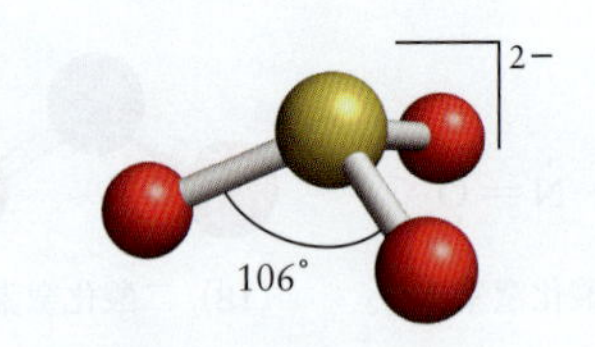

(**19**) 亜硫酸イオン SO_3^{2-}

改良 VSEPR モデルでは，"孤立電子対の反発力は，結合電子対よりも強い" とみなす．つまり孤立電子対は，中心金属から伸びる結合を "押しやる（すぼませる）"．原子 1 個の上にある孤立電子対は，原子 2 個を結びつける電子対に比べ，電子雲の広がりが大きいからそうなる（図 2・25）．以上をまとめ，四つ目のルールはこう書ける．

ルール 4：静電反発力の強さは，"孤立電子対 ↔ 孤立電子対" > "孤立電子対 ↔ 原子（結合電子対）" > "原子 ↔ 原子" の序列になる．

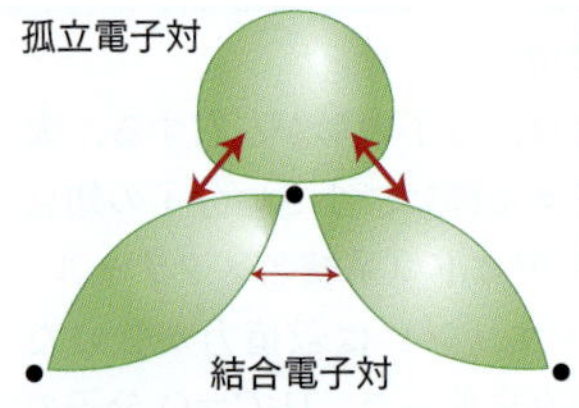

図 2・25 孤立電子対と結合電子対の反発．広い空間を占める孤立電子対が結合電子対を "押しやる" 結果，結合角が少し縮まる．

孤立電子対が複数あれば，お互いできるだけ離れたときにエネルギーが最低になる．また，中心原子に結合した複数の原子は，孤立電子対から少し遠ざかって（そのとき原子どうしは近づくにせよ）エネルギーを下げる．

以上をもとに，亜硫酸イオン SO_3^{2-}（AX_3E 型）の結合角を見直そう．O 原子 3 個と孤立電子対 1 個は，中心原子 S のまわりで四面体型に配列する．しかし孤立電子対が O 原子を強く反発するため，結合角 O−S−O は 109.5°（正四面体）から 106° に減る（ただし具体的な値は，実測するか，高度な量子力学計算で求める）．

復習 2・17 A (a) NH_3 の VSEPR 組成式を書け．
(b) NH_3 の電子配列はどんな形か．
(c) 分子の形はどうなるか．

［答：(a) AX_3E；(b) 四面体；(c) 三方錐，

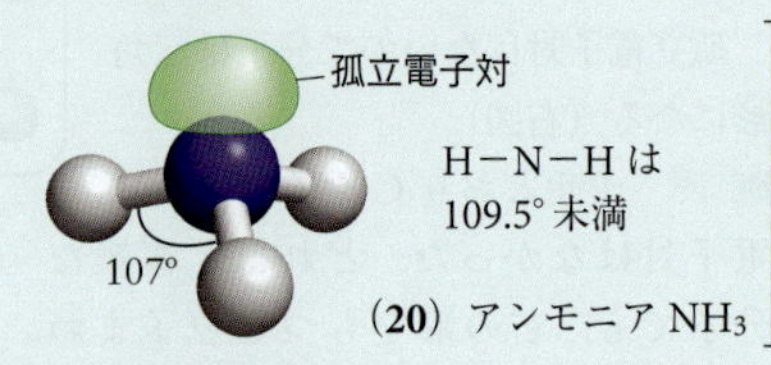

(**20**) アンモニア NH_3］

復習 2・17 B (a) 亜塩素酸イオン ClO_2^- の VSEPR 組成式を書け．
(b) ClO_2^- の電子配列はどんな形か．
(c) イオンの形はどうなるか．

ルール 4 に注目すると，孤立電子対の場所を推定できる．AX_4E 型の分子やイオン，たとえば SF_4 の電子配列は三方両錐だけれど，孤立電子対の位置はつぎの二つがありうる．

- 分子軸上の**アキシアル孤立電子対**（axial lone pair）：分子軸と 90° をなすエクアトリアル結合 3 本の結合電子対を強く反発する．
- 分子軸と垂直な "赤道" 面にある**エクアトリアル孤立電子対**（equatorial lone pair）：アキシアル結合にある 2 本の結合電子対だけを強く反発する（図 2・26）．

以上より，AX_4E 構造のエネルギーは孤立電子対がエクアトリアル位置のとき最低になるため，分子やイオンはシーソー形になる．

ClF_3 のような AX_3E_2 型分子も，電子配列は三方両錐だが，電子ドメインのうち 2 個は孤立電子対として存在す

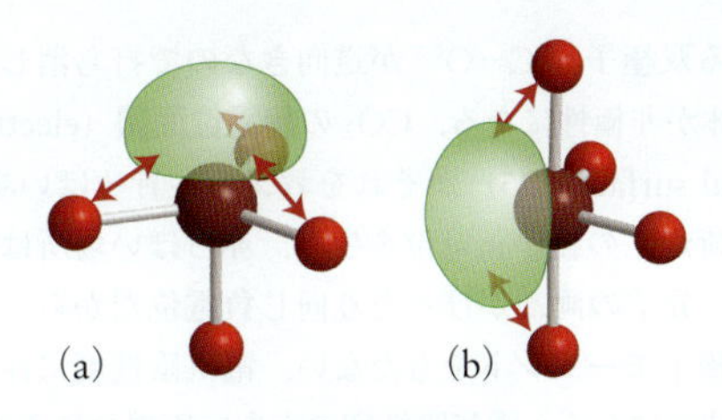

図 2・26 (a) アキシアル孤立電子対（エクアトリアル原子3個に近い）．(b) エクアトリアル孤立電子対（アキシアル原子2個に近く，合計の反発が少なくてすむ）．

る．孤立電子対2個が，三つあるエクアトリアル位置のうち二つを占めれば，エクアトリアル位置にはF原子が1個あり，孤立電子対と合わせて電子配列は3個になる．正三角形なら結合角は120°だけれど，孤立電子対が反発しあい，互いにもっとも遠ざかるように角度が少し余分に開く結果，T型の分子になる（図2・27）．もしも孤立電子対2個がアキシアル位置を占めるなら，エクアトリアル原子との角度は90°になって，その分だけ反発が強い．

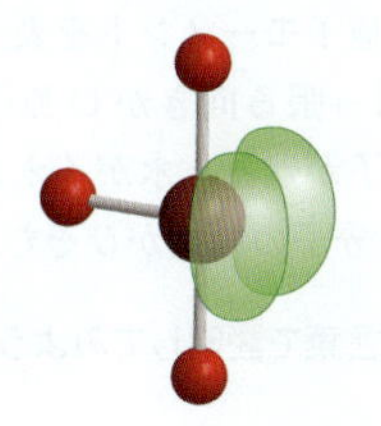

図 2・27 孤立電子対2個の AX_3E_2 型分子．孤立電子対がエクアトリアル位置を占め，反発で少し余分に遠ざかる結果，分子はT型に近い．

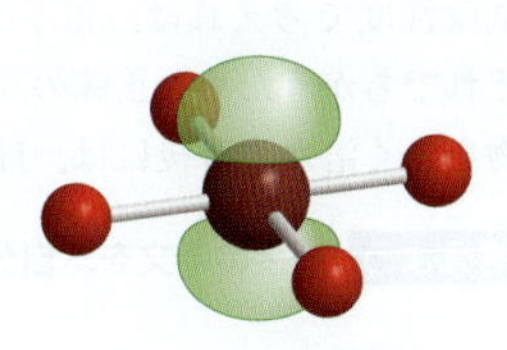

図 2・28 平面四角形の AX_4E_2 型分子．孤立電子対はA原子を挟んで逆側にくる．

つぎに AX_4E_2 型分子を考えよう．電子配列は八面体でも，孤立電子対が2個ある．その2個がA原子の逆側にくると反発が最小だから，分子は四角形になる（図2・28）．

VSEPR組成式が同じ分子は形も似ているが，結合角には個性が出る．たとえば AX_2E 型のオゾン O_3 は，予想どおり電子配列は三角形，分子の形は折れ線だけれど（**21**），結合角は120°（正三角形）より少し小さい116.8°になる．同じ AX_2E 型の亜硝酸イオン NO_2^-（**22**）と二酸化硫黄 SO_2（**23**）では，形は同じ折れ線でも，結合角はそれぞれ116°，119.5°と微妙にちがう．

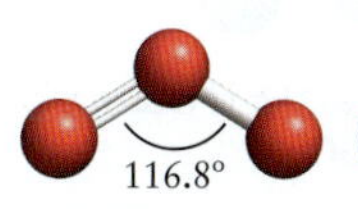

（**21**）オゾン O_3

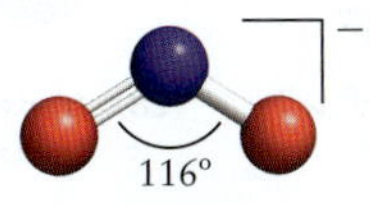

（**22**）亜硝酸イオン NO_2^-

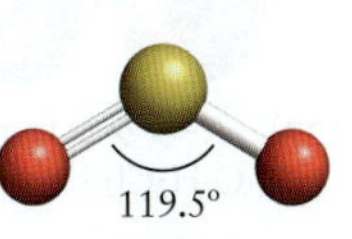

（**23**）二酸化硫黄 SO_2

ありうる構造のエネルギーが近いときや，中心原子が大きくて孤立電子対の影響が小さいときは，例外的な形もできる．たとえば，六塩化セレンイオン $SeCl_6^{2-}$ は，Se原子が孤立電子対を1個もち，Cl原子6個と結合しながら，Se原子のサイズが大きいため八面体になる．

中心原子に同じ原子がいくつか結合し，中心原子上に孤立電子対がなくて対称性のいい BF_3 や CH_4 を除き，VSEPRモデルで予想される分子の形は定性的なものだと心得よう．中心原子に孤立電子対があるとか，結合原子が1種類でないと，分子の形はひずむ．ただしそんな限界はあってもVSEPRモデルは，分子の形の予測に役立つ．復習も兼ね，道具箱4にVSEPRモデルの要点をまとめた．

道具箱4 VSEPRモデルの要点

発 想 中心原子上で電子の濃い部分（結合電子対と孤立電子対）は，互いの反発を最小化するような位置を占める．

手 順 段階1：ルイス構造を描き，中心原子まわりにどんな原子と孤立電子対があるかを確かめる．

段階2：孤立電子対と結合（単結合と多重結合は等価）の配列が，図2・24のどれに相当するかを確かめる．

段階3：結合原子だけを使い（孤立電子対には目をつぶり），分子の形が図2・23のどれに相当するかを確かめる．

段階4：反発の強さを"孤立電子対–孤立電子対＞孤立電子対–原子＞原子–原子"と考え，分子の形を適度にひずませる．

以上の手続きは，例題2・9で使う．

使える電子の全部を使い，各原子をオクテット（Hはデュプレット）にしたものが，適切なルイス構造となる．

例題2・9 分子の形

単純な分子も，ときに意外な形をもつ．四フッ化硫黄分子 SF_4 の形を予想せよ．

予 想 硫黄は拡張原子価殻をとりうるため（2・3節），慎重に考える．

方 針 ルイス構造を描いたあと，道具箱4の手順に従う．

解 答 段階1：ルイス構造を描き，中心原子Sがもつ結合（原子）と孤立電子対の数を確かめる．

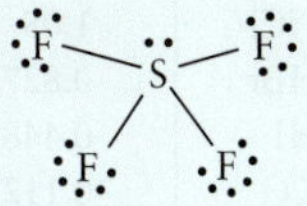

段階2：S原子まわりの電子配列を確かめる．電子ドメインが5個（原子4個＋孤立電子対1個）の AX_4E 型だから，三方両錐になる．

段階3：原子の位置を特定し，分子の形を決める．孤立電子対は，電子間反発が最小のエクアトリアル位置を占めるから，分子はシーソー形になる．

段階 4: S 上の孤立電子対と，結合電子対 4 個（および F 上の孤立電子対）との反発を考え，結合を少しひずませる．

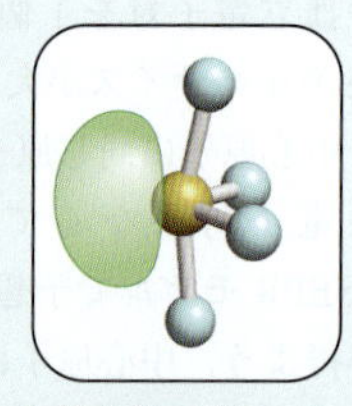

注目！ ルイス構造には孤立電子対の全部を描くけれど，分子の形を予想する際は，中心原子上の孤立電子対だけ考えればよい．■

確 認 ひずんだシーソー形は，実測で確認されている．

復習 2・18 A 三ヨウ化物イオン I_3^- の形を予想せよ．
［答: 直線］

復習 2・18 B 四フッ化キセノン分子 XeF_4 の形を予想せよ．

要 点 電子配列の形は，結合電子対と孤立電子対（や不対電子）の両方が決める．分子やイオンの形は，結合電子対（結合原子）だけで決まる．孤立電子対や不対電子は，結合電子対と反発しあって分子の形をひずませる．■

③ 極 性 分 子

電子分布のかたよった“結合”は，双極子になる（2・4 節）．かたや，全体が双極子になる“分子”を**極性分子**（polar molecule）という．二原子分子なら，$^{\delta+}$H−Cl$^{\delta-}$ と書ける HCl のように，結合の極性と分子の極性は等しい．HCl の双極子モーメント 1.08 D は，極性分子にふさわしい（表 2・5）．異種元素の二原子分子は極性分子だといえる．

表 2・5 分子の双極子モーメント

分 子	双極子モーメント(D)	分 子	双極子モーメント(D)
HF	1.82	PH_3	0.58
HCl	1.08	AsH_3	0.20
HBr	0.827	SbH_3	0.12
HI	0.448	O_3	0.53
CO	0.112	CO_2	0
ClF	0.88	BF_3	0
NaCl[a]	8.97	CH_4	0
CsCl[a]	10.42	*cis*-CHCl=CHCl	1.90
H_2O	1.855	*trans*-CHCl=CHCl	0
NH_3	1.47	C_6H_6	0

a) イオン固体ではなく，気体中に生じるイオン対．

非極性分子（nonpolar molecule）は，むろん双極子ではない．O_2，N_2，Cl_2 など，同じ元素の**等核二原子分子**（homonuclear diatomic molecule）は，結合が非極性なので，分子全体に極性はない．

分子内の結合は極性なのに，非極性の多原子分子も多い．たとえば直線形の二酸化炭素 CO_2（**24**）は，分子内に二つある双極子 $^{\delta+}$C−O$^{\delta-}$ が逆向きなので打ち消しあう結果，全体が非極性になる．CO_2 の**静電位面図**（electrostatic potential surface，**25**）がそれを教える．青っぽい場所は，部分電荷が正の核が正電位を生み，赤っぽい場所はその逆になる．分子の両端がぴったり同じ負電位だから，分子全体は双極子モーメントをもたない．電気陰性度に注目しても同じ結論になる．電気陰性度の大きい両端の酸素原子が，“綱引き”のような形で逆向きに引っ張る結果，CO_2 分子全体の双極子モーメントが 0 になると思えばよい．

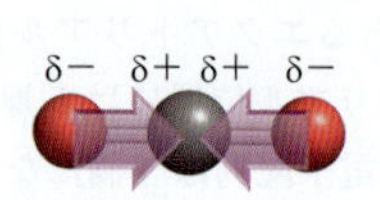

（**24**）二酸化炭素 CO_2

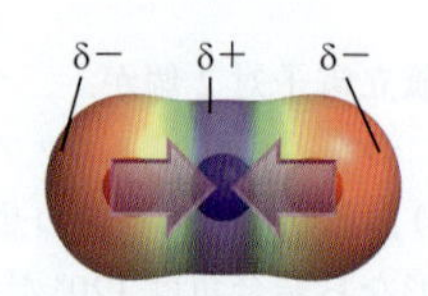

（**25**）二酸化炭素 CO_2

かたや H_2O 分子は，二つの双極子 $^{\delta+}$H−O$^{\delta-}$ が角度 104.5° をなすため打ち消しあわず，極性分子になる（**26**）．分子図内で，太い矢印が結合それぞれの双極子モーメントを，細い下向き矢印が分子の双極子モーメントを表す．電気陰性度で考えれば，電子を引っ張る向きが O 原子それぞれでちがうため，正味の双極子が残る．水がイオン化合物をよく溶かす背後には，H_2O 分子の極性がひそむ．

考えよう 最後の一文を，自分の言葉で説明してみよう．■

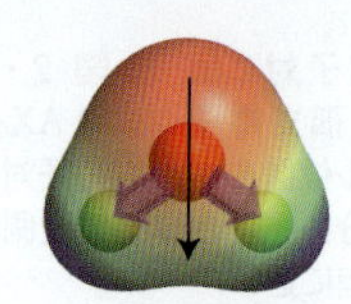

（**26**）水 H_2O

CO_2 と H_2O を比べてわかったように，多原子分子が極性かどうかは，分子の形で決まる．やや複雑な分子もみよう．*cis*-ジクロロエチレン（**27**）と *trans*-ジクロロエチレン（**28**）は，構成原子も分子内結合も同じだが，トランス体（**28**）のほうは，2 個の C−Cl 結合が逆向きだから，双極子が打ち消しあう（非極性分子）．つまり，シス体（**27**）は極性，トランス体（**28**）は非極性の分子になる．

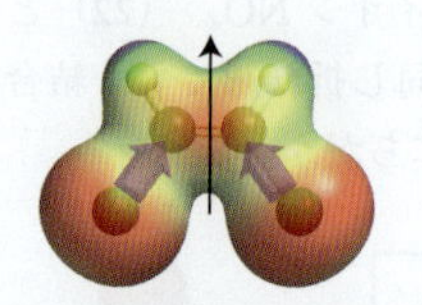

（**27**）*cis*-ジクロロエチレン $C_2H_2Cl_2$

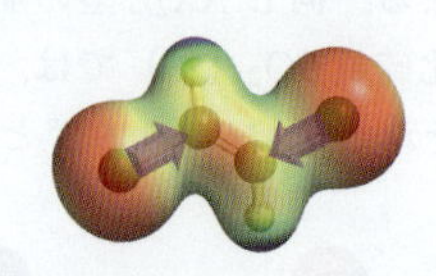

（**28**）*trans*-ジクロロエチレン $C_2H_2Cl_2$

テトラクロロメタン（四塩化炭素；**29**）のように，中心原子に同じ原子 4 個が結合した正四面体分子は，双極子が打ち消しあって非極性になる．しかし結合原子の一部が別の元素になったトリクロロメタン（クロロホルム；**30**）や，原子ではなく孤立電子対になったアンモニア

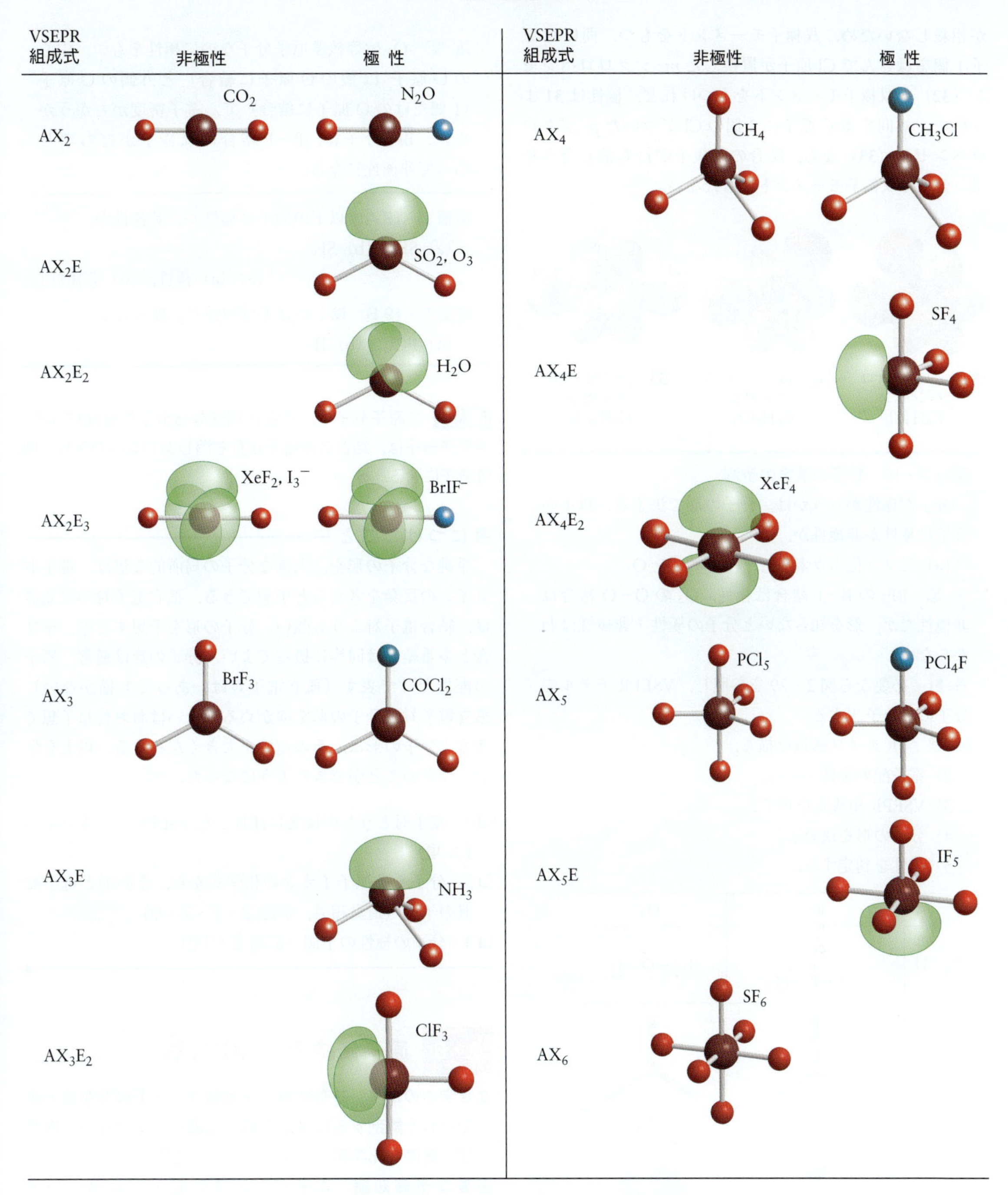

図 2・29　分子の原子配列と極性・非極性．（緑の球）が孤立電子対を表す．

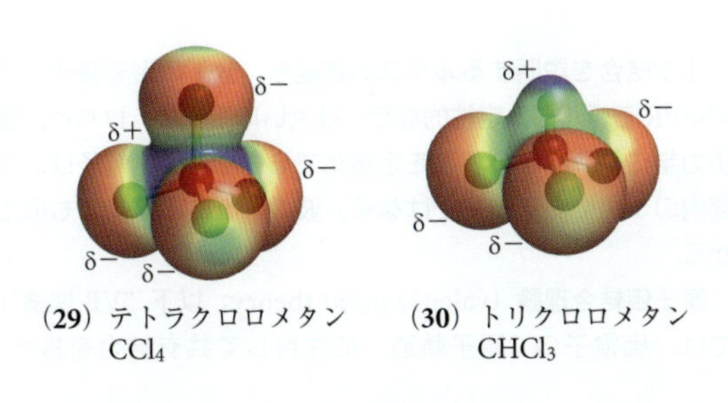

（**29**）テトラクロロメタン CCl_4　（**30**）トリクロロメタン $CHCl_3$

NH_3 は，双極子が打ち消しあわない．だから $CHCl_3$ 分子や NH_3 分子は極性をもつ．

VSEPR 組成式を使い，極性・非極性にも注目した分子の分類を図 2・29 に示す．

もう少し複雑な分子だと，極性結合のせいで分子が双極子モーメントをもったりする．Cl 原子の置換位置がちがう 3 種のジクロロベンゼンを考えよう．隣接の C 原子に Cl がついた *o*-ジクロロベンゼン（**31**）は，結合の双極子が相殺しないため，双極子モーメントをもつ．間にC原子1個をはさんでCl原子が置換した*m*-ジクロロベンゼン（**32**）も双極子モーメントをもつけれど，極性は**31**より低い．対向するC原子に2個のClがついた*p*-ジクロロベンゼン（**33**）なら，結合の双極子が打ち消し合う結果，分子は双極子モーメントをもたない．

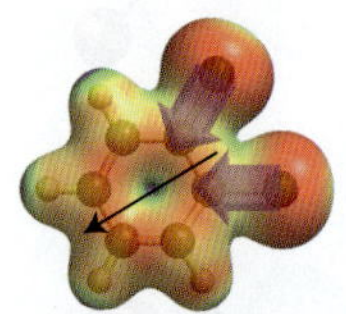

（**31**）*o*-ジクロロベンゼン $C_6H_4Cl_2$

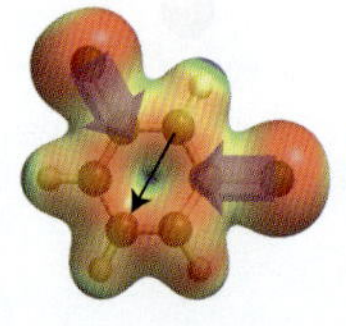

（**32**）*m*-ジクロロベンゼン $C_6H_4Cl_2$

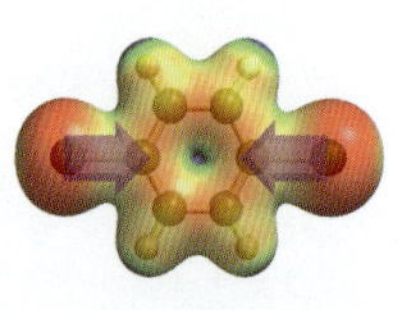

（**33**）*p*-ジクロロベンゼン $C_6H_4Cl_2$

例題 2・10　分子の極性の予測

分子が極性かどうかは，分子の形で決まる．以下の分子は極性か非極性か．

(a) 三フッ化ホウ素 BF_3，(b) オゾン O_3

予 想　BF_3 の B−F 結合は極性，O_3 の O−O 結合は非極性だが，形を知らないと分子の極性・非極性はわからない．

方 針　必要なら図2・29を参照し，VSEPRモデルで分子の形を予想する．

解 答　1）ルイス構造を描く．

2）電子配列を確かめる．

3）VSEPR組成式を書く．

4）分子の形を決める．

5）極性を判定する．

	BF_3	O_3
1)	:F̤: ─ :F̤−B−F̤: (B に F が3個結合)	:Ö−Ö=Ö:
2)		
3)	AX_3	AX_2E
4)	三角形	折れ線
5)	非極性（三つのB−F双極子が打ち消しあう）	極性（正味の双極子がある）

確 認　O_3 は等核多原子分子なのに極性をもつ．中心のO原子（2個のO原子に結合）と外側のO原子（1個だけのO原子に結合）で，電子密度がちがうからだ．BF_3 分子は，B−F結合の双極子が打ち消しあって非極性になる．

復習 2・19 A　以下の分子は極性か，非極性か．

(a) SF_4，(b) SF_6

［答：(a) 極性，(b) 非極性］

復習 2・19 B　以下の分子は極性か，非極性か．

(a) PCl_5，(b) IF_5

要 点　二原子分子は，結合が極性なら分子も極性になる．多原子分子は，結合の双極子が打ち消しあわないかぎり，極性分子になる．■

身につけたこと

単純な分子の形や，大きな分子の局所的な形は，電子ドメインの反発を考えると予想できる．孤立電子対の反発能は，結合電子対よりも強い．分子の形を予想する際，単結合と多重結合は同等に扱ってよい．分子の形は通常，原子の配置だけで表す（孤立電子対は，あっても描かない）．孤立電子対が分子の形をゆがめる度合いはおおむね予想できる．分子の形は，その極性を大きく左右する．以上を学び，つぎのことができるようになった．

❑ 1　電子対どうしの反発に注目したVSEPRモデルの説明（① 項）

❑ 2　分子や多原子イオンの化学式から，その形と電子配置の予測（道具箱4，例題2・7〜2・9）

❑ 3　分子の極性の予測（例題2・10）

2・6　原子価結合（VB）理論

なぜ学ぶのか？　共有結合や多重結合，分子の形を量子論で正しく解剖するには，本節の知識が欠かせない．本節は，高度な化学用語を学ぶ出発点ともなる．

必要な予備知識　電子が占める軌道（1・4節，1・5節），波動関数（1・3節），電子スピン（1・4節）をもとに原子の姿を説明できるようになっておきたい．

化学結合を説明するルイスの理論も，分子の形を説明するVSEPRモデルも，定性的な話には大いに役立つ．けれど，量子力学に従う電子の状態を定量化する力はない．電子は，空間内の1点にある粒子ではなく，波のようにふるまうものだから．

原子価結合理論（valence-bond theory；以下 “VB理論”）では，価電子の “原子軌道” に注目して共有結合を扱う．

1920年代の後半にハイトラー（Walter Heitler）とロンドン（Fritz London），スレーター（John Slater），ポーリングが発表した．ルイスのモデルやVSEPRモデルを超え，結合内の電子分布を量子力学で扱い，結合角や結合の長さを計算で出す．本書では計算は省き，定性的な考えかたと，大事な用語あれこれを紹介しよう．VB理論は化学全体に浸透しているため，発想と使いかたを習得したい．

ルイス流の共有結合は，共有電子対が原子間に局在するものだった．けれど1・3節で見たとおり，原子内の電子は“ここにいる”とはいえず，波動関数で表される．波動関数が及ぶ空間内の1点では，電子の“存在確率”しかわからない．VB理論では，電子のそうした波動性も念頭に置く．

①σ結合とπ結合

単純な水素分子 H_2 を考えよう．まずは，分子をつくる2個のH原子に注目する．

基底状態のH原子は，1s軌道に電子を1個もつ（1・4節）．VB理論では，2個のH原子が近づいて1s電子がスピン対“↑↓”になり，原子軌道が合体するとみなす（図2・30）．そのときにでき，核間密度が高いソーセージ形の電子分布を，**σ（シグマ）結合**（σ-bond）という．ギリシャ文字σは英字のsに相当する．結合軸の方向から見るとs軌道に似ている…というのが安直な説明だが，正式にはこう表現できる．

- σ結合は結合軸のまわりに円筒対称で，結合軸を含む節面をもたない．

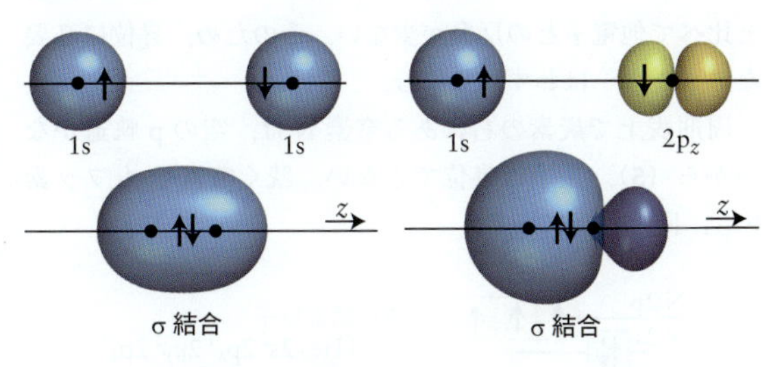

図2・30　H原子の1s電子が逆向きスピン（↑と↓）で近づき，s軌道が重なってσ結合（電子雲の境界面で表示）をつくる．電子雲は結合軸まわりに円筒対称．本書では以下，σ結合を青色で示す．

図2・31　1s軌道と2p$_z$軌道が重なってできるσ結合．結合内の電子2個は，境界面で囲まれた領域全体に分布する．

原子軌道の混ざりあいを軌道の**重なり**（overlap）といい，重なりが強いほど結合も強い．なお通常，直線分子の延長方向を z 軸とみなす．

ハロゲン化水素もσ結合でできる．フッ化水素HFだと，結合の前，F原子は2p$_z$軌道に不対電子1個，H原子は1s軌道に不対電子1個をもつ．その2個がスピン対になって近づき，結合を生む（**1**）．互いの軌道が重なりあう結果，両方の原子を覆う電子雲ができる（図2・31）．

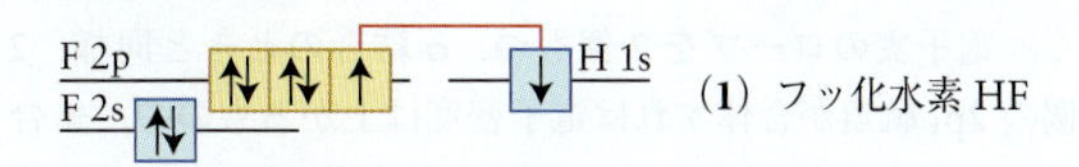

H_2 分子のσ結合と比べ，横から見た結合の形は複雑でも，結合軸（z 軸）の方向から見れば円筒対称のσ結合だといえる．単結合の共有結合はσ結合だと考えてよい．

σ結合は，p$_z$軌道どうしが重なってもできる．たとえば電子配置［He］$2s^2 2p^3$ の窒素原子Nは，3個の2p軌道に1個ずつ電子をもつ（**2**）．そのうち2p$_z$軌道だけは，末端どうしが重なってσ結合をつくれる（図2・32）．

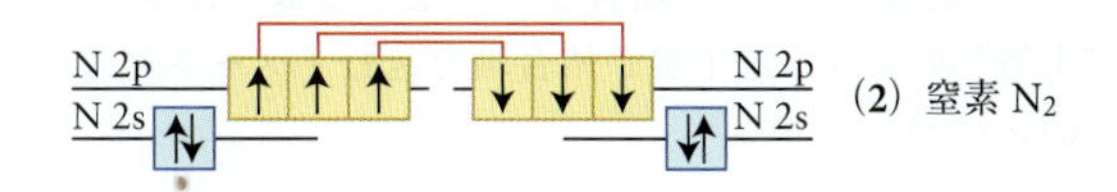

ほかの2p軌道（2p$_x$と2p$_y$）は，どうなるのか？　どちらも分子軸に垂直な向きにあり，不対電子を1個ずつもつ（図2・33上）．

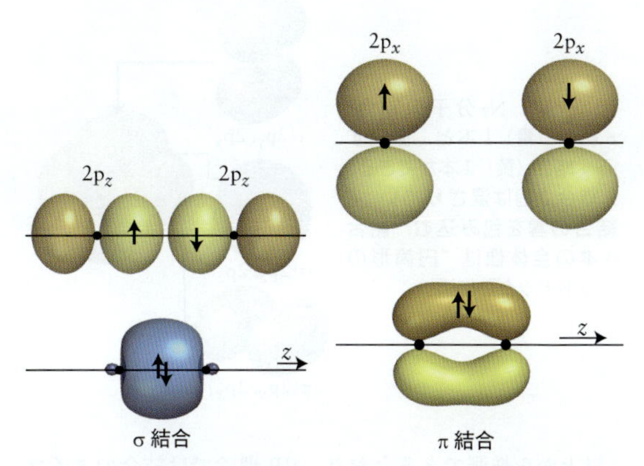

図2・32　2p$_z$軌道2個の電子がスピン対になるσ結合．p$_z$軌道それぞれの節面は，σ結合ができたあとも保存される．

図2・33　2p軌道2個が横向きに重なって電子がスピン対になるπ結合．下の図は，重なりが起きたあとの境界面を表す．ローブ（突起部）2個の複雑な形だが，1対の電子が1本の結合を生む．本書ではπ結合を黄色っぽく描く．

素材が2p$_x$軌道や2p$_y$軌道の場合，N原子のp電子どうしが対になるなら，横向きの重なりしかできない．横向きに重なり，結合軸の両側に広がるローブ（突起部）2個の中に1個ずつある電子2個が対をなす結合を**π（パイ）結合**（π-bond）とよぶ（図2・33下）．π結合は，結合軸を含む節面を1枚もつ．結合軸の両側で電子密度が高いものの，1本の結合を表す．結合軸の方向から見たπ結合は，1対の電子が入ったp軌道に似ていよう（ギリシャ文字πは英字のpに相当）．特徴の正式な表現はこうなる．

- π結合は，結合軸を含む節面を1枚だけもつ．

π結合は，結合軸の“脇”で電子密度が高くても“1本の結合”に変わりなく，ローブが2個あるp軌道と同じく，電子雲のローブを2個もつ．σ結合のときと同様，2個の$2p_x$軌道が合体すれば電子密度は上がるものの，結合軸から外れた場所なので，原子2個を結びつける力は強くない．たいていの分子で，π結合はσ結合よりも弱いと思ってよい．

N原子それぞれにまだ残る$2p_y$軌道の電子も重なりあって，2本目のπ結合を生む．2本目は1本目と直交する平面内にでき，1本目と同じ強さをもつ．

このようにVB理論で窒素分子N_2は，1本のσ結合と2本のπ結合からでき，“計3本”という点はルイスのモデルと変わりない．π結合2本の電子雲は“合体”し，“土管”のような電子雲が結合軸を包むイメージになる(図2・34)．

考えよう 最後の1文を自分なりの表現にしてみよう．また，δ（デルタ）結合は，どのようにしてできるだろうか．■

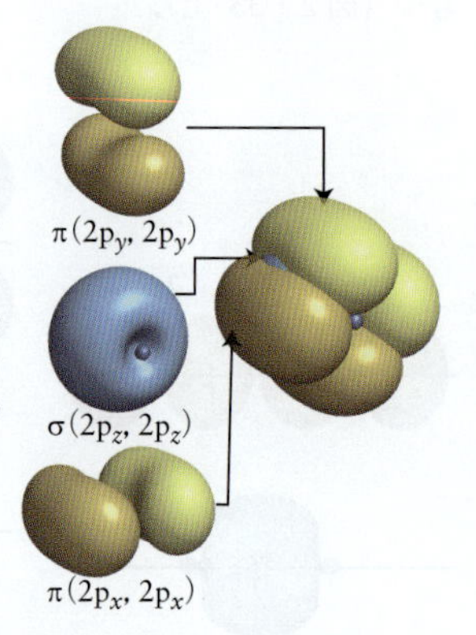

図2・34 N_2分子の結合．σ結合（青）1本と，直交するπ結合（黄）2本ができる．π結合2個は混ざりあい，σ結合の雲を包み込む．結合3本の全体像は“円筒形のホットドッグ”に近い．

以上から推測できるとおり，VB理論では結合のタイプをつぎのように説明する．

- **単結合**（single bond）は，σ結合でできる．
- **二重結合**（double bond）は，σ結合1本とπ結合1本でできる．
- **三重結合**（triple bond）は，σ結合1本とπ結合2本でできる．

こぼれ話 ごくまれな“π結合2本の二重結合”もある．■

復習2・20 A (a) CO_2と(b) COは，それぞれ何本のσ結合とπ結合をもつか．

［答：(a) σ結合2本とπ結合2本；(b) σ結合1本とπ結合2本］

復習2・20 B (a) NH_3と(b) HCNは，それぞれ何本のσ結合とπ結合をもつか．

要 点 VB理論では，原子価殻の原子軌道にある不対電子が対になって結合をつくるとみなす．原子軌道の末端どうしが重なるσ結合と，横向きに重なるπ結合がある．■

② 軌道の混成

VB理論は，そのままではメタン分子CH_4に当てはまらない．C原子の電子配置は$[He]2s^2 2p_x^1 2p_y^1$だった(**3**)．それだと2s電子はスピン対だから，結合に使えるのは2個の2p電子しかない．つまりC原子の原子価は2で，直交した結合2本しかつくれそうにない．だが現実のC原子は，ふつう原子価4を示し，CH_4分子の結合も四面体の形になる．

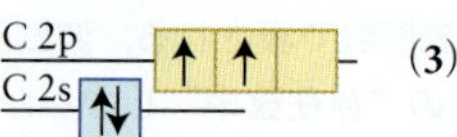

(**3**) 炭素原子 $[He]2s^2 2p_x^1 2p_y^1$

結合が4本できるのは，2s軌道の電子1個が高エネルギーの2p軌道に上がり，不対電子が4個になるためと考えればよい．それを電子の**昇位**（promotion）という．2s電子1個が空の2p軌道に昇位すると，電子配置は$[He]2s^1 2p_x^1 2p_y^1 2p_z^1$になる(**4**)．そのとき結合は4本つくれる．電子の昇位にはエネルギーを要するけれど，4本のC−H結合をつくるとエネルギーが大きく下がり（分子が安定化し），2本だけC−H結合をつくるよりも有利になる（**4**はまだ最終形ではない．次ページ参照）†．

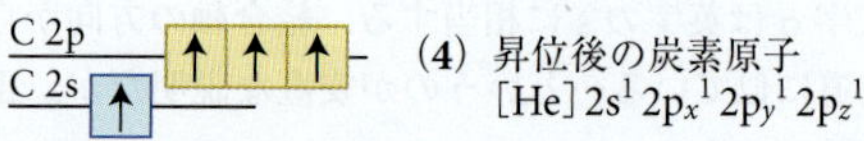

(**4**) 昇位後の炭素原子 $[He]2s^1 2p_x^1 2p_y^1 2p_z^1$

昇位のときは，別の電子と“同居”していた2s電子の1個が，空の2p軌道に上がる．昇位後の電子は高エネルギー準位にあるけれど，空の2p軌道に入るから，昇位前と比べて他電子との反発が少ない．そのため，昇位に必要なエネルギーはわずかですむ．

周期表上で炭素の右にある窒素Nは，空のp軌道がないから(**5**)，電子は昇位できない．続く酸素Oもフッ素Fも，同じ状況にある．

(**5**) 窒素原子 $[He]2s^2 2p_x^1 2p_y^1 2p_z^1$

昇位にはエネルギーを要する．しかし原子間結合ができるとエネルギーは必ず下がり，結合の数が増すほどエネルギー低下も大きい．合計でエネルギーが下がるなら，電子は昇位する．ホウ素B＝$[He]2s^2 2p^1$も，2s電子が昇位すれば，結合が1本から3本に増える．だから通常，ホウ素は3本の結合をつくる．

昇位したC原子(**4**)がメタンになるとき，結合は2種類できそうに思える．Cの2s軌道がHの1s軌道と重なる結合（1本）と，Cの2p軌道がHの1s軌道と重なる結合（3本）だ．2p軌道は互いに直交しているから，後

† 訳注：“わずかな投資で大きく稼ぐ”賭け事に似ている．絶対零度でないかぎり電子系のエネルギーは幅をもつため，自然界では“賭け事”も可能になる．

者のσ結合3本も，互いに90°をなすだろう．だがそれは，メタン分子の四面体構造（どのC－H結合も等価；結合角はどこも109.5°）に合わない．

そこでモデルの改良が必要になる．s軌道もp軌道も，核を中心にした電子密度の波だった．水面の波と同様，軌道4個が干渉しあい，新しいパターンが生まれると考える．波動関数2個の符号がどちらも正か，どちらも負の場所は，干渉で波の振幅が増す．波動関数2個が異符号なら，振幅は減るか0になる．つまり，原子軌道どうしの干渉が，新しいパターンの波を生む．できる新しいパターンを，**混成軌道**（hybrid orbital）という．4個の混成軌道（h_i）は，原子軌道4個の**線形結合**（一次結合 linear combination）でつぎのように書き表す．

$$h_1 = \mathrm{s} + \mathrm{p}_x + \mathrm{p}_y + \mathrm{p}_z \qquad h_2 = \mathrm{s} - \mathrm{p}_x - \mathrm{p}_y + \mathrm{p}_z$$
$$h_3 = \mathrm{s} - \mathrm{p}_x + \mathrm{p}_y - \mathrm{p}_z \qquad h_4 = \mathrm{s} + \mathrm{p}_x - \mathrm{p}_y - \mathrm{p}_z$$

h_1は，s軌道もp軌道も同符号だから，波が強めあって振幅が増す．かたやh_2は，p_x軌道とp_y軌道の符号が負だから，別の干渉パターンになる．

炭素の混成軌道は，s軌道1個とp軌道3個からできるので，**sp^3混成軌道**（sp^3 hybrid orbital）という．混成軌道4本はそれぞれが正四面体の各頂点に向かう（図2・35）．向きを除けば，どの軌道も等価だといえる．

図 2・35 振幅の等高線ふうに描いた原子核（・）まわりのsp^3混成軌道の断面．電子密度は青い部分で高く，赤い部分で低い．こうした軌道4本が，四面体の各頂点に向かう．

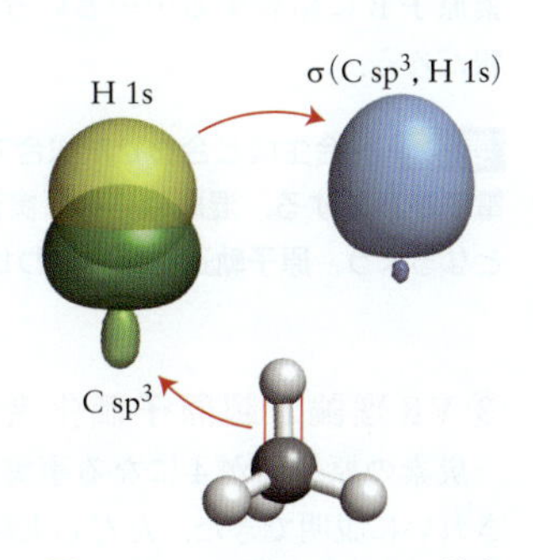

図 2・36 メタンのC－H結合1本は，H原子の1s軌道とC原子のsp^3軌道（の1本）が重なってできる．4本のC－Hが等価なσ結合だということは実測にも合う．

軌道エネルギー図にすると，等エネルギーの軌道が4個でき，エネルギー値は，素材になったs軌道とp軌道の中間にくる（**6**）．以下，sp^3混成軌道は，s軌道（□）とp軌道（□）の混合という意味で，□で示す．

C 2sp³ ↑ ↑ ↑ ↑

（**6**）炭素原子のsp^3混成軌道

sp^3軌道の1本にはローブが2個ある．1個は素材のp軌道よりも長く伸び，もう1個はp軌道より短い．混成軌道の振幅は，ある方向で大きい．その方向で他原子の軌道と強く重なる結果，できる結合の強さが，混成しないときより強くなる．

メタンの結合は，そんなふうに説明できる．sp^3混成した原子では，4個の混成軌道にある各電子が，H原子の1s電子と対になれる．軌道の重なりが生むσ結合4本が，四面体の頂点に向かう（図2・36）．つまりVB理論は，実測されたCH_4分子の形をきちんと説明できる．

分子内に“中心”原子が複数あれば，VSEPRモデルの形に合うよう，各中心原子上の混成を順番に考える．エタンC_2H_6（**7**）の場合，2個のCはどちらも“中心”原子になる．VSEPRモデルによると，各C原子まわりの電子4対は四面体配列をとる．するとC原子それぞれは，メタン（図2・36）と同じsp^3混成にある．つまり，4個のsp^3混成軌道に1個ずつ不対電子をもち，正四面体の頂点に向かう4本のσ結合をつくるだろう．

```
    H   H
    |   |
H — C — C — H
    |   |
    H   H
```

（**7**）エタン CH_3CH_3

C－C結合は，各C原子のsp^3混成軌道1個がもつ電子のスピン対が生む．その結合を，成分の軌道を明記して，$\sigma(\mathrm{C\ 2sp^3, C\ 2sp^3})$と書こう．$\mathrm{C\ 2sp^3}$は，C原子上の2s軌道と2p軌道からできる$\mathrm{sp}^3$混成軌道を表し，重なる軌道を（ ）内に書く（図2・37）．C－H結合は，残るsp^3軌道の1本を占める電子1個と，H原子の1s軌道を占める電子1個（H 1s）がつくるため，$\sigma(\mathrm{C\ 2sp^3, H\ 1s})$と表記する．

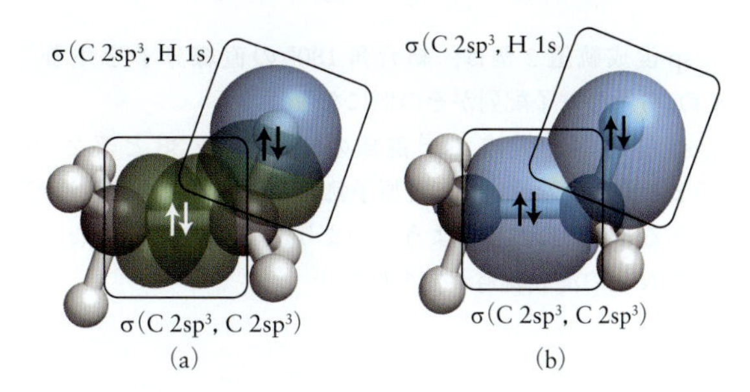

図 2・37 エタン分子C_2H_6の結合．境界面の姿を結合2本分だけ描いた．(a) H 1s軌道とC 2sp³混成軌道を使い，隣接原子間にσ結合ができる．(b) できたσ結合が重なりあう．どの結合角も109.5°（四面体角）に近い．

N原子上に孤立電子対をもつアンモニアNH_3は，電子対4個が四面体配列をとるため（VSEPRモデル），見かけ上，sp^3混成にあると考えてよい．Nは原子価が5なので，混成軌道の1本（孤立電子対）は，すでに結合電子対をつくっているとみなす（**8**）．残る3本を占める不対電子3個が，H原子の1s電子と対になって，3本のσ

(N−H) 結合をつくる．ある分子内で，非金属元素の原子まわりが四面体配列なら，sp^3 混成が起きていると考えてよい．

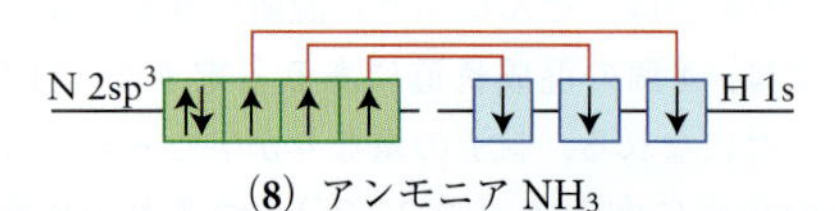

(8) アンモニア NH_3

ほかの電子配列では，sp^3 以外の混成を考える．たとえば BF_3 分子や，エチレン（エテン）分子 C_2H_4 の各 C 原子が示す三角形の電子配列は，s 軌道 1 個と p 軌道 2 個の重なりあい，つまり 3 本の **sp^2 混成軌道**（sp^2 hybrid orbital）にあたる（なお，下記の波動関数は"規格化"してないため，2 乗しても正しい"確率密度"は得られない）．

$$h_1 = s + 2^{1/2}p_y$$

$$h_2 = s + \left(\frac{3}{2}\right)^{1/2} p_x - \left(\frac{1}{2}\right)^{1/2} p_y$$

$$h_3 = s - \left(\frac{3}{2}\right)^{1/2} p_x - \left(\frac{1}{2}\right)^{1/2} p_y$$

sp^2 混成で生まれる軌道 3 個は，向きを除けばどれも等価で，正三角形の頂点へ向かう．その結論は実測にも合い，たとえば BF_3 分子なら，[He]$2s^2 2p^1$ だったホウ素原子 B の 2s 電子 1 個が [He]$2s^1 2p_x^1 2p_y^1$ と昇位したあと，1 個の 2s 軌道と 2 個の 2p 軌道を使って結合したことになる．

電子対 2 個が直線上にくる配列は，s 軌道 1 個と p 軌道 1 個からできる 2 個の **sp 混成軌道**（sp hybrid orbital）でつくれる（これも規格化はしてない）．

$$h_1 = s + p \qquad h_2 = s - p$$

sp 混成軌道 2 個は，結合角 180° の直線分子を生む．CO_2 分子の電子配列がその例になる．

sp 混成，sp^2 混成，sp^3 混成の姿を図 2・38 と表 2・6 にまとめた．素材になった原子軌道と同じ数の混成軌道ができるところに注意しよう．つまり原子軌道が N 個なら，必ず N 個の混成軌道が生まれる．

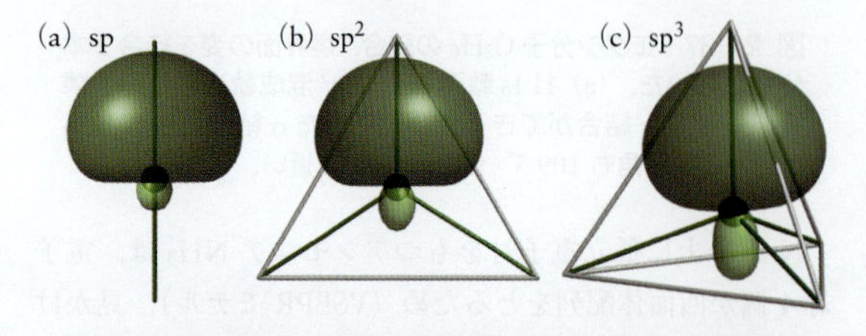

図 2・38　3 種類の混成．波動関数の振幅で形の概略を表し，混成軌道の向きも示した．(a) s 軌道 1 個と p 軌道 1 個が生む直線の sp 混成（2 本）．(b) s 軌道 1 個と p 軌道 2 個が生む三角形の sp^2 混成（3 本）．(c) s 軌道 1 個と p 軌道 3 個が生む四面体の sp^3 混成（4 本）．

表 2・6　混成と分子の形[a]

電子配列	原子軌道の数	中心原子の混成	混成軌道の数
直 線	2	sp	2
三角形	3	sp^2	3
四面体	4	sp^3	4

a) s 軌道と p 軌道の組み合わせはほかにもあり，別の形もできる．よく出合う状況だけをあげた．

復習 2・21 A　AlF_3 分子の構造を混成軌道で考察せよ．

［答：F $2p_z$ 軌道と Al $3sp^2$ 混成軌道から 3 本の σ 結合ができる；分子は三角形］

復習 2・21 B　アセチレン（エチン）分子 C_2H_2 の構造を混成軌道で予想せよ．

いままでは，末端原子（たとえば BF_3 の F 原子）が混成する可能性は考えなかった．けれど分光測定や計算の結果から，末端原子の s 軌道や p 軌道が結合形成に関与するとわかるため，そうした軌道も混成していると考えてよい．孤立電子対 3 個（電子 6 個）と結合電子対が四面体形の配置をとり，その sp^3 混成軌道を使って F 原子はホウ素原子 B に結合する……というのが，いちばん単純な解釈だろう．

要 点　結合生成と合わせた総合でエネルギーが下がるなら，電子が昇位する．混成軌道は，実測の分子形に合う電子配列となるよう，原子軌道を組み合わせる．■

③ VB 理論と超原子価化合物

炭素の原子価が 4 になる事実は，軌道の昇位と混成できれいに説明できた．ただし実験の結果から，一部の化合物は超原子価を示し（2・3 節），ルイス理論よりも多くの原子が中心原子に結合できる．以下，VB 理論の枠内で，そういう超原子価分子を理解する二つの発想を紹介する．

例として，原子 P に 5 個の Cl 原子が結合した五塩化リン PCl_5 を考えよう．実験結果を見ると 5 個の P−Cl 結合はみな等価だから，5 個の混成軌道があるのだろう．先ほども書いたとおり，N 個の原子軌道は N 個の混成軌道を生む．混成軌道が 5 個なら，素材の原子軌道も 5 個だった．だが P 原子の原子価殻には，1 個の s 軌道と 3 個の p 軌道しかない．5 個目の軌道は，いったいどこから来るのか？

よくある説明では，d 軌道の 1 個を混成の素材とみる．1・5 節で述べたようにリン P の場合，3d 軌道と 3p 軌道のエネルギーは近い．だから（差し引きでエネルギー低下になるかぎり）p 軌道の電子 1 個が d 軌道に昇位し，計 5 個の軌道が混成する．そうやって生まれる軌道を **sp^3d 混**

成軌道（sp^3d hybrid orbital）とよぶ．5 個の軌道が適度な比率で混ざりあえば，実測に合う三方両錐形の混成軌道になる（図 2・39）．むろん 5 個の Cl 原子が軌道それぞれに σ 結合する．

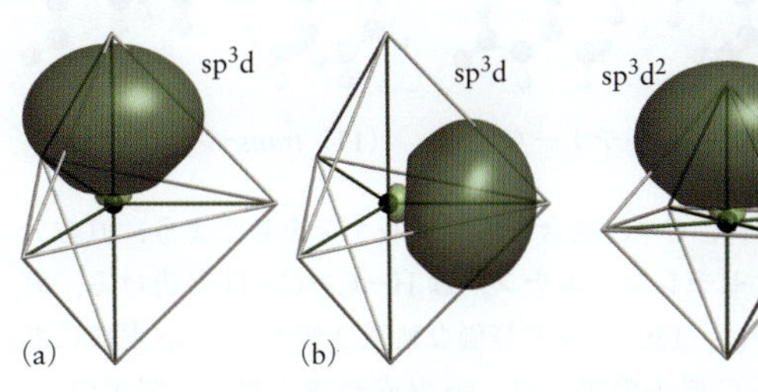

図 2・39　中心元素が d 軌道をもつときにでき，電子対の三方両錐配列を生む sp^3d 混成．

図 2・40　6 方向に伸びる sp^3d^2 混成軌道．電子対の配列は八面体．

6 本の等価な S−F 結合をもつ正八面体だとわかっている SF_6 分子も，同様に考察できる．s 軌道と p 軌道のほか 2 個の d 軌道を使う **sp^3d^2 混成軌道**（sp^3d^2 hybrid orbital）ができると考えればよい（図 2・40）．

d 軌道を使う混成の型と電子配列の関係を表 2・7 にまとめた．エネルギーの近い d 軌道がある第 3 周期以降の元素で，この型の混成が起こりうる．

表 2・7　混成と分子の形[a)]

電子配列	原子軌道の数	中心原子の混成	混成軌道の数
三方両錐	5	sp^3d	5
八面体	6	sp^3d^2	6

a）s，p，d 軌道の組み合わせはほかにもあり，別の形もできる．表には，よく出合う状況だけをあげた．

超原子価状態ができる理由の説明は，もうひとつある．SF_6 なら，2・3 節に述べたとおり，ルイス理論の枠内で $(SF_4)^{2+}(F^-)_2$ とみなす．オクテット生成の発想に合うし，硫黄 S の d 軌道をもち出す必要はない．$(SF_4)^{2+}$ をつくる 4 個の F 原子は，S の s 軌道と p 軌道からできる混成軌道を使い，S 原子と σ 結合している．

そうした混成軌道は，いろんな姿をとりうる．たとえば，4 のうち 2 個が z 軸方向で向かい合う sp 混成軌道，残る 2 個はエクアトリアル面内で未混成の p 軌道……というふうに．軌道 4 個のどれも，4 個の F 原子と八面体位置で十分な重なりをもつ．のこる 2 個の陰イオン F^- は，八面体の“余った”位置を占めればよい．F 原子 6 個のうちどの 2 個がイオン F^- になるかは決まっていない．6 個から 2 個を選ぶ道は 15 通りあるため，微妙なエネルギー差のある 15 種の共鳴状態になっているだろう（図 2・41）．

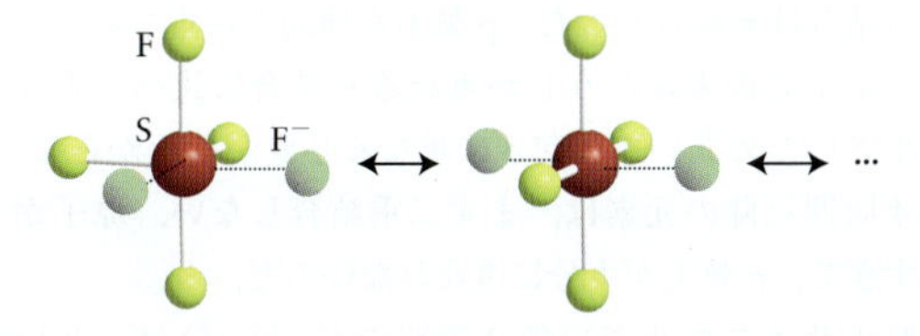

図 2・41　$(SF_4)^{2+}(F^-)_2$ 構造 15 種の共鳴とみた SF_6 分子（2 種だけを図示）．陰イオン F^- の配置は，12 種で *cis*，3 種で *trans* となる．

つまりこの説明では SF_6 を，共有結合（σ 結合）4 個とイオン結合 2 個をもつ共鳴状態と考える．微妙なエネルギー差がある 15 種の構造が共鳴する結果，どの結合も等価とみてよい．共鳴下でも共有結合の数は平均 4 本だから，S−F 結合 6 本の平均結合次数は $\frac{2}{3}$ だといえる．

d 軌道を使う混成と，イオン結合–共有結合の共鳴では，どちらが正しいのだろう？　答えるには，超原子価に d 軌道がどれほど寄与するのか計算しなければいけない．計算は，VB 理論の枠内ではできず，次節の分子軌道理論に頼ることとなる．

要 点　超原子価化合物の結合は，d 軌道の寄与を考えるか，イオン結合–共有結合の共鳴を考えて説明できる．■

④ 多 重 結 合

多重結合は，ルイスのモデルでも使った（2・2 節）．VB 理論では，窒素分子 N_2 の例でわかるとおり，σ 結合のほか π 結合も考えて解剖する．ほかの多原子分子もそのやりかたで扱える．たとえば C=C 結合の姿をつかむには，エチレン（エテン）$CH_2=CH_2$ を調べるとよい．

実測によれば原子 6 個は平面上にあり，結合角は 120° に近い．C 原子が sp^2 混成する結果（**9**），ほぼ正三角形の電子配列をもつのだろう．C 原子の混成軌道 3 個には，結合用の電子が 1 個ずつある．4 個目の価電子が入る 2p 軌道は，混成軌道のつくる平面と直交している．C 原子どうしは，sp^2 混成軌道の 1 個を使って σ 結合し，H 原子は，残るローブと σ 結合する．そして未混成の 2p 軌道 2 個は，横向きに重なって π 結合を生む．π 結合内の電子密度が C−C 結合軸の上下でどのようになるかを，図 2・42 に描いた．

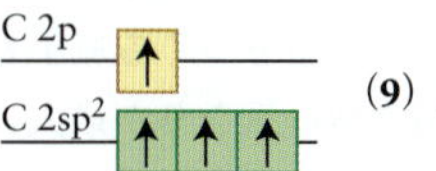

（**9**）炭素原子の sp^2 混成

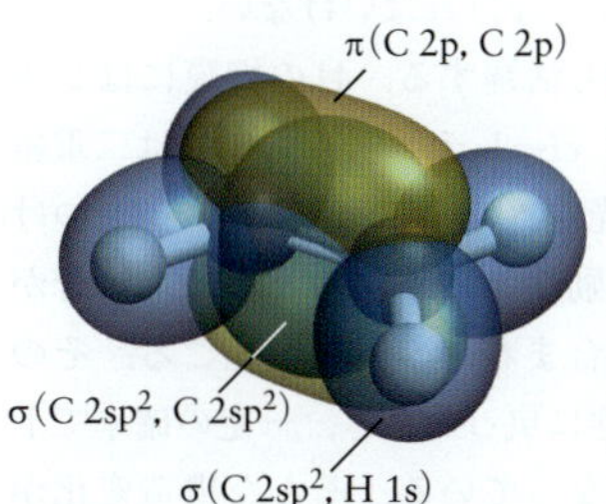

図 2・42　球棒モデルに重ねて描いたエチレン（エテン）の結合．σ 結合が骨格をつくり，未混成の C 2p 軌道が重なって π 結合 1 個をつくる．重なりの強い π（C 2p, C 2p）結合が，C=C 結合の回転を妨げる．

ベンゼン分子 C_6H_6 だと，環をつくるC原子6個も，Cに結合したH原子も，同じ平面上にある．VB理論でケクレ構造（2・2節）の結合を扱うには，結合角120°に合う混成軌道を考える．つまり各C原子は，エチレン分子と同じ sp^2 混成軌道をつくる（図2・43）．

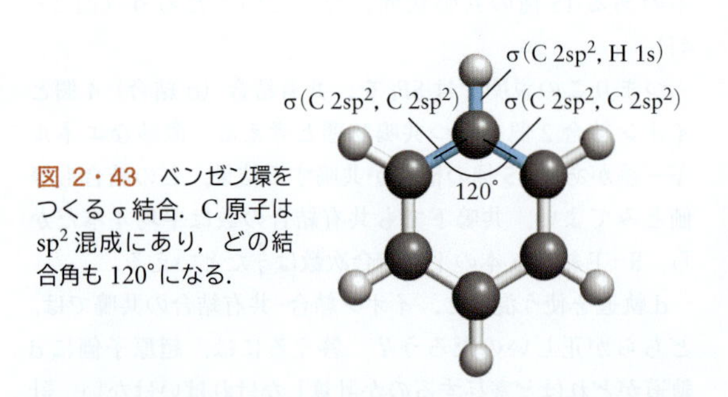

図 2・43　ベンゼン環をつくるσ結合．C原子は sp^2 混成にあり，どの結合角も120°になる．

3個の混成軌道は電子を1個ずつもち，4個目の価電子は混成軌道に垂直な未混成の2p軌道にある．各C原子の sp^2 混成軌道2個は，隣りあうC原子の混成軌道と重なり，6本のσ結合ができる．残る1本の sp^2 混成軌道がH原子の1s軌道と重なり，6本のC−H結合ができる．最後に，各C原子上に残る2p軌道が，両隣のC原子と横向きに重なってπ結合をつくる（図2・44）．π結合のパターンは，ケクレ構造2個のどちらにも合う．2個が共鳴する結果，π結合の電子は環全体に分布する（図2・45）．

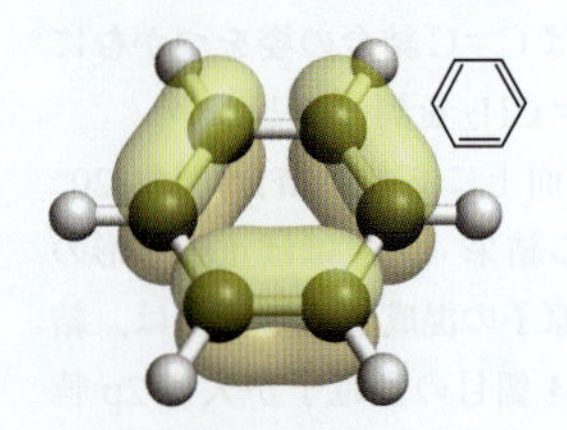

図 2・44　混成しない2p軌道がつくるπ結合．ケクレ構造の片方にあたるπ結合を描いたが，別のケクレ構造も等価な形に描ける．

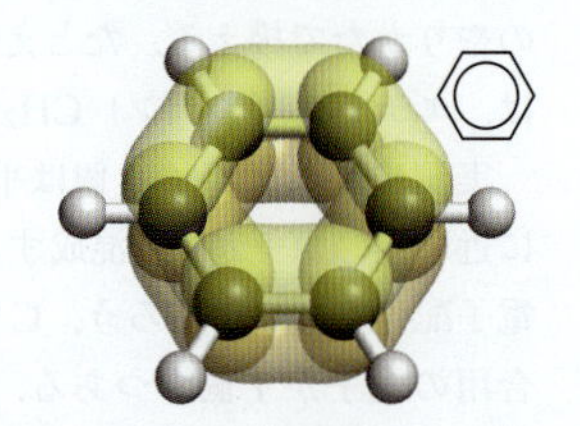

図 2・45　二つのケクレ構造（図2・44参照）が共鳴する結果，分子面の上下にできるπ電子雲．

C=C結合は自由に回転できないから，分子の形を大きく左右する．たとえば，エチレンの二重結合は，分子全体を平面に保つ．2個の CH_2 原子団をつくる原子6個が同一平面にあるとき，2p軌道2個の重なりが最大になるからだ（図2・42参照）．二重結合が回転するには，まずπ結合を切り，そのあと再生しなければいけない．

二重結合は生命現象でも活躍する．目の網膜にはレチナールという分子がある．*cis*-レチナール（**10**）は二重結合が固定されているが，光が目の中に入ると，矢印をつけたπ結合の電子を光子が励起する．すると，二重結合がいったん消え，残るσ結合まわりの回転が起こる．そのため，励起電子が基底状態に戻ったとき，一定の確率でトランス体（**11**）の分子になっている．そんな構造変化が視神経に電気信号を生み，脳は"何かが見えた"と解釈する．つまり，この本が読めるのも二重結合のおかげだ．

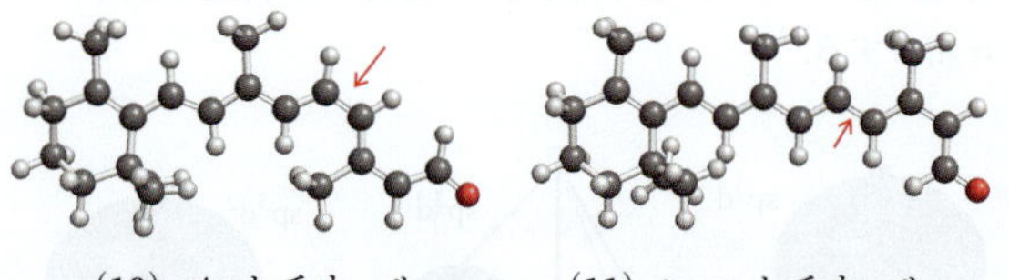

（**10**）*cis*-レチナール　　（**11**）*trans*-レチナール

つぎに，C≡C結合をもつアルキンを考えよう．直線分子のアセチレン（エチン）はH−C≡C−Hと書ける．直線分子は，180°をなす等価な軌道2個をもつsp混成にある．各C原子の電子は，sp混成軌道2個に1個ずつと，それに垂直な2p軌道2個に1個ずつある（**12**）．

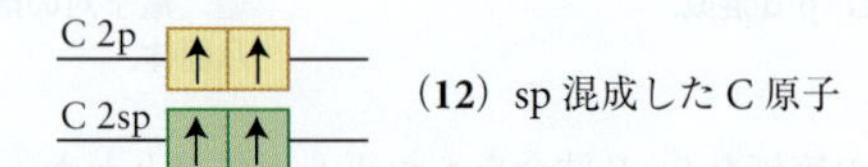

（**12**）sp混成したC原子

各C原子のsp混成軌道にある電子は，1個がC−Cのσ結合を，残る1個がC−Hのσ結合をつくる．結合軸と垂直な2p軌道2個は，それぞれ横向きに重なり，互いに90°をなすπ結合を2個つくる．N_2 分子と同様，π結合2個の電子雲は，C−C結合軸を円筒状に包みこむ（図2・46）．

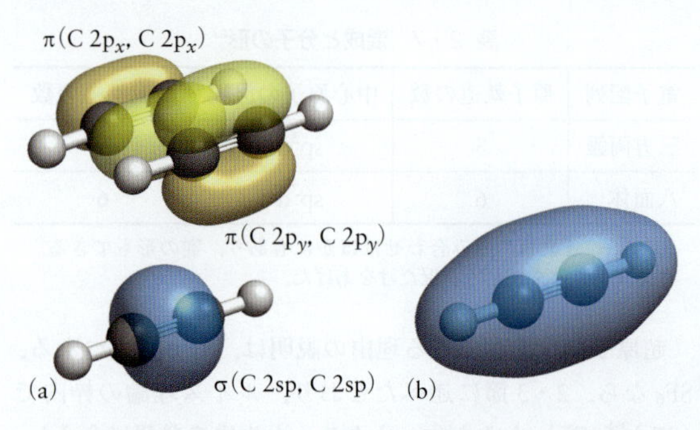

図 2・46　アセチレン（エチン）分子の結合．C原子はsp混成にあり，残るp軌道がπ結合を2個つくる．(a) N原子2個とC−H 2個の差はあるが N_2 分子（図2・34）そっくりの結合パターンをもち，(b) 電子雲は全体で円筒対称形になる．

以上から，C=C結合がC−C単結合2本よりも弱く（2・4節），C≡C結合が単結合3本よりも弱い理由がわかる．C−C単結合はσ結合で，二重結合や三重結合で加わる結合はπ結合だった．p軌道が横向きに重なるπ結合は，電子雲の末端どうしが重なるσ結合に比べ，重なりが小さいため弱い．横向きに重なる必要があるからこそ，第4周期以降の元素は，まず二重結合しない．原子が大きすぎて，p軌道が十分に重なれないのだ．

原子サイズの小さい第2周期のC，N，Oは，互いにも，同じ元素どうしも，（とりわけ酸素Oは）第3周期以降の元素とも二重結合をつくる．

例題 2・11 多重結合をもつ分子の構造

ギ酸分子 HCOOH の構造を，混成軌道，結合角，σ結合・π結合の面で説明せよ．C 原子には，H 原子，O 原子，-OH 基が結合している．

予 想 原子 3 個とつながる C 原子の混成は sp^2 で，未混成の p 軌道が 1 個あるだろう．

方 針 VSEPR モデルで分子の形を決めたあと，形に合う混成タイプを考える．単結合はσ結合．多重結合は，σ結合 1 本とπ結合 1～2 本からなる．最後に，軌道が重なるよう，σ結合とπ結合をつくる．

解 答 ルイス構造を描く．

:O:
||
H—C—Ö:
|
H

VSEPR モデルで中心 C 原子と O 原子まわりの電子配列を確かめる．C 原子は原子 3 個と結合し，孤立電子対はないから，電子配列は三角形．-OH 基の O 原子は結合 2 本と孤立電子対 2 個をもつので，電子配列は四面体．

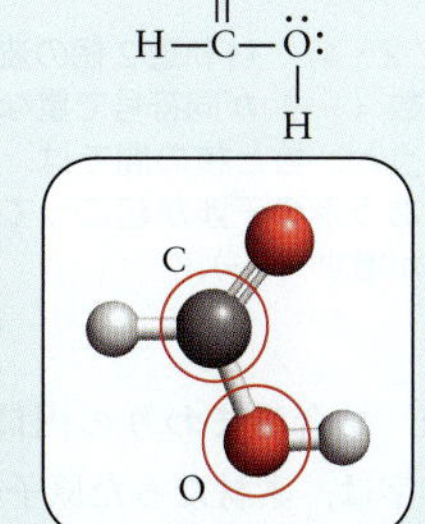

混成タイプと結合角を特定する．C 原子は sp^2 混成，三角形，120° で，-OH の O 原子は sp^3 混成，四面体，約 109.5°．

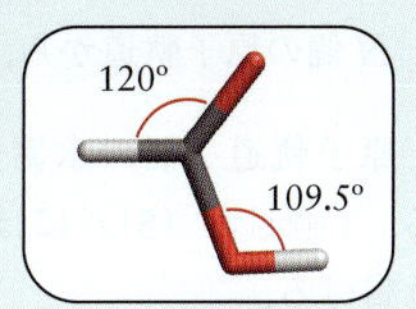

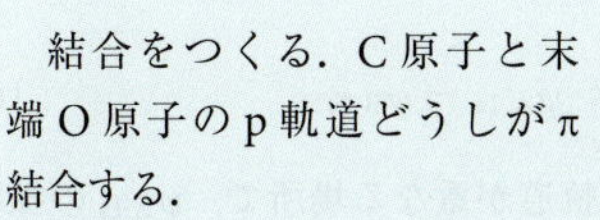

結合をつくる．C 原子と末端 O 原子の p 軌道どうしがπ結合する．

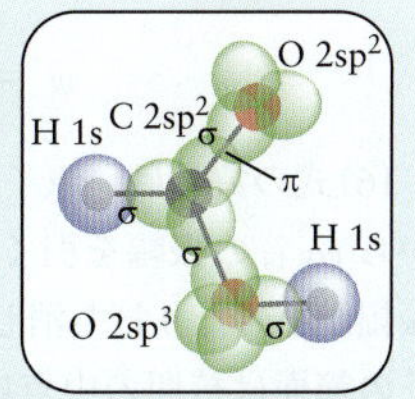

確 認 予想どおり C 原子は sp^2 混成し，未混成の p 軌道 1 個が残る．

復習 2・22 A 二酸化三炭素分子 C_3O_2 の構造を，混成軌道，結合角，σ結合・π結合の面で説明せよ．原子の並びは OCCCO．

［答：直線．結合角 180°．どの C 原子も sp 混成し，隣の C 原子や O 原子とσ結合 1 本，π結合 1 本で結びつく］

復習 2・22 B プロピレン（プロペン）分子 $CH_3-CH=CH_2$ の構造を，混成軌道，結合角，σ結合・π結合の面で説明せよ．

共鳴が起こると，単結合に見える結合が二重結合性を帯びたりする．単結合なら自由回転できるところ，エチレン流の二重結合性を帯びれば回転しにくい．その好例が，生体内で活躍するタンパク質の**ペプチド結合**（peptide bond）だろう．−CO−NH− と書けるペプチド結合は，つぎのような共鳴状態にある．

$$\text{—C(=\ddot{O}:)—\ddot{N}(H)—} \longleftrightarrow \text{—C(—:\ddot{O}:^-)=N^+(H)—}$$

タンパク質分子は，ふつう数百の（ものによっては数千もの）ペプチド結合をもち，その“回転しにくさ”が分子の構造を，ひいては機能を決める．事実，タンパク質分子の構造のわずかな狂いが起こす疾患も珍しくない．

要 点 多重結合は，原子が sp 混成か sp^2 混成でσ結合 1 本をつくり，未混成の p 軌道でπ結合 1～2 本をつくればできる．横向きに重なりあうπ結合はσ結合より弱いけれど，結合軸まわりの回転を妨げる．サイズの大きい原子は多重結合をつくりにくい．■

身につけたこと

共有結合は，逆向きスピンで原子軌道が重なりあうと生じる．共有結合にはσ結合とπ結合がある．結合の数を増やしたとき投入エネルギー以上の安定化が起これば電子は昇位し，混成軌道の形成を通じて分子の形を決める．超原子価の生成を説明する理論は二つある．以上を学び，つぎのことができるようになった．

- ❑ 1 σ結合・π結合の区別と，単結合・二重結合・三重結合の説明（① 項）
- ❑ 2 電子が昇位する理由の説明（② 項）
- ❑ 3 混成軌道ができるありさまの説明（② 項）
- ❑ 4 混成軌道とσ結合・π結合をもとにした分子構造の説明（例題 2・11）
- ❑ 5 超原子価化合物ができる理由の説明（③ 項）
- ❑ 6 二重結合が回転しにくい理由の説明（④ 項）

2・7 分子軌道（MO）理論

なぜ学ぶのか？ 分子や材料のふるまいは量子力学に従うため，化学で多用する分子軌道理論を知っておくのが望ましい．

必要な予備知識 原子軌道の概念（1・4 節），波動関数のボルン流解釈（1・3 節），構成原理をもとにした多電子原子の電子構造（1・5 節）を前提にする，電気陰性度（1・6 節，2・4 節）にもなじんでおきたい．

1920 年代の後半にマリケン（Robert Mulliken），フント（Friedrich Hund），レナード＝ジョーンズ（John Lennard-Jones）らが拓いた**分子軌道理論**（molecular orbital theory;

以下，MO 理論とよぶ）は，化学結合を完璧に説明しきった．ルイスの理論（2・2 節）がもつ欠陥を解消し，VB 理論より計算もやりやすい理論だといえる．なお MO 理論は“分子軌道論”ともいい，計算の手続きは“分子軌道法”とよぶことが多い．

① 分 子 軌 道

ルイスの理論でも前節の VB 理論でも，電子は原子上や原子間に局在しているとみた．MO 理論では，電子を表す波動関数が，分子の全体に及ぶ**分子軌道**（molecular orbital）をつくるとみなす．つまり電子も原子上や原子間に局在せず，分子全体に非局在している．

分子軌道は本来，分子の 1 点 1 点で値が決まる複雑な数式だと心得よう．とはいえ，たいていの場合に分子軌道は，価電子殻の原子軌道を使って表せるものとする．たとえば H_2 分子の分子軌道 ψ は，原子 A の 1s 軌道 $\psi_{\mathrm{A\,1s}}$ と，原子 B の 1s 軌道 $\psi_{\mathrm{B\,1s}}$ から，つぎのようにつくる．

$$\psi = \psi_{\mathrm{A\,1s}} + \psi_{\mathrm{B\,1s}} \tag{5}$$

波動関数を（ときに係数をかけて）足し合わせる操作は“線形結合”とよぶため，(5)式のような分子軌道を**原子軌道の線形結合**（linear combination of atomic orbitals, LCAO）という．また，LCAO で生じる分子軌道（MO）を **LCAO–MO** とよぶ．LCAO をつくる段階で，分子軌道に電子はまだ入っていないことに注意しよう．分子軌道は，原子軌道を表す波動関数の線形結合にすぎない．原子軌道と同様，(5)式の分子軌道も数式で表現でき，空間内の各点で値をもち，三次元空間内に視覚化できる．

関数 ψ の 2 乗（ψ^2）が電子の確率密度を表し，ψ^2 が大きいほど存在確率が高い．ψ^2 の正確な姿は核間の距離で変わる．計算する際は，核間の距離（結合の長さ）とともにエネルギーがどう変わるかを見積もる．

(5)式の分子軌道（MO）は，二つの原子軌道（$\psi_{\mathrm{A\,1s}}$ と $\psi_{\mathrm{B\,1s}}$）が“強めあう干渉”をした結果とみてよい．MO の振幅は，原子軌道が足し算になる核間で強まり，そこでの確率密度を上げる（図 2・47）．(5)式の軌道を占める電子が，両方の核に強く引かれているともいえる．

核間距離が十分に大きいと，電子は各原子の上にほぼ局在しているため，系のエネルギーは，孤立した 2 原子の場合に近い．核どうしが近づけば，電子が両方の核に引かれる結果，孤立原子 2 個のときよりエネルギーが下がる（安定化）．むろん，近づきすぎると核間の反発が高まってエネルギーは急上昇する（不安定化）．その手前では電子が，孤立原子上にいたときより広い空間を占めるため，大きな箱の中の粒子（1・3 節）と同様，運動エネルギーは減っている．

(5)式のように，原子軌道だったときよりエネルギーの低い分子軌道を**結合性軌道**（bonding orbital）といい，いまの例なら σ_{1s} と書く．“σ”は VB 理論の“σ 軌道”と同

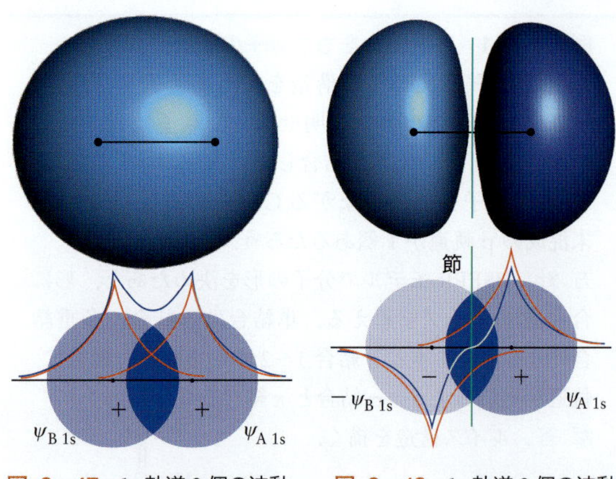

図 2・47　1s 軌道 2 個の波動関数（―）が同符号で重なりあうと，核と核の間では，強めあう形の干渉が起こって振幅が増す（―）．

図 2・48　1s 軌道 2 個の波動関数（―）が異符号で重なりあうと，弱めあう形の干渉が起こり，振幅が減った領域と節を核間に生む（―）．

様，結合軸まわりの円筒対称性を意味する．また σ の添え字は，素材だった原子軌道を表し，いま考えているのは水素原子の 1s 軌道なので“1s”となる．

MO 理論では，つぎのことを忘れないようにしたい．

- *N* 個の原子軌道から，*N* 個の分子軌道ができる．

原子軌道 2 個の水素分子なら，2 個の分子軌道ができる．1 個目が (5)式にほかならず，2 個目の分子軌道はこう書ける．

$$\psi = \psi_{\mathrm{A\,1s}} - \psi_{\mathrm{B\,1s}} \tag{6}$$

(6)式の負号は，原子軌道が重なる場所で，$\psi_{\mathrm{A\,1s}}$ の振幅から $\psi_{\mathrm{B\,1s}}$ の振幅を引くことを意味するため（図 2・48），振幅がぴったり打ち消しあう場所に節面ができる．水素分子の節面は核間の中点にある．(6)式の分子軌道を占める電子 1 個は，核間の領域からほぼ締め出されるから，どちらかの原子軌道に入るときよりエネルギーが高い．(6)式のように，正味でエネルギーが増す分子軌道を，**反結合性軌道**（antibonding orbital）という．反結合性軌道の記号にはアステリスク（*）をつけるため，いまの例なら $\sigma_{1s}{}^*$ と書く．

素材だった原子軌道と，結合性軌道，反結合性軌道のエネルギーを，図 2・49 のように整理しよう．こうした図を，**MO（分子軌道）エネルギー準位図**（molecular orbital energy-level diagram）とよぶ．反結合性軌道のエネルギー上昇分は，結合性軌道のエネルギー低下分よりも少し大きい．その背景は，つぎのように考える．原子軌道が近づいたとき，軌道が結合性だろうと反結合性だろうと，核どうしは同じように反発する．そのせいで，どちらのエネルギーも少しだけ上がる（図 2・50）

MO 理論でも 1・5 節と同じやりかたで多電子原子の電子配置を扱うけれど，対象は原子軌道ではなく，分子軌道

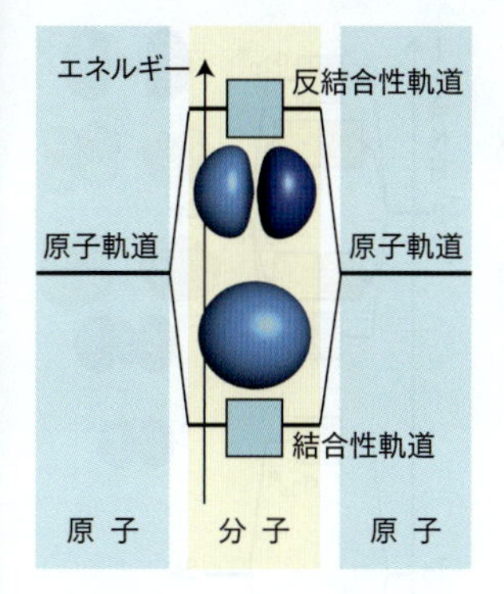

図 2・49　2個のs軌道からできる結合性軌道と反結合性軌道のエネルギー準位図．s軌道の符号（線形結合のしかた）を，青色の濃淡で示す．

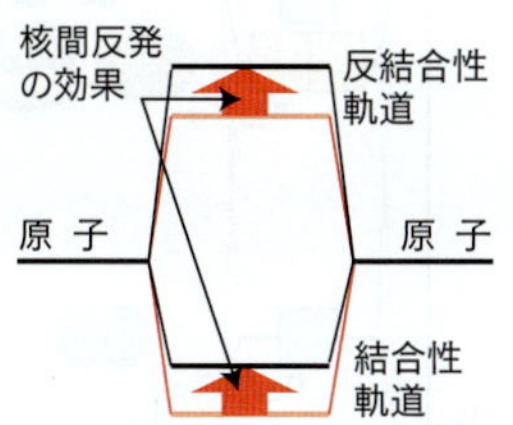

図 2・50　核どうしの反発（赤い上向き矢印）が結合性軌道と反結合性軌道のエネルギーをほぼ等しく上げる結果，“結合性”は少し弱まり，“反結合性”は少し強まる．

だという点に注意しよう．まずは原子価殻の原子軌道から，可能性のある分子軌道すべてをつくる．そのあと，価電子を分子軌道に入れていく．いまの場合，H原子が1個ずつ電子を出し，計2個の電子が使える．その2個を，最低エネルギーのMOつまり結合性軌道に入れる．

つまりMO理論の言葉でσ結合とは，“σ軌道に電子2個が入った状況”にほかならない．だからH_2分子の電子配置は$\sigma_{1s}{}^2$と書け，むろんH原子2個はσ結合でつながっている（図2・51）．結合性軌道は“結合”そのものではなく，電子が入ってようやく“結合”になる．その点によく注意しよう．

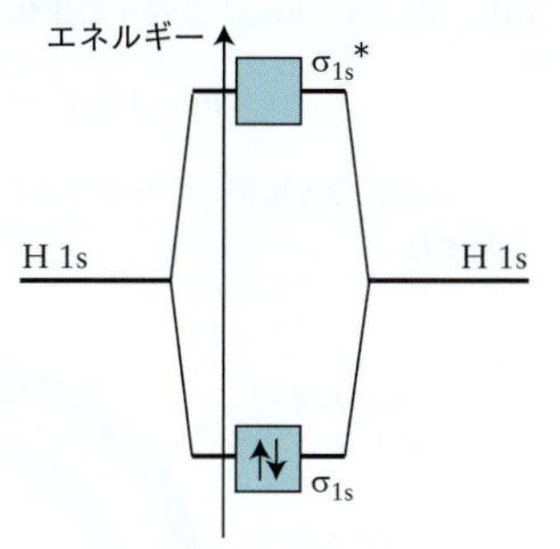

図 2・51　電子2個が低エネルギーの結合性軌道を占め，安定なH_2分子ができる．

原子軌道と同じく，分子軌道もパウリの排他律（1・5節）に従う．つまり，ある分子軌道には，逆スピンの電子2個しか入れない．まさにその事実が，“電子2個で結合1本”というルイスの直感の正しさを裏づけた．

観測されたことのない仮想の分子He_2を考えると，パウリの排他律の意義が明白になる．MO理論でHe_2分子は，水素H_2と同様，Heの原子軌道（1s軌道）から生じる．つまり，結合性軌道1個と，反結合性軌道1個ができる（姿は図2・49に同じ）．He_2のMOエネルギー準位図は，エネルギーの値など細部を除き，本質的にH_2の準位図と変わりない．

だがHe_2では原子が電子を2個ずつ供出するため，計4個の電子がある．うち2個は結合性軌道を満たし，残る2個が反結合性軌道に入って，電子配置は$\sigma_{1s}{}^2\sigma_{1s}{}^{*2}$となる．反結合性軌道の電子2個が上げるエネルギーは，結合性軌道の電子2個が下げるエネルギーより大きく（図2・50），He_2分子は“He原子2個”よりも不安定だから，He_2分子はできようがない．

要 点　分子軌道は原子軌道の線形結合でできる．原子軌道が強めあう干渉をすると結合性軌道ができ，弱めあう干渉をすると反結合性軌道ができる．N個の原子軌道から，N個の分子軌道ができる．■

② 等核二原子分子の電子配置

水素分子と同じ手順で，ほかの等核二原子分子も扱える．まず，原子2個の原子価殻にある原子軌道から（電子が占めた軌道と空いた軌道の区別なく），分子軌道をつくる．そのあと，原子軌道の構成原理（1・5節）と同じ手続きで，価電子を分子軌道に入れていく．つまり以下のようにする．

1. 電子は最低エネルギーの準位から順に入れる．
2. 準位それぞれに，逆スピンの電子を2個まで入れる（パウリの排他律）．
3. エネルギー値の同じ準位が複数あれば，同スピンの電子を1個ずつ入れる（フントの規則）．

第2周期の元素は原子価殻に2s軌道と2p軌道をもつため，そうした原子軌道が重なりあって分子軌道ができる．原子軌道は計8個（原子あたり2s軌道が1個と2p軌道が3個）あるから，分子軌道も8個できるだろう．

2個の2s軌道が重なるとσ軌道が2個できて，うち1個は結合性（σ_{2s}），1個は反結合性（$\sigma_{2s}{}^*$）になる．それぞれ，H_2分子のσ_{1s}軌道，$\sigma_{1s}{}^*$軌道に似ている．また，計6個（原子あたり3個）の2p軌道から，6個の分子軌道ができる．ただし，2p軌道の重なりかたには2種類がある．

結合軸に沿って向き合う2p軌道2個は，結合性のσ軌道（σ_{2p}）と，反結合性のσ^*軌道（$\sigma_{2p}{}^*$）をつくる．（図2・52）．また，各原子に2個あり，分子軸に垂直な2p軌道は横向きに重なって，結合性と反結合性の“**π軌道**（π orbital）”をつくる（図2・53）．π軌道には，結合軸を含む節面がひとつある．分子軸に垂直な2p軌道は原子あたり2個あるから，分子軌道は4個でき，2個は結合性のπ_{2p}，2個は反結合性の$\pi_{2p}{}^*$になる．

何度も出てきたσ軌道とπ軌道は，対称性の面でつぎのような差がある．確認しよう．

- **σ軌道**：結合軸に沿う円筒形の対称性をもち，結合軸を含む節面はない．
- **π軌道**：結合軸を含む節面がある．

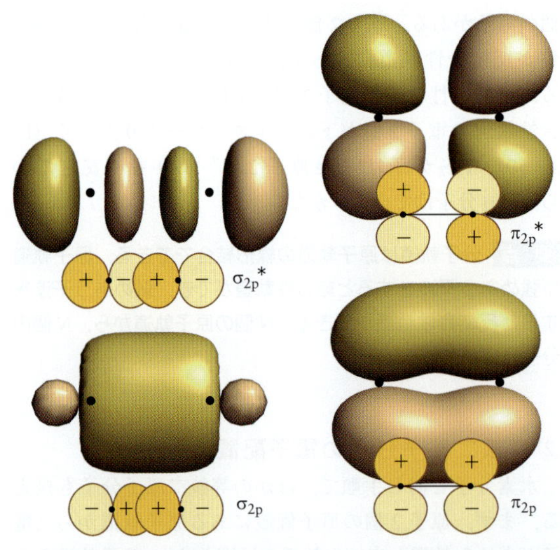

図 2・52　p軌道2個の末端どうしが重なってできる結合性のσ軌道（下）と反結合性のσ軌道（上）．反結合性軌道は核間に節面をもつ．どちらのσ軌道も核の位置が節になるが，結合軸を含む節面はない．

図 2・53　p軌道2個が横向きに重なった結合性のπ軌道（下）と反結合性のπ軌道（上）．反結合性軌道は核間に節面をもつ．どちらのπ軌道も結合軸を含む節面をもち，分子軸の向きから見た形がp軌道に似ている．

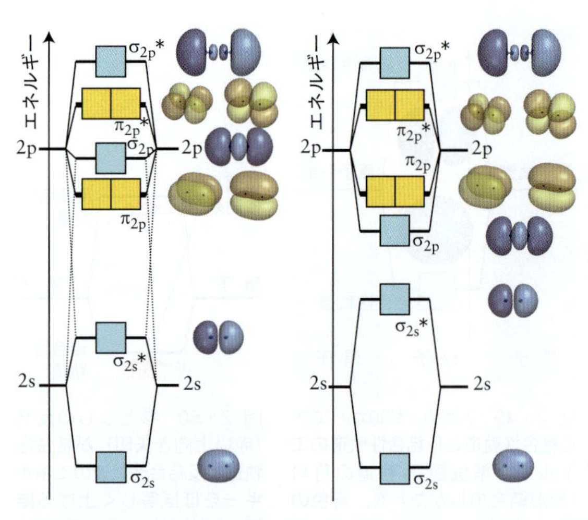

図 2・54　Li_2〜N_2 のMOエネルギー準位図．箱それぞれが分子軌道1個（電子を2個まで収容）を表す．

図 2・55　O_2 と F_2 のMOエネルギー準位図．

σ軌道にもπ軌道にも，結合性のものと反結合性のものがある．反結合性の軌道は，“打ち消し合う干渉”の結果，原子間に節面をもつ．

第2周期の元素がつくる等核二原子分子のうち，Li_2〜N_2 のエネルギー準位図を図 2・54 に，O_2 と F_2 の準位図を図 2・55 に描いた．

エネルギー準位の上下関係を考えよう．O_2 と F_2 の場合，O原子もF原子も核の正電荷が多く，2s軌道の2電子が核に引かれてエネルギーが大きく下がるため，2p軌道のエネルギーはずっと上にくる．つまり，2s由来の分子軌道と，2p由来の分子軌道は，エネルギーが十分に離れている．

かたや族番号の若いLi〜N（計5個）だと，核の正電荷が少なく，2s軌道のエネルギー低下が弱いため，OやFに比べると，2s軌道と2p軌道のエネルギーが近い．その結果，σ結合は，2s軌道だけや $2p_z$ 軌道だけからできるとはいえなくなり，2sと2pを合わせた軌道4個からσ軌道4個ができる，と考えなければいけない．計算の結果，σ軌道4個の上下関係は図2・54のようになるとわかった．こうしたMOのエネルギー値は，実測で検証できる（コラム）．

化学の広がり 6　MOエネルギー準位の測定

いまや分子軌道のエネルギーは，市販の“分子軌道法”ソフトでどんどん計算できる．最新のソフトなら，分子名を入力するか画面上に分子式を描けば，たちまち結果が出る．だがそれは計算値にすぎない．実測はどうするのだろう．測定法のひとつに，光電効果（1・2節）の発展形となる**光電子分光法**（PES, photoelectron spectroscopy）がある．光源には高振動数（短波長）の紫外線かX線を使う．高エネルギーの光子が，分子軌道にある電子をたたき出す．

光源の振動数が ν なら，光子エネルギーは $h\nu$ に等しい．分子軌道の電子は，ゼロ点（真空準位）から $E_{軌道}$ だけ低いエネルギー位置にあるとしよう．$h\nu > E_{軌道}$ の光子が電子をたたき出し，差（$h\nu - E_{軌道}$）が電子の運動エネルギー E_k になる．

$$h\nu - E_{軌道} = E_k$$

$h\nu$ は光源の振動数 ν からわかるため，E_k を測れば $E_{軌道}$ が判明する．

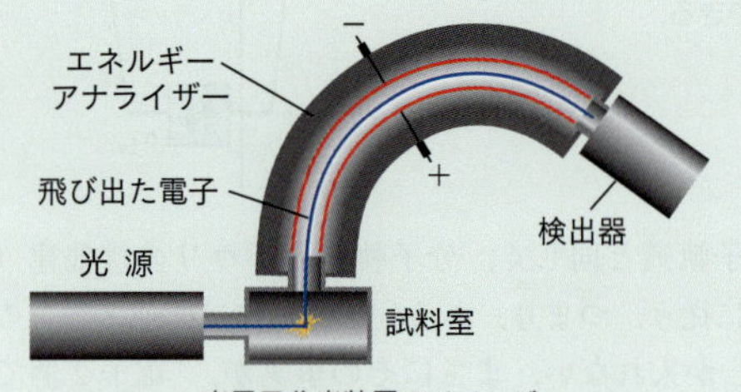

光電子分光装置のイメージ

飛び出た電子の運動エネルギーは，速さが v なら，$E_k = \frac{1}{2}m_e v^2$ と書ける（序章A節）．光電子分光装置では，質量分析計（序章B節）がイオンの速さ v を測る場合と似たやりかたで，電子の速さ v を測る．飛び出た電子に電場や磁場をかけ，飛行ルートを曲げる．電場の強さを変えていくと，電子の飛行ルートが変わり，決まった速さの電子が検出器に届く．速さの値から電子の運動エネルギーがわかり，軌道のエネルギーがわかる．

N_2 分子の光電子スペクトルを下図に描いた．各ピークは，電子が占めていた軌道のエネルギーを表す．解析の結果，定性的な N_2 の MO 準位（**1**）が，正確な数値として求まる．

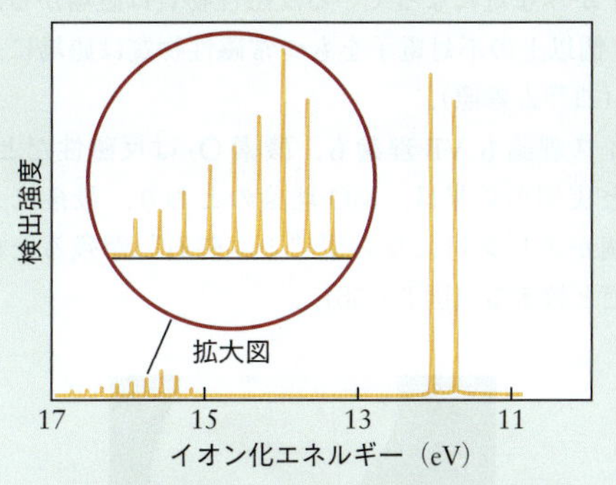

N_2 分子の MO エネルギーを示す光電子スペクトル．各ピーク群が，ある MO のエネルギーに対応する．付加的な“微細構造”は，電子の飛び出しに伴う分子振動の励起を表す．

どんな分子軌道があるかわかれば，構成原理をもとに，基底状態の分子の電子配置がわかる．窒素 N_2 を考えよう．15 族の N 原子は価電子を 5 個もつため，計 10 個の電子を 8 個の分子軌道（図 2・54）に収容する．まず 2 個が σ_{2s} 軌道に，つぎの 2 個は $\sigma_{2s}{}^*$ 軌道に入る．その上にある 2 個の π_{2p} 軌道は，4 個の電子を収容できる．最後の電子 2 個は σ_{2p} 軌道に入るから，基底状態の電子配置はつぎのようになる．

$$N_2\text{：}\ \sigma_{2s}{}^2\,\sigma_{2s}{}^{*2}\,\pi_{2p}{}^4\,\sigma_{2p}{}^2$$

分子軌道それぞれを箱に描けば，電子配置は **1** のようになる．

（**1**）窒素 N_2：σ_{2p} ⇅；π_{2p} ⇅ ⇅；$\sigma_{2s}{}^*$ ⇅；σ_{2s} ⇅

一見したところ N_2 の分子軌道図は，ルイス構造（:N≡N:）とはずいぶんちがう．だが両者は密接に結びつく．類似性を確かめるため，MO 理論の**結合次数**（bond order）b を調べよう．結合次数は，反結合性軌道による“結合の打ち消し”を考えた量で，次式のように定義される．

$$\begin{aligned}\text{結合次数 } b &= \frac{1}{2}\times(\text{結合性軌道を占める電子の数}-\text{反結合性軌道を占める電子の数})\\ &= \frac{1}{2}\times(N_e-N_e{}^*)\end{aligned}\qquad(7)$$

N_2 分子なら，結合性軌道に電子 8 個が入り（$N_e=8$），反結合性軌道に電子 2 個が入るため（$N_e{}^*=2$），結合次数 b は $\frac{1}{2}(8-2)=3$ になる．結合次数が 3 なので，N 原子間には 3 本の結合ができ，ルイス構造に合う．ルイス構造の話と同様，結合次数は結合の長さや強さとも関係し，たとえば結合次数が大きいほど結合は短い．逆に結合次数が小さい二原子分子は，反応活性が高いと思ってよい．

等核二原子分子につき，電子配置と結合次数の決めかたを道具箱 5 にまとめた．

道具箱 5　等核二原子分子の結合次数の推定法

発 想　価電子の原子軌道 N 個から，分子軌道が N 個できる．構成原理に従って電子を入れると，基底状態の電子配置になる．結合次数は，原子をつなぐ正味の結合数に等しい．

手 順　段階 1：原子価殻の全原子軌道を（電子が占めるかどうかは考えず）特定する．

段階 2：対応する原子軌道を使い，結合性分子軌道と反結合性分子軌道をつくる．結果を MO エネルギー準位図（図 2・54 や図 2・55）にする．

段階 3：2 原子の原子価殻にある電子の総数を確かめる．イオンなら，価数に合わせて電子数を調節する．

段階 4：構成原理に従い，分子軌道に低エネルギー側から電子を入れていく．

段階 5：結合次数は，結合性軌道の電子数から反結合性軌道の電子数を引き，結果を 2 で割る〔(7)式〕．

以上の手続きは，例題 2・12 で使う．

考えよう　He_2 分子の結合次数はいくらだろう？■

例題 2・12　基底状態にある二原子分子や二原子イオンの電子配置と結合次数

結合次数は，結合の強さの目安となる．フッ素分子 F_2 につき，基底状態の電子配置と結合次数を求めよ．

予 想　F_2 のルイス構造は :F̤̈—F̤̈: だから，結合次数は 1 だろう．

方 針　道具箱 5 に従って MO エネルギー準位図を描き，構成原理をもとに価電子を入れていく．その結果から結合次数を計算する．

解 答　段階 1：原子価殻の全原子軌道を（電子が占めるかどうかは考えず）特定する．各原子は 2s 軌道 1 個と 2p 軌道 3 個をもつため，原子軌道は計 8 個できる．

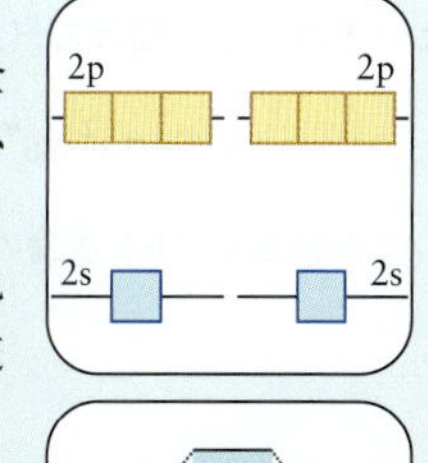

段階 2：対応する原子軌道から結合性分子軌道と反結合性分子軌道をつくり，図 2・55 のような MO エネルギー準位図を描く．

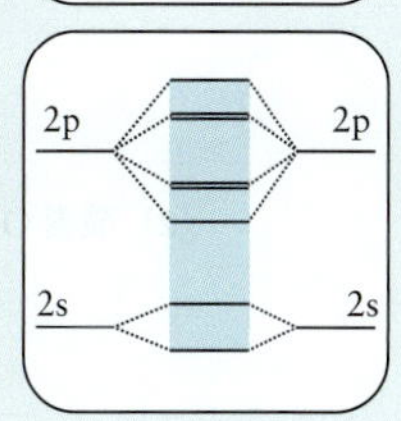

段階 3: 原子 2 個の原子価殻にある電子の総数を確かめる.

2 個 × 7 = 14 個

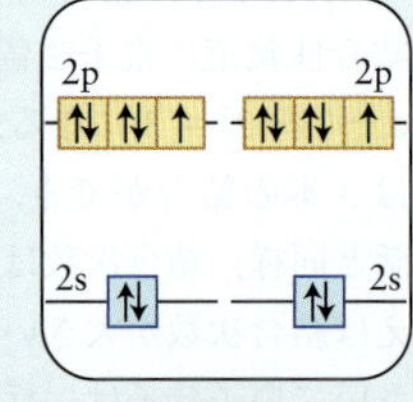

段階 4: 分子軌道に, 低エネルギー側から電子を入れていく.

$\sigma_{2s}^2\,\sigma_{2s}^{*2}\,\sigma_{2p}^2\,\pi_{2p}^4\,\pi_{2p}^{*4}$

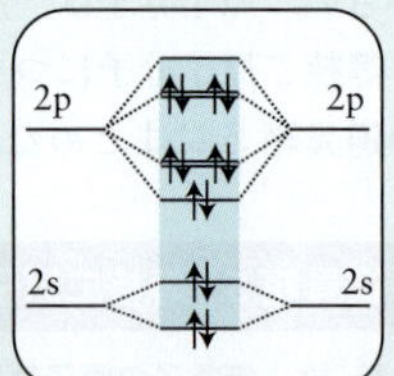

段階 5: 結合性軌道の電子数から反結合性軌道の電子数を引き, 結果を 2 で割った値が結合次数に等しい.

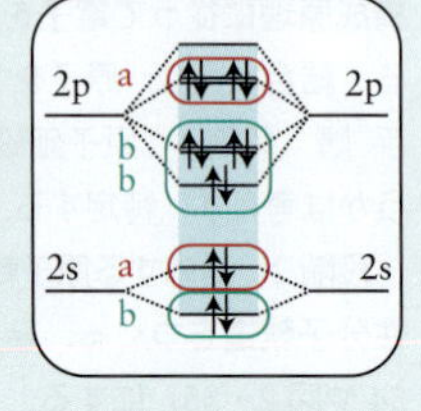

$$b = \frac{1}{2} \times [\overbrace{(2+2+4)}^{b} - \overbrace{(2+4)}^{a}] = 1$$

確 認 予想どおり F_2 分子は, ルイス構造どおりの単結合でできる. 電子 10 個までは (σ_{2p} と π_{2p} の順序を除き) N_2 分子と同じ配置になることに注目しよう.

復習 2・23 A 陰イオン C_2^{2-} の電子配置と結合次数を求めよ.

[答: $\sigma_{2s}^2\,\sigma_{2s}^{*2}\,\pi_{2p}^4\,\sigma_{2p}^2$, $b = 3$]

復習 2・23 B 陽イオン O_2^+ の電子配置と結合次数を求めよ.

酸素分子 O_2 の基底状態は, 図 2・55 の MO エネルギー準位に 12 個 (各原子から 6 個ずつ) の電子を入れてできる. 最初の 10 個は F_2 と同じ配置になる (例題 2・12). 構成原理に従い, 最後の 2 個は π_{2p}^* 軌道の箱を別々に占めるから, スピンは同じ向きになる. つまり電子配置はつぎのように描ける (**2** 参照).

$$O_2: \ \sigma_{2s}^2\,\sigma_{2s}^{*2}\,\sigma_{2p}^2\,\pi_{2p}^4\,\pi_{2p_x}^{*1}\,\pi_{2p_y}^{*1}$$

この結論が MO 理論の威力をよく語り, 実験でわかった酸素の磁気的な性質を完璧に説明する.

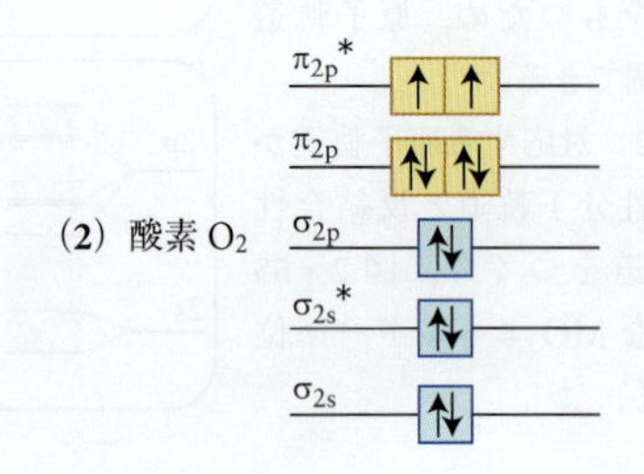

(**2**) 酸素 O_2

磁場内のふるまいから, 物質は**反磁性** (diamagnetic) 物質と**常磁性** (paramagnetic) 物質に分類できる. 分子内の電子がみな対になっている反磁性物質は磁場から出たがり, 1 個以上の不対電子をもつ常磁性物質は磁場に入りたがる (コラム参照).

ルイス理論も VB 理論も, 酸素 O_2 は反磁性だと語る. けれど実測の結果は, MO 理論のとおり, 最後に入る電子 2 個がスピン対にならず "ミニ磁石" が残るため, 常磁性だと教える (図 2・56).

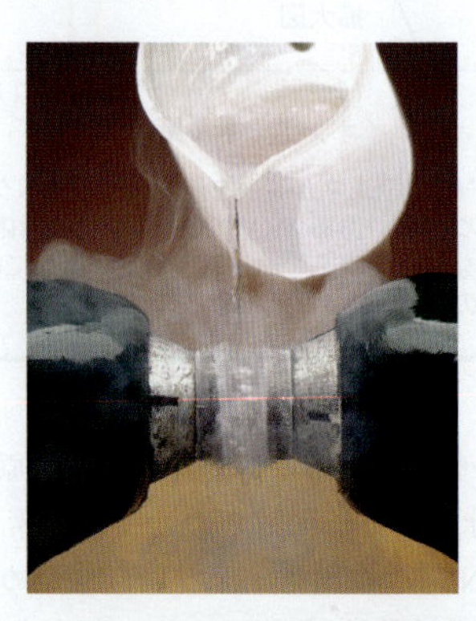

図 2・56 磁石にくっつく常磁性の液体酸素.

化学の広がり 7 酸素分子はミニ磁石

身近な物質はたいてい反磁性で, 磁場から逃れたがる. それを確かめるには, 物質を細長い試料にして, はかりの腕にぶら下げ, 磁石のすき間に入れればよい. その装置を "グイ天秤" という (グイは人名: フランスの物理学者 Louis Georges Gouy, 1854〜1926). 反磁性物質は上方に逃げるため, 天秤の腕が上がり, 見かけの質量が減る.

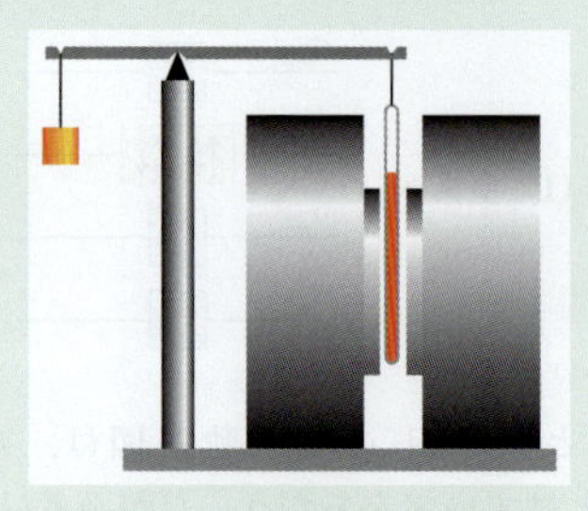

グイ天秤. 反磁性物質は上に逃れ, 常磁性物質は磁石に入りこむ.

反磁性の根元を考えよう. 磁場がかかると, 電子は分子内をぐるぐる回る. 負電荷の電子が回ると "渦電流" ができる. 渦電流が分子内に生む磁場は, 外部磁場と逆を向く. 二つの磁場が反発しあうため, 試料は外部磁場から逃れたがる.

かたや不対電子をもつ常磁性の化合物は, 磁場内に引きこまれる. グイ天秤の腕が下がり, 見た目の質量が増す. 常磁性は電子スピン (ミニ磁石) が外部磁場内で整列したがるから生じる. 整列がきれいなほどエネルギーが下がるため, 磁場に吸いこまれる．

酸素は，同スピンの不対電子を 2 個もつから常磁性になる．その性質を使い，培養器内の酸素濃度を測れる．ラジカルはどれも常磁性だ．d ブロック元素のつくる多くの化合物も，いろいろな数の不対 d 電子をもつので常磁性を示す．

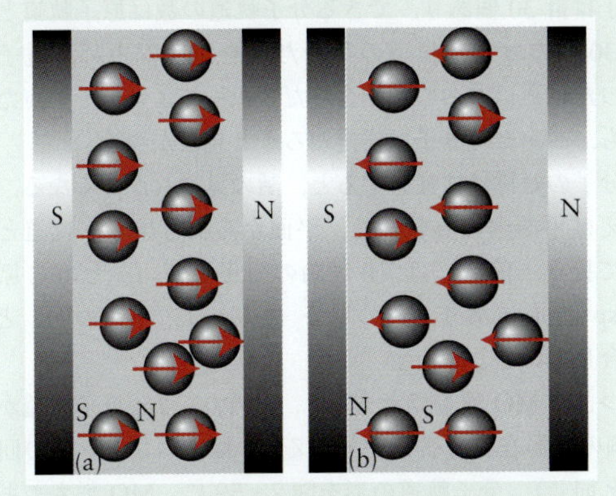

(a) 常磁性や強磁性の物質がもつ電子は，磁場内でスピンの向きをそろえたがる．(b) 外部磁場を切ると，常磁性物質の電子スピンはランダムな姿に戻る（強磁性物質のスピンは，磁場を切っても整列したまま）．

O_2 の結合次数はつぎのようになる．

$$b = \frac{1}{2} \times \{\overbrace{(2+2+4)}^{N_e} - \overbrace{(2+1+1)}^{N_e^*}\} = 2$$

つまり O_2 分子の結合は，σ 結合 1 本と，2 個の "π 結合 0.5 本" となる．"0.5 本" は，結合電子 2 個（1 対）と反結合電子 1 個がつくる．

要 点 基底状態の二原子分子の電子配置は，原子 2 個の全原子軌道から分子軌道をつくり，そこに低エネルギー準位から価電子を入れて（構成原理）つくれる．■

③ 異核二原子分子の結合

異種元素がつくる**異核二原子分子**（heteronuclear diatomic molecule）AB の結合は，電気陰性度（1・6 節，2・4 節）の差に応じ，電子が片方の原子にかたよるので極性をもつ．そのため分子軌道は，(5) 式を変形した次式に書ける．

$$\psi = c_A\psi_A + c_B\psi_B \qquad (c_A \neq c_B) \tag{8}$$

電子の存在確率は，波動関数の 2 乗に比例するのだった．$c_A{}^2$ が大きいと分子軌道は A の原子軌道の形に近く，電子密度は原子 A のそばで高い．逆に $c_B{}^2$ が大きければ，分子軌道は B の原子軌道の形に近く，電子密度は原子 B のそばで高い．

一般に，原子軌道エネルギーの低い原子が分子軌道の姿をおもに決め，その原子上で結合性軌道の電子密度が高い．つまり，$c_A{}^2$ と $c_B{}^2$ の大小が，結合のようすを決める．

- **非極性の共有結合**では $c_A{}^2 = c_B{}^2$ となり，結合電子は 2 原子が均等に共有する．
- **イオン結合**では，電子密度のほぼ全部が陰イオン上にあり，陽イオンの波動関数は係数が 0 に近い．
- **極性の共有結合**では，電気陰性度の大きい原子に属する原子軌道のエネルギーが下がるため，最低エネルギーの分子軌道には，その原子の寄与が多い．

上の三つ目は結合性軌道に当てはまる．反結合性軌道では逆が成り立ち，電気陰性度の小さい原子の寄与が大きい．そうした区別を図 2・57 に示す．

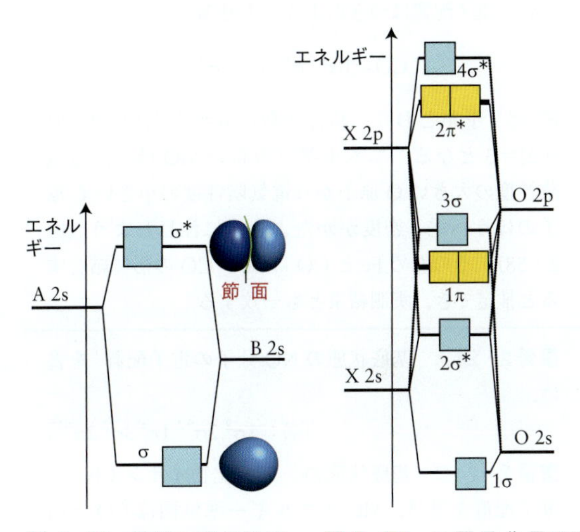

図 2・57 異核二原子分子 AB の典型的な σ MO エネルギー準位．原子軌道から分子軌道への相対的寄与度を，球の大小と，箱の水平位置で表す．本図では A の電気陰性度が大きい．

図 2・58 二原子分子 XO（X＝C, N）の MO エネルギー準位（計算結果）．s 軌道と p_z 軌道の重なりが生む σ 軌道を，低エネルギー側から 1σ, 2σ, …と書く．水平線上で右（O 原子側）に近い分子軌道ほど，O 原子の寄与が大きい．

異核二原子分子の基底状態がどんな電子配置になるかは，等核二原子分子と同様な手続きで求める．ただし，素材の原子軌道にエネルギー差があるため，それが分子軌道のエネルギーに影響する．原子軌道のエネルギー差も反映する MO エネルギー準位図をつくれたら，ある分子軌道がどんな原子軌道からでき上がったのか明らかになる．

たとえば σ 軌道は，結びつく原子の s 軌道と p_z 軌道から，計 4 個（結合性 2 個，反結合性 2 個）が生まれる．そのエネルギー値の推定は簡単ではないけれど，汎用のソフトで計算できる．また分子の π 軌道は，結びつく原子の p_x・p_y 軌道から，計 4 個（結合性 2 個，反結合性 2 個）が生まれるだろう．

計算で得た一酸化炭素 CO と一酸化窒素 NO の分子軌道を図 2・58 に示す．こうした図から，等核二原子分子と同じように，分子の電子配置が読みとれる．電子の占めたエネルギー最高の軌道の電子密度が，分子の反応性を決めると考えてよい．

例題 2・13　異核二原子分子やイオンの電子配置

一酸化炭素 CO はヘモグロビン分子の Fe 原子に強く結合し，酸素 O_2 の結合を妨げるため猛毒になる．基底状態にある CO 分子の電子配置を書け．

予 想　炭素-酸素間はルイス構造で:C≡O:と描ける三重結合だから，結合次数は 3 だろう．

方 針　構成原理に従い，図 2・58 の軌道に電子を入れていく．

解 答　分子軌道に入る価電子は，C の 4 個と O の 6 個を合わせた 10 個．図 2・58 の準位に下から電子を入れ，電子配置はつぎのように表せる．

$$\mathrm{CO:}\ 1\sigma^2\,2\sigma^{*2}\,1\pi^4\,3\sigma^2$$

確 認　予想どおり，結合次数は $b=\frac{1}{2}\times\{(2+4+2)-2\}=3$ となる．エネルギーの高い MO ほど，電気陰性度の大きい O 原子から電気陰性度の小さい C 原子のほうへ電子密度がかたよる点に注目しよう（図 2・58）．そのため Fe と CO は Fe…CO の形に結合すると推定でき，実測結果とも一致する

復習 2・24 A　基底状態の NO 分子の電子配置† を書け．

［答：$1\sigma^2\,2\sigma^{*2}\,1\pi^4\,3\sigma^2\,2\pi^{*1}$］

復習 2・24 B　基底状態のシアン化物イオン CN^- の電子配置を書け．MO エネルギー準位図は CO と同じだとする．

要 点　異核二原子分子の各原子は，結合電子を不均等に共有する．電気陰性度の大きい元素は結合性軌道への寄与が大きく，電気陰性度の小さい元素は反結合性軌道への寄与が大きい．■

④ 多原子分子の軌道

多原子分子の MO 理論も，本質は二原子分子と変わらない．ただし，分子軌道が分子内の全原子に及ぶことに注意しよう．結合性軌道に入った電子対 1 個は，特定の 2 原子ではなく，分子全体をまとめ上げる．隣りあう原子間で振幅の大きい分子軌道は原子どうしを強く結びつけ，原子間に節のある分子軌道は結合を切る向きに働く．

ふつう多原子分子の MO エネルギーが高いほど，核間の節は多い．最低エネルギーの MO は隣接原子間で振幅が大きく，軌道に電子が入れば原子どうしの結合を強める．最高エネルギーの MO は原子間が節となり，軌道に電子が入れば結合を開裂させやすい．多原子分子の MO エネルギーは，紫外可視分光法（章末の“測定法 2”）で実測でき，汎用のソフトで計算できる（7 章末の“測定法 5”参照）．

多原子分子のひとつベンゼン C_6H_6 を調べよう．原子 12 個（炭素 6 個＋水素 6 個）だから，C 2s と C 2p，H 1s を合わせて計 30 個の原子軌道から分子軌道ができる．価電子は計 30 個あり，できる分子軌道の数は原子軌道と同じ 30 個のはず．軌道の半分だけを電子が占め，電子の入った軌道はおおむね結合性だと思ってよい．その点だけでも，ベンゼン分子は安定だろうと見当がつく．

分子の対称性に注目すると，話の見通しがよくなる．たとえば平面内の σ 軌道を，平面から突き出る π 軌道と分けて扱う．前者には VB 理論の発想を使い，どの C 原子も sp^2 混成にあり，隣の原子（2 個の C，1 個の H）と σ 結合しているとみなす．

つぎに MO 理論で考えよう．6 個の C $2p_z$ 原子軌道から 6 個の非局在化 π 軌道ができる（z 軸はベンゼン環の回転軸と同じ）．分子軌道の形を図 2・59 に，MO エネルギー準位を図 2・60 に描いた．核間の節が 0 個（完璧な結合性）から 6 個（完璧な反結合性）まで変わるにつれ，軌道の性格は，結合性から反結合性へと変わっていく．

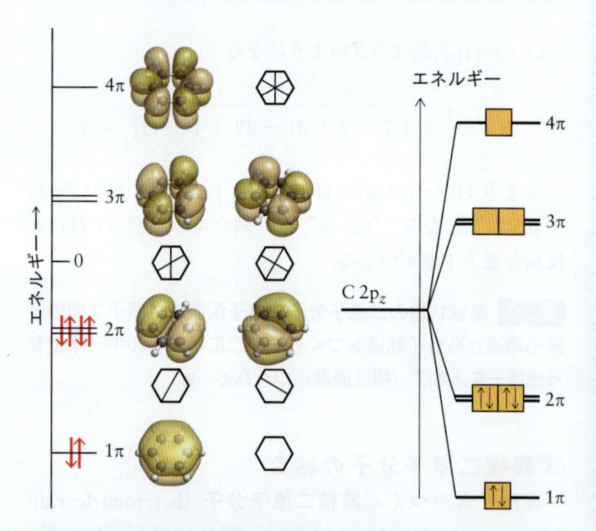

図 2・59　ベンゼンの π 軌道 6 個．節の場所を線図で付記．純粋な結合性軌道（核間に節なし）から，純粋な反結合性軌道（節 6 個）まで生じる．エネルギー 0 の点は，孤立原子の全エネルギーを表す．エネルギー負値の軌道 3 個が結合性，エネルギー正値の軌道 3 個が反結合性になる．

図 2・60　ベンゼンの π 軌道の MO エネルギー準位図．基底状態では，結合性軌道だけに電子が入る．

π 軌道は，C 原子が p 軌道を 1 個ずつ出してできる．結合性が最大の最低エネルギー軌道は電子 2 個が占め，つぎに高いエネルギーの軌道（等エネルギーの 2 個）は電子 4 個が占める．ベンゼン分子の高い安定性は，図 2・60 から読みとれる．π 電子は結合性の軌道だけに入り，反結合性の軌道には入らないから安定性が高い．

† 訳注：最高準位に不対電子をもつラジカルだから，反応性がたいへん高い．

さて，化学の土台ともいえる水分子 H_2O を，MO 理論で眺めよう．H の 1s 軌道（計 2 個）と，C の 2s 軌道（1 個）・2p 軌道（3 個）を合わせた 6 個の原子軌道が素材になって，6 個の分子軌道（MO）が生まれる．図 2・61 からわかるとおり，低いエネルギー位置に 2 個の結合性軌道，中間的なエネルギーに 2 個の軌道，高いエネルギーに 2 個の反結合性軌道ができる．中間的な軌道 2 個は，エネルギー値が酸素の原子軌道とほぼ同じで，電子を受け入れても全体のエネルギーを下げず，結合にも関与しないため，**非結合性軌道**（nonbonding orbital）とよぶ．

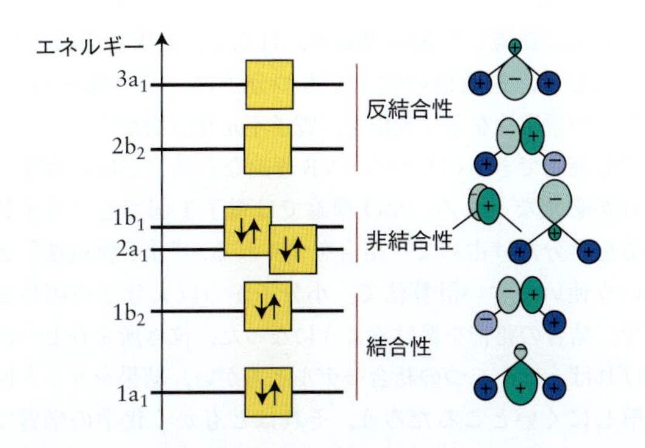

図 2・61 水 H_2O の MO エネルギー準位図．添え字 1 と 2 をつけた a と b は折れ線分子に常用の記号で，$1a_1$ と $1b_2$ が結合性，$2a_1$ と $1b_1$ が非結合性，$3a_1$ と $2b_2$ が反結合性の軌道を表す．右手に図解した “sp ハイブリッド軌道” は，通常の sp 混成ではなく，O 2s 原子軌道と O 2p 原子軌道からできる．

こうして，H_2O 分子の軌道 6 個を，合計 8 個の価電子が占めていく．電子は最低エネルギーの準位から順に入るため，結合性軌道 2 個と非結合性軌道 2 個だけが満杯になる．結合性軌道に入った計 4 個の電子が 3 個の原子を結びつけ，ルイス構造と同じく，2 本の O−H 単結合を生む．非結合性軌道 2 個は O 原子上に局在し，そこに入る計 4 個の電子が，ルイス構造でいう孤立電子対 2 個に相当する．

ジボラン分子 B_2H_6 の構造も，MO 理論でようやく説明できた例になる．価電子は，B 原子から 3 個ずつ，H 原子から 1 個ずつの計 12 個なのに結合は 7 本だから，電子 14 個を要するルイス構造は描けない．そんなふうに，電子が足りないせいで妥当なルイス構造が描けない分子を，**電子不足分子**（electron-deficient molecule）とよぶ．

MO 理論なら，電子不足分子の存在も謎ではなくなる．電子対が原子を結びつける働きは全原子に及ぶため，結合ごとに電子対を用意する必要はない．原子対より少ない電子対でも，分子全体に広がれば，全原子を結びつける．とりわけ，核の正電荷が多くなく，核間の反発が弱い分子ならそれがしやすい．だからジボラン B_2H_6 でも，6 個の電子対が 8 個の核を結びつける．

中心原子がオクテット則の数より多い結合をつくる “超原子価化合物”（2・3 節）も，MO 理論なら納得しやすい．VB 理論だと，d 軌道も使う sp^3d^2 混成や，イオン結合−共有結合の共鳴を考えて説明した．けれど，硫黄の d 軌道はエネルギーがそれなりに高いため，たやすく結合に使えるとは思いにくい．また，イオン結合−共有結合の共鳴は，15 種もの共鳴構造を考えるという複雑さを抱える．

MO 理論なら，d 軌道やフッ化物イオン F^- などをもち出さなくても SF_6 の結合を説明できる．まず，S 原子の原子価軌道 4 個と，F 原子の軌道（S 原子のほうを向いた軌道）6 個，つまり計 10 個の原子軌道から，10 個の分子軌道ができる（図 2・62）．

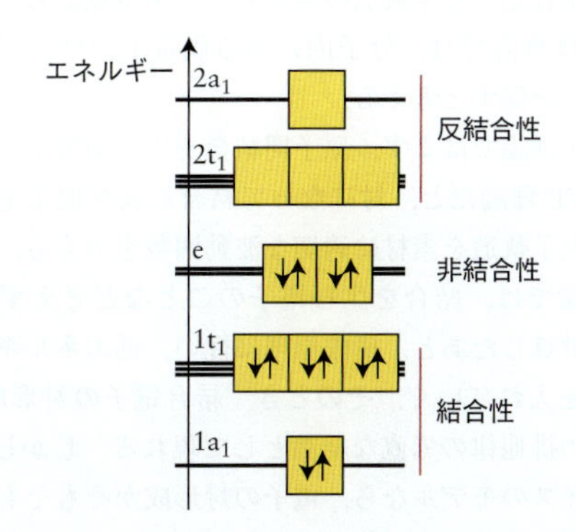

図 2・62 SF_6 の MO エネルギー準位図．低エネルギー準位から価電子 12 個が占めていく．反結合性軌道に電子はなく，正味で結合性となるため，d 軌道を考えなくても結合を説明できる．軌道 e は F 原子上に局在するため，共鳴モデルで想定した $(SF_4)^{2+}(F^-)_2$ 構造中のイオン F^- は，その状況を表すと考えればよい．

12 個の電子は下から 6 個までの軌道に入るが，どれも結合性軌道か非結合性軌道で，総合すると “結合性” だから，d 軌道をもち出す必要はない．そのことは，結合次数の計算からわかる．結合性軌道 4 個に電子 8 個が入るため，$8 \div 2 = 4$ を S−F 結合の数（6）で割ると，1 本あたりの平均結合次数が $4/6 = 2/3$ となる．単結合の 0.67 倍だとはいえ，とにかく結合はできる．

非結合性の電子が F 原子上に局在していることに注目しよう．その事実と，MO 計算に d 軌道を動員する必要がなかったことから，“d 軌道混成モデル” より “共鳴モデル” のほうが現実に即したものだといえる．

要点 多原子分子の中で非局在化した電子は，結合作用を分子全体に及ぼす．■

⑤ 結合モデルの比較

20 世紀の初頭は量子力学も幼児期だったため，そのころ結合理論を発表したルイスに，軌道や波動関数や電子スピンを考える余地はなかった．とはいえルイスの発想は，いまなお化学で役に立つ．以後に登場した VB（原子価結合）理論，MO（分子軌道）理論と合わせ，本章で紹介し

表 2・8　結合理論 3 種の比較

	ルイスの理論	VB 理論	MO 理論
電子の居場所	局 在	局 在	非局在
モデル化法	価電子を数え，結合電子と孤立電子に仕分け	電子占有原子軌道から波動関数を作成	全原子軌道から波動関数をつくり，エネルギー値の順に電子を分配
共鳴を仮定	必要なら仮定	必要なら仮定	仮定せず
分子の形	電子対反発モデルで予測	混成軌道も使って予測	最低エネルギーの構造を計算

た理論三つの特色を表 2・8 にまとめてある．

ルイスのモデルは，電子対の共有を原子間結合の本質とみた．VB 理論でも原子間に局在化した電子を想定するけれど，結合を“原子軌道の重なり”とする点がちがう．かたや MO 理論では，分子内にある価電子の全部が，全原子の結合を促すと考える．

ルイス理論ではまず，原子間結合を生む価電子を数えあげる．VB 理論だと，対になって結合形成を促す電子を特定し，原子軌道を素材に適切な波動関数をつくる．けれど MO 理論では，結合を生む電子のことなど考えずに分子軌道を計算したあと，構成原理に従い，低エネルギー側から電子を入れていく．そのとき“結合電子の対形成”は，パウリの排他律の素直な結論として現れる．しかし VB 理論やルイスのモデルなら，電子の対形成がそもそもの出発点だった．

1 個のルイス構造で状況をうまく表せない場合は，いくつか共鳴構造を考える．共鳴は VB 理論でも考え，結合性を複数の原子対が共有するとみなす．MO 理論だと“結合性の共有”は，分子全体に非局在化した分子軌道のイメージになる．

分子の形はどう扱うのか？　ルイス流の分子構造は，電子対反発（VSEPR）モデルを使って視覚化できる．VB 理論なら，結合の本数と分子の形をつかむのに，電子の昇位と軌道混成を考える場面が多い．MO 理論では混成軌道など考えず，電子が入っているかどうかにも目をつぶり，原子軌道の全部を分子軌道の素材に使う．そして最低エネルギー状態の構造を，計算ではじき出す．

研究の現場では通常，当座の仕事に合いそうなモデルのうち，いちばん単純なものを選ぶ．ルイス構造は，とにかく使いやすい．複雑な分子でもルイス構造はたちまち描けて，結合のパターンを見通せる．ただしルイス構造は，結合形成のエネルギー収支をまったく教えない．結合の局在化を仮定する VB 理論は，注目している反応にからむ結合の性質を教えるため，有機化学や生化学でよく使う．混成軌道の発想も，C・N・O など第 2 周期元素なら完璧に役立つ．けれどほかの元素にはほぼ無力だから，観測事実を説明する際，たとえば SF_6 分子で考えた“イオン結合と共有結合の共鳴”など，複雑な出来事を仮定することになってしまう．

最後に登場した MO 理論が，目覚ましい成功を収めた．なにしろ，偶数個の電子をもつ分子の一部（酸素 O_2 など）が常磁性を示す理由も，電子不足化合物が存在する理由も説明できるのだから．VB 理論なら結合形成には電子対が必須なところ，MO 理論では電子 1 個でも（分子軌道を半分だけ占めて）結合をつくれる．“分子軌道法”という使いやすい計算法で，小分子から巨大分子や固体まで，結合の秘密を暴けるようになった．泣き所をひとつあげれば，ほか二つの結合モデルとちがい，結果をサッと図解しにくいところだろう．それはともかく化学の学習では，三つのモデルをいつも念頭に置き，場面に応じて使い分けよう．

身につけたこと

MO 理論では，分子内の全原子に及ぶ波動関数（分子軌道）で結合を表現し，軌道それぞれが電子を 2 個まで受け入れる．分子軌道は，σ 軌道と π 軌道，結合性・反結合性・非結合性軌道に分類される．構成原理に従って電子を入れていけば，基底状態の電子配置が決まる．MO 理論なら，分子の常磁性も，電子不足分子や超原子価分子の存在も説明できる．以上を学び，つぎのことができるようになった．

❑1　等核二原子分子の MO エネルギー準位図の作成と解釈（② 項）
❑2　第 2 周期元素がつくる二原子分子の電子配置の特定（道具箱 5 と例題 2・12，2・13）
❑3　結合次数をもとにした結合の本数の予測（例題 2・12）
❑4　非局在化分子軌道をもとにした超原子価化合物と電子不足化合物の説明（④ 項）
❑5　MO 理論を使う多原子分子（ベンゼン，水）の結合の説明（④ 項）

測定法1　赤外分光法とマイクロ波分光法

日なたにいると，太陽から1億5000万kmほど飛んできた赤外線に体の分子が反応する結果，私たちは温かいと感じる．赤の光より波長が長い（振動数が低い）電磁波を**赤外線**（infrared radiation）という．赤外線域に入る波長1000 nmを振動数に換算した3×10^{14} Hz（300 THz＝テラヘルツ）は，分子振動の領域にある．だから分子が赤外線を吸収すると，その分だけ振動の激しさが増す（高い振動準位に励起される）．

赤外線より長い波長の電磁波（“電波”域）を**マイクロ波**（microwave）とよぶ．振動数は10^9 Hz（GHz＝ギガヘルツ）程度だと思えばよい．分子の回転がその領域だから，マイクロ波分光を使えば，分子内にある結合の長さや結合角がわかる．

分子の振動

二原子間の結合は，バネに似た“伸縮”振動をくり返す．多原子分子には，結合角が変わる（曲がる）“変角”振動や分子全体の“ねじれ”振動もある．分子振動の振動数は，原子の重さと結合の“硬さ”で決まる．軽い原子が強く結合した分子は，重い原子がゆるく結合した分子より振動数が高い．そのため前者は，後者より高い振動数を吸収する．ふつう変角振動は伸縮振動より“柔らかい”ため，伸縮振動より振動数が低い．

結合の硬さは，**力の定数**（force constant）k_fで表せる．バネに成り立つフックの法則と同様，結合の復元力Fは，平衡点からの変位Δxに比例する．

$$F = -k_\mathrm{f}\Delta x \qquad (1)$$

硬い結合は，硬いバネに似てk_fが大きいため，小さな変位Δxでも復元力が強い．また，ゆるい結合はk_fが小さく，大きな変位Δxでも復元力が弱い．力の定数は通常，変角振動より伸縮振動のほうが大きい．結合の硬さは，結合の強さ（解離エネルギー）そのものではないけれど，おおむね，強い結合ほど硬いと思ってよい（図1）．

原子A（質量m_A）とB（m_B）がつくる結合の振動数νは，次式に書ける．

$$\nu = \frac{1}{2\pi}\sqrt{\frac{k_\mathrm{f}}{\mu}} \qquad \mu = \frac{m_\mathrm{A}m_\mathrm{B}}{m_\mathrm{A}+m_\mathrm{B}} \qquad (2)$$

μを**換算質量**（reduced mass）や**有効質量**（effective mass）という．予想どおり，硬い（k_fが大きい）結合ほど，原子が軽い（μが小さい）結合ほど，振動数は高い．以上をもとに，分子が吸収する赤外線の振動数（波長）を測れば，結合の硬さがわかる．

測定結果の表示には，振動数の代わりに**波数**（wavenumber）$\tilde{\nu}$を使うことが多い．波数$\tilde{\nu}$は，振動数νと光速cを使ってこう書ける．

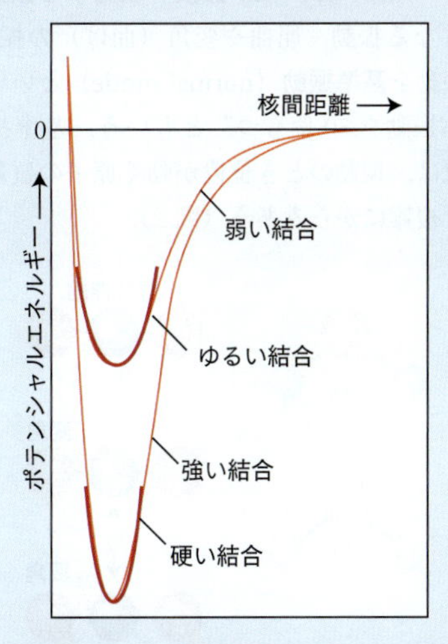

図1　結合の強さは“井戸の深さ”にあたり，結合の振動数を決める結合の硬さは，伸縮に伴うエネルギー変化の勢いにあたる．

$$\tilde{\nu} = \frac{\nu}{c} \qquad (3a)$$

振動数νと波長λは$\nu = c/\lambda$で結びつくため，波数は“波長の逆数”だとわかる．

$$\tilde{\nu} = \frac{c/\lambda}{c} = \frac{1}{\lambda} \qquad (3b)$$

長さの単位にcmを使えば，波数は“ある瞬間，距離1 cmに並ぶ波の数”に等しい．波数の単位に使う$\mathrm{cm^{-1}}$はドイツの分光学者Heinrich Kayser（1853～1940）が提案したため，$\mathrm{cm^{-1}}$を“カイザー（kayser）”とよぶことが多い．光速cを$\mathrm{cm\,s^{-1}}$単位（$3.00\times10^{10}\ \mathrm{cm\,s^{-1}}$）にすれば，300 THzの波数はこうなる．

$$\tilde{\nu} = \frac{3\times10^{14}\ \mathrm{s^{-1}}}{3.00\times10^{10}\ \mathrm{cm\,s^{-1}}} = 1\times10^4\ \mathrm{cm^{-1}}$$

赤外吸収スペクトルは，赤外分光光度計で測る．赤熱物体の出す赤外線を“回折格子”に通し，決まった振動数の赤外線をとりだす．それを2本に分けて1本を試料に通し，別の1本は比較（参照）用にする．出口で両方の強さを比べ，試料が吸収した度合いをつかむ．振動数を連続的に変えると，試料の赤外吸収スペクトルができる．

多原子分子の振動

N個の原子からできた分子は，非直線分子なら$3N-6$種，直線分子なら$3N-5$種の振動をする．そのことを，“振動の自由度が$3N-6$”のように表現する．$N=3$の水分子$\mathrm{H_2O}$は自由度が3でも，$N=12$のベンゼン分子

C_6H_6 なら30もある．

ベンゼンの振動には，環が拡張・収縮する振動や，六角形が細長くなる振動，屈曲や変角（曲げ）の振動もある．そういう振動を**基準振動**（normal mode）といい，ベンゼンは“基準振動を30個もつ”ともいう．基準振動それぞれの振動数は，振動のとき位置が動く原子の質量や，力の定数などと複雑にからみあう（図2）．

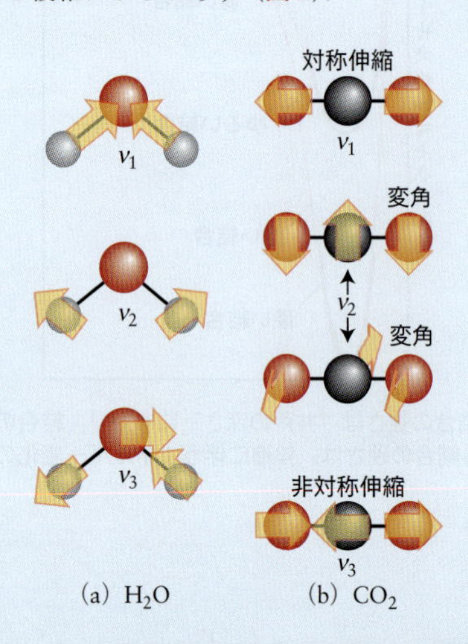

図2　(a) H_2O の基準振動3種．うち2種は伸縮振動だが，ν_2 モードは変角が主体．(b) CO_2 の基準振動4種．最上部と最下部がそれぞれ対称伸縮と非対称伸縮を，中央部の二つが変角振動（互いに垂直）を表す．

多原子分子では，単純な二原子分子とはちがい，どの基準振動も原子の複雑な動きを伴うので，赤外吸収スペクトルは複雑な姿になる．ただし，ベンゼン環やカルボニル基（C=O）などの原子団は，ほぼ決まった振動数の領域を吸収するため，吸収スペクトルから，分子内にある原子団の見当がつく．スペクトルの例を図3に示す．

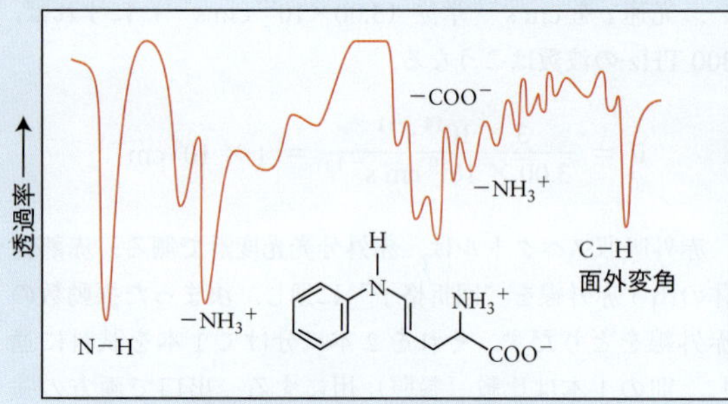

図3　あるアミノ酸の赤外吸収スペクトル．一部の特性ピークに帰属を付記した．

分子の回転

古典力学だと物体（球など）の回転は，どんなエネルギーもとれる（エネルギーが連続になる）けれど，量子力学に従うミクロ世界はそうではなく，回転のエネルギーも飛び飛びになる．たとえば二原子分子 A−B の回転エネルギーはこう書ける．

$$E_J = \frac{h^2}{8\pi^2\mu R^2} \times J(J+1) \qquad J = 0, 1, 2, \cdots \tag{4}$$

μ は先ほどと同様な換算質量 $m_A m_B/(m_A+m_B)$，R は原子間距離，h はプランク定数，J は回転の量子数を表す．量子状態 J と $J+1$ とのエネルギー間隔は次式のようになる．

$$\Delta E = E_{J+1} - E_J = \frac{h^2}{4\pi^2\mu R^2} \times (J+1) \tag{5}$$

エネルギー差に相当する振動数 $\nu = \Delta E/h$ の光子を吸収した分子は，高い回転状態へと遷移する．そこで，気体の試料にマイクロ波を当て，振動数を変えながら“マイクロ波吸収スペクトル”を得る．吸収ピークの振動数 ν から，結合距離 R が計算できる．

測定の対象は，電磁波（マイクロ波）と相互作用する極性分子にかぎる．分子が（赤外吸収測定の際に起こるような）振動励起をすれば，回転状態も変わる（フィギュアスケート選手が両手を横に伸ばすか上に伸ばすかで回転速度が変わるような状況）．そのため気体分子の赤外吸収スペクトルには，回転状態の励起を原因とした“微細構造”が現れ，その解析からも原子間距離がわかる．塩化水素 HCl の測定例を図4に示す．

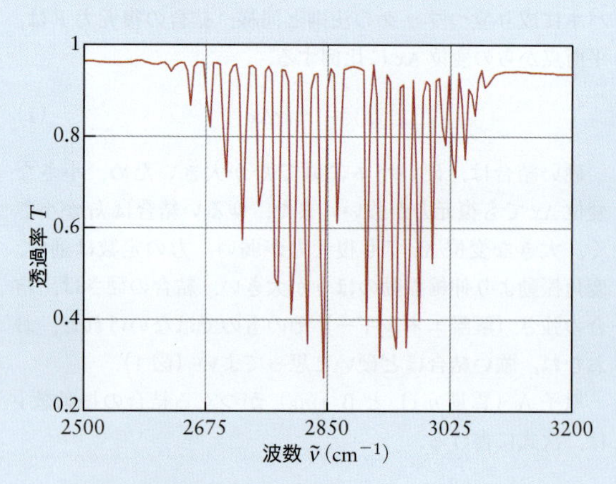

図4　気体 HCl の赤外吸収スペクトル．回転遷移による微細構造が見える．

練習問題

1・1　C−H 結合と C−Cl 結合で，赤外線の吸収波長はどちらが短いか．理由も述べよ．

1・2　C−H 伸縮振動の吸収波長は，メチル基（$-CH_3$）が 3.38 μm，アルキン基（−C≡C−H）が 3.1 μm となる．有効質量が同じなら，どちらの C−H 結合が硬い（力の定数 k_f が大きい）か．

1・3　振動数 975 MHz を波数（cm^{-1}）に換算せよ．

1・4　電子レンジには振動数 2.45 GHz（万国共通）のマイクロ波を使い，H_2O 分子の複雑な回転・振動運動を強めて温度を上げる．(a) マイクロ波の波長を計算せよ．(b) それをもとに，マイクロ波の“マイクロ”がもつ意味を考察せよ．

1・5　赤外吸収ピークの特定には，一部の原子を同位体に変える方法がある．Fe−H の伸縮振動が 1950 cm^{-1} に出るとき，H を重水素 D に変えた Fe−D の伸縮振動は何 cm^{-1} に出るか（波数は振動数に比例する）．

1・6　赤外線を吸収するのは，分子が変形したとき電気双極子モーメントの強さが変わる振動（図 2 の CO_2 なら ν_2 と ν_3）にかぎる．つぎのうち，赤外線を吸収する気体はどれか．

(a) CO　(b) O_2　(c) O_3

(d) SO_2　(e) N_2O　(f) Ar

測定法2　紫外可視分光法

可視光や紫外線の選択的な吸収・透過は，化合物の特定や濃度の決定に役立つ．

測 定 原 理

分子が紫外線（波長 100〜400 nm，振動数 10^{15} Hz 以上）や可視光（波長 400〜750 nm）の光子を吸収すると，電子 1 個が高いエネルギー準位に上がる．電磁波の振動数 ν と電子エネルギーの準位差 ΔE は，プランク定数 h を比例係数にした次式（**ボーアの振動数条件**）で結びつく．

$$\Delta E = h\nu \qquad (1)$$

紫外線や可視光の吸収から，分子の電子エネルギー準位がわかる．吸収スペクトルは**分光光度計**（spectrophotometer）で測る．光源の出した光をガラスプリズム（可視光）や石英プリズムか回折格子（紫外線）に通し，波長（振動数）のそろった**単色光**（monochromatic light）とする．回折格子の原理には“測定法 3”でも触れる．

赤外（振動）スペクトルとはちがい，紫外〜可視域の電磁波で励起された分子では，原子核に作用する力が変わる結果，“振動励起”も起こる．そのため，たとえば気体試料の紫外吸収スペクトルには，振動準位間の遷移を表すシャープな吸収も現れる．けれど試料が溶液なら，1 秒間に分子どうしが何百億回もぶつかり合って“振動吸収”のエネルギーがぼやける結果，吸収スペクトルは幅広い“バンド”の連なりになる．

典型例として，高等植物が含むクロロフィル a と b の吸収スペクトルを図 1 に示す．どちらも青と赤の波長域を強く吸収するから，残った緑が目に見える（単離した色素を有機溶媒に溶かせば，クロロフィル a はほぼ青色，クロロフィル b は鮮緑色に見える）．

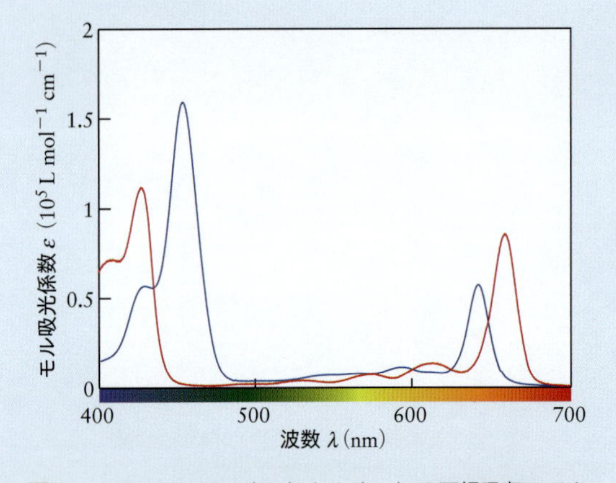

図 1　クロロフィル a（—）と b（—）の可視吸収スペクトル．縦軸は“モル吸光係数 ε”とした（光の透過率 T を使って $A = -\log_{10} T$ と書ける吸光度 A を縦軸にすることも多い）．

発 色 団

ふつう紫外可視吸収スペクトルの吸収帯は，特定の原子団が生む．そんな原子団を**発色団**（chromophore；原義はギリシャ語の“色を生むもの”）という．

C=C 二重結合は重要な発色団になる．光子を吸収した電子 1 個が，結合性 π 軌道から反結合性 π* 軌道に上がる．その遷移を **π-π***（パイ-パイスター）**遷移**とよぶ（図 2）．孤立した C=C 二重結合の励起波長は 160 nm 前後（紫外線域）になる．

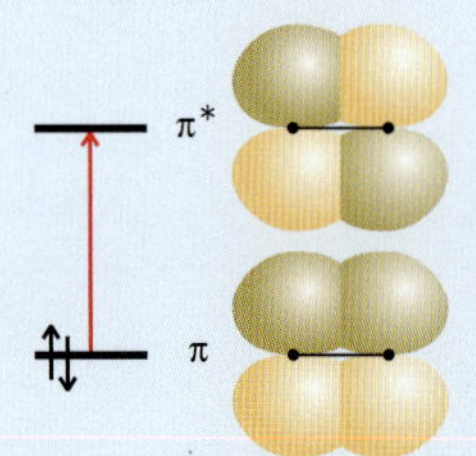

図 2　電子 1 個が結合性 π 軌道から反結合性 π* 軌道に上がる π-π* 遷移．

結合性軌道と反結合性軌道のエネルギーが近ければ，電子遷移は可視光域に入る．C=C 二重結合と C−C 単結合が交互にくり返す“共役二重結合”がそうなりやすい．共役二重結合をもつ分子の例に，ビタミン A の前駆体となり，ニンジンや柿の色を出す β-カロテン（**1**）がある．π-π* 遷移は，視覚の発生でも主役を演じる（2・6 節参照）．

（**1**）β-カロテン $C_{40}H_{56}$

紫外域ではカルボニル基 >C=O も発色団となり，280 nm 付近に吸収を示す．O 原子上の孤立電子対（非結合電子対；記号 n）が，C=O 二重結合の空の反結合性 π* 軌道に上がる電子遷移だから（図 3），**n-π***（エヌ-パイスター）**遷移**とよぶ．

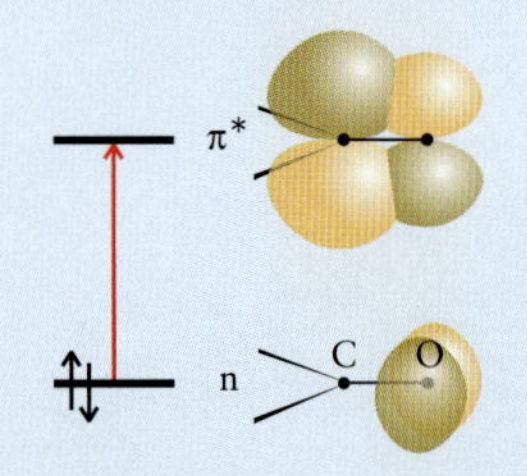

図 3　O 原子上の孤立電子対が空の反結合性 π* 軌道に上がる CO 基の n-π* 遷移．

d 金属イオンも色のもとになり，多くの d 金属錯体が多彩な色をもつ（8・13 節）．遷移には二つのタイプがある．ひとつは **d-d 遷移**といい，電子 1 個が，ある d 軌道から高いd軌道に上がる．一般にd軌道間のエネルギー差は小さく，可視光の光子でも励起に十分だから，“白色光”のうち一部の波長域が吸収される結果，残った補色が目に見える（図4）．

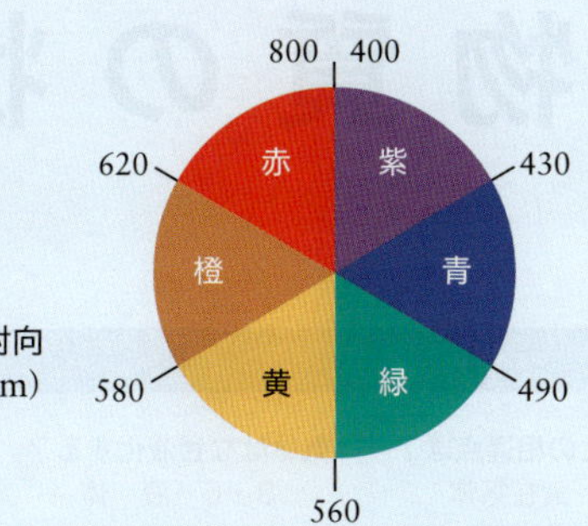

図 4　吸収色と補色を対向させた関係図．数値（nm）は典型的な波長．

d軌道がからむ別の遷移を，**電荷移動遷移**とよぶ．電子1個が，中心金属と結合した原子から中心金属のd軌道へ（またはその逆に）移る．電荷移動遷移は光吸収能が強い（過マンガン酸イオン MnO_4^- の紫色を出すのも電荷移動遷移）．

花や果物，野菜の鮮やかな色は，電子が非局在化した大きな分子が出す．そうした分子では，多くのC原子のp軌道がπ電子系に寄与し，多くの分子軌道ができている．そんな分子のπ電子は，巨大な一次元の箱に入った粒子と考えればわかりやすい．“箱”が大きいほど，エネルギー準位の間隔がせまい．電子の占めかたを表す表現では，**最高被占軌道**（HOMO，highest occupied molecular orbital）と**最低空軌道**（LUMO，lowest unoccupied molecular orbital）のエネルギーが近い．その結果，小さな光子エネルギーでHOMOからLUMOへの励起が起こる（図5）．可視光の光子でも十分だから，色がついて見える．トマトの赤色を出すリコペン（**2**）も，広く非局在化したπ電子系をもつ．フラミンゴの色も，ゆでたエビの色も，同類の化合物が生み出す．

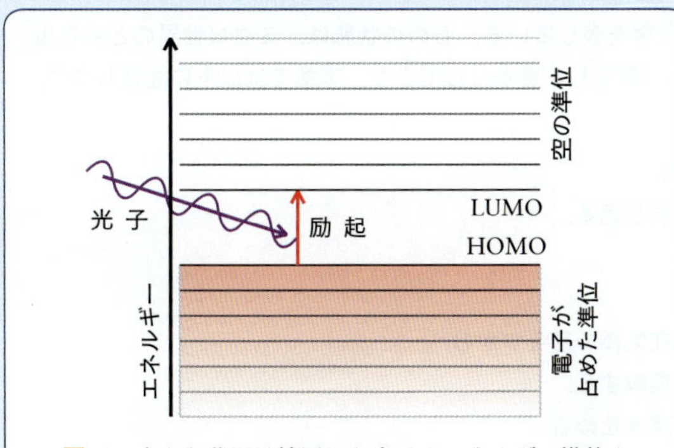

図 5　大きな分子は接近した多くのエネルギー準位をもち，HOMOとLUMOの間隔がせまい．可視光の光子でHOMO→LUMOの励起が起こるため色をもつ．

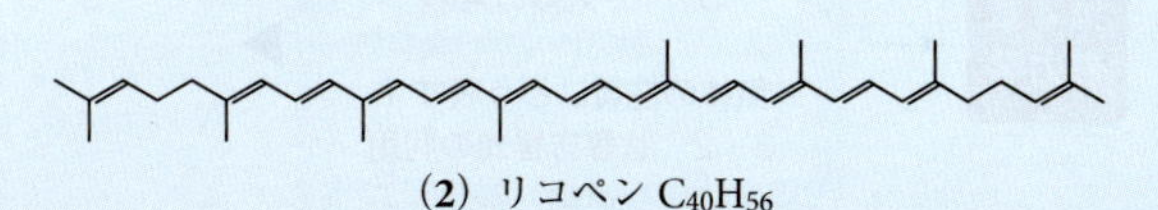

（**2**）リコペン $C_{40}H_{56}$

練習問題

2・1　鮮やかな色を出す色素の分子は，二重結合が多く，芳香族環をもつものもある．その構造と発色の関係を説明せよ．

2・2　炭素原子 N 個の共役二重結合をもつ色素分子のπ電子系を，長さがほぼ NR の“箱”とみよう（R はC−C結合の平均長さ）．各C原子が電子1個を出し，波動関数1個を電子2個が占めるとして，最低エネルギー遷移の波長を表す式を求めよ．吸収波長を長くするには，炭素原子数を増やせばよいか，減らせばよいか．

2・3　下記のうち，n–π^* 遷移を示しそうな分子はどれか．理由も述べよ．

(a) ギ酸 HCOOH
(b) アセチレン（エチン）C_2H_2
(c) メタノール CH_3OH
(d) シアン化水素 HCN

2・4　Cu^{2+} 化合物の青い水溶液は，$[Cu(H_2O)_6]^{2+}$ を含む．$[Cu(H_2O)_6]^{2+}$ は可視光を吸収するか．理由も述べよ．

3 物質の状態

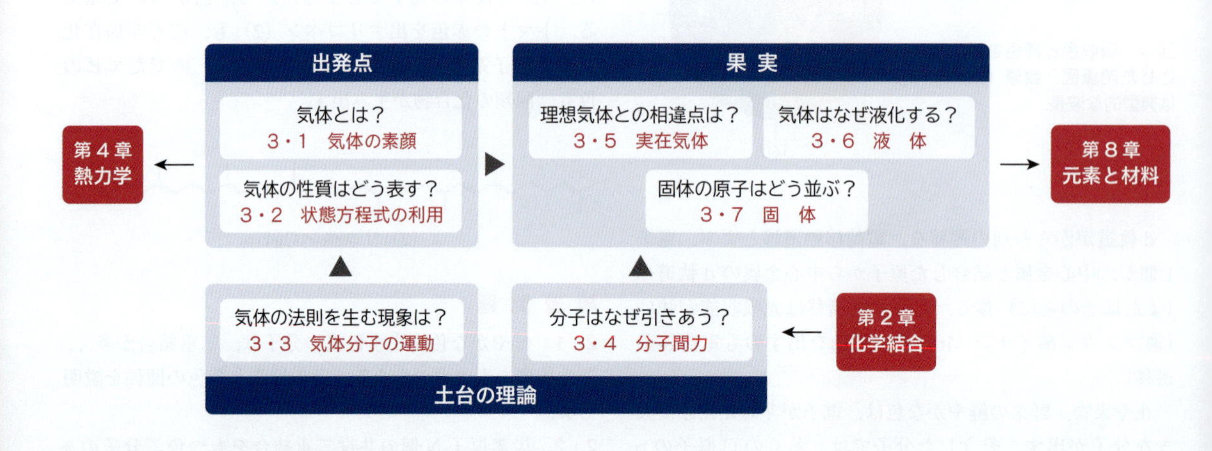

私たちの吸う空気，飲む水，踏みしめる地面…が，“もの”の三態を表している．ものの状態は，ミクロ世界のどんな出来事が決めるのか？　その理解をもとにさまざまな材料が生まれ，暮らしを豊かにしてきた．本章では以下に注目しつつ，“もの”の姿を解剖しよう．

3・1　気体の圧力・体積・温度・量 —— の相互関係を確かめる．
3・2　理想気体の状態方程式が見つかった経緯と，式の威力を振り返る．
3・3　状態方程式の背後にある分子運動の姿を探る．
3・4　現実の分子が引きあう理由を理解する．
3・5　分子の引きあいと動きの激しさをもとに，理想気体と実在気体の差をつかむ．
3・6　分子の引きあいと動きの激しさをもとに，気体の液化を理解する．
3・7　粒子の引きあいと動きの激しさをもとに，固体の素顔を突き止める．

3・1　気体の素顔

なぜ学ぶのか？　ものの性質は，成分粒子（原子，分子，イオン）のふるまいが決める．三態のうちもっとも単純な気体の性質は，分子の動きをもとに説明しやすい．そうした知識は，熱力学や平衡，反応速度の学習にも欠かせない．

必要な予備知識　力の性質，単位の換算（序章Ａ節），モルの発想（序章Ｅ節）を使う．

私たちにとって最重要の気体は，重力で地球表面に引きつけられている大気だろう．大気の質量のほぼ半分は，高度 5.5 km までにある．地球がバスケットボールなら，大気の厚み

図 3・1　宇宙から見た地球の大気．

は 1 mm しかない（図 3・1）．量がそれほど少ないのに，大気は危険な紫外線を吸って陸上の生物を守り，酸素と窒素，二酸化炭素，水を生物に恵む．

常温常圧で単体が気体の元素は 11 種ある（図 3・2）．化合物の気体なら，モル質量の小さい二酸化炭素 CO_2 や塩化水素 HCl，有機化合物のメタン CH_4 やプロパン C_3H_8 がおなじみだろう．気体は分子の集まりだといえる．6 種の貴ガスは“原子の集まり”だが，原子を“単原子分子”とみれば，やはり分子の集まりになる．

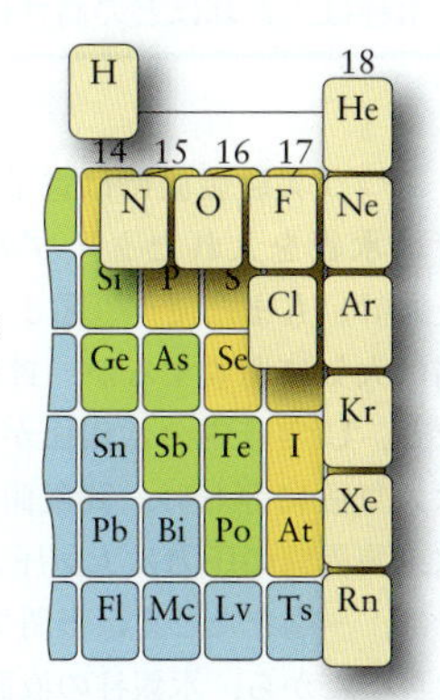

図 3・2　常温常圧で単体が気体の 11 元素．周期表の右上あたりに並ぶ．

① 気体の圧力

気体という流体は，どんな形の容器にもすみずみまで満ちる（序章 A 節）．ふくらませた風船の口を開けると，気体はたちまち外に出る．分子がたえず高速で飛び回っているから，気体はまわりの空間に一瞬で身を合わせると考えよう．風船内の気体はどの方向にも同じ大きさの圧力を及ぼすため，気体分子の飛ぶ向きはランダムだとわかる．つまり気体には，お互い遠く離れた分子が高速で飛び交い，衝突の瞬間だけ向きを変える —— というイメージが成り立つ（図 3・3）．

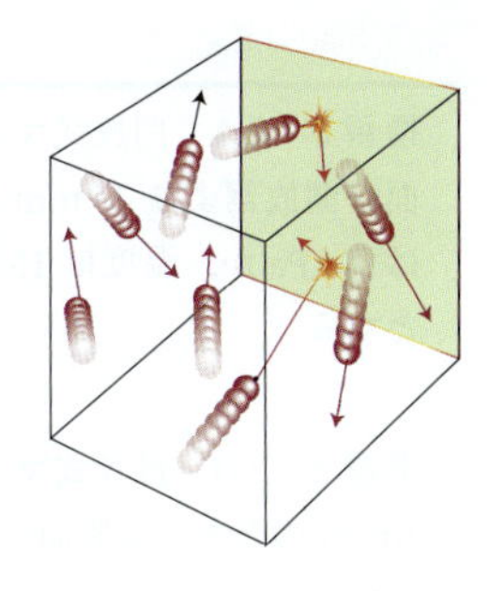

図 3・3　分子がたえずランダムに飛び交っている気体のイメージ．英語 gas は，カオス chaos と同じ語源をもつ．

十分なサイズの“もの”は，おびただしい粒子からなる．気体も例外ではなく，その性質は，粒子集団のふるまいを反映する．たとえば，自転車の空気入れを押しこむと，中の空気が**圧縮**（compression）される．固体や液体に比べ気体がずっと圧縮しやすいのは，分子どうしが遠く離れているからだろう．

タイヤに空気を入れたときや，ふくらんだ風船を押したときは，中の空気が押し返す．気体の**圧力**（pressure）P は，気体が及ぼす力 F を，作用面積 A で割った値をいう．

$$P = \frac{F}{A} \tag{1}$$

容器内の気体が示す圧力は，壁にぶつかる分子の衝撃が生む（図 3・4）．衝突が激しいほど壁の受ける力は大きく，圧力は高い．

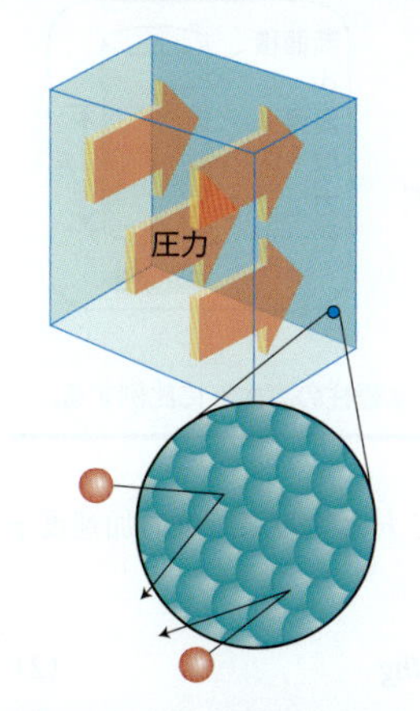

図 3・4　容器の壁と分子との衝突が，気体の圧力を生む．壁との衝突（挿入図）は頻繁に起こるため，壁の受ける力は時間的にほとんど変わらない．

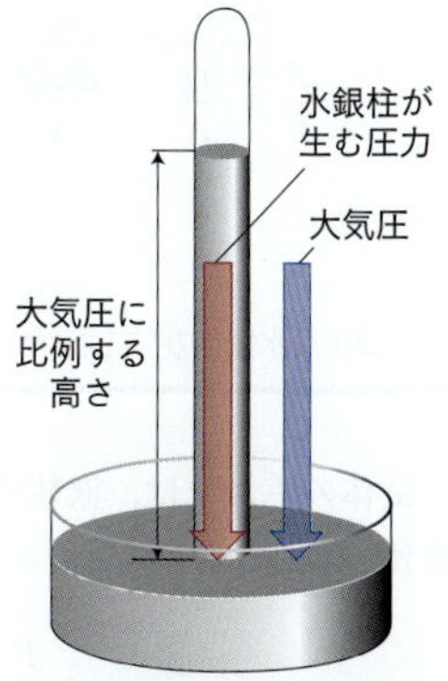

図 3・5　水銀気圧計の原理．水銀柱が生む圧力と大気圧がつりあい，水銀柱の上に真空ができる．水銀柱の高さは大気圧に比例する．

国際単位系 SI では，圧力の単位に**パスカル**（pascal）Pa を使う．

$$1\ \mathrm{Pa} = 1\ \mathrm{kg\ m^{-1}\ s^{-2}}$$

1 Pa の圧力はかなり小さい．海面の大気圧は約 10 万 Pa（100 kPa = 0.1 MPa）で，大気圧は高さ約 10 m の水柱に等しいから，1 Pa は高さ 0.1 mm の水柱が及ぼす圧力にあたる．地球表面の物体には，気体の分子がたえずぶつかる．穏やかな日でも，私たちの体表面は“分子の一斉射撃”を受けている．

大気の圧力はいろいろな道具で測れる．タイヤの内圧を測る手軽な圧力ゲージの“ゲージ圧”は，内圧と大気圧の差を示す（しぼんだタイヤのゲージ圧は 0）．ただし実験で使う圧力ゲージは，装置内の圧力そのものを表示する．

大気圧は，ガリレオ（Galileo Galilei）の弟子トリチェリー（Evangelista Torricelli）が 17 世紀に発明した図 3・5 の**水銀気圧計**（mercury barometer）で測れる（baro- の語源はギリシャ語 *baros* = 重さ．後述の“バール”も同源）．一端を封じた長いガラス管に水銀を満たし，広口の容器に逆立ちさせて，水銀の“小塔”つまり水銀柱にする（たまたまイタリア語の torricelli は“小さな塔”を意味する）．水銀柱の高さは，容器の液面にかかる大気圧とつりあう値になる．なぜそうなるかを，次のコラムで確かめよう．

式の導出　気圧と水銀柱の高さとの関係

高さ h，断面積 A の水銀柱の体積 V は hA に等しい．質量 m は，体積に密度 d をかけた $m=dV=dhA$ となる．水銀柱は重力で下向きに引かれ，底面に及ぼす力 F は“質量×重力加速度 g”だから，$F=mg$ と書ける．すると圧力 P は，$P=F/A$，$F=mg$，$m=dhA$ より，つぎのように表せる．

$$P=\frac{F}{A}=\frac{\overbrace{mg}^{F}}{A}=\frac{\overbrace{dhA}^{m}g}{A}=dhg$$

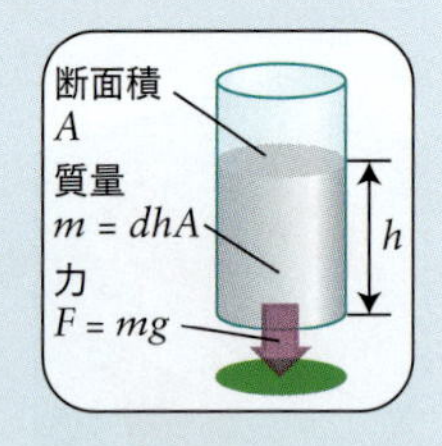

つまり水銀柱が生む圧力 P は，水銀柱の高さ h に比例する．

気体の圧力 P は，液柱の高さ h と密度 d，重力加速度 g を使ってこう書ける．

$$P = dhg \tag{2}$$

密度と高さ，重力加速度を SI 単位で書いたとき，圧力 P の単位は Pa になる．(2)式より，液柱の及ぼす圧力が液柱の高さに比例するため，液柱の高さは大気圧の目安に使える．水銀は密度が大きく，1 atm での高さが十分に小さい 76 cm = 760 mm 程度になるため，毒性を問題にしなかった時代は気圧計に多用された．

考えよう 宇宙ステーション内部の気圧は，水銀気圧計で測れるだろうか？■

例題 3・1　水銀柱の高さと大気圧

15 ℃で水銀柱の高さが 760 mm のとき，大気圧は何 kPa か．水銀の密度を 13.558 g cm^{-3}（13 558 kg m^{-3}），標準重力加速度を 9.806 65 m s^{-2} とせよ．

予 想　大気圧は約 100 kPa なので（本文参照），100 kPa に近いだろう．

方 針　(2)式を使って計算する．1 Pa = 1 kg m^{-1} s^{-2} の関係に注意．

解 答　$P=dhg$ より，つぎの結果になる．

$$P=\overbrace{13\,558\ \mathrm{kg\ m^{-3}}}^{d}\times\overbrace{0.760\ \mathrm{m}}^{h}$$
$$\times\overbrace{9.806\,65\ \mathrm{m\ s^{-2}}}^{g}$$
$$=1.01\times10^{5}\ \underbrace{\mathrm{kg\ m^{-1}\ s^{-2}}}_{\mathrm{Pa}}$$
$$=1.01\times10^{5}\ \mathrm{Pa}$$

760 mm　101 kPa

確 認　1.01×10^{5} Pa は 101 kPa だから，予想どおりの値だった．なお，重力加速度は地球上の場所ごとに変わるが，本書では上記の“標準重力加速度”を使う．

復習 3・1A　15 ℃で水銀柱の高さが 756 mm のとき，大気圧は何 kPa か．

［答：101 kPa］

復習 3・1B　20 ℃で水の密度は 0.998 g cm^{-3} となる．水銀柱の高さが 760 mm のとき，“水気圧計”の水柱は，どれほどの高さになるか．

ふつう実験装置には電子式圧力計を使うけれど，U 字管に水銀を入れたタイプの**マノメーター**（manometer，圧力計）もまだ使う（図 3・6）．一端を装置につなぎ，他端は大気に開放するか，封じてある．開放式（図 3・6 a）だと，U 字管内の水銀面が一致したとき，装置側の圧力は大気圧に等しい．装置側の水銀面が開放側より高ければ，装置側の圧力は大気圧より低い．封管式（図 3・6 b）では，一端をたとえば密閉フラスコにつないだとき，他端は真空だから，水銀柱の液面差がフラスコ内の圧力に比例する．

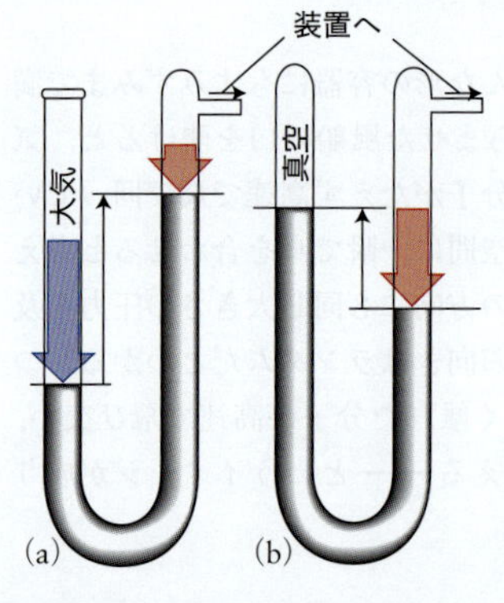

図 3・6　(a) 開放式マノメーター（装置側の圧力が大気圧より低い状況）．(b) 封管式マノメーター（装置側の圧力が液面差に比例）．

復習 3・2A　開放式マノメーターで，装置側の水銀面が開放側より 25 mm だけ低いとき，装置側の圧力は何 kPa か．温度は 15 ℃，大気圧は水銀柱 760 mm とする．

［答：105 kPa］

復習 3・2B　封管式マノメーターで，水銀面の差が 10 cm のとき，装置側の圧力は何 Pa か．温度は 15 ℃とする．

要 点 気体の分子はお互い遠く離れたまま，ランダムに飛び交い続ける．気体の圧力は，分子と壁の衝突が生む．圧力は，力を作用面積で割った値に等しい．■

② 圧力の単位

圧力の単位は，Pa（SI 単位）以外にもある．**バール**（bar）は，大気圧（100 kPa 前後）を意識した単位で，つぎの定義に従う．

$$1\ \mathrm{bar} = 10^5\ \mathrm{Pa}$$

天気図の気圧は，ミリバール（$1\ \mathrm{mbar} = 10^{-3}\ \mathrm{bar} = 10^2\ \mathrm{Pa} = 1\ \mathrm{hPa}$）単位で表示するため，常圧は 1000 mbar 前後になる†1．

科学では，1 bar を**標準圧力**（standard pressure；記号 $P°$ で表す）とすることが多い．ただし，“水銀柱 760 mm”を“1 気圧”とした**気圧**（atmosphere；記号 atm）も使う．単位の atm と Pa は次式で結びつく．

$$1\ \mathrm{atm} = 1.013\,25 \times 10^5\ \mathrm{Pa}$$

1 atm = 1.013 25 bar だから，1 atm は 1 bar より 1%ほど大きい．**ミリメートル水銀柱**（millimeter of mercury）という単位（記号 mmHg）†2 は，15 ℃，標準重力場のもとで高さ 1 mm の水銀柱が生む圧力をいい，それを特別な単位**トール**（torr；記号 Torr）で表す．トールはトリチェリーの名にちなみ，つぎの関係が成り立つ．

$$1\ \mathrm{Torr} = \frac{1}{760}\ \mathrm{atm} \quad \text{つまり} \quad 1\ \mathrm{atm} = 760\ \mathrm{Torr}\ (\text{正確に})$$

注目！ 人名にちなむほかの単位と同じくトールも，単位名は小文字で torr と書き，単位記号は冒頭を大文字にして Torr と書く．■

圧力の単位を表 3・1 にまとめた．いろいろな単位と相互換算に慣れておこう．

表 3・1　圧力の単位a)

SI 単位：パスカル（Pa）
$1\ \mathrm{Pa} = 1\ \mathrm{kg\ m^{-1}\ s^{-2}} = 1\ \mathrm{N\ m^{-2}}$
慣用の単位
$1\ \mathrm{bar} = 10^5\ \mathrm{Pa} = \mathbf{100}\ \mathrm{kPa}$
$1\ \mathrm{atm} = \mathbf{1.013\,25 \times 10^5}\ \mathrm{Pa} = \mathbf{101.325}\ \mathrm{kPa}$
$1\ \mathrm{atm} = 760\ \mathrm{Torr}$
$1\ \mathrm{Torr}(1\ \mathrm{mmHg}) = 133.322\ \mathrm{Pa}$
$1\ \mathrm{atm} = 14.7\ \mathrm{lb\ in^{-2}}$ (psi b))

a) 太字は正確な数．ほかの換算は巻末の付録参照．N は力の単位ニュートンを表す（$1\ \mathrm{N} = 1\ \mathrm{kg\ m\ s^{-2}}$）．
b) pounds per square inch の略．

大気圧は海抜や気象で変わる．ジェット旅客機の巡航高度（約 10,000 m）は 200 Torr（0.3 atm）程度の低圧だから，客室内は加圧してある．図 3・7 の天気図で，強い低気圧は 0.98 bar（= 980 hPa = 0.97 atm）ほどになる．高気圧・低気圧は，周囲との比較で決まり，1.03 atm 程度なら高気圧の範囲に入る．

†1 訳注：日本では 1945 年から“ミリバール”を使ってきたが，1992 年 12 月，気圧の単位を“ヘクトパスカル（hPa）”に変えた（数値は不変）．米国は現在も“ミリバール”を使用中．
†2 訳注：血圧は（国際的にも）mmHg 単位で表示する．

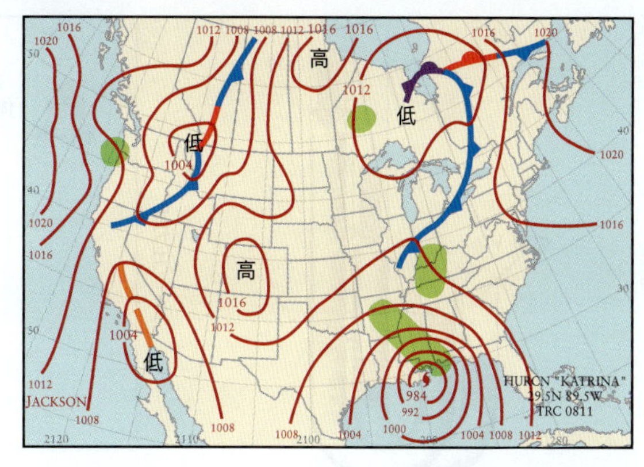

図 3・7　ハリケーン・カトリーナが上陸したときの天気図（2005 年 8 月）．中心の気圧は 984 mbar（上陸前の最低値は 902 mbar だった）．

復習 3・3A　カトリーナがいちばん成長したときの 902 mbar は何 atm か．

［答：0.890 atm］

復習 3・3B　コロラド州デンバーで，ある日に観測された気圧 630 Torr は何 Pa か．

要 点　圧力の単位にはパスカル（SI），トール，気圧などがあり，相互換算は表 3・1 のように行う．■

③ 実験結果から法則へ

気体の体積と圧力の関係は，1662 年に英国のボイル（Robert Boyle）が調べた．その 125〜140 年後，当時の流行だった熱気球飛行を楽しむフランスのシャルル（Jacques Charles）とゲーリュサック（Joseph-Louis Gay-Lussac）が，温度と圧力，体積の関係を見つける．ほどなくイタリアのアボガドロ（Amedeo Avogadro）が体積と分子数との比例関係に気づき，原子・分子の実在を確実にした．

ボイルは，長い J 字管（図 3・8）を使い，封じた端の先に少量の空気を入れて，J 字の長いほうから水銀を注いだ．注ぎ足した水銀が空気を圧縮する．一定量の気体なら圧力とともに体積が減り，図 3・9 の関係になった．グラフの線は，温度一定で描いたものだから**等温線**（isotherm）といい，そんな変化を**等温変化**（isothermal change）とよぶ．

実験結果は，できることなら直線に描きたい．直線は分析も解釈もしやすい．ボイルの場合，体積の逆数と圧力が直線関係になった（図 3・10）．つまり，つぎのことがいえる．

- **ボイルの法則**（Boyle's law）：気体の量と温度が一定なら，体積は圧力に反比例する（1662 年）．

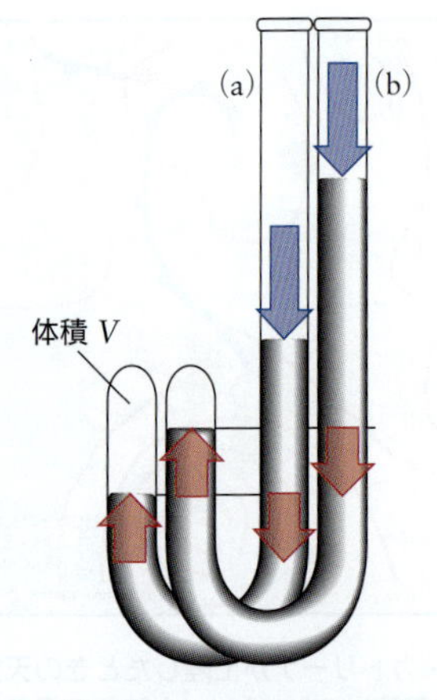

図 3・8 (a) ボイルが使ったＪ字管．封じた端に空気を閉じこめる．(b) 開口部から水銀を加えると，圧力が上がって空気の体積が減る．

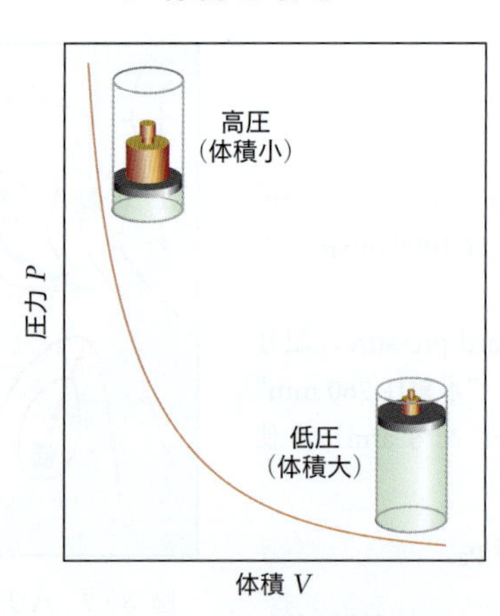

図 3・9 ボイルが得た結果のイメージ．気体の圧力（分銅の重さ）が増すと体積が減る．

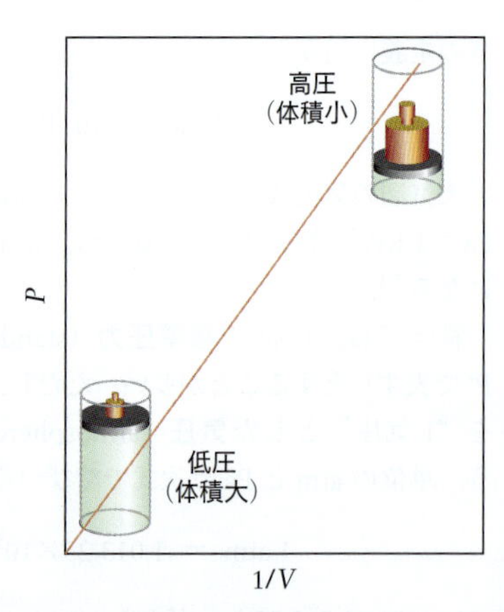

図 3・10 圧力 P は，体積 V の逆数と直線関係になる（図に描いてはいないが，圧力が高すぎると直線関係から外れる）．

ボイルの法則はこう表現できる．

$$\text{体積} \propto \frac{1}{\text{圧力}} \qquad \text{つまり} \quad V = \frac{\text{定数}}{P}$$

つぎの形に書き直せばわかりやすい．

$$PV = \text{一定}\ (n, T\ \text{一定のとき}) \tag{3a}$$

等温変化で状態 (P_1, V_1) が状態 (P_2, V_2) になれば，次式が成り立つ．

$$P_2V_2 = P_1V_1 \tag{3b}$$

復習 3・4 A 10.0 L，300 Torr のネオンを等温膨張で 20.0 L にした．膨張後の圧力は何 Torr か．

［答：150 Torr］

復習 3・4 B 750 L，1.00 bar のエチレン（エテン）を等温圧縮で 5.00 bar にした．圧縮後の体積は何 L か．

シャルルとゲーリュサックは，熱気球の性能向上をねらって実験をくり返し，圧力が一定のとき，温度を上げると体積が増すのを確かめた．体積 V と温度 T の関係は直線になったので（図 3・11），つぎのことがいえる（通常，法則名に“ゲーリュサック”の名は入れない）．

- **シャルルの法則**（Charles' law）：気体の量と圧力が一定なら，体積と温度は直線関係になる（発見 1787 年，発表 1802 年）．

シャルルの法則は，深い意味をもつ．いろいろな気体，圧力で温度と体積の関係をプロットし，得た直線を外挿した（測定点の範囲外まで延ばした）ところ，どの直線も −273.15 ℃ で体積 0 の点を通る（図 3・12）．ただしそこには到達できない．体積 0 の気体はありえないし，現実の気体は −273.15 ℃ より手前で必ず液化するのだから．

負の体積はありえないため，−273.15 ℃ は，到達できる最低の温度になる．そこで −273.15 ℃ を“0 度”つまり絶対零度とする尺度を考え，**絶対温度**（absolute temperature）とよぶ．その SI 単位を**ケルビン**（kelvin）という（記号 K；“°K”ではないのに注意）．絶対温度と摂氏温度の刻みは共通だから，1 K の差と 1 ℃ の差は等しい．“摂氏温度 + 273.15”が絶対温度になる．改めて絶対温度を T とすれば，シャルルの法則はこう書ける．

$$\text{体積} \propto \text{絶対温度} \quad \text{つまり} \quad V = \text{定数} \times T \tag{4a}$$

またゲーリュサックは，一定体積の気体を熱し，圧力と温度が直線的に変わるのを確かめた．$T \to 0$ で $P \to 0$ となるため（図 3・13），次式が成り立つ．

$$\text{圧力} \propto \text{絶対温度} \quad \text{つまり} \quad P = \text{定数} \times T \tag{4b}$$

気体の量と体積が一定のとき，絶対温度が 2 倍になれば圧力も 2 倍になる．

注目！ 気体の法則は，摂氏温度ではなく絶対温度で考える．摂氏温度が倍になる 20 ℃ → 40 ℃ は，絶対温度だと約 1.07 倍の増加（293 K → 313 K）にすぎない．■

復習 3・5 A 屋外にある酸素タンクの内圧は，気温が 10 ℃ のとき 20.00 atm だった．気温が 30 ℃ に上がると，内圧はいくらになるか．

［答：21.4 atm］

復習 3・5 B 丈夫な容器に入れた 20 ℃，760 mmHg の水素を 300 ℃ に熱した．圧力はいくらになるか．

少しあとでアボガドロが，つぎの事実を確かめた．

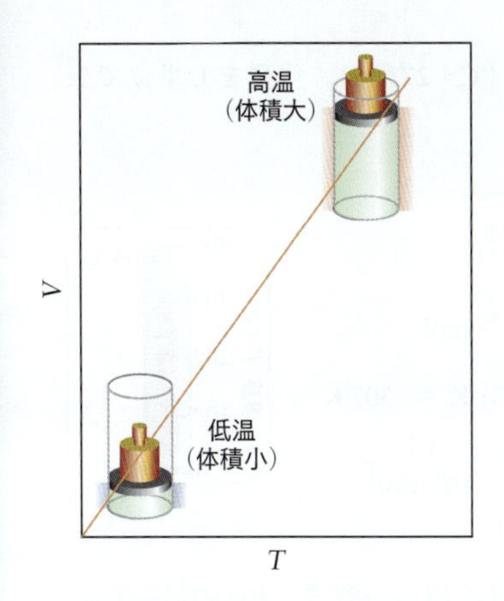

図 3・11　圧力 P（分銅の重さ）が一定のまま気体の温度 T を上げると体積 V が増え，T と V は直線関係になる．

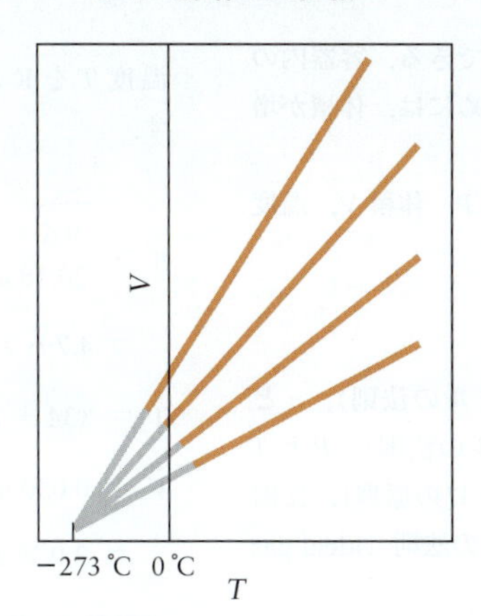

図 3・12　いろいろな気体で図 3・11 の実験を行い，測定点を外挿すると（━），$T = 0$ K（−273 ℃）で体積 V が 0 になる（ただし現実の気体は $T = 0$ K の手前で液化する）．

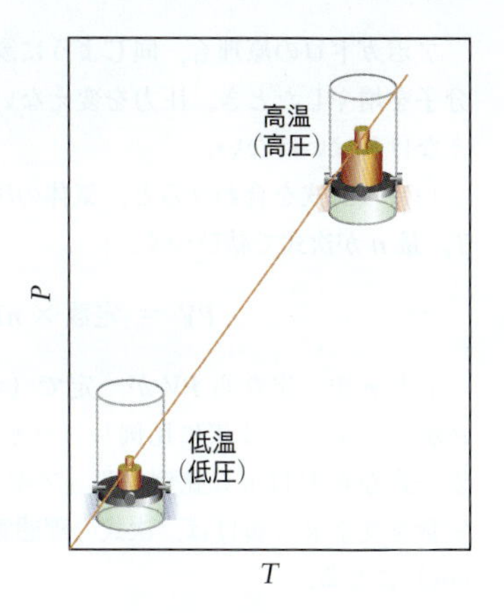

図 3・13　気体の量と体積が一定のとき，圧力 P（分銅の重さ）は T に比例する．

● **アボガドロの原理**†（Avogadro's principle）：温度と圧力が一定のとき，気体の種類に関係なく，同数の気体分子は同じ体積を占める（1811 年）．

分子 1 mol が占める体積を，**モル体積**（molar volume）とよび，記号 V_m で表す．

$$\text{モル体積} = \frac{\text{体積}}{\text{量}} \quad \text{つまり} \quad V_m = \frac{V}{n} \tag{5a}$$

(5a)式はつぎのように書き直せる．

$$V = nV_m \tag{5b}$$

アボガドロの原理は，“0 ℃，1 atm なら，どんな気体もモル体積が約 22 L mol^{-1} になる”と表現してもよい（図 3・14）．

気体	モル体積
理想気体	22.41
アルゴン	22.09
二酸化炭素	22.26
窒　素	22.40
酸　素	22.40
水　素	22.43

図 3・14　0 ℃，1 atm でのモル体積（L mol^{-1}）．どれも理想気体の値 22.41 L mol^{-1} に近い．

† 訳注：観察事実だけでなく，物質モデル（分子の集まり）も使ったため，“法則”ではなく“原理”という．いまや物質が原子や分子の集まりだということは自明だが，当時は仮説だったので“法則”とはよばない．日本の教科書類では法則（law）としていることが多い．

復習 3・6 A　1.2×10^3 mol の He を入れた観測気球の体積は 2.5×10^4 L だった．He のモル体積はいくらか．

［答：21 L mol^{-1}］

復習 3・6 B　1.20 atm で 200 mol の CH_4(g) を入れたタンクがある．温度一定のまま 100 mol の CH_4 を圧入すると，タンクの内圧はいくらになるか．

以上の性質は，“休みなく飛び回っている分子集団”のイメージに合う．たとえばボイルの法則は，“体積が減ると分子が混み合い，分子と壁の衝突回数が増えて圧力が増す”と考えればよい（図 3・15）．

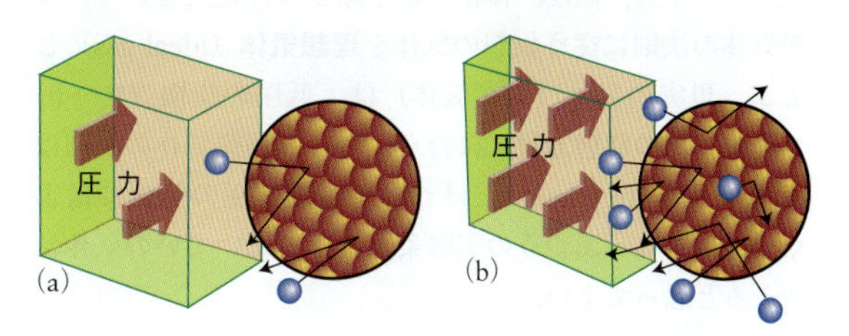

図 3・15　(a) 分子が容器の壁にぶつかるときの衝撃が，圧力の源となる．(b) 体積が減ると分子の密度が増え，一定時間に同じ面積の壁との衝突回数が増す結果，壁への衝撃が増えて圧力が上がる．

また，一定体積の気体を熱すると圧力が上がるのは，高温ほど分子の平均速さが大きくなるからだろう．そのとき，壁にぶつかる分子の数も，衝突 1 回あたりの衝撃も増して圧力が上がる．一定圧力の気体を熱すると体積が増すのも，同じように考えればよい．高温では分子が速く飛ぶため，圧力を一定にとどめるには，体積が増えて分子の衝突回数が減らなければいけない．

アボガドロの原理も，同じように説明できる．容器内の分子を増やしたとき，圧力を変えないためには，体積が増えなければいけない．

(3)〜(5)式を合わせると，気体の圧力 P，体積 V，温度 T，量 n が次式で結びつく．

$$PV = \text{定数} \times nT$$

T と n が一定なら PV が一定で（ボイルの法則），n と P が一定なら V は T に比例し（シャルルの法則），P と T が一定なら V は n に比例する（アボガドロの原理）．比例定数を文字 R で書けば，次式の**理想気体の法則**（ideal gas law）になる．

$$PV = nRT \tag{6}$$

R を**気体定数**（gas constant）とよぶ．SI なら R の値は，$R = PV/(nT)$ に P (Pa)，V (m^3)，n (mol)，T (K) の測定値を入れ，8.3145 J K^{-1} mol^{-1} となる．ほかの単位で計算した結果も合わせ，R の値を表 3・2 にまとめた．

表 3・2　気体定数 R の値[a]

$8.205\,74 \times 10^{-2}$ L atm K^{-1} mol^{-1}
$8.314\,47 \times 10^{-2}$ L bar K^{-1} mol^{-1}
8.314 47 L kPa K^{-1} mol^{-1}
8.314 47 J K^{-1} mol^{-1}
62.364 L Torr K^{-1} mol^{-1}

a) ボルツマン定数 k とアボガドロ定数 N_A を使い，$R = N_A k$ と書ける．

(6)式（理想気体の法則）は，**状態方程式**（equation of state）の一例になる．状態方程式とは，物質（いまの例は気体）の圧力，温度，体積，量を結びつけた式をいう．理想気体の法則に従う仮想の気体を**理想気体**（ideal gas）とよぶ．現実の気体（実在気体）は，低圧の極限（$P \to 0$）で理想気体の状態方程式に合う．つまり理想気体の法則は**極限則**（limiting law）だけれど，常温常圧の気体にはよく当てはまり，ふつうの実験条件では，たいていの気体に使えると思ってよい．

例題 3・2　気体が示す圧力の計算

テレビのプラズマディスプレイでは，微小なセル（小部屋）内の貴ガスに電圧をかけてイオン化させ，そのときに出る紫外線が，セル内壁の蛍光体を励起する．蛍光体は赤，緑，青の可視光を出す．34 °C で 9.6 ng のネオンを入れた 0.030 mm^3 のセルは，何 atm の内圧を示すか．

方 針　状態方程式にデータを入れて P を計算する．

解 答　段階 1：気体の量 n $(= m/M)$ を mol 単位，温度 T を K 単位（°C+273.15），体積を L 単位で表す．

$$n = \frac{\overbrace{9.6 \times 10^{-9}\ \text{g}}^{9.6\ \text{ng}}}{20.18\ \text{g mol}^{-1}} = 4.7\cdots \times 10^{-10}\ \text{mol}$$

$$T = (34 + 273.15)\ \text{K} = 307\ \text{K}$$

$$V = 0.030\ \text{mm}^3 \times \frac{1\ \text{L}}{10^6\ \text{mm}^3} = 3.0 \times 10^{-8}\ \text{L}$$

段階 2：状態方程式 $PV = nRT$ を，$P =$ の形にする．

$$P = \frac{nRT}{V}$$

段階 3：L atm K^{-1} mol^{-1} 単位の R を使い，データを入れる．

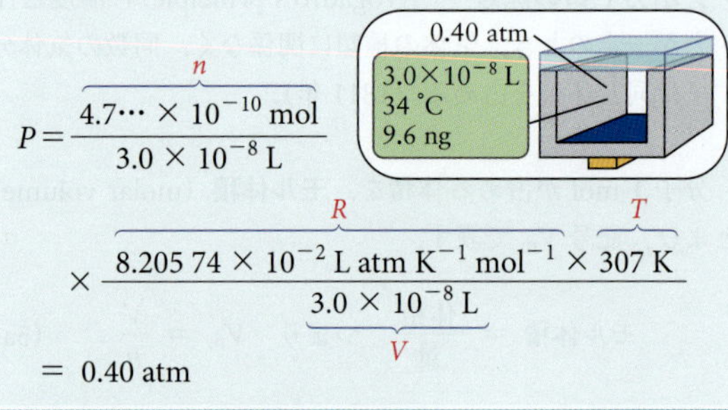

$$P = \frac{\overbrace{4.7\cdots \times 10^{-10}\ \text{mol}}^{n}}{3.0 \times 10^{-8}\ \text{L}} \times \frac{\overbrace{8.205\,74 \times 10^{-2}\ \text{L atm K}^{-1}\ \text{mol}^{-1}}^{R} \times \overbrace{307\ \text{K}}^{T}}{\underbrace{3.0 \times 10^{-8}\ \text{L}}_{V}}$$

$$= 0.40\ \text{atm}$$

復習 3・7A　1.0 L のフラスコに入れた 1.0 g の CO_2 が 300 °C で示す圧力は何 kPa か．

［答：1.1×10^2 kPa］

復習 3・7B　ある整備不良のエンジンは，毎分 1.00 mol の CO を大気に出す．圧力が 1.00 atm なら，27 °C で 1 分間に出る CO の体積はいくらか．

要 点　状態方程式 $PV = nRT$ は極限則のひとつで，理想気体のふるまいを表す．■

④ 混 合 気 体

実験や暮らしで出合う気体には混合物が多い．大気も，窒素や酸素，水蒸気，アルゴン，二酸化炭素ほかの混合物になっている（表 3・3）．そんな混合気体も，理想気体として扱える．

低圧なら，圧力，体積，温度が変わったとき，どの気体も同じふるまいをする．だから，反応が起こらないかぎり，純粋な気体も混合気体もまったく同じように扱える．空気に状態方程式を当てはめるときも，1 種類の純粋な気体と考えてよい．

混合気体の圧力はドルトン（John Dalton；序章 B 節）

表 3・3 海抜 0 m にある乾燥空気の組成

成 分	モル質量 M (g mol^{-1})[a]	質量百分率 (%)
窒素 N_2	28.02	75.52
酸素 O_2	32.00	23.14
アルゴン Ar	39.95	1.29
二酸化炭素 CO_2	44.01	0.05

a) 平均モル質量は 28.97 g mol^{-1}. 水蒸気の含有率 (0.4〜1.5%程度) は気象条件で変わる.

が初めて調べた. たとえば, 酸素を容器に入れて圧力を 0.60 atm にする. 器内を排気したあと同じ温度で窒素を入れ, 圧力を 0.40 atm にする. では, 同量の酸素と窒素を同時に入れたら圧力はどうなるか…という実験だった. 同時に入れたときの圧力は, 0.60 atm と 0.40 atm の和 1.00 atm になる.

そんな結果からドルトンは, 成分気体の**分圧** (partial pressure) を考えた. 分圧とは, 特定の成分だけが容器内にあると仮定した場合の圧力をいう. いまの例なら, 混合物中の分圧は酸素が 0.60 atm, 窒素が 0.40 atm になる. つまり, つぎの**分圧の法則** (law of partial pressures) が成り立つ.

● 混合気体の全圧は, 各成分が示す分圧の和に等しい.

成分気体 A, B, … の分圧が P_A, P_B, … のとき, 全圧 P はこう書ける (図 3・16).

$$P = P_A + P_B + \cdots \tag{7}$$

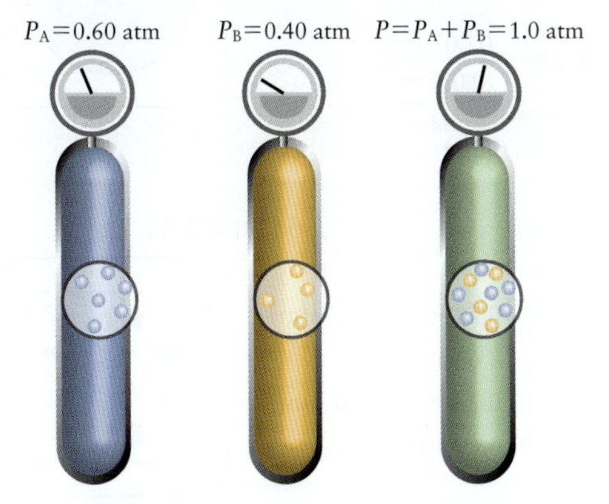

図 3・16 分圧と全圧のイメージ. 全圧 P は, 気体 A, B が示す分圧 P_A と P_B の和になる (温度はみな同じ).

(7)式は, 理想気体では厳密に成り立ち, 常温常圧なら実在気体でもほぼ成り立つ.

圧力の源は, 分子が容器の壁にぶつかるときの衝撃だった. 気体 A の分子が圧力 P_A を, 気体 B の分子が圧力 P_B を生み, 全圧 P が P_A と P_B の和になる. そうなるには, A と B の分子がお互い無関係に運動していなければいけない. どの分子どうしも, 衝突の一瞬を除き, 引き合いも反発もしない. それが理想気体の本質だと心得よう.

分圧の発想は, 気体の "湿り気" を考えるときに役立つ. たとえば, 肺の中にある空気の全圧 P は, つぎのように書ける.

$$P = P_{乾燥空気} + P_{水蒸気}$$

肺を密閉容器とみよう. 肺の中の水が蒸発してできる水蒸気の分圧は, 最高で "水蒸気圧" の値まで届く. 標準体温 (37 ℃) での水蒸気圧は 47 Torr だから, それを水蒸気の分圧とみなせば次式が成り立つ.

$$P_{乾燥空気} = P - P_{水蒸気} = P - 47\ \mathrm{Torr}$$

気圧が 1 atm (760 Torr) の日, 全圧 P は気圧に等しいとすれば, 肺の中で水蒸気以外の気体が示す圧力は, 760 Torr − 47 Torr = 713 Torr になる.

考えよう 同じ条件にある湿った空気と乾燥空気では, どちらの密度が大きいか. ■

復習 3・8 A 水温 24 ℃, 気圧 745 Torr のとき, 酸素を水上置換で集めた. 24 ℃ での水蒸気圧が 24.38 Torr なら, 酸素の分圧は何 Torr か.

[答: 721 Torr]

復習 3・8 B 水の電解で得た水素と酸素を合わせ, 720 Torr の乾燥気体にした. 成分それぞれの分圧はいくらか (ヒント: H_2 と O_2 の体積比に注意).

全圧と分圧の関係を表すとき, 成分 A, B, … の**モル分率** (mole fraction) x を考えるとわかりやすい. モル分率は, 混合気体の総量 (mol) 中に, 特定成分が占める割合を表す (分子数の割合と考えても同じ). 気体の総量が n で, A, B, … の量が n_A, n_B, … なら, A のモル分率はこう書ける.

$$x_A = \frac{n_A}{n} = \frac{n_A}{n_A + n_B + \cdots} \tag{8}$$

2 成分 (A と B) の混合気体では次式が成り立つ.

$$x_A + x_B = \frac{n_A}{n_A + n_B} + \frac{n_B}{n_A + n_B} = \frac{n_A + n_B}{n_A + n_B} = 1 \tag{9}$$

A の純気体は $x_A = 1$, B の純気体は $x_B = 1$ となる. また $x_A = x_B = 0.5$ なら, 量 (分子数) で A と B が半々の混合気体だといえる (図 3・17).

モル分率と分圧の関係を, つぎのコラムで確かめよう.

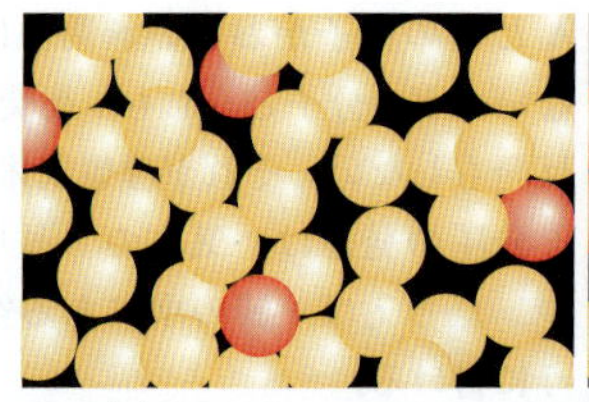

$x_{赤}=0.1$

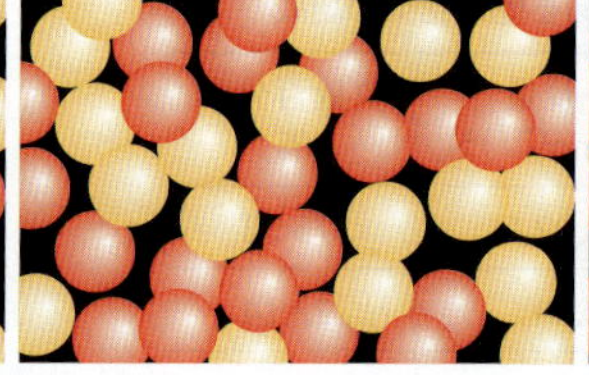

$x_{赤}=0.5$

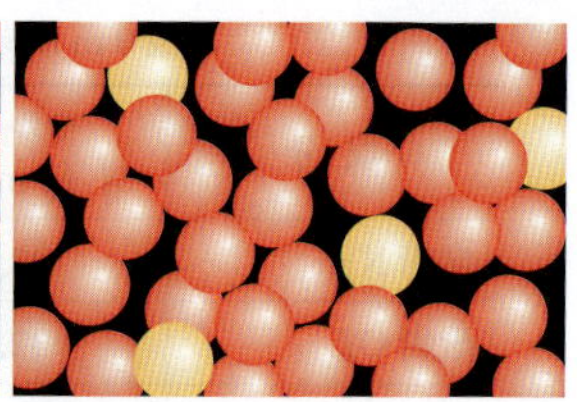

$x_{赤}=0.9$

図 3・17　粒子数の割合で表したモル分率．気体だけでなく，液体でも固体でも成り立つ．

式の導出　モル分率と分圧の関係

理想気体の状態方程式より，気体 A の分圧 P_A は，A の量（mol）n_A，混合気体の体積 V，温度 T を使ってこう書ける．

$$P_A = \frac{n_A RT}{V}$$

混合気体の総量が n のとき，$n_A = nx_A$，$P = nRT/V$ だから，P_A をつぎのように書き直す．

$$P_A = \frac{nx_A RT}{V} = x_A \frac{nRT}{V} = x_A P$$

つまり分圧 P_A は，全圧 P と成分 A のモル分率 x_A を使ってこう書ける．

$$P_A = x_A P \qquad (10)$$

ドルトンは分圧を“特定の成分だけが容器内にあるとしたときの圧力”と定義したが，現在では，理想気体か実在気体かに関係なく，分圧 P_A は (10)式で定義する．つまり，どんな気体の分圧も (10)式に従うとする．モル分率と全圧さえわかっていれば分圧を計算でき，二成分系なら次式のように書ける．

$$P_A + P_B = \underbrace{x_A P}_{P_A} + \underbrace{x_B P}_{P_B} = \underbrace{(x_A + x_B)}_{1} P = P$$

理想気体の場合にかぎり，分圧は“その成分だけが容器内にあるときの圧力”と考えてよい．

例題 3・3　分圧の計算

1.00 g の乾燥空気を，窒素 0.76 g と酸素 0.24 g の混合気体とみなす．全圧が 0.87 atm のとき，各成分の分圧を計算せよ．

予 想　N_2 と O_2 はモル質量が近いため，モル比も分圧の比も，質量の比 0.76：0.24 に近い 3：1 くらいだろう．

方 針　成分の量（mol）と総量（mol）を計算し，(8)式でモル分率を，(10)式で分圧を求める．

解 答　1) N_2 と O_2 が何 mol か計算する（モル質量を使う）．

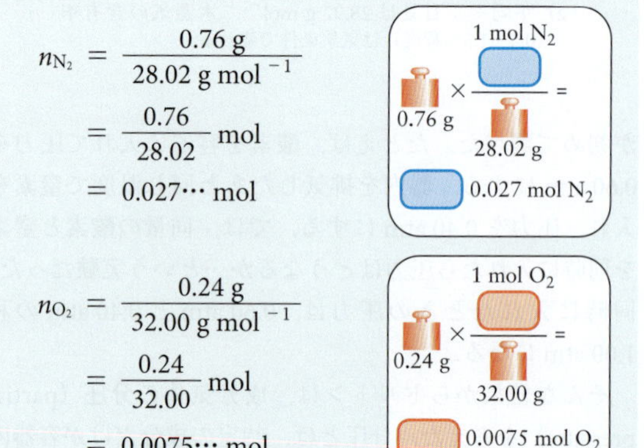

$$n_{N_2} = \frac{0.76\ \mathrm{g}}{28.02\ \mathrm{g\ mol^{-1}}} = \frac{0.76}{28.02}\ \mathrm{mol} = 0.027\cdots\ \mathrm{mol}$$

$$n_{O_2} = \frac{0.24\ \mathrm{g}}{32.00\ \mathrm{g\ mol^{-1}}} = \frac{0.24}{32.00}\ \mathrm{mol} = 0.0075\cdots\ \mathrm{mol}$$

2) 気体の総量 $n_{全} = n_A + n_B$ を計算する．

$$n_{N_2} + n_{O_2} = 0.027\cdots + 0.0075\cdots\ \mathrm{mol} = 0.035\cdots\ \mathrm{mol}$$

3) モル分率を $x_A = n_A/n_{全}$ のように計算する．

$$x_{N_2} = \frac{\overbrace{0.027\cdots}^{n_{N_2}}}{\underbrace{0.035\cdots}_{n_{全}}} = 0.78\cdots$$

$$x_{O_2} = \frac{\overbrace{0.0075\cdots}^{n_{O_2}}}{\underbrace{0.035\cdots}_{n_{全}}} = 0.22\cdots$$

4) 分圧を $P_A = x_A P$ のように計算する．

$$P_{N_2} = 0.78\cdots \times (0.87\ \mathrm{atm}) = 0.68\ \mathrm{atm}$$

$$P_{O_2} = 0.22\cdots \times (0.87\ \mathrm{atm}) = 0.19\ \mathrm{atm}$$

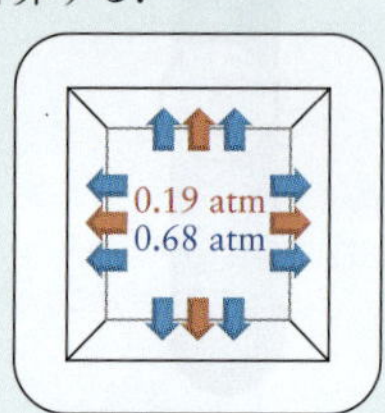

確 認　予想どおり，P_{N_2} は P_{O_2} の 3 倍に近かった．また分圧の和（0.68＋0.19＝）0.87 atm は全圧に等しい．

復習 3・9A　呼吸困難の幼児には，質量で O_2 が 92.3% の“$He + O_2$”混合気体を吸入させる．気圧が 730 Torr のとき，混合気体の酸素分圧は何 Torr か．

［答：4.4×10^2 Torr］

復習 3・9B 潜水作業用のボンベには，酸素 141.2 g とネオン 335.0 g の混合気体を入れる．ボンベ内の全圧が 50.0 atm のとき，酸素の分圧は何 atm か．

要 点 混合気体の全圧は，成分の分圧の和になる．A の分圧 P_A は，モル分率 x_A と全圧 P で $P_A = x_A P$ と書ける．理想気体なら，ある成分だけを含むとしたときの容器内の圧力が，その成分の分圧に等しい．■

身につけたこと

気体の分子は休みなく飛び交い，分子と器壁の衝撃が圧力を生む．気体の圧力は絶対温度と気体の量に比例し，体積に反比例する．低圧の気体は理想気体の式 $PV = nRT$ に従う．気体の分圧は，理想気体なら，ある成分だけが容器内にあるとしたときの圧力に等しい．以上を学び，つぎのことができるようになった．

- ❑1 液柱の底面に生じる圧力の計算（例題 3・1）
- ❑2 マノメーターの読みの解釈（復習 3・2）
- ❑3 圧力のさまざまな単位の相互換算（復習 3・3）
- ❑4 状態方程式を使う P，V，T，n の計算（例題 3・2）
- ❑5 成分のモル分率を使う混合気体の表現（④ 項）
- ❑6 混合気体の分圧と全圧の計算（例題 3・3）

3・2 状態方程式の利用

なぜ学ぶのか？ 気体が関係する化学現象の理解に向け，複数の条件（温度，圧力など）が変わる際の扱いかたを習得しよう．

必要な予備知識 圧力のイメージと状態方程式の意味（前節）を知っておきたい．化学量論（序章 L 節・M 節）も使う．

理想気体の状態方程式（$PV = nRT$; 前節）は，条件（温度や圧力）を 1 個ずつ変えた実験の結果のまとめだった．人生と同様，科学の実験も単純ではなく，しばしば複数の条件が変わる．そのとき何が起こるかをつかむのに，状態方程式は格好の素材になる．気体の消費や発生を伴う化学現象は多いため，その意味でも本節の話は役に立つ．

① ボイル・シャルルの法則

変数が n_1，P_1，V_1，T_1 の理想気体は，つぎの状態方程式で表せる．

$$P_1V_1 = n_1RT_1$$

それをこう変形しよう．

$$P_1V_1/n_1T_1 = R$$

変数が n_2，P_2，V_2，T_2 に変われば，次式が成り立つ．

$$P_2V_2/n_2T_2 = R$$

R は定数だから，P_1V_1/n_1T_1 と P_2V_2/n_2T_2 は等しく，つぎのように書ける．

$$\underbrace{\frac{P_1V_1}{n_1T_1}}_{\text{始状態}} = \underbrace{\frac{P_2V_2}{n_2T_2}}_{\text{終状態}} \qquad (11)$$

上式を**ボイル・シャルルの法則**（combined gas law）という．理想気体の法則を変形しただけだから，新しい法則とはいえない．(11)式を使えば，変数のどれか（または複数）を変えたときの状況がつかめる．ある変数を変えると，ボイルの法則やシャルルの法則になることもわかるだろう．

例題 3・4 ボイル・シャルルの法則 (1): 条件 1 個を変える場合

エンジン内では，ピストンを押して圧縮したガソリンと空気の混合気体に点火する．圧縮で体積が 100 cm³ から 20 cm³ になったとしよう．最初の圧力が 1.00 atm なら，圧縮後は何 atm か．圧縮は等温変化とする．

予 想 体積が 5 分の 1 になるので，圧力は 5 倍になるだろう．

方 針 気体の量 n も温度 T も一定だから，ボイルの法則 $P_1V_1 = P_2V_2$ を使う．

解 答 段階 1: (11)式を変形する．

$$P_2 = \frac{P_1V_1}{n_1T_1} \times \frac{n_2T_2}{V_2}$$

↓ $n_2 = n_1$，$T_2 = T_1$

$$P_2 = \frac{P_1V_1}{V_2}$$

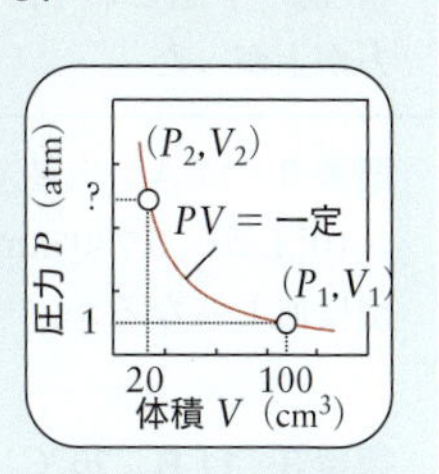

段階 2: データを入れて P_2 を求める．

$$P_2 = \frac{(1.00\ \text{atm}) \times (100\ \text{cm}^3)}{20\ \text{cm}^3} = 5.0\ \text{atm}$$

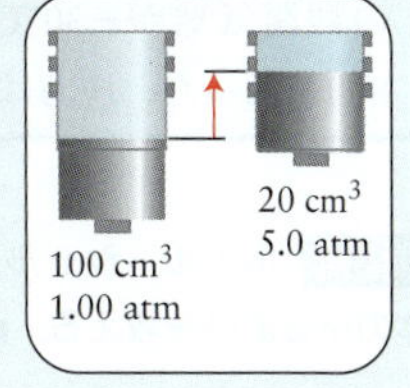

確 認 予想どおり最初の 5 倍だった．

復習 3・10A 200 Torr，10.0 mL のアルゴンを体積 0.200 L の真空容器に入れた．圧力はいくらになるか．温度は一定とする．

［答: 10.0 Torr］

復習 3・10B 1.00 atm，80 cm³ の空気を 3.20 atm に加圧した．体積はいくらになるか．温度は一定とする．

例題 3・5　ボイル・シャルルの法則（2）：条件 2 個を変える場合

28.0 ℃，500 mL，92.0 kPa の気体を，300 mL に圧縮し，−5.0 ℃ に冷やした．圧力は何 kPa になるか．

予 想　圧縮は圧力を上げ，冷却は圧力を下げる．絶対温度でみた温度変化は小さいため，圧縮のほうが大きく効くだろう．

方 針　状態方程式にデータを入れて計算する．

解 答　段階 1：$R=(P_1V_1)/(n_1T_1)=(P_2V_2)/(n_2T_2)$ から P_2 の表式をつくる．$n_1=n_2$ だから n を消去．温度は絶対温度 T に換算する．

$$P_2=\frac{P_1V_1}{n_1T_1}\times\frac{n_2T_2}{V_2}$$

$$\downarrow\ n_1=n_2$$

$$P_2=\frac{P_1V_1T_2}{T_1V_2}$$

$$T_1=(273.15+28.0)\ \mathrm{K}=301.2\ \mathrm{K}$$

$$T_2=(273.15-5.0)\ \mathrm{K}=268.2\ \mathrm{K}$$

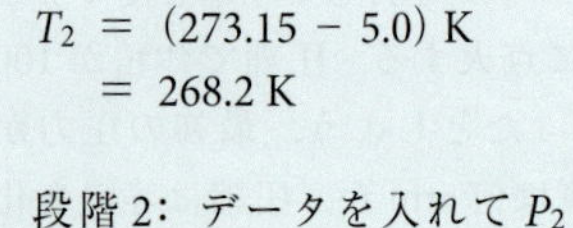

段階 2：データを入れて P_2 を求める．

$$P_2=\frac{(92.0\ \mathrm{kPa})\times(500\ \mathrm{mL})\times(268.2\ \mathrm{K})}{(300\ \mathrm{mL})\times(301.2\ \mathrm{K})}=137\ \mathrm{kPa}$$

確 認　予想どおり，正味では圧縮のほうが効いて圧力が上がった．

復習 3・11 A　山麓で 20 ℃，1.00 atm の空気塊 1.00×10^3 L が，0.750 atm，−10 ℃ の山頂に昇ると，体積は何 L になるか．

［答：1.20×10^3 L］

復習 3・11 B　20 ℃，1.00 atm のヘリウム入り 250 L の観測気球が −30 ℃ の上空に昇ったとき，体積は 800 L だった．圧力は何 atm になったか．

要 点　ボイル・シャルルの法則は，条件の変化に応じた気体のふるまいを教える．■

② モル体積と気体の密度

気体がからむ反応の化学量論を考える際は，理想気体のモル体積 $V_\mathrm{m}=V/n$ がカギになる．状態方程式を使い，理想気体のモル体積を計算しよう．状態方程式を変形した $V=nRT/P$ より，モル体積は次式に書ける．

$$V_\mathrm{m}=\frac{V}{n}=\frac{nRT/P}{n}=\frac{RT}{P}\qquad(12)$$

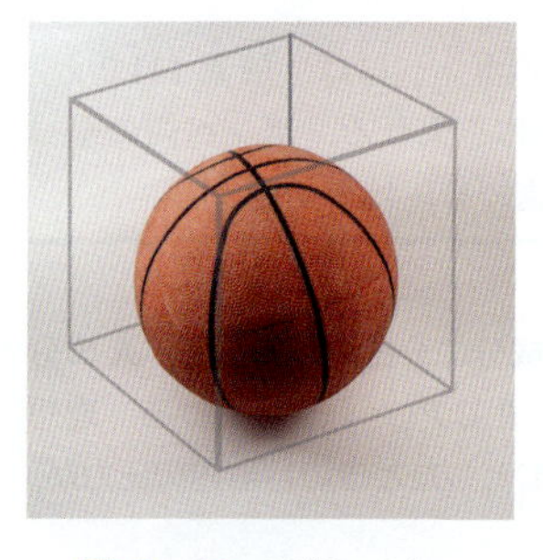

図 3・18　25 ℃，1 bar で理想気体 1 mol が占める体積（約 25 L）．

表 3・4　理想気体のモル体積 V_m（L mol^{-1}）

温 度	圧 力	
	1 atm	1 bar
0 ℃	22.4140	22.7110
25 ℃	24.4654	24.7896

化学ではデータの基準に，"25 ℃（298.15 K），1 bar" の**標準室温・圧力**（**SATP**，standard ambient temperature and pressure）を使うことが多い．そのとき理想気体のモル体積は 24.79 L mol^{-1} となり†，一辺が約 29 cm の立方体に等しい（図 3・18）．かつて基準にした（いまなお使う）**標準温度・圧力**（**STP**，standard temperature and pressure）の "0 ℃（273.15 K），1 atm" だと，モル体積は 22.41 L mol^{-1} になる．

条件によるモル体積の変化を表 3・4 にまとめた．気体の量（mol）が n なら，体積は表 3・4 の数値を n 倍した値になる．

復習 3・12 A　25 ℃，1.0 atm で水素 1.0 kg の体積は何 L か．

［答：1.2×10^4 L］

復習 3・12 B　25 ℃，1.0 atm でヘリウム 2.0 g の体積は何 L か．

モル濃度は，物質の量 n（mol）を体積 V で割った値になる（序章 G 節）．理想気体なら，状態方程式より $n=PV/(RT)$ なので，モル濃度はこう書ける．

$$\text{モル濃度}=\frac{\text{量}}{\text{体積}}=\frac{n}{V}=\frac{PV/(RT)}{V}=\frac{P}{RT}\overset{(12)\text{式}}{=}\frac{1}{V_\mathrm{m}}\qquad(13)$$

つまり気体のモル濃度は，モル体積の逆数に等しい．

気体の密度 d は，質量を体積で割り，$d=m/V$ と書ける．試料の質量 m は nM に等しく，$n=PV/(RT)$ なので次式が成り立つ．

$$\text{密度}=\frac{\text{質量}}{\text{体積}}=\frac{m}{V}=\frac{nM}{nV_\mathrm{m}}=\frac{M}{V_\mathrm{m}}\qquad(14\mathrm{a})$$

† 訳注："1 mol は約 25 L（1 m^3 は約 40 mol）" と覚えておけば，ざっとした見積もりに役立つ．

理想気体は (12)式に従うため，密度はこう表せる．

$$d = \frac{MP}{RT} \qquad (14b)$$

(14b)式から，つぎのことがわかる．

- 圧力と温度が一定なら，モル質量の大きい気体ほど密度が大きい．
- 温度が一定なら，気体の密度は圧力に比例する．
- 圧力が一定なら，気体の温度を上げると体積が増し，密度が減る．

(14b)式を使うと，気体の密度からモル質量が計算できる．気体の密度は液体よりずっと小さいため，単位には通常，$g\ cm^{-3}$ ではなく $g\ L^{-1}$ を使う．たとえば空気の密度は，SATP で約 $1.6\ g\ L^{-1}$ になる．

考えよう 熱気球はなぜ上昇するのか．■

例題 3・6　気体の密度からモル質量の計算

バラの精油は揮発性の有機化合物ゲラニオールを含む．ゲラニオール蒸気の密度は，260 °C，103 Torr で $0.480\ g\ L^{-1}$ だった．モル質量はいくらか．

予 想　揮発性だから，モル質量はあまり大きくないだろう．

方 針　わかっている情報をまとめ，温度は絶対温度に直す．(14b)式を "$M =$" の形に変形し，適切な単位系の R を選んでデータを入れる．

解 答　1) データをまとめる．

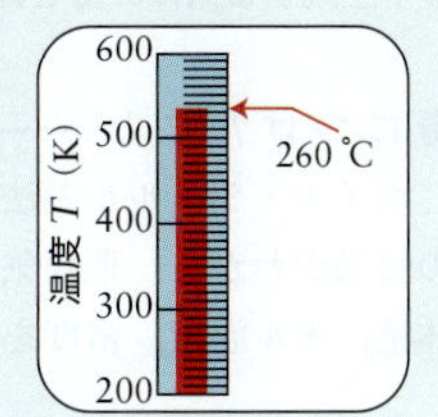

$d = 0.480\ g\ L^{-1}$
$P = 103\ Torr$
$T = (273.15+260)\ K$
$= 533\ K$

2) $d = MP/(RT)$ を $M = dRT/P$ と変形し，データを入れる．

$$M = \frac{\overbrace{0480\ g\ L^{-1}}^{d} \times \overbrace{62.36\ L\ Torr\ K^{-1}\ mol^{-1}}^{R} \times \overbrace{533\ K}^{T}}{\underbrace{103\ Torr}_{P}}$$

$= 155\ g\ mol^{-1}$

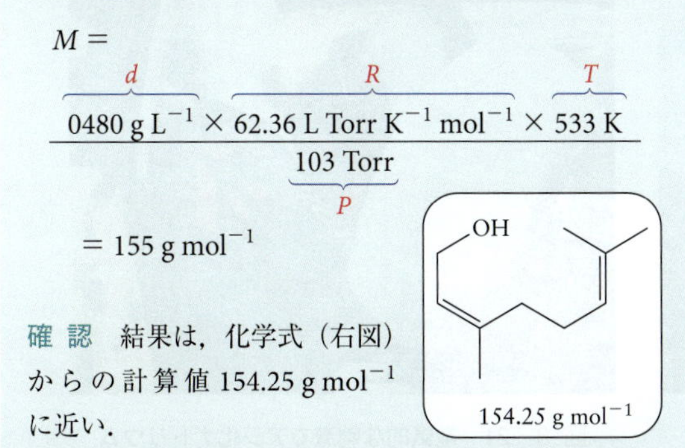

確 認　結果は，化学式（右図）からの計算値 $154.25\ g\ mol^{-1}$ に近い．

復習 3・13 A　ある化合物の蒸気は，213 °C，64.5 Torr で密度が $0.511\ g\ L^{-1}$ だった．モル質量はいくらか．

［答：$240\ g\ mol^{-1}$］

復習 3・13 B　ニンニク臭の主成分ジアリルジスルフィドの蒸気は，177 °C，200 Torr で密度が $1.04\ g\ L^{-1}$ だった．モル質量はいくらか．

要 点　標準室温・圧力 (SATP) は "25 °C (298.15 K)・1 bar"，標準温度・圧力 (STP) は "0 °C (273.15 K)・1 atm" とする．理想気体のモル体積は温度に比例し，圧力に反比例する．気体のモル濃度と密度は温度が高いほど小さく，圧力が高いほど大きい．■

③ 気体反応の化学量論

状態方程式とモル比から，反応で消費・生成される気体の体積を計算できる．たとえば，何かを燃やして生じる二酸化炭素 CO_2 の体積や，ある質量のヘモグロビン分子と反応する酸素 O_2 の体積が知りたいときは，モルの計算（序章 L 節，M 節）をしたあと，量を体積に換算する．計算のイメージを **1** に描いた．

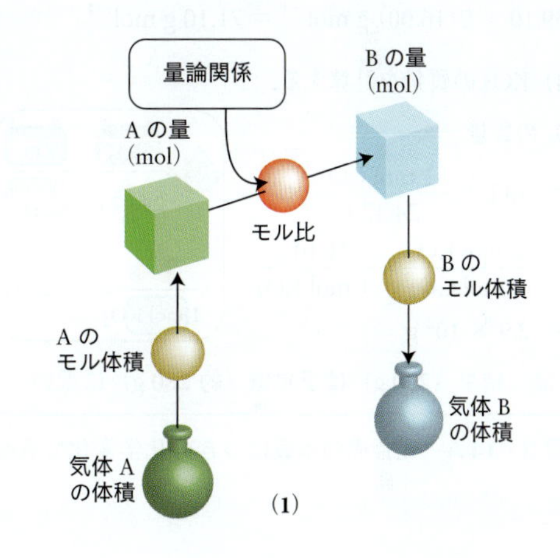

(1)

例題 3・7　気体の反応量

潜水艦では超酸化カリウム KO_2 を次式のように反応させ，乗員が呼吸で出す CO_2 を除くとともに，呼吸に使う酸素をつくる（図 3・19）．25 °C，1.0 atm で 50 L の CO_2 を除くのに必要な KO_2 は何 g か．

$$4\ KO_2(s) + 2\ CO_2(g) \rightarrow 2\ K_2CO_3(s) + 3\ O_2(g)$$

予 想　常温常圧の気体 50 L は約 2 mol だから，必要な KO_2 は約 4 mol．KO_2 のモル質量は約 $70\ g\ mol^{-1}$ なので，所要量はほぼ 280 g だろう．

方 針　気体は理想気体とみなし，常温常圧のモル体積を使う．反応のモル比を考えながら計算を進める．

解 答　1) 25 °C，1.0 atm で，理想気体のモル体積 V_m は $24.4654\ L\ mol^{-1}$ となる（表 3・4）．

2) 反応のモル比を確かめる．

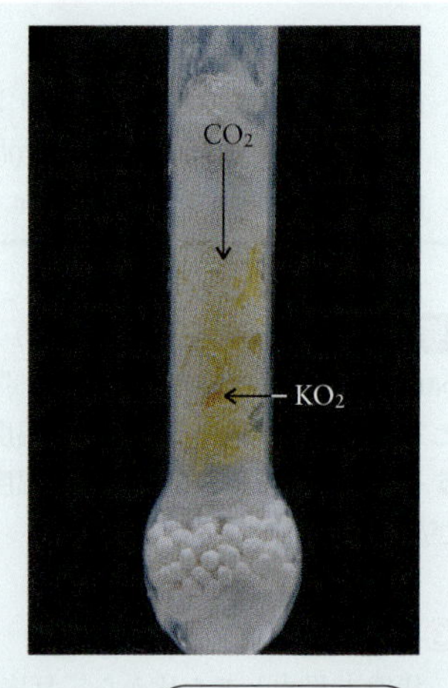

図 3・19　CO_2 を KO_2（黄色の固体）に通じると，無色の炭酸カリウム（内壁に付着した白い固体）と O_2 ができる．

$2\ \mathrm{mol}\ CO_2 \ \hat{=}\ 4\ \mathrm{mol}\ KO_2$

つまり

$1\ \mathrm{mol}\ CO_2 \ \hat{=}\ 2\ \mathrm{mol}\ KO_2$

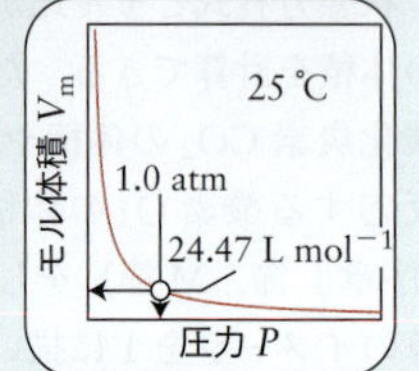

3）KO_2 のモル質量を確かめる（序章 E 節）．

$$39.10 + 2(16.00)\ \mathrm{g\ mol^{-1}} = 71.10\ \mathrm{g\ mol^{-1}}$$

4）KO_2 の質量を計算する．

KO_2 の質量

$$= 50\ \mathrm{L} \times \frac{1\ \mathrm{mol}\ CO_2}{24.47\ \mathrm{L}} \times \frac{2\ \mathrm{mol}\ KO_2}{1\ \mathrm{mol}\ CO_2} \times \frac{71.10\ \mathrm{g}}{1\ \mathrm{mol}\ KO_2}$$

$$= 2.9 \times 10^2\ \mathrm{g}$$

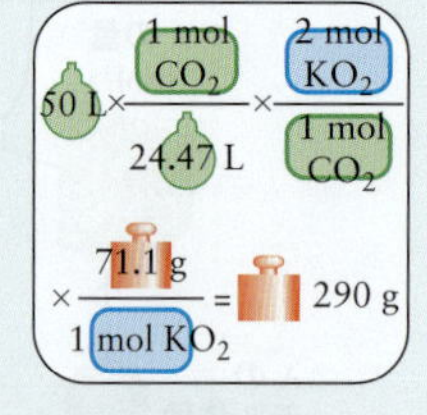

確 認　結果（290 g）は予想値（約 280 g）に近い．

復習 3・14 A　光合成の本質はつぎの化学変化で表せる．

$$6\ CO_2(g) + 6\ H_2O(l) \rightarrow C_6H_{12}O_6(s) + 6\ O_2(g)$$

グルコース 1.00 g が生じるとき，消費される二酸化炭素は，25 ℃，1.0 atm で何 L か．

［答：0.81 L］

復習 3・14 B　燃料電池では H_2 と O_2 の反応で水 H_2O ができる．25 ℃，1.00 atm で 100.0 L の酸素から生じる水は何 g か．

同量の液体や固体の体積は，気体のほぼ 1000 分の 1 しかない．たとえば常温常圧の水蒸気 1 mol（約 25 L）が液化すると，体積は約 18 mL に減る．

反応物 1 分子から複数の気体分子ができるとき，たとえば固形燃料が燃えて CO と CO_2 になると（図 3・20），体積は大きく増える．また，爆薬の起爆剤に利用するアジ化鉛(II) $Pb(N_3)_2$ は，衝撃を受けると分解し，大量の窒素ガス N_2 を生む．

$$Pb(N_3)_2(s) \rightarrow Pb(s) + 3\ N_2(g)$$

同様な反応をするアジ化ナトリウム NaN_3 は，かつて車のエアバッグに使った（図 3・21）．衝突の際，加速度の急激な変化をセンサーが感じ，そのとき生じる電気信号が NaN_3 を爆発させ，産物の窒素ガスがエアバッグをふくらませる．

要 点　ある温度と圧力でのモル体積を使えば，反応する気体や生成する気体の量を体積に換算できる．■

身につけたこと

ボイル・シャルルの法則より，変数のどれかを変えた際の結果がわかる．理想気体の状態方程式から，気体のモル体積，モル濃度，密度を計算できる．モル体積に注目すれ

図 3・20　点火した石炭粉塵の爆発．大量の気体ができるときの莫大な体積増加が衝撃波を生む．

図 3・21　電気的な刺激でアジ化ナトリウム NaN_3 を爆発させるエアバッグ†．

† 訳注：日本では 1998 年ごろから多発したアジ化ナトリウム混入事件のため NaN_3 が毒物指定され，以後は硝酸アンモニウムや硝酸グアニジンを使っている．

ば，気体が関係する化学変化を定量的につかめる．以上を学び，つぎのことができるようになった．

- ❑1　状態方程式を使う P，V，T，n の計算（例題 3・4，3・5）
- ❑2　理想気体の状態方程式を使うモル体積，モル濃度，密度の計算（② 項）
- ❑3　密度を使うモル質量の計算（例題 3・6）
- ❑4　反応する気体の体積に注目した化学量論の拡張（例題 3・7）

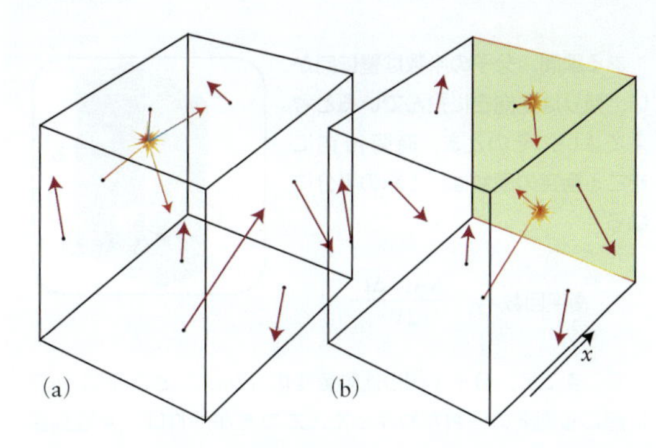

図 3・22　気体の分子運動モデル．(a) 分子はまっすぐに飛び，ときどき衝突する．(b) 容器の壁との衝突が圧力を生む．

3・3 気体分子の運動

なぜ学ぶのか？　気体の性質は，分子の休みない運動が生む．その掘り下げは，科学の方法（定性的なモデルの定量化）を学ぶ格好のテーマになる．

必要な予備知識　理想気体の状態方程式（3・1 節），力と運動エネルギーの知識（序章 A 節），ニュートンの第二法則（同）を使う．

理想気体の分子はたえず飛び交い，衝突の瞬間を除いて引きあいも反発もせず，温度が上がると平均速さが大きくなるのだった（3・1 節）．本節でそのイメージを具体化＝定量化しよう．実測データから分子の平均速さを決める要因をつかんだあと，分子運動のモデルを定量化していく．

① 気体の分子運動モデル

気体の運動論（kinetic theory of gas）ともいう**分子運動モデル**（kinetic molecular model）では，ミクロ世界の動きをもとに，気体の法則が成り立つ理由を浮き彫りにする．そのとき以下の 5 点を仮定しよう（図 3・22）．

1. 気体の分子は，休みなくランダムに飛び続ける．
2. 気体分子のサイズはたいへん小さい（ゼロではない）．
3. 分子は真空中を直進し，仲間や壁と衝突するたびに向きと速さを変える．
4. 分子どうしは，衝突以外の相互作用をしない．
5. 分子の衝突は“弾性衝突”とみなす．

4 の“相互作用”は，引きあいや反発をいう．また 5 の“弾性衝突”が起こるとき，その前後で全運動エネルギーは変わらない．

分子運動モデルを使うと，分子の速さと圧力の関係を定量的に表せる（コラム）．

式の導出　分子の動きと圧力の関係

以下は一歩ずつ，ていねいにたどろう．まず，気体を図 3・22b のイメージでとらえ，どの分子も速さは同じとする（その制限はいずれ外す）．右手の壁にぶつかる分子を想像しよう．一定時間内の衝突回数と，1 回の衝突で分子が壁に及ぼす力がわかれば，分子の生む圧力（＝力/面積）もわかる．

分子 1 個が及ぼす力の計算には，ニュートンの運動方程式〔力＝質量×加速度（速度の変化率）＝運動量の変化率；序章 A 節〕を使う．運動量は“質量×速度”だから，箱の一辺と平行な x 軸の右向きに速さ v_x で飛ぶ質量 m の分子は，運動量 mv_x をもつ．衝突のとき速度は v_x から $-v_x$ に変わるため，衝突後の運動量は $-mv_x$ となる．衝突は“弾性的”と考えるので，衝突の前後で分子の“速さ”は変わらない（衝突のときエネルギーは壁に移らない）．

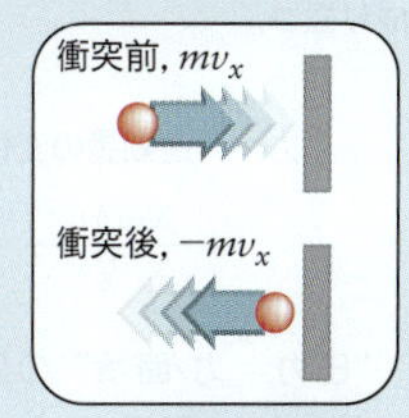

すると 1 回の衝突あたり，分子 1 個の運動量はつぎの値だけ変わる．

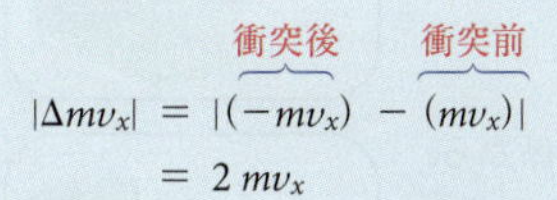

$$|\Delta mv_x| = |\underbrace{(-mv_x)}_{\text{衝突後}} - \underbrace{(mv_x)}_{\text{衝突前}}| = 2\,mv_x$$

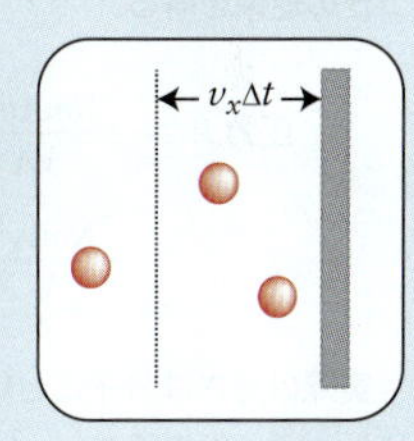

つぎに，時間 Δt のうち，壁にぶつかる分子の数を計算しよう．

壁から $v_x\Delta t$ 以下の距離にあり，壁の方向に飛ぶ分子は，どれも壁にぶつかる．

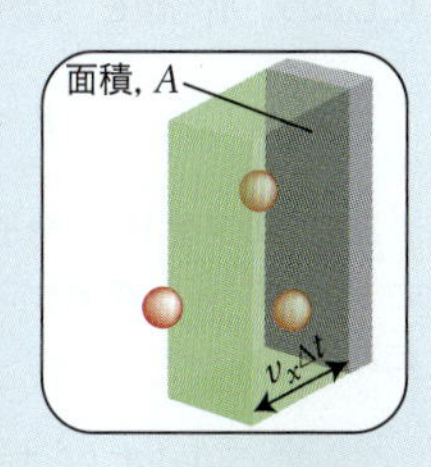

壁の面積を A とすると，距離 $v_x\Delta t$ に A をかけた体積 $Av_x\Delta t$ 内にある分子のうち，壁へ向かう分子は，どれも壁にぶつかる．

容器内の分子数を N，容器の体積を V と書こう．分子の分布にムラはない．体積 $Av_x\Delta t$ 内の分子数は，N の $Av_x\Delta t/V$ 倍だから，次式が成り立つ．

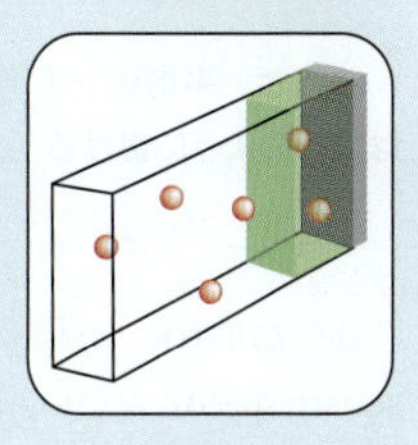

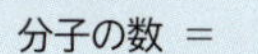

$$\text{分子の数} = \frac{Av_x\,\Delta t}{V} \times N = \frac{NAv_x\,\Delta t}{V}$$

ある瞬間，分子の半数は壁に向かい，残りは逆向きに飛んでいると考えてよい．そのとき，時間 Δt 内に起こる衝突の回数は，上記の半分になる．

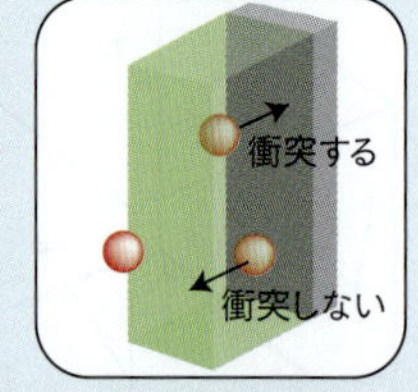

$$衝突回数 = \frac{NAv_x \Delta t}{2V}$$

ここまでに，分子1個の運動量変化（$2mv_x$）と，時間 Δt 内に起こる衝突の回数がわかった．二つをかければ，全運動量変化になる．

$$全運動量変化 = \frac{NAv_x \Delta t}{2V} \times 2mv_x = \frac{NmAv_x^2 \Delta t}{V}$$

ニュートンの第二法則により，運動量変化を時間 Δt で割った“運動量の変化率”が“力”に等しい．まず，運動量の変化率はこう書ける．

$$運動量の変化率 = \frac{NmAv_x^2 \Delta t}{V \Delta t} = \frac{NmAv_x^2}{V}$$

それが力に等しいとして，次式が成り立つ．

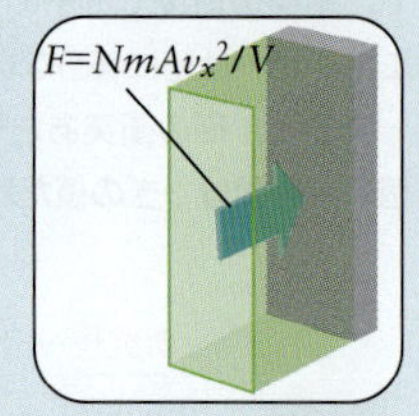

$$力 = 運動量の変化率 = \frac{NmAv_x^2}{V}$$

“圧力＝力/面積”の関係から，つぎの結果を得る．

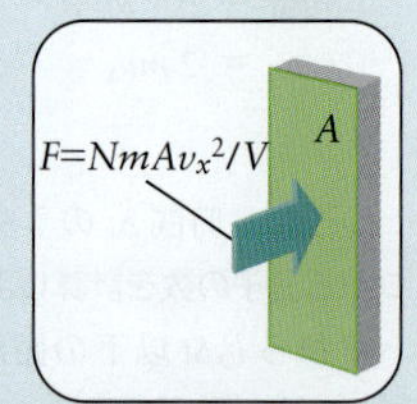

$$圧力\ P = \frac{NmAv_x^2}{VA} = \frac{Nmv_x^2}{V}$$

実際の速さは分子ごとにちがうため，v_x^2 を“v_x^2 の平均値”にしよう．平均値を $\langle v_x^2 \rangle$ と書けば，圧力 P はこうなる．

$$P = \frac{Nm\langle v_x^2 \rangle}{V}$$

三平方の定理より，分子1個の速さ v は，x，y，z 成分とつぎの関係にある．

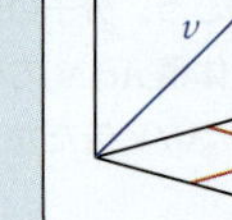

$$v^2 = v_x^2 + v_y^2 + v_z^2$$

すると，平均値（平均二乗速さ）はつぎのように書ける．

$$\langle v^2 \rangle = \langle v_x^2 + v_y^2 + v_z^2 \rangle = \langle v_x^2 \rangle + \langle v_y^2 \rangle + \langle v_z^2 \rangle$$

$\langle v^2 \rangle$ の平方根（$\sqrt{\langle v^2 \rangle}$）を，**根平均二乗速さ**（root-mean-square speed）といい，記号 $v_{\rm rms}$ で書く（コラムに続く説明も参照）．

分子の運動はランダムだから，v_x^2 の平均値は，v_y^2 や v_z^2 の平均値と等しい．つまり $\langle v_x^2 \rangle = \langle v_y^2 \rangle = \langle v_z^2 \rangle$ なので，$\langle v^2 \rangle = 3\langle v_x^2 \rangle$（$\langle v_x^2 \rangle = \frac{1}{3}\langle v^2 \rangle$）が成り立ち，圧力 P の式はこうなる．

$$P = \frac{Nm\langle v^2 \rangle}{3V} = \frac{Nmv_{\rm rms}^2}{3V}$$

分子の総数 N は，量 n とアボガドロ定数 N_A の積になる（$N=nN_A$）．また，分子1個の質量 m とモル質量 M の関係（$M=mN_A$）も使い，上式をつぎのように書き直す．

$$P = \frac{\overbrace{nN_A}^{N} mv_{\rm rms}^2}{3V} = \frac{n\overbrace{M}^{mN_A} v_{\rm rms}^2}{3V}$$

気体の量 n（mol），モル質量 M，分子の根平均二乗速さ $v_{\rm rms}$ を使えば，コラム内の最終式は，つぎのように整理できる（つまり状態方程式の PV は，気体分子の全運動エネルギーに比例する）．

$$PV = \frac{1}{3} nMv_{\rm rms}^2 \tag{15}$$

分子の総数が N，ある瞬間の速さがそれぞれ v_1，v_2，…，v_N のとき，根平均二乗速さは次式に書ける．

$$v_{\rm rms} = \sqrt{\frac{v_1^2 + v_2^2 + \cdots + v_N^2}{N}} \tag{16}$$

こぼれ話　平均二乗速さ $v_{\rm rms}^2$ は，分子の平均運動エネルギーに比例する（$\langle E_k \rangle = \frac{1}{2} m\langle v^2 \rangle = \frac{1}{2} mv_{\rm rms}^2$）．その事実は，おびただしい物理・化学現象にからむ．■

理想気体の状態方程式を使えば，気体分子の根平均二乗速さを計算できる．$PV=nRT$ だから，(15)式の右辺を nRT に等しいとおいた $\frac{1}{3} nMv_{\rm rms}^2 = nRT$ を，つぎのように変形する．

$$v_{\rm rms} = \sqrt{\frac{3RT}{M}} \tag{17a}$$

(17a)式で計算した分子の根平均二乗速さを図3・23に示す．なお根平均二乗速さ $v_{\rm rms}$ と“平均速さ”$v_{\rm mean}$ は $v_{\rm mean} = \sqrt{8/3\pi}\, v_{\rm rms}$ の関係にあり，$\sqrt{8/3\pi} = 0.92$ だから，両者はほぼ等しいと考えてよい．なお，(17a)式を $v_{\rm rms}^2$

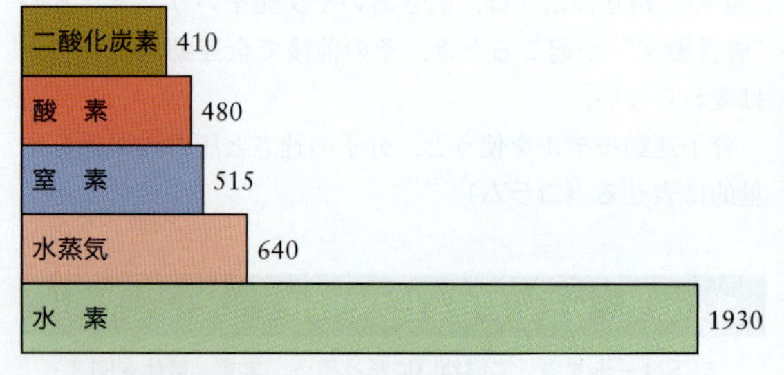

図3・23　気体分子の根平均二乗速さ（$\rm m\,s^{-1}$ 単位；25 °C）．モル質量の小さい水素は速さが大きい．

$=3RT/M$ と変形したあと，"$T=$" の形に書き直せばこうなる．

$$T = \frac{Mv_{\rm rms}^2}{3R} \tag{17b}$$

つまり絶対温度 T は，"気体分子の平均二乗速さ $v_{\rm rms}^2$ に比例する" といえる．

例題 3・8 気体分子の根平均二乗速さ

空気の分子は，どれほどの速さで顔にぶつかっているのだろうか？ 20 ℃の窒素分子が示す根平均二乗速さを計算せよ．

予 想 音は分子の動きが伝えるので，平均速さは音速（約 300 m s^{-1}）に近いだろう．

方 針 (17a)式にデータを入れる（R には SI 単位を使い，モル質量も kg mol^{-1} 単位にする）．

解 答 温度 293 K，$M=2.802\times10^{-2}$ kg mol^{-1} などに注意して，$v_{\rm rms}$ を計算する．

$$v_{\rm rms} = \left(\frac{3\times \overbrace{8.3145\ {\rm J\,K^{-1}\,mol^{-1}}}^{R\ (\mathrm{kg\,m^2\,s^{-2}})} \times \overbrace{293\ {\rm K}}^{T}}{\underbrace{2.802\times10^{-2}\ {\rm kg\,mol^{-1}}}_{M\,=\,28.02\ {\rm g\,mol^{-1}}}}\right)^{1/2}$$

$$= 511\ {\rm m\,s^{-1}}$$

単位の約分には，1 J $=1$ kg m^2 s^{-2} の関係を使った．

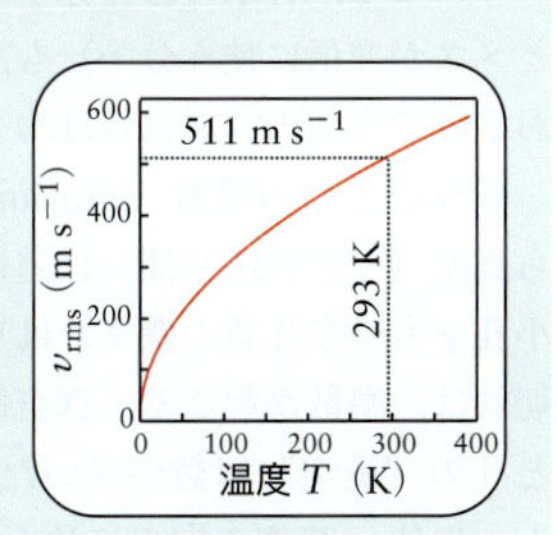

確 認 予想どおり，$v_{\rm rms}=511$ m s^{-1} は空気中の音速に近い．

復習 3・15 A 100 ℃で沸騰中の水分子の根平均二乗速さはいくらか．

［答：719 m s^{-1}］

復習 3・15 B 25 ℃の CH_4 分子の根平均二乗速さはいくらか．

要 点 気体の分子運動モデルと理想気体の状態方程式から，分子の根平均二乗速さ $v_{\rm rms}$ を表す式が出る．$v_{\rm rms}$ は絶対温度の平方根に比例する．■

② マクスウェル分布

たいへん有用な (17a)式も，平均値しか教えない．街を走る車と同じく，分子の速さは分布をもつ．正面衝突した車と同様，衝突後にほぼ静止する分子もあろう．静止した分子も，つぎの瞬間には（車とちがって）別の分子とぶつかり，以後はまた音速に近い速さで飛ぶ．常温常圧の空気中なら，ある 1 個の分子は，1 秒間に仲間と数十億回ぶつかっている．

ある瞬間，速さ v の気体分子がどういう割合を占めるのかを，スコットランドの科学者マクスウェル（James Clerk Maxwell）がつぎの式に表した．

$$\Delta N = Nf(v)\Delta v$$
$$f(v) = 4\pi\left(\frac{M}{2\pi RT}\right)^{3/2} v^2\, {\rm e}^{-Mv^2/2RT} \tag{18}$$

ΔN は速さ $v\sim v+\Delta v$ の分子数，N は総分子数，M はモル質量，R は気体定数を表す．関数 $f(v)$ を，速さの**マクスウェル分布**（Maxwell distribution）という（コラム参照）．

こぼれ話 マクスウェル分布は，理論面で貢献したボルツマン（Ludwig Boltzmann）の名も入れて "マクスウェル・ボルツマン分布" ともよぶ．■

式の意味 指数関数は v とともに急減するため，v が極端に大きい分子はない．また，v^2 がかかっていて，$v\to0$ でのとき $f(v)\to0$ となるため，v が極端に小さい分子もない．係数 $4\pi(M/2\pi RT)^{3/2}$ は，v の全域（0〜∞）で確率を 1 にするための "**規格化因子**（normalization factor）" という．■

化学の広がり 8 マクスウェル分布の実測

気体分子の速さがどんな分布をもつのか実測するには，"分子ビーム" を使う．小穴つき容器内の気体を熱し，分子を小穴から真空に飛び出させたあと，一連のスリットを通して細いビームにする．

分子ビームを一連の回転円盤（回転ディスク）に通す（図）．円盤には，隣どうし角度を同じだけずらしたスリットが切ってある．ある回転速度のとき，最初のスリットを通った分子が，続く円盤のスリットをちょうど通るなら，3 個目，4 個目 … のスリットも通って検出器に届く．

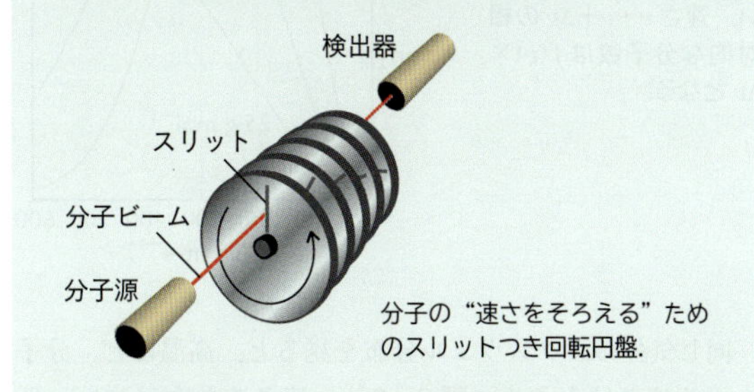

分子の "速さをそろえる" ためのスリットつき回転円盤．

円盤の回転速度を変えながら検出器に届く分子の量を測れば，速さの分布がわかる．実測結果の例を図に描いた．実測値（○）は，理論的なマクスウェル分布（図 3・24，3・25）によく合う．

1 点だけ補足しておこう．マクスウェル分布は，三次元方向に飛び交う分子集団の特性だから，一見したところ，実験例のような "一次元ビーム" には当てはまりそうにない．しかしビームは，数学でいう太さゼロの "直線" ではなく有限の太さをもつから，ミクロな分子にとっては "三次元空間" に等しい．その結果，ビーム方向の速さ分布も，三次元の分布だとみてかまわない．

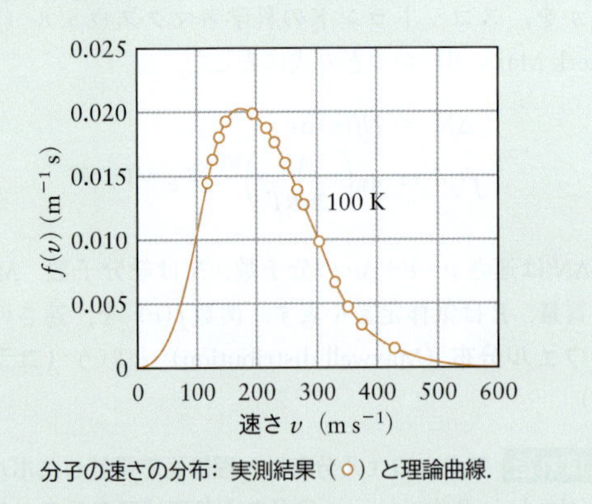

分子の速さの分布：実測結果（○）と理論曲線．

マクスウェル分布の形は，分子の重さ（モル質量）で変わる（図 3・24）．分子が重いと（たとえばモル質量 100 g mol^{-1} なら），速さのばらつきは小さい．軽い分子（たとえば 20 g mol^{-1}）は，平均速さが大きく，分布の広がりも大きい．うんと軽い分子は猛スピードで飛ぶため，小さな惑星上だと，重力を振り切って宇宙に逃げる．だから，大きくて重い惑星（木星など）の大気に多い H_2 分子や He 原子も，軽い地球の大気中にはほとんどない．

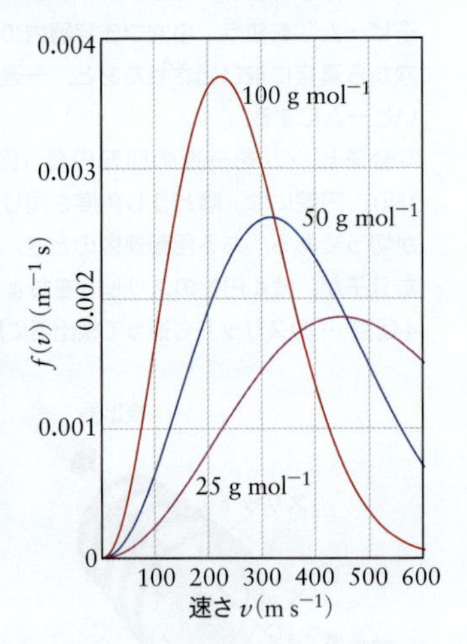

図 3・24　気体分子の重さとマクスウェル分布の形（温度 300 K）．重い気体ほど，平均速さが小さく，速さの分布が狭い．速さ v〜$v+\Delta v$ の相対的な分子数は $f(v)\times\Delta v$ となる．

同じ気体のマクスウェル分布を見ると，高温ほど，分子の平均速さは大きく（図 3・25），速さの分布は広い．低温では分布が狭く，多くの分子が平均値に近い速さで飛び交う．高温になるほど，平均値よりずっと速い分子が増える．気体分子の運動エネルギーは速さの 2 乗に比例するため，運動エネルギーと温度の関係も，速さそのものに似た変化を示す．

要点　分子の速さは分布を示す．温度が上がると根平均二乗速さが増し，速さの分布も広がる．分布のありさまは (18) 式（マクスウェル分布）に従う．■

0.005
0.004
0.003
0.002
0.001
0
$f(v)$ (m^{-1} s)
100 K
300 K
500 K
0 100 200 300 400 500 600
速さ v (m s^{-1})

図 3・25　温度とマクスウェル分布曲線（モル質量 50 g mol^{-1} の気体）．高温ほど平均速さが大きくなるうえ，速さの分布が広がる．

③ 拡散と噴散

気体は，拡散と噴散で広がっていく．拡散と噴散の実測データは，気体分子の平均速さがモル質量と温度に関係することを教えてくれる．

拡散（diffusion）とは，物質の粒子が別の物質（媒質）内にゆっくり分散していく現象をいう．たとえば，気体 A（●）が気体 B（●）内に拡散するイメージは図 3・26 のようになる．香水の香り分子も，フェロモン（動物のオスとメスが交信に使う分子）も，空気中を拡散する．拡散のおかげで大気の組成はほぼ均一に保たれる．

もうひとつの**噴散**（effusion）とは，気体分子が小孔から真空（や超低圧空間）に逃げる現象をいう（図 3・27）．小孔をもつ多孔質の壁またはピンホールで気体と真空を仕切れば，噴散が起こる．真空側に比べ，気体の側では分子と孔の"衝突"回数が多いため，真空→気体の向きよりも，気体→真空の向きに動く分子が多い．

19 世紀スコットランドの化学者グレアム（Thomas Graham）が，気体の噴散速度を実験で調べ，つぎのことを見つけた．

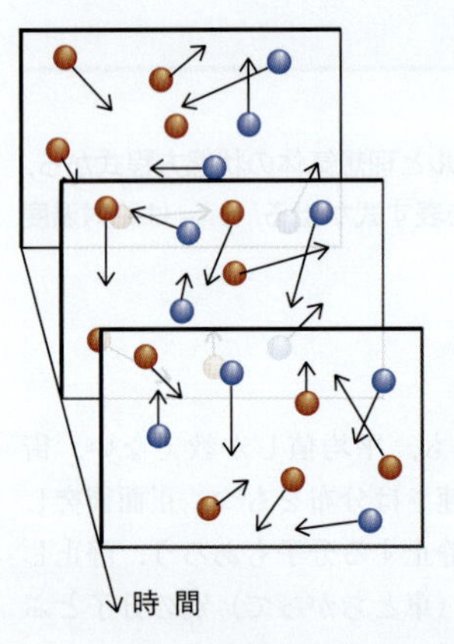

図 3・26　分子のランダムな衝突を通じて進む拡散のイメージ．

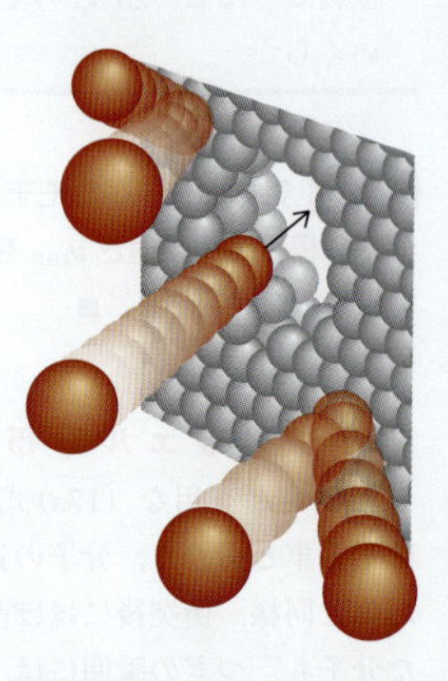

図 3・27　噴散のイメージ．壁にある小孔から分子が真空（や低圧）側に逃げていく．

● 温度が一定のとき，気体の噴散速度はモル質量の平方根に反比例する．

$$噴散速度 \propto \frac{1}{\sqrt{モル質量}} \quad つまり \quad 噴散速度 \propto \frac{1}{\sqrt{M}} \tag{19a}$$

(19a)式を**グレアムの噴散則**（Graham's law of effusion）とよぶ．噴散速度は，分子が孔に近づく速さ，つまり"気体分子の平均速さ"に比例する．

$$分子の平均速さ \propto \frac{1}{\sqrt{M}} \tag{19b}$$

分子運動を定量化する前に，噴散則の応用面を眺めておこう．

噴散則より，気体A（モル質量 M_A）と気体B（モル質量 M_B）ではつぎの関係が成り立つ．

$$\frac{気体Aの噴散速度}{気体Bの噴散速度} = \frac{1/\sqrt{M_A}}{1/\sqrt{M_B}} = \sqrt{\frac{M_B}{M_A}} \tag{20a}$$

噴散にかかる時間は，噴散速度に反比例するため，モル質量の平方根に正比例する．

$$\frac{気体Aの噴散時間}{気体Bの噴散時間} = \sqrt{\frac{M_A}{M_B}} \tag{20b}$$

すると，一定量の気体2種類が噴散する時間を比べれば，未知気体のモル質量を推定できる．

復習3・16A　30 mLのアルゴンが40 sで噴散する多孔質の壁から，30 mLの気体Aは120 sかけて噴散した．気体Aのモル質量を推定せよ．

［答: 360 g mol^{-1}］

復習3・16B　ある量のヘリウムは多孔質の壁から10 sで噴散した．同じ量のメタン CH_4 は，同じ条件で，噴散するのに何 s かかるか．

(19b)式から，気体分子の平均速さは，モル質量の平方根に反比例する．また，温度を変えて実験したところ，噴散速度は高温ほど大きく，絶対温度 T の平方根に比例するとわかった．

$$\frac{温度T_2での噴散速度}{温度T_1での噴散速度} = \sqrt{\frac{T_2}{T_1}} \tag{21a}$$

噴散速度は分子の平均速さに比例するため，こう書ける．

$$分子の平均速さ \propto \sqrt{T} \tag{21b}$$

(21b)式が"温度とは何か"を教える．少なくとも気体の場合，温度は"分子の平均速さを表す指標"だといえる．つまり，分子の平均速さが大きいほど温度は高い．

分子の平均速さは，温度の平方根に比例し〔(21b)式〕，モル質量の平方根に反比例するから〔(19b)式〕，つぎのように書ける．

$$分子の平均速さ \propto \sqrt{\frac{T}{M}} \tag{22}$$

つまり気体分子の平均速さは，温度が高いほど，モル質量が小さいほど大きい．

要点　分子の平均速さは，温度の平方根に比例し，モル質量の平方根に反比例する．■

身につけたこと

圧力を生む分子の平均速さは，温度の平方根に比例し，モル質量の平方根に反比例する．マクスウェル分布の式より，高温ほど，分子が軽いほど，速さの分布は広い．噴散の実測結果もその知見に合う．以上を学び，つぎのことができるようになった．

- ❑1　分子運動モデルで仮定したことがらの説明（①項）
- ❑2　分子の平均速さと温度の関係の説明（①項）
- ❑3　気体分子の根平均二乗速さの計算（例題3・8）
- ❑4　温度とモル質量がマクスウェル分布に及ぼす効果の説明（②項）
- ❑5　グレアムの噴散則にもとづく噴散速度の説明（復習3・16）

3・4 分子間力

なぜ学ぶのか？　気体や液体，固体の性質を理解するには，分子どうしの引きあいと反発を正しくイメージする必要がある．

必要な予備知識　位置エネルギー（序章A節），クーロン相互作用（2・1節），分極性（2・4節）の知識を使う．極性分子の部分電荷と双極子モーメント（2・5節）も復習しよう．

海水も河川水も，水の分子が引きあってできる．分子どうしが引きあわないと，肉は骨からはがれ落ち，動植物の体もプラスチック材料も存在できず，雲は生まれず，湖や海は文字どおり雲散霧消するだろう．

分子（粒子）間に働く力は，液体や固体の性質を決め，身近な"もの"どうしの差異を生む．常温で二酸化ケイ素 SiO_2 は固体なのに二酸化炭素 CO_2 が気体の姿をとり，氷が水に浮く背後にも，粒子どうしの引きあいがある．

分子は反発もしあうため，"もの"はどこまでも圧縮できはしない．だから木の床は体を支え，固体は決まったサイズと形をもつ．気体の分子も（弾性衝突以外の）反発をしあうので，実在気体の性質が現れる．

分子どうしの引きあいや反発を，**分子間力**（intermolecular force）と総称する．分子間力の大きさは，互いの距離と相互作用の種類で変わり，物質の**相**（phase）を決める．相とは"一定の化学組成と状態"をいう．気相の分子はほとんどの時間を互いに離れたまま飛び交い，相互作用が弱いため，理想気体からのずれは小さい（次節）．液体・固体を総称する**凝縮相**（condensed phase）だと分子間距離が短いので，分子間力は"もの"の性質を大きく左右する．

物質をつくる"粒子"一般だと，イオン間に働く力がいちばん強く，それが硬い固体を生むことは2・1節に述べた．本節では，"イオン–中性分子"間と"中性分子どうし"に働く力を解剖しよう．

① 分子間力の起源

十分に近づけばどんな分子も引きあうけれど，近づきすぎれば電子雲が反発しあう．粒子（原子・分子）間のエネルギーと核間距離の関係を図3・28に描いた．こうしたグラフを**分子ポテンシャルエネルギー曲線**（molecular potential energy curve）とよぶ．

化学反応が起こる（結合ができる）場合と，起こらない場合を区別しよう．分子が近づきあえば，結合してもしなくても引きあう結果，まずエネルギーは下がる．ただし，近づきすぎると電子雲どうしの反発が増す結果，エネルギーは急上昇する．結合しないときの極小点は，結合するときよりずっと浅い．また極小点の核間距離は，結合しないときのほうがだいぶ大きい．以下，そんな相互作用（働きあい）に注目しよう．

相互作用のタイプを表3・5にまとめた．イオン間の相互作用は，分子間や双極子間よりずっと強い．物質の性質は，いくつかの相互作用が働く結果として決まる．

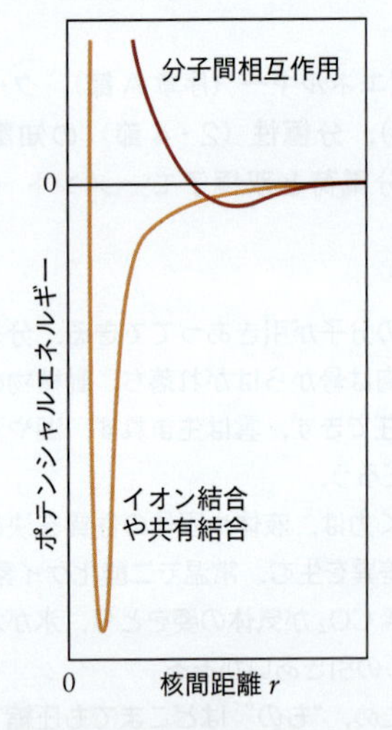

図 3・28　結合するとき（——）としないとき（——）のポテンシャルエネルギー曲線．結合するときは"井戸"が深い．結合しないときも，分子間の引きあいがエネルギーを下げる．

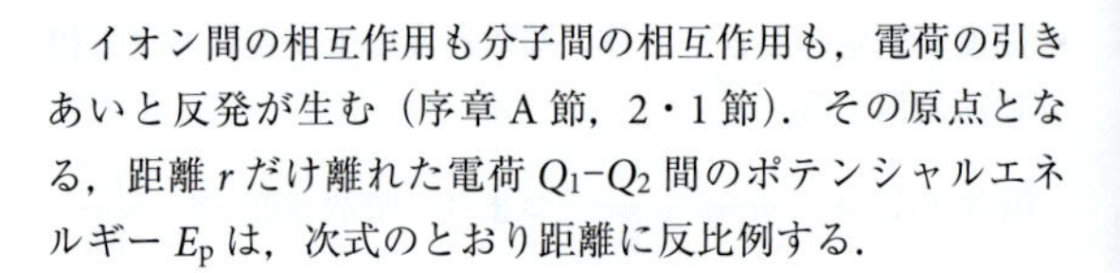

イオン間の相互作用も分子間の相互作用も，電荷の引きあいと反発が生む（序章A節，2・1節）．その原点となる，距離 r だけ離れた電荷 Q_1–Q_2 間のポテンシャルエネルギー E_p は，次式のとおり距離に反比例する．

$$E_p \propto \frac{Q_1 Q_2}{r} \qquad (23)$$

距離 r の2〜6乗に反比例する相互作用（後述）は，結局のところ，(23)式が複合的に起こってそうなると考えてよい．

なお，歴史的ないきさつのため，"… 相互作用"，"… 力"，"… 結合"など呼称はさまざまでも，みな働きあいの"エネルギー"を表すところに注意したい．

要 点　分子どうしの引きあいや反発は"分子間力"と表現できる．分子間の引きあいが凝縮相（液体・固体）を生む．分子どうしが十分に近接すると反発力が働く．■

② イオン–双極子相互作用

イオン固体が水に触れると，表面のイオンを水分子がとり囲み，ほかのイオンから引き離す（固体の溶解）．とり囲む水分子の部分電荷が，固体中で隣りあうイオンの電荷と同じ役目をする（エネルギーを下げる）ため，イオンは水中に出ていきやすい．

イオンなど溶質の粒子に水分子がとりつく現象を**水和**（hydration）という．イオンの水和は，水分子（**1**）の極性が引き起こす．O原子がもつ負の部分電荷は陽イオン（カチオン）に引かれ，H原子がもつ正の部分電荷は反発される．そのため水分子が陽イオンにとりつくときは，O原子の孤立電子対を内に向け，H原子を外に向ける（図

表 3・5　イオンや分子の相互作用[a]

相互作用	距離依存性	典型的なエネルギー値 (kJ mol^{-1})	相互作用する粒子
イオン–イオン	$-\|z\|^2/r$	250	イオンどうし
イオン–双極子	$-\|z\|\mu/r^2$	15	イオンと極性分子
双極子–双極子	$-\mu_1\mu_2/r^3$ $-\mu_1\mu_2/r^3$	2 0.3	静止した極性分子 回転する極性分子
双極子–誘起双極子	$-\mu_1^2\alpha_2/r^6$	2	分子（少なくとも片方は極性分子）
ロンドン力（分散力）[b]	$-\alpha_1\alpha_2/r^6$	2	すべての分子
水素結合[c]		20	N−H，O−H，F−H 結合をもつ分子

a) 複数の相互作用が同時に働く．r は粒子中心間の距離，z はイオンの電荷数，μ は電気双極子モーメント，α は分子の分極率を表す．
b) 別名を"誘起双極子–誘起双極子相互作用"という．通常，$1/r^6$ に比例する相互作用を"ファンデルワールス相互作用"とよぶ．
c) 水素結合は"接触相互作用"の典型例となる．

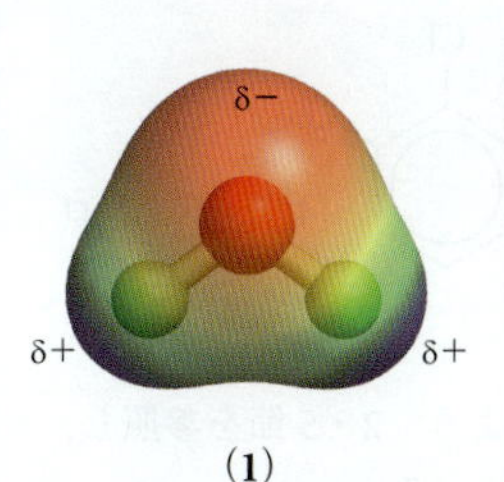

(1)

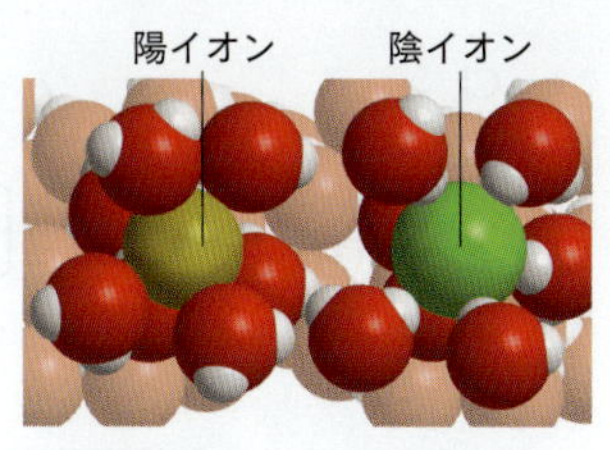

図 3・29　イオンの水和．部分電荷が負のO原子が陽イオンに向かい（左），正のH原子が陰イオンに向かう（右）．

3・29 左）．陰イオンの水和は逆になり，H原子が陰イオンのほうを向く（図 3・29 右）．

水和は，水分子の部分電荷とイオンの引きあいで生じる．それを一般に**イオン−双極子相互作用**（ion–dipole interaction）という．中性子散乱という実験で LiCl や NaCl の希薄水溶液を調べると，図 3・29 のような集合状態が浮き彫りになる．

イオンの電荷数が z，双極子モーメントが μ のとき，イオンの電荷と極性分子の部分電荷は，$-|z|\mu/r^2$ というポテンシャルエネルギーで相互作用する（表 3・5）．符号が負だから，相互作用は"イオン＋溶媒分子"のポテンシャルエネルギーを下げる（安定化させる）．

考えよう　強いイオン−双極子相互作用が起こる溶媒は，水のほかに，どんなものがあるだろうか．■

作用距離の短い極性分子とイオンは，かなり近づいて（ほぼ接触して）から相互作用する．おまけに極性分子の部分電荷は小さいから，たとえ近づけたとしても，同じ距離でイオン−双極子間に働く力は，イオン間に働く力より弱い．また，イオンが極性分子の端（部分電荷）に引かれても，他端の逆符号電荷に反発されるので，その分だけ引力は弱い．十分に離れると，イオンの"目"には正負の部分電荷がどちらもほぼ等距離に見えるため，引力はほとんどゼロになる．

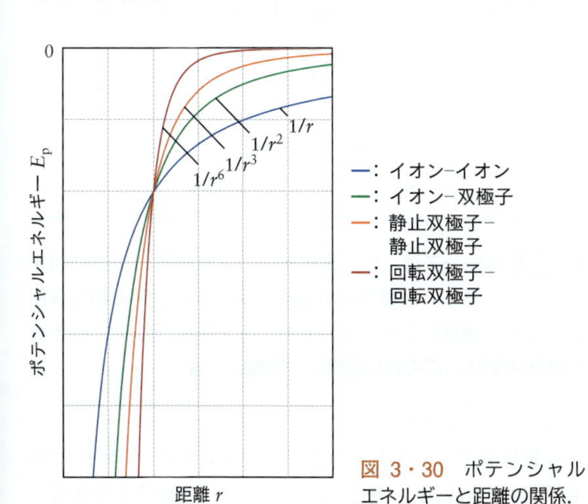

図 3・30　ポテンシャルエネルギーと距離の関係．

こうした理由で，イオン−双極子間のポテンシャルエネルギー（$\propto 1/r^2$）は，イオン−イオン間（$\propto 1/r$）に比べ，距離とともに弱まっていく度合いが強い（図 3・30）．

水和の強さは，イオンのサイズと電荷で決まる．小さいイオンほど，双極子（極性分子）に近づきやすいため，イオン−双極子相互作用は強い．だからサイズが小さい陽イオンは極性の H_2O 分子を強く引き寄せ，水和物になりやすい．

たとえば，1族元素のイオンのうち，サイズの小さい Li^+ や Na^+ は水和しやすく，ときに水和物の姿で固体になる（序章D節）．かたや，サイズの大きい K^+，Rb^+，Cs^+ は水和物をつくりにくい．

サイズの近いイオンなら，電荷の多いイオンほど水和しやすい．Ba^{2+} と K^+ を比べよう（半径は Ba^{2+} が 135 pm，K^+ が 138 pm）．固体のカリウム塩はまず無水物だが，バリウム塩の多くは水和している（塩化カリウムは無水 KCl，塩化バリウムは $BaCl_2 \cdot 2H_2O$）．

要点　イオン−双極子相互作用は，イオンが小さいほど，電荷が多いほど強いため，小さくて電荷が多い陽イオンの塩には水和物が多い．■

③ 双極子−双極子相互作用

つぎに極性分子（2・5節）どうしの相互作用を考えよう．わかりやすい例として，部分電荷が負の Cl 原子と，正の H 原子3個をもつクロロメタン CH_3Cl（**2**）に注目する．固体のクロロメタンだと Cl 原子は，隣りあう分子の Cl 原子と向き合うよりも，正電荷の H 原子と向き合うほうがエネルギーは低い．だから分子どうしは，正電荷と負電荷がなるべく近くなるように並ぶ（図 3・31）．

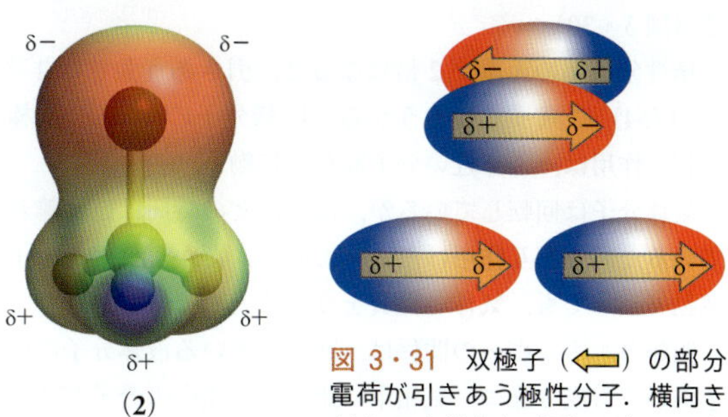

(2)

図 3・31　双極子（⇦）の部分電荷が引きあう極性分子．横向き（上）でも縦向き（下）でも，δ+ と δ− が向きあえばエネルギーは下がる．

そんな相互作用，とりわけ部分電荷がつくる双極子どうしの相互作用を**双極子−双極子相互作用**（dipole–dipole interaction）という．固体中に固定された双極子の場合，互いの距離 r とポテンシャルエネルギーの関係は，同じ双極子どうしなら双極子モーメント μ を使って $-\mu^2/r^3$，異種の双極子（μ_1，μ_2）どうしなら $-\mu_1\mu_2/r^3$ と書ける（表 3・5）．分極性が高い分子ほど相互作用は強い．

現象の根元は同じ (23)式でも，双極子どうしの相互作用は距離 r の3乗に反比例するため，r が2倍になると8分の1に減る．双極子–双極子相互作用の減りかたが激しいのは，遠く離れたとき，両分子がもつ正負の部分電荷が重なって（打ち消しあって）見えるからだと思えばよい．イオン–双極子相互作用なら，双極子の部分電荷だけが打ち消しあって見えるため，“減りかた”がゆっくりになる．

つぎに，同じクロロメタンでも，気体になったらどうだろう．気体分子は高速回転をしていて，真空中の小分子だと，ほぼ1 ps（1兆分の1秒）で1回転する（図3・32）．完璧な自由回転なら，異符号電荷の引きあいと同符号電荷の反発がぴったり打ち消しあうので，正味の相互作用はないだろう．

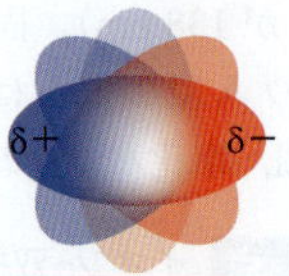

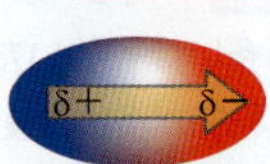

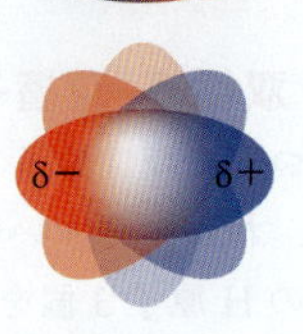

図 3・32　双極子が逆を向くとエネルギーが下がり，逆向き配向をとる時間がやや長くなるため，回転極性分子は正味で引きあう（ただし引力は静止分子よりずっと弱い）．

けれど回転双極子どうしは，エネルギー面で有利な（異符号電荷が近づいた）瞬間に動きを弱める．だから回転双極子（回転極性分子）は正味で引きあう．理論によると，そのポテンシャルエネルギーは，距離の6乗に反比例する（図3・30）．

極性分子間の距離が2倍になると，引きあう強さは 2^{-6} (＝1/64) に減ってしまうから，回転分子の双極子–双極子相互作用は，ごく近い分子間だけに働く．

気体分子は回転しているが，ほとんどの時間は遠く離れているため，相互作用はたいへん弱い．だから単純な分子運動モデルでも，気体の性質をうまく説明できる．

距離とエネルギーの関係は，回転している液体分子の引きあいでも成り立つ．気相中に比べ，液相中の分子どうしがずっと近いので，双極子–双極子相互作用は強い．引きあう分子を離すにはエネルギーを要するため，分子間力の強い物質は沸点が高い．

例題 3・9　双極子–双極子相互作用と沸点

p–ジクロロベンゼン (**3**) と *o*–ジクロロベンゼン (**4**) の沸点は，どちらが高いだろう．

方 針　分子間力が強いほど沸点は高い．形の似た分子なら，双極子モーメントの大きいほうが相互作用は強いから，分子の極性を比べよう．2・5節を参照し，結合に注目して分子の極性を比べる．

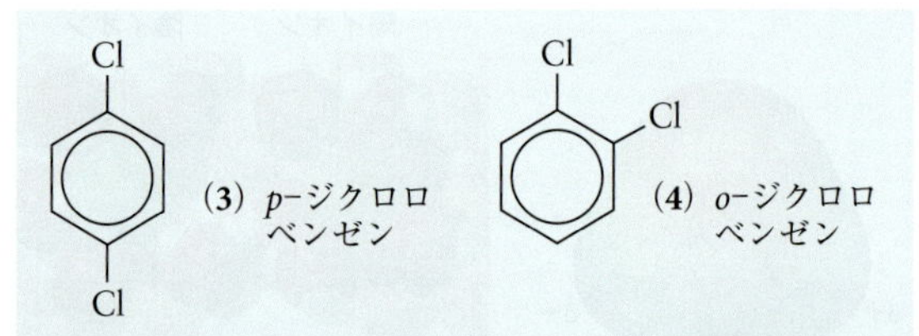

大事な仮定　C−H結合の極性はC−Cl結合よりずっと弱いため，無視してよい．

解 答　*p*–ジクロロベンゼンは非極性分子（C−Cl結合2個の双極子モーメントが打ち消しあう）．

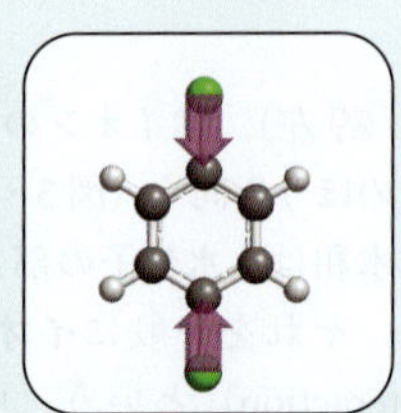

o–ジクロロベンゼンは極性分子（C−Cl結合2個の双極子モーメントが打ち消しあわない）．そのため *p*–ジクロロベンゼンより沸点が高いだろう．

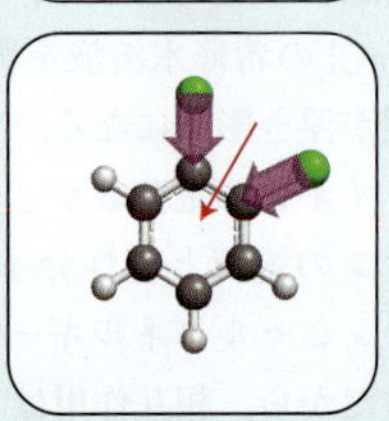

確 認　実測された沸点の序列（*p*–ジクロロベンゼン 174 °C，*o*–ジクロロベンゼン 180 °C）は予測に合う．

復習 3・17 A　*cis*–ジクロロエチレン (**5**) と *trans*–ジクロロエチレン (**6**) の沸点は，どちらが高いだろう．

H　Cl
C＝C
H　Cl

H　Cl
C＝C
Cl　H

(**5**) *cis*–ジクロロエチレン　(**6**) *trans*–ジクロロエチレン

［答: *cis*–ジクロロエチレン］

復習 3・17 B　1,1–ジクロロエチレン (**7**) と *trans*–ジクロロエチレンの沸点は，どちらが高いだろう．

Cl　Cl
C＝C
H　H

(**7**) 1,1–ジクロロエチレン

要 点　極性分子は，部分電荷がつくる双極子の相互作用を通じて引きあう．双極子間の相互作用はイオン間の相互作用より弱く，距離とともに急減する．分子が回転している気体や液体中では，ごく近い距離だけで働く．■

④ ロンドン力

非極性分子も引きあう．だからこそ貴ガス（極性ゼロの原子気体）も低温で液化し，ガソリン（おもに非極性炭化

水素の混合物）は室温でも液体の姿をとる．

極性のない分子が，なぜ引きあうのか？　秘密は分子内の電子にある．まず，電子分布や電荷分布の計算結果を表す **1** や **2** は，時間平均した姿だと心得よう．

ムラなどなさそうな非極性分子や単原子分子の電子分布にも，ある瞬間を見れば必ずムラがある．電子の濃い場所と薄い場所があって，濃い場所は負電荷を，薄い場所は正電荷をもつ（図3・33）．10^{-16} 秒もたてば，電荷の正負が逆転したり，別の分布になったりする．つまり非極性分子にも，**瞬間双極子モーメント**（instantaneous dipole moment）ができている（図3・34）．

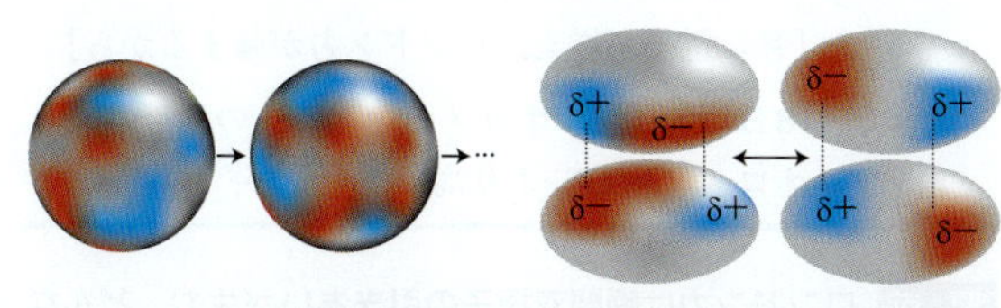

図3・33　原子を囲む電子雲の濃淡は，霧のように揺らぎ続ける．

図3・34　瞬間双極子が隣の分子に逆向きの双極子を誘起する結果，両者が引きあう．

ある分子の瞬間双極子モーメントは，隣の分子の電子雲をゆがめて双極子にし，そんな双極子2個が引きあう．瞬間双極子モーメントはめまぐるしく変わるけれど，隣の分子がそれを追いかけて双極子になる結果，分子どうしはいつも引きあう．

こうした相互作用を，提唱者ロンドン（Fritz London）にちなんで**ロンドン力**（London force）や**ロンドン相互作用**（London interaction）という．ロンドン力はどんな分子間にも働く．非極性分子や単原子間の相互作用はロンドン力しかない．

ロンドン力の強さは，分子の**分極率**（polarizability）α の大きさで決まる．分極率は，電子雲のひずみやすさを表す．電子が動きやすい原子は分極しやすいのだった（2・4節）．大きくて核と電子が遠い原子や，内殻電子が核の電荷をよく遮蔽する原子がそうなる．そんな原子をもつ分子は，電子密度がゆらぎやすい（分極しやすい）ため，瞬間双極子モーメントが大きく，ロンドン力も強くなる（図3・35）．

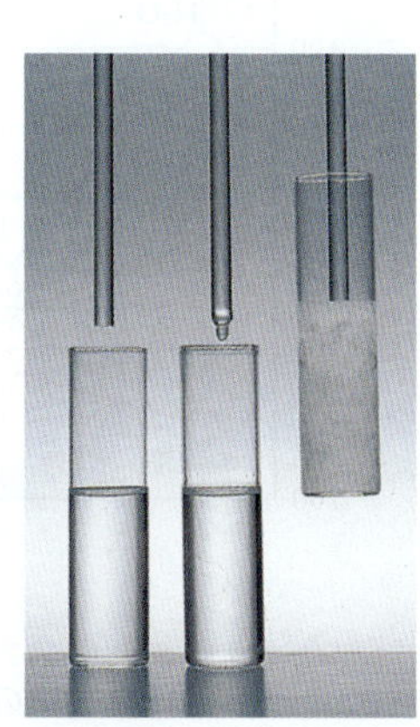

図3・35　炭化水素のモル質量とロンドン力．ペンタン C_5H_{12}（左）はサラサラの液体，ペンタデカン $C_{15}H_{32}$（中）は粘性の液体，オクタデカン $C_{18}H_{38}$（右）はロウ状の固体．一般に長鎖の分子は，分子間力が強いほどからみあいやすい．

理論によると，ロンドン力のポテンシャルエネルギーは，回転極性分子の双極子−双極子相互作用と同様，分子間距離 r の6乗に反比例する（分極率を α としたときの関数形が $-\alpha^2/r^6$ または $-\alpha_1\alpha_2/r^6$．表3・5参照）．

だからロンドン力も距離とともに急減し，ごく近い距離だけで働くのだけれど，非極性分子間の相互作用はおもにロンドン力が引き起こす．またロンドン力は，分子の極性・非極性に関係なく働くことに注意しよう．

室温のもとハロゲンの単体が，気体（F_2, Cl_2）から液体（Br_2）を経て固体（I_2）になるのも，分子間力で説明できる．その順に電子が増えて分極率が増し，ロンドン力が強まっていく．またロンドン力は，置換する原子が重くなっても強まる．たとえば，メタン CH_4 の沸点は −162 ℃のところ，電子の多いテトラクロロメタン（四塩化炭素 CCl_4）は沸点 77 ℃の液体で（表3・6），さらに電子の多いテトラブロモメタン CBr_4 は，融点 94 ℃・沸点 190 ℃の固体になる．

表3・6　よく出合う物質の融点と沸点

物質	融点（℃）	沸点（℃）
貴ガス		
He	−270（3.5 K）[a]	−269（4.2 K）
Ne	−249	−246
Ar	−189	−186
Kr	−157	−153
Xe	−112	−108
ハロゲン		
F_2	−220	−188
Cl_2	−101	−34
Br_2	−7	59
I_2	114	184
ハロゲン化水素		
HF	−93	20
HCl	−114	−85
HBr	−89	−67
HI	−51	−35
小分子の無機物質		
H_2	−259	−253
N_2	−210	−196
O_2	−218	−183
H_2O	0	100
H_2S	−86	−60
NH_3	−78	−33
CO_2	—	−78（昇華）
SO_2	−76	−10
有機化合物		
CH_4	−182	−162
CF_4	−150	−129
CCl_4	−23	77
C_6H_6	6	80
CH_3OH	−94	65
グルコース	142	分解
スクロース	184（分解）	—

a）加圧下．

ロンドン力の強さは，分子の形でも変わる．たとえばペンタン（**8**）とネオペンタン（2,2-ジメチルプロパン）（**9**）は，化学式が同じ C_5H_{12} だから電子の数は等しいのに，融点はそれぞれ 36 °C，10 °C と，かなりの差がある．

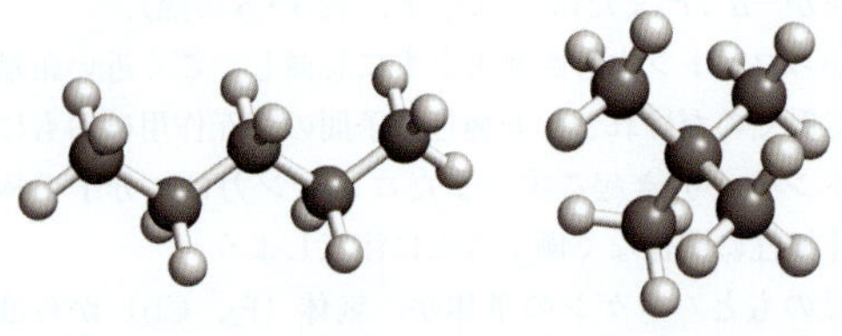

（**8**）ペンタン C_5H_{12}　（**9**）ネオペンタン $C(CH_3)_4$（2,2-ジメチルプロパン）

ペンタン分子は細長い．長い分子 2 個に生じる一過性の部分電荷は，複数の箇所で接触できる分だけ相互作用が強い．かたや丸っこいネオペンタン分子だと，接触部分が小さいため，一過性の部分電荷は十分に密着できない（図 3・36）．ロンドン力は距離 r とともに激減する（$\propto 1/r^6$）ため，電子の数が同じでも，丸っこい分子より細長い分子のほうがずっと強くなる．

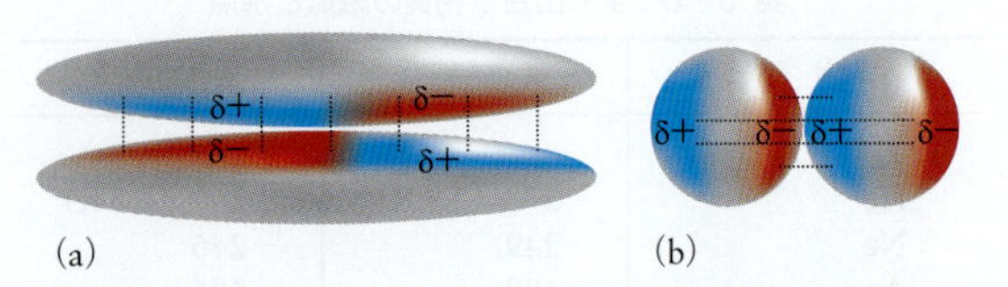

図 3・36　(a) 細長い分子は，隣どうしの瞬間双極子モーメントが分子内のあちこちで相互作用する．(b) 丸っこい分子だと，分子の一部でしか相互作用できないから瞬間双極子モーメントがあまり密着できない．

極性分子と非極性分子の間に働く**双極子–誘起双極子相互作用**（dipole–induced-dipole interaction）は，ロンドン力に似ている．酸素は双極子–誘起双極子相互作用で水に溶ける．永久双極子モーメントをもつ分子（H_2O）が，非極性分子（O_2）を一過性の双極子モーメントにする結果，互いに引きあうと考えればよい．この場合も相互作用の強さは，距離の 6 乗に反比例する（表 3・5）．

距離の 6 乗に反比例する分子間相互作用は，オランダのファンデルワールス（Johannes van der Waals）が最初に調べたため，**ファンデルワールス力**（van der Waals force）や**ファンデルワールス相互作用**（van der Waals interaction）とよぶ．

例題 3・10　沸点の序列

ハロゲン化水素は以下のような沸点を示す．HCl: −85 °C，HBr: −67 °C，HI: −35 °C．この序列になる理由を考察せよ．

方 針　分子間力が強いほど沸点は高い．H−X 結合は，H と X の電気陰性度差が大きいほど極性が高い（双極子モーメントが大きい）から，双極子–双極子相互作用が強い．かたやロンドン力は，電子が多いほど強い．どちらの効果が沸点に効くかを考える．

解 答　HCl→HI の向きに電気陰性度差（図 2・14）が減り，双極子モーメントが小さくなって双極子–双極子相互作用は弱まる．すると沸点は下がるはずだが，現実の傾向は逆なので，おもにロンドン力が効くのだろう．つまり HCl→HI の向きに増える電子がロンドン力を強める結果，沸点が上がる．

復習 3・18 A　貴ガスの沸点は，ヘリウム→キセノンの向きに高まる．なぜか．

［答: 電子が増え，ロンドン力が強まるから］

復習 3・18 B　トリフルオロメタン CHF_3 の沸点はテトラフルオロメタン CF_4 より高い．なぜか．

要 点　ロンドン力は瞬間双極子の引きあいが生む．どんな分子間にも働き，電子が多いほど強い．極性分子と非極性分子の引きあいは，双極子–誘起双極子相互作用という．■

⑤ 水素結合

ロンドン力は，どんな分子どうしにも働く．双極子–双極子相互作用も，あらゆる極性分子間に働く．一方，特別な結合をもつ分子間にだけ働くたいへん強い相互作用がある．

14〜17 族元素につき，水素化合物の沸点を図 3・37 に描いた．14 族元素の傾向は予想どおりで，電子の多い元素を含む物質ほどロンドン力が強く，沸点が高い．しかし N（15 族）のつくるアンモニア NH_3 と，O（16 族）のつくる水 H_2O，F（17 族）のつくるフッ化水素 HF は，沸点が異常に高い．分子が強く引きあうせいだろう．

NH_3，H_2O，HF などの沸点は，**水素結合**（hydrogen bond）という相互作用が高める．水素結合では，電気陰性度の大きい（電子を引き寄せたがる）N，O，F 原子に

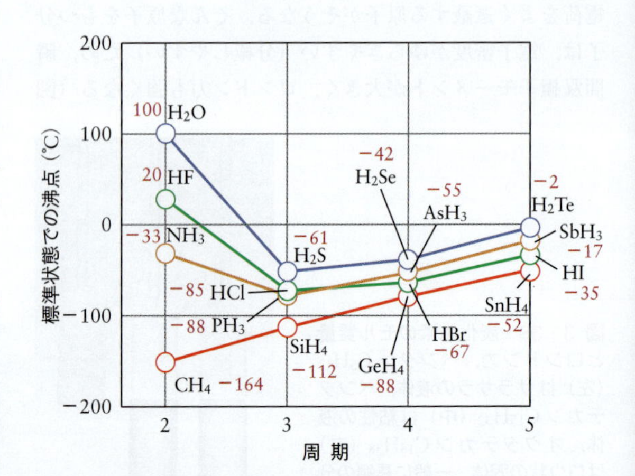

図 3・37　14〜17 族元素の水素化物の沸点．NH_3，H_2O，HF の沸点は異常に高い．

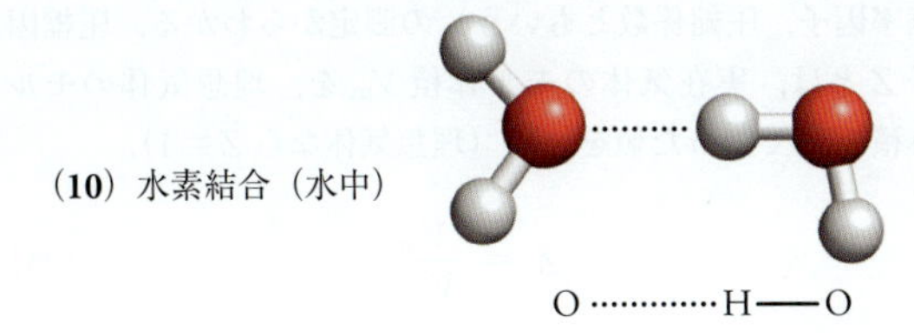

(10) 水素結合(水中)

結合した H 原子と，そばにある別の分子の N，O，F 原子が引きあう (10).

2 個の水分子 H_2O が近づくとしよう．O−H 結合は極性をもつ．電気陰性度の大きい O が結合電子を強く引き寄せる結果，H は“電子をはぎとられた”裸の陽子に近い．サイズも減った H は，隣の水分子がもつ O の孤立電子対に近づきやすい．十分に近づいたころ両者が引きあい，水素結合ができる．

水素結合は，O−H−O が一直線に並んだとき最強になる．水素結合は点線で O…H−O のように描く．O…H は HO (101 pm) よりやや長く，氷中だと 175 pm になる．HF 分子も，N−H 結合や別の O−H 結合をもつ分子も，水素結合できる．

復習 3・19 A　つぎのうち，水素結合しあう分子はどれか．

(a) CH_3NH_2，(b) CH_3OCH_3，(c) HBr

［答：(a)］

復習 3・19 B　つぎのうち，水素結合しあう分子はどれか．

(a) CH_3OH，(b) PH_3，
(c) HClO (構造：Cl−O−H)

強さが共有結合の 10% にも迫る水素結合は，どの分子間相互作用よりも強い．気体中で水素結合する分子もある．フッ化水素 HF は，液体中で分子がジグザグにつながるし (11)，気体中にも，短いジグザグ鎖や環状の $(HF)_6$ ができる．酢酸の蒸気中には，2 本の水素結合でつながった 2 分子のまとまり〔**二量体** (dimer)〕がある (12).

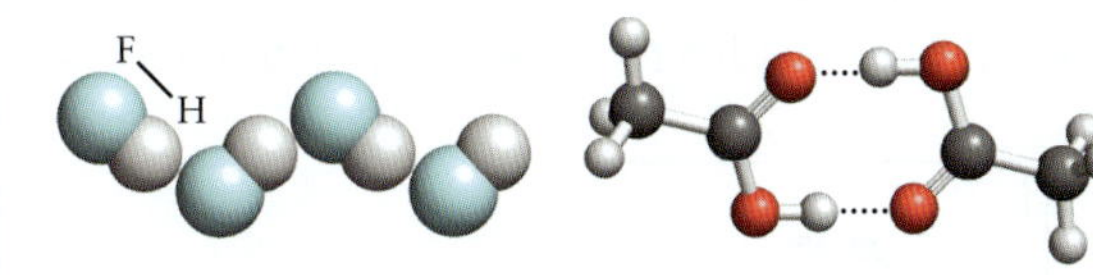

(11) フッ化水素 $(HF)_n$　(12) 酢酸分子の二量体

水素結合は生体分子の形を整えるのに欠かせない．タンパク質分子が形を保つのにも水素結合が効き，水素結合が切れたらタンパク質は機能を失う．たとえば卵を加熱調理すると，高温で分子が激しく動いて水素結合が切れ，分子鎖がランダムになる結果，透明だった卵白が濁る．

図 3・38　木も草も，セルロース分子間に働く水素結合のおかげで直立できる.

樹木も水素結合のおかげで直立できる (図 3・38)．ヒドロキシ基 −OH の多いセルロース分子の鎖が水素結合でからみあい，組織を丈夫にする．水素結合は DNA 分子の二重らせんもつくり，複製やタンパク質合成で準主役になる (10・5 節)．DNA の分子鎖をまとめ上げる水素結合も，共有結合よりずっと弱いため，細胞分裂のとき鎖はほどけても，鎖内の共有結合は切れない．

要 点　O−H，N−H，F−H の H を仲立ちにする水素結合は，分子間相互作用としていちばん強い．■

⑥ 分子間の反発

結合ができないかぎり分子も原子も，十分に近づけば反発しあう．反発 (図 3・28 左手のポテンシャルエネルギー急増) は，パウリの排他律 (1・5 節) が原因だといえる．2 個の He 原子を考えよう．十分に近づくと 1s 軌道が重なり，結合性と反結合性の分子軌道ができる．原子が出しあう電子 (計 4 個) のうち 2 個は，低エネルギーの結合性軌道を占める．残る 2 個の電子は，排他律のため，高エネルギーの反結合性軌道を占めるしかない．

反結合性軌道のエネルギー上昇分は，結合性軌道のエネルギー低下分より大きいのだった (2・7 節)．そのため，2 個の原子が合体したくても，正味でエネルギーが増すから合体できない．2 原子が近づくほどに原子軌道の重なりが増え，エネルギーも急増する．

同じ効果は，閉殻原子の分子どうしにも働く．ずっと複雑な結合性軌道と反結合性軌道ができるにせよ，どんな分子も，満杯の軌道が重なるくらい近づけば反発しあう．

原子軌道の電子密度も，原子軌道からできた分子軌道の電子密度も，距離の指数関数で減っていくため，電子雲の重なりも急激に減る．だから分子間の反発も，2 分子がごく近いときにしか働かない．ただし働けばたいへん強いの

で，物体は決まった形をもつ．

分子が一定の体積をもつという事実も重い．何かに触れた指が貫通しないからこそ，物体のサイズと形がわかる．物体をつくる原子は，指の原子を反発する．物体が決まった形をもつのは，短距離で反発力が急増するせいだと考えよう．

要 点 分子間の反発は，軌道の重なりとパウリの排他律をもとに説明できる．■

身につけたこと

分子は部分電荷（永久双極子や瞬間双極子）の引きあいで集合し，凝縮相になる．相互作用それぞれのポテンシャルエネルギーは，特徴的な距離依存性を示す．分子間力のうちでは，水素結合がいちばん強い．分子や原子が十分に接近すると，軌道が重なるせいで強烈な反発力が働く．以上を学び，つぎのことができるようになった．

- ❑1　イオン–双極子，双極子–双極子相互作用の相対的な強さ予測（②項，③項）
- ❑2　ロンドン力が生じる理由の説明．原子の分極率，分子のサイズや形でロンドン力の強さが変わる理由の説明（④項）
- ❑3　分子間力の強さと沸点の関係の説明（例題3・9，3・10）
- ❑4　水素結合する分子の特定（復習3・19）
- ❑5　固体が一定のサイズと形をもつ理由の説明（⑥項）

3・5　実 在 気 体

なぜ学ぶのか？　単純なモデルをもとにした理想気体の式は，高圧で現実から大きく外れるため，現実の気体に合うよう改良する必要がある．

必要な予備知識　気体一般と理想気体（3・1節，3・2節）の知識を使う．気体分子の運動（3・3節）と分子間力（前節）にもなじんでおきたい．

理想気体の状態方程式（3・1節）は，圧力ゼロの極限で正しい．**実在気体**（real gas）のふるまいは理想気体から外れ，“ずれ”の度合いは高圧・低温で目立つ．産業や研究で使う現実の気体と，理想気体とのちがいを浮き彫りにしよう．

① 理想状態からのずれ

理想気体は，大きさゼロの分子が，弾性衝突の瞬間を除いて自由に飛び交う……というモデルだった．けれど分子間力が働けばその条件は成り立たず，モデルの修正が必要になる．つまり実在気体の扱いでは，分子が大きさをもち，分子間力が運動状態に影響するとみなす．

分子間力の存在は，**圧縮因子**（compression factor；圧縮率因子，圧縮係数ともいう）の測定からわかる．圧縮因子 Z とは，実在気体のモル体積 V_m を，理想気体のモル体積 V_m° で割った値をいう（理想気体なら $Z=1$）．

$$Z = \frac{V_m}{V_m^\circ} \qquad (24)$$

$Z=1$ からのずれが“非理想度”を表す．4種類の気体について，Z の実測結果を図3・39に描いた．圧力を上げていくと，どの気体も $Z=1$ から外れていく．図3・39のありさまを再現できるのが，実在気体のモデルだといえる．

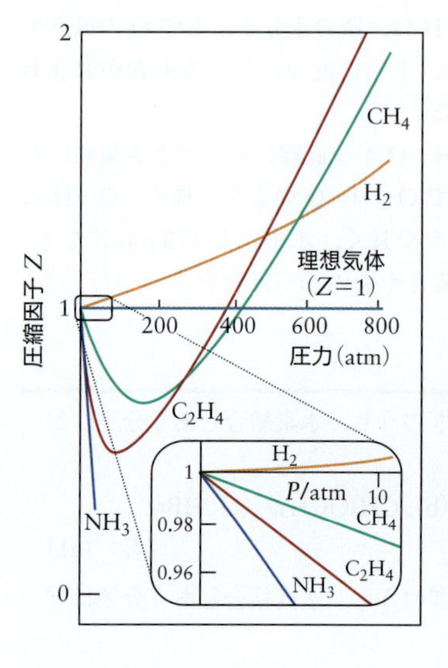

図 3・39　圧縮因子 Z と圧力の関係．実在気体のうち，電子の少ない H_2 などは，分子どうしが強く引きあわないため，Z はいつも1より大きい．多くの実在気体では，低圧のとき引力が効いて $Z<1$ となり（拡大図），高圧のとき反発力が効いて $Z>1$ となる．

前節の知見をもとに，反発と引きあいのどちらが支配的なのか（つまり $Z>1$ か $Z<1$ か）を判断できる．分子間の距離とポテンシャルエネルギーの関係を図3・40に描いた．ほどほどの距離なら，分子が遠く離れているときよりエネルギーは低い（引力は必ずエネルギーを下げる）．分子が近づきすぎると，エネルギーはまた上がり始める（反発は必ずエネルギーを上げる）．

水素 H_2 のように電子が少ない分子は分子間力（引きあい）が弱く，互いの反発が主体になるため，ほとんどの条件下で $Z>1$ となる（図3・39）．かたや塩素 Cl_2 のように電子が多い分子は引き合いが強いから，圧力の小さい範

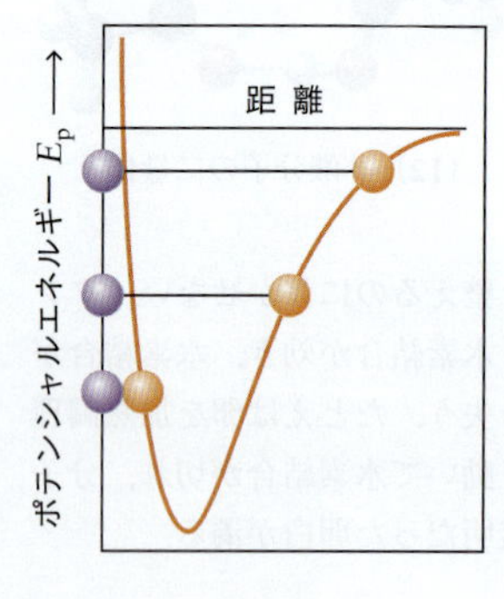

図 3・40　分子2個のポテンシャルエネルギー曲線．分子どうしが接触し始めるとエネルギーは急増する．

囲で $Z<1$ となる．そんな気体も，圧力が上がれば短距離の反発が効き，$Z>1$ になっていく．

理想気体のモデルを，実在気体に合うよう手直しするには，次項で説明する二つの道がある．

要 点 実在気体の分子には，引力と反発力が働く．作用距離は，引力より反発力のほうが短い．圧縮因子 Z は，分子間力の強さとタイプを教え，$Z>1$ なら反発が強く，$Z<1$ なら引きあいが強い．■

② 実在気体の状態方程式

理想気体は状態方程式 $P=nRT/V$ で表せた（3・1 節）．実在気体のふるまいは，どう表現できるのだろう？　方法が二つある．

第一の方法では，方程式の右辺（たとえば $PV=nRT$ の nRT）を，多項式の第 1 項（支配的な項）とみなす．そして気体の状態方程式なら，つぎのような多項式を考える．

$$PV = nRT\left(1+\frac{B}{V_\mathrm{m}}+\frac{C}{V_\mathrm{m}{}^2}+\cdots\right) \qquad (25)$$

(25)式を**ビリアル方程式**（virial equation）や**ビリアル展開**（virial expansion）といい，係数 B，C，…を第二ビリアル係数，第三ビリアル係数，…とよぶ．温度で変わるビリアル係数の値は，実験データと合うように決める．

こぼれ話 用語 virial は，“力”を意味するラテン語 *vis* にちなむ．■

調べたい温度範囲でビリアル係数を決定できたら，ビリアル方程式で実在気体の性質を精度よく予測できる．ただし，ビリアル方程式の意味をつかむには，高度な解析が必要になる．

二つ目の方法では，オランダのファンデルワールス（Johannes van der Waals）が提案したつぎの**ファンデルワールスの状態方程式**（van der Waals equation of state）を使う．精度は低いけれど，意味をつかみやすい方法だといえる．

$$\overbrace{\underbrace{\left(P+a\frac{n^2}{V^2}\right)}_{\text{理想気体の }P}\ \underbrace{(V-nb)}_{\text{理想気体の }V}}^{\text{理想気体の }PV} = nRT \qquad (26a)$$

変形して，圧力 P を表す式にしよう．

$$P = \frac{nRT}{V-nb} - a\frac{n^2}{V^2} \qquad (26b)$$

実測から決まる**ファンデルワールス定数**（van der Waals parameters）a と b は，気体ごとに決まった値をもつ（表 3・7）．定数 a は分子の引きあいを表し，強く引きあう分子や，電子の多い（重い）分子で値が大きい．アンモニアや水など極性の分子は，分子量の近い非極性分子（ネオンや酸素）よりも強く引きあうため，やはり a 値が大きい．

表 3・7 ファンデルワールス定数の例[a]

気 体	a (bar L^2 mol^{-2})	b (L mol^{-1})
貴ガス		
ヘリウム	0.0346	2.38×10^{-2}
ネオン	0.208	1.67×10^{-2}
アルゴン	1.355	3.20×10^{-2}
クリプトン	5.193	1.06×10^{-2}
キセノン	4.192	5.16×10^{-2}
ハロゲン		
フッ素	1.171	2.90×10^{-2}
塩 素	6.343	5.42×10^{-2}
臭 素	9.75	5.91×10^{-2}
非極性の無機気体		
水 素	0.2452	2.65×10^{-2}
酸 素	1.382	3.19×10^{-2}
二酸化炭素	3.658	4.29×10^{-2}
極性の無機気体・蒸気		
アンモニア	4.225	3.71×10^{-2}
水	5.537	3.05×10^{-2}
一酸化炭素	1.472	3.95×10^{-2}
硫化水素	4.544	4.34×10^{-2}
非極性の有機気体・蒸気		
メタン	2.303	4.31×10^{-2}
エタン	5.507	6.51×10^{-2}
プロパン	9.39	9.05×10^{-2}
ベンゼン	18.57	11.93×10^{-2}

a) 項目それぞれの中は，分子量の小さい物質から順に並べた．

定数 b は分子の反発を表すけれど，一定のサイズをもつ 2 個の分子が同一の場所を占有できない状況を“反発”とみれば，分子 1 個（または 1 mol）の体積を表すともいえる．表 3・7 のハロゲンにつき，サイズが増すほど b 値が大きくなるのを鑑賞しよう．

定数 a と b の意味を浮き彫りにするため，圧縮因子 Z（① 項）を a と b で表現しよう．

式の導出　ファンデルワールスの状態方程式

まず，$V_\mathrm{m}=V/n$，$V_\mathrm{m}{}^\circ=RT/P$ を使い，(24)式の圧縮因子 Z をこう書き直す．

$$Z = \frac{V/n}{RT/P} = \frac{PV}{nRT}$$

つぎに (26b)式の P を代入する．

$$Z = \frac{V}{nRT}\times\left(\frac{nRT}{V-nb}-a\frac{n^2}{V^2}\right) = \frac{V}{V-nb}-\frac{an}{RTV}$$

最後に $V/(V-nb)$ 項の分子と分母を体積 V で割って $1/(1-nb/V)$ に変え，続く本文中の (27)式を得る．

コラムで導出した Z の表現はこうなる．

$$Z = \frac{1}{1-nb/V} - \frac{an}{RTV} \qquad (27)$$

式の意味 理想気体は，$a=b=0$ だから $Z=1$ となる．引きあいの項 a が小さいと，右辺の第2項は無視できる．反発の項 b が適度に大きいと，第1項の分母は1未満だから第1項が1より大きく，$Z>1$ となる．逆に，反発の項 b が小さくて引きあいの項 a が大きいなら，（1に近い）第1項から有限な第2項を引くため，$Z<1$ となる．■

定数 a と b の値は，図3・39のような実測データに(27)式を当てはめて求める．a と b を決めたファンデルワールスの状態方程式を使えば，調べたい条件で気体の示す圧力が計算できる．

考えよう 引力が大きく効くのは，表3・7にあげた気体のうちどれか．また，引力の効果は，どんな条件のときに際立つだろうか．■

例題3・11　実在気体の圧力

低温・高圧で使うエアコンの冷媒は，理想気体からのずれが大きい．ファンデルワールス定数 $a=16.4\ \mathrm{L^2\ bar\ mol^{-2}}$，$b=8.4\times10^{-2}\ \mathrm{L\ mol^{-1}}$ の冷媒（気体）1.50 mol が 0 ℃で 5.00 L を占めている．圧力は何 bar か．

予想 よほどの高圧でなければ，分子間の反発より引きあいのほうが強く効き，$Z<1$ になる．そのため圧力は理想気体より低いだろうが，極端なずれはないので（図3・39），理想気体より“少し低い”程度だろう．

方針 温度を絶対温度に直し，R の単位をデータに合わせ，(26b)式に数値を入れる．

解答 (26b)式に数値を入れ，つぎの結果を得る．

$$P = \frac{(1.50\ \mathrm{mol})\times(8.3145\times10^{-2}\ \mathrm{L\ bar\ K^{-1}\ mol^{-1}})\times(273\ \mathrm{K})}{5.00\ \mathrm{L}-(1.50\ \mathrm{mol})\times(8.4\times10^{-2}\ \mathrm{L\ mol^{-1}})} - (16.4\ \mathrm{L^2\ bar\ mol^{-2}})\times\frac{(1.50\ \mathrm{mol})^2}{(5.00\ \mathrm{L})^2}$$

$$= \frac{1.50\times(8.3145\times10^{-2}\ \mathrm{bar})\times273}{5.00-1.50\times8.4\times10^{-2}} - (16.4\ \mathrm{bar})\times\frac{1.50^2}{5.00^2}$$

$$= 5.51\ \mathrm{bar}$$

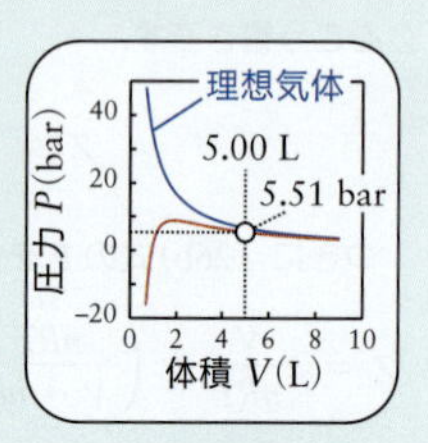

確認 予想どおり，理想気体の圧力（6.81 bar）より少し低い 5.51 bar だった．

復習3・20 A 25 mol の O_2 を入れた 10.0 L の潜水用ボンベがある．表3・7の値とファンデルワールスの式から，ボンベの内圧を計算せよ．温度は 25 ℃とする．

［答：58.7 bar］

復習3・20 B 20 mol の CO_2 を入れた 100 L のボンベがある．表3・7の値とファンデルワールスの式から，ボンベの内圧を計算せよ．温度は 20 ℃とする．

要点 ビリアル方程式は実在気体を表す一般式，ファンデルワールスの状態方程式は近似式にあたる．ファンデルワールス定数 a は分子の引きあいを，b は分子の反発を表す．■

③ 気体の液化

気体を冷やしていけば，分子の動きが弱まる結果，分子どうしが引きあって合体しやすい．温度が沸点より低くなると，気体は凝縮・液化する（図3・41）．分子間力が大きいほど液化は起こりやすい．

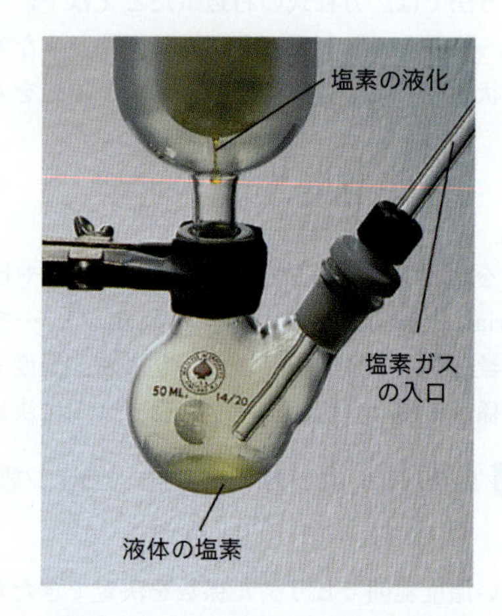

図3・41　塩素（沸点−34.05 ℃）の液化．下のフラスコに気体の塩素を入れる．上方の容器に入れた寒剤“アセトン＋ドライアイス”は−78 ℃まで下がるため，試験管の表面で塩素が液化する．

分子の速さと温度の関係に注目しても，気体は液化できる．分子の動きを弱めると温度は下がる．それには気体を膨張させればよい．実在気体の分子は，引きあう分だけ安定化している．膨張するとき，分子が仲間の“引力圏”から脱するのにエネルギー（熱）を使うので，気体は冷える（図3・42）．ただし例外的なヘリウムと水素は，分子の引きあいがたいへん弱く，互いの反発が主体だから，膨張すると反発が減って安定化し，逆にエネルギーを放出する．そのエネルギーが分子の運動を活発化させるため，気体の温度は上がる．

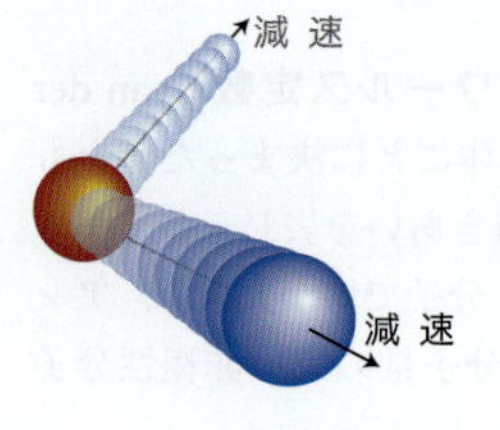

図3・42　膨張冷却（ジュール・トムソン効果）のイメージ．青玉の分子が，引力に逆らって赤玉の分子から逃れるとき，エネルギーを消費して減速する．

そんな現象は，ジュール（James Joule）とトムソン（William Thomson；のち Kelvin 卿；絶対温度尺度の提案者）が発見したので，**ジュール・トムソン効果**（Joule–Thomson effect）という．

ジュール・トムソン効果は，ガスの液化に利用する．圧縮したガスを小孔（スロットル）から噴出させる．膨張して冷えたガスを，逆向きに流れる圧縮ガスに接触させ（図 3・43），圧縮ガスを冷やす．圧縮と循環をくり返すうちにガスはどんどん冷え，ついには液化する．空気のような混合気体なら，液化したあと蒸留し，窒素，酸素，ネオン，アルゴン，クリプトン，キセノンなどを分けとれる．

要 点 ジュール・トムソン効果を利用すると気体を液化できる．■

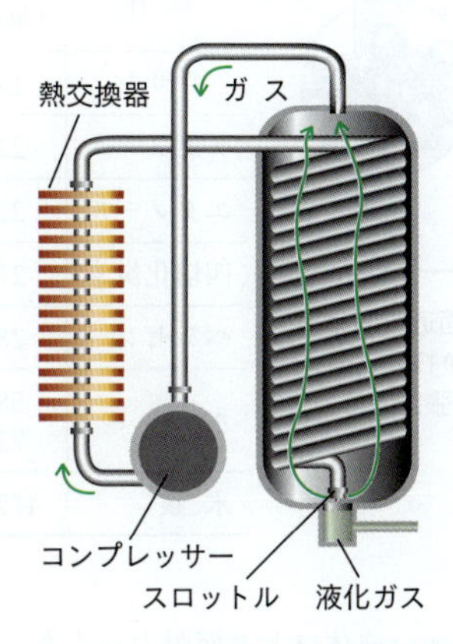

図 3・43　ガスの液化に使うリンデの冷凍機（ドイツの Karl von Linde が 1873 年に開発）．圧縮ガスは熱交換器（左）で周囲に熱を放出したあと，コイル部（右）を流れる．そのガスをスロットル（噴出孔）から噴出させると，ジュール・トムソン効果で冷える．冷えたガスは，逆向きに流れるガスを冷やしつつ装置内を循環する．逆向きのガスは，十分に冷えると液化する．

身につけたこと

理想気体からのずれは，分子どうしが引きあい，分子が有限の体積をもつので生じる．実在気体の表現には，ビリアル方程式と，分子の引きあいと反発をパラメータ化したファンデルワールス方程式がある．分子間力が生むジュール・トムソン効果は気体の冷却に利用できる．以上を学び，つぎのことができるようになった．

- ❑ 1　実在気体と理想気体のちがいの説明（① 項）
- ❑ 2　ファンデルワールスの状態方程式を使う圧力の計算（例題 3・11）
- ❑ 3　ジュール・トムソン効果が気体の冷却・液化に使える理由の説明（③ 項）

3・6 液　　体

なぜ学ぶのか？　化学反応の多くは液体中で進むため，液体の素顔を分子レベルでつかんでおきたい．

必要な予備知識　分子間力の知識（3・4 節）を使う．

液体の分子は，分子間力で引きあいつつも，お互い自由に動ける程度の運動エネルギーをもつ（図 3・44）．押し合いへし合いしながら，隣接分子と場所を交換し続ける分子群を想像しよう．静かな液体中の分子は宴会場内をぶらつく人々，流れる液体中の分子は宴会場をぞろぞろ出ていく人々のイメージになる．

① 液体中の秩序

気体とは，ランダムに飛び交う分子の集団だった．つまり気相に**長距離秩序**（long-range order）はない．かたや固体（次節）はきれいな長距離秩序をもち，整然と並ぶ分子やイオンに運動の自由度はほとんどない．両者の中間にくる液体の分子は，ほどほどの秩序と運動の自由度をもつ．

液体中で働く分子間力は，分子それぞれの位置を固定するほど強くはない．運動エネルギーが粒子間の力を適度に振り切る結果，粒子は“互いにすり抜けながら”動ける．ただし一瞬間を切りとれば，分子 2〜3 個までの範囲には，固体のごく一部を思わせる**短距離秩序**（short-range order）がある．水の場合，各 H_2O 分子は別の 4 分子と水素結合し，四面体に近い形ができているだろう．たえず相手を変え続けるけれど，沸点以下の温度なら，十分に強い水素結合が局所構造をつくっている．むろん蒸発して気相に出た分子なら，ほぼ自由に飛び交う．

要 点 液体中の分子に長距離秩序はないが，わずかな短距離秩序はある．適度な運動エネルギーをもつため，互いに“すり抜けあう”動きができる．■

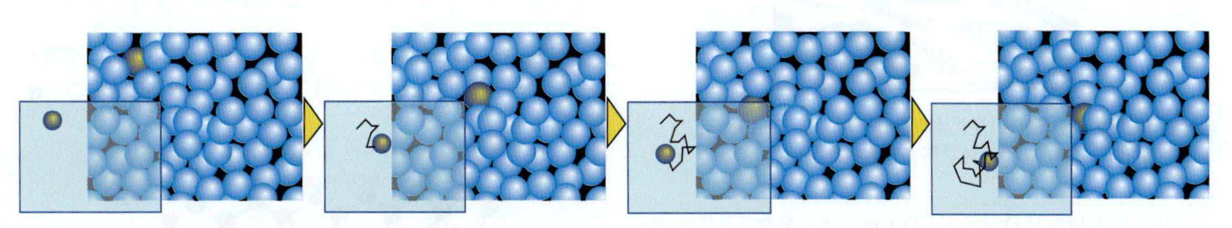

図 3・44　液体の構造モデル．十分なエネルギーをもつ分子（球）が触れあいながら，そばの相手を変え続ける（流動性）．黒っぽい 1 個の球に注目しよう．

② 粘性と表面張力

液体の流れにくさ（粘性）は，**粘度**（viscosity）や**粘性率**（viscosity coefficient）で表す．粘度が高い液体ほど流れにくく，その典型が糖蜜や融解ガラスだといえる．分子間力が強いほど，分子が動きにくいので粘度が高い（図3・45）．ただし粘度は，流動に必須な"居場所の交換"をしやすいかどうかでも変わり，分子間力だけでは決まらない．

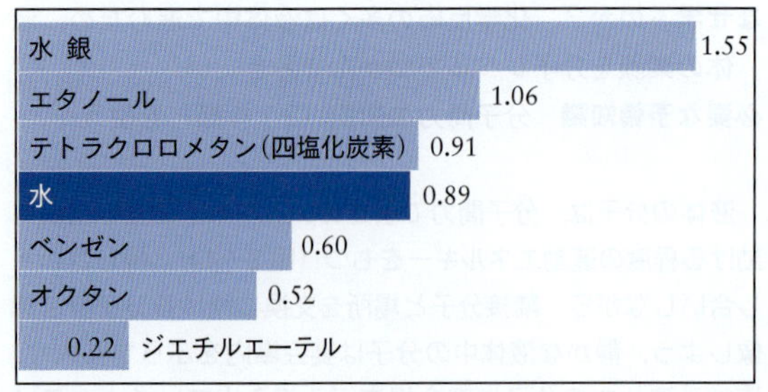

図 3・45 液体の粘度．水素結合は粘度を上げる．強い金属結合で原子が引きあう水銀の粘度は異常に高い．粘度はセンチポワズ cP 単位で表す（$1\ \mathrm{cP} = 1\ \mathrm{Pa\,s} = 10^{-3}\ \mathrm{kg\,m^{-1}\,s^{-1}}$）．

分子が強く水素結合しあう水の粘度はベンゼンより高い．ベンゼン分子なら弱く引きあいながら動けても，H_2O 分子が動くには，仲間との水素結合を"ねじ切る"必要がある．ただし，H_2O 分子は水素結合をおよそ 1 ps（1 兆分の 1 秒）ごとに組み替えているため†，水の粘度は極端に高くはない．

炭素鎖の長い分子だと，"からみあい"が粘度を上げる．非極性の炭化水素やグリースは，ロンドン力だけで引きあう．なにしろ長い鎖状の分子だから，ゆでたスパゲッティのようにからみあい（図3・46），分子どうし"すり抜けあう"のがむずかしい．

温度を上げると，分子の運動エネルギーが大きくなってすり抜けやすくなるため，粘度は下がっていく．たとえば水が 100 °C で示す粘度は，0 °C の値の 6 分の 1 に落ちる（流れる速さが 6 倍に増す）．

図 3・46 細長い炭化水素の分子は，からみあって動きにくいため，液体状態でも粘度が高い．

† 訳注：数十個の H_2O 分子が，約 1 ps ごとに集合（クラスター化）・離散をくり返しているため，室温の水も瞬間的には"20〜40% までが氷の結晶"とみてよい．

液体の表面は，分子間力が分子を横向きと内向きに引っ張る結果，平らになる（図3・47）．つまり液体の表面は，ピンと張ったトランポリンに似ている．内向きの引っ張りを，**表面張力**（surface tension）という量で表す．液体内部の分子は，四方八方から仲間に引かれて安定化している．かたや表面近くの分子は正味で"内向き"の力を受ける分，居心地が悪い．だから液体は，できることなら表面をつくりたくない．それが"表面を縮めよう"とする力（表面張力）を生む．

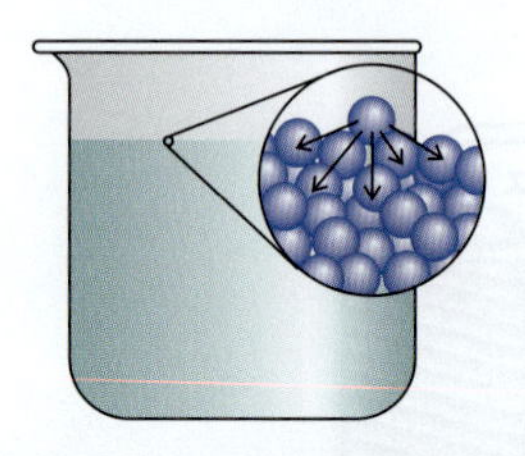

図 3・47 表面近くの分子が内向きに引かれて（挿入図）生じる表面張力．

表 3・8 液体の表面張力（25 °C の値）

液 体	表面張力 γ（単位 $\mathrm{mN\,m^{-1}}$）
ヘキサン	18.4
メタノール	22.6
エタノール	22.8
四塩化炭素	27.0
ベンゼン	28.88
水	58.0（100 °C） 72.75
水 銀	472

分子間力の強い液体ほど表面張力が大きい．とりわけ，分子どうしが水素結合する水の表面張力は，ほかの液体より 3 倍ほど大きい（表3・8）．水銀の表面張力はさらに大きく，水の 6 倍にもなる．液体内では Hg 原子どうしが，いくぶん共有結合性も示しつつ，強く引きあっている．温度が上がると，激化する分子の動きが分子間力をしのぐようになるため，表面張力は減っていく．

表面張力は身近でもさまざまな現象を起こす．空気中に浮かぶ水滴や，ろう（ワックス）質の表面にある水滴は，表面張力が，体積あたり最小の表面積をもつ立体（球）にしようとするので丸くなる（図3・48），水分子間の引力は，水分子とろう（非極性の炭化水素分子）の引力より強い．

水分子は，紙や木，布の表面原子と水素結合しやすいから，そんな材料とよくなじむ．つまり水は，接触面積を最大にしようとして，材料の表面に広がる（材料を濡らす）．

考えよう 水に石鹸や洗剤を入れると表面張力が減る．なぜだろうか？ 典型的なセッケン分子は **1** のような構造をもつ．■

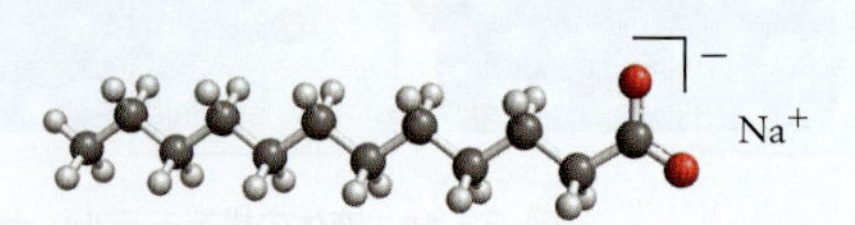

(**1**) ラウリン酸ナトリウム（セッケンの例）

図 3・48　ろう質の表面では，表面張力が水滴を丸くする．

図 3・49　液体の凝集力よりも液体–ガラス間の付着力が強いとき，液体はガラスとの接触面積を最大にしようと，端をもち上げて凹面メニスカスをつくる（水；左）．付着力よりも凝集力が強いとき，液体はガラスとの接触面積を最小にしようと，端を下向きに曲げて凸面メニスカスをつくる（水銀；右）．

細い管内を液体が昇る**毛（細）管現象**（capillarity）は，液体の分子と管内壁の原子が引きあって起こる．分子が表面と引きあう力を**付着力**（force of adhesion），物質そのものをまとめあげる力を**凝集力**（force of cohesion）という．付着力と凝集力の兼ねあいで液面は曲がり，特有な**メニスカス**（meniscus）が管内にできる（図 3・49）．

ガラス表面の –OH 基と水分子の付着力は，水分子の凝集力より強い．だからガラス管内の水は，ガラスとの接触面積を最大にしたくて，凹面メニスカスをつくる．

かたや，水銀原子の凝集力は，水銀原子とガラス面の付着力より強い．だからガラス管内の水銀は，ガラスとの接触面積を最小にしたくて，凸面メニスカスをつくる．

要 点　液体の粘度は高温ほど低い．表面張力は，“表面をつくりたくない”液体の本性が生む．毛（細）管現象は，液体の凝集力と，液体–器壁材料の付着力との差から生じる．■

③ 液　　晶

固体と液体の中間的な性質をもつ**液晶**（liquid crystal）が，ディスプレイ（表示）の世界を一変させた．液晶の見た目は粘性の液体でも，分子配列に結晶のような規則性がある．液相と固相の中間だから，**中間相**や**メソフェーズ**（mesophase）ともよぶ．温度や電圧に応じて性質を変える液晶は，いまエレクトロニクス機器に欠かせない．

液晶の分子には細長いものが多く，一例に *p*–アゾキシアニソール（**2**）がある．剛直な分子なので，ゆでる前のスパゲッティのように並びやすく，分子軸の向きに動きやすい．そんな分子配列の液晶は，**異方性材料**（anisotropic material）の類になる．

異方性材料は，測定方向で性質が変わる．たとえば粘度

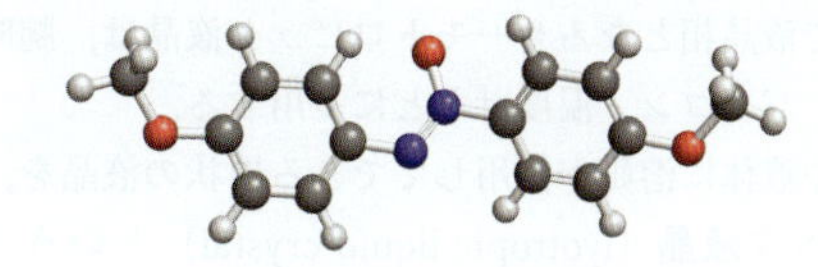

（**2**）*p*–アゾキシアニソール

は，分子軸の向きで小さい．分子は軸方向に動きやすく，横方向には動きにくいからそうなる．かたや，性質に方向性のない材料を**等方性材料**（isotropic material）という．液体の水は等方性だから，どの向きで測ろうとも粘度の値は変わらない．

液晶は，分子の並びかたで 3 種類に大別する（図 3・50）．**ネマティック相**（nematic phase）は，高速道路上の車に似て，分子の向きはそろっていても，横方向の位置はそろっていない．**スメクティック相**（smectic phase）は，行進中の隊列に似ている．細胞膜はスメクティック液晶に近い．最後の**コレステリック相**（cholesteric phase）は，ネマティック相のような配列分子層が積み重なってできる．ある層からつぎの層へと分子の向きが変わるため，層に垂直な方向から見ると，分子の向きがらせんを描く．

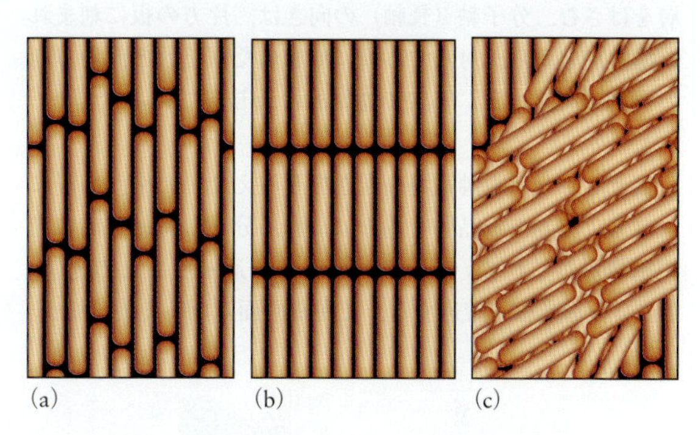

図 3・50　(a) ネマティック相．長い分子が平行に並び，横方向の位置はランダム（熱すると配列が乱れる）．(b) スメクティック相．分子が平行に並ぶ．横方向にも整列した層状構造をもつ．(c) コレステリック相．ネマティック相に似た分子層が積み重なり，分子の向きがらせんを描く．

こぼれ話　ネマティックはギリシャ語の“紐（ひも）”，スメクティックはギリシャ語の“石鹸に似たもの”，コレステリックはコレステロール（その原義はギリシャ語の“固化した胆汁”）に由来する．■

調製法に注目した液晶の分類もある．**サーモトロピック液晶**（thermotropic liquid crystal）は，固相の融解でできる（語尾 -tropic は，“変化”や“向き”を意味するギリシャ語 *tropos* に由来）．粘性の高い液晶相が，固体〜液体間のせまい温度範囲で生じる．液晶の温度を上げると，増した運動エネルギーが分子の引きあいを断ち切る結果，ふつうの液体に変わる．たとえば *p*–アゾキシアニソール（**2**）は，118〜137 ℃ の温度範囲だけで液晶相を示す．室

温付近で液晶相となるサーモトロピック液晶は，腕時計やテレビ，パソコン，温度計などに多用する．

固体や液体に溶媒が作用してできる層状の液晶を，**リオトロピック液晶**（lyotropic liquid crystal）という（語幹 lyo- は“溶解”や“分散”を意味）．細胞膜とか，洗剤分子や脂質分子の水溶液が例になる．そんな分子のひとつラウリル硫酸ナトリウム†（**3**）は，極性の“頭”に，非極性の長い炭化水素鎖が生えている．脂質と水を混ぜれば，脂質分子が“柵”のように並んで“二重膜”層になり，極性の“頭”を層の外側（水のほう）へ向ける．そんな層が生体膜となって，大切な内部を外界からしっかり守る．

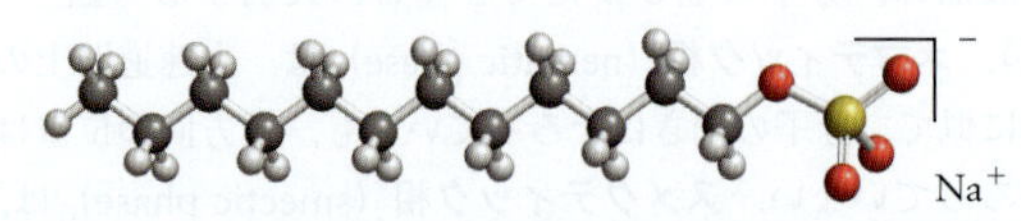

（**3**）ラウリル硫酸ナトリウム

電子機器の画面には，ネマティック相の異方性と，分子が電場で向きを変える性質を利用している．**液晶表示**（liquid-crystal display，LCD）のテレビやモニターでは，ガラスまたはプラスチックの板2枚でネマティック液晶層をはさむ．分子軸（長軸）の向きは，片方の板に刻まれた溝の向きから，対向する板に刻まれた（それと直角方向の）溝の向きへと，層内で連続的にねじれている（図3・51）．

偏光させた（振動電場の向きをそろえた）光を液晶層に入れる．偏光が液晶層を進むにつれ，分子の長軸方向に光の電場がねじれていくため，液晶層を通ったあとの光は，2枚目の偏光板も透過する．だから画面は明るく見える．

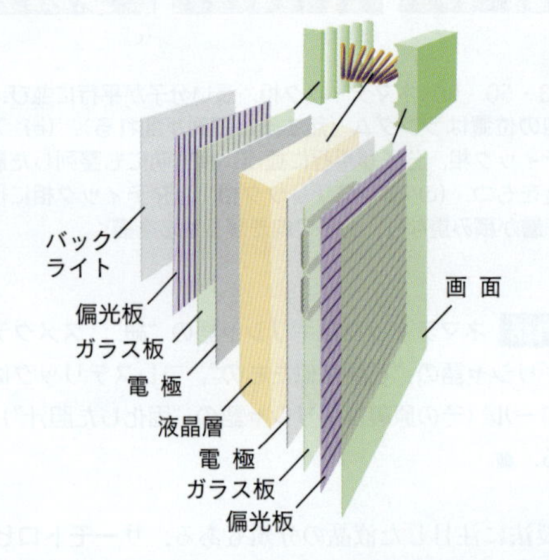

図 3・51　バックライトつきLCDの構造．層内で分子軸の向きが（ねじれながら）変わるようすを右上に描いた．2枚の電極板に電場をかけると，細長い液晶分子が電極版と垂直な向きに“立つ”結果，ねじれが消えて光が透過しない．

しかし電極間に電場をかけると，どの液晶分子も電場の向きに並び，分子軸のねじれが消える結果，液晶層を進む偏光の振動方向は変わらない．すると光が2枚目の偏光板を透過しないので，画面は暗く見える．

コレステリック液晶は，温度でらせん構造を変える．らせんのピッチが変わると，光学的性質が変わるため，たとえば温度で色が変わる．その特性を利用した“液晶温度計”も実用化されている（図3・52）．

要点　液晶は，固体（結晶）に近い分子配列をもち，粘性液体に近い流動性をもつ．固体と液体の中間なので中間相ともいう．液晶の性質は電場や温度で変わる．■

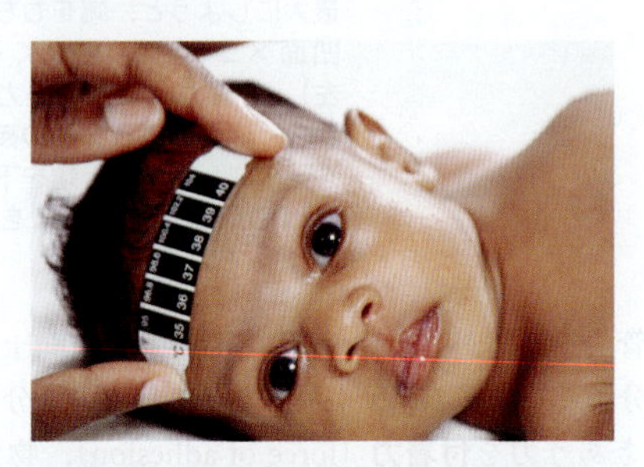

図 3・52　体温が正常（37℃前後）のとき緑色になる液晶温度計．

④ イオン液体

液体は，天然材料から何かを抽出したり，望みの物質を合成したりするための溶媒に使う．たいていの溶媒は分子間力が弱いせいで蒸気圧が高く，ときに有害な蒸気を環境に出す．分子間力が強くて蒸気圧が低く，ただし有機化合物をよく溶かす液体があれば，いろいろな面に役立つだろう．

そんな望みを，**イオン液体**（ionic liquid）がかなえてくれた．典型的なイオン液体は，小さい陰イオン（BF_4^- など）と，1-ブチル-3-メチルイミダゾリウムイオン（**4**）のような大きい有機の陽イオンからなる．陽イオンの非極性部分が大きく，形が非対称なためイオン間の引きあいが弱く，室温でも固化しにくいので液体になる．

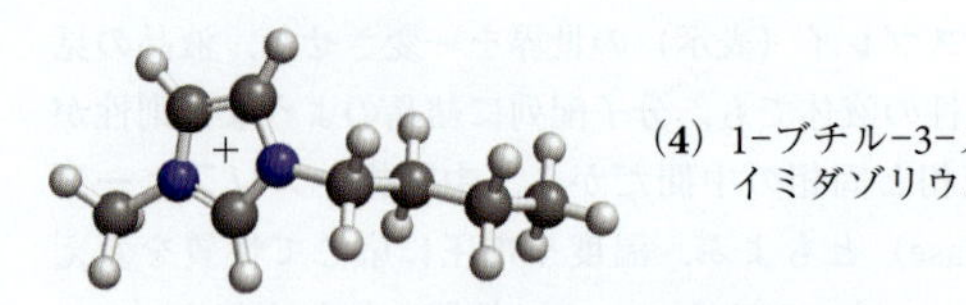

（**4**）1-ブチル-3-メチルイミダゾリウムイオン

イオン液体は，陽イオンの非極性部分が大きいから，非極性の有機化合物もよく溶かす．陽イオンと陰イオンの引きあいが強く，固体なみに蒸気圧が低いので大気へ出ない．陽イオンも陰イオンも選択の幅が広く，用途に合わせたデザインができる．ゴムをよく溶かし，使用ずみタイヤのリサイクル（抽出）に使えるイオン液体もある．

† 訳注：体系名の硫酸ドデシルナトリウム（慣用名ドデシル硫酸ナトリウム）（sodium dodecyl sulfate）からSDSと略称され，生化学分野でよく使う界面活性剤．

要 点 イオン液体は，大きな有機陽イオンをもつため，常温でも固化しない．また蒸気圧が低いので，大気を汚さない溶媒になる．■

身につけたこと

液体中に短距離の秩序はあっても，長距離の秩序はない．分子間引力が粘度や表面張力の値を決め，容器の壁と強く引きあえば毛管現象が起こる．液晶は液体と固体（結晶）の中間的な性質を示し，イオンの片方が有機物のイオン化合物には，室温で液体になるものがある．以上を学び，つぎのことができるようになった．

- ❑ 1　液体の構造の説明（① 項）
- ❑ 2.　付着力と凝集力の区別（② 項）
- ❑ 3　温度や分子間力で粘度や表面張力がどう変わるかの説明（② 項）
- ❑ 4　液晶のタイプの区別（③ 項）
- ❑ 5　イオン液体が環境を汚しにくい理由の説明（④ 項）

3・7 固　体

なぜ学ぶのか？ 固体の性質を理解するには，固体内で原子やイオン，分子がどう並んでいるのかを知る必要がある．

必要な予備知識 分子間力（3・4 節），イオン結合と共有結合（2・1 節，2・2 節），イオン半径（1・6 節）の知識を使う．

温度を下げると，分子の運動エネルギーが減り，温度にほぼ無関係な粒子の引きあいが主役となる結果，物質は固体に変わる．固体は，原子やイオン，分子をまとめ上げている力で分類できる．粒子のふるまいに注目すれば，叩いた金属が広がり（展性），叩いた陶器が粉々に砕ける理由や，ダイヤモンドが硬い理由もわかってくる．

① 固体の分類

結晶質固体（crystalline solid）は，粒子（原子，イオン，分子）が規則正しく並んでできる（図 3・53，図 3・54 左）．つまり固体の内部には長距離秩序がある．結晶質固体の表面は，互いに決まった角度をなす**結晶面**（crystal face）を見せ，結晶面には粒子が規則的に並んでいる（コラム参照）．

バターやゴム，ガラスなど，長距離秩序のない固体を**アモルファス（無定形）固体**（amorphous solid）や**非晶質固体**（noncrystalline solid）とよぶ（図 3・54 右）．アモルファス固体は，瞬間冷凍した液体のようなもので，短距離秩序だけをもつ．アモルファス固体も成形や切断で表面をつくれるけれど，できた表面は結晶面ではない．

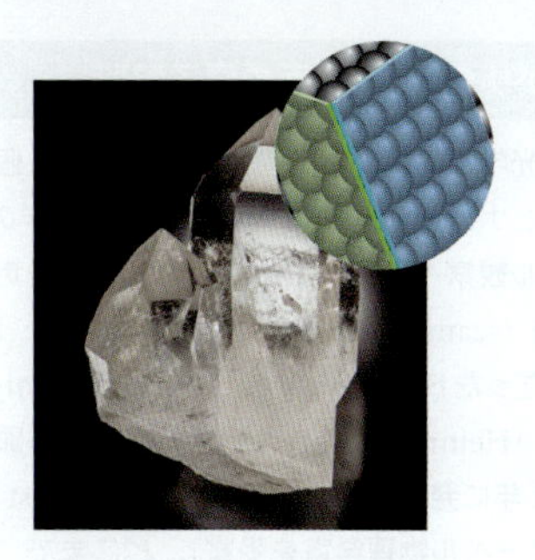

図 3・53　粒子が規則的に並び，きれいな結晶面を見せる結晶質固体．

図 3・54　（左）水晶は原子が規則的に並ぶシリカ（二酸化ケイ素 SiO_2）の結晶．（右）石英ガラスは溶融シリカの固化で生じ，原子の並びが不規則なアモルファス固体．

結晶性の固体は，粒子の結合タイプでつぎのように分類できる（表 3・9）．

- **分子固体**（molecular solid）：分子間力で分子が集合した固体
- **ネットワーク固体**（network solid）：巨大分子固体ともいう．固体全体の原子が共有結合でつながりあった固体
- **金属**（metallic solid）：陽イオンの三次元格子を"電子の海"がまとめ上げた固体
- **イオン固体**（ionic solid）：陽イオンと陰イオンが引きあってできた固体

表 3・9　固体の分類と性質

タイプ	例	特 徴
分子固体	$BeCl_2$, S_8, P_4, I_2, 氷，グルコース，ナフタレンなど	融点・沸点がかなり低い；純物質はもろい
ネットワーク固体	B, C, 黒リン, BN, SiO_2 など	硬くてもろい；融点・沸点がたいへん高い；水に溶けない
金 属	s ブロック元素，d ブロック元素	展性・延性がある；光沢をもつ；電気伝導性・熱伝導性が高い
イオン固体	NaCl, KNO_3, $CuSO_4 \cdot 5H_2O$ など	硬くてもろい；融点・沸点が高い；水溶性の固体は電解質になる

化学の広がり 9　固体表面の原子配列

最新鋭の光学顕微鏡でも，固体表面の原子1個1個は見えない．けれどナノ技術（1・3節のコラム“化学の広がり 1”）が原子レベル観察への道を拓いた．その手法を**走査型トンネル顕微鏡法**（scanning tunneling microscopy，STM）という〔開発者だったドイツのビニッヒ（Gerd Binnig）とスイスのローラー（Heinrich Rohrer），世界初の電子顕微鏡を学生時代の1931年に発明したドイツのルスカ（Ernst Ruska）が，1986年度ノーベル物理学賞を受賞〕．どこまで“見える”のか，例をいくつか紹介しよう．まず図1に，銅Cuの表面にできたヨウ化ナトリウムNaIのナノ粒子を示す．

図 1　Cu表面にNaIの二次元結晶をつくろうとした際，イオンが自発的に動いて生じた三次元のナノ粒子．

STMでは，波動性（1・2節）をもつ電子が“浸み出す”性質を利用する．浸み出しをトンネリングという．極細の“探針（プローブ）”を表面に近づけると，探針と表面の間に電子が流れ（トンネル電流），電流の大きさは探針～表面原子の距離で敏感に変わる．

表面のすぐ“上空”で探針を水平方向に“走査”すると，電流値は表面の凸部で大きく，凹部で小さい．そういう電流データから，原子レベルの凹凸像がつくれる．

電流がいつも一定となるように探針を走査してもよい．探針の先端は，表面の凹凸に合わせて上下する．その動きを，探針につないだ圧電素子（電圧で伸縮する物質）が感じる．圧電素子が生む電圧の値から，原子レベル画像をつくる（図2）．

別の原理を使う**原子間力顕微鏡法**（atomic force microscopy，AFM）もある．しなやかな極小の板（カンチレバー）

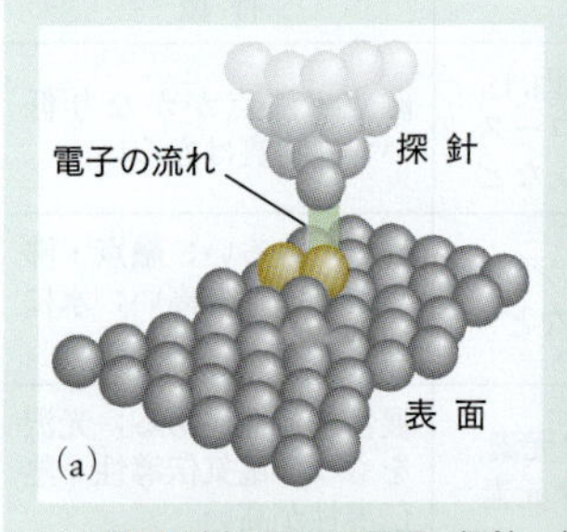

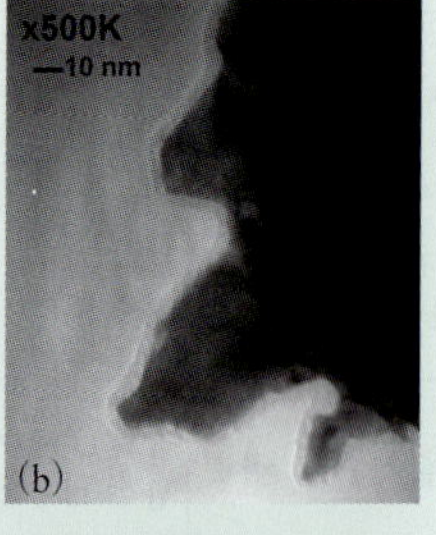

図 2　(a) STMの原理．探針～表面間の距離が原子1個のサイズより小さいため，STM観察は気相でも液体中でもできる．(b) Pt/Ir合金でつくった探針の透過型顕微鏡（TEM）写真．先端部の直径は20 nm以下．

につけた探針を，表面のそばで走査する．探針の先端にある原子は，表面の原子から引力や反発力を感じる．表面の凹凸をなぞるカンチレバーの変形を，レーザービームで読みとる．

働く力の種類は，試料の特性や探針の被覆材で変わる．たとえば**磁気力顕微鏡法**（magnetic force microscopy，MFM）では，探針の表面層を磁性材料にしておき，コンピュータ用ハードディスク表面などの磁気特性を観測する．カンチレバーの変形を光学計測してもよい．

絶縁体にも使えるAFMは，染色体の観察や，DNA分子の複製を妨げる発がん物質の観察に利用されてきた．先端にCO分子1個をつけたAFM探針で，分子内の電荷分布が生む電場を観察した例もある．ペンタセンという分子のAFM観察例を図3に示す．

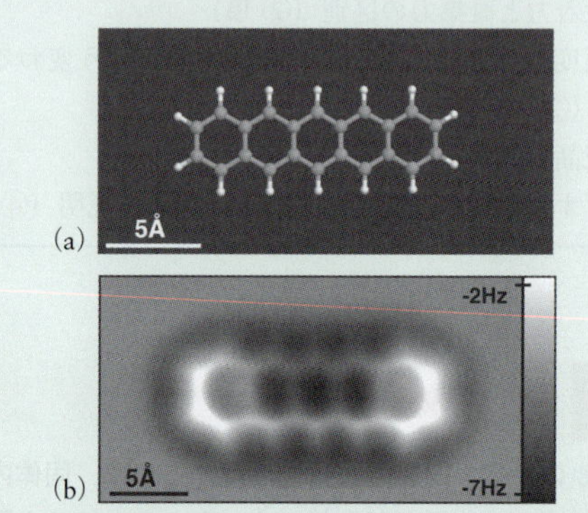

図 3　(a) ペンタセン分子 $C_{22}H_{14}$ の構造．(b) 非接触AFM（NC-AFM）で観察したペンタセン分子（Gross *et al.*, *Science*, **325**, No. 5944, 1110-1114, 28 Aug 2009）．

固体は通常，粒子が密集してできる．ことに金属は，原子の充塡度が高いので密度も高い．金属結合は強いため，多くの金属は融点が高く，強い建材などになる．

イオン固体と分子固体を比べると，引力は分子間よりイオン間のほうが強いから，融点はイオン固体のほうが高い．ダイヤモンドのようなネットワーク固体（巨大分子固体）は，原子間の共有結合が切れないと融解しないため，融点がたいへん高い．

以下，まずは分子固体とネットワーク固体を比べよう．続いて調べる金属は，単体なら，同じ原子が規則正しく並んでできる．最後のイオン固体は，粒子の配列に規則性はあっても，成分（陽イオンと陰イオン）は電荷やサイズがちがうため，扱いが複雑になる．

要 点　結晶質固体は粒子がきれいに並んでできる．アモルファス固体には長距離秩序がない．固体は分子固体，ネットワーク固体，金属，イオン固体に分類される．■

② 分 子 固 体

分子固体は，電荷ゼロの分子が分子間力（3・4節）で引きあって生まれ，その物理的性質は分子間力の強さが決める．アモルファス分子固体には，長鎖炭化水素の“パラフィンろう”など，軟らかい固体もある．そんな固体は分子配列がランダムで，分子間力が弱いため，小さな力でも分子どうしがずれあいやすい．

結晶質の分子固体は分子間力が強く，硬くてもろい．スクロース（ショ糖，**1**）中では，$C_{12}H_{22}O_{11}$ 分子内にある多数の –OH 基が水素結合しあう．水素結合は強いから，分子は融点（184 ℃）の手前で分解する．適度に分解した“カラメル”は，風味剤や着色剤に使う．

（**1**）スクロース $C_{12}H_{22}O_{11}$

分子固体のうちたとえば“超高密度ポリエチレン”は，長い炭化水素鎖が，ぎっしり束ねた円柱のように集合している．できる材料は強くて表面が平滑だから，防弾チョッキや代替関節などに適する．

分子は形がさまざまなので，集合のしかたもさまざまになる．たとえば氷の中でO原子は，4個のH原子に囲まれる（四面体型）．H原子のうち2個はO原子とσ結合し，残る2個は隣にある H_2O 分子のO原子と水素結合する．そのため氷の内部では，水素結合で固定された H_2O 分子が，すき間の多いネットワーク構造をつくっている（図3・55）．

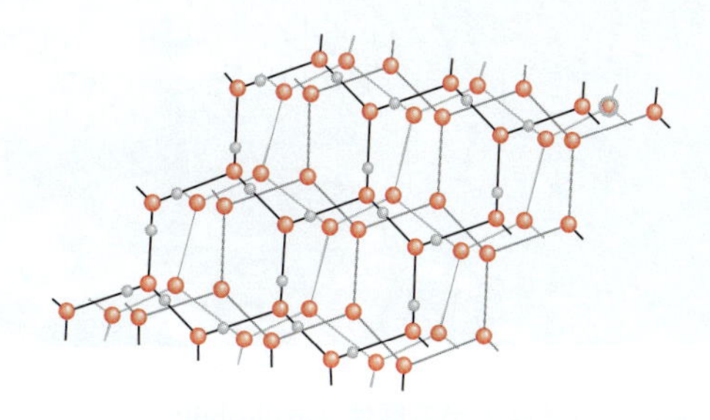

図 3・55　氷の構造．O原子をH原子4個が四面体型に囲む．2個はO原子とσ結合し，2個は水素結合する．水素原子は，いちばん手前の層にあるものだけを描いた．

図 3・56　すき間が多くて密度が低い氷は水に浮く（左）．固体のベンゼンは液体より密度が高いので沈む（右）．

氷が融けると一部の水素結合が切れ，分子配列が乱れる．分子の充填状況にムラができ，すき間が減る（図3・56）．氷の分子配列にはすき間が多く，液体になるとすき間が減るため，0 ℃のとき，液体の密度（1.00 g cm^{-3}）は氷の密度（0.92 g cm^{-3}）より大きい．

水とちがって固体のベンゼンやテトラクロロメタン（四塩化炭素）は，液体よりも密度が高い（図3・57）．水素結合より方向性がずっと低いロンドン力だけで集まるベンゼン分子は，固化したときに密集度が上がる．

要 点　分子固体は一般に軟らかく，融点が低い．■

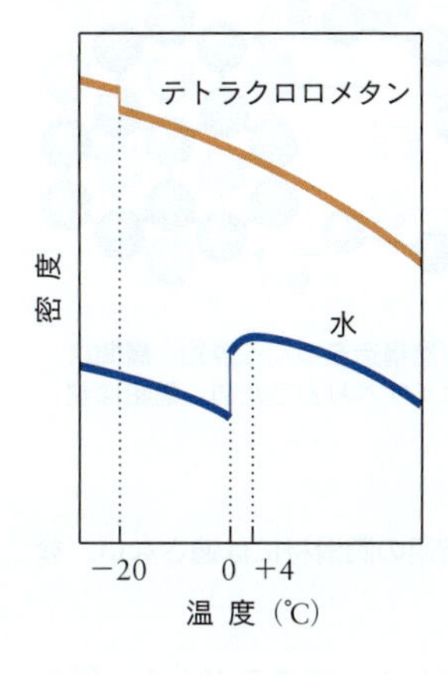

図 3・57　水（融点0 ℃）とテトラクロロメタン（融点−23 ℃）が示す密度の温度変化．融解した水の密度は，いったん上がり，4 ℃で極大になったあと下がる．

③ ネットワーク固体

分子固体は，さほど強くない分子間力が生むものだった．かたやネットワーク固体（巨大分子固体）は，結晶全体の原子が強い共有結合をしあって生まれる．ネットワーク固体を融かすには，分子間力よりずっと強い共有結合を切らなければいけない．だから融点も沸点も高く，丈夫で硬い材料になる．

単体のネットワーク固体としては，ダイヤモンドと黒鉛が名高い．同じ元素が素材でも原子配列がちがうため，互いに**同素体**（allotrope）という．ダイヤモンドのC原子は，sp^3 混成のσ結合で隣の4原子と結びつく（図3・58）．高層ビルの鉄骨に似て，正四面体ネットワークが固体全体に及ぶため，ダイヤモンドはたいへん硬く，既知物質のうち最高の硬度を誇る．熱伝導性も高く，銅の5倍も熱を伝えやすい．ミクロ構造が“がっしりして”いて，原子の熱運動がたちまち隣へと伝わる．そんなダイヤモンドを，集積回路の放熱基板や切削工具の表面被覆に使って過熱を防ぐ．

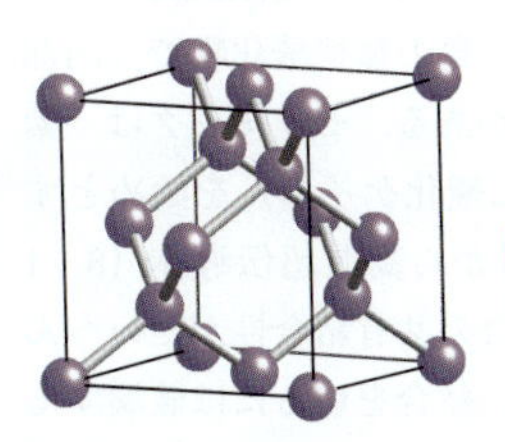

図 3・58　ダイヤモンドの構造．どのC原子（●）も，隣の4原子を頂点とする正四面体の中心にある．

黒鉛（グラファイト）は導電性の固体で，昇華点（3700 ℃）が高い．sp^2 混成した C 原子が共有結合して，鳥小屋の金網に似た六角形単位の層をつくり（図 3・59），層どうしは弱い分子間力で引きあう．適度に硬い材料でも，窒素や酸素など不純物を層間にとりこみやすい．とりこめば層間の引きあいが弱まって，層どうしが滑りやすい“ドライな潤滑材”になる．粘土を混ぜたものが“鉛筆”の芯だから，鉛筆で書いた字の素顔は“はがれ落ちたグラファイト層”だと心得よう．

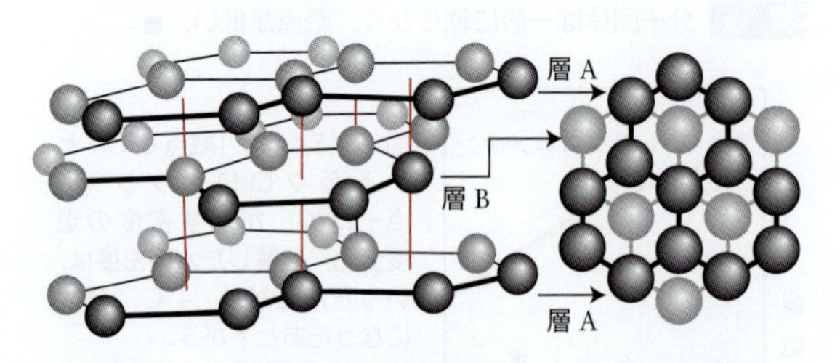

図 3・59　sp^2 混成の六員環が層構造をつくる黒鉛．層間に不純物が入ると，層どうしはよくすべりあうため，黒鉛は潤滑材になる．

考えよう グラファイトは宇宙用の潤滑材には適さない．なぜだろうか？■

グラファイト層は非局在化した π 電子系だから，層内の伝導性は高いけれど，層と層の間は伝導性が低い．金網に似た層の 1 枚 1 枚を“グラフェン層”とよぶ．グラフェンの研究で英国のガイム（Andre Geim）とノボセロフ（Konstantin Novoselov）が 2010 年度のノーベル物理学賞に輝いた．化学変化により性質を変えやすいグラフェンは，研究でも産業でも用途が広い．たとえば気体が吸着すると導電性が変わる現象を，ガスセンサーに活用した例がある．

復習 3・21 A　鉛筆で 1 cm×1 cm の四角を塗りつぶしたら，塗った層の厚みは 315 nm だった．紙面に乗った炭素原子は（a）何個か，また（b）何 mol か．
［答:（a）4.1×10^{18} 個;（b）7.7 μmol］

復習 3・21 B　鉛筆で長さ 10 cm，幅 0.5 mm の線を引いたら，線の厚みは 710 nm だった．紙面に乗った炭素原子は（a）何 mol か，また（b）何個か．

ふつう粉末を焼いてつくる**セラミック**（ceramic）材料は，ネットワーク構造をもつ非晶質の無機酸化物で，内部に共有結合とイオン結合の両方がある．セラミックは，素材面では石英（組成式 SiO_2 の二酸化ケイ素）を始めとするケイ酸塩鉱物が多く，陶磁器から高温超伝導体（8・1 節）まで用途も広い．イオン結合の共有結合性がたいへん高いため強度と安定性にすぐれ，結合を切るには破壊するしかない．だから応力のかかったセラミックは，ほとんど曲がることなく破断する．

要 点 共有結合でできるネットワーク固体は丈夫で硬く，融点も沸点も高い．セラミック材料も本質はネットワーク固体だと考えてよい．■

④ 金　属

整列した陽イオンを“電子の海”がまとめ上げる —— それが金属のイメージだった（図 1・50）．たとえば銀は，Ag^+ のつくる格子を，Ag^+ と同数の自由電子が“海”の趣でまとめ上げていると想像しよう．

金属に特有な光沢も，動きやすい自由電子が生み出す．光は振動する電場と磁場だった（1・1 節）．金属表面に当たった振動電場は，電荷（電子）を揺さぶる．その振動電荷が出す電磁波（光）を，ヒトの目は光沢と感じる（図 3・60）．振動電荷は入射光と同じ振動数の光を出すため，赤い光の反射光は赤，青い光の反射光は青になる．だからこそ，ガラスにつけた金属の薄膜は，ものをありのまま映す鏡になる．

考えよう 銅は鏡の素材に適さない．なぜか？■

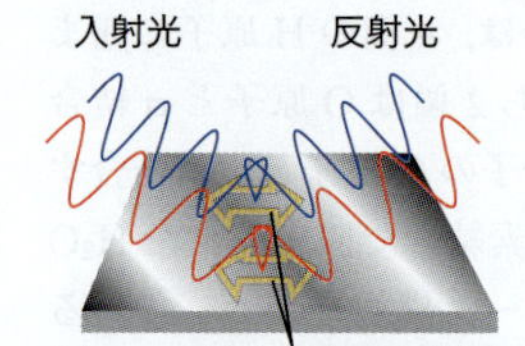

図 3・60　(a) 金属表面の電子は，入射光と同じ振動数の反射光を生む．(b) カリフォルニア州のサンディア国立研究所にある太陽熱発電の実験施設．鏡の向きを調整し，反射光を塔頂の集熱器に集める．

金属は，叩けば広がる**展性**（malleability）と，引っ張れば線になる**延性**（ductility）を示す．どちらも自由電子の働きによる．電子の海が陽イオンを結びつけ，金属結合には方向性がほとんどないため，陽イオンの移動を妨げる要因はない．ハンマーで叩けば，無数の陽イオンが動く．その動きに電子の海も追随するから，移動のあと陽イオンの環境はほとんど変わらない（図 3・61）．

イオンどうしも電子どうしも，相互作用に方向性はないため，陽イオンの“硬い球”が積み上がって金属ができると思ってよい．つまり金属の構造と性質は，陽イオンの球が，売り場に積み上げたリンゴやオレンジ（図 3・62）のように，余計な空間をぎりぎり減らした**最密充填構造**

図 3・61 (a) 衝撃で動いた陽イオンに自由電子が追随するから，金属は延性を示す．(b) 叩いて延ばした鉛（上）と，粉々に砕けたイオン化合物の酸化鉛(II)．

図 3・62 果物屋の店先に積み上げたリンゴやオレンジが，金属結晶のイメージになる．

(close-packed structure) をとると考えれば理解できる．

図 3・63a を手がかりに，球の最密充填を考えよう．第 1 層（A）の球 1 個は，別の球 6 個がつくる正六角形の中心にある．その上にくる第 2 層（B）の球は，第 1 層の凹部に乗る（図 3・63b）．第 3 層の球は第 2 層の凹部に乗る…というパターンがどこまでも続く．

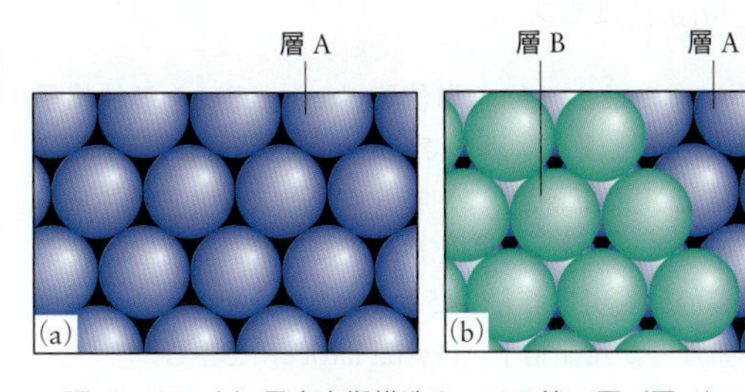

図 3・63 (a) 最密充填構造をつくる第 1 層（層 A）．すき間が最小になるよう球が並ぶ．(b) 第 2 層（B）の球は第 1 層の凹部に乗る．どの球も層内で 6 個の球と接し，層に垂直な方向では，上層の 3 個，下層の 3 個と接する．

第 3 層には，球の置きかたが 2 種類ある．図 3・64a をじっくり見よう．第 2 層の凹部には 2 タイプがある．ひとつは第 1 層に並ぶ球の真上，もうひとつが第 1 層にできている凹部の真上だ．第 3 層の球を "球の真上" に置けば，球の配列は第 1 層（層 A）と同じになり，続く第 4 層の配列は第 2 層と同じになる．つまり層は，ABABAB…のように積み重なる．それを**六方最密充填**（hexagonal close-packed，hcp）構造という．

六方最密充填の空間イメージを図 3・64b に描いた．ある球は，下層の球 3 個，同じ層内の球 6 個，上層の球 3 個，つまり合わせて 12 個の球と接する．そのことを，球（原子）の**配位数**（coordination number）が 12（十二配位）だという．同じ球を最密充填するとき，12 を超す配位数はない．マグネシウムや亜鉛の結晶は，六方最密充填でできる．

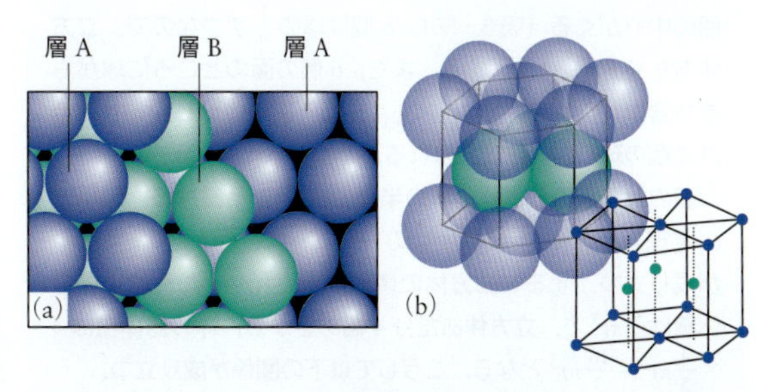

図 3・64 (a) 第 3 層の球が第 1 層の球の真上に並んでできる ABABAB … 構造．(b) 図 3・64a のようにつくった構造の一部．球の配置が正六角形の対称性だから "六方最密充填" という．

第 3 層の球は，第 1 層の凹部の真上，つまり第 2 層の凹部に並べてもよい（図 3・65 a）．その第 3 層を C 型とすれば，第 1 層から順に ABCABC…のパターンができる．ある向きから見ると球の並びが立方体をつくるため，**立方最密充填**（cubic close-packed，ccp）構造という（図 3・65b）．

立方最密充填は，図 3・65b の立方体が上下左右に積み重なってできる．配位数は六方最密充填と同じ 12 になり，ある球は，直下の層内の球 3 個，同一層内の球 6 個，真上の層内の球 3 個，つまり計 12 個の球と接している．アルミニウムや銅，銀，金の結晶は，立方最密充填（面心立方）でできる．

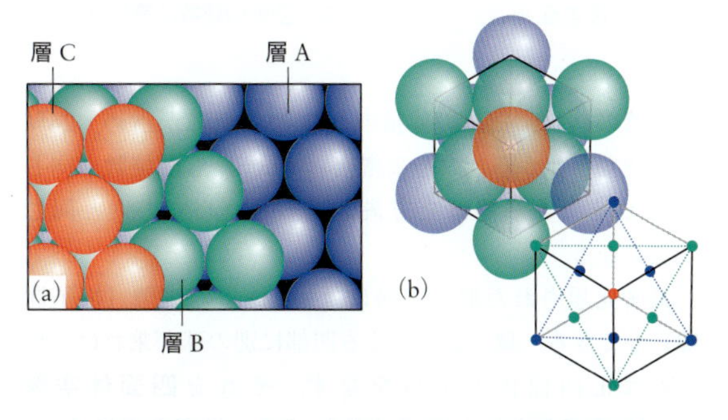

図 3・65 (a) 図 3・64a とはちがい，第 1 層の凹部の真上にくる第 2 層の凹部に，第 3 層の球が並んでできる ABCABC … 構造．(b) 図 3・65b のようにつくった構造の一部．"立方最密充填" の別名 "面心立方" の由来がわかる．立方体の対角線方向から見た層 A，層 B，層 C の球（原子）は色で区別した．

充塡は“最密”でも，硬い球を詰めるわけだから，必ず“**空隙**(くうげき)（interstice）”ができる．結晶内部の空間のうち球が占める割合を，つぎのコラムで調べよう．

式の導出　結晶の充塡率

立方最密充塡（ccp）を例に，結晶の充塡率（原子が空間を占める割合）を見積もろう．原子は硬い球とみなし，原子自体の体積と，立方体の体積を比べる．

まず，球と立方体の関係をつかむ．立方体の頂点には，球8個の中心がくる（図3・66）．8個は球の$\frac{1}{8}$ずつなので，立方体あたり$8\times\frac{1}{8}=1$個ある．また，6個の面のところに球が$\frac{1}{2}$ずつ含まれるから，球は$6\times\frac{1}{2}=3$個．頂点の球と合わせ，合計4個の球が立方体に含まれる．

面の対角線の長さは，球の半径rから$4r$と書ける．三平方の定理より$a^2+a^2=(4r)^2$なので，$2a^2=16r^2$つまり$a=8^{1/2}r$が成り立つ．すると立方体の体積は$a^3=8^{3/2}r^3$だ．球1個の体積は$\frac{4}{3}\pi r^3$で，立方体あたり4個あるから，球の総体積は$4\times\frac{4}{3}\pi r^3=\frac{16}{3}\pi r^3$となる．こうして以下の関係が成り立つ．

$$\frac{球の総体積}{立方体の体積}=\frac{(16/3)\pi r^3}{8^{3/2}r^3}=\frac{16\pi}{3\times 8^{3/2}}=0.74\cdots$$

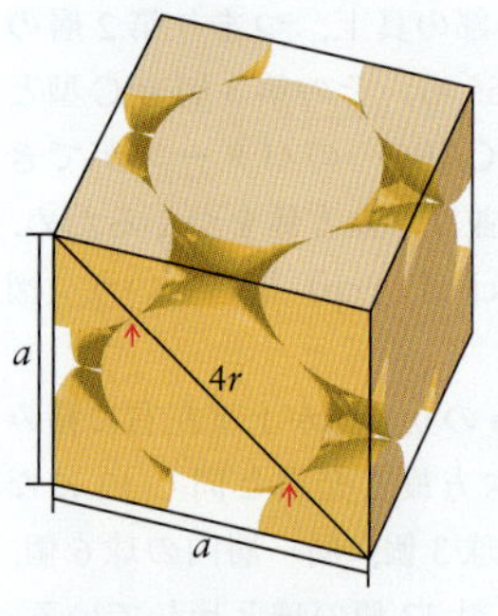

図3・66　立方最密（面心立方）構造の最小単位（一辺aの立方体）と球（半径r）の大きさの関係．球どうしは，面の対角線上で接する．

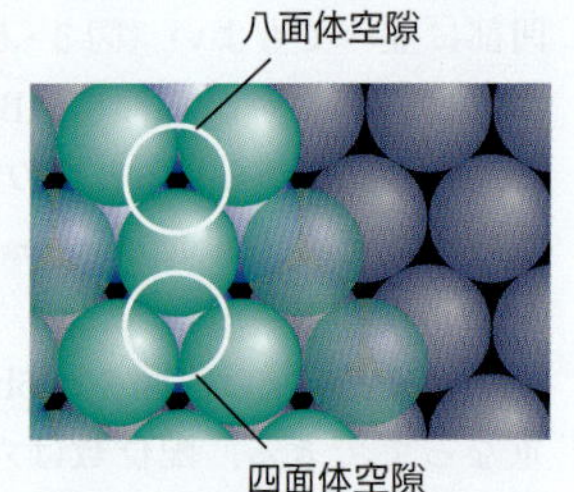

図3・67　四面体空隙と八面体空隙．四面体空隙は八面体空隙の2倍ある．どちらも水平な層2個がつくるため，六方最密充塡も立方最密充塡も，空隙の総数は等しい．

計算の結果，結晶の体積のうち74%を球が占め，26%は真空だとわかる．六方最密充塡（hcp）も配位数が同じ12だから，充塡率は立方最密充塡（面心立方）と同じ74%になる．

最密充塡された原子の層には，2種類の空隙（格子間隙）ができる．球3個がつくる凹部に別の球が乗れば，球4個は正四面体の頂点をなす．それを**四面体空隙**（tetrahedral hole）とよぶ（図3・67）．最密充塡構造は，球1個あたり2個の四面体空隙をもつ．

ある層の凹部の真上にくるつぎの層の凹部は6個の球がつくり，6個は正八面体の頂点を占めるため，**八面体空隙**（octahedral hole）という（図3・67）．八面体空隙は，球1個につき1個ある．ただし空隙は上下2枚の層がつくり，球の配列は六方最密充塡と立方最密充塡（面心立方）で同じだから，どちらの充塡タイプでも空隙の数は等しい．

選択肢を六方最密充塡か立方最密充塡としよう．ある金属は，どちらかエネルギーが低いほうの構造をとる（エネルギーの値は，こまかい電子構造で決まる）．ただし，六方最密充塡や立方最密充塡よりエネルギーの低い特殊な構造をとる金属もある（次項）．

要点　多くの金属は，六方最密充塡または立方最密充塡に結晶化し，どちらも配位数は12になる．原子1個あたり四面体空隙が2個，八面体空隙が1個ある．■

⑤ 結晶系と単位胞

自然界の不思議というのか，どんな結晶の原子配列も，特有な対称性をもつわずか7種の**結晶系**（crystal system）のどれかに分類できる（図3・68）．外観が結晶系そのままのマクロな結晶も少なくない．

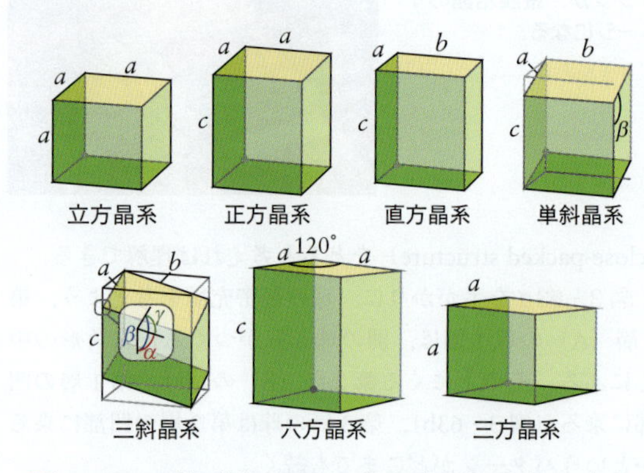

図3・68　7種の結晶系．それぞれ固有の辺長（a, b, c）と面角（α, β, γ）をもつ．

原子配列の最小単位を**単位胞**（unit cell）や**単位格子**（unit lattice）とよぶ（以下では“単位胞”を使用）．結晶は，単位胞が（回転せずに）積み重なってできる．単位胞は，原子・イオン・分子の位置を小球（●）で描き，結晶系を具体的に表現したものだと考えよう．そうした単位胞の積み重なりが**結晶格子**（crystal lattice）を生む．

たとえば**単純立方**（primitive cubic）の単位胞は，8頂点に粒子がある立方体の姿をとる．一般の金属がこの構造をとるなら，頂点（•）を金属イオンが占め，最密充塡ではないから，やや窮屈な並びかたになる（図3・69a）．実のところ，単純立方の単位胞をもつ元素は，放射性の半金属ポロニウムしかない．ポロニウム原子がつくる結合は共有結合性が高いため，窮屈な単純立方でも安定な結晶格子をつくれる．

体心立方（body-centered cubic, bcc）の単位胞だと，立方体の中心に1個，八つの頂点に1個ずつ原子がある

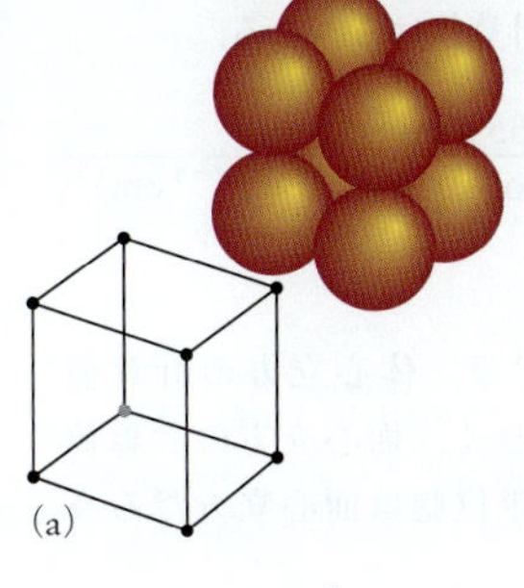

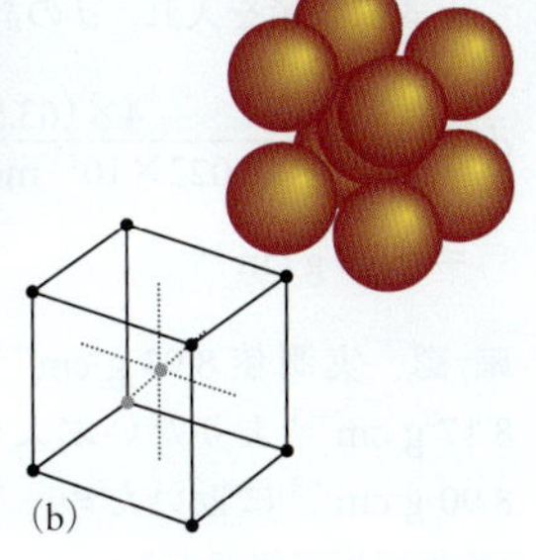

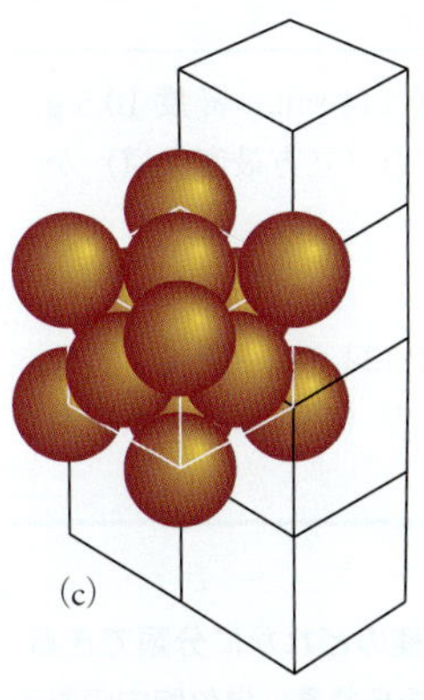

図 3・69 (a) 単純立方の単位胞．頂点に原子やイオンがある．金属に例はない．(b) 体心立方 (bcc) の単位胞．充塡率は面心立方（立方最密充塡）や六方最密充塡より低い．最密充塡に比べ，体心立方の金属は例が少ない（イオン化合物には体心立方タイプの構造が多い）．(c) 面心立方の単位胞．面それぞれの中心に原子が 1 個ある．こういう単位胞がすき間なく積み重なって結晶全体になる．

(図 3・69b)．体心立方は最密充塡ではないから，常圧で bcc の金属は，高圧をかけると最密充塡に変わりやすい．鉄やナトリウム，カリウムなどが bcc に結晶化する．

立方最密充塡を表す図 3・69c の単位胞は，立方体の頂点に 1 個ずつ，面の中心に 1 個ずつ原子があるため，**面心立方** (face-centered cubic，fcc) の単位胞という．

単位胞が何個の原子を含むかは，隣の単位胞と共有する原子も考えて計算する．計算の際は，つぎのことに注意しよう．

- 単位胞の内部にある原子は，その単位胞だけに属す．
- 面上の原子は，隣の単位胞と半分ずつ共有される．
- 頂点にある原子は，計 8 個の単位胞が共有する．

面心立方 (fcc) の単位胞を考えよう（図 3・70）．頂点の原子は $8\times\frac{1}{8}=1$ 個，面上の原子は $6\times\frac{1}{2}=3$ 個が，単位胞に属す．計 1+3=4 個だから単位胞 1 個の質量は，原子 4 個の質量に等しい．

体心立方 (bcc) の単位胞（図 3・69b）はどうか．中心の原子 1 個は，まるまる単位胞に属す．頂点の原子は $\frac{1}{8}\times 8=1$ 個だから，単位胞は 1+1=2 個の原子を含む．

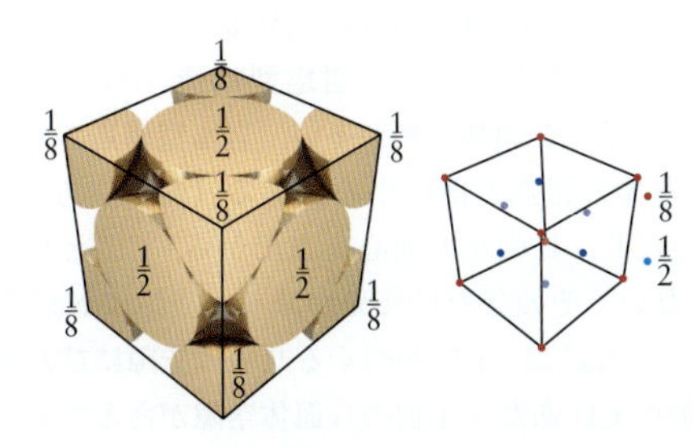

図 3・70 面心立方の単位胞が含む原子数の計算．

復習 3・22 A　単純立方の単位胞（図 3・69a）が含む原子は何個か．

［答：1 個］

復習 3・22 B　単位胞 **2** が含む原子は何個か．原子は 8 頂点に 1 個ずつ，上面と底面に 1 個ずつ，内部の対角線上に 2 個ある．

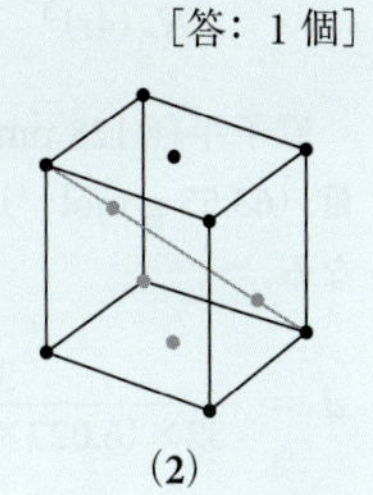

金属結晶がどんな単位胞をもつかは X 線回折法（章末の“測定法 3”）で判明するが，もっと単純に，金属の密度を理論値と突き合わせてもわかる．密度は示強性の量なので（序章 A 節），試料のサイズに関係しない．つまり単位胞の密度が試料の密度に等しい．ただし，六方最密充塡と立方最密充塡（面心立方）の場合は，配位数も充塡率も同じだから，密度だけで元素は区別できない．

例題 3・12　金属の密度から結晶構造の推定

銅の密度は 8.93 g cm^{-3}，原子半径は 128 pm だとわかっている．銅の結晶構造は，(a) 最密充塡か，(b) 体心立方か．

方 針　最初に体心立方 (bcc)，次に最密充塡（面心立方 fcc）を仮定して密度を計算し，実測の密度に近いほうを現実の構造とみなす．単位胞の質量は，単位胞が含む原子の質量に等しく，アボガドロ定数をかければモル質量になる．辺長 a の立方体の体積は a^3 に等しい．辺長 a は，金属原子の質量と，三平方の定理，単位胞内の原子配置からわかる．

解 答　(a) 体心立方の密度を計算するため，まず単位胞の辺長 a を求める．単位胞の対角線の長さを f，単位胞の中心を通る対角線の長さを b とする．b は原子半径 r の 4 倍に等しい（図 3・71 b）．三平方の定理から $a^2+f^2=b^2=(4r)^2$ と書けて，$f^2=2a^2$ も使えば次式が成り立つ．

$$a^2+f^2 = a^2+2a^2 = 3a^2$$

すると $3a^2=(4r)^2$ だから，$a=4r/3^{1/2}$ となる．単位胞 1 個あたりの原子は，中心に 1 個，頂点に計 8 個なので総数は $1+(8\times\frac{1}{8})=2$ 個となり，bcc 単位胞の総質量は $2M/N_A$ に等しい．つまり，$d=m/a^3$，$m=2M/N_A$，$a=4r/3^{1/2}$ から，密度 d がつぎの形に書ける．

$$d = \frac{\overbrace{2M/N_A}^{\text{質量}}}{\underbrace{(4r/3^{1/2})^3}_{\text{体積}}}$$

$$= \frac{3^{3/2}\times 2M}{N_A(4r)^3} = \frac{3^{3/2}M}{32N_A r^3}$$

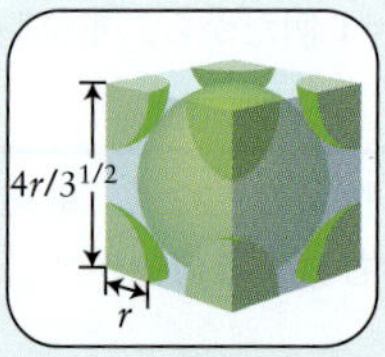

$4r/3^{1/2}$　r

原子半径 128 pm（1.28×10^{-8} cm）と銅のモル質量（$63.55\ \mathrm{g\ mol^{-1}}$）を使い，密度 d の計算値はこうなる．

$$d = \frac{3^{3/2}\times(63.55\ \mathrm{g\ mol^{-1}})}{32\times(6.022\times10^{23}\ \mathrm{mol^{-1}})\times(1.28\times10^{-8}\ \mathrm{cm})^3}$$

$$= 8.17\ \mathrm{g\ cm^{-3}}$$

(b) 次に面心立方（fcc）を仮定する．単位胞の辺長 a は，原子半径 r を使って $a=8^{1/2}r$ と書ける．単位胞の体積は a^3 に等しい（図 3・71c）．単位胞は計 4 個の原子を含むため，その質量は $4M/N_A$ となる．つまり $d=m/a^3$，$m=4M/N_A$，$a=8^{1/2}r$ から，密度 d はつぎの形に書ける．

$$d = \frac{\overbrace{4M/N_A}^{\text{質量}}}{\underbrace{(8^{1/2}r)^3}_{\text{体積}}} = \frac{4M}{8^{3/2}N_A r^3}$$

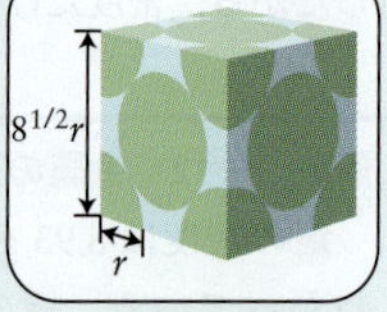

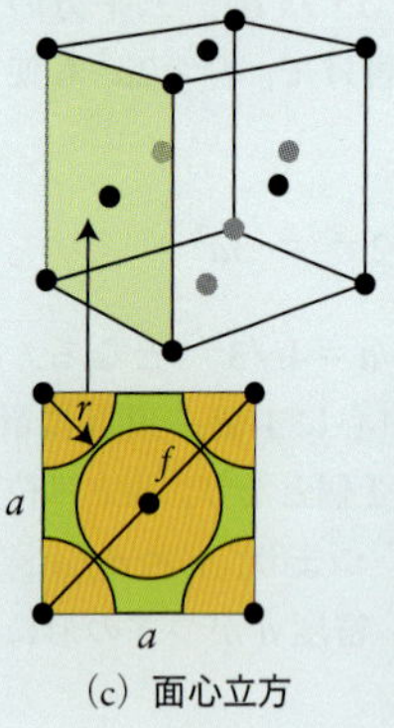

$8^{1/2}r$　r

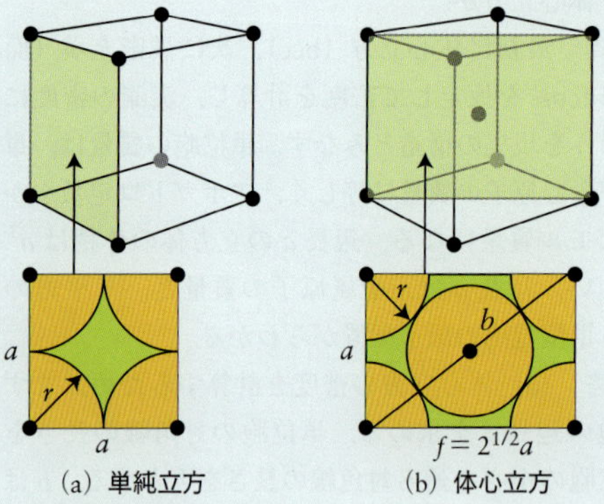

a　r　a　(a) 単純立方

r　b　a　$f=2^{1/2}a$　(b) 体心立方

r　f　a　a　(c) 面心立方

図 3・71　立方晶 3 種の原子配列．原子半径を r，立方体の辺長を a，体心を通る対角線の長さを b，面の対角線の長さを f とした．(a) 単純立方，(b) 体心立方，(c) 面心立方（立方最密充塡）．

上式に数値を入れ，d の計算値はこうなる．

$$d = \frac{4\times(63.55\ \mathrm{g\ mol^{-1}})}{8^{3/2}\times(6.022\times10^{23}\ \mathrm{mol^{-1}})\times(1.28\times10^{-8}\ \mathrm{cm})^3}$$

$$= 8.90\ \mathrm{g\ cm^{-3}}$$

確認　実測値 $8.93\ \mathrm{g\ cm^{-3}}$ は，体心立方の計算値 $8.17\ \mathrm{g\ cm^{-3}}$ よりだいぶ大きく，面心立方の計算値 $8.90\ \mathrm{g\ cm^{-3}}$ に近いため，単位胞は面心立方だろう（X 線回折で確認ずみ）．

復習 3・23 A　銀の原子半径 144 pm，密度 $10.5\ \mathrm{g\ cm^{-3}}$ から，銀の結晶が面心立方（立方最密充塡）か体心立方かを判定せよ．

［答：面心立方］

復習 3・23 B　鉄の原子半径 124 pm，密度 $7.87\ \mathrm{g\ cm^{-3}}$ から，鉄の結晶が面心立方（立方最密充塡）か体心立方かを判定せよ．

要点　どんな結晶も，結晶系 7 種のどれかに分類できる．結晶内の原子配置は単位胞にまとめられる．単位胞内の原子を数えるときは，隣の単位胞と共有する原子に注意する．金属結晶がどんな単位胞からできているかは，実測の密度から見当がつく．■

⑥ イオン固体

イオン固体の結晶は，金属と同じく“硬い球の集まり”と考えてよいけれど，成分が正負のイオンだし，多原子イオンを含む結晶もある．たとえば塩化ナトリウム NaCl なら，正電荷をもつ半径 102 pm の Na^+ と，負電荷をもつ半径 181 pm の Cl^- が，最低エネルギーになるよう並ぶ．固体は正味の電荷をもたないので，単位胞にも電荷はなく，イオンの組成は化学式に等しい．

一般的なイオン固体の内部構造を考えるとき，まずは最密充塡のどれかを選ぶ．一般に陽イオンより陰イオンのほうが大きいため，やや広がった最密充塡構造に陰イオンが並んだあと，空隙に陽イオンが入るとみなす．四面体空隙は，少し広がってもまだせまいから，小さい陽イオン（Na^+ など）しか受け入れない．八面体空隙は広いので，いくぶん大きい陽イオンも受け入れる．

塩化ナトリウムにちなむ**岩塩型構造**（rock-salt structure）は，イオン固体に例が多い．岩塩型構造の中で Cl^- は，立方体の頂点と面の中心にある（面心立方；図 3・72）．ただし，拡張型の面心立方だから，Cl^- どうしは触れあわない．その分だけ反発が減り，空隙に Na^+ を収容しやすい．Na^+ は，Cl^- がつくる八面体空隙にぴたりと入る．1 個の Cl^- あたり 1 個の八面体空隙があるため，その全部を Na^+ が占める．

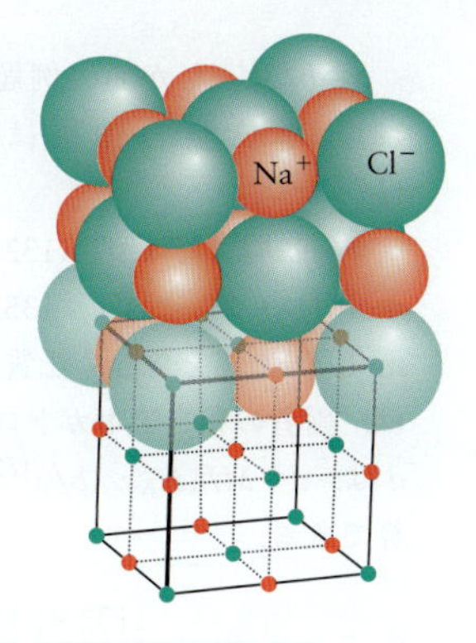

図 3・72　岩塩型構造のイオン配列．イオンの充塡状況で示したもの（上）．同じ構造をイオンの中心位置で示したもの（下）．

岩塩型構造をよく見ると，陰イオンは陽イオン 6 個に囲まれ，陽イオンは陰イオン 6 個に囲まれている．そのパターンがどこまでも続く（図 3・73）．

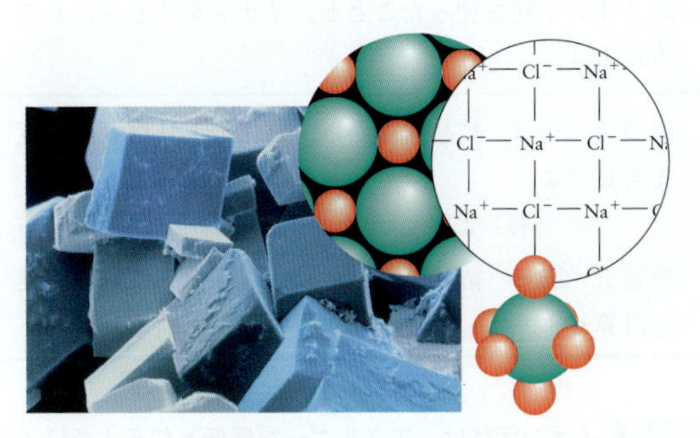

図 3・73　単位胞が積み重なってできる NaCl 結晶面の顕微鏡写真．右上の挿入図は，イオン充塡のようす（左）とイオン配列（右）．右下の挿入図は，1 個の Cl^- を囲む 6 個の Na^+．

イオン固体の場合，一方のイオンに接する逆符号イオンの数を“配位数”という．岩塩型構造なら，陽イオンも陰イオンも配位数は 6 だから，“陽イオン・陰イオン”の順に配位数を並べ，全体の構造を“(6,6) 配位”と書く．

岩塩型構造のイオン固体は同じ電荷数の正負イオンからなり，KBr，RbI，CaO，AgCl など例は多い．陰イオンの面心立方構造がつくる八面体空隙に，小さい陽イオンが入るから，陽イオンが陰イオンよりずっと小さいときにそうなりやすい．

イオン固体の構造を推定する際は，小さいイオンの半径 $r_{小}$ と，大きいイオンの半径 $r_{大}$ を使った次式の**半径比**（radius ratio）ρ が，よい指標になる．

$$半径比\rho = \frac{r_{小}}{r_{大}} \tag{28}$$

例外はあるものの，$\rho = 0.4 \sim 0.7$ なら岩塩型構造をとりやすい．たとえば MgO だと，Mg^{2+} のイオン半径 72 pm と O^{2-} のイオン半径 140 pm から ρ は 0.514 となり，岩塩型構造だろうと予想できる（事実そう）．

$$\rho = \frac{\overbrace{72\ \text{pm}}^{Mg^{2+}の半径}}{\underbrace{140\ \text{pm}}_{O^{2-}の半径}} = 0.514$$

陽イオンと陰イオンの半径が近くて $\rho > 0.7$ なら，陽イオンを囲める陰イオンの数が増す．そのとき，CsCl に特有な**塩化セシウム型構造**（cesium chloride structure）になる（図 3・74 a）．イオン半径は Cs^+ が 167 pm，Cl^- が 181 pm と近い（半径比 $\rho = 0.923$）．塩化セシウム型構造の場合，Cl^- は広がった単純立方格子をつくり，立方体の 8 頂点を 1 個ずつ占める．単位胞の中心には広い“立方体空隙”ができ，そこに Cs^+ がたやすく入る．

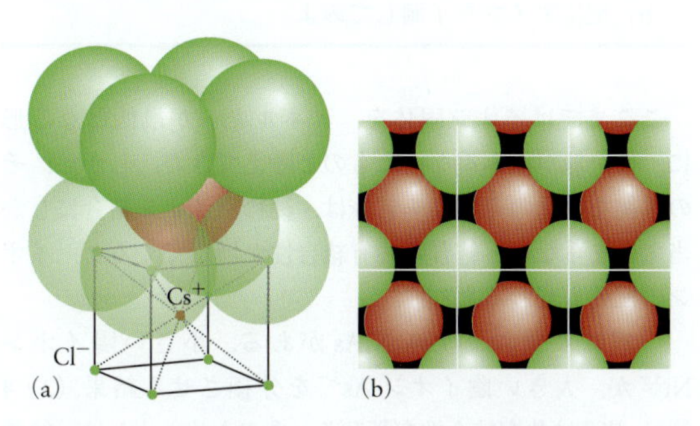

図 3・74　(a) 塩化セシウム型構造．上の単位胞はイオンの充塡状況，下の単位胞はイオンの中心位置で示した．(b) 単位胞が積み重なってできる塩化セシウム結晶．結晶の一端から積み重なりを眺めたところ．

単位胞の中心に Cl^- が，立方体の各頂点に Cs^+ があると考えてもよい．つまり塩化セシウム型構造は，単純立方の単位胞二つが入り組んで生まれる（図 3・74 b）．両イオンとも 8 配位だから，“(8,8) 配位”とよぶ．岩塩型構造より例は少ないものの，CsBr や CsI，TlCl，TlBr が塩化セシウム型構造をとる．

陽イオンが陰イオンよりずっと小さく，半径比 ρ が 0.4 を切れば，せまい四面体空隙に陽イオンが入る．鉱物 ZnS の名にちなむ**閃亜鉛鉱型構造**（zinc-blende structure）

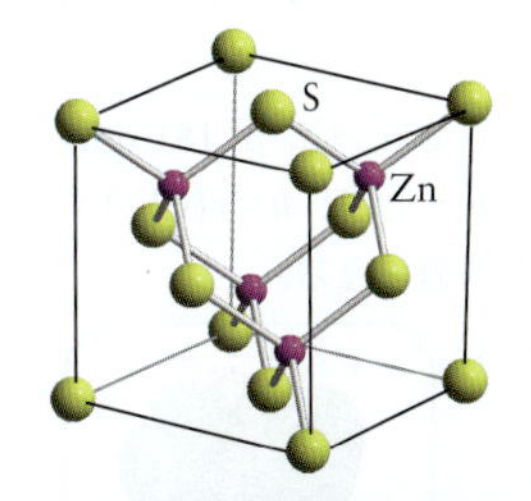

図 3・75　閃亜鉛鉱型構造．S^{2-}（●）がつくる面心立方格子内で，Zn^{2+}（●）が四面体空隙 8 個のうち 4 個を占める．Zn^{2+} を 4 個の S^{2-} が囲み，S^{2-} を 4 個の Zn^{2+} が囲む．

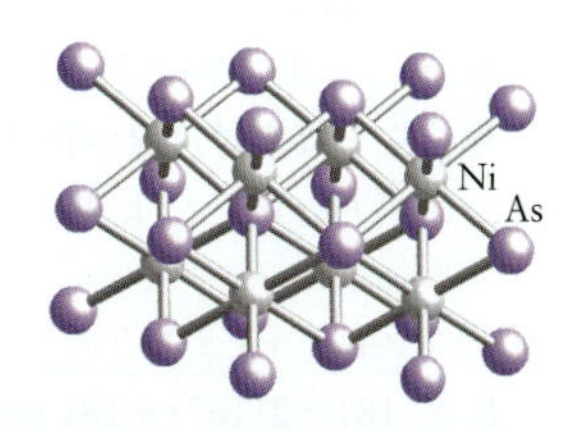

図 3・76　単純な“球の充塡”ではないヒ化ニッケル NiAs の構造．結合の共有結合性が高く，この構造をとると全体の結合強度が最大（エネルギーが最低）になる．

が例になる（図 3・75）．大きな陰イオン S^{2-} が，ゆったりとした立方最密充塡（面心立方）構造をつくり，小さな Zn^{2+} が四面体空隙の半数を占める．Zn^{2+} が 4 個の S^{2-} に囲まれ，S^{2-} が 4 個の Zn^{2+} に囲まれた“(4,4)配位”となる．なお閃亜鉛鉱型構造は，ダイヤモンドの内部構造（図 3・58）によく似ている．

復習 3・24 A　アンモニウムイオンを半径 151 pm の球とみなす．塩化アンモニウム結晶の，(a) 構造と (b) 配位タイプを予測してみよ．

［答：(a) 塩化セシウム型，(b) (8,8)配位］

復習 3・24 B　硫化カルシウム結晶の，(a) 構造と (b) 配位タイプを予測してみよ．

ここまではイオン固体を，エネルギーが最低となる形に，硬い球が積み重なったものと考えてきた．しかし，その単純な“球の充塡”モデルは，純粋なイオン結合にしか当てはまらない．結合の共有結合性が増してくると，イオンの配列も変わるだろう．

一例にヒ化ニッケル NiAs がある．小さい陽イオン Ni^{3+} が，大きい陰イオン As^{3-} を分極させる結果（2・4 節），結合は共有結合性を帯びる．そのためイオンは，純粋なイオン結合とはちがう形に並ぶ（図 3・76）．ただしともかく構造さえ決まれば，金属と同様に密度を計算できる．

例題 3・13　イオン固体の密度

塩化セシウムは，がんの治療薬として注目を集め，薬効には Cs^+ の大きなサイズが関係するという．結晶構造から，塩化セシウムの密度を計算せよ．

予 想　イオン固体だから，密度は数 g cm^{-3} だろう．

方 針　試料も単位胞も密度は同じ．単位胞の辺長が a なら体積は a^3 になる．a は三平方の定理から求める．単位胞の質量は，単位胞が含むイオンの数と，イオンの質量（モル質量÷アボガドロ定数）からわかる．密度は質量÷体積で計算する．陽・陰イオンは，CsCl の場合，対角線上で接しているとみなす（NaCl の場合は辺上）．

解 答　イオン半径は Cs^+ が 167 pm，Cl^- が 181 pm．単位胞を貫く対角線の長さを b として，$b = r(Cl^-) + 2r(Cs^+) + r(Cl^-)$ より，つぎの値になる．

$$\begin{aligned} b &= \underbrace{181}_{r(Cl^-)} + 2\underbrace{(167)}_{r(Cs^+)} + \underbrace{181}_{r(Cl^-)}\ \text{pm} \\ &= 696\ \text{pm} \\ &= 6.96 \times 10^{-8}\ \text{cm}\ (\text{図 3・71b}) \end{aligned}$$

$a = b/3^{1/2}$ だから（例題 3・12），単位胞の体積は $a^3 = (b/3^{1/2})^3$．

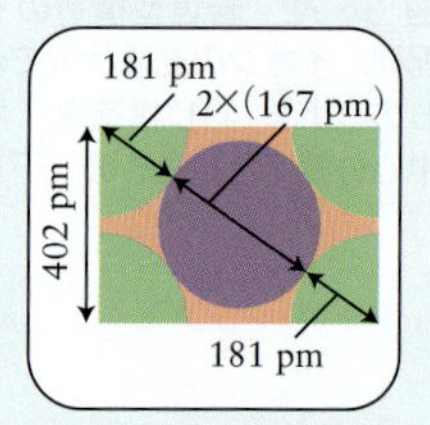

単位胞は，Cs^+（132.91 g mol^{-1}）1 個と Cl^-（35.45 g mol^{-1}）1 個を含む．総質量 m は，両者の和をアボガドロ定数 N_A で割った値．密度 d は，$d = M/[N_A \cdot (b/3^{1/2})^3]$ より，つぎのように計算できる．

$$\begin{aligned} d &= \frac{(132.91 + 35.45)\ \text{g mol}^{-1}}{(6.022 \times 10^{23}\ \text{mol}^{-1}) \times (6.96 \times 10^{-8}\ \text{cm}/3^{1/2})^3} \\ &= 4.31\ \text{g cm}^{-3} \end{aligned}$$

確 認　計算値は予想（数 g cm^{-3}）に合うが，実測値 3.99 g cm^{-3} とは少しちがう．差ができる原因は，平均イオン半径を使ったことと，イオンを球とみたところだろう．

復習 3・25 A　結晶構造から，塩化ナトリウムの密度を計算せよ．

［答：2.14 g cm^{-3}（実測値は 2.17 g cm^{-3}）］

復習 3・25 B　結晶構造から，ヨウ化セシウムの密度を計算せよ．

要 点　イオン固体は，エネルギーが最低となるようにイオンが並んでできる．イオンの半径比が結晶構造を左右する．結合の共有結合性が増すとイオン結合に方向性が生まれ，単純な“球の積み重ね”ではなくなる．■

身につけたこと

固体は，分子固体，ネットワーク（巨大分子）固体，金属，イオン固体に分類でき，結晶構造は単位胞をもとに考察する．結晶構造は，サイズや電荷に応じた形に硬い球が配列してできると考えればわかりやすい．以上を学び，つぎのことができるようになった．

❑1　構造や性質にもとづく金属，イオン固体，ネットワーク固体，分子固体の区別（①〜④ 項，⑥ 項）
❑2　単位胞内の充塡率の計算（④ 項）
❑3　結晶内で原子やイオンが示す配位数の特定（④ 項）
❑4　単位胞内にある原子・イオンの個数の特定（復習 3・22）
❑5　金属の密度から結晶構造の推定（例題 3・12）
❑6　イオン固体の構造と密度の推定（例題 3・13）
❑7　イオンの半径比にもとづくイオン固体の構造の推定（⑥ 項）

測定法3　X 線 回 折 法

原　理

ある1点にきた複数の波は干渉しあい，そのとき波の振幅が増えたり減ったりする．干渉にはつぎの2種類がある（図1）．

- **強めあう干渉**（constructive interference）：山と山が重なり，振幅が大きくなる．電磁波なら，波の強度（振幅の2乗に比例）が増す．
- **弱めあう干渉**（destructive interference）：山と谷が重なり，振幅が小さくなる（波の強度が減る）．

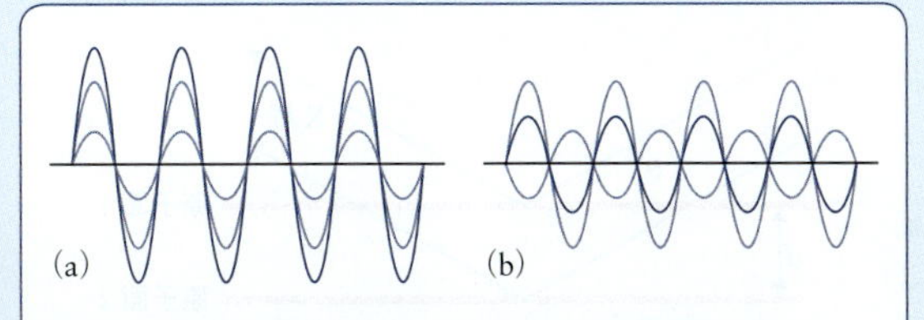

図 1　(a)“同相”の波二つが起こす“強めあう干渉”．振幅の大きい太線の姿になる．振動数は変わらない．(b)“逆相”の波二つが起こす“弱めあう干渉”．振幅の小さい太線の姿になる．

波の通路に物体があると，**回折**（diffraction）した波が干渉を起こす．2個のスリットを通った光がスクリーン上に干渉縞（回折パターン）を生むヤング（Thomas Young）の実験（1801年）が名高い．光の波長と，干渉縞の形，スリット–スクリーン間の距離から，スリットどうしの距離が計算できる．

X線回折は，ヤングの実験の高級版だと思えばよい．結晶内に並ぶ原子の層は，三次元の“スリット群”として回折パターンを生む．結晶を回して“スリットの配置”を変えると，パターンが変わる．X線回折では，回折パターンを見て“スリット”どうしの距離と配置をつかむ．複雑な計算はコンピュータがしてくれる．

なぜX線なのか？　回折は，電磁波の波長くらい離れた物体2個が起こす．そのため回折の観測には，波長が層間距離に近い電磁波を使う．原子層間の距離は100 pm内外で，波長が100 pm内外の電磁波はX線にあたる〔100 pmは1 Å（オングストローム）に等しい〕．

実 験 法

X線は，高速の電子を金属にぶつけてつくる．出るX線は2種類ある．まず，標的にぶつかる電子がX線を出す．電荷の加速や減速は電磁波を生むから，高速の電子が金属内で減速するときに電磁波が出る．その電磁波は，X線も含むたいへん広い波長に及ぶので，X線回折にはまだ使えない．回折の測定には，波長が決まった（単色の）X線を使う．

単色のX線はつぎのようにしてつくる．高速の電子が内殻電子にぶつかると，原子から電子が飛び出す．飛び出たあとの“抜け穴”に，高エネルギー準位の電子が落ちてくれば，光子が出る．その光子エネルギーがX線の範囲に入る．たとえば銅からは波長154 pmのX線が出る．

粉末X線回折（powder diffraction technique）では，単色のX線を支持体上の粉末試料に当て，試料を回しながら回折強度を測る（図2）．強めあう干渉が起きる角度に“回折ピーク”が出る．指紋に似たピークのパターンを標準データと比べ，物質を特定する．回折パターンは単位胞のサイズと形も教える．

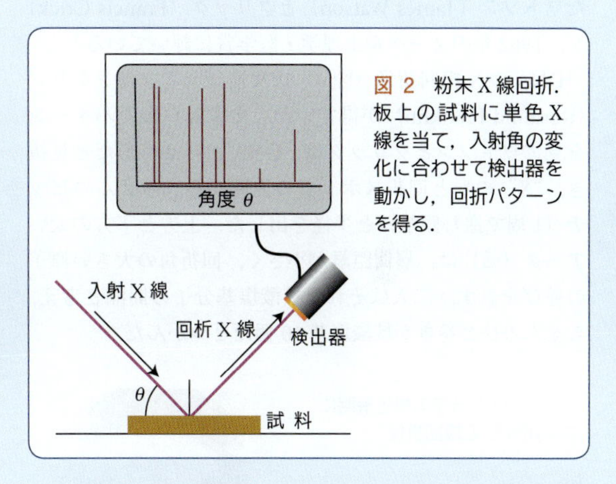

図 2　粉末X線回折．板上の試料に単色X線を当て，入射角の変化に合わせて検出器を動かし，回折パターンを得る．

X線の波長λ，回折ピークを出す角度θ，原子層の間隔dは，つぎの式（**ブラッグの式**）で結びつく．

$$2d\sin\theta = \lambda$$

たとえば，NaCl結晶の回折を波長$\lambda = 154$ pmのX線で測ったところ，$\theta = 11.2°$に回折ピークが出た．回折を起こす層間距離はつぎのように計算できる．

$$d = \frac{154\ \mathrm{pm}}{2\sin 11.2°} = 396\ \mathrm{pm}$$

試料が単結晶なら，余分な操作が必要になるけれど，たいへん豊かな情報が手に入る．まずは単結晶をつくる．無機の固体は結晶にしやすいけれど，タンパク質のような生体分子だと，結晶づくりが最難関になる．結晶のサイズは一辺0.1 mmあれば十分だが，いい結晶に成長させるのはむずかしい．

結晶ができたら，4軸型回折装置（図3）の中心に置く．4軸型回折装置はコンピュータ制御のもと，結晶と検出器を回しながら，回折パターンの全体像を記録する．

あらゆる向きに出る回折X線の強度を，コンピュータで綿密に**フーリエ合成**（Fourier synthesis）する．その結果，全原子の位置と，結合の長さ，結合角がわかる．画期

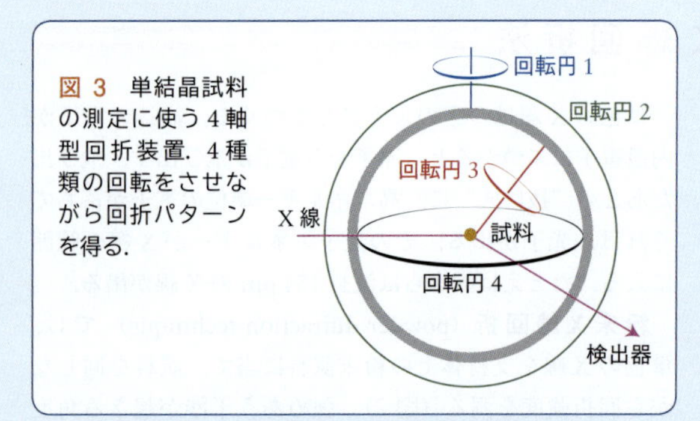

図 3 単結晶試料の測定に使う4軸型回折装置. 4種類の回転をさせながら回折パターンを得る.

的な成果のひとつが，DNA 分子の構造解析だった．生命の秘密を X 線が暴いたといえる．DNA の構造をつきとめたワトソン（James Watson）とクリック（Francis Crick）が，1962 年のノーベル生理学・医学賞に輝いている†.

DNA の X 線回折像（図 4）は女性研究者フランクリン（Rosalind Franklin）が得ていた．文字 X に似たパターンを見てワトソンとクリックは，DNA がらせん形だと見抜き，“X”の形と回折スポットの位置から，らせんのピッチ（1 周で進む距離）と半径を出した．上方と下方の太いアーク（弧）は，層間距離が小さく，回折角の大きい原子の並びを表す．二人はそれを核酸塩基分子の間隔と考え，らせんのひと巻きが核酸塩基 10 個だとつかんだ．

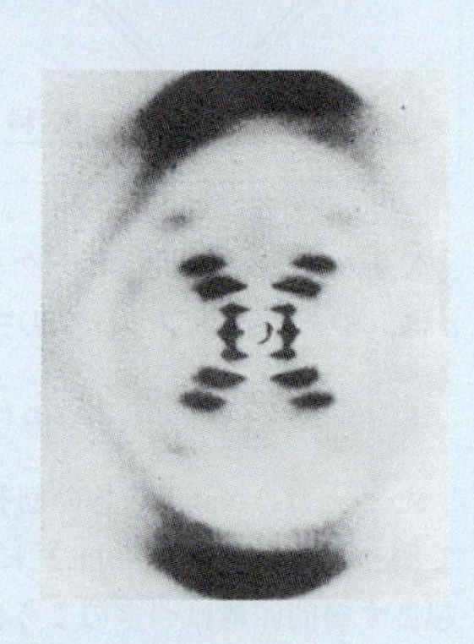

図 4 DNA 分子の構造解明につながった X 線回折像.

練習問題

3・1 立方晶の試料に波長 152 pm の X 線を当てたところ，12.1° に回折ピークが出た．そのピークを生む層間距離が d のとき，層間距離 $2d$ が生む回折ピークは，角度いくらに出るか．

3・2 硫酸と硝酸の混合物で黒鉛（グラファイト）を処理すれば，黒鉛面の一部が酸化された“黒鉛の硫酸水素塩”ができる．C 原子およそ 24 個あたり +1 の電荷をもち，面間には硫酸水素イオン HSO_4^- が入っている．

(a) 酸化で黒鉛の電気伝導性はどう変わるか．

(b) 酸化の前後で，X 線回折パターンはどう変わるか．

3・3 平行な 2 枚の原子面は，下図のように X 線を回折する．入射 X 線が同相（山と山が一致）として，ブラッグの式（$2d \sin\theta = n\lambda$；n は整数）が成り立つのを確かめよ〔ヒント：入る波の位相がそろっていると仮定し，出る波の位相がそろうような角度 θ を求める〕．

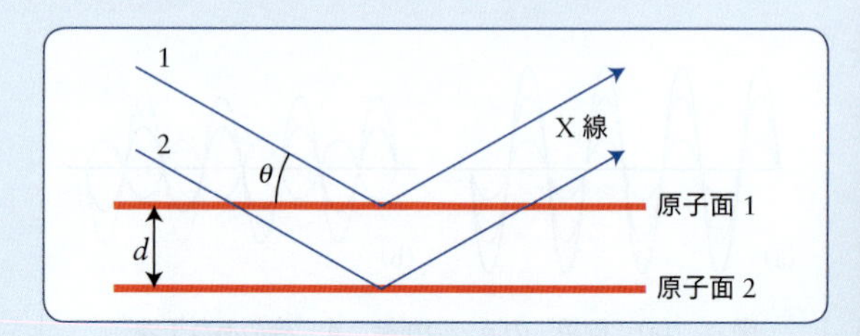

3・4 銅が出す波長 154 pm の X 線を NaBr 単結晶に当てたところ，7.42° に回折ピークが出た．層間距離の最小値はいくらか．

3・5 ある結晶にモリブデン線源の X 線（$\lambda = 71.07$ pm）を当てたところ，7.23° に回折ピークが出た．回折を起こす層間距離はいくらか．

3・6 ある立方晶の結晶に波長 152 pm の X 線を当てたところ，12.1° に回折ピークが出た．回折を起こす層間距離はいくらか．

3・7 フッ化リチウムの単位胞は，401.8 pm の辺長をもつ．モリブデン線源の X 線（波長 71.07 pm）を当てたとき，回折ピークの最小角度はいくらか．

3・8 回折測定に電子ビームは使えるだろうか．電圧 V（ボルト）で加速した電子 1 個はエネルギー eV をもつ．電子を静止状態から加速し，波長 100 pm のビームとするのに必要な電圧は何 V かを計算して考察せよ（ヒント：エネルギー eV が $\frac{1}{2}m_e v^2$ に等しいと考え，ド・ブロイの式 $\lambda = h/(m_e v)$ を使う）．

3・9 中性子の平均運動エネルギーは，温度が T のとき，ボルツマン定数 k を使って $\frac{1}{2}kT$ と書ける．回折測定に中性子ビームは使えるだろうか（ヒント：波長 100 pm の中性子ビームをつくるには，どれほどの高温が必要か）．

† 訳注：同年の化学賞は，やはり X 線回折でヘモグロビンなどタンパク質の構造解析をしたペルーツ（Max Perutz）とケンドリュー（John Kendrew）が受賞した．

4

熱　力　学

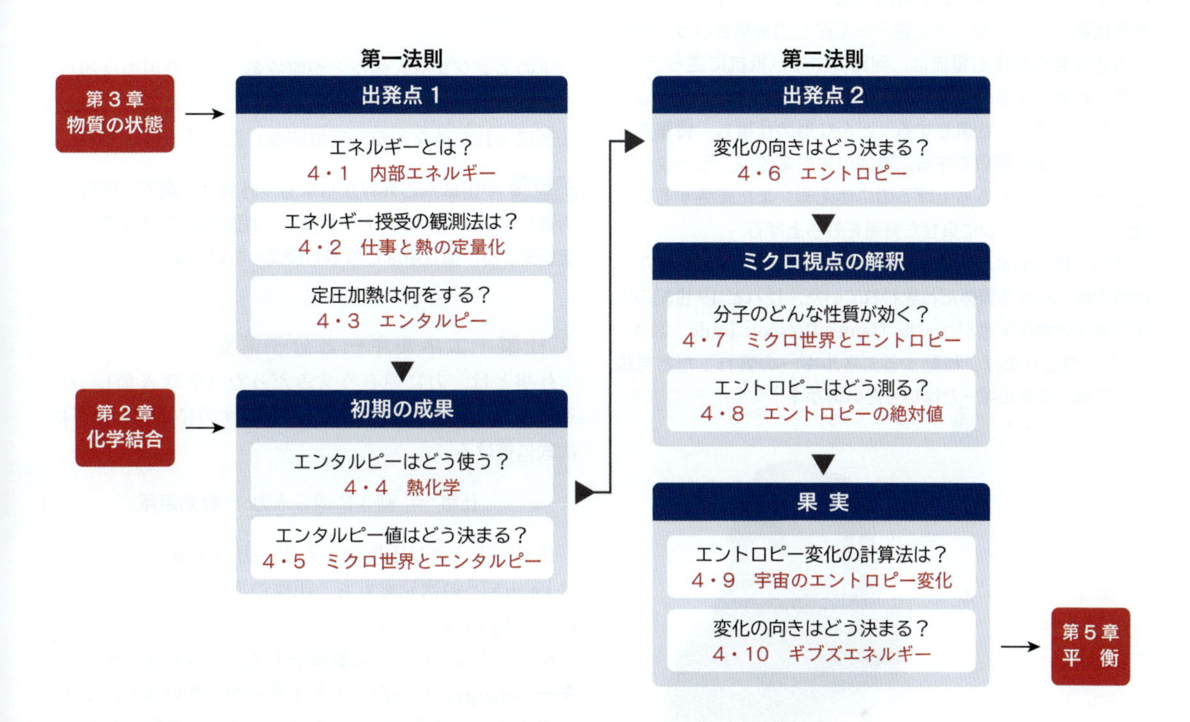

エネルギーは化学のコアにあり，化学変化は必ずエネルギーの出入りを伴う．“もの”の三態も，原子・分子の働きあいがエネルギーを変える結果として決まる．熱や仕事は，エネルギーの表れにほかならない．本章では，化学現象とエネルギーがからみあう熱力学の世界を探る．

4・1　“系”と外界を区別しつつ，エネルギーの面でミクロ世界とマクロ世界がどう関係するのか調べる．熱力学第一法則の土台をなす“内部エネルギー”の実体を知ろう．

4・2　熱や仕事をもらった系の内部エネルギー変化を手がかりに，“状態量”と“可逆変化”の本質をつかむ．

4・3　膨張仕事を例に，状態量“エンタルピー”の意味を確かめる．

4・4　エンタルピー変化をもとに，反応熱の実体に迫る．

4・5　ミクロ世界の出来事とエンタルピー変化を関連づける．

4・6　変化の向きを教える熱力学第二法則の主役“エントロピー”について学ぶ．

4・7　マクロ世界のエントロピー変化を，ミクロ世界の現象と関連づける．

4・8　内部エネルギーやエンタルピーとはちがい，エントロピーは絶対値が決まる．熱力学第三法則をもとに，絶対値の決めかたを知る．

4・9　系と外界の全体に注目し，変化の向きを決める原理をつかむ．

4・10　変化の向きは“系の量だけ”を使う“ギブズエネルギー変化”で表せる．ギブズエネルギー変化をもとに，よく出合う化学現象を読み解こう．

4・1 内部エネルギー

なぜ学ぶのか？ エネルギー変換を扱う熱力学は，化学全体の理解に欠かせない．

必要な予備知識 力と仕事の知識（序章 A 節）を使う．

熱力学（thermodynamics）は，エネルギーの変換を扱う．呼び名から想像できるとおり当初は熱を動力に変える研究だった．やがてずっと広い応用が見つかる．熱力学のコアにある**仕事**（work）は，力に逆らって進む出来事をいう．電池内の化学変化が生む電流は，回路の中で（抵抗に逆らって）電気的仕事をする．エンジン内の熱い混合気体は，膨張してピストンを押し，仕事をする．どんな形の仕事も，質量をもち上げる仕事に翻訳できる．電池の生む電流は，モーターに通じると，質量をもち上げるのに使える．また膨張する気体は，やはりピストンに乗せた質量をもち上げる．

仕事と熱（heat）が対をなす．かつて熱は，高温物体から低温物体に向かう流体だと思われていた．けれど 19 世紀の中期に英国の物理学者ジュール（James Prescott Joule，図 4・1）が，熱と仕事は“移動するエネルギーの表れ”だと見抜く．では，エネルギーとはいったい何か？

図 4・1 ジュール（1818～89）．

① 系 と 外 界

熱力学では，世界を二つに分ける．容器内の気体や反応混合物，筋肉繊維など，注目する部分を**系**（system），ほかの全部を**外界**（surroundings）という（図 4・2）．系と外界の全体を，やや大げさに**宇宙**（universe）とよぶけれど，現実には“試験管＋水浴”だったりする．

図 4・2 注目する系（反応混合物など）と外界．“系＋外界”を宇宙とよぶ．

図 4・3 3 種の系．開放系は物質もエネルギーも，閉鎖系はエネルギーだけを外界と授受する．孤立系はどちらも授受しない．

系にはつぎの 3 種類がある（図 4・3）．

- **開放系**（開いた系；open system）：外界との間で物質もエネルギーもやりとりする．
- **閉鎖系**（閉じた系；closed system）：エネルギーだけをやりとりする．
- **孤立系**（isolated system）：物質もエネルギーもやりとりしない．

車のエンジンや人体などが開放系，打ち身用の冷却パックなどが閉鎖系，断熱壁の密閉容器に入れた気体とか，魔法瓶に入れた湯などが（近似的な）孤立系の例になる．

要 点 宇宙は系と外界からなる．外界との間で，開放系は物質とエネルギーの両方を授受し，閉鎖系はエネルギーだけを授受する．孤立系はどちらも授受しない．■

② 仕事・エネルギーと分子運動

仕事とは，力に逆らう営みだった（序章 A 節）．力に逆らって一定の距離だけ物体を動かすのに必要な仕事は，次式に書ける．

$$仕事 = 動きに逆らう力 \times 移動距離 \qquad (1)$$

仕事の大きさは J 単位で表す．力の単位ニュートン N は $kg\ m\ s^{-2}$ の次元をもち，距離の次元は m だから，J の次元は $kg\ m^2\ s^{-2}$ となる．

仕事をする（たとえば質量をもち上げる）能力が**エネルギー**（energy）だった．エネルギーが大きいほど，できる仕事は多い．高温・高圧の気体は，低温・低圧の気体より多くの仕事をできるため，エネルギーが大きい．巻き上げたぜんまいバネも，巻く前より多くの仕事ができるので，エネルギーが大きいといえる．

系が外界に仕事をすれば，系のエネルギーが減る．一方，系に外から仕事をする（たとえばバネを押し縮める）と，系の“仕事をする能力”つまりエネルギーを増やしたことになる．以下を読む際は，つぎのことをいつも忘れないようにしよう．

系が仕事の形でエネルギーを受けとったら，仕事 w の符号を正とみる．反対に，系が外界に仕事をしてエネルギーを失ったら，w の符号を負とみる．

原子・分子の目で仕事を見直せば，ひとつ大事なことが浮き彫りになる．“おもり”をもち上げるとき，おもりをつくっている原子の全部が上向きに動く．おもりが何か仕事をするときは，原子の全部が下向きに動く．つまり仕事は，“一方向の動き”とみてよい．電池が仕事をするときも，回路中を電子が一方向に流れる．回路につないだモーターでおもりをもち上げるなら，やはりおもりの原子は全部が上向きに動く．つまり仕事には，物体を構成する粒子の一様な運動を利用する．

分子の集団は，いろいろな形でエネルギーを蓄えている．気体分子だと，少なくとも以下三つの運動モードがあり，どのモードもエネルギーの“預金先”なので，そこから仕事を引き出すこともできる．

- **並進エネルギー**（translational energy）は“飛ぶ勢い”を表し，**運動エネルギー**（kinetic energy）に分類される．
- **回転エネルギー**（rotational energy）は，分子が回転する勢いを表し，やはり運動エネルギーに分類できる（単原子分子に回転エネルギーはない）．
- **振動エネルギー**（vibrational energy）は，原子間振動の形で蓄えられるエネルギーを表し，運動エネルギー成分と位置エネルギー成分がある．

運動エネルギーは“動き”に伴うものだから（序章A節），並進や回転，振動が速いほどエネルギー値は大きい．気体の温度が上がると，並進運動と回転運動の平均速さが増す結果，気体の全エネルギーが増す．つまり高温の気体は，低温の気体よりも仕事をする能力が高い．化学反応が起きないかぎり，いつでもそう言えると思ってよい．

相互作用のない分子集団には，古典物理学でいうエネルギー**等分配則**[†1]（equipartition theorem）より，つぎのことが成り立つ．

絶対温度 T にある分子の運動モード1個は，平均して $\frac{1}{2}kT$ の運動エネルギーをもつ．

上記の k を**ボルツマン定数**（Boltzmann's constant：1.381×10^{-23} J K^{-1}）という．気体定数 R（J K^{-1} mol^{-1}）は，アボガドロ定数 N_A を使って $R=N_Ak$ と書ける．

エネルギーは一般に速さや変位の2乗に比例し，x 方向に速さ v_x で飛ぶ質量 m の分子は $\frac{1}{2}mv_x{}^2$ という運動エネルギーをもち，x だけ伸ばしたバネは，“力の定数”を k_f として，$\frac{1}{2}k_fx^2$ という位置エネルギーをもつ．

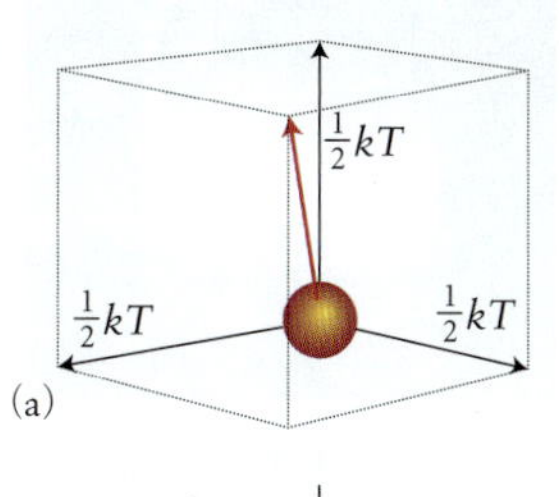

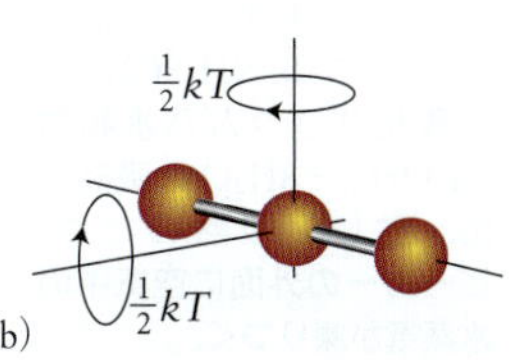

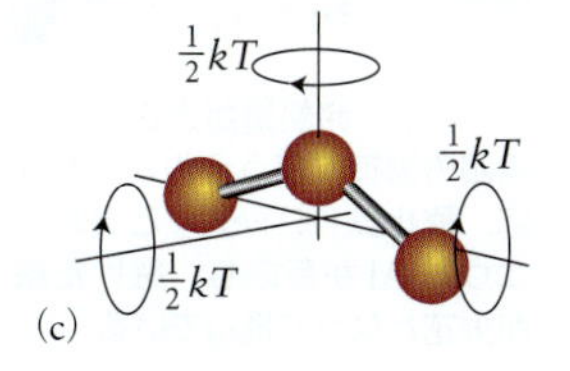

図4・4 原子・分子の並進と回転．各モードには，温度 T だけで決まるエネルギーが均等に分配される．(a) 原子や分子の並進（3モード）．(b) 直線分子の回転（2モード）．(c) 非直線分子の回転（3モード）．

“等分配”とは，運動の“自由度”1個に同じエネルギーが分配されることを意味し，たとえば三次元空間を飛ぶ分子は，x・y・z 方向の運動エネルギーが $\frac{1}{2}kT$ ずつになる（図4・4）．すると，温度 T の気体なら分子の平均運動エネルギーは $3\times\frac{1}{2}kT$ と書ける．アボガドロ定数 N_A をかけたモルあたりの平均並進運動エネルギー E_m(並進)は $\frac{3}{2}RT$ となり（次式），25 ℃での値は 3.72 kJ mol^{-1} に等しい．

$$E_m(\text{並進}) = \frac{3}{2}\overbrace{N_AkT}^{R} = \frac{3}{2}RT$$

二酸化炭素 CO_2 のような直線分子は回転軸を2本もつため，回転の自由度が二つある．そのため平均回転エネルギーは，分子あたりで $2\times\frac{1}{2}kT=kT$，モルあたりで RT（次式）となる（25 ℃での値は 2.48 kJ mol^{-1}）．

$$E_m(\text{回転：直線}) = \overbrace{N_A kT}^{R} = RT$$

以上をまとめ，直線分子1 mol の並進＋回転エネルギーは $\frac{3}{2}RT+RT=\frac{5}{2}RT$ と書ける．非直線分子だと回転軸は3本あるため，回転エネルギーはこう書ける．

$$E_m(\text{回転：非直線}) = \frac{3}{2}\overbrace{N_AkT}^{R} = \frac{3}{2}RT$$

すると，非直線分子1 mol の並進＋回転エネルギーは $\frac{3}{2}RT+\frac{3}{2}RT=3RT$ となる．直線分子と非直線分子の回転モードは図4・4に描いた．

原子間振動は，エネルギー準位の間隔がたいへん大きいから，古典的な等分配則では扱えない．並進と回転は，準位の間隔が十分に小さいので，等分配則が当てはまる．

復習4・1A 25 ℃の水蒸気1 mol につき，運動エネルギーの値を見積もれ．原子間振動は無視する．

［答：7.44 kJ mol^{-1}］

復習4・1B 100 ℃のベンゼン蒸気1 mol につき，運動エネルギーの値を見積もれ．原子間振動は無視する．

ある系がもつエネルギーは，運動エネルギーと位置エネルギーの総和に等しい．その総和には，地球の公転につれて（実験室内の）系が太陽のまわりを回るエネルギーとか，地球の自転に伴うエネルギーも含まれる．ただしそういう“外的な”寄与分は一定だから，熱力学では問題にしない[†2]．熱力学では，実験室内に静止した系がもつエネルギーだけに注目し，それを**内部エネルギー**（internal

†1 訳注：“エネルギー等分配の原理（定理）”ともいう．

†2 訳注：核内で陽子と中性子が引きあうエネルギーや，化学反応に関係しない内殻電子のエネルギーなども無視できる．

energy）U とよぶ．以下では系の内部エネルギーに注目して話を進めよう．

物質 1 mol の内部エネルギー（モル内部エネルギー）を U_m（単位は J mol^{-1} か kJ mol^{-1}）と書く．量 n（mol）の系の内部エネルギーが U なら，$U_m = U/n$ が成り立つ．

理想気体の場合，温度変化に伴う内部エネルギーの変化はすぐわかる．単原子の理想気体（アルゴンなど）だと，並進運動のエネルギー $U_m = \frac{3}{2}RT$ だけが変わるため，温度変化 ΔT に伴う内部エネルギー変化は $\Delta U_m = \frac{3}{2}R\Delta T$ と書ける．たとえば温度を 20 ℃から 100 ℃に上げれば（$\Delta T = +80$ K），モル内部エネルギーは $\frac{3}{2} \times (8.3145\ \mathrm{J\ K^{-1}\ mol^{-1}}) \times 80\ \mathrm{K} = 1.0\ \mathrm{kJ\ mol^{-1}}$ だけ増える．

量 X の変化分 ΔX は，終状態の値（$X_終$）から始状態の値（$X_始$）を引いた形に表す．

$$\Delta X = X_終 - X_始 \tag{2}$$

X の値が減るとき ΔX は負値になるから，$\Delta U = -15$ kJ のように書く．

注目！ 特別な場合（後述の格子エンタルピーや燃焼エンタルピーなど）を除き，ΔX が正でも"＋"記号は略さない．たとえば，内部エネルギーが 15 J だけ増えたら，（$\Delta U = 15$ J ではなく）$\Delta U = +15$ J と書こう．■

系に外から仕事をすると，ほかの変化がないかぎり，系の内部エネルギーは増す．断熱容器内の気体を圧縮すれば，温度も圧力も上がり，できる仕事が多くなるため，内部エネルギーが増える．ぜんまいバネを巻けば，バネのエネルギーが増す（バネが戻るときに仕事ができる）．

仕事の形で系に入ったエネルギーを w で表す．仕事以外のエネルギー授受がなければ，$\Delta U = w$ となる．系が 15 kJ の仕事をもらえば内部エネルギーの変化は $w = +15$ kJ だから，$\Delta U = +15$ kJ となる．系が外界に向けて 15 kJ の仕事をすると，$w = \Delta U = -15$ kJ が成り立つ．

要 点 おもりの上げ下げに似た形で系が授受するエネルギーを仕事という．原子・分子レベルで見た仕事は，一方向の運動に等しい．エネルギー等分配則を使うと，理想気体の内部エネルギーに効く分子運動のうち，並進と回転の寄与はすぐわかる．常温なら，原子間振動の寄与は無視してよい．■

③ 熱

系の内部エネルギーは，熱の形でエネルギーを外界と授受しても変わる．熱をもらって高温になった気体は，その分だけ仕事をする能力が増したから，最初に比べて内部エネルギーが多い．高温の気体を低温の外界と接触させると，気体の温度がじわじわ下がり，仕事をする能力（内部エネルギー）も減っていく．

熱力学では，"温度差のせいで移動するエネルギー"を**熱**（heat）とよぶ．エネルギーは高温部から低温部に向け，熱の形で移動する．そのため，系を入れた容器の壁が断熱性でないとき，系の温度が外界より低ければ，外界から系にエネルギーが流れこむ．

熱の形で系に入るエネルギーを q と書く．系が熱を外界と授受し，膨張も収縮もしなければ，$\Delta U = q$ が成り立つ．系が熱の形でエネルギーをもらうと $q > 0$，エネルギーを失うと $q < 0$ になる．系に熱の形で 10 J が入れば $q = +10$ J で，それ以外に何も起きなければ $\Delta U = +10$ J と書く．同様に，系が熱の形で 10 J を失えば $q = -10$ J で，それ以外に何も起きなければ $\Delta U = -10$ J と書ける．

熱の形で移動するエネルギーも，J 単位で表す．ただし栄養学などでは，まだカロリー（cal）も単位に使う．1 cal は，水 1 g の温度を 1 ℃上げるエネルギーに等しい．J と cal の間にはつぎの換算が成り立つ†．

$$1\ \mathrm{cal} = 4.184\ \mathrm{J}\ （正確に）$$

外界に熱が出る過程（変化）を，**発熱過程**（exothermic process）や**発熱変化**（exothermic change）という．化学反応には発熱変化がたいへん多い．輸送や暖房に利用する燃焼は，例外なく発熱変化だといえる（図 4・5）．

ごく少数ながら，外界から熱を吸収して進む**吸熱過程**（endothermic process）や**吸熱変化**（endothermic change）もある（図 4・6）．物理現象には吸熱変化が少なくない．たとえば液体の蒸発は，液体中の分子を熱で切り離すから吸熱になる．硝酸アンモニウムが水に溶ける吸熱変化は，打ち身を冷やす瞬間冷却パックに利用する．

仕事と熱のちがいを，粒子レベルで眺めよう．仕事の形でエネルギーを授受する（たとえばピストンを押す）系は，外界の粒子を一方向に動かすのだった．かたや，熱の

図 4・5　発熱量が大きいため線路の溶接に使うテルミット反応．酸化鉄(Ⅲ) Fe_2O_3 とアルミニウム Al が反応し，融けた鉄が火花となって飛んでいる．

図 4・6　チオシアン酸アンモニウム NH_4SCN と，水酸化バリウム八水和物 $Ba(OH)_2 \cdot 8H_2O$ の吸熱反応．激しい吸熱のため，ビーカーの外面に空気中の水蒸気が凍りつく．

† 訳注：栄養学の分野には，1 kcal（10^3 cal）を"1 Cal"と書く習慣が残る．

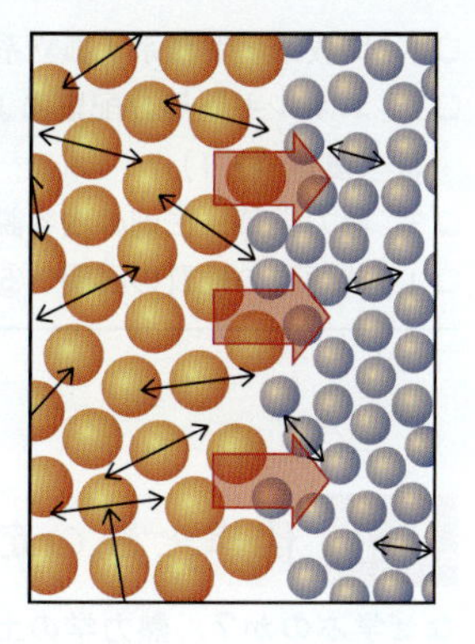

図 4・7 熱の授受のイメージ．激しく動く系の原子が，動きの穏やかな外界の原子にぶつかって運動エネルギーを渡す．細い黒の両向き矢印が原子の動きを，太いピンクの右向き矢印が熱の移動を表す．

形でエネルギーを授受する（たとえば発生した熱を外界に与える）系は，外界の粒子をランダムに動かす（図 4・7）．そうした点で仕事と熱がくっきりちがうことを，よく認識しておこう．

要 点 熱とは，温度差のせいで移動するエネルギーをいう．熱が出入りするだけなら $\Delta U = q$ が成り立つ．系が熱の形でエネルギーをもらえば $\Delta U > 0$，熱の形でエネルギーを失えば $\Delta U < 0$ となる．熱は，粒子のランダムな動きを利用して移動する．■

④ 熱力学第一法則

系の内部エネルギー（総エネルギー）変化は，系が仕事 w だけをすると $\Delta U = w$，熱 q の授受だけをすると $\Delta U = q$ のように書けた．閉じた系が仕事と熱の両方を授受すれば，正味の変化はこう書ける．

$$\Delta U = q + w \tag{3}$$

(3)式は，"仕事や熱の出入りが系の内部エネルギーを変える" という観測・測定事実のまとめになる．エネルギーの出入りという点で仕事と熱の価値は等しく，仕事と熱のどちらでも，系の内部エネルギーをたとえば 15 kJ だけ増やす．つまり系は，入金や引き出しの通貨に仕事または熱を使い，内部エネルギーが預金残高となる "エネルギー銀行" だと思えばよい．

復習 4・2A エンジンが 520 kJ の仕事をし，220 kJ の熱を失った．系（エンジン＋燃料＋排ガス）の内部エネルギー変化はいくらか．

［答：-740 kJ］

復習 4・2B ある系に 300 J の熱を与えたら，内部エネルギーが 150 J 減った（つまり $\Delta U = -150$ J）．仕事 w を計算せよ．系は仕事をされたか，仕事をしたか．

系に一定量の仕事をさせたあと孤立系にしておけば，系の内部エネルギーが初期値に戻り，また同じ量の仕事ができる……というわけにはいかない．そのことは，無数の実験で確かめられた．要するに，燃料なしで仕事を生む "永久機関" はつくれない．

そのことを (3)式が完璧に表す．ある閉鎖系の内部エネルギーを増やすには，熱か仕事を与えるしかない．つまり，孤立系の内部エネルギーは変わらない．それが**熱力学第一法則**（first law of thermodynamics）の一表現になる．

第一法則はエネルギー保存則（序章 A 節）でもある．ただし，古典力学だけで熱 q の素顔は説明できないため，第一法則の意味はエネルギー保存則よりずっと深い．

要 点 系の内部エネルギーは，仕事か熱で変化させられる．熱力学第一法則は，"孤立系のエネルギーは変わらない" と表現できる．■

⑤ 状 態 量

孤立系の内部エネルギーは変わらない．すると，いったん孤立状態を解除し，系にいろいろな変化をさせてから，ぴったり最初の状態に戻せばどうなるか？ 戻したあとの内部エネルギーは，最初のときと等しいだろう．

そのことを，内部エネルギーは**状態量**（quantity of state）または**状態関数**（state function）だという．状態量の値は "現状" でぴたりと決まり，どんな経路で現状になったかには関係しない．圧力や温度，密度など，ほかにも状態量は多い．

熱力学では状態量に注目する．状態量の変化分は，たどる経路に関係しない．その点は山登りの標高差に似ている（図 4・8）．麓（ふもと）A と目的地 B をどんな道で行き来しても，標高差は変わらない．同様に 25 ℃の水 100 g を 60 ℃に温めると，内部エネルギーは一定量だけ変わる．ただし，水をいったん沸騰させ，水蒸気を凝縮させてから 60 ℃に冷やした水も，加熱だけで "25 ℃ → 60 ℃" にした水と同じ内部エネルギーをもつ．

仕事 w は，途中の経路で変わるから状態量ではない．図 4・8 の例だと，A〜B 間の標高差が同じだとしても，歩く長さは経路で変わる．実験室の例なら，ピストンつき

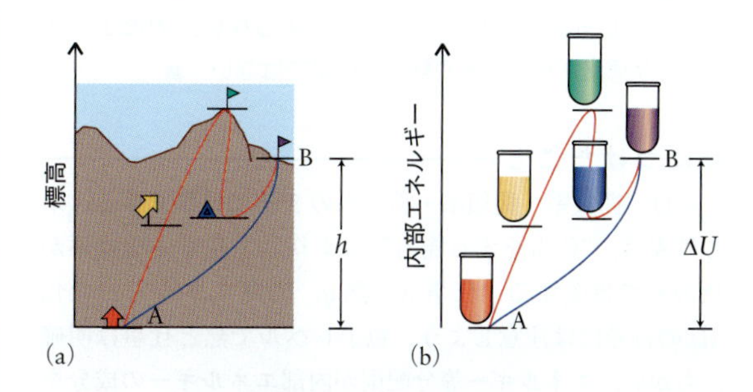

図 4・8 状態量のイメージ．(a) 標高差は，A 点と B 点を行き来する経路に無関係．(b) 状態 A を状態 B にするとき，途中にどんな化学変化や物理変化をしようとも，A〜B 間の内部エネルギー差は等しい．

円筒に入れた気体を，25 ℃のまま，2 種類の経路で 100 cm^3 に膨張させるとしよう（図 4・9）．実験 (a) は大気中で行う．気体はピストンを押し，大気に向けて膨張仕事をする．実験 (b) は真空中で行う．外圧が 0 なので仕事はしない．系（気体）の終状態は共通なのに，系がした仕事 w は，実験 (a) だと一定値，実験 (b) では 0 になる．

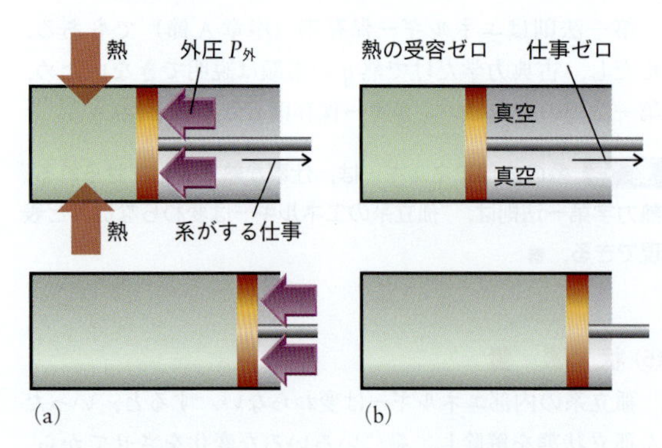

図 4・9 理想気体の状態を変える 2 経路．(a) 外圧に逆らって等温膨張する際に仕事をする．仕事で失うエネルギーは，水浴（熱浴）から熱の形でもらい，温度を一定に保つ．(b) 真空に向けて等温膨張する．内部エネルギー U は状態量だから，両経路の ΔU は同じ（$\Delta U=0$）だが，熱や仕事の出入りは経路 (a) と (b) でちがう．

日常語でも，何かが一定量の“仕事をもっている”とは言わないだろう．仕事のように経路で値が変わる物理量を，ときに**経路関数**（path function）とよぶ．

熱 q も状態量ではない．系が状態を変えるとき，出入りする熱は経路で変わる．25 ℃の水 100 g を 30 ℃に温めるとしよう．まず電熱器を使う．必要な熱 q は，水の熱容量から $q=4.18\ \mathrm{J\ K^{-1}\ g^{-1}}\times 100\ \mathrm{g}\times 5\ \mathrm{K}=+2\ \mathrm{kJ}$ となる．あるいは棒で撹拌し，2 kJ を仕事の形で与えてもよい．そのときは，必要エネルギーの全部を，熱ではなく仕事でまかなう．電熱器なら $q=+2\ \mathrm{kJ}$，撹拌なら $q=0$ なのに，終状態は等しい．つまり熱は状態量ではなく，系が一定量の“熱をもっている”とは言えない．

要 点 系の現状だけで値が決まる性質を状態量という．状態量の変化分は，系がたどる経路によらない．内部エネルギーは状態量だが，仕事や熱は状態量ではない．■

身につけたこと

系は，開放系・閉鎖系・孤立系の 3 種に分類できる．系と外界は，“仕事をする能力”つまりエネルギーを仕事か熱の形で授受する．仕事 w，熱 q，内部エネルギー変化 ΔU の符号には注意しよう．粒子レベルで熱と仕事は明確にちがい，エネルギー等分配則が内部エネルギーの成分を教える．熱力学第一法則は“孤立系の内部エネルギーは変わらない”と表現でき，内部エネルギーは状態量の性格をもつ．以上を学び，つぎのことができるようになった．

❑1 開放系・閉鎖系・孤立系の区別（① 項）
❑2 エネルギー等分配則による気体の内部エネルギー解析（復習 4・1）
❑3 熱力学第一法則の内容説明（④ 項・⑤ 項）
❑4 状態量の性質の説明（⑤ 項）

4・2 仕事と熱の定量化

なぜ学ぶのか？ 熱力学の土台をなす仕事と熱の大きさは，定量的に表す必要がある．

必要な予備知識 仕事や熱と内部エネルギーの関係（前節）をつかんでおきたい．理想気体の性質（3・2 節）も使う．

仕事や熱を授受すれば，系の内部エネルギーが変わる（前節）．そのため，系の変化に伴う仕事や熱の大きさを，外界で行う観測・測定の結果（体積や温度の変化）と関連づけておくのが望ましい．

前節で学んだ下記 3 点を思い出しつつ，以下を読み進もう．(1) 力に逆らって動けば，仕事の形でエネルギーが授受される．(2) 温度差があるときは，熱の形でエネルギーが授受される．(3) 閉鎖系の内部エネルギー（状態量）U は，仕事 w や熱 q の形でエネルギーが授受されると，$\Delta U=w+q$ に従って変わる．

① 膨 張 仕 事

系のする仕事には 2 種類がある．ひとつを**膨張仕事**（expansion work）という．ピストンつき円筒（シリンダー）内で膨張する気体は，大気圧に逆らって仕事をする．

表 4・1 仕事の分類

仕事の種類	w	内 容	単 位 a)
膨張仕事	$-P_{外}\Delta V$	$P_{外}$: 外圧 ΔV: 体積の変化	Pa m^3
伸長仕事	$f\Delta l$	f: 張力 Δl: 長さの変化	N m
重力仕事	$mg\Delta h$	m: 質量 g: 重力の加速度 Δh: 高さの変化	kg $m\ s^{-2}$ m
電気仕事	$\phi\Delta Q$	ϕ: 電位 ΔQ: 電荷量の変化	V C
	$Q\Delta\phi$	Q: 電荷量 $\Delta\phi$: 電位の変化	C V
拡張仕事	$\gamma\Delta A$	γ: 表面張力 ΔA: 面積の変化	$N\ m^{-1}$ m^2

a) 仕事の単位はジュール (J)．1 J＝1 N m＝1 C V が成り立つ．

もうひとつ，体積が変わらない**非膨張仕事**（nonexpansion work）もある．たとえば，電池内で進む化学反応は，生じる電流で非膨張（電気的）仕事をする．また，体内で進む化学反応は，非膨張仕事でたとえば筋肉を動かす．系のする仕事を表 4・1 に分類した．

まずは膨張仕事を考えよう．円筒に入れた気体（系）のする仕事がわかりやすい．ピストンの表面にかかる外圧が，膨張に逆らう．とりあえず外圧（ピストンにかかる大気圧）は一定とする（図 4・10）．体積が ΔV だけ増すときに系のする仕事を，外圧 $P_{外}$ を使って表したい．

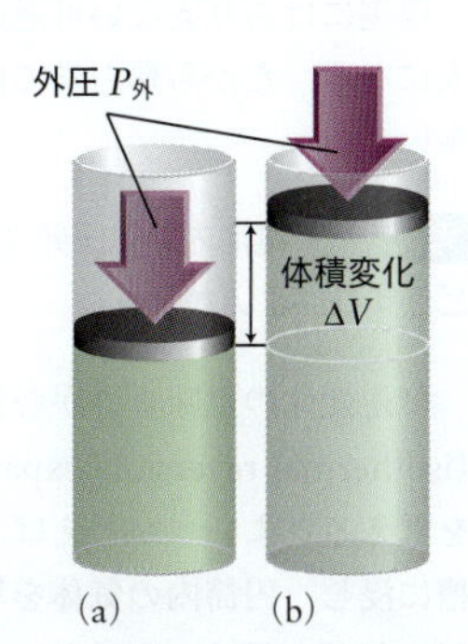

図 4・10 円筒内の気体（系）がする膨張仕事．(a) 始状態．(b) 系は外圧 $P_{外}$ に逆らって膨張し（系の圧力 ＞$P_{外}$），ピストンを押す．仕事は $P_{外}$ と ΔV に比例する．

式の導出 膨張仕事の表式

圧力 $P=F/A$（F: 力，A: 作用面積：3・1 節）の関係を使い，一定の圧力に逆らって系がする膨張仕事を表そう．外圧 $P_{外}$ は，面積 A のピストンに $F=P_{外}A$ の力を及ぼす．すると，ピストンが距離 d だけ外に向かえば，仕事はつぎのように書ける．

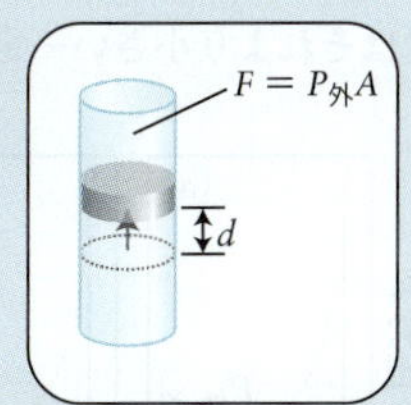

$$仕事 = P_{外}A \times d$$

面積 A×移動距離 d は体積変化 ΔV に等しいから，次式の関係が成り立つ．

$$A \times d = \Delta V$$

気体は $P_{外}\Delta V$ の仕事をする．ここで符号に注意しよう．膨張する系は仕事の形でエネルギーを失うため，ΔV が正（膨張）のとき w は負になる．つまり仕事はこう書ける．

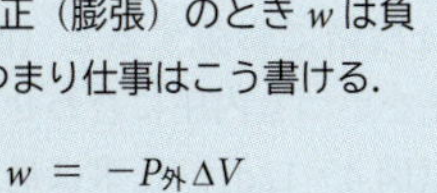

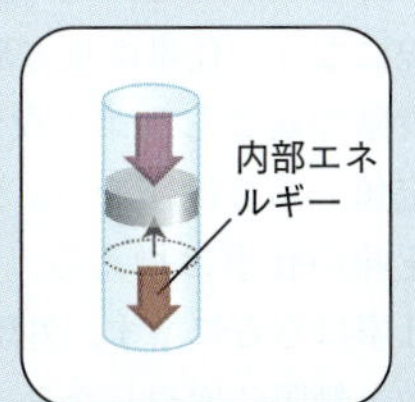

$$w = -P_{外}\Delta V$$

一定圧力 $P_{外}$ のもとで ΔV だけ膨張する系は，仕事をして次式の値だけ内部エネルギーを減らす．

$$w = -P_{外}\Delta V \qquad (4)$$

コラムで得た式は，気体のほか液体や固体の膨張にも当てはまる．外圧が一定なら，どんな系でも (4)式が成り立つと考えてよい．

式の意味 系が膨張すれば $\Delta V>0$ だから，(4)式の負号は，膨張する系がエネルギーを仕事の形で失い，系の内部エネルギーが減ることを表す．仕事は $P_{外}$ に比例し，外圧が高いほど仕事は大きい．また仕事は ΔV に比例し，大きく膨張するほど仕事は大きい．■

体積 V と圧力 P の関係を図 4・11 のように描けば†，(4)式の意味がつかみやすい．ピストンを引き出すにつれ，円筒（シリンダー）内の圧力は下がる．最終的な圧力 P は外界の値に一致し，そこまでの体積増加を ΔV と書く．黄色い長方形（幅 ΔV，高さ $P_{外}$）の面積が，(4)式の値に一致する．

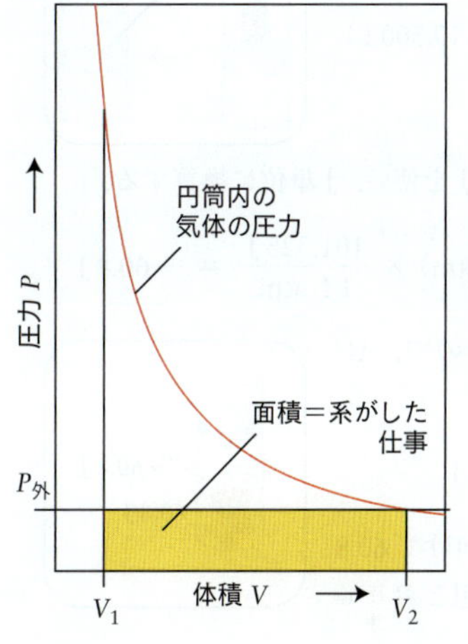

図 4・11 一定の外圧 $P_{外}$ に逆らって膨張する気体の表現．黄色い長方形の面積が，膨張に伴う仕事 $P_{外}\Delta V$ を表す．

SI 単位だと，外圧は Pa（$=\mathrm{kg\ m^{-1}\ s^{-2}}$，3・1 節），体積変化は $\mathrm{m^3}$ で表す．そのとき膨張仕事 $P_{外}\Delta V$ の単位は，想定どおりの J となる．

$$1\ \mathrm{Pa\ m^3} = \overbrace{1\ \mathrm{kg\ m^{-1}\ s^{-2}}}^{1\ \mathrm{Pa}} \times \mathrm{m^3} = \overbrace{1\ \mathrm{kg\ m^2\ s^{-2}}}^{1\ \mathrm{J}} = 1\ \mathrm{J}$$

ときには圧力を atm 単位，体積を L 単位で表す．1 L$=10^{-3}\ \mathrm{m^3}$ と 1 atm$=$101 325 Pa より，“L atm” と J の間にはつぎの換算が成り立つ．

$$1\ \mathrm{L\ atm} = \overbrace{10^{-3}\ \mathrm{m^3}}^{1\ \mathrm{L}} \times \overbrace{101\ 325\ \mathrm{Pa}}^{1\ \mathrm{atm}} = 101.325\ \overbrace{\mathrm{Pa\ m^3}}^{\mathrm{J}}$$
$$= 101.325\ \mathrm{J}\ （正確に）$$

最後にひとつ補足しておこう．外圧が 0（真空への膨張）なら，動きに逆らう力は 0 なので，$w=0$ となる．真空に向けた膨張を**自由膨張**（free expansion）という．

† 訳注：内燃機関の設計現場では図 4・11 の表現を“インジケーター線図”とよぶ．

例題 4・1　膨張仕事の計算

車のエンジン（内燃機関）では，高温の圧縮気体がピストンを押して走行用の動力を生む．外界との熱交換がなく，1.20 atm の外圧に逆らって 500 mL（0.500 L）だけ膨張するとしよう．

(a) 膨張仕事はいくらか．

(b) 系の内部エネルギー変化はいくらか．

予 想　系は仕事をしてエネルギーを失うため，w は（ΔU も）負だろう．

方 針　(4)式で仕事を計算し，L atm 単位を J 単位に換算する．

大事な仮定　系と外界は，膨張仕事だけでエネルギーを交換する．

解 答　(a) $w = -P_{外}\Delta V$ より，仕事 w はこう計算できる．

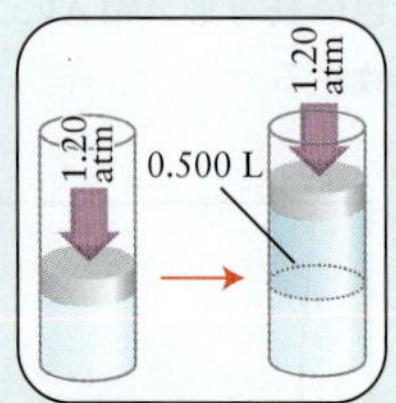

$$w = -(1.20\ \mathrm{atm})\times(0.500\ \mathrm{L}) = -0.600\ \mathrm{L\ atm}$$

1 L atm = 101.325 J を使い，J 単位に換算する．

$$w = -(0.600\ \mathrm{L\ atm})\times\frac{101.325\ \mathrm{J}}{1\ \mathrm{L\ atm}} = -60.8\ \mathrm{J}$$

(b) 熱交換はないので，ΔU は w に等しい．

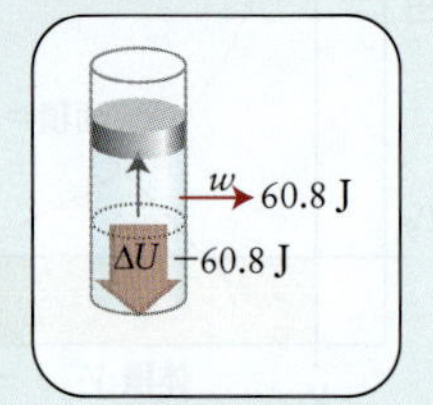

$$\Delta U = -60.8\ \mathrm{J}$$

確 認　系は外界に向けて 60.8 J の仕事をする．予想どおり w も ΔU も負値だった．

復習 4・3A　水は凍れば膨張する．100 g の水が 0 ℃ で凍るとき，内向きに 1070 atm の圧力を及ぼす鉄管の壁を氷が押す仕事はいくらか．水の密度を 1.00 g $\mathrm{cm^{-3}}$，氷の密度を 0.92 g $\mathrm{cm^{-3}}$ とする．

［答：$w = -0.94$ kJ］

復習 4・3B　エンジンに点火したとき，気体が 0.22 L から 2.2 L に膨張した．ギア系が気体に 9.60 atm の圧力を及ぼす場合，気体のした仕事はいくらか．

外圧が一定ではなく，変わるならどうか？　膨張仕事の計算では，膨張中の外圧変化もきちんとつかむ必要がある．始状態と終状態を結ぶ経路で大きさが変わる仕事は，状態量ではないのだった（4・1 節）．

仕事の計算には，“可逆”の発想を理解する必要がある．日常語の“可逆”は“両方向に進む”だけを意味する．熱力学では，ある量（変数）が“無限小変化しつつ逆行もできる”道筋を，**可逆過程**（reversible process）や**可逆変化**（reversible change）という[†]．たとえば，気体の圧力が外圧と同じなら，ピストンは動かない．しかしピストンは，外圧を無限小だけ増やせば内に向かい，無限小だけ減らせば外に向かう．

圧力差が有限なときの膨張は，**不可逆過程**（irreversible process）や**不可逆変化**（irreversible change）になる．外圧か内圧を無限小だけ変えても，ピストンは逆行しない．たとえば，圧力 2.0 atm の気体が膨張中に外圧が 1.0 atm なら，外圧を少しだけ増しても，膨張から圧縮に変わりはしない．

現実にはありえない可逆過程のとき，系のする仕事が最大になる．だから熱力学では，可逆変化に注目することが多い．

考えよう　電池内の電圧発生が可逆的かどうか確かめるには，どうすればよいか？■

可逆変化の意味をつかむには，理想気体の**等温可逆膨張**（isothermal reversible expansion；温度一定で進む膨張）を考えるとよい．たとえば，ピストンつきの円筒を恒温水槽に浸し，円筒内の気体を等温膨張させる．膨張するにつれ，気体の圧力は減っていく（ボイルの法則，3・1 節）．可逆的な膨張を起こすには，どの膨張段階でも，内圧の減少分とぴったり同じだけ，外圧も減らさなければいけない．

可逆膨張は，段階を経て進む膨張の極限とみればわかりやすい（図 4・12）．ある段階で一定の外圧を，続く段階ではそれより小さい一定値とする．

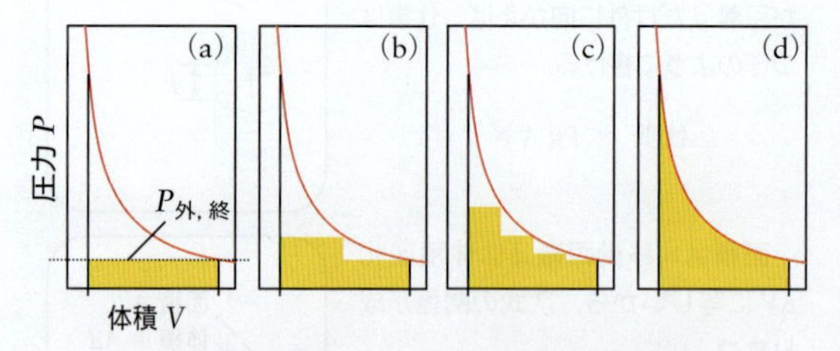

図 4・12　膨張を段階的に進め，段階の数を無限にした (d) が，最大仕事（最大面積）の可逆膨張を意味する．

外圧がいつも一定の図 4・12a なら，図 4・11 と同じ状況になり，仕事は長方形の面積に等しい．けれど膨張を 2 段階で起こし，第 1 段階の外圧を系の内圧と合わせた一定値，第 2 段階を（a と同じ）値にすれば（図 4・12b），正味の仕事は増える．4 段階で膨張すると（図 4・12c），仕事はさらに増す．外圧をいつも内圧に合わせつつ段階の数を無限に増やしたら（図 4・12d），仕事は最大値になるだろう．その計算式をつぎのコラムで導出する．

† 訳注：可逆変化は仮想の変化だと心得よう（外圧が内圧に合わせて変わるはずはないし，無限小の変化を積み重ねれば無限大の時間がかかるので）．

式の導出　気体の等温可逆膨張がする仕事

まず，体積の無限小変化 dV を使って（4）式を書き直す．

$$\mathrm{d}w = -P_{外}\,\mathrm{d}V$$

可逆膨張では外圧はいつも気体の圧力 P に等しいため，$P_{外} = P$ とする．

$$\mathrm{d}w = -P\,\mathrm{d}V$$

理想気体を考え，状態方程式 $PV = nRT$ を変形した $P = nRT/V$ を代入する．

$$\mathrm{d}w = -\overbrace{\frac{nRT}{V}}^{P}\,\mathrm{d}V$$

無限小の変化だから nRT を定数とみて積分すれば，仕事 w の表式になる．

$$w = -nRT\int_{V_1}^{V_2}\frac{\mathrm{d}V}{V} = -nRT\ln\frac{V_2}{V_1}$$

最終段階では，つぎの積分公式と，対数の性質 $\ln x - \ln y = \ln(x/y)$ を使った．

$$\int\frac{\mathrm{d}x}{x} = \ln x + 定数$$

理想気体が V_1 から V_2 まで等温可逆膨張するときの仕事は，次式に書けた．

$$w = -nRT\ln\frac{V_2}{V_1} \qquad (5)$$

式の意味 体積の初期値と最終値が決まっていれば，高温のときほど仕事は大きい（体積と気体の量が共通なら，高温ほど圧力が高く，強い力に逆らって膨張する）．また，最初の体積に比べて最終の体積が大きいほど，仕事は大きい．■

可逆膨張のさなかに外圧を無限小でも高めると，ピストンは（外ではなく）内に向かってしまう．つまり可逆膨張する気体は，いつもギリギリ最大の抗力を受けている．そのため，つぎのことが言える．

最大の膨張仕事は，可逆過程で実現される．

例題 4・2　等温膨張仕事の大きさ

1.00 L のピストンつき円筒に 25 ℃ で 0.100 mol のアルゴンを入れ，以下 2 種類の操作をした．仕事はどちらが大きいか．

(a) 外圧 1.00 atm のまま，気体を 2.00 L まで膨張させる．

(b) 気体を 2.00 L まで等温可逆膨張させる．

予 想　始状態と終状態が共通なら，仕事は可逆変化のとき最大になるため，w の絶対値は，(b) のほうが大きいだろう（系が仕事をするので w は負値）．

方 針　(a) 不可逆変化には（4）式を，(b) 可逆変化には（5）式を使う．

大事な仮定　理想気体の温度（25 ℃）は，恒温水槽などで一定に保つ．

解 答　(a) $w = -P_{外}\Delta V$ を使い，単位の換算もすれば，仕事 w はつぎの値になる．

$$w = -(1.00\ \mathrm{atm}) \times (1.00\ \mathrm{L})$$
$$= -1.00 \times 1.00\ \mathrm{L\,atm} \times \frac{101.325\ \mathrm{J}}{1\ \mathrm{L\,atm}} = -101\ \mathrm{J}$$

(b) $w = -nRT\ln(V_2/V_1)$ を使い，仕事 w は次式の値になる．

$$w = -\overbrace{(0.100\ \mathrm{mol})}^{n}$$
$$\times\overbrace{(8.3145\ \mathrm{J\,K^{-1}\,mol^{-1}})}^{R}$$
$$\times\overbrace{(298\ \mathrm{K})}^{T}\times\ln\overbrace{\frac{2.00\ \mathrm{L}}{1.00\ \mathrm{L}}}^{V_2/V_1}$$
$$= -172\ \mathrm{J}$$

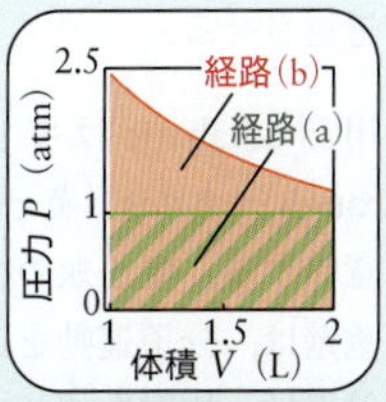

確 認　予想どおり，仕事 w の絶対値は可逆膨張のほうが大きかった．

復習 4・4 A　2.00 L のピストンつき円筒に 0.100 mol のヘリウムを入れ，30 ℃ に保つ．つぎのうち，系のする仕事はどちらが大きいか．

(a) 外圧 1.00 atm のまま，気体を 2.40 L まで膨張させる．

(b) 気体を 2.40 L まで可逆膨張させる．

［答：(b) 可逆膨張］

復習 4・4 B　2.00 L のピストンつき円筒に 1.00 mol のヘリウムを入れ，30 ℃ に保つ．つぎのうち，外界にする仕事はどちらが大きいか．

(a) 外圧 1.00 atm のまま，気体を 4.00 L まで膨張させる．

(b) 気体を 4.00 L まで可逆膨張させる．

系と外界の温度が同じなら，熱は（熱力学の意味で）可逆的に移動する．外界の温度を無限小だけ上げれば，エネルギーが系のほうへ流れる結果，外界の温度は無限小だけ下がるため，系から外界へ向かうエネルギーの流れができるだろう．系と外界の温度が共通のとき，エネルギーは熱の形で両向きに流れる．その状況を，"系と外界が熱平衡にある"という．

つまり平衡状態は"死んだ状態"ではなく，粒子レベルで見ると"両向きの変化が同じ速さで進み続けるダイナミックな状態"だと心得よう．だからこそ平衡状態は，環境の変化にすぐ応答する．化学で出合う平衡はどれも"生きて”いるため，状況が変われば新しい平衡になる（5章の話題）．

要点 可逆過程（可逆変化）は，変数の無限小変化に応じて逆行する．系からとり出せる仕事は，可逆過程のとき最大になる．■

② 熱の測定

系内の化学変化で出入りする熱の測定は，系と外界を仕切る壁の性質に左右される．つぎの2種類の壁を明確に区別しよう．

- **断熱性**（adiabatic）の壁：系と外界に温度差があっても，熱を通さない．
- **透熱性**（diathermic）の壁：系と外界の間で熱を自由に透過させる．

用語 adiabatic はギリシャ語の“*a-*（英 not）＋*dia*（英 through）＋*batos*（英 passable）”からでき，“通さない”を意味する．魔法瓶の壁がそれに近い．内部を真空にした二重壁は，分子運動を通じたエネルギー移動を妨げ，内部の鏡面は，放射を通じたエネルギー移動を妨げる．断熱壁をもつ系も孤立系ではなく，たとえばピストンつき容器に入れた系なら，仕事の形で外界とエネルギーをやりとりできる．

用語 diathermic はギリシャ語の“*dia*＋*thermē*（英 heat）”にちなむ．透熱性容器内の系は，仕事でエネルギーを授受しないかぎり，壁を通して流入する熱が温度を上げる（ただし液体の沸点や凝固点で熱をもらっても温度は変わらない）．そのため温度変化を測れば，受けとった熱の量（つまり内部エネルギーの増加）がわかる．

熱の増減と温度変化を，系の**熱容量**（heat capacity）が結びつける．熱容量 C は，入った熱 q と温度上昇 ΔT の比（温度を1℃上げるのに必要な熱）を表す．

$$\text{熱容量} = \frac{\text{入った熱}}{\text{温度上昇}} \quad \text{つまり} \quad C = \frac{q}{\Delta T} \tag{6a}$$

熱容量が大きいと，一定量の熱を受けとった際の昇温幅が小さい．熱容量が小さければ昇温幅が大きい．昇温幅は受けとった熱に比例し，比例定数が熱容量にあたる．熱容量の値がわかっている系だと，(6a)式を変形した次式を使い，温度変化 ΔT から，受けとった熱の量を計算できる．

$$q = C\Delta T \tag{6b}$$

つまり系の温度変化は，熱の形で授受するエネルギーに比例し，比例係数が熱容量 C だとわかる．どんな物質でも熱容量の値は温度で変わるけれど，せまい温度範囲なら一定とみてよい．

考えよう 1 mol の Ar と 1 mol の CO_2 で，熱容量はどちらが大きいか？ 4・1節の情報をもとに考えよう．■

熱容量は示量性の量なので，試料のサイズが大きいほど，一定の昇温に必要な熱は多い（図4・13）．そこで通常，サイズに関係しないつぎのような示強性の量を使う．

- C を試料の質量 m で割った**比熱容量**（specific heat capacity）C_s（$= C/m$）．たんに“比熱”（specific heat）とよぶことも多い．
- 試料の量 n（mol）で割った**モル熱容量**（molar heat capacity）C_m（$= C/n$）．

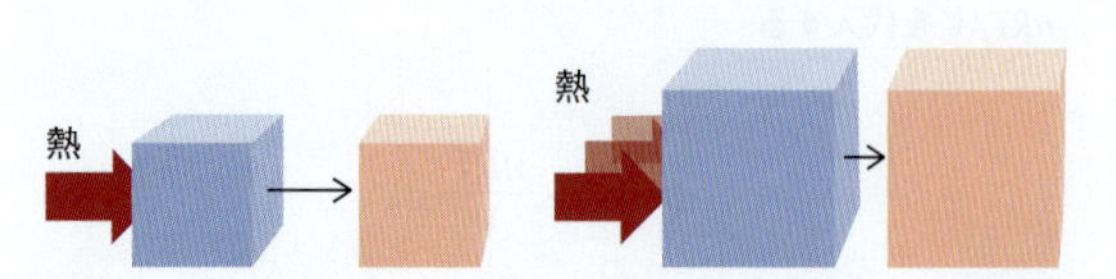

図4・13 熱容量は，試料のサイズに比例する．小さい物体（左）より，大きい物体（右）のほうが熱容量は大きい（温まりにくく，冷めにくい）．

たとえば室温の水は，比熱容量が 4.18 J ℃$^{-1}$ g^{-1} = 4.18 J K^{-1} g^{-1}，モル熱容量が約 75 J K^{-1} mol^{-1} となる．よく出合う物質の比熱容量とモル熱容量を表4・2にまとめた．

考えよう 水の熱容量は，沸点でどんな値になるだろうか．■

熱容量 C は，質量 m と比熱容量 C_s から，$C = m \times C_s$ で計算できる．また，熱の形で物質がもらったエネルギー q は，熱容量 C と昇温幅 ΔT を使ってこう書ける．

$$q = C\Delta T = mC_s\Delta T \tag{7a}$$

モル熱容量 C_m を使うと，$C = n \times C_m$ だから，次式が成り立つ．

$$q = nC_m\Delta T \tag{7b}$$

表4・2 比熱容量とモル熱容量の例[a]

物質・材料	比熱容量 (J ℃$^{-1}$ g^{-1})	モル熱容量 (J K^{-1} mol^{-1})
エタノール	2.42	111
黄銅（真鍮）	0.37	—
花崗岩	0.80	—
ガラス（パイレックス）	0.78	—
空　気	1.01	—
ステンレス	0.51	—
大理石	0.84	—
銅	0.38	24
ベンゼン	1.74	136
ポリエチレン	2.3	—
水（固体）	2.03	37
水（液体）	4.184	75
水（蒸気）	2.01	34

a) 定圧条件の値．氷以外は25℃の値．温度の単位は通常，比熱容量は℃，モル熱容量はKとする．ほかの例は付録2Aと2Dを参照．

以上の関係を使い，温度変化と熱を実測すれば，比熱容量やモル熱容量がわかる．薄い水溶液の比熱容量は，純溶媒（ふつうは水）の値だと思ってよい．

考えよう 室温で鉛 Pb のモル熱容量はダイヤモンドよりずっと大きい．なぜか． ■

例題 4・3 昇温に必要な熱

つぎの試料の温度を 20 ℃ から 100 ℃ まで上げたい．必要な熱はいくらか．

(a) 100 g の水

(b) 2.00 mol の $H_2O(l)$

予 想 水のモル質量は 18 g mol^{-1} で，100 g は 2.00 mol より多いから，必要な熱は (a) のほうが多いだろう．

方 針 $\Delta T = +80$ K とし，(7a)式と (7b)式で計算する．

大事な仮定 加熱中のエネルギー損失はない．水はよく撹拌され，全体が均一な温度になっている．

解 答 (a) $q = mC_s\Delta T$ より，つぎの結果になる．

$$q = (100\ \text{g}) \times (4.18\ \text{J K}^{-1}\ \text{g}^{-1}) \times (80\ \text{K}) = +33\ \text{kJ}$$

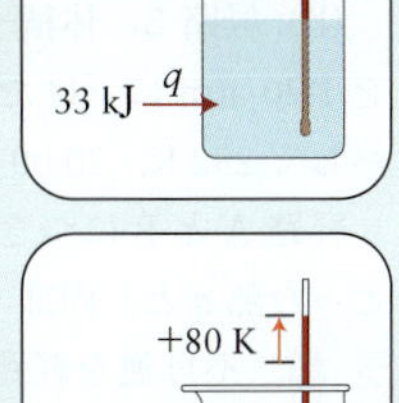

(b) $q = nC_m\Delta T$ より，つぎの結果になる．

$$q = (2.00\ \text{mol}) \times (75\ \text{J K}^{-1}\ \text{mol}^{-1}) \times (80\ \text{K}) = +12\ \text{kJ}$$

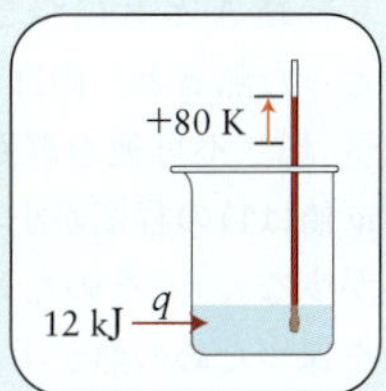

確 認 予想どおり，必要な熱は (a) のほうが多かった．

復習 4・5A 過塩素酸カリウム $KClO_4$ は花火の酸化剤に使う．10.0 g の $KClO_4$ の温度を 25 ℃ から 900 ℃（発火点）まで上げる熱はいくらか．$KClO_4$ の比熱容量は 0.811 J K^{-1} g^{-1} とする．

［答：7.10 kJ］

復習 4・5B 室温でエタノール 3.00 mol の温度を 15.0 ℃ 上げる熱はいくらか（エタノールの熱容量は表 4・2 参照）．

熱の出入りは**熱量計**（calorimeter）で測れる．たとえば，系内で進む化学変化が生む温度変化を追いかける．簡便な熱量計（図 4・14）では，断熱容器に温度計を挿してある．ずっと高級なボンベ熱量計（図 4・15）だと，体積一定の密閉容器（ボンベ）内で反応を進ませる．ボンベは

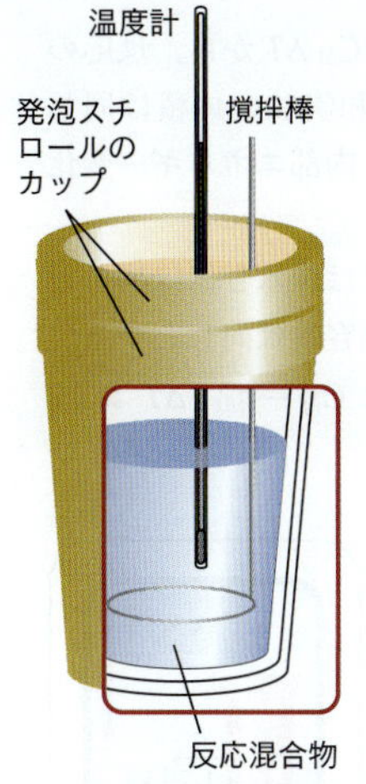

図 4・14 定圧下の反応熱を測る熱量計．発泡スチロールのカップを二重にし，外側のカップを断熱壁にする．発熱量や吸熱量に比例して温度が変わる．

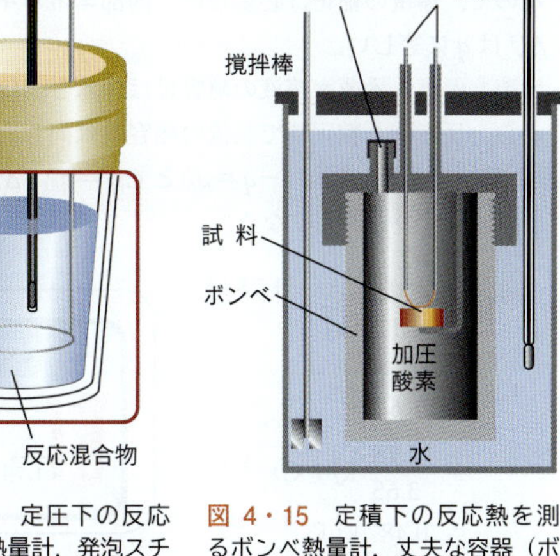

図 4・15 定積下の反応熱を測るボンベ熱量計．丈夫な容器（ボンベ）内の試料に点火して燃やす．燃焼で出た熱はボンベの壁から水に伝わる．発熱量に比例して装置全体の温度が上がる．

水浴に浸し，装置全体の温度変化を精密に測る．系を入れて実測する前には，一定量の熱を与えたときの温度変化から，装置の熱容量を決めておく〔熱量計の**較正**（calibration）〕．

熱量計は断熱されているため，系（反応）が出す熱（$-q$）と，熱量計が受けとる熱（$q_{計}$）は，$-q = q_{計}$（$q + q_{計} = 0$）で結びつく（$q = -15$ kJ なら，$q_{計} = +15$ kJ）．

熱量計が得た熱 $q_{計}$ と，熱量計の熱容量 $C_{計}$ は，$q_{計} = C_{計}\Delta T$ で結びつく．以上をもとに，反応熱 q はつぎの式で計算できる．

$$q = -C_{計}\Delta T$$

符号に注意しよう．発熱反応なら $q<0$ なので（たとえば $q = -10$ kJ），$-q$ が正値となるため（$-q = +10$ kJ），ΔT は正値になる（温度が上がる）．

例題 4・4 反応に伴う内部エネルギーの変化

中和反応は熱を出す．熱量計を較正するため，ボンベ内で発熱量 1.78 kJ（$q = -1.78$ kJ）の反応を起こしたら，0.100 L の溶液の温度が 3.65 ℃ 上がった．同じ容器内で，50.0 mL の 0.200 M HCl(aq) と 50.0 mL の 0.200 M NaOH(aq) を混ぜたところ，温度が 1.26 ℃ 上がった（$\Delta T = +1.26$ K）．中和反応は系の内部エネルギーをいくら変えたか．

予 想 昇温は較正実験（3.65 ℃）の約 3 分の 1 だから，ΔU の絶対値は 0.6 kJ 程度だろう．

方 針 計算は 2 段階で進める．まず較正実験の結果から，$C_{計} = q_{計}/\Delta T$ で熱量計の熱容量 $C_{計}$ を求める．

つぎに中和反応の ΔT 値と $q = -C_{計}\Delta T$ から，反応の発熱量 q を得る．較正実験と中和実験の体積は同じなので，体積の補正は必要ない．内部エネルギー変化 ΔU は q に等しい．

大事な仮定　希薄水溶液の熱容量は純水とほぼ同じだから，反応時と較正時で装置の熱容量は同じとする．

解　答　1) 較正実験：$-q = q_{計}$ と $C_{計} = q_{計}/\Delta T$ より，$q_{計}$ と $C_{計}$ はつぎの値になる．

$$
\begin{aligned}
q_{計} &= -q = -(-1.78\ \mathrm{kJ}) \\
&= +1.78\ \mathrm{kJ} \\
C_{計} &= \frac{1.78\ \mathrm{kJ}}{3.65\ ^\circ\mathrm{C}} \\
&= \frac{1.78}{3.65}\ \mathrm{kJ}\ \overbrace{(^\circ\mathrm{C})^{-1}}^{\mathrm{K}^{-1}} \\
&= 0.487\ \mathrm{kJ\ K^{-1}}
\end{aligned}
$$

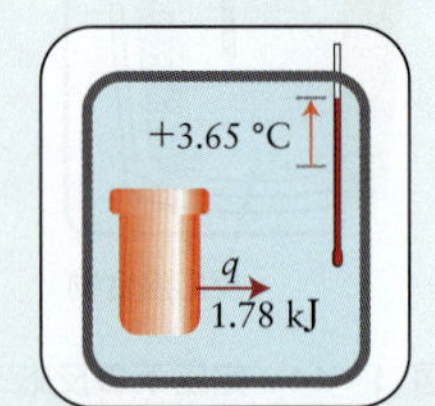

2) 中和実験：$q = -C_{計}\Delta T$ と $\Delta U = q$ から，q と ΔU はつぎの値になる．

$$
\begin{aligned}
q &= -(0.487\ \mathrm{kJ\ K^{-1}}) \\
&\quad \times (1.26\ \mathrm{K}) \\
&= -0.614\ \mathrm{kJ} \\
\Delta U &= -0.614\ \mathrm{kJ}
\end{aligned}
$$

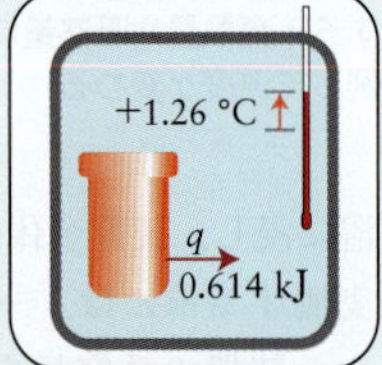

確　認　予想どおり，中和反応は発熱変化だった．系（酸＋塩基）は熱の形でエネルギーを失い，内部エネルギーを減らす（$\Delta U = -0.614\ \mathrm{kJ}$）．

復習 4・6A　例題と同じ熱量計に炭酸カルシウムの小片を入れ，希塩酸 0.100 L を注いだところ，水温が 3.57 °C 上がった．反応の内部エネルギー変化 ΔU を求めよ．

［答：-1.74 kJ］

復習 4・6B　水溶液 0.100 L ずつを混ぜ，発熱量 4.16 kJ の反応を進めたら，温度が 3.24 °C 上がった．水 0.200 L を入れた熱量計の熱容量を求めよ．

考えよう　オーブン内の熱い鍋に触れるとやけどをするが，鍋の中の熱い空気に触れてもやけどはしない．なぜか．■

要　点　受けとった熱を昇温幅で割れば，熱容量になる．反応で出入りする熱は，較正ずみの熱量計で測れる．■

③ 内部エネルギー変化の測定

さて，系がやりとりする仕事 w と熱 q の測定や計算から，$\Delta U = w + q$ を使って内部エネルギーの変化 ΔU を知りたい．U は状態量なので，始状態と終状態の差 ΔU は，どんな経路をたどっても等しい．つまり，現実の変化が非可逆な経路で進むとしても，w や q の計算には，可逆な経路を選んでかまわない．

理想気体の等温膨張なら，計算しなくても内部エネルギーの変化がわかる．温度が一定だから分子の平均速さは変わらず，総運動エネルギーは変わらない．また，理想気体の分子に“引きあい”はないため，膨張したときポテンシャルエネルギー（位置エネルギー）も変わらない．だから，つぎのように言える．

理想気体の等温膨張（や等温圧縮）では $\Delta U = 0$ が成り立つ．

つまり，理想気体がどんな経路で体積を変えるとしても，始状態と終状態の温度が同じなら，無条件に $\Delta U = 0$ とみてかまわない．

考えよう　前節の図 4・9(b) で，熱 q はどんな値になるのだろう？■

例題 4・5　理想気体の膨張に伴う仕事，熱，内部エネルギーの変化

292 K，3.00 atm で体積 8.00 L の理想気体 1.00 mol を，つぎの 2 経路で 20.00 L に膨張させ，最終の温度を 292 K，圧力を 1.20 atm にしたい．

(a) 経路 A：等温可逆膨張．

(b) 経路 B：体積一定（定積）のまま冷やして圧力を 1.20 atm に下げたあと，圧力一定（定圧）のまま熱して 292 K，20.00 L に膨張させる．

経路 A と B につき，系がされた仕事 w，系が受けとった熱 q と，内部エネルギー変化 ΔU を求めよ．

予　想　不可逆な経路 B では，可逆な経路 A に比べ，w 値は負の程度が小さく（仕事の形で失うエネルギーが少なく），そのため q 値は正の程度が小さい（温度を保つための熱が少なくてすむ）だろう．

方　針　経路それぞれを図解する（図 4・16）．

(a) 等温可逆膨張の w 値は (5)式で計算する．

(b) 定積変化で仕事 w は 0 に等しい．続く定圧変

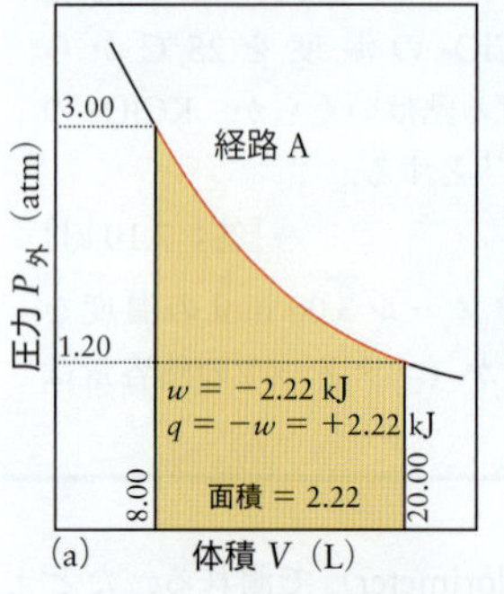

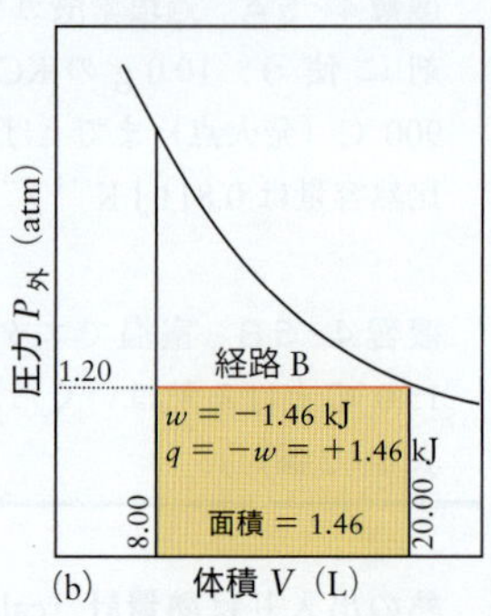

図 4・16　(a) 等温可逆膨張．曲線下の面積に負号をつけた仕事 w は -2.22 kJ で，内部エネルギー変化 ΔU は 0 だから，仕事の分だけ熱を受けとる（$q = +2.22$ kJ）．(b) 不可逆膨張．曲線下の面積が示す仕事 w は -1.46 kJ．$\Delta U = 0$ は共通だから，出入りする熱 q は $+1.46$ kJ になる．

化の w は，(4)式で計算する．理想気体の等温膨張は $\Delta U=0$ だから，経路 B でも $\Delta U=q+w=0$ が成り立つ．エネルギーを J 単位にするには，1 L atm＝101.325 J の関係を使う．

解 答　(a) $w=-nRT\ln(V_2/V_1)$ より，w はつぎの値になる．

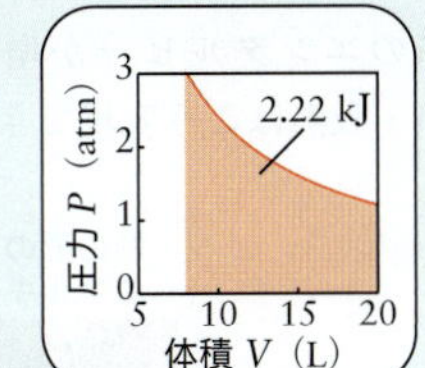

$$w = -(1.00\ \mathrm{mol})\times(8.3145\ \mathrm{J\ K^{-1}\ mol^{-1}})\times(292\ \mathrm{K})\times\ln\frac{20.00\ \mathrm{L}}{8.0\ \mathrm{L}}$$
$$= -2.22\times10^3\ \mathrm{J}$$
$$= -2.22\ \mathrm{kJ}$$

また $\Delta U=q+w=0$ より，q はつぎのようになる．

$$q = -w = +2.22\ \mathrm{kJ}$$

(b) まず，体積一定 $\Delta V=0$ の変化で仕事 w は 0 に等しい．

$$w = 0$$

続く圧力一定の変化で，仕事 $w=-P_{外}\Delta V$ はつぎの値になる．

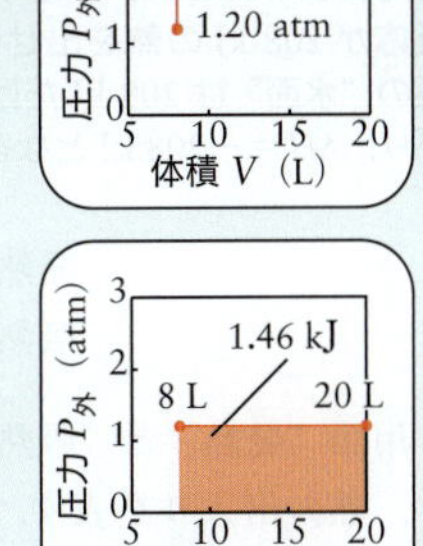

$$w = -(1.20\ \mathrm{atm})\times(20.00-8.00)\ \mathrm{L}$$
$$= -14.4\ \mathrm{L\ atm}$$

L atm を J に換算する．

$$w = -(14.4\ \mathrm{L\ atm})\times\left(\frac{101.325\ \mathrm{J}}{1\ \mathrm{L\ atm}}\right)$$
$$= -1.46\times10^3\ \mathrm{J}$$
$$= -1.46\ \mathrm{kJ}$$

経路 B の仕事は，合計でこうなる．

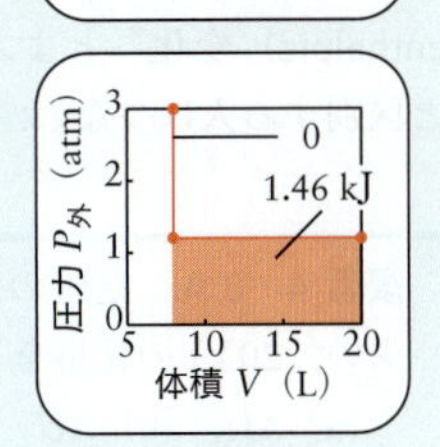

$$w = 0+(-1.46\ \mathrm{kJ})$$
$$= -1.46\ \mathrm{kJ}$$

$\Delta U=q+w=0$ だから，熱 q はつぎの値になる．

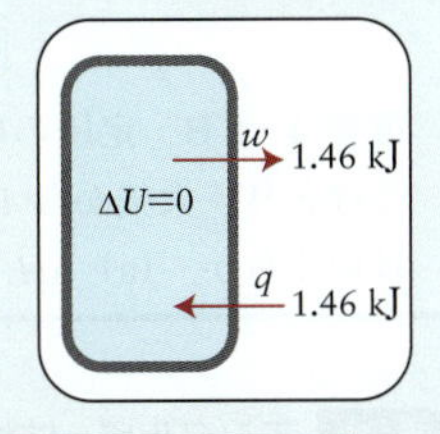

$$q = -w = +1.46\ \mathrm{kJ}$$

以上の結果は，つぎのようにまとめられる．

	q	w	ΔU
可逆的な経路 A	+2.22 kJ	−2.22 kJ	0
不可逆的な経路 B	+1.46 kJ	−1.46 kJ	0

確 認　予想どおり，定温の不可逆な経路では，系がする仕事も，受けとる熱も少なかった．

復習 4・7A　300 K，2.00 atm の CO_2 2.00 mol を等温可逆圧縮し，体積を半分にした．CO_2 を理想気体とみなし，w と q，ΔU を求めよ．
［答：$w=+3.46$ kJ，$q=-3.46$ kJ，$\Delta U=0$］

復習 4・7B　ピストンつき円筒中で圧力 2.00 atm を示す酸素に，熱の形で 1.00 kJ のエネルギーを与えたところ，外圧一定（2.00 atm）のもと，1.00 L から 3.00 L まで膨張した．O_2 を理想気体とみなし，w と ΔU を計算せよ．

要 点　始状態から終状態までに内部エネルギーが示す変化は，自由に仮定した経路の仕事 w と熱 q の値から，$\Delta U=q+w$ を使って計算できる．■

身につけたこと

体積を変える系は，外界に向けて仕事をする．仕事の大きさは可逆変化のとき最大となる．熱の形で系がやりとりするエネルギーは，温度変化と熱容量からわかる．状態量の性質を使えば，始状態と終状態の内部エネルギー差は，どんな経路を仮定しても計算できる．以上を学び，つぎのことができるようになった．

- ❑1　系の定圧膨張に伴う仕事の計算（例題 4・1）
- ❑2　理想気体の等温可逆膨張に伴う仕事の計算（例題 4・2）
- ❑3　熱容量にもとづく物質の温度上昇に必要な熱の計算（例題 4・3）
- ❑4　熱力学で使う“可逆”という語の説明（① 項）
- ❑5　化学反応の進行に伴う内部エネルギー変化の計算（例題 4・4）
- ❑6　理想気体の内部エネルギー変化計算に使うわかりやすい経路の選択（例題 4・5）

4・3 エンタルピー

なぜ学ぶのか？　たいていの化学反応は定圧（ふつう大気圧）のもとで進むため，エンタルピー（定圧で出入りする熱）の理解が欠かせない．

必要な予備知識　内部エネルギーと熱容量（4・1 節，4・2 節），エネルギー等分配則（4・1 節）をつかんでおきたい．

剛直な壁に囲まれた系は，何かが起きても体積は変わらないため，膨張仕事はできない．系が非膨張仕事もしない（たとえば，電気を生んでモーターを回したりしない）なら，系の内部エネルギー変化は，熱の形で出入りするエネルギーに等しい．つまり，定積（体積一定）の状況を添え字 V で表せば，$\Delta U = q_V$ と書ける．

けれどたいていの化学反応は，1 atm 程度の定圧（圧力一定）条件にある容器内で進む．そのとき膨張も収縮も自由に起こる．気体が発生すれば，その気体が大気を押しながら居場所を拡げていくため，たとえピストンがなくても，仕事をしたことになる．だから，定圧条件のもと，膨張仕事によるロスをも考えたエネルギー変化を教える状態量があれば，化学変化を考えるのに役立つ．

① 定圧条件で進む熱の移動

定圧で起こるエネルギー変化は，**エンタルピー**（enthalpy†）H という状態量で表せる．内部エネルギー U，圧力 P，体積 V を使い，H はつぎのように書く．

$$H = U + PV \qquad (8)$$

U と P，V は状態量だから，$H = U + PV$ も状態量になる．そして，定圧で出入りする熱は，系のエンタルピー変化に等しい．そのことをつぎのコラムで示そう．

式の導出　エンタルピー変化の意味

定圧で変化が進み，内部エネルギーが ΔU，体積が ΔV だけ変わったとしよう．圧力 P は一定だから，(8)式より，エンタルピー変化 ΔH はこう書ける．

$$\text{定圧条件: } \Delta H = \Delta U + P\Delta V \qquad (9)$$

熱力学第一法則（$\Delta U = q + w$）を使い，つぎのように変形する（q は系に入った熱，w は系がされた仕事）．

$$\Delta H = q + w + P\Delta V$$

系の仕事が膨張仕事だけなら，(3)式（$w = -P_{外}\Delta V$）より，つぎのようになる．

$$\Delta H = q - P_{外}\Delta V + P\Delta V$$

定圧だから，系の圧力 P は外圧 $P_{外}$ に等しい．すると第 2 項と第 3 項が打ち消しあい，$\Delta H = q$ となる．

コラムの結論はこうだった．

$$\text{非膨張仕事のない定圧条件: } \Delta H = q \qquad (10)$$

添え字 P で“定圧”を示し，$\Delta H = q_P$ と書こう．(10)式より，たとえば定圧の開放系で化学反応が進むとき，出入りする熱は系のエンタルピー変化に等しい．つまり，開放型の熱量計（図 4・14）内で反応が進むとき，温度変化からエンタルピー変化がわかる．発熱量が 1.25 kJ なら，$\Delta H = q_P = -1.25$ kJ と書ける．

定圧系に熱の形でエネルギーを与えると，その分だけ系のエンタルピーが増す．逆に，熱の形でエネルギーを失えば，その分だけエンタルピーが減る．たとえば，亜鉛とヨウ素の反応 $Zn(s) + I_2(s) \rightarrow ZnI_2(s)$ では発熱が起き，生じる ZnI_2 の 1 mol あたり 208 kJ の熱が外界に出る．混合物のエンタルピーが 208 kJ だけ減るため，$\Delta H = -208$ kJ と書く（図 4・17）．

かたや，硝酸アンモニウムが水に溶ける吸熱変化では，系のエンタルピーが増す（図 4・18）．つまり反応の発熱・吸熱はこう表現できる．

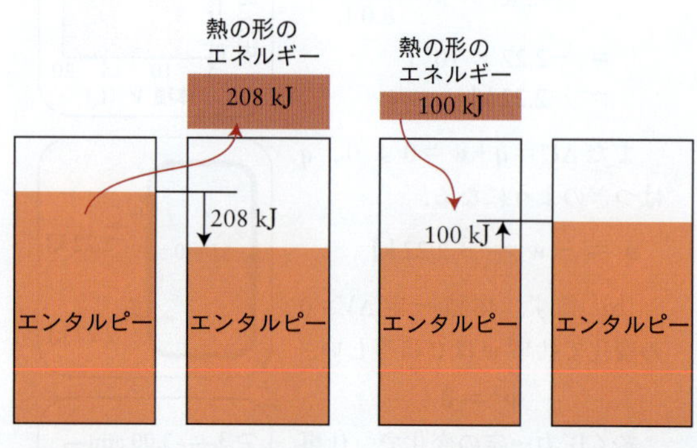

図 4・17　水面の高さにたとえたエンタルピー．定圧下の反応が 208 kJ の熱を出せば，系の“水面”は 208 kJ だけ下がり，$\Delta H = -208$ kJ となる．

図 4・18　定圧下の反応が 100 kJ の熱を吸収すれば，系の“水面”が 100 kJ だけ上がり，$\Delta H = +100$ kJ となる．

$$\text{発熱変化: } \Delta H < 0$$
$$\text{吸熱変化: } \Delta H > 0$$

用語“発熱”と“吸熱”は，エンタルピーの増減ではなく，熱の出入りを表す．先ほど扱った現象も，**“発エンタルピー**（exoenthalpic）変化”，**“吸エンタルピー**（endoenthalpic）変化”とよぶのが筋だけれど，両者をきちんと区別する人は少ない．

復習 4・8 A　定圧の発熱反応で，系が 50 kJ の熱を失い，20 kJ の仕事をした．つぎの値はいくらか．
(a) ΔH，(b) ΔU

［答：(a) −50 kJ，(b) −70 kJ］

復習 4・8 B　定圧の吸熱反応で，系が 30 kJ の熱を受けとり，大気から 40 kJ の仕事をされた．つぎの値はいくらか．(a) ΔH，(b) ΔU

要 点　エンタルピーは状態量で，系のエンタルピー変化は，定圧のもと系が受けとる熱に等しい．発熱変化は $\Delta H < 0$，吸熱変化は $\Delta H > 0$ となる．■

② 定積熱容量と定圧熱容量

熱容量 C は，系に入った熱と昇温幅を結ぶ比例係数だった（$q = C\Delta T$；4・2 節）．ただし昇温幅（したがって

† 訳注：enthalpy はギリシャ語 *en-*（中に）と *thalpein*（熱）からでき，“内部にひそむ熱”を表す．

熱容量）は，加熱のしかたで変わる．定圧条件なら，熱の一部が膨張仕事に使われるため，その分だけ昇温幅は小さい．つまり，ただ“熱容量”とよぶのでなく，区別して考える必要がある．

非膨張仕事などの変化が何もなければ，定積条件で系に入った熱は，内部エネルギー変化に等しい（$\Delta U = q$）．すると，(8)式と $C = q/\Delta T$ から，つぎのように**定積熱容量**（heat capacity at constant volume）C_V を定義できる．

$$C_V = \frac{\Delta U}{\Delta T} \qquad (11a)$$

同様に，定圧条件で系に入った熱はエンタルピー変化 ΔH に等しいから，つぎのように**定圧熱容量**（heat capacity at constant pressure）C_P を定義できる．

$$C_P = \frac{\Delta H}{\Delta T} \qquad (11b)$$

物質 1 mol の“モル熱容量”は，添え字 m をつけ，それぞれ $C_{V\mathrm{m}}$ と $C_{P\mathrm{m}}$ で表す．

考えよう 同じ物質で，$C_{V\mathrm{m}}$ と $C_{P\mathrm{m}}$ はどちらが大きいだろうか．■

温度で体積がさほど変わらない固体や液体なら，定積熱容量と定圧熱容量はほぼ等しい．だが気体はちがう．熱した気体は，定圧下なら膨張仕事をしてエネルギーを失う．理想気体を例に，つぎのコラムで C_V と C_P の関係を調べよう．

式の導出　C_V と C_P の関係

理想気体は $PV = nRT$ に従うため，$H = U + nRT$ と書ける．孤立系でないかぎり，熱するとエンタルピー H も内部エネルギー U も温度 T も変わる．つまり次式が成り立つ．

$$\Delta H = \Delta U + nR\,\Delta T$$

すると定圧熱容量はつぎのように書ける．

$$C_P = \frac{\Delta H}{\Delta T} = \frac{\Delta U + nR\,\Delta T}{\Delta T} = \frac{\Delta U}{\Delta T} + nR = C_V + nR$$

どの項も量 n（mol）で割れば，モル熱容量の表式になる．

コラムの結果より，モル熱容量 $C_{V\mathrm{m}}$ と $C_{P\mathrm{m}}$ はつぎの関係で結びつく．

$$C_{P\mathrm{m}} = C_{V\mathrm{m}} + R \qquad (12)$$

アルゴンの場合，定積モル熱容量は 12.8 J K^{-1} mol^{-1}，定圧モル熱容量は 12.8＋8.3＝21.1 J K^{-1} mol^{-1} だから，後者は 65% も大きい．定圧だと，受けとった熱 q の一部が膨張仕事に使われ，その分だけ定積条件より昇温 ΔT が小さいため，$C = q/\Delta T$ が大きくなる．

要点 理想気体の定圧モル熱容量は定積モル熱容量より大きい．両者は (12)式で結びつく．■

③ 分子運動と気体の熱容量

エネルギー等分配則（4・1 節）に注目すれば，熱容量の大きさと分子の性質の関連がつく．アルゴンのような単原子の理想気体を考えよう．温度 T のとき，単原子理想気体のモル内部エネルギー U_m は $\frac{3}{2}RT$ と書けた．温度変化が ΔT なら，U_m の変化分は $\Delta U_\mathrm{m} = \frac{3}{2}R\Delta T$ になる．すると定積モル熱容量はこう書ける．

$$\text{単原子気体：}\ C_{V\mathrm{m}} = \frac{\Delta U_\mathrm{m}}{\Delta T} = \frac{3}{2}R\,\Delta T \div \Delta T = \frac{3}{2}R$$

$C_{V\mathrm{m}}$ の計算値 12.5 J K^{-1} mol^{-1} は，実測値にぴたりと合う．また (12)式から，定圧モル熱容量はつぎのようになる．

$$\text{単原子気体：}\ C_{P\mathrm{m}} = \frac{3}{2}R + R = \frac{5}{2}R$$

単原子の理想気体では，C_P も C_V も，温度や圧力に関係しない．

2 個以上の原子からできた分子は，並進のほか回転にもエネルギーを“預金”できる．だから分子気体のモル熱容量は，単原子気体の値より大きい．直線分子なら，モル内部エネルギーに回転が RT だけ寄与するため（4・1 節），定積モル熱容量はこうなる．

$$\text{直線分子：}\ C_{V\mathrm{m}} = \frac{\Delta U_\mathrm{m}}{\Delta T} = \left(\frac{3}{2}R\,\Delta T + R\,\Delta T\right) \div \Delta T = \frac{5}{2}R$$

非直線分子なら回転の寄与は $\frac{3}{2}RT$ だから，並進と合わせて $3RT$ となる．原子間振動も“預金先”の候補だけれど，量子化された振動準位どうしのエネルギー間隔がだいぶ大きいため，常温だと“預金先”にはなりにくい．以上をまとめ，定積モル熱容量 $C_{V\mathrm{m}}$ と定圧モル熱容量 $C_{P\mathrm{m}}$ はつぎのようになる（$C_{P\mathrm{m}} = C_{V\mathrm{m}} + R$）．

	原 子	直線分子	非直線分子		原 子	直線分子	非直線分子
$C_{V\mathrm{m}}$	$\frac{3}{2}R$	$\frac{5}{2}R$	$3R$	$C_{P\mathrm{m}}$	$\frac{5}{2}R$	$\frac{7}{2}R$	$4R$

複雑な分子からなる物質ほど，熱容量が大きい点に注目しよう．直線分子は回転軸が 2 本のところ，非直線分子は回転軸が 3 本ある分だけ回転の自由度が多く，配分エネルギー（預金）も多くなるためモル熱容量が大きい．

ヨウ素の蒸気 I_2(g) につき，定積モル熱容量 $C_{V\mathrm{m}}$ の温度変化を図 4・19 に描いた．超低温なら $C_{V\mathrm{m}} = \frac{3}{2}R$ のところ，回転が始まると $\frac{5}{2}R$ に増す．温度が十分に高ければ，振動モードもエネルギーを吸収して $C_{V\mathrm{m}} = \frac{7}{2}R =$

3.5Rになり，25℃（298 K）での実測値 3.4Rと合う†．極端な高温になると結合が開裂し，“並進運動だけをするヨウ素原子 2 mol” となる結果，熱容量は $2\times\frac{3}{2}R=3R$ という値を示す．

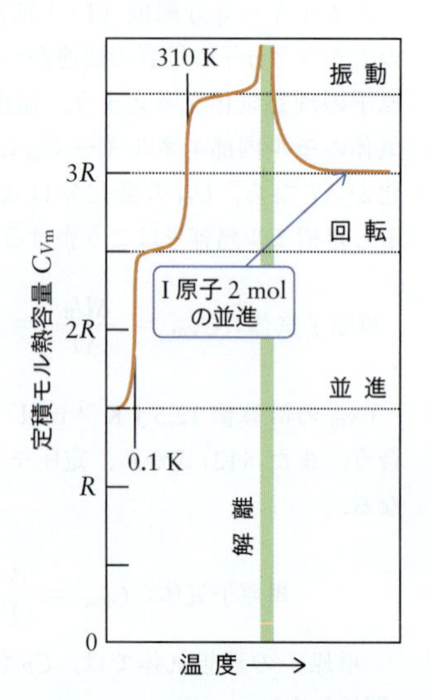

図 4・19 I_2(g) の定積モル熱容量．超低温では並進だけが効く．0.05 K 以上では回転も効き，310 K を超すと振動もかなり効く（ほかの分子で，振動が効き始める温度はずっと高い）．高温で分子が解離する際，熱容量は解離中に急増するが，解離のあとは，“ヨウ素原子 2 mol の並進” を示す値に落ち着く．

例題 4・6 理想気体の加熱に伴うエンタルピー変化

298 K，1.00 atm の酸素 0.900 mol に 500 J の熱を与えた．最終温度とエンタルピー変化を，(a) 定圧変化，(b) 定積変化について求めよ．酸素は理想気体とする．

予 想 定圧変化では熱の一部が膨張仕事に使われるため，昇温幅は定積変化のときより小さいだろう．

方 針 O_2 は直線分子だから，熱容量はエネルギー等分配則で見積もれる．最終温度は，$q=C\Delta T$（C は定積変化で $nC_{V\mathrm{m}}$，定圧変化で $nC_{p\mathrm{m}}$）からわかる．定圧変化のエンタルピー変化 ΔH（＝受けとった熱）は，内部エネルギー変化 ΔU を計算したあと，$\Delta H=\Delta U+nR\Delta T$ から求める．

大事な仮定 酸素は理想気体と考える．室温なので原子間振動は熱容量に効かない．

解 答 $C_{V\mathrm{m}}=\frac{5}{2}R$ と $C_{p\mathrm{m}}=C_{V\mathrm{m}}+R$ から，つぎの値を得る．

$$C_{V\mathrm{m}} = \frac{5}{2}(8.3145\ \mathrm{J\,K^{-1}\,mol^{-1}}) = 20.79\ \mathrm{J\,K^{-1}\,mol^{-1}}$$

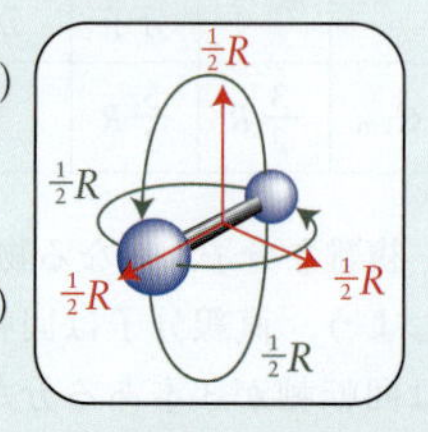

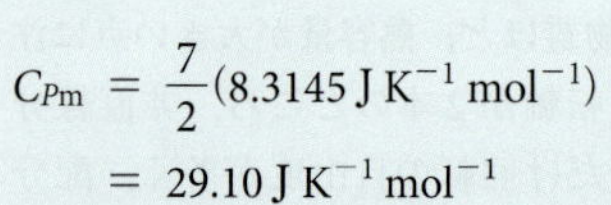

$$C_{p\mathrm{m}} = \frac{7}{2}(8.3145\ \mathrm{J\,K^{-1}\,mol^{-1}}) = 29.10\ \mathrm{J\,K^{-1}\,mol^{-1}}$$

(a) 昇温幅は，$\Delta T=q/(nC_{p\mathrm{m}})$ から，つぎの値になる．

$$\Delta T = \frac{500\ \mathrm{J}}{(0.900\ \mathrm{mol})\times(29.10\ \mathrm{J\,K^{-1}\,mol^{-1}})} = +19.1\ \mathrm{K}$$

すると最終温度はこうなる．

$$T = 298\ \mathrm{K} + 19.1\ \mathrm{K} = 317\ \mathrm{K} = 44\ ℃$$

定圧変化では $\Delta H=q$ だから，エンタルピー変化 ΔH はつぎの値をもつ．

$$\Delta H = 500\ \mathrm{J}$$

(b) ΔH を見積もるには，まず，定積条件で達する最終温度をつかむ．$\Delta T=q/(nC_{V\mathrm{m}})$ から，ΔT はつぎの値になる．

$$\Delta T = \frac{500\ \mathrm{J}}{(0.900\ \mathrm{mol})\times(20.79\ \mathrm{J\,K^{-1}\,mol^{-1}})} = +26.7\ \mathrm{K}$$

すると最終温度はこうなる．

$$T = 298\ \mathrm{K} + 26.7\ \mathrm{K} = 325\ \mathrm{K} = 52\ ℃$$

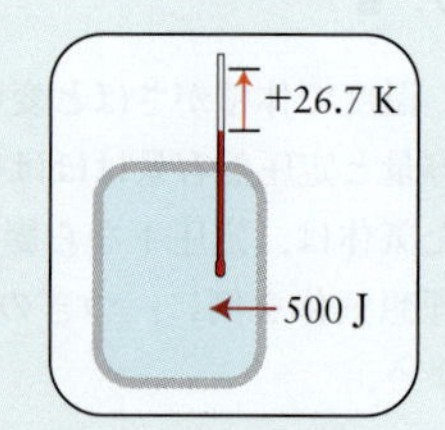

定積で 500 J を受けとれば，内部エネルギーはこう変わる．

$$\Delta U = q_V = +500\ \mathrm{J}$$

最後に $\Delta H=\Delta U+nR\Delta T$ を使い，ΔH を求める．

$$\Delta H = 500\ \mathrm{J} + (0.900\ \mathrm{mol}) \times (8.3145\ \mathrm{J\,K^{-1}\,mol^{-1}}) \times (26.7\ \mathrm{K}) = +700\ \mathrm{J}$$

確 認 予想どおり，昇温幅もエンタルピー変化も，定積条件より定圧条件のほうが小さかった．

復習 4・9A 298 K，1.00 atm のネオン 0.900 mol に 500 J の熱を与えた．(a) 定圧条件と，(b) 定積条件で，最終温度と ΔH を計算せよ．ネオンは理想気体とみなす．

［答：(a) 325 K，+500 J；(b) 343 K，+837 J］

復習 4・9B 298 K，1.00 atm の水素 1.00 mol に 1.20 kJ の熱を与えた．(a) 定積条件と，(b) 定圧条件で，最終温度と ΔU を計算せよ．水素は理想気体とみなす．

要 点 構成分子が複雑な物質ほど，回転に分配されるエネルギーが多いので熱容量が大きい．気体のモル熱容量は，エネルギーの等分配則を使って見積もれる．■

† 訳注：原子の重いヨウ素分子 I_2 は，振動エネルギー準位の間隔が十分にせまいため，室温付近でも振動にエネルギー $\frac{1}{2}kT\times2$ が分配される結果，その分だけ熱容量の値が大きくなる．

④ 物理変化とエンタルピー

固体や液体をつくる分子は，分子間力で引きあう．融解や蒸発は，分子を引き離す相変化（状態変化）で，分子間力に打ち勝つエネルギーを要するため，吸熱変化になる．分子の触れあいが増す相変化（凝縮や凝固）は，分子の引きあいが強まってエネルギーが放出されるから，発熱変化になる．定圧下の相変化に伴う熱の出入りは，物質のエンタルピー変化を表す．

同じ温度なら，気相は液相よりエネルギー（エンタルピー）が大きい．気相と液相のエンタルピー差を**蒸発エンタルピー**（enthalpy of vaporization）といい，1 mol あたりの値を記号 $\Delta_{蒸発}H$ で表す．

$$\Delta_{蒸発}H = H_m(蒸気) - H_m(液体) \quad (13)$$

たいていの物質で，$\Delta_{蒸発}H$ は温度にあまりよらない．たとえば水の $\Delta_{蒸発}H$ は，100 °C（沸点）で 40.7 kJ mol^{-1}，25 °C で 44.0 kJ mol^{-1} になる．44.0 kJ mol^{-1} は，25 °C の水 1.00 mol（18.0 g）を蒸発させるのに，44.0 kJ の熱が必要だということを意味する．

復習 4・10 A ベンゼン C_6H_6 を熱して沸点（80 °C）にし，さらに 15.4 kJ を与えたら，39.1 g のベンゼンが蒸発した．沸点での蒸発エンタルピーを求めよ．

［答：30.8 kJ mol^{-1}］

復習 4・10 B 23 g のエタノール C_2H_5OH を沸点にし，さらに 22 kJ を与えたら完全に蒸発した．沸点での蒸発エンタルピーを求めよ．

物質 10 種の蒸発エンタルピー $\Delta_{蒸発}H$ を**表 4・3** に示す．$\Delta_{蒸発}H$ は必ず正値（吸熱）だから，“＋”符号は省いてもよい．分子間力の強い（たとえば水素結合をもつ）化合物は，液体中の分子を引き離すのに大きなエネルギーを要するため，$\Delta_{蒸発}H$ が大きい．

表 4・3 物理変化の標準エンタルピー変化[a]

物 質	化学式	凝固点 (K)	$\Delta_{融解}H^\circ$ (kJ mol^{-1})	沸 点 (K)	$\Delta_{蒸発}H^\circ$ (kJ mol^{-1})
アセトン	CH_3COCH_3	177.8	5.72	329.4	29.1
アルゴン	Ar	83.8	1.2	87.3	6.5
アンモニア	NH_3	195.4	5.65	239.7	23.4
エタノール	C_2H_5OH	158.7	4.60	351.5	43.5
水 銀	Hg	234.3	2.292	629.7	59.3
ヘリウム	He	3.5	0.021	4.22	0.084
ベンゼン	C_6H_6	278.6	10.59	353.2	30.8
水	H_2O	273.2	6.01	373.2	40.7[b]
メタノール	CH_3OH	175.2	3.16	337.8	35.3
メタン	CH_4	90.7	0.94	111.7	8.2

a) 相転移温度での値．記号“°”は標準状態（4・4 節）を意味する．
b) 25 °C で 44.0 kJ mol^{-1}．

分子間のポテンシャル曲線（**図 4・20**）に注目しよう．“井戸の深さ”が，液体のエンタルピー低下分を表す．“井戸の底”から右に向かうと，相互作用（安定化）が弱まってゆき，気体に近づく．蒸発エンタルピーの大きい物質は，分子間の相互作用が強いため，ポテンシャル曲線の井戸が深い．

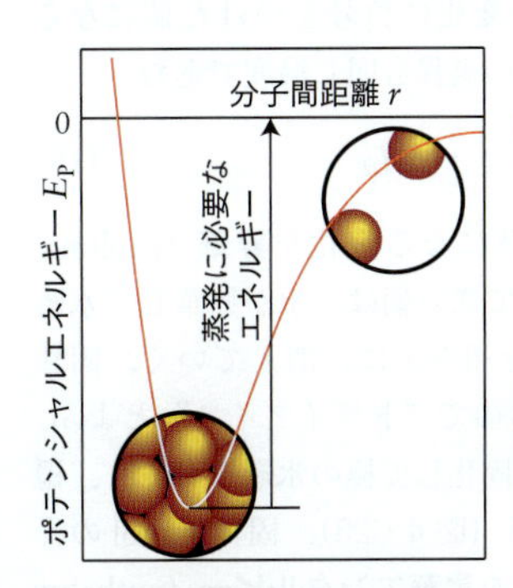

図 4・20 分子間のポテンシャル曲線．分子が（右から）近づきあえば，エネルギーは下がる（近づきすぎるとまた上がる）．“井戸の底”が，液体の平均分子間距離に対応．井戸の底から右手に向かう“這い上がり”が，液体の蒸発を表す．

固体 1 mol の融解に伴うエンタルピー変化を**融解エンタルピー**（enthalpy of fusion）といい，記号 $\Delta_{融解}H$ で表す．

$$\Delta_{融解}H = H_m(液体) - H_m(固体) \quad (14)$$

唯一の例外（ヘリウム）を除くと融解は吸熱で，$\Delta_{融解}H$ が正値になるため，“＋”符号は省いてもよい（表 4・3）．水の融解エンタルピーは 0 °C で 6.01 kJ mol^{-1} だから，0 °C で 1.0 mol の $H_2O(s)$（氷 18 g）を融かすには，6.01 kJ の熱をつぎこむ．同量の水を蒸発させるエネルギーはずっと大きい（40 kJ 以上）．

固体が融けると，分子は少し自由になる．ただし分子間距離はあまり増えないため，分子間相互作用の強さは固体のときと大差ない（**図 4・21** 中央）．

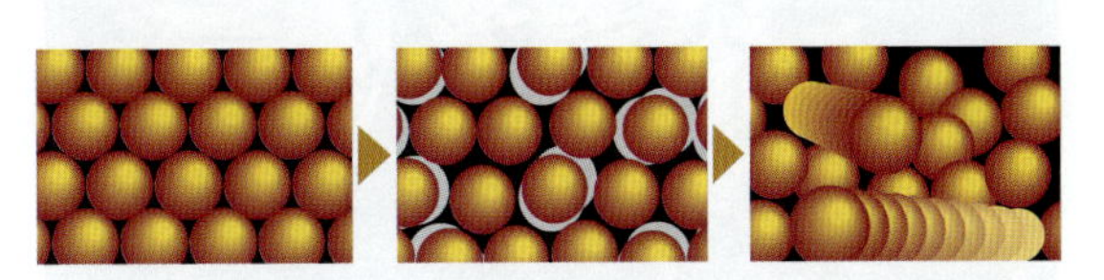

図 4・21 融解のイメージ．固定点で振動する固体中の分子（左）．熱を受けとり，固定点を離れて動く分子（中）．分子がランダムに動き回る液体（右）．

液体 1 mol の凝固（固化）に伴うエンタルピー変化を，**凝固エンタルピー**（enthalpy of freezing）という．エンタルピーは状態量だから，凝固→融解で得た水も，凝固前の水も，エンタルピーは等しい．だから凝固エンタルピーは，融解エンタルピーの符号を変えたものになる．0 °C の水 1 mol でいうと，凝固するとき 6.01 kJ の熱を出すため，凝固エンタルピーは −6.01 kJ mol^{-1} に等しい．

ある変化（正過程）のエンタルピー変化は，逆向き変化

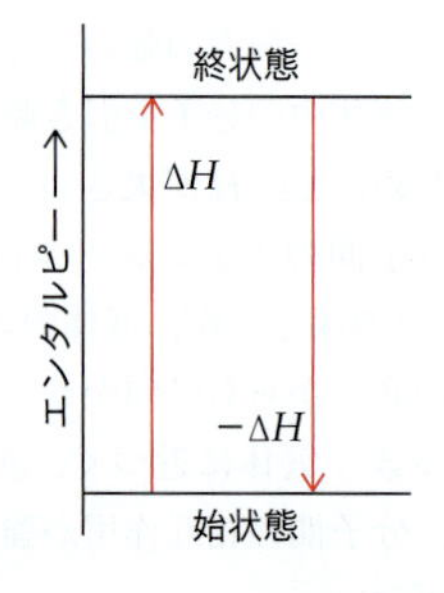

図 4・22 正・逆過程のエンタルピー変化は，同じ温度なら符号が逆で，絶対値は等しい．

(逆過程) のエンタルピー変化に負号をつけた値になる (図 4・22)．ただしどちらの過程も同じ温度で進む．

$$\Delta H_{正} = -\Delta H_{逆} \tag{15}$$

液体を通らず固体が気体になる変化を**昇華** (sublimation) という．湿度が低くて寒い朝は，氷が昇華して水蒸気になるため，霜が (水を通らずに) 消えていく．固体の二酸化炭素も，昇華するので "ドライアイス" とよぶ．火星では冬に二酸化炭素が固化して極の氷冠をつくり，穏やかな夏が来ると昇華する (図 4・23)．固体 1 mol の昇華に伴うエンタルピー変化を**昇華エンタルピー** (enthalpy of sublimation) といい，記号 $\Delta_{昇華}H$ で表す．

$$\Delta_{昇華}H = H_{\mathrm{m}}(蒸気) - H_{\mathrm{m}}(固体) \tag{16}$$

エンタルピーは状態量だから，昇華エンタルピーは，"固体→気体" の変化でも，仮想的な "固体→液体→気体" の 2 段階変化でも等しい．つまり昇華エンタルピーは，同じ温度で測った融解エンタルピーと蒸発エンタルピーの和に書ける (図 4・24)．

$$\Delta_{昇華}H = \Delta_{融解}H + \Delta_{蒸発}H \tag{17}$$

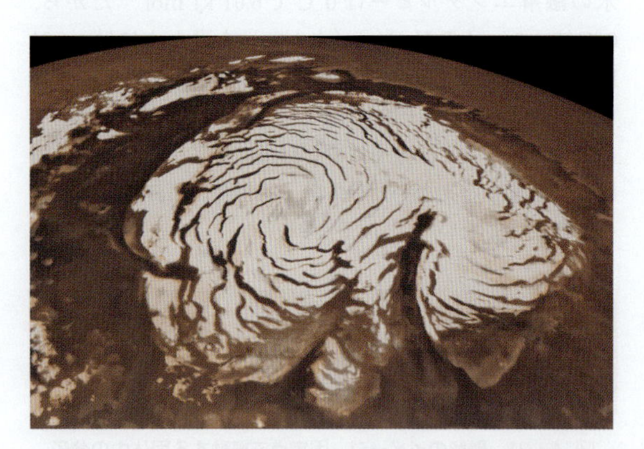

図 4・23 季節ごとに拡大・縮小をくり返す火星の極の氷冠．気体の二酸化炭素が固化した氷冠は，昇華で消える．

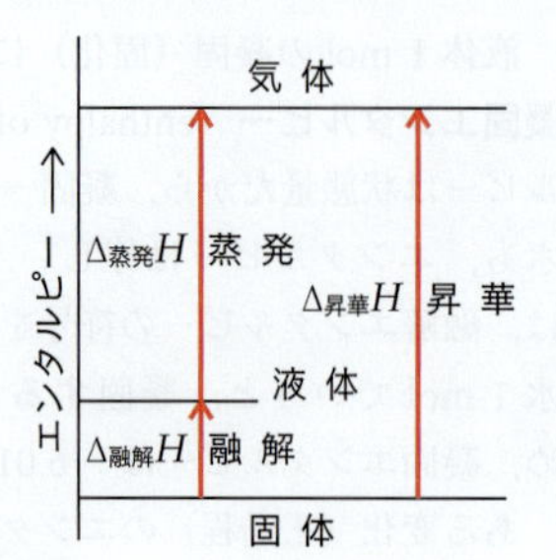

図 4・24 $\Delta_{昇華}H$ と $\Delta_{融解}H$，$\Delta_{蒸発}H$ の関係．

復習 4・11 A 25 °C でナトリウムの融解エンタルピーは 2.6 kJ mol^{-1}，昇華エンタルピーは 101 kJ mol^{-1} となる．同じ 25 °C で蒸発エンタルピーはいくらか．

[答: 98 kJ mol^{-1}]

復習 4・11 B 25 °C でメタノールの蒸発エンタルピーは 38 kJ mol^{-1}，融解エンタルピーは 3 kJ mol^{-1} となる．同じ 25 °C で昇華エンタルピーはいくらか．

要 点 逆反応の ΔH は，正反応の符号を変えた値になる．段階いくつかの ΔH を足しあわせたものが，全反応の ΔH に等しい．■

⑤ 加 熱 曲 線

物質の $\Delta_{融解}H$ と $\Delta_{蒸発}H$ は，**加熱曲線** (heating curve) の形を決める．加熱曲線とは，定圧のもと，一定の速さ (一定のエンタルピー増加ペース) で試料を熱したときの温度変化をいう (コラム)．

化学の広がり 10 加熱曲線の姿

示差熱分析 (DTA＝differential thermal analysis) では，大きな金属ブロックを熱の良導体 (ヒートシンク) に使い，その内部に試料と参照 (基準) 物質 (融点が高くて相変化じない Al_2O_3 など) を納め (図 1)，ゆっくりと熱していく．3 本の熱電対で温度をモニターし，試料と参照物質の温度差を精密に測る．試料だけが昇温を止めたら，相変化に伴う吸熱 (熱容量の変化) と判断してよい．そんな出来事を "DTA 曲線" が教えてくれる．

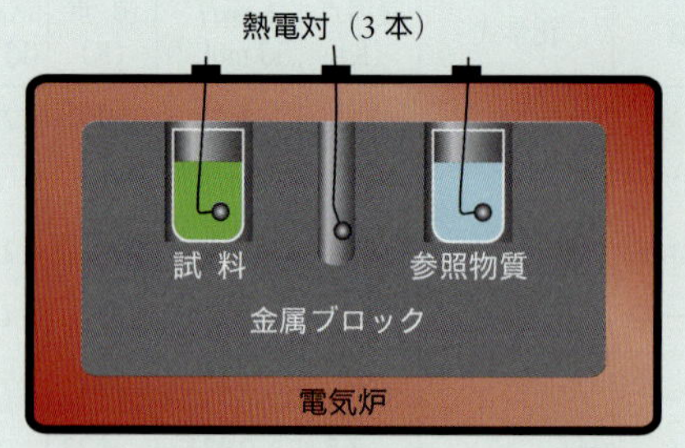

図 1 DTA 装置．全体を一定ペースで昇温し，試料の熱容量が変わる温度をつかむ．

示差走査熱量測定 (DSC＝differential scanning calorimetry) では熱容量の変化をもっと精密に測れる．装置は DTA と似ているが，試料と参照物質を別々のヒートシンクに納め，個別に加熱する点がちがう (図 2)．試料と参照物質にわずかな温度差でも生じたら，リレー回路で試料の加熱を加減し，温度が一定に保たれるようにする．参照物質に比べて試料の熱容量が大きければ，試料の加熱速度を上げる．相変化を起こした試料へのエネルギー供給を増やし，相変化を完了させる．

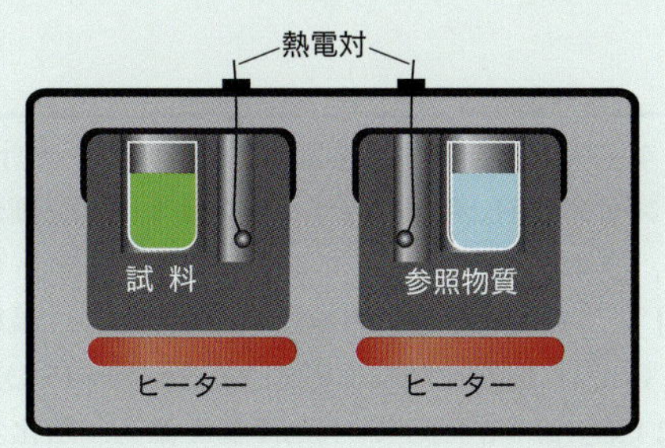

図 2 DSC 装置．同じヒートシンク内で試料と参照物質を別々に熱する．ヒーターの電力を加減し，試料と参照物質の温度を共通にする．供給熱量に対する加熱電力の差が出力となる．

試料への供給電力と温度 T の関係を表す“DSC 曲線”は，相変化に伴う“落ちこみ”を見せる（図 3）．通常の加熱曲線とはだいぶちがうけれど，加熱曲線への変換はやさしい．

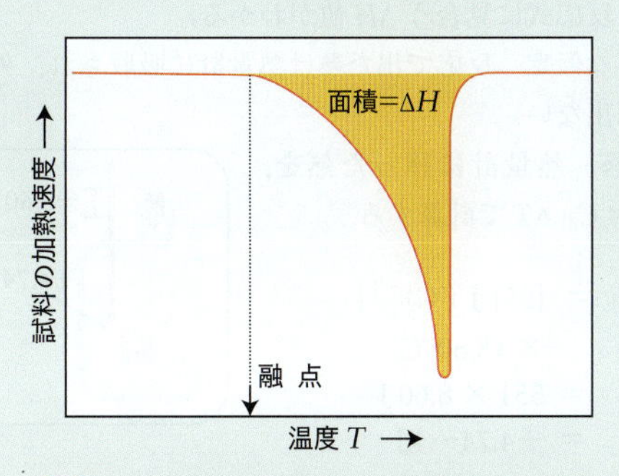

図 3 DSC 曲線の例．下向きの変化は，相変化（融解など）による吸熱を表す．

氷点下の氷をゆっくり熱していくとしよう（図 4・25）．氷の H_2O 分子が固定点まわりで振動する勢いが強まるため，温度はまず直線的に上がる．融点に届くと，一部の分子は固定点を離れて動き回れる．そのあと，入った熱は

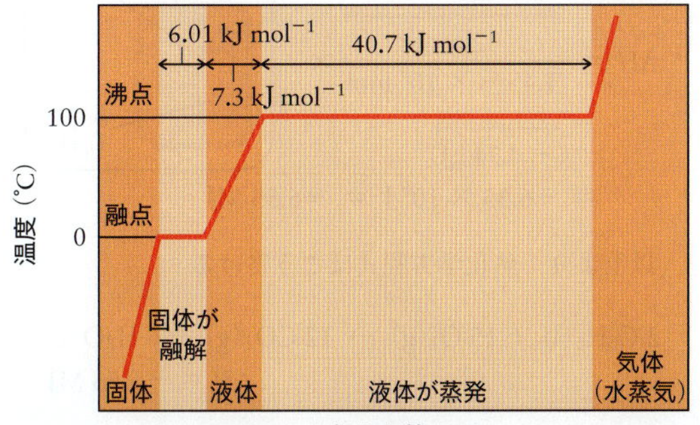

図 4・25 水の加熱曲線．融点では，熱が融解に使われるので温度が上がらない．氷が融けきると温度はまた上がる．液体の熱容量は固体より大きいから，液体部分の傾きは固体部分より小さい．

（分子運動の活発化ではなく）分子の引きあいを切るのに使われるので，氷が残っているかぎり，加熱を続けても温度は融点にとどまる．

氷が融けきったあと，温度はまた上がり始める．沸点に届くと，熱は分子間力の切断（水蒸気の生成）に使われるため，温度がまた一定になる．蒸発が終われば，熱は水蒸気の並進運動に使われるので，温度がまた上がっていく．

純物質の加熱曲線は図 4・25 の形になる．ただし，沸点を少し越えた温度で沸騰が始まる（始まったあと沸点に戻る）こともある．それを**過熱**（superheating）という．同様に，物質を冷やしたとき，凝固点より低い温度でようやく凝固する現象を，**過冷却**（supercooling）とよぶ（凝固が始まると，温度は凝固点に戻る）．

こぼれ話 氷晶雨や着氷性降雨ともよぶ雨氷（うひょう）（過冷却状態の降雨）は，冷たいものに触れたとたん凝固してしまうため，そんな気象条件で車を運転する際は注意しよう．■

熱容量の小さい物質ほど，加熱曲線の傾きが大きい．水の加熱曲線なら，固体（氷）域と気体（水蒸気）域の傾きは，液体部分より大きい．つまり液体の水は，氷や水蒸気より熱容量が大きい．液体中には，氷をつくっていた水素結合が，まだずいぶん残っているからそうなる（室温でも 60～70％が残留）．分子内の原子間結合よりずっと弱い水素結合は，わずかなエネルギーで励起され，室温でも熱の“預金先”になれるため，水は熱容量が大きい．

要 点 融点や沸点では，熱を加えても温度は変わらない．熱容量が小さい相ほど，加熱曲線の傾きは大きい．■

身につけたこと

定圧系が授受する熱つまりエンタルピー変化は，“膨張仕事を考慮ずみ”だから使いやすい．段階を経て進む現象や，物理変化に伴うエンタルピー変化は計算できる．以上を学び，つぎのことができるようになった．

❑1 状態量としてのエンタルピーの定義（① 項）
❑2 エンタルピー変化の解釈（① 項）
❑3 理想気体が示す定圧熱容量と定積熱容量の区別（② 項）
❑4 理想気体の加熱に伴うエンタルピー変化の計算（例題 4・6）
❑5 蒸発エンタルピー，融解エンタルピー，昇華エンタルピーの定義（④ 項）
❑6 物質の加熱曲線の解釈（⑤ 項）

4・4 熱 化 学

なぜ学ぶのか？ 化学反応の考察に熱力学を使う際，いちばんわかりやすい枠組みが熱化学だと思ってよい．

必要な予備知識　エンタルピー（状態量）と定圧熱容量の意味（前節）．熱量計のしくみ（4・2節）をつかんでおきたい．

前節では物理変化に伴うエンタルピー変化を調べた．エネルギーやエンタルピーは，化学反応（化学変化）でも変わる．反応のエンタルピー変化は，よい燃料の選択，新薬の設計，生化学反応の解析など，さまざまな面に関係する．熱力学の応用分野のひとつとなる**熱化学**（thermochemistry）では，化学反応に伴う熱の出入りをくわしく扱う．多くの反応は一定圧力のもとで進むため，熱化学のコアには，定圧のもと反応系が吸収・放出する熱つまりエンタルピー変化 $\Delta H = q_P$ がある．

① 反応エンタルピー

化学反応に必ず伴うエネルギー変化は，ふつう熱の出入りという形で現れる．酸素との反応〔**燃焼**（combustion）〕を考えよう．熱量計を使う測定で，たとえばメタン（天然ガスの主成分）1.00 mol が燃えると，298 K・1 bar で 890 kJ の熱が出る．それをつぎのような**熱化学方程式**（thermochemical equation）に書く．

$$CH_4(g) + 2\,O_2(g) \rightarrow CO_2(g) + 2\,H_2O(l) \qquad \Delta H = -890\ \mathrm{kJ} \qquad (A)$$

熱化学方程式は，化学反応式と**反応エンタルピー**（reaction enthalpy）ΔH のセットを意味する[†]．ΔH は，係数のない物質 1 mol（係数 2 の物質なら 2 mol）あたりで表す．つまり上式の ΔH は，1 mol の $CH_4(g)$ や 2 mol の $O_2(g)$ あたりの値になる．物質の係数を 2 倍にしたら，反応エンタルピー ΔH も 2 倍にする．

$$2\,CH_4(g) + 4\,O_2(g) \rightarrow 2\,CO_2(g) + 4\,H_2O(l) \qquad \Delta H = -1780\ \mathrm{kJ}$$

先ほどの“298 K（約 25 ℃）”を見て，そんな低温で燃えるはずはない……と首をひねる読者もいよう．実のところ ΔH 値は，298 K の反応物に点火し，燃えたあとの生成物を冷やして 298 K に戻したときの熱収支を表す．エンタルピー H は状態量だから，途中でたどる経路に関係なく，値がひとつに決まる．

エンタルピーは状態量なので，反応式を逆向きに書けば符号が変わる．

$$CO_2(g) + 2\,H_2O(l) \rightarrow CH_4(g) + 2\,O_2(g) \qquad \Delta H = +890\ \mathrm{kJ}$$

つまり，1 mol の $CO_2(g)$ と 2 mol の $H_2O(l)$ から 1 mol の $CH_4(g)$ と 2 mol の $O_2(g)$ を（定圧で）つくるには，熱の形で 890 kJ のエネルギーを投入しなければいけない．

† 訳注：日本の高校が“熱化学方程式”として教えてきた表現“$CH_4 + 2\,O_2 = CO_2 + 2\,H_2O + 890$ kJ”は，国際慣行に合っていない．

例題 4・7　実験データから反応エンタルピーの計算

ベンゼン C_6H_6 を混ぜたガソリンはオクタン価が上がり，きれいに燃える．ベンゼン 0.113 g を熱容量 551 J ℃$^{-1}$ の定圧熱量計中で燃やしたところ，温度が 8.60 ℃ だけ上がった．反応式 $2\,C_6H_6(l) + 15\,O_2(g) \rightarrow 12\,CO_2(g) + 6\,H_2O(l)$ に ΔH 値を添え，熱化学方程式を完成せよ．

予 想　発熱反応だから（燃焼はどれも発熱），ΔH は負値だろう．

方 針　定圧条件で出る熱 q は，熱量計の熱容量と温度変化の積になる．ベンゼンのモル質量（78.12 g mol^{-1}）から量 n（mol）を決め，q を $(2/n)$ 倍すれば，反応式に見合う ΔH 値がわかる．

大事な仮定　反応で出た熱は熱量計に吸収され，外界には出ない．

解 答　熱量計に移った熱を，$q_{計} = C_{計}\Delta T$ で計算する．

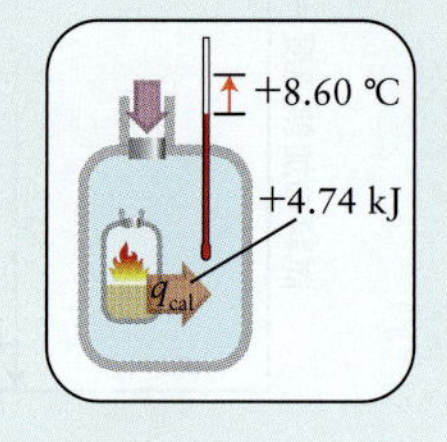

$$q_{計} = \{551\ \mathrm{J\,(℃)^{-1}}\} \times (8.60\ ℃) = 551 \times 8.60\ \mathrm{J} = +4.74\cdots\ \mathrm{kJ}$$

反応するベンゼンの量 $n = m/M$ を求める．

$$n = \frac{0.113\ \mathrm{g}}{78.12\ \mathrm{g\,mol^{-1}}} = \frac{0.113}{78.12}\ \mathrm{mol} = 1.45\cdots \times 10^{-3}\ \mathrm{mol}$$

C_6H_6 の係数は 2 だから，$\Delta H = (2\ \mathrm{mol}) \times q/n$ $(q = -q_{計})$ となる．

$$\Delta H = \overbrace{\frac{2\ \mathrm{mol}}{1.45\cdots \times 10^{3}\ \mathrm{mol}}}^{\text{2 mol に合わせる}} \times \underbrace{(-4.74\ \mathrm{kJ})}_{q} = -6.55 \times 10^{6}\ \mathrm{J} = -6.55\ \mathrm{MJ}$$

以上より，熱化学方程式はこう書ける．

$$2\,C_6H_6(l) + 15\,O_2(g) \rightarrow 12\,CO_2(g) + 6\,H_2O(l) \qquad \Delta H = -6.55\ \mathrm{MJ}$$

確 認　予想どおり，発熱反応に合う $\Delta H < 0$ だった．

復習 4・12 A　熱容量 216 J ℃$^{-1}$ の定圧熱量計中でリン 0.231 g と塩素を反応させて三塩化リン PCl_3 にし

たとき，熱量計の温度が 11.06 ℃ 上がった．この反応を熱化学方程式で書け．

［答：$2\,P(s) + 3\,Cl_2(g) \rightarrow 2\,PCl_3(l)$，$\Delta H = -641\ kJ$］

復習 4・12 B　復習 4・12A と同じ熱量計中，過剰の酸素で 0.338 g のペンタン C_5H_{12} を燃やしたところ，水（液体）と二酸化炭素が生成し，熱量計の温度が 76.7 ℃ 上がった．この反応を熱化学方程式で書け．

要 点　化学反応式と，その化学量論に合う ΔH 値を並べたものを，熱化学方程式という．■

② ΔH と ΔU の関係

定積熱量計では内部エネルギー変化 ΔU を測り（$\Delta U = q_V$：4・2 節），定圧熱量計ではエンタルピー変化 ΔH を測る（$\Delta H = q_P$：4・3 節）．ときには，実測の ΔU を ΔH に換算したい．たとえば，グルコース（ブドウ糖）の燃焼に伴う ΔU はボンベ熱量計で測れるけれど，定圧下の代謝で出るエネルギー量の評価には，ΔH の値が必要になる．

反応物にも生成物にも気体成分がなければ，$\Delta U \approx \Delta H$ とみてよい．気体が生じる反応では，気体のする膨張仕事がエネルギーを消費するため，ΔU と ΔH に差が出る．理想気体に近い気体だと，状態方程式で ΔH と ΔU が結びつく．それをつぎのコラムで調べよう．

式の導出　ΔH と ΔU の関係

反応物が量 n_1（mol）の気体を含むとしよう．理想気体なら $PV = nRT$ が成り立つため，反応物のエンタルピー H_1 はこう書ける．

$$H_1 = U_1 + PV_1 = U_1 + n_1(g)RT$$

生成物が量 n_2 の気体を含めば，生成物のエンタルピー H_2 はつぎの形に書ける．

$$H_2 = U_2 + PV_2 = U_2 + n_2(g)RT$$

引き算をすると，次式が成り立つ．

$$\underbrace{H_2 - H_1}_{\Delta H} = \underbrace{U_2 - U_1}_{\Delta U} + \underbrace{\{n_2(g) - n_1(g)\}}_{\Delta n_{気体}} RT$$

コラムの結果より，$\Delta n_{気体} = n_2 - n_1$ を使うと，ΔH と ΔU はつぎの関係にある．

$$\Delta H = \Delta U + \Delta n_{気体} RT \qquad (18)$$

気体が発生（または増加）すれば $\Delta n_{気体} > 0$ だから，絶対値が $\Delta H < \Delta U$ となる（ΔH も ΔU も負値のとき）．定積（ΔU）に比べ定圧（ΔH）では，増える気体の膨張仕事だけ，とり出せるエネルギーが減る．反応中に気体の量が変わらなければ，ΔH と ΔU は等しい．

例題 4・8　化学反応の ΔH と ΔU の関係

グルコース代謝の ΔH 値は，カロリー計算に欠かせない．グルコース 1.00 mol の燃焼〔$C_6H_{12}O_6(s) + 6\,O_2(g) \rightarrow 6\,CO_2(g) + 6\,H_2O(g)$〕から出る熱を定積熱量計で測ったところ，298 K で 2559 kJ だった（$\Delta U = -2559\ kJ$）．エンタルピー変化 ΔH はいくらか．

予 想　気体が 6 mol → 12 mol と増えるため，ΔH の絶対値は ΔU より小さいだろう．

大事な仮定　気体はみな理想気体とする．

解 答　$\Delta n_{気体} = n_2 - n_1$ を計算する．

$$\Delta n_{気体} = 12 - 6\ mol = +6\ mol$$

$\Delta H = \Delta U + \Delta n_{気体} RT$ から，ΔH はつぎのようになる．

$$\begin{aligned}\Delta H &= -2559\ kJ + (6\ mol) \times (8.3145 \times 10^{-3}\ kJ\ K^{-1}\ mol^{-1}) \times (298\ K) \\ &= -2559\ kJ + 14.9\ kJ = -2544\ kJ\end{aligned}$$

確 認　予想どおり，ΔH の絶対値は ΔU より小さかった．

復習 4・13 A　シクロヘキサン C_6H_{12} の燃焼は，熱化学方程式でこう書ける．

$$C_6H_{12}(l) + 9\,O_2(g) \rightarrow 6\,CO_2(g) + 6\,H_2O(l) \quad \Delta H = -3920\ kJ\ (298\ K)$$

同じ 298 K で ΔU はいくらか．

［答：$-3.91 \times 10^3\ kJ$］

復習 4・13 B　米国発祥の“ドラッグレース”で燃料に使うニトロメタン CH_3NO_2 の燃焼反応はこう書ける．

$$4\,CH_3NO_2(l) + 3\,O_2(g) \rightarrow 4\,CO_2(g) + 2\,N_2(g) + 6\,H_2O(l)$$

900 ℃ の定圧条件でニトロメタン 1.000 mol を燃やせば，熱の形で 713 kJ のエネルギーが出る．ΔU はいくらか．

要 点　気体が増す反応の ΔH は，ΔU より負の程度（絶対値）が小さい．気体の量が変わらない反応なら，ΔH と ΔU はほぼ等しい．■

③ 標準反応エンタルピー

反応で出入りする熱は反応物と生成物の物理的状態で変わるため，反応エンタルピーの計算では，物質それぞれの状態を指定しなければいけない．たとえばエチレン（エテン）の燃焼は，同じ 1 bar・298 K の条件でも，2 種類の熱化学方程式に書ける．

$$C_2H_4(g) + 3\,O_2(g) \rightarrow 2\,CO_2(g) + 2\,H_2O(g) \quad \Delta H = -1323\ \mathrm{kJ} \tag{B}$$

$$C_2H_4(g) + 3\,O_2(g) \rightarrow 2\,CO_2(g) + 2\,H_2O(l) \quad \Delta H = -1411\ \mathrm{kJ} \tag{C}$$

水 H_2O が気体（B）か液体（C）かで，発熱量はちがう．25 °C で水蒸気は液体の水よりエンタルピーが 44 kJ $\mathrm{mol^{-1}}$ だけ大きいため（表 4・3），水蒸気ができるときは，88 kJ（2 mol 分）が水蒸気に“貯まっている”（図 4・26）．反応のあと水蒸気 2 mol が液体になれば，88 kJ の熱が出る．

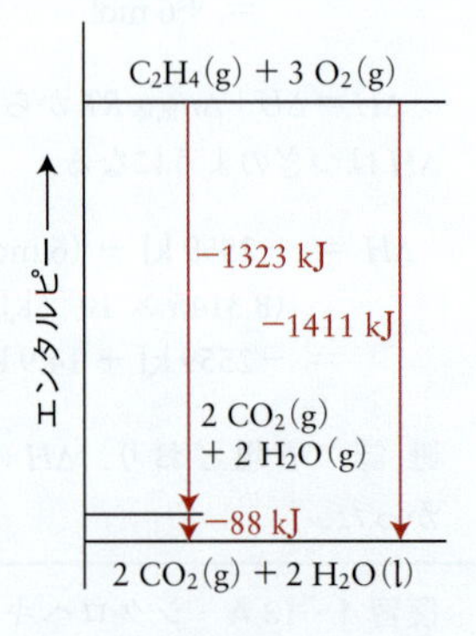

図 4・26　エチレン 1 mol の燃焼とエンタルピー変化．左では水蒸気ができ，右では液体の水ができる．発熱量の差 88 kJ が，水 2 mol の蒸発エンタルピーを表す．

反応エンタルピーの値は，圧力などの条件でも変わる．そのため，ある**標準状態**（standard state）を決めて表す．標準状態は，“圧力 1 bar のもとにある純物質”とする．1 bar のもと，水の標準状態は純水，氷の標準状態は純粋な氷になる．なお“純粋な溶液”というものは存在しないため，溶質の標準状態は特別な状況（濃度 1 mol $\mathrm{L^{-1}}$）とみる†．ある性質 X の標準値（物質が標準状態にあるときの X の値）を $X°$ と書く．本書では，反応物も生成物も標準状態にあるときのデータ類を使う．

† 訳注：物質の標準状態（液体や固体：純物質，気体：1 bar，溶質：1 mol $\mathrm{L^{-1}}$）は，どれも“活量＝1”を意味する（5・6 節）．

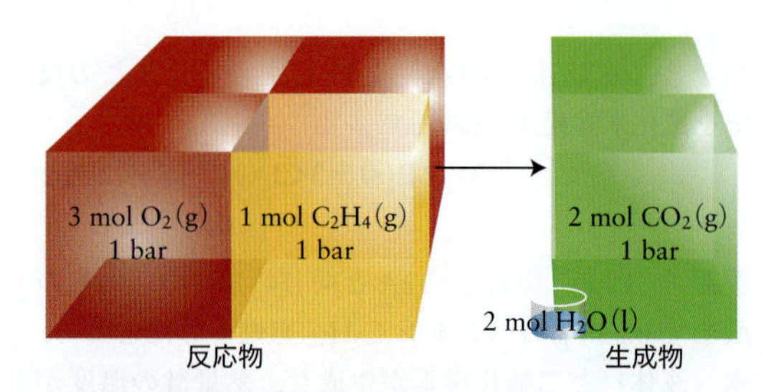

図 4・27　エチレンの燃焼の $\Delta H°$ を決める条件．系の体積が減る点にも注目しよう．

注目！ 標準圧力を 1 bar ではなく“1 atm”とするデータ集も多い．両者の差は約 1% だから（1 atm = 1.013 bar），精密さが命でもない話には，1 atm でのデータを使ってもよい．■

標準反応エンタルピー（standard reaction enthalpy）$\Delta H°$ は，標準状態の反応物が生成物になるときのエンタルピー変化を表す．たとえば反応（C）の $\Delta H = -1411$ kJ は，1 bar の純エチレン 1 mol と純 O_2 が反応し，1 bar の純 CO_2 と液体の H_2O ができるなら，“$\Delta H°$”とみてよい（図 4・27）．

反応エンタルピーの圧力変化は大きくないため，1 bar 前後（1 atm 前後）なら，実測値 ΔH を標準値 $\Delta H°$ とみてかまわない．本章の範囲内で標準反応エンタルピーは $\Delta H°$ と書き，ふつう kJ $\mathrm{mol^{-1}}$ 単位で表す．また燃焼エンタルピーは通常，combustion（燃焼）の c を添えて $\Delta_c H$ や $\Delta_c H°$ と書く．

ふつう熱化学データは，25 °C（298.15 K）の値を使う．ただし，温度は“標準状態の定義”に関係しないため，どんな温度を考えてもよい（298.15 K は，よく使う温度にすぎない）．特記しないかぎり，本書の反応エンタルピーは 298.15 K での値とする．

標準燃焼エンタルピー（standard enthalpy of combus-

表 4・4　標準燃焼エンタルピーの例（25 °C）[a]

物　質	化学式	$\Delta_c H°$ (kJ $\mathrm{mol^{-1}}$)	比エンタルピー (kJ $\mathrm{g^{-1}}$)	エンタルピー密度[b] (kJ $\mathrm{L^{-1}}$)
エタノール	$C_2H_5OH(l)$	−1368	29.7	2.3×10^4
アセチレン（エチン）	$C_2H_2(g)$	−1300	49.9	53
オクタン	$C_8H_{18}(l)$	−5471	47.9	3.4×10^4
グルコース	$C_6H_{12}O_6(s)$	−2808	15.59	2.4×10^4
水　素	$H_2(g)$	−286	142	12
炭　素	C(s, 黒鉛)	−394	32.8	7.4×10^4
尿　素	$CO(NH_2)_2(s)$	−632	10.52	1.4×10^4
プロパン	$C_3H_8(g)$	−2220	50.35	91
ベンゼン	$C_6H_6(l)$	−3268	41.8	3.7×10^4
メタン	$CH_4(g)$	−890	55.5	36

a) 燃焼のとき C は CO_2 に，H は $H_2O(l)$ に，N は N_2 になると仮定．付録 2A も参照．　b) 1 atm での値．

tion) $\Delta_c H^\circ$ の例を表4・4に示す．有機化合物が燃えると気体の CO_2 と液体の H_2O ができ，窒素分Nは〔NO(g) や NO_2(g) ができる特殊なケースを除き〕気体の N_2 になる．

実用上，たとえば車の燃料なら，重さや体積あたりの発熱量を知りたい．質量あたりの燃焼エンタルピーを**比エンタルピー**（specific enthalpy）といい，kJ g^{-1} 単位で表す．標準燃焼エンタルピーを燃料のモル質量で割れば比エンタルピーになる．かたや体積あたりの発熱量は**エンタルピー密度**（enthalpy density）とよぶ．標準燃焼エンタルピーを燃料のモル体積で割り，kJ L^{-1} 単位で表す．

標準反応エンタルピーの値から，定圧の標準状態で進む反応の発熱量や吸熱量（$\Delta H^\circ = q_P$: 4・3節）を，その反応が現に起こるかどうかに関係なく，反応物や生成物の量（mol）や質量，体積あたりで計算できる．

例題4・9 燃料の発熱量の計算

ブタン C_4H_{10} は使い捨てライターやキャンプ用の液体燃料に使う．350 kJ の熱（17 ℃の水1Lを沸騰させるのに十分な量）を得るのに必要なブタンは何gか．熱化学方程式はつぎのように書ける．

$$2\,C_4H_{10}(g) + 13\,O_2(g) \rightarrow 8\,CO_2(g) + 10\,H_2O(l) \quad \Delta H^\circ = -5756\ \mathrm{kJ}$$

予 想 キャンプ経験のある読者なら，せいぜい10gだとわかるだろう．

方 針 熱化学方程式からブタンの量（mol）を求め，モル質量を使ってg単位にする．

大事な仮定 発生した熱の全部が水を温める（現実には必ずロスがある）．

解 答 熱化学方程式から，つぎの当量関係がわかる．

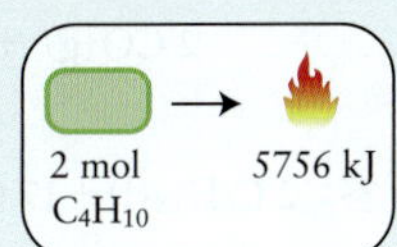

$$5756\ \mathrm{kJ} \cong 2\ \mathrm{mol}\ C_4H_{10}$$

発熱量が350 kJとなるブタンの量（mol）を求める．

350 kJ × 2 mol / 5756 kJ × 58.12 g / 1 mol = 7.07 g

$$n(C_4H_{10}) = (350\ \mathrm{kJ}) \times \frac{2\ \mathrm{mol}\ C_4H_{10}}{5756\ \mathrm{kJ}} = \frac{350 \times 2}{5756}\ \mathrm{mol}\ C_4H_{10} = 0.122\cdots\ \mathrm{mol}\ C_4H_{10}$$

関係式 $m = nM$ とモル質量 58.12 g mol^{-1} から，ブタンの質量を求める．

$$m(C_4H_{10}) = (0.122\cdots\ \mathrm{mol}\ C_4H_{10}) \times (58.12\ \mathrm{g\ mol^{-1}}) = 7.07\ \mathrm{g}\ C_4H_{10}$$

確 認 予想どおり，わずか7gほどだった．

復習4・14 A プロパンの燃焼はつぎの熱化学方程式に書ける．

$$C_3H_8(g) + 5\,O_2(g) \rightarrow 3\,CO_2(g) + 4\,H_2O(l) \quad \Delta H^\circ = -2220\ \mathrm{kJ}$$

発熱量350 kJを得るには，何gのプロパンを燃やせばよいか．ブタンより軽くてすむだろうか．

［答: 6.95 g; ブタンよりほんの少し軽くてすむ］

復習4・14 B エタノールを浸みこませた固形燃料がある．発熱量350 kJを得るには，何gのエタノールを燃やせばよいか．エタノールの燃焼はつぎの熱化学方程式に書ける．

$$C_2H_5OH(l) + 3\,O_2(g) \rightarrow 2\,CO_2(g) + 3\,H_2O(l) \quad \Delta H^\circ = -1368\ \mathrm{kJ}$$

要 点 標準反応エンタルピーは，反応物も生成物も“標準状態”にあるとしたときのエンタルピー変化をいう．温度はふつう298.15 Kとみなす．■

④ ヘスの法則

エンタルピーは状態量だから，始状態と終状態さえ決まれば，ΔH は経路によらず等しい．そのことは，物理変化につき4・3節で確かめた．化学変化にも当てはまることは，スイスのヘス（Henri Hess）が1840年に報告したため，**ヘスの法則**（Hess's law）という†．

ヘスの法則: 多段階反応の反応エンタルピーは，段階ごとの反応エンタルピーを足しあわせた値になる．

ヘスの法則は，途中の反応や全反応が仮想のものでも成り立つ．反応式の係数が合い，各段階の和が全反応になるなら，未知段階の ΔH を推定できる（図4・28）．

黒鉛（グラファイト）の燃焼を例に考えよう．

$$C(\text{黒鉛}) + O_2(g) \rightarrow CO_2(g) \quad (D)$$

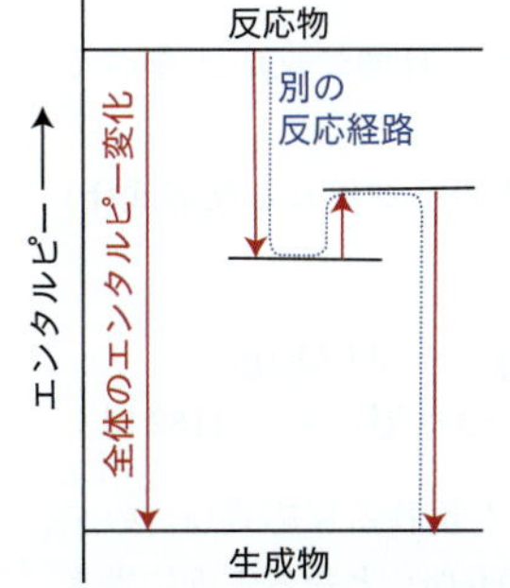

図4・28 ヘスの法則．始状態と終状態が決まれば，途中でどんな段階を通ろうと（仮想の段階でも），反応エンタルピーの和は総反応の ΔH に等しい．

† 訳注: 当時は“発熱量こそ反応の駆動力”と思われ，さかんに熱測定が行われた．ほぼ半世紀後の19世紀末，エントロピー変化（4・6節）も大事な駆動力だとわかる．

反応は2段階で進むと考えよう．まず，黒鉛を一酸化炭素に酸化する．

$$\mathrm{C(黒鉛)} + \frac{1}{2}\mathrm{O_2(g)} \rightarrow \mathrm{CO(g)} \quad \Delta H^\circ = -110.5\ \mathrm{kJ} \qquad \mathrm{(E)}$$

つぎに，一酸化炭素を二酸化炭素に酸化する．

$$\mathrm{CO(g)} + \frac{1}{2}\mathrm{O_2(g)} \rightarrow \mathrm{CO_2(g)} \quad \Delta H^\circ = -283.0\ \mathrm{kJ} \qquad \mathrm{(F)}$$

以上は**逐次反応**（sequential reaction）の例となる．総反応は逐次反応の和に書ける．

$$\mathrm{C(黒鉛)} + \frac{1}{2}\mathrm{O_2(g)} \rightarrow \cancel{\mathrm{CO(g)}} \quad \Delta H^\circ = -110.5\ \mathrm{kJ} \quad \mathrm{(E)}$$

$$\cancel{\mathrm{CO(g)}} + \frac{1}{2}\mathrm{O_2(g)} \rightarrow \mathrm{CO_2(g)} \quad \Delta H^\circ = -283.0\ \mathrm{kJ} \quad \mathrm{(F)}$$

$$\mathrm{C(黒鉛)} + \mathrm{O_2(g)} \rightarrow \mathrm{CO_2(g)} \quad \Delta H^\circ = -393.5\ \mathrm{kJ} \quad \mathrm{(D)} = \mathrm{(E)} + \mathrm{(F)}$$

こうした手続きを踏めば，実験で直接測定できない反応のエンタルピー変化を推定できる．

例題 4・10　ヘスの法則

プロパン C_3H_8 は，炭素 C と水素 H_2 をただ反応させても，まず生じない．以下の熱化学方程式（a）～（c）から，仮想反応

$$3\,\mathrm{C(黒鉛)} + 4\,\mathrm{H_2(g)} \rightarrow \mathrm{C_3H_8(g)}$$

の標準反応エンタルピー ΔH° を求めよ．

(a) $\mathrm{C_3H_8(g)} + 5\,\mathrm{O_2(g)} \rightarrow 3\,\mathrm{CO_2(g)} + 4\,\mathrm{H_2O(l)} \quad \Delta H^\circ = -2220\ \mathrm{kJ}$

(b) $\mathrm{C(黒鉛)} + \mathrm{O_2(g)} \rightarrow \mathrm{CO_2(g)} \quad \Delta H^\circ = -394\ \mathrm{kJ}$

(c) $\mathrm{H_2(g)} + \frac{1}{2}\mathrm{O_2(g)} \rightarrow \mathrm{H_2O(l)} \quad \Delta H^\circ = -286\ \mathrm{kJ}$

方 針　(a)～(c) を組合わせ，目的の反応式をつくる．

解 答　段階1：反応物 C(黒鉛) が現れる反応式(b)を3倍する．

$$3\,\mathrm{C(黒鉛)} + 3\,\mathrm{O_2(g)} \rightarrow 3\,\mathrm{CO_2(g)} \quad \Delta H^\circ = 3 \times (-394\ \mathrm{kJ}) = -1182\ \mathrm{kJ}$$

段階2：生成物 $C_3H_8(g)$ が現れる反応式(a) の左右を逆転させ，生成物が $C_3H_8(g)$ となるように書き直す．そのとき反応エンタルピーの符号は変える．

$$3\,\mathrm{CO_2(g)} + 4\,\mathrm{H_2O(l)} \rightarrow \mathrm{C_3H_8(g)} + 5\,\mathrm{O_2(g)} \quad \Delta H^\circ = +2220\ \mathrm{kJ}$$

以上の反応式と反応エンタルピーを足しあわせる．

$$3\,\mathrm{C(黒鉛)} + 3\,\mathrm{O_2(g)} + 3\,\mathrm{CO_2(g)} + 4\,\mathrm{H_2O(l)} \rightarrow \mathrm{C_3H_8(g)} + 5\,\mathrm{O_2(g)} + 3\,\mathrm{CO_2(g)}$$
$$\Delta H^\circ = (-1182 + 2220)\ \mathrm{kJ} = +1038\ \mathrm{kJ}$$

両辺で共通のものを消し，簡単化する．

$$3\,\mathrm{C(黒鉛)} + 4\,\mathrm{H_2O(l)} \rightarrow \mathrm{C_3H_8(g)} + 2\,\mathrm{O_2(g)} \quad \Delta H^\circ = +1038\ \mathrm{kJ}$$

段階3：不要な H_2O と O_2 を消すため，反応(c) を4倍する．

$$4\,\mathrm{H_2(g)} + 2\,\mathrm{O_2(g)} \rightarrow 4\,\mathrm{H_2O(l)} \quad \Delta H^\circ = 4 \times (-286\ \mathrm{kJ}) = -1144\ \mathrm{kJ}$$

以上2個の反応式を足す．

$$3\,\mathrm{C(黒鉛)} + 4\,\mathrm{H_2(g)} + 4\,\mathrm{H_2O(l)} + 2\,\mathrm{O_2(g)} \rightarrow \mathrm{C_3H_8(g)} + 2\,\mathrm{O_2(g)} + 4\,\mathrm{H_2O(l)}$$
$$\Delta H^\circ = 1038 + (-1144)\ \mathrm{kJ} = -106\ \mathrm{kJ}$$

段階4：両辺で共通のものを消し，最終的な熱化学方程式を得る．

$$3\,\mathrm{C(黒鉛)} + 4\,\mathrm{H_2(g)} \rightarrow \mathrm{C_3H_8(g)} \quad \Delta H^\circ = -106\ \mathrm{kJ}$$

復習 4・15 A　オクタンの不完全燃焼では有毒な一酸化炭素 CO ができる．以下2個の熱化学方程式から，オクタンが燃えて一酸化炭素と水（液体）になる反応を熱化学方程式に書け．

$$2\,\mathrm{C_8H_{18}(l)} + 25\,\mathrm{O_2(g)} \rightarrow 16\,\mathrm{CO_2(g)} + 18\,\mathrm{H_2O(l)} \quad \Delta H^\circ = -10\,942\ \mathrm{kJ}$$

$$2\,\mathrm{CO(g)} + \mathrm{O_2(g)} \rightarrow 2\,\mathrm{CO_2(g)} \quad \Delta H^\circ = -566.0\ \mathrm{kJ}$$

［答：$2\,\mathrm{C_8H_{18}(l)} + 17\,\mathrm{O_2(g)} \rightarrow 16\,\mathrm{CO(g)} + 18\,\mathrm{H_2O(l)}$, $\Delta H^\circ = -6414\ \mathrm{kJ}$］

復習 4・15 B　以下3個の熱化学方程式より，メタンと酸素からメタノール $CH_3OH(l)$ ができる仮想反応を熱化学方程式に書け．

$$\mathrm{CH_4(g)} + \mathrm{H_2O(g)} \rightarrow \mathrm{CO(g)} + 3\,\mathrm{H_2(g)} \quad \Delta H^\circ = +206.10\ \mathrm{kJ}$$

$$2\,\mathrm{H_2(g)} + \mathrm{CO(g)} \rightarrow \mathrm{CH_3OH(l)} \quad \Delta H^\circ = -128.33\ \mathrm{kJ}$$

$$2\,\mathrm{H_2(g)} + \mathrm{O_2(g)} \rightarrow 2\,\mathrm{H_2O(g)} \quad \Delta H^\circ = -483.64\ \mathrm{kJ}$$

要 点　逐次反応の熱化学方程式を足しあわせると，総反応の熱化学方程式になる（ヘスの法則）．■

⑤ 標準生成エンタルピー

化学反応は無数にあるから，標準反応エンタルピーをいちいち測ってデータ集をつくるのは無謀に近い．物質それぞれの“発熱度”や“吸熱度”を決め，組合わせて標準反応エンタルピー変化を計算できるなら，便利この上ない．その手続きを眺めよう．

化合物の**標準生成エンタルピー**（standard enthalpy of formation）$\Delta_f H^\circ$ とは，その物質を“常温常圧でいちばん安定な単体”からつくる際の標準反応エンタルピー ΔH° をいう†．

こぼれ話 リンは例外となる．ほかの同素体（赤リンや黒リン）より不安定でも，純品を調製しやすい白リンを基準に使う．■

たとえば，エタノール $C_2H_5OH(l)$ の（仮想的な）生成反応は次式に書ける．炭素の単体は，常温常圧でいちばん安定な黒鉛とみなす．

$$2\,C(\text{黒鉛}) + 3\,H_2(g) + \frac{1}{2}\,O_2(g) \rightarrow C_2H_5OH(l)$$
$$\Delta H^\circ = -277.69\ \text{kJ}$$

生成反応は，右辺に 1 mol の生成物を書く．そのため，ときには反応物の係数が分数になる．標準生成エンタルピーは，(　) 内に物質と状態を明記して，$\Delta_f H^\circ(C_2H_5OH,\ l) = -277.69\ \text{kJ mol}^{-1}$ のように書く．

注目！ $\Delta_f H^\circ$ は必ず 1 mol あたりだから，$-277.69\ \text{kJ mol}^{-1}$ の形に書く．しかし，“1 mol の $C_2H_5OH(l)$ をつくる反応の標準エンタルピー変化 ΔH°”なら，J 単位や kJ 単位で“-277.69 kJ”のように書く．■

常温常圧でいちばん安定な単体（元素の数だけある）の $\Delta_f H^\circ$ は，みな 0 とみる．たとえば，C(黒鉛)→C(黒鉛) は“無変化”だから，$\Delta_f H^\circ$(C，黒鉛）は 0 になる．同じ単体でも，別の同素体は $\Delta_f H^\circ$ が 0 ではない．炭素の場合，“黒鉛→ダイヤモンド”は吸熱変化になる．

$$C(\text{黒鉛}) \rightarrow C(\text{ダイヤモンド}) \qquad \Delta H^\circ = +1.9\ \text{kJ}$$

そのため，ダイヤモンドの標準生成エンタルピーは，$\Delta_f H^\circ$(C，ダイヤモンド) $= +1.9\ \text{kJ mol}^{-1}$ と書く．$\Delta_f H^\circ$ 値の例を表 4・5 にあげ，充実したリストを付録 2A にまとめた．

表 4・5　標準生成エンタルピー（kJ mol^{-1}）の例（25 ℃）

物　質	化学式	$\Delta_f H^\circ$
無機化合物		
アンモニア	$NH_3(g)$	−46.11
一酸化炭素	$CO(g)$	−110.53
一酸化窒素	$NO(g)$	+90.25
塩化水素	$HCl(g)$	−92.31
塩化ナトリウム	$NaCl(s)$	−411.15
四酸化二窒素	$N_2O_4(g)$	+9.16
二酸化炭素	$CO_2(g)$	−393.51
二酸化窒素	$NO_2(g)$	+33.18
フッ化水素	$HF(g)$	−271.1
水	$H_2O(l)$	−285.83
	$H_2O(g)$	−241.82
有機化合物		
エタノール	$C_2H_5OH(l)$	−277.69
アセチレン(エチン)	$C_2H_2(g)$	+226.73
グルコース	$C_6H_{12}O_6(s)$	−1268
ベンゼン	$C_6H_6(l)$	+49.0
メタン	$CH_4(g)$	−74.81

標準生成エンタルピー $\Delta_f H^\circ$ から標準反応エンタルピー ΔH° を計算するには，1）反応物をみな単体に分解したあと，2）単体から生成物をつくる，と考えればよい．

1）は“反応物の生成の逆”だから，ΔH° 値は，$\Delta_f H^\circ$ を（係数 n をかけて）足しあわせた値の符号を逆にしたものに等しい．記号 Σ（シグマ）は，和をとる操作を表す．

$$\text{反応物の生成の逆：}\ \Delta H^\circ = -\overbrace{\sum n\,\Delta_f H^\circ(\text{反応物})}^{\text{反応物の和}}$$

また 2）は“生成物の生成”だから，ΔH° 値は，$\Delta_f H^\circ$ を（係数 n をかけて）足しあわせた値に等しい．

$$\text{生成物の生成：}\ \Delta H^\circ = \overbrace{\sum n\,\Delta_f H^\circ(\text{生成物})}^{\text{生成物の和}}$$

以上を足せば，全体の ΔH° になる（図 4・29）．

$$\Delta H^\circ = \sum n\,\Delta_f H^\circ(\text{生成物}) - \sum n\,\Delta_f H^\circ(\text{反応物}) \qquad (19)$$

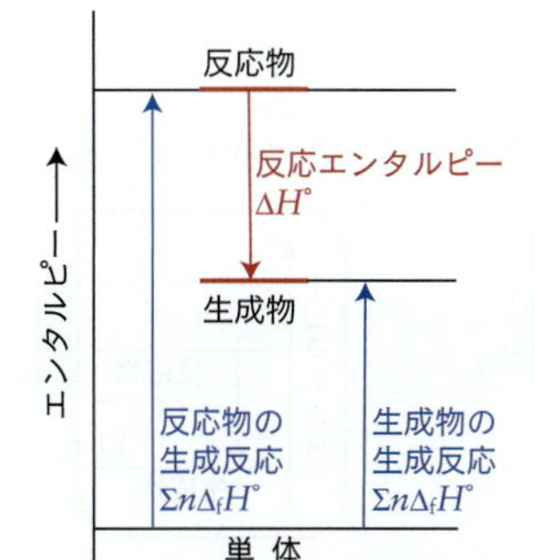

図 4・29　標準反応エンタルピー ΔH° と，反応物の $\Delta_f H^\circ$，生成物の $\Delta_f H^\circ$ の関係．

† 訳注：イオンの $\Delta_f H^\circ$ は，標準状態の $H^+(aq)$ を基準（$\Delta_f H^\circ = 0$）とした相対値で表す．4・10 節 ② 項で説明する標準生成ギブズエネルギー（$\Delta_f G^\circ$）も同様．

例題 4・11　標準生成エンタルピーから標準反応エンタルピーの計算

アミノ酸の代謝（酸化）は，発熱反応なのだろうか？　いちばん単純なアミノ酸のグリシン $NH_2CH_2COOH(s)$ が，代謝で尿素 $H_2NCONH_2(s)$ と $CO_2(g)$，$H_2O(l)$ になると考え，付録 2A のデータから標準反応エンタルピー ΔH° を計算してみよ．

$$2\,NH_2CH_2COOH(s) + 3\,O_2(g) \rightarrow H_2NCONH_2(s) + 3\,CO_2(g) + 3\,H_2O(l)$$

予 想　燃焼は発熱だった．上の反応も燃焼の一種だから，ΔH° は大きな負値だろう．

方 針　物質の $\Delta_f H^\circ$ 値を調べ，係数を考えて反応物側と生成物側の和をつくり，(19)式で全体の ΔH° を計算する．

解 答　付録 2A のデータから，生成物の $\Delta_f H^\circ$ の合計を求める．

$$\Delta_f H^\circ(H_2NCONH_2, s) = -333.51\ \mathrm{kJ\ mol^{-1}}$$
$$\Delta_f H^\circ(CO_2, g) = -393.51\ \mathrm{kJ\ mol^{-1}}$$
$$\Delta_f H^\circ(H_2O, l) = -285.83\ \mathrm{kJ\ mol^{-1}}$$

$$\textstyle\sum n\,\Delta_f H^\circ(\text{生成物}) = \underbrace{(1\ \mathrm{mol})\times(-333.51\ \mathrm{kJ\ mol^{-1}})}_{H_2NCONH_2} + \underbrace{(3\ \mathrm{mol})}_{CO_2}\times(-393.51\ \mathrm{kJ\ mol^{-1}}) + \underbrace{(3\ \mathrm{mol})}_{H_2O}\times(-285.83\ \mathrm{kJ\ mol^{-1}}) = -2371.53\ \mathrm{kJ}$$

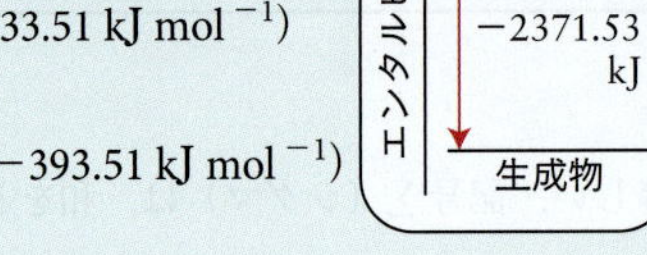

単体 / −2371.53 kJ / 生成物 / エンタルピー

つぎに，反応物の $\Delta_f H^\circ$ の和を求める．

$$\Delta_f H^\circ(NH_2CH_2COOH, s) = -532.9\ \mathrm{kJ\ mol^{-1}}$$
$$\Delta_f H^\circ(O_2, g) = 0$$

$$\textstyle\sum n\,\Delta_f H^\circ(\text{反応物}) = \underbrace{(2\ \mathrm{mol})}_{NH_2CH_2COOH}\times(-532.9\ \mathrm{kJ\ mol^{-1}}) + \underbrace{(3\ \mathrm{mol})}_{O_2}\times(0) = 2(-532.9)+0 = -1065.8\ \mathrm{kJ}$$

単体 / −1065.8 kJ / 反応物 / エンタルピー

(19)式に従い，標準反応エンタルピー ΔH° を計算する．

$$\Delta H^\circ = \textstyle\sum n\,\Delta_f H^\circ(\text{生成物}) - \sum n\,\Delta_f H^\circ(\text{反応物})$$
$$\Delta H^\circ = -2371.53 - (-1065.8)\ \mathrm{kJ} = -1305.7\ \mathrm{kJ}$$

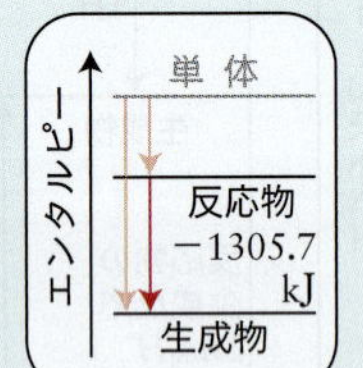

確 認　以上から，熱化学方程式はつぎのように書ける．

$$2\,NH_2CH_2COOH(s) + 3\,O_2(g) \rightarrow H_2NCONH_2(s) + 3\,CO_2(g) + 3\,H_2O(l)$$
$$\Delta H^\circ = -1305.7\ \mathrm{kJ}$$

予想どおり大きな発熱反応だった．生化学反応は水溶液中で進むため，ΔH° の計算値が体内にそのまま当てはまるわけではないが，水に溶けたグリシンや尿素を考えても誤差は小さい．つまりグリシンの代謝は大きなエネルギー源になる．

注目！　$\Delta_f H^\circ$ は $\mathrm{kJ\ mol^{-1}}$ 単位で表し，ΔH° は kJ 単位で表す．反応式の化学量論係数は，何 mol が反応に関係するかを表し，尿素のように係数 1 の場合は書かないが，この場合は 1 mol と考える．■

復習 4・16 A　表 4・5 や付録 2A の $\Delta_f H^\circ$ データを使い，グルコースの標準燃焼エンタルピー $\Delta_c H^\circ$ を計算せよ．

［答：$-2808\ \mathrm{kJ\ mol^{-1}}$］

復習 4・16 B　ダイヤモンドは燃料になるのだろうか？　付録 2A の $\Delta_f H^\circ$ データを使い，ダイヤモンドの標準燃焼エンタルピー $\Delta_c H^\circ$ を計算せよ．

$\Delta_f H^\circ$ の値は通常，燃焼データと (19)式から決める．その手続きをつぎの例題でみよう．

例題 4・12　燃焼エンタルピーから標準生成エンタルピーの計算

$\Delta_f H^\circ$ 値は燃焼データから計算できる．表 4・5 や付録 2A の情報とトルエン C_7H_8 の標準燃焼エンタルピー（$\Delta_c H^\circ = -3910\ \mathrm{kJ\ mol^{-1}}$）から，トルエンの $\Delta_f H^\circ$ を求めよ．

予 想　ベンゼンの $\Delta_f H^\circ$ は $+49.0\ \mathrm{kJ\ mol^{-1}}$ で（表 4・5），トルエンの構造や原子組成はベンゼンに近いため，$\Delta_f H^\circ$ 値もベンゼンと同じ正値だろう．

方 針　(19)式を使い，例題 4・11 と同様な手続きでトルエンの $\Delta_f H^\circ$ を求める．

解 答　トルエン $C_7H_8(l)$ 1 mol の燃焼を熱化学方程式に書く．

$$C_7H_8(l) + 9\,O_2(g) \rightarrow 7\,CO_2(g) + 4\,H_2O(l)$$
$$\Delta_c H^\circ = -3910\ \mathrm{kJ}$$

反応物 / −3910 kJ / 生成物 / エンタルピー

生成物の $\Delta_f H^\circ$ の合計を求める．

$$\Delta_f H^\circ(CO_2, g) = -393.51\ \mathrm{kJ\ mol^{-1}}$$
$$\Delta_f H^\circ(H_2O, l) = -285.83\ \mathrm{kJ\ mol^{-1}}$$

$\sum n\,\Delta_f H^\circ$（生成物）

$$= \overbrace{(7\ \text{mol}) \times (-393.51\ \text{kJ mol}^{-1})}^{CO_2}$$
$$+ \overbrace{(4\ \text{mol}) \times (-285.83\ \text{kJ mol}^{-1})}^{H_2O}$$
$$= -3897.89\ \text{kJ}$$

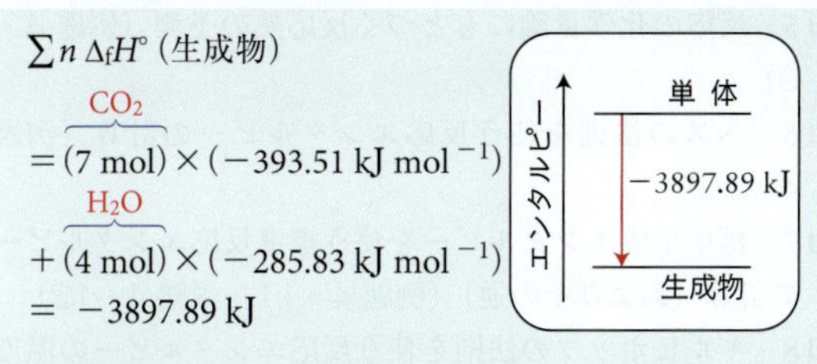

反応物の $\Delta_f H^\circ$ の合計を求める．

$$\Delta_f H^\circ(O_2, g) = 0\ \text{kJ mol}^{-1}$$

$\sum n\,\Delta_f H^\circ$（反応物）

$$= \overbrace{(1\ \text{mol})}^{C_7H_8} \times \{\Delta_f H^\circ(C_7H_8, l)\}$$
$$+ \overbrace{(9\ \text{mol}) \times (0)}^{O_2}$$

以上を（19）式に当てはめる．

$$\Delta H^\circ = \sum n\,\Delta_f H^\circ(\text{生成物}) - \sum n\,\Delta_f H^\circ(\text{反応物})$$
$$-3910\ \text{kJ} = -3897.89\ \text{kJ} - (1\ \text{mol}) \times \Delta_f H^\circ(C_7H_8, l)$$

不明だった $\Delta_f H^\circ(C_7H_8, l)$ を計算する．

$\Delta_f H^\circ(C_7H_8, l)$

$$= \frac{-3897.89\ \text{kJ} - (-3910\ \text{kJ})}{1\ \text{mol}}$$
$$= +12.11\ \text{kJ mol}^{-1}$$

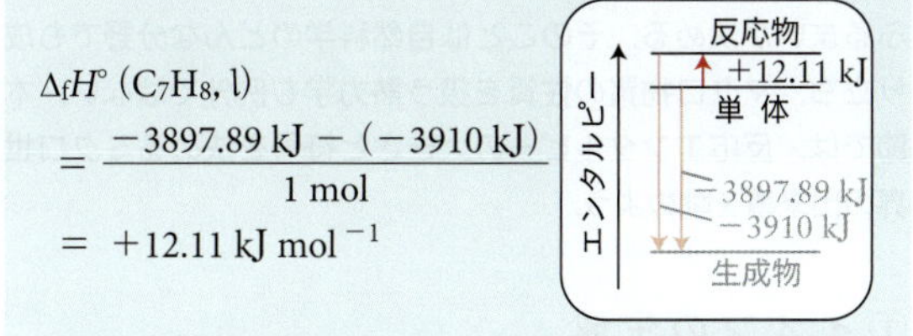

確 認　予想どおり，トルエンの $\Delta_f H^\circ$ は正値だった．

復習 4・17 A　表 4・5 のデータとアセチレン（エチン）C_2H_2 の $\Delta_c H^\circ = -1300\ \text{kJ mol}^{-1}$ から，アセチレンの $\Delta_f H^\circ$ を求めよ．

［答：$+227\ \text{kJ mol}^{-1}$］

復習 4・17 B　表 4・5 のデータと尿素 $CO(NH_2)_2$ の $\Delta_c H^\circ = -632\ \text{kJ mol}^{-1}$ から，尿素の $\Delta_f H^\circ$ を求めよ．

要 点　物質の標準生成エンタルピー $\Delta_f H^\circ$ を組合わせれば，どんな反応の標準反応エンタルピー ΔH° も計算できる．■

⑥ 反応エンタルピーの温度変化

ある温度で反応エンタルピー ΔH がわかったとき，別の温度での値を知りたいとしよう．たとえば，付録 2A のデータ（25 °C）から，体温（37 °C）での ΔH 値（発熱量）を知りたい．12 °C ほど高い体内の ΔH 値は，どうすればわかるのだろう．

温度が上がると，反応物も生成物もエンタルピーが増す．そのとき，生成物に比べて反応物のエンタルピー増加が激しいなら，発熱の度合いが上がる（図 4・30）．逆に，生成物のエンタルピー増加が激しければ，発熱の度合いは下がる．

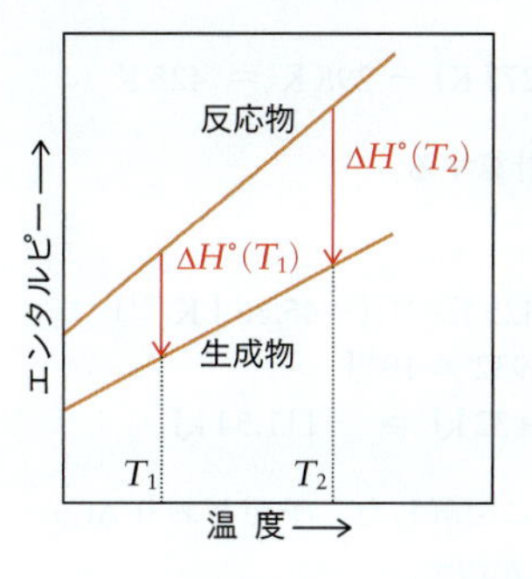

図 4・30　生成物より反応物の熱容量が大きいと，温度上昇に伴うエンタルピー変化は反応物のほうが大きい．図の発熱変化なら，反応エンタルピーはより負になる．

温度上昇に伴うエンタルピー増加は，物質の定圧熱容量〔(11b) 式参照〕に関係する（次式）．それを**キルヒホッフ則**（Kirchhoff's law）という．

$$\Delta H^\circ(T_2) = \Delta H^\circ(T_1) + (T_2 - T_1)\,\Delta C_P \qquad (20)$$

定圧熱容量の差 ΔC_P は，つぎの値を意味する．

$$\Delta C_P = \sum n\,C_{Pm}(\text{生成物}) - \sum n\,C_{Pm}(\text{反応物}) \qquad (21)$$

定圧モル熱容量 C_{Pm} のデータは付録 2A に見つかる．$\Delta H^\circ(T_2)$ と $\Delta H^\circ(T_1)$ の差は，反応物と生成物の"熱容量の差"に比例するが，ふつう両者の差は大きくない．だから反応エンタルピー ΔH の温度変化は小さく，せまい温度範囲なら ΔH は一定と考えてよい．

例題 4・13　反応エンタルピーの温度変化

$N_2(g) + 3\,H_2(g) \rightarrow 2\,NH_3(g)$ の標準反応エンタルピー ΔH° は，298 K で $-92.22\ \text{kJ mol}^{-1}$ となる．アンモニアの工業生産に使う 450 °C での ΔH° を推定せよ．

予 想　エネルギー等分配則（4・1 節）と熱容量の性質（4・3 節）より，N_2，H_2，NH_3 の定圧モル熱容量はそれぞれ $\frac{7}{2}R$，$\frac{7}{2}R$，$4R$ とみてよいため，ΔC_P 値は $-(6\ \text{mol}) \times R$ という負値になる．すると高温で ΔH は負の度合いが増す（発熱が増す）だろう．

方 針　熱容量の差を（21）式で計算したあと，（20）式を使って差 $\Delta H^\circ(T_2)$ を求める．

大事な仮定　考えている温度範囲で，反応物と生成物の熱容量は変わらない．熱容量には並進と回転だけが効く（原子間振動は効かない）．

解 答　熱容量の差を計算する．

$$\Delta C_P = \overbrace{(2\ \text{mol})\,C_{Pm}(NH_3, g)}^{\text{生成物}}$$
$$- \overbrace{\{(1\ \text{mol})\,C_{Pm}(N_2, g) + (3\ \text{mol})\,C_{Pm}(H_2, g)\}}^{\text{反応物}}$$
$$= (2\ \text{mol}) \times (35.06\ \text{J K}^{-1}\,\text{mol}^{-1})$$
$$- \{(1\ \text{mol}) \times (29.12\ \text{J K}^{-1}\,\text{mol}^{-1})$$
$$+ (3\ \text{mol}) \times (28.82\ \text{J K}^{-1}\,\text{mol}^{-1})\}$$
$$= -45.46\ \text{J K}^{-1}$$

$T_2 - T_1$ を求める．

$T_2 - T_1 = (450 + 273\,K) - 298\,K = 425\,K$

(20)式で $\Delta H^\circ(T_2)$ を計算する.

$$\begin{aligned}\Delta H^\circ(450\,^\circ C) &= -92.22\,kJ + (425\,K) \times (-45.46\,J\,K^{-1}) \\ &= -92.22\,kJ - 1.932 \times 10^4\,J \\ &= -92.22\,kJ - 19.32\,kJ = -111.54\,kJ\end{aligned}$$

確 認　結果を図4・31に図解した. 予想どおり ΔC_P は負だから, 高温で発熱が増す.

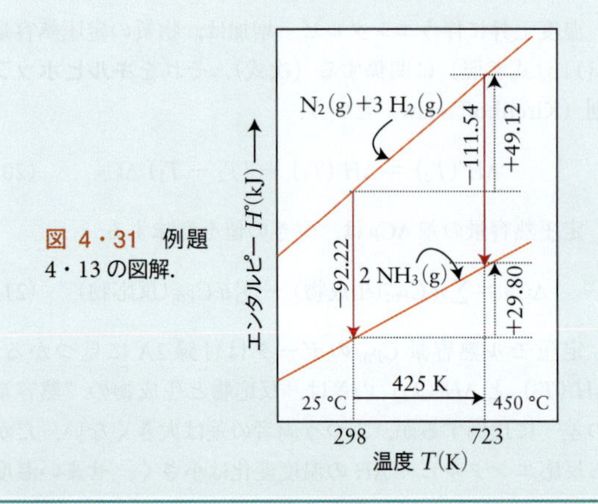

図 4・31　例題4・13の図解.

復習 4・18 A　$4\,Al(s) + 3\,O_2(g) \rightarrow 2\,Al_2O_3(s)$ の標準反応エンタルピー ΔH° は 298 K で -3351 kJ となる. 1000 ℃ での ΔH° 値を見積もってみよ.

[答: −3378 kJ]

復習 4・18 B　硝酸アンモニウムの標準生成エンタルピー $\Delta_f H^\circ$ は 298 K で -365.56 kJ mol^{-1} となる. 250 ℃ での ΔH° 値を見積もってみよ.

要 点　標準反応エンタルピーの温度変化は (20)式 (キルヒホッフ則) に従い, 生成物と反応物の定圧熱容量の差を使って表せる. ■

身につけたこと

エンタルピーと内部エネルギーは関連しあう. エンタルピー変化は熱化学方程式で表現でき, 物質の標準状態を指定できる. 熱の出入りは反応の化学量論をもとに予想でき, 反応エンタルピーはヘスの法則で結びつく. 標準反応エンタルピーは標準生成エンタルピーから計算でき, 値の温度変化も予測できる. 以上を学び, つぎのことができるようになった.

- ❑1　熱化学方程式の記述と利用 (①項)
- ❑2　実測データにもとづく熱化学方程式の完成 (例題4・7)
- ❑3　ΔH と ΔU の相互変換 (例題4・8)
- ❑4　物質の標準状態の定義 (③項)
- ❑5　反応の化学量論にもとづく反応熱の予測 (例題4・9)
- ❑6　ヘスの法則を使う反応エンタルピーの計算 (例題4・10)
- ❑7　標準生成エンタルピーを使う標準反応エンタルピーの計算 (およびその逆) (例題4・11, 例題4・12)
- ❑8　キルヒホッフの法則を使う反応エンタルピーの温度変化の予測 (例題4・13)

4・5　ミクロ世界とエンタルピー

なぜ学ぶのか?　反応エンタルピーなどは, 原子・分子世界の出来事とどうからむのか? ……そこをつかめば, 熱力学もぐっと見晴らしがよくなる.

必要な予備知識　状態量の特徴 (4・3節) を理解しておこう. イオン化エネルギーと電子親和力 (1・6節), 結合の強さ (2・4節) の知識も使う.

マクロ世界のありさまは, ミクロ世界にいる原子・分子のふるまいが決める. そのことは自然科学のどんな分野でも成り立ち, マクロ物質の性質を扱う熱力学も例外ではない. 本節では, 反応エンタルピーの大きさと符号を決めるミクロ世界の出来事を眺めよう.

① イオンの生成

イオン化エネルギー I と電子親和力 E_{ea} には1・6節で出合った. 関連の量は熱力学にもある. まず**イオン化エンタルピー** (enthalpy of ionization) ΔH_{ion} は, 気体の原子 1 mol が1個ずつ電子を失う際の標準エンタルピー変化を意味し, 元素Xについてはこう表せる.

$$\text{イオン化:}\ X(g) \rightarrow X^+(g) + e^-(g) \qquad \Delta H_{ion}$$

また**電子付加エンタルピー** (enthalpy of electron gain) ΔH_{eg} は, 次の変化を表す.

$$\text{電子付加:}\ X(g) + e^-(g) \rightarrow X^-(g) \qquad \Delta H_{eg}$$

E_{ea} (電子親和力) と ΔH_{eg} の符号が逆転することに注意しよう. 電子付加がエネルギー放出 (発熱変化) なら, E_{ea} は正値, ΔH_{eg} は負値になる. かたや, 原子から電子を奪うにはエネルギーを要するため, I (イオン化エネルギー) と ΔH_{ion} はともに正値をもつ.

絶対値なら, E_{ea} と ΔH_{eg} も, I と ΔH_{ion} も近く, 差は数 kJ mol^{-1} しかない. そのため, 高い精度を要しない計算では, ΔH_{ion} や ΔH_{eg} として, 図1・49や図1・52, 付録2Dの値 (I, E_{ea}) を使ってかまわない. むろん ΔH_{ion} と ΔH_{eg} は, イオン化エネルギー I や電子親和力 E_{ea} とほぼ同じ周期性を示すため, たとえばアルカリ金属の ΔH_{ion} は小さな正値, ハロゲンの ΔH_{eg} は大きな負値になる.

要 点 イオン化エネルギーと電子親和力の“熱力学版”を，それぞれイオン化エンタルピー，電子付加エンタルピーという．■

② ボルン・ハーバーサイクル

真空中のイオン群と，イオン固体とのモルエンタルピー差を，**格子エンタルピー**（lattice enthalpy）といい，記号 ΔH_L で表す．

$$\Delta H_L = H_m(\text{イオン}, g) - H_m(\text{固体}) \qquad (22)$$

ΔH_L（必ず正値）は，定圧のもと，固体を“蒸発させてイオン気体にする”のに必要な熱を表す．イオンが強く結合している固体ほど ΔH_L 値は大きい．格子エネルギー（2・1 節）と格子エンタルピーの差はせいぜい数 kJ mol^{-1} だから，ほぼ同じだと思ってよい．

イオン固体ができる際のエネルギー変化は，おもにイオン間の引きあいと反発（クーロン相互作用）が決める——と 2・1 節では説明した．その“イオンモデル”の検証には，格子エンタルピーを測定するのが望ましい．ある固体で格子エネルギーの実測値が計算値に近ければ，イオンモデルは正しいだろう．けれど実測値と計算値に大差があるなら，イオンモデルを洗練するか，場合によっては捨ててしまうことになる．

イオン固体の蒸発実験は不可能だから，格子エンタルピーの直接測定はできない．しかしエンタルピーは状態量なので，ヘスの法則を使えば，別の実測値から間接的にわかる．計算に使う**ボルン・ハーバーサイクル**（Born–Haber cycle）では，単体群を出発点とみなす．単体を原子に分けたあとイオン化させ，イオンから固体をつくる．最後に固体を単体に分けると，サイクルが閉じる（図 4・32）．4 段階のうち，格子エンタルピー ΔH_L だけが実測できない．サイクル 1 周でエンタルピー（状態量）の総変化は 0 だから，未知の ΔH_L が計算できる．格子エンタルピー ΔH_L の例を表 4・6 に示す．

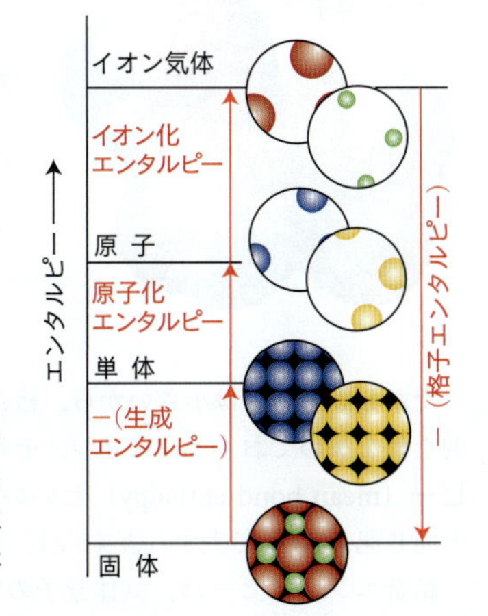

図 4・32 ボルン・ハーバーサイクル．イオン気体→固体に伴う ΔH の絶対値が格子エンタルピー ΔH_L にあたる．

表 4・6 格子エンタルピー（kJ mol^{-1}）の例（25 ℃）

ハロゲン化物							
LiF	1046	LiCl	861	LiBr	818	LiI	759
NaF	929	NaCl	787	NaBr	751	NaI	700
KF	826	KCl	717	KBr	689	KI	645
AgF	971	AgCl	916	AgBr	903	AgI	887
$BeCl_2$	3017	$MgCl_2$	2524	$CaCl_2$	2260	$SrCl_2$	2153
		MgF_2	2961	$CaBr_2$	1984		
酸化物							
MgO	3850	CaO	3461	SrO	3283	BaO	3114
硫化物							
MgS	3406	CaS	3119	SrS	2974	BaS	2832

例題 4・14 ボルン・ハーバーサイクルを使う格子エンタルピーの計算

ペットにも無害な融雪剤となる塩化カリウム KCl の格子エンタルピー ΔH_L を，ボルン・ハーバーサイクルを使って求めよ．

予 想 イオン固体の ΔH_L は 1000 kJ mol^{-1} 程度だから（表 4・6），KCl の値もそれに近いだろう．

方 針 単体群から出発し，以下 4 段階のボルン・ハーバーサイクルを描く．

1）分解して原子気体にする．
2）原子をイオン化してイオン気体にする．
3）イオンを集めてイオン固体にする．
4）固体を分解して単体にする．

3）のエンタルピー変化（$-\Delta H_L$）だけが未知だから，総エンタルピー変化を 0 として ΔH_L を求める．

解 答 1）を K と Cl の変化に分けて，下記の 5 段階 (a)～(e) を考える（図 4・33）．

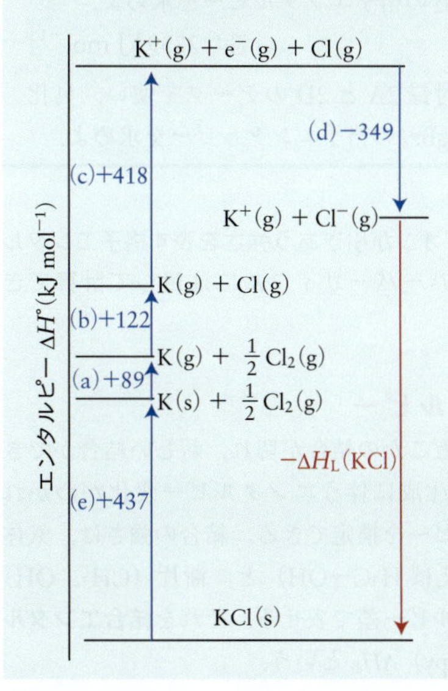

図 4・33 KCl の格子エンタルピーを求めるボルン・ハーバーサイクル．図中のエンタルピー値は kJ mol^{-1} 単位．

(a) 付録2Aで $\Delta_f H$（K, 原子）の値を探す.

$$\mathrm{K(s)} \rightarrow \mathrm{K(g)} \qquad +89\ \mathrm{kJ\ mol^{-1}}$$

(b) 付録2Aで $\Delta_f H$（Cl, 原子）の値を探す.

$$\frac{1}{2}\mathrm{Cl_2(g)} \rightarrow \mathrm{Cl(g)} \qquad +122\ \mathrm{kJ\ mol^{-1}}$$

(c) 付録2Dで，Kのイオン化エネルギー値を探す.

$$\mathrm{K(g)} \rightarrow \mathrm{K^+(g)} + \mathrm{e^-(g)} \qquad +418\ \mathrm{kJ\ mol^{-1}}$$

(d) Clの電子付加エンタルピー（付録2Dの電子親和力を逆符号にした値）を決める.

$$\mathrm{Cl(g)} + \mathrm{e^-(g)} \rightarrow \mathrm{Cl^-(g)} \qquad -349\ \mathrm{kJ\ mol^{-1}}$$

(e) 付録2Aの標準生成エンタルピーを逆符号にし，KClの分解を表すエンタルピー変化，つまり $-\Delta_f H(\mathrm{KCl})$ とする.

$$\mathrm{KCl(s)} \rightarrow \mathrm{K(s)} + \frac{1}{2}\mathrm{Cl_2(g)} \qquad -(-437\ \mathrm{kJ\ mol^{-1}})$$

以上の総和を0とする.

$$\{\underbrace{89 + 122}_{(a+b)} + \underbrace{418 - 349}_{(c+d)} - \Delta H_L - \underbrace{(-437)}_{e}\}\ \mathrm{kJ\ mol^{-1}} = 0$$

$\mathrm{KCl(s)} \rightarrow \mathrm{K^+(g)} + \mathrm{Cl^-(g)}$ のエンタルピー変化 ΔH_L を求める.

$$\Delta H_L = (89 + 122 + 418 - 349 + 437)\ \mathrm{kJ\ mol^{-1}} = +717\ \mathrm{kJ\ mol^{-1}}$$

確 認 予想どおり，値は1000 $\mathrm{kJ\ mol^{-1}}$ に近かった.

復習4・19A 付録2Aと2Dのデータを使い，塩化カルシウム $\mathrm{CaCl_2}$ の格子エンタルピーを求めよ.

［答：2259 $\mathrm{kJ\ mol^{-1}}$］

復習4・19B 付録2Aと2Dのデータを使い，臭化マグネシウム $\mathrm{MgBr_2}$ の格子エンタルピーを求めよ.

要 点 固体中でイオンが引きあう強さを表す格子エンタルピーは，ボルン・ハーバーサイクルに注目して計算できる. ■

③ 結合エンタルピー

化学反応では，どこかの結合が切れ，新しい結合ができる．結合の切断と生成に伴うエンタルピー変化がわかれば，反応エンタルピーを推定できる．結合の強さは，気体分子X−Y（たとえば $\mathrm{H_3C{-}OH}$）と，断片（$\mathrm{CH_3}$，OH）の標準モルエンタルピー差で表せる．それを**結合エンタルピー**（bond enthalpy）ΔH_B という.

$$\Delta H_B(\mathrm{X{-}Y}) = \{H_m^\circ(\mathrm{X,g}) + H_m^\circ(\mathrm{Y,g})\} - H_m^\circ(\mathrm{XY,g}) \qquad (23)$$

格子エンタルピーは，定圧のもと，イオン固体をイオン気体にする熱だった．かたや結合エンタルピーは，やはり定圧のもと，共有結合を切る熱をいう．たとえば，水素 $\mathrm{H_2}$ の結合エンタルピーは，つぎの熱化学方程式で表せる.

$$\mathrm{H_2(g)} \rightarrow 2\,\mathrm{H(g)} \qquad \Delta H^\circ = +436\ \mathrm{kJ}$$

上記の変化を，$\Delta H_B(\mathrm{H{-}H}) = 436\ \mathrm{kJ\ mol^{-1}}$ と書く．結合の切断は必ず吸熱だから，結合エンタルピーは正の値をもつ．つまり結合の切断は吸熱変化，生成は発熱変化になる．二原子分子の結合エンタルピー（"+"記号を略した数値）を表4・7にまとめた.

表4・7 二原子分子の結合エンタルピー（$\mathrm{kJ\ mol^{-1}}$）

分子	ΔH_B	分子	ΔH_B	分子	ΔH_B	分子	ΔH_B
$\mathrm{H_2}$	436	CO	1074	$\mathrm{Br_2}$	193	HCl	431
$\mathrm{N_2}$	944	$\mathrm{F_2}$	158	$\mathrm{I_2}$	151	HBr	366
$\mathrm{O_2}$	496	$\mathrm{Cl_2}$	242	HF	565	HI	299

結合解離エネルギー（2・4節）は，$T=0$ で結合を切るエネルギーだった．かたや結合エンタルピーは，ある温度（ふつう298 K）で結合を切るときの"標準エンタルピー変化"を表す．ただし通常，両者の差は数 $\mathrm{kJ\ mol^{-1}}$ しかない.

多原子分子をつくる原子のうち，電気陰性度（2・4節）が大きい原子は，分子内の電子すべてを大なり小なり"吸引"する（図4・34）．そのため，同じ原子ペアの結合も，化合物ごとに強さが少しずつちがう．たとえばO−Hの結合エンタルピーは，水HO−Hが492 $\mathrm{kJ\ mol^{-1}}$，メタノール $\mathrm{CH_3O{-}H}$ が437 $\mathrm{kJ\ mol^{-1}}$ と，12〜13%の開きがある.

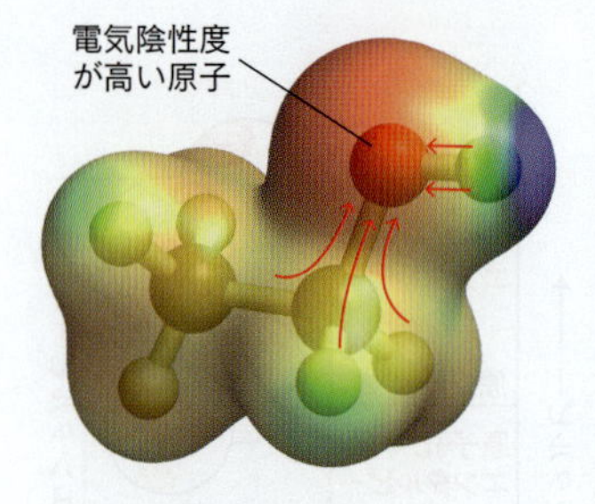

図4・34 エタノール $\mathrm{C_2H_5OH}$ の静電位面図．電気陰性度が大きいO原子は，遠くの電子も引き寄せ，Oに直結していない結合の強さも少しは変える.

ただし両者の差は小さいから，結合の種類ごとに，平均的な値を決めておくと役に立つ．それを**平均結合エンタルピー**（mean bond enthalpy）といい，結合エンタルピーと同じ記号 ΔH_B で表す（表4・8）.

結合エンタルピーは，気体分子の結合を切る熱だった.

表 4・8　平均結合エンタルピー（$kJ\ mol^{-1}$）

結　合	平均結合エンタルピー	結　合	平均結合エンタルピー
C−H	412	C−I	238
C−C	348	N−H	388
C=C	612	N−N	163
C⋯C[a]	518	N=N	409
C≡C	837	N−O	210
C−O	360	N=O	630
C=O	743	N−F	270
C−N	305	N−Cl	200
C−F	484	O−H	463
C−Cl	338	O−O	157
C−Br	276		

a）ベンゼン分子．

液体や固体をつくる分子の解離に伴うエンタルピー変化を見積もるには，結合エンタルピーに蒸発エンタルピーや昇華エンタルピーも加え，“気体の姿”にしなければいけない．

例題 4・15　平均結合エンタルピーを使う反応エンタルピーの見積もり

プロピレン（プロペン）は臭素と反応し，1, 2-ジブロモプロパンになる．

$$Br_2(l) + CH_3CH{=}CH_2(g) \rightarrow CH_3CHBrCH_2Br(l)$$

平均結合エンタルピーを使い，反応エンタルピーを見積もれ．蒸発エンタルピーは，Br_2 が 29.96 kJ mol^{-1}，$CH_3CHBrCH_2Br$ が 35.61 kJ mol^{-1} とする．

予　想　結合 2 本（Br−Br と C=C）が切れ，結合 3 本（C−C と 2 本の C−Br）ができて生成物になる．結合の数が増すので，$\Delta H<0$ の発熱反応だろう．ただし，切れる C=C の結合エンタルピーが大きいので，反応の発熱度はさほど大きくないだろう．臭素の蒸発にはエネルギーを消費するが，生成物が凝縮する際の放出エネルギーで相殺されそうだ．

方　針　切断・生成する結合を特定する．表 4・8 の平均結合エンタルピーから，結合の切断と生成に伴う ΔH を計算する．Br_2 の結合エンタルピーは実測値（表 4・7）を使う．最後に ΔH（結合の切断は正，生成は負）を足し合わせる．

大事な仮定　平均結合エンタルピーは現実の値に近いとみなす．

解　答　まず，どの物質も気体とみなしてエンタルピー変化を見積もる．

反応物：$CH_3CH{=}CH_2$ の C=C（平均値 612 kJ mol^{-1}）1 mol と，Br_2 の Br−Br（実測値 193 kJ mol^{-1}）1 mol を切る．

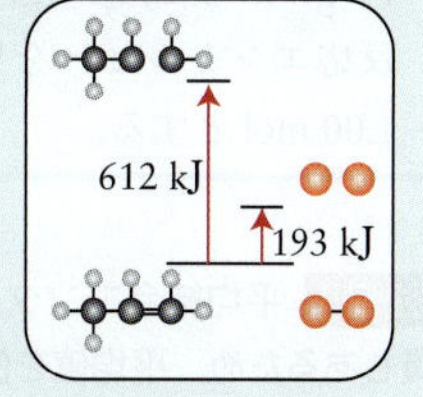

$$\Delta H^\circ = \overbrace{612\ kJ}^{C=C} + \overbrace{193\ kJ}^{Br-Br} = +805\ kJ$$

生成物：C−C（平均値 348 kJ mol^{-1}）1 mol と，C−Br（平均値 276 kJ mol^{-1}）2 mol をつくる．結合エンタルピーの符号を変え，結合生成エンタルピーとする．

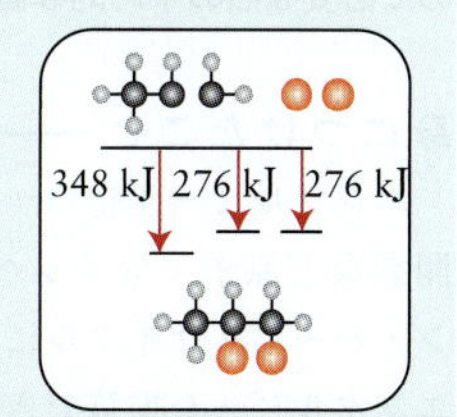

$$\Delta H^\circ = -\left\{\overbrace{348\ kJ}^{C-C} + \left(2 \times \overbrace{276\ kJ}^{C-Br}\right)\right\} = -900\ kJ$$

以上を足し合わせ，気体の反応エンタルピーとする．

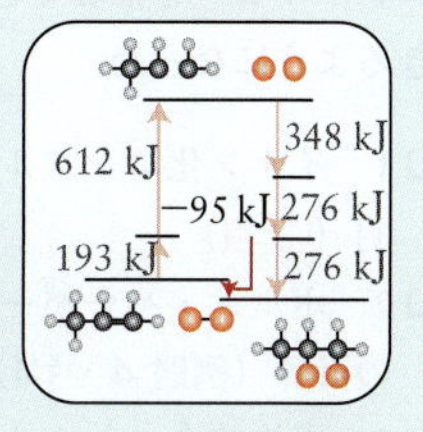

$$\Delta H^\circ = 805 + (-900)\ kJ = -95\ kJ$$

“気体→液体”の安定化効果は，1 mol の Br_2 を蒸発させ，1 mol の $C_3H_6Br_2$ を凝縮させるときの ΔH が，気体の反応エンタルピーに加わると考えてよい．

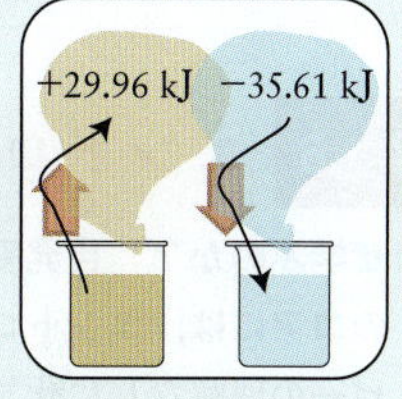

$$\Delta H^\circ = -95\ kJ + \overbrace{29.96\ kJ}^{\Delta_{蒸発}H^\circ(Br_2)} - \overbrace{35.61\ kJ}^{\Delta_{蒸発}H^\circ(C_3H_6Br_2)} = -101\ kJ$$

以上から，熱化学方程式はつぎのように書ける．

$$Br_2(l) + CH_3CH{=}CH_2(g) \rightarrow CH_3CHBrCH_2Br(l) \quad \Delta H^\circ = -101\ kJ$$

確　認　予想どおり発熱変化だった．切れる結合より生じる結合のほうが多くて発熱になるが，C=C 結合が強い（結合エンタルピーが大きい）ため，総エンタルピーの低下はそれほど大きくない†．

復習 4・20 A　結合エンタルピーを使い，つぎの反応の標準反応エンタルピーを見積もれ．

$$CCl_3CHCl_2(g) + 2\,HF(g) \rightarrow CCl_3CHF_2(g) + 2\,HCl(g)$$

［答：$\Delta H^\circ = -24$ kJ］

† 訳注：C=C 二重結合は“弱い π 結合＋強い σ 結合”と考えてよい．例題の反応では π 結合だけが切れるとみなせば，2 本の結合が切れ，2 本の結合が生じる．ただし，弱い結合が切れ，強い結合ができるため，総合で発熱になる．

復習 4・20 B 結合エンタルピーを使い，$CH_4(g)$ と $F_2(g)$ から $CH_2F_2(g)$ と $HF(g)$ ができる反応の標準反応エンタルピーを見積もれ．反応する $CH_4(g)$ は 1.00 mol とする．

注目！ 平均結合エンタルピーと現実の値との差が大きい物質もあるため，平均値を使うときはよく注意したい．■

要 点 平均結合エンタルピーは，特定の結合 1 mol を切るのに必要な熱の平均的な値をいう．■

身につけたこと

エンタルピー変化の一部は，イオン化や電子付加，結合開裂など原子・分子レベルの出来事とからみあう．ボルン・ハーバーサイクルに注目すれば，関連データから格子エンタルピーを推算できる．以上を学び，つぎのことができるようになった．

- ❑ 1 イオン化エンタルピーと電子付加エンタルピーの説明（① 項）
- ❑ 2 ボルン・ハーバーサイクルを使う格子エンタルピーの計算（例題 4・14）
- ❑ 3 平均結合エンタルピーを使う標準反応エンタルピーの推算（例題 4・15）

4・6 エントロピー

なぜ学ぶのか？ 自発変化の向きを教える熱力学第二法則のコアには，エントロピーがある．そのため，エントロピーの理解なしに化学は語れない．

必要な予備知識 熱力学第一法則にからむエンタルピー（4・3 節）と理想気体の膨張仕事（4・2 節），熱容量（4・2 節）の知識を使う．可逆変化の意味（4・2 節）も確かめておこう．

熱力学第一法則によれば，どんな変化が進もうとも，宇宙（系＋外界）の総エネルギーは変わらない．けれど第一法則は，変化が“進む理由”は教えない．進む変化と進まない変化があるのはなぜか？ その答えを熱力学第二法則が教えてくれる．

① 自 発 変 化

ひとりでに進む変化を**自発変化**（spontaneous change）という．熱い金属はやがて冷え，まわりの空気と同じ温度になる（図 4・35）．しかし，冷たい金属が空気より熱くなることはない．気体はひとりでに広がるけれど（図 4・36），気体がひとりでに縮み，容器の隅に集まることもない．

自発変化は，速いとはかぎらず，現実に進むともかぎら

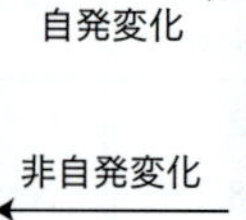

図 4・35 赤熱した金属（左）はひとりでに冷え，環境と同じ温度になる（右）．その逆は起こらない．

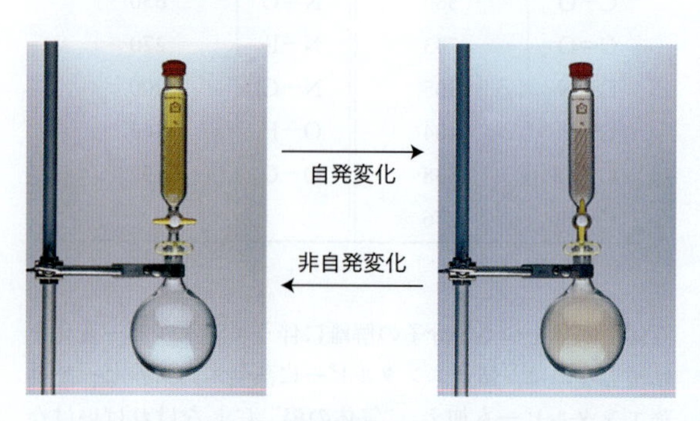

図 4・36 褐色の二酸化窒素入り円筒につないだ真空フラスコ（左）．コックを開けば，気体は両方の容器に満ちていく（右）．その逆（気体が片方の容器だけに戻ること）は起こらない．

ない．水飴の缶を開けて逆さにすると水飴は流れ出るが，低温ならゆっくりとしか流れない．水素と酸素が水になる反応は，熱力学の目では自発変化でも，火をつけないかぎり始まらない．ダイヤモンドが黒鉛（グラファイト）に変わるのは自発変化だが，現実のダイヤモンドはほぼ永久に変わらない．

熱力学でいう自発変化の向きとは，“進むならその向き”を意味する．現実に進むかどうかは，速さの問題になる．反応の速さは，7 章の速度論で扱う．

変化は“不自然な向き”にも起こせる．電流を通じた金属は，空気より熱くなる．気体はピストンで圧縮できる．ただしそういう変化はどれも，外から仕事を加えて起こす．つまり，非自発変化を起こすには，外から仕事をしなければいけない．

要 点 自発変化の向きは，“ひとりでに進むならその向き”をいう．自発変化は，速いとはかぎらず，現実に進むともかぎらない．■

② エントロピーと乱れ（乱雑さ）

自然界の法則を見つけるには，共通のパターンを探す．自発変化に共通のパターンは何か？ 単純な現象なら，パターンも見つけやすい．例として，熱い金属が冷える現象と，気体が膨張する現象を粒子レベルで考察し，共通点を見つけよう．

涼しい部屋に，熱い金属を置く．金属の原子は激しく熱

運動している．そこにぶつかる空気の分子は，金属の原子から運動エネルギーをもらう．その逆，つまり動きの遅い気体分子が，速い金属原子にエネルギーを与える確率はたいへん小さい．

気体は，分子のランダムな動きを通じ，容器いっぱいに広がろうとする．無数の分子が同じ方向を目指し，容器の隅に群れ集まる（容器内がほぼ真空になる）確率はゼロに近い．

こうした例が，“エネルギーも物質も分散したがる”というパターンを浮き彫りにする．つまり自発変化は，“乱れが増す”向きに進みやすい．

熱力学では，乱れを**エントロピー**（entropy）Sという量で表す†．乱れが小さい（秩序が高い）とエントロピーが小さく，乱れるほどにエントロピーが増す．こうして，つぎの短文が，**熱力学第二法則**（second law of thermodynamics）の一表現になる．

自発変化は，孤立系のエントロピーが増す向きに進む．

熱かった金属が冷え，冷たかった空気が暖まるときも，孤立系のエントロピーは増す．その場合の“孤立系”は，“金属＋空気”だと心得よう．気体の膨張では，容器内に気体がまんべんなく広がる（ミクロ粒子にとって，“位置の選択肢”が増える）とき，エントロピーが増す．

熱力学第一法則では，宇宙（系＋外界）がもつエネルギーの“量”に注目した．第二法則ではエネルギーの“質”に注目し，局在したエネルギーは分散したエネルギーより“高質”とみる．“何が起ころうとエネルギーの総量は変わらない”が第一法則，“万事はエネルギーの質が下がる向きに進む”が第二法則だと思えばよい．

一定の温度Tで系が可逆的に（4・2節）熱$q_{可逆}$を授受するとき，系の“エントロピー変化”ΔSは次式に書ける（熱力学的エントロピー）．

$$\Delta S = \frac{q_{可逆}}{T} \qquad (24)$$

熱を可逆的に授受する系と外界は，温度差が無限小でなければいけない．熱はJ単位，温度はK単位だから，エントロピーの単位は$\mathrm{J\,K^{-1}}$となる．

式の意味 熱$q_{可逆}$の形で入るエネルギーが多いほど，乱れ（エントロピー）の増加は大きい．$q_{可逆}$が一定なら，乱れの増えかたは，高温の系より低温の系のほうが大きい．一定量の熱をもらったとき，もともと粒子の動きが激しい高温の系は，“さらに乱れる”度合いが小さい．かたや低温の系は大きく乱れる（騒がしい街なかのくしゃみは目立たないが，静かな図書室のくしゃみは目立つのと同じ．あるいは，同じ1万円の振込みがあっても，残高が1億円か10万円かで“ありがたみ”に大差があるようなもの）．■

† 訳注：entropy はギリシャ語 *en-*（中に）と *tropos*（変化）からでき，“変化を促す潜在能力”を意味する．

例題 4・16　加熱に伴う系のエントロピー変化

変温動物は，代謝（酸化反応）で出た熱を環境に捨てる．25 °C の大きな水槽中でウシガエルが 100 J の熱を水に放出した．水のエントロピー変化はいくらか．

予 想　水が熱をもらえば$q>0$だから，エントロピーは増すだろう．

方 針　(24)式を使って計算する．

大事な仮定　熱は可逆的に授受される．水槽は十分に大きく，熱が出入りしても温度は変わらない．

解 答　温度をK単位にする．

$$T = (273.15 + 25)\ \mathrm{K} = 298\ \mathrm{K}$$

(24)式から，ΔSはつぎのようになる．

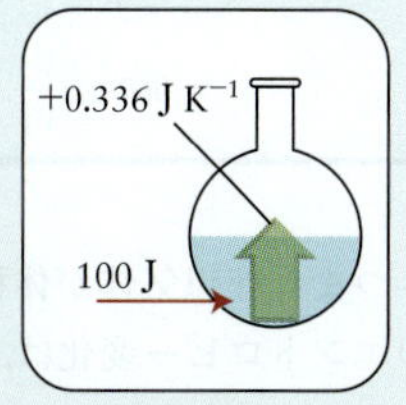

$$\Delta S = \frac{100\ \mathrm{J}}{298\ \mathrm{K}} = +0.336\ \mathrm{J\,K^{-1}}$$

確 認　予想どおり，水のエントロピーは増す．

復習 4・21 A　0 °C の大きな氷から 50 J の熱を可逆的に奪った．氷のエントロピー変化はいくらか．

［答：$-0.18\ \mathrm{J\,K^{-1}}$］

復習 4・21 B　1100 °C の大きな融解銅から 50 J の熱を可逆的に奪った．銅のエントロピー変化はいくらか．

注目！ 増加も減少もする量の変化を書くときは，正値でも“＋”記号を省かない．■

(24)式を見ただけではわからないが，エントロピーSは状態量の性質をもつ（熱力学で証明できる）．系の乱れは，系の“現状だけ”で決まり，たどった経路に関係しないはずなので，直観的にも状態量だと見当がつく．

つまりエントロピー変化ΔSは，状態AからBまでの経路に関係なく決まる．だから，不可逆変化のΔSも，同じ状態を結ぶ可逆経路に(24)式を使って計算できる．

たとえば理想気体が等温自由（不可逆）膨張をするとしよう．そのΔS値は，同じ始状態から終状態へ等温可逆膨張する気体が吸収する熱を，(24)式に代入すればわかる．

要 点 エントロピーは状態量で，乱れの度合いを表す．自発変化は，孤立系のエントロピーが増す向きに進む．■

③ 体積変化とエントロピー

一定量の物質が体積を増せば，エントロピーは増すだろう．体積の増えた分だけ，分子が動き回れる空間が広くなり，**位置の乱れ**（positional disorder）が増すと思えばよい．熱力学第一法則の知識も使い，理想気体の等温膨張に伴うエントロピー変化を計算しよう．

式の導出　等温膨張のエントロピー変化

理想気体の等温膨張（4・1 節）には (24) 式がそのまま使える．可逆的に出入りする熱 q を，第一法則の $\Delta U = q + w$ より，体積変化と関連づける．等温膨張では，$\Delta U = 0$ だから，$q + w = 0$ つまり $q = -w$ となる（得た熱の分だけ外界に仕事をする）．可逆変化を強調し，$q_{可逆} = -w_{可逆}$ と書こう．4・2 節の (5) 式より $w_{可逆} = -nRT\ln(V_2/V_1)$ と書けるため，エントロピー変化 ΔS は，つぎのように表せる．

$$\Delta S = \frac{q_{可逆}}{T} = \frac{-w_{可逆}}{T} = \frac{\overbrace{nRT\ln(V_2/V_1)}^{-w_{可逆}}}{T}$$

$$= nR\ln\frac{V_2}{V_1}$$

つまり理想気体が体積 V_1 から V_2 まで等温膨張する際のエントロピー変化は，気体の量 n (mol) と気体定数 R を使ってこう書ける．

$$\Delta S = nR\ln\frac{V_2}{V_1} \tag{25}$$

膨張 ($V_2 > V_1$) なら $V_2/V_1 > 1$ なので，エントロピーは増す（図 4・37）．

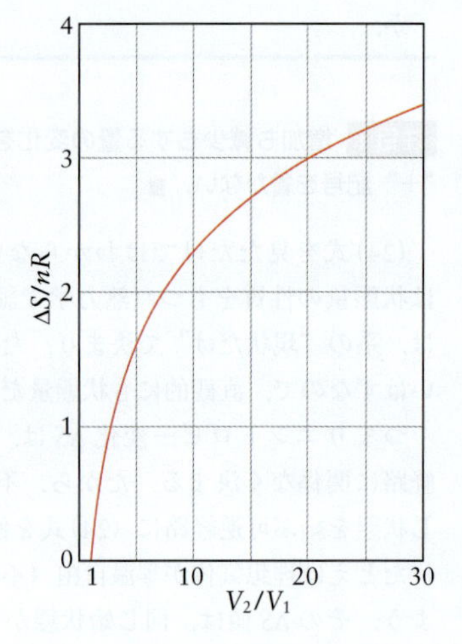

図 4・37　理想気体の等温膨張に伴うエントロピー変化．横軸を V_2/V_1，縦軸を $\Delta S/(nR)$ にしてある．エントロピー変化は，体積比 V_2/V_1 の対数関数になる．

いまは可逆経路のエントロピー変化を計算したが，同じ定温下の "$V_1 \rightarrow V_2$" なら，(25) 式は不可逆経路にも使える．エントロピーは状態量なので，ΔS は経路に関係しない．

とはいえ，いまは "系の ΔS" だけを考え，"外界の ΔS" は考えていない．外界の ΔS も考えあわせたときは，可逆経路と不可逆経路に本質的な差ができる．そのことは少し先の 4・9 節で考えよう．

例題 4・17　等温膨張のエントロピー変化

1.00 mol の窒素 $N_2(g)$ が 22.0 L から 44.0 L まで等温膨張する．エントロピー変化はいくらか．

予 想　体積が増せば分子の動く空間が広がるため，エントロピーは増すだろう．

方 針　(25) 式を使って計算する．

大事な仮定　窒素は理想気体とみなす．

解 答　$\Delta S = nR\ln(V_2/V_1)$ から，つぎの値になる．

$$\Delta S = (1.00\ \mathrm{mol}) \times (8.3145\ \mathrm{J\ K^{-1}\ mol^{-1}}) \times \ln\frac{44.0\ \mathrm{L}}{22.0\ \mathrm{L}} = +5.76\ \mathrm{J\ K^{-1}}$$

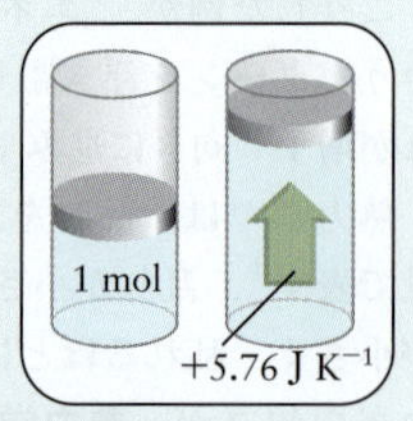

確 認　予想どおり，エントロピーは増す．

復習 4・22 A　理想気体 1 mol を等温圧縮して体積を 3 分の 1 にした．エントロピー変化はいくらか．

［答：$-9.13\ \mathrm{J\ K^{-1}}$］

復習 4・22 B　二酸化炭素 1 mol が等温膨張して体積が 10 倍になった．エントロピー変化はいくらか．

理想気体の等温圧縮や等温膨張に伴うエントロピー変化は，ボイルの法則 $V_2/V_1 = P_1/P_2$ より，始状態と終状態の圧力 P を使っても表せる．結果はつぎのようになる．

$$\Delta S = nR\ln\frac{P_1}{P_2} \tag{26}$$

復習 4・23 A　温度一定で，1.50 mol の Ne(g) の圧力を 20.00 bar から 5.00 bar まで下げた．エントロピー変化はいくらか．

［答：$+17.3\ \mathrm{J\ K^{-1}}$］

復習 4・23 B　温度一定で，塩素ガス 70.9 g の圧力を 3.00 kPa から 24.00 kPa まで上げた．エントロピー変化はいくらか．

考えよう　"エネルギー（熱）の散らばり度合い" を表すエントロピーは，"物質の散らばり度合い" とみてもよい．なぜか？（ヒント：理想気体の分子それぞれは一定の運動エネルギーをもつ．）■

要 点　エントロピーは始状態と終状態を結ぶ可逆経路をもとに計算する．等温膨張する理想気体のエントロピーは増す．■

④ 温度変化とエントロピー

ミクロ世界の粒子はたえず熱運動している．系を熱すると，粒子たちの運動が激しくなって，粒子の**熱的な乱れ**

(thermal disorder) が増す．その乱れがどれほど増えるのかも，(24)式を使って見積もれる．

式の導出　加熱に伴うエントロピー変化

(24)式では，“系を熱しても温度は変わらない”と仮定した．特別な場合（次項の三態変化）を除き，与える熱が無限小のときにそうなるから，“無限小の温度変化”を積み重ねて計算する．段階ごとの（無限小）エントロピー変化 dS を足し合わせ，ΔS にする．

温度 T で可逆的に無限小の熱 $dq_{可逆}$ が移動するため，有限の変化を表す (24)式ではなく，左辺を無限小（微分量）のエントロピー変化 dS とする．

$$dS = \frac{dq_{可逆}}{T}$$

熱の形でもらうエネルギー $dq_{可逆}$ は，温度変化 dT と系の熱容量 C を使い，つぎのように表せる〔可逆変化で成り立つ 4・2 節 (6b)式の微分形〕．

$$dq_{可逆} = C\,dT$$

熱容量には，定積条件なら定積熱容量 C_V を，定圧条件なら定圧熱容量 C_P を使う．以上二つの式から，次式が成り立つ．

$$dS = \frac{C\,dT}{T}$$

温度変化が $T_1 \rightarrow T_2$ ならエントロピー変化 ΔS は，無限小変化の和（積分）になる．

$$\Delta S = \int_{T_1}^{T_2} \frac{C\,dT}{T}$$

ふつう積分は面積を表す．いまの場合は，関数 C/T のグラフが，区間 $T_1 \sim T_2$ で囲む面積になる．$T_1 \sim T_2$ で熱容量 C は一定とし（積分記号の外に出し），つぎの結果を得る．

$$\Delta S = C\int_{T_1}^{T_2} \frac{dT}{T} = C\ln\frac{T_2}{T_1}$$

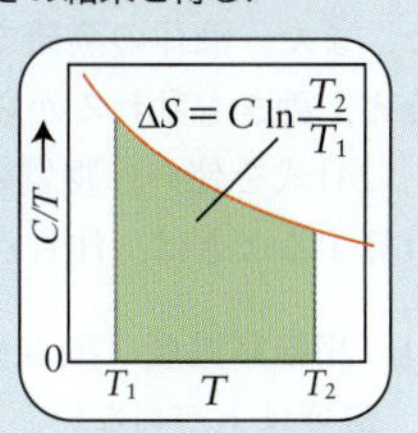

計算にはつぎの積分公式を使った．

$$\int \frac{dx}{x} = \ln x + 定数$$

コラムより，温度が $T_1 \rightarrow T_2$ と変わるとき，エントロピーの変化 ΔS はこう書ける．

$$\Delta S = C\ln\frac{T_2}{T_1} \qquad (27)$$

熱容量 C（定積変化なら C_V，定圧変化なら C_P）が一定として，物質の加熱に伴う ΔS を図 4・38 に描いた．

式の意味　昇温（$T_2/T_1 > 1$）のとき対数項は正だから，$\Delta S > 0$ となる（エントロピー増加）．同じ昇温幅なら，熱容量 C が大きい系（物質）ほど ΔS は大きい．■

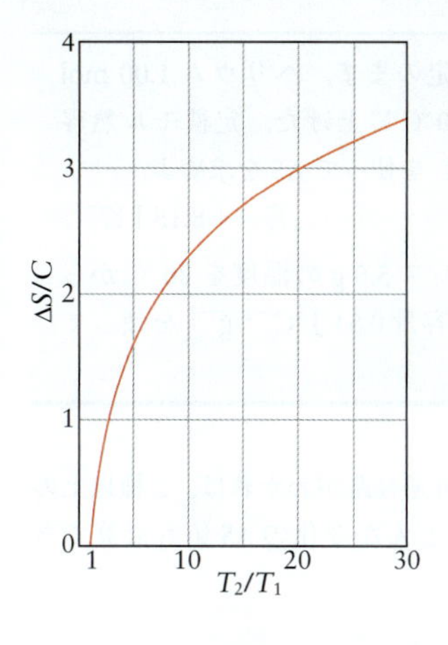

図 4・38　温度上昇比 T_2/T_1 と $\Delta S/C$ 値の関係．エントロピー変化は，T_2/T_1 の対数関数になる．

例題 4・18　昇温に伴うエントロピー変化

5.00 kPa，20.0 L の窒素を，体積一定のまま 20 ℃から 400 ℃に熱した．窒素の定積モル熱容量 $C_{V\mathrm{m}} = 20.81\ \mathrm{J\,K^{-1}\,mol^{-1}}$ を使い，エントロピー変化を求めよ．

予 想　系は高温ほど乱雑化するため，エントロピーは増すだろう．

方 針　(27)式を使う．温度を K 単位とし，気体の量 n (mol) を状態方程式 $n = PV/(RT)$ で計算する．R の単位は圧力の単位 (kPa) に合わせる（表 3・2）．熱容量には定積熱容量 $C_V = nC_{V\mathrm{m}}$ を使う．数値計算はなるべく最後に回して誤差を減らす．

大事な仮定　窒素は理想気体とみなす．20 ℃～400 ℃の範囲で C_V は一定とする．

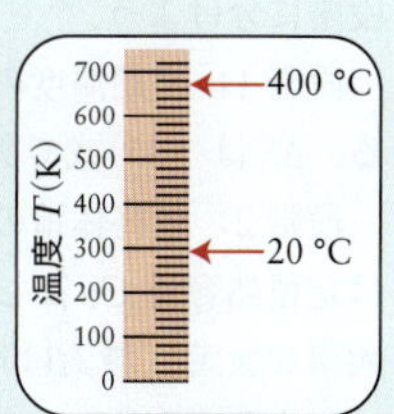

解 答　温度を K 単位にする．

$$T_1 = 20 + 273.15\ \mathrm{K} = 293\ \mathrm{K}$$
$$T_2 = 400 + 273.15\ \mathrm{K} = 673\ \mathrm{K}$$

$n = PV/(RT)$ から，窒素の量 n を求める．

$$n = \frac{(5.00\ \mathrm{kPa}) \times (20.0\ \mathrm{L})}{(8.3145\ \mathrm{L\,kPa\,K^{-1}\,mol^{-1}}) \times (293\ \mathrm{K})} = \frac{5.00 \times 20.0}{8.3145 \times 293}\ \mathrm{mol} = 0.0410 \cdots \mathrm{mol}$$

$C = nC_{V\mathrm{m}}$ として，$\Delta S = C\ln(T_2/T_1)$ を計算する．

$$\Delta S = (0.0410 \cdots \mathrm{mol}) \times (20.81\ \mathrm{J\,K^{-1}\,mol^{-1}}) \times \ln\frac{673\ \mathrm{K}}{293\ \mathrm{K}} = +0.710\ \mathrm{J\,K^{-1}}$$

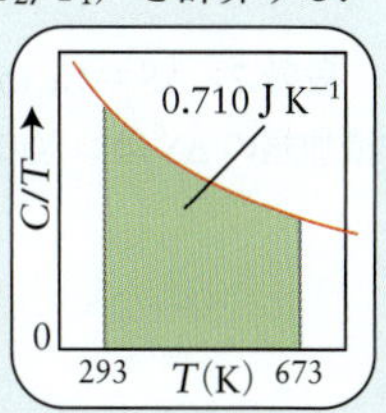

確 認　予想どおり，ΔS は正値だった．C/T–T 曲線の囲む面積が ΔS に等しい．

復習 4・24 A 体積一定のまま，ヘリウム 1.00 mol の温度を 25 ℃から 300 ℃に上げた．定積モル熱容量 $C_{V\mathrm{m}} = \frac{3}{2}R$（4・3 節）を使って ΔS を求めよ．

［答： +8.15 J K^{-1}］

復習 4・24 B ステンレス 5.5 g の温度を 20 ℃から 100 ℃に上げた．比熱容量 0.51 J ℃$^{-1}$ g^{-1} を使って ΔS を求めよ．

始状態と終状態を結ぶ可逆経路がわかれば，2 種以上の量が変わる場合を含め，どんな変化の ΔS 値も計算できる．

例題 4・19 温度も体積も変わるときのエントロピー変化

ピストンつき円筒に 1.00 mol の酸素を入れた．ピストンを一気に押しこみ，体積を 5.00 L から 1.00 L にしたところ（不可逆圧縮），温度が 20.0 ℃から 25.2 ℃に上がった．酸素のエントロピー変化はいくらか．

予 想 エントロピーは圧縮で減り，昇温で増す．昇温幅は小さいため，正味でエントロピーが減りそうだが，計算してみないとわからない．

方 針 エントロピーは状態量だから，終状態が同じになる可逆経路を見つけて計算する．経路をつぎの 2 段階に分けよう．

段階 1：初期温度のまま可逆圧縮し，最終体積にする．ΔS は（25）式で計算する．

段階 2：最終体積のまま熱し，最終温度にする．〔C は定積熱容量 C_V として（27）式を使う〕．

大事な仮定 酸素は理想気体，考える温度範囲で C_V は一定とみなす．

解 答 段階 1：$\Delta S = nR\ln(V_2/V_1)$ より，等温可逆圧縮の ΔS はつぎの値になる．

$$\Delta S = (1.00\ \mathrm{mol}) \times (8.3145\ \mathrm{J\,K^{-1}\,mol^{-1}}) \times \ln\frac{1.00\ \mathrm{L}}{5.00\ \mathrm{L}} = -13.4\ \mathrm{J\,K^{-1}}$$

段階 2：$\Delta S = C_V\ln(T_2/T_1)$ と $C_V = nC_{V\mathrm{m}}$ より，定積加熱の ΔS はつぎの値になる†．

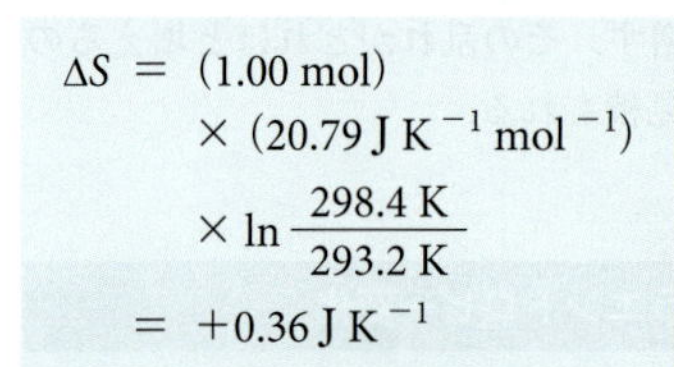

$$\Delta S = (1.00\ \mathrm{mol}) \times (20.79\ \mathrm{J\,K^{-1}\,mol^{-1}}) \times \ln\frac{298.4\ \mathrm{K}}{293.2\ \mathrm{K}} = +0.36\ \mathrm{J\,K^{-1}}$$

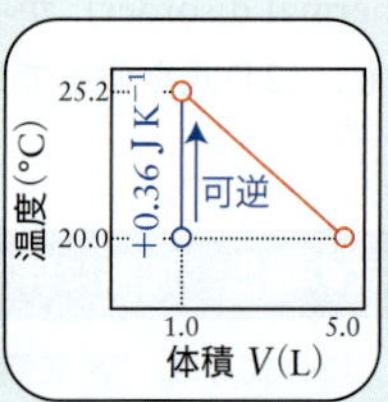

以上を合わせ，総エントロピー変化が得られる．

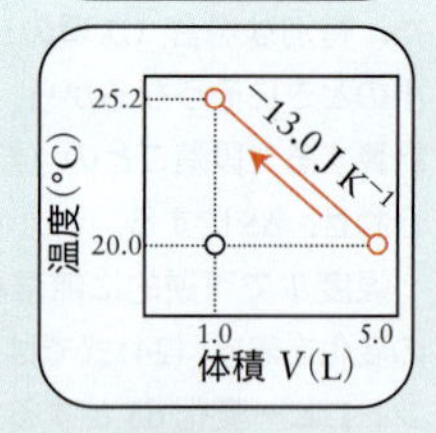

$$\Delta S = (-13.4 + 0.36)\ \mathrm{J\,K^{-1}} = -13.0\ \mathrm{J\,K^{-1}}$$

確 認 体積を大きく減らす圧縮（ΔS 減少）のほうが，わずかな昇温（ΔS 増加）より大きく効いている．

復習 4・25 A アルゴン 2.00 mol を 10.00 L → 5.00 L と圧縮し，温度を 300 K → 100 K と下げた．定積モル熱容量 $C_{V\mathrm{m}} = \frac{3}{2}R$（4・3 節）を使って ΔS を求めよ．アルゴンは理想気体とする．

［答： −38.9 J K^{-1}］

復習 4・25 B 酸素 23.5 g の圧力を 2.00 kPa → 8.00 kPa と上げ，温度を 240 K → 360 K と上げた．ΔS はいくらか．酸素は理想気体とする．

要 点 系のエントロピーは，昇温や膨張で増す．■

⑤ 三態変化とエントロピー

固体の融解では，粒子の並びが乱れるため ΔS > 0 だろう．また，液体の蒸発では，分子の占める空間が激増するうえ，動きも乱れるから，ΔS はずっと大きいだろう．

（24）式を使い，物質の相転移（状態変化）に伴う ΔS を計算するときは，注目点が三つある．

1. 相転移温度（融点や沸点）では，熱が入り続けても温度は上がらない．

入ったエネルギーは，温度上昇（粒子の並進エネルギー増加）ではなく，相転移（液体→気体など）に使われる．だから（24）式の分母 T は，相転移温度にとどまる．

圧力 1 atm で固体が融ける温度を**通常融点**（normal melting point），液体が沸騰する温度を**通常沸点**（normal boiling point）という．圧力が（1 atm ではなく）1 bar なら，それぞれ**標準融点**（standard melting point）T_f（添え字 f は melting と同義の fusion から），**標準沸点**（standard boiling point）T_b（添え字 b は boiling から）とよぶ．1 atm と 1 bar の差は小さいので，“通常値”と“標準値”はほぼ等しい．

2. 相転移温度で，熱は可逆的にやりとりされる．

† 訳注：O_2 の $C_{V\mathrm{m}}$ は，付録 2A の $C_{P\mathrm{m}}$ と 4・3 節の $C_{P\mathrm{m}} = C_{V\mathrm{m}} + R$ から決まる．

圧力が一定（たとえば 1 atm）のとき，温度を無限小だけ上げると完全に蒸発し，無限小だけ下げると完全に凝縮する．

3. 相転移は一定圧力（たとえば 1 atm）で進むため，入る熱は物質のエンタルピー変化に等しい（4・3 節）．

物質 1 mol の蒸発に伴う ΔS を，**蒸発エントロピー**（entropy of vaporization）といい，記号 $\Delta_{蒸発}S$ で表す．定圧で物質 1 mol を蒸発させる熱は，蒸発エンタルピー $\Delta_{蒸発}H$ に等しい（4・3 節）．すると，(24) 式で $q_{可逆} = \Delta_{蒸発}H$ と書けば，次式が成り立つ．

$$沸点で：\quad \Delta_{蒸発}S = \frac{\Delta_{蒸発}H}{T_b} \tag{28}$$

液体も蒸気も標準状態（純物質，1 bar）のとき，標準沸点での ΔS 値を**標準蒸発エントロピー**（standard entropy of vaporization）$\Delta_{蒸発}S^\circ$ という（標準状態なら $\Delta_{蒸発}H$ も $\Delta_{蒸発}H^\circ$ と書く．“1 bar” を “1 atm” と読み替えても差は小さい）．(28) 式は沸点での値だから，たとえば 298 K での値とはかなりちがうことに注意しよう．蒸発エントロピーの値は必ず正なので，“＋” 記号は省くこともある．

式の意味 分子間力の強い物質は蒸発エンタルピー $\Delta_{蒸発}H$ が大きいため，蒸発エントロピー $\Delta_{蒸発}S$ も大きい．ただし，分子間力が強いと沸点 T_b が高いから，両方の効果が打ち消しあい，多くの物質で $\Delta_{蒸発}S$ は似た値になる．■

復習 4・26 A 標準沸点でアルゴンが示す $\Delta_{蒸発}S^\circ$ を計算せよ．データは表 4・3 参照．
［答：74 J K^{-1} mol^{-1}］

復習 4・26 B 標準沸点で水が示す $\Delta_{蒸発}S^\circ$ を計算せよ．データは表 4・3 参照．

液体 13 種の $\Delta_{蒸発}S^\circ$ 値を表 4・9 にまとめた．多くの値が平均的な値 85 J K^{-1} mol^{-1} に近い．それを**トルートン則**（Trouton's rule）という．気体になるとき，どんな液体でも，分子の位置的な乱れは同じくらい増すため，ΔS がよく似た値になる．

液体中の分子レベル秩序が高く，“液体→気体” の ΔS° が大きい物質はトルートン則から外れ，$\Delta_{蒸発}S^\circ$ が 85 J K^{-1} mol^{-1} より大きくなる．秩序は分子間力が生むため，豊かな水素結合をもつ水やエタノールは，$\Delta_{蒸発}S^\circ$ が 85 J K^{-1} mol^{-1} よりだいぶ大きい．

考えよう 水銀は水素結合をしないのに，$\Delta_{蒸発}S^\circ$ が大きい．なぜだろうか．■

復習 4・27 A 臭素（沸点 59 °C）の標準蒸発エンタルピー $\Delta_{蒸発}H^\circ$ をトルートン則で見積もってみよ．
［答：28 kJ mol^{-1}；実測値は 29.45 kJ mol^{-1}］

復習 4・27 B ジエチルエーテル（沸点 34.5 °C）の $\Delta_{蒸発}H^\circ$ をトルートン則で見積もってみよ．

液体の蒸発に比べ，固体の融解はエントロピー増加が少ない．粒子集団の乱れが，固体と液体で似ているからそうなる（図 4・39）．蒸発と同様，融点（＝凝固点）T_f での標準融解エントロピー $\Delta_{融解}S^\circ$ は，標準融解エンタルピー $\Delta_{融解}H^\circ$ を使ってこう書ける．

$$融点で：\quad \Delta_{融解}S^\circ = \frac{\Delta_{融解}H^\circ}{T_f} \tag{29}$$

約 35 atm 以下なら 0 K でも固化しない ^{3}He だけを除き $\Delta_{融解}S^\circ$ も正値だから，“＋” 記号は省いてよい．

復習 4・28 A 表 4・3 のデータを使い，融点で水銀が示す $\Delta_{融解}S^\circ$ を計算せよ．
［答：9.782 J K^{-1} mol^{-1}］

復習 4・28 B 表 4・3 のデータを使い，融点でベンゼンが示す $\Delta_{融解}S^\circ$ を計算せよ．

(28) 式と (29) 式は，相転移温度でのエントロピー変化

表 4・9 通常沸点[a)]での標準蒸発エントロピー

液 体	沸 点 (K)	$\Delta_{蒸発}S^\circ$ (J K^{-1} mol^{-1})	液 体	沸 点 (K)	$\Delta_{蒸発}S^\circ$ (J K^{-1} mol^{-1})
アセトン	329.4	88.3	ヘリウム	4.22	20
アルゴン	87.3	74	ベンゼン	353.2	87.2
アンモニア	239.7	97.6	ペンタン	309.2	87.88
エタノール	351.5	124	水	373.2	109
エタン	184.6	79.87	メタノール	337.8	104
水 銀	629.7	94.2	メタン	111.7	73
ブタン	273	82.30			

a) 1 atm での沸点．

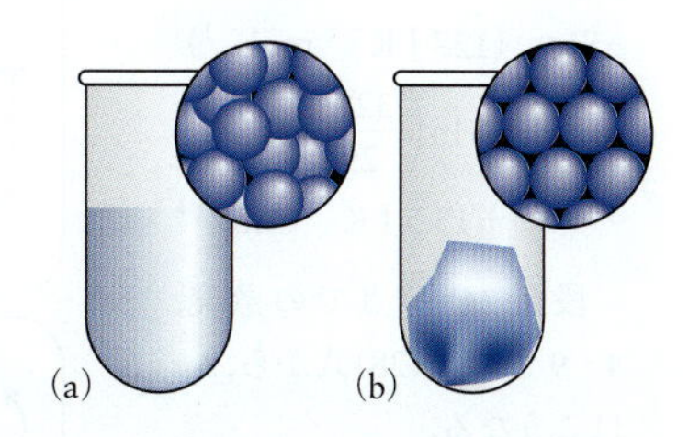

図 4・39 (a) 液体と (b) 固体のイメージ．液体が凍ると粒子の秩序が増え，エントロピーは減る．固体が融解するとエントロピーは増す．

（増加）を表した．別の温度でのエントロピー変化を知るには，計算を3段階に分ける（**1**）．たとえば，25 ℃，1 bar で水が示す $\Delta_{蒸発}S^\circ$ 値は，つぎのサイクルを考えて計算する．

1. 水を熱し，25 ℃から標準沸点（100 ℃）にする．
2. 完全に蒸発させる．
3. 水蒸気を25 ℃に冷やす．

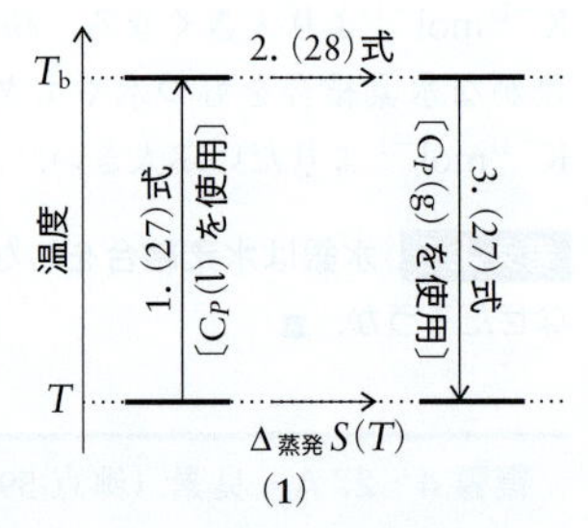

エントロピーは状態量なので，サイクルを一巡後の総エントロピー変化は0になる．それを利用すれば，不明な量（25 ℃での $\Delta_{蒸発}S$）も計算できる．

例題 4・20　標準沸点以外の温度での蒸発エントロピー

$\Delta_{蒸発}S$ 値は，液体中で働く分子間力の目安になる．296 K，1 bar でアセトンが示す $\Delta_{蒸発}S$ を計算せよ．液体アセトンのモル熱容量は 127 J K^{-1} mol^{-1}，沸点は 329.4 K，$\Delta_{蒸発}H$ は 29.1 kJ mol^{-1} とする．

方　針　段階1：液体アセトンを熱し，296 K から 329.4 K にするときの ΔS を，(27)式で計算する（熱容量は一定とする）．

段階2：(28)式を使い，$\Delta_{蒸発}S^\circ$ を計算する（または表4・9の値を使う）．

段階3：(27)式を使い，気体アセトンを 329.4 K から 296 K まで冷やすときの ΔS を計算する（負の値になるはず）．気体アセトンの熱容量は，エネルギー等分配則（4・1節，4・3節）より $C_{Pm} = 4R$ となる．

段階4：以上三つのエントロピー変化を足し合わせ，$\Delta_{蒸発}S^\circ$（296 K）とする．

大事な仮定　気体のアセトンは理想気体とみなし，熱容量には並進と回転だけが効く．

解　答　段階1：液体アセトンの加熱．(27)式から，ΔS はこうなる．

$$\Delta S = (127\ \mathrm{J\,K^{-1}\,mol^{-1}}) \times \ln\left(\frac{329.4}{296}\right) = +13.5\ \mathrm{J\,K^{-1}\,mol^{-1}}$$

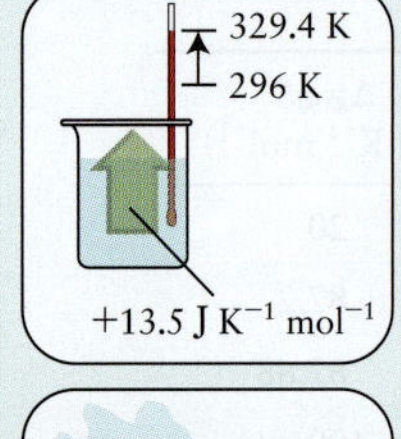

段階2：沸点での蒸発．表4・9または(28)式から，$\Delta_{蒸発}S^\circ$ はこうなる．

$$\Delta_{蒸発}S^\circ = \frac{29\,100\ \mathrm{J\,mol^{-1}}}{329.4\ \mathrm{K}} = 88.3\ \mathrm{J\,K^{-1}\,mol^{-1}}$$

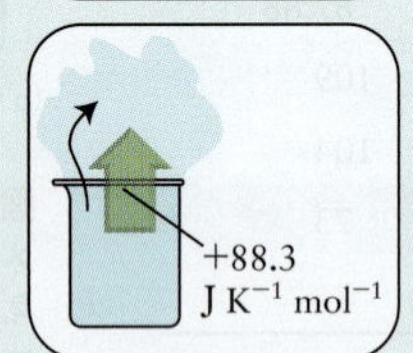

段階3：アセトン蒸気の冷却．$\Delta S = C \ln(T_2/T_1)$ と $C_{Pm} = 4R$ から，ΔS はこうなる．

$$\Delta S = \overbrace{(33.26\ \mathrm{J\,K^{-1}\,mol^{-1}})}^{4R} \times \ln\left(\frac{296}{329.4}\right) = -3.54\ \mathrm{J\,K^{-1}\,mol^{-1}}$$

段階4：段階1～3の結果を足し合わせる．

$$\Delta_{蒸発}S^\circ\,(296\ \mathrm{K}) = (13.5 + 88.3 - 3.54)\ \mathrm{J\,K^{-1}\,mol^{-1}} = +98.3\ \mathrm{J\,K^{-1}\,mol^{-1}}$$

確　認　トルートン則の予測値（+85 J K^{-1} mol^{-1}）より少し大きい．液体中のアセトン分子が引き合って秩序化し，その分だけエントロピーが小さいからだろう．

復習 4・29 A　285.0 K でエタノール C_2H_5OH が示す $\Delta_{蒸発}S^\circ$ を計算せよ．エタノール蒸気の定圧モル熱容量は 78.3 J K^{-1} mol^{-1} とする（表4・2，表4・3参照）．

［答：131 J K^{-1} mol^{-1}］

復習 4・29 B　276.0 K でベンゼン C_6H_6 が示す $\Delta_{蒸発}S^\circ$ を計算せよ．ベンゼン蒸気の定圧モル熱容量は 82.4 J K^{-1} mol^{-1} とする（表4・2，表4・3参照）．

要 点　融解でも蒸発でも物質のエントロピーは増す．■

身につけたこと

熱力学では“自発変化”を独特な形で定義する．エントロピーは孤立系の“乱れ度”を表し，どんな自発変化もエントロピー増加を伴う．物質のエントロピーは，体積増加や温度上昇，融解，蒸発で増加する．以上を学び，つぎのことができるようになった．

❑ 1　熱の可逆的授受に伴うエントロピー変化の計算（例題4・16）
❑ 2　理想気体の等温膨張・圧縮に伴うエントロピー変化の計算（例題4・17，4・19）
❑ 3　物質の温度変化に伴うエントロピー変化の計算（例題4・18，4・19）
❑ 4　相転移温度で進む相転移と，それ以外の温度で進む相転移に伴う標準エントロピーの計算（例題4・20）

4・7　ミクロ世界とエントロピー

なぜ学ぶのか？　自然科学に欠かせない“マクロ世界の性質と，原子・分子のふるまいとの関連づけ”を，エントロピーについて考える．

必要な予備知識　エントロピーの定義（前節），“箱の中の粒子”が示す量子力学的性質（1・3節）の知識を使う．

エントロピーは，分子集団がもつ乱れ（乱雑さ）の尺度だった（前節）．それは何を意味し，具体的にどう表現できるのか？　1877年にオーストリアの物理学者ボルツマン（Ludwig Boltzmann；図4・40）が提案した定義は，エントロピーの意味を分子レベルで教える．そればかりか，エントロピー“変化”の熱力学的な定義（$\Delta S = q_{可逆}/T$）を超え，エントロピーの“絶対値”を決める道（4・8節）をも拓いてくれた．

図 4・40　ボルツマン（1844～1906）．

① ボルツマンの式

ボルツマンはエントロピーSをこう定義した．

$$S = k \ln W \tag{30}$$

上式のkを**ボルツマン定数**（Boltzmann's constant；1.381×10^{-23} J K^{-1}）という．kは4・1節でもエネルギー等分配則の話に登場し，気体定数R，アボガドロ定数N_Aと$R = N_A k$の関係にあるのだった．また右辺のWは，全エネルギーが一定のとき，原子や分子がとれる配置の数を表す．分子集団がとりうる配置それぞれを**ミクロ状態**（microstate）とよぶため，Wは“同じエネルギー値をもつミクロ状態の数”とみてもよい．

あるミクロ状態は，瞬間の姿にすぎない．そのため，系のマクロな性質を測っているときは，系がとる膨大なミクロ状態の時間平均値を測っている．ボルツマンの式に従うSを，**統計的エントロピー**（statistical entropy）とよぶ．

(30)式の意味を考えるため，**アンサンブル**（ensemble）というものを思い浮かべよう．アンサンブルは，全エネルギーが同じ系のレプリカ（複製物）が無数に集まったものをいう．どのレプリカも全エネルギーは同じだが，エネルギー準位を占める粒子の分布がちがう．レプリカは，それぞれ1個の箱に入っていると考える．

箱を1個ずつ無作為に選ぶとしよう．どの粒子もぴったり同じエネルギー準位にあれば，$W = 1$となる．そのとき，無作為に選んだレプリカは，みな同じミクロ状態をもつ．すると乱れはゼロで，$\ln 1 = 0$だから，エントロピーは0になる．

かたや，全エネルギーは同じでも，分子の配置が何種かあるなら，選んだレプリカのミクロ状態が同じとはかぎらない．たとえば，あるエネルギー値のミクロ状態が1000種類あれば（$W = 1000$），特定のミクロ状態を選ぶ確率は1000分の1になる．つまり，$W = 1$のときより乱れが大きく，系のエントロピーは0より大きい．

例題 4・21　統計的エントロピーの計算

温度$T = 0$で4個の一酸化炭素分子COがつくる“ミニ結晶”のエントロピーSを，以下二つの場合につき計算せよ．

(a) 分子4個のC原子がどれも左側（次ページの図4・41左上隅）．

(b) 分子軸が平行なまま，4個のCO分子の配置がランダム（図4・41の全部）．

予 想　(a) は位置にもエネルギーにも乱れがない“完全結晶”なので$S = 0$，(b) は乱れがあるので$S > 0$だろう．

方 針　ミクロ状態の数を知るため，まず，同じエネルギーで分子がとれる向き（orientation）の数Oを決める．分子それぞれはO種の向きをとれるため，系内の分子数Nを使い，ミクロ状態の数はOのN乗（O^N）になる．それをWとしたボルツマンの式〔(30)式〕で，Sを計算する．

解 答　(a) 配置は1種しかない（$W = 1$）．$S = k \ln W$と$W = 1$から，Sはこうなる．

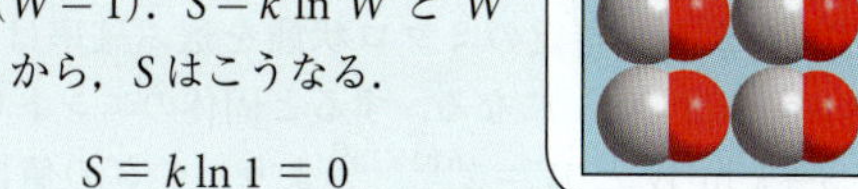

$$S = k \ln 1 = 0$$

(b) 各分子の向きは2種（$O = 2$），系内の粒子数が4（$N = 4$）だから，配置の総数はつぎのようになる．

$$W = 2 \times 2 \times 2 \times 2 = 2^4$$

無作為に選んだ“試料”が特定のミクロ状態をもつ確率は16分の1だから，その分だけ不確実さ（乱れ）がある．$S = k \ln W$と$W = 2^4 = 16$から，Sはこうなる．

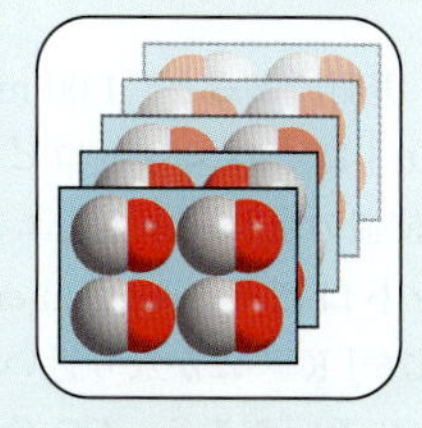

$$\begin{aligned} S &= k \ln 2^4 \\ &= (1.381 \times 10^{-23}\ \mathrm{J\,K^{-1}}) \times \ln 16 \\ &= 3.828 \times 10^{-23}\ \mathrm{J\,K^{-1}} \end{aligned}$$

確 認　予想どおり，乱れをもつ“結晶”のエントロピーは正だった．

復習 4・30 A　ある $T=0$ の固体試料には，分子の配置が 3 種ある（全エネルギーは等しい）．30 個の分子からできた試料のエントロピーはいくらか．

［答：$4.5\times10^{-22}\,\mathrm{J\,K^{-1}}$］

復習 4・30 B　固体のフルオロベンゼン C_6H_5F には，分子の配置が 6 種ある．$T=0$ でフルオロベンゼン 1.0 mol のエントロピーはいくらか．

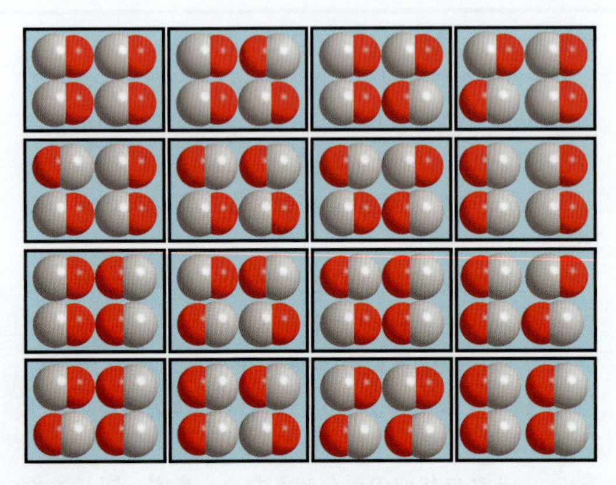

図 4・41　CO 分子 4 個の“ミニ結晶”．分子の配置は 16 種ある．向きが 1 種類だけなら（左上隅），エントロピー S は 0．どの向きもとれるなら $S>0$ となる．

例題 4・21 の系を現実に近づけ，CO 分子 1.00 mol（6.02×10^{23} 個）からなる固体を考えよう．分子の向きが 2 種なら，ミクロ状態の数は 2 の 6.02×10^{23} 乗（天文学的な数字）だから，特定のミクロ状態を選ぶ確率は“2 の 6.02×10^{23} 乗分の 1”になる．すると固体のエントロピー S は，$S=k\ln W$ と $W=2^{6.02\times10^{23}}$ より，つぎの値になる（$\ln x^a=a\ln x$ を使った）．

$$\begin{aligned} S &= k\ln 2^{6.02\times10^{23}} \overset{\ln x^a\,=\,a\ln x}{=} k\times(6.02\times10^{23})\times\ln 2 \\ &= (1.381\times10^{-23}\,\mathrm{J\,K^{-1}})\times(6.02\times10^{23})\times\ln 2 \\ &= 5.76\,\mathrm{J\,K^{-1}} \end{aligned}$$

実測によると，1.00 mol の固体 CO は，$T=0$ の近くで $4.6\,\mathrm{J\,K^{-1}}$ のエントロピーをもつ．極低温でも消えない“位置の乱れ”が生むエントロピーなので，それを**残余エントロピー**（residual entropy）という．上記の計算値 $5.76\,\mathrm{J\,K^{-1}}$ にかなり近いため，結晶中の分子配列はランダムに近いだろう．CO 分子の双極子モーメントが小さく，“頭－尾”“頭－頭”“尾－尾”のエネルギーに大差がないのでそうなる．

固体の塩化水素 HCl は，$T=0$ の近くで $S\approx0$ を示す．双極子モーメントが大きいため，ほとんどの HCl 分子が“頭－尾”の形に並び，位置の乱れがごく小さいからそうなる．

例題 4・22　残余エントロピーの解釈

物質のエントロピー S から，ミクロ構造が推定できる．$T=0$ で，1.00 mol の $FClO_3(s)$ は $S=10.1\,\mathrm{J\,K^{-1}}$ を示す．固体 $FClO_3(s)$ のミクロ構造を考察せよ．

予 想　エントロピーが適度に大きいから，$T=0$ でも位置の乱れがあるのだろう．

方 針　VSEPR 理論（2・5 節）が示す分子の形から，結晶中で分子がとりうる配置の数 W を求める．つぎにボルツマンの式を使い，配置の数と S の測定値を結びつける．

解 答　$FClO_3$ 分子は四面体構造をもつ．どの配置でもエネルギーが同じなら，固体中では，4 種の配置（図 4・42）を等分にとれるだろう．

固体が N 個の分子を含めば，配置の数は“4 の N 乗”になる．

$$W = \overbrace{4\times4\times4\times\cdots\times4}^{N\text{ 個}} = 4^N$$

エントロピー S は，$S=k\ln W$，$W=4^N$，$N=6.02\times10^{23}$，$\ln x^a=a\ln x$ より，つぎのように計算できる．

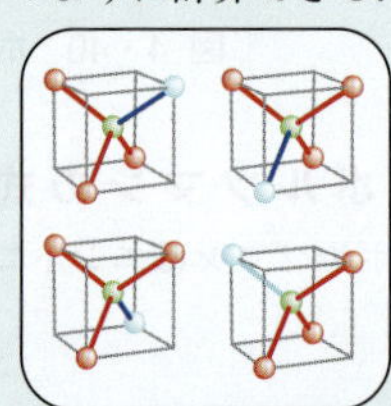

$$\begin{aligned} S &= k\ln 4^{6.02\times10^{23}} \\ &= (1.381\times10^{-23}\,\mathrm{J\,K^{-1}}) \\ &\quad\times(6.02\times10^{23})\times\ln 4 \\ &= 11.5\,\mathrm{J\,K^{-1}} \end{aligned}$$

確 認　計算値 $11.5\,\mathrm{J\,K^{-1}}$ は実測値 $10.1\,\mathrm{J\,K^{-1}}$ に近いため，$T=0$ で固体内の分子は四つの配置をランダムにとっているのだろう．

復習 4・31 A　1 mol の $N_2O(s)$ は $T=0$ で $6\,\mathrm{J\,K^{-1}}$ のエントロピーを示す．ミクロ構造を推定してみよ．

［答：原子配置 NNO の分子と ONN の分子が，ほぼ等量ずつある］

復習 4・31 B　氷のエントロピー S は，$T=0$ で明確に $S>0$ となる．水素結合に注目し，氷の構造を考察せよ．

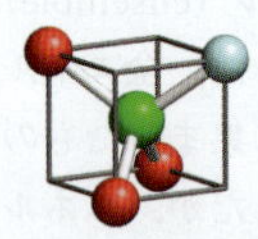
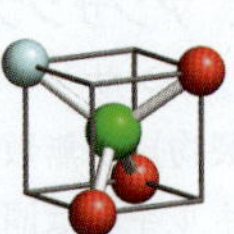
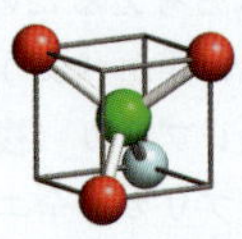
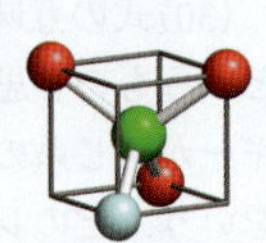

図 4・42　四面体形の $FClO_3$ 分子が固体中でとれる 4 種の配置．

要 点 ボルツマンの式は，粒子がとれる配置の数と物質のエントロピーを結びつける．同じエネルギーでとれる配置が多いほど，$T \approx 0$ での残余エントロピーは大きい．■

② 統計的エントロピーと熱力学的エントロピーの等価性

(24)式（$\Delta S = q_{可逆}/T$）と (30)式（$S = k \ln W$）は，似ても似つかない姿をしている．前者はマクロ世界，後者はミクロ世界の表現だった．だが両式は同じ意味をもつ．そのことを証明しよう．

証明には，理想気体のエントロピーと体積変化を結びつける (25)式が，ボルツマンの式から出てくるのを示せばよい．そのとき，“乱れ”の意味もわかる．

理想気体をつくる無数の分子は，“箱の中の粒子”（1・3 節）に似たエネルギー準位を占める．まず一次元の箱（図 4・43）を考えよう（現実は三次元の箱だが，同様に考えてよい）．$T=0$ のときは，どの分子も最低エネルギー準位にある．“乱れ”はまったくないから $W=1$，つまり $S=0$ となる（図 4・43a）．

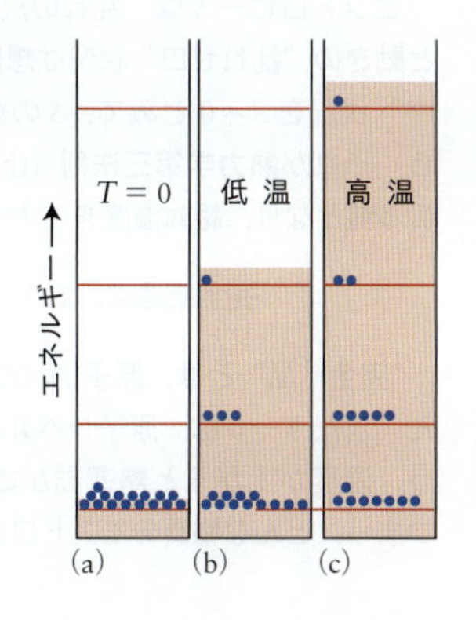

図 4・43　箱の中の粒子がとるエネルギー準位．箱の温度上昇 (a)→(c) は，理想気体の定積加熱に等しい．熱的に占有可能な範囲の準位に色をつけた．温度が上がると分子の運動エネルギーが増え，内部エネルギーもエントロピーも増す．

$T>0$ で分子は，最低準位より上の準位も占める（図 4・43 の b と c）．ミクロ状態の数が増え，$W>1$ だから $\ln W>0$，つまり $S>0$ となる．系は乱れ，ある分子がどの状態にいるのか不確実になる．

分子 A と B だけの“ミニ系”を考えよう．$T=0$ では，A も B も最低エネルギー準位を占めるしかない．しかし温度が上がると，分子は第 2 準位にも上がれるため，上がった分子が A なのか B なのか言えなくなる．

$T>0$ で箱を長くすると，準位の間隔がせばまる結果，分子の入れる準位が増す（図 4・44）．箱の長さを L と書けば，エネルギー準位の間隔は L^2 に反比例するのだった．分子たちは多彩な準位に分布するから，ある分子がどの準位を占めるのかは確定しなくなる．箱が長くなるほど W が増え，（ボルツマンの式により）エントロピー S も増す．

三次元の箱でも同じことが成り立つ．箱が大きいほど，分子のとれる状態が多い．それに注目し，(24)式から出てくる (25)式つまり $\Delta S = nR \ln(V_2/V_1)$ が，(30)式からも出せることを，つぎのコラムで示そう．

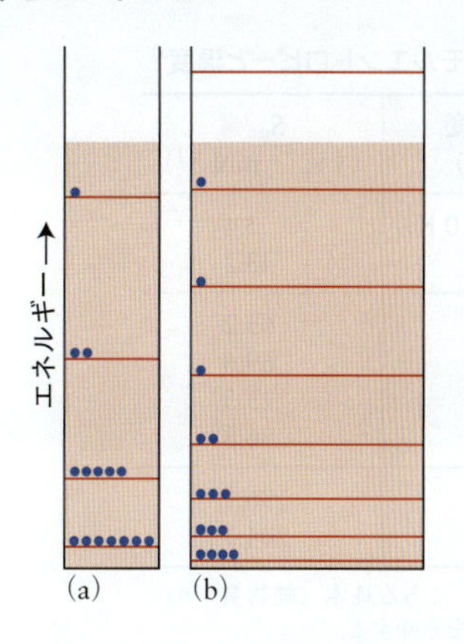

図 4・44　箱の中の粒子がとれるエネルギー準位．箱のサイズが (a)→(b) と増せば，準位の間隔がせばまる結果，占有可能な準位が多くなってエントロピーが増す．熱的に占有可能な準位の範囲に着色した．(a)→(b) は，理想気体の等温膨張にあたる．(a) と (b) で系の全エネルギーは等しい．

式の導出　統計的エントロピーと熱力学エントロピーの等価性

ある分子がとれるミクロ状態の数 W は，分子がいる空間の体積 V に比例すると考えてよい．つまり $W=$ 定数$\times V$ とする．分子が N 個なら，ミクロ状態の総数は，体積の N 乗に比例する．

$$W = \overbrace{(\text{定数} \times V) \times \cdots \times (\text{定数} \times V)}^{N\,\text{個}} = (\text{定数} \times V)^N$$

すると，体積 V_1 から V_2 までの等温膨張に伴うエントロピー変化 ΔS は，$S = k \ln W$ より，次式に書ける（公式 $\ln x^a = a \ln x$ を使った）．

$$\Delta S = k \ln(\text{定数} \times V_2)^N - k \ln(\text{定数} \times V_1)^N = Nk \ln(\text{定数} \times V_2) - Nk \ln(\text{定数} \times V_1)$$

公式 $\ln x - \ln y = \ln(x/y)$ を使って定数を約分すると，つぎの結果になる．

$$\Delta S = Nk \ln \frac{\text{定数} \times V_2}{\text{定数} \times V_1} = Nk \ln \frac{V_2}{V_1}$$

気体の量が n (mol) のとき，粒子数 N は，アボガドロ定数 N_A を使って $N = nN_A$ と書ける．$N_A k$ は気体定数 R に等しいから，最終的につぎの結果を得る．

$$\Delta S = \overbrace{N}^{nN_A} k \ln \frac{V_2}{V_1} = \overbrace{nN_A k}^{R} \ln \frac{V_2}{V_1} = nR \ln \frac{V_2}{V_1}$$

つまり，少なくとも理想気体の等温膨張で，二つの定義はまったく同じ意味をもつ．(25)式にある“体積の対数”は，ボルツマンの式でいう“W の対数”に等しい．粒子がとれる状態の数 W が体積に比例するため，エントロピー S は体積 V の対数で表せる．

ボルツマンの式を使うと，(27)式や表 4・10 のように，高温ほど S が大きい理由もわかる．気体に使った“箱の中の粒子”モデルは，液体や固体にも使える（エネルギー準位はずっと複雑だが）．低温だと，粒子がとれる準位は少

表 4・10　水の標準モルエントロピーと温度[a]

相	温 度 (°C)	$S_m°$ ($J\,K^{-1}\,mol^{-1}$)
固 体	−273 (0 K)	3.4
	0	43.2
液 体	0	65.2
	20	69.6
	50	75.3
	100	86.8
気 体	100	196.9
	200	204.1

a) 圧力 1 bar のもとにある純水（純物質）のモルエントロピーを意味する．

なく，W が小さいので S は小さい．温度が上がれば，とれる準位の数が増え（図 4・43），W が大きくなって S が増す．

こうして，熱力学的エントロピーも統計的エントロピーも，同じものを表すとわかった．つぎの一般的な性質も両者に共通している．

1. **状態量**：熱力学的エントロピーは状態量だった．系がもつミクロ状態の数 W は“そこまでの道筋”に関係しないため，統計的エントロピーも“現状”で決まる状態量だといえる．
2. **示量性**：分子数が 2 倍になれば，ミクロ状態の数は $W \to W^2$ と変わり，エントロピーは $k \ln W \to k \ln W^2 = 2k \ln W$ と変わって 2 倍になる．
3. **自発変化で増加**：自発的な不可逆変化では“系＋外界”の乱れが増し，ミクロ状態の数 W が増える．そのため $\ln W$ も増え，統計的エントロピーが大きくなる．
4. **昇温で増加**：温度が上がると，系のとれるミクロ状態の数が増え，統計的エントロピーは増す．

以上でわかるように，前節でエントロピーの説明に使った“乱れ（乱雑さ）”や“選択肢”とは，“全エネルギーが等しいミクロ状態の総数”にほかならない．そして熱力学第二法則は，“乱れ”の増す向きが自発変化だと教える．自発変化の向きとエントロピー増大の背後には，いつも多様化を目指す分子集団の特性がある．分子集団は，メンバーが占めているエネルギー準位の数を減らしたりはしない．つまり，乱れた状態がひとりでに“秩序”へと向かうことはない……と心得よう．

要 点　統計的エントロピーも熱力学的エントロピーも，同じものを表す．■

身につけたこと

エントロピー S は，集団内の分子が準位を占めるやりかたの数に関係し，それをボルツマンの式が表す．理想気体の膨張や温度上昇に伴うエントロピー変化も，同式に合う．$T=0$ で“完全結晶”は $S=0$ となり，完全でない結晶は残余エントロピーをもつ．統計的エントロピーも熱力学的エントロピーも同じ意味をもつ．以上を学び，つぎのことができるようになった．

❑ 1　ボルツマンの式を使う理想気体のエントロピー計算（例題 4・21）
❑ 2　単純な物質の残余エントロピーの推定（例題 4・22）

4・8　エントロピーの絶対値

なぜ学ぶのか？　物質それぞれのエントロピー値が決まれば，化学変化の向きを判定しやすくなる．だからエントロピー値の決めかたを知っておくのが望ましい．

必要な予備知識　熱力学的エントロピーの温度変化の計算（4・6 節）と，エントロピーの分子レベル解釈（前節）についての知識を使う．

エントロピー S は“乱れの尺度”だが，分子レベルで位置と動きの“乱れゼロ”状況は想像できる．すると，“完璧な秩序”状況を $S=0$ とみて，S の絶対値を決める道があるだろう．それが**熱力学第三法則**（third law of thermodynamics）の本質となり，絶対温度を T として，こう表現できる．

完全結晶は，$T \to 0$ で $S \to 0$ となる．

“完全結晶”とは，原子レベルで位置の乱れがない物質だった．また $T \to 0$ は，原子レベルの熱運動がなくなる状況をいう．温度が上がると熱運動が始まり，熱的な乱れが増える．つまり，どんな物質のエントロピーも正の値をもつ．

① 標準モルエントロピー

物質のエントロピーの絶対値を決めるには，熱力学的な定義つまり (24) 式と，第三法則を使う．第三法則は $S(0)=0$ と書けるから，次式が成り立つ．

$$S(T) = S(0) + \Delta S(0 \to T) = \Delta S(0 \to T)$$

昇温に伴う ΔS は，熱容量と昇温幅からわかる（4・6 節）．考えている温度範囲で熱容量が一定なら，$\Delta S = nR \ln(T_2/T_1)$ と書けるのだった．けれど広い温度範囲なら熱容量も変わるため，慎重に考えなければいけない．そこをつぎのコラムで調べよう．

式の導出　エントロピーと温度の関係

加熱 ($T_1 \to T_2$) に伴うエントロピー増加は，つぎのように書ける（4・6 節）．

$$\Delta S(T_1 \to T_2) = \int_{T_1}^{T_2} \frac{C\,dT}{T}$$

積分範囲を $0(T_1)\sim T(T_2)$ とする．定圧下の加熱を想定し，熱容量には C_P を使う．

$$\Delta S(0\to T) = \int_0^T \frac{C_P\,\mathrm{d}T}{T}$$

第三法則より $S(0)=0$ だから，次式が成り立つ．

$$S(T) = \int_0^T \frac{C_P\,\mathrm{d}T}{T} \qquad (31)$$

関数 C_P/T の積分は，曲線と横軸が囲む面積に等しい．エントロピーの計算には，温度 0〜T の範囲で，熱容量（この場合は定圧熱容量）の測定値を要する．C_P を使って C_P/T 対 T の曲線を描き，面積を求めればよい（図 4・45）．昨今は，データに合う多項式を見つけ，数値積分するやりかたも使う．

$T\to0$ で $C_P\to0$ となるのは，量子力学で説明できる．極低温では熱運動がたいへん弱いから，高い準位に上がれる粒子がない（系が外界からエネルギーを受けとれない）．つまり"熱をもらう能力"がほぼ 0 になる．それが理由のひとつになって，絶対零度には到達できない（続くコラム）．

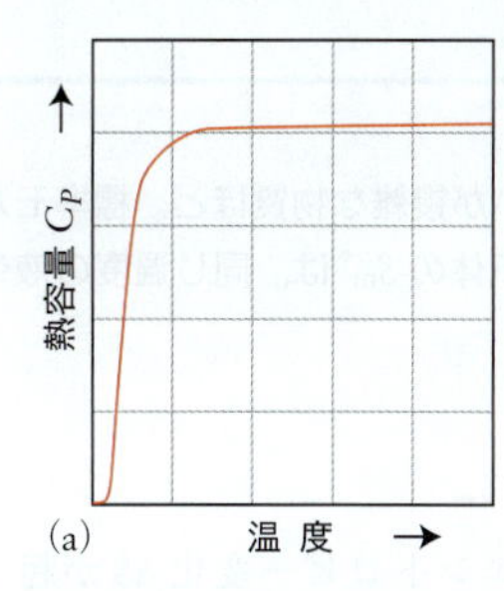

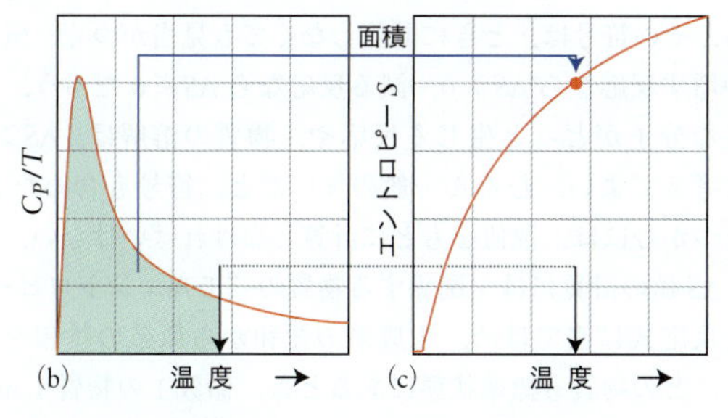

図 4・45 エントロピー S の計算．(a) 温度範囲 0〜T の定圧熱容量を求める．(b) C_P/T 対 T のグラフを描き，面積を求める．(c) その面積が，温度 T での S に等しい．

化学の広がり 11 絶対零度への接近

有限回の操作で $T=0$ には"到達"できないが，$T=0$ への"接近"はできる．方法のひとつに，等温磁化と断熱消磁を使うやりかたがある．磁場内の電子スピンは，下向きと上向きでエネルギーが少しちがう．下向きスピン（↓）のほうが上向きスピン（↑）より低エネルギーだとしよう．↑が↓に変われば，試料のエネルギーは減る（温度が下がる）．ほとんどのスピンを下向きにできれば，絶対零度に近づけるだろう．

常磁性試料に磁場をかけないとき，↑と↓は等エネルギーだから，両スピンの個数は等しい（2 章"化学の広がり 7"）．まず，試料を液体ヘリウムなどに浸して冷やす．つぎに磁場をかけると，エネルギーの低い↓スピンの割合が増す．その状態を A としよう．

状態 A の試料は，スピンの分布と温度で決まるエントロピーをもつ．↑の一部を↓に変えれば，温度が下がる．そこで，図に描いた 2 段階の操作をする．

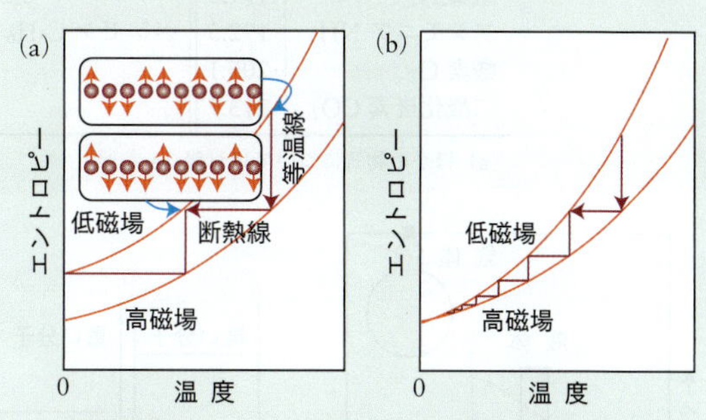

断熱消磁による冷却．挿入図はスピンの向きを表す．定温で磁場をかけ，エントロピーを減らす（等温磁化）．そのあと断熱下で磁場を切ると，エントロピーは一定だから温度が下がる（断熱消磁）（左図）．実際は絶対零度に届く手前で曲線は合流してしまう（右図）．

まず，外界と接したまま，試料にかける磁場を強める．するとスピンのエネルギーに差ができ，↓と↑が一定の分布になる（等温磁化）．定温のもと，スピンの秩序が増すため，エントロピーは減る．その状態を B とよぶ．

つぎに，外界と熱を授受しない"断熱"状況にする．可逆な断熱変化なら，エントロピーは変わらない（$q_{可逆}=0$ だから，$\Delta S = q_{可逆}/T = 0$）．その状態で，磁場を A の値に戻す（断熱消磁）．磁場が弱まってもエントロピーは，磁場が強かった B のまま小さい．エントロピーが小さいのは低温だから，試料は冷える．

以上をくり返して温度を下げる（左図）．けれど図中の曲線 2 本は $T=0$ で合流するため，何回くり返しても絶対零度には届かない（右図）．いろいろなくふうのあげく現在，約 100 pK（10^{-10} K＝100 億分の 1 K）にまで達している．

電子スピンのほか，核スピンを使う手もある．核の磁気モーメントは電子よりずっと弱く，外界との相互作用が小さいため，外界から隔離しやすい．その核断熱消磁を使うと，温度はさらに下がる．

つぎのことは先ほど述べた（図 4・45 参照）．

$$S(T) = \left[\begin{array}{c} C_P/T\ \text{曲線と横軸が} \\ (\text{温度 } 0\sim T\ \text{で})\text{囲む面積} \end{array}\right]$$

温度 $0\to T$ の途中で相転移（状態変化）が起これば，(29)式のような ΔS が $S(T)$ に加わる（図 4・46）．たとえば，25 °C，1 bar の水のエントロピーを知りたいなら，氷の熱容量を $T=0$（に近い低温）から $T=273.15$ K までの範囲で測り，$T=273.15$ K での融解エントロピーを測ったうえ，液体の水の熱容量を $T=273.15\sim298.15$ K の範囲で測る．

以上の手順に従えば，圧力 1 bar のもとで 298.15 K（25 °C）の純物質がもつ**標準モルエントロピー**（standard

表 4・11　25 ℃での標準モルエントロピー $S_m°$（$J\,K^{-1}\,mol^{-1}$）[a]

気 体	$S_m°$	液 体	$S_m°$	固 体	$S_m°$
水素 H_2	130.7	水 H_2O	69.9	ダイヤモンド C	2.4
窒素 N_2	191.6	エタノール C_2H_5OH	160.7	黒鉛（グラファイト）C	5.7
アンモニア NH_3	192.5	ベンゼン C_6H_6	173.3	酸化カルシウム CaO	39.8
酸素 O_2	205.1			鉛 Pb	64.8
二酸化炭素 CO_2	213.7			炭酸カルシウム $CaCO_3$[b]	92.9

a）ほかの物質については付録 2A 参照.　　b）方解石.

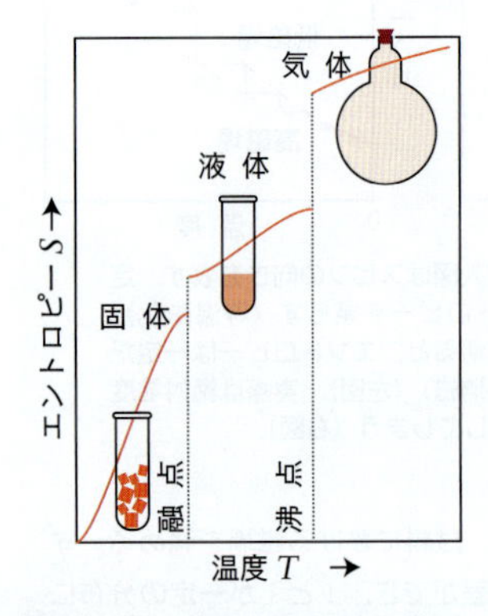

図 4・46　固体のエントロピー S は高温ほど大きい. S は融点で“跳んだ”あと，沸点まで単調に増え，沸点でまた大きく“跳ぶ”. S–T 曲線の形は，C–T 曲線の形をなぞる.

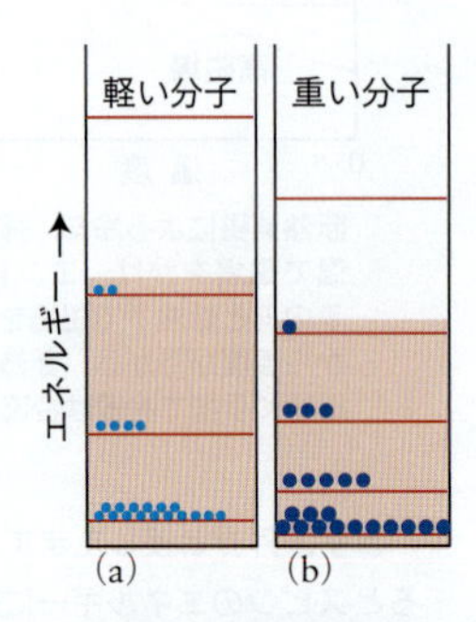

図 4・47　軽い分子 (a) と重い分子 (b) のエネルギー準位間隔. 重い分子は，とれる準位（着色部）の数が多いので $S_m°$ も大きい.

molar entropy）$S_m°$ が決まる. 値の例を表 4・11 にまとめた.

標準モルエントロピー $S_m°$ は，物質ごとに大きくちがう. たとえばダイヤモンドの 2.4 $J\,K^{-1}\,mol^{-1}$ は，鉛の 64.8 $J\,K^{-1}\,mol^{-1}$ よりだいぶ小さい. 分子の目でみると，ミクロ構造のちがいがそんな差を生む. 室温でダイヤモンドの原子間結合は強く，原子の“揺れ”が少ない. また Pb 原子は C 原子よりずっと重いため，振動エネルギー準位の間隔がせまい. だから熱容量が大きく，ひいては $S_m°$ が大きい.

H_2 と N_2 の $S_m°$ 差も，“箱の中の粒子”モデルを使い，分子の質量差で説明できる（図 4・47）. また $S_m°$ は，単純な物質より複雑な物質のほうが大きい（CaO < $CaCO_3$，H_2O < C_2H_5OH など）.

液体は固体より粒子運動の自由度が大きいので，$S_m°$ が大きい. また，広い空間を分子がランダムに飛び交う気体は，液体より $S_m°$ がずっと大きい.

復習 4・32 A　以下の組では，どちらのモルエントロピー S_m が大きいか. 理由も述べよ.

(a) 25 ℃，1 bar の CO_2(g) 1 mol と，25 ℃，3 bar の CO_2(g) 1 mol

(b) 体積が同じ 25 ℃の He(g) 1 mol と，100 ℃の He(g) 1 mol

(c) 温度が同じ Br_2(l) と Br_2(g)

［答：(a) 1 bar の CO_2(g)：体積が大きいから
(b) 100 ℃の He(g)：高温ほど乱れが大きいから
(c) Br_2(g)：液体より気体のほうが乱雑だから］

復習 4・32 B　表 4・11 や付録 2A にあるデータから同素体の乱れを比べ，25 ℃で進む以下の相転移に伴う ΔS を求めよ.

(a) 白色スズ→灰色スズ

(b) ダイヤモンド→黒鉛

要 点　原子世界のたたずまいが複雑な物質ほど，標準モルエントロピー $S_m°$ が大きい. 気体の $S_m°$ は，同じ温度の液体や固体よりずっと大きい. ■

② 標準反応エントロピー

化学反応が進めば，系のエントロピー変化 ΔS が起こる. その符号は，ときに計算しなくても見当がつく. 気体が増す反応なら ΔS > 0，減る反応なら ΔS < 0 だろう. 小さな分子がどっと生じる反応や，物質の溶解は，ΔS > 0 と考えてよい. むろん一般の反応だと，符号も含めた ΔS をつかむには，数値をもとに計算しなければいけない.

ΔS 値の計算には，関係する物質の“モルエントロピー”を反応式に当てはめ，生成系の総和から原系の総和を引く. どの物質も標準状態にあるとき，係数 1 の物質 1 mol あたりの ΔS を**標準反応エントロピー**（standard reaction entropy）といい，記号 $ΔS°$ で表す.

たとえば反応 $O_2(g) + 2\,H_2(g) \rightarrow 2\,H_2O(g)$ の標準反応エントロピー $ΔS°$ は，つぎのように計算する.

$$ΔS° = 2 \times S_m°(H_2O, g) - [S_m°(O_2, g) + 2 \times S_m°(H_2, g)]$$

一般化すればこう書ける.

$$ΔS° = \sum nS_m°(\text{生成物}) - \sum nS_m°(\text{反応物}) \qquad (32)$$

右辺の第 1 項は生成物の総和，第 2 項は反応物の総和を表す. どちらも，$S_m°$ 値に化学量論係数 n をかけて足す. 温度が 25 ℃なら，付録 2A にある単体や化合物のデータを使い，$ΔS°$ が計算できる.

例題 4・23 標準反応エントロピー $\Delta S°$ の計算

20 世紀最高の成果ともいえるアンモニア合成反応 $N_2(g) + 3\,H_2(g) \rightarrow 2\,NH_3(g)$ の $\Delta S°$ 値を計算せよ．温度は 25 ℃とする．

予 想 気体分子が減る反応なので，$\Delta S° < 0$ だろう．

方 針 (32)式を具体的に書き，表 4・11 や付録 2A のデータを入れる．

解 答 (32)式をつぎのように具体化する．

$$\begin{aligned}\Delta S° &= \overbrace{(2\,\text{mol})S_m°(NH_3, g)}^{\text{生成物}} \\ &\quad - \overbrace{\{(1\,\text{mol})S_m°(N_2, g) + (3\,\text{mol})S_m°(H_2, g)\}}^{\text{反応物}} \\ &= (2\,\text{mol}) \times (192.4\,\text{J K}^{-1}\,\text{mol}^{-1}) \\ &\quad - \{(1\,\text{mol}) \times (191.6\,\text{J K}^{-1}\,\text{mol}^{-1}) \\ &\qquad + (3\,\text{mol}) \times (130.7\,\text{J K}^{-1}\,\text{mol}^{-1})\} \\ &= 2(192.4\,\text{J K}^{-1}) \\ &\quad - \{(191.6\,\text{J K}^{-1}) + 3(130.7\,\text{J K}^{-1})\} \\ &= -198.9\,\text{J K}^{-1}\end{aligned}$$

確 認 予想どおり，気体の量（体積）が減って乱れも減るため，$\Delta S° < 0$ になる．

注目！ 標準生成エンタルピー $\Delta_f H°$ は，どの単体も 0 だった．だが標準モルエントロピー $S_m°$ は，単体でも 0 ではない．$S_m° = 0$ は，絶対零度のときにかぎる．■

復習 4・33 A 付録 2A のデータを使い，$N_2O_4(g) \rightarrow 2\,NO_2(g)$ の標準反応エントロピーを計算せよ．温度は 25 ℃とする．

［答: $+175.83\,\text{J K}^{-1}$］

復習 4・33 B 付録 2A のデータを使い，$C_2H_4(g) + H_2(g) \rightarrow C_2H_6(g)$ の標準反応エントロピーを計算せよ．温度は 25 ℃とする．

要 点 標準反応エントロピー $\Delta S°$ を計算するには，関係する物質の標準モルエントロピー $S_m°$ に係数（化学量論数）をかけて足し合わせ，生成物の値から反応物の値を引く．差し引きで気体が増えれば $\Delta S° > 0$，気体が減れば $\Delta S° < 0$ と考えてよい．■

身につけたこと

熱力学第三法則をもとに，各物質がもつエントロピーの絶対値が決まる．それを使えば，反応の進行に伴う系のエントロピー変化 ΔS がわかる．以上を学び，つぎのことができるようになった．

- ❑ 1 物質の熱容量データを使う標準モルエントロピーの計算（① 項）
- ❑ 2 標準モルエントロピーを使う標準反応エントロピーの計算（例題 4・23）

4・9 宇宙のエントロピー変化

なぜ学ぶのか？ 自発変化の向きは，宇宙（系＋外界）の総エントロピー変化が決める．その考察こそが“化学に役立つ熱力学”を生んだ．

必要な予備知識 エントロピーの熱力学的定義（4・6 節）と，理想気体の等温可逆膨張がする仕事（4・2 節），反応エントロピー（前節）の知識を使う．

液体の水は低温で凍り，分子が秩序よく並んだ固体＝氷に変わる．硝酸アンモニウムを水に溶かす冷却パックは，暑い日でもどんどん冷える．どちらも系（水，パック内）のエントロピーが減る現象だけれど，熱力学第二法則に反しないのか？ 生命も似ている．細胞の中には，目を見張るほどみごとな秩序がある．何千種もの化合物が，順序よく反応しあう．生体分子たちは，なぜ美しい世界をつくれるのだろう？

第二法則は孤立系に当てはまる話だった（4・6 節）．ある系を，“外界と合わせた孤立系の一部”だと考えよう．自発変化は，“系＋外界”の総エントロピー変化が正のときにだけ進む．そのため，$\Delta S_{外界}$ の値も計算でつかんだあと，$\Delta S_{外界}$ と $\Delta S_{系}$ の和を考えることになる．

① 外界のエントロピー変化

熱力学第二法則の議論では，孤立系のエントロピー変化に注目した．たとえばフラスコの内容物を系，フラスコが浸った水浴を外界，“系＋外界”の“小宇宙”を孤立系とみよう（図 4・48）．自発変化は，次式が正値のときに進む†．

$$\underbrace{\Delta S_{全}}_{\text{総エントロピー変化}} = \underbrace{\Delta S}_{\text{系のエントロピー変化}} + \underbrace{\Delta S_{外界}}_{\text{外界のエントロピー変化}} \qquad (33)$$

注目！ 以下では“系のエントロピー変化”を，添え字なしで ΔS と書く（外界のエントロピー変化は，添え字つきで $\Delta S_{外界}$ のまま）．■

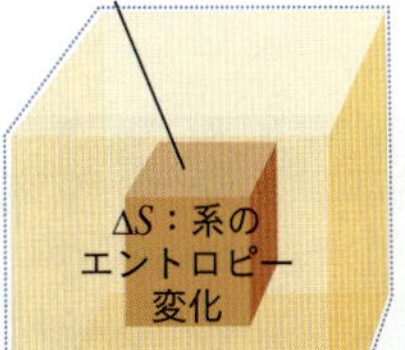

図 4・48 系と外界を合わせた孤立系（小宇宙）．自発変化は，総エントロピーが増す向きに進む．

† 訳注：この結論が，用語 entropy の原義“変化を促す潜在能力”（4・6 節の訳注）と呼応する．

硝酸アンモニウムが溶ける反応のように，系の S は減少しても，$\Delta S_{外界}$ が正で大きく，総エントロピー変化 $\Delta S_{全}$ が正値になれば，反応は自発的に進む．

水の凝固も考えよう．0 ℃で液体の $S_m°$ は，氷より 22.0 J K^{-1} mol^{-1} だけ大きい（表 4・10）．つまり，0 ℃で水 1 mol が凍れば，22.0 J K^{-1} だけエントロピーが減る．だから凝固はエントロピー面で不利なのだが，ご存じのとおり水は 0 ℃以下で自然に凍る．すると水が凍る際は，$\Delta S_{外界}$ が 22.0 J K^{-1} より大きい（合わせて $\Delta S_{全}>0$ になる）のだろう．

変化が発熱か吸熱かを確かめれば，$\Delta S_{外界}$ の符号判定はやさしい．発熱変化だと外界は熱を受けとり，$\Delta S_{外界}>0$ となる．外界が冷える吸熱変化なら $\Delta S_{外界}<0$ になる．4・6 節の (24)式 ($\Delta S = q_{可逆}/T$) を使う計算では，つぎのように考察を進める．

- ふつう外界は系よりサイズがずっと大きいから，熱の形で多少のエネルギーを授受しても，外界の温度 T は一定とみてよい．つまり $\Delta S_{外界} = q_{外界・可逆}/T$ で $\Delta S_{外界}$ を計算する．
- 大きな外界にとって，授受する熱 q はわずかだから，熱の授受は可逆過程とみてよい．そこで，現実の変化が可逆かどうかに関係なく，添え字“可逆”を外して $\Delta S_{外界} = q_{外界}/T$ と書こう．
- 系の出した熱は外界に吸収されるため，$q_{外界} = -q$ が成り立つ．すると外界のエントロピー変化は $\Delta S_{外界} = -q/T$ になる．
- 定圧を明示して q を q_P と書けば，4・3 節の話より，$q_P = \Delta H$ が成り立つ．

以上から，温度と圧力が一定のとき，変化が可逆でも不可逆でも，外界のエントロピー変化 $\Delta S_{外界}$ はこう書ける．

$$\Delta S_{外界} = -\frac{\Delta H}{T} \quad （定温・定圧） \qquad (34)$$

発熱 ($\Delta H<0$) のとき $\Delta S_{外界}>0$ となる点に注意しよう．系のエンタルピー変化 ΔH が一定なら $\Delta S_{外界}$ は，高温時より低温時のほうが大きい（図 4・49）．4・6 節に書いた“街なかと図書室のくしゃみ”のちがい（p.231 左下）を思い起こそう．

図 4・49　(a) 高温の外界が熱をもらっても，乱れはそれほど増えず，$\Delta S_{外界}$ は小さい．(b) 同じ量の熱を低温の外界がもらうと，乱れが大きく増える結果，$\Delta S_{外界}$ は大きい．

例題 4・24　外界のエントロピー変化

低温で液体が凍るのは自然なのか？　水銀が −49 ℃で凝固するとき，外界のエントロピー変化 $\Delta S_{外界}$ を計算してみよ．−49 ℃での $\Delta_{融解}H$ は +2.292 kJ mol^{-1} とする．

予 想　水銀の標準凝固点は −39 ℃だから，−49 ℃では自然に凝固するだろう．秩序の増す凝固が進むのは，$\Delta S_{外界}$ が大きいためだろう．凝固中の水銀が出す熱を外界はもらい，分子運動が活発化してエントロピーが増すのだろう（図 4・50）．

方 針　水銀の $\Delta_{凝固}H$ は $-\Delta_{融解}H$ に等しい．温度は絶対温度に直す．

大事な仮定　変化の途上，外界の温度は変わらない．

解 答　$\Delta_{凝固}H = -\Delta_{融解}H = -2.292$ kJ mol^{-1} および $T = (-49+273)$ K $= 224$ K を $\Delta S_{外界} = -\Delta H/T$ に入れ，つぎの結果を得る．

$$\Delta S_{外界} = -\frac{(-2.292 \times 10^3 \text{ J mol}^{-1})}{224 \text{ K}} = +10.2 \text{ J K}^{-1} \text{ mol}^{-1}$$

確 認　予想どおり，$\Delta S_{外界} = +10.2$ J K^{-1} は系（水銀）の値 ($\Delta S = -9.782$ J K^{-1}) より絶対値が大きく，足した $\Delta S_{全}$ が正値 (+0.4 J K^{-1}) だから，凝固は自発的に進む．

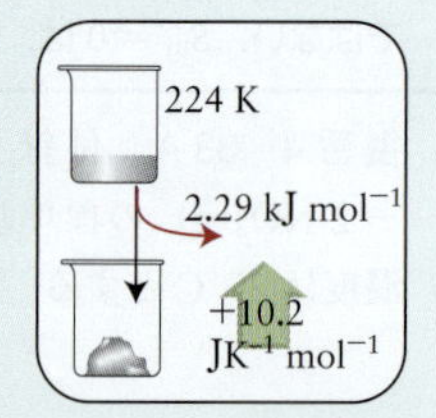

復習 4・34 A　90 ℃，1 bar で 1.00 mol の水が蒸発するとき，$\Delta S_{外界}$ はいくらか．水の蒸発エンタルピーは 40.7 kJ mol^{-1} とする．

［答：−112 J K^{-1}］

復習 4・34 B　298 K で単体から 2.00 mol の $NH_3(g)$ ができるとき，$\Delta S_{外界}$ はいくらか．

要 点　定温・定圧で変化が進むとき，系のエンタルピー変化が ΔH なら，$\Delta S_{外界}$ は $-\Delta H/T$ と書ける（T は系の温度＝外界の温度）．■

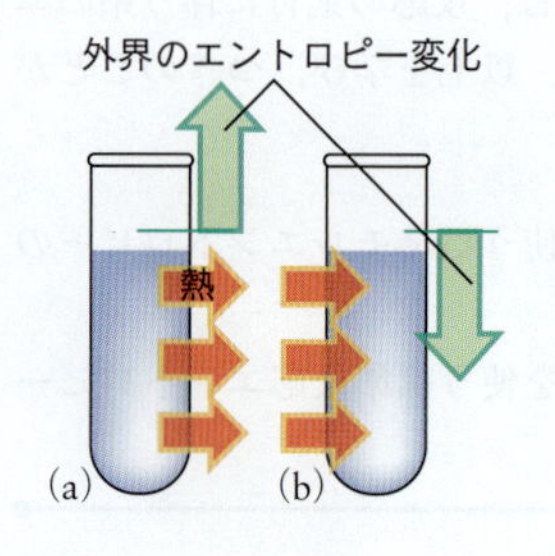

図 4・50　(a) 発熱変化では，系の出す熱を外界がもらって $\Delta S_{外界}>0$ になる．(b) 吸熱変化では $\Delta S_{外界}<0$ になる．➡ は系から外界に向かう熱，⇨ は $S_{外界}$ の増減を表す．

② 総エントロピー変化

何度か強調したとおり自発変化の向きは，“系＋外界”の総エントロピー変化 $\Delta S_{全}$が決める．具体的にはつぎのようになる．

- $\Delta S_{全} > 0$（総エントロピー増加）なら，変化は自発的に進む．
- $\Delta S_{全} < 0$（総エントロピー減少）なら，逆向きの変化が自発的に進む．
- $\Delta S_{全} = 0$ なら，変化はどちら向きにも進まない．

例題 4・25 反応の総エントロピー変化

花火のまばゆい白光は，高温で進むマグネシウムの燃焼（酸化）が生む．その反応が 25 ℃でも進むのかどうか，総エントロピー変化 $\Delta S_{全}$から判定せよ．$2\ Mg(s) + O_2(g) \rightarrow 2\ MgO(s)$ の標準反応エントロピーは $\Delta S^\circ = -217\ J\ K^{-1}$，標準反応エンタルピーは $\Delta H^\circ = -1202\ kJ$ とする．

予 想 燃焼だから，常温でも自発的に進むだろう．

方 針 (34) 式で $\Delta S_{外界}{}^\circ$ を計算し，(33) 式で $\Delta S_{全}{}^\circ$ を計算する．

解 答 系の標準エントロピー変化 ΔS° を確かめる（問題文のデータ）．

$-217\ J\ K^{-1}$

$$\Delta S^\circ = -217\ J\ K^{-1}$$

$\Delta S_{外界}{}^\circ = -\Delta H^\circ/T$ から，外界の標準エントロピー変化 $\Delta S_{外界}{}^\circ$ を計算する．

$$\Delta S_{外界}{}^\circ = -\frac{\overbrace{(-1.202 \times 10^6\ J)}^{-1202\ kJ}}{298\ K} = +4.034 \times 10^3\ J\ K^{-1}$$

1202 kJ　+4.03 kJ K^{-1}

最後に，総エントロピー変化 $\Delta S_{全}{}^\circ = \Delta S^\circ + \Delta S_{外界}{}^\circ$ を求める．

$$\Delta S_{全}{}^\circ = -217\ J\ K^{-1} + (4.034 \times 10^3\ J\ K^{-1}) = +3.82 \times 10^3\ J\ K^{-1}$$

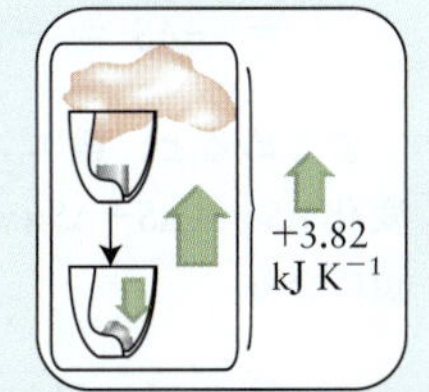

確 認 系は $\Delta S^\circ < 0$ でも“小宇宙”が $\Delta S_{全}{}^\circ \gg 0$ だから，反応は自発的に進む．

復習 4・35 A 25 ℃の標準状態で，フッ化水素の生成 $H_2(g) + F_2(g) \rightarrow 2\ HF(g)$ は自発変化か．データ（$\Delta H^\circ = -542.2\ kJ$，$\Delta S^\circ = +14.1\ J\ K^{-1}$）から判定せよ．

［答：$\Delta S_{外界}{}^\circ = +1819\ J\ K^{-1}$ より $\Delta S_{全}{}^\circ = +1833\ J\ K^{-1}$ だから，自発変化］

復習 4・35 B 25 ℃の標準状態で，ベンゼンの生成 $6\ C(s, 黒鉛) + 3\ H_2(g) \rightarrow C_6H_6(l)$ は自発変化か．データ（$\Delta H^\circ = +49.0\ kJ$，$\Delta S^\circ = -253.18\ J\ K^{-1}$）から判定せよ．

どんな反応も“系のエネルギーが減る向きに進むのだ”と思っていた 19 世紀の化学者は，“自然に進む吸熱反応”が見つかって首をひねる．吸熱なら，ものが床からテーブルに跳び上がるごとく，反応物のエネルギーがひとりでに増えたはず………いったいなぜ？……という疑問を，エントロピーが氷解させた．

自発変化の駆動力は，“系のエネルギー減少（$\Delta H < 0$）”ではなく，“系＋外界の総エントロピー増加（$\Delta S_{全} > 0$）”だった．吸熱だと外界が系に熱を奪われるため，$\Delta S_{外界}$は必ず減る．けれど系の乱れが大きく増せば，外界と合わせた $\Delta S_{全}$が増すだろう（図 4・51）．事実，“自発的に進む吸熱変化”はみな，系の乱れが大きく増すものだった．

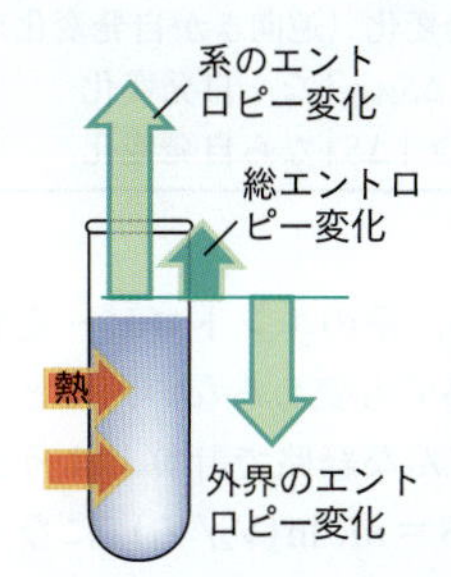

図 4・51 自発的な吸熱変化．$\Delta S_{外界} < 0$ を補って余るほど，系のエントロピーが増す．

森羅万象の向きは，総エントロピー変化 $\Delta S_{全}$が決める．たとえば，最大の膨張仕事は，どの瞬間にも系と外界の圧力がつりあう“可逆変化”で実現される（4・2 節）．そのことは膨張以外の変化にも当てはまり，可逆的に進むときに最大の仕事を生む．つまり $w_{可逆}$は，$w_{不可逆}$より負の度合いが大きい（仕事の形で系の失うエネルギーが多い）．

内部エネルギー U は状態量なので，共通の二状態間なら ΔU の値は等しい．すると，$\Delta U = q + w$ より，可逆経路で吸収される熱 $q_{可逆}$は，不可逆経路で吸収される熱 $q_{不可逆}$よりも大きい．そのときにだけ，可逆経路と不可逆経路の“$q+w$”が等しくなる．

さて (24) 式の $q_{可逆}$ を $q_{不可逆}$（$< q_{可逆}$）に置き換えれば，$\Delta S > q_{不可逆}/T$ が成り立つ．それを**クラウジウスの不等式**（Clausius inequality）† という．

$$\Delta S \geq \frac{q}{T} \tag{35}$$

† 訳注：ドイツの理論物理学者 Rudolf Clausius（1822～88）が 1854 年に発表した．

等号は可逆変化を表す．完璧な孤立系（図4・48）なら，系内でどんな可逆変化が進もうと $q=0$ なので，(35)式はつぎのことを意味する．

$$\Delta S \geq 0 \text{（孤立系内で進む変化）}$$

つまり熱力学第二法則は，“可逆変化する孤立系のエントロピーは減らない”とも表現できる．不可逆変化が進めば，宇宙のエントロピーは増す．可逆変化は“無限に時間がかかる（現実には進まない）”変化だった（4・2節）．現実に進む自発変化はどれも不可逆だから，“宇宙のエントロピーは増え続ける”といってもよい．

系と外界からなる（図4・48のような）孤立系を考えよう．孤立系内で何か変化が進めば $\Delta S_{全}>0$ だといえる．ある変化についての計算結果が $\Delta S_{全}<0$ なら，その逆が自発変化になる．可逆変化と不可逆変化の判定基準を表4・12にまとめた．

表 4・12　自発変化と非自発変化の判定基準

ΔS	$\Delta S_{外界}$	$\Delta S_{全}$	判　定
>0	>0	>0	自発変化
<0	<0	<0	非自発変化（逆向きが自発変化）
>0	<0		$\Delta S>\|\Delta S_{外界}\|$ なら自発変化
<0	>0		$\Delta S_{外界}>\|\Delta S\|$ なら自発変化

エントロピーは状態量だから，系のエントロピー変化 ΔS は，可逆経路でも不可逆経路でも変わらない．たとえば理想気体の等温膨張だと，どんな経路で計算しようとも，4・6節の (25)式つまり $\Delta S=nR\ln(V_2/V_1)$ になった．けれど可逆経路か不可逆経路かで外界の最終的な姿はちがうため，$\Delta S_{外界}$ の値が変わってしまう（図4・52）．

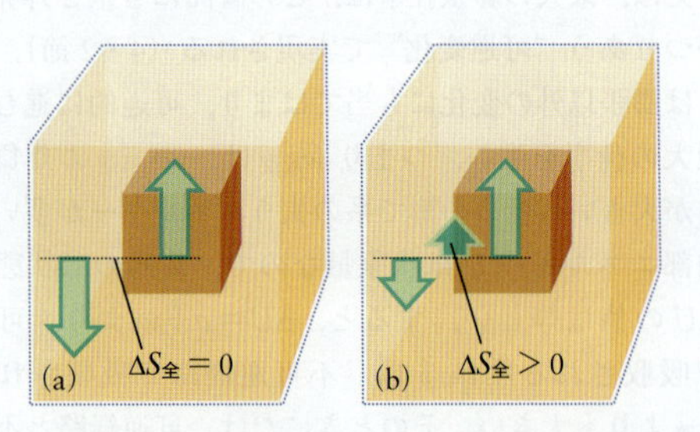

図 4・52　(a) 可逆変化．系と外界は平衡にあって，ΔS と $\Delta S_{外界}$ の絶対値が等しいから，$\Delta S_{全}=0$ となる．(b) 不可逆変化．系の始状態と終状態は (a) に同じでも，外界の終状態がちがう．ΔS と $\Delta S_{外界}$ が相殺しないため，$\Delta S_{全}>0$ となる．

例題 4・26　総エントロピー変化の計算：理想気体の等温膨張

理想気体 1.00 mol を，292 K で 8.00 L から 20.00 L に等温膨張させる．以下二つの変化について ΔS，$\Delta S_{外界}$，$\Delta S_{全}$ を計算し，互いの差を考察せよ．

(a) 可逆膨張，(b) 真空への自由膨張（不可逆変化）

予 想　(a) 膨張する気体のエントロピーは増すけれど，可逆変化なので $\Delta S_{全}=0$ だろう．

(b) 不可逆変化だから $\Delta S_{全}>0$ だろう．

方 針　S は状態量なので ΔS は経路によらず，計算 (a) にも (b) にも $\Delta S=nR\ln(V_2/V_1)$ を使える．$\Delta S_{外界}$ は，外界に移る熱から求める．どちらも等温変化だから $\Delta U=0$ となり，$\Delta U=q+w$ から $q=-w$ が成り立つ．つぎに4・2節の (5)式 $w=-nRT\ln(V_2/V_1)$ で等温可逆膨張の仕事を求め，それを“$-q$”とする．最後に (33)式で $\Delta S_{全}$ を求める．

解 答　(a) 可逆変化：系のエントロピー変化は，$\Delta S=nR\ln(V_2/V_1)$ を使ってこう書ける．

$$\begin{aligned}\Delta S &= (1.00\ \text{mol})\\ &\quad\times(8.3145\ \text{J K}^{-1}\ \text{mol}^{-1})\\ &\quad\times\ln\frac{20.0\ \text{L}}{8.00\ \text{L}}\\ &= +7.6\ \text{J K}^{-1}\end{aligned}$$

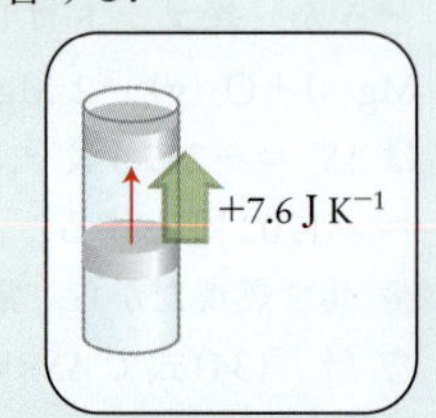

予想どおり $\Delta S>0$ だった．$\Delta U=0$ より $q=-w$ と書ける．外界がもらう熱は系が失った熱だから，$q_{外界}=-q$ と書ける．$q=-w$ と $w=-nRT\ln(V_2/V_1)$ も合わせ，$q_{外界}$ はこう計算できる．

$$q_{外界} = -nRT\ln\frac{V_2}{V_1}$$

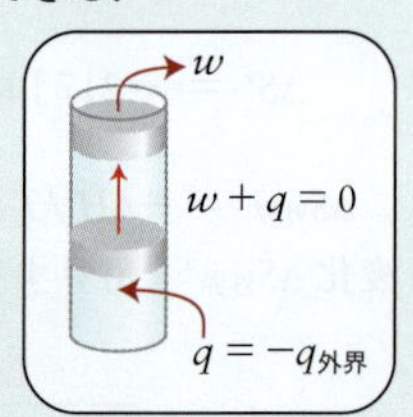

つぎに，外界のエントロピー変化 $\Delta S_{外界}=q_{外界}/T$ を計算する．

$$\begin{aligned}\Delta S_{外界} &= -\frac{nRT}{T}\ln\frac{V_2}{V_1}\\ &= -nR\ln\frac{V_2}{V_1}\\ &= -\Delta S = -7.6\ \text{J K}^{-1}\end{aligned}$$

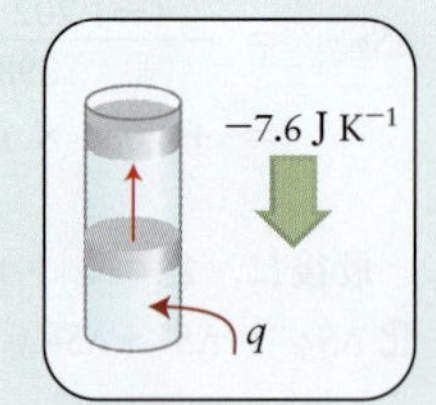

まとめると，総エントロピー変化 $\Delta S_{全}=\Delta S+\Delta S_{外界}$ はつぎの値になる．

$$\begin{aligned}\Delta S_{全} &= 7.6\ \text{J K}^{-1}-7.6\ \text{J K}^{-1}\\ &= 0\end{aligned}$$

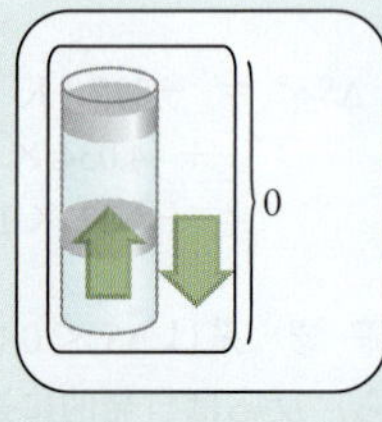

(b) 不可逆変化：自由膨張は仕事をしないから $w=0$ とみなす．$\Delta U=0$ なので $q=0$ となり，外界がもらう熱は0になる．

$$q_{外界} = 0$$

すると外界のエントロピー変化 $\Delta S_{外界} = q_{外界}/T$ も0に等しい.

$$\Delta S_{外界} = 0$$

系のエントロピー変化 ΔS は，可逆変化のときと同じ $+7.6\ \mathrm{J\ K^{-1}}$ なので，$\Delta S_{全}$ はつぎの値になる.

$$\Delta S_{全} = +7.6\ \mathrm{J\ K^{-1}}$$

確 認 予想どおり，可逆変化は $\Delta S_{全}=0$，不可逆変化は $\Delta S_{全}>0$ だった．不可逆変化では，系の ΔS を外界が打ち消さないため，$\Delta S_{全}$ が正値になる．以上の結果を図4・53にまとめた.

復習 4・36 A 298 K で理想気体 1.00 mol を “10.00 atm, 0.200 L” から “1.00 atm, 2.00 L” へと等温膨張させる．以下二つの変化につき，ΔS, $\Delta S_{外界}$, $\Delta S_{全}$ を計算せよ.

(a) 可逆膨張，(b) 自由膨張

[答: (a) $\Delta S = +19.1\ \mathrm{J\ K^{-1}}$, $\Delta S_{外界} = -9.1\ \mathrm{J\ K^{-1}}$, $\Delta S_{全} = 0$; (b) $\Delta S = +19.1\ \mathrm{J\ K^{-1}}$, $\Delta S_{外界} = 0$, $\Delta S_{全} = +19.1\ \mathrm{J\ K^{-1}}$]

復習 4・36 B 298 K で理想気体 2.00 mol を “1.00 atm, 4.00 L” から “20.00 atm, 0.200 L” に等温可逆圧縮する．ΔS, $\Delta S_{外界}$, $\Delta S_{全}$を計算せよ.

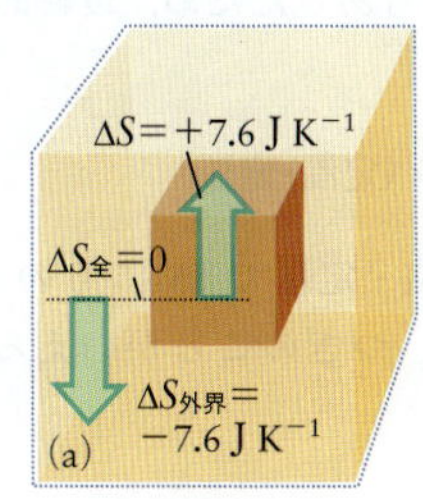

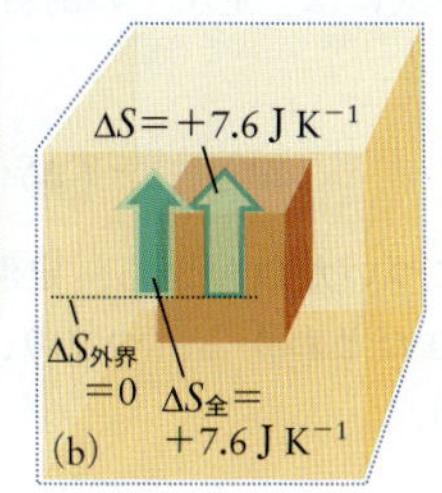

図 4・53 理想気体の (a) 等温可逆膨張と，(b) 不可逆膨張に伴うエントロピー変化.

要 点 自発変化では，“系＋外界” の総エントロピー $S_{全}$ が増える. ■

③ 平　衡

以上が “平衡” を考察する際の基礎になる．平衡の理解なしに化学は語れず，話題もたいへん多いのでくわしい考察は次章（下巻）に回し，ここでは要点だけを眺めよう.

平衡 (equilibrium†) にある系は，正逆どちらの向きにも進まない．温度を上げるとか，体積を減らす，反応物を加えるなど，人の手で何かをしない（系を乱さない）かぎり，系は “現状” にとどまる.

化学ではたいてい，正反応と逆反応が同じ速さで進む**動的平衡** (dynamic equilibrium) を扱う．外界（環境）と同じ温度の金属は，外界と熱平衡にある（4・2節）．熱はいつも両向きに流れているのだが，同じ速さだから正味の流れはない（図4・54）.

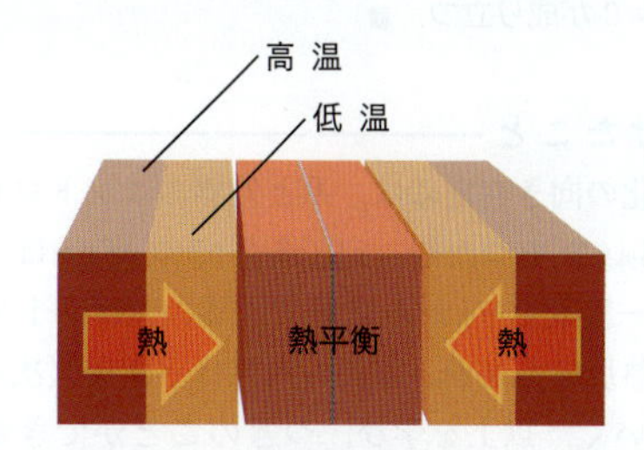

図 4・54 エネルギーは熱の姿で壁を通り，高温部（■）から低温部（■）へ流れる．熱平衡（中央）では系と外界の温度が等しい．系と外界が接触しているため，エネルギーは熱の形で流れ続けるが，両方向の速さが等しいから変化は観測できない.

ピストンつきの円筒に入れた系（気体）が外界と同じ圧力を示せば，系は外界と**力学的平衡** (mechanical equilibrium) にある．内圧はピストンを押し出そうとするが，外圧が同じ力でピストンを押し返すため，系は膨張も収縮もしない.

一定の温度・圧力（水なら 0 °C, 1 atm）で，固体（氷）が液体（水）と接しているとき，二つの相（状態）は動的平衡にある．固相の H_2O 分子はたえず液相に移り，液相の H_2O 分子はたえず固相に移るけれど，両方の速さが等しいため正味の変化はない.

反応混合物の組成が一定になると，反応は止まったように見える．その状況を**化学平衡** (chemical equilibrium) という．平衡になった混合物中では，生成物も反応物も増減しない．正反応も逆反応も進むのだけれど，速さが等しいので正味の変化は認められない.

どんな動的平衡でも，ミクロ世界の変化はたえず起きていながら，正味の変化はない．つまり，正逆どちらの向きにも変化が進まない．熱力学の発想ではこう書ける.

$$\Delta S_{全} = 0 \tag{36}$$

総エントロピーは反応混合物の組成で変わる．$\Delta S_{全}=0$ の組成が平衡組成にあたり，そのとき両向きの速さがつりあっている（くわしくは次章）.

復習 4・37 A 液体の水と水蒸気が 100 °C, 1 atm で平衡になるのを確かめよ．表4・3, 4・10のデータを使う.

[答: 100 °C で $\Delta S_{全} \approx 0$ だから，平衡になるとみてよい]

† 訳注: equal（等しい）に通じる equi- とラテン語 *libra*（秤）からでき，“左右がつりあった天秤のような状況” を意味する.

復習 4・37 B　ベンゼンの液体と蒸気が 80.1 ℃（標準沸点），1 atm で平衡になるのを確かめよ．通常沸点での蒸発エンタルピーは 30.8 kJ mol^{-1}，蒸発エントロピーは 87.2 J K^{-1} とする．

要 点　化学で出合う平衡は“動的平衡”とみてよい．平衡では $\Delta S_{全}=0$ が成り立つ．■

身につけたこと

自発変化の向き判定には，系と外界のエントロピー変化（$\Delta S_{系}$，$\Delta S_{外界}$）をつかむ．定圧条件での $\Delta S_{外界}$ は，系のエンタルピー変化 $\Delta H_{系}$ から計算できる．$\Delta S_{系}$ が十分に大きいと，吸熱反応も進む．本節の内容は平衡論（次章）につながっていく．以上を学び，つぎのことができるようになった．

- ❑1　定圧・定温で進む熱の移動に伴う $\Delta S_{外界}$ の計算（例題 4・24）
- ❑2　ある過程に伴う $\Delta S_{全}$ の計算（例題 4・25，4・26）
- ❑3　クラウジウスの不等式と熱力学第二法則の関連性の説明（② 項）

4・10　ギブズエネルギー

なぜ学ぶのか？　ギブズエネルギーは，平衡や電気化学にからむ話題のほぼ全部で主役になるため，意味をつかんでおくのが欠かせない．

必要な予備知識　エンタルピー（4・3 節），エントロピー（4・6 節），自発変化の向きと $\Delta S_{全}$ の関係（前節），内部エネルギーと熱・仕事の関係（4・2 節）を使う．

自発変化の向き判定では，系と外界のエントロピー変化（ΔS, $\Delta S_{外界}$）の両方を考えるところが面倒だった．“系の量だけ”で向きを判定できるなら，便利この上ない．まさしくそこを“ギブズエネルギー”が助けてくれた．化学で大いに役立つギブズエネルギーは，米国の物理学者ギブズ（Josiah Willard Gibbs：図 4・55）にちなむ．熱力学という物理の理論を化学者向けの便利な道具に仕立て直したのが彼だった．

① 系 に 注 目

孤立系（系＋外界）の総エントロピー変化 $\Delta S_{全}$ は，$\Delta S_{全}=\Delta S+\Delta S_{外界}$ と書けた（念のため：添え字がないのは“系の量”）．定温・定圧条件の変化なら，(34)式のとおり $\Delta S_{外界}=-\Delta H/T$ なので，次式が成り立つ．

$$\Delta S_{全} = \Delta S + \overbrace{\Delta S_{外界}}^{-\Delta H/T} = \Delta S - \frac{\Delta H}{T}\ （定温・定圧） \tag{37}$$

図 4・55　ギブズ（1839〜1903）．

つまり総エントロピー変化 $\Delta S_{全}$ は，“定温・定圧”条件のもと，“系の性質だけ”で表せる．

以下の話は，次式で定義される**ギブズエネルギー**（Gibbs energy）G を主役にして進む．

$$G = H - TS \tag{38}$$

“ギブズ自由エネルギー”や，ただ“自由エネルギー”ともよぶ G は，成分が状態量だけだから，やはり状態量になる．定温条件でギブズエネルギーの変化は次式に書ける．

$$\Delta G = \Delta H - T\Delta S\ （定温） \tag{39}$$

つぎのように変形しよう．

$$\frac{\Delta G}{T} = \frac{\Delta H}{T} - \Delta S \overset{(37)式}{=} -\Delta S_{全}$$

(37)式には“定圧”の制約もあったため，最終的にこう書ける．

$$\Delta G = -T\Delta S_{全}\ （定温・定圧） \tag{40}$$

式についた負号から，定温・定圧で $\Delta S_{全}>0$ のとき，$\Delta G<0$ だとわかる．つまり，つぎのことがいえる（図 4・56）．

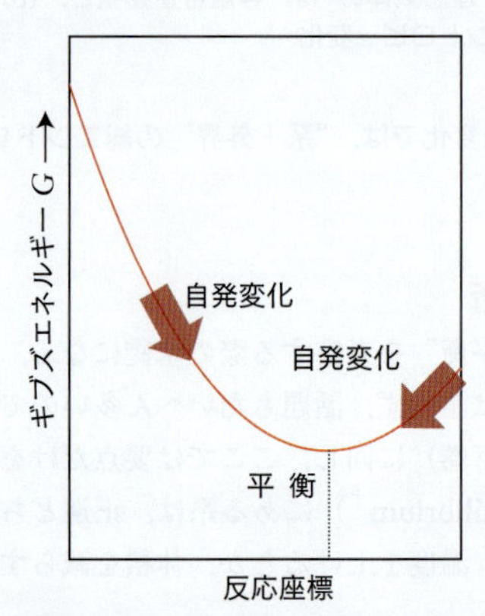

図 4・56　定温・定圧で自発変化は，$\Delta G<0$ となる向きに進む．横軸は“反応座標”といい，反応の歩み（原子間結合の伸びなど）を表す．曲線の極小点が平衡状態にあたる．

定温・定圧のもとで自発変化は，系のギブズエネルギーが減る向きに進む．

G を使うと，定温・定圧のとき，系の熱力学的性質だけから，変化が自発的かどうかを判定できる．なお“定温・定圧”は，たいていの化学実験に当てはまる．

定温・定圧で進む自発変化の向きを決める要因が，(39)式から読みとれる．向きの判定には，$\Delta G<0$ となる ΔH, ΔS, T の値を見つければよい（表4・13）．燃焼のように ΔH が負で絶対値が大きければ，$\Delta G<0$ になりやすい（ΔH が大きな負値なら，$\Delta S_{外界}$ が大きい）．ただし ΔH が正値（吸熱）でも，$T\Delta S$ が大きな正値なら，$\Delta G<0$ になるだろう．そのとき反応の駆動力は，外界のエントロピー減少を補って余りある“系のエントロピー増加”だといえる．

表 4・13　自発変化を生む温度範囲

ΔH	ΔS	自発変化の温度域
$\Delta H<0$	$\Delta S<0$	低温で自発的
$\Delta H>0$	$\Delta S>0$	高温で自発的
$\Delta H>0$	$\Delta S<0$	どの温度でも非自発的
$\Delta H<0$	$\Delta S>0$	どの温度でも自発的

復習 4・38 A　定温で $\Delta S<0$ の非自発変化が，高温で自発変化に変わる可能性はあるか（ΔH も ΔS も温度によらないとする．次問も同様）．

［答：可能性はない］

復習 4・38 B　定温で $\Delta S>0$ の非自発変化が，高温で自発変化に変わる可能性はあるか．

平衡は $\Delta S_{全}=0$ のとき成り立つのだった（前節）．すると（40)式から，平衡の条件は次式に書ける．

$$\Delta G = 0 \text{（定温・定圧）} \qquad (41)$$

つまり，$\Delta G=0$ となる変化（化学反応など）は平衡状態にある．

例題 4・27　自発変化かどうかの判定

熱力学にかぎらず，考察の出発点では，なるべく単純な系を扱うとよい．1 atm のもと，(a) 10 ℃と (b) 0 ℃で，$H_2O(s) \rightarrow H_2O(l)$ のモルギブズエネルギー変化を計算せよ．

また，(a) と (b) で融解は自発変化か？ $\Delta_{融解}H$ も $\Delta_{融解}S$ も，温度によらないとする．

予 想　融点で固相と液相は平衡にあるから，0 ℃では $\Delta G=0$ だろう．温度を 0 ℃以上にすると固体は融けるため，10 ℃では $\Delta G<0$ だろう．

方 針　表4・3（1 atm，相転移温度）で氷の融解エンタルピーを確かめる．融解エントロピー ΔS_m は表4・10にある．ΔG_m は (39)式で計算する†．

大事な仮定　$\Delta_{融解}H$ も $\Delta_{融解}S$ も温度に関係しない．

解 答　(a) 10 ℃ (283 K)：$\Delta G_m=\Delta H_m-T\Delta S_m$ に数値を入れ，つぎの結果を得る．

$$\begin{aligned}\Delta G_m &= \overbrace{6.01\ \mathrm{kJ\ mol^{-1}}}^{\Delta H_m} - (283\ \mathrm{K}) \times \overbrace{(22.0\ \mathrm{J\ K^{-1}\ mol^{-1}})}^{\Delta S_m} \\ &= 6.01\ \mathrm{kJ\ mol^{-1}} - \overbrace{6.23\ \mathrm{kJ\ mol^{-1}}}^{10^3\ \mathrm{J}} \\ &= -0.22\ \mathrm{kJ\ mol^{-1}}\end{aligned}$$

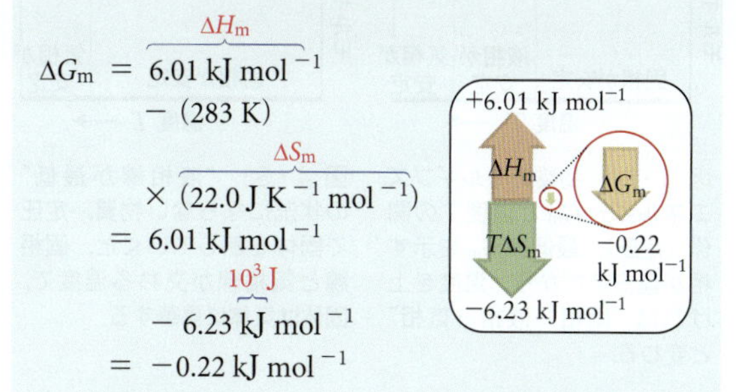

(b) 0 ℃ (273 K)：$\Delta G_m=\Delta H_m-T\Delta S_m$ に数値を入れ，つぎの結果を得る．

$$\begin{aligned}\Delta G_m &= 6.01\ \mathrm{kJ\ mol^{-1}} - (273\ \mathrm{K}) \times \overbrace{(22.0\ \mathrm{J\ K^{-1}\ mol^{-1}})}^{10^{-3}\ \mathrm{kJ\ K^{-1}\ mol^{-1}}} \\ &= 6.01\ \mathrm{kJ\ mol^{-1}} - 6.01\ \mathrm{kJ\ mol^{-1}} \\ &= 0\end{aligned}$$

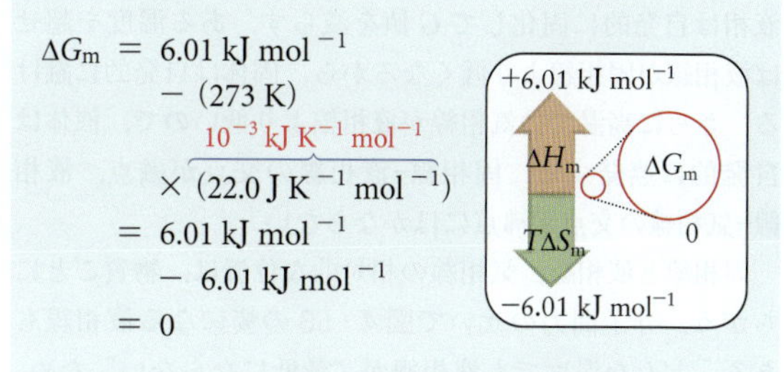

確 認　予想どおり氷の融解は，10 ℃ ($\Delta G_m<0$) なら自発変化でも，0 ℃ ($\Delta G_m=0$) では平衡になる．

復習 4・39 A　1 atm のもと，(a) 95 ℃と (b) 105 ℃で，$H_2O(l) \rightarrow H_2O(g)$ の ΔG_m を計算せよ．それぞれの温度で蒸発は自発変化か？ $\Delta_{蒸発}H$ は 40.7 kJ mol^{-1}，$\Delta_{蒸発}S$ は 109.1 J K^{-1} mol^{-1} とする．

［答：(a) +0.6 kJ mol^{-1}，非自発変化；(b) −0.5 kJ mol^{-1}，自発変化］

復習 4・39 B　1 atm のもと，(a) 350 ℃と (b) 370 ℃で，$Hg(l) \rightarrow Hg(g)$ の ΔG_m を計算せよ．それぞれの温度で蒸発は自発変化か？ $\Delta_{蒸発}H$ は 59.3 kJ mol^{-1}，$\Delta_{蒸発}S$ は 94.2 J K^{-1} mol^{-1} とする．

純物質を考えよう．ギブズエネルギー G の定義式は $G=H-TS$ だった．純物質のエントロピー S は必ず正値なので，T を横軸にして G をグラフ化すれば，右下がりの直線になる．また，粒子が乱雑な気相は液相より S がずっと大きく，液相は固相より S が大きい．以上から図4・57ができる．

† 訳注：この例題と続く復習に使われる添え字 m は，mol ではなく melting（融解）を表す．

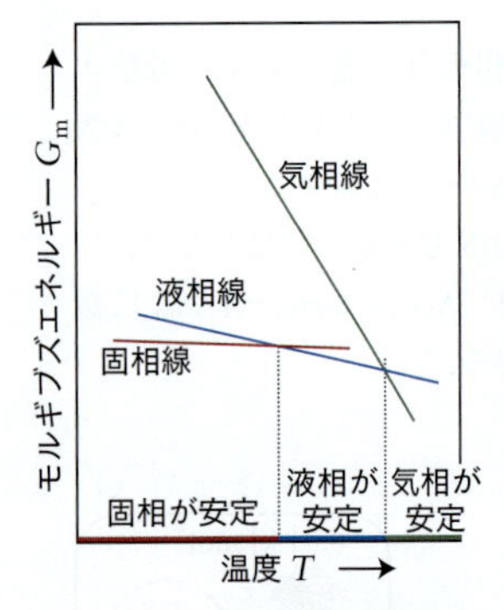

図 4・57 物質のモルギブズエネルギー G_m と温度 T の関係（定圧）．最低の G_m を示す相が最安定だから，温度を上げれば“固相→液相→気相”と変わる．

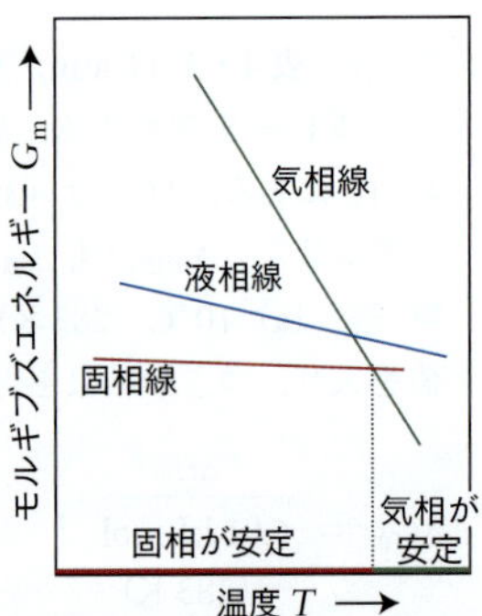

図 4・58 “液相線が最低”の状況にならない物質．定圧で固体を熱していくと，固相線と気相線が交わる温度で，固体は気体に昇華する．

相転移（状態変化）の起こる熱力学的な理由が，図 4・57 から読みとれる．低温では固相線がいちばん低いため，液相は自発的に固化して G 値を減らす．ある温度を超せば液相線が固相線より低くなるから，固体は自発的に融ける．さらに高温では気相線が液相線より低いので，液体は自発的に蒸発する．固相線-液相線の交点が融点，液相線-気相線の交点が沸点にほかならない．

固相線と液相線，気相線の相対的な位置は，物質ごとにちがう．分子間力のせいで図 4・58 の姿になる液相線もある．どんな温度でも液相線が“最低にならない”ため，温度を上げていくと，固相線と気相線の交点で固体は気体に変わってしまう（昇華）．1 atm のもと，たとえば二酸化炭素 CO_2 が −78.5 ℃ でそうなる．

要点 系のギブズエネルギー G が示す変化は，定温・定圧条件のとき，“系＋外界”の総エントロピー変化 $\Delta S_{全}$ を表す．自発変化は $\Delta G<0$ の向きに進む．■

② 反応ギブズエネルギー

定温・定圧のもと，$\Delta G<0$ は自発変化，$\Delta G=0$ は平衡を表すのだった．以下では化学反応に注目し，反応の ΔG がどう表せるのか調べよう．

反応を扱うときは，モルギブズエネルギー G_m を使って次式に書ける**反応ギブズエネルギー**（Gibbs energy of reaction）に注目する．

$$\Delta G = \sum nG_m(\text{生成物}) - \sum nG_m(\text{反応物}) \quad (42)$$

文字 n は化学式の係数を表す．アンモニアの生成反応なら，上式はつぎの形になる．

$$N_2(g) + 3\,H_2(g) \rightarrow 2\,NH_3(g)$$

$$\Delta G = (2\ \text{mol}) \times G_m(NH_3) - \{(1\ \text{mol}) \times G_m(N_2) + (3\ \text{mol}) \times G_m(H_2)\}$$

物質が混合物中でもつモルギブズエネルギー G_m は，どんな分子が隣にいるかで変わるため，NH_3，N_2，H_2 の G_m も，反応が進めば変化していく．初期段階なら，ある NH_3 分子のそばにいるのは大半が N_2 と H_2 だけれど，反応が進むにつれて NH_3 も増す．成分の G 値が変わると，反応ギブズエネルギーも変わる．ある瞬間の反応混合物で，$\Delta G<0$ なら反応は自発的に進み，$\Delta G>0$ だと逆反応（アンモニアの分解）が自発変化になる．そして $\Delta G=0$ のとき，混合物は“平衡組成”になっている．

物質の標準モルギブズエネルギー G_m° を使うと，**標準反応ギブズエネルギー**（standard Gibbs energy of reaction）ΔG° をつぎのように定義できる．

$$\Delta G^\circ = \sum nG_m^\circ(\text{生成物}) - \sum nG_m^\circ(\text{反応物}) \quad (43)$$

ΔG° は，（指定の温度で）標準状態にある生成物と反応物のギブズエネルギー差をいう．標準状態（4・4 節）とは，1 bar のもとにある純物質（溶質なら 1 mol L^{-1} の溶液中）だった．そのため ΔG° は反応ごとに値が決まり，反応が進んでも変わらない．かたや“標準値”でない ΔG は，反応混合物の組成で変わるため，反応が進めば（ときには符号も）変わっていく．

物質の G の絶対値は決まらず，わかるのは変化分だけだから，(42)式と (43)式そのものは使いにくい．標準反応エンタルピー ΔH° の話でも同じ状況に出合い（4・4 節），そのときは化合物ごとの標準生成エンタルピー $\Delta_f H^\circ$ から ΔH° を求めた．すると，化合物ごとの同様な**標準生成ギブズエネルギー**（standard Gibbs energy of formation）$\Delta_f G^\circ$ を決めておけば，標準反応ギブズエネルギー ΔG° を計算できるだろう．

$\Delta_f G^\circ$ は，25 ℃，1 bar で最安定な単体（表 4・14）から化合物 1 mol をつくるのに必要なギブズエネルギーをいう†．たとえば，ヨウ化水素の $\Delta_f G^\circ(\text{HI, g}) = +1.70$ kJ mol^{-1} は，生成反応 $\frac{1}{2}H_2(g) + \frac{1}{2}I_2(s) \rightarrow HI(g)$ の標準反応ギブズエネルギーを表す．むろん $\Delta_f H^\circ$ の場合と同様，25 ℃，1 bar で最安定な単体の $\Delta_f G^\circ$ は 0 とみる〔$\Delta_f G^\circ(I_2, s) = 0$ など〕．

$\Delta_f G^\circ$ 値は，標準生成エンタルピー $\Delta_f H^\circ$（表 4・5）と標

表 4・14 25 ℃，1 bar で最安定な単体の例（総数は安定な元素の数に同じ）

元素	単体の状態
H_2, O_2, Cl_2, Xe	気体
Br_2, Hg	液体
C	黒鉛（グラファイト）
Na, Fe, I_2	固体

† 訳注：イオンの $\Delta_f G^\circ$ については p.223（4・4 節 ⑤ 項）の脚注参照．

準モルエントロピー $S_m°$（表4・11）から計算できる[†]. よく出合う化合物の $\Delta_f G°$ 値を表4・15に示し，充実したデータは付録2Aにまとめた.

表 4・15　標準生成ギブズエネルギーの例（25 °C）[a)]

気体	$\Delta_f G°$	液体	$\Delta_f G°$	固体	$\Delta_f G°$
NO_2	+51.31	C_6H_6	+124.3	AgCl	−109.79
NH_3	−16.45	C_2H_5OH	−174.78	$CaCO_3$（方解石）	−1128.8
H_2O	−228.57	H_2O	−237.13		
CO_2	−394.36				

a) ほかの物質については付録2A参照.

例題 4・28　$\Delta_f H°$ と $S_m°$ を使う $\Delta_f G°$ の計算

ヨウ化水素 HI は，メタンフェタミン（抗うつ剤）などの合成で使う. HI(g) の標準生成ギブズエネルギー $\Delta_f G°$ 値を，標準生成エンタルピー $\Delta_f H°$ と標準モルエントロピー $S_m°$ から計算せよ. 温度は25 °Cとする.

方 針　反応式を書き，$\Delta G° = \Delta H° - T\Delta S°$ から $\Delta G°$ を求める. HI の係数を1にすれば，$\Delta G° = \Delta_f G°$ が成り立つ. $\Delta_f H°$ 値は付録2Aにある. $\Delta S°$ 値は，例題4・23にならい，表4・11や付録2Aのデータから計算する.

解 答　HI の生成反応は次式に書ける.

$$\frac{1}{2}H_2(g) + \frac{1}{2}I_2(s) \rightarrow HI(g)$$

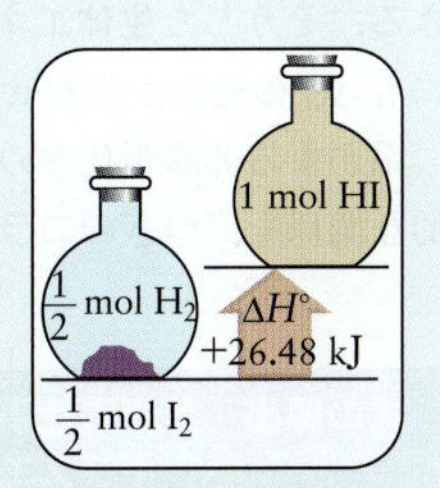

$\Delta H°$ は，付録2Aのデータからつぎのように計算する.

$$\Delta H° = (1\ \text{mol}) \times \Delta_f H°(\text{HI, g}) = +26.48\ \text{kJ}$$

$\Delta S°$ は，(32)式を使ってこう計算する.

$$\begin{aligned}\Delta S° &= S_m°(\text{HI, g}) - \left\{\frac{1}{2}S_m°(\text{H}_2\text{, g}) + \frac{1}{2}S_m°(\text{I}_2\text{, s})\right\} \\ &= \{(1\ \text{mol}) \times (206.6\ \text{J K}^{-1}\ \text{mol}^{-1})\} \\ &\quad - \left\{\left(\frac{1}{2}\ \text{mol}\right) \times (130.7\ \text{J K}^{-1}\ \text{mol}^{-1}) + \left(\frac{1}{2}\ \text{mol}\right) \times (116.1\ \text{J K}^{-1}\ \text{mol}^{-1})\right\} \\ &= \left\{206.6 - \left(\frac{1}{2} \times 130.7 + \frac{1}{2} \times 116.1\right)\right\}\ \text{J K}^{-1} \\ &= +83.2\ \text{J K}^{-1} \\ &= +0.0832\ \text{kJ K}^{-1}\end{aligned}$$

以上を合わせ，$\Delta G° = \Delta H° - T\Delta S°$ から $\Delta G°$ 値が決まる.

$$\begin{aligned}\Delta G° &= (1\ \text{mol}) \times (+26.48\ \text{kJ mol}^{-1}) - (298\ \text{K}) \times (0.0832\ \text{kJ K}^{-1}) \\ &= +1.69\ \text{kJ}\end{aligned}$$

確 認　$\Delta_f G°$ の計算値（$+1.69\ \text{kJ mol}^{-1}$）は，本文中の値（$+1.70\ \text{kJ mol}^{-1}$）にほぼ等しい. 正値だから，25 °C，1 bar で HI の生成反応は自発変化ではない（分解が自発変化）.

復習 4・40 A　$NH_3(g)$ の $\Delta_f G°$ 値を，関係する物質の $\Delta_f H°$ と $S_m°$ から計算せよ. 温度は25 °Cとする.
［答: $-16.5\ \text{kJ mol}^{-1}$］

復習 4・40 B　シクロプロパン $C_3H_6(g)$ の $\Delta_f G°$ 値を計算せよ. 温度は25 °Cとする.

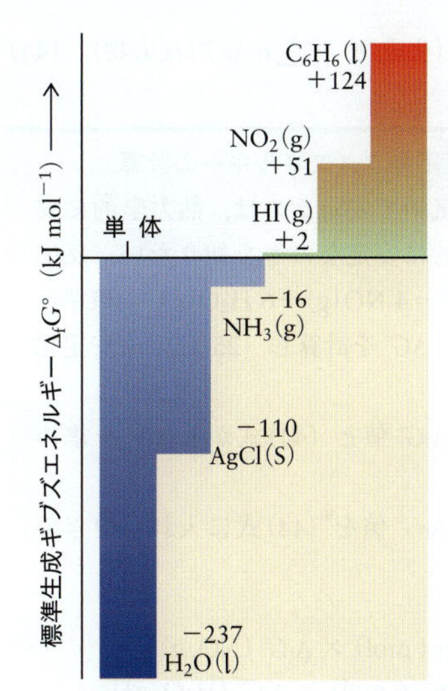

図 4・59　化合物の $\Delta_f G°$ 値は，単体群を“海面”とみたときの“海抜”にあたる.

$\Delta_f G°$ の値は，標準状態で，化合物が単体群より相対的に安定かどうかを教える. ある温度（たとえば 25 °C = 298.15 K）で $\Delta_f G° < 0$ の純物質は，単体群より安定だから，単体群は自発変化でその化合物になりやすい（図4・59）. つまりその化合物は単体群より安定性が高い. 逆に $\Delta_f G° > 0$ の化合物は，単体群より安定性が低い. たとえばベンゼンの $\Delta_f G°$ は 25 °C で $+124\ \text{kJ mol}^{-1}$ だから，ベンゼンは“炭素と水素の集団よりも不安定”だと考えてよい. 以上のことをまとめよう.

- $\Delta_f G° < 0$ の化合物は，**熱力学的に安定な化合物**（thermodynamically stable compound）だといえる.
- $\Delta_f G° > 0$ の化合物は，**熱力学的に不安定な化合物**（thermodynamically unstable compound）だといえる.

水は前者，ベンゼンは後者の例になる. 熱力学的に不安

† 訳注: 生成反応に関与する反応物（単体群）と生成物（化合物）の $S_m°$ 値から“標準生成エントロピー $\Delta_f S°$”も定義できるが，本書でそのやりかたは使わない.

定な化合物は，自発変化で単体に分解しやすいとはいえ，現実に分解が進むとはかぎらない（速さについては下巻の7章“反応速度論”で学ぶ）．ベンゼンも，分解の速さがゼロに近いため，分解せずにいつまでも保存できる．熱力学的に不安定でも変化しにくいベンゼンなどを，**速度論的に安定な**（kinetically stable）物質とよぶ．

復習 4・41 A　25 ℃の標準状態でグルコースは，単体群よりも安定か．

［答：$\Delta_f G^\circ = -910\ \mathrm{kJ\ mol^{-1}} < 0$ だから安定］

復習 4・41 B　25 ℃の標準状態でメチルアミン CH_3NH_2 は，単体群よりも安定か．

$\Delta_f H^\circ$ を組み合わせて標準反応エンタルピー ΔH° を得たように，$\Delta_f G^\circ$ を組み合わせると標準反応ギブズエネルギー ΔG° が得られる．ふつう $\Delta_f G^\circ$ の単位は $\mathrm{kJ\ mol^{-1}}$，ΔG° の単位は kJ とする．

$$\Delta G^\circ = \sum n\,\Delta_f G^\circ(\text{生成物}) - \sum n\,\Delta_f G^\circ(\text{反応物}) \quad (44)$$

例題 4・29　標準反応ギブズエネルギーの計算

アンモニアが空気中で安定なのは，熱力学的に安定なのか，速度論的に安定なのかを知りたい．反応 $4\,NH_3(g) + 5\,O_2(g) \rightarrow 4\,NO(g) + 6\,H_2O(g)$ の標準反応ギブズエネルギー ΔG° を計算し，25 ℃での安定化要因を考察せよ．

方 針　付録2A の $\Delta_f G^\circ$ 値と（44）式から ΔG° を求める．

解 答　付録2A の $\Delta_f G^\circ$ 値を（44）式に入れ，つぎの結果を得る．

$$\begin{aligned}\Delta G^\circ &= \{(4\ \mathrm{mol}) \times \Delta_f G^\circ(\mathrm{NO, g}) \\ &\quad + (6\ \mathrm{mol}) \times \Delta_f G^\circ(\mathrm{H_2O, g})\} \\ &\quad - \{(4\ \mathrm{mol}) \times \Delta_f G^\circ(\mathrm{NH_3, g}) \\ &\quad + (5\ \mathrm{mol}) \times \Delta_f G^\circ(\mathrm{O_2, g})\} \\ &= \{4(86.55) + 6(-228.57)\} \\ &\quad - \{4(-16.45) + 0\}\ \mathrm{kJ} \\ &= -959.42\ \mathrm{kJ}\end{aligned}$$

確 認　$\Delta G^\circ < 0$ なので，アンモニアの酸化（燃焼）は自発変化だといえる．ただし反応がたいへん遅いため，見た目の変化は進まない（つまり，速度論的に安定）．

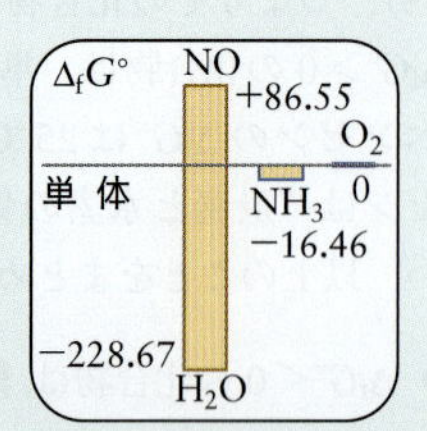

復習 4・42 A　25 ℃での $\Delta_f G^\circ$ から，反応 $2\,CO(g) + O_2(g) \rightarrow 2\,CO_2(g)$ の ΔG° を計算せよ．

［答：$\Delta G^\circ = -514.38\ \mathrm{kJ}$］

復習 4・42 B　25 ℃での $\Delta_f G^\circ$ から，反応 $6\,CO_2(g) + 6\,H_2O(l) \rightarrow C_6H_{12}O_6(s, \text{グルコース}) + 6\,O_2(g)$ の ΔG° を計算せよ．

要 点　化合物の標準生成ギブズエネルギー $\Delta_f G^\circ$ は，化合物 1 mol を最安定な単体群からつくる反応の ΔG° に等しい．化合物が単体群より安定かどうかは，$\Delta_f G^\circ$ の符号が教える．標準反応ギブズエネルギー ΔG° は，$\Delta_f G^\circ$ 値を（44）式に当てはめて計算する．■

③ ギブズエネルギーと非膨張仕事

ギブズエネルギーは，ギブズ自由エネルギーともよぶのだった（① 項）．その“自由”とは何か？　実のところギブズエネルギー変化は，ある変化が定温・定圧で進むときにとり出せる“非膨張仕事”の最大値に等しい．つまりギブズエネルギーは，“自由に利用できる非膨張仕事”の目安だと心得よう．まず，その背景を考える．

以下，膨張以外の仕事（4・2 節）を w_e と書く〔e は extra（膨張以外）の意味〕．わかりやすい非膨張仕事には，電気的仕事とか力学的仕事（バネの伸長，質量のもち上げ）がある．

そのほか，筋肉の動きや，アミノ酸分子をつなげるタンパク質合成，神経信号の伝達なども，非膨張仕事に分類できる．そうした**生体エネルギー論**（bioenergetics）の理解にも ΔG の発想が欠かせない．

系がする非膨張仕事の最大値とギブズエネルギーの定量的な関係を，つぎのコラムで考えよう．

式の導出　非膨張仕事の最大値と ギブズエネルギーの関係

有限な変化の（39）式を，無限小変化（微分形）に書き替えよう．

$$\mathrm{d}G = \mathrm{d}H - T\mathrm{d}S \quad (\text{定温})$$

つぎに 4・3 節の（8）式（$H = U + PV$）を使い，エンタルピー変化の微分量 $\mathrm{d}H$ を表す．

$$\mathrm{d}H = \mathrm{d}U + P\mathrm{d}V \quad (\text{定圧})$$

それを最初の式に代入する．

$$\mathrm{d}G = \mathrm{d}U + P\mathrm{d}V - T\mathrm{d}S \quad (\text{定温・定圧})$$

4・1 節の（3）式に従い，内部エネルギー変化の微分量（$\mathrm{d}U = \mathrm{d}w + \mathrm{d}q$）を代入する．

$$\mathrm{d}G = \mathrm{d}w + \mathrm{d}q + P\mathrm{d}V - T\mathrm{d}S \quad (\text{定温・定圧})$$

知りたい“最大仕事”は，可逆変化が生み出す．そのことを添え字で明示しよう．

$$dG = dw_{可逆} + dq_{可逆} + PdV - TdS \quad（定温・定圧）$$

4・6 節 (24) 式の微分形 ($dS = dq_{可逆}/T$) から $dq_{可逆} = TdS$ なので，2 個の TdS 項が打消しあう．

$$\begin{aligned} dG &= dw_{可逆} + TdS + PdV - TdS \\ &= dw_{可逆} + PdV \quad（定温・定圧）\end{aligned}$$

系の可逆仕事 $w_{可逆}$ を，膨張仕事と非膨張仕事の和に書く．

$$dw_{可逆} = dw_{可逆,\ e} + dw_{可逆,\ 膨張}$$

可逆膨張の仕事は，4・2 節 (4) 式 ($w_{膨張} = -P_{外}\Delta V$) の微分形 ($dw_{膨張} = -P_{外}dV$) だが，可逆変化なら系の圧力はいつも外圧と等しいため，つぎのように書いてよい．

$$dw_{可逆,\ 膨張} = -PdV$$

すると次式が成り立つ．

$$dw_{可逆} = dw_{可逆,\ e} - PdV$$

それを dG の最終表現 ($dG = dw_{可逆} + PdV$) に代入すると，PdV 項が打ち消しあう．

$$dG = dw_{可逆,\ e} + PdV - PdV$$

こうして次式が成り立つ．

$$dG = dw_{可逆,\ e} \quad（定温・定圧）$$

$dw_{可逆,\ e}$ は（可逆変化だから）系がする非膨張仕事の最大値を表す．そのため，最終的に次式が得られた．

$$dG = dw_{e,\ 最大} \quad（定温・定圧）$$

コラムの結論（微分形）を有限な変化（差分形）に書き直せば，つぎの重要な式が得られる．

$$\Delta G = w_{e,\ 最大} \quad（定温・定圧） \qquad (45)$$

こうして，定温・定圧下の ΔG は，系がする非膨張仕事の最大値だとわかる．

膨張以外の仕事は多く（表 4・1），(45) 式は生体内反応の定量的な扱いにも役立つ．たとえばグルコースの酸化 $C_6H_{12}O_6(s) + 6\ O_2(g) \rightarrow 6\ CO_2(g) + 6\ H_2O(l)$ は，$\Delta G° = -2879$ kJ と書けて，1 mol (180 g) の $C_6H_{12}O_6(s)$ から最大 2879 kJ の非膨張仕事が得られる．アミノ酸のペプチド結合 1 mol の生成に要する仕事は約 17 kJ だから，グルコース 180 g を酸化すれば，$(2879\ kJ)/(17\ kJ\ mol^{-1}) = 170$ mol (10^{26} 個) ものペプチド結合がつくれる．ミクロ世界だと，グルコース 1 分子の酸化で，170 個のペプチド結合がつくれるだろう．

ただし，生体内の合成反応（生合成）は多段階で進み，段階ごとにエネルギー損失もかなりあるため，ペプチド結合はせいぜい 10 個（理想値の約 6%）しかできない．典型的なタンパク質は数百個のペプチド結合をもつので，タンパク質 1 個をつくるときは，数十個のグルコース分子が“消費”される（続くコラム参照）．

化学の広がり 12　ギブズエネルギーと生命

生命の姿は，第二法則と矛盾するかのように思えてしまう．微生物も人体も，エントロピーがたいへん小さい秩序構造をもつうえ，生化学反応は整然と進む．豊かな秩序が保たれる理由は，外界も含めて眺めればわかる．

アミノ酸からのタンパク質合成や，核酸塩基からの DNA 合成など，ふつう生体内反応の多くは自発変化ではない．進めるには，エネルギーの投入を要する．それには，間接的ながら，植物が光合成で産物（食物にもなる物質群）にとりこんだ太陽光エネルギーを使う．

水生シダが光合成の副産物として出す酸素の泡．

食物の代謝は発熱変化だから，外界のエントロピーを大きく増やす．代謝反応を非自発的な生化学反応と組み合わせれば，正味で $\Delta S > 0$ の自発変化になる．つまり，大量のエントロピーを生む反応が，非自発変化を前に進める．

ギブズエネルギー G に注目すると，G が減る（下り坂の）反応を使い，G が増す（登り坂の）反応を進める．その状況を下図のイメージでとらえよう．軽いおもりは，ひとりでに上がりはしない．けれど，つながった重いおもりが下降すれば，上向きに動く．

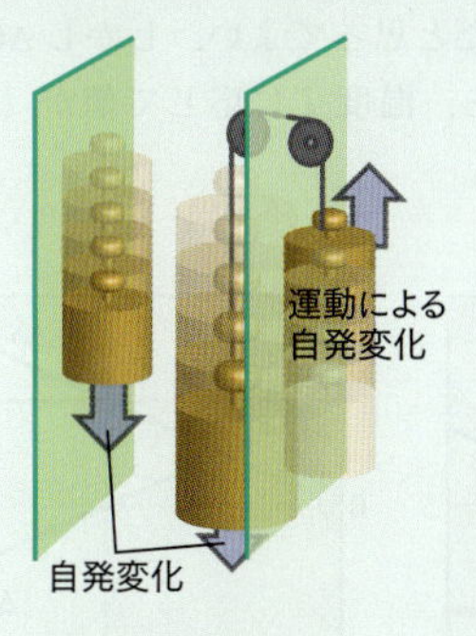

おもりの下降（左）は自発的に進む．おもりの上昇（右）は，そこだけ見れば非自発変化でも，左側と連動して自発変化になる．

生体内で“重いおもり”にあたるのは，アデノシン三リン酸 ATP (**1**) からアデノシン二リン酸 ADP (**2**) への加水分解だと考えてよい．ATP 1 mol の加水分解で $\Delta G°$ は -30 kJ になる．1 mol の ADP とリン酸基をつなげて ATP に戻すのに必要な $\Delta G°$ (+30 kJ) は，$\Delta G° < -30$ kJ の別反応を（共役的に）進めてまかなう．

食物の意義はそこにある．太陽光エネルギーをとりこんだグルコースなどは“燃料”とみてよい．体内で完全に酸化されたら，燃焼と同じ生成物になる．開放系で燃やしたグルコースは，大気を押し返しつつ熱を出すことしかできない．しかし体内の“燃焼”は，みごとに制御された形で進む．そのときグルコース 1 mol の非膨張仕事は 2900 kJ に迫り，かりにロスがなければ，90 mol 以上の ADP 分子を“充電”して ATP に変換できる．

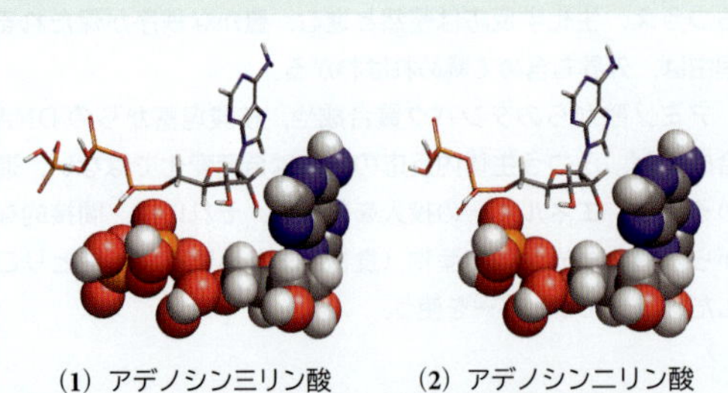

(1) アデノシン三リン酸 (ATP)　(2) アデノシン二リン酸 (ADP)

死んだ生物は，炭水化物やタンパク質，脂肪に蓄えられた太陽光エネルギーを利用できない．すると自発変化が進み，生体分子は分解を始める．生きている生物は，絶妙な内部構造をつくって維持するために，たえず大量のエントロピーをつくって外界へ出す．死ねばエントロピー生成が止まり，体の組織は有機物の塊や気体に変わっていく．

要点 ΔG 値は，定温・定圧で系がする非膨張仕事の最大値に等しい．■

④ 温度の効果

温度を上げれば反応物も生成物もエンタルピー H が増すけれど，両者の“差”はさほど増減しない（4・4 節）．エントロピー S も似た性質をもつため，ΔH° や ΔS° の値は，どの温度でもほぼ同じだと思ってよい．しかし ΔG° は，$\Delta G^\circ = \Delta H^\circ - T\Delta S^\circ$ だから，温度 T に応じて値が（ときには符号も）くっきりと変わる．

ΔG° の温度変化は，つぎの四つに分けて考えるとわかりやすい（図 4・60）．

1. $\Delta S^\circ < 0$，$\Delta H^\circ < 0$ の反応（a）．$T\Delta S^\circ$ 項が効き，$\Delta G^\circ = 0$ の温度 T（$= \Delta H^\circ/\Delta S^\circ$）で“自発→非自発”と変わる．低温では $\Delta S_{外界} > 0$ が反応を前に進め，高温では $\Delta S_{系} < 0$ がブレーキになる．

2. $\Delta S^\circ > 0$，$\Delta H^\circ > 0$ の反応（b）．$T\Delta S^\circ$ 項が効き，$\Delta G^\circ = 0$ の温度 T（$= \Delta H^\circ/\Delta S^\circ$）で“非自発→自発”と変わる．低温では $\Delta S_{系} > 0$ よりも $\Delta S_{外界} < 0$ のほうが優勢だったところ，高温で $T\Delta S_{系} > 0$ が強く効き，自発変化になる．

3. $\Delta S^\circ < 0$，$\Delta H^\circ > 0$ の反応（c）．どの温度でも $\Delta S_{系} < 0$ かつ $\Delta S_{外界} < 0$ だから，$\Delta G^\circ > 0$（非自発変化）を保つ．

4. $\Delta S^\circ > 0$，$\Delta H^\circ < 0$ の反応（d）．どの温度でも $\Delta S_{系} > 0$ かつ $\Delta S_{外界} > 0$ だから，$\Delta G^\circ < 0$（自発変化）を保つ．

例題 4・30　吸熱反応が自発変化になる温度

製鉄（鉄鉱石の還元）には大量のエネルギーを使う．省エネのため，反応が自発変化に切り替わる最低温度を知りたい．反応 $2\ Fe_2O_3(s) + 3\ C(s) \rightarrow 4\ Fe(s) + 3\ CO_2(g)$ は，何 K 以上で自発変化になるか．

予想　気体が生じるので $\Delta S^\circ > 0$ だろう．また $\Delta H^\circ > 0$（吸熱）だから，温度を上げていけば，どこかで自発変化に変わるだろう．

方針　付録 2A のデータから ΔH° と ΔS° を計算し，$\Delta G^\circ = \Delta H^\circ - T\Delta S^\circ = 0$ となる温度 T（$= \Delta H^\circ/\Delta S^\circ$）を求める．

大事な仮定　ΔH° と ΔS° は温度によらず一定とする．

解答　4・4 節の (19) 式より，ΔH° はつぎの値になる．

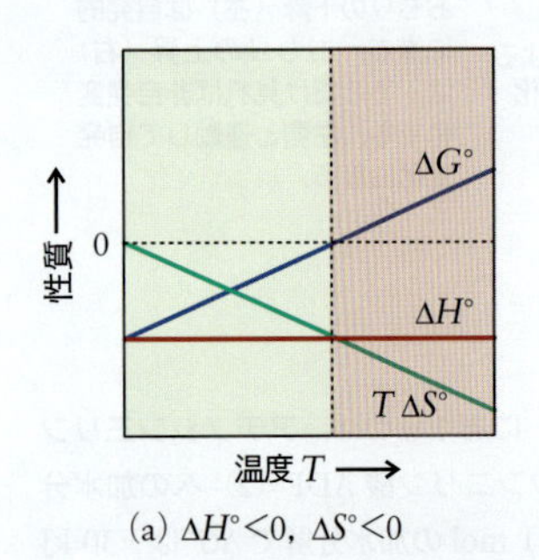

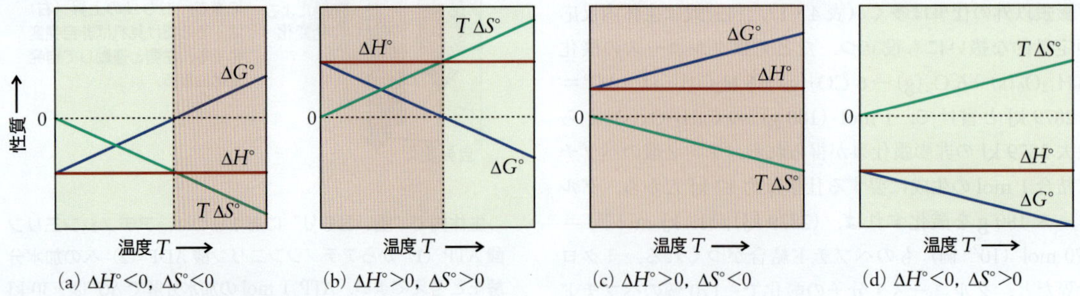

(a) $\Delta H^\circ < 0$, $\Delta S^\circ < 0$

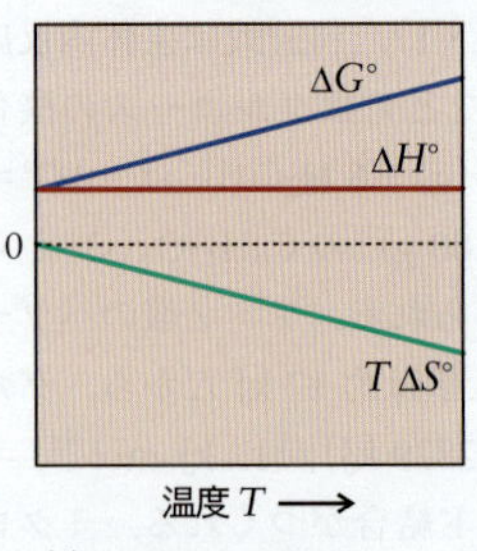

(b) $\Delta H^\circ > 0$, $\Delta S^\circ > 0$

(c) $\Delta H^\circ > 0$, $\Delta S^\circ < 0$

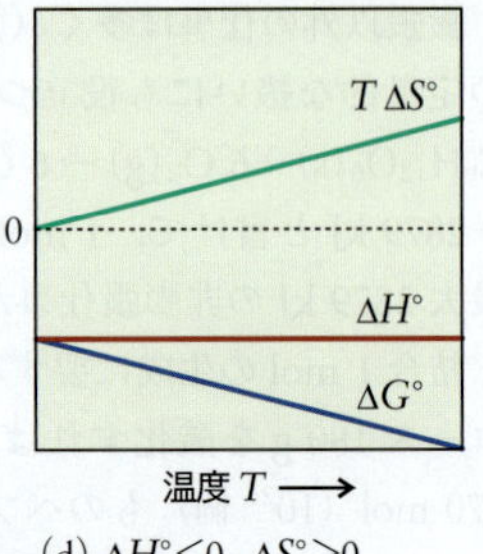

(d) $\Delta H^\circ < 0$, $\Delta S^\circ > 0$

図 4・60　温度上昇と自発変化（$\Delta G^\circ < 0$，□），非自発変化（$\Delta G^\circ > 0$，□）の関係．(a) エントロピーが減る発熱変化（$\Delta S^\circ < 0$，$\Delta H^\circ < 0$）．ある温度で“自発→非自発”．(b) エントロピーが増す吸熱変化（$\Delta S^\circ > 0$，$\Delta H^\circ > 0$）．ある温度で“非自発→自発”．(c) エントロピーが減る吸熱変化（$\Delta S^\circ < 0$，$\Delta H^\circ > 0$）．つねに非自発．(d) エントロピーが増す発熱変化（$\Delta S^\circ > 0$，$\Delta H^\circ < 0$）．つねに自発．

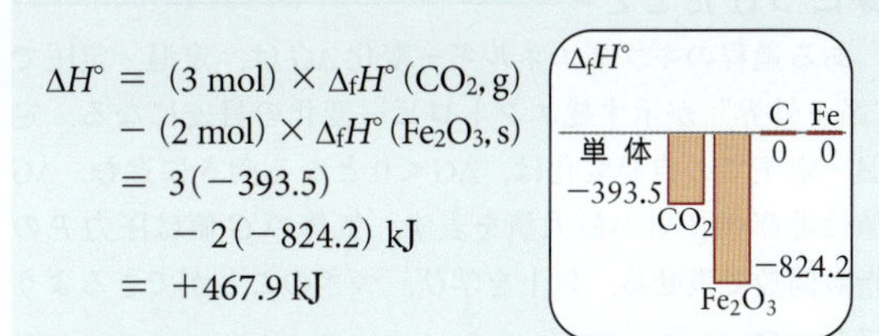

$$\begin{aligned}\Delta H° &= (3\,\text{mol}) \times \Delta_f H°(CO_2, g) \\ &\quad - (2\,\text{mol}) \times \Delta_f H°(Fe_2O_3, s) \\ &= 3(-393.5) \\ &\quad - 2(-824.2)\,\text{kJ} \\ &= +467.9\,\text{kJ}\end{aligned}$$

4・8 節の (32)式より，$\Delta S°$ はつぎの値になる．

$$\begin{aligned}\Delta S° &= \{(4\,\text{mol}) \times S_m°(Fe, s) \\ &\quad + (3\,\text{mol}) \times S_m°(CO_2, g)\} \\ &\quad - \{(2\,\text{mol}) \times S_m°(Fe_2O_3, s) \\ &\quad + (3\,\text{mol}) \times S_m°(C, s)\} \\ &= \{4(27.3) + 3(213.7)\} \\ &\quad - \{2(87.4) + 3(5.7)\}\,\text{J K}^{-1} \\ &= +558.4\,\text{J K}^{-1}\end{aligned}$$

$S_m°$: Fe_2O_3 87.4, C 5.7, Fe 27.3, CO_2 213.7

$T = \Delta H°/\Delta S°$ を計算する．

$$T = \frac{\overbrace{4.679 \times 10^5\,\text{J}}^{467.9\,\text{kJ}}}{558.4\,\text{J K}^{-1}} = 838\,\text{K}$$

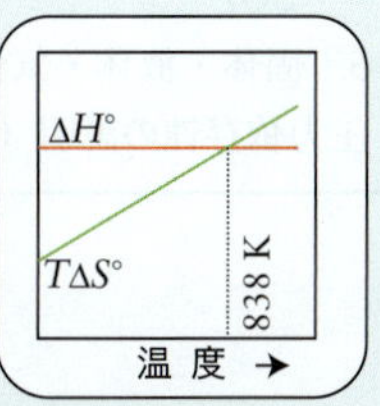

確 認 予想どおり，高温の 838 K (565 °C) 以上で自発変化になる．

復習 4・43 A 炭素による磁鉄鉱 Fe_3O_4 の還元 (CO_2 が生成) は，何 K 以上で自発変化になるか．

［答: 943 K］

復習 4・43 B 炭酸マグネシウムが酸化マグネシウムと二酸化炭素に分解する反応は，何 K 以上で自発変化になるか．

要 点 温度を上げたとき，$\Delta S° < 0$ の反応では $\Delta G°$ 値が増え，$\Delta S° > 0$ の反応なら $\Delta G°$ 値が減っていく． ■

⑤ 圧力の効果

反応の自発・非自発には圧力も効き，たとえば黒鉛 (グラファイト) も，十分な高圧では (ゆっくりとだが) ダイヤモンドに変わっていく．そのため，ギブズエネルギーの圧力変化も調べておくと役に立つ．

まず，定義式 “$G = H - TS$” と “$H = U + PV$” から，$G = U + PV - TS$ と書ける．PV 項に注目すると，圧力の無限小変化 dP は G を $dG = VdP$ だけ変える．モルあたりの量にすれば，物質のモル体積を V_m として，$dG_m = V_m dP$ が成り立つ．

圧縮しにくい固体や液体なら，モル体積は圧力であまり変わらない．圧力を $P° = 1$ bar から別の値 P に変えたときモルギブズエネルギーの変化は，V_m を定数とみて $V_m(P - P°)$ のように書ける．すると固体や液体では次式が成り立つ．

$$G_m(P) = G_m(P°) + V_m(P - P°) \tag{46}$$

固体や液体のモル体積は小さいため (水なら 18 cm^3 mol^{-1})，たとえ圧力を 2 倍 (1 bar→2 bar) にしても，$V_m(P - P°)$ 項はせいぜい (2 kJ mol^{-1} ではなく) 2 J mol^{-1} 程度にとどまる．つまり補正項は無視できるほど小さいから，固体と液体の G_m は圧力に無関係とみてよい．圧力の効果が問題になるのは，固体どうしの相転移や，液体–固体間の相転移 (5・2 節) にかぎる．

気体だと話は変わる．まず気体はモル体積が液体や固体の 1000 倍ほど大きいため，“補正項” が (2 J mol^{-1} ではなく) 2 kJ mol^{-1} 程度にもなって無視できない．さらに気体は圧縮できるから，モル体積も圧力で大きく変わる．

式の導出 モルギブズエネルギーと圧力の関係

理想気体のモル体積は $V_m = RT/P$ と書けるため，圧力の無限小変化 dP で G_m は $dG_m = V_m dP = RTdP/P$ のように変わる (理想気体の状態方程式 $V_m = RT/P$ を使用)．圧力 “$P°$ → P” の範囲で積分し，次の結果を得る．

$$G_m(P) = \overbrace{G_m(P°)}^{G_m°} + RT\overbrace{\int_{P°}^{P}\frac{dP}{P}}^{\ln(P/P°)} = G_m° + RT\ln\frac{P}{P°}$$

コラムの結果はこうだった．

$$G_m(P) = G_m° + RT\ln\frac{P}{P°} \tag{47}$$

$G_m°$ は，圧力 1 bar で気体がもつ標準モルギブズエネルギーを表し，図 4・61 のように描ける (47)式は，次章以降のさまざまな場面で出合う．

(46)式と (47)式の組が，大事な応用をひとつ生む．

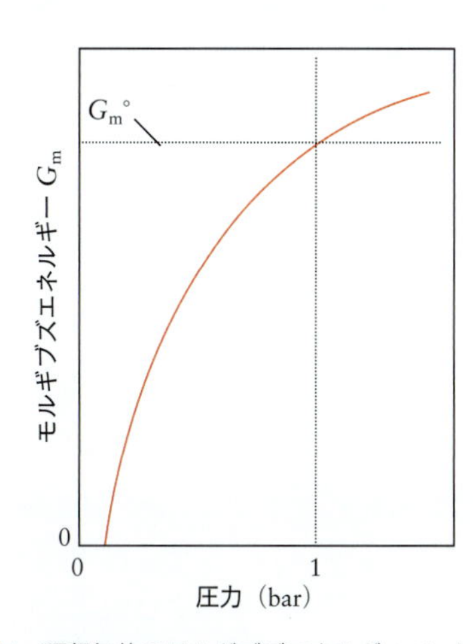

図 4・61 理想気体のモルギブズエネルギー G_m と圧力 P の関係．$P \to 0$ で G_m は負の無限大に近づく．

“蒸発ギブズエネルギー”は，液体が気体になるときのギブズエネルギー変化を表す．液体の G_m は圧力にほぼ無関係で，気体の G_m は（47）式のように変わるのだった．すると次式が成り立つ．

$$\Delta G_m(P) = \overbrace{G_m(g, P)}^{(47)式} - \overbrace{G_m(l, P)}^{\approx G_m^\circ(l)}$$

$$= \overbrace{G_m^\circ(g) - G_m^\circ(l)}^{\Delta_{蒸発}G^\circ} + RT\ln\frac{P}{P^\circ}$$

まとめればこう書ける．

$$\Delta G_m(P) = \Delta_{蒸発}G^\circ + RT\ln\frac{P}{P^\circ} \qquad (48)$$

圧力を下げて $P<P^\circ$ にすると対数項が負値になり，負の度合いが十分なら，右辺の全体つまり $\Delta G_m(P)$ が負になる結果，液体の蒸発は自発的に進む．

要 点 圧力を変えたとき，固体や液体のギブズエネルギーはほとんど変わらない．かたや気体のギブズエネルギーは，圧力で大きく変わる．■

身につけたこと

ある過程のギブズエネルギー変化 ΔG は，定温・定圧で“系＋外界”が示す総エントロピー変化の目安になる．定温・定圧での自発変化は，$\Delta G<0$ となる向きに進む．ΔG 値は非膨張仕事の最大値を表す．気体の G 値は圧力 P の指数関数で表せる．以上を学び，つぎのことができるようになった．

❑1 ギブズエネルギー変化に注目した自発変化の向きの判定（例題 4・27）
❑2 エンタルピーとエントロピーから標準生成ギブズエネルギーの計算（例題 4・28）
❑3 標準生成ギブズエネルギーから標準反応ギブズエネルギーの計算（例題 4・29）
❑4 吸熱反応が自発変化に変わる最低温度の計算（例題 4・30）
❑5 固体・液体・気体のギブズエネルギーが示す特有な圧力依存性の説明（⑤ 項）

付録1: 記号・単位・計算法

1A 物理量と記号

物理量には“イタリック体の1文字”を使う†. そのため質量は（m ではなく）m, エネルギーは（E ではなく）E と書く. 本書で使う記号・物理量・SI 単位の関係を表1にまとめた（基礎物理定数は後見返し参照）. 必要なら記号には表2の下つき文字を添える.

数学の定数や演算記号にはローマン体を使うため, 円周率は（π ではなく）π, ネイピア数は（e ではなく）e, 微分記号は（d ではなく）d, 差分記号は（Δ ではなく）Δ と書く. 電子軌道や放射線の名称もローマン体だから,（s 軌道ではなく）s 軌道,（β 線ではなく）β 線と書く.

† 訳注: ほぼ唯一の例外となる pH は,“ローマン体の2文字”で書く.

表1 よく使う記号と単位

記号	物理量	SI 単位
α（アルファ）	分極率	$C^2\,m^2\,J^{-1}$
γ（ガンマ）	表面張力	$N\,m^{-1}$
δ（デルタ）	化学シフト	—
θ（シータ）	角度	度（°）, ラジアン
λ（ラムダ）	波長	m
μ（ミュー）	双極子モーメント	C m
ν（ニュー）	振動数	$Hz = s^{-1}$
Π（パイ）	浸透圧	Pa
σ（シグマ）	衝突断面積	m^2
ϕ（ファイ）	角度	度（°）, ラジアン
	電位	V（$J\,C^{-1}$）
χ（カイ）	電気陰性度	—
ψ（プサイ）	波動関数	$m^{-n/2}$（n 次元の場合）
a	活量	—
	ファンデルワールス定数	$L^2\,atm\,mol^{-2}$
	単位胞の辺長	m
A	面積	m^2
	質量数	—
	マーデルング定数	—
b	ファンデルワールス定数	$L\,mol^{-1}$
	質量モル濃度	$mol\,kg^{-1}$
B	第二ビリアル係数	$L\,mol^{-1}$
c	モル濃度（体積モル濃度）	$mol\,L^{-1}$（略号 M）
c_2	第二放射定数	K m
C	熱容量	$J\,K^{-1}$
	第三ビリアル係数	$L^2\,mol^{-2}$
d	密度	$kg\,m^{-3}$（$g\,cm^{-3}$）
	単位胞の対角線長	m
e	電気素量	C
E	エネルギー	J
	電極電位	V
E_a	活性化エネルギー	$J\,mol^{-1}$（$kJ\,mol^{-1}$）
E_{ea}	電子親和力	$J\,mol^{-1}$（$kJ\,mol^{-1}$）
E_k	運動エネルギー	J
E_p	ポテンシャルエネルギー（位置エネルギー）	J
F	力	N
G	ギブズエネルギー	J
h	高さ	m
H	エンタルピー	J
i	i 因子	—
I	イオン化エネルギー	$J\,mol^{-1}$（$kJ\,mol^{-1}$）
	電流	A（$C\,s^{-1}$）
[ ]	モル濃度（体積モル濃度）	$mol\,L^{-1}$（略号 M）
k	速度定数	（反応次数で変わる）
	壊変定数	s^{-1}
k_b	モル沸点上昇	$K\,kg\,mol^{-1}$
k_f	モル凝固点降下	$K\,kg\,mol^{-1}$
k_H	ヘンリー定数	$mol\,L^{-1}\,atm^{-1}$
K	平衡定数	—
K_a	酸解離定数	—
K_b	塩基解離定数	—
K_c	濃度平衡定数	—
K_f	生成定数	—
K_M	ミカエリス定数	$mol\,L^{-1}$
K_P	圧平衡定数	—
K_{sp}	溶解度積	—
K_w	水のイオン積	—
l, L	長さ	m
m	質量	kg
	質量モル濃度	$mol\,kg^{-1}$（略号 m）
M	モル質量	$kg\,mol^{-1}$（$g\,mol^{-1}$）
n	物質の量	mol
N	個数	—
p	運動量	$kg\,m\,s^{-1}$
P	圧力	Pa
P_A	分圧	Pa
q	熱	J
Q	電荷	C
	反応商	—
	生物効果比	—
r	半径	m
R	動径波動関数	$m^{-3/2}$
s	比溶解度	—
S	エントロピー	$J\,K^{-1}$
	溶解度（モル濃度）	$mol\,L^{-1}$
t	時間	s
$t_{1/2}$	半減期	s
T	絶対温度	K
U	内部エネルギー	J
v	速度, 速さ	$m\,s^{-1}$
V	体積	m^3, L
w	仕事	J
x_A	モル分率	—
Y	角度波動関数	—
Z	圧縮因子	—
	原子番号	—

表 2 本書で使う下つき文字

文字	意 味	例（単位）
a	酸（acid）	酸解離定数 K_a
b	塩基（base）	塩基解離定数 K_b
	沸騰（boiling）	沸点 T_b（K）
B	結合（bond）	結合エンタルピー ΔH_B（kJ mol^{-1}）
c	燃焼（combustion）	燃焼エンタルピー $\Delta_c H$（kJ mol^{-1}）
	臨界（critical）	臨界温度 T_c（K）
	濃度（concentration）	濃度平衡定数 K_c
e	非膨張仕事(extra から)	電気的仕事
f	生成（formation）	生成エンタルピー $\Delta_f H$（kJ mol^{-1}）
		生成定数 K_f
	凝固（freezing）	凝固点 T_f（K）
H	ヘンリー（Henry）	ヘンリー定数 k_H
In	指示薬（indicator）	指示薬の解離定数 K_{In}
k	運動の（kinetic）	運動エネルギー E_k（J）
L	格子（lattice）	格子エンタルピー ΔH_L（kJ mol^{-1}）
m	モルあたり（molar）	モル体積 $V_m = V/n$（L mol^{-1}）
M	ミカエリス（Michaelis）	ミカエリス定数 K_M
p	ポテンシャル（potential）	ポテンシャルエネルギー E_p（J）
P	定圧（constant pressure）	定圧熱容量 C_P（J K^{-1}）
r	反応（reaction）	反応エンタルピー $\Delta_r H$（kJ mol^{-1}）
s	比（specific）	比熱容量 $C_s = C/m$（J K^{-1} g^{-1}）
sp	溶解度積（solubility product）	溶解度積 K_{sp}
V	定積（constant volume）	定積熱容量 C_V（J K^{-1}）
w	水（water）	水のイオン積 K_w
0	初期（initial）	初期濃度 [A]$_0$
	基底状態（ground state）	波動関数 χ_0

1B 単位と換算

物理量は，つぎの意味をもつ．

$$物理量 = 数値 \times 単位$$

たとえば長さ l は，1 メートル（1 m）の倍数として，$l = 2.0 \times 1\ \mathrm{m} = 2.0\ \mathrm{m}$ のように表す[†1]．単位記号は例外なくローマン体で，m（メートル）や s（秒）と書く[†2]．

上式の成分三つは同格だから乗除計算の対象になり，つぎの表現も成り立つ．

$$\frac{物理量}{単位} = 数値$$

自然科学では，メートル法由来の**国際単位系**（SI＝Système International d'Unités；英訳 International System of Units）を使う．どんな物理量も，以下 7 個の**基本単位**（base units）をもとに表せる．

- 時間：**秒**（second, s）… ^{133}Cs 原子が出す光の振動数をもとに定義
- 長さ：**メートル**（metre, m）… 真空中の光速をもとに定義
- 質量：**キログラム**（kilogram, kg）… プランク定数をもとに定義
- 電流：**アンペア**（ampere, A）… 電気素量をもとに定義
- 温度：**ケルビン**（kelvin, K）… ボルツマン定数をもとに定義
- 物質の量：**モル**（mole, mol）… アボガドロ定数をもとに定義
- 光度：**カンデラ**（candela, cd）… ある光源の強さをもとに定義（本書では不使用）

表 3 桁を表す接頭語

接頭語	記号	倍数	接頭語	記号	倍数
デ カ deca	da	10^1	デ シ deci	d	10^{-1}
ヘクト hecto	h	10^2	センチ centi	c	10^{-2}
キ ロ kilo	k	10^3	ミ リ milli	m	10^{-3}
メ ガ mega	M	10^6	マイクロ micro	μ	10^{-6}
ギ ガ giga	G	10^9	ナ ノ nano	n	10^{-9}
テ ラ tera	T	10^{12}	ピ コ pico	p	10^{-12}
ペ タ peta	P	10^{15}	フェムト femto	f	10^{-15}
エクサ exa	E	10^{18}	ア ト atto	a	10^{-18}
ゼ タ zetta	Z	10^{21}	ゼプト zepto	z	10^{-21}

単位記号には，10^{-3} m＝1 mm，10^6 K＝1 MK のように，桁を表す接頭語（表 3）をつけてもよい．接頭語は必ずローマン体で書く（"3 *μ*m" は誤り）．

基本単位を組み合わせると**組立単位**（derived units）ができる（序章 A 節）．その一部を表 4 にあげた．人名にちなむ単位の場合，英語名は小文字で書き，記号は冒頭を大文字にする（ジュールなら，英語名は joule，記号は J）．

エネルギーの "カロリー" や長さの "インチ" などは，表 5 を使って SI 単位に換算できる．ボールド体は "正確な数値（定義）" を意味する．

単位の換算には，つぎの**換算係数**（conversion factor）を使う（序章 A 節）．

$$換算係数 = \frac{換算後の単位}{もとの単位}$$

換算するとき，単位は数値と同じように乗除する．

温度単位の変換は，やや複雑になる．華氏温度（°F）のきざみは摂氏温度（°C）の $\frac{5}{9}$ で（水の凝固点から沸点までを華氏は 180 度，摂氏は 100 度とした），0 °C は 32 °F にあたるから，つぎの関係が成り立つ（"32" は正確な数．1C 参照）．

$$華氏温度\ (°\mathrm{F}) = \left\{\frac{9}{5} \times 摂氏温度\ (°\mathrm{C})\right\} + \mathbf{32}$$

†1 訳注：省いた "×" 記号の名残として，数値と単位の間は必ずあける．なお古い文献には，"×" の意味で "・" を使った "72・kg" のような表記も多い．

†2 訳注：リットルの単位記号（l，L）も，イタリック体（l や ℓ）にしてはいけない．

表 4　特別な名前をもつ SI 組立単位の例

物理量	SI 単位の名称	単位記号	基本単位を使う表現
吸収線量	グレイ (gray)	Gy	$m^2\ s^{-2}$ $J\ kg^{-1}$
線量当量	シーベルト (sievert)	Sv	$m^2\ s^{-2}$ $J\ kg^{-1}$
電荷・電気量	クーロン (coulomb)	C	A s
電位・電位差	ボルト (volt)	V	$J\ C^{-1}$
エネルギー	ジュール (joule)	J	N m $kg\ m^2\ s^{-2}$
力	ニュートン (newton)	N	$kg\ m\ s^{-2}$
振動数	ヘルツ (hertz)	Hz	s^{-1}
仕事率	ワット (watt)	W	$J\ s^{-1}$ $kg\ m^2\ s^{-3}$
圧 力	パスカル (pascal)	Pa	$N\ m^{-2}$ $kg\ m^{-1}\ s^{-2}$
体 積	リットル (liter)	L	dm^3

表 5　単位の換算例

物理量	常用単位	記号	SI 表現
質 量	ポンド（pound） トン（tonne） 米トン＝ショートトン（short ton） 英トン＝ロングトン（long ton）	lb[a)] t ton ton	**0.453 592 37 kg** **10^3 kg（1 Mg）** 907.184 74 kg 1016.046 kg
長 さ	インチ（inch） フィート（複数），フット（foot）	in.[b)] ft	**2.54 cm** **30.48 cm**
体 積	米クォート[c)] (U. S. quart) 米ガロン[c)] (U. S. gallon) 英クォート[c)] (Imperial quart) 英ガロン[c)] (Imperial gallon)	qt gal qt gal	**0.946 352 5 L** **3.785 41 L** **1.136 522 5 L** **4.546 09 L**
時 間	分（minute） 時（hour）	min h	**60 s** **3600 s**
エネルギー	熱化学カロリー (thermochemical calorie) 電子ボルト（electronvolt） キロワット時（kilowatt-hour） リットル気圧（liter-atmosphere）	cal_{th} eV kWh L atm	**4.184 J** $1.602\ 18\times10^{-19}$ J **3.6×10^6 J** **101.325 J**
圧 力	トール（torr） 気圧（atmosphere） バール（bar） ポンド毎平方インチ (pounds per square inch)	Torr atm bar psi	133.322 Pa **101 325 Pa (760 Torr)** **10^5 Pa** 6894.76 Pa
仕事率	英馬力（imperial horsepower）	hp	**745.7 W**
双極子モーメント	デバイ（debye）	D	$3.335\ 64\times10^{-30}$ C m

a) 訳注：記号 lb はラテン語の *libra*（秤）に由来（通貨ポンドの記号 £ も同様）.
b) 訳注：インチの記号は，前置詞の in と混同しないよう “in.” と書く.
c) 訳注：英米とも “4 クォート＝1 ガロン” の関係がある.

たとえば標準体温（t）の 37 °C は，つぎの華氏温度（t_F）に等しい.

$$\text{華氏温度} = \left(\frac{9}{5}\times 37\right) + 32 = 99\ °F$$

正式な換算式は，割り算の略記号（/）を使って書く†.

$$t_F/°F = \left(\frac{9}{5}\times t/°C\right) + 32$$

温度の単位は数値と同じように約分できるため，先ほどの換算はこう書ける.

$$t_F/°F = \left\{\frac{9}{5}\times(37\ °C)/°C\right\} + 32 = \left(\frac{9}{5}\times 37\right) + 32 = 99$$

両辺に “°F” をかけ，つぎの結果になる.

$$t_F = 99\ °F$$

摂氏温度（t）と絶対温度（T）の換算は，次式に従う（“273.15” は正確な数）.

$$t/°C = T/K - \mathbf{273.15}$$

† 訳注：温度も物理量だからイタリック文字で表す（t_F/°F など）.

摂氏温度と絶対温度のきざみは共通だから，たとえば 100 J °C^{-1} は 100 J K^{-1} に等しい.

1C　指数表記（科学的記数法）

A を 1 以上 10 未満の実数，a を整数とする表記 $A\times10^a$ を，**指数表記**や**科学的記数法**（scientific notation）という．たとえば 333 の指数表記は 3.33×10^2 になる.

$$333 = 3.33\times100 = 3.33\times10^2$$

1 未満の数も同様に書くが，10 の指数が負だから，$A\times10^{-a}$ の形になる．$10^{-1}=0.1$ などが成り立つ．たとえば 0.0333 は，つぎの関係より，3.33×10^{-2} と書ける.

$$10^{-2} = \frac{1}{10}\times\frac{1}{10} = \frac{1}{100}$$

1 未満の数は，つぎのことを使って指数表記する.

$$10^{-2} = 10^{-1}\times10^{-1} = 0.01$$
$$10^{-3} = 10^{-1}\times10^{-1}\times10^{-1} = 0.001$$
$$10^{-4} = 10^{-1}\times10^{-1}\times10^{-1}\times10^{-1} = 0.0001$$
$$\vdots$$

測定値のうち，意味がある桁の数を**有効数字**（significant figure）という．たとえば 1.2 cm^3 の有効数字は 2 桁，1.78 g の有効数字は 3 桁になる.

有効数字では“0”に注意しよう．測定値をそのまま表す 0 は有効数字でも，位どりに使う 0 は有効数字ではない．測定値 22.0 mL の 0 は有効数字だから，22.0 mL の有効数字は 3 桁になる．80.1 kg など，1 以上の数字にはさまれた 0 も有効数字だが，0.0025 g のように，位どり用の 0（この例なら 3 個）は有効数字ではない．測定値 0.0025 g は 2.5×10^{-3} g と書け，有効数字は 2 桁しかない．

必ず不確実さを伴う測定値にひきかえ，卵 12 個の“12”などは**正確な数**（exact number）という（測定値の 12 には，11.5～12.5 の不確実さがある）．

末尾が 0 の整数には注意したい．たとえば 400 m と書いた“400”の有効数字は，3 桁（4.00×10^2）なのか 2 桁（4.0×10^2）なのか 1 桁（4×10^2）なのかわからない．有効数字は 3 桁だが指数表記をしないときは，末尾に“400.”と小数点を打つ[†1]．

計算のとき有効数字をどう扱うかは，下記のように，加減と乗除でちがう．

四捨五入：末尾が 5 以上なら切り上げ，4 以下なら切り捨てる．計算に数段階かける場合，四捨五入は最後の段階でするとよい．電卓を使う計算なら，最後の段階まで数字をいじらない．本書では，四捨五入の対象にしなかった部分を“…”として，“22.0/7.0＝3.142…”のように書く．

足し算と引き算：最終結果の小数点以下の末位を，小数点以下の桁数が最少の数値に合わせる（例：0.10 g＋0.024 g＝0.12 g）．

かけ算と割り算：最終結果の桁数を，最少の桁数に合わせる（例：$8.62\ \mathrm{g}/2.0\ \mathrm{cm}^3 = 4.3\ \mathrm{g\ cm^{-3}}$）．

整数と正確な数：整数や正確な数は，有効数字を無限とみなす．正確な数は，単位の換算係数にもある．たとえば 1 インチは正確に 2.54 cm で，摂氏温度と絶対温度の差を示す 273.15 も正確な数だから，たとえば 100.000 ℃は 373.150 K に等しい．

対数と指数：常用対数の仮数（小数点以下の数字；付録 1D 参照）は，もとの数（引き数）と同じ桁数にする（例：$\log_{10} 2.45 = 0.389$）．逆向きの指数計算もそれに従う（例：$10^{0.389} = 2.45$，$10^{12.389} = 2.45\times10^{12}$）．自然対数の有効数字には単純なルールがないため，自然対数を常用対数に直してから，いまの作法を当てはめる．

1D 指数と対数

指数表記した数のかけ算は，つぎのように行う．

$$(A\times10^a)\times(B\times10^b) = (A\times B)\times10^{a+b}$$

例（有効数字を 3 桁と仮定）：

$$\begin{aligned}(1.23\times10^2)\times(4.56\times10^3) &= 1.23\times4.56\times10^{2+3}\\ &= 5.61\times10^5\end{aligned}$$

指数が負のときも同様になる．

例：
$$\begin{aligned}(1.23\times10^{-2})\times(4.56\times10^{-3}) &= 1.23\times4.56\times10^{-2-3}\\ &= 5.61\times10^{-5}\end{aligned}$$

小数点の手前が 1 桁の数字になるよう，計算結果を整える．

$$\begin{aligned}(4.56\times10^{-3})\times(7.65\times10^6) &= 34.9\times10^3\\ &= 3.49\times10^4\end{aligned}$$

割り算はつぎのようにする．

$$\frac{A\times10^a}{B\times10^b} = \frac{\mathrm{A}}{\mathrm{B}}\times10^{a-b}$$

例：
$$\begin{aligned}\frac{4.31\times10^5}{9.87\times10^{-8}} &= \frac{4.31}{9.87}\times10^{5-(-8)}\\ &= 0.437\times10^{13}\\ &= 4.37\times10^{12}\end{aligned}$$

指数表記した数の加減は，同じべき指数に直してから進める．

$$\begin{aligned}1.00\times10^3 + 2.00\times10^2 &= 1.00\times10^3 + 0.200\times10^3\\ &= 1.20\times10^3\end{aligned}$$

指数表記のべき乗計算は，つぎのように行う．

$$(A\times10^a)^b = A^b\times10^{a\times b}$$

例：
$$\begin{aligned}(2.88\times10^4)^3 &= 2.88^3\times(10^4)^3\\ &= 2.88^3\times10^{3\times4}\\ &= 23.9\times10^{12} = 2.39\times10^{13}\end{aligned}$$

上の計算では，つぎの性質を使った．

$$(10^4)^3 = 10^4\times10^4\times10^4 = 10^{4+4+4} = 10^{3\times4}$$

数 x の**常用対数**（common logarithm）$\log_{10} x$ は，10 を何乗したら x になるかを表す[†2]．たとえば $10^2 = 100$ だから，$\log_{10} 100 = 2$ が成り立つ．また，$10^{2.18} = 10^{0.18+2} = 10^{0.18}\times10^2 = 1.5\times10^2$ より，$\log_{10}(1.5\times10^2) = 2.18$ となる．

$\log_{10}(1.5\times10^2) = 2.18$ の右辺にある“2”など，対数の整数部分を**指標**（characteristic）といい，小数部分“0.18”を**仮数**（mantissa；“目方の増し分”を意味するラテン語）とよぶ．いまの例だと仮数 0.18 は，1.5 の対数を表す．

対数計算（pH 計算など）の有効数字を決めるときは，指標と仮数の区別に注意しよう．10 のべき指数（つまり指標）は，小数点の位置を決めるだけで，有効数字には関

†1 訳注：ただし日本では使わないため，邦訳には採用しない．

†2 訳注：常用対数の“10”や自然対数の“e”を対数の**底**（てい，base）という．

係しない（付録1Cの末尾参照）．仮数の桁数を，もとの数の桁数にそろえる．

10のべき乗 10^x を，x の**真数**（antilogarithm）という．たとえば，2の真数は $10^2 = 100$，2.18の真数は $10^{2.18} = 10^{0.18+2} = 10^{0.18} \times 10^2 = 1.5 \times 10^2$ となる．

$\log_{10} x$ の符号は，$x > 1$ なら正，$x = 1$ のとき0，$0 < x < 1$ なら負になる（$\log_{10} x$ と書くときは，$x > 0$ を前提にしている）．

数 x の**自然対数**（natural logarithm）$\ln x$（$\equiv \log_e x$）は，ネイピア数e（＝2.718 28…）を何乗したら x になるかを表す．たとえば $\ln 10 \approx 2.303$（$e^{2.303} \approx 10$）が成り立つ．数eを使うと，指数や対数の扱いが簡潔になる．常用対数と自然対数は次式で結びつく．

$$\ln x = \ln 10 \times \log_{10} x \approx 2.303 \log_{10} x$$

自然対数でも，eのべき乗 e^x を x の真数といい，たとえば2.303の真数は $e^{2.303} = 10.0$ となる．なお e^x は，“eの x 乗”や“**エクスポネンシャル**（exponential）x”と読む．

化学でよく使う対数式を下の表にまとめた．

関係式	例
$\log_{10} 10^x = x$	$\log_{10} 10^{-7} = -7$
$\ln e^x = x$	$\ln e^{-kt} = -kt$
$\log_{10} x + \log_{10} y = \log_{10}(xy)$	$\log_{10}[Ag^+] + \log_{10}[Cl^-] = \log_{10}([Ag^+][Cl^-])$
$\log_{10} x - \log_{10} y = \log_{10}(x/y)$	$\log_{10} A_0 - \log_{10} A = \log_{10}(A_0/A)$
$x \log_{10} y = \log_{10} y^x$	$2 \log_{10}[H^+] = \log_{10}[H^+]^2$
$\log_{10}(1/x) = -\log_{10} x$	$\log_{10}(1/[H^+]) = -\log_{10}[H^+]$

対数を使うと，次式を満たす x の値がわかる（7章の速度論でよく出合う）．

$$a^x = b$$

まず両辺の対数をつくる．

$$\log_{10} a^x = \log_{10} b$$

上表の関係式を使い，つぎのように変形する．

$$x \log_{10} a = \log_{10} b$$

すると x はつぎの値になる．

$$x = \frac{\log_{10} b}{\log_{10} a}$$

1E　方程式とグラフ

二次方程式（quadratic equation）は次式に書ける．

$$ax^2 + bx + c = 0$$

二次方程式の解つまり**根**（root）には，つぎの二つがある（実数の根は0〜2個）．

$$x = \frac{-b \pm \sqrt{b^2 - 4ac}}{2a}$$

$y(x) = ax^2 + bx + c$ をグラフ（図1）に描けば，x 軸（$y = 0$）との交点が根になる（昨今は関数電卓でも解ける）．化学計算で二次方程式を解くときは，物理的に意味のある根だけを採用する（たとえば x が濃度なら，負の根は捨てる）．

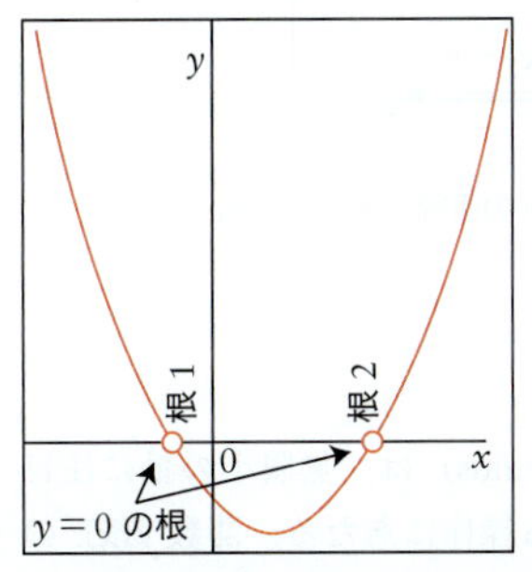

図1　$y(x) = ax^2 + bx + c$ のグラフ（放物線）．x 軸との交点（2個）が二次方程式の根になる．

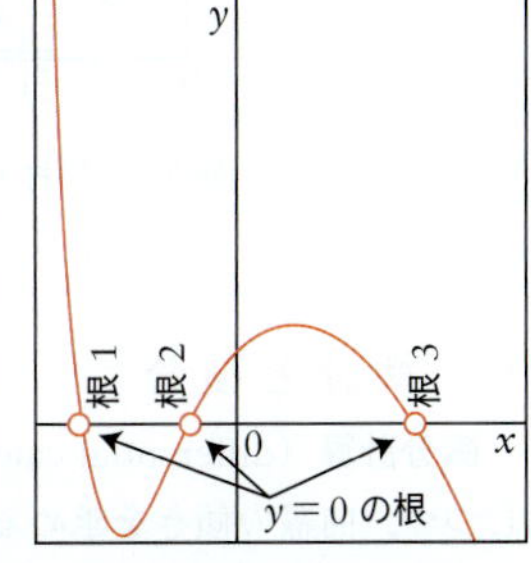

図2　$y(x) = ax^3 + bx^2 + cx + d$ のグラフ．x 軸との交点が三次方程式の根になる．

化学の計算では，**三次方程式**（cubic equation）にも出合う．

$$ax^3 + bx^2 + cx + d = 0$$

三次方程式の厳密解は出せるけれど手順が複雑なので，ふつうは数学ソフトなどを使い，$y(x) = ax^3 + bx^2 + cx + d$ のグラフと x 軸との交点（1〜3個）から解を得る（図2）．

実験データの整理や解析にはグラフを使う．曲線より“外れ度合い”が見やすい直線のグラフにするとよい．直線なら傾きがすぐわかり，データの範囲外を探る**外挿**（補外；extrapolation）も，データ間の値を求める内挿（**補間**；interpolation）もしやすい．

横軸が x，縦軸が y の直線は次式に書ける．

$$y = ax + b$$

直線の**傾き**（slope）が a，y 軸上の**切片**（intercept）が b となる（図3）．グラフ上の座標（x_1, y_1）と（x_2, y_2）から，a はこう計算できる．

$$a = \frac{y_2 - y_1}{x_2 - x_1}$$

グラフは，横軸も縦軸も“数値”にして描くのが慣行になりつつある．横軸が圧力 P（Pa単位），縦軸が体積 V（cm^3 単位）なら，数値 P/Pa を横軸，数値 V/cm^3 を縦軸に目盛る．そのとき，直線の傾きも切片も“ただの数”になる．とはいえ当面，両軸にも単位つきの物理量を使い，$V(cm^3)$，$P(Pa)$ のように表示したグラフもまだ多い．

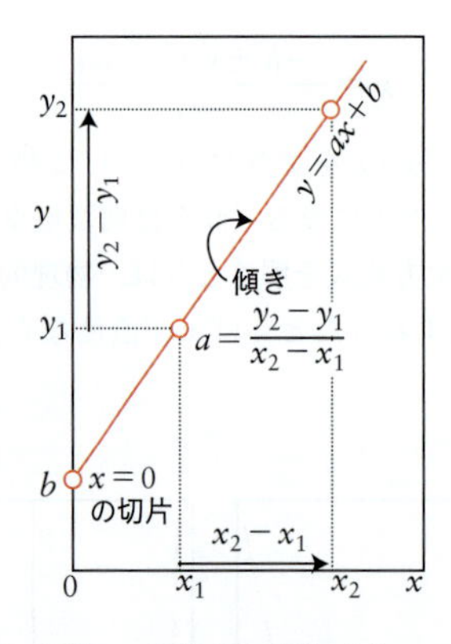

図 3 傾き a，切片 b の直線 $y(x)=ax+b$.

1F 微分と積分

微分計算（differential calculus）は，無限小の量に注目しつつ，曲線の傾きを求める操作にあたる．関数 $y(x)$ の微分を考えよう．点 x で曲線がもつ傾きは，δx を無限小の量（微分量）としたとき，点 $y(x)$ と点 $y(x+\delta x)$ を通る直線の傾きに近い．その傾きはこう書ける．

$$傾き = \frac{y(x+\delta x)-y(x)}{\delta x}$$

微分量 δx を 0 に近づけた極限が，真の傾きに等しい．それを**一次導関数**（first derivative）といい，$\mathrm{d}y/\mathrm{d}x$ と書く[†]．

$$\frac{\mathrm{d}y}{\mathrm{d}x} = \lim_{\delta x\to 0}\frac{y(x+\delta x)-y(x)}{\delta x}$$

上式の lim は "極限への接近" を表す．たとえば $y(x)=x^2$ の一次導関数は次式になる．

$$\begin{aligned}\frac{\mathrm{d}y}{\mathrm{d}x} &= \lim_{\delta x\to 0}\frac{(x+\delta x)^2-x^2}{\delta x}\\ &= \lim_{\delta x\to 0}\frac{x^2+2x\delta x+(\delta x)^2-x^2}{\delta x}\\ &= \lim_{\delta x\to 0}\frac{2x\delta x+(\delta x)^2}{\delta x}\\ &= \lim_{\delta x\to 0}(2x+\delta x)\\ &= 2x\end{aligned}$$

つまり，$y=x^2$ の一次導関数は $2x$ に等しい．同じ手順はほかの関数にも使えて，結果をまとめた本は多い．よく出合う関数 5 種の一次導関数をつぎの表にした．

† 訳注：操作 $y\to \mathrm{d}y/\mathrm{d}x$ を一階微分，$\mathrm{d}y/\mathrm{d}x \to \mathrm{d}^2y/\mathrm{d}x^2$ を二階微分という．

関数 $y(x)$	一次導関数 $\mathrm{d}y/\mathrm{d}x$
x^n	nx^{n-1}
$\ln x$	$1/x$
e^{ax}	$a\,\mathrm{e}^{ax}$
$\sin ax$	$a\cos ax$
$\cos ax$	$-a\sin ax$

積分計算（integral calculus）では，一次導関数からもとの関数（原関数）を求める．たとえば，$2x$ の積分は "$y(x)=x^2+$定数" となる（数の微分は 0 だから，定数がどんな値でも，$y(x)$ の微分は $2x$ に等しい）．式ではこう書く．

$$\int 2x\,\mathrm{d}x = x^2 + 定数$$

すぐ上の表でいうと，左の列の関数に "定数" を足したものが，右列の関数の積分に等しい．"定数" 分だけ不定だから，**不定積分**（indefinite integral）という．数学公式集などにはずっと多くの不定積分が載っているし，昨今は数式ソフトや関数電卓を使っても不定積分がわかる．

区間を $a\sim b$ と決めた関数 $y(x)$ の積分は $\int_a^b y(x)\,\mathrm{d}x$ と表現され，$y(x)$ と x 軸が囲む部分の**面積**を表す（図 4）．たとえば，$y(x)=\sin x$ と x 軸が区間 $x=0\sim\pi$ で囲む面積は，つぎのようになる．

$$\begin{aligned}面積 &= \int_0^\pi \sin x\,\mathrm{d}x\\ &= \left(\int \sin x\,\mathrm{d}x\right)_{x=\pi} - \left(\int \sin x\,\mathrm{d}x\right)_{x=0}\\ &= (\overbrace{-\cos x}^{-1} + 定数)_{x=\pi} - (\overbrace{-\cos x}^{-1} + 定数)_{x=0}\\ &= 1+1 = 2\end{aligned}$$

このように，区間（上限と下限）が決まった積分を**定積分**（definite integral）という．

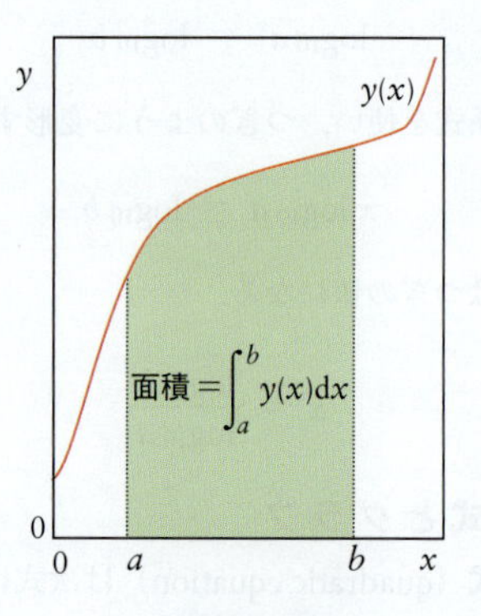

図 4 定積分の性質.

付録 2: 物質の基礎データ

2A 熱力学データ（25 ℃）

表 無機物質の熱力学データ（25 ℃）

物 質	モル質量 M(g mol^{-1})	標準生成エンタルピー $\Delta_f H^\circ$ (kJ mol^{-1})	標準生成ギブズエネルギー $\Delta_f G^\circ$ (kJ mol^{-1})	定圧モル熱容量 C_{Pm} (J K^{-1} mol^{-1})	標準モルエントロピー[a] S_m° (J K^{-1} mol^{-1})
亜鉛(Zinc)					
$Zn(s)$	65.38	0	0	25.40	41.63
$Zn^{2+}(aq)$	65.38	−153.89	−147.06	—	−112.1
$ZnO(s)$	81.41	−348.28	−318.30	40.25	43.64
アルミニウム(Aluminum)					
$Al(s)$	26.98	0	0	24.35	28.33
$Al^{3+}(aq)$	26.98	−524.7	−481.2	—	−321.7
$Al(OH)_3(s)$	78.00	−1276	—	—	—
$Al_2O_3(s)$	101.96	−1675.7	−1582.35	79.04	50.92
$AlCl_3(s)$	133.33	−704.2	−628.8	91.84	110.67
$AlBr_3(s)$	266.68	−527.2	—	100.6	180.2
アンチモン(Antimony)					
$Sb(s)$	121.76	0	0	25.23	45.69
$SbH_3(g)$	124.78	+145.11	+147.75	41.05	232.78
$SbCl_3(g)$	228.11	−313.8	−301.2	76.69	337.80
$SbCl_5(g)$	299.01	−394.34	−334.29	121.13	401.94
硫黄(Sulfur)					
$S(s)$, 斜方硫黄	32.07	0	0	22.64	31.80
$S(s)$, 単斜硫黄	32.07	+0.33	+0.1	23.6	32.6
$S^{2-}(aq)$	32.07	+33.1	+85.8	—	−14.6
$H_2S(g)$	34.08	−20.63	−33.56	34.23	205.79
$H_2S(aq)$	34.08	−39.7	−27.83	—	121
$SO_2(g)$	64.06	−296.83	−300.19	39.87	248.22
$SO_3(g)$	80.06	−395.72	−371.06	50.67	256.76
$SO_4^{2-}(aq)$	96.06	−909.27	−744.53	—	+20.1
$HSO_4^-(aq)$	97.07	−887.34	−755.91	—	+131.8
$H_2SO_4(l)$	98.08	−813.99	−690.00	138.9	156.90
$SF_6(g)$	146.06	−1209	−1105.3	97.28	291.82
塩素(Chlorine)					
$Cl_2(g)$	70.90	0	0	33.91	223.07
$Cl(g)$	35.45	+121.68	+105.68	21.84	165.20
$Cl^-(aq)$	35.45	−167.16	−131.23	—	+56.5
$HCl(g)$	36.46	−92.31	−95.30	29.12	186.91
$HCl(aq)$	36.46	−167.16	−131.23	—	56.5
カリウム(Potassium)					
$K(s)$	39.10	0	0	29.58	64.18
$K(g)$	39.10	+89.24	+60.59	20.79	160.34
$K^+(aq)$	39.10	−252.38	−283.27	—	+102.5
$KOH(s)$	56.11	−424.76	−379.08	64.9	78.9
$KOH(aq)$	56.11	−482.37	−440.50	—	91.6
$KF(s)$	58.10	−567.27	−537.75	49.04	66.57
$KCl(s)$	74.55	−436.75	−409.14	51.30	82.59
$K_2S(s)$	110.26	−380.7	−364.0	—	105
$K_2S(aq)$	110.26	−471.5	−480.7	—	190.4
$KBr(s)$	119.00	−393.80	−380.66	52.30	95.90
$KClO_3(s)$	122.55	−397.73	−296.25	100.25	143.1
$KClO_4(s)$	138.55	−432.75	−303.09	112.38	151.0
$KI(s)$	166.00	−327.90	−324.89	52.93	106.32

a) p. 266 の表注参照.

（つづく）

表　無機物質の熱力学データ（25 °C）（つづき）

物　質	モル質量 M(g mol^{-1})	標準生成エンタルピー $\Delta_f H^\circ$ (kJ mol^{-1})	標準生成ギブズエネルギー $\Delta_f G^\circ$ (kJ mol^{-1})	定圧モル熱容量 C_{Pm} (J K^{-1} mol^{-1})	標準モルエントロピー[a)] S_m° (J K^{-1} mol^{-1})
カルシウム(Calcium)					
$Ca(s)$	40.08	0	0	25.31	41.42
$Ca(g)$	40.08	+178.2	+144.3	20.79	154.88
$Ca^{2+}(aq)$	40.08	−542.83	−553.58	—	−53.1
$CaO(s)$	56.08	−635.09	−604.03	42.80	39.75
$CaC_2(s)$	64.10	−59.8	−64.9	62.72	69.96
$Ca(OH)_2(s)$	74.10	−986.09	−898.49	87.49	83.39
$Ca(OH)_2(aq)$	74.10	−1002.82	−868.07	—	−74.5
$CaF_2(s)$	78.08	−1219.6	−1167.3	67.03	68.87
$CaF_2(aq)$	78.08	−1208.09	−1111.15	—	−80.8
$CaCO_3(s)$, 方解石（カルサイト）	100.09	−1206.9	−1128.8	81.88	92.9
$CaCO_3(s)$, 霰石（アラゴナイト）	100.09	−1207.1	−1127.8	81.25	88.7
$CaCO_3(aq)$	100.09	−1219.97	−1081.39	—	−110.0
$CaCl_2(s)$	110.98	−795.8	−748.1	72.59	104.6
$CaCl_2(aq)$	110.98	−877.1	−816.0	—	59.8
$CaSO_4(s)$	136.14	−1434.11	−1321.79	99.66	106.7
$CaSO_4(aq)$	136.14	−1452.10	−1298.10	—	−33.1
$CaBr_2(s)$	199.88	−682.8	−663.6	72.59	130
銀(Silver)					
$Ag(s)$	107.87	0	0	25.35	42.55
$Ag^+(aq)$	107.87	+105.58	+77.11	—	+72.68
$AgCl(s)$	143.32	−127.07	−109.79	50.79	96.2
$AgCl(aq)$	143.32	−61.58	−54.12	—	129.3
$AgNO_3(s)$	169.88	−124.39	−33.41	93.05	140.92
$AgBr(s)$	187.77	−100.37	−96.90	52.38	107.1
$AgBr(aq)$	187.77	−15.98	−26.86	—	155.2
$Ag_2O(s)$	231.74	−31.05	−11.20	65.86	121.3
$AgI(s)$	234.77	−61.84	−66.19	56.82	115.5
$AgI(aq)$	234.77	+50.38	+25.52	—	184.1
ケイ素(Silicon)					
$Si(s)$	28.09	0	0	20.00	18.83
$SiO_2(s, \alpha)$	60.09	−910.94	−856.64	44.43	41.84
酸素(Oxygen)					
$O_2(g)$	32.00	0	0	29.36	205.14
$OH^-(aq)$	17.01	−229.99	−157.24	—	−10.75
$O_3(g)$	48.00	+142.7	+163.2	39.29	238.93
臭素(Bromine)					
$Br_2(l)$	159.80	0	0	75.69	152.23
$Br_2(g)$	159.80	+30.91	+3.11	36.02	245.46
$Br(g)$	79.90	+111.88	+82.40	20.79	175.02
$Br^-(aq)$	79.90	−121.55	−103.96	—	+82.4
$HBr(g)$	80.91	−36.40	−53.45	29.14	198.70
ジュウテリウム(Deuterium)					
$D_2(g)$	4.028	0	0	29.20	144.96
$D_2O(g)$	20.028	−249.20	−234.54	34.27	198.34
$D_2O(l)$	20.028	−294.60	−243.44	34.27	75.94
水銀(Mercury)					
$Hg(l)$	200.59	0	0	27.98	76.02
$Hg(g)$	200.59	+61.32	+31.82	20.79	174.96
$HgO(s)$	216.59	−90.83	−58.54	44.06	70.29
$Hg_2Cl_2(s)$	472.08	−265.22	−210.75	102	192.5
水素(Hydrogen)（ジュウテリウムも参照）					
$H_2(g)$	2.016	0	0	28.82	130.68
$H(g)$	1.008	+217.97	+203.25	20.78	114.71
$H^+(aq)$	1.008	0	0	0	0
$H_2O(l)$	18.02	−285.83	−237.13	75.29	69.91
$H_2O(g)$	18.02	−241.82	−228.57	33.58	188.83
$H_3O^+(aq)$	19.02	−285.83	−237.13	75.29	+69.91
$H_2O_2(l)$	34.02	−187.78	−120.35	89.1	109.6
$H_2O_2(aq)$	34.02	−191.17	−134.03	—	143.9

a) p. 266 の表注参照.

（つづく）

表　無機物質の熱力学データ（25 °C）(つづき)

物 質	モル質量 M(g mol^{-1})	標準生成エンタルピー $\Delta_f H°$ (kJ mol^{-1})	標準生成ギブズエネルギー $\Delta_f G°$ (kJ mol^{-1})	定圧モル熱容量 C_{Pm} (J K^{-1} mol^{-1})	標準モルエントロピー[a] $S_m°$ (J K^{-1} mol^{-1})
スズ(Tin)					
Sn(s), 白色スズ（α-スズ）	118.71	0	0	26.99	51.55
Sn(s), 灰色スズ（β-スズ）	118.71	−2.09	+0.13	25.77	44.14
$SnO(s)$	134.71	−285.8	−256.9	44.31	56.5
$SnO_2(s)$	150.71	−580.7	−519.6	52.59	52.3
セリウム(Cerium)					
$Ce(s)$	140.12	0	0	26.94	72.0
$Ce^{3+}(aq)$	140.12	−696.2	−672.0	—	−205
$Ce^{4+}(aq)$	140.12	−537.2	−503.8	—	−301
炭素(Carbon)(有機化合物は別表)					
C(s), 黒鉛	12.01	0	0	8.53	5.740
C(s), ダイヤモンド	12.01	+1.895	+2.900	6.11	2.377
$C(g)$	12.01	+716.68	+671.26	20.84	158.10
$HCN(g)$	27.03	+135.1	+124.7	35.86	201.78
$HCN(l)$	27.03	+108.87	+124.97	70.63	112.84
$HCN(aq)$	27.03	+107.1	+119.7	—	124.7
$CO(g)$	28.01	−110.53	−137.17	29.14	197.67
$CO_2(g)$	44.01	−393.51	−394.36	37.11	213.74
$CO_3^{2-}(aq)$	60.01	−677.14	−527.81	—	−56.9
$CS_2(l)$	76.15	+89.70	+65.27	75.7	151.34
$CCl_4(l)$	153.81	−135.44	−65.21	131.75	216.40
窒素(Nitrogen)					
$N_2(g)$	28.02	0	0	29.12	191.61
$NH_3(g)$	17.03	−46.11	−16.45	35.06	192.45
$NH_3(aq)$	17.03	−80.29	−26.50	—	111.3
$NH_4^+(aq)$	18.04	−132.51	−79.31	—	+113.4
$NO(g)$	30.01	+90.25	+86.55	29.84	210.76
$N_2H_4(l)$	32.05	+50.63	+149.34	139.3	121.21
$NH_2OH(s)$	33.03	−114.2	—	—	—
$HN_3(g)$	43.04	+294.1	+328.1	98.87	238.97
$N_2O(g)$	44.02	+82.05	+104.20	38.45	219.85
$NO_2(g)$	46.01	+33.18	+51.31	37.20	240.06
$NH_4Cl(s)$	53.49	−314.43	−202.87	—	94.6
$NO_3^-(aq)$	62.02	−205.0	−108.74	—	+146.4
$HNO_3(l)$	63.02	−174.10	−80.71	109.87	155.60
$HNO_3(aq)$	63.02	−207.36	−111.25	—	146.4
$NH_4NO_3(s)$	80.05	−365.56	−183.87	84.1	151.08
$N_2O_4(g)$	92.02	+9.16	+97.89	77.28	304.29
$NH_4ClO_4(s)$	117.49	−295.31	−88.75	—	186.2
鉄(Iron)					
$Fe(s)$	55.85	0	0	25.10	27.28
$Fe^{2+}(aq)$	55.85	−89.1	−78.90	—	−137.7
$Fe^{3+}(aq)$	55.85	−48.5	−4.7	—	−315.9
FeS(s, α)	87.90	−100.0	−100.4	50.54	60.29
$FeS(aq)$	87.90	—	+6.9	—	—
$FeS_2(s)$	119.96	−178.2	−166.9	62.17	52.93
$Fe_2O_3(s)$, 赤鉄鉱	159.68	−824.2	−742.2	103.85	87.40
$Fe_3O_4(s)$, 磁鉄鉱	231.52	−1118.4	−1015.4	143.43	146.4
銅(Copper)					
$Cu(s)$	63.55	0	0	24.44	33.15
$Cu^+(aq)$	63.55	+71.67	+49.98	—	+40.6
$Cu^{2+}(aq)$	63.55	+64.77	+65.49	—	−99.6
$CuO(s)$	79.55	−157.3	−129.7	42.30	42.63
$Cu_2O(s)$	143.10	−168.6	−146.0	63.64	93.14
$CuSO_4(s)$	159.61	−771.36	−661.8	100.0	109
$CuSO_4 \cdot 5H_2O(s)$	249.69	−2279.7	−1879.7	280	300.4
ナトリウム(Sodium)					
$Na(s)$	22.99	0	0	28.24	51.21
$Na(g)$	22.99	+107.32	+76.76	20.79	153.71
$Na^+(aq)$	22.99	−240.12	−261.91	—	+59.0
$NaOH(s)$	40.00	−425.61	−379.49	59.54	64.46

a) p. 266 の表注参照.

(つづく)

表　無機物質の熱力学データ（25 °C）（つづき）

物　質	モル質量 M(g mol^{-1})	標準生成エンタルピー $\Delta_f H^\circ$ (kJ mol^{-1})	標準生成ギブズエネルギー $\Delta_f G^\circ$ (kJ mol^{-1})	定圧モル熱容量 C_{Pm} (J K^{-1} mol^{-1})	標準モルエントロピー[a] S_m° (J K^{-1} mol^{-1})
ナトリウム(つづき)					
NaOH(aq)	40.00	−470.11	−419.15	—	48.1
NaCl(s)	58.44	−411.15	−384.14	50.50	72.13
NaBr(s)	102.89	−361.06	−348.98	51.38	86.82
NaI(s)	149.89	−287.78	−286.06	52.09	98.53
鉛(Lead)					
Pb(s)	207.2	0	0	26.44	64.81
Pb^{2+}(aq)	207.2	−1.7	−24.43	—	+10.5
PbO_2(s)	239.2	−277.4	−217.33	64.64	68.6
$PbSO_4$(s)	303.3	−919.94	−813.14	103.21	148.57
$PbBr_2$(s)	367.0	−278.7	−261.92	80.12	161.5
$PbBr_2$(aq)	367.0	−244.8	−232.34	—	175.3
バリウム(Barium)					
Ba(s)	137.33	0	0	28.07	62.8
Ba^{2+}(aq)	137.33	−537.64	−560.77	—	+9.6
BaO(s)	153.33	−553.5	−525.1	47.78	70.42
$BaCO_3$(s)	197.34	−1216.3	−1137.6	85.35	112.1
$BaCO_3$(aq)	197.34	−1214.78	−1088.59	—	−47.3
ヒ素(Arsenic)					
As(s), 灰色ヒ素	74.92	0	0	24.64	35.1
AsO_4^{3-}(aq)	138.92	−888.14	−648.41	—	−162.8
As_2S_3(s)	246.05	−169.0	−168.6	116.3	163.6
フッ素(Fluorine)					
F_2(g)	38.00	0	0	31.30	202.78
F^-(aq)	19.00	−332.63	−278.79	—	−13.8
HF(g)	20.01	−271.1	−273.2	29.13	173.78
HF(aq)	20.01	−330.08	−296.82	—	88.7
ホウ素(Boron)					
B(s)	10.81	0	0	11.09	5.86
BF_3(g)	67.81	−1137.0	−1120.3	50.46	254.12
B_2O_3(s)	69.62	−1272.8	−1193.7	62.93	53.97
マグネシウム(Magnesium)					
Mg(s)	24.31	0	0	24.89	32.68
Mg(g)	24.31	+147.70	−113.10	20.79	148.65
Mg^{2+}(aq)	24.31	−466.85	−454.8	—	−138.1
MgO(s)	40.31	−601.70	−569.43	37.15	26.94
$MgCO_3$(s)	84.32	−1095.8	−1012.1	75.52	65.7
$MgCl_2$(s)	95.21	−641.8	—	—	—
$MgBr_2$(s)	184.11	−524.3	−503.8	—	117.2
マンガン(Manganese)					
Mn(s)	54.94	0	0	26.3	32.01
MnO_2(s)	86.94	−520.0	−465.1	54.1	53.05
ヨウ素(Iodine)					
I_2(s)	253.80	0	0	54.44	116.14
I_2(g)	253.80	+62.44	+19.33	36.90	26.69
I^-(aq)	126.90	−55.19	−51.57	—	+111.3
HI(g)	127.91	+26.48	+1.70	29.16	206.59
リン(Phosphorus)					
P(s), 黄リン	30.97	0	0	23.84	41.09
PH_3(g)	33.99	+5.4	+13.4	37.11	210.23
H_3PO_3(aq)	81.99	−964.8	—	—	—
H_3PO_4(l)	97.99	−1266.9	—	—	—
H_3PO_4(aq)	97.99	−1288.34	−1142.54	—	158.2
P_4(g)	123.88	+58.91	+24.44	67.15	279.98
PCl_3(l)	137.32	−319.7	−272.3	—	217.18
PCl_3(g)	137.32	−287.0	−267.8	71.84	311.78
PCl_5(g)	208.22	−374.9	−305.0	112.8	364.6
PCl_5(s)	208.22	−443.5	—	—	—
P_4O_6(s)	219.88	−1640	—	—	—
P_4O_{10}(s)	283.88	−2984.0	−2697.0	—	228.86

a) イオンの標準モルエントロピーは，H^+の値を0とした相対値で表すため，正か負の符号をつけた．単体と化合物の標準モルエントロピー（絶対エントロピー）は必ず正値だから，符号をつけていない．

表　有機化合物の熱力学データ（25 ℃）

物 質	モル質量 M (g mol^{-1})	標準燃焼エンタルピー $\Delta_c H^\circ$ (kJ mol^{-1})	標準生成エンタルピー $\Delta_f H^\circ$ (kJ mol^{-1})	標準生成ギブズエネルギー $\Delta_f G^\circ$ (kJ mol^{-1})	定圧モル熱容量 C_{Pm} (J K^{-1} mol^{-1})	標準モルエントロピー S_m° (J K^{-1} mol^{-1})
炭化水素						
CH_4(g) メタン	16.04	−890	−74.81	−50.72	35.69	186.26
C_2H_2(g) アセチレン（エチン）	26.04	−1300	+226.73	+209.20	43.93	200.94
C_2H_4(g) エチレン（エテン）	28.05	−1411	+52.26	+68.15	43.56	219.56
C_2H_6(g) エタン	30.07	−1560	−84.68	−32.82	52.63	229.60
C_3H_6(g) プロピレン（プロペン）	42.08	−2058	+20.42	+62.78	63.89	266.6
C_3H_6(g) シクロプロパン	42.08	−2091	+53.30	+104.45	55.94	237.4
C_3H_8(g) プロパン	44.09	−2220	−103.85	−23.49	73.5	270.2
C_4H_{10}(g) ブタン	58.12	−2878	−126.15	−17.03	97.45	310.1
C_5H_{12}(g) ペンタン	72.14	−3537	−146.44	−8.20	120.2	349
C_6H_6(l) ベンゼン	78.11	−3268	+49.0	+124.3	136.1	173.3
C_6H_6(g)	78.11	−3302	+82.9	+129.72	81.67	269.31
C_6H_{12}(l) シクロヘキサン	84.15	−3920	−156.4	+26.7	156.5	204.4
C_6H_{12}(g)	84.15	−3953	—	—	—	—
C_7H_8(l) トルエン	92.13	−3910	+12.0	+113.8	—	221.0
C_7H_8(g)	92.13	−3953	+50.0	+122.0	103.6	320.7
C_8H_{18}(l) オクタン	114.22	−5471	−249.9	+6.4	—	358
アルコールとフェノール						
CH_3OH(l) メタノール	32.04	−726	−238.86	−166.27	81.6	126.8
CH_3OH(g)	32.04	−764	−200.66	−161.96	43.89	239.81
C_2H_5OH(l) エタノール	46.07	−1368	−277.69	−174.78	111.46	160.7
C_2H_5OH(g)	46.07	−1409	−235.10	−168.49	65.44	282.70
C_6H_5OH(s) フェノール	94.11	−3054	−164.6	−50.42	—	144.0
カルボン酸						
HCOOH(l) ギ酸	46.02	−255	−424.72	−361.35	99.04	128.95
CH_3COOH(l) 酢酸	60.05	−875	−484.5	−389.9	124.3	159.8
CH_3COOH(aq)	60.05	—	−485.76	−396.46	—	178.7
$CH_3CO_2^-$(aq)	59.04	—	−486.0	−396.30	—	86.6
$(COOH)_2$(s) シュウ酸	90.04	−254	−827.2	−697.9	117	120
C_6H_5COOH(s) 安息香酸	122.12	−3227	−385.1	−245.3	146.8	167.6
アルデヒドとケトン						
HCHO(g) ホルムアルデヒド(メタナール)	30.03	−571	−108.57	−102.53	35.40	218.77
CH_3CHO(l) アセトアルデヒド(エタナール)	44.05	−1166	−192.30	−128.12	—	160.2
CH_3CHO(g)	44.05	−1192	−166.19	−128.86	57.3	250.3
CH_3COCH_3(l) アセトン(プロパノン)	58.08	−1790	−248.1	−155.4	124.7	200
糖　質						
$C_6H_{12}O_6$(s) グルコース(ブドウ糖)	180.15	−2808	−1268	−910	—	212
$C_6H_{12}O_6$(aq)	180.15	—	—	−917	—	—
$C_6H_{12}O_6$(s) フルクトース(果糖)	180.15	−2810	−1266	—	—	—
$C_{12}H_{22}O_{11}$(s) スクロース(ショ糖)	342.29	−5645	−2222	−1545	—	360
窒素化合物						
CH_3NH_2(g) メチルアミン	31.06	−1085	−22.97	+32.16	53.1	243.41
$CO(NH_2)_2$(s) 尿素	60.06	−632	−333.51	−197.33	93.14	104.60
NH_2CH_2COOH(s) グリシン	75.07	−969	−532.9	−373.4	99.2	103.51
$C_6H_5NH_2$(l) アニリン	93.13	−3393	+31.6	+149.1	—	191.3

2B 標準電極電位（25 ℃）

電子授受平衡	E° (V)	電子授受平衡	E° (V)
還元体の還元力が最強		$NO_3^- + H_2O + 2e^- \rightleftharpoons NO_2^- + 2OH^-$	+0.01
$Li^+ + e^- \rightleftharpoons Li$	−3.05	$AgBr + e^- \rightleftharpoons Ag + Br^-$	+0.07
$K^+ + e^- \rightleftharpoons K$	−2.93	$Sn^{4+} + 2e^- \rightleftharpoons Sn^{2+}$	+0.15
$Rb^+ + e^- \rightleftharpoons Rb$	−2.93	$Cu^{2+} + e^- \rightleftharpoons Cu^-$	+0.15
$Cs^+ + e^- \rightleftharpoons Cs$	−2.92	$SO_4^{2-} + 4H^+ + 2e^- \rightleftharpoons H_2SO_3 + H_2O$	+0.17
$Ra^{2+} + 2e^- \rightleftharpoons Ra$	−2.92	$Bi^{3+} + 3e^- \rightleftharpoons Bi$	+0.20
$Ba^{2+} + 2e^- \rightleftharpoons Ba$	−2.91	$AgCl + e^- \rightleftharpoons Ag + Cl^-$	+0.22
$Sr^{2+} + 2e^- \rightleftharpoons Sr$	−2.89	$Hg_2Cl_2 + 2e^- \rightleftharpoons 2Hg + 2Cl^-$	+0.27
$Ca^{2+} + 2e^- \rightleftharpoons Ca$	−2.87	$Cu^{2+} + 2e^- \rightleftharpoons Cu$	+0.34
$Na^+ + e^- \rightleftharpoons Na$	−2.71	$ClO_4^- + H_2O + 2e^- \rightleftharpoons ClO_3^- + 2OH^-$	+0.36
$La^{3+} + 3e^- \rightleftharpoons La$	−2.52	$O_2 + 2H_2O + 4e^- \rightleftharpoons 4OH^-$	+0.40
$Ce^{3+} + 3e^- \rightleftharpoons Ce$	−2.48	$Ni(OH)_3 + e^- \rightleftharpoons Ni(OH)_2 + OH^-$	+0.49
$Mg^{2+} + 2e^- \rightleftharpoons Mg$	−2.36	$Cu^+ + e^- \rightleftharpoons Cu$	+0.52
$Be^{2+} + 2e^- \rightleftharpoons Be$	−1.85	$I_3^- + 2e^- \rightleftharpoons 3I^-$	+0.53
$U^{3+} + 3e^- \rightleftharpoons U$	−1.79	$I_2 + 2e^- \rightleftharpoons 2I^-$	+0.54
$Al^{3+} + 3e^- \rightleftharpoons Al$	−1.66	$MnO_4^- + e^- \rightleftharpoons MnO_4^{2-}$	+0.56
$Ti^{2+} + 2e^- \rightleftharpoons Ti$	−1.63	$MnO_4^{2-} + 2H_2O + 2e^- \rightleftharpoons MnO_2 + 4OH^-$	+0.60
$V^{2+} + 2e^- \rightleftharpoons V$	−1.19	$BrO^- + H_2O + 2e^- \rightleftharpoons Br^- + 2OH^-$	+0.76
$Mn^{2+} + 2e^- \rightleftharpoons Mn$	−1.18	$Fe^{3+} + e^- \rightleftharpoons Fe^{2+}$	+0.77
$Cr^{2+} + 2e^- \rightleftharpoons Cr$	−0.91	$AgF + e^- \rightleftharpoons Ag + F^-$	+0.78
$Te + 2e^- \rightleftharpoons Te^{2-}$	−0.84	$Hg_2^{2+} + 2e^- \rightleftharpoons 2Hg$	+0.79
$2H_2O + 2e^- \rightleftharpoons H_2 + 2OH^-$	−0.83	$Ag^+ + e^- \rightleftharpoons Ag$	+0.80
$Cd(OH)_2 + 2e^- \rightleftharpoons Cd + 2OH^-$	−0.81	$NO_3^- + 2H^+ + e^- \rightleftharpoons NO_2 + H_2O$	+0.80
$Zn^{2+} + 2e^- \rightleftharpoons Zn$	−0.76	$Hg^{2+} + 2e^- \rightleftharpoons Hg$	+0.85
$Cr^{3+} + 3e^- \rightleftharpoons Cr$	−0.74	$ClO^- + H_2O + 2e^- \rightleftharpoons Cl^- + 2OH^-$	+0.89
$Se + 2e^- \rightleftharpoons Se^{2-}$	−0.67	$2Hg^{2+} + 2e^- \rightleftharpoons Hg_2^{2+}$	+0.92
$U^{4+} + e^- \rightleftharpoons U^{3+}$	−0.61	$NO_3^- + 4H^+ + 3e^- \rightleftharpoons NO + 2H_2O$	+0.96
$O_2 + e^- \rightleftharpoons O_2^-$	−0.56	$Pu^{4+} + e^- \rightleftharpoons Pu^{3+}$	+0.97
$Ga^+ + e^- \rightleftharpoons Ga$	−0.53	$Br_2 + 2e^- \rightleftharpoons 2Br^-$	+1.09
$In^{3+} + e^- \rightleftharpoons In^{2+}$	−0.49	$Pt^{2+} + 2e^- \rightleftharpoons Pt$	+1.20
$S + 2e^- \rightleftharpoons S^{2-}$	−0.48	$ClO_4^- + 2H^+ + 2e^- \rightleftharpoons ClO_3^- + H_2O$	+1.23
$In^{3+} + 2e^- \rightleftharpoons In^+$	−0.44	$MnO_2 + 4H^+ + 2e^- \rightleftharpoons Mn^{2+} + 2H_2O$	+1.23
$Fe^{2+} + 2e^- \rightleftharpoons Fe$	−0.44	$O_2 + 4H^+ + 4e^- \rightleftharpoons 2H_2O$	+1.23
$Cr^{3+} + e^- \rightleftharpoons Cr^{2+}$	−0.41	$O_3 + H_2O + 2e^- \rightleftharpoons O_2 + 2OH^-$	+1.24
$Cd^{2+} + 2e^- \rightleftharpoons Cd$	−0.40	$Cr_2O_7^{2-} + 14H^+ + 6e^- \rightleftharpoons 2Cr^{3+} + 7H_2O$	+1.33
$In^{2+} + e^- \rightleftharpoons In^+$	−0.40	$Cl_2 + 2e^- \rightleftharpoons 2Cl^-$	+1.36
$Ti^{3+} + e^- \rightleftharpoons Ti^{2+}$	−0.37	$Au^{3+} + 3e^- \rightleftharpoons Au$	+1.40
$PbSO_4 + 2e^- \rightleftharpoons Pb + SO_4^{2-}$	−0.36	$Mn^{3+} + e^- \rightleftharpoons Mn^{2+}$	+1.51
$Tl^+ + e^- \rightleftharpoons Tl$	−0.34	$MnO_4^- + 8H^+ + 5e^- \rightleftharpoons Mn^{2+} + 4H_2O$	+1.51
$In^{3+} + 3e^- \rightleftharpoons In$	−0.34	$2HBrO + 2H^+ + 2e^- \rightleftharpoons Br_2 + 2H_2O$	+1.60
$Co^{2+} + 2e^- \rightleftharpoons Co$	−0.28	$Ce^{4+} + e^- \rightleftharpoons Ce^{3+}$	+1.61
$V^{3+} + e^- \rightleftharpoons V^{2+}$	−0.26	$2HClO + 2H^+ + 2e^- \rightleftharpoons Cl_2 + 2H_2O$	+1.63
$Ni^{2+} + 2e^- \rightleftharpoons Ni$	−0.23	$Pb^{4+} + 2e^- \rightleftharpoons Pb^{2+}$	+1.67
$AgI + e^- \rightleftharpoons Ag + I^-$	−0.15	$Au^+ + e^- \rightleftharpoons Au$	+1.69
$Sn^{2+} + 2e^- \rightleftharpoons Sn$	−0.14	$H_2O_2 + 2H^+ + 2e^- \rightleftharpoons 2H_2O$	+1.78
$In^+ + e^- \rightleftharpoons In$	−0.14	$Co^{3+} + e^- \rightleftharpoons Co^{2+}$	+1.81
$Pb^{2+} + 2e^- \rightleftharpoons Pb$	−0.13	$Ag^{2+} + e^- \rightleftharpoons Ag^+$	+1.98
$O_2 + H_2O + 2e^- \rightleftharpoons HO_2^- + OH^-$	−0.08	$S_2O_8^{2} + 2e^- \rightleftharpoons 2SO_4^{2-}$	+2.05
$Fe^{3+} + 3e^- \rightleftharpoons Fe$	−0.04	$O_3 + 2H^+ + 2e^- \rightleftharpoons O_2 + H_2O$	+2.07
$2H^+ + 2e^- \rightleftharpoons H_2$	0（定義）	$F_2 + 2e^- \rightleftharpoons 2F^-$	+2.87
$Ti^{4+} + e^- \rightleftharpoons Ti^{3+}$	0.00	$H_4XeO_6 + 2H^+ + 2e^- \rightleftharpoons XeO_3 + 3H_2O$	+3.0
		酸化体の酸化力が最強	

2C 原子の電子配置

Z	元素記号	電子配置[a]	Z	元素記号	電子配置[a]	Z	元素記号	電子配置[a]
1	H	$1s^{1}$	41	Nb	[Kr]$4d^{4}5s^{1}$	81	Tl	[Xe]$4f^{14}5d^{10}6s^{2}6p^{1}$
2	He	$1s^{2}$	42	Mo	[Kr]$4d^{5}5s^{1}$	82	Pb	[Xe]$4f^{14}5d^{10}6s^{2}6p^{2}$
3	Li	[He]$2s^{1}$	43	Tc	[Kr]$4d^{5}5s^{2}$	83	Bi	[Xe]$4f^{14}5d^{10}6s^{2}6p^{3}$
4	Be	[He]$2s^{2}$	44	Ru	[Kr]$4d^{7}5s^{1}$	84	Po	[Xe]$4f^{14}5d^{10}6s^{2}6p^{4}$
5	B	[He]$2s^{2}2p^{1}$	45	Rh	[Kr]$4d^{8}5s^{1}$	85	At	[Xe]$4f^{14}5d^{10}6s^{2}6p^{5}$
6	C	[He]$2s^{2}2p^{2}$	46	Pd	[Kr]$4d^{10}$	86	Rn	[Xe]$4f^{14}5d^{10}6s^{2}6p^{6}$
7	N	[He]$2s^{2}2p^{3}$	47	Ag	[Kr]$4d^{10}5s^{1}$	87	Fr	[Rn]$7s^{1}$
8	O	[He]$2s^{2}2p^{4}$	48	Cd	[Kr]$4d^{10}5s^{2}$	88	Ra	[Rn]$7s^{2}$
9	F	[He]$2s^{2}2p^{5}$	49	In	[Kr]$4d^{10}5s^{2}5p^{1}$	89	Ac	[Rn]$6d^{1}7s^{2}$
10	Ne	[He]$2s^{2}2p^{6}$	50	Sn	[Kr]$4d^{10}5s^{2}5p^{2}$	90	Th	[Rn]$6d^{2}7s^{2}$
11	Na	[Ne]$3s^{1}$	51	Sb	[Kr]$4d^{10}5s^{2}5p^{3}$	91	Pa	[Rn]$5f^{2}6d^{1}7s^{2}$
12	Mg	[Ne]$3s^{2}$	52	Te	[Kr]$4d^{10}5s^{2}5p^{4}$	92	U	[Rn]$5f^{3}6d^{1}7s^{2}$
13	Al	[Ne]$3s^{2}3p^{1}$	53	I	[Kr]$4d^{10}5s^{2}5p^{5}$	93	Np	[Rn]$5f^{4}6d^{1}7s^{2}$
14	Si	[Ne]$3s^{2}3p^{2}$	54	Xe	[Kr]$4d^{10}5s^{2}5p^{6}$	94	Pu	[Rn]$5f^{6}7s^{2}$
15	P	[Ne]$3s^{2}3p^{3}$	55	Cs	[Xe]$6s^{1}$	95	Am	[Rn]$5f^{7}7s^{2}$
16	S	[Ne]$3s^{2}3p^{4}$	56	Ba	[Xe]$6s^{2}$	96	Cm	[Rn]$5f^{7}6d^{1}7s^{2}$
17	Cl	[Ne]$3s^{2}3p^{5}$	57	La	[Xe]$5d^{1}6s^{2}$	97	Bk	[Rn]$5f^{9}7s^{2}$
18	Ar	[Ne]$3s^{2}3p^{6}$	58	Ce	[Xe]$4f^{1}5d^{1}6s^{2}$	98	Cf	[Rn]$5f^{10}7s^{2}$
19	K	[Ar]$4s^{1}$	59	Pr	[Xe]$4f^{3}6s^{2}$	99	Es	[Rn]$5f^{11}7s^{2}$
20	Ca	[Ar]$4s^{2}$	60	Nd	[Xe]$4f^{4}6s^{2}$	100	Fm	[Rn]$5f^{12}7s^{2}$
21	Sc	[Ar]$3d^{1}4s^{2}$	61	Pm	[Xe]$4f^{5}6s^{2}$	101	Md	[Rn]$5f^{13}7s^{2}$
22	Ti	[Ar]$3d^{2}4s^{2}$	62	Sm	[Xe]$4f^{6}6s^{2}$	102	No	[Rn]$5f^{14}7s^{2}$
23	V	[Ar]$3d^{3}4s^{2}$	63	Eu	[Xe]$4f^{7}6s^{2}$	103	Lr	[Rn]$5f^{14}6d^{1}7s^{2}$
24	Cr	[Ar]$3d^{5}4s^{1}$	64	Gd	[Xe]$4f^{7}5d^{1}6s^{2}$	104	Rf	[Rn]$5f^{14}6d^{2}7s^{2}$(?)
25	Mn	[Ar]$3d^{5}4s^{2}$	65	Tb	[Xe]$4f^{9}6s^{2}$	105	Db	[Rn]$5f^{14}6d^{3}7s^{2}$(?)
26	Fe	[Ar]$3d^{6}4s^{2}$	66	Dy	[Xe]$4f^{10}6s^{2}$	106	Sg	[Rn]$5f^{14}6d^{4}7s^{2}$(?)
27	Co	[Ar]$3d^{7}4s^{2}$	67	Ho	[Xe]$4f^{11}6s^{2}$	107	Bh	[Rn]$5f^{14}6d^{5}7s^{2}$(?)
28	Ni	[Ar]$3d^{8}4s^{2}$	68	Er	[Xe]$4f^{12}6s^{2}$	108	Hs	[Rn]$5f^{14}6d^{6}7s^{2}$(?)
29	Cu	[Ar]$3d^{10}4s^{1}$	69	Tm	[Xe]$4f^{13}6s^{2}$	109	Mt	[Rn]$5f^{14}6d^{7}7s^{2}$(?)
30	Zn	[Ar]$3d^{10}4s^{2}$	70	Yb	[Xe]$4f^{14}6s^{2}$	110	Ds	[Rn]$5f^{14}6d^{8}7s^{2}$(?)
31	Ga	[Ar]$3d^{10}4s^{2}4p^{1}$	71	Lu	[Xe]$4f^{14}5d^{1}6s^{2}$	111	Rg	[Rn]$5f^{14}6d^{10}7s^{1}$(?)
32	Ge	[Ar]$3d^{10}4s^{2}4p^{2}$	72	Hf	[Xe]$4f^{14}5d^{2}6s^{2}$	112	Cn	[Rn]$5f^{14}6d^{10}7s^{2}$(?)
33	As	[Ar]$3d^{10}4s^{2}4p^{3}$	73	Ta	[Xe]$4f^{14}5d^{3}6s^{2}$	113	Nh	[Rn]$5f^{14}6d^{10}7s^{2}7p^{1}$(?)
34	Se	[Ar]$3d^{10}4s^{2}4p^{4}$	74	W	[Xe]$4f^{14}5d^{4}6s^{2}$	114	Fl	[Rn]$5f^{14}6d^{10}7s^{2}7p^{2}$(?)
35	Br	[Ar]$3d^{10}4s^{2}4p^{5}$	75	Re	[Xe]$4f^{14}5d^{5}6s^{2}$	115	Mc	[Rn]$5f^{14}6d^{10}7s^{2}7p^{3}$(?)
36	Kr	[Ar]$3d^{10}4s^{2}4p^{6}$	76	Os	[Xe]$4f^{14}5d^{6}6s^{2}$	116	Lv	[Rn]$5f^{14}6d^{10}7s^{2}7p^{4}$(?)
37	Rb	[Kr]$5s^{1}$	77	Ir	[Xe]$4f^{14}5d^{7}6s^{2}$	117	Ts	[Rn]$5f^{14}6d^{10}7s^{2}7p^{5}$(?)
38	Sr	[Kr]$5s^{2}$	78	Pt	[Xe]$4f^{14}5d^{9}6s^{1}$	118	Og	[Rn]$5f^{14}6d^{10}7s^{2}7p^{6}$(?)
39	Y	[Kr]$4d^{1}5s^{2}$	79	Au	[Xe]$4f^{14}5d^{10}6s^{1}$			
40	Zr	[Kr]$4d^{2}5s^{2}$	80	Hg	[Xe]$4f^{14}5d^{10}6s^{2}$			

a）未確定の電子配置には“(?)”をつけた．

2D 元素の性質

次ページからの表に，元素118種の名称（記号の由来），元素記号，原子番号，モル質量，標準状態，密度，融点，沸点，イオン化エネルギー，電子親和力，電気陰性度，おもな価数，原子半径，イオン半径をまとめた．

表　元素の性質

元素(国際名)[名や記号の由来]	元素記号	原子番号	モル質量 M[a] (g mol^{-1})	標準状態[b]	密度 (g cm^{-3})	融点(°C)	沸点(°C)	イオン化エネルギー(kJ mol^{-1})	電子親和力 (kJ mol^{-1})	電気陰性度	おもなイオンの電荷	原子半径 (pm)	イオン半径[e] (pm)
アインスタイニウム(einsteinium)[Albert Einstein]	Es	99	(252)	s, m	—	—	—	619	<50	1.3	+3	203	98(3+)
亜鉛(zinc)[英語 zinc]	Zn	30	65.38	s, m	7.14	420	907	906, 1733	+9	1.6	+2	133	83(2+)
アクチニウム(actinium)[ギリシャ語 *aktis*=(放射)線]	Ac	89	(227)	s, m	10.07	1047	3200	499, 1170, 1900	—	1.1	+3	188	118(3+)
アスタチン(astatine)[ギリシャ語 *astatos*=不安定な]	At	85	(210)	s, nm	—	300	350	1037, 1600	+270	2.0	−1	—	227(1−)
アメリシウム(americium)[America]	Am	95	(243)	s, m	13.67	990	2600	578	—	1.3	+3	173	107(3+)
アルゴン(argon)[ギリシャ語 *argos*=なまけ者]	Ar	18	39.95	g, nm	1.66[c]	−189	−186	1520	<0	—	0	174	—
アルミニウム(aluminum)[明礬(みょうばん) $KAl(SO_4)_2 \cdot 12H_2O$ の名 alum]	Al	13	26.98	s, m	2.70	660	2467	577, 1817, 2744	+43	1.6	+3	143	54(3+)
アンチモン(antimony)[古代アラビア語 *stibium* の発音変化？]	Sb	51	121.76	s, md	6.69	631	1750	834, 1794, 2443	+103	2.1	−3, +3, +5	141	89(3+)
硫黄(sulfur)[サンスクリット語 *sulvere*]	S	16	32.07	s, nm	2.09	115	445	1000, 2251	+200, −532	2.6	−2, +4, +6	104	184(2−)
イッテルビウム(ytterbium)[スウェーデン Ytterby 村]	Yb	70	173.1	s, m	6.97	824	1500	603, 1176	<50	—	+3	194	86(3+)
イットリウム(yttrium)[スウェーデン Ytterby 村]	Y	39	88.91	s, m	4.48	1510	3300	616, 1181	+30	1.2	+3	181	106(3+)
イリジウム(iridium)[ギリシャ語・ラテン語 *iris*=虹]	Ir	77	192.22	s, m	22.56	2447	4550	880	+151	2.2	+3, +4	136	75(3+)
インジウム(indium)[藍色(indigo 色)の発光線]	In	49	114.82	s, m	7.29	156	2080	556, 1821	+29	1.8	+1, +3	163	80(3+)
ウラン(uranium)[天王星 Uranus]	U	92	238.03	s, m	18.95	1135	4000	584, 1420	—	1.4	+6	154	80(6+)
エルビウム(erbium)[スウェーデン Ytterby 村]	Er	68	167.26	s, m	9.04	1520	2600	589,1151,2194	<50	1.2	+3	176	89(3+)
塩素(chlorine)[ギリシャ語 *chloros*=黄緑]	Cl	17	35.45	g, nm	1.66[c]	−101	239	1255, 2297	+349	3.2	−1, +1, +3, +4, +5, +6, +7	99	181(1−)
オガネソン(oganesson)[ロシアの科学者Yuri Oganessian]	Og	118	(294)	—	—	—	—	—	—	—	—	—	—
オスミウム(osmium)[ギリシャ語 *osme*=臭気]	Os	76	190.23	s, m	22.58	3030	5000	840	+106	2.2	+3, +4	135	81(3+)
カドミウム(cadmium)[ギリシャ語 *Cadmus*=テーベの建設者]	Cd	48	112.41	s, m	8.65	321	765	868, 1631	<0	1.7	+2	149	103(2+)
ガドリニウム(gadolinium)[Johann Gadolin]	Gd	64	157.25	s, m	7.87	1310	3000	592, 1167, 1990	<50	1.2	+2, +3	180	97(3+)

元素(国際名)[名や記号の由来]	元素記号	原子番号	モル質量 M[a] (g mol^{-1})	標準状態[b]	密度 (g cm^{-3})	融点(°C)	沸点(°C)	イオン化エネルギー(kJ mol^{-1})	電子親和力 (kJ mol^{-1})	電気陰性度	おもなイオンの電荷	原子半径 (pm)	イオン半径[e] (pm)
カリウム(potassium)[potash＝カリを表すラテン語 *kalium*, アラビア語 *qali*]	K	19	39.10	s, m	0.86	64	774	418, 3051	+48	0.82	+1	227	138(1+)
ガリウム(gallium)[フランスの旧名 *Gallia*；異説あり]	Ga	31	69.72	s, m	5.91	30	2403	577, 1979, 2963	+29	1.6	+1, +3	122	62(3+)
カリホルニウム(californium)[California 州]	Cf	98	(252)	s, m	—	—	—	608	—	1.3	+3	169	117(2+)
カルシウム(calcium)[ラテン語 *calx*＝石灰]	Ca	20	40.08	s, m	1.53	840	1490	590, 1145, 4910	+2	1.0	+2	197	100(2+)
キセノン(xenon)[ギリシャ語 *xenos*＝見知らぬ人]	Xe	54	131.29	g, nm	3.56[c]	−112	−108	1170, 2046	<0	2.6	+2, +4, +6	218	190(1+)
キュリウム(curium)[Marie Curie]	Cm	96	(247)	s, m	13.30	1340	—	581	—	1.3	+3	174	99(3+)
金(gold)[記号：ラテン語 *aurum*]	Au	79	196.97	s, m	19.28	1064	2807	890, 1980	+223	2.5	+1, +3	144	91(3+)
銀(silver)[記号：ラテン語 *argentum*]	Ag	47	107.87	s, m	10.50	962	2212	731, 2073	+126	1.9	+1	144	113(1+)
クリプトン(krypton)[ギリシャ語 *kryptos*＝隠れた]	Kr	36	83.80	g, nm	3.00[c]	−157	−153	1350, 2350	<0	—	+2	189	169(1+)
クロム(chromium)[ギリシャ語 *chroma*＝色]	Cr	24	52.00	s, m	7.19	1860	2600	653, 1592, 2987	+64	1.7	+2, +3	125	84(2+)
ケイ素(silicon)[ラテン語 *silex*＝火打ち石]	Si	14	28.09	s, md	2.33	1410	2620	786, 1577	+134	1.9	+4	117	26(4+)
ゲルマニウム(germanium)[ラテン語 *Germania*＝ドイツの旧名]	Ge	32	72.63	s, md	5.32	937	2830	784, 1557, 3302	+116	2.0	+2, +4	122	90(2+)
コバルト(cobalt)[ギリシャ語 *kobalos*＝小鬼]	Co	27	58.93	s, m	8.80	1494	2900	760, 1646, 3232	+64	1.9	+3, +6	125	64(3+)
コペルニシウム(copernicium)[Nicolaus Copernicus]	Cn	112	(285)	—	—	—	—	—	—	—	—	—	—
サマリウム(samarium)[鉱物の名 samarskite]	Sm	62	150.36	s, m	7.54	1060	1600	543, 1068	<50	1.2	+3	180	100(3+)
酸素(oxygen)[ギリシャ語 *oxys*＋*genes*＝酸のもと]	O	8	16.00	g, nm	1.14[c]	−218	−183	1310, 3388	+141, −844	3.4	−2	66	140(2−)
ジスプロシウム(dysprosium)[ギリシャ語 *dysprositos*＝得にくい]	Dy	66	162.50	s, m	8.53	1410	2600	572, 1126, 2200	—	1.2	+3	177	91(3+)
シーボーギウム(seaborgium)[Glenn Seaborg]	Sg	106	(271)	—	—	—	—	730	—	—	+6	132[f]	86(5+)[f]
臭素(bromine)[ギリシャ語 *bromos*＝悪臭]	Br	35	79.90	l, nm	3.12	−7	59	1140, 2104	+325	3.0	−1, +1, +3, +4, +5, +7	114	196(1−)
ジルコニウム(zirconium)[アラビア語 *zargun*＝金色]	Zr	40	91.22	s, m	6.51	1850	4400	660, 1267	+41	1.3	+4	160	87(4+)

a) もっとも安定な放射性同位体の値を（ ）内に記載.
b) 20 °C, 1 atm で安定な状態. s: 固体, l: 液体, g: 気体, m: 金属, nm: 非金属, md: 半金属.
c) 液体の密度.
d) 昇華性の固体.
e) イオンの価数を（ ）内に付記.
f) 原子半径, イオン半径の推定値.

(つづく)

表　元素の性質（つづき）

元素（国際名）［名や記号の由来］	元素記号	原子番号	モル質量 M[a]（$g\ mol^{-1}$）	標準状態[b]	密度（$g\ cm^{-3}$）	融点（°C）	沸点（°C）	イオン化エネルギー（$kJ\ mol^{-1}$）	電子親和力（$kJ\ mol^{-1}$）	電気陰性度	おもなイオンの電荷	原子半径（pm）	イオン半径[e]（pm）
水銀（mercury）［名：ラテン語 *Mercurius* ＝商売の神；記号：ラテン語 *hydrargyrum*＝液状の銀］	Hg	80	200.59	l, m	13.55	−39	357	1007, 1810	−18	2.0	+1, +2	160	112(2+)
水素（hydrogen）［ギリシャ語 *hydro*＋*genes*＝水のもと］	H	1	1.008	g, nm	0.070[c]	−259	−253	1310	+73	2.2	−1, +1	30	154(1−)
スカンジウム（scandium）［スカンジナビアのラテン語名 *Scandia*］	Sc	21	44.96	s, m	2.99	1540	2800	631, 1235	+18	1.4	+3	161	83(3+)
スズ（tin）［記号：ラテン語 *stannum*］	Sn	50	118.71	s, m	7.29	232	2720	707, 1412	+116	2.0	+2, +4	141	93(2+)
ストロンチウム（strontium）［スコットランドの Strontian 村］	Sr	38	87.62	s, m	2.58	770	1380	548, 1064	+5	0.95	+2	215	118(2+)
セシウム（cesium）［ラテン語 *caesius*＝空色］	Cs	55	132.91	s, m	1.87	28	678	376, 2420	+46	0.79	+1	265	167(1+)
セリウム（cerium）［準惑星 Ceres］	Ce	58	140.12	s, m	6.71	800	3000	527, 1047, 1949	<50	1.1	+3, +4	183	107(3+)
セレン（selenium）［ギリシャ語 *selene*＝月］	Se	34	78.96	s, nm	4.79	220	685	941, 2044	+195	2.6	−2, +4, +6	117	198(2−)
ダームスタチウム（darmstadtium）［ドイツ Darmstadt 市］	Ds	110	(281)	—	—	—	—	—	—	—	—	—	—
タリウム（thallium）［ギリシャ語 *thallos*＝緑の芽］	Tl	81	204.4	s, m	11.87	304	1457	590, 1971	+19	2.0	+1, +3	170	105(3+)
タングステン（tungsten）［名：スウェーデン語 *tung sten*＝重い石；記号：ドイツ語 *Wolfram*］	W	74	183.84	s, m	19.30	3387	5420	770	+79	2.4	+5, +6	137	62(6+)
炭素（carbon）［ラテン語 *carbo*＝木炭］	C	6	12.01	s, nm	2.27	3700[d]	—	1090, 2352, 4620	+122	2.6	−4, −1, +2, +4	77	260(4−)
タンタル（tantalum）［ギリシャ神話の神 Tantalos］	Ta	73	180.95	s, m	16.65	3000	5400	761	+14	1.5	+5	143	72(3+)
チタン（titanium）［ギリシャ神話の巨人族 Titan］	Ti	22	47.87	s, m	4.55	1660	3300	658, 1310	+7.6	1.5	+4	145	69(4+)
窒素（nitrogen）［ギリシャ語 *nitron*＋*genes*＝ソーダのもと］	N	7	14.01	g, nm	1.04[c]	−210	−196	1400, 2856	−7	3.0	−3, +3, +5	75	171(3−)
ツリウム（thulium）［スカンジナビアの古代名 Thule］	Tm	69	168.93	s, m	9.33	1550	2000	597, 1163	<50	1.2	+3	175	94(3+)
テクネチウム（technetium）［ギリシャ語 *technetos*＝人工の］	Tc	43	(99)	s, m	11.50	2200	4600	702, 1472	+96	1.9	+4, +7	136	72(4+)
鉄（iron）［記号：ラテン語 *ferrum*］	Fe	26	55.85	s, m	7.87	1540	2760	759, 1561, 2957	+16	1.8	+2, +3	124	82(2+)
テネシン（tennessine）［Oakridge 国立研究所のあるテネシー州］	Ts	117	(294)	—	—	—	—	—	—	—	—	—	—

元素(国際名)[名や記号の由来]	元素記号	原子番号	モル質量 M[a] (g mol^{-1})	標準状態[b]	密度 (g cm^{-3})	融点(°C)	沸点(°C)	イオン化エネルギー(kJ mol^{-1})	電子親和力 (kJ mol^{-1})	電気陰性度	おもなイオンの電荷	原子半径 (pm)	イオン半径[e] (pm)
テルビウム(terbium) [スウェーデン Ytterby 村]	Tb	65	158.93	s, m	8.27	1360	2500	565, 1112	<50	—	+3	178	97(3+)
テルル(tellurium) [ラテン語 *tellus*＝地球]	Te	52	127.60	s, md	6.25	450	990	870, 1775	+190	2.1	−2, +4	137	221(2−)
銅(copper)[ラテン語 *cuprum*＝キプロス（産出地）由来]	Cu	29	63.55	s, m	8.93	1083	2567	785, 1958, 3554	+118	1.9	+1, +2	128	72(2+)
ドブニウム(dubnium) [ロシア Dubna 市]	Db	105	(268)	s, m	29	—	—	640	—	—	+5	139[f]	68(5+)[f]
トリウム(thorium) [北欧神話の神 Thor]	Th	90	232.04	s, m	11.73	1700	4500	587, 1110	—	1.3	+4	180	99(4+)
ナトリウム(sodium) [名：英語 *soda*；記号：ラテン語 *natrium*]	Na	11	22.99	s, m	0.97	98	883	494, 4562	+53	0.93	+1	154	102(1+)
鉛(lead) [記号：ラテン語 *plumbum*]	Pb	82	207.2	s, m	11.34	328	1760	716, 1450	+35	2.3	+2, +4	175	132(2+)
ニオブ(niobium)[タンタロスの娘 Niobe：タンタル参照]	Nb	41	92.91	s, m	8.57	2425	5000	664, 1382	+86	1.6	+5	143	69(5+)
ニッケル(nickel) [ドイツ語 *Nickel*＝小悪魔]	Ni	28	58.69	s, m	8.91	1455	2732	737, 1753	+156	1.9	+2, +3	125	78(2+)
ニホニウム(nihonium)[確認機関（理化学研究所）のある日本]	Nh	113	(286)	—	—	—	—	—	—	—	—	—	—
ネオジム(neodymium)[ギリシャ語 *neos*＋*didymos*＝新しい双子]	Nd	60	144.24	s, m	7.00	1024	3100	530, 1035	<0	1.1	+3	182	104(3+)
ネオン(neon) [ギリシャ語 *neos*＝新しい]	Ne	10	20.18	g, nm	1.44[c]	−249	−246	2080, 3952	0	—	0	—	—
ネプツニウム(neptunium) [海王星 Neptune]	Np	93	(237)	s, m	20.45	640	—	597	—	1.4	+5	150	88(5+)
ノーベリウム(nobelium) [Alfred Nobel]	No	102	(259)	s, m	—	—	—	642	—	1.3	+2	—	113(2+)
白金(platinum) [スペイン語 *platina*＝銀に劣るもの]	Pt	78	195.08	s, m	21.45	1772	3720	870, 1791	+205	2.3	+2, +4	138	85(2+)
バークリウム(berkelium) [米国 Berkeley 市]	Bk	97	(247)	s, m	14.79	986	—	601	—	1.3	+3	—	87(4+)
ハッシウム(hassium) [ドイツ Hessen 州の旧名 *Hassia*]	Hs	108	(277)	—	—	—	—	750	—	—	+3	126[f]	80(4+)[f]
バナジウム(vanadium) [北欧神話の神 Vanadis]	V	23	50.94	s, m	6.11	1920	3400	650, 1414	+51	1.6	+4, +5	132	61(4+)
ハフニウム(hafnium)[コペンハーゲンのラテン語名 *Hafnia*]	Hf	72	178.49	s, m	13.28	2230	5300	642, 1440, 2250	0	1.3	+4	156	84(3+)
パラジウム(palladium) [小惑星 Pallas]	Pd	46	106.42	s, m	12.00	1554	3000	805, 1875	+54	2.2	+2, +4	138	86(2+)

a) もっとも安定な放射性同位体の値を（ ）内に記載.
b) 20 °C, 1 atm で安定な状態. s: 固体, l: 液体, g: 気体, m: 金属, nm: 非金属, md: 半金属.
c) 液体の密度.
d) 昇華性の固体.
e) イオンの価数を（ ）内に付記.
f) 原子半径, イオン半径の推定値.

（つづく）

表　元素の性質（つづき）

元素(国際名)[名や記号の由来]	元素記号	原子番号	モル質量 M[a] (g mol^{-1})	標準状態[b]	密度 (g cm^{-3})	融点(°C)	沸点(°C)	イオン化エネルギー(kJ mol^{-1})	電子親和力 (kJ mol^{-1})	電気陰性度	おもなイオンの電荷	原子半径 (pm)	イオン半径[e] (pm)
バリウム(barium)［ギリシャ語 *barys*＝重い］	Ba	56	137.33	s, m	3.59	710	1640	502, 965	+14	0.89	+2	217	135(2+)
ビスマス(bismuth)［ドイツ語 *weisse Masse*＝白い固体］	Bi	83	208.98	s, m	8.90	271	1650	703, 1610, 2466	+91	2.0	+3, +5	155	96(3+)
ヒ素(arsenic)［ギリシャ語 *arsenikos*＝牡］	As	33	74.92	s, md	5.78	613[d]	—	947, 1798	+78	2.2	−3, +3, +5	125	222(3−)
フェルミウム(fermium)［Enrico Fermi］	Fm	100	(257)	s, m	—	—	—	627	—	1.3	+3	—	91(3+)
フッ素(fluorine)［ラテン語 *fluere*＝流れる］	F	9	19.00	g, nm	1.51[c]	−220	−188	1680, 3374	+328	4.0	−1	58	133(1−)
プラセオジム(praseodymium)［ギリシャ語 *prasios*＋*didymos*＝緑色の双子］	Pr	59	140.91	s, m	6.78	935	3000	523, 1018	<50	1.1	+3	183	106(3+)
フランシウム(francium)［France］	Fr	87	(223)	s, m	—	27	677	400	+44	0.7	+1	270	180(1+)
プルトニウム(plutonium)［冥王星，冥界の王 Pluto］	Pu	94	(239)	s, m	19.81	640	3200	585	—	1.3	+3, +4	151	108(3+)
フレロビウム(flerovium)［Georgy Flyorov］	Fl	114	(289)	—	—	—	—	—	—	—	—	—	—
プロトアクチニウム(protactinium)［ギリシャ語 *protos*＋*aktis*＝主要な(放射)線］	Pa	91	231.04	s, m	15.37	1200	4000	568	—	1.5	+5	161	89(5+)
プロメチウム(promethium)［ギリシャ神話の神 Prometheus］	Pm	61	(145)	s, m	7.22	1168	3300	536, 1052	<50	—	+3	181	106(3+)
ヘリウム(helium)［ギリシャ語 *helios*＝太陽］	He	2	4.003	g, nm	0.12[c]	—	−269	2370, 5250	<0	—	0	128	—
ベリリウム(beryllium)［鉱物 $Be_3Al_2SiO_{18}$ の名 beryl＝緑柱石］	Be	4	9.012	s, m	1.85	1285	2470	900, 1757	<0	1.6	+2	113	34(2+)
ホウ素(boron)［アラビア語 *buraq*＝ホウ砂］	B	5	10.81	s, md	2.47	2300	3931	799, 2427, 3660	+27	2.0	+3	88	23(3+)
ボーリウム(bohrium)［Niels Bohr］	Bh	107	(272)	—	—	—	—	660	—	—	+5	128[f]	83(5+)[f]
ホルミウム(holmium)［ストックホルムのラテン語名 *Holmia*］	Ho	67	164.93	s, m	8.80	1470	2300	581, 1139	<50	1.2	+3	177	89(3+)
ポロニウム(polonium)［Poland］	Po	84	(210)	s, md	9.40	254	960	812	+174	2.0	+2, +4	167	65(4+)
マイトネリウム(meitnerium)［Lise Meitner］	Mt	109	(276)	—	—	—	—	840	—	—	+2	—	83(2+)
マグネシウム(magnesium)［古代ギリシャの地名 Magnesia］	Mg	12	24.31	s, m	1.74	650	1100	736, 1451	<0	1.3	+2	160	72(2+)
マンガン(manganese)［ギリシャ語・ラテン語 *magnes*＝磁石］	Mn	25	54.94	s, m	7.47	1250	2120	717, 1509	<0	1.6	+2, +3, +4, +7	137	91(2+)

元素(国際名)[名や記号の由来]	元素記号	原子番号	モル質量 M[a] (g mol^{-1})	標準状態[b]	密度 (g cm^{-3})	融点(°C)	沸点(°C)	イオン化エネルギー(kJ mol^{-1})	電子親和力 (kJ mol^{-1})	電気陰性度	おもなイオンの電荷	原子半径 (pm)	イオン半径[e] (pm)
メンデレビウム(mendelevium) [Dmitri Mendeleev]	Md	101	(258)	—	—	—	—	635	—	1.3	+3	—	90(3+)
モスコビウム(moscovium) [確認機関のあるモスクワ市]	Mc	115	(290)	—	—	—	—	—	—	—	—	—	—
モリブデン(molybdenum) [ギリシャ語 *molybdos*=鉛]	Mo	42	95.96	s, m	10.22	2620	4830	685, 1558, 2621	+72	2.2	+4, +5, +6	136	92(2+)
ユウロピウム(europium) [Europe]	Eu	63	151.96	s, m	5.25	820	1450	547, 1085, 2404	<50	—	+3	204	98(3+)
ヨウ素(iodine) [ギリシャ語 *ioeides*=紫]	I	53	126.90	s, nm	4.95	114	184	1008, 1846	+295	2.7	−1, +1, +3, +5, +7	133	220(1−)
ラザホージウム(rutherfordium) [Ernest Rutherford]	Rf	104	(267)	—	—	—	—	490	—	—	+4	150[f]	67(4+)[f]
ラジウム(radium) [ラテン語 *radius*=(放射)線]	Ra	88	(226)	s, m	5.00	700	1500	509, 979	—	0.9	+2	223	152(2+)
ラドン(radon)[radium 由来]	Rn	86	(222)	g, nm	4.40[c]	−71	−62	1036, 1930	<0	—	+2	—	—
ランタン(lanthanum)[ギリシャ語 *lanthanein*=隠れている]	La	57	138.91	s, m	6.17	920	3450	538, 1067, 1850	+50	1.1	+3	188	122(3+)
リチウム(lithium) [ギリシャ語 *lithos*=石]	Li	3	6.94	s, m	0.53	181	1347	519, 7298	+60	1.0	+1	152	76(1+)
リバモリウム(livermorium) [米国 Lawrence Livermore 国立研究所]	Lv	116	(293)	—	—	—	—	—	—	—	—	—	—
リン(phosphorus) [ギリシャ語 *phosphoros*=光るもの]	P	15	30.97	s, nm	1.82	44	280	1011, 1903, 2912	+72	2.2	−3, +3, +5	110	212(3−)
ルテチウム(lutetium) [パリの旧名 *Lutetia*]	Lu	71	174.97	s, m	9.84	1700	3400	524, 1340, 2022	<50	1.3	+3	173	85(3+)
ルテニウム(ruthenium) [ロシアのラテン語名 *Ruthenia*]	Ru	44	101.07	s, m	12.36	2310	4100	711, 1617	+101	2.2	+2, +3, +4	134	77(3+)
ルビジウム(rubidium) [ラテン語 *rubidus*=真紅]	Rb	37	85.47	s, m	1.53	39	688	402, 2632	+47	0.82	+1	248	152(1+)
レニウム(rhenium)[ライン川のラテン語名 *Rhenus*]	Re	75	186.21	s, m	21.02	3180	5600	760, 1260	+14	1.9	+4, +7	137	72(4+)
レントゲニウム(roentgenium) [Wilhelm Röntgen]	Rg	111	(280)	—	—	—	—	—	—	—	—	—	—
ロジウム(rhodium) [ギリシャ語 *rhodon*=バラ]	Rh	45	102.9	s, m	12.42	1963	3700	720, 1744	+110	2.3	+3	134	75(3+)
ローレンシウム(lawrencium) [Ernest Lawrence]	Lr	103	(262)	s, m	—	—	—	—	—	1.3	+3	—	88(3+)

a) もっとも安定な放射性同位体の値を( )内に記載.
b) 20 °C, 1 atm で安定な状態. s: 固体, l: 液体, g: 気体, m: 金属, nm: 非金属, md: 半金属.
c) 液体の密度.
d) 昇華性の固体.
e) イオンの価数を( )内に付記.
f) 原子半径, イオン半径の推定値.

付録3: 化合物命名法

3A 多原子イオンの名称

電荷	化学式	名称	中心原子の酸化数
+2	Hg_2^{2+}	水銀(I)イオン	+1
	UO_2^{2+}	ウラニルイオン	+6
	VO^{2+}	バナジルイオン	+4
+1	NH_4^+	アンモニウムイオン	−3
	PH_4^+	ホスホニウムイオン	−3
−1	CH_3COO^-	酢酸イオン（エタン酸イオン）	0(C)
	$HCOO^-$	ギ酸イオン（メタン酸イオン）	+2(C)
	CN^-	シアン化物イオン	+2(C), −3(N)
	ClO_4^-	過塩素酸イオン[a]	+7
	ClO_3^-	塩素酸イオン[a]	+5
	ClO_2^-	亜塩素酸イオン[a]	+3
	ClO^-	次亜塩素酸イオン[a]	+1(Cl)
	MnO_4^-	過マンガン酸イオン	+7
	NO_3^-	硝酸イオン	+5
	NO_2^-	亜硝酸イオン	+3
	N_3^-	アジ化物イオン	$-\frac{1}{3}$
−1（つづき）	O_3^-	オゾン化物イオン	$-\frac{1}{3}$
	OH^-	水酸化物イオン	−2 (O)
	SCN^-	チオシアン酸イオン	—
−2	C_2^{2-}	炭化物イオン（アセチリドイオン）	−1
	CO_3^{2-}	炭酸イオン	+4
	$C_2O_4^{2-}$	シュウ酸イオン	+3
	CrO_4^{2-}	クロム酸イオン	+6
	$Cr_2O_7^{2-}$	二クロム酸イオン	+6
	O_2^{2-}	過酸化物イオン	−1
	S_2^{2-}	ジスルフィドイオン	−1
	SiO_3^{2-}	メタケイ酸イオン	+4
	SO_4^{2-}	硫酸イオン	+6
	SO_3^{2-}	亜硫酸イオン	+4
	$S_2O_3^{2-}$	チオ硫酸イオン	+2
−3	AsO_4^{3-}	ヒ酸イオン	+5
	BO_3^{3-}	ホウ酸イオン	+3
	PO_4^{3-}	リン酸イオン	+5

a) ハロゲン系オキソ陰イオン（オキソアニオン）の代表的な物質（下表参照）.

−2電荷や−3電荷の陰イオンにH^+が結合したイオンは，“イオン”の前に“水素”をつけてよぶ.（HSO_3^-は“亜硫酸水素イオン”）. −3電荷の陰イオンに2個のH^+が結合した形のイオンは，“イオン”の前に“二水素”をつけてよぶ.（$H_2PO_4^-$は“リン酸二水素イオン”）.

オキソ酸とオキソ陰イオン

オキソ酸とその陰イオンは，中心原子の酸化数に応じ，呼び名が下表のようになる.

たとえば$N_2O_2^{2-}$だと，窒素（15族）の酸化数が+1だから“次亜硝酸イオン”とよぶ.

表 オキソ酸とオキソ陰イオン

族番号				オキソ酸イオン	オキソ酸
14	15	16	17		
—	—	—	+7	過 ── 酸イオン (per ── ate ion)	過 ── 酸
+4	+5	+6	+5	── 酸イオン (── ate ion)	── 酸
—	+3	+4	+3	亜 ── 酸イオン (── ite ion)	亜 ── 酸
—	+1	+2	+1	次亜 ── 酸イオン (hypo ── ite ion)	次亜 ── 酸

3B　慣用名と正式名

歴史の古い物質は，洗剤や飲料，制酸剤など日用品の成分表示に慣用名を使うことが多い．そんな物質の一部をつぎの表にまとめた．

表　慣用名と正式名（IUPAC 名）

慣用名	化学式	正式名(IUPAC 名)	慣用名	化学式	正式名(IUPAC 名)
自然硫黄（brimstone[a]）	S_8	硫黄（sulfur）	石灰（消石灰）	$Ca(OH)_2$	水酸化カルシウム
エプソム塩	$MgSO_4 \cdot 7H_2O$	硫酸マグネシウム七水和物	石灰石	$CaCO_3$	炭酸カルシウム
苛性ソーダ	$NaOH$	水酸化ナトリウム	洗濯ソーダ	$Na_2CO_3 \cdot 10H_2O$	炭酸ナトリウム十水和物
カラミン	$ZnCO_3$	炭酸亜鉛	大理石	$CaCO_3$	炭酸カルシウム
カリ（potash）[b]	K_2CO_3	炭酸カリウム	チョーク（白亜）	$CaCO_3$	炭酸カルシウム
愚者の金（黄鉄鉱）	FeS_2	二硫化鉄(II)	ブリーチ	$NaClO$	次亜塩素酸ナトリウム
ギプス（セッコウ）	$CaSO_4 \cdot 2H_2O$	硫酸カルシウム二水和物	ベーキングソーダ（重曹）	$NaHCO_3$	炭酸水素ナトリウム
食 塩	$NaCl$	塩化ナトリウム	ホウ砂	$Na_2B_4O_7 \cdot 10H_2O$	四ホウ酸ナトリウム十水和物
酢	CH_3COOH	酢酸（エタン酸）	マグネシア乳	$Mg(OH)_2$	水酸化マグネシウム
石英（水晶）	SiO_2	二酸化ケイ素	焼きセッコウ	$CaSO_4 \cdot \frac{1}{2}H_2O$	硫酸カルシウム半水和物
石灰（生石灰）	CaO	酸化カルシウム			

a）訳注：原義は“燃える石”．fire and brimstone として“地獄の業火”も意味した．
b）もともとのカリは K_2CO_3，KOH，K_2SO_4，KCl，KNO_3 の総称．

3C　複数の電荷をとる金属イオンの旧名と正式名

複数の電荷をとる金属イオンは，金属名に酸化数を添え，塩化コバルト（II）のように書く．

ただし伝統的に，“第一 ○○(-ous)イオン”，“第二 ○○(-ic)イオン”という呼び名もある．よく出合う例を右の表にまとめた．

元 素	陽イオン	旧 名	正式名
コバルト	Co^{2+}	第一コバルトイオン	コバルト(Ⅱ)イオン
	Co^{3+}	第二コバルトイオン	コバルト(Ⅲ)イオン
水 銀	Hg_2^{2+}	第一水銀イオン	水銀(Ⅰ)イオン
	Hg^{2+}	第二水銀イオン	水銀(Ⅱ)イオン
ス ズ	Sn^{2+}	第一スズイオン	スズ(Ⅱ)イオン
	Sn^{4+}	第二スズイオン	スズ(Ⅳ)イオン
鉄	Fe^{2+}	第一鉄イオン	鉄(Ⅱ)イオン
	Fe^{3+}	第二鉄イオン	鉄(Ⅲ)イオン
銅	Cu^{+}	第一銅イオン	銅(Ⅰ)イオン
	Cu^{2+}	第二銅イオン	銅(Ⅱ)イオン
鉛	Pb^{2+}	第一鉛イオン	鉛(Ⅱ)イオン
	Pb^{4+}	第二鉛イオン	鉛(Ⅳ)イオン
マンガン	Mn^{2+}	第一マンガンイオン	マンガン(Ⅱ)イオン
	Mn^{3+}	第二マンガンイオン	マンガン(Ⅲ)イオン

復習・節末問題の解答

復　習　B

序　　章

A・1B　$250\ g \times 1.000\ lb/453.6\ g \times 16\ oz/1\ lb = 8.82\ oz$

A・2B　$9.81\ m\ s^{-2} \times (1\ km/10^3\ m) \times (3600\ s/1\ h)^2 = 1.27 \times 10^5\ km\ h^{-2}$

A・3B　$V = m/d = (10.0\ g)/(0.176\ 85\ g\ L^{-1}) = 56.5\ L$

A・4B　$E_k = mv^2/2 = \frac{1}{2} \times (1.5\ kg) \times (3.0\ m\ s^{-1})^2 = 6.8\ J$

A・5B　$E_k = mgh = (0.350\ kg) \times (9.81\ m\ s^{-2}) \times (450\ m) \times (10^{-3}\ kJ/J) = 1.55\ kJ$

B・1B　原子数＝試料の質量 /1 原子の質量＝$(0.0123\ kg)/(3.27 \times 10^{-25}\ kg) = 3.76 \times 10^{22}$

B・2B　(a) 8 個, 8 個, 8 個；　(b) 92 個, 144 個, 92 個

B・3B　(a) Sn；　(b) Na；　(c) ヨウ素；(d) イットリウム

C・1B　(a) K^+；　(b) S^{2-}

C・2B　(a) Li_3N；　(b) $SrBr_2$

D・1B　(a) ヒ酸二水素イオン；　(b) ClO_3^-

D・2B　(a) 塩化金(Ⅲ)；　(b) 硫化カルシウム；(c) 酸化マンガン(Ⅲ)

D・3B　(a) 三塩化リン；　(b) 三酸化硫黄；(c) 臭化水素酸

D・4B　(a) $Cs_2S \cdot 4H_2O$；　(b) Mn_2O_7；　(c) HCN；(d) S_2Cl_2

D・5B　(a) ペンタン；　(b) カルボン酸

E・1B　$(3.14\ mol\ H_2O) \times [(2\ mol\ H)/(1\ mol\ H_2O)] \times (6.022 \times 10^{23}\ mol^{-1}) = 3.78 \times 10^{24}$ 個

E・2B　(a) $n = m/M = (5.4 \times 10^3\ g)/(26.98\ g\ mol^{-1}) = 2.0 \times 10^2\ mol$
(b) $N = N_A \times n = (6.022 \times 10^{23}\ mol^{-1}) \times (2.0 \times 10^2\ mol) = 1.2 \times 10^{26}$ 個

E・3B　^{63}Cu：$(62.94\ g\ mol^{-1}) \times 0.6917 = 43.536\ g\ mol^{-1}$
^{65}Cu：$(64.93\ g\ mol^{-1}) \times 0.3083 = 20.018\ g\ mol^{-1}$
以上を合わせ，$43.536\ g\ mol^{-1} + 20.018\ g\ mol^{-1} = 63.55\ g\ mol^{-1}$

E・4B　(a) $6 \times 12.01\ g\ mol^{-1} + 6 \times 1.008\ g\ mol^{-1} + 16.00\ g\ mol^{-1} = 94.11\ g\ mol^{-1}$
(b) $2 \times 22.99\ g\ mol^{-1} + 12.01\ g\ mol^{-1} + 13 \times 16.00\ g\ mol^{-1} + 20 \times 1.008\ g\ mol^{-1} = 286.15\ g\ mol^{-1}$

E・5B　モル質量：$40.08\ g\ mol^{-1} + 2 \times 16.00\ g\ mol^{-1} + 2 \times 1.008\ g\ mol^{-1} = 74.10\ g\ mol^{-1}$
量：$(1.00 \times 10^3\ g)/(74.10\ g\ mol^{-1}) = 13.5\ mol$

E・6B　モル質量：$2 \times 12.01\ g\ mol^{-1} + 4 \times 1.008\ g\ mol^{-1} + 2 \times 16.00\ g\ mol^{-1} = 60.05\ g\ mol^{-1}$
質量：$(60.05\ g\ mol^{-1}) \times (1.5\ mol) = 90\ g$

F・1B　$\%\ C = (6.61\ g/7.50\ g) \times 100\ \% = 88.1\ \%$；
$\%\ H = (0.89\ g/7.50\ g) \times 100\ \% = 11.9\ \%$

F・2B　モル質量：$107.87\ g\ mol^{-1} + 14.01\ g\ mol^{-1} + 3 \times 16.00\ g\ mol^{-1} = 169.88\ g\ mol^{-1}$
$\%\ Ag = (107.87\ g\ mol^{-1})/(169.88\ g\ mol^{-1}) \times 100\ \% = 63.498\ \%$

F・3B　$n(O) = (18.59\ g)/(16.00\ g\ mol^{-1}) = 1.162\ mol\ O$；
$n(S) = (37.25\ g)/(32.07\ g\ mol^{-1}) = 1.162\ mol$；
$n(F) = (44.16\ g)/(19.00\ g\ mol^{-1}) = 2.324\ mol$
モル比 1：1：2 だから SOF_2.

F・4B　$M(CHO_2) = 45.012\ g\ mol^{-1}$；　$(90.0\ g\ mol^{-1})/(45.012\ g\ mol^{-1}) = 2.00$；　$2 \times (CHO_2) = C_2H_2O_4$

G・1B　$M(Na_2SO_4) = 142.05\ g\ mol^{-1}$；
$(15.5\ g)/(142.05\ g\ mol^{-1}) = 0.109\ mol$；
$(0.109\ mol)/(0.350\ L) = 0.312\ M\ Na_2SO_4(aq)$

G・2B　量：$(0.125\ mol\ L^{-1}) \times (0.050\ 00\ L) = 0.006\ 25\ mol$；　モル質量 $90.036\ g\ mol^{-1}$ より，質量は $(0.006\ 25\ mol) \times (90.036\ g\ mol^{-1}) = 0.563\ g$

G・3B　$(2.55 \times 10^{-3}\ mol\ HCl)/(0.358\ mol\ HCl)\ L^{-1} = 7.12 \times 10^{-3}\ L = 7.12\ mL$

G・4B　$(1.59 \times 10^{-5}\ mol\ L^{-1}) \times (0.025\ 00\ L)/(0.152\ mol\ L^{-1}) = 2.62 \times 10^{-3}\ mL$

H・1B　$Mg_3N_2(s) + 4\ H_2SO_4(aq) \rightarrow 3\ MgSO_4(aq) + (NH_4)_2SO_4(aq)$

I・1B　(a) 非電解質；　(b) 電解質

I・2B　$3\ Hg_2^{2+}(aq) + 2\ PO_4^{3-}(aq) \rightarrow (Hg_2)_3(PO_4)_2(s)$

I・3B　$SrCl_2$ と Na_2SO_4 など；
$Sr^{2+}(aq) + SO_4^{2-}(aq) \rightarrow SrSO_4(s)$

J・1B　(a) は酸でも塩基でもない；　(b) と (c) は酸；(d) は塩基 OH^- を生む物質

J・2B　$3\ Ca(OH)_2(aq) + 2\ H_3PO_4(aq) \rightarrow Ca_3(PO_4)_2(s) + 6\ H_2O$

K・1B　$Cu^+(aq)$ が酸化され，$I_2(s)$ が還元される.

K・2B　(a) +4；　(b) +3；　(c) +5

K・3B　(a) +4；　(b) +5

K・4B　酸化剤は H_2SO_4（S の酸化数 +6 →+4），還元剤は NaI（I の酸化数 −1 →+5）

K・5B　$2\ Ce^{4+}(aq) + 2\ I^-(aq) \rightarrow 2\ Ce^{3+}(aq) + I_2(s)$

L・1B　$(2\ mol\ Fe)/(1\ mol\ Fe_2O_3) \times 25\ mol\ Fe_2O_3 = 50\ mol\ Fe$

L・2B　$2\ mol\ CO_2/1\ mol\ CaSiO_3$；　$mol\ CO_2 = (3.00 \times 10^2\ g)/(44.01\ g\ mol^{-1}) = 6.82\ mol$；　$(1\ mol\ CaSiO_3/2\ mol\ CO_2) \times (6.82\ mol\ CO_2) = 3.41\ mol\ CaSiO_3$；
$(3.41\ mol\ CaSiO_3) \times (116.17\ g\ mol^{-1}\ CaSiO_3) = 396\ g\ CaSiO_3$

L・3B $2\,KOH + H_2SO_4 \rightarrow K_2SO_4 + 2\,H_2O$；
$2\,mol\,KOH \mathrel{\hat=} 1\,mol\,H_2SO_4$；
$(0.255\,mol\,KOH\,L^{-1}) \times (0.025\,L) = 6.375 \times 10^{-3}\,mol\,KOH$； $(6.375 \times 10^{-3}\,mol\,KOH) \times (1\,mol\,H_2SO_4)/(2\,mol\,KOH) = 3.19 \times 10^{-3}\,mol\,H_2SO_4$；
$(3.19 \times 10^{-3}\,mol\,H_2SO_4)/(0.016\,45\,L) = 0.194\,M\,H_2SO_4$

L・4B $(0.0100 \times 0.028\,15)\,mol\,KMnO_4 \times (5\,mol\,As_4O_6)/(8\,mol\,KMnO_4) \times 395.28\,g\,mol^{-1} = 6.96 \times 10^{-2}\,g\,As_4O_6$

M・1B $(15\,kg\,Fe_2O_3)/(159.69\,g\,mol^{-1}) \times (2\,mol\,Fe)/(1\,mol\,Fe_2O_3) \times (55.85\,g\,mol^{-1}) = 10.5\,kg\,Fe$；
$8.8\,kg/10.5\,kg \times 100\,\% = 84\,\%$

M・2B $2\,NH_3 + CO_2 \rightarrow OC(NH_2)_2 + H_2O$；
$n(NH_3) = (14.5 \times 10^3\,g)/(17.034\,g\,mol^{-1}) = 851\,mol\,NH_3$；
$n(CO_2) = (22.1 \times 10^3\,g)/(44.01\,g\,mol^{-1}) = 502\,mol\,CO_2$；
$2\,mol\,NH_3 \mathrel{\hat=} 1\,mol\,CO_2$；
(a) NH_3 が制限試薬$(851\,mol\,NH_3/2) < (502\,mol\,CO_2)$；
(b) 尿素は NH_3 の半量$(426\,mol = 25.6\,kg)$生成
(c) $(502 - 426)\,mol = 76\,mol\,CO_2 = 3.3\,kg\,CO_2$

M・3B 制限試薬 (NO_2) に注意した計算により，生じる HNO_3 は $22\,g = 0.35\,mol$．理論収量は $(0.61\,mol\,NO_2) \times (2\,mol\,HNO_3)/(3\,mol\,NO_2) = 0.407\,mol\,HNO_3$ だから，収率は $(0.35\,mol)/(0.407\,mol) \times 100\,\% = 86\,\%$．

M・4B 試料に含まれる C $(0.0118\,mol = 0.142\,g)$ と H $(0.0105\,mol = 0.0106\,g)$ より，O の質量は $0.236 - (0.142 + 0.0106)\,g = 0.0834\,g\,(= 0.005\,21\,mol)$．モル比 C：H：O $= 0.0118 : 0.0105 : 0.00521 = 2.26 : 2.02 : 1$．4 倍した 9：8：4 から実験式は $C_9H_8O_4$．

1 章

1・1B $\lambda = c/\nu = (2.998 \times 10^8\,m\,s^{-1})/(98.4 \times 10^6\,Hz) = 3.05\,m$

1・2B $\nu = \mathcal{R}(1/2^2 - 1/5^2) = 21\mathcal{R}/100$；
$\lambda = c/\nu = 100c/21\mathcal{R} = (100 \times 2.998 \times 10^8\,m\,s^{-1})/(21 \times 3.29 \times 10^{15}\,s^{-1}) = 434\,nm$； 紫の線

1・3B $T =$ 定数 $/\lambda_{max} = (2.9 \times 10^{-3}\,m\,K)/(700 \times 10^{-9}\,m) = 4.1 \times 10^3\,K$

1・4B $E = h\nu = (6.626 \times 10^{-34}\,J\,s) \times (4.8 \times 10^{14}\,Hz) = 3.2 \times 10^{-19}\,J$

1・5B (a) $E_k = \frac{1}{2} \times (9.109 \times 10^{-31}\,kg) \times (7.85 \times 10^5\,m\,s^{-1})^2 = 2.81 \times 10^{-19}\,J$； (b) $3.63\,eV \times (1.602 \times 10^{-19}\,J\,eV^{-1}) = 5.82 \times 10^{-19}\,J$，$\lambda = [(2.998 \times 10^8\,m\,s^{-1}) \times (6.626 \times 10^{-34}\,J\,s)]/(5.82 \times 10^{-19}\,J + 2.81 \times 10^{-19}\,J) = 230\,nm$

1・6B $\lambda = h/(mv) = (6.626 \times 10^{-34}\,J\,s)/(0.0050\,kg \times 2 \times 331\,m\,s^{-1}) = 2.0 \times 10^{-34}\,m$

1・7B $\Delta v = \hbar/(2m\,\Delta x) = (1.055 \times 10^{-34}\,J\,s)/(2 \times 2.0\,t \times 10^3\,kg\,t^{-1} \times 1\,m) = 3 \times 10^{-38}\,m\,s^{-1}$； 言い逃れる余地はない．

1・8B $E_3 - E_2 = 5h^2/(8m_eL^2) = h\nu$； $\nu = 5h/8m_eL^2$；
$\lambda = c/\nu = 8m_ecL^2/(5h) = [8 \times (9.109 \times 10^{-31}\,kg) \times (2.998 \times 10^8\,m\,s^{-1}) \times (1.50 \times 10^{-10}\,m)^2]/(5 \times 6.626 \times 10^{-34}\,J\,s) = 14.8 \times 10^{-9}\,m = 14.8\,nm$

1・9B 割合 $= (e^{-6a_0/a_0}/\pi a_0^3)/(e^0/\pi a_0^3) = e^{-6} = 0.0025 = 0.25\%$

1・10B 3p 軌道

1・11B $1s^22s^22p^63s^23p^1$ つまり $[Ne]3s^23p^1$

1・12B $[Ar]3d^{10}4s^24p^3$

1・13B (a) $r(Ca^{2+}) < r(K^+)$； (b) $r(Cl^-) < r(S^{2-})$

1・14B B の第三イオン化は価電子の放出だが，Be の第三イオン化は貴ガス型コア電子の放出だから，大きなエネルギーを要する．

1・15B F(17 族)は原子価殻の空席 1 個に電子を受け入れて安定な貴ガス型になるが，Ne は核から遠い(高エネルギーの)新しい殻に電子を受け入れるしかないため安定化しない(むしろ不安定化する)．

2 章

2・1B (a) $[Ar]3d^5$； (b) $[Xe]4f^{14}5d^{10}$

2・2B I^-，$[Kr]4d^{10}5s^25p^6$

2・3B $[:\ddot{Br}:]^-\ Mg^{2+}\ [:\ddot{Br}:]^-$

2・4B KCl (イオン半径が $Cl^- < Br^-$ だから)

2・5B $H-\ddot{Br}:$ ； 孤立電子対：H は 0 個，Br は 3 個

2・6B $H-\ddot{N}(-H)-H$，$:\ddot{N}=N=\ddot{O}:$

2・7B $H-\ddot{N}(-H)-\ddot{N}(-H)-H$

2・8B $[:\ddot{O}-\ddot{N}=\ddot{O}]^- \longleftrightarrow [\ddot{O}=\ddot{N}-\ddot{O}:]^-$

2・9B $:\ddot{F}-\ddot{O}-\ddot{F}:$ （形式電荷 0 0 0）

2・10B $:\ddot{O}-\ddot{N}=\ddot{O}$

2・11B $[:\ddot{I}-\ddot{I}-\ddot{I}:]^-$ ； 電子 10 個； (b) $[:\ddot{I}-I(-\ddot{I}:)-\ddot{I}:]^-$

2・12B $\ddot{O}=\ddot{O}-\ddot{O}:$ （形式電荷 0 +1 −1）

2・13B CO_2

2・14B CaS

2・15B 直線

2・16B (a) 三角形； (b) 折れ線

2・17B (a) AX_2E_2； (b) 四面体； (c) 折れ線

2・18B 平面四角形

2・19B (a) 非極性； (b) 極性

2・20B (a) σ 結合 3 本，π 結合なし；
(b) σ 結合 2 本，π 結合 2 本

2・21B C 2sp 混成軌道 2 個からできる 3 本の σ 結合(1 本は C−C 間，2 本は C−H 間)と，2 本の π 結合 (1 本は C $2p_x$ 軌道 2 個から，もう 1 本は C $2p_y$ 軌道 2 個から) がある．

2・22B CH_3 基の C 原子は sp^3 混成し，結合角 109.5° の σ 結合を 4 本つくる．ほか 2 個の C 原子は sp^2 混成し，どちらも σ 結合 3 本と π 結合 1 本をつくる(結合角は約 120°)．

2・23B O_2^+: $\sigma_{2s}^2\sigma_{2s}^{*2}\sigma_{2p}^2\pi_{2p}^4\pi_{2p}^{*1}$；

結合次数＝(8−3)/2＝2.5

2・24B　CN^-：$1\sigma^2 2\sigma^{*2} 1\pi^4 3\sigma^2$

3　章

3・1B　$h=P/dg=(1.013\,25\times10^5\ \mathrm{kg\ m^{-1}\ s^{-2}})/[(998\ \mathrm{kg\ m^{-3}})\times(9.806\,65\ \mathrm{m\ s^{-2}})]=10.4\ \mathrm{m}$

3・2B　$P=(10\ \mathrm{cmHg})\times(10\ \mathrm{mmHg})/(1\ \mathrm{cmHg})\times(1.013\,25\times10^5\ \mathrm{Pa})/(760\ \mathrm{mmHg})=1.3\times10^4\ \mathrm{Pa}$

3・3B　$(630\ \mathrm{Torr})\times(133.3\ \mathrm{Pa}/1\ \mathrm{Torr})=8.40\times10^4\ \mathrm{Pa}=84.0\ \mathrm{kPa}$

3・4B　$V_2=P_1V_1/P_2=(1.00\ \mathrm{bar})\times(750\ \mathrm{L})/(5.00\ \mathrm{bar})=150\ \mathrm{L}$

3・5B　$P_2=P_1T_2/T_1=(760\ \mathrm{mmHg})\times(573\ \mathrm{K})/(293\ \mathrm{K})=1.49\times10^3\ \mathrm{mmHg}$

3・6B　$P_2=P_1n_2/n_1=(1.20\ \mathrm{atm})\times(300\ \mathrm{mol})/(200\ \mathrm{mol})=1.80\ \mathrm{atm}$

3・7B　$V/\mathrm{min}=(n/\mathrm{min})\times(RT)/P=(1.00\ \mathrm{mol/min})\times(8.206\times10^{-2}\ \mathrm{L\ atm\ K^{-1}\ mol^{-1}})\times(300\ \mathrm{K})/(1.00\ \mathrm{atm})=24.6\ \mathrm{L\ min^{-1}}$

3・8B　$2\,H_2O(l)\rightarrow 2\,H_2(g)+O_2(g)$；　(2 mol H_2/3 mol 気体)×(720 Torr)＝480 Torr H_2；　(1 mol O_2/3 mol 気体)×(720 Torr)＝240 Torr O_2

3・9B　$n(O_2)=(141.2\ \mathrm{g}\ O_2)/(32.00\ \mathrm{g\ mol^{-1}})=4.412\ \mathrm{mol}\ O_2$；　$n(\mathrm{Ne})=(335.0\ \mathrm{g\ Ne})/(20.18\ \mathrm{g\ mol^{-1}})=16.60\ \mathrm{mol\ Ne}$；
P_{O_2}＝(4.412 mol O_2/21.01 mol 全量)×(50.0 atn)＝ 10.5 atn

3・10B　$V_2=P_1V_1/P_2=(1.00\ \mathrm{atm})\times(80\ \mathrm{cm^3})/(3.20\ \mathrm{atm})=25\ \mathrm{cm^3}$

3・11B　$P_2=P_1V_1T_2/(V_2T_1)=[(1.00\ \mathrm{atm})\times(250\ \mathrm{L})\times(243\ \mathrm{K})]/[(800\ \mathrm{L})\times(293\ \mathrm{K})]=0.259\ \mathrm{atm}$

3・12B　$n=(1\ \mathrm{mol\ He}/4.003\ \mathrm{g\ He})\times(2.0\ \mathrm{g\ He})=0.50\ \mathrm{mol\ He}$；
$V=nRT/P=(0.50\ \mathrm{mol})\times(24.47\ \mathrm{L\ mol^{-1}})=12\ \mathrm{L}$

3・13B　$M=dRT/P=(1.04\ \mathrm{g\ L^{-1}})\times(62.364\ \mathrm{L\ Torr\ K^{-1}\ mol^{-1}})\times(450\ \mathrm{K})/(200\ \mathrm{Torr})=146\ \mathrm{g\ mol^{-1}}$

3・14B　$2\,H_2(g)+O_2(g)\rightarrow 2\,H_2O(l)$ だから，
2 mol H_2O≙1 mol O_2；　$n(O_2)=PV/(RT)=[(1.00\ \mathrm{atm})\times(100.0\ \mathrm{L})]/[(8.206\times10^{-2}\ \mathrm{L\ atm\ K^{-1}\ mol^{-1}})\times(298\ \mathrm{K})]=4.09\ \mathrm{mol}\ O_2$；　$n(H_2O)=2(4.09\ \mathrm{mol}\ O_2)=8.18\ \mathrm{mol}\ H_2O$；　$m(H_2O)=(8.18\ \mathrm{mol}\ H_2O)\times(18.02\ \mathrm{g\ mol^{-1}})=147\ \mathrm{g}\ H_2O$

3・15B　$v_{rms}=(3RT/M)^{1/2}=[3\times(8.3145\ \mathrm{J\ K^{-1}\ mol^{-1}})\times(298\ \mathrm{K})/(16.04\times10^{-3}\ \mathrm{kg\ mol^{-1}})]^{1/2}=681\ \mathrm{m\ s^{-1}}$

3・16B　$(10\ \mathrm{s})\times[(16.04\ \mathrm{g\ mol^{-1}})/(4.00\ \mathrm{g\ mol^{-1}})]^{1/2}=20\ \mathrm{s}$

3・17B　ブタノール(双極子モーメントが大きく，3・4項の水素結合も効くから)

3・18B　CHF_3 が正味の双極子モーメントをもつから(電子が多い CF_4 のロンドン相互作用は強いが，双極子–双極子相互作用には及ばない).

3・19B　(a) CH_3OH と (c) HClO

3・20B　$P=[nRT/(V-nb)]-an^2/V^2=[\{20\ \mathrm{mol}\ CO_2\times(8.3145\times10^{-2}\ \mathrm{L\ bar\ K^{-1}\ mol^{-1}})\times(293\ \mathrm{K})\}/\{100-(20\ \mathrm{mol}\times4.29\times10^{-2}\ \mathrm{L\ mol^{-1}})\}]-\{3.658\ \mathrm{L^2\ bar\ mol^{-2}}\times(20\ \mathrm{mol})^2\}/(100)^2=4.8\ \mathrm{bar}$

3・21B　(a) $\{(710\ \mathrm{nm}\times1\ \mathrm{cm}/10^7\ \mathrm{nm})\times(10\ \mathrm{cm})\times(0.5\ \mathrm{mm}\times1\ \mathrm{cm}/10\ \mathrm{mm})\}\times(2.27\ \mathrm{g\ cm^{-3}})=8\times10^{-5}\ \mathrm{g}$；$(8\times10^{-5}\ \mathrm{g})/(12.01\ \mathrm{g\ mol^{-1}})=7\times10^{-6}\ \mathrm{mol}$；
(b) $(7\times10^{-6}\ \mathrm{mol})\times(6.022\times10^{23}$ 個 $\mathrm{mol^{-1}})=4\times10^{18}$ 個

3・22B　$8\times\frac{1}{8}$ 個$+2\times\frac{1}{2}$個$+2\times1$ 個＝4 個

3・23B　$d_{fcc}=(4M)/(8^{3/2}N_Ar^3)=(4\times55.85\ \mathrm{g\ mol^{-1}})/\{8^{3/2}\times(6.022\times10^{23}\ \mathrm{mol^{-1}})\times(1.24\times10^{-8}\ \mathrm{cm})^3\}=8.60\ \mathrm{g\ cm^{-3}}$；　$d_{bcc}=(3^{3/2}M)/(32N_Ar^3)=(3^{3/2}\times55.85\ \mathrm{g\ mol^{-1}})/\{32\times(6.022\times10^{23}\ \mathrm{mol^{-1}})\times(1.24\times10^{-8}\ \mathrm{cm})^3\}=7.90\ \mathrm{g\ cm^{-3}}$. 実測の密度は体心立方の値に近い.

3・24B　半径比 $\rho=(100\ \mathrm{pm})/(184\ \mathrm{pm})=0.54$ より，
(a) 岩塩型，(b) (6, 6) 配位

3・25B　半径比 $\rho=(167\ \mathrm{pm})/(220\ \mathrm{pm})=0.76$ より塩化セシウム型構造と考えられる.

$$密度\ d=\frac{M}{N_A(b/3^{1/2})^3}=\frac{(132.91+126.90)\ \mathrm{g\ mol^{-1}}}{(6.022\times10^{23}\ \mathrm{mol^{-1}})(7.74\times10^{-8}\ \mathrm{cm}/3^{1/2})^3}=4.83\ \mathrm{g\ cm^{-3}}$$

4　章

4・1B　U_m(運動エネルギー) ＝ U_m(並進)＋U_m(回転) $=2\times\frac{3}{2}RT=3\times(8.3145\ \mathrm{J\ K^{-1}\ mol^{-1}})\times(298\ \mathrm{K})\times(1\ \mathrm{kJ}/1000\ \mathrm{kJ})=7.43\ \mathrm{kJ\ mol^{-1}}$

4・2B　$w=\Delta U-q=-150\ \mathrm{J}-(300\ \mathrm{J})=-450\ \mathrm{J}$；
$w<0$ なので，系は仕事をした.

4・3B　$w=-P\Delta V=-(9.60\ \mathrm{atm})\times(2.2\ \mathrm{L}-0.22\ \mathrm{L})\times(101.325\ \mathrm{J\ L^{-1}\ atm^{-1}})=-1926\ \mathrm{J}=-1.9\ \mathrm{kJ}$

4・4B　$w=-P\Delta V=-(1.00\ \mathrm{atm})\times(4.00\ \mathrm{L}-2.00\ \mathrm{L})\times101.325\ \mathrm{J\ L^{-1}\ atm^{-1}}=-203\ \mathrm{J}$；
$w=-nRT\ln(V_{終}/V_{始})=-(1.00\ \mathrm{mol})\times(8.314\ \mathrm{J\ K^{-1}\ mol^{-1}})\times(303\ \mathrm{K})\times\ln(4.00\ \mathrm{L}/2.00\ \mathrm{L})=-1.75\ \mathrm{kJ}$；
仕事は等温可逆膨張のほうが大きい.

4・5B　$q=nC_m\Delta T=(3.00\ \mathrm{mol})\times(111\ \mathrm{J\ K^{-1}\ mol^{-1}})\times(15.0\ \mathrm{K})\times(1\ \mathrm{kJ}/1000\ \mathrm{J})=5.00\ \mathrm{kJ}$

4・6B　$C_{計}=\dfrac{q_{計}}{\Delta T}=\dfrac{4.16\ \mathrm{kJ}}{3.24\ ^\circ\mathrm{C}}=1.28\ \mathrm{kJ}\ (^\circ\mathrm{C})^{-1}$

4・7B　$q=+1.00\ \mathrm{kJ}$；　$w=-(2.00\ \mathrm{atm})\times(3.00\ \mathrm{L}-1.00\ \mathrm{L})\times(101.325\ \mathrm{J\ L^{-1}\ atm^{-1}})=-405\ \mathrm{J}$；
$\Delta U=q+w=1.00\ \mathrm{kJ}+(-0.405\ \mathrm{kJ})=+0.60\ \mathrm{kJ}$

4・8B　(a) $\Delta H=+30\ \mathrm{kJ}$；
(b) $\Delta U=q+w=30\ \mathrm{kJ}+40\ \mathrm{kJ}=+70\ \mathrm{kJ}$

4・9B　(a) $\Delta T=\dfrac{q}{nC_{Vm}}=\dfrac{1.20\ \mathrm{kJ}\times(1000\ \mathrm{J}/1\ \mathrm{kJ})}{1.00\ \mathrm{mol}\times(\frac{5}{2}\times8.314\ \mathrm{J\ mol^{-1}\ K^{-1}})}=57.7\ \mathrm{K}$

$T_f=298\ \mathrm{K}+57.7\ \mathrm{K}=356\ \mathrm{K}$；
$\Delta U=q+w=1.20\ \mathrm{kJ}+0=1.20\ \mathrm{kJ}$

(b) 段階1：定積変化での最終温度を求める．

$$\Delta T = \frac{q}{nC_{P\mathrm{m}}} = \frac{1.20\ \mathrm{kJ} \times (1000\ \mathrm{J}/1\ \mathrm{kJ})}{1.00\ \mathrm{mol} \times (\frac{7}{2} \times 8.3145\ \mathrm{J\ mol^{-1}\ K^{-1}})} = 41.2\ \mathrm{K}$$

$T_{終}$＝298 K＋41.2 K＝339 K となる．$\Delta U=q+w=q+0$ だから，$\Delta U=q=nC_{V\mathrm{m}}\Delta T=(1\ \mathrm{mol})\times\frac{5}{2}\times(8.3145\ \mathrm{J\ mol^{-1}\ K^{-1}})\times(41.2\ \mathrm{K})=856\ \mathrm{J}$.

段階2：等温膨張させる．$\Delta T=0$ なので $\Delta U=0$．以上を合わせ，$\Delta U=+856\ \mathrm{J}$，$T_{終}$＝339 K を得る．

4・10B $\dfrac{22\ \mathrm{kJ}}{23\ \mathrm{g}} \times \dfrac{46.07\ \mathrm{g}}{1\ \mathrm{mol}} = 44\ \mathrm{kJ\ mol^{-1}}$

4・11B $\Delta_{昇華}H=\Delta_{蒸発}H+\Delta_{融解}H=(38+3)\ \mathrm{kJ\ mol^{-1}}=41\ \mathrm{kJ\ mol^{-1}}$

4・12B $q_r=-q_{計}=-(216\ \mathrm{J\ ^\circ C^{-1}})(76.7\ \mathrm{^\circ C})=-1.66\times10^4\ \mathrm{J}$；

$$\Delta_r H = \frac{-1.66\times10^4\ \mathrm{J}}{0.338\ \mathrm{g}} \times \frac{72.15\ \mathrm{g}}{1\ \mathrm{mol}} \times \frac{1\ \mathrm{kJ}}{1000\ \mathrm{J}} = -3.54\times10^3\ \mathrm{kJ\ mol^{-1}}；$$

$C_5H_{12}(l)+8\ O_2(g)\rightarrow 5\ CO_2(g)+6\ H_2O(l)$,
$\Delta_r H=-3.54\times10^3\ \mathrm{kJ}$

4・13B $\Delta U=\Delta H-\Delta n_{気体}RT$

$$= (-713\ \mathrm{kJ}) - \left(\frac{3}{4}\ \mathrm{mol}\right) \times \left(\frac{8.314\ \mathrm{J}}{\mathrm{mol\ K}}\right) \times (1173\ \mathrm{K}) \times \left(\frac{1\ \mathrm{kJ}}{1000\ \mathrm{J}}\right) = -720\ \mathrm{kJ}$$

4・14B $-350\ \mathrm{kJ} \times \dfrac{1\ \mathrm{mol}\ C_2H_5OH}{-1368\ \mathrm{kJ}} \times \dfrac{46.07\ \mathrm{g}\ C_2H_5OH}{1\ \mathrm{mol}\ C_2H_5OH} = 11.8\ \mathrm{g}\ C_2H_5OH$

4・15B $CH_4(g)+\frac{1}{2}O_2(g)\rightarrow CH_3OH(l)$, $\Delta H^\circ=206.10\ \mathrm{kJ}+(-128.33\ \mathrm{kJ})+\frac{1}{2}(-483.64\ \mathrm{kJ})=-164.05\ \mathrm{kJ}$

4・16B C(ダイヤモンド) + $O_2(g)\rightarrow CO_2(g)$；
$\Delta_r H^\circ=\Delta_f H^\circ(CO_2)-\Delta_f H^\circ$(C, ダイヤモンド)$-\Delta_f H^\circ(O_2, g)=-393.51\ \mathrm{kJ\ mol^{-1}}-(+1.895\ \mathrm{kJ\ mol^{-1}})-0\ \mathrm{kJ\ mol^{-1}}=-395.41\ \mathrm{kJ\ mol^{-1}}$

4・17B $CO(NH_2)_2(s)+\frac{3}{2}O_2(g)\rightarrow CO_2(g)+2\ H_2O(l)+N_2(g)$；
$\Delta_r H^\circ=\Delta_f H^\circ(CO_2)+2\ \Delta_f H^\circ(H_2O)-\Delta_f H^\circ(CO(NH_2)_2)$；
$-632\ \mathrm{kJ}=-393.51\ \mathrm{kJ}+2(-285.83\ \mathrm{kJ})-\Delta_f H^\circ(CO(NH_2)_2)$； $\Delta_f H^\circ(CO(NH_2)_2)=-333\ \mathrm{kJ\ mol^{-1}}$

4・18B $\Delta_r H_{523\ \mathrm{K}}=\Delta_r H_{298\ \mathrm{K}}+\Delta C_P\Delta T=-365.56\ \mathrm{kJ\ mol^{-1}}+\left[\left(84.1-\frac{3}{2}(29.36)-2(28.82)-29.12\right)\mathrm{J\ K^{-1}\ mol^{-1}}\times\frac{1\ \mathrm{kJ}}{1000\ \mathrm{J}}\right](523-298)\ \mathrm{K}=-376\ \mathrm{kJ\ mol^{-1}}$

4・19B $[524.3+147.70+2(111.88)+736+1451-2(325)]\ \mathrm{kJ}-\Delta H_L=0$；$\Delta H_L=+2433\ \mathrm{kJ}$

4・20B $CH_4(g)+2\ F_2(g)\rightarrow CH_2F_2(g)+2\ HF(g)$；
結合の切断［2(C−H), 2(F−F)：$2(412\ \mathrm{kJ\ mol^{-1}})+2(158\ \mathrm{kJ\ mol^{-1}})=1140\ \mathrm{kJ\ mol^{-1}}$；
結合の生成［2(C−F), 2(H−F)］：$2(484\ \mathrm{kJ\ mol^{-1}})+2(565\ \mathrm{kJ\ mol^{-1}})=2098\ \mathrm{kJ\ mol^{-1}}$；
$\Delta_r H^\circ=1140\ \mathrm{kJ\ mol^{-1}}-2098\ \mathrm{kJ\ mol^{-1}}=-958\ \mathrm{kJ\ mol^{-1}}$

4・21B $\Delta S=-50\ \mathrm{J}/1373\ \mathrm{K}=-0.036\ \mathrm{J\ K^{-1}}$

4・22B $\Delta S_m=nR\ln(V_2/V_1)=(1\ \mathrm{mol})\times(8.3145\ \mathrm{J\ K^{-1}\ mol^{-1}})\times\ln(10/1)=+19\ \mathrm{J\ K^{-1}}$

4・23B $\Delta S=nR\ln(P_1/P_2)=70.9\ \mathrm{g}\times(1\ \mathrm{mol}/70.9\ \mathrm{g})\times(8.3145\ \mathrm{J\ mol^{-1}\ K^{-1}})\times\ln(3.00\ \mathrm{kPa}/24.00\ \mathrm{kPa})=-17.3\ \mathrm{J\ K^{-1}}$

4・24B $\Delta S=(5.5\ \mathrm{g})(0.51\ \mathrm{J\ K^{-1}\ g^{-1}})\ln(373/293)=+0.68\ \mathrm{J\ K^{-1}}$

4・25B (1) $\Delta S=(23.5\ \mathrm{g})(1\ \mathrm{mol}/32.00\ \mathrm{g})(8.3145\ \mathrm{J\ K^{-1}\ mol^{-1}})\times\ln(2.00\ \mathrm{kPa}/8.00\ \mathrm{kPa})=-8.46\ \mathrm{J\ K^{-1}}$；
(2) $\Delta S=(23.5\ \mathrm{g})(1\ \mathrm{mol}/32.00\ \mathrm{g})(20.786\ \mathrm{J\ K^{-1}\ mol^{-1}})\times\ln(360\ \mathrm{K}/240\ \mathrm{K})=+6.19\ \mathrm{J\ K^{-1}}$；
$\Delta S=-8.46+6.19\ \mathrm{J\ K^{-1}}=-2.27\ \mathrm{J\ K^{-1}}$

4・26B $\Delta_{蒸発}S^\circ = \dfrac{\Delta_{蒸発}H}{T_b} = \dfrac{40.7\ \mathrm{kJ\ mol^{-1}}}{373.2\ \mathrm{K}} \times \dfrac{10^3\ \mathrm{J}}{1\ \mathrm{kJ}} = 109\ \mathrm{J\ K^{-1}\ mol^{-1}}$

4・27B $\Delta_{蒸発}H^\circ=(85\ \mathrm{J\ K^{-1}\ mol^{-1}})(273.2+34.5)\ \mathrm{K}\times(1\ \mathrm{kJ}/10^3\ \mathrm{J})=26.2\ \mathrm{kJ\ mol^{-1}}$

4・28B $\Delta_{融解}S^\circ=\Delta_{融解}H^\circ/T_f=(10.59\times10^3\ \mathrm{J\ mol^{-1}})/(278.6\ \mathrm{K})=38.01\ \mathrm{J\ K^{-1}\ mol^{-1}}$

4・29B (1) 加熱：$\Delta S=(136\ \mathrm{J\ K^{-1}\ mol^{-1}})\ln(353.2/296.0)=+24.0\ \mathrm{J\ K^{-1}\ mol^{-1}}$；
(2) 蒸発：$\Delta_{蒸発}S^\circ=(308\,00\ \mathrm{J\ mol^{-1}}/353.2\ \mathrm{K})=87.2\ \mathrm{J\ K^{-1}\ mol^{-1}}$；
(3) 冷却：$\Delta S=(81.7\ \mathrm{J\ K^{-1}\ mol^{-1}})\ln(296.0/353.2)=-14.4\ \mathrm{J\ K^{-1}\ mol^{-1}}$；
$\Delta_{蒸発}S^\circ(296\ \mathrm{K})=(24.0+87.2-14.4)\ \mathrm{J\ K^{-1}\ mol^{-1}}=96.8\ \mathrm{J\ K^{-1}\ mol^{-1}}$

4・30B $S=k\ln W=(1.380\,66\times10^{-23}\ \mathrm{J\ K^{-1}})(1.0\ \mathrm{mol})(6.022\times10^{23}\ \mathrm{mol^{-1}})\ln 6=15\ \mathrm{J\ K^{-1}}$

4・31B $T=0$ で $S\neq0$ だから乱雑さがあり，結晶内の分子配向は1種類ではない．各O原子を囲む4個のH原子には2種類のタイプがある．H原子2個はO原子と共有結合し，残る2個(隣の H_2O 分子に属す)はO原子と水素結合している．つまり複数の分子配向がありえるため，$T=0$ でも $S=0$ にならない．

4・32B (a) $\Delta S=S_{灰色}-S_{白色}=(44.14-51.55)\ \mathrm{J\ K^{-1}\ mol^{-1}}=-7.41\ \mathrm{J\ K^{-1}\ mol^{-1}}$；
(b) $\Delta S=S_{黒鉛}-S_{ダイヤモンド}=(5.7-2.4)\ \mathrm{J\ K^{-1}\ mol^{-1}}=+3.3\ \mathrm{J\ K^{-1}\ mol^{-1}}$

4・33B $\Delta_r S^\circ=(229.60-219.56-130.68)\ \mathrm{J\ K^{-1}\ mol^{-1}}=-120.64\ \mathrm{J\ K^{-1}\ mol^{-1}}$

4・34B $\Delta S_{外界}=-\Delta H/T=-(2.00\ \mathrm{mol})\times(-46.11\ \mathrm{kJ\ mol^{-1}})/298\ \mathrm{K}\times(10^3\ \mathrm{J}/1\ \mathrm{kJ})=+309\ \mathrm{J\ K^{-1}}$

4・35B $\Delta S_{外界}{}^\circ=-\Delta H^\circ/T=-(49.0\ \mathrm{kJ}/298\ \mathrm{K})\times(10^3\ \mathrm{J}/1\ \mathrm{kJ})=-164\ \mathrm{J\ K^{-1}}$；$\Delta S_{全}{}^\circ=-164\ \mathrm{J\ K^{-1}}+(-253.18$

J K^{-1}) $= -417$ J K^{-1}　だから自発変化ではない．

4・36B　$\Delta S = nR\times\ln(V_2/V_1) = (2.00\text{ mol})\times(8.3145\text{ J K}^{-1}\text{ mol}^{-1})\times\ln(0.200/4.00) = -49.8\text{ J K}^{-1}$；
$\Delta S_{外界} = +49.8\text{ J K}^{-1}$；　$\Delta S_{全} = 0$

4・37B　$\Delta S_{外界} = -\Delta_{蒸発}H/T = -(30.8\times10^3\text{ J mol}^{-1})/353.2\text{ K} = -87.2\text{ J K}^{-1}\text{ mol}^{-1}$；　$\Delta S = +87.2\text{ J K}^{-1}\text{ mol}^{-1}$；
$\Delta S_{全} = \Delta S + \Delta S_{外界} = +87.2\text{ J K}^{-1}\text{ mol}^{-1} + (-87.2\text{ J K}^{-1}\text{ mol}^{-1}) = 0$

4・38B　ある（$\Delta S>0$ なら $T\Delta S>0$．$T\Delta S$ が十分に大きい高温で $\Delta G=\Delta H-T\Delta S<0$ だから）．

4・39B　(a) $\Delta G_m = \Delta H_m - T\Delta S_m = 59.3\text{ kJ mol}^{-1} - (623\text{ K})\times(0.0942\text{ kJ K}^{-1}\text{ mol}^{-1}) = +0.6\text{ kJ mol}^{-1}$；非自発変化
(b) $\Delta G_m = \Delta H_m - T\Delta S_m = 59.3\text{ kJ mol}^{-1} - (643\text{ K})(0.0942\text{ kJ K}^{-1}\text{ mol}^{-1}) = -1.3\text{ kJ mol}^{-1}$；自発変化

4・40B　$3\,H_2(g) + 3\,C(s, 黒鉛) \rightarrow C_3H_6(g)$,
$\Delta_r S = 237.4\text{ J K}^{-1}\text{ mol}^{-1} - [3(130.68\text{ J K}^{-1}\text{ mol}^{-1}) + 3(5.740\text{ J K}^{-1}\text{ mol}^{-1})] = -171.86\text{ J K}^{-1}\text{ mol}^{-1}$,
$\Delta_r G = \Delta_r H - T\Delta_r S = +53.30\text{ kJ mol}^{-1} - (298\text{ K})(-171.86\text{ J K}^{-1}\text{ mol}^{-1})\times(1\text{ kJ}/10^3\text{ J}) = +104.5\text{ kJ mol}^{-1}$

4・41B　付録 2A より $\Delta_f G^\circ(CH_3NH_2, g) = +32.16\text{ kJ mol}^{-1} > 0$ だから，単体群よりも不安定．

4・42B　$\Delta G = [-910 + (6\text{ mol})(0)] - [(6\text{ mol})(-394.36) + (6\text{ mol})(-237.13)] = +2879\text{ kJ}$

4・43B　$MgCO_3(s) \rightarrow MgO(s) + CO_2(g)$；
$\Delta H^\circ = -601.70 + (-393.51) - (-1095.8) = +100.6\text{ kJ}$；
$\Delta S^\circ = 26.94 + 213.74 - 65.7\text{ J K}^{-1} = +175.0\text{ J K}^{-1}$

$$T = \frac{\Delta H^\circ}{\Delta S^\circ} = \frac{100.6\text{ kJ}}{175.0\text{ J K}^{-1}} \times \frac{10^3\text{ J}}{1\text{ kJ}} = 574.9\text{ K}$$

序章の節末問題の解答（奇数番のみ）

A・1　(a) 法則；　(b) 仮説；　(c) 仮説；　(d) 仮説；　(e) 仮説

A・3　(a) 化学的性質；　(b) 物理的性質；　(c) 物理的性質

A・5　キャンパーの体温と，水の蒸発・凝縮は物理的性質．プロパンの点火は化学変化．

A・7　(a) 物理変化；　(b) 化学変化；　(c) 化学変化

A・9　(a) 示強性；　(b) 示強性；　(c) 示強性；　(d) 示量性

A・11　(a) 1 キログレイン；　(b) 1 センチバットマン；　(c) 1 メガムチキン

A・13　236 mL

A・15　(a) 5.4×10^8 pm　＜　(b) 1.3×10^9 pm

A・17　19.0 g cm^{-3}

A・19　0.0427 cm^3

A・21　0.8589 g cm^{-3}

A・23　密度より，体積は 7.41 cm^3．面積が 1.00 cm^2 なら厚みは 7.41 cm.

A・25　0.3423　（有効数字 4 桁）

A・27　0.989　（有効数字 3 桁）

A・29　(a) 4.82×10^3 pm；(b) 30.5 mm^3 s^{-1}；
(c) 1.88×10^{-12} kg；　(d) 2.66×10^3 kg m^{-3}；
(e) 0.044 mg cm^{-3}

A・31　(a) 1.72 g cm^{-3}；　(b) 1.7 g cm^{-3}

A・33　(a) °X＝50＋2×°C；　(b) 94 °X

A・35　32 J

A・37　エネルギー 8.1×10^2 kJ，高さ 29 m

A・39　6.0 J

A・41　$R = R_E + h$ だから次式が成り立つ．

$$E_P = \Delta E_P = \frac{-Gm_Em}{R_E+h} - \left(\frac{-Gm_Em}{R_E}\right) = \frac{-Gm_Em}{R_E}\left(\frac{1}{1+h/R_E} - 1\right) = \frac{Gm_Em}{R_E}\left(1 - \frac{1}{1+h/R_E}\right)$$

$(1+x)^{-1} \approx 1-x$ を使い，つぎのように近似できる．

$$E_P = \frac{Gm_Em}{R_E}\left[1 - \left(1 - \frac{h}{R_E}\right)\right] = \frac{Gm_Emh}{R_E{}^2}$$

$E_P = mgh$ と書けば，$g = Gm_E/R_E{}^2$ が成り立つ．

B・1　1.40×10^{22} 個

B・3　陽子, 中性子, 電子の順に, (a) 5 個, 6 個, 5 個；
(b) 5 個, 5 個, 5 個；　(c) 15 個, 16 個, 15 個；
(d) 92 個, 146 個, 92 個

B・5　(a) ^{194}Ir；　(b) ^{22}Ne；　(c) ^{51}V

B・7

元　素	記　号	陽子数	中性子数	電子数	質量数
塩　素	^{36}Cl	17	19	17	36
亜　鉛	^{65}Zn	30	35	30	65
カルシウム	^{40}Ca	20	20	20	40
ランタン	^{137}La	57	80	57	137

B・9　(a) どれも質量が同じ；
(b) 陽子・中性子・電子の数が異なる

B・11　(a) 0.5359；　(b) 0.4638；
(c) 2.526×10^{-4}；　(d) 535.9 kg

B・13　(a) 0.542；　(b) 0.458；
(c) 2.49×10^{-4}；　(d) 14 kg

B・15　(a) スカンジウム（3 族，金属）；　(b) ストロンチウム（2 族，金属）；　(c) 硫黄（16 族，非金属）；
(d) アンチモン（15 族，半金属）

B・17　(a) Sr(金属)；　(b) Xe(非金属)；
(c) Si(半金属)

B・19　(a) ルビジウム；　(b) 銅；　(c) セリウム

B・21　(a) d ブロック；　(b) p ブロック；
(c) d ブロック；　(d) s ブロック；
(e) p ブロック；　(f) d ブロック

B・23　(a) Pb，14 族，第 6 周期，金属；
(b) Cs，1 族，第 6 周期，金属

C・1　(a) 混合物；　(b) 単体

C・3　$C_{40}H_{56}O_2$

C・5 (a) $C_3H_7O_2N$； (b) C_2H_7N
C・7 (a) 陽イオン，Cs^+； (b) 陰イオン，I^-；(c) 陰イオン，Se^{2-}； (d) 陽イオン，Ca^{2+}
C・9 陽子，中性子，電子の順に，(a) 4 個，6 個，2 個；(b) 8 個，9 個，10 個； (c) 35 個，45 個，36 個；(d) 33 個，42 個，36 個
C・11 (a) $^{19}F^-$； (b) $^{24}Mg^{2+}$； (c) $^{128}Te^{2-}$；(d) $^{86}Rb^+$
C・13 (a) Al_2Te_3； (b) MgO； (c) Na_2S； (d) RbI
C・15 (a) 13 族； (b) アルミニウム，Al
C・17 (a) Na_2HPO_3； (b) $(NH_4)_2CO_3$；(c) $+2$； (d) $+2$
C・19 (a) 分子化合物； (b) 単体； (c) イオン化合物； (d) 単体； (e) 分子化合物； (f) イオン化合物

D・1 (a) 亜臭素酸イオン； (b) HSO_3^-
D・3 (a) $MnCl_2$； (b) $Ca_3(PO_4)_2$；(c) $Al_2(SO_3)_3$； (d) Mg_3N_2
D・5 (a) 五フッ化リン； (b) 三フッ化ヨウ素；(c) 二フッ化酸素； (d) 四塩化二ホウ素； (e) 硫酸コバルト(Ⅱ)； (f) 臭化水銀(Ⅱ)； (g) リン酸水素鉄(Ⅲ)(またはリン酸水素第二鉄)； (h) 酸化タングステン(Ⅴ)；(i) 臭化オスミウム(Ⅲ)
D・7 (a) リン酸カルシウム； (b) 硫化スズ(Ⅳ)，硫化第一スズ； (c) 酸化バナジウム(Ⅴ)； (d) 酸化銅(Ⅰ)，酸化第一銅
D・9 (a) 六フッ化硫黄； (b) 五酸化二窒素；(c) 三ヨウ化窒素； (d) 四フッ化キセノン；(e) 三臭化ヒ素； (f) 二酸化塩素
D・11 (a) 塩化水素酸（塩酸）； (b) 硫酸；(c) 硝酸； (d) 酢酸； (e) 亜硫酸； (f) リン酸
D・13 (a) $HClO_4$； (b) HClO； (c) HIO；(d) HF； (e) H_3PO_3； (f) HIO_4
D・15 (a) TiO_2； (b) $SiCl_4$； (c) CS_2； (d) SF_4；(e) Li_2S； (f) SbF_5； (g) N_2O_5； (h) IF_7
D・17 (a) ZnF_2； (b) $Ba(NO_3)_2$； (c) AgI；(d) Li_3N； (e) Cr_2S_3
D・19 (a) $BaCl_2$； (b) イオン化合物
D・21 (a) 亜硫酸ナトリウム； (b) 酸化鉄(Ⅲ)，酸化第二鉄； (c) 酸化鉄(Ⅱ)，酸化第一鉄； (d) 水酸化マグネシウム； (e) 硫酸ニッケル(Ⅱ) 六水和物； (f) 五塩化リン； (g) リン酸二水素クロム(Ⅲ)； (h) 三酸化二ヒ素； (i) 塩化ルテニウム(Ⅱ)
D・23 (a) 炭酸銅(Ⅱ)； (b) 亜硫酸カリウム；(c) 塩化リチウム
D・25 (a) ヘプタン； (b) プロパン； (c) ペンタン；(d) ブタン
D・27 (a) 酸化コバルト(Ⅲ) 一水和物，$Co_2O_3 \cdot H_2O$；(b) 水酸化コバルト(Ⅱ)，$Co(OH)_2$
D・29 E は Si. 化合物は水素化ケイ素(SiH_4)とケイ化ナトリウム(Na_4Si)
D・31 (a) 水素化リチウムアルミニウム，イオン化合物；(b) 水素化ナトリウム，イオン化合物
D・33 (a) セレン酸； (b) ヒ化ナトリウム；(c) 亜テルル酸カルシウム； (d) ヒ酸バリウム；(e) アンチモン酸； (f) セレン酸ニッケル(Ⅲ)
D・35 (a) アルコール； (b) カルボン酸；(c) ハロアルカン

E・1 1.73×10^{11} km
E・3 3 個
E・5 (a) 1.2×10^{-14} mol； (b) 260 万年
E・7 3.5×10^{-15} mol C
E・9 (a) 1.38×10^{23} 個； (b) 1.26×10^{22} 個；(c) 0.146 mol
E・11 (a) 6.94 g mol^{-1}； (b) 6.96 g mol^{-1}
E・13 ^{11}B は 73.8%，^{10}B は 26.2%
E・15 72.15 g mol^{-1}(硫化物は CaS)
E・17 (a) インジウム 75 g； (b) 15.0 g の P； (c) 同数
E・19 (a) 20.027 g mol^{-1}； (b) 1.11 g cm^{-3}；(c) 体積は順に 905 m^3，901 m^3； (d) 正確ではない；(e) 適切だった
E・21 量，個数の順に，(a) 0.0981 mol，5.91×10^{22} 個；(b) 1.30×10^{-3} mol，7.83×10^{20} 個； (c) 4.56×10^{-5} mol，2.75×10^{19} 個； (d) 6.94 mol，4.18×10^{24} 個；(e) N：0.312 mol，1.88×10^{23} 個；N_2：0.156 mol，9.39×10^{22} 個
E・23 (a) 0.0134 mol； (b) 8.74×10^{-3} mol；(c) 430 mol； (d) 0.0699 mol
E・25 (a) 4.52×10^{23} 個； (b) 124 mg；(c) 3.036×10^{22} 個
E・27 (a) 2.992×10^{-23} g； (b) 3.34×10^{25} 個
E・29 (a) 0.0417 mol； (b) 0.0834 mol；(c) 1.00×10^{23} 個； (d) 30.99%
E・31 (a) 1.6 kg，109.28 ドル； (b) 70.20 ドル
E・33 0.39 %

F・1 (a) $C_{10}H_{16}O$； (b) 78.90%，10.59%，10.51%
F・3 (a) HNO_3； (b) O(酸素)
F・5 52.15% C，9.3787% H，8.691% N，29.78% O
F・7 (a) 63.43 g mol^{-1}； (b) 酸化銅(Ⅰ)
F・9 O：C：H＝1：2.67：2.67 （実験式 $C_8H_8O_3$）
F・11 (a) Na_3AlF_6； (b) $KClO_4$；(c) NH_6PO_4 (リン酸二水素アンモニウム $[NH_4][H_2PO_4]$)
F・13 (a) PCl_5； (b) 五塩化リン
F・15 $C_{16}H_{13}ClN_2O$
F・17 (a) OsC_4O_4； (b) $Os_3C_{12}O_{12}$
F・19 $C_8H_{10}N_4O_2$
F・21 $C_{49}H_{78}N_6O_{12}$
F・23 エチレン(85.63% C)＞ヘプタン(83.91% C)＞プロパノール(59.96% C)
F・25 (a) 実験式 C_2H_3Cl，分子式 $C_4H_6Cl_2$；(b) 実験式 CH_4N，分子式 $C_2H_8N_2$
F・27 45.1%

G・1 (a) 誤(化学的方法で分ける); (b) 正; (c) 誤(性質は異なる)
G・3 (a) 不均一混合物 (静置); (b) 不均一混合物 (溶解ののち沪過・蒸留); (c) 均一混合物 (蒸留)
G・5 (a) 13.5 mL; (b) 62.5 mL; (c) 5.92 mL
G・7 27.8 g の KNO_3 を 482.2 g の水に溶かす
G・9 15.2 g
G・11 16.2 mL
G・13 1.0×10^{-2} mol
G・15 (a) 4.51 mL; (b) 12.0 mL の 2.5 M 水溶液を 48.0 mL の水で薄める
G・17 (a) 8.0 g; (b) 12 g
G・19 (a) 0.067 57 M; (b) 0.0732 M
G・21 (a) 4.58×10^{-2} M; (b) 9.07×10^{-3} M
G・23 0.15 M $Cl^-(aq)$
G・25 実質的に 0 個
G・27 600 mL
G・29 検出できる (検出感度は $10^{-8}\times207$ g Pb/1000 g$=2.07\times10^{-9}\approx2$ ppb だから)

H・1 (a) 酸素原子 O は反応に関与しないから; (b) $2\,Cu+SO_2\rightarrow2\,CuO+S$
H・3 $2\,SiH_4+4\,H_2O\rightarrow2\,SiO_2+8\,H_2$
H・5 (a) $NaBH_4(s)+2\,H_2O(l)\rightarrow NaBO_2(aq)+4\,H_2(g)$; (b) $Mg(N_3)_2(s)+2\,H_2O(l)\rightarrow Mg(OH)_2(aq)+2\,HN_3(aq)$; (c) $2\,NaCl(aq)+SO_3(g)+H_2O(l)\rightarrow Na_2SO_4(aq)+2\,HCl(aq)$; (d) $4\,Fe_2P(s)+18\,S(s)\rightarrow P_4S_{10}(s)+8\,FeS(s)$
H・7 (a) $Ca(s)+2\,H_2O(l)\rightarrow H_2(g)+Ca(OH)_2(aq)$; (b) $Na_2O(s)+H_2O(l)\rightarrow2\,NaOH(aq)$; (c) $3\,Mg(s)+N_2(g)\rightarrow Mg_3N_2(s)$; (d) $4\,NH_3(g)+7\,O_2(g)\rightarrow6\,H_2O(g)+4\,NO_2(g)$
H・9 (a) $3\,Pb(NO_3)_2(aq)+2\,Na_3PO_4(aq)\rightarrow Pb_3(PO_4)_2(s)+6\,NaNO_3(aq)$; (b) $Ag_2CO_3(aq)+2\,NaBr(aq)\rightarrow2\,AgBr(s)+Na_2CO_3(aq)$
H・11 1) $3\,Fe_2O_3(s)+CO(g)\rightarrow2\,Fe_3O_4(s)+CO_2(g)$; 2) $Fe_3O_4(s)+4\,CO(g)\rightarrow3\,Fe(s)+4\,CO_2(g)$
H・13 1) $N_2(g)+O_2(g)\rightarrow2\,NO(g)$; 2) $2\,NO(g)+O_2(g)\rightarrow2\,NO_2(g)$
H・15 $4\,HF(aq)+SiO_2(s)\rightarrow SiF_4(aq)+2\,H_2O(l)$
H・17 $C_7H_{16}(l)+11\,O_2(g)\rightarrow7\,CO_2(g)+8\,H_2O(g)$
H・19 $C_{14}H_{18}N_2O_5(s)+16\,O_2(g)\rightarrow14\,CO_2(g)+9\,H_2O(l)+N_2(g)$
H・21 $2\,C_{10}H_{15}N(s)+26\,O_2(g)\rightarrow19\,CO_2(g)+13\,H_2O(l)+CH_4N_2O(aq)$
H・23 1) $H_2S(g)+2\,NaOH(s)\rightarrow Na_2S(aq)+2\,H_2O(l)$; 2) $4\,H_2S(g)+Na_2S(alc)\rightarrow Na_2S_5(alc)+4\,H_2(g)$; 3) $2\,Na_2S_5(alc)+9\,O_2(g)+10\,H_2O(l)\rightarrow2\,[Na_2S_2O_3\cdot5H_2O(s)]+6\,SO_2(g)$
H・25 (a) 順に P_2O_5, P_2O_3; (b) 順に P_4O_{10}〔酸化リン(V)〕, P_4O_6〔酸化リン(Ⅲ)〕 (c) $P_4(s)+3\,O_2(g)\rightarrow P_4O_6(s)$; $P_4(s)+5\,O_2(g)\rightarrow P_4O_{10}(s)$

I・1 $CaSO_4(s)$ の沈殿が生成(図解は略)
I・3 (a) 非電解質; (b) 強電解質; (c) 強電解質
I・5 (a) $3\,BaBr_2(aq)+2\,Li_3PO_4(aq)\rightarrow Ba_3(PO_4)_2(s)+6\,LiBr(aq)$; $3\,Ba^{2+}(aq)+6\,Br^-(aq)+6\,Li^+(aq)+2\,PO_4^{3-}(aq)\rightarrow Ba_3(PO_4)_2(s)+6\,Li^+(aq)+6\,Br^-(aq)$; イオン反応式: $3Ba^{2+}(aq)+2\,PO_4^{3-}(aq)\rightarrow Ba_3(PO_4)_2(s)$
(b) $2\,NH_4Cl(aq)+Hg_2(NO_3)_2(aq)\rightarrow2\,NH_4NO_3(aq)+Hg_2Cl_2(s)$; $2\,NH_4^+(aq)+2\,Cl^-(aq)+Hg_2^{2+}(aq)+2\,NO_3^-(aq)\rightarrow Hg_2Cl_2(s)+2\,NH_4^+(aq)+2\,NO_3^-(aq)$; イオン反応式: $Hg_2^{2+}(aq)+2\,Cl^-(aq)\rightarrow Hg_2Cl_2(s)$
(c) $2\,Co(NO_3)_3(aq)+3\,Ca(OH)_2(aq)\rightarrow2\,Co(OH)_3(s)+3\,Ca(NO_3)_2(aq)$; $2\,Co^{3+}(aq)+6\,NO_3^-(aq)+3\,Ca^{2+}(aq)+6\,OH^-(aq)\rightarrow2\,Co(OH)_3(s)+3\,Ca^{2+}(aq)+6\,NO_3^-(aq)$; イオン反応式: $Co^{3+}(aq)+3\,OH^-(aq)\rightarrow Co(OH)_3(s)$
I・7 (a) 水溶性; (b) わずかに水溶性; (c) 不溶性; (d) 不溶性
I・9 (a) $Na^+(aq)$ と $I^-(aq)$; (b) $Ag^+(aq)$ と $CO_3^{2-}(aq)$ (Ag_2CO_3 は難溶性); (c) $NH_4^+(aq)$ と $PO_4^{3-}(aq)$; (d) $Fe^{2+}(aq)$ と $SO_4^{2-}(aq)$
I・11 (a) $Fe(OH)_3$; (b) Ag_2CO_3 が沈殿; (c) 沈殿は生じない
I・13 (a) $Fe^{2+}(aq)+S^{2-}(aq)\rightarrow FeS(s)$ (溶けたまま: Na^+ と Cl^-)
(b) $Pb^{2+}(aq)+2\,I^-(aq)\rightarrow PbI_2(s)$ (溶けたまま: K^+ と NO_3^-)
(c) $Ca^{2+}(aq)+SO_4^{2-}(aq)\rightarrow CaSO_4(s)$ (溶けたまま: NO_3^- と K^+)
(d) $Pb^{2+}(aq)+CrO_4^{2-}(aq)\rightarrow PbCrO_4(s)$ (溶けたまま: Na^+ と NO_3^-)
(e) $Hg_2^{2+}(aq)+SO_4^{2-}(aq)\rightarrow Hg_2SO_4(s)$ (溶けたまま: K^+ と NO_3^-)
I・15 (a) 化学反応式: $(NH_4)_2CrO_4(aq)+BaCl_2(aq)\rightarrow BaCrO_4(s)+2\,NH_4Cl(aq)$; イオン反応式: $Ba^{2+}(aq)+CrO_4^{2-}(aq)\rightarrow BaCrO_4(s)$
(b) 化学反応式: $CuSO_4(aq)+Na_2S(aq)\rightarrow CuS(s)+Na_2SO_4(aq)$; イオン反応式: $Cu^{2+}(aq)+S^{2-}(aq)\rightarrow CuS(s)$
(c) 化学反応式: $3\,FeCl_2(aq)+2\,(NH_4)_3\,PO_4(aq)\rightarrow Fe_3(PO_4)_2(s)+6\,NH_4Cl(aq)$; イオン反応式: $3\,Fe^{2+}(aq)+2\,PO_4^{3-}(aq)\rightarrow Fe_3(PO_4)_2(s)$
(d) 化学反応式: $K_2C_2O_4(aq)+Ca(NO_3)_2(aq)\rightarrow CaC_2O_4(s)+2\,KNO_3(aq)$; イオン反応式: $Ca^{2+}(aq)+C_2O_4^{2-}(aq)\rightarrow CaC_2O_4(s)$
(e) 化学反応式: $NiSO_4(aq)+Ba(NO_3)_2(aq)\rightarrow Ni(NO_3)_2(aq)+BaSO_4(s)$; イオン反応式: $Ba^{2+}(aq)+SO_4^{2-}(aq)\rightarrow BaSO_4(s)$
I・17 (a) $AgNO_3$ と Na_2CrO_4; (b) $CaCl_2$ と Na_2CO_3; (c) $Cd(ClO_4)_2$ と $(NH_4)_2S$
I・19 (a) 希硫酸. $Pb^{2+}(aq)+SO_4^{2-}(aq)\rightarrow PbSO_4(s)$; (b) H_2S 水溶液. $Mg^{2+}(aq)+S^{2-}(aq)\rightarrow MgS(s)$
I・21 (a) $2\,Ag^+(aq)+SO_4^{2-}(aq)\rightarrow Ag_2SO_4(s)$;

(b) $Hg^{2+}(aq)+S^{2-}(aq) \to HgS(s)$；
(c) $3\,Ca^{2+}(aq)+2\,PO_4^{3-}(aq) \to Ca_3(PO_4)_2(s)$；
(d) $AgNO_3$ と Na_2SO_4. Na^+, NO_3^-； $Hg(CH_3COO)_2$ と Li_2S. Li^+, CH_3COO^-； $CaCl_2$ と K_3PO_4. K^+, Cl^-
I・23 Ag^+ と Zn^{2+} (Ca^{2+} があれば硫酸添加で沈殿)
I・25 (a) 化学反応式：$2\,NaOH(aq)+Cu(NO_3)_2(aq) \to Cu(OH)_2(s)+2\,NaNO_3(aq)$；
イオン反応式：$Cu^{2+}(aq)+2\,OH^-(aq) \to Cu(OH)_2(s)$
(b) 0.0800 M

J・1 (a) 塩基； (b) 酸； (c) 塩基； (d) 酸； (e) 塩基
J・3 CH_3COOH
J・5 (a) 化学反応式：$HF(aq)+NaOH(aq) \to NaF(aq)+H_2O(l)$；
イオン反応式：$HF(aq)+OH^-(aq) \to F^-(aq)+H_2O(l)$
(b) 化学反応式：$(CH_3)_3N(aq)+HNO_3(aq) \to (CH_3)_3NHNO_3(aq)$；
イオン反応式：$(CH_3)_3N(aq)+H^+(aq) \to (CH_3)_3NH^+(aq)$
(c) 化学反応式：$LiOH(aq)+HI(aq) \to LiI(aq)+H_2O(l)$；
イオン反応式：$OH^-(aq)+H^+(aq) \to H_2O(l)$
J・7 (a) $HBr(aq)+KOH(aq) \to KBr(aq)+H_2O(l)$；
(b) $Zn(OH)_2(aq)+2\,HNO_2(aq) \to Zn(NO_2)_2(aq)+2\,H_2O(l)$；
(c) $Ca(OH)_2(aq)+2\,HCN(aq) \to Ca(CN)_2(aq)+2\,H_2O(l)$；
(d) $3\,KOH(aq)+H_3PO_4(aq) \to K_3PO_4(aq)+3\,H_2O(l)$
J・9 (a) CH_3COOK(酢酸カリウム)：$CH_3COOH(aq)+K^+(aq)+OH^-(aq) \to K^+(aq)+CH_3COO^-(aq)+H_2O(l)$； (b) $(NH_4)_3PO_4$(リン酸アンモニウム)：$3\,NH_3+3\,H^+(aq)+PO_4^{3-}(aq) \to 3\,NH_4^++PO_4^{3-}(aq)$； (c) $Ca(BrO_2)_2$(亜臭素酸カルシウム)：$Ca^{2+}(aq)+2\,OH^-(aq)+2\,HBrO_2(aq) \to 2\,H_2O(l)+Ca^{2+}(aq)+2\,BrO_2^-(aq)$；
(d) Na_2S(硫化ナトリウム)：$2\,Na^+(aq)+2\,OH^-(aq)+H_2S(aq) \to 2\,H_2O(l)+2\,Na^+(aq)+S^{2-}(aq)$
J・11 (b)
J・13 (a) 酸 $H_3O^+(aq)$，塩基 $CH_3NH_2(aq)$；
(b) 酸 CH_3COOH，塩基 $CH_3NH_2(aq)$；
(c) 酸 $HI(aq)$，塩基 $CaO(s)$
J・15 (a) CHO_2； (b) $C_2H_2O_4$；
(c) $(COOH)_2(aq)+2\,NaOH(aq) \to Na_2C_2O_4(aq)+2\,H_2O(l)$；
イオン反応式：$(COOH)_2(aq)+2\,OH^- \to C_2O_4^{2-}(aq)+2\,H_2O(l)$
J・17 (a) $C_6H_5O^-(aq)+H_2O(l) \to C_6H_5OH(aq)+OH^-(aq)$；
(b) $ClO^-(aq)+H_2O(l) \to HClO(aq)+OH^-(aq)$；
(c) $C_5H_5NH^+(aq)+H_2O(l) \to C_5H_5N(aq)+H_3O^+(aq)$；
(d) $NH_4^+(aq)+H_2O(l) \to NH_3(aq)+H_3O^+(aq)$
J・19 (a)

$$c(C_6H_5NH_3^+)=\frac{40.0\text{ g }C_6H_5NH_3Cl}{210.0\text{ mL}}\times\frac{1000\text{ mL}}{1\text{ L}}\times\frac{1\text{ mol }C_6H_5NH_3Cl}{129.45\text{ g }C_6H_5NH_3Cl}=1.47\text{ M }C_6H_5NH_3Cl=1.47\text{ M }C_6H_5NH_3^+$$

(b) $C_6H_5NH_3^+ + H_2O(l) \to C_6H_5NH_3(aq) + H_3O^+$
酸　塩基　共役塩基　共役酸
J・21 (a) $AsO_4^{3-}(aq)+H_2O(l) \to HAsO_4^{2-}(aq)+OH^-(aq)$；
$HAsO_4^{2-}(aq)+H_2O(l) \to H_2AsO_4^-(aq)+OH^-(aq)$；
$H_2AsO_4^-(aq)+H_2O(l) \to H_3AsO_4(aq)+OH^-(aq)$；
どの段階でも H_2O が塩基； (b) 0.505 mol Na^+
J・23 (a) $CO_2(g)+H_2O(l) \to H_2CO_3(aq)$(炭酸)；
(b) $SO_3(g)+H_2O(l) \to H_2SO_4(aq)$(硫酸)

K・1 (a) $+2$； (b) $+2$； (c) $+6$； (d) $+4$； (e) $+1$
K・3 (a) $+4$； (b) $+4$； (c) -2； (d) $+5$； (e) $+1$； (f) 0
K・5 Fe^{2+} と銅ができる(還元剤の鉄が Cu^{2+} を酸化).
K・7 (a) 酸化剤 $O_2(g)$，還元剤 $CH_3OH(aq)$；
(b) 酸化剤は Mo 原子，還元剤は S 原子 (後者は一部だけ酸化され，残りは酸化数-2のまま MoS_2 中に残留)
(c) 酸化剤も還元剤も $Tl^+(aq)$
K・9 (a) 酸化剤 $HCl(aq)$(実体は H^+)，還元剤 $Zn(s)$；
(b) 酸化剤 $SO_2(g)$，還元剤 $H_2S(g)$
(c) 酸化剤 $B_2O_3(s)$，還元剤 $Mg(s)$
K・11 $CO_2(g)+4\,H_2(g) \to CH_4(g)+2\,H_2O(l)$；
CO_2 が酸化剤，H_2 が還元剤となる酸化還元反応
K・13 (a) $2\,NO_2(g)+O_3(g) \to N_2O_5(g)+O_2(g)$；
(b) $S_8(s)+16\,Na(s) \to 8\,Na_2S(s)$；
(c) $2\,Cr^{2+}(aq)+Sn^{4+}(aq) \to 2\,Cr^{3+}(aq)+Sn^{2+}(aq)$；
(d) $2\,As(s)+3\,Cl_2(g) \to 2\,AsCl_3(l)$
K・15 (a) 酸化剤 $WO_3(s)$，還元剤 $H_2(g)$；
(b) 酸化剤 $HCl(aq)$，還元剤 $Mg(s)$；
(c) 酸化剤 $SnO_2(s)$，還元剤 $C(s)$；
(d) 酸化剤 $N_2O_4(g)$，還元剤 $N_2H_4(g)$
K・17 (a) $Cl_2(g)+H_2O(l) \to HClO(aq)+HCl(aq)$；
酸化剤 $Cl_2(g)$，還元剤 $Cl_2(g)$；
(b) $2\,NaClO_3(aq)+SO_2(g)+H_2SO_4(aq) \to 2\,NaHSO_4(aq)+2\,ClO_2(g)$； 酸化剤 $NaClO_3(aq)$，還元剤 $SO_2(g)$； (c) $2\,CuI(aq) \to 2\,Cu(s)+I_2(s)$；
酸化剤 $CuI(aq)$，還元剤 $CuI(aq)$
K・19 (a) $Mg(s)+Cu^{2+}(aq) \to Mg^{2+}(aq)+Cu(s)$；
(b) $Fe^{2+}(aq)+Ce^{4+}(aq) \to Fe^{3+}(aq)+Ce^{3+}(aq)$；
(c) $H_2(g)+Cl_2(g) \to 2\,HCl(g)$；
(d) $4\,Fe(s)+3\,O_2(g) \to 2\,Fe_2O_3(s)$
K・21 (a) $-\frac{1}{2}$； (b) -1； (c) -1； (d) -1； (e) $-\frac{1}{3}$
K・23 (a) 還元剤； (b) 還元剤
K・25 (a) 酸化還元反応：酸化剤 $I_2O_5(s)$，還元剤 $CO(g)$；
(b) 酸化還元反応：酸化剤 $I_2(aq)$，還元剤 $S_2O_3^{2-}(aq)$；
(c) 沈殿反応：$Ag^+(aq)+Br^-(aq) \to AgBr(s)$；
(d) 酸化還元反応：酸化剤 $UF_4(g)$，還元剤 $Mg(s)$

L・1 0.050 mol Br_2
L・3 (a) 8.6×10^{-5} mol H_2； (b) 11.3 g Li_3N
L・5 (a) 507.1 g Al； (b) 6.613×10^6 g Al_2O_3
L・7 (a) 505 g H_2O； (b) 1.33×10^3 g O_2
L・9 4.3×10^3 g H_2O
L・11 0.482 g HCl
L・13 3.50×10^{-2} M $Ca(OH)_2(aq)$
L・15 (a) 0.271 M； (b) 0.163 g NaOH
L・17 (a) 0.209 M； (b) 0.329 g HNO_3
L・19 63.0 g mol^{-1}
L・21 0.15 M
L・23 (a) $Na_2CO_3(aq)+2\,HCl(aq)\rightarrow 2\,NaCl(aq)+H_2CO_3(aq)$； (b) 12.6 M
L・25 0.28%
L・27 $I_3^-+SnCl_2(aq)+2\,Cl^-\rightarrow 3\,I^-+SnCl_4(aq)$
L・29 (a) 酸化されるのも還元されるのも $S_2O_3^{2-}$；
(b) 11.1 g
L・31 Pt
L・33 $x=2$，$BaBr_2+Cl_2\rightarrow BaCl_2+Br_2$
L・35 509 kg Fe
L・37 (a) 水を 800 mL ほど入れた 1.00 L のメスフラスコに 31 mL の 16 M $HNO_3(aq)$ を入れ，標線まで水を加えてよくかくはんする；
(b) 2.5×10^2 mL
L・39 (a) 実験式 SnO_2； (b) 酸化スズ(Ⅳ)
L・41 (a) 影響しない； (b) 影響する(真の値より大きくなる)； (c) 影響する(真の値より大きくなる)；
(d) 影響する(真の値より大きくなる)

M・1 76.6%
M・3 93.1%
M・5 (a) BrF_3； (b) 収量：ClO_2F は 12 mol，Br_2 は 2 mol (1 mol の BrF_3 が残る)
M・7 (a) $B_2O_3(s)+3\,Mg(s)\rightarrow 3\,MgO(s)+2\,B(s)$；
(b) 3.71×10^4 g B
M・9 (a) $Cu^{2+}(aq)+2\,OH^-(aq)\rightarrow Cu(OH)_2(s)$；
(b) 2.44 g $Cu(OH)_2$
M・11 (a) O_2； (b) 5.77 g P_4O_{10}； (c) 5.7 g P_4O_6
M・13 6 個
M・15 (a) $2\,Al(s)+3\,Cl_2(g)\rightarrow 2\,AlCl_3(s)$；
(b) 671 g $AlCl_3$； (c) 44.7%
M・17 81.2%
M・19 実験式 $C_4H_5N_2O$，分子式 $C_8H_{10}N_4O_2$，
燃焼反応：$2\,C_8H_{10}N_4O_2(s)+19\,O_2(g)\rightarrow 16\,CO_2(g)+10\,H_2O(l)+4\,N_2(g)$
M・21 $C_8H_{16}N_4O_3$
M・23 (a) $Ca_3(PO_4)_2$ リン酸カルシウム； (b) 130 g
M・25 93.0%
M・27 実験式 $C_{11}H_{14}O_3$，分子式 $C_{22}H_{28}O_6$

測定法の練習問題

1・1 C−H 結合 (質量が H < Cl)
1・2 アルキン基 (波長が短く，振動数 ν が高い)
1・3 3.25×10^{-2} cm^{-1}
1・4 (a) 0.122 m；(b) “波長がマイクロメートル (μm) 領域”ではなく，“電波のうちで波長がいちばん小さいもの”を意味する．
1・5 13.94 cm^{-1}
1・6 CO，O_3，SO_2，N_2O

2・1 二重結合が多いと軌道は非局在化しやすい．非局在化した軌道間のエネルギー差が可視光の光子エネルギー範囲に入ると色がつく．
2・2 1 章の (11)式 (p. 82) で $L=NR$ とすれば，吸収エネルギー ΔE は N^2 に反比例する．吸収波長 λ は ΔE に反比例するため，$\lambda\propto N^2$ が成り立つ．つまり λ を長くするには炭素原子数を増やせばよい．
2・3 (a) と (d)．孤立電子対をもつ原子が π 結合しているから．
2・4 吸収する．青い着色は，可視光のうち黄〜橙の波長域を吸収した結果だから．

3・1 $2\sin\theta=\sin 12.1°$ の関係より，$\theta=6.01°$
3・2 (a) 低下する．(b) 層間距離が増すため，回折角が小さくなる．
3・3 $2d\sin\theta$ が整数のとき，結晶面を去る X 線 2 本の位相がそろう．
3・4 $d=598$ pm
3・5 $d=282$ pm
3・6 $d=362$ pm
3・7 $\theta=5.074°$
3・8 $V=150$ V だから，問題なく使える．
3・9 $T=633$ K だから，問題なく使える．

掲載図出典

序 章　図 1 Album/Alamy; 図 2 © 1991 Richard Megna - Fundamental Photographs; 図 5 AP Image/Bullit Marquez; 図 A・2 Copyright Macmillan Learning, photo by Ken Karp; 図 B・1 Copyright Macmillan Learning, photo by Ken Karp; 図 B・3 FRANZ HIMPSEL/UNIVERSITY OF WISCONSIN/SCIENCE PHOTO LIBRARY; 図 B・4 中町敦生；図 B・9 Chip Clark - Fundamental Photographs; 図 C・1 © 1983 Chip Clark - Fundamental Photographs; 図 C・7 Andrew Syred/Science Source; 図 D・1 Copyright Macmillan Learning, photo by Ken Karp; 図 E・2 © 1991 Chip Clark - Fundamental Photographs; 図 E・5 Chip Clark - Fundamental Photographs; 図 F・1 © Gaetano Errico/Shutterstock.com; 図 G・1 田中陵二；図 G・2 Copyright Macmillan Learning, photo by Ken Karp; 図 G・3 © 1995 Chip Clark - Fundamental Photographs; 図 G・5 Copyright Macmillan Learning, photo by Ken Karp; 図 G・7 © 1992 Richard Megna - Fundamental Photographs; 図 H・1 Turtle Rock Scientific/Science Source; 図 H・3 © ggw/Shutterstock.com; 図 I・1 © 1998 Richard Megna - Fundamental Photographs; 図 I・4 © 1970 George Resch - Fundamental Photographs; 図 I・5 © 1995 Richard Megna - Fundamental Photographs; 図 I・6 © 1995 Richard Megna - Fundamental Photographs; 図 J・1 ANDREW LAMBERT PHOTOGRAPHY/SCIENCE PHOTO LIBRARY; 図 K・1 Copyright Macmillan Learning, photo by Ken Karp; 図 K・2 © 2012 Chip Clark - Fundamental Photographs; 図 K・5 Copyright Macmillan Learning, photo by Ken Karp; 図 K・6 © 1986 Peticolas/Megna - Fundamental Photographs; 図 L・1 Argonne National Laboratory/Science Source; 図 L・2 Copyright Macmillan Learning, photo by Ken Karp; 図 L・3 Copyright Macmillan Learning, photo by Ken Karp.

1 章　図 1・1 © https://pixel17.com（CC BY-SA 2.0）；図 1・19 Science & Society Picture Library/Getty Images; 化学の広がり 1 DR GOPAL MURTI/SCIENCE PHOTO LIBRARY; 化学の広がり 3 周期表 Science History Institute/Science Source; 図 1・55 © 1983 Chip Clark - Fundamental Photographs; 図 1・56 © 1984 Chip Clark - Fundamental Photographs; 図 1・57 © 1989 Chip Clark - Fundamental Photographs; 図 1・58 © 1989 Chip Clark - Fundamental Photographs.

2 章　図 2・4 Copyright Macmillan Learning, photo by Ken Karp; 図 2・7 Paul Silverman/Fundamental Photographs; 図 2・9 PROF. P. MOTTA/DEPT. OF ANATOMY/UNIVERSITY "LA SAPIENZA", ROME/SCIENCE PHOTO LIBRARY; 図 2・11 Copyright Macmillan Learning, photo by Ken Karp; 化学の広がり 4 © Chompoo Suriyo/Shutterstock.com; 図 2・12 Copyright Macmillan Learning, photo by Ken Karp; 化学の広がり 5 Gary Retherford/Science Source; 図 2・56 Richard Megna/Fundamental Photographs.

3 章　図 3・1 © buradaki/Shutterstock.com; 図 3・18 © inxti/Shutterstock.com; 図 3・19 Copyright Macmillan Learning, photo by Ken Karp; 図 3・20 © Mark Agnor/Shutterstock; 図 3・21 Science History Images/Alamy; 図 3・35 Copyright Macmillan Learning, photo by Ken Karp; 図 3・38 © JenJ_Payless/Shutterstock.com; 図 3・41 Copyright Macmillan Learning, photo by Ken Karp; 図 3・48 Nigel Cattlin/Science Source; 図 3・49 © 1990 Chip Clark - Fundamental Photographs; 図 3・52 PAUL WHITEHILL/SCIENCE PHOTO LIBRARY; 図 3・53 田中陵二；図 3・54（左）Steven Smale（右）Copyright Macmillan Learning, photo by Ken Karp; 化学の広がり 9　図 1 Hopkinson, Lutz & Eigler/IBM, 図 2b Ronald Reifenberger, 図 3 Gross *et al.*, *Science*, **325**, No. 5944, 1110-1114, 28 Aug 2009; 図 3・56 © 1988 Chip Clark - Fundamental Photographs; 図 3・60 Photo by Sandia National Laboratories, NREL 16823; 図 3・61b © 1985 Chip Clark - Fundamental Photographs; 図 3・62 Craig Lovell/Alamy; 図 3・73 Andrew Syred/Science Source.

測定法 3　図 4 OMIKRON/Science Source.

4 章　図 4・5 Copyright Macmillan Learning, photo by Ken Karp; 図 4・6 Copyright Macmillan Learning, photo by Ken Karp; 図 4・23 NASA/ JPL-Caltech/ MSSS; 図 4・35 Copyright Macmillan Learning, photo by Ken Karp; 図 4・36 Copyright Macmillan Learning, photo by Ken Karp; 化学の広がり 12 Leroy Laverman.

索　　引

く

け

こ

さ

し

す

せ

そ

た

ち，つ

て

と

な，に

ね，の

は

ら，り

る～わ

渡 辺 正（わたなべ ただし）
1948年 鳥取県に生まれる
1976年 東京大学大学院工学系研究科博士課程 修了
東京大学名誉教授
専攻 生体機能化学，環境科学，化学教育
工 学 博 士

第1版 第1刷 2014年 9月22日 発行
第8版 第1刷 2024年 11月19日 発行

アトキンス 一般化学（上） 第8版

訳 者 渡 辺 正
発行者 石 田 勝 彦
発 行 株式会社 東京化学同人
東京都文京区千石3丁目36-7（〒112-0011）
電話 03-3946-5311・FAX 03-3946-5317
URL: https://www.tkd-pbl.com/

印刷・製本 日本ハイコム株式会社

ISBN978-4-8079-2070-9 Printed in Japan

第1版 第1刷 2014年9月27日 発行
第8版 第1刷 2024年11月10日 発行

アトキンス 一般化学(上) 第8版

訳　者　渡　辺　　正

発行者　石　田　勝　彦

発　行　株式会社 東京化学同人
東京都文京区千石3丁目36-7(〒112-0011)
電話 03-3946-5311・FAX 03-3946-5317
URL：https://www.tkd-pbl.com/

印刷・製本　日本ハイコム株式会社

ISBN978-4-8079-2070-9 Printed in Japan

大 切 な 式

1. 共 通

二次方程式 $ax^2+bx+c=0$ の根：

$$x = \frac{-b \pm \sqrt{b^2 - 4ac}}{2a}$$

運動エネルギー（質量 m，速さ v）：

$$E_k = \frac{1}{2}mv^2$$

力学的位置エネルギー（質量 m，高さ h）：

$$E_p = mgh$$

静電ポテンシャルエネルギー(距離 r，電荷 $Q_1 \cdot Q_2$)：

$$E_p = Q_1Q_2/(4\pi\varepsilon_0 r)$$

2. 分 光 学

波の性質（波長 λ，振動数 ν，光速 c）：

$$\lambda\nu = c$$

光子エネルギー（プランク定数 h，振動数 ν）：

$$E = h\nu$$

ド・ブロイ波長（運動量 p）：

$$\lambda = h/p$$

ハイゼンベルクの不確定性原理：

$$\Delta p\, \Delta x \geq \frac{1}{2}\hbar$$

一次元の箱（長さ L）に入った粒子のエネルギー：

$$E_n = n^2h^2/(8mL^2),\ n = 1, 2, \cdots$$

水素類似原子のエネルギー（リュードベリ定数 $\mathcal{R}$）：

$$E_n = -Z^2h\mathcal{R}/n^2,\ n = 1, 2, \cdots$$

3. 熱 力 学

理想気体の状態方程式：

$$PV = nRT$$

膨張仕事：

$$w = -P_{外}\Delta V$$

理想気体の等温可逆膨張に伴う仕事：

$$w = -nRT\ln(V_2/V_1)$$

熱力学第一法則：

$$\Delta U = q + w$$

エントロピー変化（クラウジウスの定義）：

$$\Delta S = q_{可逆}/T$$

エンタルピーの定義：

$$H = U + PV$$

ギブズエネルギーの定義：

$$G = H - TS$$

理想気体の定圧モル熱容量と定積モル熱容量：

$$C_{P\mathrm{m}} = C_{V\mathrm{m}} + R$$

標準反応エントロピー：

$$\Delta S^\circ = \Sigma\, nS_\mathrm{m}^\circ(生成物) - \Sigma\, nS_\mathrm{m}^\circ(反応物)$$

キルヒホッフ則：

$$\Delta H_2^\circ = \Delta H_1^\circ + (T_2 - T_1)\Delta C_P$$

エントロピーの温度変化（熱容量 C 一定）：

$$\Delta S = C\ln(T_2/T_1)$$

理想気体の等温膨張に伴うエントロピー変化：

$$\Delta S = nR\ln(V_2/V_1)$$

エントロピー（ボルツマンの定義）：

$$S = k\ln W$$

系のエンタルピー変化と外界のエントロピー変化：

$$\Delta S_{外界} = -\Delta H/T$$

4. 化学平衡と電気化学

活量の定義（物理化学での約束）：

理想気体　$a_\mathrm{X} = P_\mathrm{X}/P^\circ$（$P^\circ = 1\ \mathrm{bar}$）

理想溶液中の溶質　$a_\mathrm{X} = [\mathrm{X}]/c^\circ$（$c^\circ = 1\ \mathrm{mol\ L^{-1}}$）

純液体と純固体　$a_\mathrm{X} = 1$

反応商 Q と平衡定数 K：

$Q = a_\mathrm{C}{}^c a_\mathrm{D}{}^d/(a_\mathrm{A}{}^a a_\mathrm{B}{}^b)$（反応 $a\,\mathrm{A}+b\,\mathrm{B} \rightarrow c\,\mathrm{C}+d\,\mathrm{D}$）

$K = [a_\mathrm{C}{}^c a_\mathrm{D}{}^d/(a_\mathrm{A}{}^a a_\mathrm{B}{}^b)]_{平衡}$（平衡 $a\,\mathrm{A}+b\,\mathrm{B} \rightleftharpoons c\,\mathrm{C}+d$

標準反応ギブズエネルギーと平衡定数：

$$\Delta G^\circ = -RT\ln K$$

ファントホッフの式：

$$\ln\frac{K_2}{K_1} = \frac{\Delta H^\circ}{R}\left(\frac{1}{T_1} - \frac{1}{T_2}\right)$$

K と K_c の関係：

$$K = (c^\circ RT/P^\circ)^{\Delta n_r}K_c \qquad P^\circ/(Rc^\circ) = 12.03\ \mathrm{K}$$

クラウジウス・クラペイロンの式：

$$\ln\frac{P_2}{P_1} = \frac{\Delta_{蒸発}H^\circ}{R}\left(\frac{1}{T_1} - \frac{1}{T_2}\right)$$

$\mathrm{p}K_\mathrm{a}$ と $\mathrm{p}K_\mathrm{b}$ の関係：

$$\mathrm{p}K_\mathrm{a} + \mathrm{p}K_\mathrm{b} = \mathrm{p}K_\mathrm{w}$$

ヘンダーソン・ハッセルバルヒの式：

$$\mathrm{pH} = \mathrm{p}K_\mathrm{a} + \log_{10}([塩基]_0/[酸]_0)$$

反応ギブズエネルギーと電池の起電力：

$$\Delta G = -nF\Delta E$$

ネルンストの式：

$$E = E^\circ + [RT/(n_rF)]\ln(a_\mathrm{Ox}/a_\mathrm{Red})$$

$$= E^\circ + (0.059\,17/n_r)\log_{10}(a_\mathrm{Ox}/a_\mathrm{Red})$$

5. 反応速度

速度式 $\mathrm{d}[\mathrm{A}]/\mathrm{d}t = -k[\mathrm{A}]$ の積分形：

$$\ln\frac{[\mathrm{A}]_t}{[\mathrm{A}]_0} = -kt \qquad [\mathrm{A}]_t = [\mathrm{A}]_0\,\mathrm{e}^{-kt}$$

速度式 $\mathrm{d}[\mathrm{A}]/\mathrm{d}t = -k[\mathrm{A}]^2$ の積分形：

$$\frac{1}{[\mathrm{A}]_t} - \frac{1}{[\mathrm{A}]_0} = kt \qquad [\mathrm{A}]_t = \frac{[\mathrm{A}]_0}{1 + [\mathrm{A}]_0kt}$$

$$\frac{1}{[\mathrm{A}]_t} = kt + \frac{1}{[\mathrm{A}]_0}$$

一次反応の半減期：

$$t_{1/2} = (\ln 2)/k$$

アレニウスの式：

$$\ln k = \ln A - E_\mathrm{a}/RT$$

反応速度定数の温度変化：

$$\ln\frac{k_2}{k_1} = \frac{E_\mathrm{a}}{R}\left(\frac{1}{T_1} - \frac{1}{T_2}\right)$$